U0725998

中华中医药学会团体标准

新版中药材 GAP

中药材规范化生产
技术规程

第一辑

学术指导：肖培根　张伯礼　程惠珍　黄璐琦　钱忠直　陈士林
　　　　　段金廒　屠鹏飞　肖小河　马双成

主　　编：魏建和　王文全　王秋玲

副 主 编（以姓氏笔画为序）：

丁万隆　王　沫　王志安　王建华　王俊杰　乔　旭
刘　爽　刘　赛　齐耀东　孙晓波　李　世　李先恩
李宜平　李隆云　杨　云　杨生超　杨成民　杨美华
何明军　张　辉　张本刚　张重义　赵润怀　钟光德
徐常青　高微微　郭巧生　郭兰萍　郭宝林　崔秀明
董诚明　曾建国　魏　锋　魏胜利

人民卫生出版社
·北京·

版权所有，侵权必究！

图书在版编目（CIP）数据

中药材规范化生产技术规程 . 第一辑 / 魏建和，王文全，王秋玲主编 . -- 北京 ： 人民卫生出版社，2025.5. -- ISBN 978-7-117-37372-2

Ⅰ. S567-65

中国国家版本馆 CIP 数据核字第 2025MZ1678 号

人卫智网	www.ipmph.com	医学教育、学术、考试、健康，购书智慧智能综合服务平台
人卫官网	www.pmph.com	人卫官方资讯发布平台

中药材规范化生产技术规程
第一辑
Zhongyaocai Guifanhua Shengchan Jishu Guicheng
Di-yi Ji

主　　编：魏建和　王文全　王秋玲
出版发行：人民卫生出版社（中继线 010-59780011）
地　　址：北京市朝阳区潘家园南里 19 号
邮　　编：100021
E - mail：pmph @ pmph.com
购书热线：010-59787592　010-59787584　010-65264830
印　　刷：三河市宏达印刷有限公司
经　　销：新华书店
开　　本：787×1092　1/16　　印张：63
字　　数：1415 千字
版　　次：2025 年 5 月第 1 版
印　　次：2025 年 5 月第 1 次印刷
标准书号：ISBN 978-7-117-37372-2
定　　价：198.00 元

打击盗版举报电话：010-59787491　E-mail：WQ @ pmph.com
质量问题联系电话：010-59787234　E-mail：zhiliang @ pmph.com
数字融合服务电话：4001118166　E-mail：zengzhi @ pmph.com

编　委

（以姓氏笔画为序）

丁　刚	丁万隆	刁景超	于　荣	于　晶	于　澎	于以祥	于春雷	于福来	万　鸣
万学锋	及　华	马　召	马　伟	马　庆	马　凯	马　磊	马小军	马生军	马存德
马常念	马清科	马聪吉	王　飞	王　丹	王　华	王　志	王　坤	王　沫	王　栋
王　盼	王　剑	王　艳	王　晓	王　钰	王　涛	王　浩	王　乾	王　敏	王　蓉
王　颖	王　攀	王　馨	王一平	王小娥	王云强	王长生	王文全	王文杰	王文治
王计瑞	王玉龙	王世强	王布雷	王业洪	王永聪	王加国	王亚生	王帆帆	王先有
王延谦	王华磊	王旭峰	王红燕	王孝勋	王志芬	王志安	王克勤	王秀俊	王其丰
王苗苗	王林泉	王昌利	王忠巧	王忠华	王学奎	王建华	王承萧	王春婷	王玲娜
王秋玲	王修奇	王信宏	王俊杰	王胜升	王彦明	王继永	王继华	王清华	王艳芳	王晓宇
王晓玲	王晓柱	王晓琴	王晓燕	王海峰	王继永	王继华	王清华	王淑娟	王喆之
王婷婷	王鹏强	王新村	王慧杰	王德立	王德春	王德勤	韦　莹	韦飞燕	韦玉国
韦坤华	韦树根	牛俊峰	牛铁泉	牛颜冰	毛伟胜	毛艳萍	毛鹏飞	公　剑	文大成
方玉仙	方成武	尹茂财	尹翠云	孔悦平	孔繁忠	邓才富	邓乔华	邓秀专	邓启超
邓贤芬	邓庭伟	甘凤琼	甘炳春	甘祖燕	艾伦强	左智天	石　艳	石　瑶	石亚娜
石宏武	石明辉	龙光强	龙建吕	龙祥云	卢　进	卢小雨	卢飞飞	卢永康	卢兴松
卢丽兰	卢迎春	卢劲伟	卢紫娟	卢瑞克	叶　姿	叶传财	甲　玛	田　亚	田　伟
田　茨	田义新	田洪岭	史　娟	史　静	史广生	史美荣	叩　钊	叩根来	冉　军
冉雪欢	付　杰	付昌奎	付绍兵	付绍智	代丽华	白成科	白隆华	白德涛	仝在利
丛　琨	乐智勇	包　芳	包雪英	冯　凯	冯　家	冯　瑛	冯　斌	冯中宝	冯世鑫
兰　进	兰才武	兰金旭	兰泽伦	宁　康	边建波	邢　冰	刑力元	邢建永	成彦武
毕艳孟	曲　媛	吕竹青	吕国军	吕菲菲	吕惠珍	吕鼎豪	吕婷婷	朱月健	朱玉球
朱玉野	朱吉彬	朱再标	朱光明	朱国强	朱建军	朱昀昊	朱亮亮	朱彦威	朱艳霞
朱校奇	朱培林	乔　旭	乔永刚	乔凯宁	乔海莉	伍秀珠	伏宝香	仲秀林	任　敏
任　燕	任子珏	任江剑	任得强	华　桦	仰铁锤	伊永进	向志鹏	向增旭	危必路
刘　丹	刘　帅	刘　丽	刘　英	刘　杰	刘　明	刘　庚	刘　建	刘　勇	刘　莹
刘　峰	刘　圆	刘　涛	刘　彬	刘　爽	刘　铭	刘　谦	刘　强	刘　赛	刘　薇
刘三波	刘天亮	刘长利	刘双利	刘书合	刘玉德	刘亚令	刘亚男	刘仲秀	刘庆海
刘守金	刘军民	刘红昌	刘红娜	刘红彬	刘丽辉	刘启会	刘灵娣	刘雨莎	刘国彬

编 委

刘佳灵　刘佳陇　刘金亮　刘京晶　刘建凤　刘春雷　刘秋琼　刘保财　刘俊希　刘素花
刘莉兰　刘晓清　刘晖晖　刘海华　刘海军　刘智令　刘颖超　刘福青　刘翠君　刘震东
刘燕琴　齐大明　齐琳琳　齐耀东　闫　恒　闫滨滨　关　锰　关锐强　关德军　米泽媛
江建铭　江艳华　江慧容　池莲锋　汤　博　宇淑慧　安斯扬　祁建军　许　亮　许　雷
许冬瑾　许志强　许启棉　许桂玲　农东红　农东新　阮芝艳　孙　华　孙　合　孙　健
孙　鹏　孙乙铭　孙大学　孙文松　孙延芳　孙志蓉　孙建华　孙洪伟　孙晓波　孙海峰
孙彩霞　孙淑英　孙新永　孙燕玲　牟　燕　买买提·努尔艾合提　　　纪宏亮　纪宝玉
麦志刚　扶胜兰　花　梅　严　珍　严　甜　严　辉　严华兵　严福林　苏　玮　苏　建
苏　钛　苏包顺　苏秀红　苏国全　苏海兰　苏淑欣　苏碧如　苏碧茹　苏毓杰　杜长江
杜伦静　杜庆潮　杜丽君　杜富强　李　力　李　戈　李　欠　李　世　李　宁　李　光
李　刚　李　旭　李　宇　李　兵　李　灿　李　玮　李　青　李　明　李　佳　李　询
李　玲　李　虹　李　科　李　勇　李　莉　李　莹　李　晔　李　健　李　曼　李　敏
李　琦　李　朝　李　斌　李　燕　李万华　李小丽　李卫文　李贝蓓　李长锐　李丹丹
李文艳　李火杰　李双双　李玉婵　李正男　李艾莲　李龙进　李龙明　李仙兰　李汉伟
李先恩　李传福　李延年　李华山　李向东　李江仁　李红俊　李红彦　李红艳　李进瞳
李孝基　李志敏　李苇洁　李丽霞　李良波　李启华　李青苗　李林玉　李明辉　李金玲
李泽生　李学兰　李宜平　李宜航　李建军　李建明　李建领　李孟芝　李春娥　李荣英
李树强　李香串　李俊飞　李彦荣　李贺敏　李素亮　李振丰　李振皓　李晓丽　李晓悦
李晓菲　李晓鹏　李晓瑾　李爱平　李浩凌　李浩陵　李海涛　李继明　李鸿亮　李隆云
李维蛟　李葆莉　李瑞来　李瑞春　李震宇　李黎明　杨　云　杨　光　杨　全　杨　凯
杨　涛　杨　野　杨　锋　杨　然　杨　斌　杨小玉　杨小生　杨小红　杨太新　杨玉婷
杨玉霞　杨正书　杨平辉　杨生超　杨永康　杨成金　杨成前　杨光明　杨伟玲　杨伟祥
杨江华　杨红杏　杨豆豆　杨丽英　杨秀全　杨杰武　杨虎林　杨明宏　杨佳楠　杨波华
杨建文　杨春勇　杨相波　杨秋悦　杨顺航　杨保成　杨俊强　杨胜福　杨彦章　杨美华
杨宪忠　杨晓忠　杨铁钢　杨继勇　杨得坡　杨晶晶　杨寒冰　杨瑞山　杨新全　连天赐
轩凤国　肖　忠　肖　波　肖　亮　肖凤霞　肖平阔　肖生伟　肖伟生　肖庆强　肖娅萍
肖淑贤　吴　卫　吴　东　吴　迪　吴　宙　吴　涛　吴　萍　吴人照　吴广徐　吴卫刚
吴水生　吴长辉　吴计划　吴叶宽　吴令上　吴永忠　吴发明　吴伟杰　吴庆华　吴彦成
吴啟南　吴德玲　利达朝　邱　斌　邱远金　邱黛玉　何　山　何　生　何　刚　何　建
何　瑞　何运转　何伯伟　何国庆　何国林　何国振　何明军　何荷根　何家涛　何银生
余　马　余　弦　余仁财　余丽莹　余孟娟　余威府　余德亿　谷　巍　邹　建　邹庆军
邹宗成　邹隆益　辛元尧　汪　勇　汪　涛　汪　琦　汪　策　汪丽萍　汪利梅　汪歧禹
汪佳维　沈小林　沈传坤　沈宇峰　沈学根　沈宝宇　沈晓霞　宋　芸　宋　荣　宋　嬿
宋仙水　宋旭红　宋秀成　宋国虎　宋明海　宋忠兴　宋政建　宋美芳　宋媛媛　迟吉娜
张　云　张　旭　张　宇　张　军　张　芳　张　应　张　朋　张　珂　张　美　张　洪
张　峰　张　悦　张　雪　张　锋　张　辉　张　璇　张　燕　张　薇　张　赟　张乃曼

4

张士坳	张大永	张久磊	张广辉	张卫东	张天术	张天静	张元科	张玉莲	张世雄
张本刚	张龙霏	张占江	张立伟	张兰兰	张永清	张西梅	张同胜	张伟金	张兆萍
张兴翠	张红瑞	张寿文	张志强	张志鹏	张丽艳	张丽霞	张岑容	张际庆	张际昭
张邵杰	张武君	张松林	张雨雷	张国壮	张国彦	张忠廉	张岩岩	张金玲	张金渝
张金霞	张学敏	张宗辉	张绍山	张春荣	张春喜	张思荻	张重义	张俊逸	张美德
张洪胜	张艳玲	张振琳	张晓明	张海仙	张海军	张继聪	张教洪	张雄杰	张甜甜
张智慧	张集慧	张鹏飞	张新凤	张福生	张慧慧	张增江	张德林	张德柱	张薇薇
陆凤南	陆柳英	陈华	陈芳	陈良	陈君	陈杰	陈波	陈垣	陈洁
陈娜	陈铮	陈斌	陈强	陈鹏	陈静	陈小均	陈友丽	陈火林	陈玉菡
陈东红	陈立凯	陈永中	陈延国	陈向东	陈向南	陈旭玉	陈兴福	陈军文	陈岗福
陈利军	陈体强	陈松树	陈述富	陈国华	陈建钢	陈建辉	陈孟龙	陈贵林	陈俊平
陈剑锋	陈彦亮	陈菁瑛	陈乾平	陈彩霞	陈章源	陈淑淑	陈维东	陈雄鹰	陈道军
陈靳松	陈颖君	邵将炜	邵慧慧	范伟	范文宏	林伟	林杨	林洁	林莹
林森	林先明	林进杰	林余霖	林忠宁	林振盛	林晖才	林敏生	林慧彬	郁建新
欧阳艳飞	欧昆鹏	尚小红	尚兴朴	易恪辉	罗仲	罗冰	罗青	罗杰	罗倩
罗小伟	罗夫来	罗玉林	罗扬婧	罗在柒	罗光明	罗远鸿	罗春丽	罗祖良	季忠英
季鹏章	岳艳玲	金钺	金传山	金自学	金江群	金建琴	金晨杰	金淑艳	金雷杰
金鹏程	周见	周宁	周芳	周奇	周旻	周威	周艳	周根	周涛
周瑞	周永利	周亚奎	周亚鹏	周先建	周庆光	周武先	周国银	周佳民	周建松
周祥锋	周福平	周慧银	郑开颜	郑玉光	郑平汉	郑立权	郑全林	郑福勃	郑燕平
单成钢	宗侃侃	孟慧	孟义江	孟祥才	赵伟	赵明	赵艳	赵致	赵锋
赵云青	赵申平	赵亚琴	赵光明	赵军宁	赵志鹏	赵秀萍	赵建伟	赵建所	赵荣华
赵贵富	赵彦华	赵钰钊	赵润怀	赵家劲	赵菊润	赵锐明	赵殿辉	荆明明	胡冰
胡勇	胡晔	胡敏	胡开治	胡东南	胡生福	胡永志	胡芳弟	胡青青	胡尚钦
胡炳义	胡崇武	柯芳	柯剑鸿	钟楚	钟一雄	钟光德	钟均超	钟国跃	段成士
段国权	段媛媛	侯凯	侯大斌	侯文川	侯美利	俞静	俞云林	俞巧仙	俞年军
俞旭平	俞能高	逄世峰	施力军	姜武	姜侃	姜玲	姜涛	姜利江	姜娟萍
类维庆	姚玲	姚本进	姚国富	姚明辉	姚雪娇	姚德中	姚德坤	贺超	贺定翔
贺献林	骆璐	秦倩	秦朗	秦文杰	秦佳梅	秦雪梅	秦新月	袁双	袁济端
袁晓兵	袁紫倩	莫长明	莫永华	贾东升	贾凯旋	贾真真	夏燕莉	柴卫国	钱士辉
钱乔芝	倪大鹏	徐江	徐进	徐芳	徐波	徐荣	徐娇	徐晖	徐浩
徐靖	徐世民	徐传贵	徐兆玉	徐怀友	徐明星	徐建中	徐艳红	徐艳琴	徐家振
徐常青	殷刚	高松	高钦	高洁	高嵩	高扬前	高孝军	高志晖	高贵文
高致明	高微微	高新明	郭杰	郭昆	郭涛	郭鼎	郭九余	郭仁鱼	郭凤霞
郭巧生	郭兰萍	郭庆梅	郭坤元	郭雨薇	郭欣慰	郭宝林	郭建勇	郭顺星	郭俊霞
郭晓亮	郭笑彤	郭盛合	郭淑红	郭蔚冰	唐涛	唐鑫	唐仁茂	唐成林	唐志书

编　委

唐金刚	唐映军	唐海涛	唐祥友	唐靖雯	唐德英	浦锦宝	诸　燕	陶　玲	陶正明
黄　升	黄　勇	黄　浩	黄　娴	黄　维	黄　喆	黄　晶	黄　潇	黄　鹤	黄开荣
黄云峰	黄冬寿	黄权成	黄良明	黄明进	黄宝优	黄荣韶	黄亮舞	黄炳荣	黄晓斌
黄家友	黄雪彦	黄敬旺	黄锦鹏	黄鹏腾	黄颖桢	黄煜权	黄璐琦	梅　瑜	梅鹏颖
曹　升	曹　亮	曹　敏	曹小洪	曹庆伟	曹纬国	曹晓燕	戚进宝	龚开贵	龚永福
龚达林	盛晋华	常广路	崔广林	崔秀明	崔晟榕	崔浪军	康作为	康杰芳	康晋梅
商朋杰	梁　伟	梁　莹	梁　斌	梁乙川	梁小强	梁长梅	梁呈元	梁艳华	梁艳丽
梁泰刚	寇志稳	尉广飞	屠伦建	隋　春	续海红	彭　昕	彭　艳	彭　鹏	彭玉德
彭华胜	彭建明	彭星星	斯金平	葛　菲	葛小东	葛淑俊	董　玲	董志渊	董丽华
董青松	董林林	董诚明	董瑞瑞	董燕婧	敬　勇	敬祢玫	蒋　妮	蒋小刚	蒋水元
蒋正剑	蒋向军	蒋胜军	韩　凤	韩　俊	韩风雨	韩文静	韩正洲	韩金龙	覃冬玖
覃坤坚	喻　文	喻晓峰	喻得谋	程　访	程天周	程有余	程均军	程显好	傅飞龙
傅童成	焦大春	焦旭升	焦连魁	焦洪海	焦晓林	储转南	舒少华	曾　烨	曾　浩
曾　琳	曾　锐	曾　燕	曾广文	曾文丹	曾令祥	曾庆钱	曾志云	曾金祥	曾建国
温　健	温春秀	温鹏飞	温赛群	游景茂	谢　平	谢　伟	谢　进	谢　蕾	谢小亮
谢月英	谢文波	谢世勇	谢冬梅	谢永前	谢向誉	谢灿基	谢宝贵	谢晓亮	谢瑞华
谢慧敏	谢慧淦	强　毅	靳云西	靳怡静	靳爱红	蓝祖载	蓝福生	蒲高斌	蒲盛才
赖月月	赖志明	雷学锋	雷振宏	雷雪峰	睢　宁	路翠红	詹仁春	詹志来	詹若挺
解江冰	解娟芳	蔡子平	蔡时可	蔡晓洋	蔡景竹	蔡翠芳	臧广鹏	裴　林	裴志力
裴要东	管志斌	廖宇娟	廖尚强	廖学林	廖晓康	廖晶晶	赛　丹	谭　均	谭　海
谭小明	谭伟东	谭红琼	熊　吟	缪剑华	樊丛照	黎润南	颜永刚	潘卫东	潘文华
潘光成	潘利明	潘春柳	潘振球	薛　颖	薛建平	薛培凤	霍　玉	霍亚珍	穆　森
戴　维	戴金华	戴艳娇	鞠在华	檀龙颜	魏　民	魏　均	魏　锋	魏升华	魏永磊
魏廷邦	魏伟锋	魏建和	魏胜利						

致敬已故的任德权、周荣汉、冉懋雄、陈君研究员,感谢你们为本书中标准的制定提供的技术指导,以及对中药材规范化生产领域作出的杰出贡献。

前　言

中药材是中医药发展的物质基础,其规范化生产是中医药临床疗效发挥的重要保障。《中药材生产质量管理规范》简称中药材 GAP。我国中药材 GAP 工作从 1998 年启动。国家药品监督管理局于 2002 年发布了试行版中药材 GAP,2003 年发布《中药材生产质量管理规范认证管理办法(试行)》与《中药材 GAP 认证检查评定标准(试行)》后启动认证,直至 2016 年取消认证,先后共认证中药材 GAP 基地 177 个,涉及全国 26 个省(自治区、直辖市)的 110 家企业,71 种中药材。中药材 GAP 的实施推动了行业对原料药材质量的重视,培养了人才队伍,对探索推进中药材规范化、规模化生产,提升中药材质量发挥了一定作用,提升了我国中药农业的现代化水平。但试行版中药材 GAP 实施十余年也暴露出了一些问题,如其内容过于笼统,质量风险管控理念没有得到很好的贯彻,部分影响中药材质量的重要环节缺少明确要求;技术规程要求相对模糊,生产组织方式不确定,企业理解掌握、实施操作难度较大,特别是近 20 年来我国中药材生产和基地建设已有了重大发展。2016 年 3 月,按《国务院关于取消和调整一批行政审批项目等事项的决定》,取消了中药材 GAP 认证。行业多年期盼能修订试行版中药材 GAP,以更好地适应中药材快速发展的实际需要,更好地适应新的监管方式。

未雨绸缪,2015 年 11 月起,原国家食品药品监督管理总局正式启动试行版中药材 GAP 修订工作,委托中国医学科学院药用植物研究所成立技术专家组。修改稿历经不同层面专家、国务院相关部门、各级药监部门、国家药监内部部门研讨,分别于 2017 年 10 月和 2018 年 7 月向全社会征求意见后基本定稿。此后重点对发布形式、发布部门、实施方式、配套政策等反复研究,2022 年 3 月 1 日由国家药监局、农业农村部、国家林草局、国家中医药局联合发布了《中药材生产质量管理规范》(简称新版中药材 GAP),确定其实施方式为由各省药监部门采取"延伸检查"的方式。

按新版中药材 GAP 的要求,中药材 GAP 基地建设的基本思路可概括为"写我所想,做我所写,记我所做",实施"六统一"和"可追溯"是两大关键措施。其中,"写我所想"的核心内容之一即是企业在基地建设之前,应结合生产实践和科学研究情况,制定出相应的中药材规范化生产技术规程。《中药材规范化生产技术规程》是中药材生产企业建设规范化中药材生产基地时必须遵循的技术文件,也是"六统一"和"可追溯"的主要依据。

但我国迄今没有正式发布过国家或行业通用的中药材规范化生产技术规程标准。之前依据试行版中药材 GAP,各企业编制的或文献中发表的中药材生产技术规范差异很大,对基地建设和生产的指导性较差,标准本身却"不标准"。在以往的中药材 GAP 实施中,大量企业对"技术规程"与"标准操作规程(SOP)"的内涵、外延没有分清,即纲、目不分,有的企业在一个基地建设中,甚至制定了数百项技术规程或操作规程,致使实施中根本无法遵从,严重阻碍了 GAP 基地的建设。原有的规程体系没有区分所有药材的通用技术规程,每种中药材通用的技术规程、企业自身基地的技术规程,既定位不清晰,又严重限制了实施的针对性。

新版中药材 GAP 将生产技术规程与标准操作规程进行了明确的定义并加以区分。有近三分之一的篇幅是告知企业需要制定哪些技术规程,如何制定技术规程。对同一种药材而言,即使是不同的企业、不同的基地,技术规程也大体是相似的,但有其特点。而标准操作规程则因企业、基地的管理模式不同,差异可能会很大,是企业按照技术规程实施个性化管理的措施。

为了更好地指导企业按照新版中药材 GAP 的要求制定符合其自身特点的《中药材规范化生产技术规程》,笔者在国家药监局、国家中医药局和工信部的支持和指导下,在中华中医药学会标准办的直接指导下,基于新版中药材 GAP,组织全国力量,编制中华中医药学会团体标准《中药材规范化生产技术规程　植物药材》通则,以及 200 种中药材的规范化生产技术规程,已发布的《中药材规范化生产技术规程通则　植物药材》和 164 种中药材的规范化生产技术规程,均收录于《中药材规范化生产技术规程　第一辑》和《中药材规范化生产技术规程　第二辑》。后续将根据标准发布情况,出版后续辑本。书中《中药材规范化生产技术规程通则　植物药材》(简称《通则》)由中国医学科学院药用植物研究所团队负责完成,164 种药材分别由遴选出的、熟悉该药材生产的人员或单位牵头,组成了共计来自 503 个科研、教学、企业等单位的 1 232 人的队伍共同完成。

本书收录的《通则》可供编制具体药材的规范化生产技术规程参考,收录的每种药材规范化生产技术规程可编制供企业或基地的规范化生产技术规程参考。

《通则》主要由规范性引用文件、术语和定义、基本要求、标准的构成、规范化生产技术要求等构成。每种中药材的规范化生产技术规程主要由规范化生产流程、规范化生产技术要求及附录等构成,其中规范化生产流程图是每种中药材规范化生产技术规程的核心。附录收录禁限用农药名单、病虫害草害等防治的参考方法、国家允许使用化学农药的参考使用方法。其中,禁限用农药名单统计了截至 2019 年农业农村部官方发布的《禁限用农药名录》,供企业参考。该名录农业农村部会及时调整,请使用标准的人员留意调整信息。因很多药材在全国多个地区种植,种植技术还可能有较大差异,作为一种药材通用的规范化生产技术规程标准,本书收录的标准可能在技术要求覆盖面、精准度等方面有遗漏或偏颇,请使用者根据药材栽培的环境条件、基地设备实施和生产管理条件等的实际情况调整使用。

本书收录标准的编制和发布、本专著的出版得到了国家药监局、国家中医药局、农业农村部、国家林草局等相关部门项目资助、相关领导的指导和大力支持,得到了中国医学科学院创新工程的资助。特别是得到了中华中医药学会标准办多位老师的细致指导,更是在全国同行的大力帮助、鼎立支持和全力协助下得以完成,在此一并表示衷心的感谢!谨以本专著及标准的出版,纪念和缅怀中国中药材 GAP 的先驱者任德权、周荣汉、冉懋雄等先生,他们探索了中国中药材规范化生产管理的 GAP 之路。也深切纪念在新版中药材 GAP 修订中和我并肩奋斗的同事陈君教授。

主编　魏建和

2023 年 8 月 30 日

目 录

ICS 66.020.20

CCS C 05

团 体 标 准

T/CACM 1374.1—2021

中药材规范化生产技术规程通则　植物药材

General rules of code of practice for good agricultural practice of
Chinese materia medica—Medicinal plant

2021-10-15 发布

2021-10-15 实施

中华中医药学会　发布

目　次

前　言

本文件按照 GB/T 1.1—2020《标准化工作导则　第 1 部分：标准化文件的结构和起草规则》的规定起草。

请注意本文件中的某些内容可能涉及专利。本文件的发布机构不承担识别专利的责任。

本文件由中国医学科学院药用植物研究所、华中农业大学、山东农业大学、南京农业大学、福建农林大学、中国食品药品检定研究院、北京中医药大学、四川省医药保化品质量管理协会、重庆市药物种植研究所、中国医学科学院药用植物研究所海南分所提出并起草。

本文件由中华中医药学会归口。

本文件主要起草人：魏建和、王文全、陈君、王沫、王建华、郭巧生、张重义、李先恩、张本刚、魏锋、王秋玲、祁建军、齐耀东、刘赛、钟光德、丁万隆、魏胜利、朱吉彬、胡开治、王苗苗、杨小玉、辛元尧、何明军、徐常青。

本文件起草组顾问：任德权、肖培根、黄璐琦、段金廒、陈士林、程惠珍。

引　言

中药材规范化生产指按照《中药材生产质量管理规范》（中药材 GAP）的要求，实施药材生产，保证生产中药材优质安全的过程。规范化生产技术规程是实施中药材规范生产的核心技术要求和行动指南，指为实现中药材生产顺利、有序开展，保证中药材质量，对中药材生产的基地选址，种子种苗或其他繁殖材料，种植、养殖或者野生抚育技术，采收与产地初加工，包装、放行与贮运等进行规定和要求。一般应在建设药材基地，实施中药材规范化生产前，针对具体药材和生产基地情况，结合生产实践经验和科学研究数据，制定针对性的规范化生产技术规程。本文件用于规范和指导具体中药材规范化生产技术规程的编制工作。

中药材规范化生产技术规程通则　植物药材

1　范围

本文件确立了植物类中药材规范化生产技术规程编制的原则和要求,以及中药材规范化生产技术规程和编制说明的一般构成和要求。

本文件适用于植物类中药材的规范化生产,指导植物类药材规范化生产技术规程的编制。

2　规范性引用文件

下列文件中的内容通过文中的规范性引用而构成本文件必不可少的条款。其中,注日期的引用文件,仅该日期对应的版本适用于本文件;不注明日期的引用文件,其最新版本(包括所有的修改单)适用于本文件。

GB 3095　环境空气质量标准

GB 5084　农田灌溉水质标准

GB 5749　生活饮用水卫生标准

GB 15618　土壤环境质量　农用地土壤污染风险管控标准(试行)

GB/T 20001.6　标准编写规则　第6部分:规程标准

3　术语和定义

下列术语和定义适用于本文件。

3.1　规范化生产　good agricultural practice

按照《中药材生产质量管理规范》(简称中药材GAP)的要求,实施药材生产,保证中药材优质安全的生产过程。

3.2　技术规程　code of practice

为实现中药材生产顺利、有序进行,保证中药材生产质量,对中药材生产的基地选址、种子种苗、种植或野生抚育、采收与产地初加工以及包装、放行与贮运等,所做的技术规定和要求,是实施中药材规范生产的核心技术要求和实施指南。

3.3　标准操作规程　standard operating procedure, SOP

依据技术规程将某一生产操作的步骤和标准,以统一的格式描述出来,用以指导日常的生产工作。也称标准作业程序。

3.4　规范化生产流程　standardized production process, SPP

中药材生产的主要过程,一般包括生产基地选址,种质、种子选择与鉴定,育苗(如果需要），直播或定植，田间管理，采收，产地初加工，包装，放行，贮藏，运输。其中田间管理包括中耕除草、肥水管理、病虫害综合防治等。

3.5 关键控制点 critical control point

规范化生产流程各个主要环节中，对中药材质量和产量有重大影响、需要重点关注和控制的节点。

3.6 技术参数 technical parameter

生产过程中，主要生产技术和评判标准的量化指标。

4 基本要求

4.1 凡本文件未作具体规定的，应符合 GB/T 20001.6 的有关规定。

4.2 应遵守《中药材生产质量管理规范》（中药材 GAP）的有关规定，不能违反其要求。应注意区分技术规程与标准操作规程。

4.3 应对药材生产过程中可能影响药材产量和质量的因素进行分析，抽提出关键点并进行描述，并明确其技术参数。

4.4 一种药材制定一个标准，对于多基源药材，或不同产区药材生产技术差异大，可以单独制定标准。

4.5 标准名称按如下规则命名：

×××（***)### 规范化生产技术规程

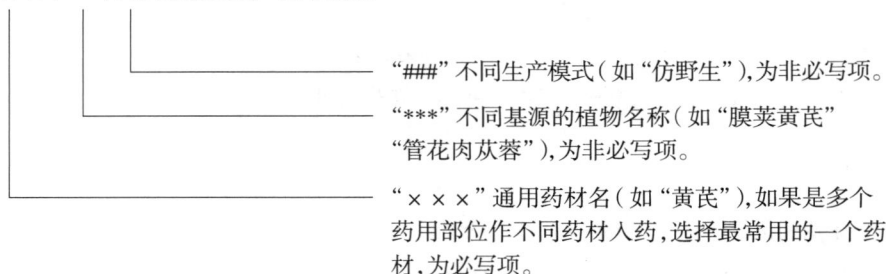

"###" 不同生产模式（如"仿野生"），为非必写项。

"***" 不同基源的植物名称（如"膜荚黄芪""管花肉苁蓉"），为非必写项。

"×××" 通用药材名（如"黄芪"），如果是多个药用部位作不同药材入药，选择最常用的一个药材，为必写项。

5 标准的构成

每种药材的标准由 9 个必备要素及 4 个可选要素构成，要素及要求详见表 1。

表 1 每种中药材规范化生产技术规程的要素及要求

序号	要素	类型	要求
1	封面	必备	按照统一格式要求撰写
2	目次	必备	只列一级和二级标题
3	前言	必备	按统一格式，单位和人员根据每种药材实际情况调整，起草单位至少 3 家以上
4	引言	可选	简要介绍标准起草背景和目的

序号	要素	类型	要求
5	标准名称	必备	按正文4.5命名
6	范围	必备	按照统一格式撰写:"本文件确立了×××的规范化生产流程,规定了×××(生产各环节)等阶段的技术要求。""本文件适用于×××规范化生产。" 注:其中×××为中药材名称
7	规范性引用文件	必备	罗列出根据每种药材标准中需要引用的标准,在正文中一定要有引用,地方标准原则上不引用
8	术语和定义	可选	根据每种药材罗列,在正文中一定要出现;通用、习用术语无须定义
9	规范化生产流程	必备	由规范化生产流程、关键控制点及技术参数组成,根据每种药材生产特点,参考附录A绘制
10	规范化生产技术	必备	根据每种药材生产特点,描述最主要的生产环节及要求;需要覆盖该药材全国主产区的生产特点,不能写成地区性或企业的生产技术要求
11	规范性附录	必备	可根据每种药材生产特点增加;每种药材标准中,"禁限用农药名单"为必备,见附录B
12	资料性附录	可选	可根据每种药材生产特点增加,如"×××(中药材名称)病虫害草害等防治的参考方法"(参见附录C)、"×××(中药材名称)允许使用的化学农药的参考使用方法"(参见附录D)
13	参考文献	可选	根据每种中药材需要罗列

6　规范化生产技术要求

6.1　生产基地选址

应明确产地、地块的选择和确定方式,包含环境保护要求、确定依据、环境检测和监测要求、种植历史等。

按照GAP要求,基地的大气质量应符合GB 3095的规定、土壤质量应符合GB 15618的规定、灌溉水质应符合GB 5084的规定、产地初加工用水应符合GB 5749的规定,并保证生长期间持续符合标准的要求。

6.2　种子种苗

应明确种质、种子或种苗的要求。包括基源物种、选育品种、种子种苗标准及检测,种子种苗繁育加工及运输保存等的要求。

6.3　种植

应明确如下内容:种植制度要求,如前茬、间套种、轮作等;农田基础设施建设与维护要求,如维护、灌排水、遮阴设施等;土地整理要求,如土地平整、耕作、做畦等;繁殖方法要求,如繁殖方式、种子种苗处理、育苗定植等;田间管理要求,如间苗、中耕除草、灌排水等;病虫害草害等的防治要求,如针对主要病虫害草害等的种类、危害规律等采取的防治方法;肥料、农药使用技术规程等。

6.4 采收

应明确如下内容:采收期要求,如采收年限、采收时间等;采收方法要求,如采收器具、具体采收方法;采收后中药材临时保存方法要求等。

6.5 产地初加工

应明确如下内容:产地初加工方法和技术要求,如拣选、清洗、去除非药用部位、干燥或保鲜,以及其他特殊加工的方法和技术等。

6.6 包装、贮藏、运输

应明确如下内容:包装材料及包装方法要求,如包括采收、加工、贮藏各阶段的包装材料要求及包装方法;标签要求,如标签的样式、标识的内容等;放行制度,如放行检查内容、放行程序、放行人等;贮藏场所及要求,如包括采收后临时存放、加工过程中存放、成品存放等对环境条件的要求;运输及装卸要求,如车辆、工具、覆盖等的要求及操作要求;发运要求等。

附 录 A

（资料性）
规范化生产流程图（示例）

半夏规范化生产流程图示例见图 A.1。

规范化生产流程：

关键控制点及技术参数：

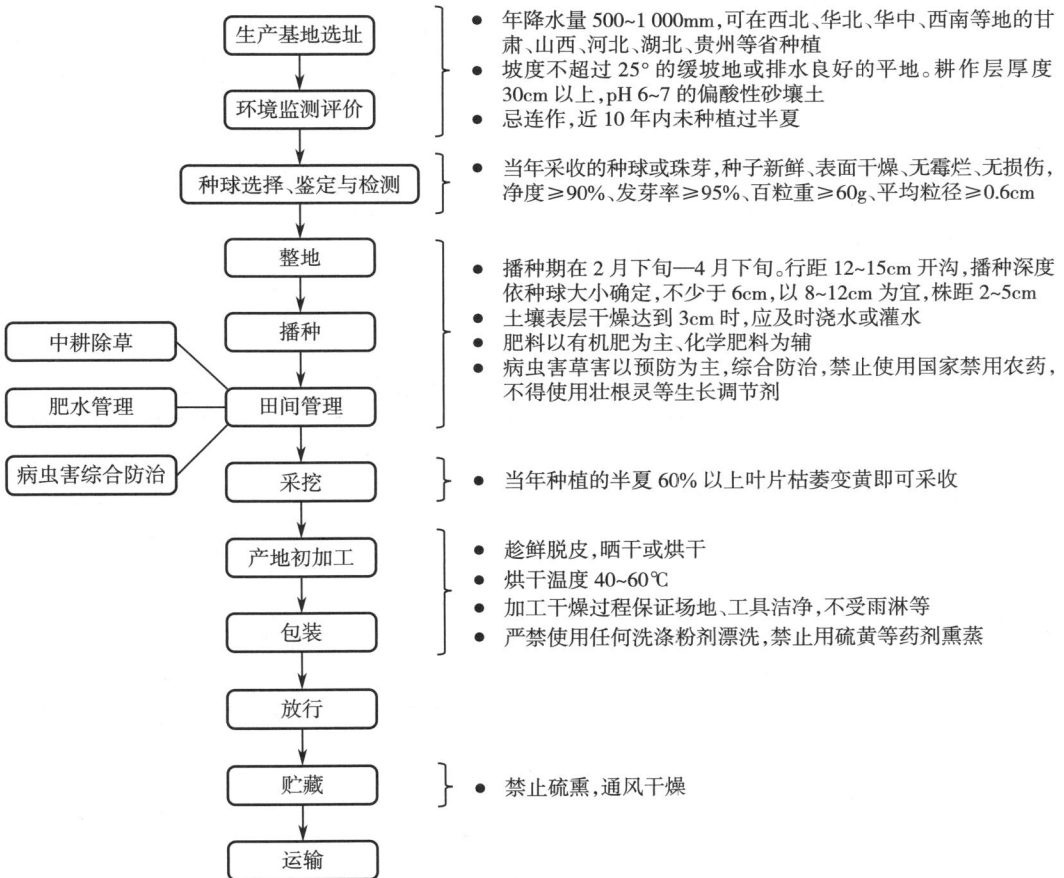

```
生产基地选址
     ↓
环境监测评价
```
- 年降水量 500~1 000mm,可在西北、华北、华中、西南等地的甘肃、山西、河北、湖北、贵州等省种植
- 坡度不超过 25° 的缓坡地或排水良好的平地。耕作层厚度 30cm 以上,pH 6~7 的偏酸性砂壤土
- 忌连作,近 10 年内未种植过半夏

```
种球选择、鉴定与检测
```
- 当年采收的种球或珠芽、种子新鲜、表面干燥、无霉烂、无损伤,净度≥90%、发芽率≥95%、百粒重≥60g、平均粒径≥0.6cm

```
整地
  ↓
播种
  ↓
田间管理  ← 中耕除草
         ← 肥水管理
         ← 病虫害综合防治
```
- 播种期在 2 月下旬—4 月下旬。行距 12~15cm 开沟,播种深度依种球大小确定,不少于 6cm,以 8~12cm 为宜,株距 2~5cm
- 土壤表层干燥达到 3cm 时,应及时浇水或灌水
- 肥料以有机肥为主、化学肥料为辅
- 病虫害草害以预防为主,综合防治,禁止使用国家禁用农药,不得使用壮根灵等生长调节剂

```
采挖
```
- 当年种植的半夏 60% 以上叶片枯萎变黄即可采收

```
产地初加工
     ↓
包装
```
- 趁鲜脱皮,晒干或烘干
- 烘干温度 40~60℃
- 加工干燥过程保证场地、工具洁净,不受雨淋等
- 严禁使用任何洗涤粉剂漂洗,禁止用硫黄等药剂熏蒸

```
放行
  ↓
贮藏
```
- 禁止硫熏,通风干燥

```
运输
```

图 A.1 半夏规范化生产流程图示例

附　录　B

（规范性）

禁限用农药名单

B.1　禁止（停止）使用的农药（46 种）

六六六、滴滴涕、毒杀芬、二溴氯丙烷、杀虫脒、二溴乙烷、除草醚、艾氏剂、狄氏剂、汞制剂、砷类、铅类、敌枯双、氟乙酰胺、甘氟、毒鼠强、氟乙酸钠、毒鼠硅、甲胺磷、对硫磷、甲基对硫磷、久效磷、磷胺、苯线磷、地虫硫磷、甲基硫环磷、磷化钙、磷化镁、磷化锌、硫线磷、蝇毒磷、治螟磷、特丁硫磷、氯磺隆、胺苯磺隆、甲磺隆、福美胂、福美甲胂、三氯杀螨醇、林丹、硫丹、溴甲烷、氟虫胺、杀扑磷、百草枯、2,4-滴丁酯。

注：氟虫胺自 2020 年 1 月 1 日起禁止使用。百草枯可溶胶剂自 2020 年 9 月 26 日起禁止使用。2,4-滴丁酯自 2023 年 1 月 29 日起禁止使用。溴甲烷可用于"检疫熏蒸处理"。杀扑磷已无制剂登记。

B.2　部分范围禁止使用的农药（20 种）

部分范围禁止使用的农药应注意药食同源中药材及来自其他作物的中药材。部分范围禁止使用的农药见表 B.1。

表 B.1　部分范围禁止使用的农药（20 种）

通用名	禁止使用范围
甲拌磷、甲基异柳磷、克百威、水胺硫磷、氧乐果、灭多威、涕灭威、灭线磷	禁止在蔬菜、瓜果、茶叶、菌类、中草药材上使用，禁止用于防治卫生害虫，禁止用于水生植物的病虫害防治
甲拌磷、甲基异柳磷、克百威	禁止在甘蔗作物上使用
内吸磷、硫环磷、氯唑磷	禁止在蔬菜、瓜果、茶叶、中草药材上使用
乙酰甲胺磷、丁硫克百威、乐果	禁止在蔬菜、瓜果、茶叶、菌类和中草药材上使用
毒死蜱、三唑磷	禁止在蔬菜上使用
丁酰肼（比久）	禁止在花生上使用
氰戊菊酯	禁止在茶叶上使用
氟虫腈	禁止在所有农作物上使用（玉米等部分旱田种子包衣除外）
氟苯虫酰胺	禁止在水稻上使用

B.3　有关说明

本附录来自 2019 年中华人民共和国农业农村部官方发布的《禁限用农药名录》（http://www.zzys.moa.gov.cn/gzdt/201911/t20191129_6332604.htm）。

附　录　C

（资料性）

病虫害草害等防治的参考方法

×××病虫害草害等防治的参考方法（示例）见表 C.1。

表 C.1　×××病虫害草害等防治的参考方法（示例）

防治对象	防治时期	化学防治方法	农业防治或物理防治方法
根腐病	8—10 月	栽种前使用多菌灵浸种或灌根；或用甲基硫菌灵、苦参碱灌根，按农药标签使用	水旱轮作；有机肥必须充分腐熟；选用无病害感染、无机械损伤、优质正山系和健壮粗大的土苓子，禁用带病苗；发现病株及时拔除，集中销毁，每穴撒入草木灰 100g 或生石灰 200~300g，进行局部消毒
蛴螬	8—10 月	阿维菌素，按农药标签使用	无
鼠害	全年	毒饵诱杀、生物灭鼠等	人工灭鼠、器械灭鼠等。注意保护鼠类天敌猫头鹰、蛇类等，创造其适生条件，发挥天敌的灭鼠作用

附 录 D

（资料性）

允许使用的化学农药的参考使用方法

×××允许使用的化学农药的参考使用方法（示例）见表 D.1。

表 D.1 ×××允许使用的化学农药的参考使用方法（示例）

类别	通用名	作用对象	使用方法（生长季）	使用量（浓度）	安全隔离期 /d
杀菌剂	百菌清	根腐病等	浇根，1~2 次	按说明书推荐用量	30
杀虫剂	辛硫磷	地下害虫	浇根，1~2 次	按说明书推荐用量	30
注：以上是国家允许使用的农药品种，新农药必须经有关技术部门试验并经过农业农村部批准在 ×××药材上登记后才能使用					

参考文献

［1］Chinese Pharmacopoeia Commission. Pharmacopoeia of the People's Republic of China：2015 Volume Ⅰ［M］. Beijing：China Medical Science Press，2017.

［2］么历，程慧珍，杨智 . 中药材规范化种植（养殖）技术指南［M］. 北京：中国农业出版社，2006.

［3］国家药典委员会 . 中华人民共和国药典：2020 年版一部［M］. 北京：中国医药科技出版社，2020.

ICS 65.020.20
CCS C 05

团 体 标 准

T/CACM 1374.2—2021

人参规范化生产技术规程

Code of practice for good agricultural practice of Ginseng Radix Et Rhizoma

2021-10-15 发布
2021-10-15 实施

中华中医药学会　发布

目　次

前　言

本文件按照 GB/T 1.1—2020《标准化工作导则　第 1 部分：标准化文件的结构和起草规则》的规定起草。

请注意本文件中的某些内容可能涉及专利。本文件的发布机构不承担识别专利的责任。

本文件由中国医学科学院药用植物研究所和中国中医科学院中药研究所提出。

本文件由中华中医药学会归口。

本文件起草单位：中国中医科学院中药研究所、上海市药材有限公司、盛实百草药业有限公司、华润三九医药股份有限公司、白山林村中药开发有限公司、鲁东大学、吉林华润和善堂人参有限公司、深圳津村药业有限公司、中国医学科学院药用植物研究所、重庆市药物种植研究所。

本文件主要起草人：董林林、王海峰、李刚、李琦、程显好、刘玉德、邢建永、金淑艳、陈延国、朱光明、姚玲、张乃嬰、钟均超、肖平阔、郭笑彤、朱亮亮、谢平、张元科、魏永磊、魏建和、王文全、王秋玲、杨小玉、辛元尧、王苗苗。

人参规范化生产技术规程

1 范围

本文件确立了人参 / 人参叶 / 红参规范化生产流程,规定了人参 / 人参叶 / 红参生产基地选址、种质与种子、种植、采收、产地初加工、包装、贮藏、运输的操作要求。

本文件适用于人参 / 人参叶 / 红参的规范化生产。

2 规范性引用文件

下列文件的内容通过文中的规范性引用而构成本文件必不可少的条款。其中,注明日期的引用文件,仅该日期对应的版本适用于本文件;不注明日期的引用文件,其最新版本(包括所有的修改单)适用于本文件。

ISO 17217-1—2014 Traditional Chinese medicine-Ginseng seeds and seedlings -Part 1:*Panax ginseng* C. A. Meyer

GB 3095 环境空气质量标准

GB 5084 农田灌溉水质标准

GB/T 4892—2021 硬质直方体运输包装尺寸系列

GB 15618 土壤环境质量 农用地土壤污染风险管控标准(试行)

SB/T 10977—2013 仓储作业规范

SB/T 11094—2014 中药材仓储管理规范

SB/T 11095—2014 中药材仓库技术规范

T/CACM 1374.1—2021 中药材规范化生产技术规程通则 植物药材

3 术语和定义

T/CACM 1374.1—2021 界定的以及下列术语和定义适用于本文件。

3.1 规范化生产 good agricultural practice

按照《中药材生产质量管理规范》(简称中药材 GAP)的要求,实施药材生产,保证中药材优质安全的生产过程。

3.2 技术规程 code of practice

为实现中药材生产顺利、有序进行,保证中药材生产质量,对中药材生产的基地选址、种子种苗、种植或野生抚育、采收与产地初加工以及包装、放行与贮运等,所做的技术规定和要求,是实施中药材规范生产的核心技术要求和实施指南。

3.3 栽培制 transplant system

在人参种植过程中对育苗年限和移栽年限的规定。

示例:"二三制"为育苗 2 年,移栽 3 年。

3.4 人参 Ginseng Radix Et Rhizoma

为五加科植物人参 *Panax ginseng* C. A. Meyer 的干燥根和根茎。

3.5 林下参 similar wild Ginseng

人工方式将园参种子播撒于深山密林中,种子自然发芽,在野生环境中自然生长,经过若干年后再采收的人参。

3.6 红参 Ginseng Radix Et Rhizoma Rubra

由鲜人参经过浸润、清洗、分选、蒸制、晾晒、烘干炮制而成的干燥根及根茎。

3.7 人参叶 Ginseng Folium

为五加科植物人参 *Panax ginseng* C. A. Mey. 的干燥叶。

4 人参 / 人参叶 / 红参规范化生产流程图

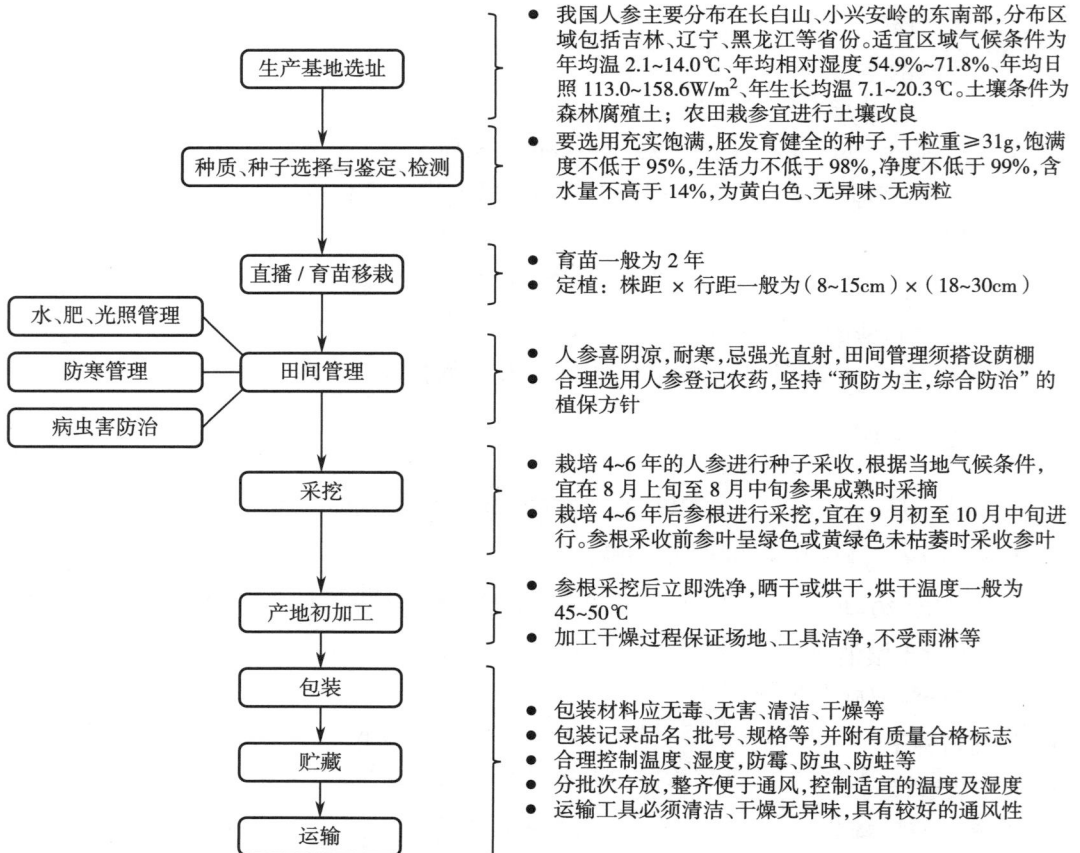

人参 / 人参叶 / 红参规范化生产流程见图 1。

人参规范化生产流程:

关键控制点及参数:

- 我国人参主要分布在长白山、小兴安岭的东南部,分布区域包括吉林、辽宁、黑龙江等省份。适宜区域气候条件为年均温 2.1~14.0℃、年均相对湿度 54.9%~71.8%、年均日照 113.0~158.6W/m²、年生长均温 7.1~20.3℃。土壤条件为森林腐殖土;农田栽参宜进行土壤改良

生产基地选址

- 要选用充实饱满,胚发育健全的种子,千粒重≥31g,饱满度不低于 95%,生活力不低于 98%,净度不低于 99%,含水量不高于 14%,为黄白色、无异味、无病粒

种质、种子选择与鉴定、检测

- 育苗一般为 2 年
- 定植:株距 × 行距一般为(8~15cm)×(18~30cm)

直播 / 育苗移栽

水、肥、光照管理
防寒管理
病虫害防治

田间管理

- 人参喜阴凉,耐寒,忌强光直射,田间管理须搭设荫棚
- 合理选用人参登记农药,坚持"预防为主,综合防治"的植保方针

采挖

- 栽培 4~6 年的人参进行种子采收,根据当地气候条件,宜在 8 月上旬至 8 月中旬参果成熟时采摘
- 栽培 4~6 年后参根进行采挖,宜在 9 月初至 10 月中旬进行。参根采收前参叶呈绿色或黄绿色未枯萎时采收参叶

产地初加工

- 参根采挖后立即洗净,晒干或烘干,烘干温度一般为 45~50℃
- 加工干燥过程保证场地、工具洁净,不受雨淋等

包装

- 包装材料应无毒、无害、清洁、干燥等
- 包装记录品名、批号、规格等,并附有质量合格标志

贮藏

- 合理控制温度、湿度、防霉、防虫、防蛀等
- 分批次存放,整齐便于通风,控制适宜的温度及湿度

运输

- 运输工具必须清洁、干燥无异味,具有较好的通风性

图 1 人参 / 人参叶 / 红参规范化生产流程图

5 人参 / 人参叶 / 红参规范化生产技术

5.1 生产基地选址

5.1.1 产地选择

我国野生人参主要分布在长白山、小兴安岭的东南部，即北纬 40°~48°、东经 117°~137° 的区域内。此区域属温带大陆性气候，太阳直接辐射量为 2 566MJ，日照时数为 2 400h/a，大于 10℃的积温为 2 400℃，本区域内的长白山森林地带，年平均气温 4.2℃，1 月平均气温 –18℃，7—8 月平均气温 20~21℃，年降雨量 800~1 000mm，无霜期为 100~140 天。

农田栽参在我国的最大生态适宜区域主要包括吉林、辽宁、黑龙江等省份。农田栽参适宜区域气候条件为年均温 –2.1~14.0℃、最冷季均温 –23.2~3.5℃、最热季均温 12.3~24.6℃、年均相对湿度 54.4%~71.5%、年均降雨量 520~1 999mm、年均日照 113.2~158.6W/m²。

林下参的种植环境在野山参生长的地区，再经过人工播种培育而成。林下参种植地块选择主要分为原始森林和参后还林两种，当选择参后还林时需要注意林间的黄砂土的含量，林木应该选择高度在 2m 以上的阔叶林，这样最利于人参生长；选择原始森林种植人参时需要林地具有较好的排水能力，以避免多雨水天气对人参生长产生不利影响。当原始森林的腐殖土层超过 12cm 时，可进行人参种植。

5.1.2 地块选择

生产基地的空气质量应符合 GB 3095 规定的环境空气质量标准。适宜选择交通便利、背风向阳、水源方便、排水良好、地势平坦有坡或坡度 <15° 的缓坡地。土壤质量应符合 GB 15618 的规定。选择土壤耕层厚度 ≥25cm，土质疏松肥沃、团粒结构好，有机质含量 6% 以上，pH 5.5~6.5，保水保肥性能好，无大气、水质和土壤污染的壤土、砂壤土或白浆土地块。灌溉水应符合 GB 5084 规定的农田灌溉水质标准。

种植林下参以暗棕色森林土为宜，土壤以微酸或中性为宜，以磷酸肥含量较多为佳。一般岗地、山地选择坡度为 15° 以内，超过 20° 的坡度不宜使用。各种坡向均可利用，以东、南、北三个坡向为宜。选择柞树、椴树、桦树等阔叶林或长有阔叶树的混交林、灌木林种植人参，老参地或撂荒地也可开垦利用。以森林灰化土、活黄土及花岗岩风化土为佳，灰泡土、碱性土不宜种参。

农田栽参宜进行土壤改良：人参种植前进行土壤改良，通过种植玉米、苏子等作物，在花期前将其粉碎翻入土壤中；根据土壤墒情确定翻耕时间和次数，翻耕时拣出石块，次数 5 次以上为宜，深度 30~40cm 为宜，播种移栽前旋耕次数 3 次以上为宜；采用化学消毒结合地膜覆盖方式进行土壤消毒，根据天气情况确定覆膜时间。春季翻耕前宜施入厩肥或秸秆堆肥，根据土壤养分状况确定厩肥和秸秆堆肥的使用量。

5.2 种质与种子

5.2.1 种质选择

使用五加科植物人参 *Panax ginseng* C. A. Mey. 为物种来源，物种须经过专家鉴定。如使用农家品种或选育品种，应加以明确。

5.2.2 种子质量

千粒重不低于 31g,饱满度不低于 95%,生活力不低于 98%,净度不低于 99%,含水量不高于 14%,种子的色泽为黄白色、无异味、无病粒。种子质量要求应符合 ISO 17217-1—2014 中 5.1 和 5.2 的要求。

5.2.3 良种繁育

5.2.3.1 留种田

选择 2~3 年生一等苗作种栽。在苗长到 4~6 年生时,选生育健壮植株留种。为收获优质种子,在人参开花前剪掉外围边缘耳蕾,并及时除去花序中心花蕾,留外缘长势优良的花蕾。当人参花序长出小青果时,把花序中心小而弱的青果摘除,1 株人参保留 25~30 粒种子,采收留种。

5.2.3.2 种子采收

果实红熟后期采收,不得过早,采收时要将病果、健果严格分开。人参果肉开始变软时一次性采收,采收后立即搓去果肉,不得滞留时间过长,用净水淘净,漂出瘪籽。漂洗过后的种子阴干,搓洗的种子不应在强光下暴晒。阴干或弱光下晒干,达到规定的含水量。当年采收的种子,为了满足春播的需要,于采收后至 10 月上旬前进行层积催芽。前期在室外,温度控制在 18~20℃,湿度控制在 20%~30%;后期在室内,温度控制在 15~18℃,湿度控制在 20%~25%。当种子已有 80% 裂口,胚率达到 80% 以上时,须及时进行生理后熟。完成低温生理后熟后,及时冻藏,在春播时取出播种。

5.2.3.3 种子贮藏

晾干的种子应放在冷凉、干燥、比较封闭的仓库中贮藏,贮藏期间应勤检查,防止种子发霉变质。贮藏期不得超过一年。达到催芽指标的鲜籽,当年不能秋播,搞好越冬贮藏。贮藏期间先通过生理后熟(温度 0~5℃),然后冻存,播种前不能化冻。

5.3 种植

5.3.1 育苗

苗床应符合标准,宜选用胚发育健全的种子,播种后,覆土深度要一致,厚度要适宜,以 5~7cm 为宜。春播时,土壤干旱,要提前灌水,为人参种子的顺利萌发提供充足的水分,夏播床面要覆盖,秋播后要防寒。

人参育苗分两步:播种和移栽。育苗即在春季进行种子催芽,在芒种前进行干种子播种,在夏季时进行水种子播种,夏季水种子播种是目前林下参育苗的主要方法。幼苗培育主要有两种方式,一是用硬的黄土作为床垫,将人参种子撒在上面后,盖上腐殖土或黄砂土;二是用参膜进行,主要是在参膜上撒黄砂土,之后撒上人参种子,再进行腐殖土覆盖。在这个过程中要注意人参生长的温度,以防止幼苗发生枯萎现象。出苗后需要选择外观完好且没有伤痕的栽子,之后在顺山坡的坑穴进行种植,种植后使芽苞面向阳光一方,以保障阳光充足。人参幼苗大概在育苗 2 年后进行移栽。

5.3.2 定植

斜栽或平栽,种苗可以采用斜栽方式,以利培养良好的人参商品形状。株距 × 行距一般为（8~15cm）×（18~30cm）。根据生产目的，可采用点播、条播或撒播方式进行播种，直播株距宜为 3~5cm、行距宜为 15~18cm，育苗株距宜为 3~5cm、行距宜为 5~8cm。春播覆土以 3~6cm 为宜，根据生产需要可覆盖已进行消毒处理的碎稻草、碎玉米秸秆或树叶。应边播种边覆盖，以防干旱。秋播覆土以 4~6cm 为宜，根据生产需要可覆盖已进行消毒处理的碎稻草、碎玉米秸秆或树叶等防寒物 3~8cm。

5.3.3 田间管理

人参生长的特点是喜阴凉，耐寒，忌强光直射，进行田间管理时需要搭设荫棚。栽培人参田间管理的环节涉及覆盖、防寒、调光、肥水管理等。

5.3.3.1 防寒

在播种或移栽后要及时覆盖树叶、秸草、薄膜、防寒毡等设施进行防寒保温。初冬和早春气温变化大，因此要加厚防寒层，防止发生"缓阳冻"。

5.3.3.2 畦面消毒

4 月中旬，当参畦土壤全部化透时，及时撤除防寒物，并对畦面进行全面药剂消毒。

5.3.3.3 调节水、肥和光照

水：遇到干旱天气，通过微喷灌溉、滴灌或沟灌等确保人参生长环境的适宜性。

肥：根据药材的生长、土壤肥力等进行施肥，对于多年生人参，根据人参实际长势情况，进行适当追肥，肥料种类要以生物菌肥、生物有机肥为主。追肥时间在春季 4 月中旬结合第一次松土时进行，撒施后将肥拌入土中。

光照：人参出土后，根据天气情况及时覆膜，人参完全展叶后，气温超过 25℃时，及时覆盖遮阳网，避免灼伤参叶，影响人参正常生长。为促进人参苗壮生长，根据天气情况，春秋季适当增大光照，夏季适当减少光照，促进光合作用。

5.3.4 病虫害防治

5.3.4.1 概述

贯彻"预防为主，综合防治"的植保方针，通过加强栽培管理、科学施肥等栽培措施，综合采用农业防治、物理防治、生物防治，配合科学合理地使用化学防治，将有害生物危害控制在允许范围以内。化学农药使用应符合禁限用农药规定，具体种类见附录 A。具体病虫害种类及防治方法参见附录 B 表 B.1 及 B.2。

合理选用人参登记农药。土壤处理宜均匀施入 25cm 土层土壤内；地上喷施应稀释至安全浓度，并均匀施用。具体登记农药及使用方法见附录 C 表 C.1。

5.3.4.2 主要病害

主要病害有立枯病、黑斑病、疫病、锈腐病、菌核病、红皮病、炭疽病等，其防治方法见附录 B 表 B.1。

5.3.4.3 主要虫害

主要害虫有金针虫、蝼蛄、蛴螬、地老虎等，其防治方法见附录 B 表 B.2。

5.3.4.4 种苗消毒

播种前用多菌灵拌种，也可用多菌灵浸种、浸苗，晾干表皮水分即可播栽。也可进行种

子包衣处理。

5.3.4.5 生育期防治

人参生育期喷药是预防病害发生和蔓延的重要措施,因此要及时准确。第一遍喷药在人参出苗 50%~70% 时进行,用药选择安全性好、内吸性强的药剂。第二遍喷药可在第一遍喷药的 5~7 天后进行,主要加强疫病、茎斑病的防治。6—8 月重点进行黑斑病、灰霉病的防治,视病情可间隔 10~15 天进行防治。

5.4 采收

5.4.1 种子

栽培 4~6 年的人参进行种子采收,根据当地气候条件,宜在 8 月上旬至 8 月中旬参果成熟时采摘。果实成熟后及时采摘,挑出病果、搓洗,漂去果肉和瘪粒,挑出果柄和杂物,洗净后进行催芽或晾干。

5.4.2 参根

栽培 4~6 年后参根进行采挖,根据当地气候条件,9 月初至 10 月中旬进行。拆除参棚,清除茎叶,可采取人工或机械起参。

5.4.3 人参叶

根据当地气候条件,参根采收前参叶呈绿色或黄绿色未枯萎时采收参叶,人工割除。

5.5 产地初加工

5.5.1 人参

栽培 4~6 年后采收,采挖后立即洗净,晒干或烘干。栽培的俗称"园参";播种在山林野生状态下,自然生长的称"林下参",林下参一般生长 10 年以上。加工干燥过程保证场地、工具洁净,不受雨淋等。

5.5.2 红参

将鲜参经过浸润、清洗、净选、蒸制、干燥等加工工序,即得红参。

5.5.3 人参叶

将采收参叶扎成小捆,挂在阴凉棚下自然风干,避免阳光直射及霜冻。

5.6 包装、贮藏、运输

5.6.1 包装

包装材料应无毒、无害、清洁、干燥、无污染、无异味、无破损,并满足环保要求;包装容器尺寸应符合 GB/T 4892—2021《硬质直方体运输包装尺寸系列》的要求。包装应有包装记录品名、批号、规格、重量、产地采收日期,并附有质量合格标志。

5.6.2 贮藏

5.6.2.1 贮藏条件

贮藏条件应具备 SB/T 11095—2014《中药材仓库技术规范》的要求,合理控制温度、湿度、防霉、防虫、防蛀等。

5.6.2.2 贮藏管理

贮存时应分批次存放,整齐便于通风,控制适宜的温度及湿度,仓储作业和仓储管理应符合 SB/T 11094—2014《中药材仓储管理规范》和 SB/T 10977—2013《仓储作业规范》的要求。

5.6.3 运输

批量运输时不能与其他有毒、有害物质混装,运输工具必须清洁、干燥无异味,具有较好的通风性,保持干燥,并设有防雨、防晒及防潮措施,防止二次污染。

附 录 A

（规范性）

禁限用农药名单

A.1 禁止（停止）使用的农药（46 种）

六六六、滴滴涕、毒杀芬、二溴氯丙烷、杀虫脒、二溴乙烷、除草醚、艾氏剂、狄氏剂、汞制剂、砷类、铅类、敌枯双、氟乙酰胺、甘氟、毒鼠强、氟乙酸钠、毒鼠硅、甲胺磷、对硫磷、甲基对硫磷、久效磷、磷胺、苯线磷、地虫硫磷、甲基硫环磷、磷化钙、磷化镁、磷化锌、硫线磷、蝇毒磷、治螟磷、特丁硫磷、氯磺隆、胺苯磺隆、甲磺隆、福美肿、福美甲肿、三氯杀螨醇、林丹、硫丹、溴甲烷、氟虫胺、杀扑磷、百草枯、2,4- 滴丁酯。

注：氟虫胺自 2020 年 1 月 1 日起禁止使用。百草枯可溶胶剂自 2020 年 9 月 26 日起禁止使用。2,4-滴丁酯自 2023 年 1 月 29 日起禁止使用。溴甲烷可用于"检疫熏蒸处理"。杀扑磷已无制剂登记。

A.2 在部分范围禁止使用的农药（20 种）

部分范围禁止使用的农药应注意药食同源中药材及来自其他作物的中药材。部分范围禁止使用的农药见表 A.1。

表 A.1 部分范围禁止使用的农药

通用名	禁止使用范围
甲拌磷、甲基异柳磷、克百威、水胺硫磷、氧乐果、灭多威、涕灭威、灭线磷	禁止在蔬菜、瓜果、茶叶、菌类、中草药材上使用，禁止用于防治卫生害虫，禁止用于水生植物的病虫害防治
甲拌磷、甲基异柳磷、克百威	禁止在甘蔗作物上使用
内吸磷、硫环磷、氯唑磷	禁止在蔬菜、瓜果、茶叶、中草药材上使用
乙酰甲胺磷、丁硫克百威、乐果	禁止在蔬菜、瓜果、茶叶、菌类和中草药材上使用
毒死蜱、三唑磷	禁止在蔬菜上使用
丁酰肼（比久）	禁止在花生上使用
氰戊菊酯	禁止在茶叶上使用
氟虫腈	禁止在所有农作物上使用（玉米等部分旱田种子包衣除外）
氟苯虫酰胺	禁止在水稻上使用

A.3 说明

本附录的内容来自 2019 年中华人民共和国农业农村部发布的《禁限用农药名录》（http://www.zzys.moa.gov.cn/gzdt/201911/t20191129_6332604.htm）。

附 录 B

（资料性）

人参常见病虫害防治的参考方法

人参/人参叶/红参常见病害种类及防治参考方法见表 B.1。

表 B.1 主要病害种类及防治参考方法

病害种类	危害部位或时期	防治方法
立枯病	幼苗期	（1）播种前每亩（1 亩≈666.7m² ,下文同）用 50% 多菌灵 3kg 处理土壤 （2）发病初期用 50% 多菌灵 1 000 倍液浇灌病区 （3）发现病株立即清除烧毁,病穴用 5% 石灰乳等消毒 （4）加强田间管理,保持通风,避免土壤湿度过大 （5）可用多菌灵、咯菌腈、多黏类芽孢杆菌、哈茨木霉菌等
黑斑病	叶	（1）加强田间管理,及时清除畦间的残枝、病叶并烧毁 （2）多菌灵 500 倍液喷洒,7~10d 1 次,连续 3~4 次 （3）可用嘧菌酯、多菌灵、嘧菌环胺、多抗霉素、苯醚甲环唑、丙环唑、代森锰锌等
疫病	叶、根	（1）保持床面良好的通风、排水条件,使土壤湿度适宜 （2）及时上帘防漏雨,增施磷钾肥,提高抗病能力 （3）发现病株及时拔除,病穴以生石灰或 5% 石灰乳浇灌消毒 （4）可用烯酰吗啉、氟啶胺、霜脲·锰锌、甲霜·霜霉威等
菌核病	4 年生以上参根,芽苞、芦头	（1）注意排水,防止参畦湿度过大 （2）发现病株,带土挖出,病穴用 5% 石灰乳消毒,再换入无病土 （3）发病严重的地块,可用咯菌腈、代森锰锌等

人参/人参叶/红参常见虫害种类及防治参考方法见表 B.2。

表 B.2 主要虫害种类及防治参考方法

虫害种类	危害部位	防治方法
金针虫	幼苗、幼芽和根部	（1）整地、作床、松土时撒入噻虫嗪 （2）出苗后发现害虫为害时,可浇注噻虫·咯·霜灵 （3）人工捕捉
蝼蛄	根、发芽的种子	（1）秋翻地、提前整地 1 年 （2）毒饵诱杀
蛴螬	根	（1）清除病根,翻耕作床 （2）采用噻虫·咯·霜灵诱杀
地老虎	幼苗	（1）清除参畦内及周围杂草 （2）用糖、醋、蜜进行诱杀

附　录　C
（资料性）
人参生产允许使用的化学农药的种类及其使用方法

人参生产允许使用的化学农药的种类及其使用方法见表 C.1。

表 C.1　人参生产允许使用的化学农药的种类及其使用方法

类别	通用名	作用对象	使用方法（生长季）	使用量（浓度）	安全隔离期 /d
植物生长调节剂	赤霉酸	增加发芽率	播种前浸种15min	按说明书推荐用量	—
杀菌剂	多菌灵	锈腐病	浇灌	按说明书推荐用量	—
杀菌剂	氟吗·唑菌酯	疫病	喷雾	按说明书推荐用量	3
杀菌剂	嘧菌环胺	灰霉病	喷雾	按说明书推荐用量	28
杀菌剂	多黏类芽孢杆菌	立枯病	药土法（参床撒施）	按说明书推荐用量	10
杀虫剂 /杀菌剂	噻虫·咯·霜灵	金针虫、立枯病、锈腐病、疫病	种子包衣	按说明书推荐用量	—
杀菌剂	精甲·噁霉灵	立枯病、猝倒病	土壤喷洒	按说明书推荐用量	10
杀菌剂	烯酰吗啉	疫病	喷雾	按说明书推荐用量	—
杀菌剂	双炔酰菌胺	疫病	喷雾	按说明书推荐用量	21
杀菌剂	嘧菌酯	黑斑病	喷雾	按说明书推荐用量	14
杀菌剂	氟啶胺	疫病	喷雾	按说明书推荐用量	—
杀菌剂	哈茨木霉菌	灰霉病、立枯病	喷雾 / 浇灌	按说明书推荐用量	—
植物诱抗剂	氨基寡糖素	调节生长	喷雾	按说明书推荐用量	—
杀菌剂	多抗霉素	黑斑病	喷雾	按说明书推荐用量	14
杀菌剂	枯草芽孢杆菌	黑斑病、灰霉病	喷雾	按说明书推荐用量	—
杀菌剂	王铜	黑斑病	喷雾	按说明书推荐用量	35
杀菌剂	苯醚甲环唑	黑斑病	喷雾	按说明书推荐用量	32

类别	通用名	作用对象	使用方法（生长季）	使用量（浓度）	安全隔离期/d
杀菌剂	乙霉·多菌灵	灰霉病	喷雾	按说明书推荐用量	5
杀菌剂	氢氧化铜	黑斑病	喷雾	按说明书推荐用量	30
杀菌剂	甲霜·霜霉威	疫病	喷雾	按说明书推荐用量	—
杀菌剂	噁霉灵	根腐病	土壤浇灌	按说明书推荐用量	35
杀菌剂	氟硅唑	白粉病	喷雾	按说明书推荐用量	—
杀菌剂	二氯异氰尿酸钠	立枯病	药土法	按说明书推荐用量	—
杀菌剂	异菌脲	黑斑病	喷雾	按说明书推荐用量	32
杀菌剂	霜脲·锰锌	疫病	喷雾	按说明书推荐用量	32
杀菌剂	丙环唑	黑斑病	喷雾	按说明书推荐用量	35
杀虫剂	噻虫嗪	金针虫	种子包衣	按说明书推荐用量	—
杀菌剂	咯菌腈	立枯病	种子包衣	按说明书推荐用量	—
杀菌剂	代森锰锌	黑斑病	喷雾	按说明书推荐用量	35
注：以上是国家目前允许使用的农药品种,新农药必须经有关技术部门试验并经过农业农村部批准在人参药材上登记后才能使用					

参考文献

[1] 吉林省质量技术监督局.人参土壤调理剂:DB 22/T 2192—2014[S].北京:中国标准出版社,2014.

[2] 中华人民共和国国家质量监督检验检疫总局,中国国家标准化管理委员会.人参优质种植技术规范:GB/T 34789—2017[S].北京:中国标准出版社,2017.

[3] 中华人民共和国国家质量监督检验检疫总局,中国国家标准化管理委员会.人参种子:GB 6941—1986[S].北京:中国标准出版社,1986.

[4] 王铁生.中国人参[M].沈阳:辽宁科学技术出版社,2001.

[5] 许永华.农田栽参关键技术研究[M].长春:吉林大学出版社,2015.

[6] 冯家.中草药病虫害防治图谱:西洋参[M].长春:吉林出版基团有限责任公司,2010.

[7] 尹春梅,王雅君.吉林省人参种植人员技能培训教材:人参[M].长春:吉林出版基团有限责任公司,2011.

[8] 冯光荣.无公害人参农田栽培技术规范及标准研究[J].科技经济导刊,2019,27(21):104.

[9] 张飞飞,任跃英,王天媛,等.无公害人参生产关键技术[J].现代农业科技,2017(1):70-73.

[10] 徐江,沈亮,陈士林,等.无公害人参农田栽培技术规范及标准[J].世界科学技术-中医药现代化,2018,20(7):1138-1147.

[11] 沈亮,李西文,徐江,等.人参无公害农田栽培技术体系及发展策略[J].中国中药杂志,2017,42(17):3267-3274.

[12] 刘建民.林下人参种植技术[J].吉林农业,2017(23):86.

[13] 国家药典委员会.中华人民共和国药典:2020年版一部[M].北京:中国医药科技出版社,2020.

[14] 孙涛,张忠义.几种人参、西洋参虫害的防治[J].人参研究,2002(4):32-33.

ICS 65.020.20
CCS C 05

团 体 标 准

T/CACM 1374.3—2021

八角茴香规范化生产技术规程

Code of practice for good agricultural practice of Anisi Stellati Fructus

2021-10-15 发布

2021-10-15 实施

中华中医药学会　发布

目　次

前　言

本文件按照 GB/T 1.1—2020《标准化工作导则　第 1 部分：标准化文件的结构和起草规则》的规定起草。

请注意本文件中的某些内容可能涉及专利。本文件的发布机构不承担识别专利的责任。

本文件由中国医学科学院药用植物研究所和广西壮族自治区药用植物园提出。

本文件由中华中医药学会归口。

本文件起草单位：广西壮族自治区药用植物园、中国医学科学院药用植物研究所、广西壮族自治区国有高峰林场、柳州两面针股份有限公司、重庆市药物种植研究所。

本文件主要起草人：余丽莹、潘春柳、彭玉德、缪剑华、张占江、黄雪彦、黄宝优、谢月英、农东新、吕惠珍、柯芳、李莹、魏建和、王文全、王秋玲、农东红、卢永康、胡永志、杨小玉、辛元尧、王苗苗。

八角茴香规范化生产技术规程

1 范围

本文件确立了八角茴香的规范化生产技术规程,规定了八角茴香生产基地选址、种质与种子、大田生产、采收、产地初加工技术、包装、放行、贮运要求等阶段的操作要求。

本文件适用于八角茴香的规范化生产。

2 规范性引用文件

下列文件的内容通过文中的规范性引用而构成本文件必不可少的条款。其中,注明日期的引用文件,仅该日期对应的版本适用于本文件;不注明日期的引用文件,其最新版本(包括所有的修改单)适用于本文件。

GB 3095　环境空气质量标准

GB/T 3543　农作物种子检验规程

GB 5084　农田灌溉水质标准

GB 15618　土壤环境质量　农用地土壤污染风险管控标准(试行)

T/CACM 1374.1—2021　中药材规范化生产技术规程通则　植物药材

3 术语和定义

T/CACM 1374.1—2021 界定的以及下列术语和定义适用于本文件。

3.1 规范化生产　good agricultural practice

按照《中药材生产质量管理规范》(简称中药材 GAP)的要求,实施药材生产,保证中药材优质安全的生产过程。

3.2 技术规程　code of practice

为实现中药材生产顺利、有序进行,保证中药材生产质量,对中药材生产的基地选址、种子种苗、种植或野生抚育、采收与产地初加工以及包装、放行与贮运等,所做的技术规定和要求,是实施中药材规范生产的核心技术要求和实施指南。

3.3 八角茴香　Anisi Stellati Fructus

木兰科植物八角茴香 *Illicium verum* Hook. f. 的干燥成熟果实。

3.4 炼山　controlled burning

在采伐迹地或宜林地上用火烧来清理林地的一种营林措施。

4 八角茴香规范化生产流程图

八角茴香规范化生产流程见图1。

八角茴香规范化生产流程：

关键控制点及参数：

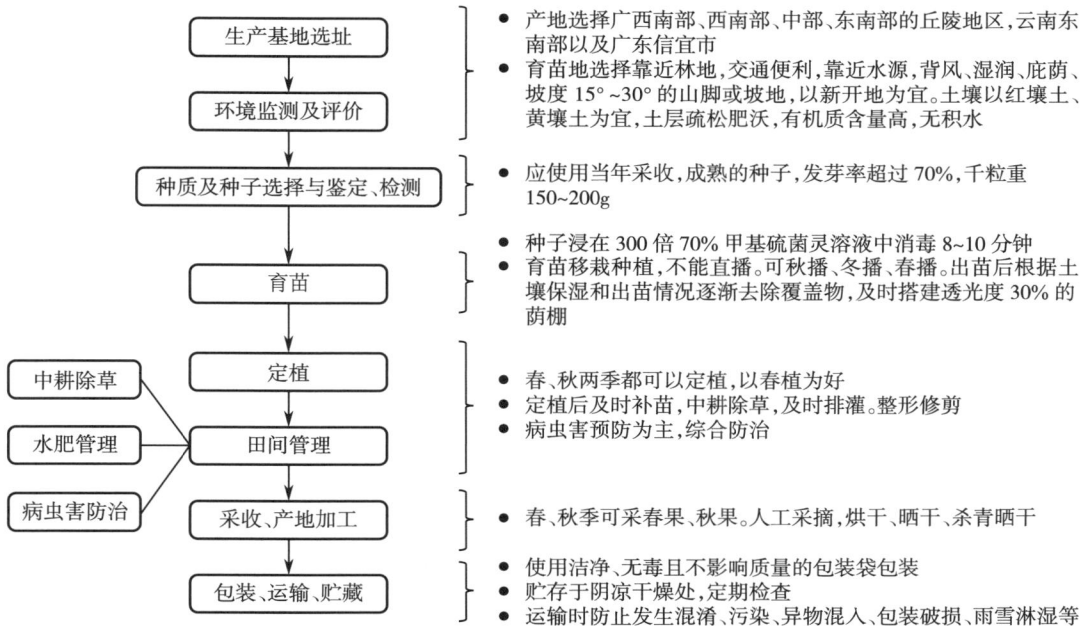

```
┌─────────────────┐
│   生产基地选址    │
└─────────────────┘
         ↓
┌─────────────────┐
│   环境监测及评价   │
└─────────────────┘
         ↓
┌─────────────────┐
│ 种质及种子选择与鉴定、检测 │
└─────────────────┘
         ↓
┌─────────────────┐
│      育苗        │
└─────────────────┘
         ↓
┌─────────┐    ┌─────────────────┐
│ 中耕除草 │    │      定植        │
└─────────┘    └─────────────────┘
                        ↓
┌─────────┐    ┌─────────────────┐
│ 水肥管理 │ →  │     田间管理      │
└─────────┘    └─────────────────┘
                        ↓
┌─────────┐    ┌─────────────────┐
│ 病虫害防治 │   │   采收、产地加工   │
└─────────┘    └─────────────────┘
                        ↓
               ┌─────────────────┐
               │  包装、运输、贮藏   │
               └─────────────────┘
```

- 产地选择广西南部、西南部、中部、东南部的丘陵地区,云南东南部以及广东信宜市
- 育苗地选择靠近林地,交通便利,靠近水源,背风、湿润、庇荫、坡度15°~30°的山脚或坡地,以新开地为宜。土壤以红壤土、黄壤土为宜,土层疏松肥沃,有机质含量高,无积水

- 应使用当年采收,成熟的种子,发芽率超过70%,千粒重150~200g

- 种子浸在300倍70%甲基硫菌灵溶液中消毒8~10分钟
- 育苗移栽种植,不能直播。可秋播、冬播、春播。出苗后根据土壤保湿和出苗情况逐渐去除覆盖物,及时搭建透光度30%的荫棚

- 春、秋两季都可以定植,以春植为好
- 定植后及时补苗,中耕除草,及时排灌。整形修剪
- 病虫害预防为主,综合防治

- 春、秋季可采春果,秋果。人工采摘,烘干、晒干、杀青晒干

- 使用洁净、无毒且不影响质量的包装袋包装
- 贮存于阴凉干燥处,定期检查
- 运输时防止发生混淆、污染、异物混入、包装破损、雨雪淋湿等

图1 八角茴香的规范化生产流程图

5 八角茴香规范化生产技术

5.1 生产基地选址

5.1.1 产地选择

适宜种植在广西南部、西南部、中部、东南部的丘陵地区,主要包括防城、上思、浦北、宁明、龙州、百色、上林、藤县、玉林、天等、金秀和凭祥等地,云南东南部的富宁、广南、西畴、文山、马关以及广东信宜等地。种植地宜选择在北纬20.5°~25°,海拔1 000m以下的山地、丘陵地区;育苗地宜选择在同样地区,海拔200~500m的山脚或缓坡。

5.1.2 生产基地

育苗地应选择交通便利,靠近水源,背风、湿润、庇荫、坡度15°~30°的山脚或坡地,以新开地为宜。土壤以红壤土、黄壤土为宜,土层疏松肥沃,有机质含量高,无积水。

良种繁育圃和定植地应选土层深厚、地势平缓、排水良好、土壤疏松、腐殖质含量高,pH 4.5~5.5的微酸性土壤。

生产基地的空气质量应符合GB 3095规定的环境空气质量标准,灌溉水质量应符合GB 5084规定的农田灌溉水质标准,土壤质量应符合GB 15618的规定。

5.2 种质与种子

5.2.1 种质选择

使用木兰科植物八角茴香 Illicium verum Hook. f.,物种须经过鉴定。如使用农家品种或选育品种应加以明确。

5.2.2 种子质量

应使用当年采收的成熟种子,发芽率超过 70%,千粒重 150~200g,检测法参见 GB/T 3543。

5.2.3 良种繁育技术

选取树势健壮、高产稳产、果实肥大、无病虫害的母树留种,并在后期喷施 1~2 次叶面肥,促使种子发育良好,以提高种子饱满率,增强种子发芽势。

在 10 月中旬左右,果实由青绿色转黄绿色或黄褐色,种子成熟时采收果实。采收的果实摊在室内晾干,厚度 10~15cm,经常翻动,爆出的种子及时保湿沙藏或播种。贮藏或播种前,先把种子浸在 300 倍 70% 甲基硫菌灵溶液中消毒 8~10 分钟,减轻种子的腐烂。沙土等贮种材料以手捏成团、松手散开为宜。

5.3 大田生产

5.3.1 育苗

八角须育苗移栽种植,不能直播。育苗时,深翻土地 30cm 以上,随整地施入基肥,多次犁、耙翻晒,开沟作畦,畦宽 80~100cm,畦高 20~25cm,畦沟宽 40cm 作为工作道。育苗地用甲基硫菌灵、多菌灵、敌磺钠、噁霉灵等高效低毒的杀菌剂喷洒苗床进行消毒。

可秋播、冬播、春播,秋播即为随采随播。贮藏的种子宜在 3 月中旬前播种。一般采用开沟点播法,沟距 20cm,沟深 2~3cm。播种量为每亩(1 亩 ≈ 666.7m²,下文同)种 7~8kg。播种后用新鲜黄泥细土覆盖,以不见种子为宜,再用稻草覆盖畦面,淋足水,保持苗床湿润,忌积水。

出苗后根据土壤保湿和出苗情况逐渐去除覆盖物,及时搭建透光度 30% 的荫棚。苗木出土后,要加强除草、间苗、松土、施肥和病虫防治等田间管理。

当八角苗叶子如黄豆般大小,侧根长约 0.5cm 时,移入直径 5cm、高 10cm 的容器。

种苗以 2 年生的实生苗为宜;也可使用由优良母树无性繁殖获得的扦插苗或嫁接苗。

5.3.2 定植

春、秋两季均可定植,以春植为宜。

整地前应进行林地清理和炼山。可采用块状整地、水平阶梯整地、斜坡带状整地等整地方式。

株行距一般为 4m×5m 或者 3m×4m,按 50cm×50cm×50cm 挖定植穴,定植密度通常为每亩 30~60 株。

定植穴日晒风化 30 天左右,每穴将沤熟的有机肥 3~5kg 和过磷酸钙 0.5~1kg 混匀施穴中,再回填表土形成高于地面 20cm 的土堆。在穴中央开一个大小合适的坑,将苗木放入扶正,深度以松土盖过根茎 2~3cm 为准。填回表土后把苗木轻轻上提,让其根系舒展,然后压实，淋足定根水。

5.3.3 田间管理

定植后及时补苗，中耕除草，及时排灌。整形修剪，包括留干、抹芽、定高和弱枝、病虫枝的修剪，每年结合中耕除草施肥 2~3 次。以有机肥为主，化学肥料有限度使用，鼓励使用经国家批准的菌肥及中药材专用肥。

5.3.4 病虫害防治

常见病害有炭疽病、煤污病等，虫害主要有八角尺蠖、八角叶甲、八角象甲、小地老虎等。

病虫害防治采用预防为主，综合防治的方法。生产上可采取以下措施减少病虫害发生概率。

a）使用充分腐熟的有机肥。

b）选用无病害感染、无机械损伤、侧根少、表皮光滑的优质种苗，禁用带病苗。

c）及时清沟排水。

d）发现病株及时拔除，集中销毁，每穴撒入草木灰 100g 或生石灰 200~300g，进行局部消毒。

e）每年秋冬季及时清园；保护和利用天敌。

采用化学防治时，应优先选用高效、低毒的生物农药，不使用禁限用农药。禁限用农药名单参见附录 A。常见病虫害防治的参考方法参见附录 B。

5.4 采收

实生苗一般种植 6~8 年可采收；扦插苗一般种植 3~5 年可采收；嫁接苗一般种植 3 年后可采收。春果在“清明”前后成熟，秋果在“霜降”前后成熟，适宜的采收期为成熟期前后各 7 天内，不能提早或过迟。人工采摘，先熟先采。

5.5 产地初加工技术

八角茴香产地初加工方法包括机械烘干法、晒干法、杀青晒干法。禁止硫熏。

机械烘干法：可采用各种设施，烘干温度不应超过 50℃。

晒干法：晒场摊开，不定期翻动，晒干。

杀青晒干法：将八角鲜果置于 90~100℃水中，搅拌 4~6 分钟，待八角颜色由绿转为淡黄色时捞出，晒场摊开，不定期翻动，晒干。

加工干燥过程保证场地、工具洁净，不受雨淋。

5.6 包装、放行、贮运

5.6.1 包装

包装前应对每批药材按照国家标准进行质量检验。应使用洁净、无毒且不影响质量的包装袋包装。包装上应标明药材名、基源、产地、采收日期、毛重、净重、防潮标志等，并有追溯码。

5.6.2 放行

应制定符合企业实际情况的放行制度，有审核批生产、检验等的相关记录。不合格药材有单独处理制度。

5.6.3 贮运

应贮存于阴凉干燥处,定期检查,防止虫蛀、霉变、腐烂、泛油等的发生。仓库控制温度在20℃以下、相对湿度在75%以下;不同批次等级药材分区存放;建有定期检查制度。禁止磷化铝和二氧化硫熏蒸。也可采用现代气调贮藏方法,包装或库内充氮或二氧化碳。

运输应防止发生混淆、污染、异物混入、包装破损、雨雪淋湿等。

附 录 A

（规范性）

禁限用农药名单

A.1 禁止（停止）使用的农药（46 种）

六六六、滴滴涕、毒杀芬、二溴氯丙烷、杀虫脒、二溴乙烷、除草醚、艾氏剂、狄氏剂、汞制剂、砷类、铅类、敌枯双、氟乙酰胺、甘氟、毒鼠强、氟乙酸钠、毒鼠硅、甲胺磷、对硫磷、甲基对硫磷、久效磷、磷胺、苯线磷、地虫硫磷、甲基硫环磷、磷化钙、磷化镁、磷化锌、硫线磷、蝇毒磷、治螟磷、特丁硫磷、氯磺隆、胺苯磺隆、甲磺隆、福美胂、福美甲胂、三氯杀螨醇、林丹、硫丹、溴甲烷、氟虫胺、杀扑磷、百草枯、2, 4- 滴丁酯。

注：氟虫胺自 2020 年 1 月 1 日起禁止使用。百草枯可溶胶剂自 2020 年 9 月 26 日起禁止使用。2, 4- 滴丁酯自 2023 年 1 月 29 日起禁止使用。溴甲烷可用于"检疫熏蒸处理"。杀扑磷已无制剂登记。

A.2 在部分范围禁止使用的农药（20 种）

部分范围禁止使用的农药应注意药食同源中药材及来自其他作物的中药材。部分范围禁止使用的农药见表 A.1。

表 A.1 部分范围禁止使用的农药

通用名	禁止使用范围
甲拌磷、甲基异柳磷、克百威、水胺硫磷、氧乐果、灭多威、涕灭威、灭线磷	禁止在蔬菜、瓜果、茶叶、菌类、中草药材上使用，禁止用于防治卫生害虫，禁止用于水生植物的病虫害防治
甲拌磷、甲基异柳磷、克百威	禁止在甘蔗作物上使用
内吸磷、硫环磷、氯唑磷	禁止在蔬菜、瓜果、茶叶、中草药材上使用
乙酰甲胺磷、丁硫克百威、乐果	禁止在蔬菜、瓜果、茶叶、菌类和中草药材上使用
毒死蜱、三唑磷	禁止在蔬菜上使用
丁酰肼（比久）	禁止在花生上使用
氰戊菊酯	禁止在茶叶上使用
氟虫腈	禁止在所有农作物上使用（玉米等部分旱田种子包衣除外）
氟苯虫酰胺	禁止在水稻上使用

A.3 说明

本附录的内容来自 2019 年中华人民共和国农业农村部发布的《禁限用农药名录》（http://www.zzys.moa.gov.cn/gzdt/201911/t20191129_6332604.htm）。

附 录 B

（资料性）

八角常见病虫害防治的参考方法

八角常见病虫害防治的参考方法见表 B.1。

表 B.1 八角常见病虫害防治的参考方法

病虫害名称	防治时期	防治方法
炭疽病	3—8 月	氟硅唑乳油或苯醚甲环唑水分散粒剂、醚菌酯水分散粒剂、吡唑醚菌酯乳油喷施，按照农药标签使用
煤污病	3—6 月 9—11 月	百菌清可湿性粉剂或代森铵可湿性粉剂喷施，按照农药标签使用
八角尺蠖	8—10 月	敌百虫或者敌敌畏乳油、苏云金杆菌（bacillus thuringiensis，BT）可湿性粉剂喷杀，按照农药标签使用
八角叶甲	6—7 月	敌敌畏乳油或高效氯氰菊酯乳油喷杀，按照农药标签使用
八角象甲	6—8 月	阿维菌素乳油或溴氰菊酯乳油喷杀，按照农药标签使用
小地老虎	4—5 月	敌百虫诱杀，按照农药标签使用

参考文献

［1］么历,程慧珍,杨智.中药材规范化种植(养殖)技术指南[M].北京:中国农业出版社,2006.

［2］国家药典委员会编.中华人民共和国药典:2020年版一部[M].北京:中国医药科技出版社,2020.

［3］刘永华.八角种植与加工利用[M].北京:金盾出版社,2003.

［4］林海志.八角高产稳产栽培新技术[M].北京:中国农业出版社,2003.

［5］黄卓民.八角[M].北京:中国林业出版社,1994.

［6］李冠光.八角栽培与加工[M].南宁:广西科学技术出版社,1994.

［7］李银涛,蒋林,王琴,等.八角茴香规范化种植基地生态环境的质量评价[J].现代中药研究与实践, 2009,23(3):3-5.

［8］顾涛,李开祥.八角育苗技术[J].广西林业,2002(5):25-26.

［9］夏盛军.八角育苗及造林技术研究[J].吉林农业,2013(10):76-77.

［10］李区宁.八角的栽培技术及管理措施[J].农业与技术,2018,38(17):89-90.

［11］陈坚荣.八角高产规范化栽培技术要点[J].南方农业,2017,11(21):33-34.

［12］陈路,吴献娟,潘富林,等.八角茴香产地加工方法的对比研究[J].现代中药研究与实践,2019,33 (1):1-5.

［13］刘永华.八角丰产栽培技术探讨[J].广西热作科技,1995,55(2):30-33.

［14］国家林业局.八角栽培技术规程:LY/T 1776—2008[S].北京:中国标准出版社,2008.

［15］广东省质量技术监督局.八角丰产栽培技术规程:DB 44/T 247—2005[S/OL].[2023-11-15].https:// std.samr.gov.cn/db/search/stdDBDetailed?id=91D99E4D5A362E24E05397BE0A0A3A10.

——————————

ICS 65.020.20
CCS C 05

团 体 标 准

T/CACM 1374.4—2021

九里香（千里香）规范化生产技术规程

Code of practice for good agricultural practice of Murrayae Folium Et Cacumen
（ *Murraya paniculata* ）

2021–10–15 发布

2021–10–15 实施

中华中医药学会　发布

目　次

前　　言

本文件按照 GB/T 1.1—2020《标准化工作导则　第 1 部分：标准化文件的结构和起草规则》的规定起草。

请注意本文件中的某些内容可能涉及专利。本文件的发布机构不承担识别专利的责任。

本文件由中国医学科学院药用植物研究所和华润三九医药股份有限公司提出。

本文件由中华中医药学会归口。

本文件起草单位：华润三九医药股份有限公司、广州中医药大学、中国医学科学院药用植物研究所、重庆市药物种植研究所。

本文件主要起草人：刘晖晖、韩正洲、谢文波、马庆、张洪胜、黄锦鹏、魏伟锋、黄煜权、曾烨、李明辉、王信宏、张赟、叶姿、许雷、魏民、李建领、池莲锋、詹若挺、李龙明、郑立权、谢灿基、魏建和、王文全、王秋玲、杨小玉、辛元尧、王苗苗。

九里香(千里香)规范化生产技术规程

1 范围

本文件确立了九里香(千里香)的规范化生产流程,规定了九里香(千里香)生产基地选址、种质与种子、种苗繁育、种植、采收与初加工、包装、放行、贮运等阶段的技术要求。

本文件适用于九里香(千里香)的规范化生产。

2 规范性引用文件

下列文件的内容通过文中的规范性引用而构成本文件必不可少的条款。其中,注明日期的引用文件,仅该日期对应的版本适用于本文件;不注明日期的引用文件,其最新版本(包括所有的修改单)适用于本文件。

《中华人民共和国药典》

GB 3095 环境空气质量标准

GB/T 3543 农作物种子检验规程

GB 5084 农田灌溉水质标准

GB 15618 土壤环境质量 农用地土壤污染风险管控标准(试行)

NY/T 496—2010 肥料合理使用准则 通则

NY/T 1276—2007 农药安全使用规范 总则

T/CACM 1374.1—2021 中药材规范化生产技术规程通则 植物药材

3 术语和定义

T/CACM 1374.1—2021 界定的以及下列术语和定义适用于本文件。

3.1 规范化生产 good agricultural practice

按照《中药材生产质量管理规范》(简称中药材 GAP)的要求,实施药材生产,保证中药材优质安全的生产过程。

3.2 技术规程 code of practice

为实现中药材生产顺利、有序进行,保证中药材生产质量,对中药材生产的基地选址、种子种苗、种植或野生抚育、采收与产地初加工以及包装、放行与贮运等,所做的技术规定和要求,是实施中药材规范生产的核心技术要求和实施指南。

3.3 九里香 Murrayae Folium Et Cacumen

芸香科植物九里香 *Murraya exotica* L. 和千里香 *Murraya paniculate*(L.)Jack 的干燥叶和带叶嫩枝。

4 九里香（千里香）规范化生产流程图

九里香（千里香）的规范化生产流程见图1。

九里香（千里香）规范化生产流程：　　　　关键控制点及参数：

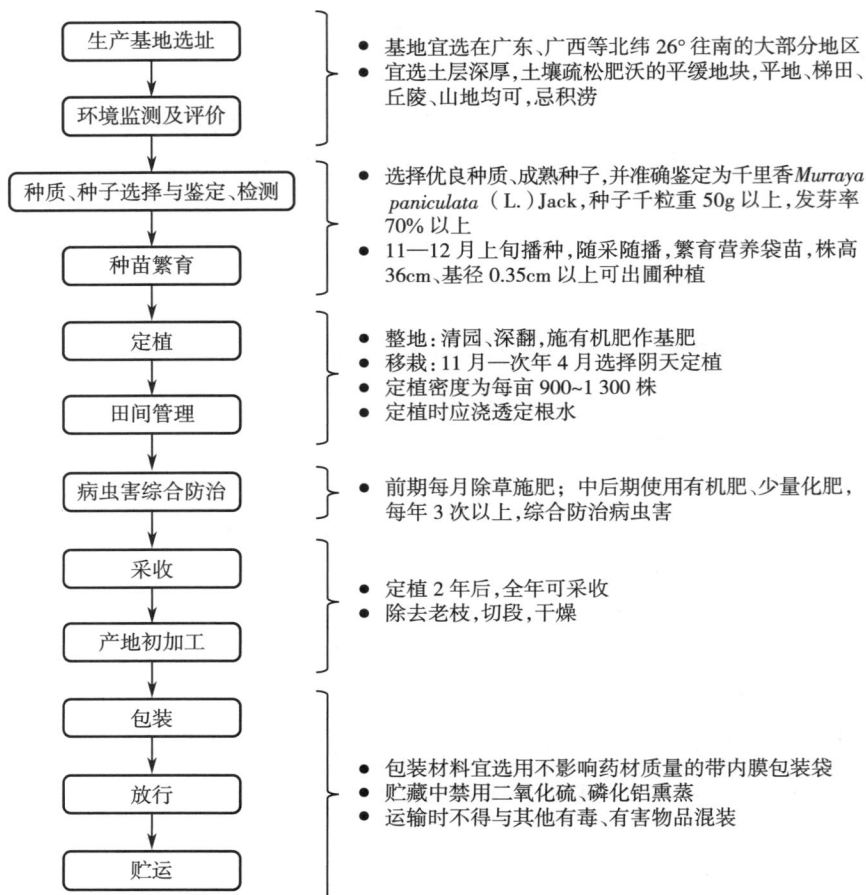

生产基地选址
↓
环境监测及评价

- 基地宜选在广东、广西等北纬26°往南的大部分地区
- 宜选土层深厚，土壤疏松肥沃的平缓地块，平地、梯田、丘陵、山地均可，忌积涝

种质、种子选择与鉴定、检测
↓
种苗繁育

- 选择优良种质、成熟种子，并准确鉴定为千里香 Murraya paniculata（L.）Jack，种子千粒重50g以上，发芽率70%以上
- 11—12月上旬播种，随采随播，繁育营养袋苗，株高36cm、基径0.35cm以上可出圃种植

定植
↓
田间管理

- 整地：清园、深翻，施有机肥作基肥
- 移栽：11月—次年4月选择阴天定植
- 定植密度为每亩900~1 300株
- 定植时应浇透定根水

病虫害综合防治

- 前期每月除草施肥；中后期使用有机肥、少量化肥，每年3次以上，综合防治病虫害

采收
↓
产地初加工

- 定植2年后，全年可采收
- 除去老枝，切段，干燥

包装
↓
放行
↓
贮运

- 包装材料宜选用不影响药材质量的带内膜包装袋
- 贮藏中禁用二氧化硫、磷化铝熏蒸
- 运输时不得与其他有毒、有害物品混装

图1　九里香（千里香）的规范化生产流程图

5 九里香（千里香）规范化生产技术

5.1 生产基地选址

5.1.1 产地选择

作为药用原料的九里香药材以千里香 Murraya paniculata（L.）Jack 为主，生产基地宜选址于北纬21°~26°、东经106°~112°的地区，海拔50~400m，适宜种植在广东、广西及两广周边北纬26°往南的大部分地区，粤西、粤北、湘南和桂东北、桂西北等地是九里香（千里香）较适宜生长的地区。

5.1.2 地块选择

千里香性喜温暖、湿润的气候环境，稍耐阴，忌积涝。对土壤要求不严，但以排水良好、土层深厚、疏松、肥沃、弱酸性至中性的壤土为好,平地、丘陵、山地均可种植,亦可与三叉苦间作种植。

生产基地的空气环境质量应符合 GB 3095 中二级以上标准;灌溉水质量应符合 GB 5084 中二级以上标准;土壤质量应符合 GB 15618 的规定。

5.2　种质与种子

5.2.1　种质选择

使用芸香科植物千里香 *Murraya paniculata*（L.）Jack 为物种来源,其物种须经过鉴定,如使用农家品种或选育品种应加以明确。

5.2.2　种子质量

采自优良母株,当年采摘,完全成熟,发芽率≥70%,千粒重≥50g,其余按 GB/T 3543 的规定执行。

5.2.3　良种繁育

可建立专门的良种繁育基地,生产种子用于生产基地建设。于 10—12 月果实完全转变为红色,完全成熟时采集,采集后的果实不宜暴晒,及时将果皮、果肉和果梗分离,分批采收,阴干、净选,置于阴凉干燥处,阴干后的种子及时播种。

5.3　种苗繁育

5.3.1　苗床准备

选择土层深厚的砂质土,视土壤肥力确定是否施用有机肥。起垄作苗床,耙平以备播种。

亦可采取设施育苗的方式,搭建具有通风、喷淋、遮阴等功能的大棚,起垄作苗床,以无草籽黄泥土和育苗基质按照适宜比例混合铺设于苗床上（要求黄土比例小于其他基质）,铺盖厚度为 10~15cm,要求填充物疏松透气、保水,平整苗床后浇透水备用。

5.3.2　播种量

根据育苗的方式不同,按下列规格播种:大田育苗,播种量为 2~3kg/ 亩（1 亩≈666.7m^2,下文同）;设施大棚集中育苗,播种量为 80~120g/m^2。

5.3.3　播种

11—12 月上旬播种,种子随采随播,根据基地实际情况确定适宜的育苗方式。经消毒的种子均匀撒播畦面上。播好后用松软砂质土或基质覆盖,厚度 1~2cm,以不见种子为度。随后淋湿畦面,后期注意保温保湿。

5.3.4　育苗管理

繁育杯苗,苗床上株高 6~10cm 的幼苗可移栽定植入杯,要求营养杯规格 10cm × 12cm 以上,营养杯基质为黄心土与泥炭土的混合基质,幼苗移栽前先进行淋水,幼苗定植入杯当天再次喷淋少量水保持土壤湿润。

幼苗喜阴,遮阴度在 50%~70% 间;苗期施肥须采取勤施薄施的原则,如每月淋施 2~3 次水溶肥,以大量元素水溶肥为主,适当添加生物菌肥、微量元素等,浓度 0.1%~0.3%。种苗生长至株高 25cm、基径 0.3cm 即可控水控肥,开始炼苗。

种苗生长至株高 36cm、基径 0.35cm 即达到合格标准,适合移栽大田。

5.3.5 起苗运输

起苗:11月底—次年4月,株高36cm以上,基径0.35cm以上,无病虫害侵染,根系、茎皮完整无损伤的植株可以起苗移栽,起苗前对袋装苗进行淋水,保持基质湿润,剔除不合格苗,以15株或20株为一袋,堆放整齐,遮阴网覆盖,经检验合格后,方可外调运输。

运输:选用带帆布覆盖的高栏货车,种苗堆垛高度不得超过2m,长途运输时(300km以上)要求下午装车、次晨抵达,运输时间不超过24小时。

5.4 种植

5.4.1 选地整地

应选择水质、大气、土壤环境无污染,背风向阳,地势平坦,水源充足,排水良好,土层深厚,土壤疏松肥沃的平地、丘陵、山地等集中成片的土地作种植基地,交通运输方便,远离城镇、医院、工矿企业、垃圾及废弃物堆积场等污染源。

选择平地或丘陵地种植时,应在秋冬季节先深翻土地,施有机肥1 000kg,经旋耕机打碎土块与基肥混匀后起垄,垄高30cm,宽100cm,间距40cm,垄面铺黑膜压实。

选择山地种植时,在秋冬季节砍伐、清除灌木杂草,用钩机翻土作梯田,梯田带面宽300cm以上,翻土深度40cm以上;带面做好后,充分翻晒土壤约30天后,准备种植。在带面上均匀撒施充分腐熟的农家肥或有机肥,每亩地施有机肥1 000kg。

5.4.2 移栽定植

11月—次年4月进行,以2—3月上旬为好,宜选阴天定植。定植时,穴的大小要足够放下袋装苗根团,定植后浇足定根水。

定植密度为株行距70cm×70cm;或仿茶园采用宽窄行种植模式,宽行距150cm,窄行距30~50cm,株距30~50cm;采用三叉苦与九里香(千里香)间种模式时:每个带面的外侧种植三叉苦,按株行距100cm×130cm种植2行,带面靠山体一侧种植九里香(千里香)2~3行,三叉苦与九里香(千里香)间距保持80cm以上。

于种植2个月后及时补苗,选择阴天进行,补苗后及时浇水定根。

5.4.3 中耕除草培土

定植前期需要进行中耕松土促进根系生长,除草、追肥、培土同时进行。前期除草采用人工铲除的方式,后期可用割草机等机械方式,每年5月及冬季进行两次除草。

5.4.4 追肥

施肥以有机肥为主,复合肥为辅,成年植株每年穴施追肥2~3次,每次使用有机肥1.0kg、复合肥(15-15-15)100g,在生长高峰期前施入复合肥,也可以将肥料溶解稀释后再进行淋施或喷施,施肥应符合国家有关法规及NY/T 496—2010的规定。

5.4.5 整形与修剪

九里香(千里香)以嫩枝和叶作为目标产品,为促使九里香(千里香)侧枝生长,提高九里香(千里香)枝叶产量,应对其植株进行适当的修剪,促进植株侧枝生长。选择在移栽后2年,九里香(千里香)植株高度达到100~150cm时,统一进行修剪采收,修剪时将高于80cm的枝叶平整剪下,让侧枝有充分的营养供给和生长空间,促进枝叶分枝数增多,提高枝条产量。同时,及时将病枝枯枝剪除,集中焚烧。

5.4.6 病虫害防治

贯彻"预防为主,综合防治"的植保方针,通过加强栽培管理、科学施肥等栽培措施,综合采用农业防治、物理防治、生物防治,科学合理地使用化学防治,将有害生物危害控制在允许范围以内,保证九里香(千里香)植株的正常生长。

采用化学农药防治时,应当符合国家有关法规及 NY/T 1276—2007 的规定;应严格按照产品说明书,收获前 30 天停止使用。优先选用高效、低毒的生物农药;尽量避免使用除草剂、杀虫剂和杀菌剂等化学农药;不使用禁限用农药,具体禁限用农药名单参见附录 A。

九里香(千里香)常见的病害有白粉病、炭疽病、根腐病等,虫害主要有白粉虱、红蜘蛛、天牛、卷叶蛾、蚜虫、蚂蚁等,常见病虫害防治的参考方法参见附录 B。

5.5 采收

九里香(千里香)为多年生常绿植物,药用部位为叶和带叶嫩枝,采用合理密植种植方式的九里香(千里香)一般定植 2 年后采收,统一采收九里香(千里香)植株的叶和带叶嫩枝,地上部分保留 50~80cm 高。

5.6 产地初加工

九里香(千里香)药材采收后,除去老枝,嫩枝直径不超过 1cm,切段,干燥至水分≤15.0%,加工干燥过程保证场地、工具洁净,不受雨淋等。

5.7 包装、放行、贮运

5.7.1 包装

包装前应对每批药材按照相关标准进行质量检验。符合相关标准的药材,采用符合质量要求的带内膜包装袋进行包装,规格可为每袋净重 30kg,立即封口处理,贴上中药材标签,标签上应注明品名、规格、产地、批号、包装日期、生产单位,追溯码等。

5.7.2 放行

应制定符合企业实际情况的放行制度,有审核、批准、生产、检验等的相关记录。不合格药材有单独处理制度。

5.7.3 贮运

应贮存于阴凉干燥处,定期检查,防止虫蛀、霉变、腐烂、泛油等的发生。仓库控制温度在 25℃以下、相对湿度 70% 以下;不同批次等级药材分区存放;建有定期检查制度。禁用磷化铝、二氧化硫进行熏蒸。也可采用现代气调贮藏方法,包装或库内充氮或二氧化碳。

九里香药材运输时,按"先进先出、先产先出、易变先出、近期先出、按批号发货"的原则进行发货。检查核对品名、批号、规格、生产单位、数量、包装等,并与运输员确定运输记录。运输车必须清洁无污染,应堆码整齐、捆扎牢固,防止倾倒,不得同时装卸对九里香药材有损害的物品,注意防雨,禁止敞棚运输。运输应防止发生混淆、污染、异物混入、包装破损、雨雪淋湿等。

附 录 A

（规范性）

禁限用农药名单

A.1 禁止（停止）使用的农药（46 种）

六六六、滴滴涕、毒杀芬、二溴氯丙烷、杀虫脒、二溴乙烷、除草醚、艾氏剂、狄氏剂、汞制剂、砷类、铅类、敌枯双、氟乙酰胺、甘氟、毒鼠强、氟乙酸钠、毒鼠硅、甲胺磷、对硫磷、甲基对硫磷、久效磷、磷胺、苯线磷、地虫硫磷、甲基硫环磷、磷化钙、磷化镁、磷化锌、硫线磷、蝇毒磷、治螟磷、特丁硫磷、氯磺隆、胺苯磺隆、甲磺隆、福美肿、福美甲肿、三氯杀螨醇、林丹、硫丹、溴甲烷、氟虫胺、杀扑磷、百草枯、2,4-滴丁酯。

注：氟虫胺自 2020 年 1 月 1 日起禁止使用。百草枯可溶胶剂自 2020 年 9 月 26 日起禁止使用。2,4-滴丁酯自 2023 年 1 月 29 日起禁止使用。溴甲烷可用于"检疫熏蒸处理"。杀扑磷已无制剂登记。

A.2 部分范围禁止使用的农药（20 种）

部分范围禁止使用的农药应注意药食同源中药材及来自其他作物的中药材。部分范围禁止使用的农药见表 A.1。

表 A.1 部分范围禁止使用的农药

通用名	禁止使用范围
甲拌磷、甲基异柳磷、克百威、水胺硫磷、氧乐果、灭多威、涕灭威、灭线磷	禁止在蔬菜、瓜果、茶叶、菌类、中草药材上使用，禁止用于防治卫生害虫，禁止用于水生植物的病虫害防治
甲拌磷、甲基异柳磷、克百威	禁止在甘蔗作物上使用
内吸磷、硫环磷、氯唑磷	禁止在蔬菜、瓜果、茶叶、中草药材上使用
乙酰甲胺磷、丁硫克百威、乐果	禁止在蔬菜、瓜果、茶叶、菌类和中草药材上使用
毒死蜱、三唑磷	禁止在蔬菜上使用
丁酰肼（比久）	禁止在花生上使用
氰戊菊酯	禁止在茶叶上使用
氟虫腈	禁止在所有农作物上使用（玉米等部分旱田种子包衣除外）
氟苯虫酰胺	禁止在水稻上使用

A.3 说明

本附录的内容来自 2019 年中华人民共和国农业农村部发布的《禁限用农药名录》（http://www.zzys.moa.gov.cn/gzdt/201911/t20191129_6332604.htm）。

附　录　B
（资料性）
九里香（千里香）常见病虫害防治的参考方法

九里香（千里香）常见病虫害防治的参考方法参见表 B.1。

表 B.1　九里香（千里香）常见病虫害防治的参考方法

病虫害名称	防治时期	推荐防治方法	安全间隔期 /d
白粉病	3—5 月、8 月	嘧啶核苷类抗菌素喷施，按照农药标签使用	≥7
		多抗霉素喷施，按照农药标签使用	≥15
		百菌清喷施，按照农药标签使用	≥14
根腐病	6—9 月	种苗移栽前用多菌灵浸泡根部，按照农药标签使用	≥20
		多菌灵灌根，按照农药标签使用	≥20
		甲基硫菌灵灌根，按照农药标签使用	≥30
		多·硫悬浮剂灌根，按照农药标签使用	≥20
		苦参碱灌根，按照农药标签使用	≥7
炭疽病	5—9 月	苯甲·嘧菌酯叶片喷雾，按照农药标签使用	≥14
		咪鲜胺叶片喷雾，按照农药标签使用	≥28
天牛	8—10 月	西维因喷施，按照农药标签使用	≥15
		阿维菌素喷施，按照农药标签使用	≥20
蚜虫	4—8 月	吡虫啉喷施，按照农药标签使用	≥7
		抗蚜威喷施，按照农药标签使用	≥14
		啶虫脒喷施，按照农药标签使用	≥7
红蜘蛛	6—8 月	阿维菌素喷施，按照农药标签使用	≥21
		哒螨灵喷施，按照农药标签使用	≥21
介壳虫	5—9 月	螺虫乙酯喷施，按照农药标签使用	≥7
		松脂合剂喷施，按照农药标签使用	≥15
注：每种化学农药在每年度最多使用 2 次			

参考文献

[1] 国家药典委员会.中华人民共和国药典:2020年版一部[M].北京:中国医药科技出版社,2020.

[2] 骆焱平.药用植物九里香研究与利用[M].北京:化学工业出版社.2014.

[3] 邹联新,郑汉臣,杨崇仁.九里香属植物研究进展[J].药学实践杂志,1997,15(4):214-219.

[4] 何开家,曹斌,姜平川,等.九里香(GAP)规范化种植技术[J].大众科技,2009(3):123-124.

[5] 雷计仲,林剑波.九里香白粉病的防治试验[J].现代农业科技,2008(15):136.

[6] 黄家南.九里香的主要病虫害及其防治[J].花卉,2005(3):7.

[7] 么历,程慧珍,杨智.中药材规范化种植(养殖)技术指南[M].北京:中国农业出版社,2006.

[8] 梁海珍,刘冰语,屠鹏飞,等.中药九里香的研究进展[J].中国医院用药评价与分析,2016,16(11):
1141-1146.

_____

ICS 65.020.20
CCS C 05

团 体 标 准

T/CACM 1374.5—2021

三七规范化生产技术规程

Code of practice for good agricultural practice of Notoginseng Radix Et Rhizoma

2021-10-15 发布   2021-10-15 实施

中华中医药学会   发布

目　　次

前　　言

本文件按照 GB/T 1.1—2020《标准化工作导则　第 1 部分：标准化文件的结构和起草规则》的规定起草。

请注意本文件中的某些内容可能涉及专利。本文件的发布机构不承担识别专利的责任。

本文件由中国医学科学院药用植物研究所和昆明理工大学提出。

本文件由中华医药学会提出并归口。

本文件起草单位：昆明理工大学、云南省三七研究院、中国中医科学院中药资源中心、云南七丹药业股份有限公司、云南崔三七药业股份有限公司、云南圣火三七药业有限公司、文山三七农业种植专业合作社联合社、中国医学科学院药用植物研究所、重庆市药物种植研究所。

本文件主要起草人：崔秀明、郭兰萍、黄璐琦、杨野、曲媛、王承萧、熊吟、汪勇、李建明、魏建和、王文全、王秋玲、杨小玉、辛元尧、王苗苗。

三七规范化生产技术规程

1 范围

本文件确立了三七的规范化生产流程,规定了三七生产基地选址、种质、种苗繁育、种植、采收、产地初加工、包装、放行、贮运等阶段的操作要求。

本文件适用于三七的规范化生产。

2 规范性引用文件

下列文件的内容通过文中的规范性引用而构成本文件必不可少的条款。其中,注明日期的引用文件,仅该日期对应的版本适用于本文件;不注明日期的引用文件,其最新版本(包括所有的修改单)适用于本文件。

《中华人民共和国药典》

ISO 20408　中医药　三七种子种苗

ISO 20409　中医药　三七药材

GB 3095　环境空气质量标准

GB 5084　农田灌溉水质标准

GB 5749　生活饮用水卫生标准

GB 15618　土壤环境质量　农用地土壤污染风险管控标准(试行)

GB/T 19086　地理标志产品　文山三七

NY/T 3129　棉隆土壤消毒技术规程

NY/T 2725　氯化苦土壤消毒技术规程

T/CACM XXX—2019　中药材规范化生产技术规程通则　植物药材

3 术语和定义

T/CACM1374.1—2021界定的以及下列术语和定义适用于本文件。

3.1 规范化生产　good agricultural practice

按照《中药材生产质量管理规范》(简称中药材 GAP)的要求,实施药材生产,保证中药材优质安全的生产过程。

3.2 技术规程　code of practice

为实现中药材生产顺利、有序进行,保证中药材生产质量,对中药材生产的基地选址、种子种苗、种植或野生抚育、采收与产地初加工以及包装、放行与贮运等,所做的技术规定和要求,是实施中药材规范生产的核心技术要求和实施指南。

3.3 三七 Notoginseng Radix Et Rhizoma

五加科人参属植物三七 *Panax notoginseng*（Burk.）F. H. Chen 的干燥根及根茎。

3.4 三七种子 seeds of Notoginseng

三七植株经开花结实所形成的繁殖器官，包括种皮、胚和胚乳三个部分。

3.5 三七种苗 seedlings of Notoginseng

三七种子发芽、出苗，经过培育一年后形成的植株幼体，由主根、休眠芽、侧根和须根四部分组成。

3.6 生地 uncultivated land

没有种植过任何作物的新开垦的土地。

3.7 熟地 cultivated land

种植三七之前，种植过其他作物的土地。

3.8 老七地 cultivated land of planted Notoginseng

种植过三七的土地。

3.9 下棵 removal of aboveground parts of Notoginseng plant

三七进入冬季后，剪除三七地上植株的操作方式。

3.10 七杈 supporting column

用于建造三七荫棚的支柱。

3.11 土壤处理 soil disinfestation

为控制三七土传有害生物，采用物理、化学、生物或几种技术联合处理，杀灭耕作层土壤有害生物的措施。

3.12 三七连作障碍 continuous cropping obstacles of Notoginseng

三七连茬种植或轮作期较短种植后，即使在正常管理情况下，也会产生土传有害生物加重、生长势变弱甚至死亡、发育异常、产量降低或者绝收、品质下降的现象。

3.13 头 tou（main root）

俗称，表示三七大小专用规格单位，指质量为 500g 的干燥三七主根个数。

3.14 剪口 rhizome of Notoginseng

经加工干燥后根茎的俗称。

3.15 筋条 branch root of Notoginseng

经加工干燥后支根的俗称。

3.16 春三七 chun sanqi

摘除花薹后采挖加工干燥的三七主根。

3.17 冬三七 dong sanqi

留种后采挖加工干燥的三七主根。

4 三七规范化生产流程图

三七规范化生产流程见图 1。

三七规范化生产流程：

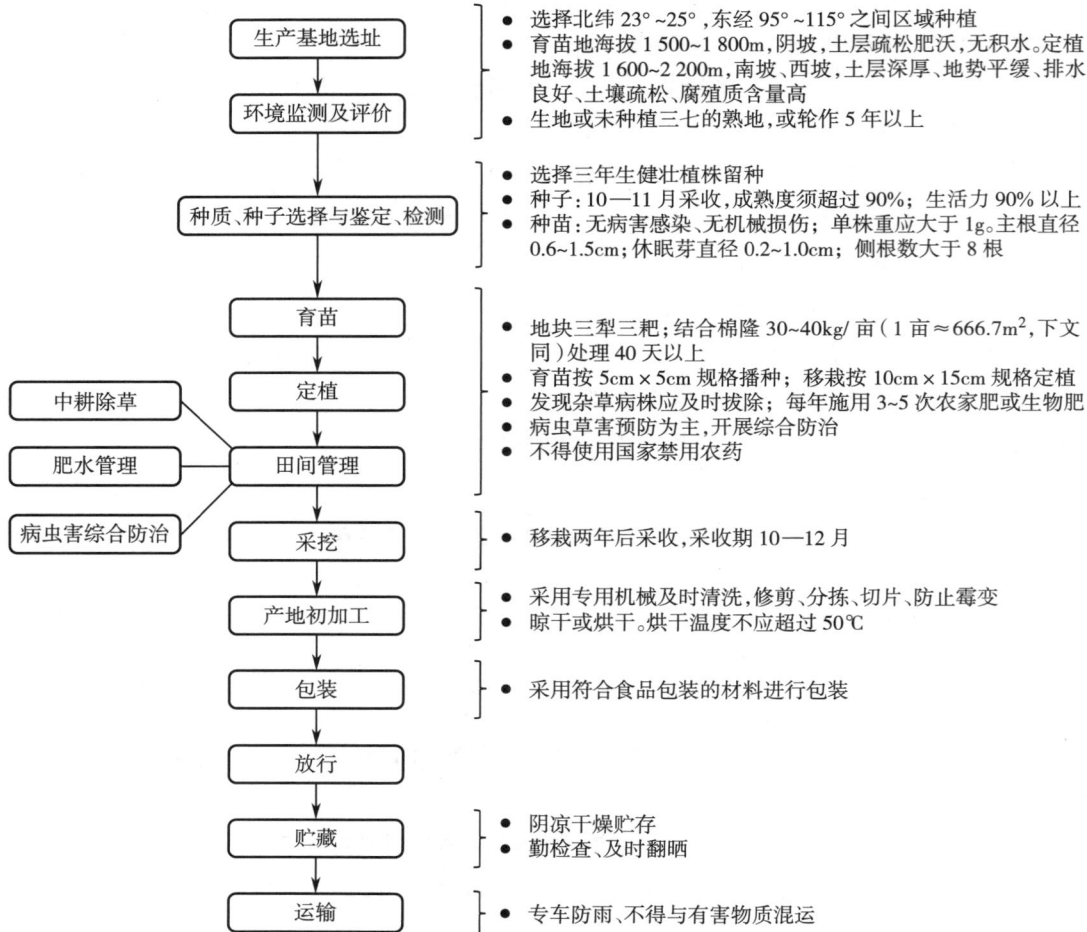

关键控制点及参数：

- 选择北纬 23°~25°、东经 95°~115° 之间区域种植
- 育苗地海拔 1 500~1 800m，阴坡，土层疏松肥沃，无积水。定植地海拔 1 600~2 200m，南坡、西坡，土层深厚、地势平缓、排水良好、土壤疏松、腐殖质含量高
- 生地或未种植三七的熟地，或轮作 5 年以上

- 选择三年生健壮植株留种
- 种子：10—11 月采收，成熟度须超过 90%；生活力 90% 以上
- 种苗：无病害感染、无机械损伤；单株重应大于 1g。主根直径 0.6~1.5cm；休眠芽直径 0.2~1.0cm；侧根数大于 8 根

- 地块三犁三耙；结合棉隆 30~40kg/ 亩（1 亩 ≈ 666.7m², 下文同）处理 40 天以上
- 育苗按 5cm×5cm 规格播种；移栽按 10cm×15cm 规格定植
- 发现杂草病株应及时拔除；每年施用 3~5 次农家肥或生物肥
- 病虫草害预防为主，开展综合防治
- 不得使用国家禁用农药

- 移栽两年后采收，采收期 10—12 月

- 采用专用机械及时清洗、修剪、分拣、切片、防止霉变
- 晾干或烘干。烘干温度不应超过 50℃

- 采用符合食品包装的材料进行包装

- 阴凉干燥贮存
- 勤检查、及时翻晒

- 专车防雨、不得与有害物质混运

图 1 三七规范化生产流程图

5 三七规范化生产技术

5.1 生产基地选址

5.1.1 栽培区划

应栽培于适宜三七生长的道地产区，范围按 GB/T 19086 规定，位于北纬 23°~25°，东经 95°~115° 之间，海拔 700~2 200m，年均温 14~18℃，最冷月均温 6~12℃，最热月均温 17~23℃，≥10℃年积温 4 200~5 900℃，年降水量 900~1 300mm，无霜期 280 天以上的区域。

5.1.2 环境监测

应选择大气无污染的地区，空气环境质量达 GB 3095 的二级以上标准。栽培的三七水源应为雨水、地下水和地表水，不得受到污染，水质应达 GB 5084 的二级标准。适宜种植三七的土壤类型为碳酸盐岩与碎屑岩混合型黄红壤或黑壤，不得使用有污染的土壤，土壤农残和重金属含量达 GB 15618 的二级标准。

5.1.3 适宜条件

种植于 1 200~1 600m 中低海拔地区的三七需自然光照的 8%~12%，1 600~2 200m 地区需自然光照的 10%~20%。三七出苗期最适宜气温 20~25℃，土壤温度 10~15℃。生长期适宜气温 20~25℃，土壤温度 15~20℃。三七生长期土壤相对含水量应保持在 25%~30% 之间。

5.2 种子种苗

使用五加科人参属植物三七 *Panax notoginseng*（Burk.）F. H. Chen，须经过鉴定。如使用农家品种或选育品种应明确。

5.3 种植技术

5.3.1 选地

为避免三七连作障碍，选地应符合以下要求：土壤质地疏松，中偏微酸性（pH 为 6~7）的砂壤土；生地或者是轮作间隔 5 年以上的熟地或老七地；排灌方便，坡度应不大于 15°。

5.3.2 整地

在种植三七前，需要对种植三七的土地进行整理和处理。采用旋耕机对种植地块进行三次以上翻犁翻晒。生地 6 月初开始翻犁晒垡；熟地 9 月底前采收结束即可进行翻犁晒垡。

5.3.3 土壤处理

结合整地，对偏酸性土壤，每平方米施用 75~100g 生石灰进行土壤处理；老七地采用棉隆等进行土壤处理，进行土壤处理时必须遵循土壤处理剂安全操作规程。具体处理方法按 NY/T 3129 执行。

5.3.4 造园

栽培三七须搭建荫棚，选用三七专用遮阳网作荫棚材料，先盖上顶网，再铺设 2 层调光网，确保遮阳网荫棚透光度在 8%~20% 范围可调。七权按（3~4）m×1.8m 布局，荫棚高 1.8~2m。

5.3.5 作床

平地、缓坡地床高为 20~25cm，坡地床高为 15~20cm。床宽为 120~140cm。

5.3.6 播种和移栽

12 月中下旬至翌年 1 月中下旬。播种、移栽时应对种子种苗进行分级，分级标准按 ISO 20408 执行。不合格的种子种苗不得在生产中使用。在种植时，应选用附录 A 规定的 1~2 种低毒杀菌剂进行种子、种苗浸种处理；也可选用三七种子包衣剂对种子进行包衣处理。

播种：种子播种采用人工点播或机播，按 4cm×5cm 或 5cm×5cm，每亩播种 18 万~20 万粒。移栽：采用人工移栽的，将已经消毒并晾干水分的种苗按休眠芽走向一致摆放于种植穴内，对于有坡度的地块，芽统一位于坡的下方，床面四周的种苗，芽向床面边缘（或床沟边）。按 10cm×15cm~12.5cm×15cm 规格定植，每亩定植 2.2 万~2.6 万株。采用机械化移栽的，应严格按照说明书执行。

用充分腐熟的有机肥每亩 2 500kg 或磷肥 25kg 或细土将三七种子或种苗覆盖，以见不到种子或种苗的根、芽为宜。将松针、山草、作物秸秆切成 5~10cm 长，均匀铺盖于床土表面，以床土或基肥不外露为宜。

播种移栽后应在当天（或后一天）及时浇透水 1 次，以后视土壤床情况适时进行浇水，使土壤水分保持在 25%~30% 之间，有夜潮土的地块不需要浇水。

5.3.7 田间管理

三七生长周期中应保持土壤水分在 25% 左右，土壤水分低于 20% 时，应采用喷灌或滴灌补充土壤水分；雨季时应保证排水畅通。

施肥应遵循以下原则：有机肥为主，化肥为辅；提钾、控磷、减氮；多施优质腐熟有机肥和生物肥；少量多次追肥；采用水肥一体化施肥技术。

按以下要求追肥：以有机肥为主，辅以复合肥和各种微量元素肥料，不得使用氨态氮肥；有机肥包括农家肥、火土、骨粉、油枯（充分堆沤）、作物秸秆等；N、P、K 施肥比例，种苗按 2∶1∶3；二年生和三年生按 3∶1∶4。化肥应与有机肥配合使用，宜使用三七专用肥。

在生长后期，采用调光网进行调光，1 500~1 800m 中海拔地区不宜超过 15%，1 800m 以上高海拔地区不宜超过 20%。

不留种的三七须在 7 月中上旬花蕾生长到 3~5cm 时用人工摘除。

用于种子繁育的基地，按以下要求进行留种：选择地上部生长旺盛，无病虫危害的三年生健康三七植株留种；在现蕾期，将生长瘦弱或带病的三七植株花蕾摘除，保留生长健壮的植株留种；随时清除带病植株。

应及时清除园内病株残体和杂草，禁止使用任何化学除草剂除草。

12 月下旬至翌年 1 月下旬，距地面 1~2cm 处将地上三七植株剪除，用 70% 甲基硫菌灵可湿性粉剂 500 倍进行土壤表面消毒处理，下棵后每亩用农家肥 2 000~2 500kg 均匀撒施于床面。

5.3.8 病虫害防治

三七主要病害有黑斑病、根腐病、圆斑病、疫病等；主要虫害有蚜虫、介壳虫、地老虎等。病虫害防治应遵循"预防为主，综合防治"的植保方针。

三七根腐病按以下方法进行防治：选择轮作时间超过 3 年的地块种植；选择无病种苗；按 NY/T 3129、NY/T 2725 规定方法进行土壤处理；使用充分腐熟的有机肥和生物肥；十分必要时用附录 B 规定的杀菌剂灌根或拌土撒施防治。

三七黑斑病和圆斑病按以下方法进行防治：雨季湿度大时打开荫棚园门，降低棚内空气湿度；随时检查，发现病株及时清除；必要时用附录 B 规定的杀菌剂交替喷雾防治 1~2 次。

三七虫害按以下方法进行防治：设置防虫网进行人工诱杀；必要时针对不同害虫选用附录 B 规定的杀虫剂喷雾防治 1~2 次。

5.3.9 农药使用准则

若生产中必须施用农药时应严格遵守以下准则：允许使用植物源农药、动物源农药、微生物源农药和矿物源农药中的硫制剂、铜制剂；严禁使用剧毒、高毒、高残留或者三致（致癌、致畸、致突变）农药（见附录 A）；允许有限度地使用部分低残毒有机合成化学农药（见附录 B）；最后一次施药距采挖间隔天数不得少于 20 天；提倡交替使用有机合成化学农药，如确属生产需要，使用混配的化学农药只允许选用附录 B 列出的种类；严禁使用膨大剂和化学除草剂。

5.4 采收与产地初加工

5.4.1 种苗采收

种苗收获根据移栽的时间而定,为 12 月中下旬至翌年 1 月中下旬采挖。

5.4.2 三七花采收

三七花的收获年限为二年生以上,收获时间为 7—8 月,方法为当花薹长至 5cm 长时人工摘除。

5.4.3 种子采收

当三七果实颜色由绿转为红色并具光泽时即成熟,可分批采摘,用种子去皮机除去果皮,再用 25% 含水量湿砂保存备用。

5.4.4 药材采收

移栽两年后采收。春七的采收时间宜 10 月下旬至 12 月下旬;冬七的采收时间为 12 月至翌年 2 月。冬七采收应在摘除果实后 20~30 天进行。

人工采收宜从三七园一头开始,朝另一方向按顺序撬挖,且不应伤到根与根茎;采用三七采收机采收时应先拆除荫棚,按照说明书要求进行采收;采收时若有机械损伤的三七或病三七必须单独存放。

5.4.5 茎叶采收

二年生三七茎叶的收获时间为 12 月至第二年 2 月,三年生以上与药材的采收同时进行。

5.4.6 产地加工

产地加工过程在洁净环境中进行,工艺流程图见附录 C。

按以下方法进行拣选:应保证拣选室清洁干净;清除鲜三七中受病虫侵害的三七、三七茎叶及杂质等。

按以下方式进行修剪:应保证修剪室清洁干净;应保证剪刀清洁;剪除直径为 5mm 以下的须根,再沿高于主根表面 0.4~0.6cm 处将支根、根茎剪下,盛放于周转工具中;挂好状态标识后送至下道工序。

修剪后的鲜三七用清洗设备常温进行清洗,清洗时间不超过 10 分钟,清洗水源应符合 GB 5749 饮用水标准规定。

采用以下方式进行干燥:对三七主根、剪口、筋条和支根可进行低温真空冷冻干燥、加热干燥,或自然干燥;低温真空冷冻干燥温度 –40~–50℃,时间 24~32 小时;加热干燥温度 50℃,干燥时间为 24~48 小时;干燥的三七含水量应低于 13%。

采用以下要求进行分级:可采用机械自动分级或人工分级;按 ISO 20409 要求进行分等;将分等好的三七分别用周转箱盛装,挂好状态标识等待场内取样送检。

按照《中华人民共和国药典》规定的检测项目和方法进行检验。

5.5 包装、放行、贮运

5.5.1 包装

包装物上应标注原产地域产品标志,注明品名、产地、规格、等级、生产者、生产日期或批号、产品标准号。包装物应洁净、干燥、无污染。

5.5.2 放行

企业应制定符合实际情况的放行制度,有审核批生产、检验等相关记录。不合格药材不得销售。

5.5.3 贮运

不应与农药、化肥等其他物质混装,运载容器应具有较好的通气性,保持干燥,遇阴雨天气应注意防雨防潮。应进行货架堆放贮藏,仓库应具备通风除湿设备,地面为混凝土。货架与墙壁的距离不得少于 1m,离地面距离 20~30cm,水分超过 13% 的三七不得入库,且入库三七应每 15 天检查一次,必要时应进行翻晒。

附　录　A
（规范性）
禁限用农药名单

A.1　禁止（停止）使用的农药（46 种）

六六六、滴滴涕、毒杀芬、二溴氯丙烷、杀虫脒、二溴乙烷、除草醚、艾氏剂、狄氏剂、汞制剂、砷类、铅类、敌枯双、氟乙酰胺、甘氟、毒鼠强、氟乙酸钠、毒鼠硅、甲胺磷、对硫磷、甲基对硫磷、久效磷、磷胺、苯线磷、地虫硫磷、甲基硫环磷、磷化钙、磷化镁、磷化锌、硫线磷、蝇毒磷、治螟磷、特丁硫磷、氯磺隆、胺苯磺隆、甲磺隆、福美胂、福美甲胂、三氯杀螨醇、林丹、硫丹、溴甲烷、氟虫胺、杀扑磷、百草枯、2, 4- 滴丁酯。

注：氟虫胺自 2020 年 1 月 1 日起禁止使用。百草枯可溶胶剂自 2020 年 9 月 26 日起禁止使用。2, 4-滴丁酯自 2023 年 1 月 29 日起禁止使用。溴甲烷可用于"检疫熏蒸处理"。杀扑磷已无制剂登记。

A.2　在部分范围禁止使用的农药（20 种）

部分范围禁止使用的农药应注意药食同源中药材及来自其他作物的中药材。部分范围禁止使用的农药见表 A.1。

表 A.1　部分范围禁止使用的农药

通用名	禁止使用范围
甲拌磷、甲基异柳磷、克百威、水胺硫磷、氧乐果、灭多威、涕灭威、灭线磷	禁止在蔬菜、瓜果、茶叶、菌类、中草药材上使用,禁止用于防治卫生害虫,禁止用于水生植物的病虫害防治
甲拌磷、甲基异柳磷、克百威	禁止在甘蔗作物上使用
内吸磷、硫环磷、氯唑磷	禁止在蔬菜、瓜果、茶叶、中草药材上使用
乙酰甲胺磷、丁硫克百威、乐果	禁止在蔬菜、瓜果、茶叶、菌类和中草药材上使用
毒死蜱、三唑磷	禁止在蔬菜上使用
丁酰肼（比久）	禁止在花生上使用
氰戊菊酯	禁止在茶叶上使用
氟虫腈	禁止在所有农作物上使用（玉米等部分旱田种子包衣除外）
氟苯虫酰胺	禁止在水稻上使用

A.3　说明

本附录的内容来自 2019 年中华人民共和国农业农村部发布的《禁限用农药名录》（ http://www.zzys.moa.gov.cn/gzdt/201911/t20191129_6332604.htm ）。

附 录 B

（资料性）

三七生产允许使用的化学农药的种类及其使用方法

三七生产允许使用的化学农药的种类及其使用方法见表 B.1。

表 B.1 三七生产允许使用的化学农药的种类及其使用方法

种类	通用名	作用对象	使用方法 （生长季）	使用量（浓度）	安全间 隔期 /d
杀菌剂	百菌清	根腐病等	浇根，1~2 次	按说明书推荐用量	30
	腐霉利	猝倒病、根腐病	喷淋、浇根， 1~2 次	按说明书推荐用量	30
	甲基硫菌灵	根腐病、叶斑病	浇根或喷雾， 1~2 次	按说明书推荐用量	25
	代森锰锌	根腐叶斑病、 叶斑病	浇根或喷雾， 1~2 次	按说明书推荐用量	25
	烯酰吗啉	猝倒病、疫病	浇根或喷雾， 2~3 次	按说明书推荐用量	25
	甲霜·锰锌	猝倒病、疫病	浇根或喷雾， 1~2 次	按说明书推荐用量	30
	咪鲜胺	炭疽病等	喷雾，2~3 次	按说明书推荐用量	20
	异菌脲	菌核病、立枯病	喷雾，1~2 次	按说明书推荐用量	20
	苯醚甲环唑	叶斑病等	喷雾，2~3 次	按说明书推荐用量	20
	丙环唑	叶斑病等	喷雾，2~3 次	按说明书推荐用量	20
	中生菌素	软腐病	喷雾，2~3 次	按说明书推荐用量	20
	嘧菌环胺	灰霉病等	喷雾，1~2 次	按说明书推荐用量	20
	嘧霉胺	灰霉病等	喷雾，1~2 次	按说明书推荐用量	20
	三唑酮	白粉病等	喷雾，1~2 次	按说明书推荐用量	20
	嘧菌酯	白粉病等	喷雾，1~2 次	按说明书推荐用量	20
	吡唑醚菌酯	白粉病、叶斑病等	喷雾，1~2 次	按说明书推荐用量	20
	氨基寡糖素	病毒病	喷雾，2~3 次	按说明书推荐用量	20
	宁南霉素	病毒病	喷雾，2~3 次	按说明书推荐用量	20

种类	通用名	作用对象	使用方法（生长季）	使用量（浓度）	安全间隔期 /d
杀虫剂	辛硫磷	地下害虫	浇根，1~2 次	按说明书推荐用量	30
	吡虫啉	蚜虫、蓟马	喷雾，1~2 次	按说明书推荐用量	25
	阿维菌素	潜叶蝇、蓟马	喷雾，2~3 次	按说明书推荐用量	25
	噻虫嗪	蓟马、地下害虫	喷雾、浇根，1~2 次	按说明书推荐用量	30
	苦参碱	蚜虫、地下害虫	喷雾、浇根，2~3 次	按说明书推荐用量	20
	淡紫拟青霉	线虫	浇根，2~3 次	按说明书推荐用量	15
	氟吡菌酰胺	线虫	浇根，1~2 次	按说明书推荐用量	30
	四聚乙醛	蜗牛、蛞蝓	喷淋，1~2 次	按说明书推荐用量	30
微生物菌剂	枯草芽孢杆菌	杀菌、固氮	浇根，2~3 次	按说明书推荐用量	15
	巨大芽孢杆菌	解磷	浇根，2~3 次	按说明书推荐用量	15
	胶冻样芽孢杆菌	解钾	浇根，2~3 次	按说明书推荐用量	15
	地衣芽孢杆菌	杀菌	浇根，2~3 次	按说明书推荐用量	15
	苏云金杆菌	杀虫（线虫）	浇根，2~3 次	按说明书推荐用量	20
	解淀粉芽孢杆菌	杀菌	浇根，2~3 次	按说明书推荐用量	15
	哈茨木霉菌	杀菌	浇根，2~3 次	按说明书推荐用量	15
促生长辅助剂	芸苔素	缓解药肥害症状	喷雾、浇根，2~3 次	按说明书推荐用量	15
	黄腐酸	改土促生长	喷雾、浇根，2~3 次	按说明书推荐用量	15
	氨基酸	改土促生长	喷雾、浇根，2~3 次	按说明书推荐用量	15
	海藻酸	改土促生长	浇根，2~3 次	按说明书推荐用量	15
	甲壳素	改土促生长	浇根，2~3 次	按说明书推荐用量	15
土壤处理	生石灰	杀菌杀	土壤处理 1 次	70~100kg/ 亩	
	棉隆	杀菌杀虫	土壤处理 1 次	30~40kg/ 亩	

注：以上是目前允许使用的农药品种，新农药必须经有关技术部门试验并经过农业农村部批准在三七上登记后才能使用

附 录 C

（资料性）

三七产地加工流程图

三七产地加工流程见图 C.1。

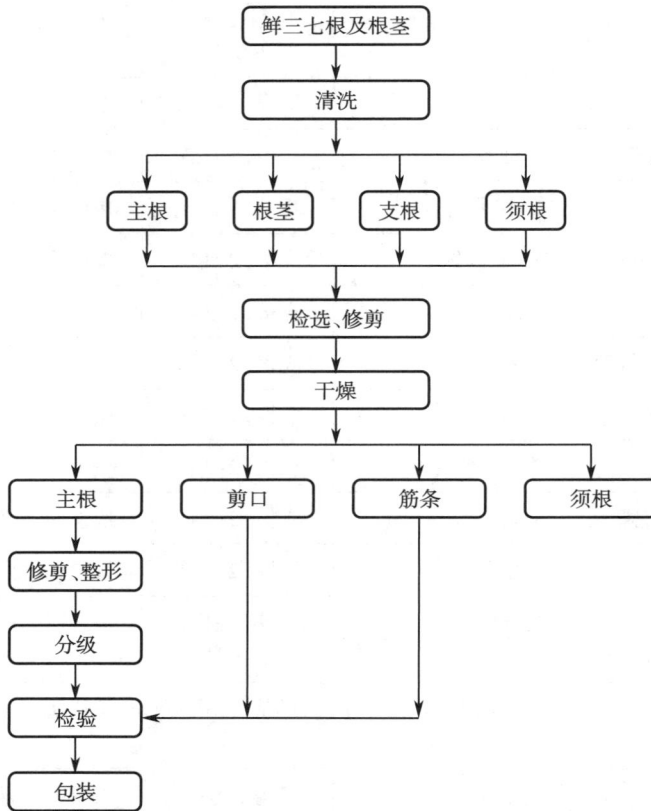

图 C.1 三七产地加工流程图

ICS 65.020.20
CCS C 05

团 体 标 准

T/CACM 1374.6—2021

三叉苦规范化生产技术规程

Code of practice for good agricultural practice of Evodiae Herbal

2021-10-15 发布　　　　　　　　　　　　　2021-10-15 实施

中华中医药学会　发布

目　　次

前　　言

本文件按照 GB/T 1.1—2020《标准化工作导则　第 1 部分：标准化文件的结构和起草规则》的规定起草。

请注意本文件中的某些内容可能涉及专利。本文件的发布机构不承担识别专利的责任。

本文件由中国医学科学院药用植物研究所和华润三九医药股份有限公司提出。

本文件由中华中医药学会归口。

本文件起草单位：华润三九医药股份有限公司、广东银田农业科技有限公司、云浮市南领药业有限公司、广州中医药大学、中国医学科学院药用植物研究所、重庆市药物种植研究所。

本文件主要起草人：刘晖晖、韩正洲、魏伟锋、谢文波、张洪胜、马庆、曾烨、王信宏、李明辉、黄煜权、张赟、许雷、魏民、李建领、池莲锋、谢灿基、李龙明、郑立权、詹若挺、何瑞、魏建和、王文全、王秋玲、杨小玉、辛元尧、王苗苗。

三叉苦规范化生产技术规程

1 范围

本标准确立了三叉苦的规范化生产流程,规定了三叉苦生产基地选址、种质与种子、种苗繁育、种植、采收与初加工、包装、贮藏和运输等阶段的技术要求。

本文件适用于三叉苦的规范化生产。

2 规范性引用文件

下列文件的内容通过文中的规范性引用而构成本文件必不可少的条款。其中,注明日期的引用文件,仅该日期对应的版本适用于本文件;不注明日期的引用文件,其最新版本(包括所有的修改单)适用于本文件。

《广东省中药材标准》

GB 3095 环境空气质量标准

GB/T 3543 农作物种子检验规程

GB 5084 农田灌溉水质标准

GB 15618 土壤环境质量 农用地土壤污染风险管控标准(试行)

T/CACM 1374.1—2021 中药材规范化生产技术规程通则 植物药材

3 术语和定义

T/CACM 1374.1—2021 界定的以及下列术语和定义适用于本文件。

3.1 规范化生产 good agricultural practice

按照《中药材生产质量管理规范》(简称中药材 GAP)的要求,实施药材生产,保证中药材优质安全的生产过程。

3.2 技术规程 code of practice

为实现中药材生产顺利、有序进行,保证中药材生产质量,对中药材生产的基地选址、种子种苗、种植或野生抚育、采收与产地初加工以及包装、放行与贮运等,所做的技术规定和要求,是实施中药材规范生产的核心技术要求和实施指南。

3.3 三叉苦 Evodiae Leptae Caulis Et Cacumen

芸香科植物三桠苦 *Evodia lepta* (Spreng.) Merr. 的干燥茎及带叶嫩枝。

4 三叉苦规范化生产流程图

三叉苦规范化生产流程见图 1。

三叉苦规范化生产流程：

关键控制点及参数：

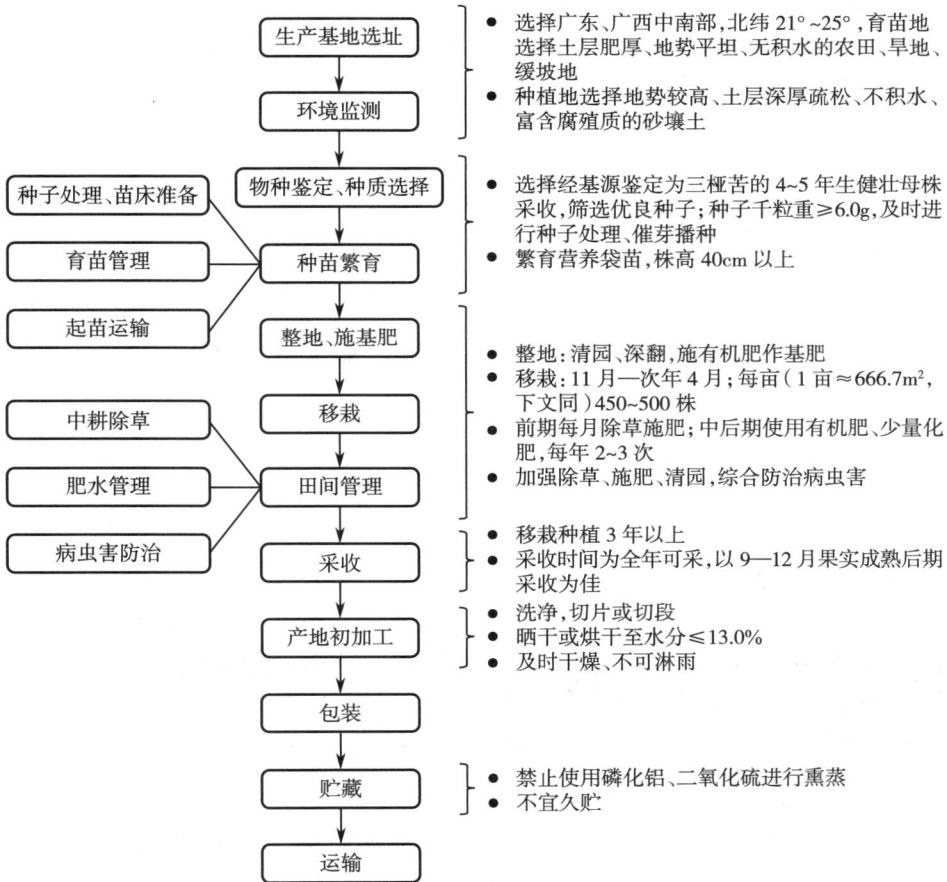

```
┌─────────────────┐
│   生产基地选址   │
└────────┬────────┘
         │
┌────────┴────────┐
│    环境监测      │
└────────┬────────┘
```

- 选择广东、广西中南部,北纬 21°~25°,育苗地选择土层肥厚、地势平坦、无积水的农田、旱地、缓坡地
- 种植地选择地势较高、土层深厚疏松、不积水、富含腐殖质的砂壤土

```
┌─────────────────┐      ┌──────────────────┐
│  种子处理、苗床准备  │      │  物种鉴定、种质选择  │
└─────────────────┘      └────────┬─────────┘
┌─────────────────┐               │
│    育苗管理      │ ──────→  ┌────┴─────┐
└─────────────────┘          │  种苗繁育  │
┌─────────────────┐          └────┬─────┘
│    起苗运输      │               │
└─────────────────┘      ┌────────┴────────┐
                         │   整地、施基肥   │
                         └────────┬────────┘
┌─────────────────┐               │
│    中耕除草      │      ┌────────┴────────┐
└─────────────────┘      │      移栽       │
┌─────────────────┐      └────────┬────────┘
│    肥水管理      │ ──────→       │
└─────────────────┘      ┌────────┴────────┐
┌─────────────────┐      │    田间管理     │
│   病虫害防治     │      └────────┬────────┘
└─────────────────┘               │
                         ┌────────┴────────┐
                         │      采收       │
                         └────────┬────────┘
                                  │
                         ┌────────┴────────┐
                         │   产地初加工    │
                         └────────┬────────┘
                                  │
                         ┌────────┴────────┐
                         │      包装       │
                         └────────┬────────┘
                                  │
                         ┌────────┴────────┐
                         │      贮藏       │
                         └────────┬────────┘
                                  │
                         ┌────────┴────────┐
                         │      运输       │
                         └─────────────────┘
```

- 选择经基源鉴定为三桠苦的 4~5 年生健壮母株采收,筛选优良种子;种子千粒重 ≥6.0g,及时进行种子处理、催芽播种
- 繁育营养袋苗,株高 40cm 以上

- 整地:清园、深翻,施有机肥作基肥
- 移栽:11 月—次年 4 月;每亩(1 亩 ≈666.7m²,下文同)450~500 株
- 前期每月除草施肥;中后期使用有机肥、少量化肥,每年 2~3 次
- 加强除草、施肥、清园,综合防治病虫害

- 移栽种植 3 年以上
- 采收时间为全年可采,以 9—12 月果实成熟后期采收为佳

- 洗净,切片或切段
- 晒干或烘干至水分 ≤13.0%
- 及时干燥、不可淋雨

- 禁止使用磷化铝、二氧化硫进行熏蒸
- 不宜久贮

图 1　三叉苦的规范化生产流程图

5　三叉苦规范化生产技术

5.1　生产基地选址

5.1.1　产地选择

适宜种植在北纬 21°~25°,东经 106°~112°,海拔 100~500m 的低山丘陵区域,即广东、广西的中南部,主要在广东茂名、阳江、云浮、肇庆、广州、河源等地,广西南宁、钦州、贵港、玉林、梧州等地,以及周边与广东、广西接壤的地区。

5.1.2　地块选择

种植地要求光照充足、温度较高,无连续 0℃ 以下低温天气,无霜冻或轻霜。宜选地势较高的农田旱地,或坡度小于 30° 的山坡地;土层疏松深厚,湿润不积水,排水和透气性能良好。

5.1.3　环境监测

生产基地的空气质量应符合 GB 3095 规定的环境空气质量标准,灌溉水质量应符合 GB 5084 规定的农田灌溉水质标准,土壤质量应符合 GB 15618 的规定。

5.2 种质与种子

5.2.1 种质选择

使用芸香科植物三桠苦 *Evodia lepta* (Spreng.) Merr.,物种须经过鉴定。如使用农家品种或选育品种应加以明确。

5.2.2 种子质量

采自优良母株,当年采摘,完全成熟,千粒重≥6.0g,按照 GB/T 3543 规定的农作物种子检验规程的要求,种子质量符合规定。

5.2.3 良种繁育

可建立专门的良种繁育基地,生产种子用于生产基地建设。于 9—10 月果实成熟时由青绿色转为深绿色、黄褐色时分批采收,阴干去壳净选,晾干至含水量≤14%,装袋置于室内或冷库暂存。

5.3 种苗繁育

5.3.1 种子处理

新采收的种子晾干后,置室内或冷库进行贮藏。

5.3.2 苗床准备、播种

时间为 4—5 月,可选择在温室大棚内,用泥炭土等育苗基质作床播种。播种量为纯种子 100g/m²,保持苗床湿度 70%~80%、温度 20~30℃。

5.3.3 育苗管理

出苗后适当降低苗床水分,保持温度 20~30℃,根据幼苗长势适当追施肥料。待苗高 10cm 时,可将小苗移栽至营养杯,培育容器苗。

苗期施肥须采取勤施薄施的原则,如每月淋施水溶肥 2~3 次,以大量元素水溶肥为主,适当添加生物菌肥、微量元素等,浓度 0.1%~0.3%。

种苗生长至株高 40cm、木质化高度 5cm、茎基直径 0.4cm 以上即可达到合格标准,适合移栽大田。

5.3.4 起苗运输

可采用塑料筐或包装袋装载种苗,防止泥土松散,小心装卸。车辆应有遮阳、通风,长途运输时应选择低温天气或夜间行车。

5.4 种植

5.4.1 选地整地

选背风向阳、地势平坦、水源充足、排水良好、土层深厚、疏松肥沃的土地作为种植基地。于种植前的秋冬季深翻土地并晒地处理,除去杂草树叶,消除越冬虫卵和病菌。施足基肥,以农家肥为主,复合肥为辅。每亩施腐熟农家肥或厩肥 1 000kg,与复合肥 30kg 混合,均匀撒于畦面,将肥料翻入土中,平整畦面。

5.4.2 移栽

时间宜选在 11 月至次年 4 月进行,选择阴、雨天气移栽定植。定植时可按株距 100cm,行距 150cm 开穴,每亩密度以 450~500 株为宜。定植深度以覆盖全部根团泥土为宜,定植后淋透定根水至种苗成活。

5.4.3 补苗

于当年 11 月或第二年 4 月补种。

5.4.4 中耕除草培土

定植前期需要进行中耕松土以促进根系生长,除草、追肥、培土同时进行。前期除草采用人工铲除的方式,后期可用割草机等机械方式。

5.4.5 追肥

具体根据药材的生长、土壤肥力等,进行施肥。如植株较小时应当少量多次地追施速效化学肥料,结合中耕除草可淋施、撒施、穴施,每次用量 5~15g/ 株;成年植株每年穴施追肥 2~3 次,每株每次使用有机肥 1.0kg、复合肥 100g,在生长高峰期前施入。

禁用未腐熟的有机肥、不明厂家的化肥以及其他不合格的肥料。

5.4.6 植株修剪

当枝条密集丛生时,应在冬季休眠期将老枝、弱枝、病枝和枯枝剪掉,促其生发新枝,修剪时应尽可能保持有效叶片。

修剪方式为:剪除枯枝、病虫枝、纤细枝、过强枝等,以调整姿态,使枝条疏密有致,利于通风透光;剪除低矮侧枝,保留单一主茎向上直立生长,保证最低侧枝离地 50cm 以上,以防止爬行害虫传播。

5.4.7 病虫害草害防治

应采用“预防为主,综合防治”的方法。选用无病害感染、无机械损伤的优质种苗,禁用带病苗;有机肥必须充分腐熟;雨天及时清沟排水;发现病株及时拔除,集中销毁,每穴撒入草木灰 100g 或生石灰 200~300g,进行局部消毒;每年秋冬季及时清园。

采用化学防治时,应当符合国家有关规定;优先选用高效、低毒的生物农药;尽量避免使用除草剂、杀虫剂和杀菌剂等化学农药;不使用禁限用农药,具体禁限用农药名单参见附录 A。

三叉苦常见的病害主要为根腐病,虫害主要为瘿螨、蓟马、红蜘蛛、蚜虫、蛾类害虫、蝶类害虫、金龟子和介壳虫等,常见病虫害防治的参考方法参见附录 B。

5.5 采收

移栽 3 年以上即可采收,全年可采,建议选择 9—12 月的晴天干燥天气采收。

采收方法:将三叉苦地面以上 10cm 左右砍断,收集地上部分。

将砍断的三叉苦植株用砍柴刀砍断侧枝,主茎和侧枝分开收集,尽可能去除枯枝等非药用部位、异物或外源污染部位,剔除破损、腐烂变质部分,及时运输至初加工场地。

5.6 产地初加工

5.6.1 拣选

人工拣选,去除病虫枝、干枯枝、杂质等非药用部位。

5.6.2 切片晒干

主茎切片,带叶侧枝切段。切片厚度为 0.5~1.2cm,切段长度为 2.0~20.0cm。

干燥,晒干或烘干,干燥至含水量≤13.0% 为止。

加工干燥过程保证场地、工具洁净,不受雨淋等。

5.7 包装、贮藏、运输

5.7.1 包装

包装前应对每批药材进行质量检验,检验依据为《广东省中药材标准》(第三册)。符合相关标准的药材,采用符合质量要求的带内膜的编织袋进行包装,规格可为每袋净重 30kg,立即封口处理,贴上中药材标签。禁止采用包装过肥料、农药等的包装袋包装。包装标识要求:每件包装上应注明品名、规格、产地、批号、包装日期、生产单位,鼓励赋追溯码。

5.7.2 贮藏

贮存于阴凉干燥处,相对湿度 75% 以下,定期检查,防止虫蛀、霉变、腐烂等发生。不同批次药材分区存放,禁止磷化铝和二氧化硫熏蒸。

5.7.3 运输

三叉苦批量运输时不能与其他有毒、有害物质混装,运输工具必须清洁、干燥无污染,具有良好的通风性,保持干燥,并设有防雨、防晒及防潮措施。

附 录 A

（规范性）

禁限用农药名单

A.1 禁止（停止）使用的农药（46 种）

六六六、滴滴涕、毒杀芬、二溴氯丙烷、杀虫脒、二溴乙烷、除草醚、艾氏剂、狄氏剂、汞制剂、砷类、铅类、敌枯双、氟乙酰胺、甘氟、毒鼠强、氟乙酸钠、毒鼠硅、甲胺磷、对硫磷、甲基对硫磷、久效磷、磷胺、苯线磷、地虫硫磷、甲基硫环磷、磷化钙、磷化镁、磷化锌、硫线磷、磷、治螟磷、特丁硫磷、氯磺隆、胺苯磺隆、甲磺隆、福美胂、福美甲胂、三氯杀螨醇、林丹、硫丹、溴甲烷、氟虫胺、杀扑磷、百草枯、2, 4- 滴丁酯。

注：氟虫胺自 2020 年 1 月 1 日起禁止使用。百草枯可溶胶剂自 2020 年 9 月 26 日起禁止使用。2, 4- 滴丁酯自 2023 年 1 月 29 日起禁止使用。溴甲烷可用于"检疫熏蒸处理"。杀扑磷已无制剂登记。

A.2 在部分范围禁止使用的农药（20 种）

部分范围禁止使用的农药应注意药食同源中药材及来自其他作物的中药材。部分范围禁止使用的农药见表 A.1。

表 A.1 部分范围禁止使用的农药

通用名	禁止使用范围
甲拌磷、甲基异柳磷、克百威、水胺硫磷、氧乐果、灭多威、涕灭威、灭线磷	禁止在蔬菜、瓜果、茶叶、菌类、中草药材上使用，禁止用于防治卫生害虫，禁止用于水生植物的病虫害防治
甲拌磷、甲基异柳磷、克百威	禁止在甘蔗作物上使用
内吸磷、硫环磷、氯唑磷	禁止在蔬菜、瓜果、茶叶、中草药材上使用
乙酰甲胺磷、丁硫克百威、乐果	禁止在蔬菜、瓜果、茶叶、菌类和中草药材上使用
毒死蜱、磷	禁止在蔬菜上使用
丁酰肼（比久）	禁止在花生上使用
氰戊菊酯	禁止在茶叶上使用
氟虫腈	禁止在所有农作物上使用（玉米等部分旱田种子包衣除外）
氟苯虫酰胺	禁止在水稻上使用

A.3 说明

本附录的内容来自 2019 年中华人民共和国农业农村部发布的《禁限用农药名录》（http://www.zzys.moa.gov.cn/gzdt/201911/t20191129_6332604.htm）。

附　录　B

（资料性）

三叉苦常见病虫害防治的参考方法

三叉苦常见病虫害防治的参考方法见表 B.1。

表 B.1　三叉苦常见病虫害防治的参考方法

病虫害名称	防治时期	推荐防治方法	安全间隔期 /d
根腐病	6—9 月	三叉苦种苗移栽前使用多菌灵浸泡根部 20min，按照农药标签使用	≥20
		多菌灵灌根，按照农药标签使用	≥20
		甲基硫菌灵灌根，按照农药标签使用	≥30
瘿螨、蚜虫、红蜘蛛	3—10 月	吡虫啉喷雾，按照农药标签使用	≥15
		抗蚜威喷雾，按照农药标签使用	≥15
		吡蚜酮喷雾，按照农药标签使用	≥15
蓟马	2—5 月	乙基多杀菌素喷雾，按照农药标签使用	≥21
蛾类害虫、蝶类害虫	3—10 月	苏云金杆菌喷雾，按照农药标签使用	≥7
		阿维菌素喷雾，按照农药标签使用	≥15
金龟子	4—6 月	灯光引诱捕杀	
		苏云金杆菌喷雾，按照农药标签使用	≥7
		绿僵菌喷雾或撒施，按照农药标签使用	≥7
介壳虫	全年	螺虫乙酯喷雾，按照农药标签使用	≥21
		联苯菊酯喷雾，按照农药标签使用	≥21
注：每种化学农药在每年度最多使用 2 次			

参考文献

［1］么历,程慧珍,杨智.中药材规范化种植(养殖)技术指南［M］.北京:中国农业出版社,2006.

［2］国家药典委员会.中华人民共和国药典:2020年版一部［M］.北京:中国医药科技出版社,2020.

［3］中国科学院中国植物志编辑委员会.中国植物志:第四十三卷第二分册［M］.北京:科学出版社,1997:13.

［4］广东省药品监督管理局.广东省中药材标准［M］.广州:广东科技出版社,2018.

［5］刁远明,高幼衡,彭新生.三叉苦化学成分研究(Ⅰ)［J］.中草药,2004(10):24-25.

ICS 65.020.20
CCS C 05

团 体 标 准

T/CACM 1374.7—2021

土木香规范化生产技术规程

Code of practice for good agricultural practice of Inulae Radix

2021-10-15 发布

2021-10-15 实施

中华中医药学会　发布

目　次

前　　言

本文件按照 GB/T 1.1—2020《标准化工作导则　第 1 部分：标准化文件的结构和起草规则》的规定起草。

请注意本文件中的某些内容可能涉及专利。本文件的发布机构不承担识别专利的责任。

本文件由中国医学科学院药用植物研究所和河北省农林科学院经济作物研究所提出。

本文件由中华中医药学会归口。

本文件起草单位：河北省农林科学院经济作物研究所、河北中医药大学、河北农业大学、安国市农业农村局、中国医学科学院药用植物研究所、重庆市药物种植研究所。

本文件主要起草人：田伟、郑玉光、刘灵娣、刘晓清、叩根来、温春秀、王乾、姜涛、杨太新、李树强、杨晓忠、贾东升、欧阳艳飞、魏建和、王文全、王秋玲、杨小玉、辛元尧、王苗苗。

土木香规范化生产技术规程

1 范围

本文件确立了土木香的规范化生产流程,规定了土木香生产基地选址、种质选择、种苗繁育、种植、采收、产地初加工、包装、放行、贮运等阶段的操作要求。

本文件适用于土木香的规范化生产。

2 规范性引用文件

下列文件的内容通过文中的规范性引用而构成本文件必不可少的条款。其中,注明日期的引用文件,仅该日期对应的版本适用于本文件;不注明日期的引用文件,其最新版本(包括所有的修改单)适用于本文件。

《中华人民共和国药典》

GB 3095　环境空气质量标准

GB 5084　农田灌溉水质标准

GB 15618　土壤环境质量　农用地土壤污染风险管控标准(试行)

T/CACM 1374.1—2021　中药材规范化生产技术规程通则　植物药材

3 术语和定义

T/CACM 1374.1—2021 界定的以及下列术语和定义适用于本文件。

3.1 规范化生产　good agricultural practice

按照《中药材生产质量管理规范》(简称中药材 GAP)的要求,实施药材生产,保证中药材优质安全的生产过程。

3.2 技术规程　code of practice

为实现中药材生产顺利、有序进行,保证中药材生产质量,对中药材生产的基地选址、种子种苗、种植或野生抚育、采收与产地初加工以及包装、放行与贮运等,所做的技术规定和要求,是实施中药材规范生产的核心技术要求和实施指南。

3.3 土木香　Inulae Radix

菊科植物土木香 *Inula helenium* L. 的干燥根。

3.4 土木香种苗　seedling of Inula Helenium

优质无病虫害的土木香根茎被切成带有 2~3 个侧芽的切块。

4 土木香规范化生产流程图

土木香的规范化生产流程见图1。

土木香规范化生产流程：

关键控制点及参数：

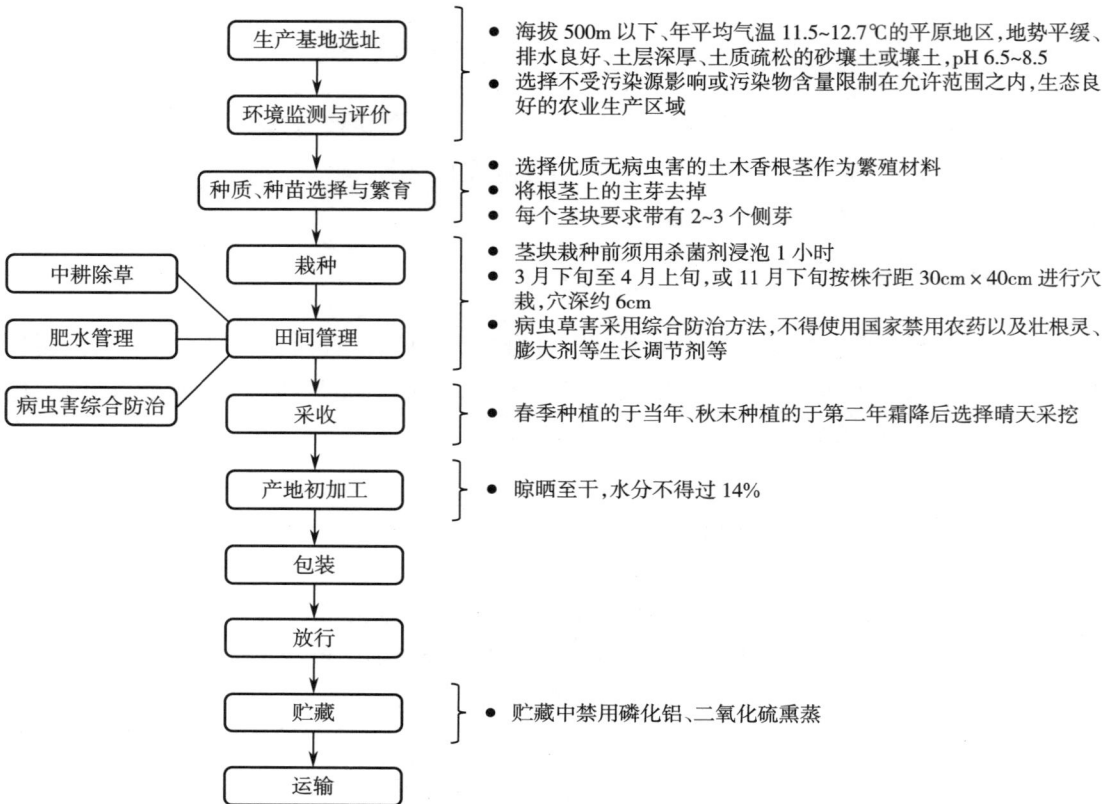

```
┌──────────────┐
│ 生产基地选址 │
└──────┬───────┘
       │
┌──────▼───────┐
│ 环境监测与评价│
└──────┬───────┘
       │
┌──────▼────────────┐
│ 种质、种苗选择与繁育│
└──────┬────────────┘
       │
┌──────▼───────┐
│    栽种      │
└──────┬───────┘
       │
┌──────▼───────┐
│  田间管理    │
└──────┬───────┘
       │
┌──────▼───────┐
│    采收      │
└──────┬───────┘
       │
┌──────▼───────┐
│ 产地初加工   │
└──────┬───────┘
       │
┌──────▼───────┐
│    包装      │
└──────┬───────┘
       │
┌──────▼───────┐
│    放行      │
└──────┬───────┘
       │
┌──────▼───────┐
│    贮藏      │
└──────┬───────┘
       │
┌──────▼───────┐
│    运输      │
└──────────────┘
```

中耕除草
肥水管理
病虫害综合防治

- 海拔500m以下、年平均气温11.5~12.7℃的平原地区，地势平缓、排水良好、土层深厚、土质疏松的砂壤土或壤土，pH 6.5~8.5
- 选择不受污染源影响或污染物含量限制在允许范围之内，生态良好的农业生产区域

- 选择优质无病虫害的土木香根茎作为繁殖材料
- 将根茎上的主芽去掉
- 每个茎块要求带有2~3个侧芽

- 茎块栽种前须用杀菌剂浸泡1小时
- 3月下旬至4月上旬，或11月下旬按株行距30cm×40cm进行穴栽，穴深约6cm
- 病虫草害采用综合防治方法，不得使用国家禁用农药以及壮根灵、膨大剂等生长调节剂等

- 春季种植的于当年、秋末种植的于第二年霜降后选择晴天采挖

- 晾晒至干，水分不得过14%

- 贮藏中禁用磷化铝、二氧化硫熏蒸

图1 土木香的规范化生产流程图

5 土木香规范化生产技术

5.1 生产基地选址

5.1.1 产地选择

适宜北方海拔500m以下、年平均气温11.5~12.7℃的平原地区，主要在河北安国及其周边地区。

5.1.2 地块选择

不能连作，轮作3年以上的土地才能使用。

生产田应选地势平缓、排水良好、土层深厚、土质疏松的砂壤土或壤土，pH 6.5~8.5。前茬以豆科、禾本科作物为佳。

5.1.3 环境监测

基地的大气、土壤和灌溉水样品的检测结果应符合GB 3095《环境空气质量标准》、

GB 15618《土壤环境质量 农用地土壤污染风险管控标准（试行）》、GB 5084《农田灌溉水质标准》的规定要求,且要保证生长期间持续符合标准。

5.2 种质与种苗

5.2.1 种质选择

使用菊科植物土木香 *Inula helenium* L. 为物种来源,其物种须经过鉴定。如使用农家品种或选育品种应加以明确。

5.2.2 种苗质量

选择优质无病虫害的土木香根茎作为繁殖材料,并根据根茎大小进行切块,每块要求带有 2~3 个侧芽;同时还需将每块根茎的主芽去掉,以防止在生长期抽薹,影响根的产量和质量。

5.2.3 种苗繁育

选择生长旺盛、长势一致、无病虫害的一年生土木香作留种田。田间管理同药材生产。

秋季采挖后剪去块状根茎上的粗根,留下的块状根茎适当晾晒后沙藏,具体方法:挖宽 1m、深 0.8m 的沟,长度视根茎数量而定,底层撒 5cm 湿沙,上面放 20cm 厚的土木香根茎,再撒入沟内 10cm 厚的湿沙,然后上面再放 20cm 厚的土木香根茎,最后用湿沙填平即可。于春季栽前挖出切块栽种;冬季种植的可随采随种。

5.3 种植

5.3.1 栽种

整地:结合整地,每亩(1 亩 ≈ 666.7m², 下文同)施腐熟有机肥 1 500~2 000kg 或生物菌肥 400~500kg,施用三元复合肥 50~100kg,在翻耕前均匀地将肥料撒施于地面,深翻土地 40cm 以上,整平耙细作畦,一般畦面以宽约 1.2m 为宜。

选种与处理:选择无病虫害、无机械损伤的块状根茎作为繁殖材料进行切块,每个茎块要求带有 2~3 个侧芽,播种前用草木灰拌种,或用 25% 咪鲜胺乳油 2 000~3 000 倍液浸泡 1 小时,稍加晾晒后即可栽种。

栽种:春季或秋季栽种,春季 3 月下旬至 4 月上旬,秋季 11 月下旬进行。在整好的畦上按行距 40cm、株距 30cm 挖深约 6cm 的穴,每穴放种苗 1~2 个,栽后覆土镇压,灌水。

5.3.2 田间管理

出苗以后,要及时进行中耕松土,清除杂草。封垄前可进行 1 次追肥,结合灌水施入三元复合肥或水溶肥 10~20kg。土木香进入花期后,应及时剪掉花薹,以免影响药材的品质及产量。

5.3.3 病虫害防治

土木香常见病害有根腐病等,虫害主要有蛴螬、蚜虫等,常见病虫害防治的参考方法参见附录 B。

应采用预防为主、综合防治的方法:通过选用抗性品种、培育壮苗、加强栽培管理、科学施肥等栽培措施,综合采用农业防治、物理防治、生物防治,配合科学合理地使用化学防治,将有害生物危害控制在允许范围以内。

农业防治：实施与禾本科作物轮作；苗期加强中耕，雨后及时排水；合理密植，增施磷、钾肥，增强抗病力；发现病株及时拔除，集中销毁，在病窝中撒入生石灰消毒；每年秋冬季及时清园。

物理防治：采用黄板、黑光灯等方法诱杀害虫。

生物防治：采用苦参碱、天然除虫菊等植物源农药进行防治，或用白僵菌等生物制剂进行防治。

化学防治：采用化学防治时，应当符合国家有关规定，优先选用高效、低毒的生物农药；尽量避免使用除草剂、杀虫剂和杀菌剂等化学农药；不使用禁限用农药，具体禁限用农药名单参见附录 A。

5.4 采收

春季种植的于当年、秋末种植的于第二年霜降后选择晴天采挖，采收前先将地上茎叶割去，人工或机械采挖，抖去泥土，及时运回。采挖过程避免损伤外皮和断根。

5.5 产地初加工

土木香除去茎叶、泥沙等，将粗根剪下，选择通风干燥处，及时摊开晾晒，防止发霉变质，晾晒期间，每日翻动 1~2 次，直至晒干，土木香水分不得过 14.0%。如有霉烂，及时剔除。

加工干燥过程保证场地、工具洁净，不受雨淋等。

5.6 包装、放行、贮运

5.6.1 包装

包装前应对每批药材按照国家标准进行质量检验。符合国家标准的药材，采用不影响质量的编织袋等包装，禁止采用包装过肥料、农药等的包装袋包装。包装外贴或挂标签、合格证、标识牌内容应有药材名、基源、产地、批号、规格、重量、采收日期、企业名称等，并有追溯码。

5.6.2 放行

应制定符合企业实际情况的放行制度，有审核批生产、检验等相关记录。不合格药材有单独处理制度。

5.6.3 贮运

应贮存于阴凉干燥处，定期检查，防止虫蛀、霉变、腐烂等。仓库控制温度在 20℃以下、相对湿度 65% 以下；不同批次等级药材分区存放；建有定期检查制度。禁止磷化铝和二氧化硫熏蒸。也可采用现代气调贮藏方法，包装或库内充氮或二氧化碳。

运输应防止发生混淆、污染、异物混入、包装破损、雨雪淋湿等。

附　录　A

（规范性）

禁限用农药名单

A.1　禁止（停止）使用的农药（46种）

六六六、滴滴涕、毒杀芬、二溴氯丙烷、杀虫脒、二溴乙烷、除草醚、艾氏剂、狄氏剂、汞制剂、砷类、铅类、敌枯双、氟乙酰胺、甘氟、毒鼠强、氟乙酸钠、毒鼠硅、甲胺磷、对硫磷、甲基对硫磷、久效磷、磷胺、苯线磷、地虫硫磷、甲基硫环磷、磷化钙、磷化镁、磷化锌、硫线磷、蝇毒磷、治螟磷、特丁硫磷、氯磺隆、胺苯磺隆、甲磺隆、福美胂、福美甲胂、三氯杀螨醇、林丹、硫丹、溴甲烷、氟虫胺、杀扑磷、百草枯、2,4-滴丁酯。

注：氟虫胺自2020年1月1日起禁止使用。百草枯可溶胶剂自2020年9月26日起禁止使用。2,4-滴丁酯自2023年1月29日起禁止使用。溴甲烷可用于"检疫熏蒸处理"。杀扑磷已无制剂登记。

A.2　在部分范围禁止使用的农药（20种）

部分范围禁止使用的农药应注意药食同源中药材及来自其他作物的中药材。部分范围禁止使用的农药见表A.1。

表 A.1　部分范围禁止使用的农药

通用名	禁止使用范围
甲拌磷、甲基异柳磷、克百威、水胺硫磷、氧乐果、灭多威、涕灭威、灭线磷	禁止在蔬菜、瓜果、茶叶、菌类、中草药材上使用，禁止用于防治卫生害虫，禁止用于水生植物的病虫害防治
甲拌磷、甲基异柳磷、克百威	禁止在甘蔗作物上使用
内吸磷、硫环磷、氯唑磷	禁止在蔬菜、瓜果、茶叶、中草药材上使用
乙酰甲胺磷、丁硫克百威、乐果	禁止在蔬菜、瓜果、茶叶、菌类和中草药材上使用
毒死蜱、三唑磷	禁止在蔬菜上使用
丁酰肼（比久）	禁止在花生上使用
氰戊菊酯	禁止在茶叶上使用
氟虫腈	禁止在所有农作物上使用（玉米等部分旱田种子包衣除外）
氟苯虫酰胺	禁止在水稻上使用

A.3　说明

本附录的内容来自2019年中华人民共和国农业农村部发布的《禁限用农药名录》（http://www.zzys.moa.gov.cn/gzdt/201911/t20191129_6332604.htm）。

附 录 B

（资料性）

土木香常见病虫害防治的参考方法

土木香常见病虫害防治的参考方法参见表 B.1。

表 B.1 土木香常见病虫害防治的参考方法

序号	病虫害种类	防治方法
1	根腐病	实施与禾本科作物轮作；苗期加强中耕，雨后及时排水；合理密植，增施磷、钾肥，增强抗病力；发现病株及时拔除，集中销毁，在病窝中撒入生石灰消毒；每年秋冬季及时清园
2	蛴螬	采用黑光灯等方法诱杀成虫；用白僵菌等生物制剂防治幼虫
3	蚜虫	采用黄板方法诱杀害虫；采用苦参碱、天然除虫菊等植物源农药进行防治

参考文献

［1］唐慎微.重修政和经史证类备用本草［M］.北京：人民卫生出版社,1957：160.

［2］赵燏黄.祁州药志［M］.福州：福建科学技术出版社,2004：23-26.

［3］江苏新医学院.中药大词典［M］.上海：上海人民出版社,1977：80-81,1233.

［4］国家药典委员会.中华人民共和国药典：2020版一部［M］.北京：中国医药科技出版社,2020：16.

［5］谢晓亮,杨太新.中药材栽培实用技术500问［M］.北京：中国医药科技出版社,2015.

［6］赵杨景.药用植物营养与施肥技术［M］.北京：中国农业出版社,2002.

［7］孙伟,刘玉章,李敬,等.土木香引种栽培研究［J］.现代中药研究与实践,2010,24（1）：7-8.

［8］佚名.土木香种植技术［J］.农村实用技术,2008（1）：40.

［9］中国科学院中国植物志编辑委员会.中国植物志：第七十五卷［M］.北京：科学出版社,1979：252.

［10］戴斌,张桂珍.新疆木香的生药学研究［J］.中药通报,1986（2）：14-17.

［11］廖建秀.新疆木香的资源开发利用状况概述［J］.新疆中医药,2004（6）：47-48.

［12］马玉斌.土木香趁鲜切制与传统切片方法的比较［J］.中国实验方剂学杂志,2013,19（21）：30-32.

［13］任德权,周荣汉.中药材生产质量管理规范（GAP）实施指南［M］.北京：中国农业出版社,2003：114-133.

ICS 65.020.20
CCS C 05

团 体 标 准

T/CACM 1374.8—2021

大枣规范化生产技术规程

Code of practice for good agricultural practice of Jujubae Fructus

2021-10-15 发布

2021-10-15 实施

中华中医药学会　发布

目　次

前　言

本文件按照 GB/T 1.1—2020《标准化工作导则　第 1 部分：标准化文件的结构和起草规则》的规定起草。

请注意本文件中的某些内容可能涉及专利。本文件的发布机构不承担识别专利的责任。

本文件由中国医学科学院药用植物研究所和山西农业大学提出。

本文件由中华中医药学会归口。

本文件起草单位：山西农业大学、山西省农业科学院园艺研究所、山西省农业科学院果树研究所、乡宁县林业局、乡宁县生产力促进中心、中国医学科学院药用植物研究所、重庆市药物种植研究所。

本文件主要起草人：张鹏飞、杨俊强、杨凯、续海红、刘亚令、温鹏飞、牛铁泉、梁长梅、李双双、李朝、赵秀萍、荆明明、张海军、魏建和、王文全、王秋玲、杨小玉、辛元尧、王苗苗。

大枣规范化生产技术规程

1　范围

本文件确立了大枣规范化生产流程,规定了大枣的生产基地选址、种质、苗木繁育、种植、采收及产地初加工、包装、放行与贮运等阶段的操作要求。

本文件适用于大枣的规范化生产。

2　规范性引用文件

下列文件中的内容通过文中的规范性引用而构成本文件必不可少的条款。其中,注明日期的引用文件,仅该日期的版本适用于本文件。不注明日期的引用文件,其最新版本(包括所有的修改单)适用于本文件。

GB 3095　环境空气质量标准

GB 5084　农田灌溉水质标准

GB 15618　土壤环境质量　农用地土壤污染风险管控标准(试行)

GB/T 26908　枣贮藏技术规程

NY/T 496　肥料合理使用准则　通则

T/CACM 1374.1—2021　中药材规范化生产技术规程通则　植物药材

3　术语和定义

T/CACM 1374.1—2021 界定的以及下列术语和定义适用于本文件。

3.1　规范化生产　good agricultural practice

按照《中药材生产质量管理规范》(简称中药材 GAP)的要求,实施药材生产,保证中药材优质安全的生产过程。

3.2　技术规程　code of practice

为实现中药材生产顺利、有序进行,保证中药材生产质量,对中药材生产的基地选址、种子种苗、种植或野生抚育、采收与产地初加工以及包装、放行与贮运等,所做的技术规定和要求,是实施中药材规范生产的核心技术要求和实施指南。

3.3　大枣　Jujubae Fructus

鼠李科植物枣 *Ziziphus jujuba* Mill. 的干燥成熟果实。

4　大枣规范化生产流程图

大枣的规范化生产流程见图 1。

大枣规范化生产流程: 关键控制点及参数:

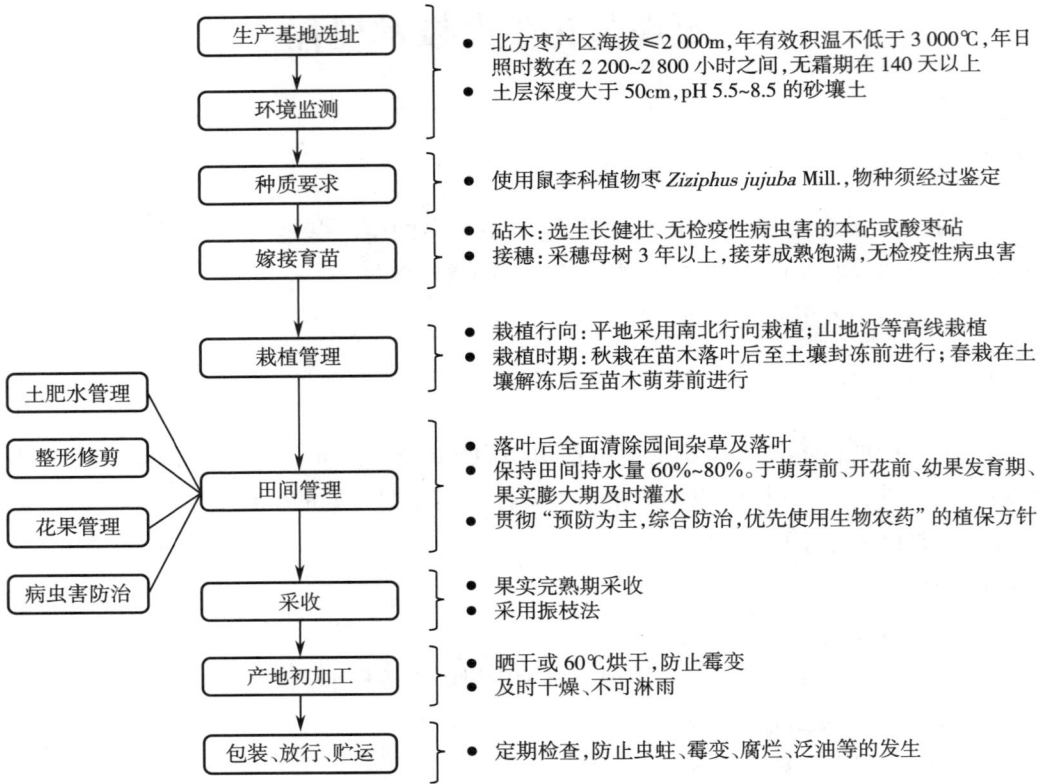

图1 大枣的规范化生产流程图

5 大枣规范化生产技术

5.1 生产基地选址

5.1.1 产地选择

北方枣主产区于山西、河北、河南、山东、陕西、新疆等地。产区海拔高度≤2 000m,年有效积温不低于3 000℃,年日照时数在2 200~2 800小时之间,无霜期在140天以上。

5.1.2 地块选择

开阔向阳,土层深度大于50cm,地下水位在1m以下,土壤pH 5.5~8.5,无污染、无渍水、无危害性病虫源,土质为保水保肥能力强的壤土。

5.1.3 环境监测

基地的大气、土壤和水样品的检测应符合《中药材生产质量管理规范》的要求,并保证生长期间持续符合标准。空气质量应符合GB 3095规定的环境空气质量标准,土壤质量应符合GB 15618的规定,灌溉水质量应符合GB 5084规定的农田灌溉水质标准。

5.2 种质

使用鼠李科植物大枣 Ziziphus jujuba Mill.,物种须经过鉴定。如使用农家品种或选育品种应加以明确。

5.3 苗木繁育

5.3.1 砧木

采用本砧或酸枣砧。要求砧木生长健壮,无检疫性病虫害。

5.3.2 接穗

采用生长健壮的枣头或二次枝。采穗母树3年以上,接芽成熟饱满,无检疫性病虫害。

5.3.3 嫁接育苗

土壤解冻后及时浇水,待砧木展叶后,将砧木苗距地面3cm左右剪截平茬,在距地表10cm处枝接优良品种。待枝接伤口愈合后浇水,以确保有充足的水分供苗木发芽生长。苗木生长过程,浇水3~4次,每亩追施尿素50kg。

5.4 种植

5.4.1 建园整地

山地、丘陵建园须在水土保持工程完成后进行,定植前须对园地进行平整和深翻。

5.4.2 品种选择

品种选择以区域化、良种化为原则,做到适地适树,优先选用适合当地生态条件的优良品种。常见品种可参考附录A选用。

5.4.3 栽植密度

普通枣园行距4~5m,株距3m,每亩(1亩≈666.7m²)栽植44~55株;密植枣园行距2~3m,株距1~2m,每亩栽植111~333株。

5.4.4 栽植行向

平地采用南北行向栽植,山地沿等高线栽植。

5.4.5 栽植时期

秋栽在苗木落叶后至土壤封冻前进行,春栽在土壤解冻后至苗木萌芽前进行。

5.4.6 挖穴定植

定植穴直径80cm,深70~80cm,每穴施充分腐熟农家肥25~50kg。定植时舒展根系、分层覆土踏实,定植完成后根颈部要高于地面5~10cm。栽后浇足定根水,并覆膜保墒。

5.4.7 土壤管理

秋冬季结合施基肥进行深翻改土,深翻深度≤35cm。夏季降雨或灌水后及时中耕除草,深度5~10cm,可在树冠下或全园覆盖厚度15~30cm的杂草、农作物的碎细秸秆等。

5.4.8 施肥

施肥可参考NY/T 496的规定执行。采收后至土地封冻前施基肥,以充分腐熟的有机肥为主,化学肥料为辅。每亩施肥量为1 500~2 000kg,可适量加入磷肥。施肥采用沟施法,沟深40~60cm,施肥后灌水。萌芽前以氮肥为主,适当配合磷肥;开花前以速效氮肥为主,同时配以适量磷肥;幼果发育期,在施氮肥的同时增施磷、钾肥;果实迅速膨大期,氮、磷、钾配合施用。施肥方法为穴施或沟施,沟深10~15cm,追肥后及时灌水。从枣树展叶开始,每15~20天喷一次。生长季前期以喷氮肥为主,果实发育期以磷、钾肥为主,花期喷硼肥。常用肥料为尿素、磷酸二氢钾、过磷酸钙、硫酸钾等。叶面追肥宜避开高温时段。

5.4.9 水分管理

5.4.9.1 灌溉

保持田间持水量 60%~80%。视土壤墒情，于萌芽前、开花前、幼果发育期、果实膨大期及时灌水。水质应符合 GB 5084 规定。

5.4.9.2 排水

地下水位较高的果园设置排水沟，出现积水及时排涝。

5.4.10 整形修剪

5.4.10.1 主要树形

小冠疏层形：树高 3m 左右，干高 50~60cm，主枝 5~6 个，分 2~3 层排列在中央干上，每个主枝上着生 2~3 个侧枝，主枝、侧枝上着生结果枝组。

自由纺锤形：树高 2.5~3m，干高 50~70cm，主枝 8~10 个，不分层，主枝直接着生中、小枝组。

5.4.10.2 不同树龄的修剪

幼龄树及时定干，采用刻芽、短截二次枝，培养主枝和侧枝，7 月中下旬结合拉枝，对非骨干枝，且长势旺盛、角度偏于直立的枣头进行摘心。初果期树以轻剪缓放为主，培养骨干枝和结果枝组，继续扩大树冠。注意保持树势均衡，并对骨干枝的延长枝适时摘心。盛果期树采用疏缩结合的方法，打开光路，引光入膛，培养内膛枝，注意结果枝组的培养和更新，延长结果年限。衰老期树疏缩大骨干枝，重新培养树冠。

5.4.11 花果管理

自然坐果率高的品种在盛花末期进行环剥，坐果率低的则在盛花初期环剥，在主干上距地面 20~30cm 处进行，环剥宽度 0.4~0.6cm，深达木质部。盛花初期、中期和后期，喷施 1~2 次赤霉素，间隔 7~10 天。喷赤霉素时混加适量硼砂和尿素。花期干旱时每隔 1~2 天喷水一次，连喷 6 次。且喷水时间以傍晚最佳。花前 1~2 天开始，每亩放 1~2 箱蜜蜂，至盛花末期结束。放蜂期间严禁喷施杀虫剂。6 月下旬至 7 月上旬及时疏果。疏除畸形果、伤果、病虫果以及多余的小果。

5.4.12 病虫害防治

贯彻"预防为主，综合防治，优先使用生物农药"的方针。以农业和物理防治为基础，按照病虫害发生规律，科学合理地进行防治，有效控制病虫危害，其中禁限用农药名单见附录 B，允许使用化学农药见附录 C。大枣主要病害、虫害发生规律见附录 D。

5.5 采收及产地初加工

5.5.1 采收时期

采收期为完熟期。此时枣果皮颜色进一步加深，糖分不再增加，果实变软，果皮微皱，果实发育充分，呈现出本品种特有的色、香、味，并出现自然落果现象，是最佳采收时期。采收年限为一年一收。

5.5.2　采收方法

采用振枝法。

5.5.3　产地初加工

枣采收后,置于清洁的场地进行晾晒。若遇阴天或晾晒场地不足时,用烘干设备进行烘干,烘干时温度≤60℃,至枣果含水量≤25%即可,烘干后取出摊开,自然降温至常温,保存。干制过程中须保证场地、工具洁净,且不受雨淋。

5.6　包装、放行与贮运

5.6.1　包装

包装前应对每批大枣进行质量检验,使其符合国家药材标准的要求。采用不影响质量的包装容器进行包装,包装外贴挂标签、合格证等,标识牌应标明药材名、产地、批号、规格、重量、采收日期、企业名称等,并有追溯码。

5.6.2　放行

应制定符合企业实际情况的放行制度,有审核、批准、生产、检验等的相关记录。不合格药材有单独处理制度。

5.6.3　贮运

大枣贮存在冷藏库中,库温在0℃左右。定期检查,防止虫蛀、霉变、腐烂、泛油等的发生。运输防止发生混淆、污染、异物混入、包装破损、雨雪淋湿等。中远距离(500km以上)运输销售的大枣应采用保温车、冷藏车或冷藏集装箱运输。其他参考GB/T 26908规定执行。

附 录 A

（资料性）

常见枣品种介绍

A.1 金丝小枣

主产于河北沧州、山东乐陵等地。多为椭圆形和鹅卵形,平均果重 5~7g。干枣果皮呈深红色,肉薄而坚韧,皱纹浅细,利于贮存和运输。

A.2 无核枣

产于山东乐陵和河北省部分地区。形似玉坠,果实色泽鲜红,肉厚实而细腻,切开后呈空心状,无核而有仁,其核虽有其形但可食用。

A.3 相枣

主产于山西运城。扁柱形,果实大、平均果重 19.1g,大小不整齐。果皮厚,紫红色,果面粗糙。干枣果肉富有弹性,皮薄肉厚,富含糖分,耐挤压,适宜制干。

A.4 灵宝圆枣

主产于河南灵宝。果实扁圆形,单个重 22.3g 以上,大小较均匀。果面平整,果肉厚,质地致密,较硬,汁液少,味甜略酸,宜做干枣用。

A.5 赞皇大枣

主产于河北赞皇等地。果形长圆形至近为圆形,它以个大著称,平均单果重 18.8g,最大 40g,制干后果形饱满,富有弹性,耐贮运,品质极上。

A.6 婆婆枣

主产于山西运城。果实长圆形或卵圆形,侧面稍扁,大小较整齐。平均果重 11.5g,最大果重 24g 以上。果面平滑。果皮较薄,韧性差,肉质松,少弹性,甜酸适口。

A.7 灰枣

主产于河南新郑。果实呈长倒卵形,果皮为橙红色,核小肉厚,肉细味甜,干枣果肉与核易分离,是著名的干枣品种。

A.8 板枣

主产于山西稷山。果实小,扁倒卵形,平均单果重 11.2g,最大果重 13.5g,大小较均匀。果皮中厚、紫红色、果肉厚、品质上等。核小,核内多无种子。

A.9 圆铃枣

主产于山东茌平、东阿、齐河、济阳。果实近圆形或平顶宽锥形,侧面略扁,大小不整齐。平均果重 4~6g,大果重 12.5g。果面不平,略有凹凸起伏。

A.10 骏枣

主产于山西交城。圆柱形或长倒卵形。平均果重 22.9g,最大果重 36.1g,大小不均匀。

果肩较小,略耸起,梗洼较深、中广。果顶平。

A.11 木枣

主产于山西柳林、临县、石楼等地。果实中大,柱形,单果平均重11.7g,最大单果重14g。果面不光滑,皮厚,深红色,果点小而明显。梗洼中深且广,果顶微凹。

A.12 油枣

主产于山西保德、兴县。果实长圆形,果实中大,长圆形或圆柱形,平均果重12.3g,果重19.6g。果面平,果皮中厚,黑红色,外形美观。果肉厚,绿白色,质地硬,稍粗,汁液较少,味甜,略具酸味。

A.13 壶瓶枣

主产山西太谷和太原等地。长倒卵形,果重25g,皮薄,深红色,肉厚,质脆,汁中多,味甜,果皮稍具苦辣味。

A.14 官滩枣

主产于山西襄汾县东南角的汾河下游两岸。鲜枣呈长圆柱形,平均果重11g,干枣深红色,有亮光,果肉拉开可见糖丝。

附　录　B
（规范性）
禁限用农药名单

B.1　禁止（停止）使用的农药（46 种）

六六六、滴滴涕、毒杀芬、二溴氯丙烷、杀虫脒、二溴乙烷、除草醚、艾氏剂、狄氏剂、汞制剂、砷类、铅类、敌枯双、氟乙酰胺、甘氟、毒鼠强、氟乙酸钠、毒鼠硅、甲胺磷、对硫磷、甲基对硫磷、久效磷、磷胺、苯线磷、地虫硫磷、甲基硫环磷、磷化钙、磷化镁、磷化锌、硫线磷、磷、治螟磷、特丁硫磷、氯磺隆、胺苯磺隆、甲磺隆、福美胂、福美甲胂、三氯杀螨醇、林丹、硫丹、溴甲烷、氟虫胺、杀扑磷、百草枯、2, 4- 滴丁酯。

注：氟虫胺自 2020 年 1 月 1 日起禁止使用。百草枯可溶胶剂自 2020 年 9 月 26 日起禁止使用。2, 4- 滴丁酯自 2023 年 1 月 29 日起禁止使用。溴甲烷可用于"检疫熏蒸处理"。杀扑磷已无制剂登记。

B.2　在部分范围禁止使用的农药（20 种）

部分范围禁止使用的农药应注意药食同源中药材及来自其他作物的中药材。部分范围禁止使用的农药见表 B.1。

表 B.1　部分范围禁止使用的农药

通用名	禁止使用范围
甲拌磷、甲基异柳磷、克百威、水胺硫磷、氧乐果、灭多威、涕灭威、灭线磷	禁止在蔬菜、瓜果、茶叶、菌类、中草药材上使用,禁止用于防治卫生害虫,禁止用于水生植物的病虫害防治
甲拌磷、甲基异柳磷、克百威	禁止在甘蔗作物上使用
内吸磷、硫环磷、氯唑磷	禁止在蔬菜、瓜果、茶叶、中草药材上使用
乙酰甲胺磷、丁硫克百威、乐果	禁止在蔬菜、瓜果、茶叶、菌类和中草药材上使用
毒死蜱、磷	禁止在蔬菜上使用
丁酰肼（比久）	禁止在花生上使用
氰戊菊酯	禁止在茶叶上使用
氟虫腈	禁止在所有农作物上使用（玉米等部分旱田种子包衣除外）
氟苯虫酰胺	禁止在水稻上使用

B.3　说明

本附录的内容来自 2019 年中华人民共和国农业农村部发布的《禁限用农药名录》（http://www.zzys.moa.gov.cn/gzdt/201911/t20191129_6332604.htm）。

附　录　C

（资料性）

大枣生产允许使用的化学农药的种类及其使用方法

大枣生产允许使用的化学农药的种类及其使用方法见表 C.1。

表 C.1　大枣生产允许使用的化学农药的种类及其使用方法

类别	通用名	作用对象	使用方法（生长季）	使用量（浓度）	安全隔离期 /d
杀虫剂	苏云金杆菌	食心虫	喷雾	按说明书推荐用量	30
杀虫剂	敌百虫	黏虫	喷雾	按说明书推荐用量	30
植物生长调节剂	苄氨·赤霉酸	提高坐果率	喷雾	按说明书推荐用量	5~7
杀虫剂	绿盲蝽性信息素	绿盲蝽	悬挂	按说明书推荐用量	—
杀菌剂	肟菌·咪鲜胺	炭疽病	喷雾	按说明书推荐用量	21

注：以上是国家目前允许大枣使用的农药品种，新农药必须经有关技术部门试验并经过农业农村部批准在大枣药材上登记后才能使用

附　录　D

（资料性）

大枣主要病虫害发生规律

D.1　缩果病

该病靠昆虫、雨水和灌溉水传播,病原细菌从害虫(蚜虫、蝉、椿象等)刺吸伤口侵入,发病期与果实发育期及气候因素密切相关,并且空气湿度大尤其是间断性降雨或连续阴天,病害更易发生,蔓延成灾。

D.2　炭疽病

花期即可侵染,潜伏期较长,要到果实接近成熟和采收期才发病,雨季早、雨量多或连续降雨,田间空气相对湿度在90%以上发病早而重。

D.3　枣锈病

该病发生在7、8月份,一般温度过高、空气潮湿、通风条件差的枣园容易发生此病。

D.4　枣疯病

枣身上下均可染上此病。枣疯病的病原是植原体,一般通过带病接穗嫁接等感染疾病,并且在一定程度上受枣树品种、栽种和管理条件的影响。

D.5　枣黏虫

1年发生3~4代,以蛹在树干、皮缝中越冬,干周土中有少量越冬蛹。

D.6　桃小食心虫

1年发生1~2代,以老熟幼虫在土内作冬茧越冬。翌年5月上、中旬越冬幼虫开始出土,6—7月越冬成虫羽化。成虫产卵于果树上,卵期8天左右。

D.7　枣飞象

平均1年发生1代,4月上旬化蛹,中下旬枣树萌芽时成虫大规模出土危害嫩芽。寿命20~30天,危害至6月中旬。

参考文献

［1］国家药典委员会.中华人民共和国药典:2020年版一部［M］.北京:中国医药科技出版社,2020.

［2］时运岭.冬枣树绿色高产栽培技术［J］.河南农业,2019(25):45.

［3］黄利影.枣树高产栽培技术［J］.现代园艺,2015(11):37-38.

［4］康彩霞.枣树高产栽培技术［J］.山西农业科学,2010,38(3):89-91.

［5］陈德安.红枣良种繁育及密植园的丰产管理技术［J］.科技情报开发与经济,2005(22):244-245.

［6］关鸿睿,王兴顺.我国枣树的优质高产栽培技术［J］.国土与自然资源研究,1996(2):68-72.

［7］宋建华.冬枣无公害丰产栽培技术［J］.北方园艺,2017(19):202-205.

［8］王振亮,杨振江,刘俊,等.日光温室"冬枣"高效栽培关键技术［J］.北方园艺,2013(15):214-216.

［9］张玉礼,王文凤,张克诚,等.黄河三角洲冬枣园枣菜间套模式及其栽培技术［J］.中国蔬菜,2005(5):47-48.

［10］问恩连.山西吕梁枣树优质高产栽培技术要点［J］.农业工程技术,2017,37(20):65.

［11］郭盛,严辉,钱大玮,等.枣属药用植物资源产业化过程副产物及废弃物的资源价值发现与循环利用策略构建［J］.南京中医药大学学报,2019,35(5):579-584.

ICS 65.020.20
CCS C 05

团 体 标 准

T/CACM 1374.9—2021

大黄（药用大黄）规范化生产技术规程

Code of practice for good agricultural practice of
Rhei Radix Et Rhizoma（ *Rheum Officinale* ）

2021-10-15 发布　　　　　　　　　　　　　　2021-10-15 实施

中华中医药学会　发布

目　次

前　言

本文件按照 GB/T 1.1—2020《标准化工作导则　第 1 部分：标准化文件的结构和起草规则》的规定起草。

请注意本文件中的某些内容可能涉及专利。本文件的发布机构不承担识别专利的责任。

本文件由中国医学科学院药用植物研究所和湖北省农业科学院中药材研究所提出。

本文件由中华中医药学会归口。

本文件起草单位：湖北省农业科学院中药材研究所、重庆三峡医药高等专科学校、利川市勤隆中药材专业合作社、利川市福祥种植专业合作社、中青（恩施）健康产业发展有限公司、重庆大湖农林有限公司、奉节县金云中药材种植专业合作社、中国医学科学院药用植物研究所、重庆市药物种植研究所。

本文件主要起草人：刘海华、林先明、付绍智、龙祥云、王敏、袁晓兵、张美德、何银生、郭坤元、王华、周武先、蒋小刚、钱乔芝、易恪辉、魏建和、王文全、王秋玲、杨小玉、辛元尧、王苗苗。

引　言

本文件要求的对象为蓼科植物药用大黄 *Rheum officinale* Baill. 其典型特征为叶片不裂或 5 浅裂，裂深一般不超过叶片的 1/3。根茎粗壮、根瘦小、子芽多，主要种植区域为湖北西部、陕西南部、河南西部、四川、重庆、贵州、云南等高山地区。

药用大黄 *Rheum officinale* Baill. 区别于掌叶大黄 *Rheum palmatum* L.，叶片 5~7 裂，裂深超过叶片的 1/2，茎光滑无毛。主要分布于陕西、甘肃东南部、青海、四川西部、云南西北部及西藏东部。

药用大黄 *Rheum officinale* Baill. 区别于唐古特大黄 *Rheum tanguticum* Maxim. ex Balf.，叶深裂，深裂片常又羽状分裂，最终裂片呈窄披针形至近线形。主要分布于青海、甘肃祁连山北麓、四川西部、西藏东北部。

大黄（药用大黄）规范化生产技术规程

1 范围

本文件规定了大黄（药用大黄）规范化生产流程、关键控制点及技术参数，大黄（药用大黄）规范化生产各环节的技术规程。

本文件适用于按照《中药材生产质量管理规范》实施规范化生产大黄（药用大黄）。

2 规范性引用文件

下列文件对于本文件的应用是必不可少的。凡是注明日期的引用文件，仅所注日期的版本适用于本文件。凡是不注日期的引用文件，其最新版本（包括所有的修改单）适用于本文件。

GB 3095　环境空气质量标准

GB 5084　农田灌溉水质标准

GB 5749　生活饮用水卫生标准

GB 15618　土壤环境质量　农用地土壤污染风险管控标准（试行）

GB 7718　食品安全国家标准　包装食品标签通则

GB/T 191　包装储运图示标志

T/CACM 1374.1—2021　中药材规范化生产技术规程通则　植物药材

3 术语和定义

T/CACM 1374.1—2021 界定的以及下列术语和定义适用于本文件。

3.1　规范化生产　good agricultural practice

按照《中药材生产质量管理规范》（简称中药材 GAP）的要求，实施药材生产，保证中药材优质安全的生产过程。

3.2　技术规程　code of practice

为实现中药材生产顺利、有序进行，保证中药材生产质量，对中药材生产的基地选址、种子种苗、种植或野生抚育、采收与产地初加工以及包装、放行与贮运等，所做的技术规定和要求，是实施中药材规范生产的核心技术要求和实施指南。

3.3　大黄　Rhei Radix Et Rhizoma

为蓼科植物药用大黄 *Rheum officinale* Baill. 的干燥根和根茎。

3.4　子芽　bud

簇生在大黄（药用大黄）根茎处，能生长为大黄（药用大黄）植株的带芽根茎。

4 大黄（药用大黄）规范化生产流程、生产技术关键控制点及参数

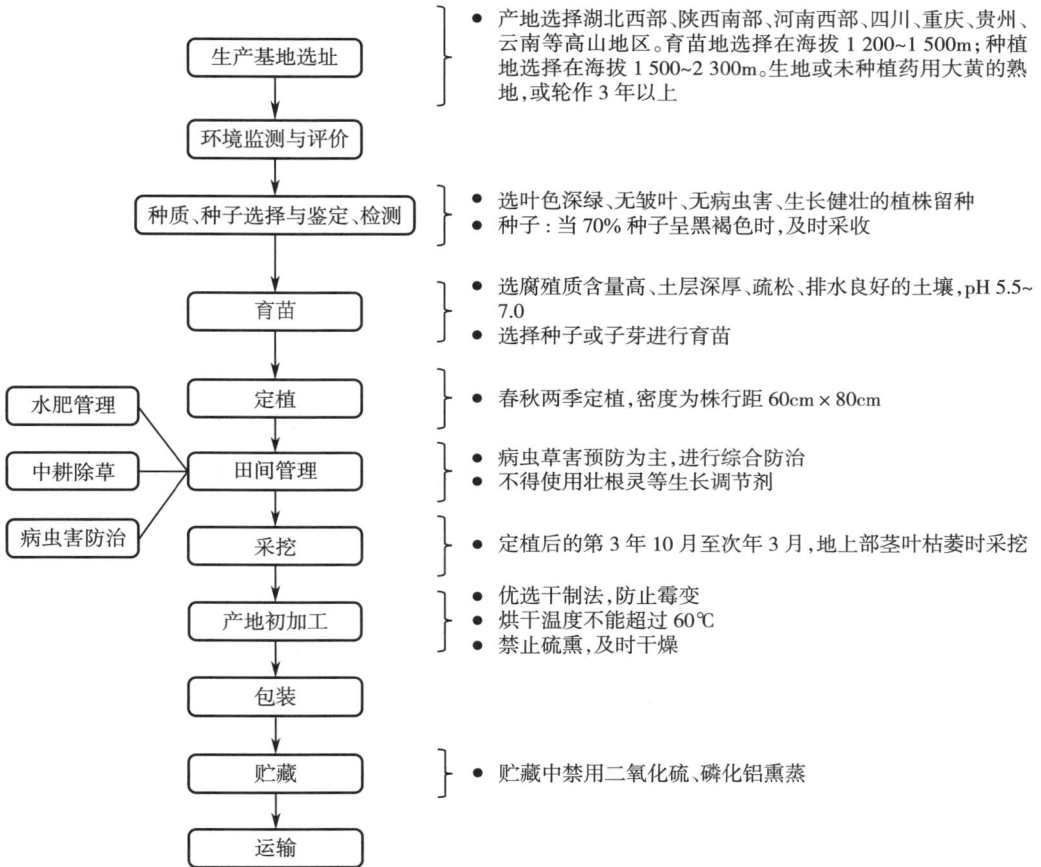

大黄（药用大黄）的规范化生产流程见图1。

大黄规范化生产流程：

关键控制点及参数：

- 产地选择湖北西部、陕西南部、河南西部、四川、重庆、贵州、云南等高山地区。育苗地选择在海拔1 200~1 500m；种植地选择在海拔1 500~2 300m。生地或未种植药用大黄的熟地，或轮作3年以上

生产基地选址

环境监测与评价

- 选叶色深绿、无皱叶、无病虫害、生长健壮的植株留种
- 种子：当70%种子呈黑褐色时，及时采收

种质、种子选择与鉴定、检测

- 选腐殖质含量高、土层深厚、疏松、排水良好的土壤，pH 5.5~7.0
- 选择种子或子芽进行育苗

育苗

- 春秋两季定植，密度为株行距60cm × 80cm

定植

水肥管理

中耕除草

病虫害防治

田间管理

- 病虫草害预防为主，进行综合防治
- 不得使用壮根灵等生长调节剂

采挖

- 定植后的第3年10月至次年3月，地上部茎叶枯萎时采挖

产地初加工

- 优选干制法，防止霉变
- 烘干温度不能超过60℃
- 禁止硫熏，及时干燥

包装

贮藏

- 贮藏中禁用二氧化硫、磷化铝熏蒸

运输

图1 大黄（药用大黄）的规范化生产流程图

5 大黄（药用大黄）规范化生产技术

5.1 生产基地选址

5.1.1 产地选择

主产区在湖北西部、陕西南部、河南西部、四川、重庆、贵州、云南等高山地区。道地产区在湖北恩施、宜昌、十堰，重庆奉节、巫山、巫溪、城口、开州、石柱，四川北川、青川、平武、万源及其周边地区。种植地选择在海拔1 500~2 300m区域。

5.1.2 地块选择

良种繁育田和定植地应选择排水良好，宜选择高寒山地，土层深厚、富含腐殖质以及排水良好的砂壤土，pH 5.5~7.0。

5.1.3 环境监测

基地的大气、土壤和水样品的检测按照 GAP 要求,应符合相应国家标准,并保证生长期间持续符合标准。空气质量应符合 GB 3095 规定的环境空气质量标准、土壤质量应符合 GB 15618 的规定、灌溉水质量应符合 GB 5084 规定的农田灌溉水质标准。

5.2 种质与种子

5.2.1 种质选择

使用蓼科植物药用大黄 *Rheum officinale* Baill.,物种须经过鉴定。如使用农家品种或选育品种应加以明确。

5.2.2 种苗质量

大黄(药用大黄)可用种子繁殖和子芽繁殖,但在生产生活中以子芽繁殖为主。大黄(药用大黄)采挖后,从基部切下带有直径 5~6cm,健壮、无病虫害的子芽,以备移栽。

5.3 种植技术

5.3.1 移栽定植

春秋两季定植,秋季 10—11 月,春季 3—4 月。土地深耕 25cm 以上,并施入堆沤腐熟的厩肥、饼肥及过磷酸钙等基肥。整地后,选直径 5~6cm 的优质种苗,栽种前大黄(药用大黄)种苗根用甲基硫菌灵浸润 1 小时,然后捞起沥干,晾干表面水分后栽种。按株行距 60cm×80cm 规格开穴种植,穴深 15~20cm,每穴 1 株。覆土后,穴内土面较地面低 10cm 左右。

5.3.2 中耕除草

每年应人工除草 3 次。于移栽后每年 6 月中旬中耕除草 1 次,8 月中旬进行第 2 次中耕除草,9—10 月进行第 3 次中耕除草。

5.3.3 追肥

追肥 2 次,进行根施或浇施,第 1 次于新叶出土后,追施充分腐熟的人畜粪尿 1 500~2 000kg/亩(1 亩≈666.7m²,下文同)或腐熟饼肥 50kg/亩、过磷酸钙 15~20kg/亩、氯化钾 7~8kg/亩和硫酸铵 10kg/亩;第 2 次于 6 月末施含 K_2SO_4 的复合肥 10~15kg/亩。禁止使用壮根灵、膨大素等生长调节剂。

5.3.4 培土

结合中耕除草或追肥时均应培土,以促进根茎生长,并利于排水防冻。

5.3.5 摘薹

大黄(药用大黄)移栽后在第 2 年、第 3 年的 5—6 月间抽薹后开花前,应及时摘除花薹。

5.3.6 病虫害草害等防治

大黄(药用大黄)主要病害有瘤黑粉病、炭疽病、根腐病等。虫害主要有玉蜀黍根蚜、金龟子等。

应采用预防为主、综合防治的方法:多雨季节注意及时清沟排涝,松土施肥,在雨天或露水未干时,不能开展田间作业,发现病株应及时清除,每穴撒 200~300g 生石灰进行病穴消毒控制传染。

采用化学防治时,应当符合国家有关规定;优先选用高效、低毒的生物农药;尽量避免使用除草剂、杀虫剂和杀菌剂等化学农药;不能使用禁用农药,具体禁限用农药见附录A。

主要病虫害防治参考方法见附录B。

5.4 采挖

于移栽后的第3年10月—次年3月,地上部茎叶枯萎时采挖。采挖方法,先割去地上部分,刨开根茎四周泥土,将根茎及根全部挖起,抖去泥土,将根和根茎分别加工。

先将根茎洗净泥沙,晒干,刮去粗皮,横切成2~5cm的厚段,可自然阴干或烘干。烘干要间断进行,反复2~3次,温度控制在50~60℃之间,烘至敲击发出干脆的声音时即可。初加工用水应符合GB 5749规定的生活饮用水卫生标准。

加工干燥过程保证场地、工具洁净、不受雨淋等。

5.5 包装、放行、贮运

5.5.1 包装

包装前应对每批药材按照国家标准进行质量检验,包装标识按GB/T 191规定执行。符合国家标准的药材,采用清洁、无毒、无异味、不影响质量的麻袋、编织袋等材料包装,每袋50kg,误差控制在每箱1kg内,封口。禁止采用包装过肥料、农药等的包装袋包装。产品包装外贴或挂标签应符合GB 7718的规定,标明产品名称、基源、产地、批号、产品等级、采收日期、保质期或保存期、净含量、企业单位名称、详细地址等内容,并有追溯码。

5.5.2 放行

应制定符合企业实际情况的放行制度,有审核批生产、检验等的相关记录。不合格药材有单独处理制度。

5.5.3 贮运

应贮存于通风、干燥、清洁、无异味专用仓库的货架上,货架与墙壁、地面保持50cm的距离,定期检查,防止虫蛀、霉变等的发生。仓库控制温度在20℃以下、相对湿度75%以下;不同批次等级药材分区存放;建有定期检查制度。禁止磷化铝和二氧化硫熏蒸。也可采用现代气调贮藏方法,包装或库内充氮,或充二氧化碳。

附　录　A

（规范性）

禁限用农药名单

A.1　禁止（停止）使用的农药（46种）

六六六、滴滴涕、毒杀芬、二溴氯丙烷、杀虫脒、二溴乙烷、除草醚、艾氏剂、狄氏剂、汞制剂、砷类、铅类、敌枯双、氟乙酰胺、甘氟、毒鼠强、氟乙酸钠、毒鼠硅、甲胺磷、对硫磷、甲基对硫磷、久效磷、磷胺、苯线磷、地虫硫磷、甲基硫环磷、磷化钙、磷化镁、磷化锌、硫线磷、蝇毒磷、治螟磷、特丁硫磷、氯磺隆、胺苯磺隆、甲磺隆、福美胂、福美甲胂、三氯杀螨醇、林丹、硫丹、溴甲烷、氟虫胺、杀扑磷、百草枯、2,4-滴丁酯。

注：氟虫胺自2020年1月1日起禁止使用。百草枯可溶胶剂自2020年9月26日起禁止使用。2,4-滴丁酯自2023年1月29日起禁止使用。溴甲烷可用于"检疫熏蒸处理"。杀扑磷已无制剂登记。

A.2　在部分范围禁止使用的农药（20种）

部分范围禁止使用的农药应注意药食同源中药材及来自其他作物的中药材。部分范围禁止使用的农药见表A.1。

表A.1　部分范围禁止使用的农药

通用名	禁止使用范围
甲拌磷、甲基异柳磷、克百威、水胺硫磷、氧乐果、灭多威、涕灭威、灭线磷	禁止在蔬菜、瓜果、茶叶、菌类、中草药材上使用，禁止用于防治卫生害虫，禁止用于水生植物的病虫害防治
甲拌磷、甲基异柳磷、克百威	禁止在甘蔗作物上使用
内吸磷、硫环磷、氯唑磷	禁止在蔬菜、瓜果、茶叶、中草药材上使用
乙酰甲胺磷、丁硫克百威、乐果	禁止在蔬菜、瓜果、茶叶、菌类和中草药材上使用
毒死蜱、三唑磷	禁止在蔬菜上使用
丁酰肼（比久）	禁止在花生上使用
氰戊菊酯	禁止在茶叶上使用
氟虫腈	禁止在所有农作物上使用（玉米等部分旱田种子包衣除外）
氟苯虫酰胺	禁止在水稻上使用

A.3　说明

本附录的内容来自2019年中华人民共和国农业农村部发布的《禁限用农药名录》（http://www.zzys.moa.gov.cn/gzdt/201911/t20191129_6332604.htm）。

附 录 B

（资料性）

大黄（药用大黄）常见病虫害防治的参考方法

大黄（药用大黄）常见病虫害防治的参考方法见表 B.1。

表 B.1 大黄（药用大黄）常见病虫害药剂防治的参考方法

病虫害名称	防治时期	推荐防治方法	安全间隔期 /d
根腐病	3—4 月	氟啶胺喷施,按照农药标签使用	≥10
		异菌脲喷施,按照农药标签使用	≥20
炭疽病	3—5 月	咪鲜胺喷施,按照农药标签使用	≥10
		苯甲·丙环唑,按照农药标签使用	≥10
瘤黑粉病	5—6 月	三唑醇喷施,按照农药标签使用	≥7
		己唑醇喷施,按照农药标签使用	≥7

参考文献

［1］国家药典委员会编.中华人民共和国药典:2020年版一部［M］.北京:中国医药科技出版社,2020.

［2］么历,程慧珍,杨智.中药材规范化种植(养殖)技术指南［M］.北京:中国农业出版社,2006.

［3］王昌华,银福军,刘翔,等.大黄种子发芽检验标准化研究［J］.时珍国医国药,2009,20(6):1369-1371.

［4］李增轩,陈垣,郭凤霞,等.掌叶大黄种子发芽检验方法研究［J］.甘肃农业大学学报,2013,48(1):75-79.

［5］湖北省质量技术监督局.中药材 掌叶大黄种子生产技术规程:DB 42/T 945—2018［S/OL］.［2023-11-15］.https://std.samr.gov.cn/db/search/stdDBDetailed?id=91D99E4D4AEE2E24E05397BE0A0A3A10.

［6］湖北省质量技术监督局.中药材 马蹄大黄生产技术规程:DB 42/T 1370—2018［S/OL］.［2023-11-15］.https://std.samr.gov.cn/db/search/stdDBDetailed?id=91D99E4D94622E24E05397BE0A0A3A10.

ICS 65.020.20
CCS C 05

团 体 标 准

T/CACM 1374.10—2021

山麦冬规范化生产技术规程

Code of practice for good agricultural practice of Liriopes Radix

2021-10-15 发布

2021-10-15 实施

中华中医药学会　　发布

目　次

前　　言

本文件按照 GB/T 1.1—2020《标准化工作导则　第 1 部分：标准化文件的结构和起草规则》的规定起草。

请注意本文件中的某些内容可能涉及专利。本文件的发布机构不承担识别专利的责任。

本文件由中国医学科学院药用植物研究所和福建省农业科学院农业生物资源研究所提出。

本文件由中华中医药学会归口。

本文件起草单位：福建省农业科学院农业生物资源研究所、福建省漳州市农业科学研究所、襄阳职业技术学院、陈杏圃中药材有限公司、泉州东南中药材种植有限公司、莆田市城厢区农业农村局、莆田天霖种植有限公司、中国医学科学院药用植物研究所、重庆市药物种植研究所。

本文件主要起草人：陈菁瑛、万学锋、张武君、何家涛、陈雄鹰、黄颖桢、刘保财、赵云青、潘文华、黄权成、赵家劲、陈俊平、黄鹏腾、魏建和、王文全、王秋玲、杨小玉、辛元尧、王苗苗。

山麦冬规范化生产技术规程

1 范围

本文件确立了山麦冬的规范化生产流程,规定了山麦冬生产基地选址、种质选择、种苗繁育、种植、采收、产地初加工、包装、放行、贮运等阶段的操作要求。

本文件适用于山麦冬的规范化生产。

2 规范性引用文件

下列文件的内容通过文中的规范性引用而构成本文件必不可少的条款。其中,注明日期的引用文件,仅该日期的版本适用于本文件;不注明日期的引用文件,其最新版本(包括所有的修改单)适用于本文件。

GB 3095　环境空气质量标准

GB 5084　农田灌溉水质标准

GB 5749　生活饮用水卫生标准

GB 15618　土壤环境质量　农用地土壤污染风险管控标准(试行)

GB/T 191—2008　包装储运图示标志

T/CACM 1374.1—2021　中药材规范化生产技术规程通则　植物药材

WM/T 2—2004　药用植物及制剂外经贸绿色行业标准

3 术语和定义

T/CACM 1374.1—2021 界定的以及下列术语和定义适用于本文件。

3.1 规范化生产　good agricultural practice

按照《中药材生产质量管理规范》(简称中药材 GAP)的要求,实施药材生产,保证中药材优质安全的生产过程。

3.2 技术规程　code of practice

为实现中药材生产顺利、有序进行,保证中药材生产质量,对中药材生产的基地选址、种子种苗、种植或野生抚育、采收与产地初加工以及包装、放行与贮运等,所做的技术规定和要求,是实施中药材规范生产的核心技术要求和实施指南。

3.3 山麦冬　Liriopes Radix

百合科植物短葶山麦冬 *Liriope muscari* (Decne.) Baily 或湖北麦冬 *Liriope spicata* (Thunb.) Lour. var. *prolifera* Y. T. Ma 的干燥块根。

4 山麦冬规范化生产流程图

山麦冬的规范化生产流程见图1。

山麦冬规范化生产流程：　　　　　　　　　　关键控制点及参数：

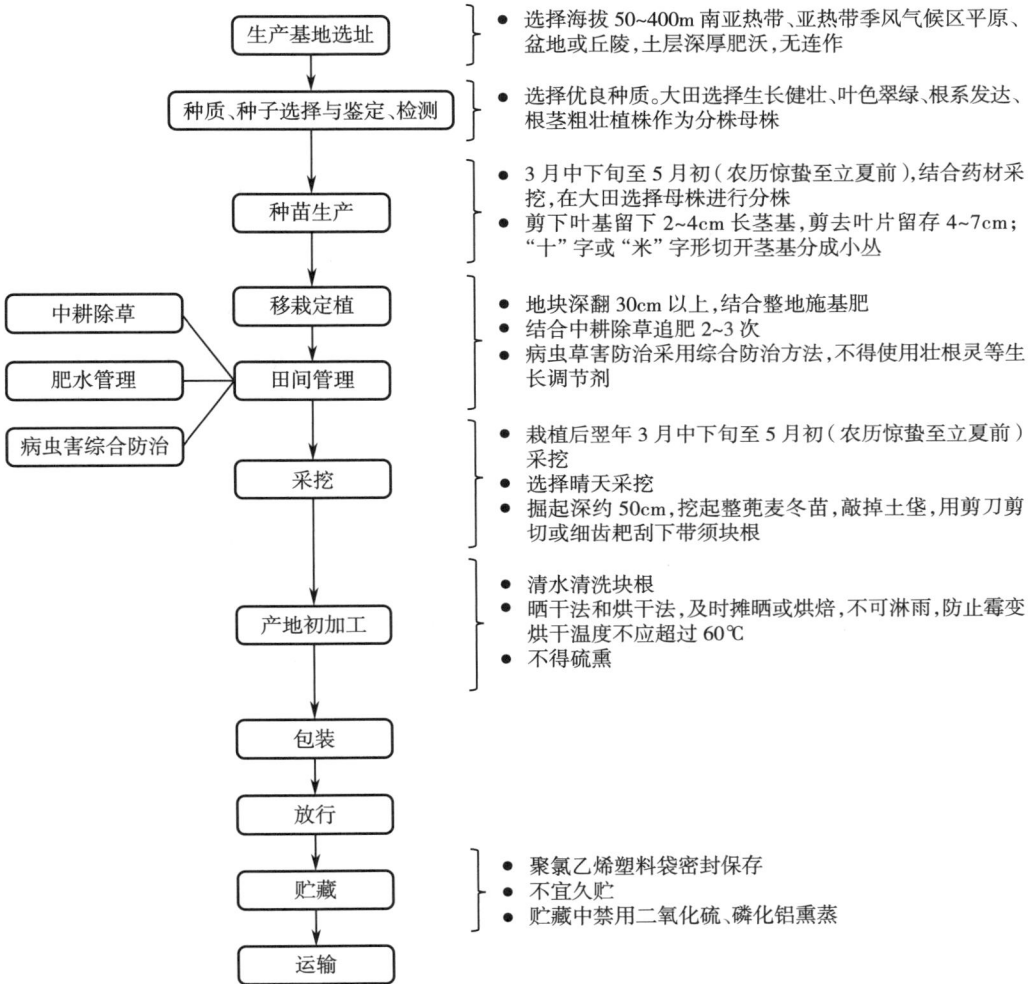

| 生产基地选址 | ● 选择海拔50~400m南亚热带、亚热带季风气候区平原、盆地或丘陵，土层深厚肥沃，无连作 |

| 种质、种子选择与鉴定、检测 | ● 选择优良种质。大田选择生长健壮、叶色翠绿、根系发达、根茎粗壮植株作为分株母株 |

| 种苗生产 | ● 3月中下旬至5月初（农历惊蛰至立夏前），结合药材采挖，在大田选择母株进行分株
● 剪下叶基留下2~4cm长茎基，剪去叶片留存4~7cm；"十"字或"米"字形切开茎基分成小丛 |

| 移栽定植 | ● 地块深翻30cm以上，结合整地施基肥 |

| 中耕除草 | 肥水管理 | 病虫害综合防治 | → | 田间管理 | ● 结合中耕除草追肥2~3次
● 病虫草害防治采用综合防治方法，不得使用壮根灵等生长调节剂 |

| 采挖 | ● 栽植后翌年3月中下旬至5月初（农历惊蛰至立夏前）采挖
● 选择晴天采挖
● 掘起深约50cm，挖起整蔸麦冬苗，敲掉土垡，用剪刀剪切或细齿耙刮下带须块根 |

| 产地初加工 | ● 清水清洗块根
● 晒干法和烘干法，及时摊晒或烘焙，不可淋雨，防止霉变烘干温度不应超过60℃
● 不得硫熏 |

| 包装 |

| 放行 |

| 贮藏 | ● 聚氯乙烯塑料袋密封保存
● 不宜久贮
● 贮藏中禁用二氧化硫、磷化铝熏蒸 |

| 运输 |

图1　山麦冬的规范化生产流程图

5 山麦冬规范化生产技术

5.1 生产基地选址

5.1.1 产地选择

适宜种植在气候温和湿润、雨量充沛、四季分明的亚热带季风气候区平原、盆地或丘陵。短葶山麦冬适宜海拔50~400m的南亚热带季风气候区种植，主要在福建省泉州市洛江区和莆田市仙游县及其周边地区；湖北麦冬适宜在亚热带季风气候区种植，主要在湖北省襄阳市及其周边地区。

5.1.2　地块选择

忌重茬连作,不与大蒜、葱、韭菜等百合科作物轮作,与水稻、油菜等轮作。

应选择土质深厚、疏松肥沃、排水良好的砂壤土或壤土。

5.1.3　环境要求

生产基地的空气质量应符合 GB 3095 规定的环境空气质量标准,灌溉水质量应符合 GB 5084 规定的农田灌溉水质标准,土壤质量应符合 GB 15618 的规定。

5.2　种质与种苗

5.2.1　种质选择

使用百合科山麦冬属植物短葶山麦冬 *Liriope muscari*（Decne.）Baily 或湖北麦冬 *Liriope spicata*（Thunb.）Lour. var. *prolifera* Y. T. Ma 为物种来源,其物种须经过鉴定。如使用农家品种或选育品种应明确。

5.2.2　母株选择

采用分株繁殖。大田选择抗逆性强、生长健壮、叶色翠绿、根系发达、单丛叶数 15~20 片及根茎粗壮的无病虫害植株作为分株繁殖的母株。

5.2.3　种苗生产

3 月中下旬至 5 月初采挖时,使用 5.2.2 选择的母株进行分株生产种苗。

首先剪去母株叶片留存 4~7cm 长度叶片;从基部剪下叶基和老根茎基,留下 2~4cm 长茎基,以根茎断面出现白色放射菊花心、叶片不散开为度;再“十”字或“米”字形切开茎基分成小丛,每小丛留苗 3~8 株,剔除老茎、高脚苗及枯死茎基等,控制高脚苗低于 10%。

分株后应及时种植;不能及时种植的应立即假植;或置于通气容器内并盖湿布存放于阴凉处。

5.3　种植

5.3.1　选地整地

深耕种植地块土壤 30cm 以上,起沟整平作畦,根据地块实际情况决定畦宽,畦间沟宽 25~30cm,沟深 20~30cm。随整地施入基肥,以有机肥为主,化学肥料为辅。农家肥应充分腐熟。

5.3.2　种植时间

短葶山麦冬种植时间宜 4 月上中旬至 5 月初。湖北麦冬种植时间以 3 月中下旬为佳。

5.3.3　种植密度

短葶山麦冬种植时每穴栽 6~8 个单株 / 丛,丛行距为 15cm×18cm。湖北麦冬每穴栽 3~4 个单株 / 丛,丛行距为 20cm×22cm。

5.3.4　种植方法

种苗用质量分数为 50% 的多菌灵 500 倍液浸苗 15~20 分钟。采用边开穴边栽苗的穴栽法,将苗垂直放入穴内 3~4cm 深,横竖成行,两边用脚踩实使苗直立土中。栽后浇透定根水。

5.3.5 田间管理

种植后及时补苗、除草。

干旱季节须浇水保持土壤湿润；雨后及时清沟排水,忌积水。

结合中耕除草追肥2~3次,追施苗期发根肥、块根膨大肥,栽植后30天穴施或沟施发根肥,以氮肥和钾肥为主;块根膨大期追肥以钾肥、磷肥为主,氮肥为辅;翌年开春后可再追施钾肥。以有机肥为主,化学肥料有限度使用,鼓励使用经国家批准的菌肥及中药材专用肥。

禁止使用壮根灵、膨大素等生长调节剂增大山麦冬块根。

5.3.6 病虫害防治

贯彻"预防为主,综合防治"的植保方针,合理轮作;选用健壮种苗,禁用带病苗;坚持施用腐熟农家肥或有机肥;及时清沟排水;拔除病株、剪除病叶,集中销毁;人工捕杀地下害虫;每穴撒入草木灰100g或生石灰200~300g,局部消毒;每年采挖后及时清园。

使用化学农药防治严格按照产品说明书;优先选用高效、低毒的生物农药;尽量避免使用除草剂、杀虫剂和杀菌剂等化学农药;不使用禁限用农药,具体禁限用农药种类参见附录A。

山麦冬主要病害为黑斑病、炭疽病;虫害主要有蛴螬、蝼蛄等,具体防治方法见附录B。

5.4 采挖

短葶山麦冬在栽植后翌年的3月中下旬至5月初采收为宜;湖北麦冬于栽植后翌年3月采挖为宜。晴天,用特制专用三齿锄(短葶山麦冬)、六齿锄(湖北麦冬)从栽培地一端开挖,掘起土壤深约50cm,挖起整蔸山麦冬苗,敲掉土垡,用剪刀剪切或细齿耙刮下带须块根。

块根宜当天清洗,清洗用水符合GB 5749要求。洗净泥污,装入竹筐沥水。

5.5 产地初加工

可采用晒干法、烘干法。不得硫熏。

晒干法:采用"三晒三堆"。将洗净的块根摊薄在竹篾片或水泥晒场上,在烈日下暴晒,于上、下午各翻动一次。连晒3~5天,以手感须根发硬为度,随后在室内堆积2~3天,至须根变软时进行第二次晾晒;连晒3~4天,至须根发硬再按上法在室内堆积3~4天,待须根再次发软时,进行第三次晾晒,晒4~5天,以须根发脆为度,再堆积至4~5天须根再次发软,将两端的须根剪下;再复晒一次至干燥,除去杂质,即成商品。

烘干法:可采用各种设施设备进行干燥,烘干温度不应超过60℃,均匀翻动2~3次。

加工干燥过程保证场地、工具洁净,严禁雨淋等。

5.6 包装、放行、贮运

5.6.1 包装

包装前应对每批药材按照国家标准进行质量检验。包装材料应符合WM/T 2—2004的规定,禁止使用接触过禁用物质的包装材料或容器。包装外贴或挂标签、合格证,标识牌内容应有药材名、基源、产地、批号、规格、重量、采收日期、企业名称等,并有追溯码。包装贮运图示标识可参考GB/T 191规定。

5.6.2 放行

应制定符合企业实际情况的放行制度,有审核批生产、检验等的相关记录。不合格药材有单独处理制度。

5.6.3 贮运

应贮存于阴凉干燥处,定期检查,防止虫蛀、霉变、腐烂、泛油等的发生。仓库控制温度在 20℃以下、相对湿度 75% 以下;不同批次等级药材分区存放;建有定期检查制度。禁止磷化铝和二氧化硫熏蒸。也可采用现代气调贮藏方法,包装或库内充氮或二氧化碳。

应注意山麦冬不宜久贮。

运输应防止发生混淆、污染、异物混入、包装破损、雨雪淋湿等。

附　录　A
（规范性）
禁限用农药名单

A.1　禁止（停止）使用的农药（46种）

六六六、滴滴涕、毒杀芬、二溴氯丙烷、杀虫脒、二溴乙烷、除草醚、艾氏剂、狄氏剂、汞制剂、砷类、铅类、敌枯双、氟乙酰胺、甘氟、毒鼠强、氟乙酸钠、毒鼠硅、甲胺磷、对硫磷、甲基对硫磷、久效磷、磷胺、苯线磷、地虫硫磷、甲基硫环磷、磷化钙、磷化镁、磷化锌、硫线磷、蝇毒磷、治螟磷、特丁硫磷、氯磺隆、胺苯磺隆、甲磺隆、福美胂、福美甲胂、三氯杀螨醇、林丹、硫丹、溴甲烷、氟虫胺、杀扑磷、百草枯、2,4-滴丁酯。

注：氟虫胺自2020年1月1日起禁止使用。百草枯可溶胶剂自2020年9月26日起禁止使用。2,4-滴丁酯自2023年1月29日起禁止使用。溴甲烷可用于"检疫熏蒸处理"。杀扑磷已无制剂登记。

A.2　在部分范围禁止使用的农药（20种）

部分范围禁止使用的农药应注意药食同源中药材及来自其他作物的中药材。部分范围禁止使用的农药见表A.1。

表A.1　部分范围禁止使用的农药

通用名	禁止使用范围
甲拌磷、甲基异柳磷、克百威、水胺硫磷、氧乐果、灭多威、涕灭威、灭线磷	禁止在蔬菜、瓜果、茶叶、菌类、中草药材上使用，禁止用于防治卫生害虫，禁止用于水生植物的病虫害防治
甲拌磷、甲基异柳磷、克百威	禁止在甘蔗作物上使用
内吸磷、硫环磷、氯唑磷	禁止在蔬菜、瓜果、茶叶、中草药材上使用
乙酰甲胺磷、丁硫克百威、乐果	禁止在蔬菜、瓜果、茶叶、菌类和中草药材上使用
毒死蜱、三唑磷	禁止在蔬菜上使用
丁酰肼（比久）	禁止在花生上使用
氰戊菊酯	禁止在茶叶上使用
氟虫腈	禁止在所有农作物上使用（玉米等部分旱田种子包衣除外）
氟苯虫酰胺	禁止在水稻上使用

A.3　说明

本附录的内容来自2019年中华人民共和国农业农村部发布的《禁限用农药名录》（http://www.zzys.moa.gov.cn/gzdt/201911/t20191129_6332604.htm）。

附 录 B

（资料性）

山麦冬常见病虫害防治的参考方法

山麦冬常见病虫害防治的参考方法参见表 B.1。

表 B.1　山麦冬常见病虫害防治的参考方法

病虫害名称	防治时期	参考防治方法	安全间隔期 /d
黑斑病	4—8 月	（1）实行水旱轮作，避免连作或与百合科作物连作 （2）重视苗期黑斑病早防早治，常巡视田间，出现黑斑病发病中心时，可剪取病叶、拔除病株，并集中销毁 （3）种苗使用多菌灵处理，严格按照产品说明书使用	≥20
蛴螬	8—10 月	阿维菌素，严格按照产品说明书使用	≥14
韭菜迟眼蕈蚊	5—10 月	实行水旱轮作，避免连作或与百合科作物连作	
葱蝇	5—10 月	实行水旱轮作，避免连作或与百合科作物连作	

参考文献

[1] 国家药典委员会.中华人民共和国药典:2020年版一部[M].北京:中国医药科技出版社,2020.

[2] 陈菁瑛,苏海兰,黄颖桢,等.不同种植密度对短葶山麦冬生长动态及产量质量的影响[J].中国农学通报,2011,27(27):226-230.

[3] 陈菁瑛,苏海兰,黄颖桢,等.不同移栽期对短葶山麦冬产量和质量的影响[J].中国农学通报,2011,27(24):191-196.

[4] 朱业芹,陈家春,周群,等.不同种苗和种植密度对湖北麦冬质量与产量的影响[J].中国中药杂志,2008,33(11):1327-1329.

[5] 瞿宏杰,袁继超,赵劲松,等.移栽期与摘花梗对湖北麦冬生长发育及产量的影响[J].华中农业大学学报,2004,23(4):393-396.

[6] 苏海兰,唐建阳,陈菁瑛,等.短葶山麦冬吸肥规律初步研究[J].福建农业学报,2009,24(2):149-152.

[7] 赵劲松,何家涛.湖北麦冬需肥特性及优化施肥技术研究与应用:襄阳市研究开发计划项目《湖北麦冬需肥特性及专用肥开发研究》成果介绍.襄阳职业技术学院学报,2016,15(1):135-136.

[8] 黄颖桢,陈菁瑛,苏海兰,等.短葶山麦冬最佳采收期研究[J].福建农业学报,2010,25(5):572-575.

[9] 黄专,史伯洪,陈清火.福建短葶山麦冬的特征特性及高产栽培技术[J].福建稻麦科技,2014,32(2):80-81.

[10] 何家涛,赵劲松,瞿宏杰,等.湖北麦冬规范化种植技术研究[J].时珍国医国药,2006,17(8):1371-1372.

[11] 么历,程慧珍,杨智.中药材规范化种植(养殖)技术指南[M].北京:中国农业出版社,2006.

ICS 65.020.20
CCS C 05

团 体 标 准

T/CACM 1374.11—2021

山豆根规范化生产技术规程

Code of practice for good agricultural practice of Sophorae
Tonkinensis Radix Et Rhizoma

2021-10-15 发布
2021-10-15 实施

中华中医药学会　发布

目　次

前　　言

本文件按照 GB/T 1.1—2020《标准化工作导则　第 1 部分：标准化文件的结构和起草规则》的规定起草。

请注意本文件中的某些内容可能涉及专利。本文件的发布机构不承担识别专利的责任。

本文件由中国医学科学院药用植物研究所和广西壮族自治区药用植物园提出。

本文件由中华中医药学会归口。

本文件起草单位：广西壮族自治区药用植物园、广西大学、贵州大学、南京农业大学、广西南药园投资有限责任公司、广西东胜农牧科技有限公司、中国医学科学院药用植物研究所、重庆市药物种植研究所。

本文件主要起草人：缪剑华、韦坤华、朱艳霞、林杨、蒋妮、冯世鑫、梁莹、黄荣韶、李金玲、向增旭、李良波、甘凤琼、董青松、陈述富、莫永华、余仁财、魏建和、王文全、王秋玲、杨小玉、辛元尧、王苗苗。

山豆根规范化生产技术规程

1 范围

本文件确立了山豆根的规范化生产流程、关键控制点及技术参数,山豆根规范化生产各环节的技术规程。

本文件适用于山豆根的规范化生产。

2 规范性引用文件

下列文件的内容通过文中的规范性引用而构成本文件必不可少的条款。其中,注明日期的引用文件,仅该日期对应的版本适用于本文件;不注明日期的引用文件,其最新版本(包括所有的修改单)适用于本文件。

GB/T 3543 农作物种子检验规程

GB 3905 环境空气质量标准

GB 5084 农田灌溉水质标准

GB 5749 生活饮用水卫生标准

GB 15168 土壤环境质量 农用地土壤污染风险管控标准(试行)

T/CACM 1374.1—2021 中药材规范化生产技术规程通则 植物药材

3 术语和定义

T/CACM 1374.1—2021 界定的以及下列术语和定义适用于本文件。

3.1 规范化生产 good agricultural practice

按照《中药材生产质量管理规范》(简称中药材 GAP)的要求,实施药材生产,保证中药材优质安全的生产过程。

3.2 技术规程 code of practice

为实现中药材生产顺利、有序进行,保证中药材生产质量,对中药材生产的基地选址、种子种苗、种植或野生抚育、采收与产地初加工以及包装、放行与贮运等,所做的技术规定和要求,是实施中药材规范生产的核心技术要求和实施指南。

3.3 山豆根 Sophorae Tonkinensis Radix Et Rhizoma

豆科植物越南槐 *Sophora tonkinensis* Gagnep. 的干燥根和根茎。

4 山豆根规范化生产流程图

山豆根的规范化生产流程见图 1。

山豆根规范化生产流程：

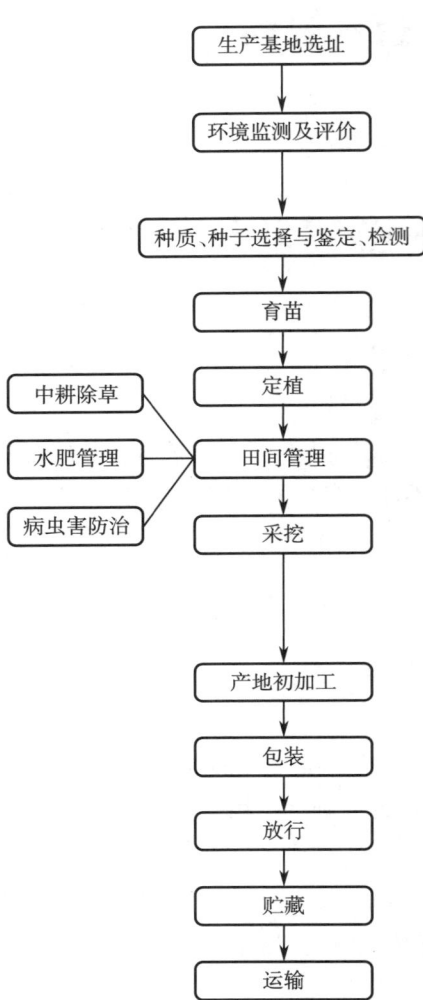

关键控制点及参数：

```
┌─────────────────────┐
│     生产基地选址      │────┐  ● 适宜在我国西南地区的石山地区种植,以光照充沛的
└─────────────────────┘    │    山顶或山坡,土壤松软而不板结,湿润而不潮湿,富含
          │                │    腐殖质的黑色石灰岩土或黄棕壤土为宜
          ▼                │
┌─────────────────────┐    │
│     环境监测及评价     │────┐  ● 年平均气温为 16~25℃,最低温 -5℃,最高温 45℃,全
└─────────────────────┘    │    年无霜期不低于 325 天,年降雨量 1 200~1 600mm
          │                │
          ▼                │
┌─────────────────────┐    │  ● 种子:当年采收的种子,宜随采随播;完全成熟,发芽
│ 种质、种子选择与鉴定、检测 │────┐    率大于 85%
└─────────────────────┘    │  ● 种苗:无病害感染、机械损伤、侧根少,直径 2~4mm,苗
          │                │    高 10~15cm
          ▼                │
┌─────────────────────┐    │
│        育苗          │    │
└─────────────────────┘    │
          │                │  ● 深翻 30cm 以上
          ▼                │  ● 发现根腐病株,及时清除
┌─────────────────────┐    │  ● 病虫害预防为主,综合防治
│        定植          │────┐  ● 禁止使用壮根灵等生长调节剂
└─────────────────────┘    │
          │                │
┌────────┐│                │
│ 中耕除草 ├┤                │
└────────┘│   ▼            │
┌────────┐│┌────────────┐  │  ● 第一年处于营养生长期,未见开花结果,10月底进入
│ 水肥管理 ├┼┤   田间管理   │    休眠期
└────────┘│└────────────┘  │  ● 第二年3月长出新芽,花期5—7月,果期8—12月,
┌────────┐│   │            │    一般9—10月初采收种子
│ 病虫害防治├┘   ▼            │  ● 第三年采挖,多选择在10—12月秋冬季节的晴朗天气
└────────┘ ┌────────────┐  │    进行
           │    采挖      │────┘
           └────────────┘
                │
                ▼
┌─────────────────────┐    ┌  ● 及时在太阳下晾晒,防止霉变;烘干温度不超过50℃
│      产地初加工       │────┤  ● 禁止硫熏,及时干燥
└─────────────────────┘    └  ● 不可淋雨
          │
          ▼
┌─────────────────────┐
│        包装          │
└─────────────────────┘
          │
          ▼
┌─────────────────────┐
│        放行          │
└─────────────────────┘
          │
          ▼
┌─────────────────────┐
│        贮藏          │────  ● 贮藏中禁用二氧化硫、磷化铝熏蒸
└─────────────────────┘
          │
          ▼
┌─────────────────────┐
│        运输          │
└─────────────────────┘
```

图 1　山豆根的规范化生产流程图

5　山豆根规范化生产技术

5.1　生产基地选址

5.1.1　产地选择

　　山豆根适宜种植在我国西南省区市的石山地区,生长环境一般以光照充沛的山顶或山坡,土壤松软不板结,温润而不潮湿,富含腐殖质的黑色石灰岩土或黄棕壤土为宜。年平均温为 16~25℃,最低温 -5℃,最高温不超过 45℃,全年无霜期不低于 325 天,年降雨量 1 200~1 600mm。

5.1.2　地块选择

　　选择在土层深厚、质地疏松、排水良好的砂质石灰岩壤土种植。

5.1.3 环境监测

生产基地的空气质量应符合 GB 3095 规定的环境空气质量标准,灌溉水质量应符合 GB 5084 规定的农田灌溉水质标准,生活饮用水应符合 GB 5749 的规定,土壤质量应符合 GB 15618 的规定。

5.2 种质与种子

5.2.1 种质选择

使用豆科植物越南槐 *Sophora tonkinensis* Gagnep. 为物种来源,物种须经过鉴定。如使用农家品种或选育品种应加以明确。

5.2.2 种子质量

应使用当年采收,完全成熟的种子,鲜种子长 7.25~11.40mm,宽 5.01~9.04mm,发芽率超过 85%,千粒重 210.4~250.6g。经检验应符合 GB/T 3543 的要求。

5.2.3 良种繁育

选择 3 年生以上健壮、无病虫害、开花率高的植株用于繁育,每年 9 月中旬到 10 月初采种。留种田管理同药材生产田管理。需要采种的植株可补充喷洒 1%~2% 磷酸二氢钾或氨基酸叶面肥。花期进行疏花处理、修剪掉一半花序或坐果期用 25mg/L 的萘乙酸(naphthalene acetic acid, NAA)喷施山豆根,提高山豆根种子产量和质量。

当荚果颜色变为黄绿色至黄褐色,种子坚硬,种皮紫黑色时采收种子。为防止荚果过度成熟自然裂开,种子散落,应分批采收种子。采收后自然干燥,脱粒,随采随播。

5.3 种植

5.3.1 育苗

山豆根宜育苗移栽。育苗时,选用土层深厚、质地疏松的红壤土,添加 10%~12% 的腐熟厩肥或 5% 的生物有机肥作基质,将基质装入黑色营养袋,摆放于荫蔽度 80%~90% 的环境中。用当年采收的饱满、无病的鲜种子或经阴干处理的种子,于 10—11 月播种。每袋 1 粒。播种前可采用温水浸种催芽处理,种子露白时播种于营养袋中,表面覆盖厚度为 0.5~1.0cm 的基质,保湿。

出苗后,在保湿的情况下,定期通风,避免环境高温高湿。当苗高 8~12cm 时起苗出圃。起苗时,不宜对营养袋中土壤挤压变形,用通风的、可层叠的苗筐装运,每筐一层,装筐后不宜久放,应于当晚运送至目的地。

5.3.2 定植

3—5 月,气温 >18℃时种植。土地深耕 30cm 以上,随整地施入基肥,以有机肥为主,化学肥料为辅。农家肥应充分腐熟。起 70~80cm 的宽畦,覆盖无纺布黑色地膜或银黑双色地膜,四周用泥土压紧。选用无病害感染、无机械损伤、茎秆粗壮、生长良好的种苗,在畦上按株距 40cm 开穴,去除塑料营养袋,带土种植,盖土厚 1~2cm,并将种植穴四周的地膜开口覆盖紧密,浇水。

5.3.3 田间管理

移栽后及时补苗和保湿。第一年及时除去种植穴中杂草,对畦沟的杂草清除 1~2 次,在 5—8 月,用大量元素水溶肥 800 倍液浇灌 2~3 次。第二年后,结合施肥清除杂草 1~2 次,在茎叶生长盛期、花果前期追肥。以有机肥为主,化学肥料有限度使用为原则,使用经国家批准的生物菌肥、中药材专用肥及发酵饼肥,根据生长需要,可配合使用适量的水溶肥、复合肥。禁止使用壮根灵、膨大素等生长调节剂增大山豆根的根茎。

在茎蔓长 40~50cm 后,用竹竿或桩子建立高 18~200cm 的支架,用小绳子或绑蔓带及时捆绑,引蔓上架。剪除发育不好、长势弱的花枝。不需要采种的植株在孕蕾期及时拔除花序。在雨季及时排水,避免畦沟积水。11—12 月,将老枝、弱枝、残枝、病枝以及匍匐于地面的枝条剪除。

5.3.4 病虫害等防治

山豆根常见的病害有根腐病、菌核病、白粉病。虫害有豆荚螟、红蜘蛛。

采用化学防治时,应当符合国家有关规定;优先选用高效、低毒的生物农药;尽量避免使用除草剂、杀虫剂和杀菌剂等化学农药;不使用禁限用农药。禁限用农药名单参见附录 A。

应采用"预防为主,综合防治"的植保方针。加强田间管理,增施磷钾肥,保持适当的荫蔽度和湿度,防止地面积水。剪除或拔除病虫株、清除枯叶烧毁或深埋;科学施肥;轮作倒茬;深翻土地后阳光暴晒等措施抑制病虫害发生。具体病虫害防治方法参见附录 B。

5.4 采挖

种植 3~4 年采收山豆根。10—12 月,选择晴天用枝剪除去地上部分,将根部挖出,保留根和根茎,抖去泥土,挑除病根。采挖过程中应避免破伤外皮和断根。

5.5 产地初加工

山豆根产地初加工方法包括直接晒干法、烘干法。干燥禁止硫熏。

直接晒干法:堆码变柔,晾晒,整形捋顺,晾干。

烘干法:可采用各种设施,烘干温度不应超过 50℃。

加工干燥过程保证场地、工具洁净,不受雨淋等。

5.6 包装、放行、贮运

5.6.1 包装

包装前应对每批药材按照国家标准进行质量检验。符合国家标准的药材,采用不影响质量的编织袋等包装,禁止采用包装过肥料、农药等的包装袋包装。包装外贴或挂标签、合格证,标识牌内容应有药材名、基源、产地、批号、规格、重量、采收日期、企业名称等,并有追溯码。

5.6.2 放行

应制定符合企业实际情况的放行制度,有审核批生产、检验等的相关记录。不合格药材不得销售,有单独处理制度。

5.6.3 贮运

应贮存于阴凉干燥处,定期检查,防止虫蛀、霉变、腐烂、泛油等的发生。仓库控制温度在 20℃以下、相对湿度 75% 以下；不同批次、不同等级药材分区存放于 10cm 高的地台板上；建有定期检查制度。禁止磷化铝和二氧化硫熏蒸。也可采用现代气调贮藏方法，包装或库内充氮或二氧化碳。

运输应防止发生混淆、污染、异物混入、包装破损、雨雪淋湿等。

附　录　A

（规范性）

禁限用农药名单

A.1　禁止（停止）使用的农药（46 种）

六六六、滴滴涕、毒杀芬、二溴氯丙烷、杀虫脒、二溴乙烷、除草醚、艾氏剂、狄氏剂、汞制剂、砷类、铅类、敌枯双、氟乙酰胺、甘氟、毒鼠强、氟乙酸钠、毒鼠硅、甲胺磷、对硫磷、甲基对硫磷、久效磷、磷胺、苯线磷、地虫硫磷、甲基硫环磷、磷化钙、磷化镁、磷化锌、硫线磷、蝇毒磷、治螟磷、特丁硫磷、氯磺隆、胺苯磺隆、甲磺隆、福美胂、福美甲胂、三氯杀螨醇、林丹、硫丹、溴甲烷、氟虫胺、杀扑磷、百草枯、2,4- 滴丁酯。

注：氟虫胺自 2020 年 1 月 1 日起禁止使用。百草枯可溶胶剂自 2020 年 9 月 26 日起禁止使用。2,4-滴丁酯自 2023 年 1 月 29 日起禁止使用。溴甲烷可用于"检疫熏蒸处理"。杀扑磷已无制剂登记。

A.2　在部分范围禁止使用的农药（20 种）

部分范围禁止使用的农药应注意药食同源中药材及来自其他作物的中药材。部分范围禁止使用的农药见表 A.1。

表 A.1　部分范围禁止使用的农药

通用名	禁止使用范围
甲拌磷、甲基异柳磷、克百威、水胺硫磷、氧乐果、灭多威、涕灭威、灭线磷	禁止在蔬菜、瓜果、茶叶、菌类、中草药材上使用,禁止用于防治卫生害虫,禁止用于水生植物的病虫害防治
甲拌磷、甲基异柳磷、克百威	禁止在甘蔗作物上使用
内吸磷、硫环磷、氯唑磷	禁止在蔬菜、瓜果、茶叶、中草药材上使用
乙酰甲胺磷、丁硫克百威、乐果	禁止在蔬菜、瓜果、茶叶、菌类和中草药材上使用
毒死蜱、三唑磷	禁止在蔬菜上使用
丁酰肼（比久）	禁止在花生上使用
氰戊菊酯	禁止在茶叶上使用
氟虫腈	禁止在所有农作物上使用（玉米等部分旱田种子包衣除外）
氟苯虫酰胺	禁止在水稻上使用

A.3　说明

本附录的内容来自 2019 年中华人民共和国农业农村部发布的《禁限用农药名录》（http://www.zzys.moa.gov.cn/gzdt/201911/t20191129_6332604.htm）。

附 录 B

（资料性）

山豆根常见病虫害防治的参考方法

山豆根常见病虫害防治的参考方法见表 B.1。

表 B.1 山豆根常见病虫害防治的参考方法

病/虫害名称	为害特征	发生规律	防治技术
根腐病	为害根部。早期症状主要表现在叶片变黄,失水状,须根变褐,后期整个根部腐烂,整株枯死	主要在雨季,6—9月发生	1. 保持排水通畅。 2. 土传病害,在畦沟内增植大蒜,可减轻病害的发生。 3. 在发病初期用乙蒜素乳油灌根,使用方法参照农药标签。 4. 及时拔除重病株并撒入生石灰消毒。 5. 遇到病害在田间大流行,疫情严峻,可酌情使用噁霉灵、根腐宁进行有效防控
菌核病	为害地上部分,使叶、茎变褐,枯萎,可见白色绢丝状菌丝及黑色鼠粪状菌核,通常在较短的时间内整株枯萎	全年均有发生,主要集中在6—9月。植株密集、叶片密不透风、雨后易发生,通常会在田间大流行。故搭架、修剪尤为重要	1. 保持排水通畅。 2. 土传病害,在畦沟内增植大蒜,可减轻病害的发生。 3. 5—6月扶枝蔓上架并修剪过密的枝条,使植株保持通风、透光。 4. 及时拔除重病株并撒入生石灰消毒。 5. 遇到病害在田间大流行,疫情严峻,可酌情使用噁霉灵、菌核净进行有效防控
白粉病	主要为害叶片,病初期叶面出现数量不等、形状不规则的较小褪绿斑,叶背可出现稀疏霉层;褪绿斑向四周迅速扩展,叶面呈黄化状,叶背面白色霉层增厚,呈丝状交织状;后期整个叶片枯黄、脱落,植株早衰	当田间湿度较大,温度在20~28℃时,白粉病很易流行;在高温干旱条件下,病情即受到抑制;病害一般在5—6月多雨潮湿的春秋季发生	1. 加强水肥管理,以腐熟的有机肥作基肥,增施磷钾肥,减少施速效氮肥。合理密植,单株高垄定植利于通风排水,能减轻病害的发生。 2. 防治的药剂有氟硅唑乳油、苯醚甲环唑水分散粒剂、醚菌酯水分散粒剂、吡唑醚菌酯乳油等。以上各类药剂可轮换选用,每隔7~10天喷1次,连续喷2~3次

病/虫害名称	为害特征	发生规律	防治技术
豆荚螟	蛀食花、豆荚、种子，造成大量落花落荚，种子产量降低	4—10月是田间为害期，5月下旬—6月中旬是为害高峰期	1. 悬挂黑光灯诱集成虫。 2. 发生初期，喷施生防菌剂 B.t 乳剂，或多杀霉素可湿性粉剂液进行防治。 3. 畦沟内增植大蒜条带或保留畦沟内的杂草条带，能减少虫害的发生
红蜘蛛	在叶片背面刺吸为害，造成叶片正面出现花白色斑点，严重时叶片褪绿，植株衰弱	干旱利于害虫的发生，早春及秋冬季是山豆根的主要害虫	1. 在早春及秋季，适当灌水，营造较湿润的田间小气候。 2. 畦沟内的杂草条带内可人为播种藿香蓟，利于红蜘蛛天敌捕食螨的繁殖，从而提高自然控制率。 3. 在发生初期，喷施印楝素乳油进行防治

参考文献

［1］国家药典委员会.中华人民共和国药典：2020年版一部［M］.北京：中国医药科技出版社,2020：28-29.

［2］覃文流,凌征柱,吴庆华,等.山豆根野生变家种研究［J］.时珍国医国药,2006,17（9）,1668-1669.

［3］覃柳燕,唐美琼,黄永才,等.贮藏温度及时间对山豆根种子活力的影响［J］.中国种业,2011（1）：35-37.

［4］周雅琴,谭小明,吴庆华,等.广西广豆根药材基源植物资源调查研究［J］.广西科学,2010,17（3）：259-262.

［5］任立云,黄光影,林姣艳,等.广西越南槐害虫、天敌种类及发生情况调查［J］.中国农学通报,2014,30（28）：76-80.

［6］蓝祖栽,姚绍嫦,凌征柱.等.中药材山豆根栽培技术规程［J］.现代中药研究与实践,2009,23（2）.9-10.

［7］刘雪兰,朱虹,孙长生,等.中药山豆根的研究进展［J］.湖北农业科学,2014,53（2）,255-258.

［8］孙长生,龙祥友,朱虹,等.不同温度对山豆根种子发芽的影响［J］.种子,2014,33（5）,82-85.

ICS 65.020.20
CCS C 05

团 体 标 准

T/CACM 1374.12—2021

山茱萸规范化生产技术规程

Code of practice for good agricultural practice of Corni Fructus

2021-10-15 发布

2021-10-15 实施

中华中医药学会　发布

目　次

前　　言

本文件按照 GB/T 1.1—2020《标准化工作导则　第 1 部分：标准化文件的结构和起草规则》的规定起草。

请注意本文件中的某些内容可能涉及专利。本文件的发布机构不承担识别专利的责任。

本文件由中国医学科学院药用植物研究所提出。

本文件由中华中医药学会归口。

本文件起草单位：陕西师范大学西北濒危药材资源开发国家工程实验室、陕西医药控股集团佛坪派昂中药科技有限公司、杭州千岛湖鹤岭家庭农场有限公司、浙江省淳安县林业局、杭州市林业科学研究院（杭州市林业科技推广总站）、河南中医药大学、仲景宛西制药股份有限公司、中国医学科学院药用植物研究所。

本文件主要起草人：康杰芳、董诚明、郑平汉、乔海莉、强毅、曹晓燕、王喆之、王世强、高孝军、闫恒、刘庚、高松、苏秀红、李汉伟、李红俊、詹仁春、俞云林、袁紫倩、陈君、魏建和、王文全、王秋玲、杨小玉、辛元尧、王苗苗。

山茱萸规范化生产技术规程

1 范围

本文件确立了山茱萸的规范化生产流程,规定了山茱萸的生产基地选址、种质与种子、良种繁育、苗木质量和出圃、种植、采收、产地初加工、包装、放行、贮运等阶段的操作要求。

本文件适用于山茱萸的规范化生产。

2 规范性引用文件

下列文件的内容通过文中的规范性引用而构成本文件必不可少的条款。其中,注明日期的引用文件,仅该日期对应的版本适用于本文件;不注明日期的引用文件,其最新版本(包括所有的修改单)适用于本文件。

GB 3095 环境空气质量标准

GB/T 3543 农作物种子检验规程

GB 5084 农田灌溉水质标准

GB 5749 生活饮用水卫生标准

GB 15618 土壤环境质量 农用地土壤污染风险管控标准(试行)

T/CACM 1374.1—2021 中药材规范化生产技术规程通则 植物药材

3 术语和定义

T/CACM 1374.1—2021 界定的以及下列术语和定义适用于本文件。

3.1 规范化生产 good agricultural practice

按照《中药材生产质量管理规范》(简称中药材 GAP)的要求,实施药材生产,保证中药材优质安全的生产过程。

3.2 技术规程 code of practice

为实现中药材生产顺利、有序进行,保证中药材生产质量,对中药材生产的基地选址、种子种苗、种植或野生抚育、采收与产地初加工以及包装、放行与贮运等,所做的技术规定和要求,是实施中药材规范生产的核心技术要求和实施指南。

3.3 山茱萸 Corni Fructus

山茱萸科植物山茱萸 *Cornus officinalis* Sieb. et Zucc. 的干燥成熟果肉。

3.4 整形修剪 shaping and trimming

幼龄期对树干进行整理,使之成为合理的树体结构和形态,达到充分利用光能、实现丰

137

产优质的目的。在整形的基础上,对枝条进行修剪以调控枝条生长发育和均衡树势,达到早结果、多结果、稳产优质的目的。

4 山茱萸规范化生产流程图

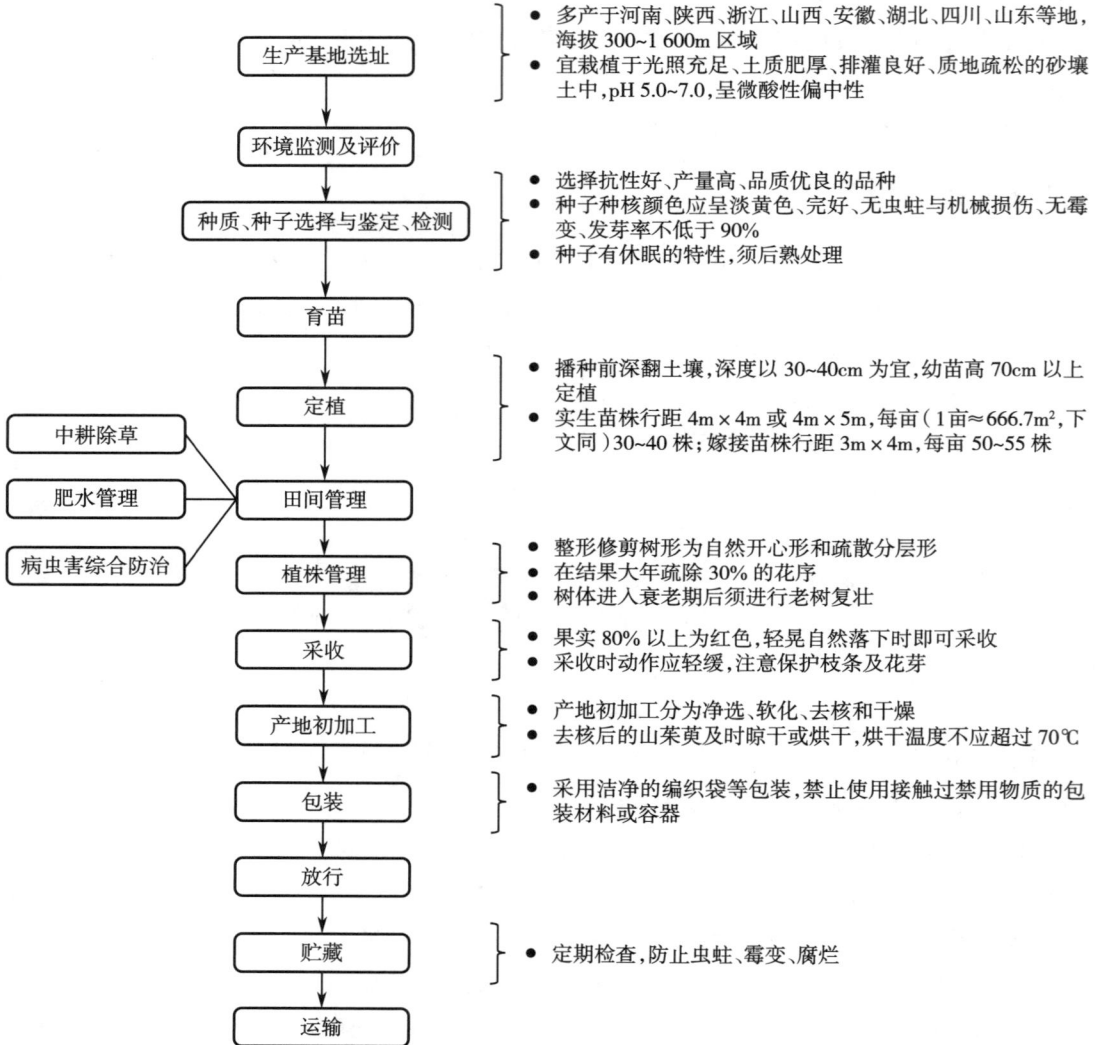

山茱萸的规范化生产流程见图1。

山茱萸规范化生产流程: 关键控制点及参数:

```
┌─────────────────┐      ● 多产于河南、陕西、浙江、山西、安徽、湖北、四川、山东等地,
│   生产基地选址    │        海拔300~1 600m区域
└────────┬────────┘      ● 宜栽植于光照充足、土质肥厚、排灌良好、质地疏松的砂壤
         ↓                  土中,pH 5.0~7.0,呈微酸性偏中性
┌─────────────────┐
│   环境监测及评价   │
└────────┬────────┘      ● 选择抗性好、产量高、品质优良的品种
         ↓              ● 种子种核颜色应呈淡黄色、完好、无虫蛀与机械损伤、无霉
┌─────────────────┐        变、发芽率不低于90%
│种质、种子选择与鉴定、检测│   ● 种子有休眠的特性,须后熟处理
└────────┬────────┘
         ↓
┌─────────────────┐
│      育苗        │
└────────┬────────┘
         ↓              ● 播种前深翻土壤,深度以30~40cm为宜,幼苗高70cm以上
┌─────────────────┐        定植
│      定植        │      ● 实生苗株行距4m×4m或4m×5m,每亩(1亩≈666.7m²,下
└────────┬────────┘        文同)30~40株;嫁接苗株行距3m×4m,每亩50~55株
┌────────┐
│ 中耕除草 │
└───┬────┘  ↓
┌────────┐ ┌─────────────────┐
│ 肥水管理 │→│      田间管理     │
└───┬────┘ └────────┬────────┘
┌──────────┐        ↓        ● 整形修剪树形为自然开心形和疏散分层形
│病虫害综合防治│ ┌─────────────────┐  ● 在结果大年疏除30%的花序
└──────────┘ │     植株管理     │  ● 树体进入衰老期后须进行老树复壮
            └────────┬────────┘
                     ↓        ● 果实80%以上为红色,轻晃自然落下时即可采收
            ┌─────────────────┐  ● 采收时动作应轻缓,注意保护枝条及花芽
            │      采收        │
            └────────┬────────┘
                     ↓        ● 产地初加工分为净选、软化、去核和干燥
            ┌─────────────────┐  ● 去核后的山茱萸及时晾干或烘干,烘干温度不应超过70℃
            │    产地初加工     │
            └────────┬────────┘
                     ↓        ● 采用洁净的编织袋等包装,禁止使用接触过禁用物质的包
            ┌─────────────────┐    装材料或容器
            │      包装        │
            └────────┬────────┘
                     ↓
            ┌─────────────────┐
            │      放行        │
            └────────┬────────┘
                     ↓        ● 定期检查,防止虫蛀、霉变、腐烂
            ┌─────────────────┐
            │      贮藏        │
            └────────┬────────┘
                     ↓
            ┌─────────────────┐
            │      运输        │
            └─────────────────┘
```

图1 山茱萸的规范化生产流程图

5 山茱萸规范化生产技术

5.1 生产基地选址

5.1.1 产地选择

适宜种植在北纬 30°~40°、东经 100°~140° 之间的河南、陕西、浙江、山西、安徽、湖北、四川、山东等地,海拔 300~1 600m 区域,以 600~1 200m 的海拔高度处长势较好。

5.1.2 地块选择

生产基地的空气质量应符合 GB 3095 规定的环境空气质量标准,灌溉水质量应符合 GB 5084 规定的农田灌溉水质标准,土壤质量应符合 GB 15618 的规定。

园地选择光照充足、土质肥厚、质地疏松、排灌良好、富含有机质的砂壤土,以黄棕壤土和棕壤土为主,pH 5.0~7.0,呈微酸性偏中性。阴坡、半阴坡或阳坡的山谷和山下部。

圃地与园地选择条件基本相似,选择地形平缓、土质肥沃、灌溉排水方便的地块,坡地宜选择背风向阳面。

5.2 种质与种子

5.2.1 种质选择

使用山茱萸科山茱萸属植物山茱萸 *Cornus officinalis* Sieb. et Zucc. 为物种来源,其物种须经过鉴定。选择抗性好、产量高、品质优良的品种进行栽培。如使用农家品种或选育品种应加以明确。

5.2.2 种子质量

应使用种核颜色呈淡黄色、完好、无虫蛀与机械损伤、无霉变、纯净度不低于95%、发芽率不低于 90% 的种子,符合 GB/T 3543 的规定。

5.3 良种繁育

选择树势健壮、冠形丰满、生长旺盛、抗病虫害能力强、丰产性能优良的中龄树作为采种母株。采种时应对采种母株进行标记和登记。采摘果皮鲜红色、颗粒饱满、大而整齐、无病虫害的成熟果实,晾晒 3~4 天,待果皮柔软后,剥去果皮,留果核作为种子,阴干备用。

生产中常用种子繁殖和嫁接繁殖两种方法,嫁接繁殖可以保持母树的优良性状,苗木生长整齐,品质得以保证,若管理得当,一般 2~3 年就可结果,与实生苗相比,可以提早 4~5 年结果受益。

5.3.1 种子繁殖

5.3.1.1 种子处理

种子采收后未经后熟不能萌发,需创造适宜的萌发条件,解除种子的休眠,可用浸沤法、腐蚀法、沙藏法和堆沤法等方法对种子进行后熟处理。春季待种子露白 40%~60% 时,及时播种。

5.3.1.2 播种

春季 3 月中旬播种。在畦(垄)面上开沟,间距 30cm,沟宽 5~8cm,沟深 5cm,将种子均匀撒入沟内,覆土 2~3cm,覆盖地膜或秸秆。用种量每亩约 50kg。

5.3.1.3 出苗后管理

苗木出土后，分批分次掀除覆盖物，注意保持土壤湿度。当幼苗长出 3~4 对真叶时，选择阴雨天，间苗移苗，间密初疏，使苗木株间距为 15cm。6—7 月各施一次追肥，及时松土除草，高温干旱季节注意灌溉及遮阴。

5.3.2 嫁接繁殖

5.3.2.1 砧木的选择

采用亲和力强、适应性强和抗性强的品系作嫁接的砧木，通常以 2~3 年生，地径 0.5~1.0cm，高 30cm 以上的实生苗为宜。

5.3.2.2 采集接穗

接穗要从产量高、生长健壮、无病虫害的优质母树上取用，从树冠外围中上部采集发育充实、芽体饱满的一年生枝条。

5.3.2.3 嫁接时间

春季嫁接在 2—4 月，夏季嫁接在 5 月底—6 月中旬，秋季嫁接在 8 月中旬—10 月底，以秋接成活率为高，夏接须遮阴、保湿。

5.3.2.4 嫁接方法

有消芽接、贴枝接、改进嵌芽接等方法，多采用改进嵌芽接法。接穗要和砧木粗度基本一致，所削芽片长 2.0~3.0cm，宽 0.7~1.0cm，将芽片与砧木切口嵌合紧密，两边形成层对准，上部露白，采用全芽绑扎方式捆扎。注意芽体上下部位绑紧，芽体处要稍松，以防压烂或压断芽体，影响成活。

5.3.2.5 接后管理

嫁接后 30 天及时解绑，剪砧除萌，加强嫁接后的管理。

5.4 苗木质量和出圃

5.4.1 苗木质量

保持根系的完整性，不损伤根皮和顶芽，无检疫性病虫害。

5.4.2 苗木出圃

5.4.2.1 起苗

每年 11 月苗木落叶后至翌年 2 月底之间起苗，苗高 70cm 以上，每 50 株扎成捆。出圃须检验合格并出具苗木检验证书。长途运输应蘸泥浆，修枝并用塑料袋包扎根部。

5.4.2.2 运输

起苗后及时装车启运，到目的地立即进行种植，如不能立即外运或栽植时，要进行假植，越冬假植须做好防冻保护和遮阴保湿。

5.5 种植

5.5.1 整地

5.5.1.1 圃地

播种前将腐熟的有机质肥料撒施均匀后深耕，深度 30~40cm，整平用作圃地，做床，床宽 0.8~1.2m，长度根据地形而定，根据圃地降水及排灌情况做成平床或低床。

5.5.1.2　园地

整地时根据实际情况采取带状或块状整地。带状整地应保持带距 3~4m,带宽 2m,定穴规格 0.6m×0.6m×0.4m;块状整地应对选好的种植点四周 1m×1m 范围内的碎石、杂草进行清理,深度至地下 30cm 以上。在山茱萸植株行间选留特定的原生杂草或是种植非原生草类、绿肥作物等,可改善土壤结构,提高土壤肥力,同时减少水土的流失。

5.5.2　栽植时期

分为秋栽和春栽。秋栽在秋季落叶后到土壤封冻前进行。海拔较高、冬季严寒的干旱地区,采用春栽。头一年秋天将栽植坑挖好,土壤解冻后立即栽植。

5.5.3　栽植密度

实生苗种植密度株行距 4m×4m 或 4m×5m,每亩宜栽植 30~40 株。嫁接苗种植密度株行距 3m×4m,每亩宜栽植 50~55 株。

5.5.4　栽植方法

种植前适当修剪苗木根系,种植时扶正苗木,埋土至根际处,用手轻提苗木,使根系舒展,之后踏实,注意分层填充,每一层压实后再往上填充,同时浇透水以定根,之后再覆一层松土。定植后为保证苗木成活率,应根据实际情况灌溉 2~5 次。

5.5.5　土壤管理

5.5.5.1　深翻与熟化

幼树栽植后的每年秋冬季结合施基肥进行。深翻树冠外围土壤,逐步扩大树盘,挖去砂石,把上层熟土、杂草和树叶等混合肥料填入下层。深翻时避免伤及主根。

5.5.5.2　中耕除草

每年可视情况,中耕除草 2~3 次,全面整理的园地可以结合间种的作物进行,操作时注意不要伤害幼树和根系,除去的杂草应堆放在幼树根部周围作肥、保水,但不能紧靠根颈处,以免堆草发热灼伤根颈。幼林期每年 6—7 月进行除草,10 月进行浅垦;成林后每年 7 月上旬旱季来临至采收前拔除杂草,10 月后逐年向树干外围深挖垦抚,范围稍大于树冠投影面积。

5.5.6　水分管理

山茱萸定植后,应在每年春季开花发芽前、夏季果实生长膨大期和入冬前三个时期进行灌溉。无灌溉条件的坡地要通过种植绿肥、园地覆草、垒鱼鳞坑、修筑梯田等方法防止水土流失、抗旱保墒;地势平坦的地块雨季应注意排水,防止涝害。灌溉水质应符合 GB 5084 的规定。

5.5.7　施肥管理

5.5.7.1　施肥原则

山茱萸种植施肥应重视有机肥和化肥的结合施用,注意各种肥料的合理搭配;以有机肥为主,限量使用化肥(配方肥);以多元复合肥为主,单元素肥料为辅;以施基肥为主,追肥为辅。不得使用禁限用农药,禁止使用未经注册登记的商品肥料。

5.5.7.2　施肥时期

山茱萸施肥通常分为施基肥 1 次和施追肥 2~3 次。基肥一般在幼树定植后或果实采收前后至第二年早春开花前进行；追肥一般在每年 3—4 月开花期、新梢迅速生长、果实膨大和花芽分化前期进行。

5.5.7.3 施肥方法

根据药材的生长、土壤肥力等进行施肥，幼树施肥多采用离树根 30cm 穴状或环状开沟施肥，施肥位置应在树冠边缘；成年树多采用环状或放射状开沟施肥，距离树基部 1m 以上。施肥后应及时盖土和浇水。

5.5.8 植株管理

5.5.8.1 整形修剪

山茱萸整形修剪应在冬季或早春进行。一般定植后当年或第二年，山茱萸长至约 80cm 时进行定干，尽量使枝干均匀分布。主枝长至约 50cm 时，可进行摘心。整形修剪后应进行一次追肥，以减少对植株的机械损伤，使其长势快速恢复。

山茱萸常用修剪树形为自然开心形和疏散分层形。幼树修剪以整形为主，主要疏去树干基部的萌蘖枝和徒长枝、过密枝、纤细枝和病虫害枝；结果树以修剪调节和平衡树势为主。旺树通过轻剪、长放、开张基角和腰角来缓和树势；弱树通过短剪、重剪、去弱枝和留强枝来复壮树势。修剪时应注意果枝和营养枝的合理布局，防止果枝过早外移，保证光照利用率的最大化。

5.5.8.2 花果管理

根据树势强弱、树冠大小和花量多少确定疏花量。在结果大年，除冬季修剪控制花量外，于次年 3 月开花时，在花枝上每隔 7~10cm 保留 1~2 个花序，疏除 30% 的花序。

5.5.8.3 老树复壮

山茱萸树体进入衰老期后，抗逆性差，容易受病虫害侵袭危害，导致山茱萸衰老死亡，因此必须更新修剪。4 月中旬将老树上的病枝和枯枝剪掉，在主干分支处取 1~2 个枝条，于基部距分支 5~8cm 处切至木质部，环切 1/2 或 1/3 周，刺激隐芽萌发形成新枝，新发的、长势较好的枝条保留 4~5 条，其余掐除。8—9 月，按已环切的痕迹环切一周。次年春天，将上一年进行环切的老枝锯掉，未进行环切的老枝环切半圈，新生芽及时掐除，以促进上一年留取的枝条的生长。第三年春天，将上一年进行环切的老枝锯掉。复壮过程中应注意对新生枝进行相应整形修剪，以合理利用光照提高产量。

5.5.9 病虫害防治

5.5.9.1 常见病害和虫害

山茱萸病害有角斑病、炭疽病、灰色膏药病、白粉病、缩叶病、叶枯病等，其中以角斑病、炭疽病为害最重；虫害有山茱萸蛀果蛾、木橑尺蠖、绿尾大蚕蛾、芳香木蠹蛾、大蓑蛾、黄刺蛾、大青叶蝉等，其中以山茱萸蛀果蛾为害最重。

5.5.9.2 防治原则

病虫害的防治应贯彻"预防为主，综合防治"的植保方针，坚持"以农业防治、物理防治、生物防治为主，化学防治为辅"的综合防治原则。化学农药的使用要科学、规范、合理，严禁使用禁限用农药。禁限用农药名单参见附录 A，山茱萸常见病虫害防治的参考方法参见附录 B。

5.5.9.3　农业防治

选用抗病虫害良种,通过扩穴改土、修剪、清园、排水、施肥和控梢等栽培管理措施,增强树势,提高树体自身抗病虫害能力,减少病虫害源。

5.5.9.4　物理防治

主要是灯光诱杀,如利用木橑尺蠖、大蓑蛾、大青叶蝉、绿尾大蚕蛾等害虫的趋光性,在田间安装诱虫灯,诱捕害虫成虫。

5.5.9.5　生物防治

利用生物天敌、杀虫微生物、农用抗生素及其他生防制剂等对病虫害进行防治。

5.5.9.6　化学防治

对于一些其他措施不能有效防治的病虫害,可选择在病虫害发生的最佳时期,合理施用高效、低毒、低残留的化学农药,不使用禁限用农药。

5.6　采收与产地初加工

5.6.1　采收

山茱萸若采用种子育苗繁育,一般从播种到结果,通常需要 8~10 年,若采用无性繁殖,一般 2~3 年即可结果。当山茱萸果实由青变红,大部分(80% 以上)为红色,树体稍经晃动,果实就自然落下,表明果实已充分成熟,即可采收。采收时期,因各地自然条件和品种类型不同而有所差异,一般成熟时间为 10 月份前后。果实成熟时,枝条上已着生许多花芽,因此人工采收时应动作轻缓,注意保护枝条及花芽,做到不损芽、不折枝,以免影响树势和来年产量。

5.6.2　产地初加工

山茱萸产地初加工步骤大致分为净选、软化、去核和干燥四部分。

a)净选:挑去鲜果中的枝叶、果柄等杂质。

b)软化:山茱萸鲜果的果皮、果肉质地较硬,必须软化后才能去核。软化是通过加热使果实质地变软,降低果肉与果核之间的附着力,使果肉与果核易于分离。软化的常用方法有水煮、蒸法两种。

c)去核:传统加工是将加热软化后的果实用手挤去果核。手工去核劳动强度大、加工速度慢。现代加工是将软化好的果实倒入山茱萸脱粒机进行脱粒,操作人员应掌握脱粒机中果实的数量,不断加入果实,并使其均匀脱粒。

d)干燥:将剥下来的山茱萸果皮及时干燥,切忌随意堆放。干燥方法主要有晒干法和烘干法,一般采用晒干法,如遇连续阴雨可采用烘干法,烘干温度不应超过 70℃。

5.7　包装、放行、贮运

5.7.1　包装

包装前应对每批药材按照国家标准进行质量检验。禁止使用接触过禁用物质的包装材料或容器。包装外贴或挂标签、合格证,标识牌内容应有药材名、基源、产地、批号、规格、重量、采收日期、企业名称等。

5.7.2　放行

应制定符合企业实际情况的放行制度,有审核、批准、生产、检验等的相关记录。不合格药材有单独处理制度。

5.7.3 贮运

商品萸肉易发霉、虫蛀。包装后宜放置阴凉、干燥、洁净、通风处保存,以防受潮,但也不宜过分干燥,以免失去油润性。不同批次等级药材分区存放。贮藏期间应定期检查,防止虫蛀、霉变、腐烂等现象发生。也可采用现代气调贮藏方法,包装或库内充氮或二氧化碳。

运输过程应防止发生混淆、污染、异物混入、包装破损和雨雪淋湿等。

附　录　A

（规范性）

禁限用农药名单

A.1　禁止（停止）使用的农药（46 种）

六六六、滴滴涕、毒杀芬、二溴氯丙烷、杀虫脒、二溴乙烷、除草醚、艾氏剂、狄氏剂、汞制剂、砷类、铅类、敌枯双、氟乙酰胺、甘氟、毒鼠强、氟乙酸钠、毒鼠硅、甲胺磷、对硫磷、甲基对硫磷、久效磷、磷胺、苯线磷、地虫硫磷、甲基硫环磷、磷化钙、磷化镁、磷化锌、硫线磷、蝇毒磷、治螟磷、特丁硫磷、氯磺隆、胺苯磺隆、甲磺隆、福美肿、福美甲肿、三氯杀螨醇、林丹、硫丹、溴甲烷、氟虫胺、杀扑磷、百草枯、2,4-滴丁酯。

注：氟虫胺自 2020 年 1 月 1 日起禁止使用。百草枯可溶胶剂自 2020 年 9 月 26 日起禁止使用。2,4-滴丁酯自 2023 年 1 月 29 日起禁止使用。溴甲烷可用于"检疫熏蒸处理"。杀扑磷已无制剂登记。

A.2　在部分范围禁止使用的农药（20 种）

部分范围禁止使用的农药应注意药食同源中药材及来自其他作物的中药材。部分范围禁止使用的农药见表 A.1。

表 A.1　部分范围禁止使用的农药

通用名	禁止使用范围
甲拌磷、甲基异柳磷、克百威、水胺硫磷、氧乐果、灭多威、涕灭威、灭线磷	禁止在蔬菜、瓜果、茶叶、菌类、中草药材上使用,禁止用于防治卫生害虫,禁止用于水生植物的病虫害防治
甲拌磷、甲基异柳磷、克百威	禁止在甘蔗作物上使用
内吸磷、硫环磷、氯唑磷	禁止在蔬菜、瓜果、茶叶、中草药材上使用
乙酰甲胺磷、丁硫克百威、乐果	禁止在蔬菜、瓜果、茶叶、菌类和中草药材上使用
毒死蜱、三唑磷	禁止在蔬菜上使用
丁酰肼（比久）	禁止在花生上使用
氰戊菊酯	禁止在茶叶上使用
氟虫腈	禁止在所有农作物上使用（玉米等部分旱田种子包衣除外）
氟苯虫酰胺	禁止在水稻上使用

A.3　说明

本附录的内容来自 2019 年中华人民共和国农业农村部发布的《禁限用农药名录》（http://www.zzys.moa.gov.cn/gzdt/201911/t20191129_6332604.htm）。

附 录 B

（资料性）

山茱萸常见病虫害防治的参考方法

山茱萸常见病虫害防治的参考方法见表 B.1。

表 B.1 山茱萸常见病虫害防治的参考方法

病虫害名称	防治时期	化学防治方法	农业防治、生物防治或物理防治方法
炭疽病	4—10 月	发病初期叶面喷洒多菌灵或甲基硫菌灵或波尔多液，按照农药标签使用	选用抗性强的品种。建园后加强抚育管理，发病期少施氮肥，多施磷、钾肥，促进植株生长健壮、提高抗病力。冬季采取预防措施，修剪带病枝条，将病果、病枯枝深埋入土或消除，以减少侵染病源
角斑病	5 月	树冠喷洒多菌灵或甲基硫菌灵或波尔多液，按照农药标签使用	建园后加强抚育管理，促进植株生长健壮、提高抗病能力，注意通风透光，消除病叶、杂草，减少侵染病源
灰色膏药病	一般发生在20 年生以上的植株上	可用刀刮去植株上的菌丝膜，在发病部位上涂波美 5° 石硫合剂或石硫合剂喷雾，或用多菌灵或波尔多液喷洒，按照农药标签使用	加强抚育管理，调整林木密度，提高抗病力，对病老株合理修剪，去掉病老枝，减少病菌来源
白粉病	4—8 月	发病初期喷洒多菌灵或甲基硫菌灵，按照农药标签使用	清除周边有白粉病发病病史的植株。建园时注意合理安排株行距，保证林间通风透光，植株健壮生长。休眠期采取预防措施，将病株修剪并收集焚烧，喷洒石硫合剂
蛀果蛾	8—10 月	发生初期喷雾溴虫腈，低龄幼虫期或卵孵化盛期，喷雾藜芦碱，按照农药标签使用	及时清理落地虫果和堆果场地，防止幼虫脱果入土越冬。冬季垦抚可破坏蛀果蛾越冬场所，每年腊月垦抚树冠投影内地面，深度约 35cm
绿尾大蚕蛾、大蓑蛾、木橑尺蠖	5—10 月	发生初期喷雾氯虫苯甲酰胺或氟啶脲或苦参碱，按照农药标签使用	可用微生物农药苏云金杆菌乳油进行叶面喷洒防治绿尾大蚕蛾。培育和释放蓑蛾瘤姬蜂，保护食虫鸟类等防治大蓑蛾。人工灭蛹、摘除虫囊等。在田间安装杀虫灯，诱杀害虫成虫

参考文献

［1］梁从莲,侯典云,王蕾,等.优质山茱萸栽培技术探讨［J］.世界科学技术 - 中医药现代化,2018,20（7）:
1130-1137.

［2］汪洋,徐书博,李玉丽,等.山茱萸育苗技术规程［J］.现代园艺,2017（5）:58-59.

［3］李婉,余聪慧,李锌,等.山茱萸整形修剪技术［J］.现代农业,2014（8）:102-103.

［4］康积林,曹亚俊,杜建奇.佛坪县山茱萸标准化生产栽培周年管理技术［J］.现代农业科技,2013（19）:
111-113.

［5］崔斌,朱晓燕.山茱萸栽培技术［J］.农业与技术,2018,38（4）:142.

［6］王耀辉,康杰芳,强毅,等.山茱萸丰产型新品种秦丰的选育［J］.中药材,2014,37（1）:15-19.

［7］杨纪红,汪洋,柴叶青,等.山茱萸实生苗快速育苗技术［J］.现代园艺,2017（7）:66.

［8］董林林,苏丽丽,尉广飞,等.无公害中药材生产技术规程研究［J］.中国中药杂志,2018,43（15）:3070-
3079.

［9］王建春,何银玲,谢彦涛,等.河南西峡山茱萸病虫害发生与防治技术［J］.特种经济动植物,2015,18
（3）:52-54.

［10］陈士林,索风梅,韩建萍,等.中国药材生态适宜性分析及生产区划［J］.中草药,2007（4）:481-487.

［11］陈随清,魏雅磊,王静,等.多指标成分分析确定山茱萸最佳采收期［J］.中国现代中药,2011,13（1）:
29-33.

ICS 65.020.20
CCS C 05

团 体 标 准

T/CACM 1374.13—2021

山药规范化生产技术规程

Code of practice for good agricultural practice of Dioscoreae Rhizoma

2021-10-15 发布
2021-10-15 实施

中华中医药学会　发布

目　次

前　言

本文件按照 GB/T 1.1—2020《标准化工作导则　第 1 部分：标准化文件的结构和起草规则》的规定起草。

请注意本文件中的某些内容可能涉及专利。本文件的发布机构不承担识别专利的责任。

本文件由河南中医药大学、中国医学科学院药用植物研究所提出。

本文件由中华中医药学会归口。

本文件起草单位：河南中医药大学、中国医学科学院药用植物研究所、河南师范大学、仲景宛西制药股份有限公司、重庆市药物种植研究所。

本文件主要起草人：董诚明、苏秀红、李先恩、李汉伟、纪宝玉、高松、郭涛、朱畇昊、李建军、孙鹏、侯文川、齐大明、张岩岩、王淑娟、余孟娟、魏建和、王文全、王秋玲、杨小玉、辛元尧、王苗苗。

山药规范化生产技术规程

1 范围

本文件确立了山药规范化生产流程,规定了山药的生产基地选址、种质要求、种苗繁育、种植、采收、产地初加工、包装、放行、贮运等阶段的操作要求。

本文件适用于山药的规范化生产。

2 规范性引用文件

下列文件的内容通过文中的规范性引用而构成本文件必不可少的条款。其中,注明日期的引用文件,仅该日期对应的版本适用于本文件;不注明日期的引用文件,其最新版本(包括所有的修改单)适用于本文件。

《中华人民共和国药典》

GB 5749 生活饮用水卫生标准

GB 5084 农田灌溉水质标准

GB 15618 土壤环境质量 农用地土壤污染风险管控标准(试行)

GB/T 20351—2006 地理标志产品 怀山药

NY/T 391—2000 绿色食品 产地环境技术要求

NY/T 1065–2006 山药等级规格

T/CACM 1374.1—2021 中药材规范化生产技术规程通则 植物药材

3 术语和定义

T/CACM 1374.1—2021 界定的以及下列术语和定义适用于本文件。

3.1 规范化生产 good agricultural practice

按照《中药材生产质量管理规范》(简称中药材 GAP)的要求,实施药材生产,保证中药材优质安全的生产过程。

3.2 技术规程 code of practice

为实现中药材生产顺利、有序进行,保证中药材生产质量,对中药材生产的基地选址、种子种苗、种植或野生抚育、采收与产地初加工以及包装、放行与贮运等,所做的技术规定和要求,是实施中药材规范生产的核心技术要求和实施指南。

3.3 山药 Dioscoreae Rhizoma

薯蓣科植物薯蓣 *Dioscorea opposita* Thunb. 的地下根茎,可参考 GB/T 20351—2006。

4 山药规范化生产流程图

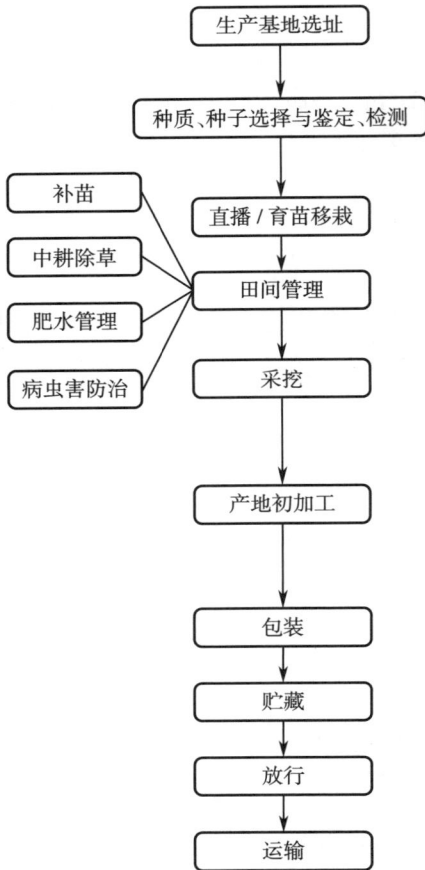

山药的规范化生产流程见图1。

山药规范化生产流程:

关键控制点及参数:

```
┌──────────────────┐
│   生产基地选址    │
└──────────────────┘
         │
┌──────────────────────────┐
│ 种质、种子选择与鉴定、检测 │
└──────────────────────────┘
         │
┌──────────┐    ┌──────────────────┐
│  补苗    │    │  直播/育苗移栽    │
└──────────┘    └──────────────────┘
┌──────────┐           │
│ 中耕除草  │─┐
└──────────┘  │ ┌──────────────────┐
┌──────────┐  ├─│    田间管理       │
│ 肥水管理  │─┤ └──────────────────┘
└──────────┘  │        │
┌──────────┐  │ ┌──────────────────┐
│ 病虫害防治 │─┘ │      采挖        │
└──────────┘    └──────────────────┘
                       │
              ┌──────────────────┐
              │   产地初加工      │
              └──────────────────┘
                       │
              ┌──────────────────┐
              │      包装         │
              └──────────────────┘
                       │
              ┌──────────────────┐
              │      贮藏         │
              └──────────────────┘
                       │
              ┌──────────────────┐
              │      放行         │
              └──────────────────┘
                       │
              ┌──────────────────┐
              │      运输         │
              └──────────────────┘
```

- 应选向阳、无荫蔽、土层深厚、排水良好、周围没有高秆作物的疏松肥沃的砂壤土和两合土地块
- 未种植山药的熟地或轮作3年以上

- 选用抗病、优质、丰产、商品性好的品种。种栽依品种不同而异,有3种种栽:山药栽子(俗称龙头)、山药段子、山药余零子(需育苗2年)

- 地块深翻50cm以上,高垄或打孔方法种植。高垄种植前在中央开10cm深的沟,施少量的种肥(腐熟有机肥),并将种肥与表土充分混合后,种栽平放,耙平畦面;打孔种植利用长约140cm、直径2cm左右的铁棒或打孔机打孔,按株距15~20cm,垂直打孔,孔深约100cm,将种栽芽朝上,放于孔洞中,覆土6~8cm。病虫害草害预防为主,综合防治

- 霜降后,地上部分枯萎,才能采挖

- 毛山药:将采回的山药趁鲜洗净泥土,切去根头,刮去外皮和须根,晒干
  光山药:将半干的山药,置清水中浸至无干心,闷透,搓成圆柱状,切齐两端,晒干
  山药片:将采回的山药,洗净,去根头,刮去外皮和须根,切片后烘干

- 分级和包装按NY/T 1065—2006规定实施。山药贮藏适宜温度为2~4℃,相对湿度为65%左右

图1 山药的规范化生产流程图

5 山药规范化生产技术

5.1 生产基地选址

5.1.1 产地选择

产地环境应符合NY/T 391—2000的规定。

5.1.2 地块选择

选择地势高、地下水位在100cm以下、排灌便利、土层中无黏土夹层或硬土石块,肥沃疏松的砂壤土或壤土为种植基地。

5.1.3 环境监测

基地的大气、土壤和水样品的检测按照GAP要求,应符合相应国家标准,并保证生长期

间持续符合标准。环境空气检测可参考 GB 3095、土壤环境质量应符合 GB 15618、农田灌溉水质应符合 GB 5084。

5.2　种质与种子

5.2.1　种质选择

使用薯蓣科植物薯蓣 *Dioscorea opposita* Thunb. 的地下根茎,须经过鉴定。

5.2.2　山药栽子质量

选用抗病、优质、丰产、商品性好,适应市场的品种。

5.3　播种

5.3.1　种栽准备

种块依品种不同而异,一般有 3 种:一是山药栽子(俗称龙头),二是山药段子,三是山药余零子。

5.3.1.1　山药栽子

在采收山药时切取山药栽子,保留长度 15cm,放在室内通风处晾 1 周左右,促进断面伤口愈合。存放在干燥阴凉处,一层栽子覆盖一层湿润的沙,沙的含水量以手握之成团、松开即散为宜,交替放 3~5 层,后覆盖稻草,保持温度在 0℃ 以上。

5.3.1.2　山药段子

选择表皮无破损、粗细均匀、无病虫害、肉色洁白的块茎作种。在种植前 20~25 天将作种的块茎分切,种块重量不宜少于 50g。分切山药段子应选在晴天,刀面用 75% 酒精消毒,分切时注意保留每块段子上的皮层并在切口一端蘸上石灰粉或草木灰杀菌,或用 50% 多菌灵 500 倍液浸种 15 分钟,捞出晾干,存放于阴凉通风处,应注意区分上下端,以便种植,待切面愈合后下种。建议种块催芽后定植。

由于各部位的优势不同,切块时应有所区别,分别堆放,分区栽培,靠近藤蔓的块茎顶端切块可以小一点,一般在 50g 左右,中、下部位的在 70~80g 之间。

5.3.1.3　山药余零子

在 10—11 月山药余零子成熟时,选取大的作种,与砂土混合,贮于干燥阴凉处,此法可对山药进行更新复壮。在种植前 15~20 天,应对余零子进行催芽处理,将余零子埋于湿砂中,保持 20~30℃,当萌芽率达 80% 以上时,挑选其中较苗壮的幼苗移植大田。

5.3.2　定植期

霜期结束、地表 5cm 处地温稳定在 12℃ 以上时,开始定植。

5.3.3　定植密度

行距 100~130cm,株距 10~15cm,一般每亩(1 亩≈666.7m²,下文同)种植 3 300~4 000 株。

5.3.4　定植方法

山药种块经催芽后,采用高垄或打洞方法种植。高畦、高垄种植前在中央开 10cm 深的沟,施少量的种肥(腐熟有机肥),并将种肥与表土充分混合后,放入种苗,耙平畦面;打洞种植利用长约 140cm、直径 2cm 左右的铁棒或打孔机打洞,按株距 15~20cm,垂直打洞,洞深约 100cm,将种苗芽朝上,放于孔洞中,覆土 6~8cm。

移栽应在晴天下午进行,经育苗处理的种块在栽植后应立即浇定根水,并覆盖稻草。

5.4 田间管理

5.4.1 适时搭架

山药蔓长 10cm 左右时,用竹竿每 2~3 株插一根,搭成人字架或篱笆架,架高 200cm 以上,每株选留 1 条强壮枝蔓,引蔓上架,及时摘除基部侧枝。

5.4.2 水分管理

茎叶进入旺盛生长期(出苗后 40~50 天以后)灌"跑马水",多雨季节及时排水。

5.4.3 中耕除草

中耕除草应在早期进行,要求浅耕,只将土壤表面锄松即可。

5.4.4 施肥

5.4.4.1 基肥

一般每亩施腐熟有机肥 2 000~2 500kg、过磷酸钙 40~45kg、15-15-15 硫酸钾型三元复合肥 40~50kg。将有机肥与无机肥混匀后沟施或穴施。

5.4.4.2 追肥

每亩 5—6 月施尿素 10~15kg,6—7 月施 15-15-15 硫酸钾型三元复合肥 30~40kg,8 月中下旬施硫酸钾 20kg。

5.5 采收

5.5.1 采收时间

商品山药可根据市场需求,从 8 月中旬开始陆续采收,直至翌年 4 月。

5.5.2 采收方法

在畦的一侧挖约 30cm 宽的沟,用铲子沿着山药两边铲除根旁泥土,直到沟底见到山药根状块茎尖,然后握住山药栽子上端,铲断侧根和山药栽子贴地表层的根系,将完整的山药取出。

5.6 产地初加工

加工用水按 GB 5749《生活饮用水卫生标准》规定实施。

毛山药:将采回的山药趁鲜洗净泥土,切去根头,用竹刀等刮去外皮和须根,然后干燥,即为毛山药。

光山药:选顺直肥大的干燥山药,置清水中浸至无干心,闷透,用木板搓成圆柱状,切齐两端,晒干,打光,即为光山药。

山药片:将采回的山药趁鲜洗净泥土,切去根头,用竹刀等刮去外皮和须根,切片后烘干,即为山药片。

加工干燥过程保证场地、工具洁净,不受雨淋等。

5.7 分级、包装、运输与贮藏

5.7.1 分级和包装

分级和包装按 NY/T 1065—2006 规定实施。包装前应对每批药材按照相应标准进行质量检验。符合国家标准的药材,采用不影响质量的麻袋、纸箱等包装,禁止采用包装过肥料、农药等的包装袋包装。包装外贴或挂标签、合格证,标识牌内容应有品种、基源、产地、批号、规格、重量、采收日期、企业名称等,并有追溯码。

5.7.2 运输

运输过程中应注意防冻、防雨淋、防晒和通风散热。

5.7.3 贮藏

应贮藏于阴凉干燥处,定期检查,防止虫蛀、霉变、腐烂、泛油等的发生。山药贮藏适宜温度为 2~4℃,相对湿度为 65% 左右。不同批次等级药材分区存放;建有定期检查制度。禁用磷化铝。也可采用现代气调贮藏方法,包装或库内充氮或二氧化碳。但应注意山药不宜久贮。

运输应防止发生混淆、污染、异物混入、包装破损、雨雪淋湿等。

附 录 A
（规范性）
禁限用农药名单

A.1 禁止（停止）使用的农药（46 种）

六六六、滴滴涕、毒杀芬、二溴氯丙烷、杀虫脒、二溴乙烷、除草醚、艾氏剂、狄氏剂、汞制剂、砷类、铅类、敌枯双、氟乙酰胺、甘氟、毒鼠强、氟乙酸钠、毒鼠硅、甲胺磷、对硫磷、甲基对硫磷、久效磷、磷胺、苯线磷、地虫硫磷、甲基硫环磷、磷化钙、磷化镁、磷化锌、硫线磷、蝇毒磷、治螟磷、特丁硫磷、氯磺隆、胺苯磺隆、甲磺隆、福美胂、福美甲胂、三氯杀螨醇、林丹、硫丹、溴甲烷、氟虫胺、杀扑磷、百草枯、2,4-滴丁酯。

注：氟虫胺自 2020 年 1 月 1 日起禁止使用。百草枯可溶胶剂自 2020 年 9 月 26 日起禁止使用。2,4-滴丁酯自 2023 年 1 月 29 日起禁止使用。溴甲烷可用于"检疫熏蒸处理"。杀扑磷已无制剂登记。

A.2 在部分范围禁止使用的农药（20 种）

部分范围禁止使用的农药应注意药食同源中药材及来自其他作物的中药材。部分范围禁止使用的农药见表 A.1。

表 A.1 部分范围禁止使用的农药

通用名	禁止使用范围
甲拌磷、甲基异柳磷、克百威、水胺硫磷、氧乐果、灭多威、涕灭威、灭线磷	禁止在蔬菜、瓜果、茶叶、菌类、中草药材上使用，禁止用于防治卫生害虫，禁止用于水生植物的病虫害防治
甲拌磷、甲基异柳磷、克百威	禁止在甘蔗作物上使用
内吸磷、硫环磷、氯唑磷	禁止在蔬菜、瓜果、茶叶、中草药材上使用
乙酰甲胺磷、丁硫克百威、乐果	禁止在蔬菜、瓜果、茶叶、菌类和中草药材上使用
毒死蜱、三唑磷	禁止在蔬菜上使用
丁酰肼（比久）	禁止在花生上使用
氰戊菊酯	禁止在茶叶上使用
氟虫腈	禁止在所有农作物上使用（玉米等部分旱田种子包衣除外）
氟苯虫酰胺	禁止在水稻上使用

A.3 说明

本附录的内容来自 2019 年中华人民共和国农业农村部发布的《禁限用农药名录》（http://www.zzys.moa.gov.cn/gzdt/201911/t20191129_6332604.htm）。

附 录 B

（资料性）

山药常见病虫害防治的参考方法

山药常见病虫害防治的参考方法见表 B.1。

表 B.1 山药常见病虫害防治的参考方法

病虫害名称	防治时期	推荐防治方法	安全间隔期 /d
炭疽病	7—8 月	发病初期叶面喷施甲基硫菌灵或烯酰吗啉,按照农药标签使用	≥20
褐斑病	7—8 月	在发病初期可向叶面喷洒多菌灵可湿性粉剂防治,按照农药标签使用	≥7
蛴螬	6—7 月	山药定植前,可采用辛硫磷颗粒剂或微胶囊,在定植穴内进行撒施或喷施,施药后立即覆土。在多云、阴天或傍晚前进行用辛硫磷进行田间喷浇。按照农药标签使用	≥20

附 录 C

（资料性）

山药生产允许使用的化学农药的种类及其使用方法

山药生产允许使用的化学农药的种类及其使用方法见表 C.1。

表 C.1　山药生产允许使用的化学农药的种类及其使用方法

类别	通用名	作用对象	使用方法（生长季）	使用量（浓度）	安全隔离期 /d
杀菌剂	二氰·吡唑酯	炭疽病	喷雾	按说明书推荐用量	7
杀菌剂	咪鲜胺	炭疽病	喷雾	按说明书推荐用量	—
杀虫剂	辛硫磷	蛴螬	沟施	按说明书推荐用量	—
植物生长调节剂	氯化胆碱	调节生长	茎叶喷雾	按说明书推荐用量	—
注：以上是国家目前允许使用的农药品种，新农药必须经有关技术部门试验并经过农业农村部批准在山药药材上登记后才能使用					

参考文献

［1］张爽.刺山药营养成分的提取及组分分析研究［D］.天津:天津科技大学,2016.

［2］曹国栋.山药素类化合物的定量分析方法研究［D］.开封:河南大学,2016.

［3］陈俊彰.佛手山药中性多糖的结构分析及体外抗氧化活性研究［D］.武汉:湖北中医药大学,2016.

［4］李来玲.山药的质量评价研究［D］.济南:山东中医药大学,2012.

［5］何凤玲.山药中活性成分的提取及降糖活性研究［D］.重庆:西南大学,2011.

［6］张云芳.广西山药品质及贮藏保管的研究［D］.长沙:湖南中医药大学,2012.

［7］闫沛沛.基于不同研究方法对山药药材规格等级的研究［D］.北京:北京中医药大学,2017.

［8］张立超.山药多糖复合物的提取工艺及其质量考察［D］.天津:天津科技大学,2014.

ICS 65.020.20
CCS C 05

团 体 标 准

T/CACM 1374.14—2021

山银花规范化生产技术规程

Code of practice for good agricultural practice of Lonicerae Flos

2021-10-15 发布　　　　　　　　　　　　　　　　　　　2021-10-15 实施

中华中医药学会　发布

目　　次

前　言

本文件按照 GB/T 1.1—2020《标准化工作导则　第 1 部分：标准化文件的结构和起草规则》的规定起草。

请注意本文件中的某些内容可能涉及专利。本文件的发布机构不承担识别专利的责任。

本文件由中国医学科学院药用植物研究所和重庆市中药研究院提出。

本文件由中华中医药学会归口。

本文件起草单位：重庆市中药研究院、中国医学科学院药用植物研究所、重庆市药物种植研究所。

本文件主要起草人：李隆云、丁刚、张应、吴叶宽、谭均、宋旭红、梅鹏颖、徐进、王计瑞、魏建和、王文全、王秋玲、杨小玉、辛元尧、王苗苗。

山银花规范化生产技术规程

1 范围

本文件确立了山银花的规范化生产流程,规定了山银花生产基地选址、种质要求、种苗繁育、种植、采收、产地初加工、包装、放行、贮运等阶段的操作要求。

本文件适用山银花的规范化生产。

2 规范性引用文件

下列文件的内容通过文中的规范性引用而构成本文件必不可少的条款。其中,注明日期的引用文件,仅该日期对应的版本适用于本文件;不注明日期的引用文件,其最新版本(包括所有的修改单)适用于本文件。

GB 3095　环境空气质量标准

GB 5084　农田灌溉水质标准

GB 15618　土壤环境质量　农用地土壤污染风险管控标准(试行)

GB/T 3543　农作物种子检验规程

GB/T 7414　主要农作物种子包装

GB/T 7415　农作物种子贮藏

GB 20464　农作物种子标签通则

DB50/T 513—2013　秀山银花嫩枝扦插苗

DB50/T 514—2013　秀山银花硬枝扦插苗

DB50/T 515—2013　秀山银花实生苗

DB50/T 516—2013　秀山银花良种采穗圃建设技术规程

DB50/T 517—2013　秀山银花规范化种植技术规程

DB50/T 518—2013　秀山银花嫁接育苗技术规程

DB50/T 519—2013　秀山银花扦插育苗技术规程

DB50/T 520—2013　秀山银花初加工技术规程

T/CACM 1374.1—2021　中药材规范化生产技术规程通则　植物药材

3 术语和定义

T/CACM 1374.1—2021界定的以及下列术语和定义适用于本文件。

3.1 规范化生产　good agricultural practice

按照《中药材生产质量管理规范》(简称中药材GAP)的要求,实施药材生产,保证中药材优质安全的生产过程。

3.2 技术规程　code of practice

为实现中药材生产顺利、有序进行,保证中药材生产质量,对中药材生产的基地选址、种子种苗、种植或野生抚育、采收与产地初加工以及包装、放行与贮运等,所做的技术规定和要求,是实施中药材规范生产的核心技术要求和实施指南。

4　山银花规范化生产流程图

山银花的规范化生产流程见图1。

山银花规范化生产流程:　　　　　　　　　　　　关键控制点及参数:

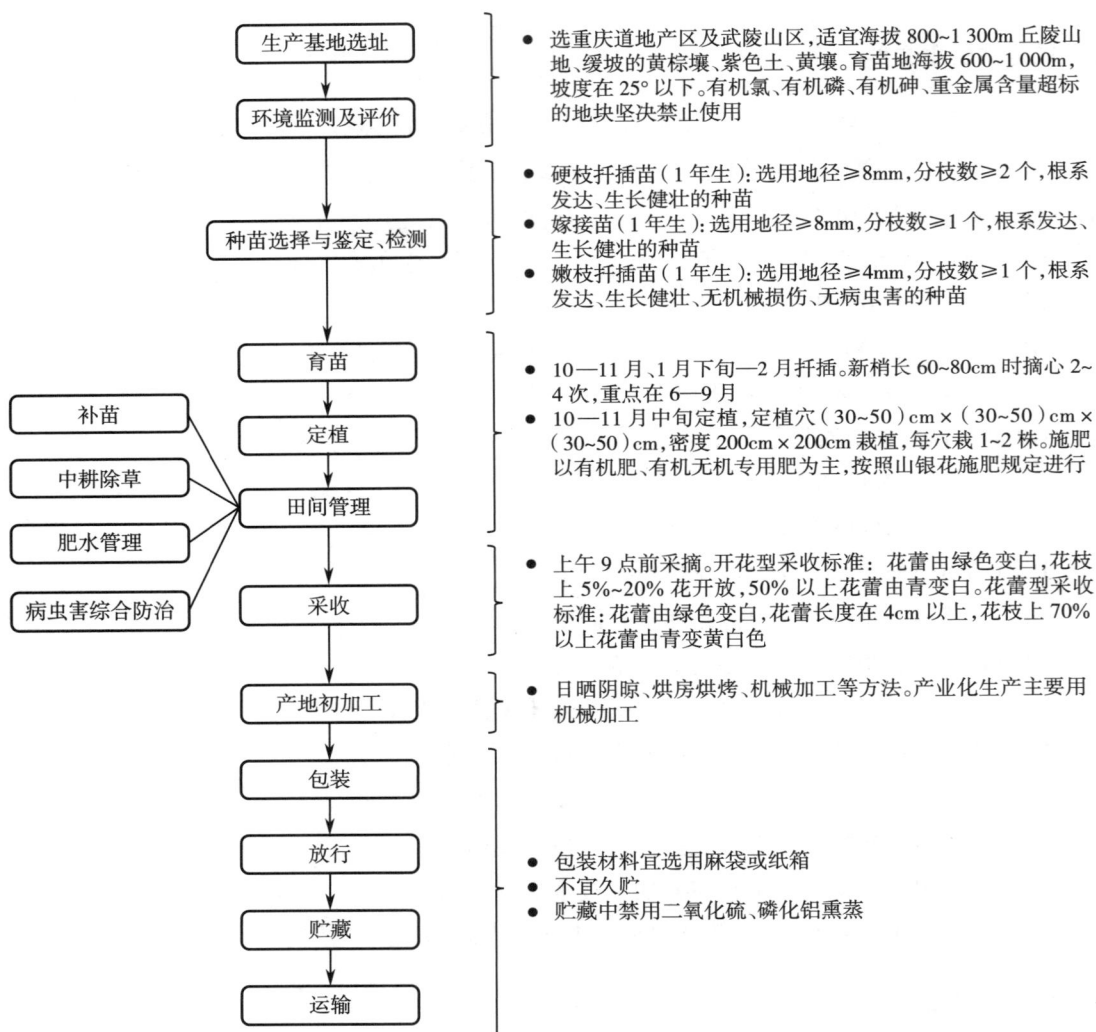

* 选重庆道地产区及武陵山区,适宜海拔 800~1 300m 丘陵山地、缓坡的黄棕壤、紫色土、黄壤。育苗地海拔 600~1 000m,坡度在 25° 以下。有机氯、有机磷、有机砷、重金属含量超标的地块坚决禁止使用

* 硬枝扦插苗(1 年生):选用地径≥8mm,分枝数≥2 个,根系发达、生长健壮的种苗
* 嫁接苗(1 年生):选用地径≥8mm,分枝数≥1 个,根系发达、生长健壮的种苗
* 嫩枝扦插苗(1 年生):选用地径≥4mm,分枝数≥1 个,根系发达、生长健壮、无机械损伤、无病虫害的种苗

* 10—11 月、1 月下旬—2 月扦插。新梢长 60~80cm 时摘心 2~4 次,重点在 6—9 月
* 10—11 月中旬定植,定植穴(30~50)cm×(30~50)cm×(30~50)cm,密度 200cm×200cm 栽植,每穴栽 1~2 株。施肥以有机肥、有机无机专用肥为主,按照山银花施肥规定进行

* 上午 9 点前采摘。开花型采收标准:花蕾由绿色变白,花枝上 5%~20% 花开放,50% 以上花蕾由青变白。花蕾型采收标准:花蕾由绿色变白,花蕾长度在 4cm 以上,花枝上 70% 以上花蕾由青变黄白色

* 日晒阴晾、烘房烘烤、机械加工等方法。产业化生产主要用机械加工

* 包装材料宜选用麻袋或纸箱
* 不宜久贮
* 贮藏中禁用二氧化硫、磷化铝熏蒸

图 1　山银花的规范化生产流程图

5 山银花规范化生产技术

5.1 生产基地选址

5.1.1 产地选择

山银花（灰毡毛忍冬）适宜在重庆、湖南、贵州、四川、湖北等省市区种植。多种植在海拔 550~1 800m 的丘陵山地、缓坡，适宜海拔 800~1 300m。主产于重庆市秀山土家族苗族自治县、贵州省绥阳县、湖南省隆回县等地。年平均温度 14~18℃，绝对最低温度≥−5℃，1 月平均温度≥4℃，≥10℃的年积温 4 500℃以上，年降雨量 1 000mm 以上，年日照时数 1 200 小时以上，无霜期 240 天以上。

5.1.2 地块选择

适宜生长在土层深厚、疏松肥沃、利水，土壤上层富含腐殖质、下层保水保肥力较强的砂壤土、壤土和黏壤土，常选土壤为黄棕壤、紫色土、黄壤，土层厚度 30cm 以上，其有机质 1% 以上，地下水位 1m 以下，pH 5.0~7.5，坡度 10°~20°。育苗地海拔 600~1 000m。坡度在 25° 以下。

5.1.3 环境监测

生产基地的空气质量应符合 GB 3095 规定的环境空气质量标准，灌溉水质量应符合 GB 5084 规定的农田灌溉水质标准，土壤质量应符合 GB 15618 的规定。

5.2 种质与种子

5.2.1 种质选择

本品为忍冬科植物灰毡毛忍冬 *Lonicera macranthoides* Hand.-Mazz.、红腺忍冬 *Lonicera hypoglauca* Miq.、华南忍冬 *Lonicera confusa* DC. 或黄褐毛忍冬 *Lonicera fulvoto-mentosa* Hsu et S. C. Cheng。物种须经过鉴定。目前以灰毡毛忍冬种植为主，其次为黄褐毛忍冬。如使用农家品种或选育品种应加以明确。

5.2.2 种子种苗质量

一般采用无性繁殖种苗。良种繁育种苗采用嫁接繁育种苗较多。种子检验、包装、贮藏应符合 GB/T 3543《农作物种子检验规程》、GB/T 7414《主要农作物种子包装》、B/T 7415《农作物种子贮藏》和 GB 20464《农作物种子标签通则》的规定。种苗符合 DB50/T 513—2013《秀山银花嫩枝扦插苗》、DB50/T 514—2013《秀山银花硬枝扦插苗》、DB50/T 515—2013《秀山银花实生苗》的规定。

育苗用种子较饱满，大小较均匀，净度≥80.0%，发芽率≥30%，粒重≥2.9g。

实生苗（2 年生）选用地径≥4mm，分枝数≥2 个，植株、根系完整，叶片正常且无明显病伤者。

硬枝扦插苗（1 年生）：选用地径≥8mm，分枝数≥2 个，根系发达、生长健壮、无机械损伤、无病虫害的种苗。

嫁接苗（1 年生）：选用地径≥8mm，分枝数≥1 个，根系发达、生长健壮、无机械损伤、无病虫害的种苗。

嫩枝扦插苗（1年生）：选用地径≥4mm，分枝数≥1个，根系发达、生长健壮、无机械损伤、无病虫害的种苗。

5.2.3 良种繁育

嫁接育苗繁育山银花种苗。可参照DB50/T 516—2013《秀山银花良种采穗圃建设技术规程》和DB50/T 518—2013《秀山银花嫁接育苗技术规程》。

5.2.3.1 选地、整地

栽植地选地势平缓，排水良好，光照与水源充足，土层厚≥40cm，土壤疏松肥沃、透气，pH 5.5~7.0，地下水位≤1.5m，附近无污染的地块。育苗地选择有足够的水源，紧靠公路，以利育苗所需生产资料和苗木产品的运输。

5.2.3.2 砧木选取

选取地径1.0cm以上灰毡毛忍冬扦插苗作砧木。将砧木苗地上部分离地面15~20cm处剪断，剪砧与嫁接同时进行，不可一次性剪砧过多，以免砧木失水过多。

5.2.3.3 接穗选取

选择品种纯正、生长健壮、结花蕾性状良好、无病虫害的树体为采穗母树。嫁接前从良种灰毡毛忍冬母本园植株上选取充分成熟、芽眼饱满、无病虫害的1年生健壮枝。选取接穗粗度为0.4~0.7cm。去叶后剪成10cm左右枝段，每个枝段至少1个节。采集后按枝条长短，50条或100条捆成一捆，系上品种标签，存放湿度为5%的沙子里或立即用湿布包裹，保湿存放备用。当日采集当日嫁接完。

5.2.3.4 嫁接

10月至次年3月初进行嫁接。用嫁接刀在砧木剪口平滑面沿皮层与木质部交界处垂直纵切，切口长度1.2~1.5cm，厚度为深达木质部而不带木部，切面光洁平直。选取与砧木粗细基本相符的接穗，在芽下1.5cm一侧斜削，削掉多余部分，削面呈45°，再在相对一侧芽下2~3cm处平削一刀，削面平滑，深达木质部不带木质部，削面长度为1.2~1.5cm，与砧木削面长度相一致，然后指握削面两侧从芽上5cm处按45°稍斜削断穗。将接穗长削面对准砧木削面插入切口中，砧木皮部与接穗皮部对齐，砧木切口外侧皮层包于接穗背面。用嫁接薄膜裁成长15cm左右小条，左手指握砧穗结合部，右手拿嫁接薄膜长三分之二处从接穗背面交左手固定，右手嫁接薄膜平展环绕砧穗结合部一周，固定砧穗，再绕一周握紧，左手嫁接薄膜纵向上拉至接穗顶端并向砧木一侧下拉嫁接薄膜，封住砧穗断口及芽后接穗皮层，露出芽眼一侧，右手嫁接薄膜再环绕一周加固，然后在砧木顶部沿砧穗结合缝包扎。

5.2.3.5 管理

接穗发芽后，要随时将砧木上萌芽全部抹除。保持苗床土壤湿润。有条件的苗圃，可采用喷灌。灌溉时间应在早晨、傍晚和夜间进行。接穗芽或新梢长到30cm以上时及时立柱绑缚。苗高60~80cm时摘心。4—5月当嫁接苗根、芽叶生长后，用1%的尿素结合浇水施入厢面。6月施1%的尿素并浇水。7—9月施0.2%~0.3%的磷酸二氢钾和0.5%的尿素2~3次。6月前人工拔除杂草。7—9月中耕松土、人工除草。

5.3 种植

5.3.1 扦插育苗

5.3.1.1 选地、整地

选地势平缓,光照与水源充足,土层厚 40cm 以上,土壤疏松、透气、排水良好,pH 5.5~7.0,地下水位≤1.5m,附近无污染的地块。育苗地有足够的水源提供灌溉,紧靠公路,利于育苗所需生产资料和苗木产品的运输。

将育苗地土壤全面翻耕一次,深度 30cm 左右。按东西向划线,整成厢面宽 1.2m,厢沟宽 0.3m,深 0.2m 的苗床。在厢面上每亩(1 亩≈666.7m²,下文同)撒施 50kg 过磷酸钙和 20kg 复合肥或施充分腐熟的有机肥 1 000~2 500kg 作底肥。将厢面整平耙细,不能留有大的泥团。在田块的四周开好沟宽 0.4m、沟深 0.3m 的围沟,以利于灌溉和排水。在扦插前 5~7 天,用 0.1% 高锰酸钾或多菌灵或其他杀菌剂消毒。在扦插前 1~2 天用干净的水淋透土壤。

5.3.1.2 扦插

10—11 月、1 月下旬—2 月扦插为宜。选择山银花良种母株,择取 1~2 年生充实健壮的枝条中下部分作为插穗。剪成 20~30cm 长且有 3~4 个节的插条。粗枝稍短,细枝、徒长枝稍长。插穗的上剪口要平滑(平口),在芽节部以上 1cm 左右。下切口在插穗最后一个芽节的基部距离 0.5~1.0cm 处一面剪成 45° 楔形(斜面)。剪取插穗时,边采边垂直放到盛有水的容器内。野外采集整枝枝条,在 2 天内运回苗床。如不方便运输,可采用以下方法:枝条留 4~5 个节,野生枝条最好留 5 个节。剪枝时依枝条上下顺序放好,做好标记。每 100 根左右捆扎成 1 捆,当天运回。将剪取的插条,按 100 根的标准扎成 1 捆,先用百菌清或多菌灵浸泡,再用生根壮根助苗剂溶液浸润插条基部。将处理好的插条放在阴凉处贮藏备用。贮藏方法:在阴凉的地方铺上一层塑料薄膜,将插条放在上面,再用湿布盖上保湿。按株距 5~8cm、行距 30cm 开 60° 斜沟,然后靠沟斜插剪好的山银花插条。每沟插 20 余根,填细土后压紧,浇透水,用多菌灵喷雾消毒,最后以稻草覆盖于插行之间,保持苗床湿润。扦插完成后,再插竹条起拱,盖上拱棚膜,拱棚膜两边尽量加厚泥土,增加牢固度。每一扦插作业区应在 1 天内扦插完毕。

5.3.1.3 扦插后管理

温、湿度主要靠薄膜自身的保温、保湿来保证,并通过喷雾和开门、开窗来调节。荫棚内温度一般保持在 10~30℃。荫棚内以保持相对湿度 80% 以上的湿度为宜。在插穗生根前,喷水次数可多些,但每次喷水时间要短;插穗开始生根后则喷水次数减少。夏天中午气温较高,可对荫棚顶喷水降温。

插后发现病株应及时拔除,并喷 1~2 次多菌灵或甲基硫菌灵药液,防止病菌扩散。插穗生根前,每隔一周在喷水结束后喷杀菌剂 1 次。

新梢生长到 60~80cm 时摘心,促发新枝、壮枝。一般摘心 2~4 次,重点在 6—9 月。

在春季叶片展开、生根后要经常进行叶面追施,最初 2 周追 1 次,以后可减少至每月 1~2 次。初期喷 0.2%~0.5% 尿素,后期视生长情况喷施 0.2%~0.5% 尿素或 0.2%~0.5% 尿素和磷酸二氢钾混合液。

5.3.2　定植

5.3.2.1　整地

耕地无须开垦，荒地和林间空地须开垦。整地前将栽种地的采伐剩余物或杂草、灌木等天然植被进行清理。采用全垦、穴（块）状和带状整地，禁止坡度在25°以上的山地全垦整地。清除草根、柴根、树根等植物根群。山地、丘陵要适当保留山顶、山脊天然植被，或沿一定等高线保留3m宽天然植被。在苗床选择地径粗0.5cm以上、新枝2个以上、枝条长度在50cm以上的银花苗。银花起苗1天内完成，1天内运到栽植地。100株1捆，根部用湿稻草包裹，用具有遮阳、透气的车辆运输。运输途中防根部干燥、失水，影响成活。

5.3.2.2　定植

灰毡毛忍冬于晚秋（10—11月）和翌年早春（2月中旬—3月上旬）均可定植，以10—11月中旬定植为宜。在整好的栽植地上，按行株距（150~200）cm×200cm挖穴为宜，亩栽植150~200株，提倡亩栽植150株。如苗源充足，为了早投产和节约土地，可采用100cm×100cm，栽植2年后间株移出1株另栽；或按200cm×200cm栽植，每穴栽植2~3株，提早1~2年投产。

定植穴大小约为（30~50）cm×（30~50）cm×（30~50）cm。挖穴时将表土和底土分开，回填时混以腐熟的农家肥、有机肥、饼肥、过磷酸钙、复合肥等，每穴下农家肥、饼肥等有机肥10~15kg，磷肥1.0~2.0kg，复合肥（N、P、K总养分≥40%）0.2~0.3kg，菜枯饼肥1.0~2.0kg，生石灰0.5~1.0kg。腐熟的人农家肥、有机肥、饼肥、过磷酸钙和石灰等置于定植穴的下层和中层，表土覆盖于定植穴的上层，底土于植株定植后放于最上层，并培成土丘。定植穴应于定植前1~2个月准备完成。

将秀山银花苗置于定植穴中间，将苗木竖立于穴内，梳理好根系，使之舒展有致，均匀散开，每穴栽植1~2株，扶正，然后用表层细土培根，用脚尖对苗干踩紧一周，再覆土，在树苗周围做成直径0.5~1.0m的树盘，浇1次透水，用稻草等死物覆盖保持土壤湿润。

5.3.3　田间管理

中耕时，在植株周围浅松土，以免伤根，要防止根系露出地面，并培土以保护植株，尤其是冬季。每次在施肥、人工除草时将土培到植株根部周围，但植株周围不能形成坑、凹，以免积水。

在山银花树盘覆盖稻草、干草等，盖草厚度为10~20cm，或覆盖黑色或银灰色可降解地膜。在银花初植3年内，可间种花生、黄豆、白术等低矮作物、牧草和药用植物。

移栽后第一、二、三年每年中耕除草3次，发新叶时进行第一次，7—8月进行第二次，秋末进行第三次。杂草多的地块，可在3月、5月、7月、9月分别进行除草。从第四年起只在早春、秋末、冬初各进行1次。杂草多的地块，在3月、5月、8月分别进行除草。

要求灌溉水无污染，水质符合GB 5084《农田灌溉水质标准》要求。在3月、5月中下旬、7月发生干旱时，须适量灌水，每10天1次，灌水量以湿透根系主要分布层（10~40cm）为限。山银花对积水十分敏感，多雨季节或积水时，应疏通排水渠道及时排水。

抚育期幼树追肥:金银花从定植开始抚育期需 3 年,即定植后 1~3 年。抚育期幼株全年施肥 4 次,其中追肥 3 次,冬肥 1 次。

追肥于 2 月中下旬—3 月上旬、4 月底—5 月上旬、7 月上中旬分别进行。2 月中下旬—3 月上旬第一次追肥以尿素为主,每株施尿素 50g,株用秀山银花有机无机专用肥 0.8~1.0kg,距银花根基部 30cm 处施用,其余三次追肥可亩用腐熟人粪尿 500~1 000kg 兑水淋施,追肥采用根区小穴施,施后盖土。株用秀山银花有机无机专用肥 0.3~0.5kg,盖土。冬肥于 11 月中下旬—1 月底以前结合清园进行,每株 2~3kg 腐熟猪牛粪,施后盖土。

投产期追肥:投产期每年施肥 4 次,其中追肥 3 次,3 月肥促长,5 月肥壮蕾,7 月肥补充树体营养促恢复;冬肥 1 次。

追肥分别于 2 月中下旬—3 月上旬、4 月底—5 月上旬、6 月底—7 月上中旬进行。3 月和 5 月施肥亩用腐熟人粪尿 1 000~1 500kg+ 复合肥 30kg,或株用秀山银花专用肥 1.0~1.3kg;7 月追肥株用秀山银花有机无机专用肥 0.5~0.8kg。追肥采用根区小穴环状淋施,施后盖土。冬肥于 12—1 月中旬前结合清园施入,亩施腐熟猪牛粪 1 500kg、磷肥 50kg、饼肥 150kg,采用大穴深施,深度 25~30cm,施后盖土。

抚育期、投产期施肥于距离植株基部 30cm 以外的树冠滴水线内开环沟、半环沟或品字形环沟施肥,沟深 15~20cm,施后回土并及时灌水。

根外追肥:全年 4~5 次,根据植株生长状况而定,选用的肥料种类和浓度分别为尿素 0.3%~0.5%、磷酸二氢钾 0.2%~0.3%、硼砂 0.1%~0.2% 或全营养根外配方肥。在新梢叶片展开至转绿前使用。最后一次叶面施肥在距鲜花收获期 10 天前进行。

禁止使用生长调节剂用于增大山银花花蕾。

5.3.4 树体管理

5.3.4.1 整形

幼龄期整形:培养丰产主干树形。4 月初粗壮骨干新枝长到长 60~80cm 时打顶摘心。在主枝的中上部萌发的新枝再选留不同方位枝条 4~7 个,培养次级主枝。以后枝条的培养照此进行。打尖摘心在春季 3—5 月每 15 天左右进行 1 次,以促进成花枝条的数量和生长。开花后在 7—10 月每 15 天左右进行 1 次打顶摘尖,每枝保留长度 50~70cm、5~7 节。3 年后植株茎粗达 4cm 以上,冠幅和株高达 1m 以上。

立杆拉枝辅形:3 月初待新芽萌发时,在植株基部留 1~4 个饱满壮芽培育主枝(含老枝)。5 月初左右,对留的 1~4 个壮枝用 1.0~1.5m 的竹竿或木杆将枝条用绳索捆绑使枝条尽量直立生长成主干,长度为 60~80cm。对 1~3 年生植株枝条空间生长不均匀的枝条,进行拉枝或扭枝,适当调整分枝分布空间和分布方向。

投产期(盛花期)整形:3 月下旬至 5 月初应对骨干花枝用支架支撑,使花枝均匀分布于植株上下左右各个空间方位。从母株长出的主干枝条留 5~7 节,7 节以上摘掉;以后从二级分枝上长出的花枝一般不打顶,让其自然开花。每年应根据生长状况打尖清膛,在春季 3—5 月每 15 天左右进行植株打顶,增加花枝的数量。开花后在 7—10 月每 15 天左右进行 1 次打顶摘尖,每枝保留长度 40~50cm、5~7 节。

5.3.4.2 修剪

幼龄期的修剪：定植 1~3 年生的植株重剪整形。第 1 年冬剪将每个枝条留 5~7 节剪去上部，其余枝条全部剪去，培养主干高 60~80cm，选留主干 4~5 个，其余枝条剪成长 50~70cm。把根部发出的枝条及时去掉，防止分蘖过多，影响主干和主枝的生长。第 2 年冬剪培养骨干主枝，自然圆头形留 4~5 个枝，伞状形留 6~7 个枝，每个枝条留 4~5 节剪去上部，其他枝条一律剪去，特别是基部的分蘖。第 3 年冬剪选留一级骨干分枝，自然圆头形留 8~11 个，伞状形留 12~15 个。留 4~5 节剪去上部，余枝全部去掉。每年花后至萌芽前，剪去枯、老、细弱及过密的枝条，使其多发新枝条，多开花。

成龄期修剪：4 年以后进入成龄期，成龄期冬春修剪要掌握去弱留强、去弯取直的要领。第 4 年冬剪培养二级骨干分枝，自然圆头形留 20~25 个，伞状形留 20~30 个，留 3~5 节剪去上部，余枝全部去掉。6 年后进入中龄期，以短截外围，疏剪弱枝为主。每年花后至萌芽前，剪去枯、老、细弱及过密的枝条，使其多发新枝条，多开花。

衰老树修剪：树势衰弱的老树须进行回缩更新修剪。视衰弱程度可进行回缩更新修剪、轮换更新或重更新修剪，重新培养树形。进行轮换修剪时可在 4 年生以上部位留健壮枝进行回缩更新。同一株树上逐年分期轮换完成。

夏剪：一般在花采摘后进行，对长势旺盛的枝条进行短截，控制顶端优势，促发侧枝，对生长细弱及病虫枝从基部疏除，改善通风透光条件。夏剪对弱枝、密枝重剪；二年枝、强壮枝轻剪。并实行"四留四剪"，就是选留背上枝、背上芽、粗壮芽、饱满芽；剪除向下枝、向下芽、纤弱枝、瘦小芽，同时将基部萌发的嫩芽抹掉，以减少养分的消耗。

冬剪：一般在冬后春前即越冬后枝条萌动前进行，冬剪本着"去弱留强，旺枝轻剪，细弱枝重剪，枝枝都剪"的原则进行。以"徒枝去光，疏枝成墩，通风透光，伞形丰产"为原则。冬剪将枯死枝、毛细枝、过密枝、缠绕交叉枝从基部剪掉，以集中养分供花枝生长。弱枝重剪，剪掉 2~3 年生枝条中部，以促萌发新枝、复壮。壮枝轻剪，剪去副梢，以促壮芽萌发成枝。

5.3.5 病虫害防治

山银花的主要病害有白粉病、褐斑病、白绢病、炭疽病、根腐病、锈病等，虫害有蚜虫、蚂蚁、蛴螬、咖啡虎天牛、木蠹蛾、银花叶蜂、银花尺蠖、红蜘蛛等，危害严重的主要有白粉病、褐斑病、蚜虫。

应采用预防为主、综合防治的方法：有机肥必须充分腐熟；选用无病害感染、无机械损伤优质种苗，禁用带病苗；及时清沟排水；发现病株及时拔除，集中销毁，每穴撒入草木灰 100g 或生石灰 200~300g，进行局部消毒；每年秋冬季及时清园。

采用化学防治时，应当符合国家有关规定；优先选用高效、低毒的生物农药；尽量避免使用除草剂、杀虫剂和杀菌剂等化学农药；不使用禁限用农药（附录 A）。病虫害防治参考附录 B。

5.4 采收

灰毡毛忍冬采摘一般在每年的 6 月份。海拔 450m 左右在 6 月初采收，6 月 15 日左右采完，海拔 700~800m 在 6 月中下旬采收，高海拔 1 200m 左右在 6 月底—7 月上中旬采完。

上午 9 点前所采摘的花蕾质量优良，因此时露水未干，不会损伤未成熟的花蕾，而且灰毡毛忍冬香气浓,容易保色。

轻摘、轻握、轻放:采摘时必须抓准抓紧,将达到采摘标准的花蕾,先外后内,自下而上进行采摘。采摘应分批分次进行。采摘要做到"轻摘、轻握、轻放"。摘下的鲜花轻轻送放于透气盛器(一般使用竹篮或条筐内,不能用书包、提包或塑料袋),避免伤花和挤压;不能紧压,以免发热影响产品质量。

开花型采收标准:花蕾由绿色变白,花枝上 5%~20% 花开放,50% 以上花蕾由青变白,尚未开放。

花蕾型采收标准:花蕾由绿色变白,鲜花蕾长度在 4cm 以上,花枝上 70% 以上花蕾由青变黄白色,尚未开放。

5.5　产地初加工

采摘下来的花应立即加工干燥,当天采摘的尽量在当天加工干燥完为宜。灰毡毛忍冬花蕾加工主要有日晒阴晾、烘房烘烤、机械加工等方法。规模化生产主要采用机械烘干。

机械烘干:采摘的鲜花蕾经蒸汽杀青冷却后均匀疏散在烘干机网带上,铺料厚度为 2~3cm。杀青后的银花可采用一次烘干和二次烘干。一般网带式烘干机一次烘干热风温度为 100~120℃,出料时间为 30 分钟左右。采用二次烘干,第一次烘干温度为 100℃,出料时间为 10 分钟左右,第二次烘干温度为 80~120℃,出料时间为 20~30 分钟(详细的操作参见 DB50/T 520—2013《秀山银花初加工技术规程》)。

经烘干机烘干的山银花,用手轻握或揉即断,表明银花已经烘干,含水量一般可达在 10% 左右。

5.6　包装、放行、贮运

5.6.1　包装

包装前应对每批药材按照国家标准进行质量检验。符合国家标准的药材,采用不影响质量的编织袋等包装,禁止采用包装过肥料、农药等的包装袋包装。包装外贴或挂标签、合格证,标识牌内容应有药材名、基源、产地、批号、规格、重量、采收日期、企业名称等,并有追溯码。

5.6.2　放行

应制定符合企业实际情况的放行制度,有审核批生产、检验等的相关记录。不合格药材有单独处理制度。

5.6.3　贮运

应贮存于阴凉干燥处,定期检查,防止虫蛀、霉变、腐烂、泛油等的发生。仓库控制温度在 20℃ 以下、相对湿度 75% 以下;不同批次等级药材分区存放;建有定期检查制度。禁止磷化铝和二氧化硫熏蒸。也可采用现代气调贮藏方法,包装或库内充氮或二氧化碳。

运输应防止发生混淆、污染、异物混入、包装破损、雨雪淋湿等。

附　录　A

（规范性）

禁限用农药名单

A.1　禁止（停止）使用的农药（46种）

六六六、滴滴涕、毒杀芬、二溴氯丙烷、杀虫脒、二溴乙烷、除草醚、艾氏剂、狄氏剂、汞制剂、砷类、铅类、敌枯双、氟乙酰胺、甘氟、毒鼠强、氟乙酸钠、毒鼠硅、甲胺磷、对硫磷、甲基对硫磷、久效磷、磷胺、苯线磷、地虫硫磷、甲基硫环磷、磷化钙、磷化镁、磷化锌、硫线磷、蝇毒磷、治螟磷、特丁硫磷、氯磺隆、胺苯磺隆、甲磺隆、福美胂、福美甲胂、三氯杀螨醇、林丹、硫丹、溴甲烷、氟虫胺、杀扑磷、百草枯、2,4-滴丁酯。

注：氟虫胺自2020年1月1日起禁止使用。百草枯可溶胶剂自2020年9月26日起禁止使用。2,4-滴丁酯自2023年1月29日起禁止使用。溴甲烷可用于"检疫熏蒸处理"。杀扑磷已无制剂登记。

A.2　在部分范围禁止使用的农药（20种）

部分范围禁止使用的农药应注意药食同源中药材及来自其他作物的中药材。部分范围禁止使用的农药见表A.1。

表 A.1　部分范围禁止使用的农药

通用名	禁止使用范围
甲拌磷、甲基异柳磷、克百威、水胺硫磷、氧乐果、灭多威、涕灭威、灭线磷	禁止在蔬菜、瓜果、茶叶、菌类、中草药材上使用,禁止用于防治卫生害虫,禁止用于水生植物的病虫害防治
甲拌磷、甲基异柳磷、克百威	禁止在甘蔗作物上使用
内吸磷、硫环磷、氯唑磷	禁止在蔬菜、瓜果、茶叶、中草药材上使用
乙酰甲胺磷、丁硫克百威、乐果	禁止在蔬菜、瓜果、茶叶、菌类和中草药材上使用
毒死蜱、三唑磷	禁止在蔬菜上使用
丁酰肼（比久）	禁止在花生上使用
氰戊菊酯	禁止在茶叶上使用
氟虫腈	禁止在所有农作物上使用（玉米等部分旱田种子包衣除外）
氟苯虫酰胺	禁止在水稻上使用

A.3　说明

本附录的内容来自2019年中华人民共和国农业农村部发布的《禁限用农药名录》（http://www.zzys.moa.gov.cn/gzdt/201911/t20191129_6332604.htm）。

附 录 B

（资料性）

山银花常见病虫害防治的参考方法

山银花常见病虫害防治的参考方法见表 B.1。

表 B.1　山银花常见病虫害防治的参考方法

序号	防治对象	推荐药剂及使用时期、方法	其他防治方法
1	蚜虫	4 月上旬—5 月下旬、8—9 月。叶片有虫率 5% 时防治。发病初期以啶虫脒可湿性粉剂或吡虫啉水分散粒剂，最后一次用药须在采摘前 10~15 天。现蕾期发现蚜虫，可用烟草 0.5kg、水 20kg 煮 1h，过滤放凉后喷施，以控制蚜虫的发展。采花期禁用农药，可用洗衣粉 1kg 兑水 10kg 或用酒精 1kg 兑水 100kg 喷施。药剂按照农药标签使用	春季除草，将枯枝、烂叶集中烧毁或埋掉，消灭部分越冬蚜虫。田间施放草蛉或七星瓢虫，保护草蛉、七星瓢虫等天敌；采用黄板诱蚜
2	白粉病	发病初期以代森锰锌可湿性粉剂或固体石硫合剂，每隔 7~10 天 1 次，连喷 2 次，预防该病发生。或戊唑醇水分散粒剂、三唑酮可湿性粉剂或苯醚甲环唑水分散粒剂，每隔 7~10 天 1 次，连喷 2 次。药剂按照农药标签使用	4 月中旬—5 月中旬、8—9 月。发病枝率 20%。选用枝粗节密、叶片深绿、质厚、密生绒毛的抗病力强的品种；合理密植，整形修剪，改善通风透光条件；增施有机肥
3	褐斑病	发病初期以代森锰锌可湿性粉剂喷雾，每隔 7~10 天 1 次，连喷 2 次。或苯醚甲环唑水分散粒剂、福美双可湿性粉剂或代森锰锌可湿性粉剂，每隔 7~10 天 1 次，连喷 2 次。药剂按照农药标签使用	4 月上旬—5 月中旬。发病枝率 20%。结合冬季修剪，除去病枝、病叶，清扫地面落叶集中烧毁或深埋；发病初期注意摘除病叶，以防病害扩大感染；加强栽培管理，多雨季节及时排水，降低土壤湿度；适当剪掉弱枝及徒长枝，改善通风透光

ICS 65.020.20

CCS C 05

团 体 标 准

T/CACM 1374.15—2021

山慈菇规范化生产技术规程

Code of practice for good agricultural practice of
Cremastrae Pseudobulbus Pleiones Pseudobulbus

2021-10-15 发布

2021-10-15 实施

中华中医药学会　发布

目　　次

前　　言

本文件按照 GB/T 1.1—2020《标准化工作导则　第 1 部分：标准化文件的结构和起草规则》的规定起草。

请注意本文件中的某些内容可能涉及专利。本文件的发布机构不承担识别专利的责任。

本文件由中国医学科学院药用植物研究所和昌昊金煌（贵州）中药有限公司提出。

本文件由中华中医药学会归口。

本文件起草单位：昌昊金煌（贵州）中药有限公司、黔草堂金煌（贵州）中药材种植有限公司、贵州省台江县伟胜中药材发展有限责任公司、贵州大学、中国医学科学院药用植物研究所、重庆市药物种植研究所。

本文件主要起草人：赵锋、贺定翔、江艳华、廖宇娟、谢永前、兰才武、邓乔华、毛伟胜、赵致、魏建和、王文全、王秋玲、杨小玉、辛元尧、王苗苗。

山慈菇规范化生产技术规程

1　范围

本文件确立了山慈菇的规范化生产流程,规定了山慈菇生产基地选址、种质要求、种苗繁育、种植、采收、产地初加工、包装、放行、贮运等阶段的操作要求。

本文件适用于山慈菇的规范化生产。

2　规范性引用文件

下列文件的内容通过文中的规范性引用而构成本文件必不可少的条款。其中,注明日期的引用文件,仅该日期对应的版本适用于本文件;不注明日期的引用文件,其最新版本(包括所有的修改单)适用于本文件。

《中华人民共和国药典》

GB 3095　环境空气质量标准

GB 5084　农田灌溉水质标准

GB 5749　生活饮用水卫生标准

GB 15618　土壤环境质量　农用地土壤污染风险管控标准(试行)

GB/T 3543　农作物种子检验规程

T/CACM 1374.1—2021　中药材规范化生产技术规程通则　植物药材

3　术语和定义

T/CACM 1374.1—2021 界定的以及下列术语和定义适用于本文件。

3.1　规范化生产　good agricultural practice

按照《中药材生产质量管理规范》(简称中药材 GAP)的要求,实施药材生产,保证中药材优质安全的生产过程。

3.2　技术规程　code of practice

为实现中药材生产顺利、有序进行,保证中药材生产质量,对中药材生产的基地选址、种子种苗、种植或野生抚育、采收与产地初加工以及包装、放行与贮运等,所做的技术规定和要求,是实施中药材规范生产的核心技术要求和实施指南。

3.3　山慈菇　Cremastrae Pseudobulbus Pleiones Pseudobulbus

兰科植物杜鹃兰 *Gremastra appendiculata*(D. Don)Makino、独蒜兰 *Pleione bulbocodioides*(Franch.)Rolfe 或云南独蒜兰 *Pleione yunnanensis* Rolfe 的干燥假鳞茎。

3.4 假鳞茎 pseudobulb

指兰科（Orchidaceae）植物变态的茎,通常呈卵球形至椭圆形,肉质。

3.5 蒴果 capsule

由合生心皮的复雌蕊发育成的果实,子房 1 室或多室,每室有多粒种子。

4 山慈菇规范化生产流程图

山慈菇规范化生产流程见图 1。

山慈菇规范化生产流程:　　　　　　　　　　　　关键控制点及参数:

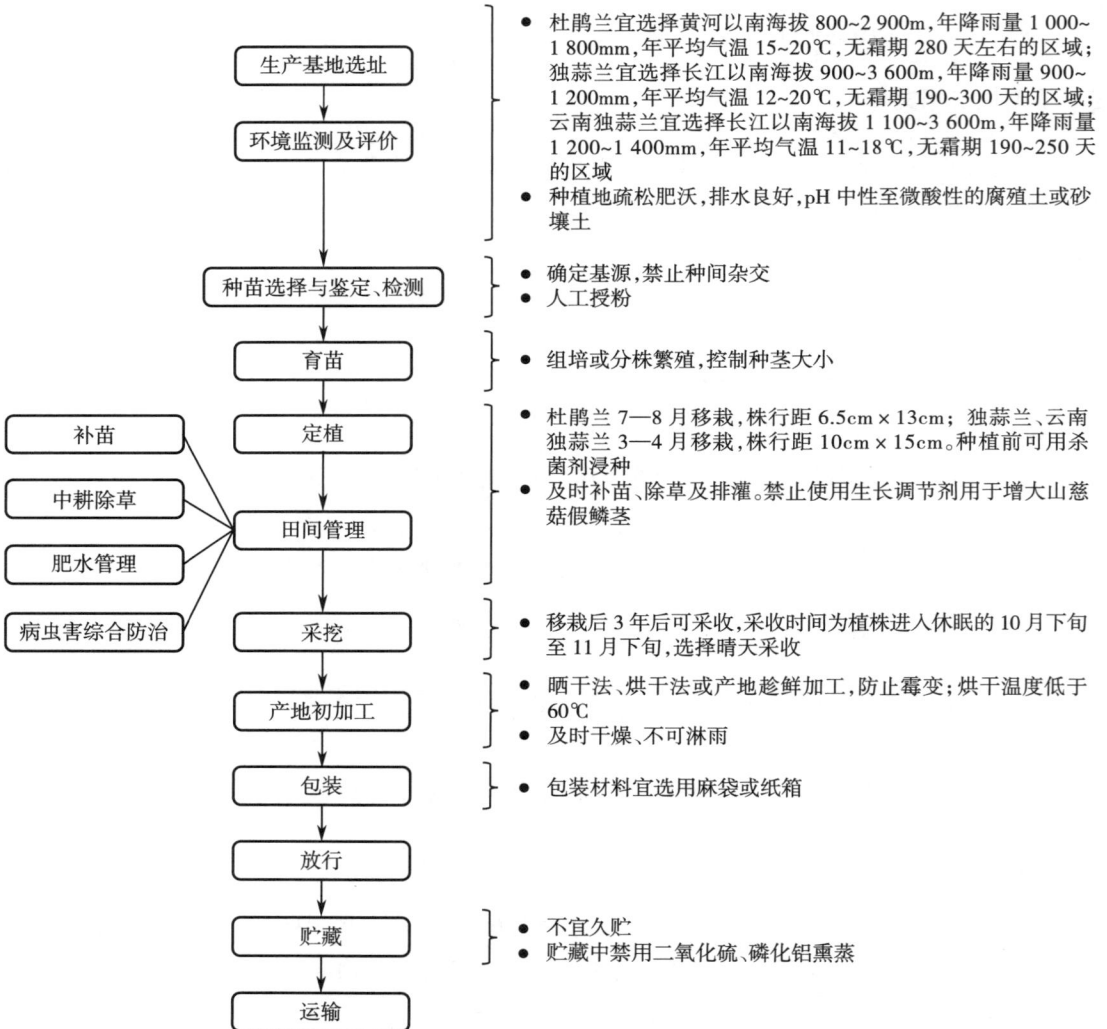

生产基地选址 → 环境监测及评价
- 杜鹃兰宜选择黄河以南海拔 800~2 900m,年降雨量 1 000~1 800mm,年平均气温 15~20℃,无霜期 280 天左右的区域;独蒜兰宜选择长江以南海拔 900~3 600m,年降雨量 900~1 200mm,年平均气温 12~20℃,无霜期 190~300 天的区域;云南独蒜兰宜选择长江以南海拔 1 100~3 600m,年降雨量 1 200~1 400mm,年平均气温 11~18℃,无霜期 190~250 天的区域
- 种植地疏松肥沃,排水良好,pH 中性至微酸性的腐殖土或砂壤土

种苗选择与鉴定、检测
- 确定基源,禁止种间杂交
- 人工授粉

育苗
- 组培或分株繁殖,控制种茎大小

定植
- 杜鹃兰 7—8 月移栽,株行距 6.5cm×13cm;独蒜兰、云南独蒜兰 3—4 月移栽,株行距 10cm×15cm。种植前可用杀菌剂浸种

田间管理 ← 补苗、中耕除草、肥水管理、病虫害综合防治
- 及时补苗、除草及排灌。禁止使用生长调节剂用于增大山慈菇假鳞茎

采挖
- 移栽后 3 年后可采收,采收时间为植株进入休眠的 10 月下旬至 11 月下旬,选择晴天采收

产地初加工
- 晒干法、烘干法或产地趁鲜加工,防止霉变;烘干温度低于 60℃
- 及时干燥、不可淋雨

包装
- 包装材料宜选用麻袋或纸箱

放行

贮藏
- 不宜久贮
- 贮藏中禁用二氧化硫、磷化铝熏蒸

运输

图 1 山慈菇的规范化生产流程图

5 山慈菇规范化生产技术

5.1 生产基地选址

5.1.1 产地选择

杜鹃兰分布在山西南部、陕西南部、甘肃南部、江苏、安徽、浙江、江西、台湾、河南、湖北、湖南、广东北部、四川、贵州、云南西南部至东南部和西藏。种植地适宜在海拔 800~2 900m 之间,年降雨量 1 000~1 800mm,年平均气温在 15~20℃,无霜期 280 天左右的区域。

独蒜兰分布在西南、华中和华东、广东和广西的北部等地,种植地适宜在海拔 900~3 600m 之间,年降雨量 900~1 200mm,年平均气温 12~20℃,无霜期 190~300 天的区域。

云南独蒜兰分布在四川西南部、贵州西部至北部、云南西北部至东南部和西藏东南部。种植基地适宜在海拔 1 100~3 600m 之间,年平均气温 11~18℃,年降雨量 1 200~1 400mm,无霜期 190~250 天的区域。

5.1.2 地块选择

杜鹃兰地块应选在林下湿地或沟边湿地上,土层腐殖质含量较高,土壤 pH 5~7。

独蒜兰地块应选在常绿阔叶林下或灌木林缘地区,土层疏松排水良好,腐殖质含量较高,土壤 pH 5~7。

云南独蒜兰地块应选在生于林下和林缘多石地上或稍荫蔽的草坡上(坡度 15°~30°),土层腐殖质含量较高,土壤 pH 5~7。

5.1.3 环境监测

基地的大气、土壤和水样品的检测按照 GAP 要求,应符合相应国家标准,并保证生长期间持续符合标准。生产基地的空气检测参照 GB 3095、土壤检测参照 GB 15618、灌溉水检测参照 GB 5084。

5.2 种质与种子

5.2.1 种质选择

使用兰科植物杜鹃兰 *Cremastra appendiculata*(D. Don)Makino、独蒜兰 *Pleione bulbocodioides*(Franch.)Rolfe 或云南独蒜兰 *Pleione yunnanensis* Rolfe,物种须经过鉴定。如使用农家品种或选育品种应加以明确。

5.2.2 种子质量

山慈菇的种子在蒴果中缺少胚乳,自然条件下需要共生菌等特殊条件才能萌发。生产上采用组培无菌播种,要求使用当年成熟、未开裂的蒴果,并禁止种间杂交。

5.3 种苗繁育

5.3.1 采种

繁育基地应具备有效的物理隔离条件,选择基源准确、生长健壮的植株进行留种。在盛花期进行异株异花授粉。开花后 3~5 天内进行授粉,并摘除唇瓣做好标记。授粉 1 周左右,如果花柄处膨大,花瓣萎缩变色,表明授粉成功。授粉完成后 120 天左右,蒴果开始转黄,逐渐成熟。在蒴果开裂之前剪下并装入种子袋中,贮藏于干燥阴凉处备用。

5.3.2 组培苗繁育

成熟未开裂的蒴果,用 75% 的酒精消毒后进行无菌播种。利用植物组培技术培育实生苗,或用原假鳞茎(根状茎)诱导苗和不定芽诱导苗,继代培养控制在 2~3 代,杜鹃兰假鳞茎直径大于 0.8cm 进行驯化炼苗。独蒜兰、云南独蒜兰假鳞茎直径大于 0.6cm 进行炼苗。

5.3.3 组培苗炼苗

将山慈菇组培生根苗取出,清洗根部培养基,移栽到基质中,进行炼苗。

5.4 种植

5.4.1 选地整地

选择水质、大气、土壤环境无污染的地域,交通运输方便,远离城镇、医院、工矿企业、垃圾及废弃物堆积场等污染源。距离公路 80m 以外。

杜鹃兰:清除种植地内的杂草,每亩(1 亩 ≈ 666.7m²,下文同)施入氮磷钾复混肥 100~120kg,并松表层土与肥料混匀。

独蒜兰、云南独蒜兰:清除种植地内的杂草,每亩施入过磷酸钙 50~80kg,并松表层土与肥料混匀。

5.4.2 种茎的选择与处理

挑选无病害感染、无机械损伤,根部健壮的驯化苗,种植前可用杀菌剂浸种。

5.4.3 栽种时间

杜鹃兰在 7—8 月移栽,独蒜兰、云南独蒜兰在 3—4 月移栽。

5.4.4 栽种密度

杜鹃兰以株行距 6.5cm × 13cm 为宜,独蒜兰、云南独蒜兰以株行距 10cm × 15cm 为宜。

5.4.5 补苗、除草、施肥

移栽后及时补苗、除草。每年 4—9 月进行中耕除草,生长前期施草木灰 + 磷肥,后期施磷酸二氢钾。禁止使用生长调节剂促进假鳞茎增大。

5.4.6 病虫害防治

山慈菇常见病害有茎腐病、叶斑病、褐斑病等,虫害主要有介壳虫、蚂蚁等。

采用化学防治时,可参照附录 B 表 B.1 执行,优先选用高效、低毒的生物农药;尽量避免使用除草剂、杀虫剂和杀菌剂等化学农药;不使用禁限用农药,具体禁限用农药可见附录 A。

5.5 采挖

移栽 3 年后可以采收,采收时间在植株进入休眠的 10 月中下旬至 11 月下旬,选择晴天,去除地上部分,然后用耙锄挖出地下假鳞茎,未能达到商品规格的假鳞茎可作为种茎保存或原地种植,达到商品规格的假鳞茎运回加工。

5.6 产地初加工

山慈菇产地初加工方法包括清洗、蒸煮和干燥三个环节,将假鳞茎用清水洗净表面泥土及其他杂质,置沸水锅中蒸煮至透心后干燥,干燥方法有晒干法和烘干法。

晒干法:除去地上部分及泥沙,分开大小置沸水锅中蒸煮至透心,在晴天自然条件下晒干。

烘干法:可采用各种设施,将置沸水锅中蒸煮至透心的假鳞茎在低于60℃条件下烘干。

加工干燥过程保证场地、工具洁净,不受雨淋等。

5.7 包装、放行、贮运

5.7.1 包装

包装前应对每批药材按照国家标准进行质量检验。符合国家标准的药材,采用不影响质量的编织袋等包装,禁止采用包装过肥料、农药等的包装袋包装。包装外贴或挂标签、合格证,标识牌内容应有药材名、基源、产地、批号、规格、重量、采收日期、企业名称等,并有追溯码。

5.7.2 放行

应制定符合企业实际情况的放行制度,有审核批生产、检验等的相关记录。不合格药材有单独处理制度。

5.7.3 贮运

应贮存于阴凉干燥处,定期检查,防止虫蛀、霉变、腐烂、泛油等的发生。仓库控制温度在20℃以下、相对湿度75%以下;不同批次等级药材分区存放;建有定期检查制度。禁止磷化铝和二氧化硫熏蒸。也可采用现代气调贮藏方法,包装或库内充氮或二氧化碳。运输应防止发生混淆、污染、异物混入、包装破损、雨雪淋湿等。

附　录　A

（规范性）

禁限用农药名单

A.1　禁止（停止）使用的农药（46 种）

六六六、滴滴涕、毒杀芬、二溴氯丙烷、杀虫脒、二溴乙烷、除草醚、艾氏剂、狄氏剂、汞制剂、砷类、铅类、敌枯双、氟乙酰胺、甘氟、毒鼠强、氟乙酸钠、毒鼠硅、甲胺磷、对硫磷、甲基对硫磷、久效磷、磷胺、苯线磷、地虫硫磷、甲基硫环磷、磷化钙、磷化镁、磷化锌、硫线磷、蝇毒磷、治螟磷、特丁硫磷、氯磺隆、胺苯磺隆、甲磺隆、福美胂、福美甲胂、三氯杀螨醇、林丹、硫丹、溴甲烷、氟虫胺、杀扑磷、百草枯、2,4-滴丁酯。

注：氟虫胺自 2020 年 1 月 1 日起禁止使用。百草枯可溶胶剂自 2020 年 9 月 26 日起禁止使用。2,4-滴丁酯自 2023 年 1 月 29 日起禁止使用。溴甲烷可用于"检疫熏蒸处理"。杀扑磷已无制剂登记。

A.2　在部分范围禁止使用的农药（20 种）

部分范围禁止使用的农药应注意药食同源中药材及来自其他作物的中药材。部分范围禁止使用的农药见表 A.1。

表 A.1　部分范围禁止使用的农药

通用名	禁止使用范围
甲拌磷、甲基异柳磷、克百威、水胺硫磷、氧乐果、灭多威、涕灭威、灭线磷	禁止在蔬菜、瓜果、茶叶、菌类、中草药材上使用,禁止用于防治卫生害虫,禁止用于水生植物的病虫害防治
甲拌磷、甲基异柳磷、克百威	禁止在甘蔗作物上使用
内吸磷、硫环磷、氯唑磷	禁止在蔬菜、瓜果、茶叶、中草药材上使用
乙酰甲胺磷、丁硫克百威、乐果	禁止在蔬菜、瓜果、茶叶、菌类和中草药材上使用
毒死蜱、三唑磷	禁止在蔬菜上使用
丁酰肼（比久）	禁止在花生上使用
氰戊菊酯	禁止在茶叶上使用
氟虫腈	禁止在所有农作物上使用（玉米等部分旱田种子包衣除外）
氟苯虫酰胺	禁止在水稻上使用

A.3　说明

本附录的内容来自 2019 年中华人民共和国农业农村部发布的《禁限用农药名录》（http：//www.zzys.moa.gov.cn/gzdt/201911/t20191129_6332604.htm）。

附 录 B

（资料性）

山慈菇常见病虫害防治的参考方法

山慈菇常见病虫害防治的参考方法见表 B.1。

表 B.1　山慈菇常见病虫害防治的参考方法

病虫害名称	防治时期	推荐防治方法
褐斑病	发病初期	多菌灵、甲基硫菌灵喷施，按照农药标签使用
叶斑病	发病初期	代森锰锌、百菌清喷施，按照农药标签使用
介壳虫	卵盛孵期—若虫期	氯氰菊酯、三氟氯氰菊酯喷施，按照农药标签使用
蚂蚁	全生长期	（1）除虫菊酯喷施，按照农药标签使用。 （2）氟啶脲、甲氧保幼激素诱杀，按照农药标签使用

参考文献

[1] 么历,程慧珍,杨智.中药材规范化种植(养殖)技术指南[M].北京:中国农业出版社,2006.

[2] 中国科学院中国植物志编辑委员会.中国植物志:第七十一卷第1分册[M].北京:科学出版社,1999.

[3] 周荣汉.中药资源学[M].北京:中国医药科技出版社,1993.

[4] 毛堂芬,丁映.杜鹃兰的组织培养与植株再生[J].植物生理学通讯,2004(6):716.

[5] 田海露.杜鹃兰授粉方法和胚胎学研究[D].贵阳:贵州大学,2020.

[6] 张丽娜,朱国胜,黄万兵,等.独蒜兰组培苗炼苗和移栽技术研究[J].时珍国医国药,2017,28(12):2980-2982.

[7] 张丽霞.应用正交试验法优化药用植物杜鹃兰高产栽培措施[J].安徽农业科学,2014,42(2):385-386.

[8] 张丽霞.杜鹃兰重要生理特性和生态适应性研究[D].贵阳:贵州大学,2009.

[9] 郝近大.实用中药材经验鉴别[M].2版.北京:人民卫生出版社,2009.

[10] 国家药典委员会编.中华人民共和国药典:2020年版一部[M].北京:中国医药科技出版社,2020:34

ICS 65.020.20
CCS C 05

团 体 标 准

T/CACM 1374.16—2021

千斤拔规范化生产技术规程

Code of practice for good agricultural practice of Moghania Philippinensis

2021-10-15 发布
2021-10-15 实施

中华中医药学会　发布

目　　次

前　言

本文件按照 GB/T 1.1—2020《标准化工作导则　第 1 部分：标准化文件的结构和起草规则》给出的规则起草。

本文件由中国医学科学院药用植物研究所和广西壮族自治区药用植物园提出。

本文件由中华中医药学会归口。

本文件起草单位：广西壮族自治区药用植物园、广西壮族自治区中医药研究院、广西玉林市宏禾原生中草药有限公司、融安顺为农业科技有限公司、中国医学科学院药用植物研究所、重庆市药物种植研究所。

本文件主要起草人：缪剑华、施力军、冯世鑫、柯芳、张占江、白隆华、黄浩、李力、陈章源、黄云峰、韦玉国、徐传贵、魏建和、王文全、王秋玲、杨小玉、辛元尧、王苗苗。

千斤拔规范化生产技术规程

1 范围

本文件确立了千斤拔的规范化生产流程,规定了千斤拔生产基地选址、种质要求、种苗繁育、种植、采收、产地初加工、包装、放行、贮运等阶段的操作要求。

本文件适用于千斤拔的规范化生产。

2 规范性引用文件

下列文件的内容通过文中的规范性引用而构成本文件必不可少的条款。其中,注明日期的引用文件,仅该日期对应的版本适用于本文件;不注明日期的引用文件,其最新版本(包括所有的修改单)适用于本文件。

GB 3095 环境空气质量标准

GB/T 3543 农作物种子检验规程

GB 4806.7 食品安全国家标准 食品接触用塑料材料及制品

GB 5084 农田灌溉水质标准

GB 15168 土壤环境质量 农用地土壤污染风险管控标准(试行)

T/CACM 1374.1—2021 中药材规范化生产技术规程通则 植物药材

3 术语和定义

T/CACM 1374.1—2021 界定的以及下列术语和定义适用于本文件。

3.1 规范化生产 good agricultural practice

按照《中药材生产质量管理规范》(简称中药材 GAP)的要求,实施药材生产,保证中药材优质安全的生产过程。

3.2 技术规程 code of practice

为实现中药材生产顺利、有序进行,保证中药材生产质量,对中药材生产的基地选址、种子种苗、种植或野生抚育、采收与产地初加工以及包装、放行与贮运等,所做的技术规定和要求,是实施中药材规范生产的核心技术要求和实施指南。

3.3 千斤拔 Moghania Philippinensis

豆科植物千斤拔 *Moghania philippinensis* Merr. et Rolfe 的干燥根。

4 千斤拔规范化生产流程图

千斤拔的规范化生产流程见图 1。

千斤拔规范化生产流程：

关键控制点及参数：

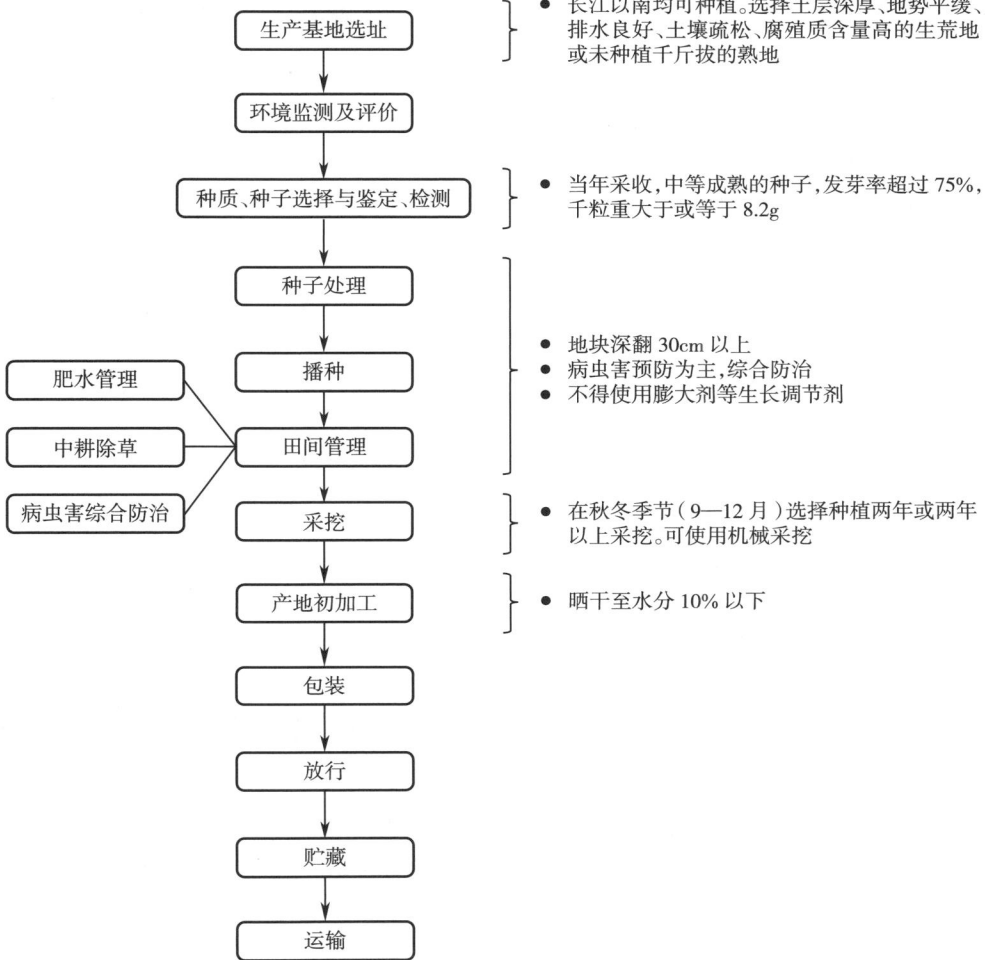

```
┌─────────────────┐
│  生产基地选址   │ ─── ● 长江以南均可种植。选择土层深厚、地势平缓、
└─────────────────┘         排水良好、土壤疏松、腐殖质含量高的生荒地
         │                   或未种植千斤拔的熟地
         ▼
┌─────────────────┐
│ 环境监测及评价  │
└─────────────────┘
         │
         ▼
┌──────────────────────┐
│种质、种子选择与鉴定、检测│ ─── ● 当年采收，中等成熟的种子，发芽率超过75%，
└──────────────────────┘         千粒重大于或等于8.2g
         │
         ▼
┌─────────────────┐
│    种子处理     │
└─────────────────┘
         │
         ▼
┌─────────────────┐      ● 地块深翻30cm以上
│     播种        │      ● 病虫害预防为主，综合防治
└─────────────────┘      ● 不得使用膨大剂等生长调节剂
         │
┌──────────┐   │
│ 肥水管理 │──┐│
└──────────┘  ││
┌──────────┐  ▼▼
│ 中耕除草 │─►┌─────────────────┐
└──────────┘  │    田间管理     │
┌──────────┐  └─────────────────┘
│病虫害综合防治│─┘    │
└──────────┘        ▼
┌─────────────────┐
│     采挖        │ ─── ● 在秋冬季节（9—12月）选择种植两年或两年
└─────────────────┘         以上采挖。可使用机械采挖
         │
         ▼
┌─────────────────┐
│   产地初加工    │ ─── ● 晒干至水分10%以下
└─────────────────┘
         │
         ▼
┌─────────────────┐
│     包装        │
└─────────────────┘
         │
         ▼
┌─────────────────┐
│     放行        │
└─────────────────┘
         │
         ▼
┌─────────────────┐
│     贮藏        │
└─────────────────┘
         │
         ▼
┌─────────────────┐
│     运输        │
└─────────────────┘
```

图 1　千斤拔的规范化生产流程图

5　千斤拔规范化生产技术

5.1　生产基地选址

5.1.1　产地选择

适宜在中国南方低海拔山区，土层深厚、疏松、排水良好，肥力中等以上的壤土或砂壤土，不宜在盐碱性大、土质过黏以及低洼的地块种植。

5.1.2　地块选择

在海拔低于 1 000m 适宜区，选择在地势平缓、阳光充足，排灌方便，肥力较高、土壤 pH 在 6.5~8.0 的壤土或砂壤土。

5.1.3 环境监测

基地的大气、土壤和水样品的检测按照 GAP 要求,应符合相应国家标准,且要保证生长期间持续符合标准。环境空气质量符合 GB 3095《环境空气质量标准》,灌溉水质符合 GB 5084《农田灌溉水质标准》,土壤环境符合 GB 15618《土壤环境质量 农用地土壤污染风险管控标准(试行)》标准要求。

5.2 种质与种子

5.2.1 种质选择

使用豆科植物千斤拔 *Moghania philippinensis* Merr. et Rolfe,物种须经过鉴定。如使用农家品种或选育品种应加以明确。

5.2.2 种子质量

应使用当年采收,千粒重大于或等于 8.2g,中等成熟的种子。符合 GB/T 3543《农作物种子检验规程》标准。

5.3 种苗繁育

5.3.1 晒种

在春分至清明前,当气温稳定在 18℃以上时,将种子放在土晒场上晒种 1~2 天。每隔 1 小时翻动一次,不宜直接放在水泥或石板晒场上晒种。

5.3.2 种子处理

以种子量 2 倍的体积比例与河沙混合,置于布袋中扎好,搓揉 30 分钟,或用机械摩擦,至种子表面失去光泽,有轻微的划痕为止。

5.3.3 催芽

用 40~45℃的水浸泡 4 小时后,保持种子湿润,在 25~30℃的环境下催芽,至胚根刚露白为度。水质符合 GB 5749 标准。

5.3.4 播种

按行距 20cm、株距 10~15cm 开行进行条播,或按株距 15cm、行距 20cm 的规格点播,最后覆上 1~2cm 泥土。播种量为每亩(1 亩≈666.7m^2,下文同)0.5~0.75kg。

5.4 田间管理

5.4.1 间苗和补苗

在幼苗 3~5 片真叶时,按株距 15cm、行距 20cm 进行间苗和补苗。

5.4.2 中耕除草

幼苗生长前期应常除草松土,保持畦内无杂草。夏季植株基本封垄后不再松土。

5.4.3 追肥

于生长期,每年春季在畦内撒施腐熟的有机肥,每亩施 2 000kg 左右。

5.4.4 水分管理

生长季节视情况及时浇水。灌溉用水应符合 GB 5749 的规定。雨季应及时排水。

5.5 病虫害防治

5.5.1 概述

贯彻"预防为主,综合防治"的植保方针,坚持以"农业防治、物理防治、生物防治为主,化学防治为辅"的无害化控制原则。化学防治原则上以施用生物源农药为主,使用应严格按照产品说明书,收获前 30 天停止使用。禁限农药名单见附录 A。主要病虫害防治的参考方法见附录 B。

5.5.2 根腐病

开沟排水,防止积水。发现病株及时拔除销毁,病穴用石灰消毒,或用噁霉灵全面浇洒。

5.5.3 白粉病

用嘧啶核苷类抗菌素、多抗霉素、多菌灵或百菌清喷施,按照农药标签使用。

5.5.4 地老虎、蝼蛄

用辛硫磷进行植株基部喷雾或灌根,按照农药标签使用。

5.5.5 蚜虫

发生初期用黄色板诱杀,或用 60cm×40cm 长方形黄色纸板或木板等涂上无色油漆,再涂上机油,每亩挂 30~40 块。蚜虫发生初期喷施苦参碱、吡虫啉、啶虫脒等交替使用,按照农药标签使用。

5.5.6 豆荚螟

在发生期,用毒死蜱,或苏云金杆菌,连续喷雾 3~4 次,按照农药标签使用。

5.6 采收与产地初加工

5.6.1 采收

种植后 2 年或 2 年以上收获。于 9—12 月进行。去除部分表土,用一端绳子将根头捆紧,另一端捆在长 1.5~2.0m 木棍的 1/4~1/3 处,利用杠杆原理,将地下根茎拔出。或用机械采挖。

5.6.2 产地与初加工

去除阳枝,将泥土清理干净,晒干至水分 10% 以下,扎成小捆或切片。加工干燥过程保证场地、工具洁净,不受雨淋等。

5.7 包装、放行、贮运

5.7.1 包装

千斤拔晒干后,未切片药材用机械压成 50kg/块,切成片状药材选用专业包装袋按每袋 50kg 的规格进行包装,密封,防潮。包装外贴或挂标签、合格证,标识牌内容应有药材名、基源、产地、批号、规格、重量、采收日期、企业名称等,并有追溯码。

5.7.2 放行

应制定符合企业实际情况的放行制度,有审核批生产、检验等的相关记录。不合格药材有单独处理制度。

5.7.3 贮运

置于干净通风仓库内,采用密封防潮贮藏法:地面铺木板,板上铺上稻草或草席,再铺上大块塑料薄膜,药材堆放薄膜上,用薄膜包裹密封。每隔 3 个月检查一次。薄膜袋质量要求符合 GB 4806.7《食品安全国家标准 食品接触用塑料材料及制品》的要求。

批量运输时不能与其他有毒、有害物质混装,应防止发生混淆、污染、异物混入、包装破损。运输工具必须清洁、干燥无异味,具有较好的通风性,保持干燥,并设有防雨、防晒及防潮措施。

附 录 A
（规范性）
禁限用农药名单

A.1 禁止（停止）使用的农药（46 种）

六六六、滴滴涕、毒杀芬、二溴氯丙烷、杀虫脒、二溴乙烷、除草醚、艾氏剂、狄氏剂、汞制剂、砷类、铅类、敌枯双、氟乙酰胺、甘氟、毒鼠强、氟乙酸钠、毒鼠硅、甲胺磷、对硫磷、甲基对硫磷、久效磷、磷胺、苯线磷、地虫硫磷、甲基硫环磷、磷化钙、磷化镁、磷化锌、硫线磷、蝇毒磷、治螟磷、特丁硫磷、氯磺隆、胺苯磺隆、甲磺隆、福美胂、福美甲胂、三氯杀螨醇、林丹、硫丹、溴甲烷、氟虫胺、杀扑磷、百草枯、2,4- 滴丁酯。

注：氟虫胺自 2020 年 1 月 1 日起禁止使用。百草枯可溶胶剂自 2020 年 9 月 26 日起禁止使用。2,4-滴丁酯自 2023 年 1 月 29 日起禁止使用。溴甲烷可用于"检疫熏蒸处理"。杀扑磷已无制剂登记。

A.2 在部分范围禁止使用的农药（20 种）

部分范围禁止使用的农药应注意药食同源中药材及来自其他作物的中药材。部分范围禁止使用的农药见表 A.1。

表 A.1 部分范围禁止使用的农药

通用名	禁止使用范围
甲拌磷、甲基异柳磷、克百威、水胺硫磷、氧乐果、灭多威、涕灭威、灭线磷	禁止在蔬菜、瓜果、茶叶、菌类、中草药材上使用,禁止用于防治卫生害虫,禁止用于水生植物的病虫害防治
甲拌磷、甲基异柳磷、克百威	禁止在甘蔗作物上使用
内吸磷、硫环磷、氯唑磷	禁止在蔬菜、瓜果、茶叶、中草药材上使用
乙酰甲胺磷、丁硫克百威、乐果	禁止在蔬菜、瓜果、茶叶、菌类和中草药材上使用
毒死蜱、三唑磷	禁止在蔬菜上使用
丁酰肼（比久）	禁止在花生上使用
氰戊菊酯	禁止在茶叶上使用
氟虫腈	禁止在所有农作物上使用（玉米等部分旱田种子包衣除外）
氟苯虫酰胺	禁止在水稻上使用

A.3 说明

本附录的内容来自 2019 年中华人民共和国农业农村部发布的《禁限用农药名录》（http://www.zzys.moa.gov.cn/gzdt/201911/t20191129_6332604.htm）。

附　录　B

（资料性）

千斤拔常见病虫害防治的参考方法

千斤拔常见病虫害防治的参考方法见表 B.1。

表 B.1　千斤拔常见病虫害防治的参考方法

病虫害名称	防治方法
根腐病	开沟排水,防止积水。发现病株及时拔除销毁,病穴用石灰消毒,或用噁霉灵全面浇洒
白粉病	用嘧啶核苷类抗菌素、多抗霉素、多菌灵或百菌清喷施,按照农药标签使用
地老虎、蝼蛄	用辛硫磷进行植株基部喷雾或灌根,按照农药标签使用
蚜虫	发生初期用黄色板诱杀,喷施苦参碱、吡虫啉、啶虫脒等交替使用,按照农药标签使用
豆荚螟	在发生期,用毒死蜱,或苏云金杆菌,连续喷雾 3~4 次,按照农药标签使用

参考文献

[1] 柯芳.蔓性千斤拔种子逆境萌发生理及种子质量标准研究[D].北京:北京协和医学院,2009.

[2] 施力军,何弘,马小军,等.PP333处理对蔓性千斤拔种子产量及根部的影响[J].中药材,2012,35(8):1199-1202.

[3] 施力军,黄天述,韦任寒,等.不同施肥水平对蔓性千斤拔农艺性状及产量的影响[J].热带农业科学,2019,39(7):22-26.

[4] 管志斌,张丽霞,高薇薇.大叶千斤拔种子萌发特性研究[J].中国农学通报,2011,27(13):116-120.

[5] 柯芳,施力军,马小军,等.低温胁迫对蔓性千斤拔种子萌发及生理指标的影响[J].南方农业学报,2012,43(2):171-175.

[6] 施力军,马小军,冯世鑫,等.多效唑处理对蔓性千斤拔种子产量及质量的影响[J].种子,2011,30(12):94-97.

[7] 施力军,骆少波,柯芳,等.蔓性千斤拔种子处理及常温贮藏研究[J].种子,2008,27(6):25-26.

[8] 冯世鑫,马小军,施力军,等.蔓性千斤拔种子发芽特性的研究初报[J].种子,2007,26(11):3-5.

[9] 柯芳,施力军,冯世鑫,等.水分胁迫对蔓性千斤拔种子萌发和生理指标的响应[J].广西植物,2009,29(6):846-849.

ICS 65.020.20

CCS C 05

团 体 标 准

T/CACM 1374.17—2021

川贝母（川贝母）规范化生产技术规程

Code of practice for good agricultural practice of Fritillariae
Cirrhosae Bulbus（*Fritillaria cirrhosa*）

2021-10-15 发布

2021-10-15 实施

中华中医药学会 发布

目　　次

前　　言

本文件按照 GB/T 1.1—2020《标准化工作导则　第 1 部分:标准化文件的结构和起草规则》的规定起草。

请注意本文件中的某些内容可能涉及专利。本文件的发布机构不承担识别专利的责任。

本文件由中国医学科学院药用植物研究所和京都念慈庵总厂有限公司提出。

本文件由中华中医药学会归口。

本文件起草单位:京都念慈庵总厂有限公司、青海绿康生物开发有限公司、陕西师范大学、重庆市中药研究院、中国医学科学院药用植物研究所、重庆市药物种植研究所。

本文件主要起草人:仰铁锤、付绍兵、强毅、李隆云、谢慧敏、谢慧淦、黄开荣、曹小洪、向志鹏、梁小强、魏建和、王文全、王秋玲、杨小玉、辛元尧、王苗苗。

引　言

　　《中华人民共和国药典》收载川贝母来源于百合科植物川贝母 *Fritillaria cirrhosa* D. Don、暗紫贝母 *Fritillaria unibracteata* Hsiao et K. C. Hsia、甘肃贝母 *Fritillaria przewalskii* Maxim.、梭砂贝母 *Fritillaria delavayi* Franch.、太白贝母 *Fritillaria taipaiensis* P. Y. Li 或瓦布贝母 *Fritillaria unibracteata* Hsiao et K. C. Hsia var. *wabuensis*（S. Y. Tang et S. C. Yue）Z. D. Liu，S. Wang et S. C. Chen 的干燥鳞茎。按性状不同分别习称"松贝"、"青贝"、"炉贝"和"栽培品"。夏、秋二季或积雪融化后采挖，除去须根、粗皮及泥沙，晒干或低温干燥。

　　中药材川贝母产于四川、青海、西藏、甘肃等地，原植物生长于海拔 1 800~4 700m 的山坡草丛或阴湿的小灌木丛中。中药材川贝母基源多、分布广，各种间栽培技术差异较大，本文件仅为川贝母 *Fritillaria cirrhosa* D. Don 的规范化生产技术规程。

川贝母(川贝母)规范化生产技术规程

1 范围

本文件确立了川贝母(川贝母)的规范化生产流程,规定了川贝母(川贝母)生产基地选址、种质要求、种苗繁育、种植、采收、产地初加工、包装、放行、贮运等阶段的操作要求。

本文件适用于川贝母(川贝母)的规范化生产。

2 规范性引用文件

下列文件的内容通过文中的规范性引用而构成本文件必不可少的条款。其中,注明日期的引用文件,仅该日期对应的版本适用于本文件;不注明日期的引用文件,其最新版本(包括所有的修改单)适用于本文件。

GB 3095 环境空气质量标准

GB/T 3543 农作物种子检验规程

GB 5084 农田灌溉水质标准

GB 5749 生活饮用水卫生标准

GB 15618 土壤环境质量 农用地土壤污染风险管控标准(试行)

T/CACM 1374.1—2021 中药材规范化生产技术规程通则 植物药材

3 术语和定义

T/CACM 1374.1—2021 界定的以及下列术语和定义适用于本文件。

3.1 规范化生产 good agricultural practice

按照《中药材生产质量管理规范》(简称中药材 GAP)的要求,实施药材生产,保证中药材优质安全的生产过程。

3.2 技术规程 code of practice

为实现中药材生产顺利、有序进行,保证中药材生产质量,对中药材生产的基地选址、种子种苗、种植或野生抚育、采收与产地初加工以及包装、放行与贮运等,所做的技术规定和要求,是实施中药材规范生产的核心技术要求和实施指南。

3.3 一根针 yigenzhen

贝母类药材原植物的 1 年生植株,地上部分纤细,仅有一枚萌发的子叶。

3.4 鸡舌头 jishetou

贝母类药材原植物的 2 年生植株,地上部分发育为一枚较宽叶。

3.5 一匹叶 yipiye

贝母类药材原植物的 3 年生植株,地上部分发育为 1~2 片较宽叶片,习称"一匹叶"。

3.6 树儿子 shuerzi

贝母类药材原植物的 4 年生植株,地上部分第 4 年开始抽茎,但一般不开花,习称"树儿子"。

3.7 灯笼花 denglonghua

贝母类药材原植物的 5 年及以上年生植株,地上部分第 5 年开始发育花茎和花并结实,进行生殖生长更新,习称"灯笼花"。

4 川贝母(川贝母)规范化生产流程图

川贝母(川贝母)规范化生产流程见图 1。

川贝母(川贝母)规范化生产流程:　　　　　　关键控制点及参数:

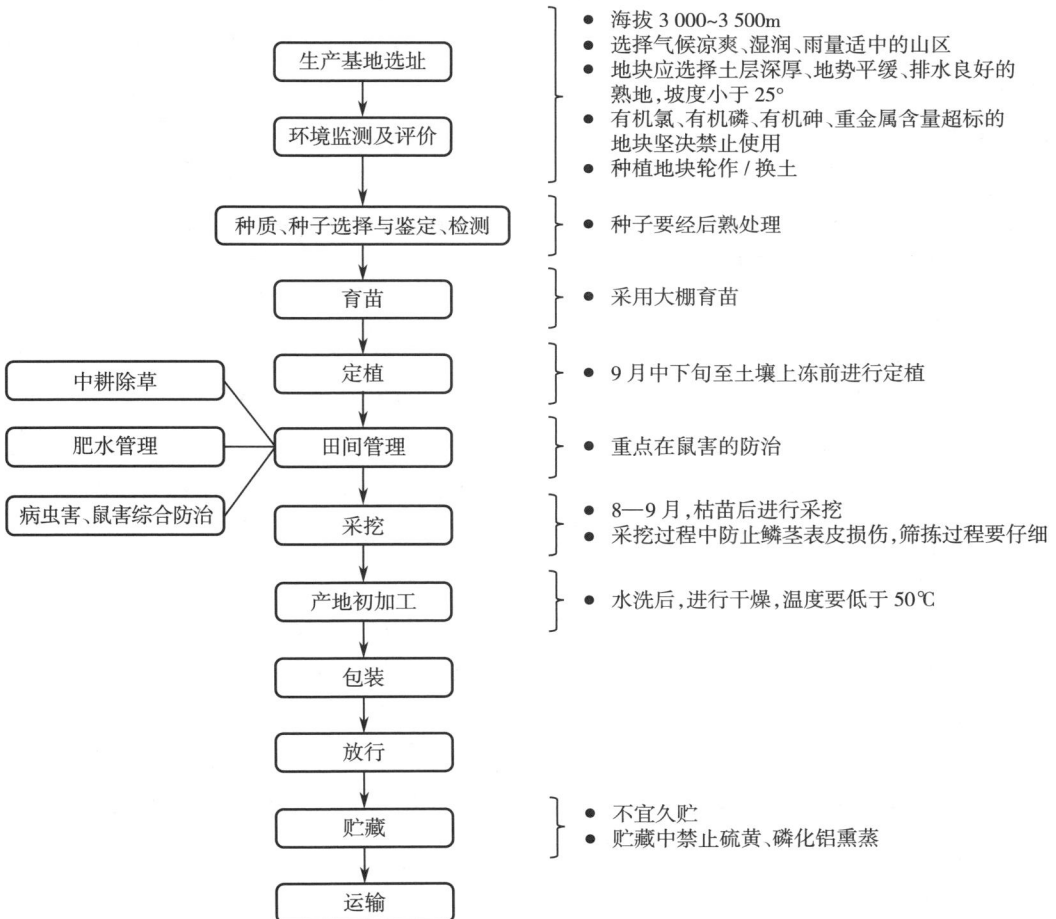

生产基地选址
- 海拔 3 000~3 500m
- 选择气候凉爽、湿润、雨量适中的山区
- 地块应选择土层深厚、地势平缓、排水良好的熟地,坡度小于 25°

环境监测及评价
- 有机氯、有机磷、有机砷、重金属含量超标的地块坚决禁止使用
- 种植地块轮作 / 换土

种质、种子选择与鉴定、检测
- 种子要经后熟处理

育苗
- 采用大棚育苗

定植
- 9 月中下旬至土壤上冻前进行定植

中耕除草
肥水管理
病虫害、鼠害综合防治

田间管理
- 重点在鼠害的防治

采挖
- 8—9 月,枯苗后进行采挖
- 采挖过程中防止鳞茎表皮损伤,筛拣过程要仔细

产地初加工
- 水洗后,进行干燥,温度要低于 50℃

包装

放行

贮藏
- 不宜久贮
- 贮藏中禁止硫黄、磷化铝熏蒸

运输

图 1　川贝母(川贝母)的规范化生产流程图

5 川贝母（川贝母）规范化生产技术

5.1 生产基地选址

5.1.1 产地选择

适宜种植在中纬度内陆青藏高原寒温带大陆性季风气候地区，即四川西部及西南部、云南西北部、西藏南部及东部、甘肃南部、青海南部和宁夏六盘山山区等有自然分布的地区。

种植地、育苗地选择在海拔 3 000~3 500m，气候凉爽、湿润、雨量适中的高原地区的坡地或平地，年平均气温 4℃，平均降水量 550~730mm，无霜期大于 100 天。

5.1.2 地块选择

育苗和种植地块应选择土层深厚、地势平缓、排水良好的熟地，坡度小于 25°，以质地疏松、富含腐殖质的砂壤土（俗称黑泡土、黑油砂地）为宜。避免选择易洼涝、土壤易板结及盐碱含量高地块。也可利用荒地栽培，生荒地可选种一季毛叶苕子、紫苏等绿肥，秋后将植株翻入土中作肥料，以净化杂草，熟化土地，改良土壤结构并增加有机质。

新开垦结构良好的土壤连种 2~3 年川贝母后会变板结，且肥力下降，川贝母种植地须进行有效轮作。

5.1.3 环境监测

基地的大气、土壤和水样品的检测按照中药材 GAP 要求，应符合相应国家标准，并保证生长期间持续符合标准。环境检测可参考 GB 3095《环境空气质量标准》、GB 15618《土壤环境质量 农用地土壤污染风险管控标准（试行）》、GB 5084《农田灌溉水质标准》。

5.2 种质与种子

5.2.1 种质选择

使用百合科植物川贝母 *Fritillaria cirrhosa* D. Don，物种须经过鉴定。

5.2.2 种子质量

应使用当年采收的中等成熟度种子，经后熟处理，发芽率超过 90%，千粒重 1.6~2.3g。种子质量检测可参考 GB/T 3543《农作物种子检验规程》。

5.2.3 良种繁育

从大田中选取无病原体、健康的鳞茎作为繁殖体，以 4 年生及以上、直径 1.8~2.5cm 的鳞茎为佳，种果产量高、质量好。8—9 月，在鳞茎地上部分倒苗后，开始采挖移栽，挑选完整、无病虫害、健壮的鳞茎进行移栽，移栽密度 150~250 颗/m²，种植后第 1 年开花时留种，川贝母种子田一经建立，可连续采集 2~3 年种子。

定植移栽结束后，基地周围挖防鼠沟，建设围栏设施、防鸟网设施。田间管理同药材生产，开花初期，可进行疏花，促进主花发育，增加种子产量。

7 月上旬，当蒴果变成黄褐色，顶端稍开裂，种子呈浅褐色时，分批分期采收。蒴果采集后，须统一层积处理，使其完成形态后熟和生理后熟过程。种子层积处理方法是：带果壳的种子，用 15~20℃温水充分浸泡 24 小时，再用过筛的细腐殖质土（含水量低于 10%），一层果实一层土，装入透气的塑料镂空筐内（外尺寸 485mm×345mm×260mm），置室内或林下阴凉、潮湿处。晾干后脱粒的种子,去除瘪粒、果皮,定量 200g 装于 50 目网袋内封好,用 15~20℃温水充分浸泡 24 小时,再用过筛的细腐殖质土（含水量约 10%,手握成团,手松散开）一层种子一层土,装入透气的网箱内,置室内或林下阴凉、潮湿处。层积种子完成胚形态后熟后即可播种。

将处理好的种子贮藏于干燥凉爽处,定期检查层积土湿度,可视天气情况,3~5 天在种子保存的腐殖质土表面喷水,使贮藏湿度保持以手握腐殖质土成团,用手轻打又散开,而手上没有水印又感到有水分的状态。

5.3 种植

5.3.1 育苗

川贝母须种子育苗移栽种植,不宜大田直播。种子育苗以塑料大棚育苗为宜,可根据田地走向,搭建大棚,棚高 3.2m、长 30m、宽 8m,棚外覆盖塑料薄膜、遮阳网等材料,棚内搭建滴灌、喷灌等设施。

育苗地根据土壤肥力情况,施入有机肥、农家肥保障有机质含量应当达到 20% 以上,施肥后翻耕,作畦或厢面,畦或厢面宽 1m,做好排水沟和人工作业道。

种子播种可以按照秋季播种和春季播种两种方式,首选春季播种。春播时间为 4 月上中旬,土壤解冻后即可开展春播。秋播时间为 9 月中下旬至土壤上冻前。播种量按每标准棚 240m² 约 2.88kg（干种子,密度约 8 000 粒 /m²）,播种时均匀撒于畦面或厢面,同时将过筛土杂肥实施盖种,厚度 1~1.5cm。

种子播种后,第 1、2 年生植株秋季枯苗后,都需在畦面上培土,以增加鳞茎在地表下的深度,使川贝母能安全过夏和越冬。秋季倒苗后每棚用腐殖土、农家肥,加 160kg 有机肥混合后覆盖畦面 3cm 厚,然后用充分腐熟后的秸秆为覆盖物覆盖畦面或用地膜覆盖。第 1 年不需要追肥,以后每年及鳞茎栽培的,在即将出苗或展叶后,揭去覆盖物,按每棚 2~3m³ 追施厩肥或堆肥;再于出苗 6~7 周后,喷施叶面肥。

1 年生和 2 年生植株最怕干旱,特别是春季久晴不雨,应及时洒水,保持土壤湿润,洒水时宜在早晚进行。同时也要注意苗床土壤不能积水,应在早春解冻后,即将出苗前,加固畦边,疏通排水沟。

1 年生和 2 年生植株最怕强光照射,生产上必须采取荫蔽保护措施,通过大棚覆盖不同密度的遮阳网调节光强。1 年生川贝母须满足荫蔽度 60%~80%,2 年生川贝母须满足荫蔽度 50%~60%。

苗期应控制杂草生长,随时拔除,在拔草过程中带出幼苗应及时回栽。

种子繁殖 2~3 年后,种苗可进行大田移栽种植。

5.3.2 定植

定植移栽大田根据土壤肥力情况,施入有机肥、农家肥保障有机质含量应当达到 30% 以上,施肥后翻耕,作畦,畦面宽 1m,做好排水沟和人工作业道。

鳞茎定植栽培按照秋季移栽和春季移栽两种方式,首选秋季移栽。春季移栽时间为 4 月中下旬,土壤温度大于 0℃后即可开展作业。秋季移栽时间为 9 月中下旬至土壤上冻前。

选择完整、无病虫害、健壮的 2~3 年生鳞茎进行移栽定植,移栽密度 800~1 000 颗 /m²,定植结束后用充分腐熟后的秸秆为覆盖物覆盖畦面 1~2cm。

基地周围挖防鼠沟,搭建围栏、防鸟网等设施。

5.3.3 田间管理

按照"除早、除小、除了"的原则,勤除草芽,除草时如带出小贝母应随即栽入土中。对倒苗后的贝母田,往往容易放松田间管理,引起草荒,造成地块肥力下降和来年田间管理麻烦,故应及时拔草。尽量减少使用除草剂。

非留种的川贝母田,对成年植株要及时打蕾,这是一项增产的有效措施。打蕾越早,增产率越高,以花蕾未开放前摘除为好。打蕾时,应注意避免损伤植株顶部幼叶。

川贝母最怕干旱,特别是春季久晴不雨,应及时洒水,保持土壤湿润,洒水时宜在早晚进行。同时也要注意苗床土壤不能积水,久雨或暴雨后注意排水防涝。应在早春解冻后,即将出苗前,加固畦边,疏通排水沟。有条件的,可在川贝母田搭设滴灌、喷灌装置。

植株秋季枯苗后,须在畦面上培土,以增加鳞茎在地表下的深度,使川贝母能安全过夏和越冬。秋季倒苗后每亩(1 亩 ≈ 666.7m²,下文同)用腐殖土、农家肥,加 25kg 过磷酸钙混合后覆盖畦面 3cm 厚。

5.3.4 病虫害、鼠害等防治

植保原则:"预防为主,综合防治"的指导思想和安全、有效、经济、简便的原则。因地制宜,合理地应用农业、生物、化学、物理等方法及其他有效的生态手段,把病、虫、鼠危害损失控制在经济阈值以内,达到提高经济效益、生态效益和社会效益的目的。

川贝母常见病害有黄化病、锈病、白腐病、立枯病、鳞茎腐烂病,虫害主要有蛴螬、金针虫、地老虎,鼠害主要有鼢鼠等。

农业防治:排除田间积水,降低田间湿度;增加有机肥料,调节土壤酸碱度;发现病株立即拔除,集中烧毁或深埋,并用 5% 石灰水灌病窝消毒。

物理防治:安装频振式杀虫灯,诱杀地老虎等害虫。安装防鼠网,阻止鼢鼠进入基地;或进行人工捕捉。

化学防治:应当符合国家有关规定;优先选用高效、低毒的生物农药;尽量避免使用除草剂、杀虫剂和杀菌剂等化学农药;不使用禁限用农药。禁限用农药名单参见附录 A。

主要病虫害、鼠害防治的参考方法见附录 B。

5.4 采收

可于播种后第 2~3 年的 8—9 月,枯苗后收获。选晴天采收,采收时,先将畦面清理干净、清除地上枯苗,有棚架的应先拆除棚架、地膜等设施,再用小齿耙、狭锄小心仔细刨挖,采挖时注意尽量勿伤鳞茎。

挖起的鳞茎,清除残茎、筛去泥土,按鳞茎的大小分级。直径 1.5cm 以上的鳞茎进行产地初加工;直径不足 1.0cm 的鳞茎,选择肥沃壤土加大密度栽植培育,再以高水肥精细管理 1 年,产量将大幅度增长,可显著提高种植效益。

采挖的鳞茎要及时用筛孔较密的竹筛或塑料筛淘洗,清除附着的泥沙杂物,尤其要清除鳞茎基部的黑色残留物,避免影响商品成色,清洗用水可参考 GB 5749《生活饮用水卫生标准》。洗好的鳞茎呈嫩白色,用竹席或塑料托盘(食品级,耐高温 120℃)摊放,晒干水汽后,进行烘干。放置过久或隔日加工,鲜鳞茎经空气氧化,表皮变黄,加工后影响商品成色。

5.5 产地初加工

采收的贝母鳞茎应及时进行加工干燥。加工方法有传统日晒干燥方法和水洗后烘干的方法。烘干法应控制温度在 40~50℃,烘干过程中温度应先高后低,中途不得间断,同时注意排潮,直至鳞茎出现粉白色为止。加工过程中应使用竹、木器,禁用手和金属器械直接接触药材,禁止硫熏。

5.6 包装、放行、贮运

5.6.1 包装

包装前应对每批药材按照国家标准进行质量检验。符合国家标准的药材,采用不影响质量的编织袋等包装,禁止采用包装过肥料、农药等的包装袋包装。包装外贴或挂标签、合格证,标识牌内容应有药材名、基源、产地、批号、规格、重量、采收日期、企业名称等,并有追溯码。

5.6.2 放行

应制定符合企业实际情况的放行制度,有审核批生产、检验等的相关记录。不合格药材有单独处理制度。

5.6.3 贮运

应贮存于阴凉干燥处,定期检查,防止虫蛀、霉变、腐烂、泛油等的发生。仓库控制温度在 20℃以下、相对湿度 75% 以下;不同批次等级药材分区存放;建有定期检查制度。禁止磷化铝和硫黄熏蒸。也可采用现代气调贮藏方法,包装或库内充氮或二氧化碳。

运输应防止发生混淆、污染、异物混入、包装破损、雨雪淋湿等。

附 录 A

（规范性）

禁限用农药名单

A.1 禁止（停止）使用的农药（46种）

六六六、滴滴涕、毒杀芬、二溴氯丙烷、杀虫脒、二溴乙烷、除草醚、艾氏剂、狄氏剂、汞制剂、砷类、铅类、敌枯双、氟乙酰胺、甘氟、毒鼠强、氟乙酸钠、毒鼠硅、甲胺磷、对硫磷、甲基对硫磷、久效磷、磷胺、苯线磷、地虫硫磷、甲基硫环磷、磷化钙、磷化镁、磷化锌、硫线磷、蝇毒磷、治螟磷、特丁硫磷、氯磺隆、胺苯磺隆、甲磺隆、福美胂、福美甲胂、三氯杀螨醇、林丹、硫丹、溴甲烷、氟虫胺、杀扑磷、百草枯、2,4-滴丁酯。

注：氟虫胺自2020年1月1日起禁止使用。百草枯可溶胶剂自2020年9月26日起禁止使用。2,4-滴丁酯自2023年1月29日起禁止使用。溴甲烷可用于"检疫熏蒸处理"。杀扑磷已无制剂登记。

A.2 在部分范围禁止使用的农药（20种）

部分范围禁止使用的农药应注意药食同源中药材及来自其他作物的中药材。部分范围禁止使用的农药见表A.1。

表 A.1 部分范围禁止使用的农药

通用名	禁止使用范围
甲拌磷、甲基异柳磷、克百威、水胺硫磷、氧乐果、灭多威、涕灭威、灭线磷	禁止在蔬菜、瓜果、茶叶、菌类、中草药材上使用,禁止用于防治卫生害虫,禁止用于水生植物的病虫害防治
甲拌磷、甲基异柳磷、克百威	禁止在甘蔗作物上使用
内吸磷、硫环磷、氯唑磷	禁止在蔬菜、瓜果、茶叶、中草药材上使用
乙酰甲胺磷、丁硫克百威、乐果	禁止在蔬菜、瓜果、茶叶、菌类和中草药材上使用
毒死蜱、三唑磷	禁止在蔬菜上使用
丁酰肼（比久）	禁止在花生上使用
氰戊菊酯	禁止在茶叶上使用
氟虫腈	禁止在所有农作物上使用（玉米等部分旱田种子包衣除外）
氟苯虫酰胺	禁止在水稻上使用

A.3 说明

本附录的内容来自2019年中华人民共和国农业农村部发布的《禁限用农药名录》（http://www.zzys.moa.gov.cn/gzdt/201911/t20191129_6332604.htm）。

附　录　B

（资料性）

川贝母常见病虫害防治的参考方法

川贝母常见病虫害药剂防治的参考方法参见表 B.1。

表 B.1　川贝母常见病虫害防治的参考方法

病虫害名称	防治时期	推荐防治方法	安全间隔期 /d
锈病	发生初期，发生时	（1）石硫合剂喷洒，按照农药标签使用。 （2）敌锈钠喷洒，按照农药标签使用。 （3）三唑酮喷洒，按照农药标签使用。 （4）苯醚甲环唑喷洒，按照农药标签使用	≥20
白腐病	发生时	（1）石灰水浇灌。 （2）多菌灵浇灌，按照农药标签使用	≥7 ≥15
立枯病	发生初期	（1）甲霜·噁霉灵喷施，按照农药标签使用。 （2）波尔多液喷洒，按照农药标签使用	≥15 ≥5
蛴螬	危害期	（1）敌百虫喷灌，按照农药标签使用。 （2）阿维菌素乳油喷灌，按照农药标签使用。 （3）辛硫磷喷灌，按照农药标签使用	≥28 ≥15 ≥15
金针虫	危害期	（1）敌百虫喷灌，按照农药标签使用。 （2）阿维菌素乳油喷灌，按照农药标签使用。 （3）辛硫磷喷灌，按照农药标签使用	≥28 ≥15 ≥15
地老虎	危害期	（1）敌百虫拌毒饵诱杀，按照农药标签使用。 （2）辛硫磷喷灌，按照农药标签使用	≥28 ≥5
鼢鼠	全年	（1）地块四周地下土壤预埋约 1m 深防鼠网。 （2）掘洞捕杀，埋设地箭，捕捉笼等人工捕捉	无

附　录　C
（资料性）
川贝母生产允许使用的化学农药的种类及其使用方法

川贝母生产允许使用的化学农药的种类及其使用方法参见表 C.1。

表 C.1　川贝母国家允许使用化学农药的种类及其使用方法

类别	通用名	作用对象	使用方法（生长季）	使用量（浓度）	安全隔离期 /d
杀虫剂	阿维·吡虫啉	蛴螬	药土法	按说明书推荐用量	30
注：以上是国家目前允许使用的农药品种，新农药必须经有关技术部门试验并经过农业农村部批准在贝母药材上登记后才能使用					

参考文献

［1］国家药典委员会.中华人民共和国药典:2020年版一部［M］.北京:中国医药科技出版社,2020.

［2］潘宣.名贵中药材绿色栽培技术:百合 川贝母 平贝母 伊贝母［M］.北京:科学技术文献出版社,2004.

［3］黄璐琦.川贝母生产加工适宜技术［M］.北京:中国医药科技出版社,2018.

［4］陈士林.中国药材产地生态适宜性区划［M］.2版.北京:科学出版社,2017:63-66.

［5］刘辉.川贝母产地适应性分析及基于成分分析的采收加工方法研究［D］.成都:成都中医药大学,2009.

［6］伍燕华,付绍兵,黄开荣,等.川贝母种子质量分级标准研究［J］.种子,2012,31（12）:104-108.

［7］徐云,谢慧敏,谢慧淦,等.不同采收期栽培卷叶贝母与暗紫贝母的质量比较［J］.华西药学杂志,2018,33（5）:515-518.

［8］徐云,谢慧敏,谢慧淦,等.川贝母栽培品的性状分类［J］.华西药学杂志,2018,33（2）:216-218.

［9］向丽,韩建萍,陈士林.人工栽培川贝母种苗质量标准研究［J］.环球中医药,2011,4（2）:91-94.

［10］马靖,伍燕华,付绍兵,等.遮阴对栽培川贝母光合特性的影响［J］.贵州农业科学,2014,42（10）:69-73.

［11］张礼,伍燕华,付绍兵,等.栽培密度和施肥对川贝母生长和产量的影响［J］.江苏农业科学,2017,45（3）:119-121.

［12］伍燕华.川贝母（*Fritillaria cirrhosa*）栽培中关键技术的初步研究［D］.成都:成都中医药大学,2014.

［13］马靖.栽培川贝母品质调控技术的初步研究［D］.成都:成都中医药大学,2016.

［14］李西文.川贝母保护生物学研究［D］.北京:北京协和医学院,2009.

———————————————

ICS 65.020.20
CCS C 05

团 体 标 准

T/CACM 1374.18—2021

川贝母（太白贝母）规范化生产技术规程

Code of practice for good agricultural practice of Fritillariae
Cirrhosae Bulbus（*Fritillaria taipaiensis*）

2021-10-15 发布　　　　　　　　　　　　　　　　　2021-10-15 实施

中华中医药学会　发布

目　次

前　　言

本文件按照 GB/T 1.1—2020《标准化工作导则　第 1 部分：标准化文件的结构和起草规则》给出的规则起草。

本文件由中国医学科学院药用植物研究所和陕西师范大学提出。

本文件由中华中医药学会归口。

本文件起草单位：陕西师范大学、重庆市中药研究院、京都念慈庵总厂有限公司、青海绿康生物开发有限公司、中国医学科学院药用植物研究所、重庆市药物种植研究所。

本文件主要起草人：强毅、李隆云、田茨、仰铁锤、付绍兵、魏建和、王文全、王秋玲、杨小玉、辛元尧、王苗苗。

引　言

《中华人民共和国药典》收载川贝母来源于百合科植物川贝母 *Fritillaria cirrhosa* D. Don、暗紫贝母 *Fritillaria unibracteata* Hsiao et K. C. Hsia、甘肃贝母 *Fritillaria przewalskii* Maxim.、梭砂贝母 *Fritillaria delavayi* Franch.、太白贝母 *Fritillaria taipaiensis* P. Y. Li 或瓦布贝母 *Fritillaria unibracteata* Hsiao et K. C. Hsia var. *wabuensis*（S. Y. Tang et S. C. Yue）Z. D. Liu，S. Wang et S. C. Chen 的干燥鳞茎。按性状不同分别习称"松贝""青贝""炉贝"和"栽培品"。夏、秋二季或积雪融化后采挖，除去须根、粗皮及泥沙，晒干或低温干燥。

中药材川贝母分布于四川、青海、西藏、甘肃等地，生长于海拔 1 800~4 700m 的山坡草丛或阴湿的小灌木丛中。中药材川贝母基源多、分布广，各物种间栽培技术差异较大，本规程仅为太白贝母 *Fritillaria taipaiensis* P. Y. Li 的规范化生产技术规程。

川贝母(太白贝母)规范化生产技术规程

1 范围

本文件确立了川贝母（太白贝母）规范化生产流程，关键控制点及技术参数，川贝母（太白贝母）规范化生产各环节的技术规程。

本文件适用于按照《中药材生产质量管理规范》实施规范化生产川贝母（太白贝母）。

2 规范性引用文件

下列文件的内容通过文中的规范性引用而构成本文件必不可少的条款。其中，注明日期的引用文件，仅该日期对应的版本适用于本文件；不注明日期的引用文件，其最新版本（包括所有的修改单）适用于本文件。

GB 3095　环境空气质量标准

GB/T 3543　农作物种子检验规程

GB 5084　农田灌溉水质标准

GB 5749　生活饮用水卫生标准

GB 15618　土壤环境质量　农用地土壤污染风险管控标准（试行）

T/CACM 1374.1—2021　中药材规范化生产技术规程通则　植物药材

3 术语和定义

T/CACM 1374.1—2021界定的以及下列术语和定义适用于本文件。

3.1　规范化生产　good agricultural practice

按照《中药材生产质量管理规范》（简称中药材 GAP）的要求，实施药材生产，保证中药材优质安全的生产过程。

3.2　技术规程　code of practice

为实现中药材生产顺利、有序进行，保证中药材生产质量，对中药材生产的基地选址、种子种苗、种植或野生抚育、采收与产地初加工以及包装、放行与贮运等，所做的技术规定和要求，是实施中药材规范生产的核心技术要求和实施指南。

3.3　一根针　yigenzhen

贝母类药材原植物的1年生植株，地上部分纤细，仅有一枚萌发的子叶。

3.4　鸡舌头　jishetou

贝母类药材原植物的2年生植株，地上部分发育为一枚较宽叶。

3.5　一匹叶　yipiye

贝母类药材原植物的 3 年生植株,地上部分发育为 1~2 片较宽叶片,习称"一匹叶"。

3.6　树儿子　shuerzi

贝母类药材原植物的 4 年生植株,地上部分第 4 年开始抽茎,但一般不开花,习称"树儿子"。

3.7　灯笼花　denglonghua

贝母类药材原植物的 5 年及以上年生植株,地上部分第 5 年开始发育花茎和花并结实,进行生殖生长更新,习称"灯笼花"。

4　川贝母(太白贝母)规范化生产流程图

川贝母(太白贝母)规范化生产流程见图 1。

川贝母(太白贝母)规范化生产流程:　　　　　　关键控制点及参数:

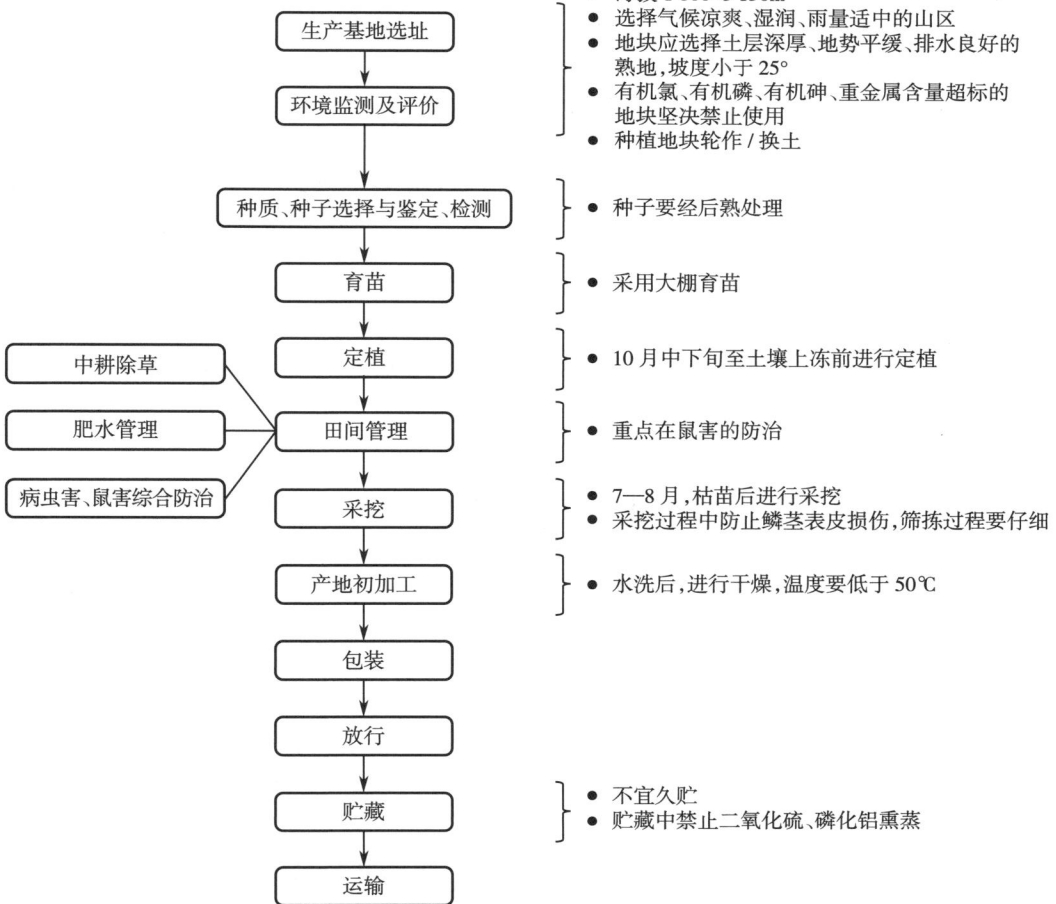

```
┌─────────────────┐
│   生产基地选址    │      ● 海拔 1 800~3 150m
└─────────────────┘      ● 选择气候凉爽、湿润、雨量适中的山区
         │               ● 地块应选择土层深厚、地势平缓、排水良好的
┌─────────────────┐         熟地,坡度小于 25°
│   环境监测及评价   │      ● 有机氯、有机磷、有机砷、重金属含量超标的
└─────────────────┘         地块坚决禁止使用
         │               ● 种植地块轮作 / 换土
┌─────────────────────────┐
│   种质、种子选择与鉴定、检测 │  ● 种子要经后熟处理
└─────────────────────────┘
         │
┌─────────────────┐
│       育苗       │      ● 采用大棚育苗
└─────────────────┘
         │
┌─────────────────┐
│       定植       │      ● 10 月中下旬至土壤上冻前进行定植
└─────────────────┘
         │
┌──────────┐   ┌─────────────────┐
│ 中耕除草  │──→│    田间管理       │  ● 重点在鼠害的防治
├──────────┤   └─────────────────┘
│ 肥水管理  │──→      │
├──────────────┐ ┌─────────────────┐
│病虫害、鼠害综合防治│─→│     采挖         │  ● 7—8 月,枯苗后进行采挖
└──────────────┘ └─────────────────┘  ● 采挖过程中防止鳞茎表皮损伤,筛拣过程要仔细
         │
┌─────────────────┐
│    产地初加工     │      ● 水洗后,进行干燥,温度要低于 50℃
└─────────────────┘
         │
┌─────────────────┐
│       包装       │
└─────────────────┘
         │
┌─────────────────┐
│       放行       │
└─────────────────┘
         │
┌─────────────────┐
│       贮藏       │      ● 不宜久贮
└─────────────────┘      ● 贮藏中禁止二氧化硫、磷化铝熏蒸
         │
┌─────────────────┐
│       运输       │
└─────────────────┘
```

图 1　川贝母(太白贝母)规范化生产流程图

5 川贝母（太白贝母）规范化生产技术

5.1 生产基地选址

5.1.1 产地选择

太白贝母适宜在陕西秦岭及其以南地区、甘肃东南部、四川与重庆东北部、湖北西北部等有自然分布的地区种植。种植地、育苗地可选择在海拔 1 800~3 150m，气候凉爽、湿润、雨量适中的农业区或山区，年平均气温 10.7~17.2℃，年降水量 417~1 110mm，年日照时间 1 530~2 500 小时。

5.1.2 地块选择

生产基地应选择半阴半阳坡土层深厚、地势平缓、排水良好的熟地，坡度小于 25°，以质地疏松、富含腐殖质的暗棕壤、棕壤、黄棕壤或暗黄棕壤为宜。忌洼涝的盐碱地、重黏土、白浆土和黄泥巴。也可利用荒地栽培，生荒地可选种绿肥，以净化杂草，熟化土地，改良土壤结构并增加有机质。

新开垦结构良好的土壤连种 2~3 茬太白贝母等根茎类药材后会出现连作障碍，太白贝母种植地须进行有效轮作。

5.1.3 环境监测

基地的大气、土壤和水样品的检测可按照中药材 GAP 要求，且应符合相应国家标准，且要保证生长期间持续符合标准。环境监测可参照 GB 3095《环境空气质量标准》、GB 15618《土壤环境质量 农用地土壤污染风险管控标准（试行）》、GB 5084《农田灌溉水质标准》。

5.2 种质与种子

5.2.1 种质选择

使用百合科贝母属植物太白贝母 *Fritillaria taipaiensis* P.Y.Li，物种须经过鉴定。如使用农家品种或选育品种应加以明确。

5.2.2 种子质量

应使用当年采收的中等成熟度种子，经后熟处理，发芽率超过 90%。经检验符合相应标准。种子质量检测可参考 GB/T 3543《农作物种子检验规程》。

5.2.3 良种繁育

种子田应选取无病原体、健康的鳞茎作为繁殖体，选用 4~5 年生及以上大鳞茎作种为宜，鳞茎直径 2cm 以上为宜，种果产量高、质量好。于 7—8 月，在植株地上部分倒苗后，开始采挖鳞茎移栽。

栽种前，根据土壤肥力情况，可施入腐熟后的有机肥、农家肥等保障土壤肥力；整地作畦，畦面 1~1.2m，畦面开沟，行距 10~12cm。

将挑选分等出完整、无病虫害、健壮的鳞茎移栽，株距 5~6cm，深 9cm 左右，鳞茎上覆土，种植后第一年开花时留种，可保持 4 年左右连续采种。

定植移栽结束后，基地周围应挖防鼠沟，建设围栏设施、防鸟网设施。有条件的可以在整地时，地下铺设防鼠网、防虫网；条件许可可在农用大棚内实行育种。开花初期，可进行疏花,促进主花发育,增加种子产量。

栽种后次年6月中下旬至7月上旬,太白贝母蒴果进入腊熟期,蒴果变成黄褐色,顶端稍开裂,种子呈浅褐色时,分批分期采收。为保证种子田内的种果成熟度一致,可适当跨越腊熟期,但最迟应在种果开裂期前完成采收。

蒴果采集后,须统一层积处理,使其完成形态后熟和生理后熟过程。种子层积处理方法是:带果壳的种子,用过筛的沙土(含水量低于10%,手握成团,手松散开),一层果实一层土,装入透气的网箱内,置冷凉室内或无积水的地洞。应定期检查层积土湿度和种子通气情况,使层积土保持手握成团,手松散开状态。

层积60~90天,完成形态后熟,可进行秋播;或将完成形态后熟的种子在低温下继续层积90天左右在次年进行春播。

5.3 种植

5.3.1 种子直播生产

太白贝母商品生产以有性繁殖为主。太白贝母种子播种可以按照秋季播种和春季播种两种方式,不同地区可根据实际情况选择适宜播种方式。春播时间为3月中下旬,土壤解冻后即可开展春播。秋播时间为10月中下旬至土壤上冻前。

播种前,须整地并施底肥作畦,畦面1~1.2m,做好排水沟和人工作业道,可使用条播或撒播播种。条播:于畦面开横沟,深1.5~2cm;将拌有细土或草木灰的种子均匀撒于沟中,覆盖筛细腐殖土1~2cm,并用松针覆盖畦面。撒播:将种子均匀撒于畦面,覆盖同条播。一般每亩(1亩≈666.7m²,下文同)用种量约10 000个蒴果。

种子直播可使用塑料大棚等设施生产,可根据田地走向搭建大棚,棚高3.2m、长30m、宽8m,棚外覆盖塑料薄膜、遮阳网等材料,棚内搭建滴灌、喷灌等设施。

条件许可能使用设施育苗的,可选择种子直播2~3年生完整、无病虫害、健壮鳞茎进行大田移栽种植,整地方法同种子田,施肥后翻耕,作畦,畦面宽1m,做好排水沟和人工作业道。一般于7—8月,在鳞茎地上部分倒苗后,开始采挖移栽,栽种深度6~9cm,定植结束后可用充分腐熟后的秸秆为覆盖物覆盖畦面1~2cm。

基地周围应挖防鼠沟,建设围栏设施、防鸟网设施。有条件的可以在整地时,地下铺设防鼠网、防虫网,地面搭建简易防雨棚。

5.3.2 田间管理

太白贝母田不宜干旱,特别是春季久晴不雨,应及时洒水,保持土壤湿润,洒水时宜在早晚进行。同时苗床土壤不应积水,久雨或暴雨后应加强排水防涝。在早春解冻后,即将出苗前,应加固畦边,疏通排水沟。有条件的,可在太白贝母田搭设滴灌、喷灌装置。

应按照"除早、除小、除了"的原则,勤除草芽,除草时如带出小贝母应随即栽入土中。对倒苗后的贝母田,应及时拔草,尽量减少使用除草剂;并于4月中旬追肥。

非留种的太白贝母田,对成年植株要及时打蕾增产,以花蕾未开放前摘除为宜。打蕾时,应注意避免损伤植株顶部幼叶。

植株夏季枯苗后,须除去杂草,用腐殖土、农家肥在畦面培土,培土以1~2cm厚为宜,使太白贝母安全过夏和越冬。

1 年生和 2 年生太白贝母最怕强光照射,生产上必须采取荫蔽保护措施,可通过大棚覆盖不同密度的遮阳网调节光强。

5.3.3 病虫害草害鼠害等防治

植保原则:"预防为主,综合防治"的指导思想和安全、有效、经济、简便的原则。太白贝母常见病害有黄化病、锈病、白腐病、立枯病、鳞茎腐烂病,虫害主要有蛴螬、金针虫、地老虎,鼠害主要有鼢鼠等。应因地制宜,合理地应用农业、生物、化学、物理方法及其他有效的生态手段,把病、虫、鼠危害损失控制在经济阈值以内,达到提高经济效益、生态效益和社会效益的目的。

农业防治:排除田间积水,降低田间湿度;增加有机肥料,调节土壤酸碱度;发现病株立即拔除,集中烧毁或深埋,可使用低毒高效药剂消毒。

物理防治:安装频振式杀虫灯,诱杀地老虎等害虫。安装防鼠网,阻止鼢鼠进入基地;或进行人工捕捉。

化学防治:应当符合国家有关规定;优先选用高效、低毒的生物农药;尽量避免使用除草剂、杀虫剂和杀菌剂等化学农药;不使用禁限用农药。禁限用农药名单参见附录 A。

主要病虫鼠害防治参考方法见附录 B。

5.4 采收

用种子繁殖的商品太白贝母生长 4~5 年达到收获标准时,于 7—8 月枯苗后收获。选晴天采收,采收时,先将畦面清理干净、清除地上枯苗,有棚架的应先拆除棚架、地膜等设施,再用小齿耙、狭锄小心仔细刨挖,采挖时注意尽量勿伤鳞茎。

采收后的鲜鳞茎,清除残茎、筛去泥土,按鳞茎的大小分级。直径 1.0cm 以上的鳞茎选出准备加工,直径不足 1.0cm 的鳞茎作为种,进行复种。

采挖后的太白贝母鳞茎应及时用筛孔较密的竹筛或塑料筛淘洗,清除附着的泥沙杂物,清洗用水可参考 GB 5749《生活饮用水卫生标准》。清洗后的鳞茎呈嫩白色,用竹席或塑料托盘(食品级,耐高温 120℃)摊放,以备烘干。

5.5 产地初加工

采收清洗后的太白贝母鳞茎应及时进行加工干燥,避免隔日加工。加工方法有传统日晒干燥方法和水洗后烘干的方法。烘干法应控制温度在 40~50℃,烘干过程中温度应先高后低,中途不得间断,同时注意排潮,直至鳞茎出现粉白色为止。加工过程中应使用竹、木器,禁用手和金属器械直接接触药材,禁止硫熏。

5.6 包装、放行、贮运

5.6.1 包装

包装前应对每批药材按照国家标准进行质量检验。符合国家标准的药材,采用不影响质量的编织袋等包装,禁止采用包装过肥料、农药等的包装袋包装。包装外贴或挂标签、合格证,标识牌内容应有药材名、基源、产地、批号、规格、重量、采收日期、企业名称等,并有追溯码。

5.6.2 放行

应制定符合企业实际情况的放行制度,有审核批生产、检验等的相关记录。不合格药材有单独处理制度。

5.6.3 贮运

应贮存于阴凉干燥处,定期检查,防止虫蛀、霉变、腐烂、泛油等的发生。仓库控制温度在 20℃以下、相对湿度 75% 以下;不同批次等级药材分区存放;建有定期检查制度。禁止磷化铝和二氧化硫熏蒸。也可采用现代气调贮藏方法,包装或库内充氮或二氧化碳。

运输应防止发生混淆、污染、异物混入、包装破损、雨雪淋湿等。

附 录 A

（规范性）

禁限用农药名单

A.1 禁止（停止）使用的农药（46 种）

六六六、滴滴涕、毒杀芬、二溴氯丙烷、杀虫脒、二溴乙烷、除草醚、艾氏剂、狄氏剂、汞制剂、砷类、铅类、敌枯双、氟乙酰胺、甘氟、毒鼠强、氟乙酸钠、毒鼠硅、甲胺磷、对硫磷、甲基对硫磷、久效磷、磷胺、苯线磷、地虫硫磷、甲基硫环磷、磷化钙、磷化镁、磷化锌、硫线磷、蝇毒磷、治螟磷、特丁硫磷、氯磺隆、胺苯磺隆、甲磺隆、福美胂、福美甲胂、三氯杀螨醇、林丹、硫丹、溴甲烷、氟虫胺、杀扑磷、百草枯、2, 4- 滴丁酯。

注：氟虫胺自 2020 年 1 月 1 日起禁止使用。百草枯可溶胶剂自 2020 年 9 月 26 日起禁止使用。2, 4-滴丁酯自 2023 年 1 月 29 日起禁止使用。溴甲烷可用于"检疫熏蒸处理"。杀扑磷已无制剂登记。

A.2 在部分范围禁止使用的农药（20 种）

部分范围禁止使用的农药应注意药食同源中药材及来自其他作物的中药材。部分范围禁止使用的农药见表 A.1。

表 A.1 部分范围禁止使用的农药

通用名	禁止使用范围
甲拌磷、甲基异柳磷、克百威、水胺硫磷、氧乐果、灭多威、涕灭威、灭线磷	禁止在蔬菜、瓜果、茶叶、菌类、中药材上使用,禁止用于防治卫生害虫,禁止用于水生植物的病虫害防治
甲拌磷、甲基异柳磷、克百威	禁止在甘蔗作物上使用
内吸磷、硫环磷、氯唑磷	禁止在蔬菜、瓜果、茶叶、中草药材上使用
乙酰甲胺磷、丁硫克百威、乐果	禁止在蔬菜、瓜果、茶叶、菌类和中草药材上使用
毒死蜱、三唑磷	禁止在蔬菜上使用
丁酰肼（比久）	禁止在花生上使用
氰戊菊酯	禁止在茶叶上使用
氟虫腈	禁止在所有农作物上使用（玉米等部分旱田种子包衣除外）
氟苯虫酰胺	禁止在水稻上使用

A.3 说明

本附录的内容来自 2019 年中华人民共和国农业农村部发布的《禁限用农药名录》（http://www.zzys.moa.gov.cn/gzdt/201911/t20191129_6332604.htm）。

附 录 B

（资料性）

川贝母常见病虫害防治的参考方法

川贝母常见病虫害药剂防治的参考方法参见表 B.1。

表 B.1 川贝母常见病虫害防治参考方法

病虫害名称	防治时期	推荐防治方法	安全间隔期 /d
锈病	发生初期 / 发生时	石硫合剂喷洒,按照农药标签使用	≥20
		敌锈钠喷洒,按照农药标签使用	
		三唑酮喷洒,按照农药标签使用	
		苯醚甲环唑喷洒,按照农药标签使用	
白腐病	发生时	石灰水浇灌	≥7
		多菌灵浇灌,按照农药标签使用	≥15
立枯病	发生初期	甲霜·噁霉灵喷施,按照农药标签使用	≥15
		波尔多液喷洒,按照农药标签使用	≥5
蛴螬	危害期	敌百虫喷灌,按照农药标签使用	≥28
		阿维菌素乳油喷灌,按照农药标签使用	≥15
		辛硫磷喷灌,按照农药标签使用	≥15
金针虫	危害期	敌百虫喷灌,按照农药标签使用	≥28
		阿维菌素乳油喷灌,按照农药标签使用	≥15
		辛硫磷喷灌,按照农药标签使用	≥15
地老虎	危害期	敌百虫拌毒饵诱杀,按照农药标签使用	≥28
		辛硫磷喷灌,按照农药标签使用	≥5
鼢鼠	全年	地块四周地下土壤预埋约1m深防鼠网	无
		掘洞捕杀,埋设地箭,捕捉笼等人工捕捉	

附 录 C
（资料性）
川贝母生产允许使用的化学农药的种类及其使用方法

川贝母生产允许使用的化学农药的种类及其使用方法参见表 C.1。

表 C.1 川贝母生产允许使用的化学农药的种类及其使用方法

类别	通用名	作用对象	使用方法（生长季）	使用量（浓度）	安全隔离期 /d
杀虫剂	阿维·吡虫啉	蛴螬	药土法	按说明书推荐用量	30
注：以上是国家目前允许使用的农药品种，新农药必须经有关技术部门试验并经过农业农村部批准在贝母药材上登记后才能使用					

参考文献

［1］段宝忠,陈锡林,黄林芳,等.太白贝母资源学研究概况［J］.中国现代中药,2010,12（4）:12-14.

［2］付绍智,陈洪源,袁定明,等.重庆太白贝母资源调查［J］.中国中医药信息杂志,2016,23（9）:1-4.

［3］段宝忠,黄林芳,林余霖,等.太白贝母生产数值区划研究［J］.世界科学技术（中医药现代化）,2010,12（3）:486-488.

［4］国家药典委员会.中华人民共和国药典:2020年版.一部［M］.北京:中国医药科技出版社,2020.

［5］陈士林.中国药材产地生态适宜性区划［M］.2版.北京:科学出版社,2017:63-66.

［6］郑良敏,张忠喜,申明亮,等.太白贝母栽培技术［J］.中药材科技,1984（6）:7-8.

［7］刘辉.川贝母产地适应性分析及基于成分分析的采收加工方法研究［D］.成都:成都中医药大学,2009.

［8］伍燕华,付绍兵,黄开荣,等.川贝母种子质量分级标准研究［J］.种子,2012,31（12）:104-108.

ICS 65.020.20
CCS C 05

团 体 标 准

T/CACM 1374.19—2021

川贝母（暗紫贝母）规范化生产技术规程

Code of practice for good agricultural practice of Fritillariae Cirrhosae Bulbus
（*Fritillaria unibracteata*）

2021-10-15 发布 2021-10-15 实施

中华中医药学会　发布

目　　次

前　言

本文件按照 GB/T 1.1—2020《标准化工作导则　第 1 部分：标准化文件的结构和起草规则》的规定起草。

请注意本文件中的某些内容可能涉及专利。本文件的发布机构不承担识别专利的责任。

本文件由中国医学科学院药用植物研究所和京都念慈庵总厂有限公司提出。

本文件由中华中医药学会归口。

本文件起草单位：京都念慈庵总厂有限公司、青海绿康生物开发有限公司、陕西师范大学、重庆市中药研究院、中国医学科学院药用植物研究所、重庆市药物种植研究所。

本文件主要起草人：仰铁锤、付绍兵、强毅、李隆云、谢慧敏、谢慧淼、黄开荣、曹小洪、向志鹏、梁小强、刘智令、魏建和、王文全、王秋玲、杨小玉、辛元尧、王苗苗。

引　言

　　《中华人民共和国药典》收载川贝母来源于百合科植物川贝母 *Fritillaria cirrhosa* D. Don、暗紫贝母 *Fritillaria unibracteata* Hsiao et K. C. Hsia、甘肃贝母 *Fritillaria przewalskii* Maxim.、梭砂贝母 *Fritillaria delavayi* Franch.、太白贝母 *Fritillaria taipaiensis* P. Y. Li 或瓦布贝母 *Fritillaria unibracteata* Hsiao et K. C. Hsia var. *wabuensis*（S. Y. Tang et S. C. Yue）Z. D. Liu, S. Wang et S. C. Chen 的干燥鳞茎。按性状不同分别习称"松贝"、"青贝"、"炉贝"和"栽培品"。夏、秋二季或积雪融化后采挖,除去须根、粗皮及泥沙,晒干或低温干燥。

　　中药材川贝母产于四川、青海、西藏、甘肃等地,原植物生长于海拔 1 800~4 700m 的山坡草丛或阴湿的小灌木丛中。中药材川贝母基源多、分布广,各种间栽培技术差异较大,本文件仅为暗紫贝母 *Fritillaria unibracteata* Hsiao et K. C. Hsia 的规范化生产技术规程。

川贝母(暗紫贝母)规范化生产技术规程

1 范围

本文件确立了川贝母(暗紫贝母)的规范化生产流程,规定了川贝母(暗紫贝母)生产基地选址、种质要求、种苗繁育、种植、采收、产地初加工、包装、放行、贮运等阶段的操作要求。

本文件适用于川贝母(暗紫贝母)的规范化生产。

2 规范性引用文件

下列文件的内容通过文中的规范性引用而构成本文件必不可少的条款。其中,注明日期的引用文件,仅该日期对应的版本适用于本文件;不注明日期的引用文件,其最新版本(包括所有的修改单)适用于本文件。

GB 3095 环境空气质量标准

GB/T 3543 农作物种子检验规程

GB 5084 农田灌溉水质标准

GB 5749 生活饮用水卫生标准

GB 15618 土壤环境质量 农用地土壤污染风险管控标准(试行)

T/CACM 1374.1—2021 中药材规范化生产技术规程通则 植物药材

3 术语和定义

T/CACM 1374.1—2021 界定的以及下列术语和定义适用于本文件。

3.1 规范化生产 good agricultural practice

按照《中药材生产质量管理规范》(简称中药材 GAP)的要求,实施药材生产,保证中药材优质安全的生产过程。

3.2 技术规程 code of practice

为实现中药材生产顺利、有序进行,保证中药材生产质量,对中药材生产的基地选址、种子种苗、种植或野生抚育、采收与产地初加工以及包装、放行与贮运等,所做的技术规定和要求,是实施中药材规范生产的核心技术要求和实施指南。

3.3 一根针 yigenzhen

贝母类药材原植物的 1 年生植株,地上部分纤细,仅有一枚萌发的子叶。

3.4 鸡舌头 jishetou

贝母类药材原植物的 2 年生植株,地上部分发育为一枚较宽叶。

3.5　一匹叶　yipiye

贝母类药材原植物的 3 年生植株,地上部分发育为 1~2 片较宽叶片,习称"一匹叶"。

3.6　树儿子　shuerzi

贝母类药材原植物的 4 年生植株,地上部分第 4 年开始抽茎,但一般不开花,习称"树儿子"。

3.7　灯笼花　denglonghua

贝母类药材原植物的 5 年及以上年生植株,地上部分第 5 年开始发育花茎和花并结实,进行生殖生长更新,习称"灯笼花"。

4　川贝母(暗紫贝母)规范化生产流程图

川贝母(暗紫贝母)规范化生产流程见图 1。

川贝母(暗紫贝母)规范化生产流程: 　　　　　　　　关键控制点及参数:

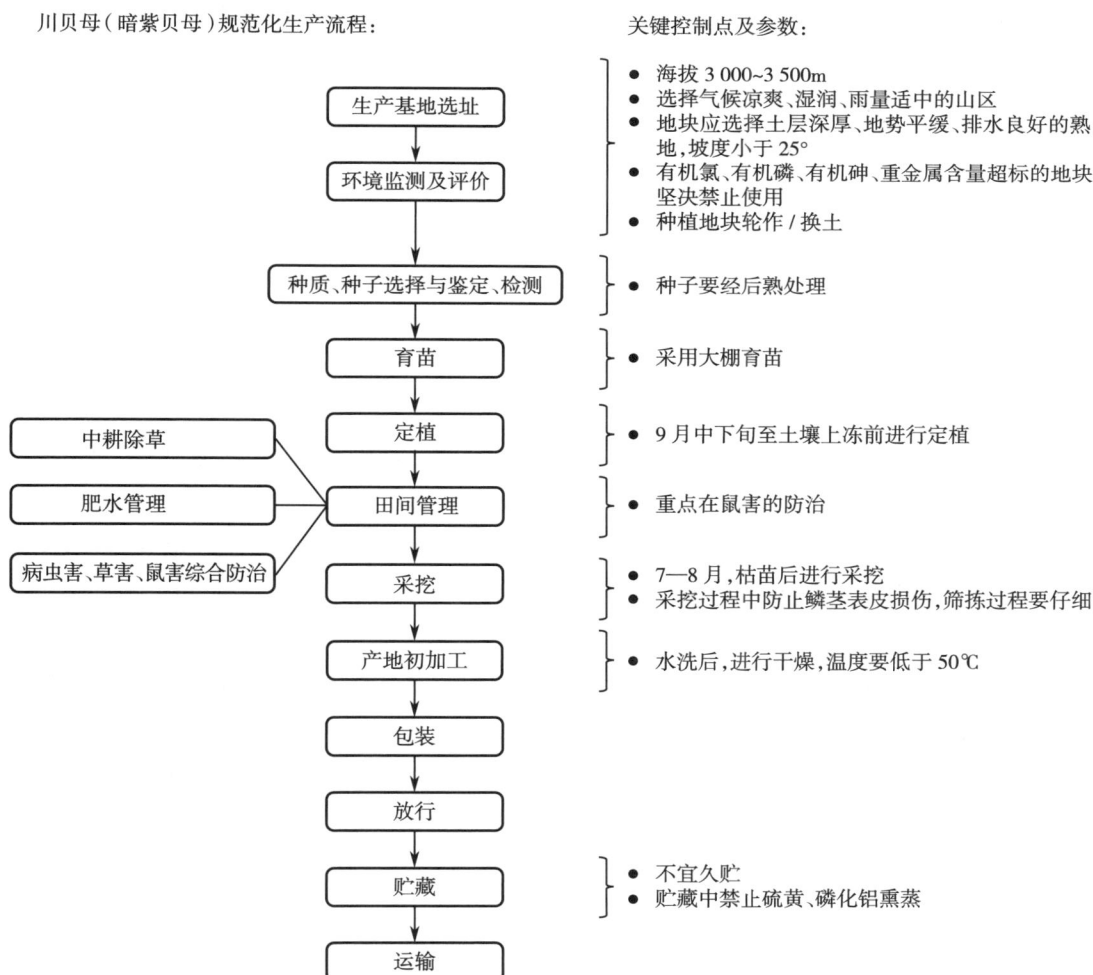

图 1　川贝母(暗紫贝母)的规范化生产流程图

5 川贝母（暗紫贝母）规范化生产技术

5.1 生产基地选址

5.1.1 产地选择

适宜种植在中纬度内陆青藏高原寒温带大陆性季风气候地区，即四川西部、甘肃南部、青海南部等有自然分布的地区。

种植地、育苗地选择在海拔 3 000~3 500m，气候凉爽、湿润、雨量适中的高原地区的坡地或平地上，年平均气温 4℃，平均降水量 550~730mm，无霜期大于 100 天。

5.1.2 地块选择

育苗和种植地块应选择土层深厚、地势平缓、排水良好的熟地，坡度小于 25°，以质地疏松、富含腐殖质的砂壤土（俗称黑泡土、黑油砂地）为宜。避免选择易洼涝、土壤易板结及盐碱含量高地块。也可利用荒地栽培，生荒地可选种一季毛叶苕子、紫苏等绿肥，秋后将植株翻入土中作肥料，以净化杂草，熟化土地，改良土壤结构并增加有机质。

新开垦结构良好的土壤连种 2~3 年暗紫贝母后会因养分过度消耗、土壤理化性质恶化、病虫害增加和有毒物质的累积出现连作障碍，暗紫贝母种植地需进行有效轮作。

5.1.3 环境监测

基地的大气、土壤和水样品的检测按照中药材 GAP 要求，应符合相应国家标准，并保证生长期间持续符合标准。环境监测可参考 GB 3095《环境空气质量标准》、GB 15618《土壤环境质量　农用地土壤污染风险管控标准（试行）》、GB 5084《农田灌溉水质标准》。

5.2 种质与种子

5.2.1 种质选择

使用百合科植物暗紫贝母 *Fritillaria unibracteata* Hsiao et K. C. Hsia，物种须经过鉴定。

5.2.2 种子质量

应使用当年采收的中等成熟度种子，经后熟处理，发芽率超过 90%，千粒重 0.6~1.1g。种子质量检测可参考 GB/T 3543《农作物种子检验规程》。

5.2.3 良种繁育

从大田中选取无病原体、健康的鳞茎作为繁殖体，以 4 年生及以上、直径 1.0~1.5cm 的鳞茎为佳，种果产量高、质量好。7—8 月，在鳞茎地上部分倒苗后，开始采挖移栽，挑选完整、无病虫害、健壮的鳞茎进行移栽，移栽密度为 300~500 颗 /m²，种植后第 1 年开花时留种，暗紫贝母种子田一经建立，可连续采集 2~3 年种子。

定植移栽结束后，基地周围挖防鼠沟，建设围栏设施、防鸟网设施。田间管理同药材生产，开花初期，可进行疏花，促进主花发育，增加种子产量。

7 月上旬，当蒴果变成黄褐色，顶端稍开裂，种子呈浅褐色时，分批分期采收。蒴果采集后，须统一层积处理，使其完成形态后熟和生理后熟过程。种子层积处理方法是：带果壳的种子，用 15~20℃温水充分浸泡 24 小时，再用过筛的细腐殖质土（含水量低于 10%，手握成团，手松散开），一层果实一层土，装入透气的塑料镂空筐内（外尺寸 485mm × 345mm × 260mm），置室内或林下阴凉、潮湿处。晾干后脱粒的种子，去除瘪粒、果皮，定量 200g 装于 50 目网袋内封好，用 15~20℃温水充分浸泡 24 小时，再用过筛的细腐殖质土（含水量约 10%，手握成团，手松散开）一层种子一层土，装入透气的网箱内，置室内或林下阴凉、潮湿处。

将处理好的种子贮藏于干燥凉爽处，温度保持于 15℃ 以下，定期检查层积土湿度，可视天气情况，3~5 天在种子保存的腐殖质土表面喷水，使贮藏湿度保持以手握腐殖质土成团，用手轻打又散开，而手上没有水印又感到有水分的状态。层积 60~90 天，完成形态后熟，可进行秋播；或将完成形态后熟的种子在低温下继续层积 90 天左右在次年进行春播。

5.3 种植

5.3.1 育苗

暗紫贝母须种子育苗移栽种植，不宜大田直播。种子育苗以塑料大棚育苗为宜，可根据田地走向，搭建大棚，棚高 3.2m、长 30m、宽 8m，棚外覆盖塑料薄膜、遮阳网等材料，棚内搭建滴灌、喷灌等设施。

育苗地根据土壤肥力情况，施入有机肥、农家肥保障有机质含量应当达到 20% 以上，施肥后翻耕，作畦或厢面，畦或厢面宽 1m，做好排水沟和人工作业道。

种子播种可以按照秋季播种和春季播种两种方式，首选春季播种。春播时间为 3 月中下旬，土壤解冻后即可开展春播。秋播时间为 10 月中下旬至土壤上冻前。播种量按每标准棚 240m² 约 1.44kg（干种子，密度约 8 000 粒 /m²），播种时均匀撒于畦面或厢面，同时将过筛土杂肥实施盖种，厚度不超过 1cm。

种子播种后，第 1、2 年生植株秋季枯苗后，都须在畦面上培土，以增加鳞茎在地表下的深度，使暗紫贝母能安全过夏和越冬。秋季倒苗后每棚用腐殖土、农家肥，加 160kg 有机肥混合后覆盖畦面 3cm 厚，然后用充分腐熟后的秸秆为覆盖物覆盖畦面或用地膜覆盖。第一年不须追肥，以后每年及鳞茎栽培的，在即将出苗或展叶后，揭去覆盖物，按每棚 2~3m³ 追施厩肥或堆肥；再于出苗 6~7 周，喷施叶面肥。

1 年生和 2 年生植株最怕干旱，特别是春季久晴不雨，应及时洒水，保持土壤湿润，洒水时宜在早晚进行。同时也要注意苗床土壤不能积水，应在早春解冻后，即将出苗前，加固畦边，疏通排水沟。

1 年生和 2 年生植株最怕强光照射，生产上必须采取荫蔽保护措施，通过大棚覆盖不同密度的遮阳网调节光强。1 年生暗紫贝母需满足荫蔽度 60%~80%，2 年生暗紫贝母需满足荫蔽度 50%~60%。

苗期应控制杂草生长，随时拔除，在拔草过程中带出幼苗应及时回栽。

种子繁殖 2~3 年后，种苗可进行大田移栽种植。

5.3.2 定植

定植移栽大田根据土壤肥力情况，施入有机肥、农家肥保障有机质含量应当达到 30% 以上，施肥后翻耕，作畦，畦面宽 1m，做好排水沟和人工作业道。

鳞茎定植栽培按照秋季移栽和春季移栽两种方式，首选秋季移栽。春季移栽时间为 4 月中下旬，土壤温度大于 0℃后即可开展作业。秋季移栽时间为 9 月中下旬至土壤上冻前。

选择完整、无病虫害、健壮的 2~3 年生鳞茎进行移栽定植,移栽密度 800~1 000 颗/m²,栽种深度 4~6cm(浮土),撒播,定植结束后用充分腐熟后的秸秆为覆盖物覆盖畦面 1~2cm。

基地周围挖防鼠沟,搭建围栏、防鸟网等设施。

5.3.3 田间管理

按照"除早、除小、除了"的原则,勤除草芽,除草时如带出小贝母应随即栽入土中。对倒苗后的贝母田,往往容易放松田间管理,引起草荒,造成地块肥力下降和来年田间管理麻烦,故应及时拔草。尽量减少使用除草剂。

非留种的暗紫贝母田,对成年植株要及时打蕾,这是一项增产的有效措施。打蕾越早,增产率越高,以花蕾未开放前摘除为好。打蕾时,应注意避免损伤植株顶部幼叶。

暗紫贝母最怕干旱,特别是春季久晴不雨,应及时洒水,保持土壤湿润,洒水时宜在早晚进行。同时也要注意苗床土壤不能积水,久雨或暴雨后注意排水防涝。应在早春解冻后,即将出苗前,加固畦边,疏通排水沟。有条件的,可在暗紫贝母田搭设滴灌、喷灌装置。

植株秋季枯苗后,都须在畦面上培土,以增加鳞茎在地表下的深度,使暗紫贝母能安全过夏和越冬。秋季倒苗后每亩(1 亩≈666.7m²,下文同)用腐殖土、农家肥,加 25kg 过磷酸钙混合后覆盖畦面 1~2cm 厚。

5.3.4 病虫害草害鼠害等防治

植保原则:"预防为主,综合防治"的指导思想和安全、有效、经济、简便的原则。因地制宜,合理地应用农业、生物、化学、物理等方法及其他有效的生态手段,把病、虫、鼠危害损失控制在经济阈值以内,达到提高经济效益、生态效益和社会效益的目的。

暗紫贝母常见病害有黄化病、锈病、白腐病、立枯病、鳞茎腐烂病,虫害主要有蛴螬、金针虫、地老虎,鼠害主要有鼢鼠等。

农业防治:排除田间积水,降低田间湿度;增加有机肥料,调节土壤酸碱度;发现病株立即拔除,集中烧毁或深埋,并用 5% 石灰水灌病窝消毒。

物理防治:安装频振式杀虫灯,诱杀地老虎等害虫。安装防鼠网,阻止鼢鼠进入基地;或进行人工捕捉。

化学防治:应当符合国家有关规定;优先选用高效、低毒的生物农药;尽量避免使用除草剂、杀虫剂和杀菌剂等化学农药;不使用禁限用农药。禁限用农药名单参见附录 A。

主要病虫鼠害防治参考方法见附录 B。

5.4 采收

可于播种后第 2~3 年的 7—8 月,枯苗后收获。选晴天采收,采收时,先将畦面清理干净、清除地上枯苗,有棚架的应先拆除棚架、地膜等设施,再用小齿耙、狭锄小心仔细刨挖,采挖时注意尽量勿伤鳞茎。

挖起的鳞茎,清除残茎、筛去泥土,按鳞茎的大小分级。直径 1.0cm 以上的鳞茎进行产地初加工;直径不足 1.0cm 的鳞茎,选择肥沃壤土加大密度栽植培育,再以高水肥精细管理 1 年,产量将大幅度增长,可显著提高种植效益。

采挖的鳞茎要及时用筛孔较密的竹筛或塑料筛淘洗,清除附着的泥沙杂物,尤其要清除鳞茎基部的黑色残留物,避免影响商品成色,清洗用水可参考 GB 5749《生活饮用水卫生标准》。洗好的鳞茎呈嫩白色,用竹席或塑料托盘(食品级,耐高温 120℃)摊放,晒干水汽后,进行烘干。放置过久或隔日加工,鲜鳞茎经空气氧化,表皮变黄,加工后影响商品成色。

5.5 产地初加工

采收的鳞茎应及时进行加工干燥。加工方法有传统日晒干燥方法和水洗后烘干的方法。烘干法应控制温度在 40~50℃,烘干过程中温度应先高后低,中途不得间断,同时注意排潮,直至鳞茎出现粉白色为止。加工过程中应使用竹、木器,禁用手和金属器械直接接触药材,禁止硫熏。

5.6 包装、放行、贮运

5.6.1 包装

包装前应对每批药材按照国家标准进行质量检验。符合国家标准的药材,采用不影响质量的编织袋等包装,禁止采用包装过肥料、农药等的包装袋包装。包装外贴或挂标签、合格证,标识牌内容应有药材名、基源、产地、批号、规格、重量、采收日期、企业名称等,并有追溯码。

5.6.2 放行

应制定符合企业实际情况的放行制度,有审核批生产、检验等的相关记录。不合格药材有单独处理制度。

5.6.3 贮运

应贮存于阴凉干燥处,定期检查,防止虫蛀、霉变、腐烂、泛油等的发生。仓库控制温度在 20℃以下、相对湿度 75% 以下;不同批次等级药材分区存放;建有定期检查制度。禁止磷化铝和硫黄熏蒸。也可采用现代气调贮藏方法,包装或库内充氮或二氧化碳。

运输应防止发生混淆、污染、异物混入、包装破损、雨雪淋湿等。

附 录 A

（规范性）

禁限用农药名单

A.1 禁止（停止）使用的农药（46 种）

六六六、滴滴涕、毒杀芬、二溴氯丙烷、杀虫脒、二溴乙烷、除草醚、艾氏剂、狄氏剂、汞制剂、砷类、铅类、敌枯双、氟乙酰胺、甘氟、毒鼠强、氟乙酸钠、毒鼠硅、甲胺磷、对硫磷、甲基对硫磷、久效磷、磷胺、苯线磷、地虫硫磷、甲基硫环磷、磷化钙、磷化镁、磷化锌、硫线磷、蝇毒磷、治螟磷、特丁硫磷、氯磺隆、胺苯磺隆、甲磺隆、福美胂、福美甲胂、三氯杀螨醇、林丹、硫丹、溴甲烷、氟虫胺、杀扑磷、百草枯、2,4- 滴丁酯。

注：氟虫胺自 2020 年 1 月 1 日起禁止使用。百草枯可溶胶剂自 2020 年 9 月 26 日起禁止使用。2,4- 滴丁酯自 2023 年 1 月 29 日起禁止使用。溴甲烷可用于"检疫熏蒸处理"。杀扑磷已无制剂登记。

A.2 在部分范围禁止使用的农药（20 种）

部分范围禁止使用的农药应注意药食同源中药材及来自其他作物的中药材。部分范围禁止使用的农药见表 A.1。

表 A.1 部分范围禁止使用的农药

通用名	禁止使用范围
甲拌磷、甲基异柳磷、克百威、水胺硫磷、氧乐果、灭多威、涕灭威、灭线磷	禁止在蔬菜、瓜果、茶叶、菌类、中草药材上使用,禁止用于防治卫生害虫,禁止用于水生植物的病虫害防治
甲拌磷、甲基异柳磷、克百威	禁止在甘蔗作物上使用
内吸磷、硫环磷、氯唑磷	禁止在蔬菜、瓜果、茶叶、中草药材上使用
乙酰甲胺磷、丁硫克百威、乐果	禁止在蔬菜、瓜果、茶叶、菌类和中草药材上使用
毒死蜱、三唑磷	禁止在蔬菜上使用
丁酰肼（比久）	禁止在花生上使用
氰戊菊酯	禁止在茶叶上使用
氟虫腈	禁止在所有农作物上使用（玉米等部分旱田种子包衣除外）
氟苯虫酰胺	禁止在水稻上使用

A.3 说明

本附录的内容来自 2019 年中华人民共和国农业农村部发布的《禁限用农药名录》（http://www.zzys.moa.gov.cn/gzdt/201911/t20191129_6332604.htm）。

附 录 B

（资料性）

川贝母常见病虫害防治的参考方法

川贝母常见病虫害药剂防治的参考方法参见表 B.1。

表 B.1 川贝母常见病虫害防治参考方法

病虫害名称	防治时期	推荐防治方法	安全间隔期 /d
锈病	发生初期 / 发生时	石硫合剂喷洒,按照农药标签使用	≥20
		敌锈钠喷洒,按照农药标签使用	
		三唑酮喷洒,按照农药标签使用	
		苯醚甲环唑喷洒,按照农药标签使用	
白腐病	发生时	石灰水浇灌	≥7
		多菌灵浇灌,按照农药标签使用	≥15
立枯病	发生初期	甲霜·噁霉灵喷施,按照农药标签使用	≥15
		波尔多液喷洒,按照农药标签使用	≥5
蛴螬	危害期	敌百虫喷灌,按照农药标签使用	≥28
		阿维菌素乳油喷灌,按照农药标签使用	≥15
		辛硫磷喷灌,按照农药标签使用	≥15
金针虫	危害期	敌百虫喷灌,按照农药标签使用	≥28
		阿维菌素乳油喷灌,按照农药标签使用	≥15
		辛硫磷喷灌,按照农药标签使用	≥15
地老虎	危害期	敌百虫拌毒饵诱杀,按照农药标签使用	≥28
		辛硫磷喷灌,按照农药标签使用	≥5
鼢鼠	全年	地块四周地下土壤预埋约 1m 深防鼠网	无
		掘洞捕杀,埋设地箭,捕捉笼等人工捕捉	

附 录 C

（资料性）

川贝母生产允许使用的化学农药的种类及其使用方法

川贝母生产允许使用的化学农药的种类及其使用方法参见表 C.1。

表 C.1 川贝母生产允许使用的化学农药的种类及其使用方法

类别	通用名	作用对象	使用方法（生长季）	使用量（浓度）	安全隔离期 /d
杀虫剂	阿维·吡虫啉	蛴螬	药土法	按说明书推荐用量	30
注：以上是国家目前允许使用的农药品种，新农药必须经有关技术部门试验并经过农业农村部批准在贝母药材上登记后才能使用					

参考文献

［1］国家药典委员会.中华人民共和国药典:2020版一部［M］.北京:中国医药科技出版社,2020.

［2］潘宣.名贵中药材绿色栽培技术:百合 川贝母 平贝母 伊贝母［M］.北京:科学技术文献出版社,2004.

［3］黄璐琦.川贝母生产加工适宜技术［M］.北京:中国医药科技出版社,2018.

［4］陈士林.中国药材产地生态适宜性区划［M］.2版.北京:科学出版社,2017:63-66.

［5］刘辉.川贝母产地适应性分析及基于成分分析的采收加工方法研究［D］.成都:成都中医药大学,2009.

［6］伍燕华,付绍兵,黄开荣,等.川贝母种子质量分级标准研究［J］.种子,2012,31(12):104-108.

［7］徐云,谢慧敏,谢慧淦,等.不同采收期栽培卷叶贝母与暗紫贝母的质量比较［J］.华西药学杂志,2018,33(5):515-518.

［8］徐云,谢慧敏,谢慧淦,等.川贝母栽培品的性状分类［J］.华西药学杂志,2018,33(2):216-218.

［9］向丽,韩建萍,陈士林.人工栽培川贝母种苗质量标准研究［J］.环球中医药,2011,4(2):91-94.

［10］马靖,伍燕华,付绍兵,等.遮阴对栽培川贝母光合特性的影响［J］.贵州农业科学,2014,42(10):69-73.

［11］张礼,伍燕华,付绍兵,等.栽培密度和施肥对川贝母生长和产量的影响［J］.江苏农业科学,2017,45(3):119-121.

［12］伍燕华.川贝母(*Fritillaria cirrhosa*)栽培中关键技术的初步研究［D］.成都:成都中医药大学,2014.

［13］马靖.栽培川贝母品质调控技术的初步研究［D］.成都:成都中医药大学,2016.

［14］李西文.川贝母保护生物学研究［D］.北京:北京协和医学院,2009.

ICS 65.020.20
CCS C 05

团 体 标 准

T/CACM 1374.20—2021

川牛膝规范化生产技术规程

Code of practice for good agricultural practice of Cyathulae Radix

2021-10-15 发布

2021-10-15 实施

中华中医药学会　发布

目　次

前　　言

本文件按照 GB/T 1.1—2020《标准化工作导则　第 1 部分：标准化文件的结构和起草规则》的规定起草。

请注意本文件中的某些内容可能涉及专利。本文件的发布机构不承担识别专利的责任。

本文件由中国医学科学院药用植物研究所、重庆市中药研究院和重庆鼎立元药业有限公司提出。

本文件由中华中医药学会归口。

本文件起草单位：重庆市中药研究院、重庆鼎立元药业有限公司和中国医学科学院药用植物研究所、重庆市药物种植研究所。

本文件主要起草人：李隆云、丁刚、宋旭红、梅鹏颖、刘启会、赵申平、魏建和、王文全、杨小玉、辛元尧、王苗苗。

川牛膝规范化生产技术规程

1 范围

本文件确立了川牛膝的规范化生产流程,规定了川牛膝生产基地选址、种质要求、种苗繁育、种植、采收、产地初加工、包装、放行、贮运等阶段的操作要求。

本文件适用于川牛膝的规范化生产。

2 规范性引用文件

下列文件的内容通过文中的规范性引用而构成本文件必不可少的条款。其中,注明日期的引用文件,仅该日期对应的版本适用于本文件;不注明日期的引用文件,其最新版本(包括所有的修改单)适用于本文件。

DB511827/T001—2013 宝兴川牛膝标准化生产技术操作规程

GB 3095 环境空气质量标准

GB 5084 农田灌溉水质标准

GB 15618 土壤环境质量 农用地土壤污染风险管控标准(试行)

GB/T 3543 农作物种子检验规程

GB 7414 主要农作物种子包装

GB/T 7415 农作物种子贮藏

GB 20464 农作物种子标签通则

T/CACM 1374.1—2021 中药材规范化生产技术规程通则 植物药材

3 术语和定义

T/CACM 1374.1—2021 界定的以及下列术语和定义适用于本文件。

3.1 规范化生产 good agricultural practice

按照《中药材生产质量管理规范》(简称中药材 GAP)的要求,实施药材生产,保证中药材优质安全的生产过程。

3.2 技术规程 code of practice

为实现中药材生产顺利、有序进行,保证中药材生产质量,对中药材生产的基地选址、种子种苗、种植或野生抚育、采收与产地初加工以及包装、放行与贮运等,所做的技术规定和要求,是实施中药材规范生产的核心技术要求和实施指南。

4 川牛膝规范化生产流程图

川牛膝规范化生产流程见图1。

川牛膝规范化生产流程：

```
生产基地选址
     ↓
环境监测及评价
     ↓
种苗选择与鉴定、检测
     ↓
    整地
     ↓
   育苗移栽
     ↓
   田间管理  ← 补苗
             ← 中耕除草
             ← 肥水管理
             ← 病虫害综合防治
     ↓
    采挖
     ↓
 产地初加工
     ↓
    包装
     ↓
    放行
     ↓
    贮藏
     ↓
    运输
```

关键控制点及参数：

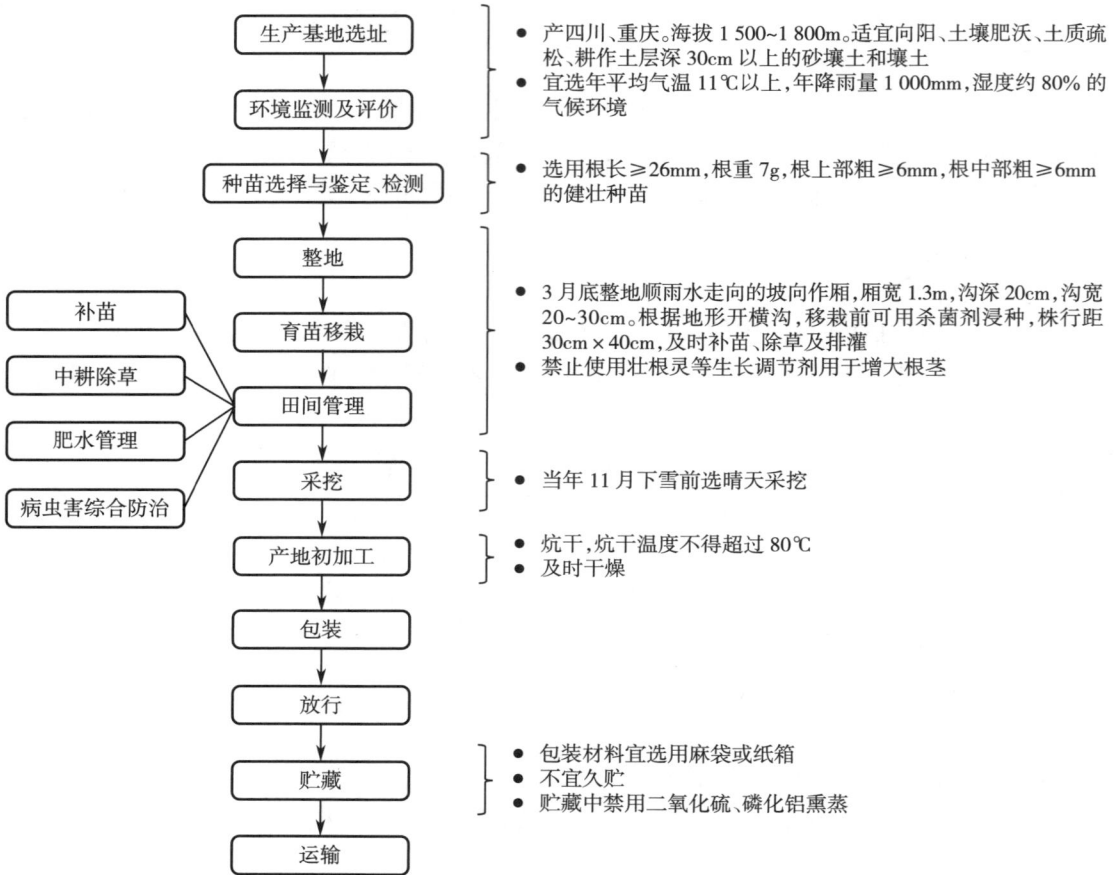

- 产四川、重庆。海拔1 500~1 800m。适宜向阳、土壤肥沃、土质疏松、耕作土层深30cm以上的砂壤土和壤土
- 宜选年平均气温11℃以上，年降雨量1 000mm，湿度约80%的气候环境

- 选用根长≥26mm，根重7g，根上部粗≥6mm，根中部粗≥6mm的健壮种苗

- 3月底整地顺雨水走向的坡向作厢，厢宽1.3m，沟深20cm，沟宽20~30cm。根据地形开横沟，移栽前可用杀菌剂浸种，株行距30cm×40cm，及时补苗、除草及排灌
- 禁止使用壮根灵等生长调节剂用于增大根茎

- 当年11月下雪前选晴天采挖

- 炕干，炕干温度不得超过80℃
- 及时干燥

- 包装材料宜选用麻袋或纸箱
- 不宜久贮
- 贮藏中禁用二氧化硫、磷化铝熏蒸

图1 川牛膝的规范化生产流程图

5 川牛膝规范化生产技术

5.1 生产基地选址

5.1.1 产地选择

四川省金河口区、宝兴县、天全县等；重庆市巫山县、奉节县、巫溪县、城口县等；湖北省利川市、恩施市、建始县等地适宜生长。适宜于土层深厚、疏松肥沃，土壤上层富含腐殖质、下层保水保肥力较强的砂壤土、壤土和黏壤土，川牛膝适应性较强，喜温暖、湿润的气候条件，忌水涝，在15~25℃的温度下生长良好，在−5℃左右地区栽培可安全越冬。川牛膝产区平均温度在11.3℃，大于10℃的积温4 500℃左右，最低温−5℃，最高温33.9℃。川牛膝生长期需要10℃以上的积温4 000℃以上。要求全年光照时数在1 000小时以上，整个生育期

日照时数大于 3 000 小时。川牛膝生长期间要求降雨量 1 500mm 左右,全年平均相对湿度 80%~90%。海拔在 1 200~2 400m 地区都能生长,以 1 500~1 800m 生长佳。

5.1.2 地块选择

海拔 1 500~1 800m,适宜向阳的缓坡地或丘陵地带种植,平地可选择水位低的土地栽种。川牛膝忌连作,应选向阳、土壤肥沃、土层深厚、土质疏松、排水良好、耕作土层 30cm 以上的砂壤土和壤土,pH 微酸性至中性。土类以紫色土和黄壤土为主,pH 中性或偏酸性,pH 5.0~7.0。忌潮湿。土质黏重,根细短,且易发生烂根。砂土或砂壤土栽培,则侧根和须根多,主根瘦小,质地虚泡,品质差。须轮作。

5.1.3 环境监测

生产基地的空气质量应符合 GB 3095 规定的环境空气质量标准,灌溉水质量应符合 GB 5084 规定的农田灌溉水质标准,土壤质量应符合 GB 15618 的规定。

5.2 种质与种子

5.2.1 种质选择

使用苋科植物川牛膝 Cyathula officinalis Kuan.,物种须经过鉴定。如使用农家品种或选育品种应加以明确。

5.2.2 种子种苗质量

选用 1 年生种苗,根长≥26mm,根重 7g,根上部粗≥6mm,根中部粗≥6mm 的健壮种苗。经检验符合相应标准。

选用 2 年生川牛膝植株所结种子,种子净度≥96%,千粒重≥23g,发芽率≥50%,含水量 11.0% 以下。

种子检验、包装、贮藏应符合 GB/T 3543《农作物种子检验规程》、GB 7414《主要农作物种子包装》、GB/T 7415《农作物种子贮藏》和 GB 20464《农作物种子标签通则》的规定。

5.2.3 良种繁育

稀植,行距 60cm,株距 50cm,田间管理同药材生产。果实期根外喷施磷酸二氢钾。选取 2 年生植株结的种子,果实为黄褐色,种子为棕色,带红光为成熟种子。分期分批及时采收,摊放于室内让其自然阴干贮存,装入纸袋或布袋内,贮藏于干燥凉爽处。

5.3 种植

5.3.1 育苗

5.3.1.1 选地、整地

应选择避风半阴半阳、海拔 1 500~1 800m 的适宜生长区域。3 月底整地,整地时每亩(1 亩≈666.7m²,下文同)可施入有机肥 2 000~3 000kg。除净土中的杂草和草根,顺雨水走向的坡向作厢,厢宽 1.3m,沟深 20cm,沟宽 20~30cm。根据地形开横沟,开厢后将厢内的土壤整细,厢面赶平。育苗地四周挖 20~30cm 深沟排水。

5.3.1.2 播种

种子撒播前要用"两开一冷"的(即两瓢开水一瓢冷水)水进行浸种 6~8 小时,用多菌灵对种子进行杀菌处理,撒种前 4 小时将种子滤干,用草木灰或细腐殖土混匀播种。川牛膝播种时间为 4 月 10 日—5 月 10 日,宜早为好。条播、撒播均可。条播,沟心距 30cm,沟宽 10cm;条播、每亩撒播播种量为 1.5~2.0kg(带果壳需 20kg)。

5.3.1.3 施肥

根据川牛膝的养分需求特点和土壤肥力状况科学配方施肥,追肥结合中耕除草进行。制作苗床时,亩施磷肥 20~30kg、尿素 10kg 和钾肥 5kg 作底肥。第二次施肥时间为 7 月中旬,亩施尿素 15~20kg、钾肥 10~15kg;第三次施肥时间 9 月中旬,亩施尿素 5~10kg、钾肥 5~10kg。

5.3.1.4 苗期管理

育苗期间,出现烈日或温度过高,应及时搭设遮阳网。有草即拔,分别于 5 月下旬、7 月中旬、9 月中旬各除草 1 次,苗小时宜浅耕浅除。封厢后,可根据杂草生长情况适时拔草。苗期主要病害有白粉病等,主要虫害有红蜘蛛,防治方法参照附录 B。

5.3.1.5 起苗

10 月底打霜前 5~7 天,将上部用镰刀割去,在根部分裂发有抱耳上部 1cm 处割去地上部分为佳。选择晴天、阴天采挖种根带泥土,边挖边选,捆成 1.0~1.5kg 小捆(50 株)进行越冬保管。川牛膝苗要及时栽植,若不能及时栽完,可放在阴湿的屋内地上,根系朝下一捆挨一捆竖放在地面,四周用土围上,上面放一些树枝、草作覆盖物防阳光照射,然后运至栽培地。

5.3.2 定植

移栽期为 3 月 20 日—4 月 15 日,株行距 30cm×40cm。移栽前,种苗要用多菌灵和根腐灵浸根 1 小时,大中小苗分类移栽。选择生长健康的根,芦头向上,斜放入沟内,芽离地面 3cm 左右,深度可盖 3~4cm 薄土,再亩施农家肥 2 000~2 500kg、复合肥 50kg 混合肥料(未施用底肥的地块)或亩施磷肥 40kg、氮肥 10kg 和钾肥 10kg 作底肥,肥料与种根距离 5~7cm,盖肥盖苗时注意根芽处不宜盖土过深,根苗尾端不宜过浅,一般厚度不低于 10cm,浅土盖芽头主要是在清明前后栽苗防止霜,如谷雨后栽苗,应把芽头直接露在土面。

5.3.3 田间管理

5 月中旬结合除草施肥进行定苗,如有缺苗,应选阴雨天带土补栽。封厢后,可根据杂草生长情况适时拔草。种植地四周开好排水沟,地块较大的应在中央开腰沟。雨季应注意排水防涝。一般不需灌溉,特殊气候可根据土壤墒情适时浇水。第二次施肥时间为 7 月上旬,亩施尿素 20kg、钾肥 20~30kg,第三次施肥时间为 9 月中旬,亩施尿素 10kg、钾肥 10kg。追肥后如需要培土 1 次,深度 3~5cm,以刚露出芦头为准。当营养充足时,植株生长茂盛,要及时摘去多余叶片,促进地根生长。

提蔸:待牛膝出苗 4~7cm 时,在盖肥除草的同时进行第一次提蔸,用脚轻踩根苗下部,防止提蔸时根苗全身翻动,再将芽根接触部位提出土面 3cm 左右,主要作用是破坏芽头与主根处萌发新根,促进下部主根生长。第二次追肥提蔸在夏至后 5~10 天进行,第二次提蔸无须轻踩根苗下部,只把苗根提出土面,大苗可提出土面 10~12cm,中下苗只能提出土面 7~10cm。

5.3.4 病虫害防治

川牛膝虫害极少,但病害易发。主要病害有白锈病、叶斑病等,虫害有线虫病等。

应采用预防为主、综合防治的方法:有机肥必须充分腐熟;选用无病害感染、无机械损伤优质种苗,禁用带病苗;及时清沟排水;发现病株及时拔除,集中销毁,每穴撒入草木灰100g或生石灰200~300g,进行局部消毒;每年秋冬季及时清园。

采用化学防治时,应当符合国家有关规定;尽量避免使用除草剂、杀虫剂和杀菌剂等化学农药;不使用禁限用农药(附录A)。严格执行中药材规范化生产可限制使用的化学农药种类规定,或选用经过农业技术部门试验后推荐的高效、低毒、低残留农药,控制农药安全间隔期、施药量和施药次数,注意不同作用机制的农药交替使用和合理混用,避免产生抗药性。不应使用除草剂及高毒、高残留等禁限用农药。川牛膝病虫害的防治参照附录B。

5.4 采收

移栽当年的11月中下旬下雪前采挖。种子直播的第3年的11月中下旬采收(符合DB511827/T001—2013《宝兴川牛膝标准化生产技术操作规程》规定)。选择晴天先割去茎叶,刨出根,抖净根部泥土,砍去芦头。要求深挖,减少断根。

5.5 产地初加工

川牛膝产地初加工方法主要采用直接炕干法,二次烘干法。

直接炕干法:将川牛膝砍掉芦头,撞掉泥沙或洗尽泥沙,理顺扎成15kg一捆。采用烘房烘干。鲜药材平铺在炕架上,外用鼓风机向炕床吹入热风,使受热均匀,约3天后取出。炕干过程严格控制温度,炕干温度不得超过80℃。

5.6 包装、放行、贮运

5.6.1 包装

包装前应对每批药材按照国家标准进行质量检验。符合国家标准的药材,采用不影响质量的编织袋等包装,禁止采用包装过肥料、农药等的包装袋包装。包装外贴或挂标签、合格证,标识牌内容应有药材名、基源、产地、批号、规格、重量、采收日期、企业名称等,并有追溯码。

5.6.2 放行

应制定符合企业实际情况的放行制度,有审核批生产、检验等的相关记录。不合格药材有单独处理制度。

5.6.3 贮运

应贮存于阴凉干燥处,定期检查,防止虫蛀、霉变、腐烂、泛油等的发生。仓库控制温度在20℃以下、相对湿度75%以下;不同批次等级药材分区存放;建有定期检查制度。禁止磷化铝和二氧化硫熏蒸。也可采用现代气调贮藏方法,包装或库内充氮或二氧化碳。

运输应防止发生混淆、污染、异物混入、包装破损、雨雪淋湿等。

附 录 A

（规范性）

禁限用农药名单

A.1 禁止（停止）使用的农药（46 种）

六六六、滴滴涕、毒杀芬、二溴氯丙烷、杀虫脒、二溴乙烷、除草醚、艾氏剂、狄氏剂、汞制剂、砷类、铅类、敌枯双、氟乙酰胺、甘氟、毒鼠强、氟乙酸钠、毒鼠硅、甲胺磷、对硫磷、甲基对硫磷、久效磷、磷胺、苯线磷、地虫硫磷、甲基硫环磷、磷化钙、磷化镁、磷化锌、硫线磷、蝇毒磷、治螟磷、特丁硫磷、氯磺隆、胺苯磺隆、甲磷隆、福美胂、福美甲胂、三氯杀螨醇、林丹、硫丹、溴甲烷、氟虫胺、杀扑磷、百草枯、2,4-滴丁酯。

注：氟虫胺自 2020 年 1 月 1 日起禁止使用。百草枯可溶胶剂自 2020 年 9 月 26 日起禁止使用。2,4-滴丁酯自 2023 年 1 月 29 日起禁止使用。溴甲烷可用于"检疫熏蒸处理"。杀扑磷已无制剂登记。

A.2 在部分范围禁止使用的农药（20 种）

部分范围禁止使用的农药应注意药食同源中药材及来自其他作物的中药材。部分范围禁止使用的农药见表 A.1。

表 A.1　部分范围禁止使用的农药

通用名	禁止使用范围
甲拌磷、甲基异柳磷、克百威、水胺硫磷、氧乐果、灭多威、涕灭威、灭线磷	禁止在蔬菜、瓜果、茶叶、菌类、中草药材上使用,禁止用于防治卫生害虫,禁止用于水生植物的病虫害防治
甲拌磷、甲基异柳磷、克百威	禁止在甘蔗作物上使用
内吸磷、硫环磷、氯唑磷	禁止在蔬菜、瓜果、茶叶、中草药材上使用
乙酰甲胺磷、丁硫克百威、乐果	禁止在蔬菜、瓜果、茶叶、菌类和中草药材上使用
毒死蜱、三唑磷	禁止在蔬菜上使用
丁酰肼（比久）	禁止在花生上使用
氰戊菊酯	禁止在茶叶上使用
氟虫腈	禁止在所有农作物上使用（玉米等部分旱田种子包衣除外）
氟苯虫酰胺	禁止在水稻上使用

A.3 说明

本附录的内容来自 2019 年中华人民共和国农业农村部发布的《禁限用农药名录》（ http://www.zzys.moa.gov.cn/gzdt/201911/t20191129_6332604.htm ）。

附　录　B

（资料性）

川牛膝常见病虫害防治的参考方法

川牛膝常见病虫害防治的参考方法见表 B.1。

表 B.1　川牛膝常见病虫害的防治方法

序号	防治对象	推荐药剂及使用时期、方法	其他防治方法
1	白锈病	3月上旬用甲基硫菌灵或用甲霜灵、波尔多液等药剂防治。施用按照农药标签使用	培育和选用抗病品种；注意轮作，深耕和清除病残组织；春寒多雨季节，开沟排水降低田间湿度
2	叶斑病	发病初期喷洒波尔多液防治；防治蜘蛛、造桥虫等害虫危害叶片，发生期用甲基硫菌灵液，或用甲霜灵、波尔多液喷杀。施用按照农药标签使用	及时清除病残落叶。开沟排湿
3	黑头病	无	多发生于春夏季，主要是芦头盖上太薄，冬季受冻害，引起发黑霉烂。防治方法：注意排水防涝，冬季培土
4	线虫	发现病株要及时扒开土检查，切除病根或拔除病株，并在病穴处撒上石灰粉，覆土压实，防止蔓延。阿维菌素灌根防治线虫。施用按照农药标签使用	选择无病块根和种子作种。不选用发病地块，轮作。春季栽前晒土。可在 1 500m 以上海拔种植，减少发病

ICS 65.020.20
CCS C 05

团 体 标 准

T/CACM 1374.21—2021

川芎规范化生产技术规程

Code of practice for good agricultural practice of Chuanxiong Rhizoma

2021-10-15 发布

2021-10-15 实施

中华中医药学会　发布

目　次

前　言

本文件按照 GB/T 1.1—2020《标准化工作导则　第 1 部分：标准化文件的结构和起草规则》的规定起草。

请注意本文件中的某些内容可能涉及专利。本文件的发布机构不承担识别专利的责任。

本文件由中国医学科学院药用植物研究所和成都中医药大学提出。

本文件由中华中医药学会归口。

本文件起草单位：成都中医药大学、道地药材产业技术创新中心、四川省中药材有限责任公司、四川嘉道博文生态科技有限公司、四川省中医药科学院、上海市药材有限公司、四川上药申都中药有限公司、中国医学科学院药用植物研究所、重庆市药物种植研究所。

本文件主要起草人：李敏、胡尚钦、郭鼎、张雪、刘薇、李青苗、张德林、喻文、任敏、康作为、冉雪欢、何建、宋媛媛、郭俊霞、吴萍、敬勇、蔡晓洋、戴维、朱光明、李琦、黄维、罗杰、魏建和、王文全、王秋玲、杨小玉、辛元尧、王苗苗。

川芎规范化生产技术规程

1 范围

本文件确立了川芎规范化生产流程,规定了川芎的生产基地选址、种质要求、种苗繁育、种植、采收、产地初加工、包装、放行、贮运等阶段的操作要求。

本文件适用于川芎的规范化生产。

2 规范性引用文件

下列文件中的内容通过文中的规范性引用而构成本文件必不可少的条款。其中,注明日期的引用文件,仅该日期对应的版本适用于本文件;不注明日期的引用文件,其最新版本(包括所有的修改单)适用于本文件。

《中华人民共和国药典》

GB 3095 环境空气质量标准

GB 5084 农田灌溉水质标准

GB 15618 土壤环境质量 农用地土壤污染风险管控标准(试行)

GB/T 21823—2008 地理标志产品 都江堰川芎

T/CACM 1374.1—2021 中药材规范化生产技术规程通则 植物药材

3 术语和定义

T/CACM 1374.1—2021 界定的以及下列术语和定义适用于本文件。

3.1 规范化生产 good agricultural practice

按照《中药材生产质量管理规范》(简称中药材 GAP)的要求,实施药材生产,保证中药材优质安全的生产过程。

3.2 技术规程 code of practice

为实现中药材生产顺利、有序进行,保证中药材生产质量,对中药材生产的基地选址、种子种苗、种植或野生抚育、采收与产地初加工以及包装、放行与贮运等,所做的技术规定和要求,是实施中药材规范生产的核心技术要求和实施指南。

3.3 川芎 Chuanxiong Rhizoma

伞形科植物川芎 *Ligusticum chuanxiong* Hort. 的干燥根茎。

3.4 苓种 lingzhong

为山区培育的川芎茎秆,剪成中部带节盘的小段,用于坝区大田栽培的繁殖材料,亦称"苓子"。

3.5 茴香秆 huixianggan

无明显膨大节的徒长茎。

3.6 土苓子 tulingzi

苓秆靠近地面的第 1~2 个茎节部分。

3.7 扦子 Qianzi

苓秆最上面的 1~2 个节盘。

3.8 正山系 zhengshanxi

土苓子以上、扦子以下的中间部分节盘。

3.9 奶芎 naixiong

冬至到立春前,从坝区采挖的未成熟川芎根茎,用于山区培育苓种,亦称"抚芎"。

3.10 山川芎 shanchuanxiong

苓种采收后地下的根茎部分。

3.11 苓子系数 lingzi coefficient

节盘直径与节盘下 5mm 处茎秆直径的比值。

3.12 撞根 hit the root

将具须根的川芎放入竹撞兜或铁网滚筒式撞根设备中,撞去须根和泥沙的过程。

4 川芎规范化生产流程图

川芎规范化生产流程见图 1。

川芎规范化生产流程:

关键控制点及参数:

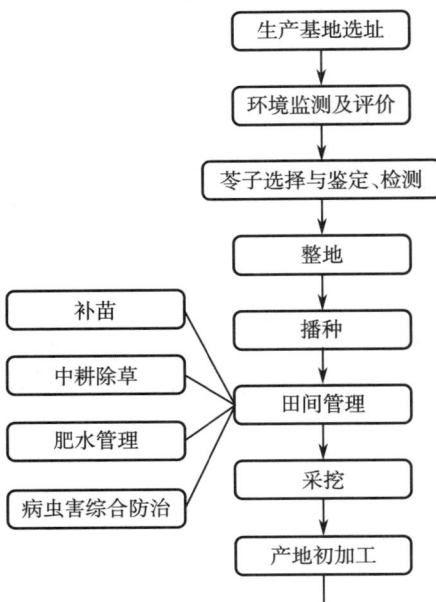

生产基地选址
→ 环境监测及评价
→ 苓子选择与鉴定、检测
→ 整地
→ 播种
→ 田间管理 ← 补苗、中耕除草、肥水管理、病虫害综合防治
→ 采挖
→ 产地初加工

- 宜选四川道地产区及主产区,苓种繁育地海拔 900~1 500m,地势平坦,无积水、无连作;种植地海拔 500m 左右,中性或微酸性的砂壤土
- 宜选年平均气温约 15℃,年降水量 700~1 400mm,湿度约 80%,无霜期≥300 天的气候环境

- 选用优质正山系和健壮粗大的土苓子,即节盘直径14~19mm,茎秆直径 4~9mm,苓子系数 2.3~2.9

- 8 月中旬至下旬播种,开厢理沟,厢宽 1.8m,沟宽 33cm,沟深 20~25cm,播种前可用杀菌剂浸种,种植密度株行距 20cm × 30cm,播种时苓种节盘芽嘴向上或向侧面,及时补苗、除草及排灌
- 禁止使用壮根灵等生长调节剂用于增大根茎

- 次年 5 月 20 日(小满前后)后 10 天内采收,选择晴天采收

- 采收后抖掉泥土,直接晒干或炕干,防止霉变;炕干温度不应超过 70℃
- 及时干燥、不可淋雨

- 包装材料宜选用麻袋或纸箱
- 贮藏期不宜超过 24 个月
- 贮藏中禁用硫黄、磷化铝熏蒸

图 1　川芎的规范化生产流程图

5　川芎规范化生产技术

5.1　生产基地选址

5.1.1　产地选择

川芎的道地产区在成都平原一带,主产区在四川彭州、眉山、什邡等地,适宜种植在四川盆地中央丘陵平原区的成都平原亚区和岷江中上游的交汇过渡带。主要分布在成都平原的都江堰、彭州、眉山、崇州、郫都、什邡等地。

种植地宜选择生态环境良好,远离污染源,并具有可持续生产能力的生产区域,海拔500m 左右的冲积平原一级阶地上。川芎苓种繁育基地可选址于四川省汶川、都江堰、彭州和什邡等海拔高度在 900~1 500m 的山区。

5.1.2　地块选择

药材生产地不能连作,须水旱轮作。

选择地势较高、向阳、土层深厚,土壤疏松肥沃,灌溉排水条件良好,有机质含量丰富,中性或微酸性的砂壤土。

苓种繁育地每年轮换,选择前 1~2 年没有育过苓种的地块,以减少病虫危害。选择地势较为平坦、土层较厚、土壤较肥沃、排水良好的山区向阳熟地。

5.1.3　环境监测

基地的大气、土壤和水样品的检测应按照 GAP 要求,符合相应国家标准,并保证生长期间持续符合标准。气候条件应符合 GB/T 21823—2008 的规定,土壤质量应符合 GB 15618 的规定,空气质量应符合 GB 3095 规定的环境空气质量标准,灌溉用水质量应符合 GB 5084 规定的农田灌溉水质标准。

5.2　种质与种子

5.2.1　种质选择

使用伞形科植物川芎 *Ligusticum chuanxiong* Hort. 为物种来源,其物种须经过鉴定。如使用农家品种或选育品种应加以明确。

5.2.2　苓种质量

选用优质正山系和健壮粗大的土苓子,即节盘直径 14~19mm,茎秆直径 4~9mm,苓子系数 2.3~2.9。同时去除遭病虫害后没有芽嘴的或已发芽的劣质苓种。

5.3 苓种繁育

5.3.1 整地

在选好的苓种繁育地上,浅挖松土,深度 20~25cm,除去地上杂草和大石块,耙细整平表土,依地势和排水条件开厢,厢宽 1.6m。厢间开沟,沟深 15~20cm,沟宽 20~25cm,土地四周挖好排水沟,沟深 20~25cm。

5.3.2 抚芎起挖、选择、处理

1 月中上旬(小寒至大寒间)栽种抚芎。栽种前一周,从坝区川芎地里起挖生长健壮的植株,去掉地上部分及根茎上的须根、泥土,选择个圆、芽多、根壮、紧实、无病虫危害、直径 ≥3cm 的抚芎,装入编织袋或麻袋中,置阴凉通风处晾 5~6 天,运往山上苓种繁育地栽种。

5.3.3 抚芎分类与栽种密度

将抚芎按大、中、小分类,并按下列规格栽种:

直径 6.5cm 左右的抚芎,株行距 30cm×35cm。

直径 5.0cm 左右的抚芎,株行距 27cm×27cm。

直径 3.5cm 左右的抚芎,株行距 21cm×21cm。

5.3.4 栽种

按大、中、小抚芎不同栽种规格打窝,分片栽种,每窝栽种一个抚芎,芽眼朝上。栽种前窝底施适量草木灰,栽种后覆盖薄土,并施少量腐熟有机肥。

5.3.5 匀苗定苗

春分(3 月 20 日)至清明(4 月 5 日)苗高 12cm 左右时进行疏苗定苗,扒开株边泥土,露出根茎顶端,选留粗细均匀、生长健壮的茎秆 8~12 根,其余弱小茎秆从基部全部割断。

5.3.6 施肥

根据川芎植株的生长、土壤肥力等进行施肥,可考虑进行两次施肥,第一次:结合匀苗定苗进行,每亩(1 亩≈666.7m²,下文同)施用油枯 50~100kg、腐熟有机肥 1 500kg(按肥:清水 =1:3 比例施用)。第二次:5 月封行后,对长势较弱的地块,进行根外追肥 1~2 次,每亩施氮肥 0.47kg(以纯 N 计)、磷酸二氢钾 200g,兑水 150kg。

5.3.7 中耕除草

抚芎栽种后,行间可覆盖一层秸秆,以后进行人工除草三次。第一次与匀苗定苗同时进行。第二次于 4 月 20 日左右进行。第三次于 5 月 20 日左右进行。

5.3.8 插枝扶秆

于苗高 40cm 时进行。每窝植株旁插 1 根直径 1~2cm、高 1m 左右、上部带 2~3 个竹枝的竹竿。

5.3.9 水分管理

保持地块四周排水良好,遇干旱天气及时浇水。

5.3.10 病虫害防治

贯彻"预防为主,综合防治"的植保方针。以农业防治为基础,提倡生物防治和物理防治,科学应用化学防治技术的原则。

农业防治：排除田间积水，降低田间湿度；发现病株及时拔除，集中销毁，每穴撒入草木灰 100g 或生石灰 200~300g，进行局部消毒。

物理防治：在苓种地安装频振式杀虫灯，诱杀金龟子和地老虎等害虫。

化学防治：原则上以施用生物源农药为主。不使用禁限用农药，主要病虫害防治的参考方法见附录 B。

5.3.11　采收与贮运

7 月底至 8 月上旬，茎上节盘显著突出，并略带紫色时，选择阴天或晴天清晨露水干后收获。采收时拔出全株，去除山川芎、叶片、扦子节段，剔除病、弱茎秆和苗香秆，将健全苓秆打成捆。将打成捆的苓秆运下山，用大孔径网袋将捆装好，放进低温、阴凉川芎苓种专用冻库（温度 1~4℃，高浓度二氧化碳，相对湿度 80%）。

运输工具应干燥、无污染，不应与可能造成污染的货物混装。

5.4　种植

5.4.1　选地整地

应选择水质、大气、土壤环境无污染的平坝地域，田块集中成片，交通运输方便，远离城镇、医院、工矿企业、垃圾及废弃物堆积场等污染源。距离公路 80m 以外。

宜选前作无公害栽培的早稻田，整细整平后，开厢理沟，厢宽 1.8m，沟宽 33cm，沟深 20~25cm，将厢面整成瓦背形。

5.4.2　苓种的选择与处理

选用优质正山系和健壮粗大的土苓子，即节盘直径 14~19mm，茎秆直径 4~9mm，苓子系数 2.3~2.9。将苓种剪成 3~4cm 长，中间有节盘的短节。播种前可用杀菌剂进行浸种处理。

5.4.3　栽种时间

8 月中旬至下旬播种。

5.4.4　栽种密度

种植密度以株行距 20cm×30cm 为宜。

5.4.5　栽种方法

播种方法主要是直播，其次为育苗移栽。直播：选用无病害感染，优质正山系和健壮粗大的土苓子。将芽口朝上压入土中，仅露 1/2 于土表，节盘接触到土壤。栽后用稻草覆盖，以避免阳光直射或暴雨冲刷，每 10 行的行间再栽一行密苓子，称"扁担苓子"，行与行之间的两头各栽苓子 2 个，称"封口苓子"，均为补苗用。育苗移栽：川芎最适宜的播种期若遇前作物未收获时，可另选地或于田坎上育苗，然后移栽，需要注意以"二叶一心"期为最佳移栽期，过迟不利于移栽成活，移栽后浇清水定根。

5.4.6　补苗

栽种后于 9 月中旬补苗，补苗时带土移栽，补苗后及时浇水定根，补苗工作应在秋分之前（约 9 月 23 日）完成。

5.4.7　中耕除草

栽后 15 天左右进行第一次，应浅锄。过 20 天后进行第二次，松土比第一次稍浅。又过

20 天后进行第三次,可只锄草不中耕。第二年 1 月中、下旬,川芎地上部分枯黄时进行第四次。

5.4.8 施肥

根据药材的生长、土壤肥力等进行施肥,可考虑使用复合肥 10kg/ 亩、尿素 5kg/ 亩、磷肥 20kg/ 亩作为基肥,随整地施入。追肥进行三次,第一次出苗整齐后于 9 月中旬起,每隔半个月施用一次腐熟猪粪水提苗。第一次按 1∶5(腐熟猪粪∶清水)施用,第二次按 1∶4 施用,第三次按 1∶3 施用。如施用商品有机肥则相应减少猪粪的施用量。次年 3 月上旬可对长势偏弱坐蔸的川芎地块进行提苗追肥,4 月上中旬,对长势较旺的地上部分摘心打顶,抑制茎叶过度生长,促进根茎充实。

禁止使用壮根灵、膨大素等生长调节剂用于增大川芎根茎。

5.4.9 病虫害防治

川芎常见病害有白粉病、根腐病等,虫害主要有川芎茎节蛾、蛴螬等。

应采用预防为主、综合防治的方法:水旱轮作;有机肥必须充分腐熟;选用无病害感染、无机械损伤、优质正山系和健壮粗大的土苓子,禁用带病苓种;发现病株及时拔除,集中销毁,每穴撒入草木灰 100g 或生石灰 200~300g,进行局部消毒。

采用化学防治时,应当符合国家有关规定;优先选用高效、低毒的生物农药;尽量避免使用除草剂、杀虫剂和杀菌剂等化学农药;不使用禁限用农药,主要病虫害防治的参考方法见附录 B。

5.5 采挖

次年采收,5 月 20 日(小满前后)后 10 天内,选择晴天,先扯去(或割草机割除)地上部分茎苗,然后用耙锄挖出川芎,抖掉泥土,去除大部分根,就地晾晒 3~4 小时,根茎表面水汽干后,运回加工。

5.6 产地初加工

川芎产地初加工可采用晒干法或炕干法。

晒干法:将田间晾晒 3~4 小时的川芎用竹撞蔸或铁网滚筒式撞根设备撞去须根和泥沙,集中晾晒,平铺在竹席或水泥地上,日晒,遇阴雨天平铺于室内通风干燥处。晾晒过程中注意上下翻动,晾晒至刀砍开中心部不软时,放冷后撞去表面残留须根和泥土。

炕干法:将已经日晒 3~4 天后的川芎,平铺在炕床上,外用鼓风机向炕床吹入由无烟煤燃烧的热风,干燥过程中注意时常上下翻动,使受热均匀,炕 8~10 小时后取出,撞去须根和泥沙。堆积发汗 2~3 天,再置炕床上改用小火烘炕 5~6 小时,炕干(用刀砍开中心部不软),放冷后撞去表面残留须根和泥土。炕干过程严格控制炕床温度,炕干温度不得超过 70℃。

加工干燥过程保证场地、工具洁净,不受雨淋等。

5.7 包装、放行、贮运
5.7.1 包装

包装前应对每批药材按照相应标准进行质量检验。符合相关标准的药材,采用不影响质量的麻袋、纸箱等包装,禁止采用包装过肥料、农药等的包装袋包装。包装外贴或挂标签、合格证,标识牌内容应有品种、基源、产地、批号、规格、重量、采收日期、企业名称等,并有追溯码。

5.7.2 放行

应制定符合企业实际情况的放行制度,有审核、批准、生产、检验等的相关记录。不合格药材有单独处理制度。

5.7.3 贮运

应贮存于阴凉干燥处,定期检查,防止虫蛀、霉变、腐烂、泛油等的发生。仓库控制温度在 20℃以下、相对湿度 75% 以下;不同批次等级药材分区存放;建有定期检查制度。禁用硫黄、磷化铝熏蒸。也可采用现代气调贮藏方法,包装或库内充氮或二氧化碳。但应注意川芎不宜久贮,贮藏期不宜超过 24 个月。

运输应防止发生混淆、污染、异物混入、包装破损、雨雪淋湿等。

附　录　A

（规范性）

禁限用农药名单

A.1　禁止（停止）使用的农药（46 种）

六六六、滴滴涕、毒杀芬、二溴氯丙烷、杀虫脒、二溴乙烷、除草醚、艾氏剂、狄氏剂、汞制剂、砷类、铅类、敌枯双、氟乙酰胺、甘氟、毒鼠强、氟乙酸钠、毒鼠硅、甲胺磷、对硫磷、甲基对硫磷、久效磷、磷胺、苯线磷、地虫硫磷、甲基硫环磷、磷化钙、磷化镁、磷化锌、硫线磷、蝇毒磷、治螟磷、特丁硫磷、氯磺隆、胺苯磺隆、甲磺隆、福美胂、福美甲胂、三氯杀螨醇、林丹、硫丹、溴甲烷、氟虫胺、杀扑磷、百草枯、2,4- 滴丁酯。

注：氟虫胺自 2020 年 1 月 1 日起禁止使用。百草枯可溶胶剂自 2020 年 9 月 26 日起禁止使用。2,4-滴丁酯自 2023 年 1 月 29 日起禁止使用。溴甲烷可用于"检疫熏蒸处理"。杀扑磷已无制剂登记。

A.2　在部分范围禁止使用的农药（20 种）

部分范围禁止使用的农药应注意药食同源中药材及来自其他作物的中药材。部分范围禁止使用的农药见表 A.1。

表 A.1　部分范围禁止使用的农药

通用名	禁止使用范围
甲拌磷、甲基异柳磷、克百威、水胺硫磷、氧乐果、灭多威、涕灭威、灭线磷	禁止在蔬菜、瓜果、茶叶、菌类、中草药材上使用,禁止用于防治卫生害虫,禁止用于水生植物的病虫害防治
甲拌磷、甲基异柳磷、克百威	禁止在甘蔗作物上使用
内吸磷、硫环磷、氯唑磷	禁止在蔬菜、瓜果、茶叶、中草药材上使用
乙酰甲胺磷、丁硫克百威、乐果	禁止在蔬菜、瓜果、茶叶、菌类和中草药材上使用
毒死蜱、三唑磷	禁止在蔬菜上使用
丁酰肼（比久）	禁止在花生上使用
氰戊菊酯	禁止在茶叶上使用
氟虫腈	禁止在所有农作物上使用（玉米等部分旱田种子包衣除外）
氟苯虫酰胺	禁止在水稻上使用

A.3　说明

本附录的内容来自 2019 年中华人民共和国农业农村部发布的《禁限用农药名录》（http://www.zzys.moa.gov.cn/gzdt/201911/t20191129_6332604.htm）。

附 录 B

（资料性）

川芎常见病虫害防治的参考方法

川芎常见病虫害防治的参考方法见表 B.1。

表 B.1　川芎常见病虫害的防治方法

病虫害名称	防治时期	推荐防治方法	安全间隔期 /d
根腐病	8—10 月	苓子栽种前使用多菌灵浸种,按照农药标签使用	≥20
		多菌灵灌根,按照农药标签使用	≥20
		甲基硫菌灵灌根,按照农药标签使用	≥30
		多·硫悬浮剂灌根,按照农药标签使用	≥20
		苦参碱灌根,按照农药标签使用	≥7
白粉病	5—8 月	嘧啶核苷类抗菌素喷施,按照农药标签使用	≥7
		多抗霉素喷施,按照农药标签使用	≥15
		百菌清喷施,按照农药标签使用	≥14
蛴螬	8—10 月	晶体敌百灌根,按照农药标签使用	≥7
		阿维菌素灌根,按照农药标签使用	≥14
茎节蛾	5—8 月	苏云金杆菌喷施,按照农药标签使用	≥7
		阿维菌素喷施,按照农药标签使用	≥21
		苦参碱喷施,按照农药标签使用	≥7
红蜘蛛	6—8 月	阿维菌素喷施,按照农药标签使用	≥21
		哒螨灵喷施,按照农药标签使用	≥21

参考文献

[1] 国家药典委员会编.中华人民共和国药典:2020年版一部[M].北京:中国医药科技出版社,2020.

[2] 蒋桂华.川芎苓种标准化及种质保存技术的研究[D].成都:成都中医药大学,2013.

[3] 贾敏如.川芎、川白芷生产质量管理规范(GAP)的研究[M].成都:四川科学技术出版社,2007.

[4] 王瑀,魏建和,陈士林,等.基于GIS的川芎产地适宜性分析[J].中国现代中药,2006,8(6):7-9.

[5] 张廷模,马逾英,曾南,等.川芎[J].中药与临床,2010,1(2):6-11.

[6] 陈媛媛,胡尚钦,陶珊,等.川芎栽培关键技术研究进展[J].中药材,2018,41(05):1236-1240.

[7] 陈康,贾敏如,马逾英,等.川芎GAP栽培技术研究[J].世界科学技术,2005(3):58-61.

[8] 蒋桂华,贾敏如,马逾英,等.川芎的适宜采收期和加工方法[J].华西药学杂志,2008(3):312-314.

[9] 蒋桂华,马逾英,侯嘉,等.川芎种质资源的调查收集与保存研究[J].中草药,2008(4):601-604.

[10] 侯嘉.不同产地川芎种质资源的品质研究[D].成都:成都中医药大学,2009.

[11] 李青苗,郭俊霞.川芎生产加工适宜技术[M].北京:中国医药科技出版社,2018.

[12] 陈康.川芎栽培技术[M].成都:四川科学技术出版社,2008.

[13] 饶凡,杨宁宁,许静.川芎不同采收期的质量对比研究[J].华西药学杂志,2001(3):183-185.

[14] 杨星勇,张玉方,刘先齐,等.川芎苓种药剂处理防治川芎块茎腐烂病[J].中药材,1992(1):9.

[15] 么历,程慧珍,杨智.中药材规范化种植(养殖)技术指南[M].北京:中国农业出版社,2006.

ICS 65.020.20
CCS C 05

团 体 标 准

T/CACM 1374.22—2021

广藿香规范化生产技术规程

Code of practice for good agricultural practice of Pogostemonis Herba

2021-10-15 发布 2021-10-15 实施

中华中医药学会　发布

目　次

前　言

本文件按照 GB/T 1.1—2020《标准化工作导则　第 1 部分：标准化文件的结构和起草规则》的规定起草。

请注意本文件中的某些内容可能涉及专利。本文件的发布机构不承担识别专利的责任。

本文件由中国医学科学院药用植物研究所、中国医学科学院药用植物研究所海南分所提出。

本文件由中华中医药学会归口。

本文件起草单位：中国医学科学院药用植物研究所海南分所、广州中医药大学、广州白云山中一药业有限公司、中国医学科学院药用植物研究所、太极集团海南南药种植有限公司、重庆市药物种植研究所。

本文件主要起草人：何明军、詹若挺、伍秀珠、杨明宏、杨新全、魏建和、王文全、王秋玲、杨小玉、辛元尧、王苗苗。

广藿香规范化生产技术规程

1 范围

本文件确立了广藿香的规范化生产流程,规定了广藿香的生产基地选址、种质要求、种苗繁育、种植、采收、产地初加工、包装、放行和贮运等阶段的操作要求。

本文件适用于广藿香的规范化生产。

2 规范性引用文件

下列文件中的内容通过文中的规范性引用而构成本文件必不可少的条款。其中,注明日期的引用文件,仅该日期对应的版本适用于本文件;不注明日期的引用文件,其最新版本(包括所有的修改单)适用于本文件。

GB 3095　环境空气质量标准

GB 5084　农田灌溉水质标准

GB 15618—2018　土壤环境质量　农用地土壤污染风险管控标准(试行)

T/CACM 1374.1—2021　中药材规范化生产技术规程通则　植物药材

3 术语和定义

T/CACM1374.1—2021界定的以及下列术语和定义适用于本文件。

3.1 规范化生产　good agricultural practice

按照《中药材生产质量管理规范》(简称中药材GAP)的要求,实施药材生产,保证中药材优质安全的生产过程。

3.2 技术规程　code of practice

为实现中药材生产顺利、有序进行,保证中药材生产质量,对中药材生产的基地选址、种子种苗、种植或野生抚育、采收与产地初加工以及包装、放行与贮运等,所做的技术规定和要求,是实施中药材规范生产的核心技术要求和实施指南。

3.3 广藿香　Pogostemonis Herba

唇形科植物广藿香 *Pogostemon cablin*(Blanco)Benth. 的干燥地上部分。

3.4 扦插苗　cutting seedling

以广藿香枝条为繁殖材料,采用扦插技术繁育的种苗。

3.5 插穗　cutting

广藿香用于扦插的带有合适数量叶片和叶芽的枝条。

4 广藿香规范化生产流程图

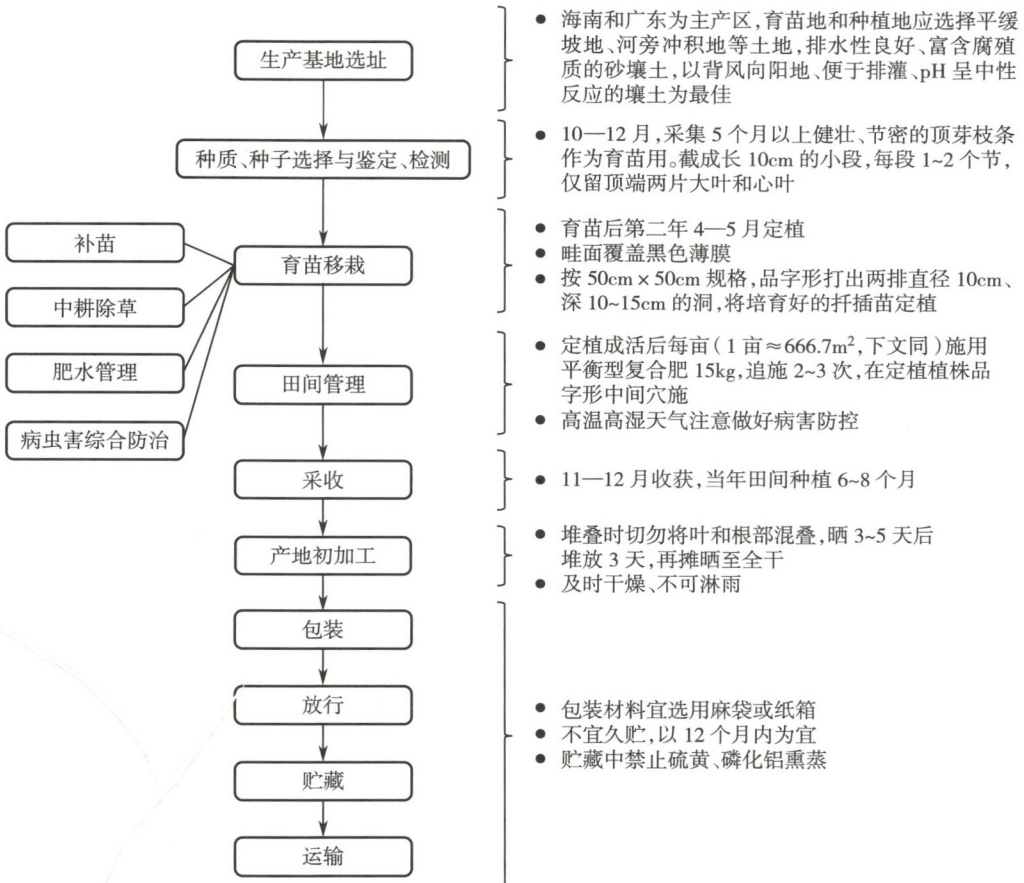

广藿香的规范化生产流程见图 1。

广藿香规范化生产流程：

关键控制点及技术参数：

```
生产基地选址
     │
种质、种子选择与鉴定、检测
     │
  补苗 ─┐
中耕除草 ─┤─ 育苗移栽
肥水管理 ─┤      │
病虫害综合防治 ─┘  田间管理
     │
   采收
     │
 产地初加工
     │
   包装
     │
   放行
     │
   贮藏
     │
   运输
```

- 海南和广东为主产区,育苗地和种植地应选择平缓坡地、河旁冲积地等土地,排水性良好、富含腐殖质的砂壤土,以背风向阳地、便于排灌、pH 呈中性反应的壤土为最佳

- 10—12 月,采集 5 个月以上健壮、节密的顶芽枝条作为育苗用。截成长 10cm 的小段,每段 1~2 个节,仅留顶端两片大叶和心叶

- 育苗后第二年 4—5 月定植
- 畦面覆盖黑色薄膜
- 按 50cm×50cm 规格,品字形打出两排直径 10cm、深 10~15cm 的洞,将培育好的扦插苗定植

- 定植成活后每亩（1 亩≈666.7m²,下文同）施用平衡型复合肥 15kg,追施 2~3 次,在定植植株品字形中间穴施
- 高温高湿天气注意做好病害防控

- 11—12 月收获,当年田间种植 6~8 个月

- 堆叠时切勿将叶和根部混叠,晒 3~5 天后堆放 3 天,再摊晒至全干
- 及时干燥、不可淋雨

- 包装材料宜选用麻袋或纸箱
- 不宜久贮,以 12 个月内为宜
- 贮藏中禁止硫黄、磷化铝熏蒸

图 1 广藿香规范化生产流程图

5 广藿香规范化生产技术

5.1 生产基地选址

5.1.1 产地选择

广藿香原产于菲律宾,我国主要引种栽培于海南省全境及广东省广州、肇庆、湛江等地,广西、福建、四川等地也有引种。广藿香的核心种植区域涵盖东经 106.3°~114.7°,北纬 18°~23.9° 的范围。基地应选择年平均温度在 24~28℃,年平均降雨量 1 033~1 845mm,年平均相对湿度 69%~83% 的区域。

5.1.2 地块选择

药材生产地不能连作,须水旱轮作或与其他作物隔茬轮作。

5.4.5 定植方法

在畦面上覆盖一层黑色薄膜,用土压实。用打洞器在地膜上按 50cm×50cm 规格,品字形打出两排直径 10cm、深 10~15cm 的洞,将培育好的扦插苗放入洞内,盖土并扶正幼苗,稍压实土壤,定植完毕,浇足定根水。

5.4.6 补苗

定植后两周内及时检查成活情况,补栽未存活的种苗。补苗后及时浇水定根,补苗工作应在 5 月前完成。

5.4.7 中耕除草

定植 30 天后进行第 1 次松土除草,并培土。采用覆膜栽培方法,除草以扦插苗根部杂草为主,覆土盖到定植苗根部,以促进根系生长,之后约每 20 天除草 1 次,保持土壤疏松无杂草,植株封行后,除草次数可以适当减少。

5.4.8 施肥

定植成活后可施肥,每亩施用平衡型复合肥 15kg。以后约每 25 天进行 1 次追肥,每亩施用平衡型复合肥 15kg,追施 2~3 次。在定植植株品字形中间穴施。

5.4.9 病虫害防治

广藿香常见病害有青枯病、根腐病、细菌性角斑病、斑枯病等;虫害主要有蚜虫、红蜘蛛、卷叶螟、地老虎、绵毛蚧等。

应采用预防为主、综合防治的方法:水旱轮作;有机肥应充分腐熟;选用无病害感染、无机械损伤、健壮扦插苗,不应使用带病苗;发现病株应及时拔除,集中销毁,每穴撒入草 200g,进行局部消毒;平时中耕除草注意不碰伤植株根部,防止病菌侵染。

采用化学防治时,应符合国家有关规定;优先选用高效、低毒的生物农药;尽量避免使用除草剂、杀虫剂和杀菌剂等化学农药;不应使用禁限用农药,禁限用农药名单应符合附录 A 的规定。

5.5 采收

4—5 月定植广藿香,到 11—12 月即可收获,田间种植 6~8 个月。选择晴天露水干后,把植株全株挖起,除净泥土和须根,进行翻晒处理。

5.6 产地初加工

广藿香采收后,先晒数小时,使叶片稍呈皱缩状态,收回捆扎成把(每把 7.5~10kg),然后分层交错堆叠一夜,将叶色闷黄。堆叠时切勿将叶和根部混叠,次日再摊晒。摊晒时间长短因各地习惯不同而异,晒 3~5 天后堆放 3 天,再摊晒至全干。最后除去根部,即成商品。如供蒸馏广藿香油用,先将茎叶晒干后,堆放一段时间,然后进行蒸馏,收集挥发油。药材贮藏保管时,将晒干的广藿香封闭保存于干燥处,防止回潮霉变。

加工干燥过程应保证场地、工具洁净,不受雨淋等。

5.7 包装、放行和贮运

5.7.1 包装

包装前应对每批药材按照相应标准进行质量检验。符合要求的药材,采用不影响质量的麻袋、纸箱、洁净编织袋等包装,禁止采用包装过肥料、农药等的包装袋包装。包装外贴或挂标签、合格证,标识牌内容应有品种、基源、产地、批号、规格、重量、采收日期和企业名称等,并有追溯码。

5.7.2 放行

应制定符合企业实际情况的放行制度,有审核、批准、生产、检验等的相关记录。不合格的药材应制定单独处理制度。

5.7.3 贮运

应贮存于阴凉干燥处,定期检查,防止虫蛀、霉变、腐烂和吸潮等的发生。不同批次等级药材分区存放;建有定期检查制度。不应使用硫黄和磷化铝熏蒸。可采用现代气调贮藏方法,包装或库内充氮或二氧化碳。但应注意广藿香不宜久贮。

运输应防止发生混淆、污染、异物混入、包装破损和雨雪淋湿等。

附　录　A

（规范性）

禁限用农药名单

A.1　禁止（停止）使用的农药（46 种）

六六六、滴滴涕、毒杀芬、二溴氯丙烷、杀虫脒、二溴乙烷、除草醚、艾氏剂、狄氏剂、汞制剂、砷类、铅类、敌枯双、氟乙酰胺、甘氟、毒鼠强、氟乙酸钠、毒鼠硅、甲胺磷、对硫磷、甲基对硫磷、久效磷、磷胺、苯线磷、地虫硫磷、甲基硫环磷、磷化钙、磷化镁、磷化锌、硫线磷、蝇毒磷、治螟磷、特丁硫磷、氯磺隆、胺苯磺隆、甲磺隆、福美胂、福美甲胂、三氯杀螨醇、林丹、硫丹、溴甲烷、氟虫胺、杀扑磷、百草枯、2,4- 滴丁酯。

注：氟虫胺自 2020 年 1 月 1 日起禁止使用。百草枯可溶胶剂自 2020 年 9 月 26 日起禁止使用。2,4-滴丁酯自 2023 年 1 月 29 日起禁止使用。溴甲烷可用于"检疫熏蒸处理"。杀扑磷已无制剂登记。

A.2　在部分范围禁止使用的农药（20 种）

部分范围禁止使用的农药应注意药食同源中药材及来自其他作物的中药材。部分范围禁止使用的农药见表 A.1。

表 A.1　部分范围禁止使用的农药

通用名	禁止使用范围
甲拌磷、甲基异柳磷、克百威、水胺硫磷、氧乐果、灭多威、涕灭威、灭线磷	禁止在蔬菜、瓜果、茶叶、菌类、中药材上使用，禁止用于防治卫生害虫，禁止用于水生植物的病虫害防治
甲拌磷、甲基异柳磷、克百威	禁止在甘蔗作物上使用
内吸磷、硫环磷、氯唑磷	禁止在蔬菜、瓜果、茶叶、中草药材上使用
乙酰甲胺磷、丁硫克百威、乐果	禁止在蔬菜、瓜果、茶叶、菌类和中草药材上使用
毒死蜱、三唑磷	禁止在蔬菜上使用
丁酰肼（比久）	禁止在花生上使用
氰戊菊酯	禁止在茶叶上使用
氟虫腈	禁止在所有农作物上使用（玉米等部分旱田种子包衣除外）
氟苯虫酰胺	禁止在水稻上使用

A.3　说明

本附录的内容来自 2019 年中华人民共和国农业农村部发布的《禁限用农药名录》（http：//www.zzys.moa.gov.cn/gzdt/201911/t20191129_6332604.htm ）。

附　录　B

（资料性）

广藿香常见病虫害防治的参考方法

广藿香常见病虫害防治的参考方法见表 B.1。

表 B.1　广藿香常见病虫害防治方法

病虫害名称	防治时期	推荐防治方法	安全间隔 /d
青枯病	4—5 月	氢氧化铜灌根,按照农药标签使用	≥7
		嘧啶核苷类抗菌素灌根,按照农药标签使用	≥7
		络氨铜水剂液灌根,按照农药标签使用	≥7
根腐病	8—10 月	多菌灵可湿性粉剂灌根,按照农药标签使用	≥20
		甲基硫菌灵灌根,按照农药标签使用	≥30
		苦参碱灌根,按照农药标签使用	≥7
角斑病	5—9 月	甲霜铜可湿性粉剂喷施,按照农药标签使用	≥7
		春雷·王铜可湿性粉剂喷施,按照农药标签使用	≥7
		络氨铜水剂喷施,按照农药标签使用	≥7
斑枯病	5—6 月	代森锰锌可湿性粉剂喷施,按照农药标签使用	≥20
		多菌灵可湿性粉剂喷施,按照农药标签使用	≥20
蚜虫		吡虫啉可湿性粉剂喷施,按照农药标签使用	≥7
		氧乐果乳油喷施,按照农药标签使用	≥30
卷叶螟	8—10 月	晶体敌百虫喷施,按照农药标签使用	≥7
		阿维菌素乳油喷施,按照农药标签使用	≥21
地老虎		晶体敌百虫液灌,按照农药标签使用	≥7
		阿维菌素乳油喷施,按照农药标签使用	≥21
绵毛蚜	5—8 月	氧乐果乳油喷施,按照农药标签使用	≥30
		洗衣粉喷施,按照农药标签使用	≥7
红蜘蛛	6—8 月	阿维菌素乳油喷施,按照农药标签使用	≥21
		哒螨灵喷施,按照农药标签使用	≥21

参考文献

［1］国家药典委员会.中华人民共和国药典:2020年版一部［M］.北京:中国医药科技出版社,2020.

［2］李薇,徐鸿华.广藿香规范化栽培技术［M］.广州:广东科技出版社,2003.

［3］严振,邱金裕,蔡岳文,等.广藿香GAP标准操作规程（SOP）（讨论稿）［J］.中药研究与信息,2002,4（9）:25-27.

［4］杨新全,何明军,杨海建.海南广藿香不同种植模式比较研究［J］.中国农业信息,2013,158（21）:79.

［5］龙膺西.不同产地广藿香品质评价研究［D］.广州:广州中医药大学,2005.

［6］潘超美,黄海波,詹若挺,等.广藿香等中药材GAP基地土壤肥力诊断与综合评价［J］.中药材,2002（3）:157-159.

［7］杨春雨.海南广藿香青枯病发病规律研究［J］.植物医生,2010,23（5）:30-31.

［8］陈蔚文,徐鸿华.岭南道地药材研究［M］.广州:广东科技出版社,2007.

［9］严振,蔡岳文,袁亮,等.吴川广藿香GAP基地质量分析评价［J］.广东药学,2002（5）:35-36.

［10］吴友根.广藿香种质资源分子标记、栽培生理及其品质评价［D］.南京:南京农业大学,2015.

［11］李敬辉,李明,李龙明,等.连作土壤施加竹炭对广藿香幼苗生长的影响［J］.西北农业学报,2019,28（9）:1508-1514.

［12］李嘉惠,胡贞贞,张宏意,等.广藿香种苗质量分级标准研究［J］.种子,2018,37（11）:124-128.

［13］曾庆钱,郑海,黄意成,等.广藿香扦插繁殖研究［J］.时珍国医国药,2018,29（7）:1726-1728.

［14］徐雯,田雪丽,高林怡,等.广藿香的产地加工与炮制方法现状分析［J］.时珍国医国药,2017,28（9）:2121-2123.

［15］陈润初.海南岛广藿香的栽培方法［J］.中药通报,1957（5）:36.

［16］陈士林.中国药材产地生态适宜性区划［M］.北京:科学出版社,2011.

ICS 65.020.20
CCS C 05

团 体 标 准

T/CACM 1374.23—2021

王不留行规范化生产技术规程

Code of practice for good agricultural practice of Vaccariae Semen

2021-10-15 发布

2021-10-15 实施

中华中医药学会　发布

目　次

前　言

本文件按照 GB/T 1.1—2020《标准化工作导则　第 1 部分：标准化文件的结构和起草规则》的规定起草。

请注意本文件中的某些内容可能涉及专利。本文件的发布机构不承担识别专利的责任。

本文件由中国医学科学院药用植物研究所和河北农业大学提出。

本文件由中华中医药学会归口。

本文件起草单位：河北农业大学、河北省农林科学院、邢台市中药材综合试验站、内丘县路申王不留行种植专业合作社、任丘市农业农村局、中国医学科学院药用植物研究所、重庆市药物种植研究所。

本文件主要起草人：杨太新、刘颖超、蔡景竹、刘晓清、葛淑俊、何运转、高钦、李宁、温春秀、刘灵娣、贾东升、谢晓亮、刘素花、李晓鹏、李延年、张燕、杨红杏、魏建和、王文全、王秋玲、杨小玉、辛元尧、王苗苗。

王不留行规范化生产技术规程

1 范围

本文件确立了王不留行的规范化生产流程,规定了王不留行生产基地选址、种质与种子、种植管理、采收、产地初加工、包装、放行、贮运等阶段的操作要求。

本文件适用于王不留行的规范化生产。

2 规范性引用文件

下列文件的内容通过文中的规范性引用而构成本文件必不可少的条款。其中,注明日期的引用文件,仅该日期对应的版本适用于本文件。不注明日期的引用文件,其最新版本(包括所有的修改单)适用于本文件。

《中华人民共和国药典》

GB 3095　环境空气质量标准

GB 5084　农田灌溉水质标准

GB 15618　土壤环境质量　农用地土壤污染风险管控标准(试行)

T/CACM 1374.1—2021　中药材规范化生产技术规程通则　植物药材

DB13/T 2118-2014　《中药材种子质量标准　王不留行》

3 术语和定义

T/CACM 1374.1—2021 界定的以及下列术语和定义适用于本文件。

3.1 规范化生产　good agricultural practice

按照《中药材生产质量管理规范》(简称中药材 GAP)的要求,实施药材生产,保证中药材优质安全的生产过程。

3.2 技术规程　code of practice

为实现中药材生产顺利、有序进行,保证中药材生产质量,对中药材生产的基地选址、种子种苗、种植或野生抚育、采收与产地初加工以及包装、放行与贮运等,所做的技术规定和要求,是实施中药材规范生产的核心技术要求和实施指南。

3.3 王不留行　Vaccariae Semen

指石竹科植物麦蓝菜 *Vaccaria segetalis*(Neck.)Garcke 的干燥成熟种子。

4 王不留行规范化生产流程图

王不留行规范化生产流程见图 1。

王不留行规范化生产流程：   关键控制点及参数：

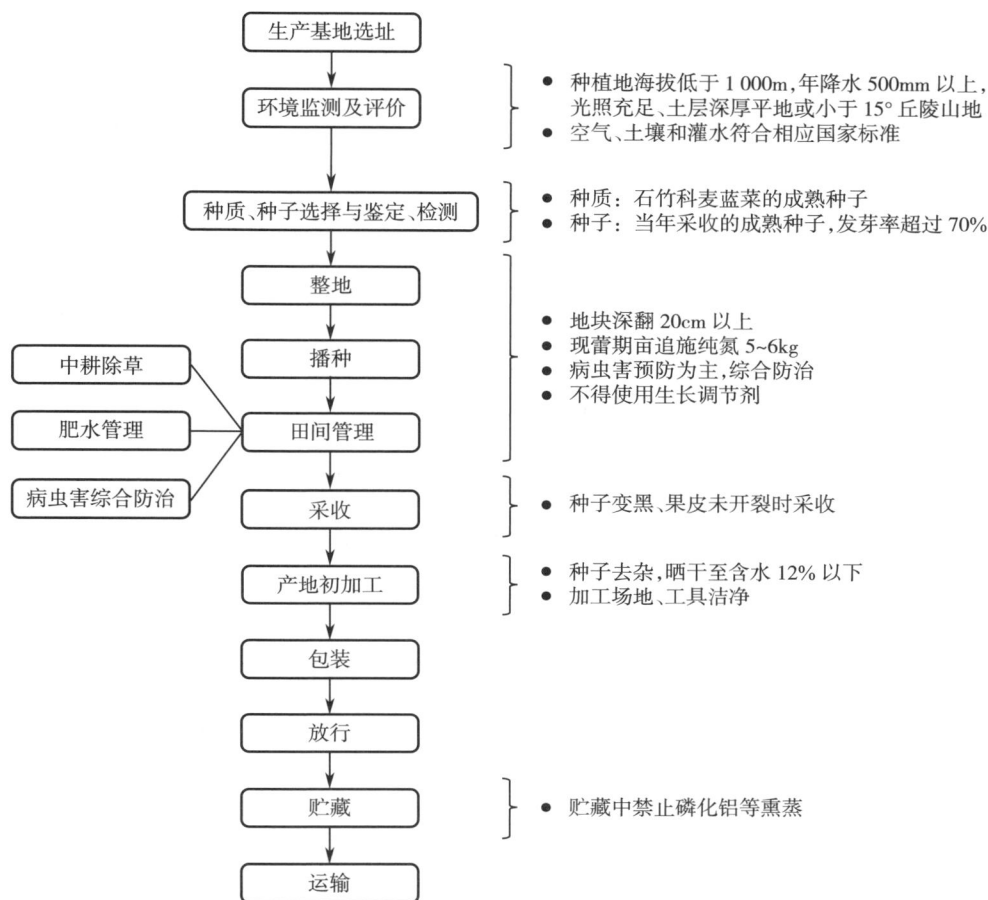

图 1　王不留行的规范化生产流程图

（流程框图文字）
生产基地选址
环境监测及评价
种质、种子选择与鉴定、检测
整地
播种
田间管理
采收
产地初加工
包装
放行
贮藏
运输

中耕除草
肥水管理
病虫害综合防治

- 种植地海拔低于 1 000m，年降水 500mm 以上，光照充足、土层深厚平地或小于 15° 丘陵山地
- 空气、土壤和灌水符合相应国家标准

- 种质：石竹科麦蓝菜的成熟种子
- 种子：当年采收的成熟种子，发芽率超过 70%

- 地块深翻 20cm 以上
- 现蕾期亩追施纯氮 5~6kg
- 病虫害预防为主，综合防治
- 不得使用生长调节剂

- 种子变黑、果皮未开裂时采收

- 种子去杂，晒干至含水 12% 以下
- 加工场地、工具洁净

- 贮藏中禁止磷化铝等熏蒸

5　王不留行规范化生产技术

5.1　生产基地选址

5.1.1　产地选择

除华南外各省区市均有分布，主产河北、河南、甘肃、内蒙古等省区市，适宜海拔不超过 1 000m，年降水量 500mm 以上的平原或丘陵山地种植。

5.1.2　地块选择

选择光照充足、土层深厚、疏松肥沃、排水良好的平地，或坡度小于 15° 的丘陵山地种植，土壤以棕壤、褐土或潮褐土为宜。不能连作，前茬以豆类、玉米、油菜等为佳。

5.1.3　环境监测

生产基地的空气质量应符合 GB 3095 规定的环境空气质量标准，灌溉水质量应符合 GB 5084 规定的农田灌溉水质标准，土壤质量应符合 GB 15618 的规定，且要保证生长期间持续符合标准。

根据广藿香的生长习性,在选择广藿香种植地时,最好选择平缓坡地、河旁冲积地等土地,易于排灌的水田也可种植,但应是排水性良好、富含腐殖质的砂壤土,以背风向阳地、便于排灌、pH 呈中性反应的壤土为最佳。

5.1.3 环境监测

按照 GAP 要求,基地的大气质量应符合 GB 3095 的规定、土壤质量应符合 GB 15618—2018 的规定、水质应符合 GB 5084 的规定,并保证生长期间持续符合标准的要求。

5.2 种质要求

5.2.1 种质选择

使用唇形科(Lamiaceae)植物广藿香 *Pogostemon cablin*(Blanco)Benth.,应经过鉴定。根据产地不同,分为"牌香"(广东广州产)、"肇香或枝香"(广东肇庆产)、"湛香"(广东湛江及阳江产)、"南香"(海南产)等农家类型。

5.2.2 种质材料

扦插苗应选取粗壮、节密、叶小而厚、无病虫害的当年生长 5 个月以上的枝条作插穗。

5.3 种苗繁育

5.3.1 整地

选择靠近水源,疏松肥沃,排水方便的砂壤土的地块,然后深耕土地,阳光下暴晒消毒,扦插前再翻耕细耙,筑成宽 100cm、高 30~40cm 的畦面。

5.3.2 扦插苗插穗采集

10—12 月,采集当年生 5 个月以上的健壮、节密的绿色顶芽枝条作为育苗用。取嫩枝的顶梢,截成长 10cm 的小段,每段 1~2 个节,剪去下部叶片,仅留顶端两片大叶和心叶。

5.3.3 育苗标准

苗高 30~35cm 时,可移栽大田定植。

5.3.4 育苗技术

按株行距 15cm × 20cm,用小铲挖穴,插穗斜插于苗床,入土深约为插穗的 2/3,仅让顶梢大叶片露出畦即可,入土插穗上的叶片要去除,保留顶芽叶片,回土压实使插穗与泥土紧密贴合。淋足定根水后,在苗床上搭盖 80cm 高的遮光荫棚,荫蔽度为 70%,防止日光灼伤插穗及雨水冲刷。

5.3.5 保暖

广东阳江、肇庆等地区应注意寒害,在低温时盖上稻草或薄膜,保暖防冻害。

5.3.6 施肥

扦插后 10~15 天施用尿素 1 次,按每亩 5kg 尿素量兑水施用,可结合浇水时施用。30 天后追施平衡型复合肥 1 次,每亩用量 15kg,兑水施用,施肥最好在早上或傍晚进行,低温时可停止施肥。

5.3.7 中耕除草

扦插 1 个月后进行松土除草,之后根据种植地情况安排除草,保持育苗地无杂草,同时结合除草进行中耕。

5.2 种质与种子

5.2.1 种质选择

选用石竹科植物麦蓝菜 Vaccaria segetalis（Neck.）Garcke，物种须经过鉴定。如使用农家品种或选育品种应加以明确。

5.2.2 种子质量

应使用当年采收的饱满成熟种子，发芽率超过70%。经检验符合相应标准，可参考 DB 13/T 2118—2014《中药材种子质量标准 王不留行》。

5.2.3 种子繁育

繁种田种植行株距40cm×20cm，其他田间管理措施同药材生产。开花期根据植株地上部分生长和形态等去除杂株，选择健壮、无病虫害的植株留种。大部分种子成熟变黑时采收，晒干、去杂后，采用麻袋、纸箱等透气材料包装，于干燥阴凉处贮藏。

5.3 种植管理

5.3.1 整地和播种

播前施基肥和整地。根据土壤肥力及植株生长对矿质元素的需求等，每亩（1亩≈666.7m²，下文同）施入腐熟有机肥1 500~2 000kg，或氮磷钾复合肥50~60kg作基肥，土壤深耕20cm以上，耕后整细耙平。

种子直播，可秋播或春播。秋播于9月下旬至10月上旬进行，春播于春季土壤化冻后立即进行。条播行距35~40cm，播种深度1.5~2.0cm，每亩播种量1.5kg左右。如土壤墒情差，播后灌水保证出苗。

5.3.2 田间管理

出苗后，苗高7~10cm时进行第1次中耕除草，出现缺苗断垄的，酌情进行补苗；第2次中耕除草于苗高15cm左右进行并结合定苗，定苗株距10~15cm；以后视杂草滋生情况中耕除草，保持土壤疏松和田间无杂草。

现蕾期是王不留行最佳追肥期，每亩追施纯氮5~6kg，追肥后立即灌水。鼓励使用经国家批准的菌肥及中药材专用肥，禁止使用壮根灵、膨大素等生长调节剂。

5.3.3 病虫害防治

常见病害有黑斑病等，虫害主要有蚜虫、棉小造桥虫、大青叶蝉等，应采用预防为主、综合防治的策略，以农业防治、物理防治、生物防治为主，并与化学防治相结合。

农业防治：选择抗病品种；清洁田园，及时清除病枝落叶；平衡施肥，培育壮株，增强抗病能力；禁止大水漫灌，改善田间通风透光条件。

物理防治：田间黄板诱杀蚜虫，杀虫灯诱杀棉小造桥虫、大青叶蝉的成虫等。

生物防治：保护瓢虫、草蛉等害虫天敌；应用苦参碱、除虫菊素等生物药剂防治害虫。

采用化学防治时，应当符合国家有关规定；优先选用高效、低毒的生物农药；尽量避免使用杀虫剂和杀菌剂等化学农药；不使用禁限用农药。具体参见附录B表B.1。

5.4 采收

秋播于第二年5月下旬至6月上旬，春播于当年6—7月收获。待萼筒变黄、种子变黑、

目　　次

前　　言

本文件按照 GB/T 1.1—2020《标准化工作导则　第 1 部分：标准化文件的结构和起草规则》的规定起草。

请注意本文件中的某些内容可能涉及专利。本文件的发布机构不承担识别专利的责任。

本文件由中国医学科学院药用植物研究所和昌昊金煌（贵州）中药有限公司提出。

本文件由中华中医药学会归口。

本文件起草单位：昌昊金煌（贵州）中药有限公司、贵州大学、广西壮族自治区药用植物园、黔草堂金煌（贵州）中药材种植有限公司、贵州中医药大学、广西玉林市樟木镇中药材协会、黔东南州茶叶与中药材技术服务站、杭州华东医药集团贵州中药发展有限公司、中国医学科学院药用植物研究所、重庆市药物种植研究所。

本文件主要起草人：邓乔华、贺定翔、兰才武、张占江、魏升华、甘祖燕、焦洪海、潘光成、杨光明、江艳华、韦树根、柯芳、陈良、屠伦建、杨秀全、魏建和、王文全、王秋玲、杨小玉、辛元尧、王苗苗。

天冬规范化生产技术规程

1 范围

本文件确立了天冬的规范化生产流程,规定了天冬生产基地选址、种质要求、种苗繁育、种植、采收、产地初加工、包装、放行、贮运等阶段的操作要求。

本文件适用于天冬的规范化生产。

2 规范性引用文件

下列文件的内容通过文中的规范性引用而构成本文件必不可少的条款。其中,注明日期的引用文件,仅该日期对应的版本适用于本文件;不注明日期的引用文件,其最新版本(包括所有的修改单)适用于本文件。

GB 3095　环境空气质量标准

GB/T 3543　农作物种子检验规程

GB 5084　农田灌溉水质标准

GB 5749　生活饮用水卫生标准

GB 15618　土壤环境质量　农用地土壤污染风险管控标准(试行)

T/CACM 1374.24—2021　中药材规范化生产技术规程通则　植物药材

3 术语和定义

T/CACM 1374.1—2021界定的以及下列术语和定义适用于本文件。

3.1 规范化生产　good agricultural practice

按照《中药材生产质量管理规范》(简称中药材GAP)的要求,实施药材生产,保证中药材优质安全的生产过程。

3.2 技术规程　code of practice

为实现中药材生产顺利、有序进行,保证中药材生产质量,对中药材生产的基地选址、种子种苗、种植或野生抚育、采收与产地初加工以及包装、放行与贮运等,所做的技术规定和要求,是实施中药材规范生产的核心技术要求和实施指南。

3.3 天冬　Asparagi Radix

百合科植物天冬 *Asparagus cochinchinensis*(Lour.)Merr. 的干燥块根。

4 天冬规范化生产流程图

天冬规范化生产流程见图1。

天冬规范化生产流程：

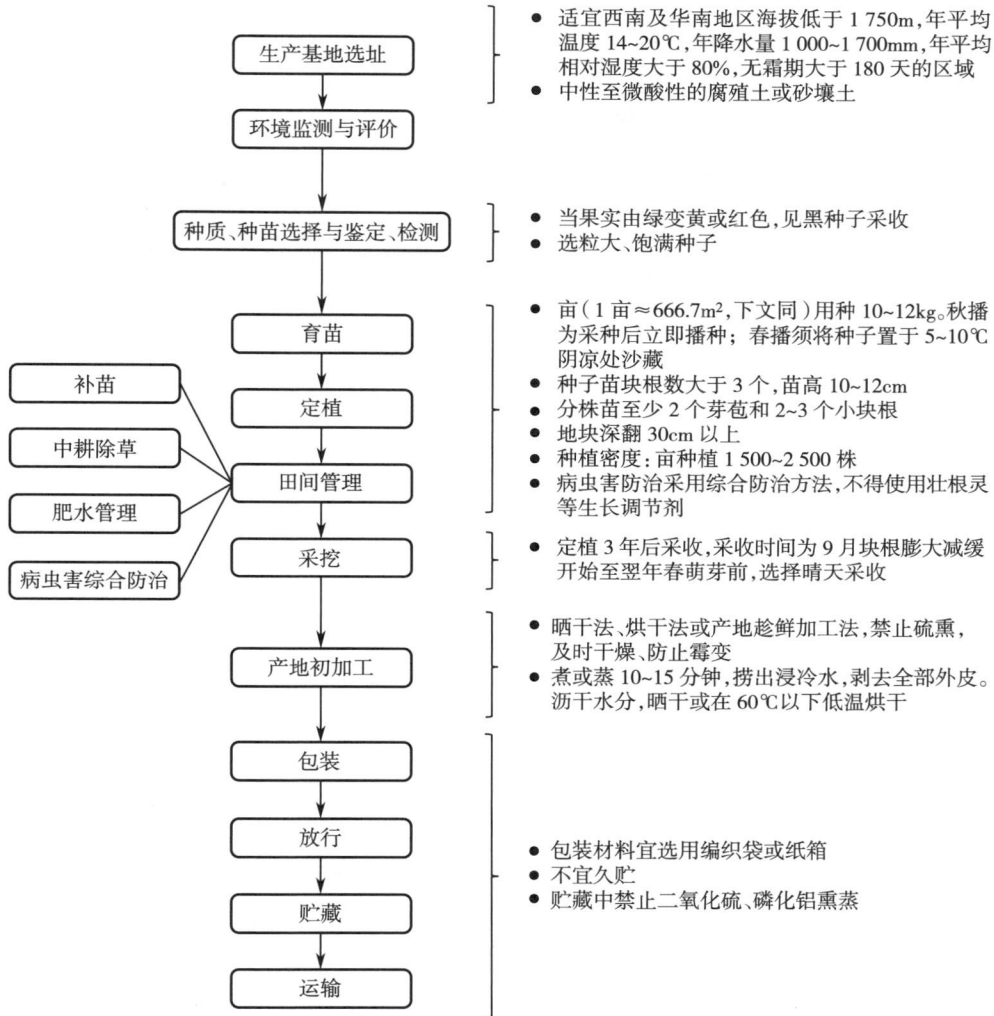

关键控制点及参数：

```
┌─────────────────┐
│   生产基地选址   │
└─────────────────┘
         │
         ▼
┌─────────────────┐
│  环境监测与评价  │
└─────────────────┘
         │
         ▼
┌───────────────────────┐
│ 种质、种苗选择与鉴定、检测 │
└───────────────────────┘
         │
         ▼
┌─────────────────┐
│       育苗       │
└─────────────────┘
         │
         ▼
┌─────────────────┐
│       定植       │
└─────────────────┘
         │
         ▼
┌─────────────────┐
│     田间管理     │
└─────────────────┘
         │
         ▼
┌─────────────────┐
│       采挖       │
└─────────────────┘
         │
         ▼
┌─────────────────┐
│    产地初加工    │
└─────────────────┘
         │
         ▼
┌─────────────────┐
│       包装       │
└─────────────────┘
         │
         ▼
┌─────────────────┐
│       放行       │
└─────────────────┘
         │
         ▼
┌─────────────────┐
│       贮藏       │
└─────────────────┘
         │
         ▼
┌─────────────────┐
│       运输       │
└─────────────────┘
```

补苗
中耕除草
肥水管理
病虫害综合防治

- 适宜西南及华南地区海拔低于 1 750m，年平均温度 14~20℃，年降水量 1 000~1 700mm，年平均相对湿度大于 80%，无霜期大于 180 天的区域
- 中性至微酸性的腐殖土或砂壤土

- 当果实由绿变黄或红色，见黑种子采收
- 选粒大、饱满种子

- 亩（1 亩≈666.7m²，下文同）用种 10~12kg。秋播为采种后立即播种；春播须将种子置于 5~10℃阴凉处沙藏
- 种子苗块根数大于 3 个，苗高 10~12cm
- 分株苗至少 2 个芽苞和 2~3 个小块根
- 地块深翻 30cm 以上
- 种植密度：亩种植 1 500~2 500 株
- 病虫害防治采用综合防治方法，不得使用壮根灵等生长调节剂

- 定植 3 年后采收，采收时间为 9 月块根膨大减缓开始至翌年春萌芽前，选择晴天采收

- 晒干法、烘干法或产地趁鲜加工法，禁止硫熏，及时干燥、防止霉变
- 煮或蒸 10~15 分钟，捞出浸冷水，剥去全部外皮。沥干水分，晒干或在 60℃以下低温烘干

- 包装材料宜选用编织袋或纸箱
- 不宜久贮
- 贮藏中禁止二氧化硫、磷化铝熏蒸

图 1　天冬的规范化生产流程图

5　天冬规范化生产技术

5.1　生产基地选址

5.1.1　产地选择

适宜在贵州、广西、云南、广东、湖南、福建、四川等地种植，主产区在贵州、广西、云南及其周边地区。种植基地宜选海拔低于 1 750m，冬暖夏凉，年降水量 1 000~1 700mm，年平均空气相对湿度大于 80%，年平均温度在 14~20℃，无霜期大于 180 天的地区。

5.1.2　地块选择

林地选择：稀疏的混交林或阔叶林，以阔叶林最佳，林分郁闭度在 0.4~0.6。

非林地选择：荒山、荒坡、荒土、林边空地及其他空地、耕地。如耕地种植可与其他作物间套作。

育苗地选择：海拔稍低、温度条件好、偏酸性或微酸性的砂壤土、红壤土、黄壤土进行种植。阴凉湿润、腐殖质含量较高的地方,必须有天然或人工设置的遮阴条件。

良种繁育田和定植地：均宜选择土层深厚、排水良好、土壤疏松、肥沃、腐殖质含量高、阴凉潮湿的,而且偏酸性或微酸性的砂壤土、红壤土、黄壤土进行种植。土壤、水质应无污染,pH 5~7。

5.1.3 环境监测

基地的大气、土壤和水样品的检测按照 GAP 要求,应符合相应国家标准,并保证生长期间持续符合标准。生产基地的空气检测参照 GB 3095、土壤检测参照 GB 15618、灌溉水检测参照 GB 5084。

5.2 种质与种子

5.2.1 种质选择

使用百合科植物天冬 *Asparagus cochinchinensis*（Lour.）Merr.,物种须经过鉴定。如使用农家品种或选育品种应加以明确。

5.2.2 种子质量

应使用当年秋季采收的新种,种子千粒重 28~32g,发芽率不小于 75%。按照 GB/T 3543,经检验符合规定。

5.2.3 种苗质量

种子苗块根数大于 3 个,高 10~12cm;分株苗应有 2 个以上芽苞,3 个以上块根。

5.2.4 种子采集整理

选育（培育）出抗性强、适应性广、质量优、产量稳的天冬优良植株。建立天冬采种圃,注意雌雄植株配置,培育种子。天冬系雌雄异株,一般雌株较少,雄株较多,应对雌株多管理多施肥,增加种子产量。

当果实由绿色变黄色或红色,种子变黑时即可采收。采收后堆积发酵,稍腐后在水里搓去果肉,清洗干净,选择籽粒大、饱满、无病害的种子作种,可立即进行秋播。如春播,可将种子与湿沙按比例 1∶3~1∶2 混合均匀,置于 5~10℃阴凉处沙藏。一般的贮藏条件种子寿命可在一年左右。

5.3 育苗

5.3.1 整地

深翻 30cm,结合整地,每亩施腐熟农家肥 1 000~1 500kg,作成 1.3m 的高畦。

5.3.2 种子育苗

播种时间：秋播 8—9 月,春播 3—4 月。

播种：在整好的畦面上先开横沟,沟距 17~25cm,沟深 5~8cm,播幅 6~10cm。将种子放入 50℃的清水中浸泡 2 天,捞出晾干备用。将种子均匀地撒在沟内,种子间距离 2~3cm,每沟撒种子 60~80 粒,每亩用种量 10~12kg。播后覆盖堆肥或草木灰,再盖细土与畦面相平,上面再盖稻草保湿。气温在 17~20℃,并有足够的湿度,播后 15~25 天出苗。出苗后及时揭去盖草,搭棚

5.3.8 水分管理

扦插后每隔 3~5 天,淋水 1 次,保持土壤湿润,使棚内有较高的湿度,以防插穗失水萎蔫,但不应形成积水。扦插后期可减少淋水次数。

5.3.9 病虫害防治

按照"预防为主,综合防治"的植保方针,坚持以"农业防治、物理防治、生物防治为主,化学防治为辅"的防治原则。

农业防治:排除田间积水,降低田间湿度;发现病株立即拔除,集中烧毁或深埋,并用生石灰撒盖病窝消毒。

物理防治:在育苗地安装频振式杀虫灯,诱杀夜蛾类害虫。

化学防治:原则上以施用生物源农药为主。常见病虫害防治方法见附录 A。

5.3.10 起苗标准

苗高超过 30cm,粗壮;无病虫危害,无伤口,无黄化叶。

5.3.11 起苗方法

第二年 4—5 月起苗,先将苗圃地浇透,然后将苗拔起。按照种苗等级分级摆放,每 20棵扎 1 捆。

5.3.12 种苗标志

种苗应有完整记录其质量信息的标签,附有检验合格证书。

5.3.13 种苗运输

种苗应按不同级别分别装运,在运输过程中应防止日晒雨淋,保证通风通气。到达种植地后,若不立即种植,应将种苗置于荫棚或阴凉处,并及早定植。

5.4 种植

5.4.1 选地整地

应选择水质、大气、土壤环境无污染的平坝地域,田块集中成片,交通运输方便,远离城镇、医院、工矿企业、垃圾及废弃物堆积场等污染源。距离公路 80m 以外。

宜选前作无公害栽培的早稻田、林间坡地、河旁冲积地,忌连作。土壤以排水良好,富含腐殖质的砂壤土为佳。

先犁翻地块,移栽前再耕翻耙细,整平起畦,畦宽 60cm,高 30~40cm,畦沟宽 30cm,依地形地势情况来决定起畦走向。

5.4.2 种苗的选择与处理

根据土地面积进行起苗,应选择符合质量标准的种苗,做到定植多少,起苗多少,不能及时定植的种苗应置于荫棚或阴凉处,但不应超过 2 天,每天应喷水保持湿润。

5.4.3 定植时间

从 10—11 月育苗开始后,第二年 4—5 月定植。

5.4.4 定植密度

按照 50cm×50cm 的株行距,进行品字形定植。

果皮未开裂时采收。选择晴好天气,人工收割地上植株,运回晾晒,脱粒;或用联合收割机一次完成收割、脱粒。

5.5 产地初加工

种子脱粒后,要先去除碎秸秆、果壳等杂质,然后直接晾晒干燥,至种子含水量12%以下。

加工干燥过程保证场地、工具洁净,不受雨淋等。

5.6 包装、放行及贮运

5.6.1 包装

包装前应对每批药材按照国家标准进行质量检验。符合国家标准的药材,采用不影响质量的麻袋、纸箱等包装,禁止采用包装过肥料、农药等的包装袋包装。包装外贴或挂标签、合格证,标识牌内容应有药材名、基源、产地、批号、规格、重量、采收日期、企业名称等,并有追溯码。

5.6.2 放行

应制定符合企业实际情况的放行制度,有审核批生产、检验等的相关记录。不合格药材不得销售,有单独处理制度。

5.6.3 贮运

应贮存于阴凉干燥处,定期检查,防止虫蛀、霉变、腐烂、泛油等的发生。仓库控制温度在20℃以下、相对湿度75%以下;不同批次等级药材分区存放;建有定期检查制度。禁止磷化铝和二氧化硫熏蒸。也可采用现代气调贮藏方法,包装或库内充氮或二氧化碳。

运输应防止发生混淆、污染、异物混入、包装破损、雨雪淋湿等。

附 录 A
（规范性）
禁限用农药名单

A.1 禁止（停止）使用的农药（46 种）

六六六、滴滴涕、毒杀芬、二溴氯丙烷、杀虫脒、二溴乙烷、除草醚、艾氏剂、狄氏剂、汞制剂、砷类、铅类、敌枯双、氟乙酰胺、甘氟、毒鼠强、氟乙酸钠、毒鼠硅、甲胺磷、对硫磷、甲基对硫磷、久效磷、磷胺、苯线磷、地虫硫磷、甲基硫环磷、磷化钙、磷化镁、磷化锌、硫线磷、蝇毒磷、治螟磷、特丁硫磷、氯磺隆、胺苯磺隆、甲磺隆、福美胂、福美甲胂、三氯杀螨醇、林丹、硫丹、溴甲烷、氟虫胺、杀扑磷、百草枯、2,4-滴丁酯。

注：氟虫胺自 2020 年 1 月 1 日起禁止使用。百草枯可溶胶剂自 2020 年 9 月 26 日起禁止使用。2,4-滴丁酯自 2023 年 1 月 29 日起禁止使用。溴甲烷可用于"检疫熏蒸处理"。杀扑磷已无制剂登记。

A.2 在部分范围禁止使用的农药（20 种）

部分范围禁止使用的农药应注意药食同源中药材及来自其他作物的中药材。部分范围禁止使用的农药见表 A.1。

表 A.1 部分范围禁止使用的农药

通用名	禁止使用范围
甲拌磷、甲基异柳磷、克百威、水胺硫磷、氧乐果、灭多威、涕灭威、灭线磷	禁止在蔬菜、瓜果、茶叶、菌类、中草药材上使用，禁止用于防治卫生害虫，禁止用于水生植物的病虫害防治
甲拌磷、甲基异柳磷、克百威	禁止在甘蔗作物上使用
内吸磷、硫环磷、氯唑磷	禁止在蔬菜、瓜果、茶叶、中草药材上使用
乙酰甲胺磷、丁硫克百威、乐果	禁止在蔬菜、瓜果、茶叶、菌类和中草药材上使用
毒死蜱、三唑磷	禁止在蔬菜上使用
丁酰肼（比久）	禁止在花生上使用
氰戊菊酯	禁止在茶叶上使用
氟虫腈	禁止在所有农作物上使用（玉米等部分旱田种子包衣除外）
氟苯虫酰胺	禁止在水稻上使用

A.3 说明

本附录的内容来自 2019 年中华人民共和国农业农村部发布的《禁限用农药名录》（http://www.zzys.moa.gov.cn/gzdt/201911/t20191129_6332604.htm）。

附　录　B

（资料性）

王不留行常见病虫害防治的参考方法

王不留行常见病虫害防治的参考方法见表 B.1。

表 B.1　王不留行常见病虫害防治方法

病虫害名称	病原或害虫种类	发生条件与传播途径	防治方法
黑斑病	病原为丝孢目,暗色孢科,链格孢属,瞿麦链格孢菌 *Alternaria dianthi*	4月湿度大时发生,农事操作擦伤、风雨飞散传播	选择抗病品种,禁止大水漫灌;多菌灵浸种,按照农药标签使用;苯醚甲环唑喷施,按照农药标签使用
蚜虫	同翅目,蚜科 *Aphidoidae*	气温 16~22 ℃,相对湿度75% 以下易发生,有翅蚜短距离迁飞传播	苦参碱喷施,按照农药标签使用;除虫菊素喷施,按照农药标签使用;吡虫啉喷施,按照农药标签使用
棉小造桥虫	鳞翅目,夜蛾科 *Anomis flava*	日均气温 26℃,相对湿度 90% 左右易发生,成虫短距离迁飞传播	阿维菌素喷施,按照农药标签使用;吡虫啉喷施,按照农药标签使用
大青叶蝉	同翅目,叶蝉科 *Tettigella viridis*	4月若虫聚集取食叶片汁液,以后分散为害,5、6月成虫迁移传播	清洁田园,铲除杂草;黑光灯诱杀成虫;吡虫啉喷施,按照农药标签使用

参考文献

［1］么历,程慧珍,杨智.中药材规范化种植(养殖)技术指南［M］.北京:中国农业出版社,2006.

［2］谢晓亮,杨彦杰,杨太新.中药材无公害生产技术［M］.石家庄:河北科学技术出版社,2014.

［3］杨太新,谢晓亮.河北省30种大宗道地药材栽培技术［M］.北京:中国医药科技出版社,2017.

［4］谢晓亮,杨太新.中药材栽培实用技术500问［M］.北京:中国医药科技出版社,2015.

［5］杨太新.王不留行生产加工适宜技术［M］.北京:中国医药科技出版社,2018.

［6］高钦.王不留行种子质量及栽培关键技术研究［D］.保定:河北农业大学,2016.

［7］李宁.王不留行对氮磷钾吸收利用及密度和施肥的产量质量效应研究［D］.保定:河北农业大学,2019.

［8］高钦,杨太新,刘晓清,等.王不留行种子质量检验方法的研究［J］.种子,2014,33(10):116-120.

［9］高钦,杨太新,刘晓清.王不留行种子质量分级标准研究［J］.种子,2015,34(2):107-110.

［10］刘晓清,高钦,杨太新.种植密度及施肥对王不留行生长指标及干物质积累影响的研究［J］.中药材, 2016,39(11):2437-2440.

［11］李宁,高钦,杨太新.不同种质王不留行的产量和质量研究［J］.时珍国医国药,2017,28(10):2521- 2523.

［12］李宁,杨太新.不同氮肥处理对王不留行氮素吸收利用及产量的影响［J］.中药材,2018,41(9):2044- 2047.

［13］魏薇.中药王不留行的研究进展［J］.中国医药指南,2014,12(16):87-88.

［14］河北省质量技术监督局.中药材种子质量标准 王不留行:DB 13/T 2118—2014［S/OL］.［2023-11- 15］.https://std.samr.gov.cn/db/search/stdDBDetailed?id=91D99E4D739D2E24E05397BE0A0A3A10

［15］河北省质量技术监督局.无公害王不留行田间生产技术规程:DB 13/T 2117.3—2014［S/OL］.［2023- 11-15］.https://std.samr.gov.cn/db/search/stdDBDetailed?id=91D99E4D4A272E24E05397BE0A0A3A10

ICS 65.020.20
CCS C 05

团 体 标 准

T/CACM 1374.24—2021

天冬规范化生产技术规程

Code of practice for good agricultural practice of Asparagi Radix

2021-10-15 发布

2021-10-15 实施

中华中医药学会　发布

遮阴。经过 1 年培育,当幼苗长出 3 个以上块根,苗高 10~12cm 时即可移栽定植。

5.3.3 分株育苗

分株繁殖时间:在秋冬季采挖时,选择健壮母株,大块根摘下加工作为药材,留较小的块根作种用。

分株方法:用小刀在苗头凹口处进行分株,每株应带 2 个以上芽苞、2~3 个小块根作种苗。

种植:在整好的畦上,按行距 20~30cm 开沟,深 12~15cm,将分株种苗按 6~10cm 的距离放入沟中,盖土后与畦面齐平,不能露出根蒂。在春天保持湿润的情况下,15~25 天即可出苗。

5.3.4 苗期管理

立春后,应适当浇水,保持苗床湿润,雨季注意排水,防止积水。在苗高 3cm 左右时拔除杂草和施肥,根据苗长势施 45% 复合肥 2~3 次,每次每亩 5~10kg;或者追施叶面肥。

5.4 种植

5.4.1 选地整地

应选择水质、大气、土壤环境无污染的耕地、坡地、林地,地块相对集中成片,交通运输方便,远离城镇、医院、工矿企业、垃圾及废弃物堆积场等污染源。距离公路 80m 以外。

选择林地时,应先间伐树木,郁闭度≤0.5,清理干净灌木及草本。

深耕 30cm 以上,结合整地,每亩施腐熟农家肥 1 000~1 500kg,均匀撒于畦面,翻入土中,平整畦面,开好排水沟。做成 120~150cm 宽的高畦。

5.4.2 栽种

栽种时间:一般春栽 2—5 月,秋栽 9—11 月。

栽种密度:行距 40~50cm,株距 35~40cm,每亩种植 1 500~2 500 株。

栽种方法:按行株距开深约 17cm 的穴,穴底施入 1kg 腐熟的农家肥,然后覆土 3~5cm。种子苗或采收后分株的种苗,移入穴中,每穴 1 株,培土,压紧,淋足定根水。

露地移栽或起垄覆膜栽培,适宜林下种植;如单作,第 1、2 年可套种玉米等作物。

5.4.3 中耕除草

要勤除草,保持土壤疏松无杂草。中耕除草宜浅不宜深,以免伤根。

5.4.4 施肥

结合中耕除草,视田间长势,每亩用 15kg 尿素(或复合肥)兑水淋施,亦可喷施磷酸二氢钾叶面肥,每亩用量在 3~5kg,次数依据长势而定。

施秋肥:9 月追施 1 次,每亩追施农家肥 1 000~1 500kg 或者有机肥 100~200kg,应在畦边或行间开沟穴施下,注意避免肥料接触根部,施肥之后培土。

施春肥:在萌芽前(即春节前)每亩追施农家肥 1 000~1 500kg 或者有机肥 100~200kg,施肥时,应在畦边或行间开沟穴施,注意避免肥料接触根部,施肥后覆土压实。

5.4.5 病虫害防治

天冬病害主要有立枯病、茎枯病、锈病、根腐病等,虫害主要有蚜虫、红蜘蛛。

应采用预防为主、综合防治的方法:有机肥必须充分腐熟;选用无病害感染、无机械损伤、优质纯正和成熟饱满的天冬种子,禁用带病、挖伤、碰伤及幼小不达标的种苗;发现病株及时拔除,集中销毁,每穴撒入草木灰100g或生石灰200~300g,进行局部消毒。

采用化学防治时,可参照附录B表B.1执行;优先选用高效、低毒的生物农药;避免使用除草剂、杀虫剂和杀菌剂等化学农药。

不使用禁限用农药,禁止使用壮根灵、膨大素等生长调节剂。

5.5 采挖

定植3年后可采收,4年最佳。于9月块根膨大减缓开始至翌年春萌芽前采收。将藤蔓在离地面7cm左右处割断,挖出块根,除去须根,运回加工。

5.6 产地初加工

将块根洗净后按大、中、小分3级加工。洗净并去掉须根后,按级煮或蒸(10~15分钟)至透心(皮裂易剥皮即可),捞出放入冷水中,趁热去除外皮,沥干水分,晒干或低温烘干。

清洗用水参照GB 5749。

加工干燥过程保证场地、工具洁净,不受雨淋等。

5.7 包装、放行、贮运

5.7.1 包装

包装前应对每批药材按照国家标准进行质量检验。符合国家标准的药材,采用不影响质量的编织袋等包装,禁止采用包装过肥料、农药等的包装袋包装。包装外贴或挂标签、合格证,标签内容应有药材名、基源、产地、批号、规格、重量、采收日期、企业名称等,并有追溯码。

5.7.2 放行

应制定符合企业实际情况的放行制度,有审核批生产、检验等的相关记录。不合格药材有单独处理制度。

5.7.3 贮运

应贮存于阴凉干燥处,定期检查,防止虫蛀、霉变、腐烂、泛油等的发生。仓库控制温度在20℃以下、相对湿度75%以下;不同批次等级药材分区存放;建有定期检查制度。禁止磷化铝和二氧化硫熏蒸。也可采用现代气调贮藏方法,包装或库内充氮或二氧化碳。

运输应防止发生混淆、污染、异物混入、包装破损、雨雪淋湿等。

附 录 A
（规范性）
禁限用农药名单

A.1 禁止（停止）使用的农药（46种）

六六六、滴滴涕、毒杀芬、二溴氯丙烷、杀虫脒、二溴乙烷、除草醚、艾氏剂、狄氏剂、汞制剂、砷类、铅类、敌枯双、氟乙酰胺、甘氟、毒鼠强、氟乙酸钠、毒鼠硅、甲胺磷、对硫磷、甲基对硫磷、久效磷、磷胺、苯线磷、地虫硫磷、甲基硫环磷、磷化钙、磷化镁、磷化锌、硫线磷、蝇毒磷、治螟磷、特丁硫磷、氯磺隆、胺苯磺隆、甲磺隆、福美胂、福美甲胂、三氯杀螨醇、林丹、硫丹、溴甲烷、氟虫胺、杀扑磷、百草枯、2,4-滴丁酯。

注：氟虫胺自2020年1月1日起禁止使用。百草枯可溶胶剂自2020年9月26日起禁止使用。2,4-滴丁酯自2023年1月29日起禁止使用。溴甲烷可用于"检疫熏蒸处理"。杀扑磷已无制剂登记。

A.2 在部分范围禁止使用的农药（20种）

部分范围禁止使用的农药应注意药食同源中药材及来自其他作物的中药材。部分范围禁止使用的农药见表A.1。

表A.1 部分范围禁止使用的农药

通用名	禁止使用范围
甲拌磷、甲基异柳磷、克百威、水胺硫磷、氧乐果、灭多威、涕灭威、灭线磷	禁止在蔬菜、瓜果、茶叶、菌类、中草药材上使用,禁止用于防治卫生害虫,禁止用于水生植物的病虫害防治
甲拌磷、甲基异柳磷、克百威	禁止在甘蔗作物上使用
内吸磷、硫环磷、氯唑磷	禁止在蔬菜、瓜果、茶叶、中草药材上使用
乙酰甲胺磷、丁硫克百威、乐果	禁止在蔬菜、瓜果、茶叶、菌类和中草药材上使用
毒死蜱、三唑磷	禁止在蔬菜上使用
丁酰肼（比久）	禁止在花生上使用
氰戊菊酯	禁止在茶叶上使用
氟虫腈	禁止在所有农作物上使用（玉米等部分旱田种子包衣除外）
氟苯虫酰胺	禁止在水稻上使用

A.3 说明

本附录的内容来自2019年中华人民共和国农业农村部发布的《禁限用农药名录》（http://www.zzys.moa.gov.cn/gzdt/201911/t20191129_6332604.htm）。

附　录　B
（资料性）
天冬常见病虫害防治的参考方法

天冬常见病虫害的防治方法见表 B.1。

表 B.1　天冬常见病虫害的防治方法

病虫害名称	防治时期	推荐防治方法	安全间隔期 /d
立枯病	2—4 月	百菌清、多菌灵喷施,按照农药标签使用	百菌清≥14 多菌灵≥20
茎枯病	5—8 月	百菌清、代森锌、甲基硫菌灵喷施,按照农药标签使用	百菌清≥14 代森锌≥15 甲基硫菌灵≥30
锈病	5—8 月	三唑酮、萎锈灵、三唑酮喷施,按照农药标签使用	粉锈宁≥20 萎锈灵≥7 三唑酮≥20
根腐病	雨季	种子播前用多菌灵浸种,及时拔除病株,用石灰消毒发病株穴或灌根;甲基硫菌灵液灌根;多菌灵灌根、喷施;敌克松喷施;甲基硫菌灵喷施。均按照农药标签使用	多菌灵≥20 甲基硫菌灵≥30 敌克松≥7~10
蚜虫	6—8 月	敌百虫、阿维菌素、吡虫啉喷施,按照农药标签使用	敌百虫≥7 阿维菌素≥21 吡虫啉≥20
红蜘蛛	5—6 月	阿维菌素、哒螨灵、灭螨灵喷施,按照农药标签使用	阿维菌素≥21 哒螨灵≥21 灭螨灵≥20

参考文献

［1］么历,程慧珍,杨智.中药材规范化种植(养殖)技术指南[M].北京:中国农业出版社,2006.

［2］肖培根,杨世林.药用动植物种养加工技术[M].北京:中国中医药出版社,2001.

［3］周荣汉.中药资源学[M].北京:中国医药科技出版社,1993.

［4］丁季春,张明,钟国跃,等.天冬种植的底肥种类及施用水平的研究[J].中南药学,2008(5):529-531.

［5］徐鸿涛,白勇涛.药用植物天冬栽培技术[J].中国林副特产,2011(6):61-62.

［6］张向军,庾韦花,蒙平,等.广西天冬规范化生产技术规程[J].中国现代中药,2013,15(4):295-297.

［7］陈继红.天门冬高产栽培技术综述[J].农业与技术,2015,35(6):106.

［8］杨平飞,刘海,罗鸣,等.贵州天门冬规范化种植技术[J].农技服务,2018,35(3):31-32.

［9］中药材天地网.天冬电子交易规格标准[EB/OL].(2016-07-12)[2023-11-15].https://www.zyctd.com/
biaozhun/213/251946.html.

［10］中国科学院中国植物志编辑委员会.中国植物志[M].北京:科学出版社,1978:106.

［11］国家药典委员会.中华人民共和国药典:2020年版一部[M].北京:中国医药科技出版社,2020:
105-106.

ICS 65.020.20
CCS C 05

团 体 标 准

T/CACM 1374.25—2021

天麻规范化生产技术规程

Code of practice for good agricultural practice of Gastrodiae Rhizoma

2021-10-15 发布
2021-10-15 实施

中华中医药学会　发布

目　　次

前　　言

本文件按照 GB/T 1.1—2020《标准化工作导则　第 1 部分：标准化文件的结构和起草规则》的规定起草。

请注意本文件中的某些内容可能涉及专利。本文件的发布机构不承担识别专利的责任。

本文件由中国医学科学院药用植物研究所提出。

本文件由中华中医药学会归口。

本文件起草单位：中国医学科学院药用植物研究所、陕西汉王略阳中药科技有限公司、上海上药华宇药业有限公司、贵州大学、陕西步长制药有限公司、重庆市药物种植研究所、国药种业有限公司、彝良县天麻产业开发中心、昌昊金煌（贵州）中药有限公司、抚松县参王植保有限责任公司。

本文件主要起草人：兰进、孙建华、宋嬿、罗夫来、陈向东、马存德、王继永、王忠巧、邓乔华、张薇薇、张玉莲、宋明海、肖波、吕婷婷、金晨杰、魏建和、王文全、王秋玲、杨小玉、辛元尧、王苗苗。

天麻规范化生产技术规程

1 范围

本文件确立了天麻规范化生产流程、规定了天麻的生产基地选址、种质与种子麻种、箭麻栽培、蜜环菌与萌发菌菌种的制作、天麻种植、采收与产地初加工、包装、放行和贮运等阶段的技术要求。

本文件适用于天麻的规范化生产。

2 规范性引用文件

下列文件中的内容通过文中的规范性引用而构成本文件必不可少的条款。其中,注明日期的引用文件,仅该日期对应的版本适用于本文件;不注明日期的引用文件,其最新版本（包括所有的修改单）适用于本文件。

GB 3095—2018　环境空气质量标准

GB 5084　农田灌溉水质标准

GB 5749　生活饮用水卫生标准

GB 15618—2018　土壤环境质量　农用地土壤污染风险管控标准（试行）

NY/T 528　食用菌菌种生产技术规程

NY/T 1731　食用菌菌种良好作业规范

NY/T 1742　食用菌菌种通用技术要求

NY/T 1935　食用菌栽培基质质量安全要求

NY 5099　无公害食品　食用菌栽培基质安全技术要求

T/CACM 1374.1—2021　中药材规范化生产技术规程通则　植物药材

3 术语和定义

T/CACM 1374.1—2021 界定的以及下列术语和定义适用于本文件。

3.1 规范化生产　good agricultural practice

按照《中药材生产质量管理规范》（简称中药材 GAP）的要求,实施药材生产,保证中药材优质安全的生产过程。

3.2 技术规程　code of practice

为实现中药材生产顺利、有序进行,保证中药材生产质量,对中药材生产的基地选址、种子种苗、种植或野生抚育、采收与产地初加工以及包装、放行与贮运等,所做的技术规定和要求,是实施中药材规范生产的核心技术要求和实施指南。

3.3 蜜环菌 *Armillaria* sp.

白蘑科蜜环菌属可用于栽培天麻的真菌，包括高卢蜜环菌 *Armillaria gallica* Marxmüller & Romagnesi、粗柄蜜环菌 *A. cepistipes* Velen 及九妹蜜环菌 *A. nabsnona* Volk et Burdsall 等。

3.4 菌索 rhizomorphs

菌丝在不良的环境条件下或生长后期发生的适应性变态，即菌丝体交织网结组成绳索状的组织。

3.5 萌发菌 germination fungi

为小菇属（*Mycena*）的一类真菌，通过菌丝侵染天麻种胚，为天麻种子萌发提供营养。主要包括紫萁小菇 *Mycena osmundieola* Lange、石斛小菇 *M. dendrobii* Fan et Guo 等。

3.6 菌材 materials with fungi

生长有蜜环菌或萌发菌的木棒、树枝、树叶统称为菌材。菌材是天麻生产中所必备的材料，包括：

菌棒：是选择一定长度的木棒接上蜜环菌，在适宜条件下培养，长出菌索。

菌枝：指生长有蜜环菌菌索的树枝，是天麻栽培中的辅助材料，由直径 2~3cm 的树枝培养而成。

菌叶：指生长有萌发菌的树叶，是天麻有性繁殖中所需材料。

3.7 天麻块茎 Gastrodiae Rhizoma tuber

天麻不同发育阶段的地下茎，统称为块茎。地下块茎横生，体上有较明显的环节 3~30 个，节处着生膜质小鳞片。块茎肉质肥厚，呈长椭圆形或不规则的小球形，大小相差悬殊，长 0.5~20cm，直径 0.2~8cm。根据天麻块茎的形态和发育阶段不同，可分为箭麻、白麻、米麻。

3.7.1 箭麻 mature *G. elata* tuber

商品麻 commodity *G. elata* tuber

主要入药用，亦可用于开花结实，获取天麻种子作为种麻。块茎长 5~20cm，直径 2~8cm，鲜品重 50~500g。块茎前端生长有混合芽即花茎芽（俗称鹦哥嘴），翌年抽薹，茎秆似箭，故称"箭麻"。

3.7.2 白麻 immature *G. elata* tuber

长度 2cm 以上、无明显顶芽、不抽薹出土的块茎称为白麻，鲜品重 3~50g，最大可达 100g。由种子发芽后形成或由箭麻、白麻等分生出的较小的天麻块茎个体，顶端具尖圆形顶生长锥。用作栽培天麻的麻种。

3.7.3 米麻 juvenile *G. elata* tuber

由种子萌发形成，或由白麻或箭麻分生形成的极小天麻块茎个体，长度 2cm 以下、鲜品重 2g 以下的小块茎。作扩繁麻种用。

3.8 麻种 seed *G. elata*

用于与蜜环菌伴栽的天麻块茎的统称。可分为零代麻种、1 代麻种、2 代麻种及多代麻种等。

3.8.1 零代麻种 father-generation seed *G. elata*

由天麻种子播种后当年形成的米麻和白麻。

3.8.2 1代麻种 first-generation seed *G. elata*

由天麻种子播种后翌年形成的米麻和白麻,或者由零代麻种再次栽培后形成的米麻和白麻。

3.8.3 2代麻种 second-generation seed *G. elata*

由1代麻种再次栽培后形成的米麻和白麻。

3.9 有性繁殖 sexual reproduction

以天麻种子为繁殖材料,由萌发菌伴播天麻种子与蜜环菌伴栽繁殖天麻后代的方式。

3.10 无性繁殖 asexual reproduction

以天麻营养器官即天麻块茎(也称为麻种)与蜜环菌伴栽繁殖天麻后代的方式。

3.11 穴 hole for sowing

用来进行天麻有性繁殖或者无性繁殖所挖的土坑,一般长60~200cm,宽50~60cm,深15~35cm。可因地制宜选择穴的长宽。

4 天麻规范化生产流程图

天麻的规范化生产流程见图1。

5 天麻规范化生产技术

5.1 生产基地选址

5.1.1 产地选择

可选择的天麻栽培区域有云南、陕西、贵州、四川、湖北、安徽、重庆、河南、吉林、甘肃及山东等地,其中云南昭通,陕西汉中,湖北宜昌、恩施,四川川西、川北,贵州毕节、凯里,以及吉林长白山等是著名天麻产区。

5.1.2 地块选择

栽培天麻的土壤应选择砂壤土或腐殖质土,以pH 5.5~6.5为宜。

选择栽培地:高山区(1 300~2 000m),选择阳坡或林外栽培;中山区(1 000~1 300m),选择半阴半阳稀疏林下栽培;低山区(400~1 000m),选择温度较低,湿度较大的阴坡栽培。山体的坡度应为5°~10°的平坦缓坡。

5.1.3 环境监测

宜选择生态条件良好的地块,环境空气应符合GB 3095—2018规定的二级标准;农田灌溉水质应符合GB 5084的规定;土壤环境应符合GB 15618—2018规定的二级标准。生产基地应远离禽畜场、垃圾场等污染源。不应在非适宜区种植,且要保证生长期间持续符合要求。生产全过程推行"二维码"追溯管理。

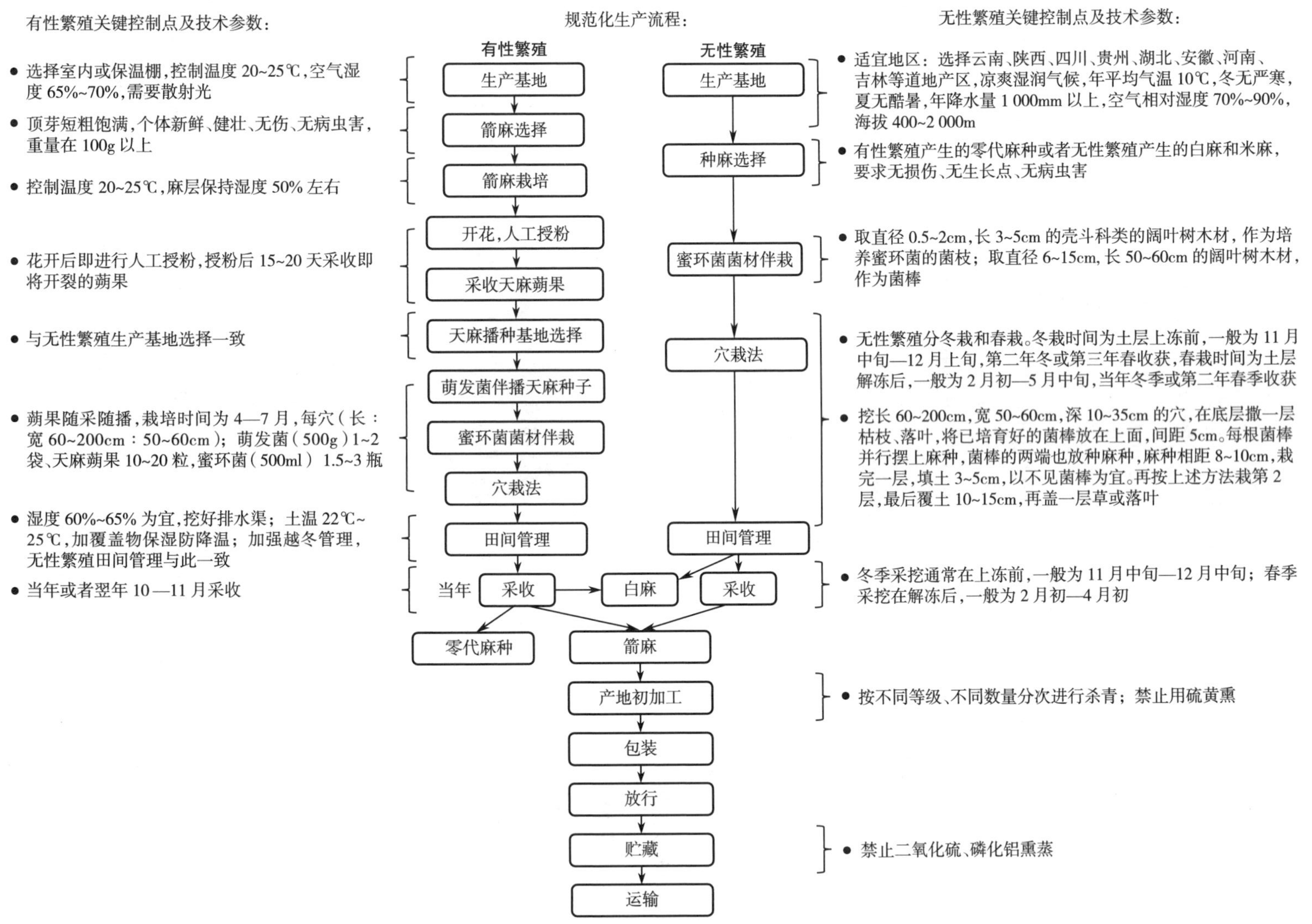

规范化生产流程:

无性繁殖关键控制点及技术参数:

- 适宜地区：选择云南、陕西、四川、贵州、湖北、安徽、河南、吉林等道地产区，凉爽湿润气候，年平均气温10℃，冬无严寒，夏无酷暑，年降水量1 000mm以上，空气相对湿度70%~90%，海拔400~2 000m
- 有性繁殖产生的零代麻种或者无性繁殖产生的白麻和米麻，要求无损伤，无生长点，无病虫害
- 取直径0.5~2cm，长3~5cm的壳斗科类的阔叶树枝，作为培养蜜环菌的菌枝；取直径6~15cm，长50~60cm的阔叶树木材，作为菌棒
- 无性繁殖分冬栽和春栽。冬栽时间为土层上冻前，一般为11月中旬—12月上旬，第二年冬栽或第三年春栽；春栽时间为土层解冻后，一般为2月中旬—5月中旬，当年冬季或第二年春季收获
- 挖长60~200cm，宽50~60cm，深10~35cm的穴，在底层撒一层枯枝落叶，将已培育好的菌棒放在上面，同距5cm，每根菌棒并行摆上麻种，菌棒的两端也放种麻种，麻距相距8~10cm，栽完一层，填土3~5cm，以不见菌棒为宜，再按上述方法栽第2层，最后层覆土10~15cm，再盖一层草或落叶
- 冬季采挖通常在土层上冻前，一般为11月中旬—12月中旬；春季采挖在解冻后，一般为2月初—4月初
- 按不同等级、不同数量分次进行杀青；禁止用硫黄熏
- 禁止二氧化硫、磷化铝熏蒸

无性繁殖

生产基地 → 种麻选择 → 蜜环菌材菌栽 → 穴栽法 → 田间管理 → 采收 → 白麻、箭麻

有性繁殖

生产基地 → 箭麻选择 → 箭麻栽培 → 开花、人工授粉 → 采收天麻蒴果 → 天麻播种基地选择 → 萌发菌伴播天麻种子 → 蜜环菌材菌栽 → 穴栽法 → 田间管理 → 当年采收 → 零代麻种

箭麻 → 产地初加工 → 包装 → 放行 → 贮藏 → 运输

有性繁殖关键控制点及技术参数:

- 选择室内或保温棚，控制温度20~25℃，空气湿度65%~70%，需要散射光
- 顶芽短粗饱满，个体新鲜、健壮，无伤，无病虫害，重量在100g以上
- 控制温度20~25℃，麻层保持湿度50%左右
- 花开后即进行人工授粉，授粉后15~20天采收即将开裂的蒴果
- 与无性繁殖生产基地选择一致
- 蒴果随采随播，栽培时间为4—7月，每穴（长：宽60~200cm：50~60cm）；萌发菌（500g）1~2袋天麻蒴果10~20粒，蜜环菌（500ml）1.5~3瓶
- 湿度60%~65%为宜，挖好排水渠；土温22℃~25℃，加覆盖物保湿防降温；加强越冬管理，无性繁殖田间管理与此一致
- 当年或者翌年10—11月采收

图1 天麻规范化生产流程图

5.2 种质与种子麻种

5.2.1 种质选择

使用兰科天麻属草本植物天麻 *Gastrodia elata* Bl.,物种应经过鉴定。若使用农家品种或选育品种应加以明确。

5.2.2 种子

天麻种子极小,如粉末,呈纺锤形或新月形,长 0.6~1mm,宽 0.1~0.14mm。种皮白色半透明,种胚淡黄色,老熟后呈暗褐色。种子无胚乳,依靠萌发菌提供营养萌发。

5.2.3 麻种

用于无性栽培时,选择以白麻和米麻为宜,单个重量 10~30g 最佳,挑选黄白色、新鲜、无失水现象、无病斑、无创伤、无冻害、无腐烂、体形呈纺锤形、芽眼明显的作麻种。以零代麻种、1 代麻种为宜,多代麻种易产生退化,病害严重,产量降低。

5.3 箭麻栽培

5.3.1 栽培场地

室内或者保温棚内繁育,选用沙土,以 pH 5.5~6.5 为宜。

5.3.2 箭麻挑选

挑选顶芽短粗饱满、圆锥形、顶芽长 1.5~2cm、体短粗、无损伤和病虫害、大小基本一致、重 100g 以上的箭麻。

5.3.3 栽培时间

一般在 2 月下旬—4 月中旬,高海拔的冷凉地区可适当推迟。

5.3.4 栽培管理

5.3.4.1 遮阴

天麻的花薹最怕直射阳光的照射,照射后会使受光面的茎秆变黑,下雨后倒伏。需要散射光。

5.3.4.2 控温

适宜的温度是 20~25℃。当达到 15℃时,顶芽便开始伸展,20~25℃生长最快。

5.3.4.3 保湿

保持土层湿度 50% 为宜,空气湿度要求在 65%~70%。

5.3.4.4 摘花蕾

在现蕾初期将天麻花穗顶端 3~5 个花蕾摘掉,可减少养分消耗。这样结的果实饱满,可提高种子产量。

5.3.4.5 病虫害防治

常见的病害有日灼、块茎腐烂病,常见的虫害有蚜虫、伪叶甲等,此时加强通风,控制湿度。禁限用农药名单见附录 A。

5.3.4.6 防止践踏

繁育室门应随时关闭,以防人畜践踏。

5.3.5 人工授粉

自然条件下,天麻主要靠小土蜂传粉,授粉率极低。栽培箭麻应进行人工授粉。方法为左手固定花托,右手持小镊子,将雄蕊摘下,在雌蕊柱头上轻轻按下,使花粉紧密与黏盘结合,即可。或用竹签挑开"花帽"挑起粉块,粘在柱头上也可。进行人工授粉时应注意不能刺破子房。授粉时间以 9:00—15:00 为宜。天麻为无限花序,基部花与顶端花开放时间差 10~15 天,在人工授粉时可分期进行,随开随进行。

5.3.6 蒴果的成熟与采收

授粉后 15~20 天,种子即可成熟。采摘期蒴果表面颜色较暗,失去光泽,有明显凹陷的纵沟,但蒴果未开裂。手捏质软,剥开果皮种子易散落,种子呈浅黄色,即可采收。稍晚,蒴果裂开,种子即飞落干净。下部的蒴果先成熟,可以先采下保存,上部的随熟随采,每天进行检查,分期分批收获。

5.3.7 蒴果贮存

天麻蒴果一般应随采随播,对已采收而未及时播种的蒴果,用可透气的牛皮纸袋分装置于 3~5℃ 冰箱内保藏,切忌用不透气的材料包装。

5.4 蜜环菌与萌发菌菌种的制作

5.4.1 菌种生产基地

宜选择通风良好、水源清洁、排灌方便的区域。生产区布局合理,应与原料仓库、成品仓库、生活区严格分开,装料室、灭菌室、冷却室、接种室应各自独立,方便操作。管理制度明示上墙。

培养室宜选择洁净、通风、控温、遮光的场所。培养室使用前应认真清理,严格消毒和杀虫。

5.4.2 菌种质量

蜜环菌使用高卢蜜环菌 *A. gallica*、粗柄蜜环菌 *A. cepistipes* 及九妹蜜环菌 *A. nabsnona* 等;萌发菌使用紫萁小菇 *M. osmundieola*、石斛小菇 *M. dendrobii* 等。经过品种审定或鉴定确认。选择适合当地气候条件的高产、优质、抗逆性强的品种。扩繁用菌种应来自具有相应资质的菌种生产单位,参照 NY/T 1731 的规定;菌种生产参照 NY/T 528 的规定;菌种质量参照 NY/T 1742 的规定。

5.4.3 原辅料

原辅料质量安全应符合 NY 5099 和 NY/T 1935 的规定。

5.4.4 接种

接种室宜用臭氧或紫外线消毒 0.5 小时以上;接菌箱宜用专用气雾消毒剂消毒 0.5 小时以上;超净工作台宜用紫外线灯消毒不少于 0.5 小时。接种用具、接种者双手用 75% 酒精擦洗消毒。

5.4.5 母种生产

5.4.5.1 母种培养基配方

配方如下:

a)去皮马铃薯 200g(切块煮沸 20 分钟取汁),葡萄糖 20g,磷酸二氢钾 3g,硫酸镁 1.5g,维生素 B$_1$ 10~20mg,琼脂 15~18g,水 1 000ml,pH 自然。

b）麦麸 100g，葡萄糖 20g，磷酸二氢钾 3g，硫酸镁 1.5g，维生素 B$_1$ 10~20mg，琼脂 15~18g，水 1 000ml，pH 自然。

5.4.5.2 母种培养基的制作

制作方法如下：

a）用上述配方配制培养基，装入试管，高压 121℃灭菌 30 分钟，萌发菌母种摆好斜面。

b）蜜环菌用直管，冷却后，在无菌条件下接种。取黄豆大小菌块放入斜面培养基中央即可。

c）接种后，将试管置 25℃恒温箱或温室中避光培养 10~15 天。

5.4.6 原种生产

5.4.6.1 原种培养基配方

配方如下：

a）阔叶树木屑 78%，麸皮 20%，石膏 1%，蔗糖 1%（适合蜜环菌和萌发菌）。

b）阔叶树木屑 78%，麸皮 17%，玉米粉 3%，石膏 1%，蔗糖 1%（适合蜜环菌和萌发菌）。

c）半固体培养基配方：麦麸 50g，去皮马铃薯 200g，葡萄糖 20g，磷酸二氢钾 3g，硫酸镁 1.5g，琼脂 5~8g，水 1 000ml（用于蜜环菌原种）。

d）小树枝培养基配方：选阔叶树种的枝条或砍菌棒时砍下的枝条，直径 0.5~2.0cm（用于蜜环菌原种）。

5.4.6.2 原种培养基的制作

制作方法如下：

a）按照 5.4.6.1 中的 a）和 b），准备各种原辅料，加水搅拌，充分混合，控制含水量 65% 左右，pH 自然。装入菌种瓶中，稍压平，高压 121℃灭菌 1.5 小时，冷却后，接入所需母种，室温 20~25℃，避光培养 35~45 天。

b）按照 5.4.6.1 中的 c），依据母种培养基的制作方法，用 500ml 原种瓶，装入 300ml 培养基。高压 121℃灭菌 0.5 小时，冷却后，接入蜜环菌母种，室温 20~25℃，避光培养 20~25 天。

c）按照 5.4.6.1 中的 d），将小树枝浸泡 24~36 小时，装入 500ml 原种瓶，装至瓶肩部，加水没过树枝。高压 121℃灭菌 1.5~2 小时，冷却后，接入蜜环菌母种，室温 20~25℃，避光培养 40~45 天。

5.4.7 栽培种生产

5.4.7.1 栽培种培养基

配方如下：

a）蜜环菌栽培种培养基配方：

1）小树枝段 100%。

2）玉米芯粉 20%，锯末 40%，麦麸 19%，蔗糖 1%，小树枝段 20%。

3）阔叶树锯末 50%，麦麸 30%，小树枝段 20%。

b）萌发菌栽培种培养基配方：壳斗科等阔叶树植物落叶 70%、木屑 10%、麦麸 15%、硫酸镁 0.5%、磷酸二氢钾 1.5%、蔗糖 1%、石膏 1%。

5.4.7.2 栽培种培养基的制作

制作方法如下：

a）蜜环菌栽培种培养基制作：与 5.4.6.2 中的 a）制作方法类同。

b）萌发菌栽培种培养基制作：

1）将阔叶树植物落叶用清水浸泡 12~24 小时。

2）捞出控水，加入其他配料，搅拌混匀后装袋，高压蒸汽灭菌 2 小时或者常压蒸汽灭菌 100℃保持 18~24 小时。

3）冷却后接入萌发菌原种，置培养室，室内温度约 25℃。培养期间适时通风，避光培养 35~45 天。

5.4.8 蜜环菌菌棒制作

5.4.8.1 制作菌棒的树种、培养时间

制作菌棒用的树种应选择壳斗科、桦木科、大风子科、蔷薇科、豆科等不含芳香油脂的树种。用于无性繁殖的菌棒，在每年 6—8 月培养；用于有性繁殖播种的菌棒，海拔 1 300m 以上的地区在 9—10 月培养；海拔 1 300m 以下的地区在 2—3 月或 9—10 月培养。

5.4.8.2 菌材砍伐与规格

立冬到惊蛰期间砍伐树干或粗树枝，晾晒 20~30 天。培养前，将直径 5~10cm 的树干或枝条截成 40~60cm，将直径 5cm 以下的细枝，斜砍成 6~10cm 长的短枝。6—10 月可边砍边培养。

5.4.8.3 菌棒培养与管理

方法如下：

a）穴培法：低山区较干燥的地方采用此法。穴深 30~50cm，宽 45~60cm，长度可根据地形和培育菌棒的多少而定，但每穴培育菌棒不宜超过 300 根，以免感染杂菌减少损失。

在挖好的穴底铺一层树叶，铺一层备好的新鲜木棒，用土填好空隙，第 2 层放菌种，如菌种不足，可每隔两根新鲜木棒放一根菌棒，上面放一层新鲜木棒，再覆土以见不到木棒为宜，再重复以上方法放置 4~5 层与地面平，最上层覆土 15cm。这种方法既易于控制温度和湿度，又省工省料，方法简便。

b）半穴培法：穴深 30cm，培育方法同穴培法。有 3~4 层棒高出地面，最上层覆土 10~15cm 厚。此法适合温度和湿度适中的天麻产区。

c）堆培法：不挖穴，在地面上将树棒堆起来培养。培育方法同穴培法，此法适合温度低、湿度大的高山区。

5.5 天麻种植

5.5.1 播种场地选择

在达到生产环境要求的地块内，选择透气性好的沙土地作为天麻播种栽培基地。

5.5.2 材料准备

包括以下材料：

a）树棒：直径 6~8cm，长 50cm 的阔叶树木材，以壳斗科类为佳。

b）树枝：直径 0.5~2cm，长 3~5cm 的阔叶树木材，以壳斗科类为佳。

c）树叶：阔叶树落叶。

d）菌棒、菌枝、菌叶、蜜环菌生产种；天麻种子或者麻种。

e）浸泡：播种前一天，用清水将树枝浸泡 30 分钟，树棒、树叶浸泡 24 小时，捞出使用。

5.5.3 天麻有性繁殖栽培

5.5.3.1 拌种

在容器中将天麻萌发菌用手撕成单片菌叶或者用器械将萌发菌打碎，将天麻蒴果在避风处掰开，均匀地撒播于萌发菌叶上，多次撒种反复拌匀。一般每穴播种 10~20 粒蒴果即可。

5.5.3.2 播种方法

根据各地所处的纬度和海拔高度不同，可穴播、堆播和半穴播，播种层次也可根据当地自然气候条件而相应地变化。播种方法有：

a）菌床接菌播种：播种时挖开菌床，取出菌棒，耙平穴底，先铺一薄层树叶，之后将拌好种子的萌发菌分为两份，一份撒在底层，按原样摆好下层菌棒，棒间留 3~5cm 的距离，覆土与菌棒平，再铺树叶后将另一半拌好种子的萌发菌撒播在上层，放菌棒后覆土厚 10cm 左右，表层铺撒一层树叶保湿。

b）菌枝伴菌播种：利用蜜环菌菌枝伴萌发菌播种，与 5.5.3.2 中的 a）类同，无须预先培养菌材和菌床，完全用新鲜木段，播种时新挖播穴，底层铺树叶撒拌种子的菌叶，摆新棒 3~5个，两棒相距 3~5cm，在两棒之间和棒的两端摆放蜜环菌菌枝菌种，即可覆土，同法播上层。覆土 10cm，表层铺撒一层树叶保湿。

c）阳畦播种：在大棚或者温室进行播种。播期在 4—5 月，一般挖穴深 40cm，穴长与宽可根据场地条件。播种方法与 5.5.3.2 的 a）和 b）方法类同，只是覆土 3~5cm，表层铺撒一层树叶，有条件可以覆盖一层塑料薄膜，利于提高地温。适宜的温度和湿度条件下，25~35 天即可发芽。

5.5.3.3 播种后的管理

5.5.3.3.1 防旱保墒

掌握好湿度，经常检查土壤，播后 1~2 天，观察播种层的树叶，保持湿度以 60%~65% 为宜。树叶干燥，应适当浇水，但不可大水漫灌，否则将导致原球茎死亡腐烂。秋天雨水过多时，应盖好塑料薄膜，四周挖好排水沟，防止积水和水分过大。

5.5.3.3.2 控制温度

天麻种子适宜的发芽温度是 22~25℃，18℃ 以下或 30℃ 以上均受抑制。低温季节采用地膜覆盖或加盖树叶等保温。高温季节可通过覆盖树叶、加厚覆土层等方式降温。如果播种后遇梅雨季节，温度低，湿度大，也应盖塑料薄膜。中午温度高时，临时再揭去。

5.5.3.3.3 越冬管理

当气温低于 −3℃ 时，即会发生原球茎和小白麻冻害，此时应采取加厚覆土和覆盖树叶，海拔 1 000m 以上，应加盖塑料薄膜，第二年开春后，当地温达到 14℃ 以上时去掉。

5.5.3.4 麻种收获

5.5.3.4.1 采收时间

当年 10—11 月或者翌年春季 2—4 月采收。

5.5.3.4.2 采收方法

选择晴天作业,采用人工刨挖的方法,先用镐锄刨去表层土壤,再用铁耙撬取菌棒,用手捡取,所获白麻和米麻即为天麻麻种。

5.5.3.5 麻种的贮藏与保管

5.5.3.5.1 挑拣麻种

剔除有损伤、无生长点或有病虫害侵染的麻种。

5.5.3.5.2 麻种贮藏

将挑选好的麻种稍加晾晒,使表面水分散失,然后将其埋于沙土穴内,具体为一层麻种一层沙土,直至与地面平,在其上覆土 10cm 左右,其上覆盖树叶 5cm 左右。贮藏期间保持土壤潮湿。麻种运输时间不应超过 3 天,贮存时间 30~60 天,不宜过长。

5.5.4 天麻无性繁殖栽培

5.5.4.1 栽培时期

天麻栽培分冬栽和春栽。冬栽时间为土层上冻前,一般为 9 月中旬—12 月上旬;春栽时间为土层解冻后,一般为 2 月初—5 月中旬。

5.5.4.2 栽种方式

天麻无性栽培的方法有穴栽(也含畦栽)活动菌床栽培法,包括菌棒伴栽法、旧菌材加新菌材法、菌材加菌枝栽培法;固定菌床栽培法,包括固定菌床加新材法、固定菌床定位法。

a)活动菌床栽培法

1)菌棒伴栽法:挖长 60~200cm,宽 50~60cm,深 10~35cm 的穴,在底层撒一层枯枝、落叶,将已培育好的菌棒放在上面,间距 5cm。每根菌棒并行摆上麻种,菌棒的两端也放麻种,麻种紧靠菌棒。每个麻种相距 8~10cm,米麻撒播在菌棒两侧。栽完一层,填土 3~5cm,以不见底层菌棒为宜。再按上述方法栽第 2 层,最后覆土 10~15cm,略为高出地面,再盖一层草或落叶。这种方法是栽培天麻的基本方法,其他方法都以此为基础。

2)旧菌材加新菌材法:一般用 10 根菌棒,底层放 5 根培育好的菌棒,再间隔放入未培菌的 5 根新材。麻种放在培育好的菌棒两侧,按菌棒伴栽法进行栽种。

3)菌材加菌枝栽培法:在栽培天麻时,在菌材之间再加一些菌枝菌种的方法达到补充菌源的目的。栽培方法同菌棒伴栽法。

4)畦栽的操作方法:畦栽适合平整,坡度不大的地块。整地后,作畦。栽一层麻,畦深 18~21cm,栽两层麻,畦深为 25~30cm,长 6m,宽 50~60cm。两畦间隔为 15cm 厚,作业道宽 35~45cm。畦底平铺 2~3cm 厚的砂壤土或含有粗砂的腐殖土,以利渗水。按菌棒伴栽法进行栽种。畦面加盖一层枯枝落叶,以保温保水。

b)固定菌床栽培法

栽培时挖开培育好的菌床,取出上层 5 根菌棒。下层菌棒不动,按菌棒伴栽法栽入麻种,填土 3~5cm。再用上层 5 根菌棒,栽种第 2 层,然后盖上 10~15cm。

5.5.4.3　田间管理

田间管理及注意事项与 5.5.3.3 类同。

5.5.5　病虫害防治

天麻生长期的病害主要为天麻块茎腐烂病;虫害主要有蛴螬、蚧壳虫及鼠害等。应采用预防为主、综合防治的方法,防治应严格按照天麻病、虫、鼠害综合防治技术规程进行。

　　a)霉菌:以菌丝的形式分布在菌材表面,呈片状,有的发黏有霉臭味,对蜜环菌和天麻生长不利。防治措施:栽培地应选择透水、透气性好的砂壤土,不要选黏土或涝洼积水地;麻种与菌材一定要纯,杂菌污染的菌材不应采用;栽种天麻与培养蜜环菌材间隙要用土填实,留有空隙易生杂菌;适当加大菌种量,促使蜜环菌旺盛生长,从而抑制杂菌的生长。

　　b)腐烂病:麻种受到机械损伤,内部组织遭破坏,则易被一些营腐生生活的杂菌感染而腐烂。高温高湿等不良环境也会引起天麻腐烂病。防治措施:应选择完整、无损伤、色鲜的白麻或米麻作种源;注意调节温湿度,以抑制杂菌的生长;栽种天麻的培养料事先要晾晒、把内部的虫卵及杂菌杀死,减少传染。

　　c)虫害:主要有蛴螬、蚧壳虫及鼠害等。防治措施:灯光诱杀成虫;毒饵诱杀,撒于田沟或畦面诱杀。

5.6　采收与产地初加工

5.6.1　采收

5.6.1.1　采收年限

采用白麻、米麻进行无性繁殖的天麻,生长期为 1 年。

5.6.1.2　采收时间

冬栽或春栽的天麻,都应在休眠期收获。收获期可分冬、春两季,冬收在封冻以前,一般为 11 月中旬—12 月上旬,春收在解冻之后,即 2 月初—4 月初萌动前为好。

5.6.1.3　采收工具

常用镐锄、铁耙、筐、人力车等,要求保持清洁,不接触有害物质,避免污染。

5.6.1.4　采收方法

选择晴天作业,采用人工刨挖的方法。首先,用镐锄刨去表层土壤;之后,用铁耙或镐锄抓取菌棒,在刨挖和撬棒时应小心,避免损伤麻体和顶芽;用手捡取穴内天麻,检查有坡度斜穴的上方及棒的两端,防止漏收。应将箭麻、白麻和米麻分别堆放。

5.6.1.5　留种及种麻贮存

根据生产安排,选择个体发育完好、无损伤、健壮、无病虫危害、顶芽饱满,重量在 150g 以上的箭麻作为有性繁殖制种用。留作种用的箭麻不清洗加工。

种麻存放地点要求干燥、通风,避免霉变。如将种麻冬贮到翌年春栽,应采用沙贮,即用含水量 18% 左右的沙土,先在地面铺 10cm 厚,轻放一层种麻,种麻均匀摆放,种麻上撒 2~3cm 厚沙土一层,再轻放下一层种麻,种麻堆放厚度不超过 30cm,堆顶盖 6~8cm 沙土。最外面用湿润碎草或落叶保湿。

5.6.2 产地初加工

5.6.2.1 场所和设备

集中建立清洗池、蒸煮房、烘干房、晾棚、晒场等。用水应符合 GB 5749 的规定。

5.6.2.2 清洗

将不同等级的天麻(天麻分级见附录 B)分别清洗,除尽泥沙,并做好记录。洗净的天麻放置时间不应过长或过夜,否则加工的商品天麻烘干后易变为暗黑色。

5.6.2.3 杀青

将洗净的天麻按不同等级、不同数量分次进行杀青,杀青时间为:一等麻,水沸后 6~8 分钟;二等麻,水沸后 4~5 分钟;三等麻,水沸后 2~3 分钟,对光照射见麻体发亮即可,杀青期间要勤翻动。

5.6.2.4 冷却

杀青后的天麻迅速投入冷水中冷却定性,时间为 1~2 分钟。

5.6.2.5 刨洗

冷却定性后的天麻应去虫眼、刨黑斑。

5.6.2.6 干燥

a)采用烘房干燥,烘房的建设面积应根据需要确定,一般为 15~20m²,高 2.5~3m。烘房内设加热灶、火墙、换气窗(扇)、活动式钢架等。

b)烘烤天麻时,应提前对烘房加温。天麻第一次进室烘烤,温度应控制在 55~65℃,时间在 12~16 小时,每 30~60 分钟开一次排风扇,排风时间为 30 分钟左右。当大部分天麻表层出现皱纹时,即可出室发汗,时间为 1 天左右。发汗常采用堆放覆盖,或装袋码垛数层堆放。在发汗中期可上下换位翻垛一次,使其发汗受压一致。在烘干过程中应勤观察,发现烘干房湿度过大时,应及时采取排湿措施,必要时可将天麻推出室外晾晒,解决排湿问题。

c)第二次烘烤前,烘房温度控制在 40~50℃,时间 10~14 小时,每 1 小时左右排湿一次,排风时间为 20 分钟左右。再次出室发汗,时间为 1~2 天。第二次天麻进烘干室,最易鼓泡,应勤观察。出现天麻鼓泡的原因有两种,一是温度过高,应立即降温;二是局部温度过高,应解决温度不均匀的问题。

d)第三次进室,温度控制在 40℃左右,时间到全干为止。在烘干过程中已干天麻应挑选出室,对个别太湿的仍要选出发汗整形。

5.7 包装、放行和贮运

5.7.1 包装

包装前应对每批药材按照国家标准进行质量检验。符合国家标准的药材,采用不影响质量的编织袋等包装,不应采用包装过肥料、农药等的包装袋包装。包装外贴或挂标签、合格证,标识牌内容应有药材名、基源、产地、批号、规格、重量、采收日期、企业名称等,并有追溯码。

5.7.2 放行

应制定符合企业实际情况的放行制度,有审核、批准、生产、检验等的相关记录,不合格的药材应制定单独处理制度。

5.7.3 贮运

应贮存于阴凉干燥处,定期检查,防止虫蛀、霉变、腐烂等的发生。仓库控制温度在 20℃以下、相对湿度 75% 以下;不同批次等级药材分区存放;建有定期检查制度。不应使用磷化铝和二氧化硫熏蒸。也可采用现代气调贮藏方法,包装或库内充氮或二氧化碳。运输应防止发生混淆、污染、异物混入、包装破损、雨雪淋湿等。

附 录 A

（规范性）

禁限用农药名单

A.1 禁止（停止）使用的农药（46 种）

六六六、滴滴涕、毒杀芬、二溴氯丙烷、杀虫脒、二溴乙烷、除草醚、艾氏剂、狄氏剂、汞制剂、砷类、铅类、敌枯双、氟乙酰胺、甘氟、毒鼠强、氟乙酸钠、毒鼠硅、甲胺磷、对硫磷、甲基对硫磷、久效磷、磷胺、苯线磷、地虫硫磷、甲基硫环磷、磷化钙、磷化镁、磷化锌、硫线磷、蝇毒磷、治螟磷、特丁硫磷、氯磺隆、胺苯磺隆、甲磺隆、福美胂、福美甲胂、三氯杀螨醇、林丹、硫丹、溴甲烷、氟虫胺、杀扑磷、百草枯、2，4-滴丁酯。

注：氟虫胺自 2020 年 1 月 1 日起禁止使用。百草枯可溶胶剂自 2020 年 9 月 26 日起禁止使用。2，4-滴丁酯自 2023 年 1 月 29 日起禁止使用。溴甲烷可用于"检疫熏蒸处理"。杀扑磷已无制剂登记。

A.2 部分范围禁止使用的农药（20 种）

部分范围禁止使用的农药应注意药食同源中药材及来自其他作物的中药材。部分范围禁止使用的农药见表 A.1。

表 A.1 部分范围禁止使用的农药

通用名	禁止使用范围
甲拌磷、甲基异柳磷、克百威、水胺硫磷、氧乐果、灭多威、涕灭威、灭线磷	禁止在蔬菜、瓜果、茶叶、菌类、中草药材上使用,禁止用于防治卫生害虫,禁止用于水生植物的病虫害防治
甲拌磷、甲基异柳磷、克百威	禁止在甘蔗作物上使用
内吸磷、硫环磷、氯唑磷	禁止在蔬菜、瓜果、茶叶、中草药材上使用
乙酰甲胺磷、丁硫克百威、乐果	禁止在蔬菜、瓜果、茶叶、菌类和中草药材上使用
毒死蜱、三唑磷	禁止在蔬菜上使用
丁酰肼（比久）	禁止在花生上使用
氰戊菊酯	禁止在茶叶上使用
氟虫腈	禁止在所有农作物上使用（玉米等部分旱田种子包衣除外）
氟苯虫酰胺	禁止在水稻上使用

A.3 有关说明

本附录的内容来自 2019 年中华人民共和国农业农村部发布的《禁限用农药名录》（http://www.zzys.moa.gov.cn/gzdt/201911/t20191129_6332604.htm）。

附 录 B

（资料性）

鲜天麻分级标准

采收的鲜天麻由于大小不同，杀青和干燥时间存在差异。在杀青前对鲜天麻进行分级，分级标准见表 B.1。

表 B.1 鲜天麻分级标准

级别	重量 /g	长度 /cm	直径 /cm
1 级	≥150	≥8	4~7
2 级	75~150	6~8	3~4
3 级	≤75	≤6	2~3

参考文献

[1] 徐锦堂. 中国天麻栽培学[M]. 北京:北京医科大学中国协和医科大学联合出版社,1993.

[2] 么厉,程慧珍,杨智. 中药材规范化种植(养殖)技术指南[M]. 北京:中国农业出版社,2006.

[3] 兰进,徐锦堂,陈向东. 天麻栽培技术百问百答[M]. 北京:中国农业出版社,2006.

[4] 张光明,杨廉玺. 昭通天麻的研究与开发[M]. 昆明:云南科技出版社,2007.

——————————————

ICS 65.020.20
CCS C 05

团 体 标 准

T/CACM 1374.26—2021

木瓜规范化生产技术规程

Code of practice for good agricultural practice of Chaenomelis Fructus

2021-10-15 发布   2021-10-15 实施

中华中医药学会   发布

目　次

前　　言

本文件按照 GB/T 1.1—2020《标准化工作导则　第 1 部分：标准化文件的结构和起草规则》的规定起草。

请注意本文件中的某些内容可能涉及专利。本文件的发布机构不承担识别专利的责任。

本文件由中国医学科学院药用植物研究所提出。

本文件由中华中医药学会归口。

本文件起草单位：湖北省农业科学院中药材研究所、山东农业大学、恩施福硒康农业科技有限公司、时珍堂巴东药业有限公司、中国医学科学院药用植物研究所、重庆市药物种植研究所。

本文件主要起草人：郭坤元、王建华、周武先、刘翠君、林先明、张美德、何银生、王华、郭杰、游景茂、郭晓亮、刘海华、艾伦强、穆森、蒋小刚、喻得谋、邓秀专、喻晓峰、宋秀成、魏建和、王文全、王秋玲、杨小玉、辛元尧、王苗苗。

木瓜规范化生产技术规程

1 范围

本文件确立了木瓜的规范化生产流程,规定了木瓜的生产基地选址、种质要求、种苗繁育、种植、采收、产地初加工、包装、放行、贮运等阶段的操作要求。

本文件适用于木瓜的规范化生产。

2 规范性引用文件

下列文件的内容通过文中的规范性引用而构成本文件必不可少的条款。其中,注明日期的引用文件,仅该日期对应的版本适用于本文件;不注明日期的引用文件,其最新版本(包括所有的修改单)适用于本文件。

GB 3095 环境空气质量标准

GB 5084 农田灌溉水质标准

GB 15618 土壤环境质量 农用地土壤污染风险管控标准(试行)

T/CACM 1374.1—2021 中药材规范化生产技术规程通则 植物药材

3 术语和定义

T/CACM 1374.1—2021 界定的以及下列术语和定义适用于本文件。

3.1 规范化生产 good agricultural practice

按照《中药材生产质量管理规范》(简称中药材 GAP)的要求,实施药材生产,保证中药材优质安全的生产过程。

3.2 技术规程 code of practice

为实现中药材生产顺利、有序进行,保证中药材生产质量,对中药材生产的基地选址、种子种苗、种植或野生抚育、采收与产地初加工以及包装、放行与贮运等,所做的技术规定和要求,是实施中药材规范生产的核心技术要求和实施指南。

3.3 木瓜 Chaenomelis Fructus

为蔷薇科植物贴梗海棠 *Chaenomeles speciosa* (Sweet) Nakai 的干燥近成熟果实。

4 木瓜规范化生产流程图

木瓜规范化生产流程见图 1。

木瓜规范化生产流程：

关键控制点及参数：

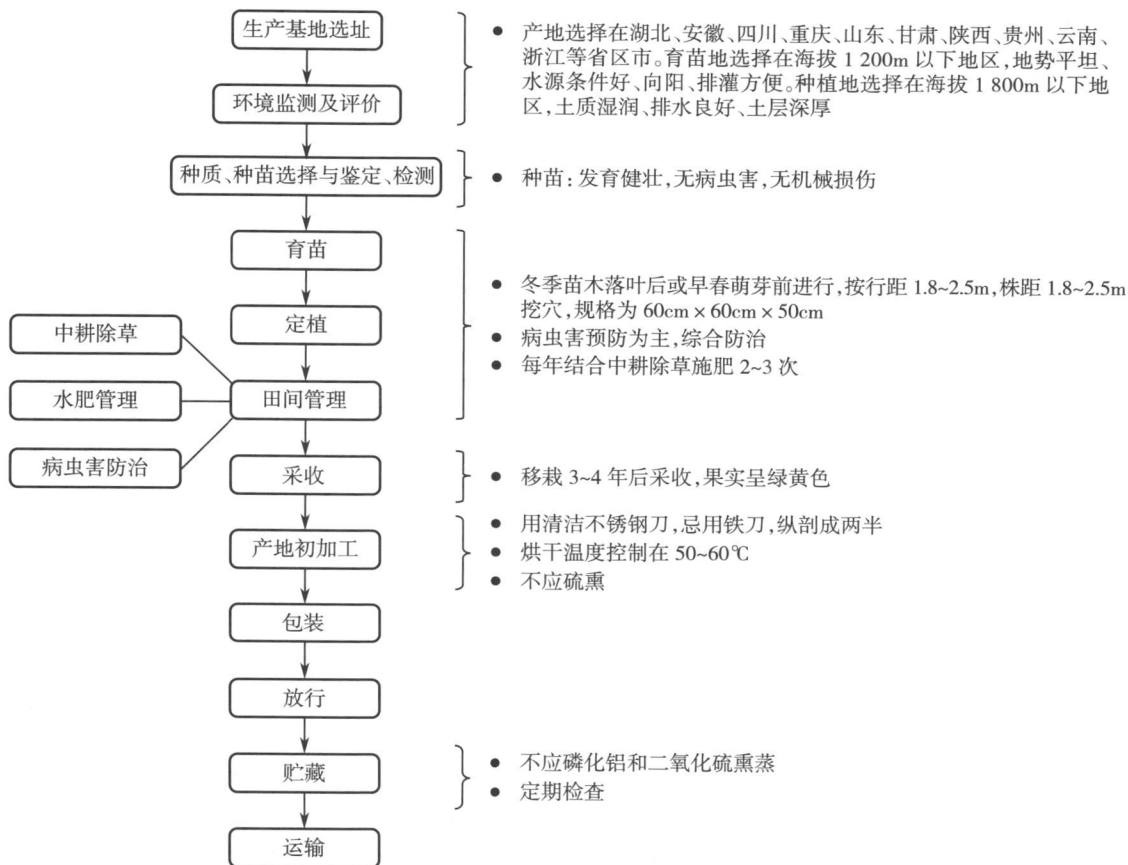

```
┌─────────────────┐
│   生产基地选址    │
└─────────────────┘
         ↓
┌─────────────────┐
│  环境监测及评价   │
└─────────────────┘
         ↓
┌─────────────────────────┐
│ 种质、种苗选择与鉴定、检测 │
└─────────────────────────┘
         ↓
┌─────────────────┐
│      育苗        │
└─────────────────┘
         ↓
┌─────────────────┐
│      定植        │
└─────────────────┘
         ↓
┌─────────┐    ┌─────────────────┐
│ 中耕除草 │───→│                 │
└─────────┘    │                 │
┌─────────┐    │    田间管理       │
│ 水肥管理 │───→│                 │
└─────────┘    │                 │
┌─────────┐    │                 │
│病虫害防治│───→└─────────────────┘
└─────────┘            ↓
              ┌─────────────────┐
              │      采收        │
              └─────────────────┘
                       ↓
              ┌─────────────────┐
              │   产地初加工      │
              └─────────────────┘
                       ↓
              ┌─────────────────┐
              │      包装        │
              └─────────────────┘
                       ↓
              ┌─────────────────┐
              │      放行        │
              └─────────────────┘
                       ↓
              ┌─────────────────┐
              │      贮藏        │
              └─────────────────┘
                       ↓
              ┌─────────────────┐
              │      运输        │
              └─────────────────┘
```

- 产地选择在湖北、安徽、四川、重庆、山东、甘肃、陕西、贵州、云南、浙江等省区市。育苗地选择在海拔 1 200m 以下地区，地势平坦、水源条件好、向阳、排灌方便。种植地选择在海拔 1 800m 以下地区，土质湿润、排水良好、土层深厚

- 种苗：发育健壮，无病虫害，无机械损伤

- 冬季苗木落叶后或早春萌芽前进行，按行距 1.8~2.5m，株距 1.8~2.5m 挖穴，规格为 60cm × 60cm × 50cm
- 病虫害预防为主，综合防治
- 每年结合中耕除草施肥 2~3 次

- 移栽 3~4 年后采收，果实呈绿黄色

- 用清洁不锈钢刀，忌用铁刀，纵剖成两半
- 烘干温度控制在 50~60℃
- 不应硫熏

- 不应磷化铝和二氧化硫熏蒸
- 定期检查

图 1　木瓜规范化生产流程图

5　木瓜规范化生产技术

5.1　生产基地选址

5.1.1　产地选择

主产区在湖北、安徽、四川、重庆、山东、甘肃、陕西、贵州、云南、浙江等省区市，道地产区在湖北、安徽。种植地选择在海拔 1 800m 以下地区，育苗地选择在海拔 1 200m 以下地区。

5.1.2　地块选择

育苗地应选地势平坦、向阳、水源条件好、排灌方便的地方，以肥沃疏松、排水良好的砂质土为宜。

定植地宜选背风向阳、土质肥沃的缓坡低山区或丘陵地，以肥沃湿润、排水良好、土层深厚的壤土、黏土和砂壤土为宜，亦可利用田边地角、沟旁、山坡、庭院空隙地零星栽种。

5.1.3　环境监测

基地的大气、水和土壤应符合 GB 3095、GB 5084 和 GB 15618 的规定。

5.2 种质与种苗

5.2.1 种质选择

使用蔷薇科植物贴梗海棠 *Chaenomeles speciosa*（Sweet）Nakai，物种应经过鉴定，如使用农家品种或选育品种应加以明确。

5.2.2 良种繁育技术

木瓜良种繁育分为种子繁育、根蘖苗繁育、扦插繁育和嫁接繁育等方式，生产上以根蘖苗繁育和扦插繁育为主。

根蘖苗繁育：选取无病虫害、品质优良、高产的优良母树，于秋冬休眠期，将根蘖苗从母树根部挖出移栽到苗圃培育。移栽前根蘖苗定干 25~35cm，开春后留 1~2 个健壮的新芽，使其快速生长成为主干。其间注意田间水肥管理和病虫害防治。

扦插繁育：冬季至开春萌芽前，选取健壮的根蘖苗枝条或当年挂果树一年生枝条，分段成 15~20cm 作为插穗，每根插穗带 3 个以上的芽节。扦插前，将插穗每 30~50 根扎成 1 捆，用生根粉浸泡 5~10 分钟，稍晾干后扦插，深度为 10~15cm。扦插后注意温度和水分控制，高温季节做好遮阴措施，秋冬树体休眠期将小苗移栽到苗圃培育。

种苗出圃要求：发育健壮，无病虫害，无机械损伤，侧根数≥9 条，侧根长度≥20cm，茎粗≥0.6cm，分支数量≥3，苗高≥80cm。

嫁接繁殖：实生苗为砧木，选择优良母株枝条为接穗，枝接或芽接。

5.3 种植技术

5.3.1 定植技术

冬季苗木落叶后或早春萌芽前进行，按行距 1.8~2.5m，株距 1.8~2.5m 挖穴，规格为 60cm×60cm×50cm。挖穴后应施底肥，以有机肥或牛栏粪等厩肥为主，化学肥料为辅，使用厩肥应充分腐熟。栽植时应保证根系舒展，修剪伤根和过长的根。栽后浇 1 次透水。

5.3.2 田间管理

移栽后及时追肥、除草、排灌和整枝修剪。每年结合中耕除草施肥 2~3 次，在苗期、茎叶生长盛期、果实增大期追肥，宜使用农家肥和商品有机肥，根据土壤状况和目标产量，确定合理使用化肥量。干旱天气浇水保苗，雨水多时清沟排渍。每年冬季进行整枝修剪，剪除弱枝、衰老枝、徒生枝、病虫枝，通过几年的整枝修剪，形成外圆内空、通风透光、枝条疏朗强健、里外都能结果的丰产树型。

不应使用膨大素等生长调节剂。

5.3.3 病虫害防治技术

5.3.3.1 常见病害和虫害种类

常见病害和虫害种类如下：

a）主要病害：叶枯病、锈病等。

b）主要虫害：星天牛、桃蛀螟等。

具体防治方法参见附录 A。

5.3.3.2　防治原则

预防为主,综合防治。应以农业防治为前提,优先采用生物防治和物理防治。有机肥必须充分腐熟。选用无病害感染、无机械损伤的优质种苗,禁用带病苗。及时清沟排渍。采用化学防治时,应当符合国家有关规定。优先选用高效、低毒的生物农药,尽量避免使用除草剂、杀虫剂和杀菌剂等化学农药,不使用禁限用农药。遵循最低有效剂量的原则。禁止或限制使用农药种类参见附录 B。

5.4　采收

移栽 3~4 年后座果,果实呈绿黄色,于晴天或阴天采收。轻拿轻放,避免果实受伤或坠地。采收后于阴凉、干燥、通风处贮藏。

5.5　产地初加工

将新鲜果实用清洁不锈钢刀,忌用铁刀,纵剖成两半,直接晒干或烘干,烘干时温度控制在 50~60℃,白天烘炕,晚上回软,直至全干。不应硫熏。

5.6　包装、放行、贮运

5.6.1　包装

包装前应对每批药材按照国家标准进行质量检验。符合国家标准的药材,采用不影响质量的编织袋等包装,禁止采用包装过肥料、农药等的包装袋包装。包装外贴或挂标签、合格证,标识牌内容应有药材名、基源、产地、批号、规格、重量、采收日期、企业名称等,并有追溯码。

5.6.2　放行

应制定符合企业实际情况的放行制度,有审核批生产、检验等的相关记录。不合格药材有单独处理制度。

5.6.3　贮运

应贮存于阴凉干燥处,定期检查,防止虫蛀、霉变、腐烂、泛油等的发生。仓库控制温度在 20℃以下、相对湿度 75% 以下;不同批次等级药材分区存放;建有定期检查制度。不应磷化铝和二氧化硫熏蒸。也可采用现代气调贮藏方法,包装或库内充氮或二氧化碳。

运输应防止发生混淆、污染、异物混入、包装破损、雨雪淋湿等。

附 录 A
（规范性）
禁限用农药名单

A.1 禁止（停止）使用的农药（46 种）

六六六、滴滴涕、毒杀芬、二溴氯丙烷、杀虫脒、二溴乙烷、除草醚、艾氏剂、狄氏剂、汞制剂、砷类、铅类、敌枯双、氟乙酰胺、甘氟、毒鼠强、氟乙酸钠、毒鼠硅、甲胺磷、对硫磷、甲基对硫磷、久效磷、磷胺、苯线磷、地虫硫磷、甲基硫环磷、磷化钙、磷化镁、磷化锌、硫线磷、蝇毒磷、治螟磷、特丁硫磷、氯磺隆、胺苯磺隆、甲磺隆、福美胂、福美甲胂、三氯杀螨醇、林丹、硫丹、溴甲烷、氟虫胺、杀扑磷、百草枯、2,4-滴丁酯。

注：氟虫胺自 2020 年 1 月 1 日起禁止使用。百草枯可溶胶剂自 2020 年 9 月 26 日起禁止使用。2,4-滴丁酯自 2023 年 1 月 29 日起禁止使用。溴甲烷可用于"检疫熏蒸处理"。杀扑磷已无制剂登记。

A.2 在部分范围禁止使用的农药（20 种）

部分范围禁止使用的农药应注意药食同源中药材及来自其他作物的中药材。部分范围禁止使用的农药见表 A.1。

表 A.1 部分范围禁止使用的农药

通用名	禁止使用范围
甲拌磷、甲基异柳磷、克百威、水胺硫磷、氧乐果、灭多威、涕灭威、灭线磷	禁止在蔬菜、瓜果、茶叶、菌类、中草药材上使用,禁止用于防治卫生害虫,禁止用于水生植物的病虫害防治
甲拌磷、甲基异柳磷、克百威	禁止在甘蔗作物上使用
内吸磷、硫环磷、氯唑磷	禁止在蔬菜、瓜果、茶叶、中草药材上使用
乙酰甲胺磷、丁硫克百威、乐果	禁止在蔬菜、瓜果、茶叶、菌类和中草药材上使用
毒死蜱、三唑磷	禁止在蔬菜上使用
丁酰肼（比久）	禁止在花生上使用
氰戊菊酯	禁止在茶叶上使用
氟虫腈	禁止在所有农作物上使用（玉米等部分旱田种子包衣除外）
氟苯虫酰胺	禁止在水稻上使用

A.3 说明

本附录的内容来自 2019 年中华人民共和国农业农村部发布的《禁限用农药名录》（http://www.zzys.moa.gov.cn/gzdt/201911/t20191129_6332604.htm）。

附　录　B
（资料性）
木瓜常见病虫害防治的参考方法

木瓜常见病虫害防治的参考方法见表 B.1。

表 B.1　木瓜常见病虫害防治的参考方法

病害名称	为害症状	防治方法
立枯病	发病初期,叶片出现褐色病斑,逐渐扩大成黑褐色,严重时病斑密布整个叶片,致使叶片枯死。本病常年均有发生,以7—8月较重	（1）不选用带病种苗。 （2）农家肥应充分腐熟后施用。 （3）发病初期,选用 65% 代森锌 500 倍液或 50% 多菌灵 800~1 000 倍液喷施防治,连续施药 2~3 次,每次间隔 7d
锈病	叶片发病,初期在正面出现枯黄色小点,后扩大成圆形病斑,病部组织逐渐变厚,向叶背隆起,并长出灰褐色毛状物,破裂后散发出铁锈色粉末,后期使叶片枯死脱落。嫩枝和幼果发病,病斑症状与叶片相似,病果变为畸形,发病部位常开裂,多数早期落果	（1）入冬和早春严格做好清理田园工作。 （2）在木瓜园周围不应栽种松树、柏树锈病病原菌寄主类树木。 （3）发病初期,选用 2% 嘧啶核苷类抗菌素水剂 200~300 倍液或 1.26% 辛菌胺醋酸盐水剂 300~400 倍液喷雾 2~3 次,每次间隔 7d
星天牛	以幼虫在木瓜主干近根处蛀害,偶蛀害侧枝。粪便排出孔外,受害株影响树势,遇大风树枝易折断	（1）入冬严格做好清理田园工作。 （2）成虫发生期于晴天捕杀。 （3）根据产卵征状,用利刀刮卵及皮下幼虫
桃蛀螟	以幼虫钻蛀果实,并将粪便排出蛀孔外,直接影响产量和质量。老熟幼虫在果内或其他寄主植物秸秆内越冬,翌年春化蛹,继续危害木瓜树木	（1）做好清园工作,集中处理以消灭越冬幼虫。 （2）不施用未腐熟的农家肥。 （3）销毁落果和摘除虫果,消灭果内幼虫

参考文献

[1] 李龙龙,范常洲,肖战峰.贴梗海棠种子育苗技术[J].农业科技与信息,2019(15):56-57.

[2] 蒋小刚,林先明,张美德,等.基于ISSR分子标记的皱皮木瓜遗传多样性分析[J].分子植物育种,
2020,18(21):7239-7245.

[3] 郭坤元,张美德,吴育中,等.不同产区皱皮木瓜性状及成分指标的比较研究[J].中药材,2020,43
(10):2396-2400.

[4] 张澜涛,何志瑞,朱文琼.贴梗海棠种子育苗技术[J].农业科技与信息,2018(24):87-88.

[5] 陈劲.贴梗海棠栽培攻略[J].花木盆景(花卉园艺),2018(12):30-33.

[6] 杨永花,王金秋,李磊,等.外源激素处理对贴梗海棠插穗生根的影响[J].甘肃农业科技,2016(12):
32-34.

[7] 张俊红.贴梗海棠的常见虫害及防治[J].绿化与生活,2012(6):32.

[8] 马国胜,史浩良.贴梗海棠主要病虫害及综合防治技术[J].农业科技通讯,2005(7):42-43.

[9] 邓运川,沙刚.贴梗海棠的栽培管理[J].中国花卉园艺,2010(14):34-35.

[10] 王宁夏,董河清,海晓平.贴梗海棠嫩枝扦插育苗技术研究[J].内蒙古农业科技,2009(5):73.

[11] 信国彦.贴梗海棠育苗技术[J].南方农业(园林花卉版),2007(2):70.

[12] 唐新华.贴梗海棠育苗技术[J].林业实用技术,2005(11):24-25.

[13] 罗菊英,陈淑英,张勇.贴梗海棠扦插试验小结[J].新疆林业,2000(1):15-16.

[14] 刘合刚,刘国杜.贴梗海棠的整形修剪技术[J].中药材,2001,24(11):785-787.

ICS 65.020.20
CCS C 05

团 体 标 准

T/CACM 1374.27—2021

木香规范化生产技术规程

Code of practice for good agricultural practice of Aucklandiae Radix

2021-10-15 发布　　　　　　　　　　　　　　2021-10-15 实施

中华中医药学会　　发布

目　次

前　言

本文件按照 GB/T 1.1—2020《标准化工作导则　第 1 部分：标准化文件的结构和起草规则》给出的规定起草。

本文件由中国医学科学院药用植物研究所提出。

本文件由中华中医药学会归口。

本文件起草单位：云南省农业科学院药用植物研究所、昆明理工大学、中国医学科学院药用植物研究所、重庆市中药研究院、大理市林韵生物科技开发有限责任公司、重庆市药物种植研究所。

本文件主要起草人：杨丽英、董志渊、李林玉、石亚娜、石瑶、姚雪娇、丛琨、张智慧、左智天、金鹏程、马聪吉、苏包顺、魏建和、王文全、王秋玲、杨小玉、辛元尧、王苗苗。

木香规范化生产技术规程

1 范围

本文件确立了木香规范化生产流程,规定了木香生产基地选址、种质和种子要求、种子生产、种苗生产、种植、采收、产地初加工、包装贮藏和运输等阶段的技术要求。

本文件适用于木香的规范化生产。

2 规范性引用文件

下列文件对于本文件的应用是必不可少的。凡是注明日期的引用文件,其随后所有的修改(不包括勘误的内容)或修订版均不适用于本文件。凡是不注明日期的引用文件,其最新版本适用于本文件。

《中华人民共和国药典》

GB 3095   环境空气质量标准

GB/T 3543   农作物种子检验规程

GB 5084   农田灌溉水质标准

GB 5749   生活饮用水卫生标准

GB 15618   土壤环境质量   农用地土壤污染风险管控标准(试行)

T/CACM 1374.1—2021   中药材规范化生产技术规程通则   植物药材

T/CATCM 63—2016   道地药材特色栽培技术规范   云木香

T/CATCM 104—2016   道地药材产地加工技术规范   云木香

DB 53/T 367.2—2011   云木香综合标准   第2部分:种子

DB53/T 367.3—2011   云木香综合标准   第3部分:生产技术规程

3 术语和定义

T/CACM 1374.1—2021界定的以及下列术语和定义适用于本文件。

3.1 规范化生产 good agricultural practice

按照《中药材生产质量管理规范》(简称中药材GAP)的要求,实施药材生产,保证中药材优质安全的生产过程。

3.2 技术规程 code of practice

为实现中药材生产顺利、有序进行,保证中药材生产质量,对中药材生产的基地选址、种子种苗、种植或野生抚育、采收与产地初加工以及包装、放行与贮运等,所做的技术规定和要求,是实施中药材规范生产的核心技术要求和实施指南。

3.3 木香 Aucklandiae Radix

为菊科植物木香 *Aucklandia lappa* Decne. 的干燥根。

4 木香规范化生产流程图

木香规范化生产流程见图1。

木香规范化生产流程：

关键控制点及参数：

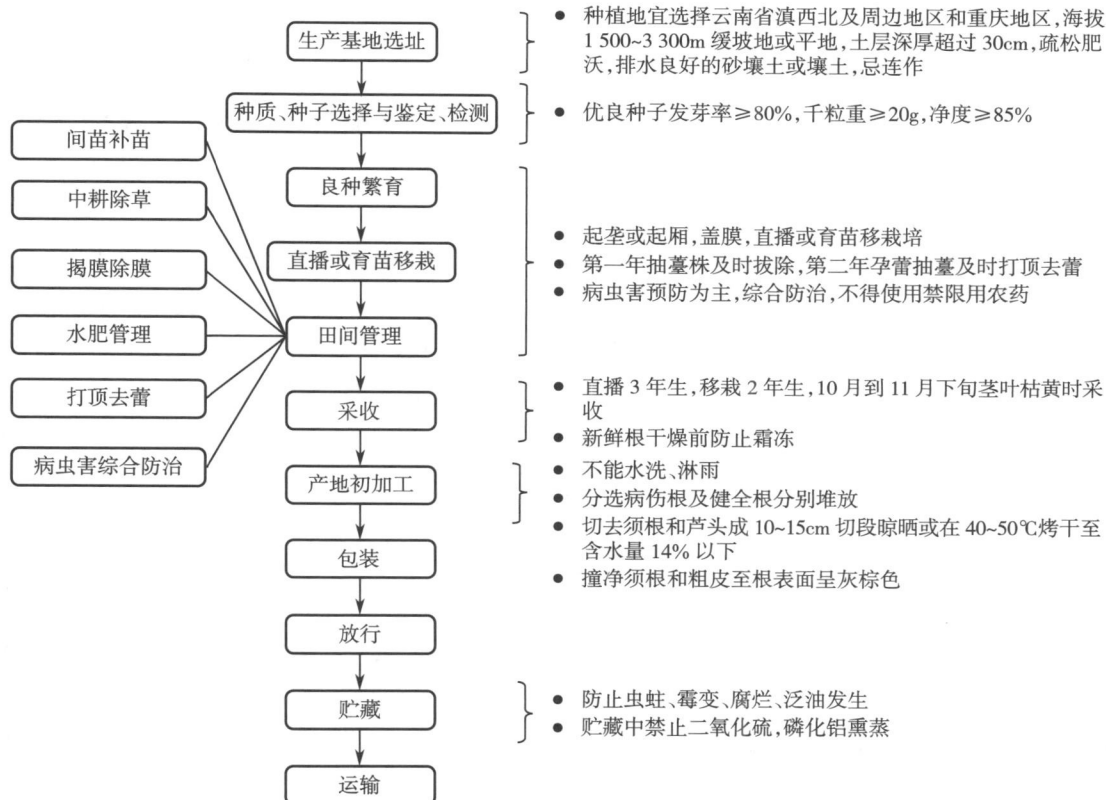

```
          ┌─────────────────┐
          │   生产基地选址   │
          └─────────────────┘
          ┌─────────────────────┐
          │ 种质、种子选择与鉴定、检测 │
          └─────────────────────┘
┌────────┐   ┌─────────────┐
│ 间苗补苗 │   │  良种繁育    │
└────────┘   └─────────────┘
┌────────┐   ┌─────────────┐
│ 中耕除草 │   │ 直播或育苗移栽 │
└────────┘   └─────────────┘
┌────────┐   ┌─────────────┐
│ 揭膜除膜 │   │  田间管理    │
└────────┘   └─────────────┘
┌────────┐   ┌─────────────┐
│ 水肥管理 │   │   采收       │
└────────┘   └─────────────┘
┌────────┐   ┌─────────────┐
│ 打顶去蕾 │   │ 产地初加工   │
└────────┘   └─────────────┘
┌──────────────┐   ┌───────┐
│ 病虫害综合防治 │   │  包装   │
└──────────────┘   └───────┘
               ┌───────┐
               │  放行  │
               └───────┘
               ┌───────┐
               │  贮藏  │
               └───────┘
               ┌───────┐
               │  运输  │
               └───────┘
```

- 种植地宜选择云南省滇西北及周边地区和重庆地区，海拔1 500~3 300m缓坡地或平地，土层深厚超过30cm，疏松肥沃，排水良好的砂壤土或壤土，忌连作
- 优良种子发芽率≥80%，千粒重≥20g，净度≥85%

- 起垄或起厢，盖膜，直播或育苗移栽培
- 第一年抽薹株及时拔除，第二年孕蕾抽薹及时打顶去蕾
- 病虫害预防为主，综合防治，不得使用禁限用农药

- 直播3年生，移栽2年生，10月到11月下旬茎叶枯黄时采收
- 新鲜根干燥前防止霜冻

- 不能水洗、淋雨
- 分选病伤根及健全根分别堆放
- 切去须根和芦头成10~15cm切段晾晒或在40~50℃烤干至含水量14%以下
- 撞净须根和粗皮至根表面呈灰棕色

- 防止虫蛀、霉变、腐烂、泛油发生
- 贮藏中禁止二氧化硫，磷化铝熏蒸

图1 木香的规范化生产流程图

5 木香规范化生产技术

5.1 生产基地选址

5.1.1 产地选择

适宜种植在云南省滇西北丽江市、迪庆藏族自治州、大理白族自治州、怒江傈僳族自治州等州市的玉龙纳西族自治县、维西傈僳族自治县、香格里拉市、德钦县、剑川县、鹤庆县、兰坪白族普米族自治县、福贡县以及周边地区，以及重庆地区。种植地选择在海拔在1 500~3 300m。云南适宜产区为主产区和道地产区。可参考 T/CATCM 63—2016。

5.1.2 地块选择

选择生态条件良好、远离污染源地块作基地。栽培地块可选择生荒地、熟荒地、熟土地，坡度小于 20° 的缓坡地、台地或平地种植;以土层深厚、疏松肥沃、排水良好的砂壤土或壤土,酸碱度以 pH 6.0~7.0 的微酸性至中性为宜;避免黏重板结的土壤和粗砂壤土,地势低洼、容易积水的地块;忌连作,要求选择新地或间隔年限在 3 年以上地块种植。

5.1.3 环境监测

生产基地的空气质量应符合 GB 3095 规定的环境空气质量标准,灌溉水质应符合 GB 5084 规定的农田灌溉水质标准,产地初加工用水应符合 GB 5749《生活饮用水卫生标准》,土壤质量应符合 GB 15168 规定的土壤环境质量标准。

5.2 种质与种子

5.2.1 种质选择

使用菊科植物木香 *Aucklandia lappa* Decne. 为物种来源。如使用农家品种或选育品种应加以明确。

5.2.2 种子质量

应使用当年采收成熟的种子,种子质量以千粒重、发芽率、净度、种子含水量和外观形态等为质量分级的依据,要求三级以上质量的种子,种子质量分级如表 1,种子质量检测方法和分级可参考 GB/T 3543 规定的农作物种子检验规程以及 DB 53/T 367.2—2011 规定的云木香种子质量要求。

表 1 云木香种子质量分级标准

级别	千粒重 /g	发芽率 /%	净度 /%	水分 /%	外部特征
一级	≥28	≥90	≥95	≤12	饱满、大小均一、色亮、深棕色,无杂质和空秕粒
二级	25~27.9	85~89.9	90~94.9	≤12	饱满、大小均一、光泽好、深棕色,少有杂质和空秕粒
三级	20~24.9	80~84.9	85~89.9	≤12	种子光泽差、棕灰色,有杂质和空秕粒

5.3 种子生产

5.3.1 留种技术

留种田周围 200~1 000m 范围内无其他木香种植,进行种质隔离;留种植株选择生长健壮、无病虫、生长整齐一致的植株,每亩(1 亩 ≈ 666.7m², 下文同)留种田密度 8 000~10 000 株;留种要使用二年生及以上植株上成熟的种子,留种田如果第一年有抽薹开花的,要在现蕾初期及时摘除花蕾;第二年现蕾期可人工适当去除侧枝,以及性状不好的植株。

5.3.2 采收时间

8 月下旬至 9 月上旬,植株茎秆由青变褐,整个花苞变为黄褐色,花苞尚未散开时采收,避免种子自然成熟脱落。

5.3.3 采收方法

采收时适宜选择晴天、无风、无露水时进行,把整个果序带部分果柄割下,扎成小把挂通风处晾晒,2~3 天总苞松散,用木棒轻轻敲打,除去杂质和空秕粒,再晾晒 5~7 天,直至种子水分≤12%时进行包装。

5.3.4 贮存

木香种子要在干燥阴凉处进行贮存,贮存时间以一年为限。

5.4 种苗生产

5.4.1 苗床准备

育苗床选择土层深厚,土壤疏松肥沃,排水良好,避风向阳的砂壤土地块。育苗前20~30天作苗床准备,深翻耙细,每亩施入农家肥3 000~5 000kg,土肥混合均匀,作苗床宽100~120cm,苗床四周开挖排水沟,沟宽和沟深均为25~30cm。苗床准备好后覆透光膜,促进杂草生长,待播种时清除。

5.4.2 播种

可在3—4月进行春播或9—10月进行秋播,每亩播种量1.5~2kg。播种前用50%多菌灵500倍液浸种12小时,取出后晾干再播种。苗床先浇透水,种子均匀撒播在苗床上,覆土,厚度在0.5~1.0cm,稍加镇压,进行松针或稻草覆盖。

5.4.3 苗期管理

播种后10~15天陆续出苗,25~30天基本出苗整齐,播后应保持苗床土壤水分在60%~70%,浇水时注意不要把种子冲出土壤。30~45天幼苗长出2片真叶,可在阴天或傍晚揭去一半的覆盖物,等苗长到5~8cm高时,可将覆盖物全部揭去。苗期要除草3~5次,5—6月可施一次清粪水或尿素每亩8~10kg提苗。苗期如有抽薹开花要及时拔除或进行打顶去蕾处理。

5.4.4 移栽

一年生幼苗即可移栽。

5.5 种植

木香大田种植可采用直播或育苗移栽两种方法,目前大面积种植主要采用直播种植。可参考T/CATCM 63—2016规定的云木香栽培技术规范和DB53/T 367.3—2011规定的云木香生产技术规程。

5.5.1 整地盖膜

生产上采用垄栽或厢栽两种方式。一般于上年12月进行深翻土垡,翻耕深度在25cm以上,将翻犁出的土垡进行暴晒;第二年播种前10~15天进行精细整地,耙地、碎土,并清除田间残茬、石块、杂草;结合整地撒施有机肥(厩肥、堆肥或腐殖质土)每亩2 000~4 000kg和复合肥每亩15~20kg,土肥混合均匀;开挖边沟、腰沟或"十"字沟,沟宽深30cm×25cm。垄栽:开沟作垄,垄高30~35cm,垄宽60~70cm,沟宽25cm;垄面中间略高,两边略低,呈板瓦形。厢栽:厢面中间高,两边略低,厢宽120cm,厢高30cm。作垄作厢后要盖黑色地膜,地膜与土壤紧密贴严,不能漏风。

5.5.2 直播方法

直播一般春播在4月至5月中旬。播种前用50%多菌灵500倍液浸种12小时,取出后晾干再播种。秋播一般在9月,采用三角形穴播,穴距25~30cm,用手破膜,穴深3~5cm,每穴放5~7粒子,或每亩用种1.5~2.0kg。播种后覆土,保持土壤湿润。播种后15~20天即可出苗。

5.5.3 育苗移栽方法

移栽可在春季或秋季进行。春季移栽在翌年土壤解冻4月至5月上旬,越冬芽萌动之前进行移栽;秋季移栽在11月至12月中旬地上部分枯萎,土壤封冻之前。如苗侧根和须根较多的要在移栽前适当剪去部分侧根和须根,将种苗斜栽于穴或行内,覆盖土壤,稍加镇压;厢栽或垄栽,垄栽在垄面上呈三角形移栽,株距25~30cm,厢栽每行移栽3~4株,行距30cm,移栽密度每亩8 000株左右。

5.5.4 田间管理

5.5.4.1 间苗补苗

直播第一年苗期须间苗两次,当苗有3~4片真叶,苗高4~5cm时进行第一次间苗,每穴留苗3~4株;6片真叶时进行第二次间苗,每穴留苗2株,确保每亩有苗10 000株左右。如有缺苗,应选阴雨天带土补栽。

5.5.4.2 中耕除草

第一年除草3次到4次,第二年苗长大封垄后,除草次数可适当减少,第二、三年追肥后各中耕培土1次,高度8~10cm;秋季将近地面的枯老叶除去,集中处理。

5.5.4.3 揭膜除膜

采用直播时,种子出苗后及时放苗,以免烧伤苗,出苗孔要用土封严。一般第一年生长期间,不揭地膜,到第二年3月结合追肥揭膜。揭膜后应及时清除残膜,深埋或回收。

5.5.4.4 水肥管理

根据土壤墒情及时浇水,6—9月进入雨季,及时排水、防涝。直播生长第一年:6月上旬追施尿素每亩9~12kg;7月上旬追施粪尿:水(1:3)的人粪尿或尿素每亩15~20kg;8月中下旬追施一次厩肥每亩1 000~1 500kg,或尿素每亩6~8kg,或过磷酸钙每亩80~100kg,或复合肥每亩20~30kg。直播生长第二年或移栽生长第一年:5月上中旬追施厩肥每亩750~1 000kg,或尿素每亩10~20kg,或过磷酸钙每亩80~100kg,或复合肥每亩40~50kg。直播生长第三年或移栽生长第二年:5月上中旬追施厩肥每亩750~1 000kg,或过磷酸钙每亩80~100kg,或复合肥每亩40~50kg。

5.5.4.5 打顶去蕾

第一年发现抽薹株,及时拔除,第二年5—6月孕蕾抽薹时及时打顶去花蕾,用洁净的镰刀将已经抽薹的花枝割掉。

5.5.5 病虫害防治

木香主要病害是根腐病、炭疽病和早疫病,主要虫害有蚜虫、地老虎、蛴螬等。病虫害防治主要以预防为主,农业防治和药剂防治相结合的综合防治方法。农业防治:选择抗病性强的优良种源;进行合理轮作,合理密植;选择光照充足、土层深厚、排水良好的砂壤土;科学施肥,控制氮肥施用量,适度增加磷钾肥的施用量;合理排灌,防止积水;及时中耕松土、除草,清除田间杂草;发现病株及时拔除。采用化学防治时,应当符合国家有关规定;优先选用高效、低毒的生物农药;尽量避免使用除草剂、杀虫剂和杀菌剂等化学农药;不使用禁限用农药,禁用农药种类可参考附录A;药剂防治使用时应注意不能长期施用一种药物,用1~3种药剂交替使用进行防治。

5.6 采收

5.6.1 采收时间

木香从种植到采挖时间,直播为3年,育苗移栽为2年。采挖时间为10—11月下旬,茎叶完全枯黄时选择晴天进行采挖。

5.6.2 采收方法

采挖时,先割去地上部分,从垄的一端采用条锄顺序将每个植株根部从须根处挖或撬起,放置在垄面上,抖净泥土,装入竹箩或者麻袋运回初加工场地。挖出的新鲜根干燥前防止霜冻。

5.7 产地初加工

可参考T/CATCM 104—2016规定的云木香产地加工的相关技术规范。

5.7.1 分选

木香根采挖后,不能用水洗、雨淋。先将挖回的根放在洁净的分选室中,拣出茎叶、厢草等杂质,将病根、受损伤根及健全根分别堆放,进行分选。

5.7.2 切段

将分选后的新鲜根切去须根和芦头,将主根切成10~15cm长的切段。

5.7.3 干燥

将根、芦头、须根分别进行晾晒或烘烤,温度为40~50℃,至含水量在14%以下。场地或干燥设备必须清洁、卫生,周围不得有污染源。

5.7.4 撞净须根和粗皮

将干燥后的根切段装入铁质撞桶里,撞净须根、粗皮、泥沙,至根表面呈灰棕色时即为成品。

5.8 包装、贮藏和运输

5.8.1 包装

木香晒干后,对每批药材按照国家标准进行质量检验。符合国家标准的药材,采用编织袋或麻袋进行包装,包装物应洁净、干燥、无污染,包装材料符合国家有关卫生要求。包装外贴或挂标签、合格证,标识牌内容应有药材名称、基源、产地、批号、规格、重量、采收日期、企业名称、追溯码等。

5.8.2 贮藏

贮存于专用仓库中,仓库应清洁无异味、通风、阴凉干燥、无直射光,具备透风除湿设备,并具有防鼠、虫、禽畜的措施;货架与墙壁的距离不得少于100cm,离地面距离不得少于20cm;贮存过程中不能与对药材质量有损害的物质混贮;应定期检查,防止虫蛀、霉变、腐烂、泛油等的发生;仓库温度控制在20℃以下,相对湿度75%以下;不同批次等级药材分区存放;禁止磷化铝和二氧化硫熏蒸。

5.8.3 运输

运载容器须清洁、干燥、无异味、无污染。运输中防雨、防潮、防暴晒。运输防止发生混淆、污染、异物混入、包装破损、雨雪淋湿等。

附　录　A

（规范性）

禁限用农药名单

A.1　禁止（停止）使用的农药（46 种）

六六六、滴滴涕、毒杀芬、二溴氯丙烷、杀虫脒、二溴乙烷、除草醚、艾氏剂、狄氏剂、汞制剂、砷类、铅类、敌枯双、氟乙酰胺、甘氟、毒鼠强、氟乙酸钠、毒鼠硅、甲胺磷、对硫磷、甲基对硫磷、久效磷、磷胺、苯线磷、地虫硫磷、甲基硫环磷、磷化钙、磷化镁、磷化锌、硫线磷、蝇毒磷、治螟磷、特丁硫磷、氯磺隆、胺苯磺隆、甲磺隆、福美胂、福美甲胂、三氯杀螨醇、林丹、硫丹、溴甲烷、氟虫胺、杀扑磷、百草枯、2,4- 滴丁酯。

注：氟虫胺自 2020 年 1 月 1 日起禁止使用。百草枯可溶胶剂自 2020 年 9 月 26 日起禁止使用。2,4-滴丁酯自 2023 年 1 月 29 日起禁止使用。溴甲烷可用于"检疫熏蒸处理"。杀扑磷已无制剂登记。

A.2　在部分范围禁止使用的农药（20 种）

部分范围禁止使用的农药应注意药食同源中药材及来自其他作物的中药材。部分范围禁止使用的农药见表 A.1。

表 A.1　部分范围禁止使用的农药

通用名	禁止使用范围
甲拌磷、甲基异柳磷、克百威、水胺硫磷、氧乐果、灭多威、涕灭威、灭线磷	禁止在蔬菜、瓜果、茶叶、菌类、中草药材上使用,禁止用于防治卫生害虫,禁止用于水生植物的病虫害防治
甲拌磷、甲基异柳磷、克百威	禁止在甘蔗作物上使用
内吸磷、硫环磷、氯唑磷	禁止在蔬菜、瓜果、茶叶、中草药材上使用
乙酰甲胺磷、丁硫克百威、乐果	禁止在蔬菜、瓜果、茶叶、菌类和中草药材上使用
毒死蜱、三唑磷	禁止在蔬菜上使用
丁酰肼（比久）	禁止在花生上使用
氰戊菊酯	禁止在茶叶上使用
氟虫腈	禁止在所有农作物上使用（玉米等部分旱田种子包衣除外）
氟苯虫酰胺	禁止在水稻上使用

A.3　说明

本附录的内容来自 2019 年中华人民共和国农业农村部发布的《禁限用农药名录》（http://www.zzys.moa.gov.cn/gzdt/201911/t20191129_6332604.htm）。

参考文献

［1］国家药典委员会.中华人民共和国药典：2020 年版一部［M］.北京：中国医药科技出版社，2020.

［2］刘正清.不同产地和采收时间木香药材中木香烃内酯和去氢木香内酯的测定［J］.中国实验方剂学杂志，2012，18（16）：116-118.

［3］赵小民，殷高彬.不同产地木香中木香烃内酯和去氢木香内酯的 HPLC 测定［J］.安徽医药，2009，13（6）：617-618.

［4］梁凤书，高宏光.道地药材云木香不同产地的质量研究［J］.云南中医中药杂志，2005，26（6）：23.

［5］肖杰易，韩凤，申明亮，等.云木香收获期研究［J］.现代农业科技，2012（4）：150.

［6］杨少华，陈翠，康平德，等.不同栽培措施对云木香产量的影响［J］.中国农学通报，2011，27（6）：60-63.

［7］康平德，吕丽芬，陈翠，等.云木香不同采收期产量性状及成分分析［J］.云南中医学院学报，2009，32（2）：39-41.

［8］康平德，陈翠，徐中志，等.不同播期和种植密度对云木香产量及主要农艺性状的影响［J］.中国农学通报，2011，27（9）：268-272.

［9］钱齐妮，肖杰易，申明亮，等.云木香生物学特性及播种期研究［J］.现代农业科技，2012（15）：62-63.

ICS 65.020.20
CCS C 05

团 体 标 准

T/CACM 1374.28—2021

五味子规范化生产技术规程

Code of practice for good agricultural practice of Schisandrae Chinensis Fructus

2021-10-15 发布

2021-10-15 实施

中华中医药学会 发布

目　次

前　　言

本文件按照 GB/T 1.1—2020《标准化工作导则　第 1 部分：标准化文件的结构和起草规则》的规定起草。

请注意本文件中的某些内容可能涉及专利。本文件的发布机构不承担识别专利的责任。

标准由中国医学科学院药用植物研究所和辽宁省经济作物研究所提出。

本文件由中华中医药学会归口。

本文件起草单位：辽宁省经济作物研究所、上药（辽宁）中药材种植有限公司、中国医学科学院药用植物研究所、重庆市药物种植研究所。

本文件主要起草人：孙文松、刘莹、朱光明、张天静、李玲、杨正书、高嵩、于春雷、谢平、张朋、李瑞春、赛丹、魏建和、王文全、王秋玲、杨小玉、辛元尧、王苗苗。

五味子规范化生产技术规程

1 范围

本文件确立了五味子的规范化生产流程,规定了五味子生产基地选址、种质要求、种苗繁育、种植、采收、产地初加工、包装、放行、贮运等阶段的操作要求。

本文件适用于五味子的规范化生产。

2 规范性引用文件

下列文件的内容通过文中的规范性引用而构成本文件必不可少的条款。其中,注明日期的引用文件,仅该日期对应的版本适用于本文件;不注明日期的引用文件,其最新版本(包括所有的修改单)适用于本文件。

《中华人民共和国药典》

GB 3095 环境空气质量标准

GB 5084 农田灌溉水质标准

GB 5749 生活饮用水卫生标准

GB 15618 土壤环境质量 农用地土壤污染风险管控标准(试行)

ISO 19824—2017 传统中药中的五味子种子和幼苗

T/CACM 1374.1—2021 中药材规范化生产技术规程通则 植物药材

3 术语和定义

T/CACM 1374.1—2021 界定的以及下列术语和定义适用于本文件。

3.1 规范化生产 good agricultural practice

按照《中药材生产质量管理规范》(简称中药材 GAP)的要求,实施药材生产,保证中药材优质安全的生产过程。

3.2 技术规程 code of practice

为实现中药材生产顺利、有序进行,保证中药材生产质量,对中药材生产的基地选址、种子种苗、种植或野生抚育、采收与产地初加工以及包装、放行与贮运等,所做的技术规定和要求,是实施中药材规范生产的核心技术要求和实施指南。

3.3 五味子 Schisandrae Chinensis Fructus

木兰科植物五味子 *Schisandra chinensis* (Turcz.) Baill. 的干燥成熟果实。

4 五味子规范化生产流程图

五味子规范化生产流程见图1。

五味子规范化生产流程：

```
生产基地选址
    ↓
种质、种子选择与鉴定、检测
    ↓
育苗
    ↓
移栽定植 ← 中耕除草
    ↓
田间管理 ← 肥水管理
    ↓          病虫害综合防治
采收
    ↓
产地初加工
    ↓
包装
    ↓
放行
    ↓
贮藏
    ↓
运输
```

关键控制点及参数：

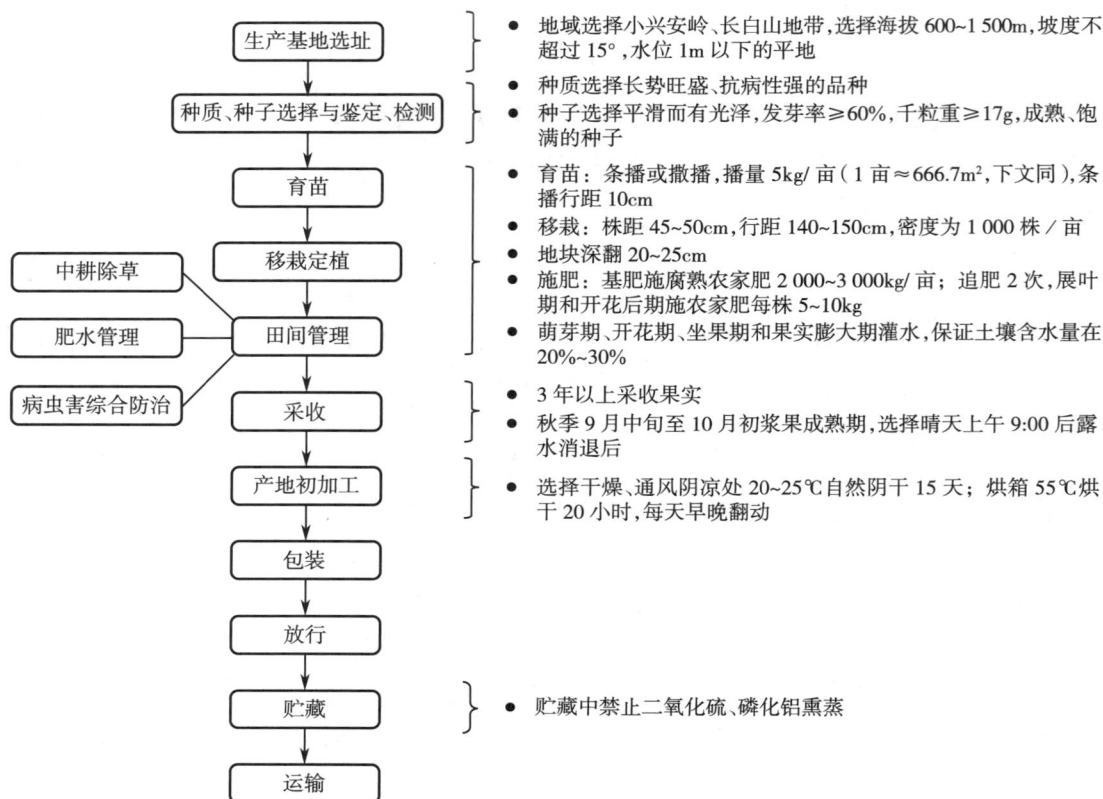

- 地域选择小兴安岭、长白山地带,选择海拔 600~1 500m,坡度不超过 15°,水位 1m 以下的平地
- 种质选择长势旺盛、抗病性强的品种
- 种子选择平滑而有光泽,发芽率≥60%,千粒重≥17g,成熟、饱满的种子
- 育苗：条播或撒播,播量 5kg/亩(1 亩≈666.7m²,下文同),条播行距 10cm
- 移栽：株距 45~50cm,行距 140~150cm,密度为 1 000 株/亩
- 地块深翻 20~25cm
- 施肥：基肥施腐熟农家肥 2 000~3 000kg/亩;追肥 2 次,展叶期和开花后期施农家肥每株 5~10kg
- 萌芽期、开花期、坐果期和果实膨大期灌水,保证土壤含水量在 20%~30%
- 3 年以上采收果实
- 秋季 9 月中旬至 10 月初浆果成熟期,选择晴天上午 9:00 后露水消退后
- 选择干燥、通风阴凉处 20~25℃自然阴干 15 天;烘箱 55℃烘干 20 小时,每天早晚翻动
- 贮藏中禁止二氧化硫、磷化铝熏蒸

图 1 五味子的规范化生产流程图

5 五味子规范化生产技术

5.1 生产基地选址

5.1.1 产地选择

种植地选择远离城市、村镇和主干线,远离污染较大的工矿企业、医院和垃圾场等污染源的地段,种植地选择地势开阔,海拔 600~1 500m,坡度不超过 15°,水位 1m 以下的平地,种植地域选择小兴安岭、长白山地带。北五味子主产区和道地产区均为辽宁、吉林、黑龙江三省。

5.1.2 地块选择

种植地选择土壤疏松肥厚、富含腐殖质、透气性好、保水性及排水性良好的砂壤土或壤土,pH 中性至弱酸性,忌在盐碱地、土质黏重、地势低洼、易积水的地块种植。

5.1.3 环境

种植地选择空气清新、水质纯净、土壤未受污染、农业生态环境质量良好的地区。要求生产基地的大气、土壤和水质分别符合 GB 3095《环境空气质量标准》、GB 15618《土壤环境质量 农用地土壤污染风险管控标准（试行）》、GB 5084《农田灌溉水质标准》和 GB 5749《生活饮用水卫生标准》，且要保证生长期间持续符合标准。

5.2 种质与种子

5.2.1 种质选择

选择木兰科植物五味子 *Schisandra chinensis*（Turcz.）Baill.，物种须经过鉴定，如使用农家品种或选育品种应明确，一个地块只能种植相同品种五味子，不能混种。

5.2.2 种子质量

采用当年采收成熟的种子，发芽率超过 60%，千粒重 17~25g。经检验符合 ISO 19824—2017。

5.3 种植

5.3.1 整地、作床

秋冬季深翻土壤，清除枯草、石砾等杂物，结合整地施入底肥，以充分腐熟发酵的农家肥为主，每亩施腐熟厩肥 2 000~3 000kg，深翻 20~25cm，整平耙细。春季播种时每亩再施入 25~35kg 复合肥，N、P、K 比例为 15∶15∶15。

将育苗床做成宽 1.2m、高 20cm、长 10~20m 的高畦，床土要耙细清除杂质。

5.3.2 种子处理

将当年采收的种子与湿细沙按 1∶3 比例混匀，置于 10~15℃条件下进行 2 个月沙藏处理，再置于 0~5℃处理 1~2 个月，以完成胚后熟。

播种前 15 天将种子取出，用清水泡 3~4 天，每天早晚各换水 1 次，室内温度保持在 18~20℃，待种皮裂开 80% 以上、日温稳定超过 5℃即可播种。

5.3.3 播种育苗

播种时间为 5—6 月，采用条播或撒播方式，每亩种子用量 5kg，条播行距 10cm。如种子纯度及发芽率高，也可采用单粒点播方式，行距 10~15cm，株距为 3cm。

播种后压实土壤浇透水，用黑地膜或红松针覆盖保湿杀菌。松针长度 3.5~5cm、厚度 2cm，覆盖后用滚子稍压实，再用 1cm 厚土封边，最后在床面筛层细土防风。

五味子幼苗怕高温和强光直射，当出苗率达到 70% 时，搭建简易遮阳棚并撤掉覆盖物，遮阳棚透光率以 50% 为宜。待幼苗长出 5~6 片真叶时，应按株距 7~10cm 进行间苗，同时撤掉遮阳棚。苗床应保持湿润状态，且随时拔除杂草。

5.3.4 移栽定植

移栽选用一年生五味子苗，移栽时间选择秋季或春季。秋季移栽在秋季叶发黄、脱落后进行；春季移栽在 4—5 月进行，此时期枝条养分充分回流到根部，移栽易成活。

移栽定植行向以南北走向最佳，株行距为株距 45~50cm、行距 140~150cm，种植密度为 1 000 株/亩。定植穴尺寸为直径 30cm、深 30cm，穴底填入 1kg 农家肥并将农家肥与土壤充分混合,防止烧根。为使根系舒展,防止窝根与倒根,将穴底堆出三角形土堆,再把五味子须根自然展开顺土堆坡面放置,覆土至原根系入土位置以上2cm。定植后适当压实,灌足水,水渗完后再用土封穴。

5.3.5 田间管理

5.3.5.1 水分管理

五味子定植后第一年应经常灌水,保证土壤湿润,提高五味子的成活率和正常生长。进入结果期的五味子在萌芽期、开花期、坐果期和果实膨大期对水分最敏感,应在上述四个关键时期进行灌水,保证土壤含水量在20%~30%。其中萌芽前灌水1次,可促进植株萌芽整齐,有利于新梢早期迅速生长。开花前灌水1~2次,促进新梢、叶片生长及提高坐果率。坐果期和果实膨大期灌水应根据降雨量和土壤状况灌水2~4次,有利于浆果膨大和提高花芽分化质量。但忌淹水,在雨季积水时应及时排水。

在入冬结冻前灌水1次,以利于越冬。

5.3.5.2 施肥管理

根据五味子的生长、土壤肥力等进行施肥,整个生长期追肥两次,第一次在展叶期,第二次在开花后进行,肥料以腐熟农家肥为主,施肥要注意避免伤到植株根部。施肥量为每株5~10kg农家肥,施用方法为距根部30cm处沿株行开沟深15~20cm,施入追肥并覆土,追肥后要立即浇水。特别注意五味子入冬前禁止施肥,避免植株因肥量大导致开春后提早发芽,防止受倒春寒影响产生冻害。

5.3.5.3 中耕除草

五味子生长期保持土壤疏松无杂草,松土时要注意耕作深度勿伤根系,整个生长期除草2~3次。第一次在春季出苗后,当幼苗高于5cm时,进行浅耕除草。第二次在7—8月植株开花后,进行中耕除草,要求耕作深度比第一次较深,且应尽量将杂草除尽。第三次在秋末冬初,根据杂草情况再除草1次。严禁草荒情况发生。

5.3.5.4 搭架

五味子定植后第二年进行搭架。搭架选用10cm×10cm×250cm水泥柱或角钢作立柱,间距2~3m。再用8号铁线在立柱间横向平行拉四道铁线,平行铁线间距40cm,最下端铁线距地面50cm。在立柱间按株距45~50cm插入架条,并与横向铁线固定,用于引附上架。

当植株长至60~70cm时,须将五味子藤蔓按顺时针(左旋)引附到架条上,使植株向上生长。开始引附时可用绳或铁线固定,以后可自然缠绕上架。

5.3.5.5 修剪

定干:当年移栽的五味子应进行定干培养,修剪方法为将五味子原主茎剪掉,选取2~3个粗壮侧蔓引附上架。当新主蔓枝长50cm时,打顶尖定主干,当主干上新幼枝30cm时优选健壮枝不打顶作延长蔓,其余幼枝在20cm处打尖。延长蔓枝应在立秋后打顶。

更新:三年生五味子大量结果时,在早春将各结果短枝全面剪至45cm。开花结果期基部和主蔓枝交会处发的新短果枝,选留健壮枝条为更新结果枝,其余枝条及时清除。每年秋冬季修剪时应将旧结果枝剪掉,用新结果枝循环更新。保证每年有7~8个结果枝。

去杂：在夏季生长旺盛期，应去除重叠枝、过密枝、徒长枝，控制基部匍匐枝的生长，防止杂枝与母枝竞争养分。

5.3.6 病虫害防治

五味子常见病害有根腐病、黑斑病等，虫害主要有蛴螬、柳蝙蛾等。

应采用预防为主、综合防治的方法：水旱轮作；有机肥必须充分腐熟；选用无病害感染、无机械损伤、健壮的优质苗，禁用带病苗；及时排水防涝；发现病株及时拔除，集中销毁，每穴撒入草木灰 100g 或生石灰 200~300g，进行局部消毒。

采用化学防治时，应当符合国家有关规定；优先选用高效、低毒的生物农药；尽量避免使用除草剂、杀虫剂和杀菌剂等化学农药；不使用禁限用农药。

5.4 采收与加工

5.4.1 采收

五味子生长 3 年后大量结果，即可采收。五味子采收在秋季 9 月中旬至 10 月初浆果成熟期进行，选择晴天上午 9：00 后露水消退后，用剪刀剪取果蒂，放入筐或箱子内，运至加工场地加工，要防止挤压。

5.4.2 产地初加工

果实采收后要进行筛选，去除杂质、烂果、病果及非药用部位，再进行干燥处理。干燥处理可采用自然阴干或烘干方法。阴干方法：将五味子果实平铺在晒垫上，置于干燥、通风处阴凉处，阴干过程中要经常翻动，防止霉变，温度为 20~25℃，阴干 15 天。烘干法：将五味子果实放入烘箱烘干，温度控制在 55℃左右，烘干 20 小时，至手攥成团有弹性、松手后能恢复原状为佳，在烘干过程中每天早晚进行翻动。

5.5 包装、放行、贮运

5.5.1 包装

包装前应对每批药材按照国家标准进行质量检验。符合国家标准的药材，采用不影响质量的编织袋等包装，禁止采用包装过肥料、农药等的包装袋包装。包装外贴或挂标签、合格证，标识牌内容应有品种、基源、产地、批号、规格、重量、采收日期、企业名称等，并有追溯码。

5.5.2 放行

应制定符合企业实际情况的放行制度，有审核批生产、检验等的相关记录。不合格药材有单独处理制度。

5.5.3 贮运

应贮存于阴凉干燥处，定期检查，防止虫蛀、霉变、腐烂、泛油等的发生。仓库控制温度在 20℃以下、相对湿度 75% 以下；不同批次等级药材分区存放；建有定期检查制度。禁止磷化铝和二氧化硫熏蒸。也可采用现代气调贮藏方法，包装或库内充氮或二氧化碳。

运输应防止发生混淆、污染、异物混入、包装破损、雨雪淋湿等。

附　录　A

（规范性）

禁限用农药名单

A.1　禁止（停止）使用的农药（46 种）

六六六、滴滴涕、毒杀芬、二溴氯丙烷、杀虫脒、二溴乙烷、除草醚、艾氏剂、狄氏剂、汞制剂、砷类、铅类、敌枯双、氟乙酰胺、甘氟、毒鼠强、氟乙酸钠、毒鼠硅、甲胺磷、对硫磷、甲基对硫磷、久效磷、磷胺、苯线磷、地虫硫磷、甲基硫环磷、磷化钙、磷化镁、磷化锌、硫线磷、蝇毒磷、治螟磷、特丁硫磷、氯磺隆、胺苯磺隆、甲磺隆、福美胂、福美甲胂、三氯杀螨醇、林丹、硫丹、溴甲烷、氟虫胺、杀扑磷、百草枯、2,4-滴丁酯。

注：氟虫胺自 2020 年 1 月 1 日起禁止使用。百草枯可溶胶剂自 2020 年 9 月 26 日起禁止使用。2,4-滴丁酯自 2023 年 1 月 29 日起禁止使用。溴甲烷可用于"检疫熏蒸处理"。杀扑磷已无制剂登记。

A.2　在部分范围禁止使用的农药（20 种）

部分范围禁止使用的农药应注意药食同源中药材及来自其他作物的中药材。部分范围禁止使用的农药见表 A.1。

表 A.1　部分范围禁止使用的农药

通用名	禁止使用范围
甲拌磷、甲基异柳磷、克百威、水胺硫磷、氧乐果、灭多威、涕灭威、灭线磷	禁止在蔬菜、瓜果、茶叶、菌类、中草药材上使用，禁止用于防治卫生害虫，禁止用于水生植物的病虫害防治
甲拌磷、甲基异柳磷、克百威	禁止在甘蔗作物上使用
内吸磷、硫环磷、氯唑磷	禁止在蔬菜、瓜果、茶叶、中草药材上使用
乙酰甲胺磷、丁硫克百威、乐果	禁止在蔬菜、瓜果、茶叶、菌类和中草药材上使用
毒死蜱、三唑磷	禁止在蔬菜上使用
丁酰肼（比久）	禁止在花生上使用
氰戊菊酯	禁止在茶叶上使用
氟虫腈	禁止在所有农作物上使用（玉米等部分旱田种子包衣除外）
氟苯虫酰胺	禁止在水稻上使用

A.3　说明

本附录的内容来自 2019 年中华人民共和国农业农村部发布的《禁限用农药名录》（http://www.zzys.moa.gov.cn/gzdt/201911/t20191129_6332604.htm）。

附 录 B

（资料性）

五味子常见病虫害防治的参考方法

五味子常见病虫害的防治方法见表 B.1。

表 B.1 五味子常见病虫害的防治方法

病虫害名称	防治时期	化学防治方法	农业防治或物理防治方法
根腐病	8—10 月	多菌灵灌根,按照农药标签使用;甲基硫菌灵灌根,按照农药标签使用;多·硫悬浮剂灌根,按照农药标签使用;苦参碱灌根,按照农药标签使用	水旱轮作;有机肥必须充分腐熟;选用无病害感染、无机械损伤、健壮的优质苗,禁用带病苗;及时排水防涝;发现病株及时拔除,集中销毁,每穴撒入草木灰 100g 或生石灰 200~300g,进行局部消毒
黑斑病	6—8 月	代森锰锌喷雾,按照农药标签使用;多菌灵喷雾,按照农药标签使用;甲基硫菌灵喷雾,按照农药标签使用	修剪病叶,将病叶及时清除,减少病菌的传播;加强植物的养分管理,提高植物的抵抗力;及时清除病株,减少病毒的传播
白粉病	6—8 月	三唑酮喷雾,按照农药标签使用;三唑酮喷雾,按照农药标签使用;甲基硫菌灵喷雾,按照农药标签使用;代森锰锌喷雾,按照农药标签使用	秋季彻底清除落叶,剪去病枯枝,就地销毁或运离病区,地面喷撒硫磺粉,以消灭越冬病原;加强日常管理,合理施氮、磷肥,增强植株抗病能力;控制栽培密度,合理修剪,使之通风透光
蛴螬	8—10 月	敌百虫灌根,按照农药标签使用;阿维菌素乳油灌根,按照农药标签使用	采用黑光灯等方法诱杀成虫;用白僵菌等生物制剂防治幼虫
柳蝙蛾	5—8 月	羽化盛期和卵孵化盛期,用溴氰菊酯喷施,按照农药标签使用;S- 氰戊菊酯喷施,按照农药标签使用	落叶后,清理田间落叶、杂草,带出田间焚烧;用灯光诱杀成虫

参考文献

[1] 李爱民.北五味子栽培与选种技术[M].北京:金盾出版社,2007.

[2] 管兵.北五味子种植技术要点[J].吉林农业,2017(11):84.

[3] 张功,王丹萍,王金硕,等.北五味子良种快速繁殖体系建设[J].吉林蔬菜,2017(5):41-42.

[4] 胡彦鹏.北五味子育苗技术[J].现代园艺,2015(23):59-60.

[5] 许伟民.北五味子4种主要病害的药剂防治研究[D].长春:吉林农业大学,2013.

[6] 商永亮,尹智勇,朱晓峰,等.北五味子不同栽培方式试验分析[J].中国林副特产,2014(3):37-38.

[7] 安开龙,李德坤,周大铮,等.不同干燥方法对五味子药材品质的影响[J].中国中药杂志,2014,39(15):2900-2906.

[8] 杨航,张丽鹏,孙伟,等.北五味子品种适宜栽培地及其与环境因子的关系[J].西北农业学报,2014,23(4):92-98.

[9] 李先宽,王冰,郑艳超,等.东北地区五味子栽培品种的质量分析[J].中成药,2014,36(11):2359-2363.

[10] 韩红祥.环境因子对北五味子产量与质量影响的研究[D].长春:吉林农业大学,2013.

ICS 65.020.20
CCS C 05

团 体 标 准

T/CACM 1374.29—2021

南五味子规范化生产技术规程

Code of practice for good agricultural practice of
Schisandrae Sphenantherae Fructus

2021-10-15 发布

2021-10-15 实施

中华中医药学会　发布

目　次

前　　言

本文件按照 GB/T 1.1—2020《标准化工作导则　第 1 部分:标准化文件的结构和起草规则》的规定起草。

请注意本文件中的某些内容可能涉及专利。本文件的发布机构不承担识别专利的责任。

本文件由中国医学科学院药用植物研究所和陕西师范大学提出。

本文件由中华中医药学会归口。

本文件起草单位:陕西师范大学、陕西云岭生态科技有限公司、陕西盘龙药业集团股份有限公司、广州白云山中一药业有限公司、陕西久泰农旅文化发展有限公司、平武县涪江源中药材科技开发有限公司、中国医学科学院药用植物研究所、重庆市药物种植研究所。

本文件主要起草人:崔浪军、解江冰、张德柱、伍秀珠、郭九余、罗仲、魏建和、王文全、王秋玲、杨小玉、辛元尧、王苗苗。

南五味子规范化生产技术规程

1 范围

本文件确立了南五味子的规范化生产流程,规定了南五味子生产基地选址、种质要求、种苗繁育、种植、采收、产地初加工、包装、放行、贮运等阶段的操作要求。

本文件适用于南五味子的规范化生产。

2 规范性引用文件

下列文件的内容通过文中的规范性引用而构成本文件必不可少的条款。其中,注明日期的引用文件,仅该日期对应的版本适用于本文件;不注明日期的引用文件,其最新版本(包括所有的修改单)适用于本文件。

GB 3095 环境空气质量标准

GB/T 3543 农作物种子检验规程

GB 5084 农田灌溉水质标准

GB 5749 生活饮用水卫生标准

GB 15618 土壤环境质量 农用地土壤污染风险管控标准(试行)

T/CACM 1374.1—2021 中药材规范化生产技术规程通则 植物药材

3 术语和定义

T/CACM 1374.1—2021 界定的以及下列术语和定义适用于本文件。

3.1 规范化生产 good agricultural practice

按照《中药材生产质量管理规范》(简称中药材 GAP)的要求,实施药材生产,保证中药材优质安全的生产过程。

3.2 技术规程 code of practice

为实现中药材生产顺利、有序进行,保证中药材生产质量,对中药材生产的基地选址、种子种苗、种植或野生抚育、采收与产地初加工以及包装、放行与贮运等,所做的技术规定和要求,是实施中药材规范生产的核心技术要求和实施指南。

3.3 南五味子 Schisandrae Sphenantherae Fructus

木兰科植物华中五味子 *Schisandra sphenanthera* Rehd. et Wils. 的干燥成熟果实。

4 南五味子规范化生产流程图

南五味子规范化生产流程见图 1。

南五味子规范化生产流程：　　　　　　　　关键控制点及参数：

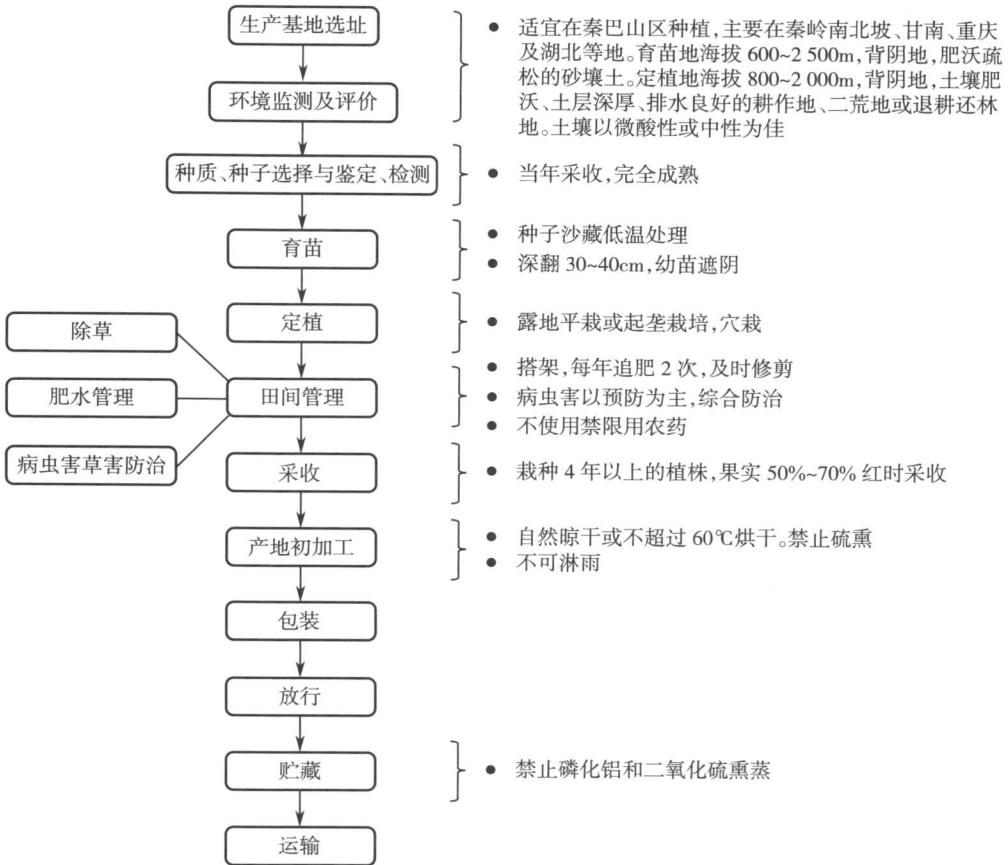

流程	关键控制点及参数
生产基地选址 → 环境监测及评价	• 适宜在秦巴山区种植，主要在秦岭南北坡、甘南、重庆及湖北等地。育苗地海拔 600~2 500m，背阴地，肥沃疏松的砂壤土。定植地海拔 800~2 000m，背阴地，土壤肥沃、土层深厚、排水良好的耕作地、二荒地或退耕还林地。土壤以微酸性或中性为佳
种质、种子选择与鉴定、检测	• 当年采收，完全成熟
育苗	• 种子沙藏低温处理 • 深翻 30~40cm，幼苗遮阴
定植	• 露地平栽或起垄栽培，穴栽
田间管理（除草、肥水管理、病虫害草害防治）	• 搭架，每年追肥 2 次，及时修剪 • 病虫害以预防为主，综合防治 • 不使用禁限用农药
采收	• 栽种 4 年以上的植株，果实 50%~70% 红时采收
产地初加工	• 自然晾干或不超过 60℃烘干。禁止硫熏 • 不可淋雨
包装	
放行	
贮藏	• 禁止磷化铝和二氧化硫熏蒸
运输	

图 1　南五味子的规范化生产流程图

5　南五味子规范化生产技术

5.1　生产基地选址

5.1.1　产地选择

适宜种植在秦巴山区，主要在秦岭南北坡、甘南、重庆及湖北等地。定植地选择在海拔 800~2 000m 背阴地及其他具有相应条件的适宜地区；育苗地选择在同样地区，但海拔可在 600~2 500m 地区。

5.1.2　生产基地

育苗地应选择土层深厚的缓坡地或平地，以土壤肥沃疏松，有灌溉条件的砂壤土为宜。

栽植地应选择土壤肥沃、土层深厚，排水良好的耕作地、二荒地或退耕还林地，以阴凉潮湿的背阴地块为宜。土壤以微酸性或中性为佳。

生产基地的空气质量应符合 GB 3095 规定的环境空气质量标准，灌溉水质量应符合 GB 5084 规定的农田灌溉水质标准，土壤质量应符合 GB 15618 的规定。选择砂壤土，整平耙细,施入适量有机肥及化肥。

5.2 种质与种子

5.2.1 种质选择

使用木兰科五味子属植物华中五味子 Schisandra sphenanthera Rehd. et Wils. 为物种来源,其物种须经过鉴定。如使用农家品种或选育品种应加以明确。

5.2.2 种子质量

应使用当年采收,完全成熟的种子。种子质量检验须符合 GB/T 3543《农作物种子检验规程》相应标准。

5.2.3 良种繁育

选择生长健壮,枝叶繁茂,果实着生密集,品质好的植株,选留果粒大且均匀一致的果穗。在幼果期适当疏果,以提高种子成熟度和发芽率。

5.3 种植

5.3.1 育苗

南五味子以育苗移栽种植为宜。待果实完全成熟时采摘,将采收后果实用清水浸泡,之后搓去果肉,用水漂除秕空子粒,洗出种子与 3 倍体积的湿沙均匀混合,放入室内通风处,越冬贮藏。立春解冻后,待大多数种子裂口露出胚根时,即可播种。

育苗地上冻前先施基肥,深翻 30~40cm,去除草根等杂物,耙细整平。春季播种前作畦,畦高 15cm 左右,宽 1~1.5m。采用条播法,用种量 5kg/ 亩(1 亩≈666.7m²,下文同)左右。播种前按行距 15cm、沟深 2~3cm 开沟,播种后覆土厚约 2cm,稍加镇压,均匀覆盖秸秆等,浇水以保持土壤湿润,利于种子出苗。一般播后 20~30 天出苗,当出苗率达 60%~70% 时,去除盖草,同时搭建简易遮阳棚,一般棚高以 60cm 左右为宜,以利幼苗正常生长发育,苗高 5~6cm 后拆除。在幼苗期适时松土锄草,幼苗抽生 1~2 片真叶时,按株距 5~6cm 定苗,正常田间管理。经过 1 年的培育即可移栽。

5.3.2 定植

选用无病害感染的优质种苗于春季或秋季栽种。在海拔较高、冬季严寒干旱地区,以春栽为好。可露地平栽或起垄栽培。整地时施入适量肥料。北方地区整地宜栽植沟深 50~60cm、宽 80~100cm;南方地区整地宜起高垄,垄高 15~25cm、宽 80~120cm。栽种株、行距为(1.5~1.8)m×(3.0~3.5)m。穴栽,穴的大小为 50cm×40cm×30cm,每穴施入适量肥料,以有机肥为主,化学肥料为辅,与土拌匀后栽植,每穴栽 1 株。栽时要使根系舒展,土要踏实。

5.3.3 田间管理

搭架:南五味子主蔓生长迅速,移栽定植后 1 年应搭架供其攀缘。人工支架用水泥柱搭设为佳,每隔 4~6m 设一柱,用铁丝在每行南五味子苗上空拉一道横线,每柱主蔓处插长 2~3m 的木棍或竹竿,用绑线引南五味子蔓茎顺竿爬上架。

施肥、除草与灌溉:移栽后及时补苗、除草,及时排灌。每年结合中耕除草 2~3 次。每年追肥 2 次,分别在花蕾开放前和花芽分化前追肥。果实采收后,进行全园深耕,深度为

20~25cm,并施足底肥。肥料以有机肥为主,化学肥料有限度使用,鼓励使用经国家批准的菌肥及中药材专用肥。进入结果期可适当增加施肥量,多追施磷钾肥为佳。

修剪:每株选留 4~5 个粗壮的基生枝外,剪除其余的基生枝和全部短果枝。按枝条间隔 8~10cm,保留中、长果枝。

5.3.4 病虫害草害防治

南五味子常见病害有叶枯病、黑斑病等。

应采用预防为主、综合防治的方法。选用无病害感染、无机械损伤的优质种苗,禁用带病苗。加强田间管理,通风透光可以有效预防病害。发现病叶和病虫,及时烧毁,以防蔓延。

具体防治方案见附录 B。

采用化学防治时,应当符合国家有关规定;优先选用高效、低毒的生物农药;尽量避免使用除草剂、杀虫剂和杀菌剂等化学农药;不使用禁限用农药。

禁止或限制使用农药种类应符合附录 A 的要求。

5.4 采收

不同海拔高度成熟期不一样,栽后 4~5 年结果,从 7 月下旬至 9 月下旬,果实呈紫红色时采收,采摘时避免损坏果实外皮。采收后未能及时干燥的鲜果须存放阴凉库或阴凉通风处平摊,尽快干燥。

5.5 产地初加工

南五味子产地初加工方法包括直接晒干法和烘干法。禁止硫熏。

直接晒干法:均匀铺于晾晒场地,晾干,避免淋雨。注意未晒干果实堆积易出现发酵升温导致发霉变质。

烘干法:可采用各种设施,烘干温度不应超过 60℃。

晒干或烘干的标志,以攥有弹性,松手后恢复原状为宜。干后去掉果柄、杂质,放通风处贮藏。

5.6 包装、放行、贮运

5.6.1 包装

包装前应对每批药材按照国家标准进行质量检验。符合国家标准的药材,采用不影响质量的编织袋等包装,禁止采用包装过肥料、农药等的包装袋包装。包装外贴或挂标签、合格证,标识牌内容应有药材名、基源、产地、批号、规格、重量、采收日期、企业名称等,并有追溯码。

5.6.2 放行

应制定符合企业实际情况的放行制度,有审核批生产、检验等的相关记录。不合格药材有单独处理制度。

5.6.3 贮运

应贮存于阴凉干燥处,定期检查,防止虫蛀、霉变、腐烂、泛油等的发生。仓库控制温度在 20℃ 以下、相对湿度 75% 以下;不同批次等级药材分区存放;建有定期检查制度。禁止磷化铝和二氧化硫熏蒸。也可采用现代气调贮藏方法,包装或库内充氮或二氧化碳。

运输应防止发生混淆、污染、异物混入、包装破损、雨雪淋湿等。

附　录　A

（规范性）

禁限用农药名单

A.1　禁止（停止）使用的农药（46 种）

六六六、滴滴涕、毒杀芬、二溴氯丙烷、杀虫脒、二溴乙烷、除草醚、艾氏剂、狄氏剂、汞制剂、砷类、铅类、敌枯双、氟乙酰胺、甘氟、毒鼠强、氟乙酸钠、毒鼠硅、甲胺磷、对硫磷、甲基对硫磷、久效磷、磷胺、苯线磷、地虫硫磷、甲基硫环磷、磷化钙、磷化镁、磷化锌、硫线磷、蝇毒磷、治螟磷、特丁硫磷、氯磺隆、胺苯磺隆、甲磺隆、福美胂、福美甲胂、三氯杀螨醇、林丹、硫丹、溴甲烷、氟虫胺、杀扑磷、百草枯、2, 4- 滴丁酯。

注：氟虫胺自 2020 年 1 月 1 日起禁止使用。百草枯可溶胶剂自 2020 年 9 月 26 日起禁止使用。2, 4-滴丁酯自 2023 年 1 月 29 日起禁止使用。溴甲烷可用于“检疫熏蒸处理”。杀扑磷已无制剂登记。

A.2　在部分范围禁止使用的农药（20 种）

部分范围禁止使用的农药应注意药食同源中药材及来自其他作物的中药材。部分范围禁止使用的农药见表 A.1。

表 A.1　部分范围禁止使用的农药

通用名	禁止使用范围
甲拌磷、甲基异柳磷、克百威、水胺硫磷、氧乐果、灭多威、涕灭威、灭线磷	禁止在蔬菜、瓜果、茶叶、菌类、中草药材上使用,禁止用于防治卫生害虫,禁止用于水生植物的病虫害防治
甲拌磷、甲基异柳磷、克百威	禁止在甘蔗作物上使用
内吸磷、硫环磷、氯唑磷	禁止在蔬菜、瓜果、茶叶、中草药材上使用
乙酰甲胺磷、丁硫克百威、乐果	禁止在蔬菜、瓜果、茶叶、菌类和中草药材上使用
毒死蜱、三唑磷	禁止在蔬菜上使用
丁酰肼（比久）	禁止在花生上使用
氰戊菊酯	禁止在茶叶上使用
氟虫腈	禁止在所有农作物上使用（玉米等部分旱田种子包衣除外）
氟苯虫酰胺	禁止在水稻上使用

A.3　说明

本附录的内容来自 2019 年中华人民共和国农业农村部发布的《禁限用农药名录》（http://www.zzys.moa.gov.cn/gzdt/201911/t20191129_6332604.htm）。

附　录　B

（资料性）

南五味子常见病虫害防治的参考方法

南五味子常见病虫害防治的参考方法见表 B.1。

表 B.1　南五味子常见病虫害防治的参考方法

防治对象	防治时期	化学防治方法	安全间隔期 /d
叶枯病	5—7 月	发病初期可使用多菌灵喷洒,按照农药标签使用;或用百菌清喷洒,按照农药标签使用。连续喷 2~3 次	≥7
黑斑病	5—6 月	甲基硫菌灵和井岗霉素交替喷洒,按照农药标签使用;代森锰锌喷洒,按照农药标签使用;多菌灵喷施,按照农药标签使用。连续喷 2~3 次	≥7

参考文献

［1］杜进琦.白龙江流域林区林缘华中五味子育苗与丰产栽培技术［J］.甘肃科技,2012,28（15）:161-162.

［2］何军,张晓虎,杨亚丽,等.氮磷钾配比对商洛华中五味子甲素含量的影响［J］.中国农学通报,2011,27（24）:187-190.

［3］卜海东.华中五味子地上部分生长发育动态研究［D］.西安:陕西师范大学,2009.

［4］马西宁.华中五味子优质丰产栽培方法［J］.特种经济动植物,2012,15（6）:35-37.

［5］马西宁.华中五味子栽培条件下果穗生长发育动态规律研究［J］.陕西林业科技,2011（1）:1-4.

［6］王祥明.南五味子GAP规范化栽培技术［J］.陕西林业科技,2013（2）:109-111.

［7］张建华.秦岭北坡华中五味子繁殖技术研究［J］.陕西林业科技,2010（3）:8-11.

ICS 65.020.20
CCS C 05

团 体 标 准

T/CACM 1374.30—2021

太子参规范化生产技术规程

Code of practice for good agricultural practice of Pseudostellariae Radix

2021-10-15 发布

2021-10-15 实施

中华中医药学会　发布

目　次

前　言

本文件按照 GB/T 1.1—2020《标准化工作导则　第 1 部分：标准化文件的结构和起草规则》的规定起草。

请注意本文件中的某些内容可能涉及专利。本文件的发布机构不承担识别专利的责任。

本文件由中国医学科学院药用植物研究所和福建省农业科学院农业生物资源研究所提出。

本文件由中华中医药学会归口。

本文件起草单位：福建省农业科学院农业生物资源研究所、柘荣县农业农村局、福建天人药业股份有限公司、福建西岸生物科技有限公司、昌昊金煌（贵州）中药有限公司、贵州大学、福建老源兴医药科技有限公司、福建润身药业有限公司、柘荣县药业发展局、上海市药材有限公司、福鼎市农业农村局、中国医学科学院药用植物研究所、重庆市药物种植研究所。

本文件主要起草人：陈菁瑛、刘保财、黄冬寿、许启棉、李斌、兰才武、赵云青、黄颖桢、王华磊、袁济端、张武君、张邵杰、陆凤南、李琦、陈铮、江慧容、林振盛、邓乔华、赵锋、朱光明、叶传财、魏建和、王文全、王秋玲、杨小玉、辛元尧、王苗苗。

太子参规范化生产技术规程

1 范围

本文件确立了太子参的规范化生产流程,规定了太子参生产基地选址、种质要求、种苗繁育、种植、采收、产地初加工、包装、放行、贮运等阶段的操作要求。

本文件适用于太子参的规范化生产。

2 规范性引用文件

下列文件的内容通过文中的规范性引用而构成本文件必不可少的条款。其中,注明日期的引用文件,仅该日期对应的版本适用于本文件;不注明日期的引用文件,其最新版本(包括所有的修改单)适用于本文件。

GB 3095 环境空气质量标准

GB 5084 农田灌溉水质标准

GB 5749 生活饮用水卫生标准

GB 15618 土壤环境质量 农用地土壤污染风险管控标准(试行)

GB/T 191 包装储运图示标志

WM/T 2—2004 药用植物及制剂外经贸绿色行业标准

T/CACM 1374.1—2021 中药材规范化生产技术规程通则 植物药材

3 术语和定义

T/CACM 1374.1—2021 界定的以及下列术语和定义适用于本文件。

3.1 规范化生产 good agricultural practice

按照《中药材生产质量管理规范》(简称中药材 GAP)的要求,实施药材生产,保证中药材优质安全的生产过程。

3.2 技术规程 code of practice

为实现中药材生产顺利、有序进行,保证中药材生产质量,对中药材生产的基地选址、种子种苗、种植或野生抚育、采收与产地初加工以及包装、放行与贮运等,所做的技术规定和要求,是实施中药材规范生产的核心技术要求和实施指南。

3.3 太子参 Pseudostellariae Radix

石竹科植物孩儿参 *Pseudostellaria heterophylla* (Miq.) Pax ex Pax et Hoffm. 的干燥块根。

4 太子参规范化生产流程图

太子参规范化生产流程见图1。

太子参规范化生产流程：

关键控制点及参数：

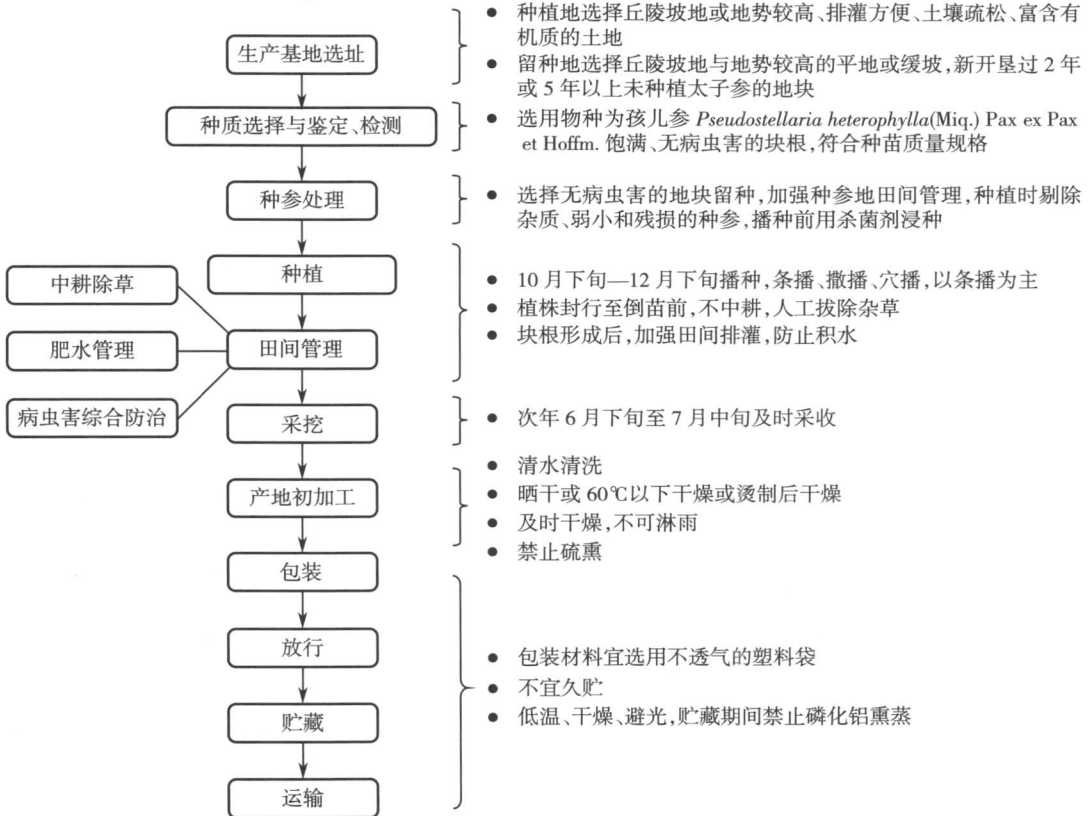

- 选择中亚热带、亚热带湿润季风气候区、温带季风区及大陆性气候区域的冷凉地域种植，忌连作

```
┌──────────────┐
│ 生产基地选址  │
└──────────────┘
```

- 种植地选择丘陵坡地或地势较高、排灌方便、土壤疏松、富含有机质的土地
- 留种地选择丘陵坡地与地势较高的平地或缓坡，新开垦过2年或5年以上未种植太子参的地块

```
┌────────────────────┐
│ 种质选择与鉴定、检测 │
└────────────────────┘
```

- 选用物种为孩儿参 *Pseudostellaria heterophylla*(Miq.) Pax ex Pax et Hoffm. 饱满、无病虫害的块根，符合种苗质量规格

```
┌──────────┐
│ 种参处理  │
└──────────┘
```

- 选择无病虫害的地块留种，加强种参地田间管理，种植时剔除杂质、弱小和残损的种参，播种前用杀菌剂浸种

```
┌────────┐
│ 种植    │
└────────┘
```

- 10月下旬—12月下旬播种，条播、撒播、穴播，以条播为主

```
┌──────────────┐      ┌────────┐
│ 中耕除草      │      │         │
└──────────────┘      │ 田间管理 │
┌──────────────┐      │         │
│ 肥水管理      │──────│         │
└──────────────┘      └────────┘
┌──────────────┐
│ 病虫害综合防治 │
└──────────────┘
```

- 植株封行至倒苗前，不中耕，人工拔除杂草
- 块根形成后，加强田间排灌，防止积水

```
┌────────┐
│ 采挖    │
└────────┘
```

- 次年6月下旬至7月中旬及时采收

```
┌────────────┐
│ 产地初加工  │
└────────────┘
```

- 清水清洗
- 晒干或60℃以下干燥或烫制后干燥
- 及时干燥，不可淋雨
- 禁止硫熏

```
┌────────┐
│ 包装    │
└────────┘
┌────────┐
│ 放行    │
└────────┘
```

- 包装材料宜选用不透气的塑料袋
- 不宜久贮

```
┌────────┐
│ 贮藏    │
└────────┘
```

- 低温、干燥、避光，贮藏期间禁止磷化铝熏蒸

```
┌────────┐
│ 运输    │
└────────┘
```

图1 太子参的规范化生产流程图

5 太子参规范化生产技术

5.1 生产基地选址

5.1.1 产地选择

适宜种植在中亚热带山地气候、亚热带湿润季风气候区、温带季风区及大陆性气候区域的冷凉地域。主产区分布于福建东部柘荣县及周边县市、贵州东南部施秉及周边县市、安徽宣城市、山东临沂市及江苏句容市等地以及其他具有相应气候条件的适宜区域。育苗地选择在同样地区，以海拔高于大田种植地为宜。

5.1.2 地块选择

忌连作，忌前茬为茄科、十字花科植物；实行轮作倒茬。

选择丘陵坡地或地势较高、土壤疏松肥沃、灌溉排水条件良好,富含有机质、地下水位低、中性或微酸性的砂壤土。

留种地选择海拔较高的丘陵坡地或平地,或新垦过 2 年的地块或 5 年以上没有种植太子参的地块,土层深厚、排灌方便、土壤疏松的冷凉湿润区域。

5.1.3 环境要求

生产基地的空气质量应符合 GB 3095 规定的环境空气质量标准,灌溉水质量应符合 GB 5084 规定的农田灌溉水质标准,土壤质量应符合 GB 15618 的规定。

5.2 种质与种参

5.2.1 种质选择

使用石竹科植物孩儿参 *Pseudostellaria heterophylla*(Miq.)Pax ex Pax et Hoffm. 为物种来源,其物种须经过鉴定。如使用农家品种或选育品种应加以明确。

5.2.2 种参质量

使用种质纯正、芽头饱满、无分叉、无破损、无病斑、根茎充实、短粗健壮的块根,去除遭受冻害、无芽头及腐烂的劣质块根。经检验符合相应标准。

5.2.3 种参繁育

采用块根无性繁殖。4—6 月在产区较高海拔的大田中选择生长健壮、无病虫害、生长整齐一致的地块作为留种地,加强管理。拔除杂株、变异株、弱株、病株。小面积或个别发生花叶病及其他病害的植株,及时拔除并带出基地,同时做好土壤及植株残体消毒;大面积发生病虫为害的,不宜作为留种田。干旱时及时浇水,雨天应及时清沟排水。夏季留种田要适当保留杂草或者于太子参生长后期套种玉米等作物遮阴。留种地四角插竹竿等并围绑醒目标识,防止人畜足踏。定期检查留地生长情况。

10 月中下旬至 12 月下旬,于大田栽种前采挖种参,随挖随种。用小锄头沿着种植行逐步抛开,拣出太子参块根,抖去土块、毛根,剔除异物,检查种参规格,剔除不符合要求的块根。选用内壁平滑、四周具有通风孔的包装物包装种参。运输过程需轻装轻卸,不得重压,途中注意通风透气,严防暴晒。运到目的地后应置于阴凉场所进行短暂保存或者直接处理种植。

5.3 种植

5.3.1 翻耕整地

根据各产区土壤肥力实际情况,每亩(1 亩≈666.7m^2,下文同)使用腐熟有机肥 800~1 500kg 作为基肥,随整地施入;翻耕 15~30cm,晒白、耙碎、起畦。畦宽 80~120cm,畦长依地块而定,坡地宜顺坡开畦,畦面高 15~25cm,畦面呈龟背状,四周开好排水沟。

5.3.2 种参处理

播种前用咪鲜胺浸种并严格按产品说明使用,取出种参沥干,用清水冲洗残留药液并摊晾至种参表面无水即可。

5.3.3 栽种时间

10 月下旬—12 月下旬。

5.3.4 栽种密度

种参用量为每亩 50~60 kg。

5.3.5 栽种方法

条播、撒播、穴播,以条播为主。

条播:有双行斜栽、单行斜栽和平栽 3 种方法。双行斜栽即在畦面按行株距(15~25)cm×(4~6)cm 开沟,沟宽 10~15cm,沟深 8~12cm,种参斜排于沟的两侧,参头(芽头)朝上并处于同一水平上。单行斜栽为播种时在畦面上顺向开沟,行距 10~20cm,沟深 1~2cm,株距 5~7cm,将种参朝同一方向斜排,保证芽头在同一直线上。平栽即播种时在畦面上顺向开沟,行距 10~20cm,沟深 1~2cm,株距 5~7cm 或种参头尾相接,将种参平卧摆入沟中。以上 3 种条播后,均在种参上覆盖细土,厚度为 7~10cm,覆土后畦面呈弓背状。

撒播:在畦面上撒播,种参之间不重叠;播后覆盖细土,厚度 3~5cm,覆土后畦面呈龟背状。

穴播:在畦面上按穴距 25~30cm、穴深 10~12cm,每穴放种参 4~6 根,种参之间无重叠,覆盖细土 3~5cm。

5.3.6 水分管理

出苗初期遇干旱及时浇水,保持土壤湿润。生长期根据土壤墒情合理排灌。南方产区在整个生长期内须保持畦沟排水畅通,雨后及时排水;北方产区在生长后期高温干旱时可通过灌水降温以延长生长期。

5.3.7 施肥

栽种时每亩可用复合肥 15~20kg、钙镁磷肥 20~30kg、草木灰或草烧土 100~200kg 等肥料,混合后撒入沟或穴中作种肥,覆土 3~5cm。

追肥 1~2 次。第一次于 3 月份结合中耕除草,每亩撒施氮磷钾复合肥 20~30kg 于畦面,宜在阴天进行;第二次于 4 月上中旬施用,视苗情每亩可施氮磷钾复合肥 15~25kg。

禁止使用壮根灵、膨大素等生长调节剂用于增大太子参块根。

5.3.8 病虫害草害防治

太子参常见病害有叶斑病、猝倒病、病毒病、紫纹羽病等,虫害有小地老虎、蝼蛄等地下害虫。

应采用预防为主、综合防治的方法,选用新开地或者病害较少的地块,并进行水旱轮作;选用抗病品种,无病害感染、无机械损伤的优质种参,禁用带病苗;雨季及时清沟排水,遇干旱应及时灌水;有机肥必须充分腐熟;合理施用肥料,避免过量施用氮肥;发现病株及时拔除,带出基地集中销毁,病穴撒入草木灰 100g 或生石灰 200~300g,进行局部消毒;采收后及时清园。

使用化学农药防治严格按照产品说明书;优先选用高效、低毒的生物农药;尽量避免使用除草剂、杀虫剂和杀菌剂等化学农药;不使用禁限用农药。农药使用种类和方法参考国家最新的相关规定;采收前一个月禁止使用任何农药。

禁止或限制使用农药种类参见附录 A。

5.4 采收

大田种植 210~270 天后,于翌年 6 月下旬至 7 月中旬及时采挖。

选择晴天,用小锄头沿着种植行逐步抛开土壤,挖出参块,去掉茎叶、抖掉附土,拣出太子参块根,放入筐中。地势平坦、土壤疏松地区可采用机械采收。

5.5 产地初加工

采挖的太子参要求当天清洗,清洗用水应符合 GB 5749 的规定。

初加工场所应符合相关的要求规定,不得带入相关的污染物。

产地初加工有直接晒干法和烫制后干燥法。

直接干燥法:洗干净的太子参摊晾于芦席或竹匾上,于太阳下晾晒,或者置于干燥设备内烘干,烘干过程严格控制温度,不得超过 60℃。干燥至六七成干时,揉搓除去须根,再继续晒干或烘干至块根质硬脆,断面呈白色。

烫制后干燥法:洗净后太子参置沸水中烫 1~3 分钟,捞出后阴干或晒干或烘干,去须根。

干燥块根经风选,分离参须、细草等杂质,剔除有病斑、虫斑的块茎及石头等。

禁止硫熏。

加工干燥过程保证场地、工具洁净,不受雨淋等。

5.6 包装、放行、贮运

5.6.1 包装

包装前应对每批药材按照国家标准进行质量检验。包装材料应符合 WM/T 2—2004 的规定,禁止使用接触过禁用物质的包装材料或容器。包装外贴或挂标签、合格证,标识牌内容应有药材名、基源、产地、批号、规格、重量、采收日期、企业名称等,并有追溯码。包装贮运图示标志可参考 GB/T 191 规定。

5.6.2 放行

应制定符合企业实际情况的放行制度,有审核批生产、检验等的相关记录。不合格药材有单独处理制度。

5.6.3 贮运

应贮存于阴凉干燥处,定期检查,防止吸湿。仓库控制温度在 20℃以下、相对湿度75%以下;不同批次等级药材分区存放;建有定期检查制度;禁用磷化铝。注意避光。也可采用现代气调贮藏方法,包装或库内充氮或二氧化碳。太子参不宜久贮。

运输应防止发生混淆、污染、异物混入、包装破损、雨雪淋湿等。

附　录　A

（规范性）

禁限用农药名单

A.1　禁止（停止）使用的农药（46 种）

六六六、滴滴涕、毒杀芬、二溴氯丙烷、杀虫脒、二溴乙烷、除草醚、艾氏剂、狄氏剂、汞制剂、砷类、铅类、敌枯双、氟乙酰胺、甘氟、毒鼠强、氟乙酸钠、毒鼠硅、甲胺磷、对硫磷、甲基对硫磷、久效磷、磷胺、苯线磷、地虫硫磷、甲基硫环磷、磷化钙、磷化镁、磷化锌、硫线磷、蝇毒磷、治螟磷、特丁硫磷、氯磺隆、胺苯磺隆、甲磺隆、福美胂、福美甲胂、三氯杀螨醇、林丹、硫丹、溴甲烷、氟虫胺、杀扑磷、百草枯、2，4- 滴丁酯。

注：氟虫胺自 2020 年 1 月 1 日起禁止使用。百草枯可溶胶剂自 2020 年 9 月 26 日起禁止使用。2，4-滴丁酯自 2023 年 1 月 29 日起禁止使用。溴甲烷可用于"检疫熏蒸处理"。杀扑磷已无制剂登记。

A.2　在部分范围禁止使用的农药（20 种）

部分范围禁止使用的农药应注意药食同源中药材及来自其他作物的中药材。部分范围禁止使用的农药见表 A.1。

表 A.1　部分范围禁止使用的农药

通用名	禁止使用范围
甲拌磷、甲基异柳磷、克百威、水胺硫磷、氧乐果、灭多威、涕灭威、灭线磷	禁止在蔬菜、瓜果、茶叶、菌类、中草药材上使用，禁止用于防治卫生害虫，禁止用于水生植物的病虫害防治
甲拌磷、甲基异柳磷、克百威	禁止在甘蔗作物上使用
内吸磷、硫环磷、氯唑磷	禁止在蔬菜、瓜果、茶叶、中草药材上使用
乙酰甲胺磷、丁硫克百威、乐果	禁止在蔬菜、瓜果、茶叶、菌类和中草药材上使用
毒死蜱、三唑磷	禁止在蔬菜上使用
丁酰肼（比久）	禁止在花生上使用
氰戊菊酯	禁止在茶叶上使用
氟虫腈	禁止在所有农作物上使用（玉米等部分旱田种子包衣除外）
氟苯虫酰胺	禁止在水稻上使用

A.3　说明

本附录的内容来自 2019 年中华人民共和国农业农村部发布的《禁限用农药名录》（http://www.zzys.moa.gov.cn/gzdt/201911/t20191129_6332604.htm）。

附　录　B

（资料性）

太子参常见病虫害防治的参考方法

太子参常见病虫害防治的参考方法见表 B.1。

表 B.1　太子参常见病虫害防治的参考方法

病虫害名称	防治时期	参考防治方法	安全间隔期 /d
叶斑病	4—6 月	波尔多液,按照农药标签使用	≥20
		甲基硫菌灵,按照农药标签使用	≥20
猝倒病	2—4 月	嘧啶核苷类抗菌素,按照农药标签使用	≥7
		新植霉素,按照农药标签使用	≥14
病毒病	2—5 月	挂黄板,每亩 20~30 张	
		香菇多糖,按照农药标签使用	≥7
		氨基寡糖素喷施,按照农药标签使用	≥7
紫纹羽病	5—7 月	菌肥、木霉菌、枯草芽孢杆菌等添加到底肥里施用,或者于 4—5 月进行灌根	≥7
小地老虎	4 月中下旬—5 月上旬	苦参碱灌根,按照农药标签使用	≥30
		毒饵诱杀	
蝼蛄	全年根据情况施用	苦参碱灌根,按照农药标签使用	≥30
		毒饵诱杀	

参考文献

［1］么历，程慧珍，杨智．中药材规范化种植（养殖）技术指南［M］.北京：中国农业出版社，2006.

［2］王磊，赵锋，沈亮，等．无公害太子参栽培技术探索［J］.世界科学技术 - 中医药现代化，2018，20（7）：1123-1129.

［3］胡卫平，朱文佩．太子参品种特性及其栽培技术［J］.农技服务，2016，33（3）：75.

［4］刘帮艳，李金玲，曹国璠，等．高海拔环境对太子参生长、产量及品质的影响［J］.中药材，2017，40（12）：2753-2758.

［5］武孔云，谢彩香，黄林芳，等．贵州省太子参适生地等级划分的研究［J］.中国农业资源与区划，2017，38（10）：81-86.

［6］边丽华，康传志，许子欣，等．基于生态因子的山东太子参生态适宜区划研究［J］.山东农业科学，2018，50（2）：68-75.

［7］林伟群，张旻芳，郑绍兴．太子参不同播种期、种植密度、施肥量试验［J］.作物杂志，2004（6）：34-35.

［8］吴玉香，王汉琪，连彦，等．不同栽植密度对太子参产量及有效成分的影响［J］.江苏林业科技，2016，43（4）：18-21.

［9］李安优，曾桂萍，赵致，等．连作年限对太子参根腐病发生及防御酶活性的影响［J］.江苏农业科学，2017，45（13）：123-125.

［10］吴玉香，王汉琪，沈少炎，等．不同施肥方案对太子参活性成分的影响［J］.江苏农业科学，2017，45（6）：140-143.

［11］国家林业局．太子参培育技术规程：LY/T 2912—2017［S/OL］.［2023-11-15］. https：//std.samr.gov.cn/hb/search/stdHBDetailed?id=8B1827F1400BBB19E05397BE0A0AB44A.

［12］安徽省质量技术监督局．太子参栽培技术规程：DB 34/T 1482—2011.［S/OL］.［2023-11-15］. https：//std.samr.gov.cn/db/search/stdDBDetailed?id=91D99E4D85072E24E05397BE0A0A3A10.

［13］福建省质量技术监督局．地理标志产品　柘荣太子参：DB 35/T 1077—2010.［S/OL］.［2023-11-15］. https：//std.samr.gov.cn/db/search/stdDBDetailed?id=91D99E4D5FB72E24E05397BE0A0A3A10.

ICS 65.020.20
CCS C 05

团 体 标 准

T/CACM 1374.31—2021

车前子（车前）规范化生产技术规程

Code of practice for good agricultural practice of Plantaginis Semen

2021-10-15 发布

2021-10-15 实施

中华中医药学会　发布

目　次

前　　言

本文件按照 GB/T 1.1—2020《标准化工作导则　第 1 部分：标准化文件的结构和起草规则》的规定起草。

请注意本文件中的某些内容可能涉及专利。本文件的发布机构不承担识别专利的责任。

本文件由江西中医药大学和中国医学科学院药用植物研究所提出。

本文件由中华中医药学会归口。

本文件起草单位：江西中医药大学、江西青春康源中药饮片有限公司、江西樟树天齐堂中药饮片有限公司、中国医学科学院药用植物研究所、重庆市药物种植研究所。

本文件主要起草人：张寿文、钟国跃、董燕婧、廖学林、程访、秦倩、曾金祥、魏建和、王文全、王秋玲、杨小玉、辛元尧、王苗苗。

车前子（车前）规范化生产技术规程

1 范围

本文件确立了车前子（车前）的规范化生产流程，规定了车前子（车前）生产基地选址、种质要求、种苗繁育、种植、采收、产地初加工、包装、放行、贮运等阶段的操作要求。

本文件适用于车前子（车前）的规范化生产。

2 规范性引用文件

下列文件的内容通过文中的规范性引用而构成本文件必不可少的条款。其中，注明日期的引用文件，仅该日期对应的版本适用于本文件；不注明日期的引用文件，其最新版本（包括所有的修改单）适用于本文件。

GB 3095 环境空气质量标准

GB/T 3543 农作物种子检验规程

GB 5084 农田灌溉水质标准

GB 5749 生活饮用水卫生标准

GB15618 土壤环境质量 农用地土壤污染风险管控标准（试行）

T/CACM 1374.1—2021 中药材规范化生产技术规程通则 植物药材

3 术语和定义

T/CACM 1374.1—2021 界定的以及下列术语和定义适用于本文件。

3.1 规范化生产 good agricultural practice

按照《中药材生产质量管理规范》（简称中药材 GAP）的要求，实施药材生产，保证中药材优质安全的生产过程。

3.2 技术规程 code of practice

为实现中药材生产顺利、有序进行，保证中药材生产质量，对中药材生产的基地选址、种子种苗、种植或野生抚育、采收与产地初加工以及包装、放行与贮运等，所做的技术规定和要求，是实施中药材规范生产的核心技术要求和实施指南。

4 车前子（车前）规范化生产流程图

车前子（车前）规范化生产流程见图 1。

车前子（车前）规范化生产流程：

关键控制点及参数：

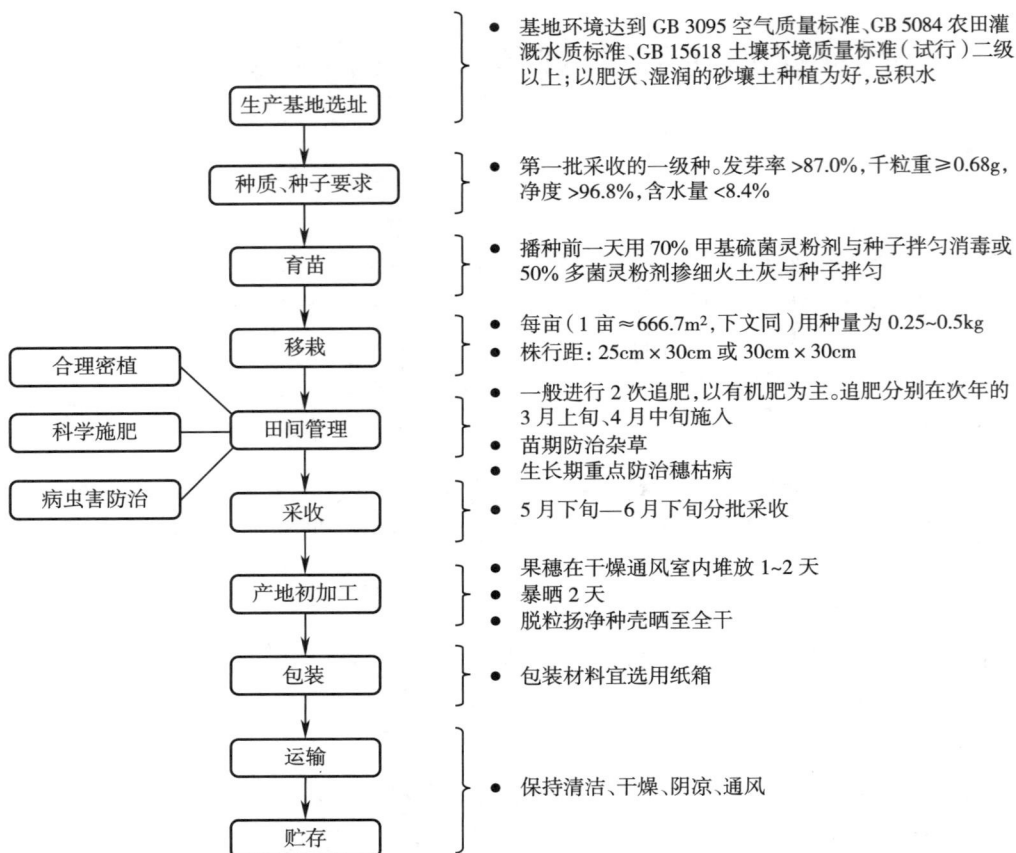

```
生产基地选址
     ↓
种质、种子要求
     ↓
   育苗
     ↓
   移栽
     ↓
合理密植 ┐
科学施肥 ├→ 田间管理
病虫害防治 ┘
     ↓
   采收
     ↓
 产地初加工
     ↓
   包装
     ↓
   运输
     ↓
   贮存
```

- 基地环境达到 GB 3095 空气质量标准、GB 5084 农田灌溉水质标准、GB 15618 土壤环境质量标准（试行）二级以上；以肥沃、湿润的砂壤土种植为好，忌积水

- 第一批采收的一级种。发芽率 >87.0%，千粒重 ≥0.68g，净度 >96.8%，含水量 <8.4%

- 播种前一天用 70% 甲基硫菌灵粉剂与种子拌匀消毒或 50% 多菌灵粉剂掺细火土灰与种子拌匀

- 每亩（1亩≈666.7m²，下文同）用种量为 0.25~0.5kg
- 株行距：25cm×30cm 或 30cm×30cm

- 一般进行 2 次追肥，以有机肥为主。追肥分别在次年的 3 月上旬、4 月中旬施入
- 苗期防治杂草
- 生长期重点防治穗枯病

- 5 月下旬—6 月下旬分批采收

- 果穗在干燥通风室内堆放 1~2 天
- 暴晒 2 天
- 脱粒扬净种壳晒至全干

- 包装材料宜选用纸箱

- 保持清洁、干燥、阴凉、通风

图 1 车前子（车前）规范化生产流程图

5 车前子（车前）规范化生产技术

5.1 生产基地选址

5.1.1 产地选择

目前，江西吉安、九江以及四川彭州与黑龙江拜泉、明水、海伦、青冈、望奎、绥化等地为车前主产地；道地产区为江西吉安县、泰和县、新干县、修水县。

5.1.2 选地整地

车前喜温暖、阳光充足湿润的生长环境，耐寒、耐旱。山区、平原、丘陵、路旁均可生长。对土壤要求不严，一般土壤均可栽培，但以肥沃、湿润的砂壤土种植为好。在江西以秋播为主，种子开始萌发的温度为 12℃，随温度的升高逐渐加快，但以 20~25℃ 时萌发最快。秋播的车前，在冬季气温低于 15℃ 时，生长缓慢，气温降低至 8℃ 时停止生长，直到春季气温回升至 10℃ 以上时，才逐渐恢复生长，并随气温升高生长加快，3—4 月为生长旺盛期。

5.1.3 环境监测

选择生产基地时应先进行基地环境质量评价，基地以及周边环境发生变化时应及时监测。要求生产基地环境空气质量达到 GB 3095 的二级标准以上，土壤环境质量达到 GB 15618 的二级标准，灌溉用水达到 GB 5084 农田灌溉水质标准中二类（旱作）的标准。

5.2 种质与种子

5.2.1 种质选择

种子细小，黑褐色，呈椭圆形、不规则长圆形或三角状长圆形，略扁，长约 2mm，宽约 1mm，表面黄棕色至黑褐色，有细皱纹，一面有灰白色凹点状种脐，质硬，气微，味淡，无芳香气味，水泡后有黏性，手捻有润滑感。

5.2.2 种子质量

按照 GB/T 3543 规定的农作物种子检验规程的要求，选择颗粒饱满、无病虫害、无霉变、无腐烂的其发芽率大于 87.0%、千粒重不低于 0.68g、净度大于 96.8%、含水量小于 8.4% 的第一批采收的一级种。

5.3 种植

5.3.1 育苗

5.3.1.1 育苗地选择

选已收获的稻田或旱地，排灌良好，土层深厚、疏松的壤土，养分水平在中等以上；大气、水质、土壤无污染。

5.3.1.2 整地作畦

地经三犁三耙，深耕 20~30cm，土壤经充分风化，除净杂草，做到细、平、实、湿、肥，以待播种。每亩施基肥：农家肥 1 000kg，混施 100kg 过磷酸钙。起畦：畦面宽 100~110cm，高 20~30cm，长 10~12m。

5.3.1.3 种子处理

播种前一天用 70% 甲基硫菌灵粉剂与种子拌匀消毒（种子：药粉 =10：1）或 50% 多菌灵粉剂掺细火土灰与种子拌匀（种子：多菌灵 =10：1）。

5.3.1.4 播种

每亩用种量为 0.25~0.5kg。采用撒播方式，以露地苗床育苗为主，苗床面积与大田面积为 1：10~1：15。将处理后的种子均匀撒于苗床上，盖一薄层细火土灰或草木灰拌的细土。

5.3.1.5 种苗标准

苗龄为 40~50 天，株高不低于 14.10cm，地径不低于 7.0mm，根长不低于 9.0cm，叶片数大于 3.5 片，单株鲜重大于 11.0g 的一、二级种苗。

5.3.2 移栽

5.3.2.1 整地作畦

种植地要二犁二耙，深耕 20~30cm，土壤充分风化、细碎、除净杂草；作畦：采用深沟高畦方式，畦面宽 80~100cm，畦高 15~20cm，畦间沟宽 30~40cm，以利排灌水和日常管理；施基肥：每亩施腐熟农家肥 150~200kg，混施 100kg 过磷酸钙（或复合肥 20~25kg）、腐熟花生枯饼 20kg，三者充分混匀于每畦中间沟施。

5.3.2.2 移苗定植

一般 10 月下旬至 11 月下旬移栽。株行距 25cm×30cm 或 30cm×30cm。移苗前育苗床淋足水,用小铁铲带土移苗,随移随栽,按株行距开穴,每穴栽 1 苗,栽后盖土、淋足定根水。

5.3.3 田间管理

5.3.3.1 淋水、灌水

由于秋冬季雨水较少,幼苗移栽后根据天气情况及时淋水和浅灌水,一般 10~15 天一次,保持土壤湿润。

5.3.3.2 补苗

幼苗成活后经常查苗,及时查漏补缺,保证全苗。

5.3.3.3 中耕除草

定植后至越冬期应进行一次,次年春季返苗期开始,由于生长缓慢,易被杂草控制,应及时除草和松土,并结合追肥,以后每月进行一次,共进行 3~4 次。

5.3.3.4 施肥

5.3.3.4.1 肥料种类

以有机肥为主、化学肥料为辅。以基肥为主,追肥为辅。基肥以腐熟农家肥或商品有机肥为主,混合过磷酸钙或复合肥。追肥以复合肥为主。

5.3.3.4.2 施肥方法

车前幼苗定植成活后,一般进行 2 次追肥,追肥分别在次年的 3 月上旬、4 月中旬施入。有机肥全部作基肥,磷肥 80% 作基肥、20% 作追肥;硫酸钾 25% 作基肥,75% 作追肥;尿素 20% 作基肥、75% 作追肥。相应的氮、磷、钾、有机肥施用量为:施氮肥(尿素)16.51~21.00kg/亩;施磷肥(过磷酸钙)23.07~36.93kg/亩;施钾肥(硫酸钾)14.22~22.70kg/亩;施有机肥(腐熟鸡粪)2 000kg/亩。

5.3.3.5 灌溉与排水

雨季田间积水,应及时清沟排水;如遇久晴无雨,土壤干旱,应及时灌溉或浇水。

5.3.4 病虫害防治

5.3.4.1 概述

贯彻"预防为主,综合防治"的植保方针,通过加强栽培管理、科学施肥等栽培措施,综合采用农业防治、物理防治、生物防治,配合科学合理地使用化学防治,将有害生物危害控制在允许范围以内。使用化学农药应严格按照产品说明书,收获前 30 天停止使用。具体病虫害种类参见附录 B 表 B.1。

5.3.4.2 病虫害种类

车前病虫害主要包括褐斑病、白粉病、穗枯病、车前圆尾蚜等。

5.3.4.3 农业防治

(1)车前与水稻合理轮作,以减少土壤中病原细菌。

(2)合理均衡施肥,不要偏施氮肥。

(3)选用健壮不带病菌种子和做好种子消毒,播种前用 70% 甲基硫菌灵或 50% 多菌灵粉剂掺细沙拌土播种。

（4）注重田间排水；及时清除杂草、病株和土壤消毒处理。

（5）合理密度，保持田间通风透光，有利于车前的良好生长。

5.3.4.4 化学防治

苗期病害防治：苗床地用 15~20kg/ 亩生石灰进行土壤消毒，在土壤耕整时均匀施下；幼苗出土 7 天后，每隔 7~10 天使用 70% 甲基硫菌灵或 32.5% 苯甲·嘧菌酯液按农药使用标签要求喷雾做好防病工作，直到移栽。

生长期病害防治：见附录 B。

5.4 采收与加工

根据车前单位面积产量及产品质量、外观性状和内在成分积累、经济效益等并参考传统采收经验、季节变换等因素确定采收期。

5.4.1 采收

车前成熟期不一致，应分批采收，先熟先收。一般秋播者在 5 月下旬—6 月下旬，当果穗 2/3 呈黄褐色时，选晴天早上收割。用镰刀将成熟果穗割下，装入箩筐运回加工。

5.4.2 初加工

将采回的果穗在干燥通风室内堆放 1~2 天，然后放置竹晒垫上暴晒 2 天，脱粒后再晒，除去粗壳杂物，筛出种子，扬净种壳，晒至全干。

5.5 包装、运输、贮存

5.5.1 包装

材料应使用干燥、清洁、无异味、不影响质量、容易回收和降解的材料制成。传统包装材料多用麻袋、草席、塑料尼龙布。包装前应再检查，清除杂质，包装每件重 50kg。

5.5.2 标志产品标志使用

《中药材生产质量管理规范》（GAP）绿色标志，以区分其他产品。包装应有批包记录：品名、批号、规格、质量、重量、产地、工号、生产日期。

5.5.3 运输

运输工具必须清洁、干燥、无异味、无污染。严禁与可能污染其品质的货物混装运输。

5.5.4 贮存

产品应贮存在清洁、干燥、阴凉、通风、无异味的专用仓库中。

附　录　A
（规范性）
禁限用农药名单

A.1　禁止（停止）使用的农药（46种）

六六六、滴滴涕、毒杀芬、二溴氯丙烷、杀虫脒、二溴乙烷、除草醚、艾氏剂、狄氏剂、汞制剂、砷类、铅类、敌枯双、氟乙酰胺、甘氟、毒鼠强、氟乙酸钠、毒鼠硅、甲胺磷、对硫磷、甲基对硫磷、久效磷、磷胺、苯线磷、地虫硫磷、甲基硫环磷、磷化钙、磷化镁、磷化锌、硫线磷、蝇毒磷、治螟磷、特丁硫磷、氯磺隆、胺苯磺隆、甲磺隆、福美胂、福美甲胂、三氯杀螨醇、林丹、硫丹、溴甲烷、氟虫胺、杀扑磷、百草枯、2,4-滴丁酯。

注：氟虫胺自2020年1月1日起禁止使用。百草枯可溶胶剂自2020年9月26日起禁止使用。2,4-滴丁酯自2023年1月29日起禁止使用。溴甲烷可用于"检疫熏蒸处理"。杀扑磷已无制剂登记。

A.2　在部分范围禁止使用的农药（20种）

部分范围禁止使用的农药应注意药食同源中药材及来自其他作物的中药材。部分范围禁止使用的农药见表A.1。

表A.1　部分范围禁止使用的农药

通用名	禁止使用范围
甲拌磷、甲基异柳磷、克百威、水胺硫磷、氧乐果、灭多威、涕灭威、灭线磷	禁止在蔬菜、瓜果、茶叶、菌类、中草药材上使用,禁止用于防治卫生害虫,禁止用于水生植物的病虫害防治
甲拌磷、甲基异柳磷、克百威	禁止在甘蔗作物上使用
内吸磷、硫环磷、氯唑磷	禁止在蔬菜、瓜果、茶叶、中草药材上使用
乙酰甲胺磷、丁硫克百威、乐果	禁止在蔬菜、瓜果、茶叶、菌类和中草药材上使用
毒死蜱、三唑磷	禁止在蔬菜上使用
丁酰肼（比久）	禁止在花生上使用
氰戊菊酯	禁止在茶叶上使用
氟虫腈	禁止在所有农作物上使用（玉米等部分旱田种子包衣除外）
氟苯虫酰胺	禁止在水稻上使用

A.3　说明

本附录的内容来自2019年中华人民共和国农业农村部发布的《禁限用农药名录》（http://www.zzys.moa.gov.cn/gzdt/201911/t20191129_6332604.htm）。

附 录 B

（资料性）

车前常见病害防治的参考方法

车前病害主要防治药剂见表 B.1。

表 B.1　车前病害主要防治药剂

病害	发生时期	防治药剂
白粉病	4 月上旬—6 月上旬	二氰·吡唑酯、春雷霉素
褐斑病	3 月上旬—4 月下旬	春雷霉素、二氰·吡唑酯
穗枯病	4 月上旬—5 月上旬	烯唑醇、春雷霉素

可限制性使用的农药种类及方法见表 B.2。

表 B.2　可限制性使用的农药种类及方法

农药名称	毒性	安全间隔期 /d	施药方法	防治对象
二氰·吡唑酯	低毒	15	按农药标签施用	白粉病、褐斑病
春雷霉素	低毒	15	按农药标签施用	白粉病、褐斑病、穗枯病
烯唑醇	低毒	15	按农药标签施用	穗枯病

参考文献

[1] 吴祥松,刘贤旺,黄慧莲,等.车前的本草考证[J].时珍国医国药,2002(1):40-42.

[2] 姚闽,王勇庆,白吉庆,等.车前草与车前子应用历史沿革考证及资源调查[J].中医药导报,2016,22(17):36-39.

[3] 王立凤,许丽颖,殷美娜.密度对车前草生长的影响[J].黑龙江科技信息,2014(27):254.

[4] 叶碧颜.车前草的种子特性研究[J].北方药学,2014,11(8):6-7.

[5] 龚福保,梁小敏,吴淼生,等.车前生产中的问题及发展对策[J].农业科技通讯,2008(12):87-89.

[6] 张寿文.江西道地药材车前规范化栽培技术(GAP)及其优质高产的生理特性研究[D].北京:北京中医药大学,2005.

ICS 65.020.20
CCS C 05

团 体 标 准

T/CACM 1374.32—2021

牛大力规范化生产技术规程

Code of practice for good agricultural practice of Millettia Speciosa Champ

2021-10-15 发布

2021-10-15 实施

中华中医药学会 发布

目　次

前　言

本文件按照 GB/T 1.1—2020《标准化工作导则　第 1 部分：标准化文件的结构和起草规则》的规定起草。

请注意本文件中的某些内容可能涉及专利。本文件的发布机构不承担识别专利的责任。

本文件由中国医学科学院药用植物研究所和中国医学科学院药用植物研究所海南分所提出。

本文件由中华中医药学会归口。

本文件起草单位：中国医学科学院药用植物研究所海南分所、中国医学科学院药用植物研究所、广西壮族自治区药用植物园、英德祥扬农业有限公司、重庆市药物种植研究所。

本文件主要起草人：王德立、魏建和、王文全、王秋玲、张占江、孔繁忠、关锐强、杨小玉、辛元尧、王苗苗。

牛大力规范化生产技术规程

1 范围

本文件确立了牛大力的规范化生产流程,规定了牛大力的生产基地选址、种植地规划与建设、种质选择与育苗、定植、田间管理、病虫害防治、采收与初加工、包装、放行和贮运等阶段的技术要求。

本文件适用于牛大力的规范化生产。

2 规范性引用文件

下列文件中的内容通过文中的规范性引用而构成本文件必不可少的条款。其中,注明日期的引用文件,仅该日期对应的版本适用于本文件;不注明日期的引用文件,其最新版本(包括所有的修改单)适用于本文件。

《中药材生产质量管理规范(试行)》

GB/T 3543　农作物种子检验规程

GB 3095　环境空气质量标准

GB 5084　农田灌溉水质标准

GB 5749　生活饮用水卫生标准

GB 15618　土壤环境质量　农用地土壤污染风险管控标准(试行)

NY/T 394　绿色食品　肥料使用准则

NY/T 2624　水肥一体化技术规范　总则

DB 46/T 472—2018　牛大力实生苗繁育技术规程

T/CACM 1374.1—2021　中药材规范化生产技术规程通则　植物药材

3 术语和定义

T/CACM 1374.1—2021界定的以及下列术语和定义适用于本文件。

3.1　规范化生产　good agricultural practice

按照《中药材生产质量管理规范》(简称中药材GAP)的要求,实施药材生产,保证中药材优质安全的生产过程。

3.2　技术规程　code of practice

为实现中药材生产顺利、有序进行,保证中药材生产质量,对中药材生产的基地选址、种子种苗、种植或野生抚育、采收与产地初加工,以及包装、放行与贮运等,所做的技术规定和要求,是实施中药材规范生产的核心技术要求和实施指南。

4 牛大力规范化生产流程图

牛大力规范化生产流程见图 1。

牛大力规范化生产流程：　　　　　　　　　　　　　关键控制点及技术参数：

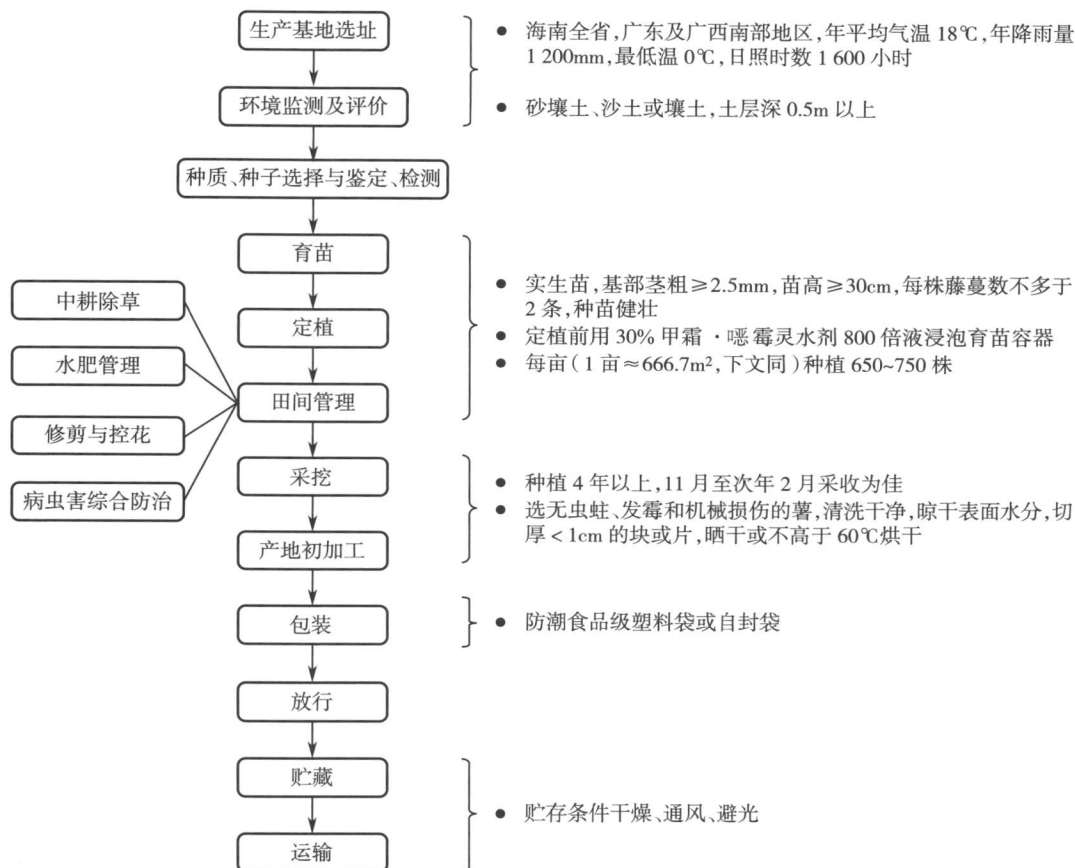

```
┌─────────────────┐
│  生产基地选址   │─────────┐ ● 海南全省,广东及广西南部地区,年平均气温 18℃,年降雨量
└─────────────────┘         │    1 200mm,最低温 0℃,日照时数 1 600 小时
         │                  │
┌─────────────────┐         │ ● 砂壤土、沙土或壤土,土层深 0.5m 以上
│  环境监测及评价 │─────────┘
└─────────────────┘
         │
┌─────────────────────────┐
│ 种质、种子选择与鉴定、检测 │
└─────────────────────────┘
         │
┌─────────────────┐─────────┐ ● 实生苗,基部茎粗≥2.5mm,苗高≥30cm,每株藤蔓数不多于
│      育苗       │         │    2 条,种苗健壮
└─────────────────┘         │
         │                  │ ● 定植前用 30% 甲霜·噁霉灵水剂 800 倍液浸泡育苗容器
┌─────────────────┐         │
│      定植       │         │ ● 每亩(1 亩≈666.7m²,下文同)种植 650~750 株
└─────────────────┘         │
```

┌──────────────┐
│ 中耕除草   │
└──────────────┘
┌──────────────┐　　┌─────────────────┐
│ 水肥管理   │──→│   田间管理   │
└──────────────┘　　└─────────────────┘
┌──────────────┐
│ 修剪与控花 │
└──────────────┘
┌──────────────┐
│ 病虫害综合防治│
└──────────────┘

```
┌─────────────────┐─────────┐ ● 种植 4 年以上,11 月至次年 2 月采收为佳
│      采挖       │         │ ● 选无虫蛀、发霉和机械损伤的薯,清洗干净,晾干表面水分,切
└─────────────────┘         │    厚<1cm 的块或片,晒干或不高于 60℃烘干
         │                  │
┌─────────────────┐─────────┘
│  产地初加工     │
└─────────────────┘
         │
┌─────────────────┐─────────┐ ● 防潮食品级塑料袋或自封袋
│      包装       │─────────┘
└─────────────────┘
         │
┌─────────────────┐
│      放行       │
└─────────────────┘
         │
┌─────────────────┐─────────┐ ● 贮存条件干燥、通风、避光
│      贮藏       │─────────┘
└─────────────────┘
         │
┌─────────────────┐
│      运输       │
└─────────────────┘
```

图 1　牛大力规范化生产流程图

5　牛大力规范化生产技术

5.1　生产基地选址

5.1.1　气候条件

年平均气温 18℃,最低气温不低于 0℃,年降雨量 1 200mm,年平均日照时数 1 600 小时。

5.1.2　种植区域选择

以广东清远以南、广西桂林以南地区及海南全省,海拔不超过 1 000m 的地区为宜。

5.1.3　种植地选择

选择土层厚度 0.5m 以上、排灌方便、阳光充足、无污染的平地或坡度≤20° 的地块,以土质疏松、有机质丰富的沙土、砂壤土或壤土为宜。土壤环境应符合 GB 15618 的规定,农田灌溉水应符合 GB 5084 的规定,空气质量应符合 GB 3095 的规定。

5.2 种植地规划与建设

5.2.1 道路

根据园地规模进行合理规划,园地内应设立主道、支道和操作通道,主道宽 3~4m,贯穿整个园地区;每隔 80~100m 修建一条支道,将园地划分为多个地块,支道宽约 2m,与主道相连;田间步道即畦间排水沟,宽约 0.5m,与支道或主道相连。

5.2.2 水肥池

种植地内可修建水肥池,大小根据土地面积而定。通常选择地势最高处或便于灌溉处修建容积约 40m³ 的水肥池,可辐射灌溉面积约 5hm²,水肥池有供水口和排水口。

5.2.3 灌溉设施

雨水较少的地方可安装灌溉设施或水肥一体化自动滴灌系统,并与水肥池相连。

5.2.4 排水沟

园地周边、园内道路两旁应修建主排水沟、支排水沟和畦间排水沟,园内各级排水沟相互连通,并与园外排水沟相连接。主排水沟贯穿整个园地,支排水沟与畦间排水沟相连,一端与主排水沟连接。各级排水沟深度和宽度根据往年降雨量而定。

5.2.5 园地准备

5.2.5.1 整地

清除园地内杂草、石块、树桩及其他杂物。深翻土壤 50cm 以上,耙碎、耙平,暴晒 7 天以上。

5.2.5.2 起畦与施基肥

起高 30cm、宽 1.5~1.6m 的畦,两畦间留 50cm 的操作道,在畦中间沿畦走向挖深 30cm、宽 30cm 的沟,在沟内施充分腐熟的农家肥或有机肥 15 000~20 000kg/hm²,并均匀混入复合肥 150~300kg/hm² 和钙镁磷肥 750~1 500kg/hm²,施肥后整平畦面。

5.2.5.3 铺膜

选择使用期限 2~3 年的环保黑色薄膜,膜宽与畦面同宽。若地块安装水肥一体化系统,则应在已施肥且安装滴水管的垄面上铺设薄膜;若不安装灌溉设施,则施肥后直接在垄面上铺膜,膜四周用土压实,中间用少量土压膜。

5.3 种质选择与育苗

5.3.1 种质

豆科崖豆藤属植物美丽崖豆藤 *Millettia speciosa* Champ.,选择薯产量高、抗性强的种质。

5.3.2 种子

采集成熟或将近成熟的种子,挑选粒大、饱满、无病虫害及无机械损伤的种子,种子检验应按照 GB/T 3543 的规定。

5.3.3 育苗

培育牛大力实生苗,应符合 DB 46/T 472—2018 的规定。

5.4 定植

5.4.1 定植时期

除 5—8 月外,其他月份均可定植。

5.4.2 种苗要求

实生苗,基部茎粗≥2.5mm,苗高≥30cm,每株藤蔓数不多于 2 条,种苗健壮。

5.4.3 种苗处理

按农药使用标签配制甲霜·噁霉灵药液,将种苗及其基质完全浸泡在溶液中 3~5 秒,或用该药液淋水,处理后尽快种植。

5.4.4 定植规格与密度

每畦种 2 行,行距约 1m,株距 0.9~1m,每亩种植 650~750 株。

5.4.5 定植方法

选择适宜的打孔器,按 5.4.4 给出的定植规格在畦面上打孔穴,去掉育苗容器,若采用可降解育苗容器可将种苗连同基质一起种植穴中,轻轻压实,并淋足定根水。

5.5 田间管理

5.5.1 水分管理

定植后半年内应保持土壤湿润,干旱时若光照较强则在上午 10∶00 前或下午 4∶00 后浇水;若光照较弱,则全天均可浇水。种植半年后,若无严重干旱,植株无明显萎蔫,可不浇水。雨水过多时应及时排水,避免积水。

5.5.2 施肥

5.5.2.1 施肥原则

以有机肥为主,化肥为辅;以基肥为主,追肥为辅,肥料种类应符合 NY/T 394 的规定。若采用水肥一体化自动滴灌系统,则施肥技术应按照 NY/T 2624 总则的要求实施。

5.5.2.2 施肥方法

施肥方式如下:

● 种植 1 个月后每株施浓度 0.3% 复合肥溶液约 0.5kg,直接浇灌植株基部,或用水肥一体化系统浇灌,每 15 天施水肥 1 次,连施 6 次。

● 第二年每株施用浓度 0.3% 的复合肥约 0.2kg,浇灌植株基部,每 2 个月施肥 1 次,连施 5~6 次。

● 第三年 3—5 月施有机肥 7 500~9 000kg/hm^2 和复合肥 300kg/hm^2,用合适的打孔农具在距植株 30cm 处打深 10~15cm 的洞,将有机肥和复合肥施入洞内,并覆土。

● 从第三年以后,每两年施一次有机肥,施肥时期、用量及方法同第三年。

● 种植两年后,每 3 个月叶面喷 0.1% 磷酸二氢钾溶液 1 次或灌根 1 次,采收前 3 个月停止施肥,且应根据土壤养分情况酌情施用微量元素肥料。

5.5.3 除草

及时拔除植株周围的杂草,垄边及通道内的杂草可用锄头清除,尽量避免施用除草剂。

5.5.4 栽培方式

根据管理难易和种植成本,可采用如下栽培方式之一:

(1)搭架。种植半年后,沿垄走向在中间线上方 1~1.5m 处搭设钢丝线,每隔 10m 用钢管或水泥柱固定钢丝,将长约 2m 竹竿或木杆插在植株附近,上端与钢丝相连,并将牛大力主蔓系在竹竿或木杆上。

(2)无架。整个种植期不搭设支架,仅保留 1~2 条直立生长的藤蔓,藤蔓上部保留 3~5 条侧蔓。

5.5.5 整形与控花

第一次修剪在主蔓长约 1.5m 时进行,去顶,剪掉全部花蕾及大部分侧蔓,仅留主蔓长 50cm 及 1 个往上生长的侧蔓。

第二次修剪在种植 9~12 个月后进行,剪掉从基部生出的侧蔓,仅留主蔓,可在主蔓高 1m 处留 3~5 条侧蔓。此时可去梢,控制侧蔓长度不超过 1m,植株总高度不超过 2m。

第二次修剪后,于每年的现蕾期和 12 月份各进行一次全面修剪,对不留种植株应摘掉花穗,控制侧蔓数不超过 5 条,侧蔓长度不超过 1m,并限制植株高度不超过 2.5m。在生长过程中,可随时修剪较长的侧蔓。对留种植株,可保留侧蔓 5~7 条,每株花穗数不超过 50 个。

5.6 病虫害防治

5.6.1 防治原则

贯彻“预防为主,综合防治”的植保方针,坚持“农业防治、物理防治、生物防治为主,化学防治为辅”的防治原则。合理使用化学药剂防治,禁限用农药应符合附录 A 的规定。

5.6.2 主要病虫害

主要病虫害有根腐病、叶斑病、蚜虫、蚧壳虫、茸毒蛾、荔枝茸毒蛾、蟋蟀及地下害虫蛴螬、蝼蛄、蚂蚁等。

5.6.3 防治方法

主要病虫害防治的参考方法见附录 B。

5.7 采收与初加工

5.7.1 采收

种植 4 年及以上可采收,于 11 月份至次年 2 月份采收为宜。采收时应先清除地上藤蔓,用挖掘机挖出根部,挖掘机难以操作的地方须人工采挖,采挖时沿根系逐步清除土壤,直至挖出可用根系。

5.7.2 初加工场地要求

可建在种植地或其周边,规模根据牛大力种植面积和产量而定。应分临时贮存区、修剪区、清洗区和晾晒区,其中修剪区应有遮光设施,并搭建适宜的防护措施,如防鼠、防虫、防家禽和牲畜等。应保持加工场地在加工前后干净、整洁、无污染。

5.7.3 初加工

及时剪掉根头,去除腐烂、机械损伤、有病虫害的根和薯,将根、薯分开,并分别按直径大小分级,用清水洗净药材表面,水质应符合 GB 5749 的规定。切厚 <1cm 的块或片,晒干或不

高于60℃烘干。若须长期保存则应切成0.3~0.5cm厚的薄片,晒干,或在不高于60℃的干燥设备内烘至含水量7%~13%。禁止用化学药剂熏蒸。

5.8 包装、放行与贮运

5.8.1 包装

5.8.1.1 新鲜药材

用硬质筐盛装,将新鲜牛大力按不同级别、不同产地、不同种质等分别包装。若数量较少也可用聚乙烯袋包装。

5.8.1.2 干燥药材

采用不影响药材质量的食品级防潮袋或自封袋包装,不可采用包装过肥料、农药等的袋子包装。

5.8.2 贮运标识

包装外贴或挂标签、合格证。标识牌内容应有药材名、基源、产地、批号、规格、重量、采收日期、企业名称等,可配追溯码。

5.8.3 贮运

应贮存于阴凉、干燥、通风处,定期检查,防止虫蛀、霉变、腐烂等情况的发生。仓库控制温度在25℃以下、相对湿度75%以下;不同批次等级药材分区存放;建有定期检查制度。也可采用现代气调贮藏方法,包装或库内充氮或二氧化碳。

附 录 A

（规范性）

禁限用农药名单

A.1 禁止（停止）使用的农药（46 种）

六六六、滴滴涕、毒杀芬、二溴氯丙烷、杀虫脒、二溴乙烷、除草醚、艾氏剂、狄氏剂、汞制剂、砷类、铅类、敌枯双、氟乙酰胺、甘氟、毒鼠强、氟乙酸钠、毒鼠硅、甲胺磷、对硫磷、甲基对硫磷、久效磷、磷胺、苯线磷、地虫硫磷、甲基硫环磷、磷化钙、磷化镁、磷化锌、硫线磷、蝇毒磷、治螟磷、特丁硫磷、氯磺隆、胺苯磺隆、甲磺隆、福美胂、福美甲胂、三氯杀螨醇、林丹、硫丹、溴甲烷、氟虫胺、杀扑磷、百草枯、2,4- 滴丁酯。

注：氟虫胺自 2020 年 1 月 1 日起禁止使用。百草枯可溶胶剂自 2020 年 9 月 26 日起禁止使用。2,4-滴丁酯自 2023 年 1 月 29 日起禁止使用。溴甲烷可用于"检疫熏蒸处理"。杀扑磷已无制剂登记。

A.2 部分范围禁止使用的农药（20 种）

部分范围禁止使用的农药应注意药食同源中药材及来自其他作物的中药材。部分范围禁止使用的农药见表 A.1。

表 A.1 部分范围禁止使用的农药

通用名	禁止使用范围
甲拌磷、甲基异柳磷、克百威、水胺硫磷、氧乐果、灭多威、涕灭威、灭线磷	禁止在蔬菜、瓜果、茶叶、菌类、中草药材上使用,禁止用于防治卫生害虫,禁止用于水生植物的病虫害防治
甲拌磷、甲基异柳磷、克百威	禁止在甘蔗作物上使用
内吸磷、硫环磷、氯唑磷	禁止在蔬菜、瓜果、茶叶、中草药材上使用
乙酰甲胺磷、丁硫克百威、乐果	禁止在蔬菜、瓜果、茶叶、菌类和中草药材上使用
毒死蜱、三唑磷	禁止在蔬菜上使用
丁酰肼（比久）	禁止在花生上使用
氰戊菊酯	禁止在茶叶上使用
氟虫腈	禁止在所有农作物上使用（玉米等部分旱田种子包衣除外）
氟苯虫酰胺	禁止在水稻上使用

A.3 有关说明

本附录来自 2019 年中华人民共和国农业农村部官方发布的《禁限用农药名录》(http://www.zzys.moa.gov.cn/gzdt/201911/t20191129_6332604.htm)。

附　录　B

（资料性）

牛大力常见病虫害防治的参考方法

牛大力常见病虫害防治的参考方法见表 B.1。

表 B.1　牛大力常见病虫害防治的参考方法

防治对象	防治时期	化学防治方法	农业防治或物理防治方法
根腐病	发病初期	方法一：甲霜·噁霉灵灌根，按农药标签使用。 方法二：哈茨木霉菌叶面喷施，按农药标签使用	选择无病种苗；翻地后尽量延长暴晒时间，撒施适量熟石灰；及时清除患病严重的植株；多施腐熟的有机肥，少用化肥
叶斑病	发病初期	百菌清、噁霜嘧铜菌酯或氟硅唑叶面喷施，按农药标签使用	做好水肥调控，培育壮株；及时拔除患病严重的植株，并用熟石灰消毒
蚜虫	发生期	抗蚜威、吡虫啉、阿维菌素叶面喷施，按农药标签使用	整地时深翻、暴晒土壤；放养天敌如瓢虫、蚜小蜂等；使用蚜虫性信息素
蚧壳虫	发生期	溴氰菊酯、甲氨基阿维菌素苯甲酸盐或噻嗪酮叶面喷施，按农药标签使用	做好水肥管理，增强植株抗性；结合养护管理，对死株进行集中烧毁，加强修剪，通风透光，减少虫害发生率
茸毒蛾和荔枝茸毒蛾	发生期	溴氰菊酯或敌百虫叶面喷施，按农药标签使用	人工捕杀幼虫，或用诱光灯捕杀成虫
蛴螬、蝼蛄、大蟋蟀和蚂蚁等地下害虫	发生期	在虫害发生期可用酒：糖：醋：水：敌百虫晶体（0.5：1：2：10：0.5）配制成糖醋液诱杀，或用辛硫磷灌根，按农药标签使用	多翻、深翻土壤，尽量延长暴晒时间

ICS 65.020.20
CCS C 05

团 体 标 准

T/CACM 1374.33—2021

牛膝规范化生产技术规程

Code of practice for good agricultural practice of Achyranthis Bidentatae Radix

2021-10-15 发布

2021-10-15 实施

中华中医药学会　发布

目　次

前　　言

本文件按照 GB/T 1.1—2020《标准化工作导则　第 1 部分：标准化文件的结构和起草规则》的规定起草。

请注意本文件中的某些内容可能涉及专利。本文件的发布机构不承担识别专利的责任。

本文件由中国医学科学院药用植物研究所和河南农业大学提出。

本文件由中华中医药学会归口。

本文件起草单位：河南农业大学、温县农业科学研究所、保和堂（焦作）制药有限公司、河南省中药材生产技术推广中心、河南中医药大学、信阳农林学院、中国医学科学院药用植物研究所、重庆市药物种植研究所。

本文件主要起草人：张红瑞、路翠红、赵志鹏、高致明、陈彦亮、李贺敏、黄勇、周艳、李志敏、刘国彬、兰金旭、张艳玲、扶胜兰、魏建和、王文全、王秋玲、杨小玉、辛元尧、王苗苗。

牛膝规范化生产技术规程

1 范围

本文件确立了牛膝的规范化生产流程,关键控制点及技术参数,规定了牛膝生产基地选址、种质要求、种苗繁育、种植、采收、产地初加工、包装、放行、贮运等阶段的操作要求。

本文件适用于牛膝的规范化生产。

2 规范性引用文件

下列文件的内容通过文中的规范性引用而构成本文件必不可少的条款。其中,注明日期的引用文件,仅该日期对应的版本适用于本文件;不注明日期的引用文件,其最新版本(包括所有的修改单)适用于本文件。

GB 3095　环境空气质量标准

GB 5084　农田灌溉水质标准

GB 5749　生活饮用水卫生标准

GB 15618　土壤环境质量　农用地土壤污染风险管控标准(试行)

GB/T 20352—2006　地理标志产品　怀牛膝

T/CACM 1374.1—2021　中药材规范化生产技术规程通则　植物药材

3 术语和定义

T/CACM 1374.1—2021 界定的以及下列术语和定义适用于本文件。

3.1　规范化生产　good agricultural practice

按照《中药材生产质量管理规范》(简称中药材 GAP)的要求,实施药材生产,保证中药材优质安全的生产过程。

3.2　技术规程　code of practice

为实现中药材生产顺利、有序进行,保证中药材生产质量,对中药材生产的基地选址、种子种苗、种植或野生抚育、采收与产地初加工,以及包装、放行与贮运等,所做的技术规定和要求,是实施中药材规范生产的核心技术要求和实施指南。

3.3　牛膝　Achyranthis Bidentatae Radix

苋科植物牛膝 *Achyranthes bidentata* Bl. 的干燥根。

3.4　怀牛膝　Achyranthis Bidentatae Radix

在河南省焦作市(古"怀庆府"一带)武陟县、温县、博爱县、沁阳市、孟州市、修武县等现辖行政区域内按规范技术种植、采收加工的苋科牛膝属草本植物牛膝 *Achyranthes bidentata*

391

Bl.的干燥根,称为怀牛膝 Achyranthis Bidentatae Radix。在"牛膝"之前冠以"怀"字,以区别其他产区的牛膝。

3.5 牛膝薹 niuxitai

当年"立冬"前后地上茎叶枯萎或次年"惊蛰"前土壤解冻后采挖牛膝时,挑选高矮适中、生长健壮、抗(无)病虫害的植株进行标记,采收后将根条长而粗壮、枝杈少、无崩裂、无冻条,色泽白亮,芽眼完好的牛膝植株从芦头以下 25~30cm 处折断,即为牛膝薹。

3.6 秋子 qiuzi

将牛膝薹存放于地窖内或埋于地下土壤湿润处,开春后于种子田种植,"秋分"种子成熟时收获,自然干燥后脱粒,种子即为"秋子"。

3.7 蔓薹子 mantaizi

伏天采用"秋子"种植的牛膝秋季采收的种子为蔓薹子。

3.8 秋蔓薹子 qiumantaizi

春季播种的秋子秋季成熟后采收的种子为秋蔓薹子。

3.9 种子发芽率 seed germinate rate

指在规定的条件和时间内长成的正常幼苗种子数占供检种子总数的百分率。

3.10 千粒重 thousand seed weight

从净种子中数取一定数量的种子,称其重量,计算其 1 000 粒种子的重量,并换算成国家种子质量标准水分条件下的重量,称其为千粒重。

3.11 种子净度 seed purity

是指样品中去掉杂质和废种子后留下的正常种子的质量占样品总质量的百分率。

3.12 生茬地 shengchadi

本标准中指未种植过牛膝的地块为牛膝生茬地。

3.13 熟地 cultivated land

本标准中指种植过一茬及以上牛膝的地块为牛膝熟地。

3.14 茬口 crops in rotation system

一块地上栽种的前后季作物及其替换次序的总称。前季作物称为前茬,后季作物称为后连。狭义的茬口指前茬。

3.15 墒情 soil moisture status

墒情是指作物耕层土壤中含水量多少的情况。墒指土壤的湿度;墒情指土壤湿度的情况,土壤湿度受大气、土质、植被等条件的影响,在灌溉上有参考价值。

3.16 发汗 fahan

鲜药材加热或半干燥后,停止加温,密闭堆积使之发热,内部水分就向外蒸发,当堆内空气含水汽达到饱和,遇堆外低温,水汽就凝结成水珠附于药材的表面,如人出汗,故称这个过程为"发汗"。

4 牛膝规范化生产流程图

牛膝规范化生产流程见图 1。

牛膝规范化生产流程：   关键控制点及参数：

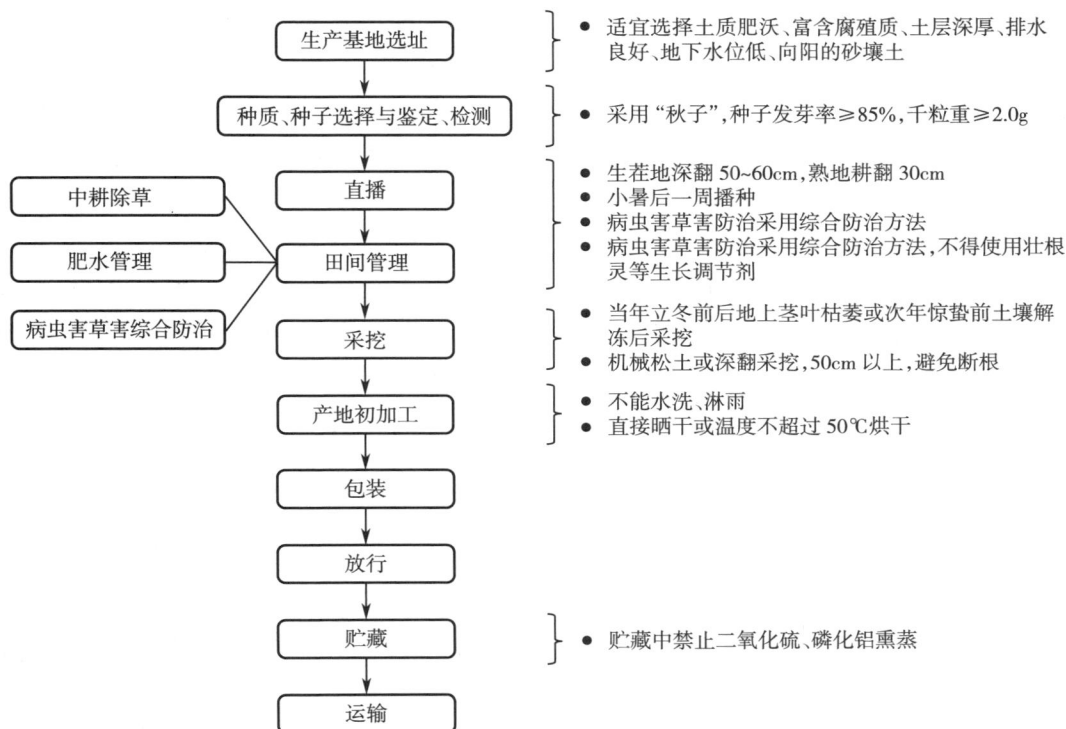

图 1　牛膝规范化生产流程图

5 牛膝规范化生产技术

5.1 生产基地选址

5.1.1 产地选择

适宜在太行山脉与黄河夹角地带种植。主要在河南省焦作市行政辖区范围（古"怀庆府"一带）武陟县、温县、博爱县、沁阳市、孟州市、修武县等地。其他具有类似生态环境区域亦可种植。

5.1.2 地块选择

种植地块选择以土质肥沃、富含腐殖质、土层深厚、排水良好、地下水位低、四周为低秆作物的砂壤土为宜。前茬忌山药、豆类、油料等作物，禾本科作物和蔬菜地均可。黏性板结土壤，涝洼盐碱地块不适合种植。

5.1.3 环境监测

基地的大气、土壤和水样品的检测按照 GAP 要求，应符合相应国家标准，并保证生长期间持续符合标准。环境监测参照 GB 3095《环境空气质量标准》、GB 15618《土壤环境质量 农用地土壤污染风险管控标准（试行）》、GB 5084《农田灌溉水质标准》、GB/T 20352—2006《地理标志产品 怀牛膝》。

5.2 种质与种子

5.2.1 种质选择

使用苋科植物牛膝 *Achyranthes bidentata* Bl.，物种须经过鉴定。如使用农家品种或选育品种应加以明确。

5.2.2 种子质量

适宜选用头年采收的籽粒大小一致、无病虫害、成熟饱满的牛膝"秋子"。种子发芽率达到 85% 以上，千粒重不低于 2.0g，净度达到 85% 以上。

5.3 良种繁育

当年立冬前后地上茎叶枯萎或次年惊蛰前土壤解冻后采挖牛膝时，挑选高矮适中、生长健壮、抗（无）病虫害的植株进行标记，采收后将根条长而粗壮、枝杈少、无崩裂、无冻条、色泽白亮、芽眼完好的植株从芦头以下 25~30cm 处折断，即为牛膝薹。将牛膝薹存放于地窖内或埋于地下土壤湿润处，于开春后种子田种植，株行距 1m×1m，常规田间管理。秋分果实下折，果皮变为黄色，种子变为棕色时收获，自然干燥后脱粒，装入纸袋或布袋内，贮藏于干燥凉爽处。种子即为"秋子"。

5.4 种植

5.4.1 选地整地

应选择水质、大气、土壤环境无污染，田块集中成片，交通运输方便，远离城镇、医院、工矿企业、垃圾及废弃物堆积场等污染源的土地。

生茬地在前茬作物收后应深翻地 50~60cm，地翻完后须浇大水，使土壤渗透下沉。熟地可耕翻 30cm，大水灌透。整地施基肥时，以有机肥为主，化学肥料为辅，农家肥应充分腐熟且达到无害化卫生标准。施肥后浅耕 30cm，耙细、耙匀后整畦待播。畦宽一般 2m 左右，长度依地形而定，整地作畦时，使畦面土粒细小。

5.4.2 种子的选择与处理

适宜播期内选择"秋子"。尽量不使用"蔓薹子"和"秋蔓薹子"。播种前，可将种子在凉水中浸泡 24 小时捞出，所用水参照 GB 5749《生活饮用水卫生标准》，稍晾至种子成松散状态，进行播种。

5.4.3 播种方法与时间

牛膝采用种子直播。

牛膝在河南省焦作市行政辖区范围武陟县、温县、博爱县、沁阳市、孟州市、修武县等地的适宜播种期为小暑后一周，即 7 月上中旬，其他引种地区播种时间可综合考虑茬口、降雨量、日照、温差等因素确定。每亩（1 亩≈666.7m²，下文同）播种量 0.5~0.75kg，可以采用条播、撒播。条播行距 15cm，播后覆土 0.2~0.4cm，适度镇压。播种时间可选择下午 4 时以后进行。

5.4.4 间苗、定苗和保苗

间苗、定苗分次进行,当苗高 8cm 左右时,结合松土锄草进行间苗,当苗高 20cm 左右时,按株距 15cm 左右定苗,在间苗、定苗时应剔除过高、过低和茎基部颜色不正常的杂苗。

5.4.5 中耕除草

结合间苗和定苗进行中耕除草 2~3 次,中耕宜浅。结合浅锄松土,将表土内的侧根锄断有利于主根生长。封行后不再中耕,发现杂草及时拔除即可。

5.4.6 施肥

根据牛膝的生长、土壤肥力等进行施肥。可考虑在 8—9 月分两次进行追肥,第一次是在 8 月底至 9 月初(牛膝地上部营养生长最旺盛的时期),当株高 60cm 左右时,每亩可追施尿素或复合肥 15~20kg。第二次追肥在 9 月中旬(牛膝地下部生长最旺盛的时期)进行,一般每亩可追施尿素或复合肥 25~30kg。

禁止使用壮根灵、膨大素等用于增大牛膝根的生长调节剂。

5.4.7 排灌水

根据牛膝的生长情况,适时选择浇灌。播种后及时进行排灌水,保证牛膝出苗,在牛膝进入地下部快速生长期(9 月上旬至 10 月中旬),需要有足够的水分供应,浇水时应看天看地查墒情。

5.4.8 打顶

在牛膝植株高 40cm 以上或长势过旺时,应及时打顶,最后留株高 45~60cm。

5.4.9 病虫害草害防治

牛膝常见病害有白锈病、叶斑病、枯萎病、根腐病等,虫害主要有地下害虫、甜菜夜蛾、豆芫菁、尺蠖、红蜘蛛、椿象等,牛膝地常见杂草有苍耳、鳢肠、马齿苋、藜、反枝苋、苘麻、龙葵、葎草等。

在牛膝的整个生长期间,应采用预防为主、综合防治的方法:实行轮作;有机肥必须充分腐熟;选用无病虫害感染的优质种子;发现病株及时拔除,集中销毁,局部消毒。

对虫害尽量利用物理和生物措施:如用灯光、色彩诱杀害虫,机械捕捉害虫,释放害虫天敌;机械或人工除草等。

采用化学防治时,可参考国家有关规定;优先选用高效、低毒的生物农药;尽量避免使用除草剂、杀虫剂和杀菌剂等化学农药;不使用禁限用农药。

消灭田间杂草的方法主要采用人工,可结合中耕进行,此外,还可使用充分腐熟的有机肥、合理密植等进行综合防除。

5.5 采挖

牛膝宜在头年立冬前后地上茎叶枯萎或次年惊蛰前土壤解冻后采挖。采收前割除地上部分,留 10~15cm 的茎叶,机械松土或深翻 50cm 以上,从地一端开始顺次挖出牛膝,保证完整无损挖出根部,抖去泥土,去除残茎,挑除病根,分级晾晒。采挖过程避免破伤外皮和断根,注意防止冻害、雨淋。

5.6 产地初加工

牛膝产地初加工方法包括直接晒干法、烘干法等加工方法。

直接晒干法:除去毛须、侧根,理直根条,扎成把,直接日晒,晒至八成干时,取回堆积于通风干燥的室内,盖上草席,使其"发汗",再晒至全干,切去芦头,即为"毛牛膝"。

烘干法:可采用各种适宜干燥设施,烘干温度不应超过 50℃。

加工干燥过程中,加工场地应清洁、通风,既要具备遮阳、防雨设施,又具有防鼠、鸟、虫以及家禽(畜)的设备。在加工过程中,注意防冻、防雨淋。药用部分采收后,经挑拣、分级、加工,应迅速干燥,并控制好温度和湿度,尽量使牛膝的有效成分不受破坏。干燥器械必须干净、无污染,严格按规程操作。器械清洗等用水参照 GB 5749《生活饮用水卫生标准》。

干燥完成后牛膝含水量不得过 15%。

5.7 包装、放行、贮运

5.7.1 包装

包装前对每批药材按照国家标准进行质量检验。禁止采用包装过肥料、农药等的包装袋包装。包装器材(袋、盒、箱、罐等)应是无污染、新的或清洗干净、无破损的。包装外贴或挂标签、合格证,标识牌内容应有药材名、基源、产地、批号、规格、重量、采收日期、企业名称、包装日期等,并有追溯码。

5.7.2 放行

制定符合企业实际情况的放行制度,有审核批生产、检验等的相关记录。不合格药材有单独处理制度。

5.7.3 贮运

贮存于干燥、通风、避光、卫生的场所,地面为混凝土或可冲洗的地面,并具有防鼠、防虫设施。牛膝包装应存放在货架上,与墙壁保持足够的距离,并定期检查,防止虫蛀、霉变、腐烂、泛油等情况的发生。仓库温度控制在 20℃以下、相对湿度 75% 以下;不同批次等级药材分区存放;建有定期检查制度。禁止磷化铝熏蒸。也可采用现代气调贮藏方法,包装或库内充氮或二氧化碳。

运输工具清洁、干燥,遇阴雨天应严防雨防潮。运输时严禁与可能污染其品质的货物混装,运载容器应具有较好的通气性,保持干燥。

附 录 A
（规范性）
禁限用农药名单

A.1 禁止（停止）使用的农药（46种）

六六六、滴滴涕、毒杀芬、二溴氯丙烷、杀虫脒、二溴乙烷、除草醚、艾氏剂、狄氏剂、汞制剂、砷类、铅类、敌枯双、氟乙酰胺、甘氟、毒鼠强、氟乙酸钠、毒鼠硅、甲胺磷、对硫磷、甲基对硫磷、久效磷、磷胺、苯线磷、地虫硫磷、甲基硫环磷、磷化钙、磷化镁、磷化锌、硫线磷、蝇毒磷、治螟磷、特丁硫磷、氯磺隆、胺苯磺隆、甲磺隆、福美胂、福美甲胂、三氯杀螨醇、林丹、硫丹、溴甲烷、氟虫胺、杀扑磷、百草枯、2,4-滴丁酯。

注：氟虫胺自2020年1月1日起禁止使用。百草枯可溶胶剂自2020年9月26日起禁止使用。2,4-滴丁酯自2023年1月29日起禁止使用。溴甲烷可用于"检疫熏蒸处理"。杀扑磷已无制剂登记。

A.2 在部分范围禁止使用的农药（20种）

部分范围禁止使用的农药应注意药食同源中药材及来自其他作物的中药材。部分范围禁止使用的农药见表A.1。

表 A.1　部分范围禁止使用的农药

通用名	禁止使用范围
甲拌磷、甲基异柳磷、克百威、水胺硫磷、氧乐果、灭多威、涕灭威、灭线磷	禁止在蔬菜、瓜果、茶叶、菌类、中草药材上使用，禁止用于防治卫生害虫，禁止用于水生植物的病虫害防治
甲拌磷、甲基异柳磷、克百威	禁止在甘蔗作物上使用
内吸磷、硫环磷、氯唑磷	禁止在蔬菜、瓜果、茶叶、中草药材上使用
乙酰甲胺磷、丁硫克百威、乐果	禁止在蔬菜、瓜果、茶叶、菌类和中草药材上使用
毒死蜱、三唑磷	禁止在蔬菜上使用
丁酰肼（比久）	禁止在花生上使用
氰戊菊酯	禁止在茶叶上使用
氟虫腈	禁止在所有农作物上使用（玉米等部分旱田种子包衣除外）
氟苯虫酰胺	禁止在水稻上使用

A.3 说明

本附录的内容来自2019年中华人民共和国农业农村部发布的《禁限用农药名录》（http://www.zzys.moa.gov.cn/gzdt/201911/t20191129_6332604.htm）。

附　录　B

（资料性）

牛膝常见病虫害防治的参考方法

牛膝常见病虫害防治的参考方法见表 B.1。

表 B.1　牛膝常见病虫害防治的参考方法

病虫害名称	推荐防治方法	安全间隔期 /d
白锈病	在发病初期，喷洒 58% 甲霜·锰锌可湿性粉剂 500 倍液	≥7
叶斑病	（1）65% 代森锌可湿性粉剂 500 倍液叶面喷洒，连续 2~3 次。 （2）50% 多菌灵可湿性粉剂 500 倍液叶面喷洒。 （3）70% 甲基硫菌灵可湿性粉剂 800 倍液叶面喷洒	≥7
枯萎病		≥28
根腐病		≥30
甜菜夜蛾	（1）在低龄幼虫发生期，10% 虫螨腈乳剂 500~1 000 倍液叶面喷洒。 （2）喹醚螨 500~1 000 倍液叶面喷洒	≥7
红蜘蛛	发生期阿维·哒螨灵 500~1 000 倍液叶面喷洒	≥7
豆芫菁	（1）40% 辛硫磷乳油 1 000 倍液叶面喷雾。 （2）4% 氯氢菊酯乳油 1 600 倍液叶面喷雾	≥10

参考文献

［1］么历,程慧珍,杨智 . 中药材规范化种植(养殖)技术指南［M］. 北京:中国农业出版社,2006.

［2］焦作市科学技术局 . 四大怀药［M］. 郑州:中原农民出版社,2004.

［3］齐丹,张艳玲,孙寒,等 . 不同播期对怀牛膝产量和品质的影响［J］. 安徽农业科学,2008,36(28):12306-12307.

［4］祁建军,李先恩,周丽莉,等 . 牛膝种子质量研究［J］. 中国中药杂志,2011,36(15):2038-2041.

［5］王迎迎,肖克硕,孙寒,等 . 不同品种牛膝生长发育和产量品质的差异［J］. 河南农业科学,2009(11):111-113.

［6］张红瑞,兰金旭,扶胜兰,等 . 不同繁殖类型怀牛膝生长发育特性研究［J］. 中国农学通报,2010,26(20):118-121.

［7］左晓燕 . 怀牛膝氮磷钾营养特性及施肥对其产量和品质的影响［D］. 郑州:河南农业大学,2009.

［8］张艳丽 . 栽培措施对牛膝(*Achyranthes Bidentata* Blume.)产量形成和品质的影响［D］. 郑州:河南农业大学,2009.

［9］兰金旭 . 怀牛膝生育进程及有效成分积累的研究［D］. 郑州:河南农业大学,2008.

［10］王天亮,路翠红,白自伟,等 . 经济药用植物怀牛膝无公害栽培技术［J］. 农业科技通讯,2006(7):39-40.

ICS 65.020.20
CCS C 05

团 体 标 准

T/CACM 1374.34—2021

片姜黄规范化生产技术规程

Code of practice for good agricultural practice of Wenyujin Rhizoma Concisum

2021-10-15 发布 2021-10-15 实施

中华中医药学会　发布

目　次

前　言

本文件按照 GB/T 1.1—2020《标准化工作导则　第 1 部分：标准化文件的结构和起草规则》的规定起草。

请注意本文件中的某些内容可能涉及专利。本文件的发布机构不承担识别专利的责任。

本文件由中国医学科学院药用植物研究所提出。

本文件由中华中医药学会归口。

本文件起草单位：浙江省亚热带作物研究所、浙江省中药材产业协会、中国医学科学院药用植物研究所、重庆市药物种植研究所。

本文件主要起草人：陶正明、姜武、姜娟萍、郑福勃、朱建军、魏建和、王文全、王秋玲、杨小玉、辛元尧、王苗苗。

片姜黄规范化生产技术规程

1 范围

本文件确立了片姜黄的规范化生产流程,规定了片姜黄生产基地选址、种质与种茎要求、种植、采挖、产地初加工、包装、放行、贮运等阶段的操作要求。

本文件适用于片姜黄的规范化生产。

2 规范性引用文件

下列文件的内容通过文中的规范性引用而构成本文件必不可少的条款。其中,注明日期的引用文件,仅该日期对应的版本适用于本文件;不注明日期的引用文件,其最新版本(包括所有的修改单)适用于本文件。

《中华人民共和国药典》

《中药材生产质量管理规范》

GB/T 191　包装储运图示标志

GB 3095　环境空气质量标准

GB 5084　农田灌溉水质标准

GB 5749　生活饮用水卫生标准

GB/T 14881　食品生产通用卫生规范

GB 15569　农业植物调运检疫规程

GB 15618　土壤环境质量　农用地土壤污染风险管控标准(试行)

NY/T 496　肥料合理使用准则　通则

NY/T 1276　农药安全使用规范　总则

WM/T 2—2004　药用植物及制剂外经贸绿色行业标准

T/CACM 1374.1—2021　中药材规范化生产技术规程通则　植物药材

3 术语和定义

T/CACM 1374.1—2021 界定的以及下列术语和定义适用于本文件。

3.1　规范化生产　good agricultural practice

按照《中药材生产质量管理规范》(简称中药材 GAP)的要求,实施药材生产,保证中药材优质安全的生产过程。

3.2　技术规程　code of practice

为实现中药材生产顺利、有序进行,保证中药材生产质量,对中药材生产的基地选址、种子种苗、种植或野生抚育、采收与产地初加工以及包装、放行与贮运等,所做的技术规定和要求,是实施中药材规范生产的核心技术要求和实施指南。

3.3 片姜黄 Wenyujin Rhizoma Concisum

原植物为姜科姜黄属植物温郁金 *Curcuma wenyujin* Y. H. Chen et C. Ling,多年生草本。其侧根茎鲜纵切厚片晒干称片姜黄。

3.4 老头 laotou

生长在母种上的根茎。

3.5 大头 datou

生长在老头上的根茎。

3.6 二头 ertou

生长在大头上的根茎。

3.7 三头 santou

生长在二头上的根茎。

4 片姜黄规范化生产流程图

片姜黄规范化生产流程见图 1。

片姜黄规范化生产流程:

关键控制点及参数:

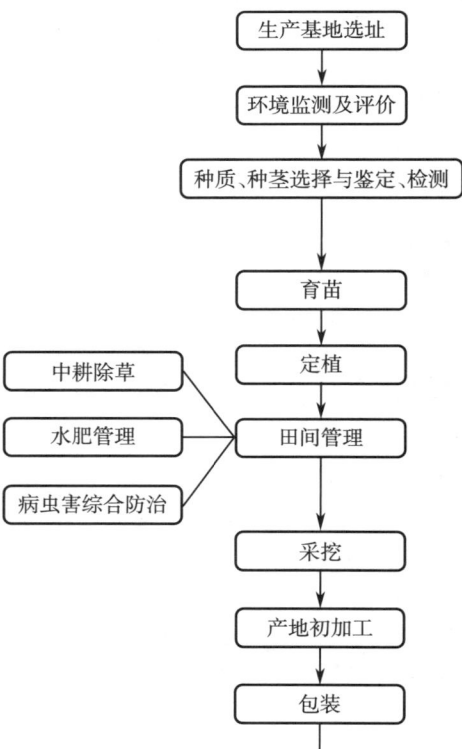

生产基地选址
↓
环境监测及评价
↓
种质、种茎选择与鉴定、检测
↓
育苗
↓
定植
↓
田间管理
（中耕除草、水肥管理、病虫害综合防治）
↓
采挖
↓
产地初加工
↓
包装

- 适宜在浙江南部的瓯江流域种植,主要在瑞安及其周边地区
- 选择阳光充足、土壤肥沃、土层深厚、土质疏松、排水良好的沿江平原、河坝滩地及丘陵缓坡地带的砂壤土,pH 呈中性或弱酸性
- 水源充足,不可连作

- 选择抗病性强、丰产性好的品种,以无病虫害、生长健壮、芽饱满、形短粗的二头、三头作种茎

- 土地翻耕 20~25cm,筑畦种单行,畦基部宽 90~100cm,高 30~35cm,沟宽 10~20cm,畦面渐狭至宽 30~35cm
- 按单行株距 35~40cm,越沟行距 100~120cm 穴植。穴径 10~15cm,穴深 6~9cm
- 基肥翻地时施入焦泥灰 500kg/ 亩（1 亩 ≈ 666.7m²,下文同）和充分腐熟的农家肥 1 500~2 500kg/ 亩。齐苗后用腐熟的农家肥 1 500kg/ 亩、磷酸铵 7.5~10kg/ 亩（或过磷酸铵 25kg/ 亩）开沟施于株旁,覆土 2cm。宜在大暑、处暑、白露前后追施农家肥 3 次
- 高温干旱时早晚灌跑马水,在雨季及时排除积水。10 月份以后不宜再灌水

- 当年冬至前后,地上植株枯萎后选晴天采挖
- 去掉须根,洗净泥土。将鲜侧生根茎纵切厚约 0.7cm 薄片,晒干,筛去末屑即成

- 包装应符合牢固、整洁、防潮的要求

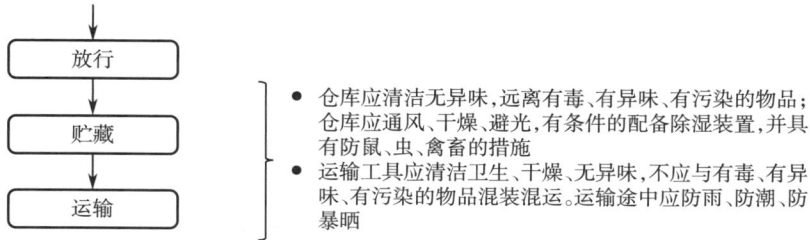

- 仓库应清洁无异味,远离有毒、有异味、有污染的物品;仓库应通风、干燥、避光,有条件的配备除湿装置,并具有防鼠、虫、禽畜的措施
- 运输工具应清洁卫生、干燥、无异味,不应与有毒、有异味、有污染的物品混装混运。运输途中应防雨、防潮、防暴晒

图1 片姜黄的规范化生产流程图

5 片姜黄规范化生产技术

5.1 生产基地选址

5.1.1 产地选择

适宜在浙江南部的瓯江流域种植,主产区在瑞安及其周边地区,道地产区在瑞安陶山、马屿等地。宜选择生态条件良好,无污染源或污染物含量限制在允许范围之内的农业生产区域。

5.1.2 地块选择

不宜连作;可与禾本科、豆科、十字花科作物轮作;提倡水旱轮作。

宜选择阳光充足、土壤肥沃、土层深厚、土质疏松、排水良好的沿江平原、河坝滩地及丘陵缓坡地带的砂壤土,pH 呈中性或微酸性。

5.1.3 环境监测

基地的大气、土壤和水样品的检测按照 GAP 要求,环境空气应符合 GB 3095 规定的二级标准;水质应符合 GB 5084 规定的旱作农田灌溉水质量标准;土壤环境应符合 GB 15618 规定的二级标准。且要保证生长期间持续符合标准。

5.2 种质与种茎

5.2.1 种质选择

使用姜科姜黄属植物温郁金 *Curcuma wenyujin* Y. H. Chen et C. Ling,物种须经过鉴定。品种应选用适合当地栽培环境的优质、高产、抗病、抗逆性强的审定品种或经鉴定确认的种源,如"温郁金 1 号"。

5.2.2 种茎质量

应选择抗病性强、丰产性好的品种,以无病虫害、生长健壮、芽饱满、形短粗的二头、三头作种茎为宜。片姜黄种茎质量等级见附录 C。

5.2.3 良种繁育

选择无病虫害、生长健壮、芽饱满、形短粗的二头、三头作种茎用于繁种。田间管理同药材生产。

5.3 种植

5.3.1 留种技术

应选用适合当地栽培环境的优质、高产、抗病、抗逆性强的审定品种或经鉴定确认的种源。留种地应具备有效的物理隔离条件,且应选择品种特性纯正、生长健壮的种茎。

种茎宜用布袋、箩筐、编织袋等符合卫生要求的包装材料包装。包装材料可参考 WM/T 2—2004 标准要求。包装应符合牢固、整洁、防潮、美观的要求。

选好的种茎应去掉须根,选择通风的泥地,下垫黄沙,平铺高度为 30~35cm,先盖摘下的细须根,再覆 3cm 厚泥沙,待翌年春分开始发芽,剔除有病的种茎于清明前后下种。运输时,不宜堆压过紧、堆放过高。装车后及时启运,并有防晒、防淋等措施,外地调运时,在运输前应经过检疫并附植物检疫证书,检疫对象按 GB 15569 规定进行检疫检验。

5.3.2 种植技术

种前将土地翻耕 20~25cm,耙细,拌适量腐熟的农家肥或商品有机肥作基肥,基肥按 5.3.3 执行;筑畦种单行,畦基部宽 90~100cm,高 30~35cm,沟宽 10~20cm,畦面在种植过程中逐渐培土,渐狭至宽 30~35cm。

种植时间宜在 4 月上旬。

种植密度按单行株距 35~40cm、越沟行距 100~120cm 穴植。下种不应过深,穴径 10~15cm,穴深 6~9cm。穴底要平。每穴倾斜放种茎 1 个,芽朝上,覆土 3~6cm。用种量为 120~130kg/ 亩。

5.3.3 田间管理

5.3.3.1 施肥

可参考 NY/T 496 使用经无害化处理的农家肥为主,化肥的施用应遵循有效剂量原则,控制硝态氮肥,实行磷钾肥配施。

基肥:翻地时施入焦泥灰 500kg/ 亩和充分腐熟的农家肥 1 500~2 500kg/ 亩。

苗肥:齐苗后每亩用腐熟的农家肥 1 500kg、磷酸铵 7.5~10kg(或过磷酸铵 25kg)开沟施于株旁,并覆土 2cm。

追肥:第 1 次追肥在 7 月下旬(大暑前后),每亩施复合肥(总养分≥48%,氮、磷、钾含量各为 16%)75~100kg;第 2 次追肥在 8 月下旬(处暑前后),每亩施农家肥 1 500~2 000kg;第 3 次追肥在 9 月初(白露前三四天),每亩施腐熟的饼肥或农家肥 1 000~1 500kg。

5.3.3.2 水分

夏季高温干旱时早晚灌水后马上放掉。在雨季特别是台风季节要注意及时排除积水。10 月份以后不宜再灌水。

5.3.3.3 中耕培土

在苗齐后全面松土 1 次,以后每隔半个月中耕培土 1 次,中耕宜浅。植株封行后停止。

5.3.4 病虫害防治

遵循"预防为主,综合防治"的植保方针,优先采用农业防治、物理防治、生物防治,合理使用高效低毒低残留化学农药,将有害生物危害控制在经济允许阈值内。

5.3.4.1 主要病虫害

片姜黄主要病害有细菌性枯萎病。主要虫害有蛞蝓、蛴螬。

5.3.4.2 防治技术

农业防治:选用优良抗病品种和健壮种茎,按本文件生产。不宜连作;可与禾本科、豆科、十字花科作物轮作;提倡水旱轮作。合理灌溉,科学施肥。发病季节及时清除病株,集中销毁。收获后清洁田园,保持环境清洁。

物理防治:采用杀虫灯(或黑光灯)、粘虫板等诱杀害虫。整地时发现蛴螬等,及时灭杀。

生物防治:保护和利用天敌,控制病虫害的发生和为害。采用信息素等诱杀害虫。使用乙蒜素等生物农药防治病害。

化学防治:农药使用可参考 NY/T 1276 的规定执行。选用已登记的农药或经农业、林业等技术推广部门试验后推荐的高效、低毒、低残留的农药品种,避免长期使用单一农药品种;优先使用植物源农药、矿物源农药及生物源农药。常见病虫害药剂防治方法见附录 B。禁止使用除草剂及高毒、高残留农药;禁限用农药名单见附录 A。

5.4 采挖

当年 12 月中、下旬(冬至前后),地上植株枯萎后选晴天进行。先清理地上茎叶,将根茎、侧根茎及块根全部挖起,分开放置,剔除去年作种的老根茎。

5.5 产地初加工

采收后去掉须根,除去杂质,洗净泥土,分别加工。清洗用水参照 GB 5749。

加工场地应无污染源、宽敞、清洁、通风,具有遮阳、防雨、防尘和防鼠、虫及禽畜的设施。产品初加工的厂址、环境卫生和原料采购、包装、贮存及运输等环节的场所、设施、人员等应符合 GB/T 14881 的相关规定。

片姜黄加工是将鲜侧生根茎纵切厚 0.7~0.8cm 的薄片、晒干,筛去末屑即成。

5.6 包装、放行、贮运
5.6.1 包装

包装前应对每批药材按照国家标准进行质量检查。

标志:包装储运图示按 GB/T 191 规定执行。

标签:产品应附标签,标明品名、产地、规格、等级、数量、生产(或采收)日期、生产企业、商标等内容,标签要醒目、整齐,字迹应清晰、完整、准确。

包装:包装应符合牢固、整洁、防潮、美观的要求。包装材料可参考 WM/T 2—2004 标准的要求。

5.6.2 放行

应制定符合企业实际情况的放行制度,有审核批生产、检验等的相关记录。不合格药材有单独处理制度。

5.6.3 贮运

仓库应清洁无异味,远离有毒、有异味、有污染的物品;仓库应通风、干燥、避光,有条件的配备除湿装置,并具有防鼠、虫、禽畜的措施。

产品应存放在货架上,与墙壁保持足够的距离,防治虫蛀、霉变、腐烂、泛油等现象发生,并定期检查,发现变质,及时剔除。

运输工具应清洁卫生、干燥、无异味,不应与有毒、有异味、有污染的物品混装混运。运输途中应防雨、防潮、防暴晒。

附 录 A
（规范性）
禁限用农药名单

A.1 禁止（停止）使用的农药（46 种）

六六六、滴滴涕、毒杀芬、二溴氯丙烷、杀虫脒、二溴乙烷、除草醚、艾氏剂、狄氏剂、汞制剂、砷类、铅类、敌枯双、氟乙酰胺、甘氟、毒鼠强、氟乙酸钠、毒鼠硅、甲胺磷、对硫磷、甲基对硫磷、久效磷、磷胺、苯线磷、地虫硫磷、甲基硫环磷、磷化钙、磷化镁、磷化锌、硫线磷、蝇治蜗磷、特丁硫磷、氯磺隆、胺苯磺隆、甲磺隆、福美胂、福美甲胂、三氯杀螨醇、林丹、硫丹、溴甲烷、氟虫胺、杀扑磷、百草枯、2,4-滴丁酯。

注：氟虫胺自 2020 年 1 月 1 日起禁止使用。百草枯可溶胶剂自 2020 年 9 月 26 日起禁止使用。2,4-滴丁酯自 2023 年 1 月 29 日起禁止使用。溴甲烷可用于"检疫熏蒸处理"。杀扑磷已无制剂登记。

A.2 在部分范围禁止使用的农药（20 种）

部分范围禁止使用的农药应注意药食同源中药材及来自其他作物的中药材。部分范围禁止使用的农药见表 A.1。

表 A.1 部分范围禁止使用的农药

通用名	禁止使用范围
甲拌磷、甲基异柳磷、克百威、水胺硫磷、氧乐果、灭多威、涕灭威、灭线磷	禁止在蔬菜、瓜果、茶叶、菌类、中草药材上使用，禁止用于防治卫生害虫，禁止用于水生植物的病虫害防治
甲拌磷、甲基异柳磷、克百威	禁止在甘蔗作物上使用
内吸磷、硫环磷、氯唑磷	禁止在蔬菜、瓜果、茶叶、中草药材上使用
乙酰甲胺磷、丁硫克百威、乐果	禁止在蔬菜、瓜果、茶叶、菌类和中草药材上使用
毒死蜱、磷	禁止在蔬菜上使用
丁酰肼（比久）	禁止在花生上使用
氰戊菊酯	禁止在茶叶上使用
氟虫腈	禁止在所有农作物上使用（玉米等部分旱田种子包衣除外）
氟苯虫酰胺	禁止在水稻上使用

A.3 说明

本附录的内容来自 2019 年中华人民共和国农业农村部发布的《禁限用农药名录》（http://www.zzys.moa.gov.cn/gzdt/201911/t20191129_6332604.htm）。

附　录　B

（资料性）

片姜黄常见病虫害防治的参考方法

片姜黄常见病虫害防治的方法见表 B.1。

表 B.1　片姜黄主要病虫害防治方法

主要病虫害	危害症状	防治方法
细菌性枯萎病	初发病植株叶片呈轻微缺水状萎蔫,叶尖、叶缘或叶脉间微微发黄。随着症状不断加重,叶片黄化加重加深,叶面,或叶缘,或叶尖出现枯死斑,直至整叶枯黄,最后整株黄化枯死,死后茎基部、块茎常常腐烂。地势低洼积水发病严重	①因地制宜选用抗病优良品种。②加强栽培管理。可与禾本科、豆科、十字花科作物轮作;提倡水旱轮作。科学施肥,增施磷钾肥,提高植株抗病力;适时灌溉,雨后及时排水。③定植前用乙蒜素浸泡种姜 1~2h。④在发病初期用乙蒜素灌浇植株喇叭口,按照农药标签使用
蛞蝓	主要危害茎、叶,取食叶片成孔洞,取食根、茎、叶,影响植株生长	①以草、菜诱集后拾除。②用多聚甲醛、蔗糖、砷酸钙和米糠(先在锅内炒香)拌和成黄豆大小的颗粒;或用四聚乙醛田间诱杀
蛴螬	金龟子的幼虫,啃食植物根和块茎或幼苗等地下部分,为主要的地下害虫	①幼虫用毒饵诱杀。将麦麸炒香,敌百虫诱杀。②药剂防治撒施辛硫磷,按照农药标签使用

附 录 C

（资料性）

片姜黄种茎质量等级

片姜黄种茎质量等级参见表 C.1。

表 C.1 片姜黄种茎质量等级

项目	指标	
	一级	二级
净度 /%	≥95	≥90
大小 /（个·kg^{-1}）	10~15（二头）	15~20（三头）
外观	健壮、芽饱满、粗短、无病虫斑	
断面	断面黄色均匀	
检疫对象	不得检出	

参考文献

［1］国家药典委员会. 中华人民共和国药典：2020年版一部［M］. 北京：中国医药科技出版社，2020.

［2］陶正明，吴志刚，黄品湖，等. 温郁金生长规律研究［J］. 中国中药杂志，2007，32（20）：2110-2113.

［3］陶正明，姜武，郑福勃，等.“温郁金1号”新品种选育［J］. 中国中药杂志，2014，39（20）：3910-3914.

［4］吴志刚，陶正明，黄品湖，等. 温郁金氮、磷、钾吸收与积累动态研究［J］. 中国中药杂志，2008，33（11）：1334-1336.

［5］陶正明，吴志刚，顾雪萍，等. 种栽和种植密度对温郁金产量与挥发油含量影响［J］. 中药材，2007，30（11）：1353-1355.

［6］陶正明，姜武，吴志刚，等. 温郁金最佳播种期试验［J］. 浙江农业科学，2014（10）：1562-1563.

［7］陶正明，姜武，吴志刚，等. 不同产地温郁金药材有效成分含量比较［J］. 浙江农业科学，2015，56（10）：1583-1586.

［8］吴志刚，陶正明，徐杰. 温郁金GAP栽培技术标准操作规程［J］. 浙江农业科学，2008（2）：165-167.

［9］姜武，吴志刚，陶正明，等. 温郁金温莪术药材重金属及农药残留分析［J］. 浙江农业科学，2015，56（6）：851-852.

ICS 65.020.20
CCS C 05

团 体 标 准

T/CACM 1374.35—2021

化橘红规范化生产技术规程

Code of practice for good agricultural practice of Citri Grandis Exocarpium

2021-10-15 发布

2021-10-15 实施

中华中医药学会 发布

目　次

前　　言

本文件按照 GB/T 1.1—2020《标准化工作导则　第 1 部分：标准化文件的结构和起草规则》给出的规则起草。

请注意本文件中的某些内容可能涉及专利。本文件的发布机构不承担识别专利的责任。

本文件由中国医学科学院药用植物研究所和广州中医药大学提出。

本文件由中华中医药学会提出并归口。

本文件起草单位：广州中医药大学、岭南中药资源教育部重点实验室、中国医学科学院药用植物研究所、广东大合生物科技股份有限公司、乾宁道地药材（化州）有限公司、广州市香雪制药股份有限公司、广东省农业科学院植物保护研究所、华润三九医药股份有限公司、广州白云山和记黄埔中药有限公司、广东粤森生态农业科技有限公司、广东省中药材种植行业协会、重庆市药物种植研究所。

本文件主要起草人：詹若挺、肖凤霞、何瑞、刘军民、陈立凯、陈剑锋、李江仁、乔海莉、陈君、王德勤、徐晖、李宇、林进杰、何国林、陈维东、史广生、魏建和、王文全、王秋玲、杨小玉、辛元尧、王苗苗。

化橘红规范化生产技术规程

1 范围

本文件确立了化橘红的规范化生产流程,规定了化橘红生产基地选址、种质与种苗、种植、采收、产地初加工、包装、贮藏、运输等阶段的操作要求。

本文件适用于化橘红的规范化生产。

2 规范性引用文件

下列文件的内容通过文中的规范性引用而构成本文件必不可少的条款。其中,注明日期的引用文件,仅该日期的版本适用于本文件。不注明日期的引用文件,其最新版本(包括所有的修改单)适用于本文件。

《中华人民共和国药典》

GB 3095　环境空气质量标准

GB 5084　农田灌溉水质标准

GB 5749　生活饮用水卫生标准

GB 15618　土壤环境质量　农用地土壤污染风险管控标准(试行)

NY/T 1276　农药安全使用规范　总则

T/CACM 1374.1—2021　中药材规范化生产技术规程通则　植物药材

3 术语和定义

T/CACM 1374.1—2021 界定的以及下列术语和定义适用于本文件。

3.1 规范化生产　good agricultural practice

按照《中药材生产质量管理规范》(简称中药材 GAP)的要求,实施药材生产,保证中药材优质安全的生产过程。

3.2 技术规程　code of practice

为实现中药材生产顺利、有序进行,保证中药材生产质量,对中药材生产的基地选址、种子种苗、种植或野生抚育、采收与产地初加工以及包装、放行与贮运等,所做的技术规定和要求,是实施中药材规范生产的核心技术要求和实施指南。

3.3 化橘红　Citri Grandis Exocarpium

本规范的化橘红指芸香科植物化州柚 *Citrus grandis* 'Tomentosa' 干燥幼果及未成熟或接近成熟的外层果皮,习称"毛橘红"。

3.4 化橘红胎(珠)　Citri Grandis Fructus Immaturus

化橘红新鲜幼果经沸水烫漂后烘干或直接高温(80~90℃)烘干或压制而成的产品。

3.5 化橘红爪（片） Citri Grandis Exocarpium（claws）

化橘红未成熟或接近成熟的新鲜果实经沸水烫漂烘干或高温（80~90℃）烘至变软，再用切刀在化橘红果顶端开刀，往下行半径切至 3/4 收刀，共切 5 刀或 7 刀，削去果内瓤，烘干、压制而成的产品。

3.6 高空压条育苗 air-layering propagation

即圈枝苗，是使连在母株上的枝条形成不定根，然后再切离母株而形成的新生个体。

4 化橘红规范化生产流程图

化橘红规范化生产流程见图 1。

化橘红规范化生产流程：　　　　　　　　　　　关键控制点及参数：

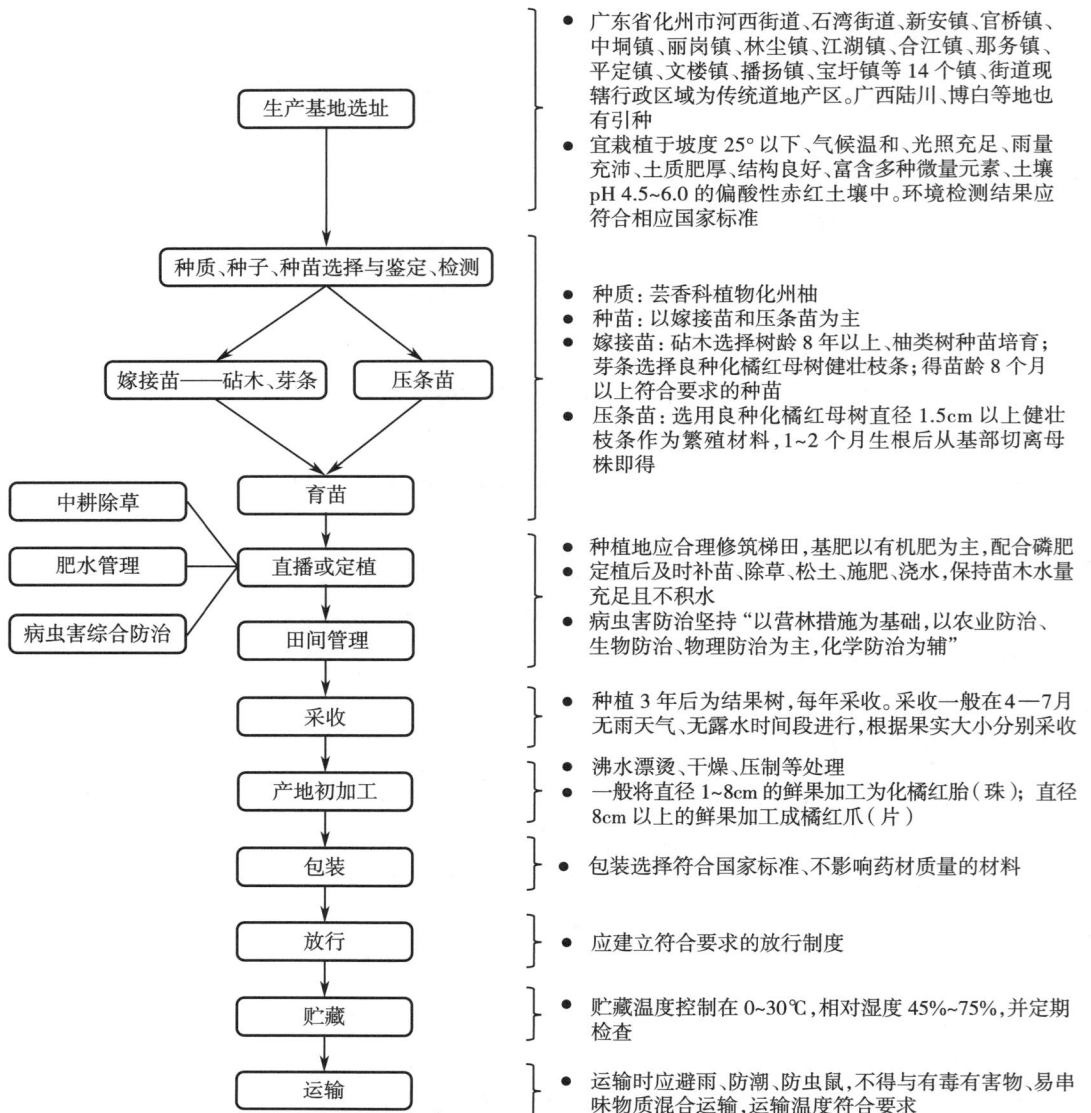

生产基地选址

- 广东省化州市河西街道、石湾街道、新安镇、官桥镇、中垌镇、丽岗镇、林尘镇、江湖镇、合江镇、那务镇、平定镇、文楼镇、播扬镇、宝圩镇等 14 个镇、街道现辖行政区域为传统道地产区。广西陆川、博白等地也有引种
- 宜栽植于坡度 25° 以下、气候温和、光照充足、雨量充沛、土质肥厚、结构良好、富含多种微量元素、土壤 pH 4.5~6.0 的偏酸性赤红土壤中。环境检测结果应符合相应国家标准

种质、种子、种苗选择与鉴定、检测

嫁接苗——砧木、芽条　　　压条苗

- 种质：芸香科植物化州柚
- 种苗：以嫁接苗和压条苗为主
- 嫁接苗：砧木选择树龄 8 年以上、柚类树种苗培育；芽条选择良种化橘红母树健壮枝条；得苗龄 8 个月以上符合要求的种苗
- 压条苗：选用良种化橘红母树直径 1.5cm 以上健壮枝条作为繁殖材料，1~2 个月生根后从基部切离母株即得

中耕除草 → 育苗

肥水管理 → 直播或定植

病虫害综合防治 → 田间管理

- 种植地应合理修筑梯田，基肥以有机肥为主，配合磷肥
- 定植后及时补苗、除草、松土、施肥、浇水，保持苗木水量充足且不积水
- 病虫害防治坚持"以营林措施为基础，以农业防治、生物防治、物理防治为主，化学防治为辅"

采收

- 种植 3 年后为结果树，每年采收。采收一般在 4—7 月无雨天气、无露水时间段进行，根据果实大小分别采收

产地初加工

- 沸水漂烫、干燥、压制等处理
- 一般将直径 1~8cm 的鲜果加工为化橘红胎（珠）；直径 8cm 以上的鲜果加工成橘红爪（片）

包装

- 包装选择符合国家标准、不影响药材质量的材料

放行

- 应建立符合要求的放行制度

贮藏

- 贮藏温度控制在 0~30℃，相对湿度 45%~75%，并定期检查

运输

- 运输时应避雨、防潮、防虫鼠，不得与有毒有害物、易串味物质混合运输，运输温度符合要求

图 1　化橘红的规范化生产流程图

5 化橘红规范化生产技术

5.1 生产基地选址

5.1.1 产地选择

适宜在广东省化州市河西街道、石湾街道、新安镇、官桥镇、中垌镇、丽岗镇、林尘镇、江湖镇、合江镇、那务镇、平定镇、文楼镇、播扬镇、宝圩镇等 14 个镇、街道现辖行政区域。

选择气候温和、光照充足、热量丰富、雨量充沛、土质肥厚、结构良好、富含多种微量元素的地区。

5.1.2 地块选择

选择阳光、水源充足、坡度 25° 以下的地块,并保证其土层深厚,土壤结构良好,有机质丰富,偏酸性赤红土壤,富含蒙脱石矿物,微量元素含量丰富。

5.1.3 环境监测

种植基地的大气、土壤和灌溉水样品的采集和检验方法按照 GAP 要求,检测结果且应符合相应国家标准(GB 3095《环境空气质量标准》、GB 15618《土壤环境质量 农用地土壤污染风险管理标准（试行）》、GB 5084《农田灌溉水质标准》),且要保证生长期间持续符合标准。

5.2 种质与种苗

5.2.1 种质选择

使用芸香科植物化州柚 *Citrus grandis* 'Tomentosa',物种须经过鉴定。如使用农家品种或选育品种应加以明确。

5.2.2 种苗繁育及质量

化州柚的育苗方法采取压条育苗、嫁接育苗及实生育苗。目前种苗主要以压条苗、嫁接苗为主。

5.2.3 种苗

嫁接苗苗龄 8 个月以上,无病虫害、无损伤,种苗通直圆满、根系发达、叶片翠绿,长势正常、品种纯度≥99%;压条苗在母树压条繁殖 1~2 个月生根后,选择长势正常、无病虫害侵染、无机械损伤的枝条,从基部切离母株。

5.2.4 压条苗

选择 10~15 年生良种化橘红母树,以 1~2 年生的直径 1.5cm 以上健壮枝条作为圈枝繁殖材料;在枝条基部 10~20cm 以上部位,环状剥去约 5cm 宽的树皮;1~2 天后,在环剥处用塑料薄膜包裹培养土、水肥等,培育化州柚种苗。待 1~2 个月生根后,选择长势正常、无病虫害侵染、无机械损伤的枝条,从基部切离母株,作为化州柚种苗（压条苗）。

5.2.5 嫁接苗

芽条的选择:选用良种化橘红母树（应为原种老树或者五年以上且已经结果的圈枝苗树）上的健壮枝条。

砧木的选择:选择树龄 8~10 年或以上、生长健壮、无病虫害、产量较高的同属或相近属的柚类树,取其成熟果实,取出果核,即得种子;将符合要求的种子（发芽率超过 75%,千粒重大于260g,净度大于90%)播种进行砧木的种植,砧木成熟后摘取芽条进行嫁接,培育化州柚种苗(嫁接苗)。

5.3 种植

5.3.1 定植

种植地应合理修筑梯田,按株行距不小于4m×4m进行挖穴,植穴规格为(长宽深)不小于60cm×60cm×80cm;在早春或秋季阴雨天,以每亩(1亩≈666.7m²,下文同)定植不大于30株为宜。将苗木根系舒展后放入定植穴,分层填充覆盖土,压实,浇透定根水,并施足基肥,基肥以有机肥为主,配合磷肥。

5.3.2 田间管理

定植后及时补苗、除草、松土、施肥、浇水,保持苗木水量充足且不积水。植株一般前三年为幼龄树,三年后为结果树。幼龄树保持每年中耕、除草、施肥,结果树适当疏花疏果。

施用的肥料以厩肥和绿肥为主,化学肥料为辅。厩肥在使用前应充分腐熟和无害化处理,绿肥为间、套种的新鲜植物(如白花灰叶豆)适时收割、翻压入土的肥料。

幼龄树应根据抽梢情况勤施肥,以培育健壮树势;结果树每年施肥三次,包括促花壮花肥、壮果肥和采果肥。

严禁使用城市生活垃圾、工业垃圾、医院垃圾及人粪便。

5.3.3 病虫害草害等防治

化橘红病害少,为害轻,常见有炭疽病、溃疡病、疮痂病和煤污病等;虫害严重,有钻蛀性害虫(包括星天牛、光盾绿天牛、褐天牛、吉丁虫等)、枝叶害虫(包括潜叶蛾、蚜虫、红蜘蛛和锈壁虱等)、花果害虫(包括花蕾蛆等),其中以星天牛、吉丁虫、潜叶蛾和花蕾蛆为害最重。

病虫害防治应贯彻"预防为主,综合防治"的植保方针,坚持"以营林措施为基础,以农业防治、生物防治、物理防治为主,化学防治为辅"的综合防治原则。化学农药的使用要科学、规范、合理,严格执行农药安全使用规范总则(NY/T 1276《农药安全使用规范 总则》),具体禁限用农药见附录A。

农业防治:加强果园管理。剪除病虫枝,清除地面落叶,集中烧毁,有效控制越冬病虫害来源;增施有机肥和磷钾肥,避免偏施过施氮肥;采用树茎基部培土、涂白、人工刮除卵、钩杀幼虫等方法,防治星天牛;采用人工抹梢,防治潜叶蛾等。

生物防治:利用害虫自然天敌和虫生真菌控制害虫种群数量。于日温度25~28℃的晴朗干燥天气,田间释放管氏肿腿蜂,防治光盾绿天牛、褐天牛和溜皮虫等蛀茎害虫;人工释放巴氏钝绥螨,防治红蜘蛛;喷施球孢白僵菌制剂,感染天牛类害虫使其死亡;使用BT、绿僵菌和病毒制剂防治吉丁虫、潜叶蛾和花蕾蛆等害虫。

物理防治:利用害虫成虫趋光、趋味、趋性信息素等特点进行对应防控。安装太阳能频振式杀虫灯夜间诱杀鞘翅目和鳞翅目害虫成虫;布置糖醋等趋味诱集器,捕杀潜叶蛾、花蕾蛆等害虫成虫;安装性信息素诱捕装置,诱杀天牛类雄性成虫。

化学防治:采用化学农药进行应急防控时,必须抓住病虫害防治的关键期施药,选择高效、低毒、低残留农药品种。具体防治对象、推荐农药品种和使用方法详见附录B。

5.4 采收

种植 3 年后为结果树,每年采收。采收一般在 4—7 月,应在无雨的天气、无露水时间段进行,根据果实大小分别采收,通常分为幼果、未成熟或近成熟果实进行采收。

幼果:每年 4—5 月采收。

未成熟或近成熟果实:每年 5—7 月采收。

采摘时要注意轻摘、轻放、轻运,减少机械损伤,保持化橘红果表面绒毛的完整,并及时进行加工。

5.5 产地初加工

5.5.1 化橘红胎(珠)

一般将直径 1~8cm 的新鲜幼果加工为化橘红胎(珠)。

采用传统的高温烘或开水漂烫杀青 - 烘干工艺进行加工。采收的化橘红新鲜果实,尽快运送至初加工场地,鲜果清洗后 80~90℃烘或沸水漂烫杀青,55~75℃烘至干燥。注意干燥温度不宜过高,以免焦化影响品质。

幼果置沸水中漂烫 5 分钟,捞出,滤干水后置烘干机烘至六成干,用木槌轻打至有弹性,压入大小合适的竹筒内,两端打压成平面,再置于烘干机烘干,干缩后幼果从竹筒内滑出,即成圆柱状成品化橘红胎(珠)。碾成圆柱形,两端打压成平面,再阴干或烘干。

加工过程使用水必须符合国家生活饮用水卫生标准(GB 5749《生活饮用水卫生标准》)。

以大小均匀、表面黄绿色至棕褐色、绒毛多者为佳。

5.5.2 化橘红爪(片)

采收直径 8cm 以上的化橘红鲜果,置沸水中略烫后,将果皮割成 5 瓣或 7 瓣,除去果瓤及部分中果皮,压制成形,干燥。亦有加工成单片者(柳叶片)。

以外形完整匀称、外表面黄绿色至棕褐色、绒毛多者为佳。

5.6 包装、贮藏、运输

5.6.1 包装

包装前应对每批药材按照国家标准进行质量检验。符合国家标准的药材,采用不影响质量的包装材料,禁止采用包装过肥料、农药等的包装袋包装。包装外贴或挂标签 / 合格证,包装标签应完整清晰,应标识生产单位、品名、批号、包装规格、产地、采收年份、包装工号、包装日期、贮存条件、贮存期限、注意事项等。

5.6.2 放行

应制定符合企业实际情况的放行制度,有生产、检验、审批等相关记录。不合格药材有单独处理制度。

5.6.3 贮藏

化橘红药材贮藏库房的温度应控制在 0~30℃,相对湿度保持在 45%~75%,洁净,无污染源。贮藏期间,应定期检查,防止虫鼠、霉变、腐烂等发生。

5.6.4 运输

应避雨、防潮、防虫鼠,不得与有毒有害物、易串味物质混合运输。

附　录　A

（规范性）

禁限用农药名单

A.1　禁止（停止）使用的农药（46 种）

六六六、滴滴涕、毒杀芬、二溴氯丙烷、杀虫脒、二溴乙烷、除草醚、艾氏剂、狄氏剂、汞制剂、砷类、铅类、敌枯双、氟乙酰胺、甘氟、毒鼠强、氟乙酸钠、毒鼠硅、甲胺磷、对硫磷、甲基对硫磷、久效磷、磷胺、苯线磷、地虫硫磷、甲基硫环磷、磷化钙、磷化镁、磷化锌、硫线磷、蝇毒磷、治螟磷、特丁硫磷、氯磺隆、胺苯磺隆、甲磺隆、福美胂、福美甲胂、三氯杀螨醇、林丹、硫丹、溴甲烷、氟虫胺、杀扑磷、百草枯、2,4- 滴丁酯。

注：氟虫胺自 2020 年 1 月 1 日起禁止使用。百草枯可溶胶剂自 2020 年 9 月 26 日起禁止使用。2,4- 滴丁酯自 2023 年 1 月 29 日起禁止使用。溴甲烷可用于"检疫熏蒸处理"。杀扑磷已无制剂登记。

A.2　在部分范围禁止使用的农药（20 种）

部分范围禁止使用的农药应注意药食同源中药材及来自其他作物的中药材。部分范围禁止使用的农药见表 A.1。

表 A.1　部分范围禁止使用的农药

通用名	禁止使用范围
甲拌磷、甲基异柳磷、克百威、水胺硫磷、氧乐果、灭多威、涕灭威、灭线磷	禁止在蔬菜、瓜果、茶叶、菌类、中草药材上使用，禁止用于防治卫生害虫，禁止用于水生植物的病虫害防治
甲拌磷、甲基异柳磷、克百威	禁止在甘蔗作物上使用
内吸磷、硫环磷、氯唑磷	禁止在蔬菜、瓜果、茶叶、中草药材上使用
乙酰甲胺磷、丁硫克百威、乐果	禁止在蔬菜、瓜果、茶叶、菌类和中草药材上使用
毒死蜱、三唑磷	禁止在蔬菜上使用
丁酰肼（比久）	禁止在花生上使用
氰戊菊酯	禁止在茶叶上使用
氟虫腈	禁止在所有农作物上使用（玉米等部分旱田种子包衣除外）
氟苯虫酰胺	禁止在水稻上使用

A.3　说明

本附录的内容来自 2019 年中华人民共和国农业农村部发布的《禁限用农药名录》（http：//www.zzys.moa.gov.cn/gzdt/201911/t20191129_6332604.htm）。

附 录 B

（资料性）

化橘红常见病虫害防治的参考方法

化橘红常见病虫害防治的参考方法见表 B.1。

表 B.1　化橘红常见病虫害防治的参考方法

病虫害名称	防治时期	推荐防治方法	安全间隔期 /d
炭疽病	6—8 月	代森锌可湿性粉剂喷雾，按照农药标签使用	≥21
		苯甲·嘧菌酯悬浮剂喷雾，按照农药标签使用	≥30
		肟菌·戊唑醇水分散粒剂喷雾，按照农药标签使用	≥28
		咪鲜胺乳油喷雾，按照农药标签使用	≥14
溃疡病	2—7 月	枯草芽孢杆菌可湿性粉剂喷雾，按照农药标签使用	—
		春雷·王铜可湿性粉剂喷雾，按照农药标签使用	≥21
		波尔多液水分散粒剂喷雾，按照农药标签使用	≥15
疮痂病	2—7 月	苯醚甲环唑水分散粒剂喷雾，按照农药标签使用	≥30
		嘧菌酯悬浮剂喷雾，按照农药标签使用	≥14
		肟菌·戊唑醇水分散粒剂喷雾，按照农药标签使用	≥28
煤污病	2—7 月	波尔多液水分散粒剂喷雾，按照农药标签使用	≥15
		甲基硫菌灵可湿性粉剂喷雾，按照农药标签使用	≥21
潜叶蛾	7—9 月	虫螨腈悬浮剂喷雾，按照农药标签使用	≥21
		阿维菌素乳油喷雾，按照农药标签使用	≥14
		印楝素乳油喷雾，按照农药标签使用	≥14
蚜虫	9 月—次年 2 月	啶虫脒水分散粒剂喷雾，按照农药标签使用	≥28
		烯啶虫胺水剂喷雾，按照农药标签使用	≥14
钻蛀性害虫（天牛和吉丁虫类）	预测预报	噻虫啉悬浮剂喷雾，按照农药标签使用	≥21
		球孢白僵菌可湿性粉剂喷雾，按照农药标签使用	≥14
		甲维·吡虫啉溶液剂胸径树干注射，按照农药标签使用	—
花蕾蛆	2—3 月 或花蕾露白前 3~5 天	溴氰菊酯乳油地面喷施，杀土层蛹或待出土羽化成虫施杀，按照农药标签使用	≥14
		氰戊菊酯乳油地面喷施，杀土层蛹或待出土羽化成虫施杀，按照农药标签使用	≥14
红蜘蛛	预测预报	阿维·炔螨特水乳剂喷雾，按照农药标签使用	≥14
		阿维菌素微囊悬浮剂喷雾，按照农药标签使用	≥21
		炔螨·矿物油乳油喷雾（高温天气禁用），按照农药标签使用	≥30
锈壁虱	3—5 月	石硫合剂晚秋喷雾，按照农药标签使用	≥10
		阿维·虱螨脲乳油喷雾，按照农药标签使用	≥28
		阿维菌素乳油喷雾，按照农药标签使用	≥14

参考文献

［1］国家药典委员会.中华人民共和国药典:2020年版一部［M］.北京:中国医药科技出版社,2020:76.

［2］陈蔚文,徐鸿华.岭南道地药材研究［M］.广州:广东科技出版社,2007:187-209.

［3］陈蔚文.岭南本草:一［M］.广州:广东科出版社,2010:190-221.

［4］潘超美,杨全.新编中国药材学:第六卷［M］.北京:中国医药科技出版社,2020:136-140.

［5］广东省药品监督管理局.广东省中药材标准［M］.广州:广东科技出版社,2021.

［6］么厉,程惠珍,杨智.中药材规范化种植(养殖)技术指南［M］.北京:中国农业出版社,2006:904-914.

［7］中华中医药学会.中药材商品规格等级 化橘红:T/CACM 1021.65—2018［S/OL］.［2025-03-11］. https://www.antpedia.com/standard/1219100645-1.html.

［8］广东省质量技术监督局.地理标志产品 化橘红:DB 44/T 615—2017［S/OL］.［2023-11-15］. https://std. samr.gov.cn/db/search/stdDBDetailed?id=91D99E4D9E9A2E24E05397BE0A0A3A10.

［9］郭雪芬.广东化州市橘红种植高产技术［J］.农业工程技术,2017,37(2):61.

［10］孙义新,张一,李永,等.化橘红不同产区土壤矿质元素的差异分析［J］.江苏农业科学,2019,47(8): 301-305.

［11］徐雪荣,黎思娜,李映志.化州橘红茎尖微芽嫁接技术研究［J］.热带作物学报,2013,34(7):1237- 1241.

［12］黄锦勇.化州橘红栽培技术措施探讨［J］.南方农业,2017,11(15):3-4.

［13］伍柏坚,陈康,林励,等.毛橘红传统产地加工工艺的探讨及优化［J］.广州中医药大学学报,2014,31 (2):280-283.

［14］张肖,林励,李海波.砧木种类对化橘红黄酮类成分含量的影响［J］.中药新药与临床药理,2016,27 (6):876-879.

［15］王天松.柑橘栽培管理及病虫害防治关键技术分析［J］.种子科技,2019,37(6):94.

［16］陈梅珍,马静燕.无公害化橘红病虫害的综合防治技术［J］.现代农业,2019(8):46-47.

ICS 65.020.20
CCS C 05

团 体 标 准

T/CACM 1374.36—2021

乌药规范化生产技术规程

Code of practice for good agricultural practice of Linderae Radix

2021-10-15 发布

2021-10-15 实施

中华中医药学会　发布

目　　次

前　言

本文件按照 GB/T 1.1—2020《标准化工作导则　第 1 部分：标准化文件的结构和起草规则》的规定起草。

请注意本文件中的某些内容可能涉及专利。本文件的发布机构不承担识别专利的责任。

本文件由中国医学科学院药用植物研究所和浙江红石梁集团天台山乌药有限公司提出。

本文件由中华中医药学会归口。

本文件起草单位：浙江红石梁集团天台山乌药有限公司、浙江省中药研究所有限公司、浙江中医药大学、浙江省中医药研究院、浙江大学宁波科创中心、天台县农业技术推广总站、中国医学科学院药用植物研究所、重庆市药物种植研究所。

本文件主要起草人：王志安、沈晓霞、沈宇峰、孙健、孙乙铭、何国庆、胡崇武、周根、余威府、陈鹏、吴人照、浦锦宝、彭昕、姚国富、魏建和、王文全、王秋玲、杨小玉、辛元尧、王苗苗。

乌药规范化生产技术规程

1 范围

本文件确定了乌药的规范化生产流程,规定了乌药的生产基地选址、种质与种子、种植、病虫害草害防治、采收、产地初加工、包装、贮运等阶段的操作要求。

本文件适用于乌药的规范化生产。

2 规范性引用文件

下列文件的内容通过文中的规范性引用而构成本文件必不可少的条款。其中,注明日期的引用文件,仅该日期对应的版本适用于本文件;不注明日期的引用文件,其最新版本(包括所有的修改单)适用于本文件。

GB 3095 环境空气质量标准

GB 5084 农田灌溉水质标准

GB 5749 生活饮用水卫生标准

GB 15618—2018 土壤环境质量 农用地土壤污染风险管控标准(试行)

NY/T 1276 农药安全使用规范 总则

T/CACM 1374.1—2021 中药材规范化生产技术规程通则 植物药材

3 术语和定义

T/CACM 1374.1—2021 界定的以及下列术语和定义适用于本文件。

3.1 规范化生产 good agricultural practice

按照《中药材生产质量管理规范》(简称中药材 GAP)的要求,实施药材生产,保证中药材优质安全的生产过程。

3.2 技术规程 code of practice

为实现中药材生产顺利、有序进行,保证中药材生产质量,对中药材生产的基地选址、种子种苗、种植或野生抚育、采收与产地初加工以及包装、放行与贮运等,所做的技术规定和要求,是实施中药材规范生产的核心技术要求和实施指南。

3.3 乌药 Linderae Radix

樟科植物乌药 *Lindera aggregata* (Sims) Kos-term. 的纺锤形或连珠状干燥块根。全年均可采挖,除去细根,洗净,趁鲜切片,烘干,或直接晒干。

3.4 乌药片 Wuyao chip

乌药块根的干燥切片。

4 乌药规范化生产流程图

乌药规范化生产流程见图 1。

乌药规范化生产流程:

关键控制点及参数:

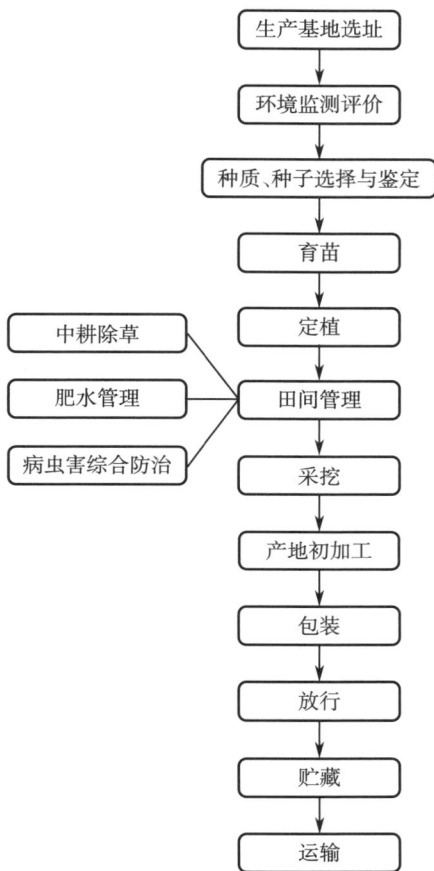

生产基地选址 → 环境监测评价

- 选择生态良好,远离污染源,并具有可持续生产和发展,海拔 100~800m 的适宜地区
- 育苗地、种植地应选择地势平坦,排灌水良好,地下水位在 1m 以下的耕地,或选择小于 25° 山坡中下坡和山谷的阳坡且坡度小的缓坡地,微酸性土壤

种质、种子选择与鉴定

- 须经过鉴定,选择能结块根种株取种,种子千粒重≥80g

育苗 → 定植 → 田间管理

中耕除草 / 肥水管理 / 病虫害综合防治

- 2 月底至 3 月上旬,条播或撒播,播种量每亩(1 亩≈666.7m²,下文同)为 5~6kg
- 育苗 2 年,寄苗 1 年
- 在 10—12 月进行整地,次年 3—4 月进行定植
- 大田种植:按株行距 0.5m×1.0m,每亩种植约 1 300 株
- 林下种植:按株行距(0.5~0.8)m×(1.0~1.5)m,每亩种植 550~800 株

采挖

- 定植后 6~8 年采收,立冬后采挖,采收纺锤形或连珠状块根

产地初加工

- 剔除直根,剪除须根,清洗,去皮,切片,干燥
- 禁止硫熏

包装 → 放行 → 贮藏

- 严禁磷化铝熏蒸

运输

图 1 乌药的规范化生产流程图

5 乌药规范化生产技术

5.1 生产基地选址

5.1.1 产地选择

适宜在浙江、江西、福建、安徽、湖南、四川、广东、广西、陕西、台湾等省区种植,道地产区在浙江省天台山。育苗地、种植地选择在海拔 100~800m 生态条件良好的适宜地区,远离污染源,并具有可持续生产能力的生产区域。在非产区选址,应当提供充分文献或科学数据证明其可行性。

5.1.2 环境质量

生产基地的空气质量应符合 GB 3095 规定的二级标准,土壤环境质量应符合 GB 15618 规定的二级标准,灌溉水质量应符合 GB 5084 规定的旱作农田灌溉水质量标准,且要保证生长期间持续符合标准。

5.1.3 地块选择

育苗地、种植地应选择地势平坦,排灌水良好,地下水位在 1m 以下,无积水的耕地,或选择小于 25° 山坡中下坡和山谷的阳坡且坡度小的缓坡地。土层厚不少于 30cm,土质疏松肥沃,微酸性土壤。

5.2 种质与种子

5.2.1 种质选择

使用樟科植物乌药 *Lindera aggregata* (Sims) Kos-term.,选择能结块根种株,一般在种质基地采种。

5.2.2 种子质量

种子千粒重≥80g,无空粒或不饱满种子,无霉变、无虫蛀。

5.2.3 种子采收处理

在霜降前后 20 天采摘核果。核果采摘后,在流水中轻轻搓去果肉,然后洗净种子,用流水法挑除变质及浮于水面的不饱满的种子,种子千粒重为 80g±5g,用 0.3% 的高锰酸钾浸种消毒 30 分钟,晾干后贮藏。

5.2.4 种子贮藏

野外土藏,用丝网袋装袋,每袋 5kg 左右,置于野外旱作农田土层 50cm 以下,埋后盖好土层,期间需勤检查,保持一定湿度。

5.3 种植技术

5.3.1 育苗技术

5.3.1.1 整地

整地在 10—12 月进行,做到深耕细整,清除草根、石块,地平土碎。结合整地,每亩施入腐熟栏肥 1 000kg 或腐熟饼肥 250kg,或复合肥 50kg,将肥料翻拌入土层并整平畦面。整地后分畦作床,床宽 1.5m(净床面宽 1.2m,步道宽 0.3m)、床高 20cm。

5.3.1.2 播种

2 月底至 3 月上旬,种子播种。方法:条播或撒播。条播:在整平的苗床上挖出播种沟,深 2cm,沟间距 20cm,将种子均匀地播在沟内,播种后盖土,厚度 2~3cm,以不见种子为度,播种量每亩为 5~6kg。撒播:苗床整平后,按上述播种量均匀撒布种子后覆土。覆土后均须覆盖切割成 3~4cm 长的短稻草或狼衣草等。

5.3.1.3 寄苗

幼苗生长 2 年后寄苗。寄苗在 3—4 月进行,挑选植株粗壮、生长良好、有块根或疑似块根的幼苗,按株行距 5~10cm 的要求进行移寄。

5.3.1.4 幼苗管理

施肥、除草:幼苗萌芽、寄苗 20 天后,配合除草施追肥,每亩用有机肥 3~10kg、化合肥 1~5kg 掺水浇施。然后在 5—6 月和 8—9 月各锄抚 1 次,进行松土、除草、施肥。施肥,先稀后浓,后期控制。

遮阳：种苗生长须遮阳,6月上、中旬用50%~70%遮阳率的遮阳网架网遮阳,10月上旬揭去遮阳网。

浇水、排水:苗圃地土壤及时浇水、补水,浇水选择早上和傍晚进行,使苗圃始终保持湿润状态。多雨季节要及时排水,尤其是在出苗和幼苗时期,防止圃地积水。

5.3.1.5 种苗质量要求

苗高20cm以上、地径3mm以上,生长健壮、长度适中、根系膨大完整、无检疫性病虫害的苗木即为合格种苗。

5.3.2 定植

5.3.2.1 大田种植

整地:在10—12月进行整地。做到深耕细整,清除草根、石块,地平土碎。

施基肥:结合整地,每亩施入腐熟栏肥1 000kg,或腐熟饼肥250kg,或复合肥50kg,将肥料翻拌入土层并整平畦面。

排水:大田基地建设主排水沟和次排水沟,主排水沟横宽40cm,深度约30cm,次排水沟横宽30cm,深度约20cm,三面光。

定植:3—4月,选择移寄1年以上合格种苗进行定植。将选好的裸根苗木截干,留15~20cm高度,但应保留70%枝叶为宜,根系修剪后蘸以浓泥浆,以不见根的颜色为度。按照株行距0.5m×1.0m,每亩约1 300株进行种植。苗木植入穴中后回填土深度应为盖住根部上2~3cm,提苗保证苗木与土壤密接。定植后及时浇透定根水。

5.3.2.2 林下定植

第一次种植整地:在10—12月进行整地。根据郁闭度,挑选合适林地,保留林木,翻地松土,清除草根柴根、石块,地平土碎。

定植:3—4月选择移寄1年以上合格种苗进行定植。将选好的裸根苗木截干,留15~20cm高度,但应保留70%枝叶为宜,根系修剪后蘸以浓泥浆,以不见根的颜色为度。按照株行距(0.5~0.8)m×(1.0~1.5)m,每亩550~800株进行种植。苗木植入穴中后回填土深度应为盖住根部上2~3cm,提苗保证苗木与土壤密接。定植后及时浇透定根水。

5.3.3 田间管理

乌药生长缓慢,定植后需要精心管理。在5—6月和8—9月各锄抚1次,主要是松土、除草等。在锄抚时应辅助对苗木进行培土、扩穴、埋青,以增加土壤肥力,涵养水分。自第2年开始,可结合抚育进行施肥,每年至少1次。施肥方法:在苗干基部挖穴,后将复合肥均匀施入穴内,每株100~200g(逐年增加),再覆土填平。定植3~4年以后,根据生长情况进行适当修剪、整枝,每年1次。

林下种植,不施追肥,仿野生自然种植,当郁闭度超过50%时,应及时间伐树枝。

5.4 病虫害草害防治

根据病虫害草害发生规律和预测、预报,采取综合防治方法,坚持"预防为主,防治为辅"以及"局部防治和生物、物理防治为主,大面积防治和化学防治为辅"的原则,对可能发生的病虫害草害做好预防,对已经发生的病虫害草害及时除治。农药使用应严格按照 NY/T 1276 的规定执行,做到对症下药、适期用药,并注重药剂的轮换使用和合理混用。对农药使用情况应进行严谨、准确地记录。

5.5 采挖

定植后 6~8 年采收,立冬后采挖。采收时将乌药整株连根挖出,然后除净根部泥土,剪收纺锤形或连珠状块根,除去须根,洗净。

5.6 产地初加工

5.6.1 清洗挑选

将采收的乌药清洗干净,再次挑选剔除直根,剪除须根,淘洗干净。清洗用水符合 GB 5749《生活饮用水卫生标准》。禁止硫熏。

5.6.2 切片

切成薄片,要求片厚 2mm 以下。

5.6.3 干燥

60℃以下烘干或晒干。

5.6.4 精选

剔除色黑、霉烂者。

5.7 包装、贮运

5.7.1 包装

密封包装。包装前应对每批药材按照《中华人民共和国药典》的要求进行质量检验。检验合格的药材,采用不影响质量的编织袋等包装,禁止采用包装过肥料、农药等的包装袋包装。包装外贴或挂标签、合格证,标识牌内容应有药材名、基源、产地、批号、规格、重量、采收日期、企业名称等,并有追溯码。

5.7.2 贮运

应贮存于阴凉干燥通风处,定期检查,防止虫蛀、霉变等发生。严禁磷化铝熏蒸。

运输应防止发生混淆、污染、异物混入、包装破损、雨淋等,不得与有毒、有害物品混装、混运。

附　录　A

（规范性）

禁限用农药名单

A.1　禁止（停止）使用的农药（46 种）

六六六、滴滴涕、毒杀芬、二溴氯丙烷、杀虫脒、二溴乙烷、除草醚、艾氏剂、狄氏剂、汞制剂、砷类、铅类、敌枯双、氟乙酰胺、甘氟、毒鼠强、氟乙酸钠、毒鼠硅、甲胺磷、对硫磷、甲基对硫磷、久效磷、磷胺、苯线磷、地虫硫磷、甲基硫环磷、磷化钙、磷化镁、磷化锌、硫线磷、蝇毒磷、治螟磷、特丁硫磷、氯磺隆、胺苯磺隆、甲磺隆、福美胂、福美甲胂、三氯杀螨醇、林丹、硫丹、溴甲烷、氟虫胺、杀扑磷、百草枯、2,4- 滴丁酯。

注：氟虫胺自 2020 年 1 月 1 日起禁止使用。百草枯可溶胶剂自 2020 年 9 月 26 日起禁止使用。2,4-滴丁酯自 2023 年 1 月 29 日起禁止使用。溴甲烷可用于"检疫熏蒸处理"。杀扑磷已无制剂登记。

A.2　在部分范围禁止使用的农药（20 种）

部分范围禁止使用的农药应注意药食同源中药材及来自其他作物的中药材。部分范围禁止使用的农药见表 A.1。

表 A.1　部分范围禁止使用的农药

通用名	禁止使用范围
甲拌磷、甲基异柳磷、克百威、水胺硫磷、氧乐果、灭多威、涕灭威、灭线磷	禁止在蔬菜、瓜果、茶叶、菌类、中草药材上使用,禁止用于防治卫生害虫,禁止用于水生植物的病虫害防治
甲拌磷、甲基异柳磷、克百威	禁止在甘蔗作物上使用
内吸磷、硫环磷、氯唑磷	禁止在蔬菜、瓜果、茶叶、中草药材上使用
乙酰甲胺磷、丁硫克百威、乐果	禁止在蔬菜、瓜果、茶叶、菌类和中草药材上使用
毒死蜱、磷	禁止在蔬菜上使用
丁酰肼（比久）	禁止在花生上使用
氰戊菊酯	禁止在茶叶上使用
氟虫腈	禁止在所有农作物上使用（玉米等部分旱田种子包衣除外）
氟苯虫酰胺	禁止在水稻上使用

A.3　说明

本附录的内容来自 2019 年中华人民共和国农业农村部发布的《禁限用农药名录》（http://www.zzys.moa.gov.cn/gzdt/201911/t20191129_6332604.htm）。

附　录　B
（资料性）
乌药常见病虫害防治的参考方法

B.1　总则

根据病虫害草害发生规律和预测、预报,采取综合防治方法,坚持"预防为主,防治为辅"和"局部防治和生物、物理防治为主,大面积防治和化学防治为辅"的原则,对可能发生的病虫害草害做好预防,对已经发生的病虫害草害及时除治。

B.2　白粉病和黑斑病防治

B.2.1　控制幼苗密度,苗期增施钾、磷肥和草木灰,促进苗木生长。

B.2.2　控制苗圃环境,做到圃内无杂草;栽培地要加强通风排湿,降低空气湿度和土壤中的水分。要筑高垄,开好排水沟,及时清除栽培地中的积水。

B.2.3　苗木幼嫩期间将石灰粉与草木灰以 1∶4 的比例混合均匀,每亩苗床撒施 100~150kg;或在出苗期每隔 10 天,用 0.5% 的波尔多液或波美 0.3~0.5 度石硫合剂喷洒幼苗。

B.2.4　发现病苗及病株及时清除。或用竹醋液 200 倍喷治,每 10 天喷一次,连续喷 3~4 次。

B.3　樟梢卷叶蛾、樟叶蜂、樟巢螟防治

当幼虫出现时,用 0.5kg 闹羊花或雷公藤粉末加水 75~100kg 制成药液喷杀。

B.4　樟天牛防治

以人工捕抓摘除虫巢和施药结合进行。冬季结合施肥深翻树冠下土壤,以冻死土中越冬结茧幼虫。

B.5　其他病虫害防治

其他防治根据实际情况采取具体方法,农药使用参照附录 A 规定。

参考文献

［1］国家药典委员会.中华人民共和国药典:2020年版一部［M］.北京:中国医药科技出版社,2020.

［2］浙江省质量技术监督局.天台乌药生产技术规程:DB 33/T 696—2018［S/OL］.［2023-11-15］.https://std.samr.gov.cn/db/search/stdDBDetailed?id=91D99E4D9FC02E24E05397BE0A0A3A10.

［3］中华中医药学会.道地药材 第15部分:台乌药:T/CACM 1020.15—2019［S/OL］.［2025-03-11］.https://max.book118.com/html/2023/0930/8041006034005136.shtm?from=search&index=4.

［4］邵军,闫健全,马超丽.乌药高产栽培及病虫害防治关键技术［J］.陕西农业科学,2018,64(1):100-101.

［5］杨明,张英.乌药病虫害防治方法［J］.现代农业科技,2018(12):125.

［6］杨立平,邓桂明,欧阳荣.乌药产地加工的研究［J］.中国现代药物应用,2010,4(14):20-22.

ICS 65.020.20
CCS C 05

团 体 标 准

T/CACM 1374.37—2021

火麻仁规范化生产技术规程

Code of practice for good agricultural practice of Cannabis Fructus

2021-10-15 发布

2021-10-15 实施

中华中医药学会 发布

目　次

前　　言

本文件按照 GB/T 1.1—2020《标准化工作导则　第 1 部分：标准化文件的结构和起草规则》的规定起草。

请注意本文件中的某些内容可能涉及专利。本文件的发布机构不承担识别专利的责任。

本文件由中国医学科学院药用植物研究所和中国中医科学院中药研究所提出。

本文件由中华中医药学会归口。

本文件起草单位：中国中医科学院中药研究所、大兴安岭林格贝寒带生物科技股份有限公司、云南曲焕章生物科技有限公司、黑龙江鼎恒升药业有限公司、武汉林保莱生物科技有限公司、中国医学科学院药用植物研究所、重庆市药物种植研究所。

本文件主要起草人：董林林、张际庆、宁康、姚德坤、陈华、姚德中、尉广飞、李孟芝、梁乙川、张国壮、杨伟玲、骆璐、魏建和、王文全、王秋玲、杨小玉、辛元尧、王苗苗。

火麻仁规范化生产技术规程

1 范围

本文件确定了火麻仁规范化生产流程,规定了火麻仁基源植物生产基地选址、种质与种子、种植、采收、产地初加工、包装、贮藏、运输的操作要求。

本文件适用于火麻仁的规范化生产。

2 规范性引用文件

下列文件的内容通过文中的规范性引用而构成本文件必不可少的条款。其中,注明日期的引用文件,仅该日期对应的版本适用于本文件;不注明日期的引用文件,其最新版本(包括所有的修改单)适用于本文件。

GB 3905　环境空气质量标准

GB 5084　农田灌溉水质标准

GB/T 4892—2021　硬质直方体运输包装尺寸系列

SB/T 10977—2013　仓储作业规范

SB/T 11094—2014　中药材仓储管理规范

SB/T 11095—2014　中药材仓库技术规范

GB 15618　土壤环境质量　农用地土壤污染风险管控标准

T/CACM 1374.1—2021　中药材规范化生产技术规程通则　植物药材

NY/T 3252.2—2018　工业大麻种子　第2部分:种子质量

NY/T 3252.3—2018　工业大麻种子　第3部分:常规种繁育技术规程

3 术语和定义

T/CACM 1374.1—2021界定的以及下列术语和定义适用于本文件。

3.1　规范化生产　good agricultural practice

按照《中药材生产质量管理规范》(简称中药材GAP)的要求,实施药材生产,保证中药材优质安全的生产过程。

3.2　技术规程　code of practice

为实现中药材生产顺利、有序进行,保证中药材生产质量,对中药材生产的基地选址、种子种苗、种植或野生抚育、采收与产地初加工以及包装、放行与贮运等,所做的技术规定和要求,是实施中药材规范生产的核心技术要求和实施指南。

3.3 火麻仁 Cannabis Fructus

为桑科植物大麻 *Cannabis sativa* L. 的干燥成熟果实。

4 火麻仁规范化生产流程图

火麻仁规范化生产流程见图 1。

火麻仁规范化生产流程：

关键控制点及参数：

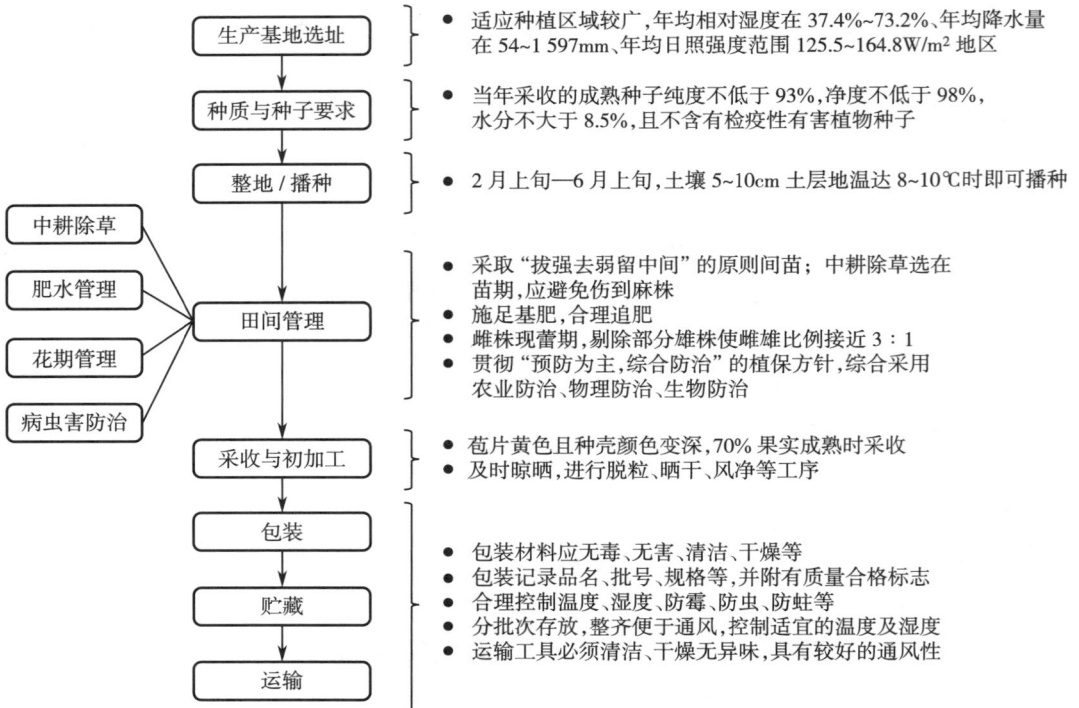

- 适应种植区域较广，年均相对湿度在 37.4%~73.2%、年均降水量在 54~1 597mm、年均日照强度范围 125.5~164.8W/m² 地区
- 当年采收的成熟种子纯度不低于 93%，净度不低于 98%，水分不大于 8.5%，且不含有检疫性有害植物种子
- 2月上旬—6月上旬，土壤 5~10cm 土层地温达 8~10℃时即可播种
- 采取"拔强去弱留中间"的原则间苗；中耕除草选在苗期，应避免伤到麻株
- 施足基肥，合理追肥
- 雌株现蕾期，剔除部分雄株使雌雄比例接近 3:1
- 贯彻"预防为主，综合防治"的植保方针，综合采用农业防治、物理防治、生物防治
- 苞片黄色且种壳颜色变深，70% 果实成熟时采收
- 及时晾晒，进行脱粒、晒干、风净等工序
- 包装材料应无毒、无害、清洁、干燥等
- 包装记录品名、批号、规格等，并附有质量合格标志
- 合理控制温度、湿度、防霉、防虫、防蛀等
- 分批次存放，整齐便于通风，控制适宜的温度及湿度
- 运输工具必须清洁、干燥无异味，具有较好的通风性

图 1 火麻仁规范化生产流程图

5 火麻仁规范化生产技术

5.1 生产基地选址

5.1.1 产地选择

适应种植区域较广，其适宜生态因子为年均相对湿度 37.4%~73.2%、最热月最高温度 11.3~32.7℃、最热季平均降水量 130~950mm、最湿月降水量 70~355mm、年均降水量 54~1 597mm、年均日照强度范围 125.5~164.8W/m²。

5.1.2 选地条件

生产基地的空气质量应符合 GB 3095 规定的环境空气质量标准，灌溉水质量应符合 GB 5084 规定的农田灌溉水质标准，土壤质量应符合 GB 15618 的规定。选择光照充足、通风良好、保水保肥力强、透气性好的地块，砂壤土较佳，适宜的土壤还包括强淋溶土、钙积土、黑钙土、低活性淋溶土、薄层土、白浆土等。

5.2 种质与种子

5.2.1 种质选择

使用桑科植物大麻 *Cannabis sativa* L. 为物种来源,其物种须经过鉴定。如使用农家品种或选育品种应加以明确。

5.2.2 种子质量

应使用当年采收的成熟种子,按照 NY/T 3252.2—2018 规定的种子质量要求,纯度不低于 93%,净度不低于 98%,水分不大于 8.5%,且不含有检疫性有害植物种子。

5.2.3 良种繁育

按照 NY/T 3252.2—2018 常规种繁育技术规程的要求,繁种地应实行严格隔离,应根据现场周边条件,空间隔离或屏障隔离。

在开阔或空旷地,原种生产隔离距离应不少于 12km,大田用种生产隔离距离应不少于 10km。

利用山体、树木、村落等自然屏障进行隔离,原种生产隔离距离应不少于 3km,大田用种生产隔离距离应不少于 2km。

5.3 种植

5.3.1 整地

播种前对地块进行深耕、细耙、整平。

5.3.2 播种

5.3.2.1 播种期

不同地区播种时间不同,2 月上旬—6 月上旬,根据南北方气候和土壤条件适宜种子萌发时播种,土壤 5~10cm 土层地温达 8~10℃时即可播种。

5.3.2.2 播种方法

采用条播或穴播方法。条播,行距 40~50cm,播种深度 3~5cm,播种量为每亩 0.75~1.5kg;穴播,行穴距为 40cm×30cm,播种深度 3~5cm。

5.3.2.3 播种密度

早熟品种每亩有效株 4 000~6 500 株为宜,晚熟品种 2 500~3 000 株为宜。

5.3.3 田间管理

5.3.3.1 间苗

根据出苗情况在第三对真叶期进行间苗,采取“拔强去弱留中间”的原则间苗,拔除过强苗、受病虫害危害及弱小苗、畸形苗及杂株,每穴定苗 3~4 株。受病虫害危害的植株应集中统一处理。

5.3.3.2 中耕除草

通过中耕除草提高土壤温度和通透性,促进根系发育。中耕除草选在苗期,应避免伤到麻株。

5.3.3.3 施肥及培土

根据植株生长、土壤肥力等进行施肥,施足基肥,合理追肥。间苗后根据植株长势,可适当追施尿素,追肥应在土表湿润时或雨前撒施,避免撒在叶片上。追肥后进行适当培土,培土高度应高于穴口平面 5~7cm。

5.3.3.4 灌水排水

生长季节视情况及时浇水。灌溉用水应符合 GB 5749 的规定。雨季应及时排水。

5.3.3.5 花期管理

在雌株现蕾期,结合去杂去劣剔除部分雄株,使雌雄比例接近 3:1。

5.3.4 病虫害防治

5.3.4.1 概述

贯彻"预防为主,综合防治"的植保方针,通过加强栽培管理,科学施肥等栽培措施,综合采用农业防治、物理防治、生物防治,配合科学合理地使用化学防治,将有害生物危害控制在允许范围以内。使用化学农药应严格按照产品说明书,收获前 30 天停止使用。具体病虫害种类参见附录 B 表 B.1 和表 B.2。

5.3.4.2 霜霉病

保持种植地土壤良好的通风、排水条件,使土壤湿度适宜;发生病害时可采用哈茨木霉菌、多菌灵等进行防治。

5.3.4.3 黑斑病

加强田间管理,及时清除畦间的残枝、病叶并烧毁;发生病害时可采用嘧菌环胺、多抗霉素等进行防治。

5.3.4.4 根腐病

注意排水,防止土壤湿度过大,清除病株并采用石灰水进行消毒;可采用枯草芽孢杆菌进行防治。

5.3.4.5 锈病

及时清除病株、病叶,并统一烧毁;可采用多菌灵进行防治。

5.3.4.6 地老虎

清除地块及周边杂草;用糖、醋、蜜进行诱杀。

5.3.4.7 金针虫

采用阿维菌素乳油毒杀;可进行人工诱杀。

5.3.4.8 金龟子

通过灯光诱杀成虫、醋液诱杀减少病虫。

5.3.4.9 蚜虫

及时清除虫卵、病株;采用吡虫啉、阿维菌素等毒杀。

5.3.4.10 红蜘蛛

清除田间杂草和作物的残枝败叶,减少虫源;采用噻螨酮、噻虫嗪等毒杀减少病虫。

5.4 采收与初加工

5.4.1 采收

从播种到采收 110~150 天,在种子苞片黄色、种壳颜色变深、70% 的果实成熟时,采收穗枝。

5.4.2　初加工

采收后及时晾晒,进行脱粒、晒干、风净等工序。果皮脆而薄,可采取机械或人工作业,使果皮剥落,弃掉果皮得到火麻仁。加工干燥过程保证场地、工具洁净,不受雨淋等。

5.5　包装、贮藏、运输

5.5.1　包装

包装材料应无毒、无害、清洁、干燥、无污染、无异味、无破损,并满足环保要求;包装容器尺寸应符合 GB/T 4892—2021《硬质直方体运输包装尺寸系列》的要求。包装应记录品名、批号、规格、重量、产地采收日期,并附有质量合格标志。

5.5.2　贮藏

5.5.2.1　贮藏条件

贮藏条件应具备 SB/T 11095—2014《中药材仓库技术规范》的要求,合理控制温度、湿度、防霉、防虫、防蛀等。

5.5.2.2　贮藏管理

贮存时应分批次存放,整齐便于通风,控制适宜的温度及湿度,仓储作业和仓储管理应符合 SB/T 11094—2014《中药材仓储管理规范》和 SB/T 10977—2013《仓储作业规范》的要求。

5.5.3　运输

批量运输时不能与其他有毒、有害物质混装,运输工具必须清洁、干燥无异味,具有较好的通风性,保持干燥,并设有防雨、防晒及防潮措施,防止二次污染。

附 录 A

（规范性）

禁限用农药名单

A.1 禁止（停止）使用的农药（46 种）

六六六、滴滴涕、毒杀芬、二溴氯丙烷、杀虫脒、二溴乙烷、除草醚、艾氏剂、狄氏剂、汞制剂、砷类、铅类、敌枯双、氟乙酰胺、甘氟、毒鼠强、氟乙酸钠、毒鼠硅、甲胺磷、对硫磷、甲基对硫磷、久效磷、磷胺、苯线磷、地虫硫磷、甲基硫环磷、磷化钙、磷化镁、磷化锌、硫线磷、蝇毒磷、治螟磷、特丁硫磷、氯磺隆、胺苯磺隆、甲磺隆、福美胂、福美甲胂、三氯杀螨醇、林丹、硫丹、溴甲烷、氟虫胺、杀扑磷、百草枯、2,4-滴丁酯。

注：氟虫胺自 2020 年 1 月 1 日起禁止使用。百草枯可溶胶剂自 2020 年 9 月 26 日起禁止使用。2,4-滴丁酯自 2023 年 1 月 29 日起禁止使用。溴甲烷可用于"检疫熏蒸处理"。杀扑磷已无制剂登记。

A.2 在部分范围禁止使用的农药（20 种）

部分范围禁止使用的农药应注意药食同源中药材及来自其他作物的中药材。部分范围禁止使用的农药见表 A.1。

表 A.1 部分范围禁止使用的农药

通用名	禁止使用范围
甲拌磷、甲基异柳磷、克百威、水胺硫磷、氧乐果、灭多威、涕灭威、灭线磷	禁止在蔬菜、瓜果、茶叶、菌类、中草药材上使用，禁止用于防治卫生害虫，禁止用于水生植物的病虫害防治
甲拌磷、甲基异柳磷、克百威	禁止在甘蔗作物上使用
内吸磷、硫环磷、氯唑磷	禁止在蔬菜、瓜果、茶叶、中草药材上使用
乙酰甲胺磷、丁硫克百威、乐果	禁止在蔬菜、瓜果、茶叶、菌类和中草药材上使用
毒死蜱、三唑磷	禁止在蔬菜上使用
丁酰肼（比久）	禁止在花生上使用
氰戊菊酯	禁止在茶叶上使用
氟虫腈	禁止在所有农作物上使用（玉米等部分旱田种子包衣除外）
氟苯虫酰胺	禁止在水稻上使用

A.3 说明

本附录的内容来自 2019 年中华人民共和国农业农村部发布的《禁限用农药名录》（http://www.zzys.moa.gov.cn/gzdt/201911/t20191129_6332604.htm）。

附　录　B

（资料性）

火麻仁基源植物常见病虫害防治的参考方法

火麻仁基源植物常见病害及防治方法见表 B.1。

表 B.1　常见病害种类及防治方法

病害种类	危害部位	防治方法
霜霉病	叶、茎	（1）保持土壤良好的通风、排水条件,使土壤湿度适宜。 （2）可用代森锰锌、多菌灵、哈茨木霉菌等
黑斑病	叶	（1）加强田间管理,及时清除畦间的残枝、病叶并烧毁。 （2）可用嘧菌酯、多菌灵、嘧菌环胺、多抗霉素、苯醚甲环唑、丙环唑、代森锰锌等
根腐病	根	（1）注意排水,防止土壤湿度过大。 （2）发现病株,带土挖出,病穴用 5% 石灰乳消毒,再换入无病土。 （3）可用枯草芽孢杆菌、噁霉灵等
锈病	叶	（1）及时清除病株、病叶并统一烧毁。 （2）可用代森锌、多菌灵等

火麻仁基源植物常见虫害及防治方法见表 B.2。

表 B.2　常见虫害种类及防治方法

虫害种类	危害部位	防治方法
地老虎	根、茎、叶	（1）清除地块及周边杂草。 （2）用糖、醋、蜜进行诱杀
金针虫	幼苗、幼芽和根部	（1）采用阿维菌素乳油毒杀。 （2）人工捕捉
金龟子	叶片和根部	（1）灯光诱杀成虫。 （2）醋液诱杀
蚜虫	叶片	（1）清除虫卵、病株。 （2）采用吡虫啉、阿维菌素等毒杀
红蜘蛛	叶片	（1）清除田间杂草和作物的残枝败叶,减少虫源。 （2）采用噻螨酮、噻虫嗪等毒杀

参考文献

［1］张际庆,陈士林,尉广飞,等.高大麻二酚(CBD)含量药用大麻的新品种选育及生产［J］.中国中药杂志,2019,44(21):4772-4780.

［2］刘飞虎,杨明.工业大麻的基础与应用［M］.北京:科学出版社,2015.

［3］陈士林,董林林,李西文,等.中药材无公害栽培生产技术规范［M］.北京:中国医药科技出版社,2018.

［4］许艳萍,杨明,郭鸿彦,等.昆明地区工业大麻病虫害及其防治技术［J］.云南农业科技,2006(4):46-48.

［5］陈其本,余立惠,杨明,等.大麻栽培利用及发展对策［M］.成都:电子科技大学出版社,1993.

［6］国家药典委员会.中华人民共和国药典:2020年版一部［M］.北京:中国医药科技出版社,2020.

ICS 65.020.20
CCS C 05

团 体 标 准

T/CACM 1374.38—2021

巴戟天规范化生产技术规程

Code of practice for good agricultural practice of Morinda Officinalis Radix

2021-10-15 发布 2021-10-15 实施

中华中医药学会 发布

目　次

前　　言

本文件按照 GB/T 1.1—2020《标准化工作导则　第 1 部分：标准化文件的结构和起草规则》的规定起草。

请注意本文件中的某些内容可能涉及专利。本文件的发布机构不承担识别专利的责任。

本文件由广州白云山中一药业有限公司和中国医学科学院药用植物研究所提出。

本文件由中华中医药学会归口。

本文件起草单位：广州白云山中一药业有限公司、福建天人药业股份有限公司、翁源县恒之源农林科技有限公司、中国医学科学院药用植物研究所、重庆市药物种植研究所。

本文件主要起草人：伍秀珠、江慧容、苏碧如、许启棉、伏宝香、林振盛、杜长江、林敏生、麦志刚、魏建和、王文全、王秋玲、杨小玉、辛元尧、王苗苗。

巴戟天规范化生产技术规程

1 范围

本文件确立了巴戟天规范化生产流程,规定了巴戟天的生产基地选址、种质要求、种苗繁育、种植、采收、产地初加工、包装、放行、贮运等阶段的操作要求。

本文件适用于巴戟天的规范化生产。

2 规范性引用文件

下列文件的内容通过文中的规范性引用而构成本文件必不可少的条款。其中,注明日期的引用文件,仅该日期对应的版本适用于本文件;不注明日期的引用文件,其最新版本(包括所有的修改单)适用于本文件。

《中华人民共和国药典》

GB 3095　环境空气质量标准

GB/T 3543　农作物种子检验规程

GB 5084　农田灌溉水质标准

GB 5749　生活饮用水卫生标准

GB 15618　土壤环境质量　农用地土壤污染风险管控标准(试行)

T/CACM 1374.1—2021　中药材规范化生产技术规程通则　植物药材

3 术语和定义

T/CACM 1374.1—2021 界定的以及下列术语和定义适用于本文件。

3.1 规范化生产　good agricultural practice

按照《中药材生产质量管理规范》(简称中药材 GAP)的要求,实施药材生产,保证中药材优质安全的生产过程。

3.2 技术规程　code of practice

为实现中药材生产顺利、有序进行,保证中药材生产质量,对中药材生产的基地选址、种子种苗、种植或野生抚育、采收与产地初加工以及包装、放行与贮运等,所做的技术规定和要求,是实施中药材规范生产的核心技术要求和实施指南。

3.3 巴戟天　Morinda Officinalis Radix

使用茜草科植物巴戟天 *Morinda officinalis* How 的干燥根。

4 巴戟天规范化生产流程图

巴戟天规范化生产流程见图1。

巴戟天规范化生产流程：　　　　　　　　　　关键控制点及参数：

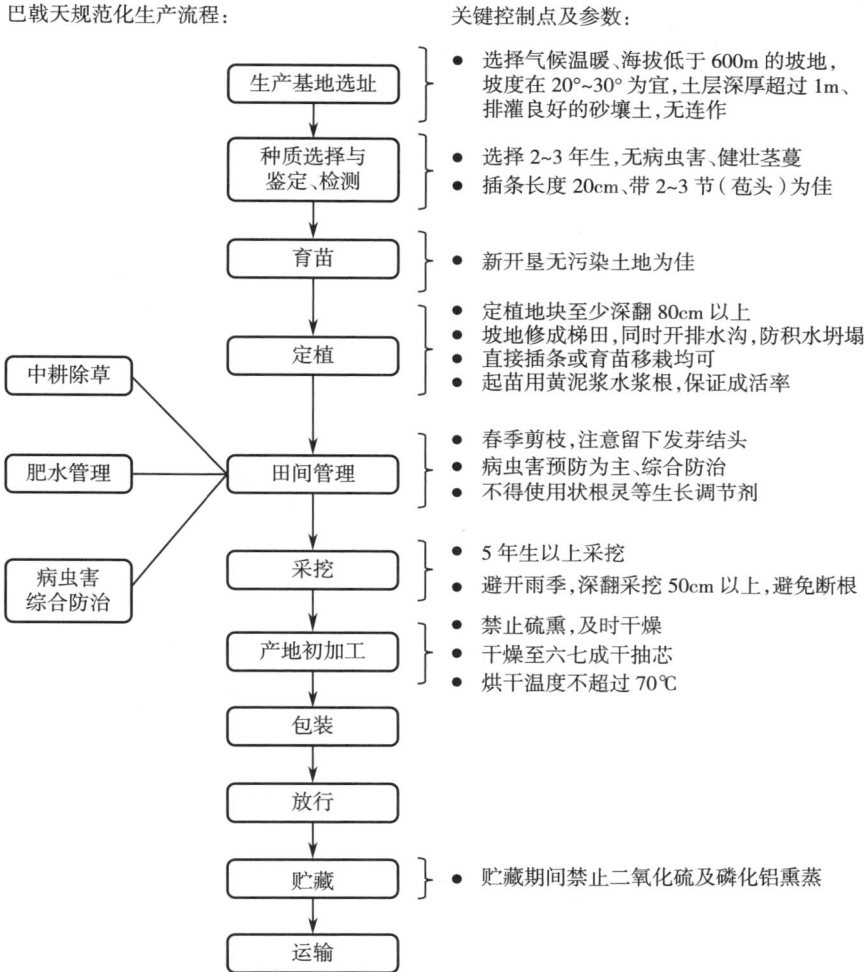

图1 巴戟天规范化生产流程图

5 巴戟天规范化生产技术

5.1 生产基地选址

5.1.1 产地选择

适宜种植在秦岭以南低海拔、温暖地带的山坡、丘陵，主要种植在广东及其周边地区。福建、广西、海南等地也有适宜种植区。

种植地宜选择生态环境条件良好，远离污染源，并具有可持续生产能力的生产区域，海拔600m以下、气候温度20~25℃、年降水量1 300~1 800mm的适宜地区。

5.1.2 环境监测

生产基地的大气、土壤和水样品的检测按照 GAP 要求,应符合相应国家标准,并保证生长期间持续符合标准。环境检测参照 GB 3095《环境空气质量标准》、GB 15618《土壤环境质量 农用地土壤污染风险管控标准（试行）》、GB 5084《农田灌溉水质标准》,产地初加工用水应符合 GB 5749《生活饮用水卫生标准》。

5.1.3 选地整地

选择土层厚度 1m 以上,土壤疏松肥沃、排灌良好,以坡度在 20°~30° 的东坡或东南坡为宜。深翻 80cm 以上、整平耙细,施入适量有机肥及化肥。

5.2 种质

5.2.1 种质选择

使用茜草科植物巴戟天 *Morinda officinalis* How,物种须经过鉴定。如使用农家品种或选育品种应加以明确。中药材规范化基地建设只能使用其中的一种,一个地块只能使用一个物种,不能混种。

5.2.2 良种繁育

选择 2~3 年生、无病虫害、健壮的野生或家种的巴戟天茎蔓作插穗为好。育苗地选择新开垦无污染的土地为佳。

5.3 种植

5.3.1 育苗

插条采集和处理:选择 2~3 年生粗壮枝条作插穗,剪取中部枝条。将剪下的茎蔓除去全部叶片及红紫色的嫩梢,截成长度 20cm 左右,带有 2~3 个节（苞头）的插穗,苗身青绿,剪口呈青绿色为好苗,若呈青白口为次好苗,呈黄口为劣质苗,种植时要严格挑出。最好随剪随插,宜用湿稻草或其他覆盖物盖好,以防切口干燥,影响成活率。

扦插:宜于春季或雨季进行。按株行距 3~5cm 垂直插条入土深约 2/3,插后压实土壤,覆盖芒萁或稻草,最后淋透水。春季扦插,2~3 周左右萌芽生根,冬季扦插则需两个月余。

幼苗管理:插条萌芽生根后,揭开盖草,并插上芒萁遮阴,苗高 20cm 左右,逐步除去芒萁,根据苗情及时除草,施淡薄尿素等 1~2 次。培育 3~4 个月,苗高 30cm 以上即可定植。

5.3.2 定植

5.3.2.1 整地

种植前须保护好生态环境,除草、烧荒,土地深翻 80cm 以上,去除石块并随整地施入农家肥,每亩（1 亩 ≈ 666.7m²,下文同）加入不少于 1 000kg 作基肥,日晒 1~2 个月。在坡地种植按水平线修成梯田带,在整地的同时开排水沟,以防积水。巴戟天直接插条种植或育苗移栽均可。最佳时间为早春至清明节前后。

5.3.2.2 直接插条种植

用专用手锄垂直插入挖开泥土,一穴两株插入插条,以埋入苗身两个节为准,抽起手锄。如雨天或土湿,直种回土,轻轻用力推土压平即可,不宜用锄头敲实。如晴天须用点力压土,以不伤苗皮为宜,用锄头敲打至实。种植密度以每亩约 8 000 穴为宜,平地按株行距

20cm×20cm 或 18cm×18cm。在梯带上种植按株行距 20cm×40cm。

5.3.2.3 移栽定植

起苗立即用黄泥浆水(黄泥浆+腐植酸+生根素+杀菌药+水按使用说明的比例稀释),均匀搅拌成糊状浸蘸巴戟天苗根部进行浆根处理,以便种苗运输、存放。浆根后的种苗应注意避免太阳暴晒或雨淋,尽快移栽定植。若未完成移栽种苗则需用湿润沙子堆埋根部保存。

移栽种植前土地应提前适当浇灌湿润,注意不得水多使土壤成糊状,会造成苗根湿烂不生长,且变黑发霉。种植方式和密度与直接插条种植相同,定植后及时浇灌保湿。

5.3.3 田间管理

5.3.3.1 施肥、除草和灌溉

种植后及时补苗或插条;苗期和夏季高温干旱季节,注意及时浇灌保湿。雨季注意及时排水防止烂根。春、夏、秋分别结合中耕除草施肥。1~2 年生的巴戟天除草注意不伤根系,每年 4—6 月和 9—11 月各施肥 1 次、除草 2 次。3~4 年生的巴戟天每年 4—6 月和 9—11 月各施肥 2 次,注意补充磷肥、钾肥。5~6 年生成材可采挖的巴戟天每年春夏季各施肥 1 次,以有机肥为主。每年到 12 月份所有种植地地面施腐熟农家肥一次,每次每亩约 300kg。

肥料以有机肥为主,化学肥有限度使用,鼓励使用国家批准的菌肥和中药材专用肥。

5.3.3.2 剪枝

每年清明前后对 2~4 年生巴戟天进行剪枝一次,剪枝时注意必须留下发芽结头(俗称"鸡头"),将"鸡头"上 1cm 以上剪除,以后逐年根据巴戟天生长情况调整留枝长度,第 5 年起巴戟天不剪枝。

5.3.4 病虫害草害防治

采用预防为主、综合防治的方法:有机肥必须充分腐熟;选用无病害感染、无机械损伤的优质种苗,禁用带病苗;发现病株及时拔除,集中销毁;保持苗田、种植地清洁,及时清沟排水,及时在杂草出苗 2~3 叶时、杂草种子未成熟前中耕除草;集中烧毁深埋病残枯枝落叶,种植前宜秋冬季进行整地,犁翻土地以杀死越冬虫源。

采用化学防治时,应当符合国家有关规定,应严格按照产品说明书;优先选用高效、低毒的生物农药;尽量避免使用除草剂、杀虫剂和杀菌剂等化学农药;不使用禁限用农药。具体病虫害种类参见附录 B 表 B.1。

5.4 采挖

巴戟天种植 5~8 年才能成材收获。全年都可采收,注意避开雨季进行。一般用锄头挖起地下根部,挖时注意勿伤根皮,抖落泥土,剪去叶茎保留肉质根部。注意收获后不能堆置太久,及时干燥,以免影响质量。

5.5 产地初加工

巴戟天产地初加工方法包括直接晒干法、烘干法。将巴戟天洗去泥沙,剪去叶茎,注意不能堆积太久,及时干燥以免变质。

直接晒干法:晒至六七成干抽芯或用木槌轻轻打扁或直接晒干。

烘干法：可采用各种设施,烘干温度不应超过70℃,干燥过程须及时翻动,保持干度一致。

商品质量标准：掰开断面不得发霉,黄曲霉素不得超标。水分不超过15%。

加工干燥过程保证场地、工具洁净,不受雨淋等。

5.6 包装、放行、贮运

5.6.1 包装

包装前应对每批药材按照国家标准进行质量检验。符合国家标准的药材,采用不影响质量的洁净编织袋、麻袋、纸箱等包装,禁止采用包装过肥料、农药等的包装袋包装。包装外贴或挂标签、合格证,标识牌内容应有药材名、基源、产地、批号、规格、重量、采收日期、企业名称等,并有追溯码。

5.6.2 放行

应制定符合企业实际情况的放行制度,有审核批生产、检验等的相关记录。不合格药材有单独处理制度。

5.6.3 贮运

巴戟天因含糖量高,易霉变导致黄曲霉素超标。应贮存于阴凉干燥处,定期检查,防止虫蛀、霉变、腐烂等的发生。仓库控制温度在20℃以下、相对湿度75%以下;不同批次等级药材分区存放;建有定期检查制度。禁止磷化铝和二氧化硫熏蒸。可采用现代气调贮藏方法,包装或库内充氮或二氧化碳。

运输应防止发生混淆、污染、异物混入、包装破损、雨雪淋湿等。

附 录 A

（规范性）

禁限用农药名单

A.1 禁止（停止）使用的农药（46 种）

六六六、滴滴涕、毒杀芬、二溴氯丙烷、杀虫脒、二溴乙烷、除草醚、艾氏剂、狄氏剂、汞制剂、砷类、铅类、敌枯双、氟乙酰胺、甘氟、毒鼠强、氟乙酸钠、毒鼠硅、甲胺磷、对硫磷、甲基对硫磷、久效磷、磷胺、苯线磷、地虫硫磷、甲基硫环磷、磷化钙、磷化镁、磷化锌、硫线磷、蝇毒磷、治螟磷、特丁硫磷、氯磺隆、胺苯磺隆、甲磺隆、福美胂、福美甲胂、三氯杀螨醇、林丹、硫丹、溴甲烷、氟虫胺、杀扑磷、百草枯、2,4-滴丁酯。

注：氟虫胺自 2020 年 1 月 1 日起禁止使用。百草枯可溶胶剂自 2020 年 9 月 26 日起禁止使用。2,4-滴丁酯自 2023 年 1 月 29 日起禁止使用。溴甲烷可用于"检疫熏蒸处理"。杀扑磷已无制剂登记。

A.2 在部分范围禁止使用的农药（20 种）

部分范围禁止使用的农药应注意药食同源中药材及来自其他作物的中药材。部分范围禁止使用的农药见表 A.1。

表 A.1 部分范围禁止使用的农药

通用名	禁止使用范围
甲拌磷、甲基异柳磷、克百威、水胺硫磷、氧乐果、灭多威、涕灭威、灭线磷	禁止在蔬菜、瓜果、茶叶、菌类、中草药材上使用,禁止用于防治卫生害虫,禁止用于水生植物的病虫害防治
甲拌磷、甲基异柳磷、克百威	禁止在甘蔗作物上使用
内吸磷、硫环磷、氯唑磷	禁止在蔬菜、瓜果、茶叶、中草药材上使用
乙酰甲胺磷、丁硫克百威、乐果	禁止在蔬菜、瓜果、茶叶、菌类和中草药材上使用
毒死蜱、三唑磷	禁止在蔬菜上使用
丁酰肼（比久）	禁止在花生上使用
氰戊菊酯	禁止在茶叶上使用
氟虫腈	禁止在所有农作物上使用（玉米等部分旱田种子包衣除外）
氟苯虫酰胺	禁止在水稻上使用

A.3 说明

本附录的内容来自 2019 年中华人民共和国农业农村部发布的《禁限用农药名录》（http://www.zzys.moa.gov.cn/gzdt/201911/t20191129_6332604.htm）。

附 录 B

（资料性）

巴戟天常见病虫害防治的参考方法

巴戟天常见病虫害防治的参考方法参见表 B.1。

表 B.1　巴戟天常见病虫害防治的参考方法

防治对象	防治时期	化学防治方法	农业防治或物理防治方法
茎基腐病	3—5 月 始发期 5—10 月高峰期	波尔多液、代森锌喷施，按农药标签使用	选无病的植株繁殖，注意合理施肥，不与花生、黄豆间种；有机肥必须充分腐熟；多雨季节，应及时排水；发现病株及时拔除，集中销毁，每穴撒入草木灰 100g 或生石灰 200~300g，进行杀菌
轮纹病	10 月—次年 3 月	代森锌喷施，按农药标签使用	加强肥水管理，休眠期清除病残体；果实套袋
烟煤病	4—6 月	多菌灵、代森锌喷施，按农药标签使用	加强栽培管理，种植密度要适当；及时修剪病枝和多余枝条、增强通风透光性；夏季高温时降低温度，及时排水，防止湿气滞留
根结线虫	种植前	—	宜选生荒地种植为好，切忌在熟地育苗地连作；加强苗木检疫，淘汰病苗，以阻止传播危害；用 15% 澄清石灰水淋病根处，危害严重时拔除病株烧毁，并用浓石灰水或石灰粉灌、撒病穴，以免扩大传染
注：如有新的适合无公害巴戟天生产的高效、低毒、低残留生物农药应优先选用			

参考文献

［1］国家药典委员会.中华人民共和国药典：2020 年版一部［M］.北京：中国医药科技出版社,2020.

［2］么历,程慧珍,杨智.中药材规范化种植（养殖）技术指南［M］.北京：中国农业出版社,2006.

［3］陈舜让.巴戟天规范栽培技术［J］.广东药学,2003 年,13（3）：11-12.

［4］韦小锋.巴戟天生态种植产业发展研究：以郁南县大方镇为例［J］.南方农机,2019,50（12）：79.

［5］詹若挺,丁平,潘超美,等.巴戟天规范化种植基地不同农家类型的调查和比较研究［J］.广州中医药大学学报,2003,20（1）：72-75.

［6］刘瑾,丁平,詹若挺,等.广东省和福建省巴戟天药用植物资源调查研究［J］.广州中医药大学学报,2009,26（5）：485-487.

［7］郑佛荣,沈天平.永定县推广种植巴戟天技术管理浅谈［J］.福建质量管理,2011（12）：64-65.

_____

ICS 65.020.20

CCS C 05

团 体 标 准

T/CACM 1374.39—2021

玉竹规范化生产技术规程

Code of practice for good agricultural practice of Polygonati Odorati Rhizoma

2021-10-15 发布

2021-10-15 实施

中华中医药学会 发布

目　次

前　　言

本文件按照 GB/T 1.1—2020《标准化工作导则　第 1 部分：标准化文件的结构和起草规则》的规定起草。

请注意本文件中的某些内容可能涉及专利。本文件的发布机构不承担识别专利的责任。

本文件由中国医学科学院药用植物研究所和辽宁省经济作物研究所提出。

本文件由中华中医药学会归口。

本文件起草单位：辽宁省经济作物研究所、上药（辽宁）中药资源有限公司、河北旅游职业学院、辽宁光太药业股份有限公司、清原满族自治县农盛中药材种植专业合作社、中国医学科学院药用植物研究所、重庆市药物种植研究所。

本文件主要起草人：孙文松、李晓丽、李玲、朱光明、李世、温健、王彦明、李旭、刘亚男、季忠英、沈宝宇、刘丹、魏建和、王文全、王秋玲、杨小玉、辛元尧、王苗苗。

玉竹规范化生产技术规程

1 范围

本文件确立了玉竹规范化生产流程,规定了玉竹的生产基地选址、种质要求、种苗繁育、种植、采收、产地初加工、包装、放行、贮运等阶段的操作要求。

本文件适用于玉竹的规范化生产。

2 规范性引用文件

下列文件的内容通过文中的规范性引用而构成本文件必不可少的条款。其中,注明日期的引用文件,仅该日期对应的版本适用于本文件。不注明日期的引用文件,其最新版本(包括所有的修改单)适用于本文件。

GB 3095 环境空气质量标准

GB 5084 农田灌溉水质标准

GB 5749 生活饮用水卫生标准

GB 15618 土壤环境质量 农用地土壤污染风险管控标准(试行)

T/CACM 1374.1—2021 中药材规范化生产技术规程通则 植物药材

3 术语和定义

T/CACM 1374.1—2021 界定的以及下列术语和定义适用于本文件。

3.1 规范化生产 good agricultural practice

按照《中药材生产质量管理规范》(简称中药材 GAP)的要求,实施药材生产,保证中药材优质安全的生产过程。

3.2 技术规程 code of practice

为实现中药材生产顺利、有序进行,保证中药材生产质量,对中药材生产的基地选址、种子种苗、种植或野生抚育、采收与产地初加工以及包装、放行与贮运等,所做的技术规定和要求,是实施中药材规范生产的核心技术要求和实施指南。

3.3 玉竹 Polygonati Odorati Rhizoma

百合科植物玉竹 *Polygonatum odoratum*(Mill.)Druce 的干燥根茎。

4 玉竹规范化生产流程图

玉竹规范化生产流程见图 1。

玉竹规范化生产流程：   关键控制点及参数：

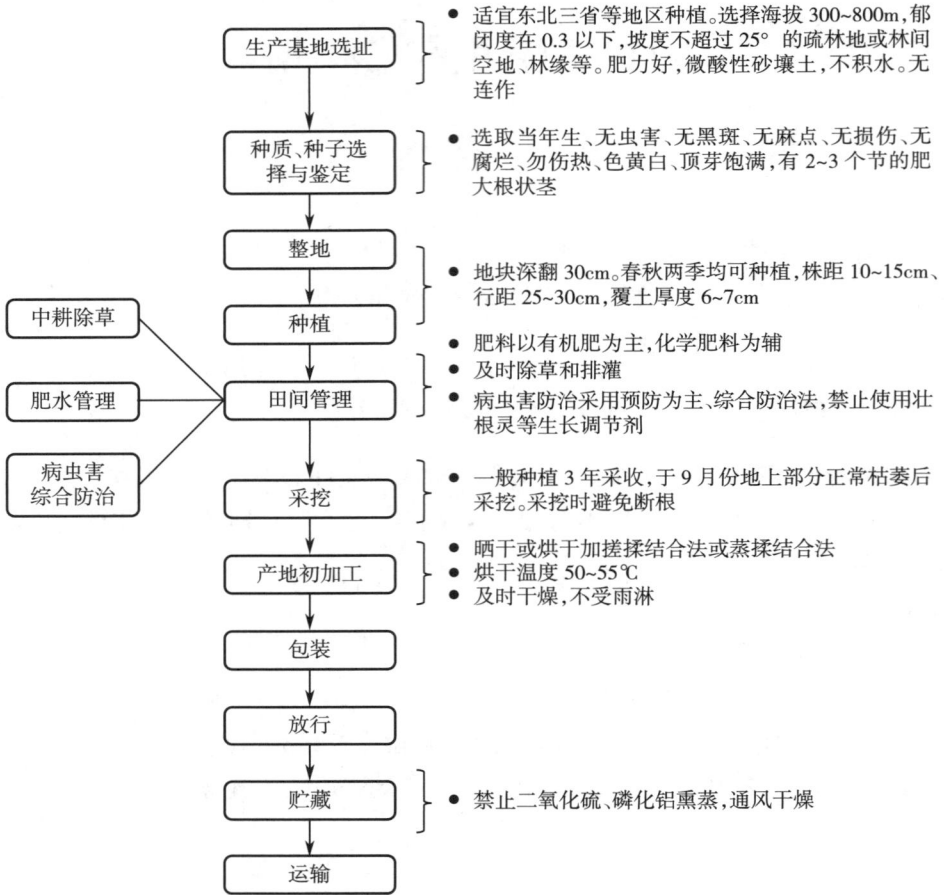

```
                              • 适宜东北三省等地区种植。选择海拔300~800m,郁
     ┌─────────────┐             闭度在0.3以下,坡度不超过25°的疏林地或林间
     │  生产基地选址  │ ├─────      空地、林缘等。肥力好,微酸性砂壤土,不积水。无
     └─────────────┘             连作
            ↓
     ┌─────────────┐           • 选取当年生、无虫害、无黑斑、无麻点、无损伤、无
     │ 种质、种子选  │ ├─────      腐烂、勿伤热、色黄白、顶芽饱满,有2~3个节的肥
     │ 择与鉴定     │             大根状茎
     └─────────────┘
            ↓
     ┌─────────────┐
     │    整地      │
     └─────────────┘
            ↓
     ┌─────────────┐           • 地块深翻30cm。春秋两季均可种植,株距10~15cm、
     │    种植      │ ├─────      行距25~30cm,覆土厚度6~7cm
     └─────────────┘
            ↓
     ┌─────────────┐           • 肥料以有机肥为主,化学肥料为辅
     │  田间管理    │ ├─────    • 及时除草和排灌
     └─────────────┘           • 病虫害防治采用预防为主、综合防治法,禁止使用壮
            ↓                    根灵等生长调节剂
     ┌─────────────┐           • 一般种植3年采收,于9月份地上部分正常枯萎后
     │    采挖      │ ├─────      采挖。采挖时避免断根
     └─────────────┘
            ↓
     ┌─────────────┐           • 晒干或烘干加搓揉结合法或蒸揉结合法
     │  产地初加工   │ ├─────    • 烘干温度50~55℃
     └─────────────┘           • 及时干燥,不受雨淋
            ↓
     ┌─────────────┐
     │    包装      │
     └─────────────┘
            ↓
     ┌─────────────┐
     │    放行      │
     └─────────────┘
            ↓
     ┌─────────────┐           • 禁止二氧化硫、磷化铝熏蒸,通风干燥
     │    贮藏      │ ├─────
     └─────────────┘
            ↓
     ┌─────────────┐
     │    运输      │
     └─────────────┘
```

左侧分支：
中耕除草 ┐
肥水管理 ├─→ 田间管理
病虫害综合防治 ┘

图1　玉竹的规范化生产流程图

5　玉竹规范化生产技术

5.1　生产基地选址规程

5.1.1　产地选择

玉竹主要分布于吉林、辽宁、黑龙江等省。主产于辽宁抚顺、丹东,吉林通化、敦化等地。种植地选择远离城市和主干道,远离化工厂、矿山等带有污染源的地点,种植地选择海拔300~800m,郁闭度在0.3以下,坡度不超过25°的疏林地或林间空地、林缘、路旁等。

5.1.2　地块选择

种植地宜选择土层深厚、排水良好、疏松肥沃、富含腐殖质的向阳的微酸性砂壤土,忌在土质黏重、地势低洼、易积水的地块种植。玉竹不宜连作,前作以禾本科和豆科作物为佳,如玉米、水稻等,不宜为百合、葱、芋头、辣椒等作物。轮作年限要超过3~4年,种植老区要超过7~8年。

5.1.3 环境监测

生产基地的空气质量应符合 GB 3095 规定的环境空气质量标准,灌溉水质量应符合 GB 5084 规定的农田灌溉水质标准,土壤质量应符合 GB 15618 规定的标准,加工用水应符合 GB 5749 规定的标准。

5.2 种质与种苗

5.2.1 种质选择

使用百合科植物玉竹 *Polygonatum odoratum*(Mill.)Druce,须经过鉴定。如使用农家品种或选育品种应明确。

5.2.2 种茎选择

在收获时,从苗秆粗壮的植株中选取当年生、无虫害、无黑斑、无麻点、无损伤、无腐烂、勿伤热、色黄白、顶芽饱满,有 2~3 个节的肥大根状茎作种栽。

5.3 种植

5.3.1 整地

整地前先施入充分腐熟的农家肥,用量为 1 500~2 000kg/ 亩(1 亩 ≈ 666.7m² ,下文同),均匀撒于地表。然后将土深翻 30cm,细耙作床,床宽 100~130cm,沟宽 25~30cm,床高 15~20cm。

5.3.2 种植时间

春秋两季均可进行。秋季一般在 9 月下旬—10 月上旬进行栽植;春季在 4 月中下旬,种茎萌芽前进行。可收获时,随采随栽。

5.3.3 种植

根据不同的土质、肥力、种栽质量和起挖年限,合理确定栽植密度。一般株距 10~15cm、行距 25~30cm,在畦面上横向开沟,深 8~10cm,栽种在沟底纵向排列,芽苞朝一个方向,并向上倾斜摆放,覆土厚度 6~7cm。大田栽植可在苗床间种玉米等高秆作物进行庇荫。

5.3.4 田间管理

5.3.4.1 中耕除草

应本着勤除、除早、除小、除了的原则。出苗后,第一年除草可用手拔或浅锄,保持畦面无杂草。第二、三年根茎密布地表层,只宜用手拔除。雨后或土壤过湿不宜拔草。

5.3.4.2 追肥

根据药材的生长、土壤肥力等进行施肥。以有机肥为主,化学肥料有限度使用,鼓励使用经国家批准的菌肥及中药材专用肥。每年结合中耕除草追肥 1~2 次,11 月份追施腐熟的有机肥 2 000kg/ 亩,均匀撒于床面。禁止使用壮根灵、膨大素等生长调节剂用于增大玉竹根茎。

5.3.4.3 灌溉与排水

在干旱季节,应及时灌溉,没有灌溉条件的,可采用稻草等秸秆进行行间覆盖保湿,也可在行间种植玉米等高秆作物,以创造良好的阴湿环境。玉竹忌积水,多雨季节,及时排水防涝。

5.3.5 病虫害草害防治

玉竹主要病害有根腐病、叶斑病、锈病等,主要虫害是蛴螬等。

贯彻"预防为主、综合防治"的植保方针,优先采用农业防治法、生物防治法和物理机械防治法,化学防治法作为最后的措施。

采用化学防治时,应当符合国家有关规定;优先选用高效、低毒的生物农药;尽量避免使用杀菌剂、杀虫剂和除草剂等化学农药;不使用禁限用农药,采收前 30 天停止使用各种杀菌剂和杀虫剂。具体防治参考方法见表 B.1。

5.4 采挖

玉竹一般种植 3 年收获。于 9 月份地上部分正常枯萎后进行采挖。也可早春 4 月份采挖。选晴天土壤比较干燥时收获。采挖时,先割去地上茎秆,采用人工或机械挖掘,从床头开始,朝另一方向按顺序起挖,采挖时应避免破伤外皮和断根,抖净泥土,去除残茎,防止折断。

5.5 产地初加工

初加工常用晒干或烘干加搓揉结合法或蒸揉结合法。

将挖出的玉竹根茎先用清水淋洗,然后放进烘干室,50℃烘约 24 小时,至根茎柔软不易折断,须根干燥后取出,放进脱毛机,脱去须根毛,脱毛过程也是机械搓揉的过程,通过脱毛搓揉,玉竹内无硬心,色泽金黄,呈半透明状,再回烘干室 50~55℃烘干,即成商品玉竹。另一种是将淋洗后的玉竹根茎放进蒸箱中蒸至柔软,取出放进烘干室烘约 24 小时,再放进脱毛机脱去须根毛,色泽金黄,呈半透明状再烘干。

5.6 包装、放行、贮运

5.6.1 包装

包装前应对每批药材按照国家标准进行质量检验。符合国家标准的药材,采用不影响质量的麻袋、纸箱等包装,禁止采用包装过肥料、农药等的包装袋包装。包装外贴或挂标签、合格证,标识牌内容应有品种、基源、产地、批号、规格、重量、采收日期、企业名称等,并有追溯码。

5.6.2 放行

应制定符合企业实际情况的放行制度,有审核批生产、检验等的相关记录。不合格药材有单独处理制度。

5.6.3 贮运

应贮存于阴凉通风干燥处,定期检查,防止虫蛀、霉变、腐烂、泛油等的发生。仓库控制温度在 20℃以下,相对湿度为 75% 以下;不同批次等级药材分区存放;建有定期检查制度。禁止磷化铝和二氧化硫熏蒸。也可采用现代气调贮藏方法,包装或库内充氮或二氧化碳。

运输应防止发生混淆、污染、异物混入、包装破损、雨雪淋湿等。

附　录　A

（规范性）

禁限用农药名单

A.1　禁止（停止）使用的农药（46 种）

　　六六六、滴滴涕、毒杀芬、二溴氯丙烷、杀虫脒、二溴乙烷、除草醚、艾氏剂、狄氏剂、汞制剂、砷类、铅类、敌枯双、氟乙酰胺、甘氟、毒鼠强、氟乙酸钠、毒鼠硅、甲胺磷、对硫磷、甲基对硫磷、久效磷、磷胺、苯线磷、地虫硫磷、甲基硫环磷、磷化钙、磷化镁、磷化锌、硫线磷、蝇毒磷、治螟磷、特丁硫磷、氯磺隆、胺苯磺隆、甲磺隆、福美肿、福美甲肿、三氯杀螨醇、林丹、硫丹、溴甲烷、氟虫胺、杀扑磷、百草枯、2,4- 滴丁酯。

　　注：氟虫胺自 2020 年 1 月 1 日起禁止使用。百草枯可溶胶剂自 2020 年 9 月 26 日起禁止使用。2,4-滴丁酯自 2023 年 1 月 29 日起禁止使用。溴甲烷可用于"检疫熏蒸处理"。杀扑磷已无制剂登记。

A.2　在部分范围禁止使用的农药（20 种）

　　部分范围禁止使用的农药应注意药食同源中药材及来自其他作物的中药材。部分范围禁止使用的农药见表 A.1。

表 A.1　部分范围禁止使用的农药

通用名	禁止使用范围
甲拌磷、甲基异柳磷、克百威、水胺硫磷、氧乐果、灭多威、涕灭威、灭线磷	禁止在蔬菜、瓜果、茶叶、菌类、中草药材上使用,禁止用于防治卫生害虫,禁止用于水生植物的病虫害防治
甲拌磷、甲基异柳磷、克百威	禁止在甘蔗作物上使用
内吸磷、硫环磷、氯唑磷	禁止在蔬菜、瓜果、茶叶、中草药材上使用
乙酰甲胺磷、丁硫克百威、乐果	禁止在蔬菜、瓜果、茶叶、菌类和中草药材上使用
毒死蜱、三唑磷	禁止在蔬菜上使用
丁酰肼（比久）	禁止在花生上使用
氰戊菊酯	禁止在茶叶上使用
氟虫腈	禁止在所有农作物上使用（玉米等部分旱田种子包衣除外）
氟苯虫酰胺	禁止在水稻上使用

A.3　说明

　　本附录的内容来自 2019 年中华人民共和国农业农村部发布的《禁限用农药名录》（http://www.zzys.moa.gov.cn/gzdt/201911/t20191129_6332604.htm）。

附 录 B

（资料性）

玉竹常见病虫害防治的参考方法

玉竹常见病虫害防治的参考方法见表 B.1。

表 B.1 玉竹常见病虫害防治的参考方法

病虫害名称	防治时期	化学防治方法	农业防治或物理防治方法
根腐病	7—9 月	栽种前使用多菌灵浸种，或用枯草芽孢杆菌、甲基硫菌灵灌根，按农药标签使用	水旱轮作；选择排水良好的地块种植；选用无病害感染、无机械损伤、健康的优质种苗；使用充分腐熟的有机肥和生物肥；深沟高垄栽培，及时排涝；发现病株及时拔除销毁，撒入草木灰 100g 或生石灰 200~300g，进行局部消毒
锈病	5—8 月	三唑酮、嘧菌酯或甲基硫菌灵喷施，按农药标签使用	选用抗病品种；合理密植；发病早期摘除病叶；科学施肥，使植株生长健壮，提高抗病能力
叶斑病	6—9 月	苯醚甲环唑、多抗霉素喷施，按农药标签使用	做好水肥调控，培育壮株；及时拔除患病严重的植株，并用熟石灰消毒
蛴螬	7—10 月	敌百虫灌根，或与米或麦麸炒后制成毒饵诱杀，按农药标签使用	多翻、深翻土壤，尽量延长暴晒时间

参考文献

［1］郑晓宁,张瀚文,赵桂.辽宁地区玉竹栽培技术要点[J].特种经济动植物,2015,18（6）:30-32.

［2］伍贤进,王依清,李胜华,等.南方玉竹规范化栽培技术规程[J].安徽农业科学,2014,42（6）:1669-1670.

［3］付海滨,曹志军,张敏,等.出口玉竹规范化生产标准操作规程（SOP）[J].现代中药研究与实践,2015,29（3）:1-2.

［4］曹亮,徐瑞,谢进,等.玉竹根腐病防治杀菌剂筛选[J].中药材,2018,41（5）:1031-1034.

［5］张国锋,宋宇鹏,奚广生.吉林地区玉竹栽培密度的研究[J].北方园艺,2012（18）:61-62.

［6］贾秀梅.玉竹常见病害的发生及综合防治[J].特种经济动植物,2011,14（10）:51-52.

［7］张健夫,赵忠伟.玉竹高产栽培技术的研究[J].长春大学学报,2014,24（4）:473-475.

［8］王艳玲,谭起娇.不同品系及不同生长年限关玉竹的品质比较[J].贵州农业科学,2012,40（5）:157-158.

［9］崔蕾,刘塔斯,龚力民,等.玉竹根腐病病原菌鉴定及抑菌剂筛选试验研究[J].中国农学通报,2013,29（31）:159-162.

［10］张国锋,宋宇鹏,郑永春.东北地区玉竹根茎繁殖技术研究[J].北方园艺,2012（14）:172-174.

［11］杨哲,成文,钟灿,等.基肥配方施肥对玉竹生长与根茎形成的影响[J].作物研究,2013,27（4）:340-342.

［12］孟祥才,马伟,李明.北方主要地道中药材规范化栽培[M].北京:中国医药科技出版社,2005.

ICS 65.020.20
CCS C 05

团 体 标 准

T/CACM 1374.40—2021

甘草(甘草)规范化生产技术规程

Code of practice for good agricultural practice of Glycyrrhizae Radix Et Rhizoma

2021-10-15 发布

2021-10-15 实施

中华中医药学会　发布

目　次

前　　言

本文件按照 GB/T 1.1—2020《标准化工作导则　第 1 部分：标准化文件的结构和起草规则》的规定起草。

请注意本文件中的某些内容可能涉及专利。本文件的发布机构不承担识别专利的责任。

本文件由中国医学科学院药用植物研究所提出。

本文件由中华中医药学会归口。

本文件起草单位：中国中药有限公司、中国医学科学院药用植物研究所、新疆维吾尔自治区中药民族药研究所、宁夏农林科学院、新疆农业大学、国药种业有限公司、中国医药健康产业股份有限公司、榆中县农业农村局、甘肃菁茂生态农业科技股份有限公司、甘肃金佑康药业科技有限公司、赤峰荣兴堂药业有限责任公司、内蒙古王爷地苁蓉生物有限公司、重庆市药物种植研究所。

本文件主要起草人：王继永、王文全、邓庭伟、尚兴朴、曾燕、李晓瑾、李明、陈彩霞、闫滨滨、魏建和、王秋玲、马生军、包芳、赵钰钊、关锰、杨虎林、张世雄、金雷杰、于荣、魏均、杨小玉、辛元尧、王苗苗。

甘草(甘草)规范化生产技术规程

1 范围

本文件确立了甘草(甘草)的规范化生产流程,规定了甘草(甘草)选地及环境要求、种质要求与种子处理、直播种植、甘草育苗、种苗移栽、采收、加工、包装、贮运等阶段的操作要求。

本文件适用于甘草(甘草)的规范化生产。

2 规范性引用文件

下列文件的内容通过文中的规范性引用而构成本文件必不可少的条款。其中,注明日期的引用文件,仅该日期对应的版本适用于本文件;不注明日期的引用文件,其最新版本(包括所有的修改单)适用于本文件。

GB 3095 环境空气质量标准

GB/T 3543 农作物种子检验规程

GB 5084 农田灌溉水质标准

GB 5749 生活饮用水卫生标准

GB/T 8231.10—2018 农药合理使用准则(十)

GB 15618 土壤环境质量 农用地土壤污染风险管控标准(试行)

NY/T 496 肥料合理使用准则 通则

T/CACM 1374.1—2021 中药材规范化生产技术规程通则 植物药材

3 术语和定义

T/CACM 1374.1—2021 界定的以及下列术语和定义适用于本文件。

3.1 规范化生产 good agricultural practice

按照《中药材生产质量管理规范》(简称中药材 GAP)的要求,实施药材生产,保证中药材优质安全的生产过程。

3.2 技术规程 code of practice

为实现中药材生产顺利、有序进行,保证中药材生产质量,对中药材生产的基地选址、种子种苗、种植或野生抚育、采收与产地初加工以及包装、放行与贮运等,所做的技术规定和要求,是实施中药材规范生产的核心技术要求和实施指南。

3.3 甘草 Glycyrrhizae Radix Et Rhizoma

豆科植物甘草 *Glycyrrhiza uralensis* Fisch. 的干燥根及根茎。

3.4 甘草种子　seeds of Liquorice

豆科甘草属植物甘草 *Glycyrrhiza uralensis* Fisch. 的成熟种子。

3.5 甘草种苗　seedlings of Liquorice

甘草 *Glycyrrhiza uralensis* Fisch. 良种经过培育而成的 1 年生植株。

4 甘草（甘草）规范化生产流程图

甘草（甘草）规范化生产流程见图 1。

甘草规范化生产流程：　　关键控制点及参数：

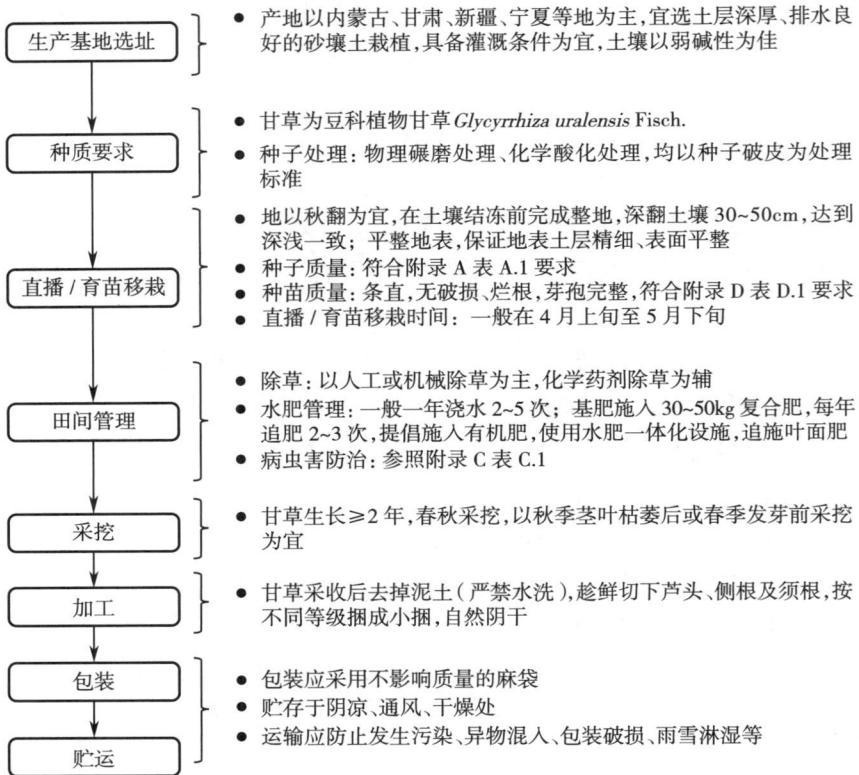

```
┌──────────────┐
│ 生产基地选址 │────┤
└──────────────┘
```
- 产地以内蒙古、甘肃、新疆、宁夏等地为主,宜选土层深厚、排水良好的砂壤土栽植,具备灌溉条件为宜,土壤以弱碱性为佳

```
┌──────────────┐
│  种质要求    │────┤
└──────────────┘
```
- 甘草为豆科植物甘草 *Glycyrrhiza uralensis* Fisch.
- 种子处理:物理碾磨处理、化学酸化处理,均以种子破皮为处理标准

```
┌──────────────┐
│ 直播/育苗移栽 │────┤
└──────────────┘
```
- 地以秋翻为宜,在土壤结冻前完成整地,深翻土壤 30~50cm,达到深浅一致;平整地表,保证地表土层精细、表面平整
- 种子质量:符合附录 A 表 A.1 要求
- 种苗质量:条直,无破损、烂根,芽孢完整,符合附录 D 表 D.1 要求
- 直播/育苗移栽时间:一般在 4 月上旬至 5 月下旬

```
┌──────────────┐
│   田间管理   │────┤
└──────────────┘
```
- 除草:以人工或机械除草为主,化学药剂除草为辅
- 水肥管理:一般一年浇水 2~5 次;基肥施入 30~50kg 复合肥,每年追肥 2~3 次,提倡施入有机肥,使用水肥一体化设施,追施叶面肥
- 病虫害防治:参照附录 C 表 C.1

```
┌──────────────┐
│    采挖      │────┤
└──────────────┘
```
- 甘草生长 ≥2 年,春秋采挖,以秋季茎叶枯萎后或春季发芽前采挖为宜

```
┌──────────────┐
│    加工      │────┤
└──────────────┘
```
- 甘草采收后去掉泥土（严禁水洗）,趁鲜切下芦头、侧根及须根,按不同等级捆成小捆,自然阴干

```
┌──────────────┐
│    包装      │────┤
└──────────────┘
```
- 包装应采用不影响质量的麻袋
- 贮存于阴凉、通风、干燥处

```
┌──────────────┐
│    贮运      │────┤
└──────────────┘
```
- 运输应防止发生污染、异物混入、包装破损、雨雪淋湿等

图 1　甘草（甘草）规范化生产流程图

5 甘草（甘草）规范化生产技术

5.1 选地及环境要求

5.1.1 选地

甘草主要分布于内蒙古、甘肃、新疆、宁夏、陕西及东北部分地区,喜日照长、降水量适宜、光照充足的气候,年平均温度为 1~11℃,年积温在 1 800℃以上,年降水量 50~500mm,适宜生长区为北纬 35°~50°,东经 76°~126°,海拔 15~2 300m,无霜期在 100~220 天。宜选土层深厚、排水良好的砂壤土栽植,土层厚度建议在 2m 以上,具备灌溉条件为宜。土壤以弱碱性为佳,pH 7.5~8.5,涝洼地、重盐碱地不宜种甘草。忌连作。

5.1.2 环境要求

生产基地的空气质量应符合 GB 3095 规定的环境空气质量标准,灌溉水质量应符合 GB 5084 规定的农田灌溉水质标准,土壤质量应符合 GB 15618 的规定。

5.2 种质要求与种子处理

5.2.1 种质

甘草基源植物为豆科植物甘草 *Glycyrrhiza uralensis* Fisch.,物种须经过鉴定。如使用农家品种或选育品种应明确。

5.2.2 种子处理

甘草种子处理常用方法有物理处理和化学处理 2 种方法。

物理处理:用碾米机碾磨,碾至 90% 以上的甘草种子表面蜡质层有明显划痕为止。

化学处理:在 20~50℃条件下,用化学试剂处理种子 2~4 小时后,用清水反复冲洗种子,直至种子洗净为止。

5.2.3 种子质量

应符合附录 C 表 C.1 所示种子质量标准。

5.3 直播种植

5.3.1 整地

秋季深翻、疏松土壤 50cm 左右,根据土壤肥力条件决定施入基肥种类及施肥量,优先推广使用有机肥,减少化肥的使用,无有机肥条件的地区一般每亩（1 亩 ≈ 666.7m²,下文同）地施入复合肥 30~50kg,土壤结冻前完成;种植前平整地表,保证地表土层精细、表面平整。

5.3.2 直播时间

以春季播种为主,夏季、秋季播种为辅,根据不同地区气温和地温情况确定播种时间,一般地表温度在 20℃以上、土壤温度在 15℃以上,以 4 月上旬至 5 月下旬播种为宜。

5.3.3 直播方式

机械覆膜穴播,播深 1.5cm 左右,株距为 10cm,行距为 15~20cm。

5.3.4 用种量

每公顷用种量在 30~45kg。

5.3.5 田间管理

5.3.5.1 浇水

浇水方式一般有滴灌、漫灌 2 种,采用滴灌浇水,每年浇水 4~5 次,采用漫灌浇水,每年 3~4 次,无灌溉条件的不浇水。

第 1 年直播播种后须及时浇水,保证正常出苗;其他生长期根据土壤墒情决定浇水时间,一般在每年的 6 月、7 月、8 月浇水,越冬水必须灌透。

5.3.5.2 病虫害防治

禁限用农药参照附录 A 执行,病虫害防治参照 GB/T 8321.10—2018 及附录 B 表 B.1 执行。

5.3.5.3 除草

优先推广人工除草和机械除草,发展生态种植。必要时采用化学药剂除草,一般种植前喷洒或冲施芽前封闭除草剂进行封闭除草,在生长过程中针对芦苇科、阔叶类、禾本科等杂草利用除草剂进行专项除草。

5.3.5.4 追肥

根据土壤肥力条件决定施肥种类和施肥量,参照 NY/T 496 执行,提倡施入有机肥,使用水肥一体化设施,追施叶面肥,每年追肥 2~4 次。采用随水滴灌方式追肥,每年 5 月、7—8 月追施水溶肥 2 次。采用随水漫灌方式或喷施叶面肥方式追肥,每年 5 月、7—8 月冲施速溶肥或喷施叶面肥 2 次。

5.4 甘草育苗

5.4.1 整地

秋季深翻、疏松土壤 50cm 左右,根据土壤肥力条件决定施入基肥种类及施肥量,优先推广使用有机肥,减少化肥的使用,无有机肥条件的地区一般每亩地施入复合肥 30~50kg,土壤结冻前完成;种植前平整地表,保证地表土层精细、表面平整。

5.4.2 播种时间

以春季播种为主,夏季、秋季播种为辅,根据不同地区气温和地温情况确定播种时间,一般地表温度在 20℃以上、土壤温度在 15℃以上,以 4 月上旬至 5 月下旬播种为宜,此时气温高,出苗快,入冬前有较长的生长期。

5.4.3 育苗方式

机械化覆膜穴播,播深 1.5cm 左右,行距 10cm 左右,株距 8cm 左右。

5.4.4 育苗用种量

每公顷 120~150kg 种子。

5.4.5 田间管理

5.4.5.1 浇水

一年浇水 4~5 次。种植前浇足底水或种植后须及时浇水,保证正常出苗;其他生长期根据土壤墒情决定浇水次数,一般在每年的 6 月、7 月、8 月浇水,越冬水必须灌透。

5.4.5.2 病虫害防治

同 5.3.5.2。

5.4.5.3 除草

同 5.3.5.3。

5.4.5.4 追肥

根据土壤肥力条件决定施肥种类和施肥量,提倡施入有机肥,使用水肥一体化设施,追施叶面肥,每年追肥 2~4 次。

5.5 种苗移栽

5.5.1 种苗质量

种苗外观应条直,无破损、烂根,芽孢完整,种苗长度和直径应符合附录 D 表 D.1 甘草(甘草)种苗质量标准。

5.5.2 移栽时间

每年4月左右,土壤解冻时移栽种植。

5.5.3 移栽方式

用甘草种苗移栽机开沟移栽,覆土深度8~10cm为宜,平放移栽居多,也可斜放移栽,不覆膜。

5.5.4 移栽密度

株距一般为10cm,行距一般为20~25cm。

5.5.5 田间管理
5.5.5.1 浇水

每年视墒情浇水2~4次,一般在每年的6月、7月、8月浇水,越冬水必须灌透;黄土高原等无灌溉条件或降水量达到300mm以上的地区可以不浇水。

5.5.5.2 病虫害防治

同5.3.5.2。

5.5.5.3 除草

同5.3.5.3。

5.5.5.4 追肥

同5.3.5.4。

5.6 采收

直播种植方式一般3年及以上(部分地区种植2年);移栽种植方式一般种植2年(育苗1年)及以上采收。采收前先用机械刈割地上茎叶,然后采用单铧犁或者甘草专用筛挖机采挖甘草,直播种植采挖深度40~60cm,移栽种植采挖深度在30~40cm,人工收拣甘草,去除杂物。

5.7 加工

抖净甘草根和根茎泥土,趁鲜用枝剪将侧根从靠近主根部剪下,用枝剪从贴近根头处剪下芦头,按主根、侧根、根茎分类晾晒,半干时再按不同径级和长度分类捆成小把,然后阴至全干。

5.8 包装

包装前应对每批药材按照国家标准进行质量检验。符合国家标准的药材,采用不影响质量的麻袋包装,禁止采用包装过肥料、农药等的包装袋包装。包装外贴或挂标签、合格证、防潮防雨、防伪标记,标识牌内容应有药材名、基源、产地、批号、规格、重量、采收日期、企业名称等,并有追溯码。

5.9 贮运

甘草药材应贮存于阴凉、通风、干燥处,防虫、防鼠,定期检查。严禁与其他有毒、有异味、发霉散热及传播病虫的物品混合存放,并注意防鼠害。堆垛存放时离地10cm以上,中间留出通道,不得直接靠墙。严禁踩踏,码放整齐。运输应防止发生污染、异物混入、包装破损、雨雪淋湿等。

附 录 A
（规范性）
禁限用农药名单

A.1 禁止（停止）使用的农药（46 种）

六六六、滴滴涕、毒杀芬、二溴氯丙烷、杀虫脒、二溴乙烷、除草醚、艾氏剂、狄氏剂、汞制剂、砷类、铅类、敌枯双、氟乙酰胺、甘氟、毒鼠强、氟乙酸钠、毒鼠硅、甲胺磷、对硫磷、甲基对硫磷、久效磷、磷胺、苯线磷、地虫硫磷、甲基硫环磷、磷化钙、磷化镁、磷化锌、硫线磷、蝇毒磷、治螟磷、特丁硫磷、氯磺隆、胺苯磺隆、甲磺隆、福美胂、福美甲胂、三氯杀螨醇、林丹、硫丹、溴甲烷、氟虫胺、杀扑磷、百草枯、2,4- 滴丁酯。

注：氟虫胺自 2020 年 1 月 1 日起禁止使用。百草枯可溶胶剂自 2020 年 9 月 26 日起禁止使用。2,4-滴丁酯自 2023 年 1 月 29 日起禁止使用。溴甲烷可用于"检疫熏蒸处理"。杀扑磷已无制剂登记。

A.2 在部分范围禁止使用的农药（20 种）

部分范围禁止使用的农药应注意药食同源中药材及来自其他作物的中药材。部分范围禁止使用的农药见表 A.1。

表 A.1 部分范围禁止使用的农药

通用名	禁止使用范围
甲拌磷、甲基异柳磷、克百威、水胺硫磷、氧乐果、灭多威、涕灭威、灭线磷	禁止在蔬菜、瓜果、茶叶、菌类、中草药材上使用,禁止用于防治卫生害虫,禁止用于水生植物的病虫害防治
甲拌磷、甲基异柳磷、克百威	禁止在甘蔗作物上使用
内吸磷、硫环磷、氯唑磷	禁止在蔬菜、瓜果、茶叶、中草药材上使用
乙酰甲胺磷、丁硫克百威、乐果	禁止在蔬菜、瓜果、茶叶、菌类和中草药材上使用
毒死蜱、三唑磷	禁止在蔬菜上使用
丁酰肼（比久）	禁止在花生上使用
氰戊菊酯	禁止在茶叶上使用
氟虫腈	禁止在所有农作物上使用（玉米等部分旱田种子包衣除外）
氟苯虫酰胺	禁止在水稻上使用

A.3 说明

本附录的内容来自 2019 年中华人民共和国农业农村部发布的《禁限用农药名录》（http://www.zzys.moa.gov.cn/gzdt/201911/t20191129_6332604.htm）。

附　录　B

（资料性）

甘草（甘草）病虫害药剂防治措施

甘草（甘草）病虫害药剂防治措施见表 B.1。

表 B.1　病虫害药剂防治措施

病虫害名称	防治时期	防治措施
锈病	发病前或发病初期	发病初期用 20% 三唑酮 1 000 倍液喷雾，也可用 0.3 波美度的石硫合剂或 65% 的代森锌可湿性粉剂 500 倍液喷雾防治，每 7~10d 喷一次，喷 2~3 次即可
白粉病	发病前或发病初期	发病初期喷施 0.3 波美度的石硫合剂，每 7~10d 喷一次，喷 2~3 次即可
灰斑病	发病前或发病初期	秋季彻底清理田园处理残株。 发病初期喷 75% 百菌清可湿性粉剂 500~600 倍液，每 7d 喷一次
蚜虫	6 月下旬—7月上旬	一般情况下可使用吡虫啉、噻虫嗪等喷雾防治
宁夏胭脂蚧	5 月中旬—8 月下旬	3 月中旬甘草萌芽期，主要防治越冬若虫，宜采用土壤施药；8 月上旬果实成熟期，即成虫活动期，宜采用地面喷施毒死蜱防治；成虫产卵期，主要采用农具破卵囊分散若虫致死
甘草萤叶甲	4 月中下旬—9 月上旬	秋天刈割焚烧枯枝落叶，以减少虫源；防治越冬成虫与一龄幼虫，采用喷洒毒死蜱等药剂防治
叶蝉	7 月中旬—9月中旬	7—8 月生长盛期，对成、若虫喷洒高效氯氟氰菊酯、敌百虫等进行防治

附 录 C

（规范性）

甘草（甘草）种子质量标准

甘草（甘草）种子质量标准见表 C.1。

表 C.1 甘草（甘草）种子质量标准

指标	级别		
	一级	二级	合格
发芽率 /%	≥90	≥85	≥80
净度 /%	≥90	≥85	≥80
千粒重 /g	≥12	≥10	≥8
水分 /%	≤10	≤10	≤10

附 录 D

（规范性）

甘草（甘草）种苗质量标准

甘草（甘草）种苗质量标准见表 D.1。

表 D.1 甘草（甘草）种苗质量标准

指标	级别		
	一级	二级	合格
根长 /cm	≥45	≥35	≥25
芦头 /mm	≥8	≥6	≥4
百株重 /kg	≤1.3	≤0.8	≤0.4（≥0.2）

参考文献

[1] 国家药典委员会 . 中华人民共和国药典：2020 版一部［M］. 北京：中国医药科技出版社，2020.

[2] 葛淑俊，李秀凤，谭冰海，等 . 不同处理对乌拉尔甘草种子发芽率及过氧化物酶活性的影响［J］. 种子，2008，27（9）：42-45.

[3] 魏建和，杨世林，徐昭玺，等 . 甘草种子质量的调查［J］. 中药研究与信息，2001（6）：13-15.

[4] 于福来，王文全，方玉强，等 . 甘草种子质量检验方法研究［J］. 中国中药杂志，2011，36（6）：746-750.

[5] 于福来，刘凤波，王文全，等 . 甘草种苗质量分级标准研究［J］. 中国现代中药，2012，14（12）：36-39.

[6] 魏胜利，王文全，秦淑英，等 . 甘草种源种子形态与萌发特性的地理变异研究［J］. 中国中药杂志，2008，33（8）：869-873.

[7] 甘肃省质量技术监督局 . 中药材种子　甘草：DB 62/T 2000—2010［S/OL］.［2023-11-15］. https：//std. samr.gov.cn/db/search/stdDBDetailed?id=91D99E4DDD782E24E05397BE0A0A3A10.

[8] 安徽省质量技术监督局 . 甘草种子：DB 34/550-2005［S/OL］.［2023-11-15］. https：//www.renrendoc.com/ p-930742.html.

[9] 周义成，吴文奇 . 甘草的人工栽培技术［J］. 中国水土保持，2001（1）：30-31.

[10] 张治科，周立萍，张蓉，等 . 甘草胭脂蚧药剂防治与农业防治协调控制技术研究［J］. 中国植保导刊，2009，29（3）：28-30.

[11] 李明，蒋齐，张青云，等 . 宁夏中部干旱带甘草人工种植技术研究［J］. 中国农学通报，2005，21（1）：144-148.

[12] 吴敬峰，贾晓光，李珺珂，等 . 新疆甘草规模化种植与现代农业技术的应用［J］. 中国现代中药，2011，13（7）：12-13.

———————————

ICS 65.020.20

CCS C 05

团 体 标 准

T/CACM 1374.41—2021

石斛（金钗石斛）规范化生产技术规程

Code of practice for good agricultural practice of Dendrobii Caulis
（*Dendrobium nobile* Lindl）

2021-10-15 发布

2021-10-15 实施

中华中医药学会　发布

目　　次

前　　言

本文件按照 GB/T 1.1—2020《标准化工作导则　第 1 部分：标准化文件的结构和起草规则》的规定起草。

请注意本文件中的某些内容可能涉及专利。本文件的发布机构不承担识别专利的责任。

本文件由中国医学科学院药用植物研究所、贵州大学、赤水市信天中药产业开发有限公司提出。

本文件由中华中医药学会归口。

本文件起草单位：贵州大学、赤水市信天中药产业开发有限公司、贵州省药用植物繁育与种植重点实验室、贵州大学石斛研究院、中国医学科学院药用植物研究所、重庆市药物种植研究所。

本文件主要起草人：黄明进、廖晓康、刘红昌、李金玲、杨继勇、王华磊、罗春丽、罗夫来、李丹丹、邓贤芬、文大成、杨秋悦、魏建和、王秋玲、杨小玉、辛元尧、王苗苗。

引　言

　　石斛（Dendrobii Caulis）为兰科（Orchidaceae）石斛属（*Dendrobium* Sw.）多种植物的新鲜或干燥茎的统称，我国石斛属植物多达 76 种，其中有 30 多种可作为药用，常用的有金钗石斛 *Dendrobium nobile* Lindl.、鼓槌石斛 *Dendrobium chrysotoxum* Lindl.、流苏石斛 *Dendrobium fimbriatum* Hook.。根据三个石斛植物种的生物学特性不同，确定对金钗石斛、鼓槌石斛、流苏石斛分别进行发布，本文件适用于金钗石斛。金钗石斛生产技术成熟、种植规模大、规范化程度高，野生分布区域狭窄，主要分布于云、贵、川的高温高湿区域，赤水是金钗石斛在贵州的主要分布区域，在 20 世纪 50 年代便有少量金钗石斛的人工驯化种植，至 90 年代，开始规模化生产。赤水金钗石斛是贵州重点发展的道地中药材品种之一，当前人工种植面积已超过 10 万亩（1 亩 ≈ 666.7m²，下文同）。因此，提出《石斛（金钗石斛）规范化生产技术规程》标准的编制，符合产业发展需要，对推动石斛产业和地方经济社会发展具有重要意义。

石斛（金钗石斛）规范化生产技术规程

1　范围

本文件确立了石斛（金钗石斛）规范化生产流程,关键控制点及技术参数,规定了金钗石斛生产基地选址、种质与种子要求、种苗繁育、种植、采收、产地初加工等阶段的操作要求。

本文件适用于金钗石斛的规范化生产。

2　规范性引用文件

下列文件的内容通过文中的规范性引用而构成本文件必不可少的条款。其中,注明日期的引用文件,仅该日期对应的版本适用于本文件;不注明日期的引用文件,其最新版本（包括所有的修改单）适用于本文件。

GB 3095　环境空气质量标准

GB/T 3543　农作物种子检验规程

GB 5084　农田灌溉水质标准

GB 5749　生活饮用水卫生标准

GB 15618　土壤环境质量　农用地土壤污染风险管控标准（试行）

GB 50073　洁净厂房设计规范

NY/T 393　绿色食品　农药使用准则

NY/T 394　绿色食品　肥料使用准则

T/CACM 1374.1—2021　中药材规范化生产技术规程通则　植物药材

3　术语和定义

T/CACM 1374.1—2021界定的以及下列术语和定义适用于本文件。

3.1　规范化生产　good agricultural practice

按照《中药材生产质量管理规范》（简称中药材 GAP）的要求,实施药材生产,保证中药材优质安全的生产过程。

3.2　技术规程　code of practice

为实现中药材生产顺利、有序进行,保证中药材生产质量,对中药材生产的基地选址、种子种苗、种植或野生抚育、采收与产地初加工以及包装、放行与贮运等,所做的技术规定和要求,是实施中药材规范生产的核心技术要求和实施指南。

3.3 石斛 Dendrobii Caulis

兰科植物金钗石斛 *Dendrobium nobile* Lindl.、霍山石斛 *Dendrobium huoshanense* C. Z. Tang et S. J. Cheng、鼓槌石斛 *Dendrobium chrysotoxum* Lindl. 或流苏石斛 *Dendrobium fimbriatum* Hook. 的新鲜或干燥茎。

本文件中的石斛种源指金钗石斛,原植物特征应符合附录 D。

3.4 蒴果 capsule

金钗石斛果实,由合生心皮的子房发育而成,果实内含有多粒种子。

3.5 人工辅助授粉 artificial supplementary pollination

通过人工操作将金钗石斛花粉块(粒)传粉到雌蕊柱头上,促进授粉,提高结实率和种子质量。

3.6 仿野生种植 bionics wild cultivation

根据生物学特性,模仿自然生长发育规律,在金钗石斛原生环境下对其进行人工栽种的一种方法。

4 石斛(金钗石斛)规范化生产流程图

石斛(金钗石斛)规范化生产流程见图 1。

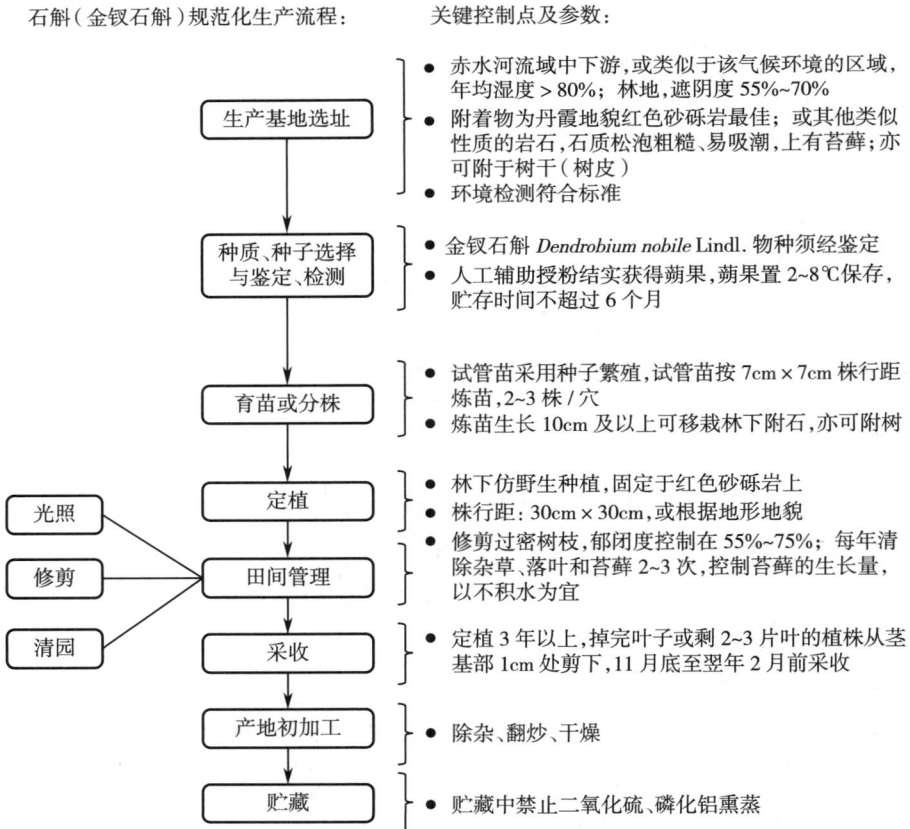

石斛(金钗石斛)规范化生产流程：　　　　关键控制点及参数：

```
┌──────────────┐      • 赤水河流域中下游,或类似于该气候环境的区域,
│  生产基地选址  │        年均湿度 > 80%;林地,遮阴度 55%~70%
└──────────────┘      • 附着物为丹霞地貌红色砂砾岩最佳;或其他类似
        │               性质的岩石,石质松泡粗糙、易吸潮,上有苔藓;亦
        ▼               可附于树干(树皮)
┌──────────────┐      • 环境检测符合标准
│ 种质、种子选择  │      • 金钗石斛 Dendrobium nobile Lindl. 物种须经鉴定
│  与鉴定、检测   │      • 人工辅助授粉结实获得蒴果,蒴果置 2~8℃保存,
└──────────────┘        贮存时间不超过 6 个月
        │
        ▼
┌──────────────┐      • 试管苗采用种子繁殖,试管苗按 7cm×7cm 株行距
│  育苗或分株    │        炼苗,2~3 株/穴
└──────────────┘      • 炼苗生长 10cm 及以上可移栽林下附石,亦可附树
        │
        ▼
┌──────────────┐      • 林下仿野生种植,固定于红色砂砾岩上
│    定植       │      • 株行距:30cm×30cm,或根据地形地貌
└──────────────┘
┌────┐  │
│光照│──┤       • 修剪过密树枝,郁闭度控制在 55%~75%;每年清
└────┘  ▼         除杂草、落叶和苔藓 2~3 次,控制苔藓的生长量,
┌────┐┌──────────────┐   以不积水为宜
│修剪│─│  田间管理    │
└────┘└──────────────┘
┌────┐  │
│清园│──┤
└────┘  ▼
┌──────────────┐      • 定植 3 年以上,掉完叶子或剩 2~3 片叶的植株从茎
│    采收       │        基部 1cm 处剪下,11 月底至翌年 2 月前采收
└──────────────┘
        │
        ▼
┌──────────────┐      • 除杂、翻炒、干燥
│  产地初加工    │
└──────────────┘
        │
        ▼
┌──────────────┐      • 贮藏中禁止二氧化硫、磷化铝熏蒸
│    贮藏       │
└──────────────┘
```

图 1　石斛(金钗石斛)规范化生产流程图

5 石斛（金钗石斛）规范化生产技术

5.1 生产基地选址

5.1.1 产地选择

赤水河流域中下游，或类似该气候环境的区域。产地环境应符合"GB 15618、GB 5084、GB 3095"的规定。海拔高度 300~900m，冬季气温 >0℃，年平均气温 >18℃，6—8 月均温 >28℃，年均湿度 >80%，年降雨量 >1 200mm，无霜期 >300 天，遮阴度 55%~70%。

5.1.2 附着物

附着物为丹霞地貌红色砂砾岩最佳，或其他类似性质的岩石，要求岩石相对集中，石质松泡粗糙、易吸潮，上有苔藓生长。

5.2 种质与种子

5.2.1 种质选择

使用兰科植物金钗石斛 *Dendrobium nobile* Lindl.（符合附录 A）的种子繁殖。选择生长健壮、无病虫危害、株高 40cm 及以上植株留种，采集成熟蒴果。

5.2.2 人工辅助授粉

4 月底至 5 月下旬，用牙签或类似物品拨开遮掩花粉块的部分花瓣，将花粉块移至柱头蕊腔处即可。若持续干旱，视留种株叶片萎蔫情况，在上午 10：00 前或下午 3：00 后，浇水一次。喷水时，用塑料袋套住花莛。蒴果刚形成时，选留花莛顶部的健壮蒴果，其余剪除。

5.2.3 采收与保存

11—12 月，蒴果外观色泽泛黄时即可采收。置于冰箱冷藏层（2~8℃）保存备用，贮存时间不超过 6 个月。

5.2.4 蒴果质量（等级）要求

按照 GB/T 3543 的规定进行划分，应符合附录 C 表 C.1 的要求。

5.3 种苗生产

5.3.1 试管苗

5.3.1.1 试管苗生产

所需环境设施应符合 GB 50073 的规定。

蒴果处理：将合格蒴果放入 75% 酒精中浸泡 30 秒，取出，放入 1% 氯化汞溶液中浸泡 8~10 分钟，取出，用无菌水冲洗 3~5 次，置于无菌干燥纱布上吸湿备用。

无菌播种：将蒴果沿中心线切成小块，用镊子夹住，将种子均匀撒落于培养基表面上诱导原球茎，再转接壮苗，生根培养，不同阶段培养基见表 1。

5.3.1.2 试管苗等级

苗健壮、根齐、发育良好、外观无病斑、无损伤。符合附录 B 表 B.2。

5.3.1.3 试管苗移栽

移栽时间：3 月上旬或 9 月下旬。

表 1 不同阶段培养基配制表

培养阶段	基本培养基	NAA/%	6-BA/%	备注
诱导原球茎	MS	0.05	0.05	
壮苗培养基	MS	0.01	0.01	
生根培养基	1/2MS	0.05	0.05	

注：NAA 指萘乙酸（1-naphthlcetic acid），6-BA 指 6-苄氨基腺嘌呤（6-benzylaminopurine）；培养条件：高温季节 26℃ ±2℃，低温季节 22℃ ±2℃，湿度 50%~70%，光照时间 8~10 小时。

移栽方法：将已分级的试管苗置组培室外 7~10 天，然后在 1.5m 左右宽的床面上，按照 7cm×7cm 的株行距栽苗，2~3 株/穴。植株基部应露于基质外 0.5cm，根须在基质里应尽量伸展压紧，使苗立稳。栽苗完毕后浇一次定根水，以基质全部湿润手捏不滴水为宜。

炼苗管护：炼苗期间人工拔草 2~3 次；炼苗基质应经常保持湿润，若干燥应在上午 10：00 前或下午 5：00 后，喷灌一次水，以基质手捏不滴水为宜；4—6 月和 9 月各追肥 1 000 倍磷酸二氢钾一次，施肥时间上午 10：00 前或下午 5：00 后，对肥料的使用应符合 NY/T 394 的规定。保持温度 15~35℃，光照 6 000~15 000lx。

起苗要求：株高达 10cm 以上即可起苗移栽野外，起苗前 3~4 天，苗床灌溉一次。

5.3.2 扦插繁殖

剪取金钗石斛成熟茎段，去除茎尖叶片，平放在铺有基质（锯末：菜籽饼肥 =5：1）的苗床上进行培育，待苗长 10cm 左右可移栽野外。

5.4 林下种植

5.4.1 选地整理

选原生态的岜场石旮地，清除场地中的灌丛杂草、枯枝落叶、泥土，但不要掀起石面上的苔藓。

5.4.2 种苗选择

选用一级苗和二级苗（附录 B 表 B.3），每丛 2~4 株。

5.4.3 栽培时间

11 月上旬至翌年 4 月上旬。

5.4.4 栽培密度

株行距：30cm×30cm，或根据地形地貌栽种。

5.4.5 栽培方法

采用"线卡 + 活苔藓盖根法"，即将栽苗点局部苔藓抠掉，把种苗根须和基部贴于石面，用线卡固定好，根系自然伸展。线卡固定在苗主茎基部以上的 0.5~1.0cm 处，使苗在石面上处于稳定状态。最后用活苔藓贴于植株根部。

5.4.6 田间管理

灌溉：高温干旱季节，视植株叶片萎蔫情况，在上午 10：00 前或下午 5：00 后，浇水保持丹霞石湿润。水质应符合 GB 5084、GB 5749。

光照：通过修剪遮阴树上过密的枝叶来控制郁闭度，郁闭度控制在 55%~75%。

修剪：每年春季萌发前或冬季采收后，将部分枯死植株或生长过密植株剪除，每丛控制在 8~14 株。

清园：每年人工清除草、落叶和苔藓 2~3 次，控制苔藓的生长量，以不积水为宜。

5.4.7 病虫害防治

金钗石斛常见病虫害防治的参考方法参照附录 B，农药使用符合 NY/T 393 规定。禁止使用国家规定的剧毒、高毒、高残留及三致（致癌、致畸、致突变）农药品种（附录 A、E）。

5.5 采收与产地加工

5.5.1 采收

采收时间：移栽野外 3 年后可采收，采收时间为 11 月底至次年 2 月中旬。

采收方法：将掉完叶子或剩 2~3 片叶的植株从茎基部 1cm 处剪下来，进入产地初加工环节。

5.5.2 产地加工

除杂：清除茎秆上残留叶片，放水中浸泡 0.5~1 小时，取出平放于盛有干净糠壳的盆内，让糠壳和药材混合，然后用力来回搓，使叶鞘与茎秆分离。

翻炒：将河沙炒至发烫，将茎秆放入锅内，用铁铲快速翻炒 5~8 分钟，茎秆变色，然后取出用清水冲洗干净。

干燥：75℃烘 8~10 小时，变软，取出发汗 6~8 小时，75℃再烘 10~12 小时，至全干。

贮藏：贮藏中禁止二氧化硫、磷化铝熏蒸。

附　录　A

（规范性）

禁限用农药名单

A.1　禁止（停止）使用的农药（46种）

六六六、滴滴涕、毒杀芬、二溴氯丙烷、杀虫脒、二溴乙烷、除草醚、艾氏剂、狄氏剂、汞制剂、砷类、铅类、敌枯双、氟乙酰胺、甘氟、毒鼠强、氟乙酸钠、毒鼠硅、甲胺磷、对硫磷、甲基对硫磷、久效磷、磷胺、苯线磷、地虫硫磷、甲基硫环磷、磷化钙、磷化镁、磷化锌、硫线磷、蝇毒磷、治螟磷、特丁硫磷、氯磺隆、胺苯磺隆、甲磺隆、福美胂、福美甲胂、三氯杀螨醇、林丹、硫丹、溴甲烷、氟虫胺、杀扑磷、百草枯、2,4-滴丁酯。

注：氟虫胺自2020年1月1日起禁止使用。百草枯可溶胶剂自2020年9月26日起禁止使用。2,4-滴丁酯自2023年1月29日起禁止使用。溴甲烷可用于"检疫熏蒸处理"。杀扑磷已无制剂登记。

A.2　在部分范围禁止使用的农药（20种）

部分范围禁止使用的农药应注意药食同源中药材及来自其他作物的中药材。部分范围禁止使用的农药见表A.1。

表A.1　部分范围禁止使用的农药

通用名	禁止使用范围
甲拌磷、甲基异柳磷、克百威、水胺硫磷、氧乐果、灭多威、涕灭威、灭线磷	禁止在蔬菜、瓜果、茶叶、菌类、中草药材上使用,禁止用于防治卫生害虫,禁止用于水生植物的病虫害防治
甲拌磷、甲基异柳磷、克百威	禁止在甘蔗作物上使用
内吸磷、硫环磷、氯唑磷	禁止在蔬菜、瓜果、茶叶、中草药材上使用
乙酰甲胺磷、丁硫克百威、乐果	禁止在蔬菜、瓜果、茶叶、菌类和中草药材上使用
毒死蜱、三唑磷	禁止在蔬菜上使用
丁酰肼（比久）	禁止在花生上使用
氰戊菊酯	禁止在茶叶上使用
氟虫腈	禁止在所有农作物上使用（玉米等部分旱田种子包衣除外）
氟苯虫酰胺	禁止在水稻上使用

A.3　说明

本附录的内容来自2019年中华人民共和国农业农村部发布的《禁限用农药名录》（http://www.zzys.moa.gov.cn/gzdt/201911/t20191129_6332604.htm）。

附 录 B

（资料性）

石斛（金钗石斛）常见病虫害防治的参考方法

石斛（金钗石斛）常见病虫害防治的参考方法参见表 B.1。

表 B.1 石斛（金钗石斛）常见病虫害防治的参考方法

病虫害名称	病原	防控措施	推荐药剂及稀释倍数	施药方法
炭疽病	半知菌炭疽属（*Colletotrichum*）	1. 灌溉时基质不能太湿，保持通透性。叶面喷水后要及时通风，减少棚内空间相对湿度。 2. 适期施药,合理选择药剂	1. 微生物农药 （1）细菌：杀虫类,苏云金杆菌、球形芽孢杆菌、短稳杆菌。 （2）杀菌类：枯草芽孢杆菌、蜡样芽孢杆菌、地衣芽孢杆菌、荧光假单胞菌、多黏类芽孢杆菌。 （3）病毒：核型多角体病毒,茶尺蠖核型多角体病毒、甜菜夜蛾核型多角体病毒、苜蓿银纹夜蛾核型多角体病毒、斜纹夜蛾核型多角体病毒、甘蓝夜蛾核型多角体病毒、棉铃虫核型多角体病毒；质型多角体病毒,松毛虫质型多角体病毒；颗粒体病毒,菜青虫颗粒体病毒。 2. 植物源农药 蛇床子素、丁香酚、香芹酚。 3. 抗生素类农药 井冈霉素、春雷霉素、多抗霉素、嘧啶核苷类抗菌素、嘧肽霉素、宁南霉素、硫酸链霉素、申嗪霉素、中生菌素、长川霉素	喷雾
细菌性软腐病	欧氏杆菌属（*Erwinia*）	同上	同上	喷雾
黑斑病	假单胞菌属（*Pseudomonas*）	同上	同上	喷雾
根腐病	腐霉、镰刀菌、疫霉等	同上	同上	喷雾
疫病	疫霉属（*Phytophthora*）	同上	同上	喷雾
细菌性褐斑病	假单胞菌属（*Pseudomonas*）	同上	同上	喷雾

病虫害名称	病原	防控措施	推荐药剂及稀释倍数	施药方法
蜗牛		1. 量少时，人工捕捉。 2. 在种植区域周边撒施生石灰，形成隔离带	1. 微生物农药 同炭疽病。 2. 植物源农药 苦参碱、鱼藤酮、印棟素、藜芦碱、除虫菊素、烟碱、苦皮藤素、桉油精、八角茴香。 3. 矿物源农药 矿物油、硫黄、硅藻土。 4. 抗生素类农药 阿维菌素、多杀霉素、乙基多杀菌素、浏阳霉素	撒施
蛞蝓		同上	同上	同上

附 录 C

（资料性）

石斛（金钗石斛）等级要求

C.1 金钗石斛蒴果质量（等级）要求

按照 GB/T 3543 的规定进行划分，应符合下列要求，见表 C.1。

表 C.1 金钗石斛蒴果质量（等级）要求

蒴果等级	蒴果长 /cm	蒴果直径 /cm	蒴果重量 /g	蒴果颜色	采果时期
合格	≥5	≥1.5	≥3	淡绿色或绿黄色	11 月上旬至 11 月中旬
不合格	<5	<1.5	<3	深绿色	11 月上旬以前
	开裂种子				

注：①蒴果自采收之日起在 6 个月以内的，原则上视为合格；②优先考虑重量，如果重量符合标准，果长和直径不符合也作为符合处理；③若果长和直径符合，重量不符合标准则视为不合格处理；④开裂蒴果为不合格种子。

C.2 金钗石斛试管苗等级

苗健壮、根齐、发育良好、外观无病斑、无损伤。一至三级苗分类应符合下列要求，见表 C.2。

表 C.2 金钗石斛试管苗等级

种苗等级	苗高 /cm	茎粗 /cm	根数 / 根
一级苗	≥6	≥0.3	≥5
二级苗	≥4，<6	≥0.2，<0.3	4
三级苗	≥3，<4	≥0.15，<0.2	3

C.3 金钗石斛种苗质量

苗健壮、根齐、发育良好、外观无病斑、无损伤，并符合下列要求，见表 C.3：

表 C.3 金钗石斛种苗质量（等级）标准

种苗等级	苗高 /cm	茎粗 /cm	根数 / 根	分蘖 / 个
一级苗	≥10.0	≥0.35，<0.7	≥11	≥3
二级苗	≥5.0，<10.0	≥0.2，<0.35	≥6，<11	2
三级苗	≥4.0，<5.0	≤0.2	≤6	1

注：生产上选用一级种苗和二级种苗作为林下规范化种植种苗，三级种苗须再在炼苗大棚内生长一年达到二级种苗以上标准方可出苗。

附　录　D

（资料性）

金钗石斛形态

金钗石斛 *Dendrobium nobile* Lindl.

茎直立,肉质状肥厚,稍扁的圆柱形,长 10~60cm,粗达 1.3cm,上部多少回折状弯曲,基部明显收狭,不分枝,具多节,节有时稍肿大;节间多少呈倒圆锥形,长 2~4cm,干后金黄色。叶革质,长圆形,长 6~11cm,宽 1~3cm,先端钝并且不等侧 2 裂,基部具抱茎的鞘。总状花序从具叶或落了叶的老茎中部以上发出,长 2~4cm,具 1~4 朵花;花序柄长 5~15mm,基部被数枚筒状鞘;花苞片膜质,卵状披针形,长 6~13mm,先端渐尖;花梗和子房淡紫色,长 3~6mm;花大,白色带淡紫色先端,有时全体淡紫红色或除唇盘上具 1 个紫红色斑块外,其余均为白色;中萼片长圆形,长 2.5~3.5cm,宽 1~1.4cm,先端钝,具 5 条脉;侧萼片相似于中萼片,先端锐尖,基部歪斜,具 5 条脉;萼囊圆锥形,长 6mm;花瓣稍斜宽卵形,长 2.5~3.5cm,宽 1.8~2.5cm,先端钝,基部具短爪,全缘,具 3 条主脉和许多支脉;唇瓣宽卵形,长 2.5~3.5cm,宽 2.2~3.2cm,先端钝,基部两侧具紫红色条纹并且收狭为短爪,中部以下两侧围抱蕊柱,边缘具短的睫毛,两面密布短绒毛,唇盘中央具 1 个紫红色大斑块;蕊柱绿色,长 5mm,基部稍大,具绿色的蕊柱足;药帽紫红色,圆锥形,密布细乳突,前端边缘具不整齐的尖齿。花期 4—5 月。

（《中国植物志》第十九卷,P112）

附 录 E
（资料性）
严格禁止使用剧毒、高毒、高残留或者具有三致（致癌、致畸、致突变）的农药种类

严格禁止使用剧毒、高毒、高残留或者具有三致（致癌、致畸、致突变）的农药参见表 E.1。

表 E.1　严格禁止使用剧毒、高毒、高残留或者具有三致（致癌、致畸、致突变）的农药

种类	农药名称	禁用作物	禁用原因
无机砷杀虫剂	砷酸钙、砷酸铅	所有作物	高毒
有机砷杀虫剂	甲基胂酸锌、甲基胂酸铁铵、福美甲胂、福美胂	所有作物	高残留
有机锡杀虫剂	薯瘟锡（三苯基醋酸锡）、三苯基氯化锡和毒菌锡	所有作物	高残留
有机汞杀虫剂	氯化乙基汞（西力生）、醋酸苯汞（赛力散）	所有作物	剧毒、高残留
氟制剂	氟化钙、氟化钠、氟乙酸钠、氟乙酰胺、氟铝酸钠、氟硅酸钠	所有作物	高残留
有机氯杀虫剂	滴滴涕、六六六、林丹、艾氏剂、狄氏剂	所有作物	高残留
有机氯杀螨剂	三氯杀螨醇	蔬、果	国产品中含有滴滴涕
卤代烷类熏蒸杀虫剂	二溴乙烷、二溴氯丙烷	所有作物	致癌、致畸
有机磷杀虫剂	甲拌磷、乙拌磷、久效磷、对硫磷、甲基对硫磷、甲胺磷、甲基异柳磷、治螟磷、氧乐果、磷胺	所有作物	高毒
有机磷杀菌剂	稻瘟净、异稻瘟净	所有作物	高毒
氨基甲酸酯杀虫剂	克百威、涕灭威、灭多威	所有作物	高毒
二甲基脒类杀虫剂	杀虫脒	所有作物	慢性毒性、致癌
拟除虫菊酯类杀虫剂	所有拟除虫菊酯类杀虫剂	水稻	对鱼毒性大
取代苯类杀虫剂	五氯硝基苯、稻瘟苯（五氯苯甲醇）	所有作物	致癌或二次药害
植物生长调节剂	有机合成植物生长调节剂	所有作物	慢性毒性

ICS 65.020.20
CCS C 05

团 体 标 准

T/CACM 1374.42—2021

石斛（霍山石斛）仿野生规范化
生产技术规程

Code of practice for good agricultural practice of Dendrobii Caulis
（*Dendrobium huoshanense*）
（Bionics Wild Cultivation）

2021-10-15 发布

2021-10-15 实施

中华中医药学会　发布

目　次

前　言

　　《石斛（霍山石斛）仿野生规范化生产技术规程》（以下简称"本文件"）按照 GB/T 1.1—2020《标准化工作导则　第 1 部分：标准化文件的结构和起草规则》给出的规则起草。

　　本文件由中国医学科学院药用植物研究所和中国中药有限公司提出。

　　本文件由中华中医药学会归口。

　　本文件起草单位：中国中药有限公司、中国中药霍山石斛科技有限公司、安徽中医药大学、霍山县鸿雁石斛科技有限公司、山东明源本草生物科技有限公司、中国中医科学院中药研究所、中国医学科学院药用植物研究所、重庆市药物种植研究所。

　　本文件主要起草人：焦连魁、王继永、曾燕、赵润怀、李向东、彭华胜、孙大学、成彦武、邓启超、张继聪、徐江、陈静、魏建和、王文全、王秋玲、杨小玉、辛元尧、王苗苗。

石斛(霍山石斛)仿野生规范化生产技术规程

1 范围

本文件确立了石斛(霍山石斛)仿野生规范化生产技术中的术语和定义,规范化生产流程,规范化生产技术,包装、放行、贮运技术规程在内的各环节的技术规程。

本文件适用于按照《中药材生产质量管理规范》实施规范化生产霍山石斛(仿野生)。

2 规范性引用文件

下列文件的内容通过文中的规范性引用而构成本文件必不可少的条款。其中,注明日期的引用文件,仅该日期对应的版本适用于本文件;不注明日期的引用文件,其最新版本(包括所有的修改单)适用于本文件。

《中华人民共和国药典》

GB 3095　环境空气质量标准

GB 5084　农田灌溉水质标准

GB 5749　生活饮用水卫生标准

GB 15618　土壤环境质量　农用地土壤污染风险管控标准(试行)

T/CACM 1374.1—2021　中药材规范化生产技术规程通则　植物药材

3 术语和定义

T/CACM 1374.1—2021 界定的以及下列术语和定义适用于本文件。

3.1　规范化生产　good agricultural practice

按照《中药材生产质量管理规范》(简称中药材 GAP)的要求,实施药材生产,保证中药材优质安全的生产过程。

3.2　技术规程　code of practice

为实现中药材生产顺利、有序进行,保证中药材生产质量,对中药材生产的基地选址、种子种苗、种植或野生抚育、采收与产地初加工以及包装、放行与贮运等,所做的技术规定和要求,是实施中药材规范生产的核心技术要求和实施指南。

3.3　霍山石斛　Dendrobium huoshanense

兰科植物霍山石斛 *Dendrobium huoshanense* C. Z. Tang et S. J. Cheng 的新鲜或干燥茎。

3.4　仿野生栽培　bionics wild cultivation

模仿野生霍山石斛的环境条件进行种植。

3.5 组培苗 tissue culture seedling

是根据植物细胞具有全能性的理论,利用外植体,在无菌和适宜的人工条件下,培育的完整植株。

3.6 驯化苗 domestication seedling

霍山石斛组培苗移出组培室后,通过光照、温度、湿度等条件的调整,使其对外界环境条件的适应性及其光合作用的能力提高,移栽时易成活,即为驯化苗。

3.7 分栽苗 divided seedling

在霍山石斛采收时,除满足采收要求的茎条外,取生长健康,长势良好的1~2年生的茎并保留根叶完整的植株,即为分栽苗。

3.8 炒制杀青 deactivation of enzymes with frying

将霍山石斛茎条以翻炒的方式,将茎条灭活,并蒸发掉其中部分水分,使其柔软;且使叶鞘干燥,与茎条分离,易于去除。

4 石斛(霍山石斛)仿野生规范化生产流程图

石斛(霍山石斛)仿野生规范化生产流程见图1。

石斛(霍山石斛)仿野生规范化生产流程: 关键控制点及参数:

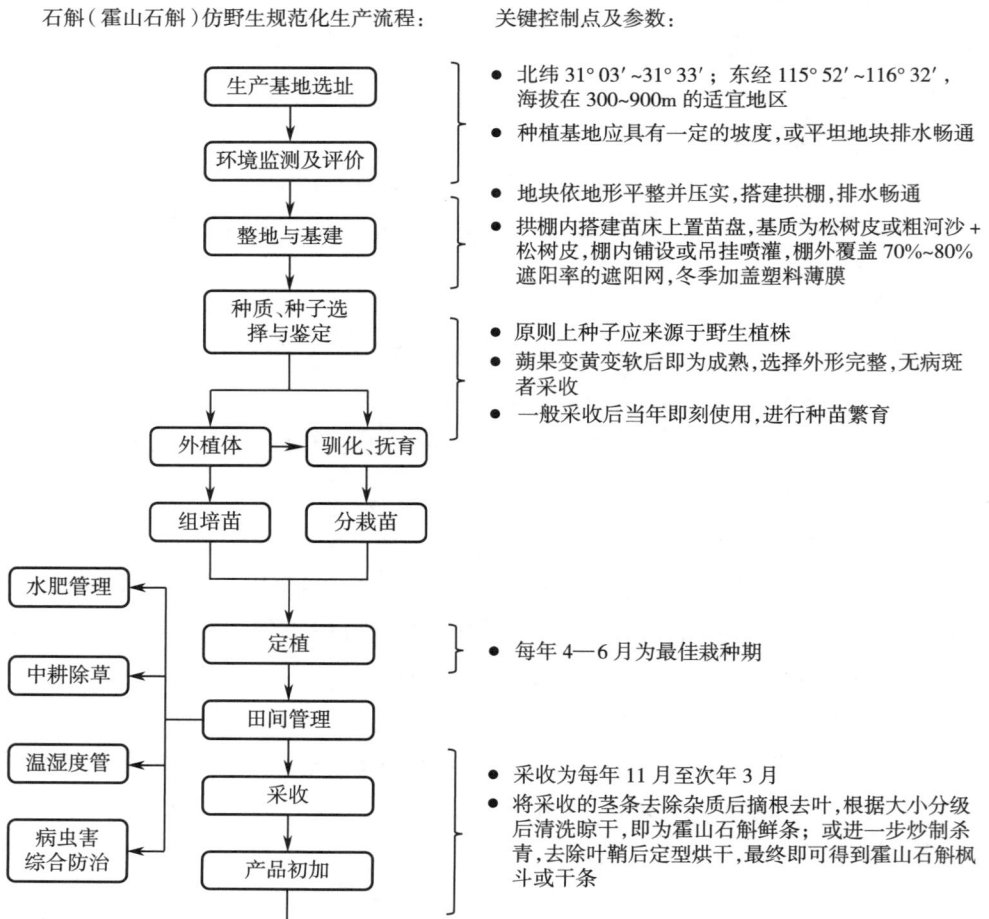

- 北纬31°03′~31°33′;东经115°52′~116°32′,海拔在300~900m的适宜地区
- 种植基地应具有一定的坡度,或平坦地块排水畅通
- 地块依地形平整并压实,搭建拱棚,排水畅通
- 拱棚内搭建苗床上置苗盘,基质为松树皮或粗河沙+松树皮,棚内铺设或吊挂喷灌,棚外覆盖70%~80%遮阳率的遮阳网,冬季加盖塑料薄膜
- 原则上种子应来源于野生植株
- 蒴果变黄变软后即为成熟,选择外形完整,无病斑者采收
- 一般采收后当年即刻使用,进行种苗繁育
- 每年4—6月为最佳栽种期
- 采收为每年11月至次年3月
- 将采收的茎条去除杂质后摘根去叶,根据大小分级后清洗晾干,即为霍山石斛鲜条;或进一步炒制杀青,去除叶鞘后定型烘干,最终即可得到霍山石斛枫斗或干条

```
        ↓
┌──────────────┐
│     包装      │
└──────────────┘
        ↓
┌──────────────┐
│     放行      │
└──────────────┘
        ↓
┌──────────────┐
│     贮藏      │
└──────────────┘
        ↓
┌──────────────┐
│     运输      │
└──────────────┘
```

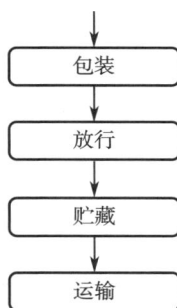

图 1　石斛(霍山石斛)仿野生规范化生产流程图

5　石斛(霍山石斛)仿野生规范化生产技术

5.1　生产基地选址

5.1.1　产地选择

适宜在以安徽省霍山县为核心的大别山区种植。范围为北纬 31°03′~31°33′、东经 115°52′~116°32′,海拔在 300~900m 的适宜地区。

5.1.2　地块选择

海拔在 300~900m 的山区,基地周边生态环境良好,无工业废弃物、专业畜牧饲养场、垃圾(粪便)场、污水及其他污染源。且远离公路、医院,并尽量避开学校和公共场所。

种植基地一般为山地,地形较缓,具备人员进出的条件,郁闭度在 0.6~0.8,树木类型以松柏等针叶型为主,地面植被较少,或以花岗岩、片麻岩为主。

5.1.3　环境监测

基地的大气、土壤和水样品的检测可参考 GAP 要求,空气质量应符合 GB 3095 二级标准的要求,土壤质量应符合 GB 15618 的要求,灌溉水水质应符合 GB 5084 的要求,且要保证生长期间持续符合标准。

5.1.4　整地与基建

依山就势进行地块的平整,必要时修建护坡和排水沟,确保地块稳固,排水畅通。在地块上进行苗床的搭建,宽度一般为 0.8~1.5m,以吸水性强的红砖或木料搭建边框,并以石块或砖块铺设底部第一层,厚度 10~15cm;然后覆盖石子、红砖等作为第二层,厚度 10~15cm,最上层铺设基质,用于固定种苗。基质一般使用小石子,可加一定比例松树皮等吸水性良好的植物碎块,在使用前应经堆制、浸泡或蒸煮等处理。

若选择岩面或树木为种植地点,可适当对岩面进行糙化处理。

若遇到干旱时间段,可附树装置吊挂喷灌,用于灌溉。

5.2　种质与种子

5.2.1　种质选择

使用兰科石斛属植物霍山石斛 *Dendrobium huoshanense* C. Z. Tang et S. J. Cheng,种质须经鉴定。如使用农家品种或选育品种应加以明确。

5.2.2 种子质量

原则上种子应来源于野生移栽或野生抚育的霍山石斛植株,新品种以其自有要求为准;蒴果变黄变软后即为成熟,选择外形完整,无病斑、虫斑者,带果柄一并采收。一般采收后当年即刻使用进行种苗繁育。

5.2.3 良种繁育

种源的选择以植株的茎条形态、成分含量为主要筛选原则,以性状优良的植株为父本、母本,进行人工异花授粉,待每年10月左右蒴果成熟后采收,作为繁育材料,通过组培技术,进行种苗繁育。

5.3 种植

5.3.1 育苗

组培苗经1年的驯化而得到的驯化苗,或在霍山石斛采收时,除满足采收要求的茎条外,取生长健康、长势良好的1~2年生的茎并保留根叶的为分栽苗,均可作为种苗使用。

仿野生栽培使用分栽苗。种苗质量不得低于二级标准。

5.3.2 定植

每年4—6月栽种,或气温在15~25℃范围内亦可栽种,避免高温或严寒等极端天气栽种。一般选在雨前种植。

苗床上种植时,采用穴播,种苗4~6株为一丛,栽种一穴,丛距(7~8)cm×10cm或10cm×15cm栽植于基质中。保持植株挺立,根系舒展,茎、叶、芽不可埋入基质中。

若在岩面上种植,则不需苗床,选择岩面上的缝隙或窝点上,直接用基质将其根系固定在岩面上即可,栽种密度依岩面情况而定。

5.3.3 田间管理

一般无须灌溉,及时除草。在夏、秋持续高温干旱期间,应及时补水,在早晚浇水,避开高温。冬季低温时应给植株覆盖稻草或松针,春季回暖后移走。

第二年开始,每年3月去除基质表面的青苔,注意不要破坏根系,可适当施用腐熟的饼肥、蚕沙或羊粪等农家肥。

5.3.4 病虫害等防治

霍山石斛常见病害有白绢病、黑斑病、根腐病等,虫害主要有蜗牛、蛞蝓、斜纹夜蛾、蝗虫、红蜘蛛等。

应采用预防为主、综合防治的方法:在栽植基质消毒、通风、温度、湿度调节方面综合管控,预防病害发生。真菌类传染性病害最为严重,多出现在春夏秋季高温高湿的环境下。防治时多以人工移除病株为主,若发病严重则使用生石灰,将生石灰均匀撒在病株及其周边,以控制其不扩散。虫害则采用物理或化学方法诱杀为主,必要时人工清理或使用农药。

采用化学防治时,应当符合国家有关规定;优先选用高效、低毒的生物农药;尽量避免使用除草剂、杀虫剂和杀菌剂等化学农药;不使用禁限用农药。

5.4 采收

选择生长满三年的霍山石斛采收,冬季为最佳采收期。采收时,将植株整丛拔出,清理根部基质和其他杂质,避免损伤植株,采老留新,将 2~3 年的老茎采下,并选取可继续用于栽种的分栽苗。

5.5 产地初加工

将采收的茎条去除杂质后摘根去叶,根据大小分级后清洗晾干,即为霍山石斛鲜条;或 120℃左右炒制杀青,去除叶鞘后定型,60℃左右烘干 3 次,加工为霍山石斛枫斗或干条。清洗用水应符合 GB 5749。

5.6 包装、放行、贮运

5.6.1 包装

包装前应对每批药材按照国家标准进行质量检验。采用符合国家标准的塑料袋等包装,禁止采用包装过肥料、农药等的包装袋包装。包装外贴或挂标签、合格证,标识牌内容应有药材名、基源、产地、批号、规格、重量、采收日期、企业名称等,并有追溯码。

5.6.2 放行

应制定符合企业实际情况的放行制度,有审核批生产、检验等的相关记录。不合格药材有单独处理制度。

5.6.3 贮运

置阴凉干燥处贮存,可采用现代气调贮藏,包装或库内充氮或二氧化碳。定期检查,防止虫蛀、霉变、腐烂等。仓库控制温度在 20℃以下、相对湿度 75% 以下;不同批次等级药材分区存放。禁止磷化铝和二氧化硫熏蒸。

运输应防止发生混淆、污染、异物混入、包装破损、雨雪淋湿等。

附　录　A

（规范性）

禁限用农药名单

A.1　禁止（停止）使用的农药（46 种）

六六六、滴滴涕、毒杀芬、二溴氯丙烷、杀虫脒、二溴乙烷、除草醚、艾氏剂、狄氏剂、汞制剂、砷类、铅类、敌枯双、氟乙酰胺、甘氟、毒鼠强、氟乙酸钠、毒鼠硅、甲胺磷、对硫磷、甲基对硫磷、久效磷、磷胺、苯线磷、地虫硫磷、甲基硫环磷、磷化钙、磷化镁、磷化锌、硫线磷、蝇毒磷、治螟磷、特丁硫磷、氯磺隆、胺苯磺隆、甲磺隆、福美胂、福美甲胂、三氯杀螨醇、林丹、硫丹、溴甲烷、氟虫胺、杀扑磷、百草枯、2，4- 滴丁酯。

注：氟虫胺自 2020 年 1 月 1 日起禁止使用。百草枯可溶胶剂自 2020 年 9 月 26 日起禁止使用。2，4-滴丁酯自 2023 年 1 月 29 日起禁止使用。溴甲烷可用于"检疫熏蒸处理"。杀扑磷已无制剂登记。

A.2　在部分范围禁止使用的农药（20 种）

部分范围禁止使用的农药应注意药食同源中药材及来自其他作物的中药材。部分范围禁止使用的农药见表 A.1。

表 A.1　部分范围禁止使用的农药

通用名	禁止使用范围
甲拌磷、甲基异柳磷、克百威、水胺硫磷、氧乐果、灭多威、涕灭威、灭线磷	禁止在蔬菜、瓜果、茶叶、菌类、中草药材上使用,禁止用于防治卫生害虫,禁止用于水生植物的病虫害防治
甲拌磷、甲基异柳磷、克百威	禁止在甘蔗作物上使用
内吸磷、硫环磷、氯唑磷	禁止在蔬菜、瓜果、茶叶、中草药材上使用
乙酰甲胺磷、丁硫克百威、乐果	禁止在蔬菜、瓜果、茶叶、菌类和中草药材上使用
毒死蜱、三唑磷	禁止在蔬菜上使用
丁酰肼（比久）	禁止在花生上使用
氰戊菊酯	禁止在茶叶上使用
氟虫腈	禁止在所有农作物上使用（玉米等部分旱田种子包衣除外）
氟苯虫酰胺	禁止在水稻上使用

A.3　说明

本附录的内容来自 2019 年中华人民共和国农业农村部发布的《禁限用农药名录》（ http：//www.zzys.moa.gov.cn/gzdt/201911/t20191129_6332604.htm ）。

附 录 B

（资料性）

霍山石斛仿野生常见病虫害防治的参考方法

霍山石斛仿野生常见病虫害防治的参考方法见表 B.1。

表 B.1 霍山石斛仿野生病虫害防治的参考方法

防治对象	防治时期	化学防治方法	农业防治或物理防治方法
白绢病	6—9 月	使用多菌灵或甲基硫菌灵可湿性粉剂灌根，按农药标签使用	基质腐熟后使用，或拔除病株及周边基质，撒生石灰于苗穴中
根腐病	8—10 月	使用多菌灵、甲基硫菌灵、苦参碱灌根，按农药标签使用	禁用带病苗；发现病株及时拔除，集中销毁，每穴撒入草木灰 100g 或生石灰 200~300g，进行局部消毒
蜗牛、蛞蝓	3—10 月	四聚乙醛等化学诱杀，按农药标签使用	必要时人工清理
斜纹夜蛾、蝗虫、红蜘蛛	4—10 月	低毒菊酯类喷施，按农药标签使用	频振式杀虫灯、粘虫板等物理诱杀

附　录　C

（规范性）

霍山石斛种苗（分栽苗／驯化苗）质量标准

霍山石斛种苗（分栽苗／驯化苗）质量标准见表 C.1。

表 C.1　霍山石斛种苗（分栽苗／驯化苗）质量标准

等级	指标				
	株数／株	每株叶数／片	每株根数／条	茎高／cm	茎粗／cm
一级	≥2	3~4	≥2	≥3	≥0.25
二级	<2	3~4	<2	≥2	<0.25

参考文献

［1］黄璐琦,陈敏,李先恩.中药材种子种苗标准研究［M］.北京:中国医药科技出版社,2019:829-836.

［2］安徽省质量技术监督局.霍山石斛种子生产技术规程:DB 34/T 2367—2015［S/OL］.［2023-11-15］. https://std.samr.gov.cn/db/search/stdDBDetailed?id=91D99E4D40862E24E05397BE0A0A3A10.

［3］国家林业局.霍山石斛种苗繁育技术规程:LY/T 2449—2015［S］.北京:中国标准出版社,2015.

［4］安徽省质量技术监督局.霍山石斛仿野生栽培技术规程:DB 34/T 2646—2016［S/OL］.［2023-11-15］. https://std.samr.gov.cn/db/search/stdDBDetailed?id=91D99E4DAF012E24E05397BE0A0A3A10.

［5］国家林业局.霍山石斛栽培技术规程:LY/T 2448—2015［S］.北京:中国标准出版社,2015.

［6］安徽省质量技术监督局.霍山石斛:DB 34/T 486—2016［S/OL］.［2023-11-15］. https://std.samr.gov.cn/db/search/stdDBDetailed?id=91D99E4D87C22E24E05397BE0A0A3A10.

［7］丁亚平,吴庆生,于力文,等.霍山石斛最佳采收期研究［J］.中国中药杂志,1998（8）:13-15.

［8］任杰,王军,丁增成,等.霍山石斛生产质量管理规范研究［J］.农学学报,2014,4（6）:72-76.

［10］徐光涛.提高霍山石斛仿生态栽培成活率方法的研究［J］.安徽林业科技,2011,37（6）:62-64.

［11］刘志超,王滨,许全宝,等.霍山石斛标准化栽培技术研究［J］.安徽农业科学,2013,41（31）:12287-12288.

［12］徐光涛,李春生.不同基质与栽培措施对霍山石斛生长的影响［J］.林业科技开发,2012,26（4）:112-115.

ICS 65.020.20
CCS C 05

团 体 标 准

T/CACM 1374.43—2021

石斛（霍山石斛）设施栽培规范化
生产技术规程

Code of practice for good agricultural practice of Dendrobii Caulis
（*Dendrobium huoshanense*）
（Protected Cultivation）

2021-10-15 发布　　　　　　　　　　　　　　　2021-10-15 实施

中华中医药学会　发布

目　次

前　　言

　　《石斛（霍山石斛）设施栽培规范化生产技术规程》（以下简称"本文件"）按照 GB/T 1.1—2020《标准化工作导则　第 1 部分：标准化文件的结构和起草规则》给出的规则起草。

　　本文件由中国医学科学院药用植物研究所和中国中药有限公司提出。

　　本文件由中华中医药学会归口。

　　本文件起草单位：中国中药有限公司、中国中药霍山石斛科技有限公司、安徽中医药大学、霍山县鸿雁石斛科技有限公司、山东明源本草生物科技有限公司、中国中医科学院中药研究所、中国医学科学院药用植物研究所、重庆市药物种植研究所。

　　本文件主要起草人：焦连魁、王继永、曾燕、赵润怀、李向东、彭华胜、孙大学、成彦武、邓启超、张继聪、徐江、陈静、魏建和、王文全、王秋玲、杨小玉、辛元尧、王苗苗。

石斛(霍山石斛)设施栽培规范化生产技术规程

1 范围

本文件确立了石斛(霍山石斛)设施栽培规范化生产技术中的术语和定义,规范化生产流程,规范化生产技术,包装、放行、贮运技术规程在内的各环节的技术规程。

本文件适用于按照《中药材生产质量管理规范》实施规范化生产霍山石斛(设施栽培)。

2 规范性引用文件

下列文件的内容通过文中的规范性引用而构成本文件必不可少的条款。其中,注明日期的引用文件,仅该日期对应的版本适用于本文件;不注明日期的引用文件,其最新版本(包括所有的修改单)适用于本文件。

《中华人民共和国药典》

GB 3095　环境空气质量标准

GB 5084　农田灌溉水质标准

GB 5749　生活饮用水卫生标准

GB 15618　土壤环境质量　农用地土壤污染风险管控标准(试行)

T/CACM 1374.1—2021　中药材规范化生产技术规程通则　植物药材

3 术语和定义

T/CACM 1374.1—2021 界定的以及下列术语和定义适用于本文件。

3.1 规范化生产　good agricultural practice

按照《中药材生产质量管理规范》(简称中药材 GAP)的要求,实施药材生产,保证中药材优质安全的生产过程。

3.2 技术规程　code of practice

为实现中药材生产顺利、有序进行,保证中药材生产质量,对中药材生产的基地选址、种子种苗、种植或野生抚育、采收与产地初加工以及包装、放行与贮运等,所做的技术规定和要求,是实施中药材规范生产的核心技术要求和实施指南。

3.3 霍山石斛　Dendrobium huoshanense

兰科植物霍山石斛 *Dendrobium huoshanense* C. Z. Tang et S. J. Cheng 的新鲜或干燥茎。

3.4 仿野生栽培　bionics wild cultivation

模仿野生霍山石斛的环境条件进行种植。

3.5 组培苗 tissue culture seedling

是根据植物细胞具有全能性的理论,利用外植体,在无菌和适宜的人工条件下,培育的完整植株。

3.6 驯化苗 domestication seedling

霍山石斛组培苗移出组培室后,通过光照、温度、湿度等条件的调整,使其对外界环境条件的适应性及其光合作用的能力提高,移栽时易成活,即为驯化苗。

3.7 分栽苗 divided seedling

在霍山石斛采收时,除满足采收要求的茎条外,取生长健康、长势良好的1~2年生的茎,并保留根叶完整的植株,即为分栽苗。

3.8 炒制杀青 deactivation of enzymes with frying

将霍山石斛茎条以翻炒的方式,将茎条灭活,并蒸发掉其中部分水分,使其柔软;且使叶鞘干燥,与茎条分离,易于去除。

4 石斛(霍山石斛)设施栽培规范化生产流程图

石斛(霍山石斛)设施栽培规范化生产流程见图1。

石斛(霍山石斛)设施栽培规范化生产流程: 关键控制点及参数:

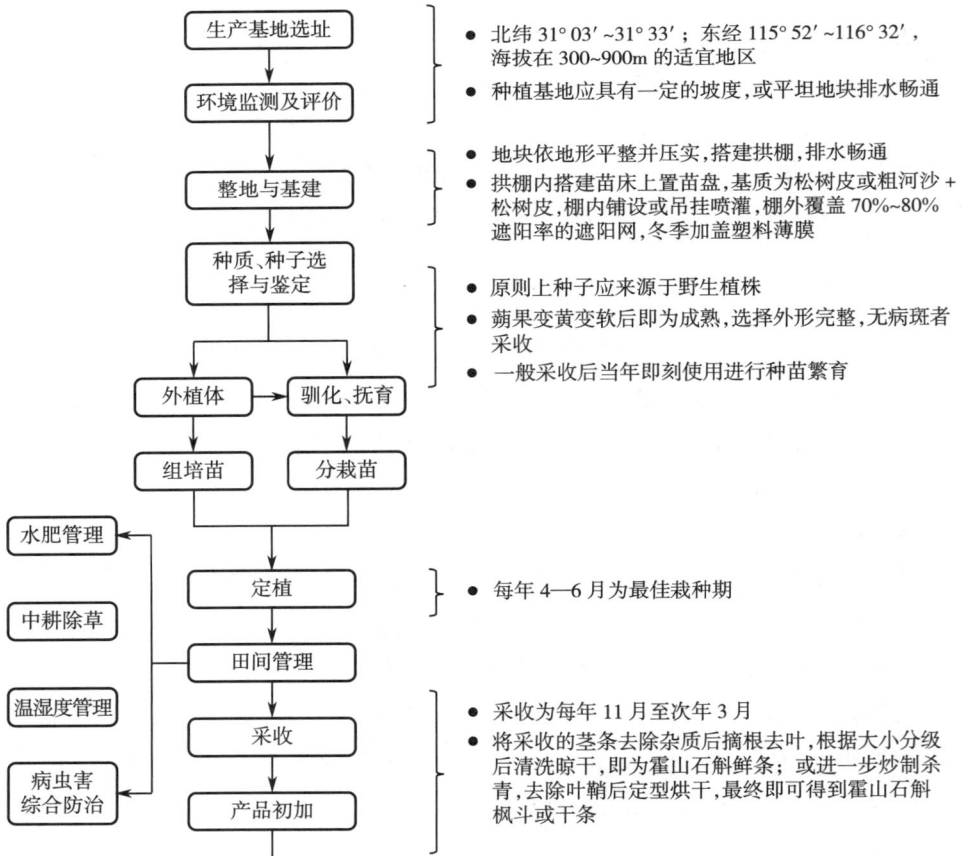

```
┌──────────────┐
│  生产基地选址  │ ───┐
└──────┬───────┘    │  • 北纬 31°03′~31°33′;东经 115°52′~116°32′,
       ↓            │    海拔在 300~900m 的适宜地区
┌──────────────┐    │  • 种植基地应具有一定的坡度,或平坦地块排水畅通
│ 环境监测及评价 │ ───┘
└──────┬───────┘
       ↓
┌──────────────┐ ───┐  • 地块依地形平整并压实,搭建拱棚,排水畅通
│   整地与基建   │    │  • 拱棚内搭建苗床上置苗盘,基质为松树皮或粗河沙 +
└──────┬───────┘ ───┘    松树皮,棚内铺设或吊挂喷灌,棚外覆盖 70%~80%
       ↓                 遮阳率的遮阳网,冬季加盖塑料薄膜
┌──────────────┐ ───┐
│ 种质、种子选   │    │  • 原则上种子应来源于野生植株
│   择与鉴定     │    │  • 蒴果变黄变软后即为成熟,选择外形完整,无病斑者
└──────┬───────┘    │    采收
       ↓            │  • 一般采收后当年即刻使用进行种苗繁育
┌──────┐  ┌──────┐ ─┘
│外植体 │→│驯化、抚育│
└──┬───┘  └──┬───┘
   ↓          ↓
┌──────┐  ┌──────┐
│组培苗 │  │分栽苗 │
└──┬───┘  └──┬───┘
```

水肥管理

中耕除草

温湿度管理

病虫害综合防治

定植 • 每年 4—6 月为最佳栽种期

田间管理

采收 • 采收为每年 11 月至次年 3 月

产品初加工

• 将采收的茎条去除杂质后摘根去叶,根据大小分级后清洗晾干,即为霍山石斛鲜条;或进一步炒制杀青,去除叶鞘后定型烘干,最终即可得到霍山石斛枫斗或干条

```
         ↓
     ┌────────┐
     │  包装  │
     └────────┘
         ↓
     ┌────────┐
     │  放行  │
     └────────┘
         ↓
     ┌────────┐
     │  贮藏  │
     └────────┘
         ↓
     ┌────────┐
     │  运输  │
     └────────┘
```

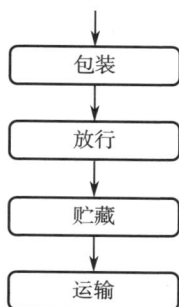

图1　石斛(霍山石斛)设施栽培规范化生产流程图

5　石斛(霍山石斛)设施栽培规范化生产技术

5.1　生产基地选址

5.1.1　产地选择

适宜在以安徽省霍山县为核心的大别山区种植,范围为北纬31°03′~31°33′、东经115°52′~116°32′,海拔在300~900m的适宜地区。

5.1.2　地块选择

海拔在300~900m的山区,基地生态环境良好,周边无工业废弃物、专业畜牧饲养场、垃圾(粪便)场、污水及其他污染源。且远离公路、医院,并尽量避开学校和公共场所。

种植基地应具有一定的坡度,或排水畅通的平坦地块。

5.1.3　环境监测

基地的大气、土壤和水样品的检测可参考GAP要求,空气质量应符合GB 3095二级标准的要求,土壤质量应符合GB 15618的要求,灌溉水水质应符合GB 5084的要求,且要保证生长期间持续符合标准。

5.1.4　整地与基建

选择相对平整的地块,依地形进行平整并压实,地块宽度为4~8m的倍数、长度30m左右为宜,搭棚。必要时修建牢固堤岸和排水沟,确保地块稳固,排水畅通。

所建拱棚间距1m左右,居中设40cm宽排水沟,确保排水畅通。棚内搭建苗床2~3排,各宽1.2~2m(根据苗盘大小可调整),间距60cm左右,底座高40~60cm,采用水泥砖或三角铁制作,上置苗盘,基质为粗河沙+松树皮(比例1∶1),或松树皮、椰壳等具吸水性的植物来源的碎块,在使用前应经堆制、浸泡或蒸煮等处理。

棚内铺设或吊挂喷灌,棚外覆盖70%~80%遮阳率的遮阳网,冬季加盖塑料薄膜。

5.2　种质与种子

5.2.1　种质选择

使用兰科石斛属植物霍山石斛 *Dendrobium huoshanense* C. Z. Tang et S. J. Cheng。如使用农家品种或选育品种应加以明确。

5.2.2　种子质量

原则上种子应来源于野生移栽或野生抚育的霍山石斛植株,新品种以其自有要求为准;

蒴果变黄变软后即为成熟,选择外形完整,无病斑、虫斑者,带果柄一并采收。一般采收后当年即刻使用进行种苗繁育。

5.2.3 良种繁育

种源的选择以植株的茎条形态、成分含量为主要筛选原则,以性状优良的植株为父本、母本,进行人工异花授粉,待每年10月左右蒴果成熟后采收,作为繁育材料,通过组培技术,进行种苗繁育。

5.3 种植

5.3.1 育苗

将霍山石斛蒴果经消毒处理后,切开并将种子播撒在灭菌后的培养基中,经组织培养:诱导萌发、原球茎增殖、生根壮苗后,生长为完整的植物,并经过炼苗,成为可用于栽种的组培苗。

组培苗经1年的驯化而得到的驯化苗,或在霍山石斛采收时,除满足采收要求的茎条外,取生长健康、长势良好的1~2年生的茎并保留根叶的为分栽苗,均可作为种苗使用。

种苗质量不得低于二级标准。

5.3.2 定植

每年4—6月栽种,或气温在15~25℃范围内亦可栽种,避免高温或严寒等极端天气栽种。

种苗4~6株为一丛,栽种一穴,丛距7cm×7cm或8cm×8cm栽植于基质中。保持植株挺立,根系舒展,茎、叶、芽不可埋入基质中。

5.3.3 田间管理

栽种后及时浇定根水;日常管理时应保持栽培基质含水量在50%~60%之间,在春、秋季气温低时,应在中午前后浇水;在夏、秋高温时,应避开高温,在早晚浇水。冬季应严格控制水分,一般不浇水。

日常管理过程应注意通风,冬季低温时应给大棚加覆薄膜,苗床上覆盖毛毡至春季回暖后取下。

第二年开始,每年3月去除基质表面的青苔,若基质缺失过多应及时补充基质,同时进行施肥,以撒施饼肥、蚕沙或羊粪等腐熟的农家肥为主。日常应及时清理基质上及棚内外的杂草。

5.3.4 病虫害等防治

霍山石斛常见病害有白绢病、黑斑病、根腐病等,虫害主要有蜗牛、蛞蝓、斜纹夜蛾、蚜蟥、红蜘蛛等。

应采用预防为主、综合防治的方法:在栽植基质消毒、通风、温度、湿度调节方面综合管控,预防病害发生。真菌类传染性病害最为严重,多出现在春夏秋季节高温高湿的环境下。防治时多以人工移除病株为主,若发病严重则使用生石灰,将生石灰均匀撒在病株及其周边,以控制其不扩散。虫害则采用物理或化学方法诱杀为主,必要时人工清理或使用农药。

采用化学防治时,应当符合国家有关规定;优先选用高效、低毒的生物农药;尽量避免使用除草剂、杀虫剂和杀菌剂等化学农药;不使用禁限用农药。

5.4 采收

选择生长满三年的霍山石斛采收,冬季为最佳采收期。采收时,以棚为单位,将植株整丛拔出,清理根部基质和其他杂质,避免损伤植株,采老留新,将 2~3 年的老茎采下,并选取可继续用于栽种的分栽苗。

5.5 产地初加工

将采收的茎条去除杂质后摘根去叶,根据大小分级后清洗晾干,即为霍山石斛鲜条;或 120℃左右炒制杀青,去除叶鞘后定型,60℃左右烘干 3 次,加工为霍山石斛枫斗或干条。清洗用水应符合 GB 5749。

5.6 包装、放行、贮运

5.6.1 包装

包装前应对每批药材按照国家标准进行质量检验。采用符合国家标准的塑料袋等包装,禁止采用包装过肥料、农药等的包装袋包装。包装外贴或挂标签、合格证,标识牌内容应有药材名、基源、产地、批号、规格、重量、采收日期、企业名称等,并有追溯码。

5.6.2 放行

应制定符合企业实际情况的放行制度,有审核批生产、检验等的相关记录。不合格药材有单独处理制度。

5.6.3 贮运

置阴凉干燥处贮存,可采用现代气调贮藏,包装或库内充氮或二氧化碳。定期检查,防止虫蛀、霉变、腐烂等。仓库控制温度在 20℃ 以下、相对湿度 75% 以下;不同批次等级药材分区存放。禁止磷化铝和二氧化硫熏蒸。

运输应防止发生混淆、污染、异物混入、包装破损、雨雪淋湿等。

附 录 A

（规范性）

禁限用农药名单

A.1 禁止（停止）使用的农药（46种）

六六六、滴滴涕、毒杀芬、二溴氯丙烷、杀虫脒、二溴乙烷、除草醚、艾氏剂、狄氏剂、汞制剂、砷类、铅类、敌枯双、氟乙酰胺、甘氟、毒鼠强、氟乙酸钠、毒鼠硅、甲胺磷、对硫磷、甲基对硫磷、久效磷、磷胺、苯线磷、地虫硫磷、甲基硫环磷、磷化钙、磷化镁、磷化锌、硫线磷、蝇毒磷、治螟磷、特丁硫磷、氯磺隆、胺苯磺隆、甲磺隆、福美胂、福美甲胂、三氯杀螨醇、林丹、硫丹、溴甲烷、氟虫胺、杀扑磷、百草枯、2,4-滴丁酯。

注：氟虫胺自2020年1月1日起禁止使用。百草枯可溶胶剂自2020年9月26日起禁止使用。2,4-滴丁酯自2023年1月29日起禁止使用。溴甲烷可用于"检疫熏蒸处理"。杀扑磷已无制剂登记。

A.2 在部分范围禁止使用的农药（20种）

部分范围禁止使用的农药应注意药食同源中药材及来自其他作物的中药材。部分范围禁止使用的农药见表A.1。

表A.1 部分范围禁止使用的农药

通用名	禁止使用范围
甲拌磷、甲基异柳磷、克百威、水胺硫磷、氧乐果、灭多威、涕灭威、灭线磷	禁止在蔬菜、瓜果、茶叶、菌类、中草药材上使用，禁止用于防治卫生害虫，禁止用于水生植物的病虫害防治
甲拌磷、甲基异柳磷、克百威	禁止在甘蔗作物上使用
内吸磷、硫环磷、氯唑磷	禁止在蔬菜、瓜果、茶叶、中草药材上使用
乙酰甲胺磷、丁硫克百威、乐果	禁止在蔬菜、瓜果、茶叶、菌类和中草药材上使用
毒死蜱、磷	禁止在蔬菜上使用
丁酰肼（比久）	禁止在花生上使用
氰戊菊酯	禁止在茶叶上使用
氟虫腈	禁止在所有农作物上使用（玉米等部分旱田种子包衣除外）
氟苯虫酰胺	禁止在水稻上使用

A.3 说明

本附录的内容来自2019年中华人民共和国农业农村部发布的《禁限用农药名录》（http://www.zzys.moa.gov.cn/gzdt/201911/t20191129_6332604.htm）。

附　录　B

（资料性）

霍山石斛设施栽培常见病虫害防治的参考方法

霍山石斛设施栽培常见病虫害防治的参考方法见表 B.1。

表 B.1　霍山石斛设施栽培病虫害防治的参考方法

防治对象	防治时期	化学防治方法	农业防治或物理防治方法
白绢病	6—9 月	使用多菌灵或甲基硫菌灵可湿性粉剂灌根,按农药标签使用	基质腐熟后使用,或拔除病株及周边基质,撒生石灰于苗穴中
根腐病	8—10 月	使用多菌灵、甲基硫菌灵、苦参碱灌根,按农药标签使用	禁用带病苗;发现病株及时拔除,集中销毁,每穴撒入草木灰 100g 或生石灰 200~300g,进行局部消毒
蜗牛、蛞蝓	3—10 月	四聚乙醛等化学诱杀,按农药标签使用	必要时人工清理
斜纹夜蛾、蝗虫、红蜘蛛	4—10 月	低毒菊酯类喷施,按农药标签使用	频振式杀虫灯、粘虫板等物理诱杀

附　录　C

（规范性）

霍山石斛种苗（组培苗、分栽苗／驯化苗）质量标准

霍山石斛种苗（组培苗）质量标准见表 C.1。

表 C.1　霍山石斛种苗（组培苗）质量标准

等级	指标				
	每株叶数／片	每株根数／条	茎高／cm	茎粗／cm	茎节形状
一级	4~6	≥2	≥3	≥0.23	串珠状或圆柱形
二级	<4	<2	≥2	<0.23	圆柱形

霍山石斛种苗（分栽苗／驯化苗）质量标准见表 C.2。

表 C.2　霍山石斛种苗（分栽苗／驯化苗）质量标准

等级	指标				
	株数／株	每株叶数／片	每株根数／条	茎高／cm	茎粗／cm
一级	≥2	3~4	≥2	≥3	≥0.25
二级	<2	3~4	<2	≥2	<0.25

参考文献

［1］黄璐琦,陈敏,李先恩.中药材种子种苗标准研究［M］.北京:中国医药科技出版社,2019.

［2］安徽省质量技术监督局.霍山石斛种子生产技术规程:DB34_T 2367—2015［S/OL］.［2023-11-15］. https：//std.samr.gov.cn/db/search/stdDBDetailed?id=91D99E4D40862E24E05397BE0A0A3A10.

［3］国家林业局.霍山石斛种苗繁育技术规程:LY/T 2449—2015［S］.北京:中国标准出版社,2015.

［4］安徽省质量技术监督局.霍山石斛仿野生栽培技术规程:DB 34_/T 2646—2016［S/OL］.［2023-11-15］. https：//std.samr.gov.cn/db/search/stdDBDetailed?id=91D99E4DAF012E24E05397BE0A0A3A10.

［5］国家林业局.霍山石斛栽培技术规程:LY/T 2448—2015［S］.北京:中国标准出版社,2015.

［6］安徽省质量技术监督局.霍山石斛:DB 34/T 486—2016［S/OL］.［2023-11-15］.https：//std.samr.gov.cn/db/search/stdDBDetailed?id=91D99E4D87C22E24E05397BE0A0A3A10.

［7］丁亚平,吴庆生,于力文,等.霍山石斛最佳采收期研究［J］.中国中药杂志,1998（8）:13-15.

［8］任杰,王军,丁增成,等.霍山石斛生产质量管理规范研究［J］.农学学报,2014,4（6）:72-76.

［9］徐光涛.提高霍山石斛仿生态栽培成活率方法的研究［J］.安徽林业科技,2011,37（6）:62-64.

［10］刘志超,王滨,许全宝,等.霍山石斛标准化栽培技术研究［J］.安徽农业科学,2013,41（31）:12287-12288.

［11］徐光涛,李春生.不同基质与栽培措施对霍山石斛生长的影响［J］.林业科技开发,2012,26（4）:112-115.

ICS 65.020.20
CCS C 05

团 体 标 准

T/CACM 1374.44—2021

龙胆（龙胆）规范化生产技术规程

Code of practice for good agricultural practice of Gentianae Radix Et Rhizoma

（*Gentiana scabra* Bunge）

2021-10-15 发布

2021-10-15 实施

中华中医药学会　发布

目　次

前　　言

本文件按照 GB/T 1.1—2020《标准化工作导则　第 1 部分:标准化文件的结构和起草规则》的规定起草。

请注意本文件中的某些内容可能涉及专利。本文件的发布机构不承担识别专利的责任。

本文件由中国医学科学院药用植物研究所和黑龙江中医药大学提出。

本文件由中华中医药学会归口。

本文件起草单位:黑龙江中医药大学、辽宁中医药大学、中国医学科学院药用植物研究所、重庆市药物种植研究所。

本文件主要起草人:孟祥才、许亮、孙海峰、魏建和、王文全、王秋玲、杨小玉、辛元尧、王苗苗。

龙胆(龙胆)规范化生产技术规程

1 范围

本文件确立了龙胆(龙胆)的规范化生产流程,规定了龙胆(龙胆)生产基地选址、种质要求、种苗繁育、种植、采收、产地初加工、包装、放行、贮运等阶段的操作要求。

本文件适用于龙胆(龙胆)的规范化生产。

2 规范性引用文件

下列文件的内容通过文中的规范性引用而构成本文件必不可少的条款。其中,注明日期的引用文件,仅该日期对应的版本适用于本文件;不注明日期的引用文件,其最新版本(包括所有的修改单)适用于本文件。

GB 3095　环境空气质量标准

GB/T 3543　农作物种子检验规程

GB 5084　农田灌溉水质标准

GB 5749　生活饮用水卫生标准

GB 15618　土壤环境质量　农用地土壤污染风险管控标准(试行)

T/CACM 1374.1—2021　中药材规范化生产技术规程通则　植物药材

3 术语和定义

T/CACM 1374.1—2021 界定的以及下列术语和定义适用于本文件。

3.1 规范化生产　good agricultural practice

按照《中药材生产质量管理规范》(简称中药材 GAP)的要求,实施药材生产,保证中药材优质安全的生产过程。

3.2 技术规程　code of practice

为实现中药材生产顺利、有序进行,保证中药材生产质量,对中药材生产的基地选址、种子种苗、种植或野生抚育、采收与产地初加工以及包装、放行与贮运等,所做的技术规定和要求,是实施中药材规范生产的核心技术要求和实施指南。

3.3 龙胆　Gentianae Radix Et Rhizoma

龙胆科植物龙胆 *Gentiana scabra* Bge. 的干燥根及根茎。

3.4 液态播种　sowing the mixture of seeds and water

把催芽后的龙胆种子放入大孔喷壶中,加入适量的水,搅拌后将悬浮液喷洒在苗床上。

4 龙胆（龙胆）规范化生产流程图

龙胆（龙胆）规范化生产流程见图1。

龙胆（龙胆）规范化生产流程：　　　　　　关键控制点及参数：

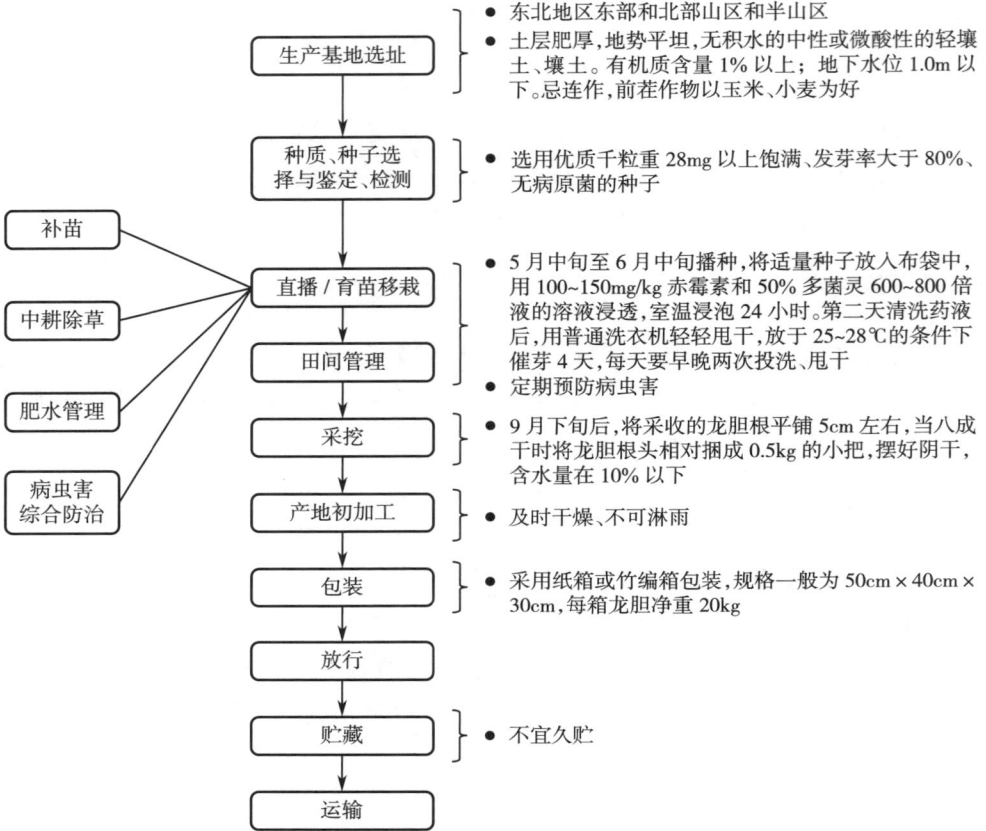

```
                      ┌──────────────┐        • 东北地区东部和北部山区和半山区
                      │  生产基地选址  │ ─┐     • 土层肥厚,地势平坦,无积水的中性或微酸性的轻壤
                      └──────────────┘  ├─      土、壤土。有机质含量1%以上;地下水位1.0m以
                            │                    下。忌连作,前茬作物以玉米、小麦为好
                            ▼
                  ┌──────────────────┐
                  │ 种质、种子选择与鉴 │ ─── • 选用优质千粒重28mg以上饱满、发芽率大于80%、
                  │   定、检测        │        无病原菌的种子
                  └──────────────────┘
      ┌──────┐            │
      │ 补苗 │─┐          ▼
      └──────┘ │  ┌──────────────┐     • 5月中旬至6月中旬播种,将适量种子放入布袋中,
      ┌──────┐ ├─▶│ 直播/育苗移栽 │       用100~150mg/kg赤霉素和50%多菌灵600~800倍
      │中耕除草│ │  └──────────────┘       液的溶液浸透,室温浸泡24小时。第二天清洗药液
      └──────┘ │        │                后,用普通洗衣机轻轻甩干,放于25~28℃的条件下
      ┌──────┐ │  ┌──────────────┐       催芽4天,每天要早晚两次投洗、甩干
      │肥水管理│─┤  │   田间管理    │ ─── • 定期预防病虫害
      └──────┘ │  └──────────────┘
      ┌──────┐ │        │
      │病虫害 │─┘        ▼
      │综合防治│    ┌──────────────┐     • 9月下旬后,将采收的龙胆根平铺5cm左右,当八成
      └──────┘    │    采挖        │ ─┐   干时将龙胆根头相对捆成0.5kg的小把,摆好阴干,
                  └──────────────┘  ┘   含水量在10%以下
                        │
                        ▼
                  ┌──────────────┐
                  │  产地初加工    │ ─── • 及时干燥、不可淋雨
                  └──────────────┘
                        │
                        ▼
                  ┌──────────────┐     • 采用纸箱或竹编箱包装,规格一般为50cm×40cm×
                  │    包装        │ ───   30cm,每箱龙胆净重20kg
                  └──────────────┘
                        │
                        ▼
                  ┌──────────────┐
                  │    放行        │
                  └──────────────┘
                        │
                        ▼
                  ┌──────────────┐
                  │    贮藏        │ ─── • 不宜久贮
                  └──────────────┘
                        │
                        ▼
                  ┌──────────────┐
                  │    运输        │
                  └──────────────┘
```

图 1　龙胆（龙胆）的规范化生产流程图

5 龙胆（龙胆）规范化生产技术

5.1 生产基地选址

5.1.1 产地选择

适宜种植在北纬40°35′~47°40′、东经123°30′~135°30′的区域,包括东北寒温带、中温带年降雨量400~800mm、年有效积温1 900~3 500℃的山区或半山区,包括小兴安岭、长白山山地和华北暖温带的辽东半岛部分。

5.1.2 地块选择

地势以平地或缓坡地为宜,宜选背风向阳,气候温暖湿润地块。

龙胆以富含腐殖质、土层深厚肥沃的黑土,暗棕壤及白浆土,pH 5.5~6.8为宜。有机质含量1%以上;地下水位1.0m以下。忌连作,前茬作物以玉米、小麦为好。

5.1.3 环境监测

基地的大气、土壤和水样品的检测按照 GAP 要求，应符合相应国家标准，并保证生长期间持续符合标准。环境检测应参照 GB 3095《环境空气质量标准》、GB 15618《土壤环境质量 农用地土壤污染风险管控标准（试行）》、GB 5084《农田灌溉水质标准》。

5.2 种质与种子

5.2.1 种质选择

须使用经过鉴定的龙胆科植物龙胆 *Gentiana scabra* Bge. 的种子。如使用选育品种应明确。

5.2.2 种子质量

选用优质千粒重 28.0mg 以上饱满、发芽率大于 80%、无病原菌的种子。

5.3 种苗繁育

5.3.1 整地

播种及移栽前，最好是秋翻秋整地，平整土地降低高度差。结合整地，每公顷施充分腐殖熟厩肥 75 吨基肥，均匀撒于地面，深翻 30cm，整平耙碎，除去地上杂草和大石块，耙细整平表土，按每平方米施用 15g 50% 多菌灵。依地势和排水条件作畦，畦宽 1.6m。平整畦面。

5.3.2 播种

龙胆种子（干种子）用量 7.5~10.0kg/hm²，根据催芽前后种子重量的变化计算出 0.1hm² 须播种催芽种子（湿种子）的数量；测量出容量 15kg 喷壶，装满水均匀喷施所能喷施的面积，依此计算出每喷壶装入催芽种子数量。将催芽种子放入喷壶内，加满水，搅拌使种子均匀悬浮起来，然后均匀地将种子喷撒于苗床床面上。

播种后，覆盖秋季凋落的 1~2cm 厚落叶松松针保湿。幼苗长至两片真叶时，去掉一部分遮阳物，约留一半，立秋以后，温度、光照降低，将全部松针撤出。不便取得松针的地区，可在畦帮钉一些木桩，间距 2m 左右，高 20cm，将园艺中使用的 30% 透光率的尼龙网拉紧拴在木桩顶端，起到遮阴保湿的作用，立秋以后，温度降低时，选择阴雨天撤出遮阳网。

5.3.3 施肥

育苗期只施用叶面肥。7 月中旬、8 月中旬可各喷施一次 0.2% 尿素和 0.2% 磷酸二氢钾水溶液。

5.3.4 除草

龙胆幼苗生长缓慢，实时进行人工除草。

5.3.5 水分管理

保持地块四周排水良好，遇干旱天气及时浇水。

5.3.6 病虫害防治

贯彻"预防为主，综合防治"的植保方针。以农业防治为基础，提倡生物防治和物理防治，科学应用化学防治技术的原则。

在整地、作畦或打垄时施入 1 000 倍辛硫磷毒土，或用 5%S- 氰戊菊酯乳油 2 000 倍液药液喷洒床面，防止蛴螬、蝼蛄、金针虫等危害。

5.4 种植

5.4.1 选地整地

生产基地应选择土层深厚,土质肥沃,土壤疏松,排水良好的平地或 10° 以下缓坡荒山砂壤土。于上年秋季将地上面秸秆、杂草及石块等杂物清理干净,然后深翻 20cm。施入腐熟农家肥 750~100kg/ 亩(1 亩 ≈ 666.7m^2,下文同)为基肥。再翻耕耙碎,整平,作成宽 1.0~1.2m,高 20cm 的平畦,畦间距 50cm。

5.4.2 栽种时间

秋季在 10 月中旬至封冻前进行;春季于 4 月中旬至 5 月初,越冬芽萌动前进行。

5.4.3 栽种方法

一年生苗只能春栽,先在畦面上浇透水,当畦土不黏时,行距 15~18cm,横向开沟,沟深 10~12cm,3 株为一组以 45° 角穴栽,穴距 7~8cm,栽植密度为 210 株 /m^2,须根展开,覆土厚度为 1.5~2cm。

二年苗春、秋两季均可移栽。一般 2 株为一组穴栽,开沟深度 12~14cm,栽植密度 140~150 株 /m^2。

5.4.4 补苗

栽种后于 6 月中旬补苗,补苗时带土移栽,补苗后及时浇水定根,补苗工作应在秋分之前完成。

5.4.5 中耕除草

栽后 15 天左右进行第一次,应浅锄。根据草害情况适时除草。

5.4.6 施肥

6 月中旬、7 月中旬、8 月中旬可各喷施一次 0.2% 尿素和 0.2% 磷酸二氢钾水溶液。

禁止使用壮根灵、膨大素等生长调节剂用于增大龙胆根茎。

5.4.7 病虫害防治

贯彻"预防为主,综合防治"的植保方针,通过加强栽培管理、科学施肥等栽培措施,综合采用农业防治、物理防治、生物防治,配合科学合理地使用化学防治,将有害生物危害控制在允许范围以内。使用化学农药应严格按照产品说明书,收获前 30 天停止使用。具体病虫害种类参见附录 B 表 B.1。

龙胆常见病害有苗期苗枯病、猝倒病、移栽后的斑枯病、褐斑病等,虫害主要有蛴螬、蝼蛄等。

采用化学防治时,应当符合国家有关规定;优先选用高效、低毒的生物农药;尽量避免使用除草剂、杀虫剂和杀菌剂等化学农药;不使用禁限用农药,具体禁限用农药名单见附录 A。

对于虫害,在整地、作畦或打垄时施入 1 000 倍辛硫磷毒土,或用 S- 氰戊菊酯乳油按照农药标签使用方法喷洒床面,防止蛴螬、蝼蛄、金针虫等危害。

5.5 采挖

移栽 3~4 年生的龙胆 10 月中旬至封冻前为最佳采收期。用刀割去地上茎,从畦的一端开始,用锹或镐在畦上侧向挖或刨。

5.6 产地初加工

水样品的检测按照 GAP 要求,应符合 GB 5749《生活饮用水卫生标准》。

除去杂草、枯茎,洗去泥土后,放在烘干室内的盘中烘干,温度控制在 35~45℃ 之间,待半干时,取出烘干室抖去毛须捆成小扎儿,再放入烘干室,烘至小扎儿干透即可。或者将采收的龙胆根放在架子上,每层平铺 5cm 左右,当八成干时将龙胆根头相对捆成 0.5kg 的小把,上下各捆一条塑料绳,大头朝下摆好阴干,含水量在 10% 以下。

加工干燥过程保证场地、工具洁净,不受雨淋等。

5.7 包装、放行、贮运

5.7.1 包装

包装前应对每批药材按照相应标准进行质量检验。符合国家标准的药材,采用不影响质量的纸箱等包装,禁止采用包装过肥料、农药等的包装袋包装。包装外贴或挂标签、合格证,标识牌内容应有品种、基源、产地、批号、规格、重量、采收日期、企业名称等,并有追溯码。

5.7.2 放行

应制定符合企业实际情况的放行制度,有审核、批准、生产、检验等的相关记录。不合格药材有单独处理制度。

5.7.3 贮运

应贮存于阴凉干燥处,定期检查,防止霉变、腐烂等的发生。仓库控制温度在 20℃ 以下、相对湿度 75% 以下;不同批次等级药材分区存放;建有定期检查制度。禁用磷化铝。也可采用现代气调贮藏方法,包装或库内充氮或二氧化碳。但应注意不宜久贮。

运输应防止发生混淆、污染、异物混入、包装破损、雨雪淋湿等。

附 录 A

（规范性）

禁限用农药名单

A.1 禁止（停止）使用的农药（46 种）

六六六、滴滴涕、毒杀芬、二溴氯丙烷、杀虫脒、二溴乙烷、除草醚、艾氏剂、狄氏剂、汞制剂、砷类、铅类、敌枯双、氟乙酰胺、甘氟、毒鼠强、氟乙酸钠、毒鼠硅、甲胺磷、对硫磷、甲基对硫磷、久效磷、磷胺、苯线磷、地虫硫磷、甲基硫环磷、磷化钙、磷化镁、磷化锌、硫线磷、蝇毒磷、治螟磷、特丁硫磷、氯磺隆、胺苯磺隆、甲磺隆、福美胂、福美甲胂、三氯杀螨醇、林丹、硫丹、溴甲烷、氟虫胺、杀扑磷、百草枯、2,4- 滴丁酯。

注：氟虫胺自 2020 年 1 月 1 日起禁止使用。百草枯可溶胶剂自 2020 年 9 月 26 日起禁止使用。2,4-滴丁酯自 2023 年 1 月 29 日起禁止使用。溴甲烷可用于"检疫熏蒸处理"。杀扑磷已无制剂登记。

A.2 在部分范围禁止使用的农药（20 种）

部分范围禁止使用的农药应注意药食同源中药材及来自其他作物的中药材。部分范围禁止使用的农药见表 A.1。

表 A.1 部分范围禁止使用的农药

通用名	禁止使用范围
甲拌磷、甲基异柳磷、克百威、水胺硫磷、氧乐果、灭多威、涕灭威、灭线磷	禁止在蔬菜、瓜果、茶叶、菌类、中草药材上使用,禁止用于防治卫生害虫,禁止用于水生植物的病虫害防治
甲拌磷、甲基异柳磷、克百威	禁止在甘蔗作物上使用
内吸磷、硫环磷、氯唑磷	禁止在蔬菜、瓜果、茶叶、中草药材上使用
乙酰甲胺磷、丁硫克百威、乐果	禁止在蔬菜、瓜果、茶叶、菌类和中草药材上使用
毒死蜱、三唑磷	禁止在蔬菜上使用
丁酰肼（比久）	禁止在花生上使用
氰戊菊酯	禁止在茶叶上使用
氟虫腈	禁止在所有农作物上使用（玉米等部分旱田种子包衣除外）
氟苯虫酰胺	禁止在水稻上使用

A.3 说明

本附录的内容来自 2019 年中华人民共和国农业农村部发布的《禁限用农药名录》（http://www.zzys.moa.gov.cn/gzdt/201911/t20191129_6332604.htm）。

附　录　B

（资料性）

龙胆常见病虫害防治的参考方法

龙胆常见病虫害防治的参考方法见表 B.1。

表 B.1　龙胆常见病虫害防治的参考方法

病虫害名称	防治时期	化学防治方法	农业防治或物理防治方法
苗枯病	8 月	按照农药标签使用。用 50% 多菌灵可湿性粉剂 800 倍液灌根,安全间隔期≥7d;或用 70% 甲基硫菌灵 800~1 000 倍液灌根,安全间隔期≥7d;或用 58% 瑞毒霉·锰锌 500 倍液,安全间隔期≥10d;或用 64% 噁霜·锰锌可湿性粉剂 400~500 倍液,安全间隔期≥15d;或用 80% 代森锰锌可湿性粉剂 400~600 倍液,安全间隔期≥10d	有机肥必须充分腐熟;选用无病害感染的种子;发现病株及时拔除,集中销毁,每穴撒入草木灰 100g 或生石灰 200~300g,进行局部消毒
斑枯病 褐斑病	5—9 月	按照农药标签使用。用 70% 甲基硫菌灵 800~1 000 倍液灌根,安全间隔期≥7d;或用 58% 瑞毒霉·锰锌 500 倍液,安全间隔期≥7d;或用 64% 噁霜·锰锌可湿性粉剂 400~500 倍液,安全间隔期≥15d;或用 80% 代森锰锌可湿性粉剂 400~600 倍液,安全间隔期≥10d	与玉米等高植株植物间作
蛴螬	6—10 月	按照农药标签使用控制苗期病害。辛硫磷毒土	深耕翻土;灯光诱杀;合理轮作
蝼蛄	8—10 月	按照农药标签使用控制苗期病害。辛硫磷毒土;S-氰戊菊酯乳油药液喷洒床面	

参考文献

［1］国家药典委员会编.中华人民共和国药典：2020年版一部［M］.北京：中国医药科技出版社，2020.

［2］邵明，杨淑芬.东北地区龙胆草人工栽培技术［J］.中国林副特产，2017，39（3）：53-54.

［3］明学成，李银强，张璐，等.龙胆种子发芽特性研究［J］.特产研究，2014，36（2）：32-35.

［4］刘占辉，尚秀萍，刘克武.寒地龙胆草栽培技术［J］.中国林副特产，2014（1）：37-39.

［5］孙海峰，曹思思，吕游.药剂浸苗及田间用药防治龙胆斑枯病的研究［J］.现代中药研究与实践，2010，24（5）：10-12.

［6］冯桂华，邱立红，苗万波.龙胆草液态播种技术［J］.中国林副特产，2010（3）：73.

［7］冯继承，朱飞.龙胆草斑枯病的防治研究［J］.中国林副特产，2010（1）：32-33.

［8］王喜军，孙海峰.人工规范化种植龙胆斑枯病的无公害防治技术［J］.中国现代中药，2009，11（3）：7-9.

［9］王喜军，孙海峰，孙晖，等.龙胆斑枯病的季节流行动态［J］.中医药信息，2007，24（2）：29-30.

［10］刘海涛，张本刚，薛健，等.中药龙胆主要病害及其防治［J］.现代中药研究与实践，2006，20（6）：8-12.

［11］孙立晨，高郁芳，刘志刚，等.防治龙胆草斑枯病药剂筛选试验［J］.植物保护，2006，32（6）：154-156.

［12］何允波，孙华，张宝国，等.龙胆露地育苗技术要点［J］.中国野生植物资源，2004，23（5）：52-53.

［13］魏云洁，孔祥义，张连学，等.龙胆草播种技术研究［J］.特产研究，1994（3）：30.

［14］王英平，张连学，刘兴权，等.龙胆草采收期及加工温度的研究［J］.特产研究，1994（2）：24-25.

［15］肖承鸿，许亮.龙胆生产加工适宜技术［M］.北京：中国医药科技出版社，2017.

ICS 65.020.20
CCS C 05

团 体 标 准

T/CACM 1374.45—2021

龙胆（坚龙胆）规范化生产技术规程

Code of practice for good agricultural practice of Gentianae
Radix Et Rhizoma（Jian long dan）

2021-10-15 发布

2021-10-15 实施

中华中医药学会　发布

目　次

前　　言

本文件按照 GB/T 1.1—2020《标准化工作导则　第 1 部分:标准化文件的结构和起草规则》的规定起草。

请注意本文件中的某些内容可能涉及专利。本文件的发布机构不承担识别专利的责任。

本文件由中国医学科学院药用植物研究所和云南农业大学提出。

本文件由中华中医药学会归口。

本文起草单位:云南农业大学、中国医学科学院药用植物研究所云南分所、云南省农业科学院药用植物研究所、云南中医药大学、临沧耀阳生物药业科技有限公司、中国医学科学院药用植物研究所、重庆市药物种植研究所。

本文主要起草人:梁艳丽、杨生超、张丽霞、张金渝、季鹏章、周国银、张广辉、陈军文、韩俊、魏建和、王文全、王秋玲、杨小玉、辛元尧、王苗苗。

引　言

《中华人民共和国药典》（2020 年版）收载龙胆来源于龙胆科植物条叶龙胆 *Gentiana manshurica* Kitag.、龙胆 *Gentiana scabra* Bge.、三花龙胆 *Gentiana triflora* Pall. 或坚龙胆 *Gentiana rigescens* Franch. 的干燥根和根茎。前三种习称"龙胆"，后一种习称"坚龙胆"。

本规程编写品种为坚龙胆。

龙胆(坚龙胆)规范化生产技术规程

1 范围

本文件确立了龙胆(坚龙胆)的规范化生产流程,规定了龙胆(坚龙胆)生产基地选址、种质与种子要求、良种繁育、种植、采收、产地初加工、包装、放行、贮运等阶段的操作要求。

本文件适用于龙胆(坚龙胆)的规范化生产。

2 规范性引用文件

下列文件的内容通过文中的规范性引用而构成本文件必不可少的条款。其中,注明日期的引用文件,仅该日期对应的版本适用于本文件;不注明日期的引用文件,其最新版本(包括所有的修改单)适用于本文件。

GB 3095 环境空气质量标准

GB 5084 农田灌溉水质标准

GB 5749 生活饮用水卫生标准

GB 15618 土壤环境质量 农用地土壤污染风险管控标准(试行)

T/CACM 1374.1—2021 中药材规范化生产技术规程通则 植物药材

3 术语和定义

T/CACM 1374.1—2021 界定的以及下列术语和定义适用于本文件。

3.1 规范化生产 good agricultural practice

按照《中药材生产质量管理规范》(简称中药材 GAP)的要求,实施药材生产,保证中药材优质安全的生产过程。

3.2 技术规程 code of practice

为实现中药材生产顺利、有序进行,保证中药材生产质量,对中药材生产的基地选址、种子种苗、种植或野生抚育、采收与产地初加工以及包装、放行与贮运等,所做的技术规定和要求,是实施中药材规范生产的核心技术要求和实施指南。

3.3 坚龙胆 Jianlongdan Rhizoma

龙胆科龙胆属植物坚龙胆 *Gentiana rigescens* Franch. 的干燥根和根茎。

4 龙胆(坚龙胆)规范化生产流程图

龙胆(坚龙胆)规范化生产流程见图 1。

龙胆（坚龙胆）规范化生产流程：
关键控制点及参数：

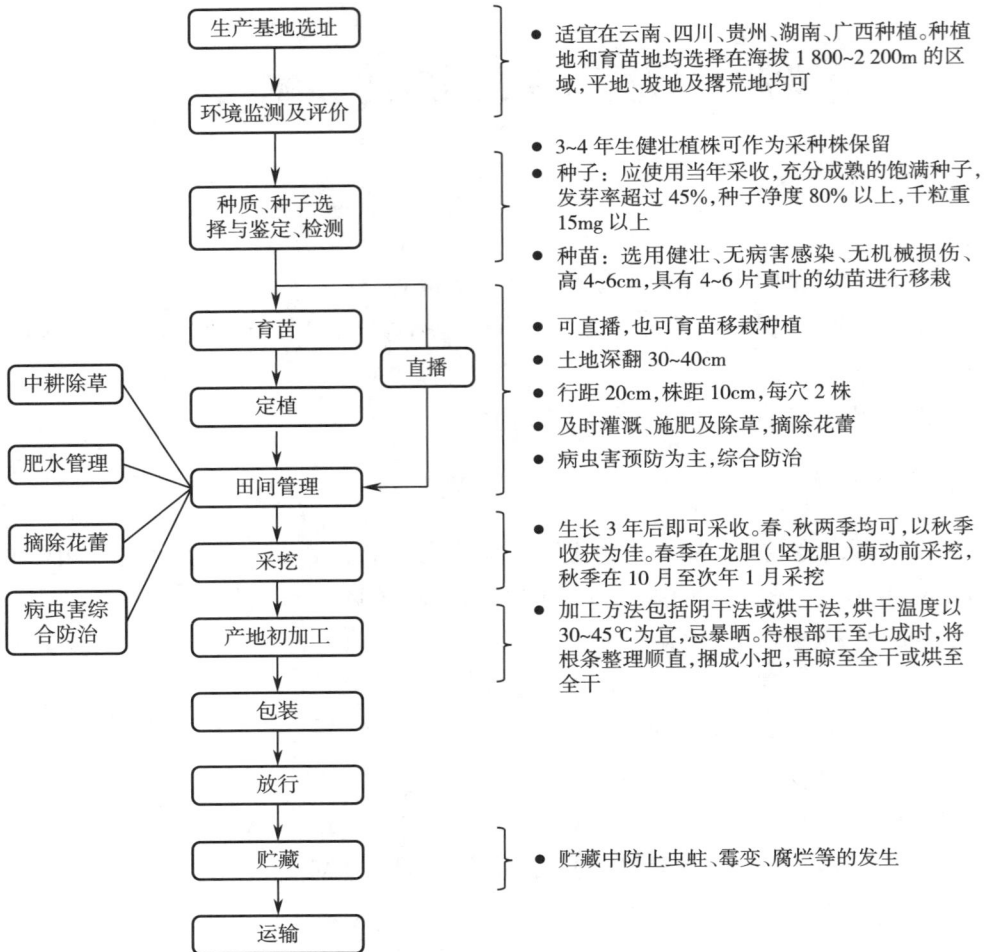

图1 龙胆（坚龙胆）规范化生产流程图

5 龙胆（坚龙胆）规范化生产技术

5.1 生产基地选址

5.1.1 产地选择

适宜在云南、四川、贵州、湖南、广西种植。云南是龙胆（坚龙胆）的主产区。种植地和育苗地均选择在海拔1 800~2 200m的区域，平地、坡地及撂荒地均可。

5.1.2 地块选择

药材生产地不能连作，须与非根茎类作物轮作。育苗地应选择地势平坦、背风向阳、气候温暖湿润、离水源较近的地块，土质以富含腐殖质的壤土或砂壤土为好。

种植地适宜选择土层深厚、土壤疏松肥沃、富含腐殖质的壤土或砂壤土为好，抗旱保墒，土壤pH 6.5~6.7。

5.1.3 环境监测

生产基地的空气质量应符合 GB 3095 规定的环境空气质量标准,灌溉水质量应符合 GB 5084 规定的农田灌溉水质标准,土壤质量应符合 GB 15618 的规定。

5.2 种质与种子

5.2.1 种质选择

使用龙胆科龙胆属植物坚龙胆 *Gentiana rigescens* Franch.,物种须经过鉴定。如使用农家品种或选育品种应加以明确。

5.2.2 种子质量

应使用当年采收,充分成熟的饱满种子,发芽率≥45%,种子净度≥80%,千粒重≥15mg。经检验符合相应标准。

5.3 良种繁育

每年从 11 月份开始采收龙胆(坚龙胆)种子。果实开始裂口即可采收,若果实未开裂,但颜色呈黄色或蜡黄色,也为成熟的果实。龙胆(坚龙胆)种子应分期采收,每隔 2~3 天采收一次。采收时将果实连柄一同摘下,在通风干燥处风干,不可烘干或炕干。风干的果实除去果壳,将种子放入布袋中在通风干燥处保存。

5.4 种植

龙胆(坚龙胆)可直播,也可育苗移栽种植。

5.4.1 直播

10 月至次年 2 月进行整地。土地深翻 30~40cm,打碎土块,清除杂物后施充分腐熟的农家肥 2 000~3 000kg/ 亩(1 亩≈666.7m^2,下文同)。然后耙平,土壤表面平整细致,无杂物。4—6 月,待下 2~5 次雨,使地面稍板结,即可播种,每亩用种 250g,用 100kg 沙或土壤拌种,调整湿度达到用手捏能成团,松手后能散开。分 2 次均匀撒播于土表,100 天左右开始出苗。

5.4.2 育苗移栽

3 月整地,深翻土地 30cm 以上,随整地施入基肥。整平细碎,清除杂草。开沟作畦,畦面宽 80~100cm,畦高 30~50cm,四周挖好排水沟。4 月中上旬开始播种。在播种前应充分灌溉,以浇足浇透为好,在水分渗下后,表土层不黏时,便可开始播种。播种数量为 7~10g/m^2。

播种前将种子用 200mg/L 赤霉素浸泡 24 小时,捞出后用清水冲洗几次,在室内催芽至露白即可播种。将处理好的种子拌入 10~20 倍的过筛细沙,均匀地撒在畦面上。

播种后及时进行人工除草,一般在当年秋季和第二年春季进行移栽,以秋栽较好。

5.4.3 定植

秋栽时间为 9 月下旬至 10 月上旬,春季移栽时间为 4 月中上旬芽尚未萌动时进行。在移栽前,要对移栽地块深翻 30cm 以上,整平耙细,施入基肥。选用健壮、无病害感染、无机械损伤,高 4~6cm,具有 4~6 片真叶的幼苗进行移栽。行距 20cm,株距 10cm,每穴移栽 2 株。每亩保苗株数为 2.5 万 ~4 万株。在移栽时必须选在雨水来临之时或进行浇水移栽。灌溉用水应符合 GB 5749 的规定。

5.4.4 田间管理

移栽后浇足定根水。移栽缓苗后,应及时松土,破坏因浇水形成的畦面板结层。生长期内本着除早除小的原则及时除草。在龙胆(坚龙胆)旺盛生长期进行追肥。以有机肥为主,化学肥料有限度使用,鼓励使用经国家批准的菌肥及中药材专用肥。3~4年生健壮植株可作为种株,保留花蕾留种。其他植株发现花蕾及时摘除。

5.4.5 病虫害防治

龙胆(坚龙胆)常见病害有炭疽病、锈病、褐斑病、灰霉病、圆斑病、叶枯病、孢囊线虫及根结线虫病等,虫害主要为花器吸浆虫等。

应采用预防为主、综合防治的方法:播种前使用杀菌剂对种子进行杀菌处理,选用无病害健康优质种苗。合理密植,使植株间能够通风透光。及时清沟排水,发现病株及时拔除,集中销毁。收获时把田园清洁干净。与禾本科、豆科等作物轮作。

采用化学防治时,应当符合国家有关规定;优先选用高效、低毒的生物农药;尽量避免使用除草剂、杀虫剂和杀菌剂等化学农药;不使用禁限用农药。

5.5 采收

龙胆(坚龙胆)生长3年后即可采收。春、秋两季均可,以秋季收获为佳。春季在龙胆(坚龙胆)萌动前采挖,秋季在10月至次年1月采挖。采挖时割除地上部分,从畦面两侧向内将根刨出,抖去泥土,去除残茎,挑除病根。采挖过程避免损伤根系,注意防止冻害。

5.6 产地初加工

挖出的鲜品运回加工点,用水将泥沙及杂质清理干净,用水应符合GB 5749的规定。

龙胆(坚龙胆)干燥方法包括阴干法和烘干法。在自然条件下阴干,忌暴晒。有条件时也可在30~45℃条件下烘干。不论阴干或烘干,待根部干至七成时,将根条整理顺直,数个根条合在一起捆成小把,每把重量40~60g为宜,再晾至全干或烘至全干。

加工干燥过程保证场地、工具洁净,不受雨淋等。

5.7 包装、放行、贮运

5.7.1 包装

包装前应对每批药材按照国家标准进行质量检验。符合国家标准的药材,采用不影响质量的编织袋等包装,禁止采用包装过肥料、农药等的包装袋包装。包装外贴或挂标签、合格证,标识牌内容应有药材名、基源、产地、批号、规格、重量、采收日期、企业名称等。

5.7.2 放行

应制定符合企业实际情况的放行制度,有审核批生产、检验等的相关记录。不合格药材有单独处理制度。

5.7.3 贮运

应贮存于通风、阴凉、干燥、无异味、避光、无污染并具有防鼠、防虫的设施处。定期检查,防止虫蛀、霉变、腐烂等的发生。仓库控制温度在20℃以下、相对湿度45%~60%;放置在货架上,与地面距离15cm、与墙壁距离50cm,堆放层数不超过8层。同批次等级药材分区存放。

运输应防止发生混淆、污染、异物混入、包装破损、雨雪淋湿等。

附　录　A

（规范性）

禁限用农药名单

A.1　禁止（停止）使用的农药（46 种）

六六六、滴滴涕、毒杀芬、二溴氯丙烷、杀虫脒、二溴乙烷、除草醚、艾氏剂、狄氏剂、汞制剂、砷类、铅类、敌枯双、氟乙酰胺、甘氟、毒鼠强、氟乙酸钠、毒鼠硅、甲胺磷、对硫磷、甲基对硫磷、久效磷、磷胺、苯线磷、地虫硫磷、甲基硫环磷、磷化钙、磷化镁、磷化锌、硫线磷、蝇毒磷、治螟磷、特丁硫磷、氯磺隆、胺苯磺隆、甲磺隆、福美胂、福美甲胂、三氯杀螨醇、林丹、硫丹、溴甲烷、氟虫胺、杀扑磷、百草枯、2,4- 滴丁酯。

注：氟虫胺自 2020 年 1 月 1 日起禁止使用。百草枯可溶胶剂自 2020 年 9 月 26 日起禁止使用。2,4- 滴丁酯自 2023 年 1 月 29 日起禁止使用。溴甲烷可用于"检疫熏蒸处理"。杀扑磷已无制剂登记。

A.2　在部分范围禁止使用的农药（20 种）

部分范围禁止使用的农药应注意药食同源中药材及来自其他作物的中药材。部分范围禁止使用的农药见表 A.1。

表 A.1　部分范围禁止使用的农药

通用名	禁止使用范围
甲拌磷、甲基异柳磷、克百威、水胺硫磷、氧乐果、灭多威、涕灭威、灭线磷	禁止在蔬菜、瓜果、茶叶、菌类、中草药材上使用,禁止用于防治卫生害虫,禁止用于水生植物的病虫害防治
甲拌磷、甲基异柳磷、克百威	禁止在甘蔗作物上使用
内吸磷、硫环磷、氯唑磷	禁止在蔬菜、瓜果、茶叶、中草药材上使用
乙酰甲胺磷、丁硫克百威、乐果	禁止在蔬菜、瓜果、茶叶、菌类和中草药材上使用
毒死蜱、三唑磷	禁止在蔬菜上使用
丁酰肼（比久）	禁止在花生上使用
氰戊菊酯	禁止在茶叶上使用
氟虫腈	禁止在所有农作物上使用（玉米等部分旱田种子包衣除外）
氟苯虫酰胺	禁止在水稻上使用

A.3　说明

本附录的内容来自 2019 年中华人民共和国农业农村部发布的《禁限用农药名录》（http://www.zzys.moa.gov.cn/gzdt/201911/t20191129_6332604.htm）。

参考文献

[1] 《云南中草药实用栽培技术》编委会. 云南中草药实用栽培技术 [M]. 昆明: 云南科技出版社, 2019: 179-195.

[2] 唐荣平, 苏汉林, 阳小勇, 等. 滇西南药用植物滇龙胆草的致危因素和保护策略探讨 [J]. 山地农业生物学报, 2013, 32 (5): 445-447.

[3] 中国科学院中国植物志编辑委员会. 中国植物志: 第六十二卷 [M]. 北京: 科学出版社, 1988: 100-102.

[4] 云南省农业科学院药用植物研究所. 一种滇龙胆的生态种植方法: 200910094342.3 [P/OL]. 2009-10-14 [2023-11-17]. https://pss-system.cponline.cnipa.gov.cn/documents/detail?prevPageTit=changgui.

[5] 李远菊, 沈涛, 张霁, 等. 不同种植模式对滇龙胆草总裂环烯醚萜苷含量的影响 [J]. 植物资源与环境学报, 2014, 23 (3): 111-113.

[6] 张霁, 赵艳丽, 王元忠. 野生和栽培滇龙胆草生物量分配及异速生长 [J]. 生态学杂志, 2018, 37 (12): 3584-3589.

[7] 唐荣平, 苏汉林, 王先宏. 滇龙胆草种子休眠机制与萌发特性初步研究 [J]. 种子, 2012, 31 (10): 53-55.

[8] 沈涛, 李远菊, 张霁, 等. 林药复合栽培滇龙胆 HPLC 指纹图谱计量特征与质量评价 [J]. 中国药学杂志, 2015, 50 (7): 579-585.

[9] 唐荣平, 苏汉林, 王先宏. 滇龙胆草种子萌发及育苗研究 [J]. 种子, 2012, 31 (11): 31-33.

[10] 张金渝, 沈涛, 杨维泽, 等. 云南道地药材滇龙胆资源调查与评价 [J]. 植物遗传资源学报, 2012, 13 (5): 890-895.

[11] 沈涛, 李远菊, 张霁, 等. 栽培滇龙胆药材不同极性部位紫外吸收光谱特征与判别分析 [J]. 中国实验方剂学杂志, 2015, 21 (12): 31-35.

[12] 唐荣平, 苏汉林. 濒危植物滇龙胆草的生态学、生物学特性研究 [J]. 湖北农业科学, 2013, 52 (14): 3364-3366.

[13] 王丽, 杨雁, 方艳, 等. 中药材滇龙胆资源调查和分析研究 [J]. 西南农业学报, 2017, 30 (2): 267-272.

[14] 孙爱群, 林长松, 杨友联, 等. 5 种龙胆属植物种子生物学特性比较 [J]. 种子, 2016, 35 (9): 37-40.

[15] 董晓蕾, 张霁, 赵艳丽, 等. 不同复合种植模式滇龙胆中矿质元素化学计量学研究 [J]. 河南农业科学, 2015, 44 (6): 113-118.

[16] 杨美权, 张金渝, 沈涛, 等. 不同栽培模式对滇龙胆中龙胆苦苷含量的影响 [J]. 江苏农业科学, 2011 (1): 287-289.

[17] 杨美权, 杨涛, 杨天梅, 等. 滇龙胆种子质量分级标准研究 [J]. 江苏农业科学, 2011, 39 (2): 363-364.

[18] 申云霞, 赵艳丽, 张霁, 等. 不同采收期滇龙胆的红外光谱鉴别研究 [J]. 光谱学与光谱分析, 2016, 36 (5): 1358-1362.

[19] 左智天, 王元忠, 张霁, 等. 不同初加工滇龙胆 HPLC 指纹图谱及其有效成分含量测定 [J]. 西南农业学报, 2017, 30 (3): 535-541.

ICS 65.020.20
CCS C 05

团 体 标 准

T/CACM 1374.46—2021

平贝母规范化生产技术规程

Code of practice for good agricultural practice of Fritillariae ussuriensis Bulbus

2021-10-15 发布

2021-10-15 实施

中华中医药学会　发布

目　次

前　言

本文件按照 GB/T 1.1—2020《标准化工作导则　第 1 部分：标准化文件的结构和起草规则》的规定起草。

请注意本文件中的某些内容可能涉及专利。本文件的发布机构不承担识别专利的责任。

本文件由中国医学科学院药用植物研究所和通化师范学院提出。

本文件由中华中医药学会归口。

本文件起草单位：通化师范学院、吉林农业大学、通化长白山药谷集团有限公司、通化市特产技术推广站、通化市园艺研究所、中国医学科学院药用植物研究所、重庆市药物种植研究所。

本文件主要起草人：秦佳梅、田义新、张卫东、李春娥、孙华、张增江、葛小东、赵殿辉、魏建和、王文全、王秋玲、杨小玉、辛元尧、王苗苗。

平贝母规范化生产技术规程

1 范围

本文件确立了平贝母规范化生产流程,规定了平贝母的生产基地选址、种质要求、种苗繁育、种植、采收、产地初加工、包装、放行、贮运等阶段的操作要求。

本文件适用于平贝母的规范化生产。

2 规范性引用文件

下列文件中的内容通过文中的规范性引用而构成本文件必不可少的条款。其中,注明日期的引用文件,仅该日期的版本适用于本文件。凡是不注明日期的引用文件,其最新版本(包括所有的修改单)适用于本文件。

《中华人民共和国药典》

GB 3095 环境空气质量标准

GB 5084 农田灌溉水质标准

GB 15618 土壤环境质量 农用地土壤污染风险管控标准(试行)

DB 22/T 1142—2009 地理标志产品 大川平贝母

T/CACM 1374.1—2021 中药材规范化生产技术规程通则 植物药材

3 术语和定义

T/CACM 1374.1—2021 界定的以及下列术语和定义适用于本文件。

3.1 规范化生产 good agricultural practice

按照《中药材生产质量管理规范》(简称中药材 GAP)的要求,实施药材生产,保证中药材优质安全的生产过程。

3.2 技术规程 code of practice

为实现中药材生产顺利、有序进行,保证中药材生产质量,对中药材生产的基地选址、种子种苗、种植或野生抚育、采收与产地初加工以及包装、放行与贮运等,所做的技术规定和要求,是实施中药材规范生产的核心技术要求和实施指南。

3.3 平贝母 Fritillariae ussuriensis Bulbus

为百合科植物平贝母 *Fritillaria ussuriensis* Maxim. 的干燥鳞茎。

3.4 母鳞茎 mu linjing

植物学意义上的平贝母母鳞茎为每年经分化生长后,经越冬休眠至翌春,更新生长的鳞茎,此文件中母鳞茎为用于繁殖种子和子贝的鳞茎,即能开花结实、无任何损伤和病虫害侵染的 5~6 年生的平贝母鳞茎。

3.5 子贝 zibei

为平贝母母鳞茎上产生的子鳞茎,用于生产栽培的繁殖材料。

3.6 盖头粪 gaitou fen

在栽植或越冬前,在栽植床面上覆盖的 1~2cm 的腐熟的农家粪肥。粪肥须提前进行腐熟处理,即将马粪、牛粪、猪粪、羊粪、鹿粪等堆集成堆,用塑料薄膜覆盖发酵。

3.7 栽培周期 plant period

从种植到收获所需要的年限。

3.8 撞根 hit the root

将采收的平贝母放入滚筒式清洗机中,撞去须根和泥沙的过程。

4 平贝母规范化生产流程图

平贝母规范化生产流程见图 1。

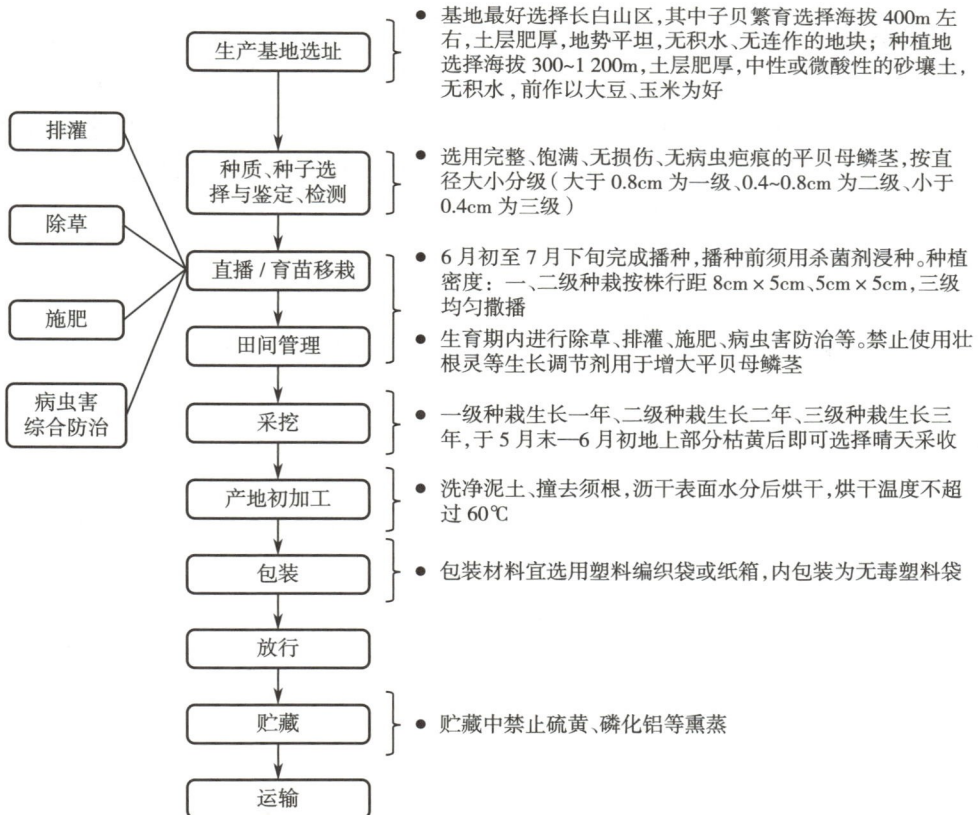

图 1 平贝母规范化生产流程图

5 平贝母规范化生产技术

5.1 生产基地选址

5.1.1 产地选择

适宜在东北,特别是长白山区种植。主要在吉林省的通化、白山、延边和辽宁省的抚顺、本溪、丹东,北可到黑龙江省的伊春、黑河等地。

5.1.2 地块选择

气候:年降水量 600~1 000mm,年温度 2~8 ℃,全年无霜期 100~180 天,年活动积温 1 600~3 200℃,大气候凉爽,小气候阳光充足,地上植株生长期无荫蔽。要求 4—6 月土壤湿润,气候凉爽,气温在 4~20℃之间为宜。

前茬作物:以豆科、禾本科作物为好。蔬菜地也可用于种植平贝母,但忌用烟草、麻、茄子、大蒜、甘蓝及有小根蒜生长的地块。

土质:土层深厚、土质疏松、富含有机质、透水透气良好并靠近水源的壤土及砂壤土,土壤微酸性,土壤无污染。

地势:平地或坡度小于 15° 的缓坡地。

5.1.3 环境监测

基地的大气、土壤和水样品的检测按照 GAP 要求,应符合相应国家标准,并保证生长期间持续符合标准。生产区域环境空气应符合 GB 3095 规定的二级标准,农田灌溉水质应符合 GB 5084 规定的旱作农田灌溉水质量标准,土壤环境应符合 GB 15618 规定的二级标准。要求远离禽畜场、垃圾场等污染源。

不应在非适宜区种植。

5.1.4 整地

在选好的地块上,除去地上杂草,松土深度 20~25cm,床土过筛,按床宽 1.3m,作业道 30~40cm 划分,然后将畦底踩成半硬底水平面。

5.2 种质与种子

5.2.1 种质选择

使用百合科植物平贝母 *Fritillaria ussuriensis* Maxim.。质量符合 DB 22/T 1142—2009《地理标志产品 大川平贝母》的规定。

5.2.2 种子质量

种子为当果实由绿变黄或植株枯萎时,连茎秆收回阴干,当果实要开裂时,搓出褐色成熟种子。千粒重 3g 左右,净度 95% 以上。也可以整个果实或沿蒴果纵翼依其三室构成分成三瓣,用于播种。

5.2.3 子贝质量

子贝按鳞茎直径分成三个级别:一级为大鳞茎,直径大于 0.8cm;二级为中鳞茎,直径在 0.4~0.8cm;三级为小鳞茎,直径小于 0.4cm。不论何级别,用作种栽的平贝母鳞茎都要求来源于无明显发病区的地区或地块,鳞茎本身完整、饱满、无损伤、无病虫瘢痕。

5.3 子贝繁育

5.3.1 母鳞茎选择

选择能开花的、外观性状一致的、无病虫害侵染的健壮植株的地下鳞茎,采收后选择直径相近、无任何损伤和侵染的作为繁种母鳞茎。

5.3.2 栽植密度

整个果实或分瓣果实及母鳞茎按株行距 8cm×10cm,种子均匀撒播。

5.3.3 栽植

先把划定好的畦床内的表土起出 5~6cm,放于作业道上,使畦面形成一浅的平底槽。接着在床内施入 3cm 厚充分腐熟的农家肥料作底肥,在底肥上面覆盖 1~2cm 厚的细土,然后再按栽植密度摆放母鳞茎或整个果实(或沿蒴果纵翼依其三室构成分成三瓣)。播后盖土 2~3cm,搂平床面,中间略高些,避免积水。最后再盖一层盖头粪。

5.3.4 田间除草

平贝母地块土壤肥沃,水分充足,杂草极易滋生;又因为平贝母植株小,抑制杂草能力差,又不能中耕,所以除草工作极其重要。每年越冬到翌春出苗前要清理田园;生长期间见草就拔。夏季休眠期结合管理田间作物,清除杂草,且不宜过深,否则易损伤地下鳞茎。

5.3.5 水分管理

平贝母怕涝,平坦地块保持地块四周排水良好,尤其是在雨季应清理好排水沟。遇干旱天气及时浇水。一般于春季浇水 1~2 次。

5.3.6 施肥

平贝母以施充分腐熟的农家肥为主,辅施速效肥。以基肥为主,适当追肥,氮磷钾配合施用。根据土壤肥力特点施肥、根据气候条件施肥等原则。进行 1~3 次追肥,第一次在出苗后茎叶伸展时每亩(1 亩≈666.7m^2,下文同)追施硫酸铵或硝酸铵 10~15kg;第二次在摘蕾后或开花前追施硝酸铵肥 10kg 和过磷酸钙 5~7.5kg 或磷酸二氢钾 5kg。秋季清园后于床面施 2~3cm 厚的盖头粪。还可分别于栽植结束、出苗至展叶时、现蕾至开花期向床面浇施微生物菌剂。

5.3.7 病虫害防治

平贝母常见病害有锈病、菌核病、灰霉病等,虫害主要有金针虫、蛴螬、蝼蛄等。

贯彻"预防为主,综合防治"的植保方针。以农业防治为基础,提倡生物防治和物理防治,科学应用化学防治技术的原则。

农业防治:建立无病留种田;外地引种时做好检疫工作,种植后还要经常检查;换新土和轮作:对零星发病地块应立即剔除病株后换新土;对重病地块则应与大田作物进行轮作几年后再使用;排除田间积水,降低田间湿度;发现病株立即拔除,集中烧毁或深埋,并用 5% 石灰水灌病窝消毒。

物理防治:在地块安装频振式杀虫灯或在土壤中埋入土豆块,诱杀金针虫、蛴螬、蝼蛄等害虫。

化学防治:原则上以施用生物源农药为主。主要病虫害防治的参考方法见附录 B。

5.3.8 种植遮阳植物

种植当年遮阳植物以早熟或极早熟黄豆、矮菜豆为佳。以黄豆为最好,其次是玉米,其他如赤小豆、绿豆、菜豆、紫苏也有使用。忌烟草、大麻、甘蓝、白菜、大蒜等。在不起收的地块,可按大田播种期或稍推迟一些时间种植遮阳作物。一般是每床上,按床的走向种 2~3 行黄豆,穴播,行距 25~30cm;玉米按株距 30~40cm 种在床边或作业道上。对起收的地块春季只种玉米,待平贝母收获后再在床面上种晚熟菜豆等。

5.3.9 留种、摘蕾

选择植株生长旺盛、性状均一的作为留种母株,并要在留种植株旁边插上细木棍,使平贝母卷须攀棍生长,以防止倒伏、烂种。当植株现蕾后开始疏花,没来得及疏花的进行疏果,每株只留 1~2 个果实。对于不留种植株应及早摘蕾,一般在苗高 20cm 时进行,以减少养分的消耗,增加鳞茎产量。

5.3.10 采收与贮运

果实每年均可采收,当果实由绿变黄或植株枯萎时,连同茎秆收起打成捆,运回放置于阴凉处阴干,筛选出种子或整个果实用于播种用种子。用种子繁殖的生长三年采收子贝;母鳞茎栽植 2~3 年起收子贝。运回后按子贝直径大小分级。因天气不好或移栽地没有准备充分等不能立即栽植时,应选择遮阴条件下或室内,用潮湿的沙土分层埋起来进行短期贮藏。

运输工具最好为拖拉机、农用车等车体较矮的车辆,运输车辆应干燥、无污染,不应与可能造成污染的货物混装。

5.4 生产田种植

5.4.1 选地整地

应选择水质、大气、土壤环境无污染的地域,地块较为集中、交通运输方便,远离城镇、医院、工矿企业、垃圾及废弃物堆积场等污染源。距离公路 80m 以外。

整地依 5.1.4 项下操作。

5.4.2 子贝的选择与处理

应对新引种的种栽进行消毒处理,可用 50% 的多菌灵可湿性粉剂拌种,按照农药标签规定使用。也可使用微生物菌剂拌种。

5.4.3 栽种时间

6 月初至 7 月下旬播种。

5.4.4 栽种密度

一级子贝:株行距 8cm × 5cm,播种量 0.75kg/m²。

二级子贝:株行距 5cm × 5cm,播种量 0.5kg/m²。

三级子贝:全畦无效撒播,株距 1~1.5cm,用种量 0.35kg/m²。

5.4.5 栽种方法

先把划定好的畦床内的表土起出 5~6cm,放于作业道上,使畦面形成一浅的平底槽,踩实。接着在床内施入 3cm 厚充分腐熟的农家肥料作底肥,在底肥上面覆盖 1~2cm 厚的细土,然后再按相应种栽的植密度摆放子贝。栽后小鳞茎覆土 3~4cm,中鳞茎覆土 4~5cm,最后再盖一层 1~2cm 厚的盖头粪。

5.4.6 栽植当年的夏秋管理

栽种完成后须种植遮阳作物,以早熟或极早熟大豆、矮菜豆为佳。结合遮阳作物进行中耕除草,注意浅锄,防止伤及子贝。

5.4.7 栽植当年的冬季管理

对距离居住区较近的地块,在收获遮阳作物后,围隔离网或夹障子,以防人畜践踏。

5.4.8 在栽培周期内每年的田间管理

参照 5.3.4、5.3.5、5.3.6、5.3.7、5.3.8、5.3.9 项下技术操作。

5.5 采挖

5.5.1 采收期

平贝母用子贝种植,一级子贝,栽种 1 年;二级子贝 2;三级子贝栽后 3。进入 5 月末,平贝母地上植株逐渐进入枯萎期,于 6 月上中旬茎叶枯萎后采收最为适宜。

5.5.2 采收器械

采收用木锹、平板铁锹、耙锄、小铲和筛子等,器械应保持洁净、无污染,并应存放在干燥、无虫鼠和家畜的场所。有专用机械的也可使用。

5.5.3 采收方法

选择晴天,搂除枯黄的地上部分,然后栽植床的一头用小铲子挖开,露出平贝母鳞茎所在位置,再用木锹或平板锹在鳞茎的上方将土肥层清至作业道上,用耙锄或小铲小心挖出个体较大的鳞茎,连同带出的泥土一起装袋,可避免装车运输时产生损伤。

5.6 运输

将收获的袋子装车运至加工场地。运输车辆同 5.3.10 项下规定。批量运输时,不能与其他有毒、有害物品混合运输,遇雨时要严密防潮。

5.7 产地初加工

5.7.1 筛选

用孔径为 0.8cm 的铁筛筛选,凡是直径大于 0.8cm 的鳞茎则留在筛子里,用于药材加工。小鳞茎和泥土则漏于筛下,用作筛选种栽。

5.7.2 清洗

将平贝母鳞茎装入滚筒式清洗机中撞去须根和泥沙,倒入用席子或细竹片制成的晒晾盘上,沥干水分。

5.7.3 烘干

当鳞茎表面水分晾干后,放入烘干室内,温度控制在 50~60℃,24 小时即可干透。烘干时要注意随着平贝母鳞茎水分的减少,温度要相应降低。

5.7.4 后处理

烘干后的平贝母装入麻袋中,扯住四角,来回窜动撞去残存须根和鳞片上附着的泥土,再扬去杂质,即得色泽乳白的平贝母药材。

5.8 包装、放行和贮运

5.8.1 包装技术规程

a）包装材料：采用不影响质量的麻袋、纸箱等包装，禁止采用包装过肥料、农药等的包装袋包装。外包装可选用新的塑料编织袋或纸箱，内包装为无毒塑料袋。

b）包装规格与方法：塑料编织袋长宽分别为 80~100cm、60~80cm；纸箱规格长宽高为 80cm×60cm×50cm。装入平贝母药材，封口、打包。

c）包装记录：主要记录内容有品名（药材名）、批号、规格、重量、产地、等级、生产日期、质检员。

d）贴标：包装前应对每批药材按照相应标准进行质量检验。符合现行版《中华人民共和国药典》标准的药材，外包装贴或挂合格证及防潮、防雨标记。

5.8.2 放行

应制定符合企业实际情况的放行制度，有审核批生产、检验等的相关记录。不合格药材有单独处理制度。

5.8.3 贮藏

药材仓库应通风、干燥、避光，最好有空调及除湿设备，地面为混凝土或可冲洗的地面，并具有防鼠防虫措施。

药材包装后存放在货品架上，与墙壁保持 50cm 距离，并定期抽查，防止虫蛀、霉变、腐烂等现象。严禁与有毒、有害、有异味的物品混放。仓库控制温度在 30℃以下、相对湿度在 75% 以下；不同批次等级药材分区存放；建有定期检查制度。禁止磷化铝和硫黄熏蒸。也可采用现代气调贮藏方法，包装或库内充氮或二氧化碳。

5.8.4 运输

应防止发生混淆、污染、异物混入、包装破损、雨雪淋湿等。

附 录 A
（规范性）
禁限用农药名单

A.1 禁止（停止）使用的农药（46 种）

六六六、滴滴涕、毒杀芬、二溴氯丙烷、杀虫脒、二溴乙烷、除草醚、艾氏剂、狄氏剂、汞制剂、砷类、铅类、敌枯双、氟乙酰胺、甘氟、毒鼠强、氟乙酸钠、毒鼠硅、甲胺磷、对硫磷、甲基对硫磷、久效磷、磷胺、苯线磷、地虫硫磷、甲基硫环磷、磷化钙、磷化镁、磷化锌、硫线磷、蝇毒磷、治螟磷、特丁硫磷、氯磺隆、胺苯磺隆、甲磺隆、福美胂、福美甲胂、三氯杀螨醇、林丹、硫丹、溴甲烷、氟虫胺、杀扑磷、百草枯、2,4- 滴丁酯。

注：氟虫胺自 2020 年 1 月 1 日起禁止使用。百草枯可溶胶剂自 2020 年 9 月 26 日起禁止使用。2,4-滴丁酯自 2023 年 1 月 29 日起禁止使用。溴甲烷可用于"检疫熏蒸处理"。杀扑磷已无制剂登记。

A.2 在部分范围禁止使用的农药（20 种）

部分范围禁止使用的农药应注意药食同源中药材及来自其他作物的中药材。部分范围禁止使用的农药见表 A.1。

表 A.1 部分范围禁止使用的农药

通用名	禁止使用范围
甲拌磷、甲基异柳磷、克百威、水胺硫磷、氧乐果、灭多威、涕灭威、灭线磷	禁止在蔬菜、瓜果、茶叶、菌类、中草药材上使用，禁止用于防治卫生害虫，禁止用于水生植物的病虫害防治
甲拌磷、甲基异柳磷、克百威	禁止在甘蔗作物上使用
内吸磷、硫环磷、氯唑磷	禁止在蔬菜、瓜果、茶叶、中草药材上使用
乙酰甲胺磷、丁硫克百威、乐果	禁止在蔬菜、瓜果、茶叶、菌类和中草药材上使用
毒死蜱、三唑磷	禁止在蔬菜上使用
丁酰肼（比久）	禁止在花生上使用
氰戊菊酯	禁止在茶叶上使用
氟虫腈	禁止在所有农作物上使用（玉米等部分旱田种子包衣除外）
氟苯虫酰胺	禁止在水稻上使用

A.3 说明

本附录的内容来自 2019 年中华人民共和国农业农村部发布的《禁限用农药名录》（http：//www.zzys.moa.gov.cn/gzdt/201911/t20191129_6332604.htm）。

附　录　B

（资料性）

平贝母常见病虫害防治的参考方法

平贝母常见病虫害防治的参考方法见表 B.1。

表 B.1　平贝母常见病虫害防治的参考方法

病虫害名称	防治时期	推荐防治方法	安全间隔期 /d
锈病	5 月上旬	80% 代森锌,按农药标签使用	≥20
		石硫合剂,按农药标签使用	≥20
		75% 百菌清可湿性粉剂,按农药标签使用	≥15
		敌锈钠,按农药标签使用	≥20
		萎锈灵,按农药标签使用	≥20
灰霉病	5 月下旬	腐霉利,按农药标签使用	≥20
		多菌灵,按农药标签使用	≥20
菌核病	4—9 月	子贝栽种前使用 50% 的多菌灵,按农药标签浸种	≥20
		70% 甲基硫菌灵灌根,按农药标签使用	≥20
		25% 咪酰胺灌根,按农药标签使用	≥20
		腐霉利、菌核利拌土,按农药标签使用	≥20
蛴螬	6—7 月	用敌百虫粉,按农药标签与麦麸等饵料加入等量水拌匀,黄昏时撒于被害田间,特别是在雨后,效果更好;	≥20
蝼蛄	5—6 月	在作床时,用敌百虫粉兑细土或粪肥均匀拌入土内,以潮湿为度混拌均匀,闷杀;用辛硫磷,按农药标签使用,喷洒床土、粪土消毒;	
金针虫	4—5 月	施肥前将农家肥用辛硫磷,按农药标签使用,喷洒拌匀,闷 24 小时后再施入土壤中	

参考文献

［1］国家药典委员会.中华人民共和国药典:2020年版一部［M］.北京:中国医药科技出版社,2020.

［2］刘兴权.平贝母栽培技术(1)［J］.特种经济动植物,1999(2):28.

［3］刘兴权,常维春.平贝母栽培技术(2)［J］.特种经济动植物,1999(3):27.

［4］刘兴权,常维春,刘鹏举.平贝母栽培技术(3)［J］.特种经济动植物,1999(4):31.

［5］刘兴权,常维春,刘鹏举.平贝母栽培技术(4)［J］.特种经济动植物,1999(6):22.

［6］刘兴权,常维春,刘鹏举.平贝母栽培技术(5)［J］.特种经济动植物,2000(1):33.

［7］刘兴权,常维春,刘鹏举.平贝母栽培技术(6)［J］.特种经济动植物,2000(2):22.

［8］刘兴权,常维春,刘鹏举.平贝母栽培技术(7)［J］.特种经济动植物,2000(3):24-25.

［9］张龙,李德辉.长白山区平贝母种子繁殖技术［J］.中国林副特产,2014(3):56-57.

［10］袁玉明.半硬底水平畦植平贝母技术［J］.防护林科技,2011(3):117-118.

［11］崔立成.北部高寒地区平贝母高产栽培技术［J］.乡村科技,2016(8):23.

［12］《全国中草药汇编》编写组.全国中草药汇编［M］.北京:人民卫生出版社,1978.

［13］王长宝,徐增奇,王仲,等.濒危药用植物平贝母的研究进展［J］.中国野生植物资源,2013,32(4):10-12.

［14］白淑文.东北地区平贝母栽培模式［J］.农民致富之友,2019(15):74.

［15］刘建成.平贝母"粪底水平畦播"栽培模式［J］.新农业,2010(2):50-51.

［16］么历,程慧珍,杨智.中药材规范化种植(养殖)技术指南［M］.北京:中国农业出版社,2006.

［17］黄淑敏,黄瑞贤,高景恩,等.平贝母病虫草鼠害综合防治技术［J］.人参研究,2006(3):38-39.

［18］魏云洁,徐淑娟,程世明.平贝母病虫害发生规律调查及综合防治措施［J］.特种经济动植物,2006(5):41-43.

［19］武廷华.平贝母病虫害综合防治有效途径的研究［J］.中国林副特产,2007(4):31-34.

［20］孔祥义.平贝母的秋季管理［J］.特种经济动植物,1999(3):28.

［21］王福祥,刘兴权,周淑荣,等.平贝母地下鳞茎生活期的田间管理［J］.特种经济动植物,2011,14(6):47.

［22］孔祥清,孔祥森,林春驿.平贝母菌核病的药剂防治试验［J］.农药,2006(10):710-711.

［23］田义新,王艳红,袁金田,等.平贝母最佳采收期研究［C］//中国植物学会药用植物和植物药专业委员会.第六届全国药用植物与植物药学术研讨会.[出版者不详],2006:3.

［24］常维春,李景慧,李国英.平贝母生长发育特性及繁殖方法的观察研究［J］.特产科学实验,1982(4):6-9.

［25］那晓婷,陈桂英,杨鸿雁.平贝母的栽培及加工技术［J］.中国林副特产,2001(2):33.

［26］魏云洁,孙海,张春阁,等.平贝母生育期矿质元素变化规律［J］.特产研究,2018,40(4):21-25.

［27］田义新.药用植物栽培学［M］.3版.北京:中国农业出版社,2011.

ICS 65.020.20
CCS C 05

团 体 标 准

T/CACM 1374.47—2021

北沙参规范化生产技术规程

Code of practice for good agricultural practice of Glehniae Radix

2021-10-15 发布   2021-10-15 实施

中华中医药学会   发布

目　次

前　言

本文件按照 GB/T 1.1—2020《标准化工作导则　第 1 部分：标准化文件的结构和起草规则》的规定起草。

请注意本文件中的某些内容可能涉及专利。本文件的发布机构不承担识别专利的责任。

本文件由中国医学科学院药用植物研究所和河北农业大学提出。

本文件由中华中医药学会归口。

本文件起草单位：河北农业大学、河北省农林科学院、保定药材综合试验推广站、安国市亨杨种植发展公司、安国市伊康药业有限公司、中国医学科学院药用植物研究所、重庆市药物种植研究所。

本文件主要起草人：刘晓清、杨太新、张峰、乔凯宁、何运转、谢晓亮、温春秀、刘灵娣、姜涛、贾东升、李树强、许志强、裴要东、裴志力、魏建和、王文全、王秋玲、杨小玉、辛元尧、王苗苗。

北沙参规范化生产技术规程

1 范围

本文件确立了北沙参的规范化生产流程,规定了北沙参生产基地选址、种质要求、种苗繁育、种植、采收、产地初加工、包装、放行、贮运等阶段的操作要求。

本文件适用于北沙参的规范化生产。

2 规范性引用文件

下列文件的内容通过文中的规范性引用而构成本文件必不可少的条款。其中,注明日期的引用文件,仅该日期对应的版本适用于本文件;不注明日期的引用文件,其最新版本(包括所有的修改单)适用于本文件。

《中华人民共和国药典》

DB 13/T 2594—2017　中药材种子质量标准 祁沙参

GB 3095　环境空气质量标准

GB 5084　农田灌溉水质标准

GB 5749　生活饮用水卫生标准

GB 15618　土壤环境质量　农用地土壤污染风险管控标准(试行)

T/CACM 1374.1—2021　中药材规范化生产技术规程通则　植物药材

DB13/T 2594-2017　中药材种子质量标准　祁沙参

3 术语和定义

T/CACM 1374.1—2021 界定的以及下列术语和定义适用于本文件。

3.1 规范化生产　good agricultural practice

按照《中药材生产质量管理规范》(简称中药材 GAP)的要求,实施药材生产,保证中药材优质安全的生产过程。

3.2 技术规程　code of practice

为实现中药材生产顺利、有序进行,保证中药材生产质量,对中药材生产的基地选址、种子种苗、种植或野生抚育、采收与产地初加工以及包装、放行与贮运等,所做的技术规定和要求,是实施中药材规范生产的核心技术要求和实施指南。

3.3 北沙参　Glehniae Radix

伞形科植物珊瑚菜 *Glehnia littoralis* Fr. Schmidt ex Miq. 的干燥根。

4 北沙参规范化生产流程图

北沙参规范化生产流程见图1。

北沙参规范化生产流程：   关键控制点及技术参数：

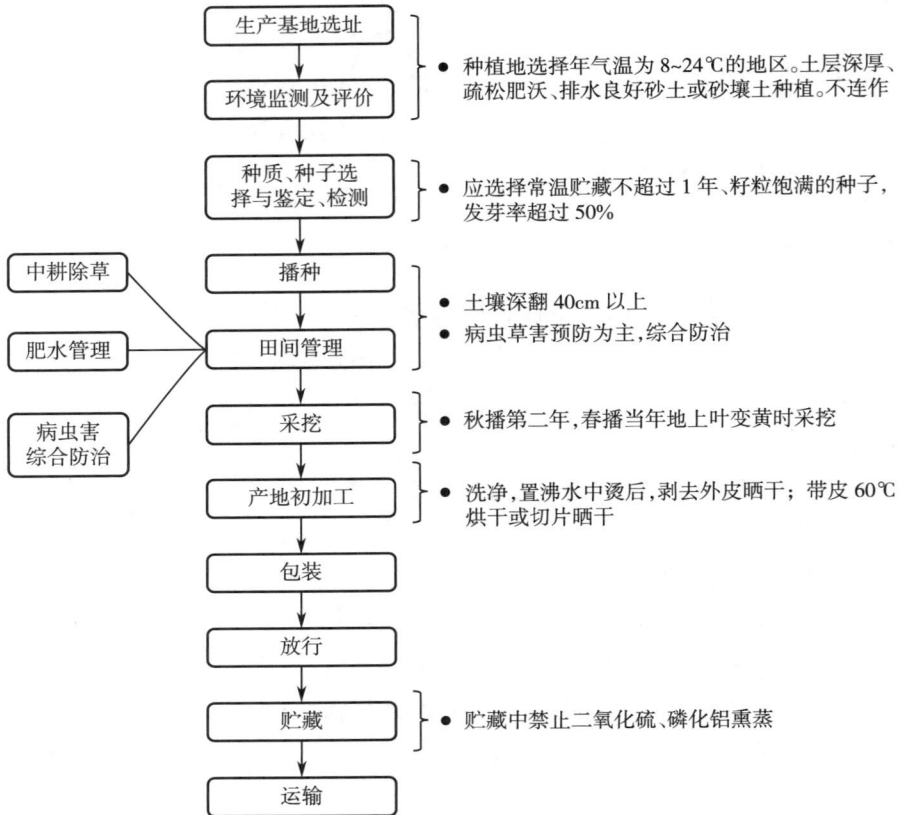

```
        ┌──────────────┐
        │  生产基地选址  │
        └──────────────┘        ● 种植地选择年气温为8~24℃的地区。土层深厚、
               │                  疏松肥沃、排水良好砂土或砂壤土种植。不连作
        ┌──────────────┐
        │  环境监测及评价 │
        └──────────────┘
               │
        ┌──────────────┐       ● 应选择常温贮藏不超过1年、籽粒饱满的种子，
        │ 种质、种子选    │         发芽率超过50%
        │ 择与鉴定、检测  │
        └──────────────┘
               │
┌────────┐ ┌──────────────┐
│ 中耕除草 │─│     播种      │      ● 土壤深翻40cm以上
└────────┘ └──────────────┘      ● 病虫草害预防为主，综合防治
┌────────┐ ┌──────────────┐
│ 肥水管理 │─│    田间管理    │
└────────┘ └──────────────┘
┌────────┐ ┌──────────────┐      ● 秋播第二年，春播当年地上叶变黄时采挖
│病虫害   │─│     采挖      │
│综合防治 │ └──────────────┘
└────────┘        │
        ┌──────────────┐       ● 洗净，置沸水中烫后，剥去外皮晒干；带皮60℃
        │  产地初加工    │         烘干或切片晒干
        └──────────────┘
               │
        ┌──────────────┐
        │     包装      │
        └──────────────┘
               │
        ┌──────────────┐
        │     放行      │
        └──────────────┘
               │
        ┌──────────────┐       ● 贮藏中禁止二氧化硫、磷化铝熏蒸
        │     贮藏      │
        └──────────────┘
               │
        ┌──────────────┐
        │     运输      │
        └──────────────┘
```

图1 北沙参规范化生产流程图

5 北沙参规范化生产技术

5.1 生产基地选址

5.1.1 产地选择

主要在河北、内蒙古、山东及辽宁等地。适宜在年气温为8~24℃，生态环境良好的地区种植。

5.1.2 地块选择

宜选土层深厚、疏松肥沃、排水良好的砂土或砂壤土地块种植。前茬以薯类、玉米、谷子为佳，忌花生、甜菜和防风等茬口，不能连作。

5.1.3 环境监测

基地的大气、土壤和水样品的检测按照GAP要求，应符合相应国家标准，并保证生长期间持续符合标准。环境检测参照 GB 3095《环境空气质量标准》、GB 15618《土壤环境质量农用地土壤污染风险管控标准（试行）》、GB 5084《农田灌溉水质标准》。

5.2　种质与种子

5.2.1　种质选择

使用伞形科植物珊瑚菜 *Glehnia littoralis* Fr. Schmidt ex Miq.，物种须经过鉴定。如使用农家品种或选育品种应加以明确。

5.2.2　良种繁育

秋季采收时选植株健壮、无病虫害的一年生参根作种根，按行株距（25~30）cm×（10~15）cm 种植。翌春返青后，根据植株的生长、土壤肥力等，可进行追施腐熟有机肥和复合肥，并浇返青水，花前 1 周每亩（1 亩≈666.7m²，下文同）追施尿素 6kg 并灌水。花期可放蜂授粉以提高种子产量。为促使种子饱满，可摘除侧枝小果盘，留主茎上果盘。果皮变成黄褐色时种子成熟，分批采收。

5.2.3　种子质量

应选择常温贮藏不超过 1 年、籽粒饱满的种子，发芽率超过 50%。经检验符合相应标准，可参考 DB 13/T 2594—2017《中药材种子质量标准　祁沙参》。

5.2.4　种子处理

春播种子须进行低温沙藏处理，入冬前将种子与 3 倍的湿沙拌匀，埋入坑内，期间注意保持沙子湿润，翌年春季土壤解冻后取出，备播。

5.3　种植

5.3.1　整地

选好种植地块后，根据药材的生长、土壤肥力等进行施肥，可亩施入腐熟有机肥 2 000~3 000kg 作基肥，深翻 40cm 以上，整平耙细，确保地表平整无土块。

5.3.2　播种

可春播或秋播，春播于土壤化冻后，秋播宜在土壤上冻前进行，秋播不需要进行种子低温沙藏处理。播种采用条播，行距为 25~30cm，深 4cm 开沟，覆土 2~3cm，每亩播种量 3~7kg。

5.3.3　田间管理

苗高 4~6cm 时，按株距 3~4cm 间苗。当苗高 8~10cm 时，按株距 5~7cm 定苗。缺苗断垄的，于阴天或晴天傍晚酌情补栽。结合定苗进行中耕除草。浇水或雨后及时中耕，保持田间土壤疏松无杂草。多雨地区或雨季及时排出田间积水。茎叶生长盛期亩追施氮磷钾复合肥 50~150kg，根部增重期叶面喷施磷酸二氢钾溶液。鼓励使用经国家批准的菌肥及中药材专用肥，禁止使用壮根灵、膨大素等生长调节剂。

5.3.4　病虫害草害防治

北沙参常见病害有锈病、根结线虫病等，虫害主要有蛴螬、红蜘蛛及食心虫等。

应采用预防为主、综合防治的策略，农业防治、物理防治、生物防治为主，并与化学防治相结合。

农业防治：轮作 3 年以上；选用无病虫害的种子；及时清沟排水；发现病株及时拔除，集中销毁,每穴撒入草木灰100g或生石灰200~300g,进行局部消毒;每年秋冬季及时清园;合理施肥,增强植株抗病力。

物理防治:田间黄板诱杀蚜虫等。

生物防治:保护瓢虫、草蜻蛉等害虫天敌;应用苦参碱、除虫菊素、苏云金杆菌等生物药剂防治害虫。

采用化学防治时,应当符合国家有关规定;优先选用高效、低毒的生物农药;尽量减少使用除草剂、杀虫剂和杀菌剂等化学农药;不使用禁限用农药。

5.4 采挖

秋播第二年、春播当年9—10月,地上部分茎叶变黄时采挖。晴天时割除地上部分,人工顺垄采挖或机械采挖,注意防止折断根部,以免降低药材质量,不能及时加工的可埋入土中保持水分,以利剥皮。

5.5 产地初加工

采挖后,按粗细将参根分级,除去须根,洗净,稍晾,置沸水中烫至能剥去外皮时捞出,去除外皮,晒干;或参根洗净后,带皮低温烘干或切片晒干。洗净及烫制时所用水样检测参照GB 5749《生活饮用水卫生标准》。

5.6 包装、放行、贮运

5.6.1 包装

包装前应对每批药材按照国家标准进行质量检验。符合国家标准的药材,采用不影响质量的编织袋等包装,禁止采用包装过肥料、农药等的包装袋包装。包装外贴或挂标签、合格证,标识牌内容应有药材名、基源、产地、批号、规格、重量、采收日期、企业名称等,并有追溯码。

5.6.2 放行

应制定符合企业实际情况的放行制度,有审核批生产、检验等的相关记录。不合格药材不得销售,有单独处理制度。

5.6.3 贮运

应贮存于阴凉干燥处,定期检查,防止虫蛀、霉变、腐烂等的发生。仓库控制温度在20℃以下、相对湿度75%以下;不同批次等级药材分区存放;建有定期检查制度。禁止磷化铝和二氧化硫熏蒸。也可采用现代气调贮藏方法,包装或库内充氮或二氧化碳。

运输应防止发生混淆、污染、异物混入、包装破损、雨雪淋湿等。生产过程按规范进行记录,并及时存档。

附　录　A

（规范性）

禁限用农药名单

A.1　禁止（停止）使用的农药（46 种）

六六六、滴滴涕、毒杀芬、二溴氯丙烷、杀虫脒、二溴乙烷、除草醚、艾氏剂、狄氏剂、汞制剂、砷类、铅类、敌枯双、氟乙酰胺、甘氟、毒鼠强、氟乙酸钠、毒鼠硅、甲胺磷、对硫磷、甲基对硫磷、久效磷、磷胺、苯线磷、地虫硫磷、甲基硫环磷、磷化钙、磷化镁、磷化锌、硫线磷、蝇毒磷、治螟磷、特丁硫磷、氯磺隆、胺苯磺隆、甲磺隆、福美胂、福美甲胂、三氯杀螨醇、林丹、硫丹、溴甲烷、氟虫胺、杀扑磷、百草枯、2, 4- 滴丁酯。

注：氟虫胺自 2020 年 1 月 1 日起禁止使用。百草枯可溶胶剂自 2020 年 9 月 26 日起禁止使用。2, 4-滴丁酯自 2023 年 1 月 29 日起禁止使用。溴甲烷可用于"检疫熏蒸处理"。杀扑磷已无制剂登记。

A.2　在部分范围禁止使用的农药（20 种）

部分范围禁止使用的农药应注意药食同源中药材及来自其他作物的中药材。部分范围禁止使用的农药见表 A.1。

表 A.1　部分范围禁止使用的农药

通用名	禁止使用范围
甲拌磷、甲基异柳磷、克百威、水胺硫磷、氧乐果、灭多威、涕灭威、灭线磷	禁止在蔬菜、瓜果、茶叶、菌类、中草药材上使用,禁止用于防治卫生害虫,禁止用于水生植物的病虫害防治
甲拌磷、甲基异柳磷、克百威	禁止在甘蔗作物上使用
内吸磷、硫环磷、氯唑磷	禁止在蔬菜、瓜果、茶叶、中草药材上使用
乙酰甲胺磷、丁硫克百威、乐果	禁止在蔬菜、瓜果、茶叶、菌类和中草药材上使用
毒死蜱、三唑磷	禁止在蔬菜上使用
丁酰肼（比久）	禁止在花生上使用
氰戊菊酯	禁止在茶叶上使用
氟虫腈	禁止在所有农作物上使用（玉米等部分旱田种子包衣除外）
氟苯虫酰胺	禁止在水稻上使用

A.3　说明

本附录的内容来自 2019 年中华人民共和国农业农村部发布的《禁限用农药名录》（http://www.zzys.moa.gov.cn/gzdt/201911/t20191129_6332604.htm）。

<h1 style="text-align:center">附　录　B</h1>

（资料性）

<h2 style="text-align:center">北沙参常见病虫害防治的参考方法</h2>

北沙参常见病虫害药剂防治的参考方法参见表 B.1。

表 B.1　北沙参常见病虫害药剂防治的参考方法

病虫害名称	防治时期	推荐防治方法	安全间隔期 /d
锈病	4—10 月	发病初期或之前使用多菌灵喷雾,按照农药标签使用	≥20
		甲基硫菌灵喷雾,按照农药标签使用	≥30
		发病后使用粉锈宁,按照农药标签使用	≥7
		苯醚甲环唑喷雾,按照农药标签使用	≥7
根结线虫病	5—10 月	播种前沟施噻唑膦,按照农药标签使用	生长期仅用 1 次
蛴螬	5—8 月	噻虫啉灌根,按照农药标签使用	≥20
		播种时撒施辛硫磷,按照农药标签使用	生长期仅用 1 次
红蜘蛛	6—8 月	喷施阿维菌素,按照农药标签使用	≥21
		喷施哒螨灵,按照农药标签使用	≥21
食心虫	4—10 月	苦参碱喷雾,按照农药标签使用	≥7
		喷洒敌百虫,按照农药标签使用	≥7

参考文献

［1］么历,程慧珍,杨智.中药材规范化种植(养殖)技术指南［M］.北京:中国农业出版社,2006.

［2］郭巧生.药用植物栽培学［M］.北京:高等教育出版社,2009.

［3］谢晓亮,杨彦杰,杨太新.中药材无公害生产技术［M］.石家庄:河北科学技术出版社,2013.

［4］杨太新,谢晓亮.河北省30种大宗道地药材栽培技术［M］.北京:中国医药科技出版社,2017.

［5］乔凯宁,杨太新,刘晓清.祁沙参种子质量检验方法的研究［J］.种子,2017,36(2):123-126.

［6］乔凯宁,杨太新,刘晓清.种植密度及施肥对祁沙参干物质积累量和质量的影响［J］.中药材,2017,40(10):2266-2269.

［7］张峰,杨太新.不同采收时间的祁沙参产量和质量研究［J］.时珍国医国药,2019,30(2):458-460.

［8］山东省质量技术监督局.北沙参无公害生产技术规程:DB 37/T 1769—2010［S/OL］.［2023-11-17］. https://std.samr.gov.cn/db/search/stdDBDetailed?id=91D99E4D91B42E24E05397BE0A0A3A10.

［9］河北省质量技术监督局.冀西北高寒区北沙参生产技术规程:DB 13/T 1509—2012［S/OL］.［2023-11-17］. https://std.samr.gov.cn/db/search/stdDBDetailed?id=91D99E4DA11F2E24E05397BE0A0A3A10.

［10］河北省质量技术监督局.中药材种子质量标准 祁沙参:DB 13/T 2594—2017［S/OL］.［2023-11-17］. https://std.samr.gov.cn/db/search/stdDBDetailed?id=91D99E4D12B82E24E05397BE0A0A3A10.

ICS 65.020.20
CCS C 05

团 体 标 准

T/CACM 1374.48—2021

白及规范化生产技术规程

Code of practice for good agricultural practice of Bletillae Rhizoma

2021-10-15 发布

2021-10-15 实施

中华中医药学会 发布

目　次

前　　言

本文件按照 GB/T 1.1—2020《标准化工作导则　第 1 部分：标准化文件的结构和起草规则》的规定起草。

请注意本文件中的某些内容可能涉及专利。本文件的发布机构不承担识别专利的责任。

本文件由中国医学科学院药用植物研究所和重庆市药物种植研究所提出。

本文件由中华中医药学会归口。

本文件起草单位：中国医学科学院药用植物研究所、重庆市药物种植研究所、陕西师范大学、昌昊金煌（贵州）中药有限公司、云南恩润生物科技发展有限公司、宜昌神草生态科技有限公司。

本文件主要起草人：李艾莲、乔旭、郭欣慰、胡开治、牛俊峰、赵锋、刘燕琴、李科、王德春、魏建和、王文全、王秋玲、杨小玉、辛元尧、王苗苗。

白及规范化生产技术规程

1 范围

本文件确立了白及的规范化生产流程,规定了白及的生产基地选址、种质与种子、种植、采挖、产地初加工、包装、放行和贮运等阶段的技术要求。

本文件适用于白及的规范化生产。

2 规范性引用文件

下列文件中的内容通过文中的规范性引用而构成本文件必不可少的条款。其中,注明日期的引用文件,仅该日期对应的版本适用于本文件;不注明日期的引用文件,其最新版本(包括所有的修改单)适用于本文件。

GB 3095 环境空气质量标准

GB/T 3543 农作物种子检验规程

GB 5084 农田灌溉水质标准

GB 5749 生活饮用水卫生标准

GB 15618—2018 土壤环境质量 农用地土壤污染风险管控标准(试行)

T/CACM 1374.1—2021 中药材规范化生产技术规程通则 植物药材

3 术语和定义

T/CACM 1374.1—2021 界定的以及下列术语和定义适用于本文件。

3.1 规范化生产 good agricultural practice

按照《中药材生产质量管理规范》(简称中药材 GAP)的要求,实施药材生产,保证中药材优质安全的生产过程。

3.2 技术规程 code of practice

为实现中药材生产顺利、有序进行,保证中药材生产质量,对中药材生产的基地选址、种子种苗、种植或野生抚育、采收与产地初加工,以及包装、放行与贮运等,所做的技术规定和要求,是实施中药材规范生产的核心技术要求和实施指南。

4 白及规范化生产流程图

白及的规范化生产流程见图1。

白及规范化生产流程：　　　　　　　　　关键控制点及技术参数：

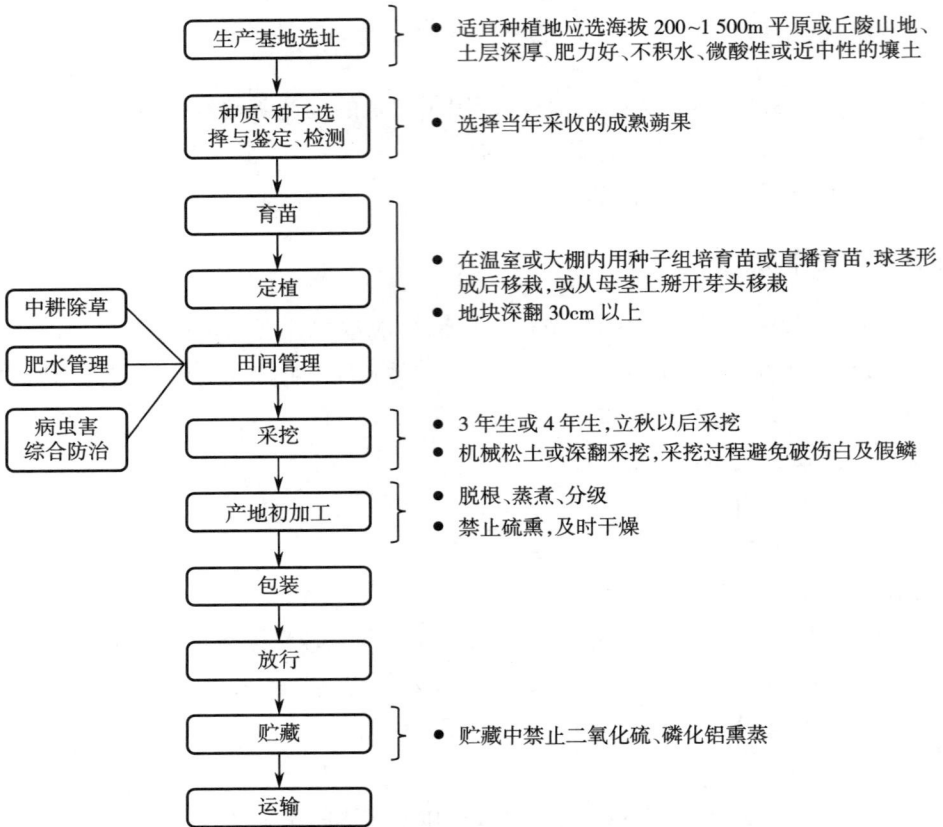

图1 白及规范化生产流程图

5 白及规范化生产技术

5.1 生产基地选址
5.1.1 产地选择

适宜种植区为云南（滇西北区域除外）、陕西南部、甘肃东南部、江苏、安徽、浙江、江西、福建、湖北、湖南、广东、广西、四川、贵州、重庆等地。种植地选择在海拔200~1 500m、温暖、湿润地区及其他具有相应条件的适宜地区；育苗地选择在同样地区（种子直播和组培育苗移栽）。

5.1.2 地块选择

育苗地宜选择平地或有一定坡度的熟地，土壤以富含腐殖质的为宜，土层疏松肥沃，无积水。种植地应选土层深厚、排水良好、土壤疏松、腐殖质含量高，以砂壤土为宜（黏土不宜),土壤 pH 中性至弱酸性,水质无污染。种植地不宜与梨树、川党参、豆科植物等易感锈病的植物毗邻。

5.1.3 环境监测

按照 GAP 要求,基地的大气质量应符合 GB 3095 的规定、土壤质量应符合 GB 15618—2018 的规定、水质应符合 GB 5084 的规定,并保证生长期间持续符合标准的要求。

5.2 种质与种子

5.2.1 种质选择

使用兰科植物白及 *Bletilla striata* (Thunb.) Reichb. f.,物种须经过鉴定。如使用农家品种或选育品种应加以明确说明。

5.2.2 种子质量

当年采收的成熟、无霉变蒴果,呈圆柱形,长 1.6~4.5cm,直径 0.5~1.2cm,两端稍尖狭,具 6 条纵肋。种子净度超过 90%,千粒重 0.006 6~0.011 1g。选种按照 GB/T 3543 的规定执行。

5.2.3 良种繁育

繁育基地应具备有效的物理隔离条件,选择基源准确、植株性状优良、球茎健壮、符合现行版《中华人民共和国药典》规定的白及植株进行种质复壮,并采用块茎切块繁殖、新芽组培快繁的方法,培育无性系以保持种性。

5.3 种植

5.3.1 育苗

白及育苗主要包括种子直播育苗、组培育苗、无性分株育苗。

5.3.1.1 种子直播育苗

选择播种时间为每年的 4—5 月,在温室或塑料大棚内建立宽 120~150cm,深 20~25cm 的育苗池。选取发酵过的树皮粉与腐殖质、营养土、鸡粪、草炭土等材料混合作育苗基质。选择保存完好的白及蒴果剥开取出种子,将种子与一定比例的沙子混匀,均匀撒播在基质表面。保持环境通风,控制空气温度 20~35℃、湿度为 60%~80%,种子 30 天内萌发。

白及直播育苗苗期的管理:待白及幼苗长出 1 片真叶,定期喷施营养液。如果温度、湿度过大,可以采取相应的降温措施,并适量使用杀菌剂。育苗 120~180 天后,白及叶片完整,球茎形成,根部健壮。第二年当室外温度达到 15℃以上时,开始移栽到种植基地。

5.3.1.2 白及"两段式"组培育苗

以当年采收的保存良好的白及蒴果为材料,经过无菌萌发(20 天左右)、鳞茎诱导及壮苗培养(60 天),移栽到育苗棚或田间小拱棚,实现种苗周年生产。参见专利《一种快速诱导白及鳞茎的专用培养基及组培方法》。

组培苗苗期管理:定期喷施营养液和定期除草,防止苔藓滋生,并于次年 4—5 月移栽。

5.3.1.3 无性分株育苗

每年可在春季 3—4 月和秋季 9—10 月进行。选生长健壮、无病虫害的植株根据假鳞茎上面的芽头,从与母茎连接处掰开,伤口蘸草木灰或者多菌灵水溶液,按照农药标签使用,晾晒 6~8 小时后及时移栽。

5.3.2 定植

白及定植的园地应选择在土层深厚、肥沃疏松、排水良好、富含腐殖质的砂壤土地块种植。选择开阔缓坡或平地土层并富含腐殖质的砂壤土地块种植。土地深耕 30cm 以上,随整地施入基肥,以有机肥为主,化学肥料为辅。农家肥应充分腐熟。整细耙平土壤后,起高10~15cm、宽 80~120cm 的高畦,沟宽 20cm。种植时按照株行距 25cm×40cm 进行定植。移栽后应及时浇水。

5.3.3 田间管理

田间管理要求如下:

排水防涝:干旱时要及时浇水保持湿润,雨季则要注意排水防涝。

中耕除草:种植地易滋生杂草,一般每年要除草 3~4 次。及时中耕除草严防草荒,畦面人工拔除,畦沟锄除,以免伤根。

根据白及的生长、土壤肥力等进行平衡施肥。

可间作有遮荫度的经济植物,减少 7—8 月时阳光对白及叶片的灼伤。

5.3.4 病虫害草害防治

白及常见病害有霉病、炭疽病、根腐病、枯叶病、叶锈病,虫害主要有地老虎、蝼蛄、食蘑蝇、白介壳虫等。

应采取预防为主、综合防治的方法:避免土地过湿,改善通风通气条件;针对病株,应去除染病部位,并降低土壤湿度,对病株土壤进行隔离、清理,或撒石灰粉等消毒;加强水肥管理,增施有机肥。

采用化学防治时,应当符合国家有关规定,优先选用高效、低毒的生物农药;尽量避免使用除草剂、杀虫剂和杀菌剂等化学农药;不使用禁限用农药,禁限用农药名单应符合附录 A的规定。

5.4 采挖

5.4.1 采挖时间

采收年限为 3 年或 4 年生白及。立秋以后 15 天左右开始采挖。采用搭建遮阳网设施农业栽培基地采挖,应在采挖前 3 个月拆除遮阳网(一般时间在每年 6 月);未采用搭建遮阳网栽培(即露天栽培)的基地,在白及倒苗时开始采挖,即叶片枯黄、干枯以后开始进行采挖。南方暖热地区栽培的白及在新芽头出土之前须完成采挖,芽头出头则停止白及采挖工作。

5.4.2 采挖作业

白及采挖应尽量保证其假鳞茎的完整性。完整挖出根茎部,抖去泥土,去除残茎和芽头,将连及而生的假鳞茎掰成单个叉形完整的假鳞茎。采挖过程避免破伤白及假鳞茎。

5.4.3 冲洗

将采挖好的带根系的单个白及假鳞茎用清水冲洗干净,去除附着在根系和假鳞茎之间的泥土杂质。平铺在地面上将白及假鳞茎和根系表面的水晾干,然后用塑料壳或编织袋进行包装运送至初加工厂。

冲洗用水应符合 GB 5749 的规定。

5.5 产地初加工

5.5.1 概述

白及产地初加工方法有烘烤干燥法和直接晒干法。过程分为脱根、熟化、分选、去外皮、烘烤干燥或直接晒干几个步骤。禁止硫熏。

5.5.2 脱根

将冲洗干净带根须的白及假鳞茎分两次60℃烘烤4~5小时,然后出料用孔径0.5cm的滚筒筛脱根,去渣。

5.5.3 熟化

蒸或沸水煮,控制温度在82~85℃,时间30~40分钟,将白及假鳞茎熟化至无白心。

5.5.4 分选

分别用孔径为3.0cm和2.0cm的滚筒将半干的白及假鳞茎分选成三种规格。

5.5.5 去外皮

置于撞笼里,撞去未尽的粗皮与须根,使之成为光滑、洁白的半透明状。

5.5.6 烘烤干燥

多次烘烤待白及假鳞茎内外干燥一致,质地坚硬,用白及假鳞茎相互敲击时清脆有声,表面灰白色、灰棕色或黄白色,断面为类白色为好。干燥烘烤温度应控制在45~60℃。

5.5.7 直接晒干

平铺晾晒,防止霉变。

加工干燥过程保证场地干净、宽敞明亮、工具洁净、不受雨淋等。

5.6 包装、放行和贮运

5.6.1 包装

包装前应对每批药材按照现行国家标准进行质量检验。符合国家标准的药材,采用不影响质量的编织袋等包装,禁止采用包装过肥料、农药等的包装袋包装。

包装外贴或挂标签、合格证,标识牌内容应有药材名、等级、产地、批号、规格、重量、采收日期、企业名称等,并有追溯码。

5.6.2 放行

企业应制定符合实际情况的放行制度,有审批生产、检验、入库等的相关记录。

应有不合格药材单独处理制度。出现霉变、虫蛀、湿度超标、标签不全、标识不清、净含量不足、超过保质期的均不应放行。

5.6.3 贮运

应贮存于阴凉干燥处,离地10cm,隔墙20cm。定期检查,防止虫蛀、鼠害、霉变、腐烂等情况的发生。仓库控制温度在20℃以下、相对湿度75%以下;不同批次等级药材分区存放;建有定期检查制度。禁止磷化铝和二氧化硫熏蒸。

运输应防止发生混淆、污染、异物混入、包装破损、雨雪淋湿等。

附 录 A

（规范性）

禁限用农药名单

A.1 禁止（停止）使用的农药（46种）

六六六、滴滴涕、毒杀芬、二溴氯丙烷、杀虫脒、二溴乙烷、除草醚、艾氏剂、狄氏剂、汞制剂、砷类、铅类、敌枯双、氟乙酰胺、甘氟、毒鼠强、氟乙酸钠、毒鼠硅、甲胺磷、对硫磷、甲基对硫磷、久效磷、磷胺、苯线磷、地虫硫磷、甲基硫环磷、磷化钙、磷化镁、磷化锌、硫线磷、蝇毒磷、治螟磷、特丁硫磷、氯磺隆、胺苯磺隆、甲磺隆、福美胂、福美甲胂、三氯杀螨醇、林丹、硫丹、溴甲烷、氟虫胺、杀扑磷、百草枯、2,4-滴丁酯。

注：氟虫胺自2020年1月1日起禁止使用。百草枯可溶胶剂自2020年9月26日起禁止使用。2,4-滴丁酯自2023年1月29日起禁止使用。溴甲烷可用于"检疫熏蒸处理"。杀扑磷已无制剂登记。

A.2 部分范围禁止使用的农药（20种）

部分范围禁止使用的农药应注意药食同源中药材及来自其他作物的中药材。部分范围禁止使用的农药见表A.1。

表 A.1 部分范围禁止使用的农药（20种）

通用名	禁止使用范围
甲拌磷、甲基异柳磷、克百威、水胺硫磷、氧乐果、灭多威、涕灭威、灭线磷	禁止在蔬菜、瓜果、茶叶、菌类、中草药材上使用，禁止用于防治卫生害虫，禁止用于水生植物的病虫害防治
甲拌磷、甲基异柳磷、克百威	禁止在甘蔗作物上使用
内吸磷、硫环磷、氯唑磷	禁止在蔬菜、瓜果、茶叶、中草药材上使用
乙酰甲胺磷、丁硫克百威、乐果	禁止在蔬菜、瓜果、茶叶、菌类和中草药材上使用
毒死蜱、三唑磷	禁止在蔬菜上使用
丁酰肼（比久）	禁止在花生上使用
氰戊菊酯	禁止在茶叶上使用
氟虫腈	禁止在所有农作物上使用（玉米等部分旱田种子包衣除外）
氟苯虫酰胺	禁止在水稻上使用

A.3 有关说明

本附录来自2019年中华人民共和国农业农村部官方发布的《禁限用农药名录》（http://www.zzys.moa.gov.cn/gzdt/201911/t20191129_6332604.htm）。

参考文献

［1］田佩雯,陈建桦,唐艺铭,等.白及生态种植技术与应用［J］.大众科技,2018,20（11）:71-73.

［2］牛俊峰.白及种质资源研究［D］.西安:陕西师范大学,2016.

［3］龚晔,景鹏飞,魏宇坤,等.中国珍稀药用植物白及的潜在分布与其气候特征［J］.植物分类与资源学报,2014,36（2）:237-244.

［4］牛俊峰,王喆之.白及种子直播繁育新方法［J］.陕西师范大学学报（自然科学版）,2016,44（4）:83-86.

［5］任凤鸣,刘艳,李滢,等.白及属药用植物的资源分布及繁育［J］.中草药,2016,47（24）:4478-4487.

［6］胡开治,刘杰,肖波,等.不同贮藏方法及贮藏时间对白及种子萌发的影响［J］.中药材,2010,33（1）:7-10.

［7］韦卡娅,刘燕琴,秦静,等.白及组培外植体的筛选研究［J］.中国现代中药,2008（5）:13-14.

［8］刘燕琴,刘杰,刘旭,等.白及锈病发生特点及药剂防治效果研究［J］.现代农业科技,2017（22）:80-81.

［9］林茂祥,韩凤,刘杰,等.白及氮、磷、钾养分的吸收与分配［J］.中药材,2017,40（2）:253-257.

［10］苏钛,邱斌,李云.滇产白及类习用药材资源调查及市场利用评价［J］.中国野生植物资源,2014,33（5）:49-52.

［11］李伟平,何良艳,丁志山.白及的应用及资源现状［J］.中华中医药学刊,2012,30（1）:158-160.

［12］周涛,江维克,李玲,等.贵州野生白及资源调查和市场利用评价［J］.贵阳中医学院学报,2010,32（6）:28-30.

［13］重庆市药物种植研究所.一种快速诱导白及鳞茎的专用培养基及组培方法:ZL201710552200.1［P/OL］.2017-10-10［2023-11-20］.https://pss-system.cponline.cnipa.gov.cn/documents/detail?prevPageTit=changgui.

［14］国家药典委员会.中华人民共和国药典:2020年版一部［M］.北京:中国医药科技出版社,2020.

ICS 65.020.20
CCS C 05

团 体 标 准

T/CACM 1374.49—2021

白术规范化生产技术规程

Code of practice for good agricultural practice of
Atractylodis Macrocephalae Rhizoma

2021-10-15 发布　　　　　　　　　　　　　　　　2021-10-15 实施

中华中医药学会　　发布

目　次

前　　言

本文件按照 GB/T 1.1—2020《标准化工作导则　第 1 部分：标准化文件的结构和起草规则》的规定起草。

请注意本文件中的某些内容可能涉及专利。本文件的发布机构不承担识别专利的责任。

本文件由中国医学科学院药用植物研究所提出。

本文件由中华中医药学会归口。

本文件起草单位：磐安中药材研究所、磐安县中药产业发展促进中心、新昌县种植业技术推广中心、安徽省农业科学院园艺研究所、中国医学科学院药用植物研究所重庆分所、磐安县中药材产业协会、浙江省农业技术推广中心、中国医学科学院药用植物研究所、重庆市药物种植研究所。

本文件主要起草人：宗侃侃、王盼、张伟金、李卫文、胡开治、杨成前、张岑容、姜娟萍、董玲、彭星星、魏建和、王文全、王秋玲、杨小玉、辛元尧、王苗苗。

白术规范化生产技术规程

1 范围

本文件确立了白术的规范化生产流程,规定了白术生产基地选址、种质要求、种苗繁育、种植、采收、产地初加工、包装、放行、贮运等阶段的操作要求。

本文件适用于白术的规范化生产。

2 规范性引用文件

下列文件的内容通过文中的规范性引用而构成本文件必不可少的条款。其中,注明日期的引用文件,仅该日期对应的版本适用于本文件;不注明日期的引用文件,其最新版本(包括所有的修改单)适用于本文件。

GB 3095 环境空气质量标准

GB/T 3543 农作物种子检验规程

GB 5084 农田灌溉水质标准

GB 5749 生活饮用水卫生标准

GB 15618 土壤环境质量 农用地土壤污染风险管控标准(试行)

T/CACM 1374.1—2021 中药材规范化生产技术规程通则 植物药材

3 术语和定义

T/CACM 1374.1—2021 界定的以及下列术语和定义适用于本文件。

3.1 规范化生产 good agricultural practice

按照《中药材生产质量管理规范》(简称中药材 GAP)的要求,实施药材生产,保证中药材优质安全的生产过程。

3.2 技术规程 code of practice

为实现中药材生产顺利、有序进行,保证中药材生产质量,对中药材生产的基地选址、种子种苗、种植或野生抚育、采收与产地初加工以及包装、放行与贮运等,所做的技术规定和要求,是实施中药材规范生产的核心技术要求和实施指南。

3.3 白术 Atractylodis Macrocephalae Rhizoma

菊科植物白术 *Atractylodes macrocephala* Koidz. 的干燥根茎。

3.4 术栽 zhu zai

用作繁殖的一年生白术植株的地下根茎。

4 白术规范化生产流程图

白术规范化生产流程见图1。

白术规范化生产流程：

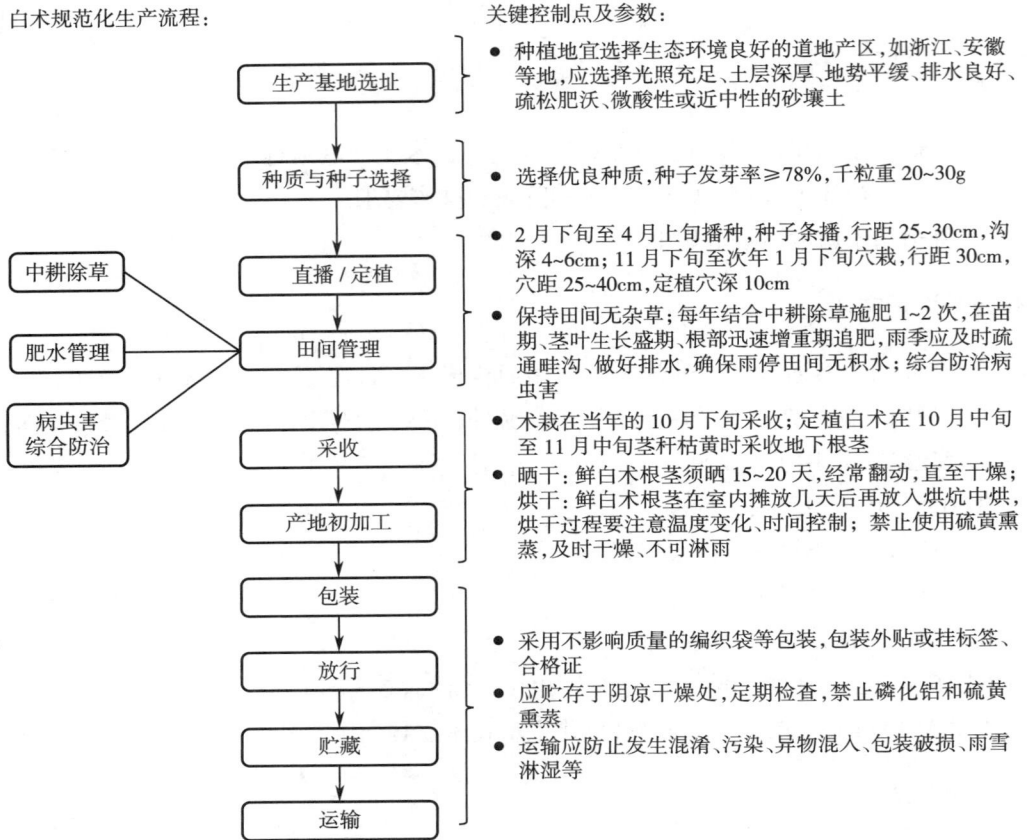

图 1 白术的规范化生产流程图

关键控制点及参数：

- 种植基地宜选择生态环境良好的道地产区,如浙江、安徽等地,应选择光照充足、土层深厚、地势平缓、排水良好、疏松肥沃、微酸性或近中性的砂壤土
- 选择优良种质,种子发芽率≥78%,千粒重 20~30g
- 2 月下旬至 4 月上旬播种,种子条播,行距 25~30cm,沟深 4~6cm；11 月下旬至次年 1 月下旬穴栽,行距 30cm,穴距 25~40cm,定植穴深 10cm
- 保持田间无杂草；每年结合中耕除草施肥 1~2 次,在苗期、茎叶生长盛期、根部迅速增重期追肥,雨季应及时疏通畦沟、做好排水,确保雨停田间无积水；综合防治病虫害
- 术栽在当年的 10 月下旬采收；定植白术在 10 月中旬至 11 月中旬茎秆枯黄时采收地下根茎
- 晒干：鲜白术根茎须晒 15~20 天,经常翻动,直至干燥；烘干：鲜白术根茎在室内摊放几天后再放入烘炕中烘,烘干过程要注意温度变化、时间控制；禁止使用硫黄熏蒸,及时干燥、不可淋雨
- 采用不影响质量的编织袋等包装,包装外贴或挂标签、合格证
- 应贮存于阴凉干燥处,定期检查,禁止磷化铝和硫黄熏蒸
- 运输应防止发生混淆、污染、异物混入、包装破损、雨雪淋湿等

5 白术规范化生产技术

5.1 生产基地选址

5.1.1 产地选择

历史道地产区为浙江、安徽,目前在浙江、安徽、河北、山西等省已广泛种植。适宜在气候温和、雨量适中、空气湿润、四季分明、光照充足的地区。

5.1.2 地块选择

忌连作,轮作 5 年以上土地才能使用。

以光照充足、土层深厚、地势平缓、排水良好、疏松肥沃,微酸性或近中性的砂壤土为宜。前茬以禾本科和豆科作物为佳。

5.1.3 环境监测

基地的大气、土壤和水样品的检测按照 GAP 要求,应符合相应国家标准,并保证生长期间持续符合标准。环境监测参照 GB 3095《环境空气质量标准》、GB 15618《土壤环境质量 农用地土壤污染风险管控标准（试行）》、GB 5084《农田灌溉水质标准》。

5.2 种质与种子

5.2.1 种质选择

使用菊科植物白术 *Atractylodes macrocephala* Koidz., 物种须经过鉴定。如使用农家品种或选育品种应加以明确。

5.2.2 种子质量

应使用播种后第 2 年、术栽当年生较为成熟的种子，颗粒饱满、色泽新鲜、无病虫害，发芽率不低于 78%，千粒重 20~30g，符合 GB/T 3543 规定的农作物种子检验规程的要求。

5.2.3 良种繁育

6 月上中旬，选形态相对一致，分枝少、叶片较大、叶色深绿、茎秆矮壮、花蕾大、无病虫害的植株作种株，每株留顶部花蕾 3~5 个，除去其他花蕾。11 月中上旬，当总苞外壳变紫色，微开并现白色冠毛时，选晴天将母株挖出，将地上部分按类型扎把，倒挂于阴凉通风处 15~20 天，晒 2~3 天，待总苞片完全裂开，打出种子，去除绒毛、瘪子和其他杂质，再晒 1~2 天后，装入纸袋或布袋内，贮藏于干燥凉爽处。

2 月下旬至 4 月上旬播种，播种前将种子放入 25~30℃的温水中浸 24 小时，保湿，待胚根露出 80% 时播种。播种方法以条播为主，按行距 25~30cm，开沟播种，深 4~6cm，播幅 7~8cm；也可采用撒播。播种后上盖适量草木灰，再盖 2~3cm 的细土，以盖平术籽为度，再盖稻草保湿，每亩（1 亩≈666.7m²，下文同）用种量为 5kg 左右。术籽播种后 20~25 天开始出苗，出苗后根据土壤墒情和出苗情况逐渐去除覆盖物，及时除草。按株距 3~5cm 进行间苗。10 月中下旬，当术苗茎叶枯黄时，选晴天挖出术栽，除去茎叶和过长的须根，应随挖随栽。如不能及时栽植，选阴凉处，短时沙藏保存，贮藏术栽要求保持术栽鲜活，防止受热、受潮和鼠害，可将术栽与细沙按一层沙、一层术栽分层堆积，术栽不能露出沙面。

5.3 种植

5.3.1 定植

翻耕土地，深度 30~40cm，整平耙细后，作龟背形畦，畦宽 120~150cm，沟宽 25~35cm。随整地施入基肥，以有机肥为主，化学肥料为辅。农家肥应充分腐熟。11 月下旬至次年 1 月下旬穴栽，行距 30cm，穴距 25~40cm，定植穴深 10cm。术栽每亩用量 35~50kg。栽种时，术栽顶芽向上，齐头，栽后覆土 3cm 为宜。

5.3.2 田间管理

白术封行前，选晴天露水干后进行 2~3 次除草。第一次在齐苗后结合施苗肥进行，疏松畦面，深度可达 10~15cm。第二次视草情决定是否进行。第三次在现蕾初期，也可结合施蕾肥进行，方法同第一次，深度应在 10m 以内。白术封行后不中耕，视草情用手拔除田间杂草。每年结合中耕除草施肥 1~2 次，在苗期、茎叶生长盛期、根部迅速增重期追肥。白术生长怕积水，雨季应及时疏通畦沟、做好排水，确保雨停田间无积水。7—8 月，选择晴天露水干后除去花蕾。每隔 7~10 天,分批摘净全株花蕾。摘时,一手捏住茎秆,一手摘下花蕾,注意不伤茎叶,不动摇根部。去除的花蕾应集中处理,以防止病虫害传播。

根据药材的生长、土壤肥力等进行施肥,可考虑以有机肥为主,化学肥料有限度使用,鼓励使用经国家批准的菌肥及白术专用肥。

禁止使用壮根灵、膨大素等生长调节剂。

5.3.3 病虫害防治

5.3.3.1 常见病虫害种类

常见病虫害种类如下:

a)主要病害:常见病害有根腐病、白绢病、立枯病、铁叶病等。

b)主要虫害:常见害虫有蚜虫、小地老虎、蛴螬、斜纹夜蛾等。

具体防治方案参见附录 A。

5.3.3.2 防治原则

病虫害防治坚持"预防为主,综合防治"的原则,以农业防治为基础,提倡生物防治和物理防治,科学应用化学防治技术。

5.3.3.3 农业防治

土地轮作 5 年以上;有机肥必须充分腐熟;选用无病害感染、无机械损伤、表皮光滑、色泽鲜亮的优质种栽,禁用带病种栽;及时清沟排水;发现病株及时拔除,集中销毁,每穴撒入草木灰 100g 或生石灰 200~300g,进行局部消毒;保持田园清洁。

5.3.3.4 物理防治

在种植地安装频振式杀虫灯,诱杀蛴螬和小地老虎;黄板防治诱杀翅蚜、潜叶蝇等害虫;利用不同害虫对性诱剂的趋向性,制备经济、高效、安全、无公害的新型诱捕器,可用于诱杀斜纹夜蛾成虫。

5.3.3.5 化学防治

采用化学防治时,应当符合国家有关规定;优先选用高效、低毒、低残留的生物农药;尽量避免使用除草剂、杀虫剂和杀菌剂等化学农药;不使用禁限用农药。

禁止或限制使用农药种类参见附录 B。

5.4 采收

种子播种采收年限为 2 年,术栽播种采收年限为 1 年。10 月中旬至 11 月中旬,白术茎秆呈黄褐色、下部叶片枯黄、上部叶片已硬化时,选择晴天或阴天采挖。完整挖出地下根茎,抖去泥土,避免损伤,剪去地上茎秆,去净泥杂。

5.5 产地初加工

白术产地初加工方法包括晒干和烘干,禁止使用硫黄熏蒸。

晒干:将白术鲜根茎薄摊于晒场上晒 15~20 天,晒时要经常翻动,在翻晒时逐步搓、擦去须根,直至干燥(含水量低于 15%),即成生晒术商品。

烘干:将白术鲜根茎在室内摊放几天,待表面水分稍干,放入烘炕中烘。选用无芳香气味的杂木作燃料。初烘时,火力应稍大而均匀,保持烘炕温度 80~100℃,1 小时后将温度降至 60℃，2 小时后，将白术根茎上下翻动使细根脱落后再继续烘 5~6 小时。将初烘的白术再烘 8~12 小时，温度为 60~70℃，约 6 小时翻 1 次，达七八成干（含水量 20% 左右）时，全部出炕。将二次烘干后的白术分别堆置室内 6~7 天（不宜堆高），后再次上炕，温度为 50~60℃，约 6 小时翻 1 次，直至干燥（含水量低于 15%），即成烘术商品。

5.6 包装、放行、贮运

5.6.1 包装

包装前应对每批药材按照国家标准进行质量检验。符合国家标准的药材，采用不影响质量的编织袋等包装，禁止采用包装过肥料、农药等的包装袋包装。包装外贴或挂标签、合格证，标识牌内容应有药材名、基源、产地、批号、规格、重量、采收日期、企业名称等，并有追溯码。

5.6.2 放行

应制定符合企业实际情况的放行制度，有审核批生产、检验等的相关记录。不合格药材有单独处理制度。

5.6.3 贮运

应贮存于阴凉干燥处，定期检查，防止虫蛀、霉变、腐烂、泛油等的发生。仓库控制温度在 20℃以下、相对湿度 75% 以下；不同批次等级药材分区存放；建有定期检查制度。禁止磷化铝和硫黄熏蒸。也可采用现代气调贮藏方法，包装或库内充氮或二氧化碳。

运输应防止发生混淆、污染、异物混入、包装破损、雨雪淋湿等。

附 录 A

（资料性）

白术常见病虫害防治的参考方法

白术常见病虫害防治的参考方法见表 A.1。

表 A.1 白术常见病虫害防治的参考方法

病虫害名称	防治时期	推荐防治方法	安全间隔期 /d
根腐病	6—8 月	栽种前将种栽浸于 50% 多菌灵可湿性粉剂 500 倍液中 10~15min，捞出晾干后栽种	
		70% 甲基硫菌灵可湿性粉剂 500~1 000 倍液浇灌病穴	≥20
		32.5% 苯甲·嘧菌酯悬浮剂 1 500 倍液等浇灌病穴	≥14
		20% 咪鲜胺乳油 1 500 倍液喷淋防治	≥7
		75% 肟菌·戊唑酮水分散粒剂 3 000 倍液喷淋防治	≥10
		98% 噁霉灵可湿性粉剂 1 000 倍液喷淋防治	≥30
白绢病	4—9 月	50% 福·福锌 1 000 倍液浸栽后种植	
		70% 甲基硫菌灵可湿性粉剂 500~1 000 倍液喷淋或浇灌	≥14
		20% 井冈霉素水溶粉剂 300~400 倍喷淋	≥14
		6% 井冈·嘧苷素水剂 200~250 倍喷淋	≥7
立枯病	4—5 月	播种前用种子重量 0.5% 的 50% 多菌灵可湿性粉剂拌种	
		60% 井冈霉素可溶粉剂 1 000~1 200 倍喷淋	≥14
		80% 代森锰锌可湿性粉剂 600~800 倍液喷雾防治	≥10
		70% 甲基硫菌灵可湿性粉剂 600~800 倍液喷雾防治	≥14
		32.5% 苯甲·嘧菌酯悬浮剂 1 500 倍液喷雾防治	≥7
铁叶病	4—8 月	喷 1∶100 的波尔多液，10~15d 1 次，连续 2~3 次	
		75% 百菌清可湿性粉剂 500~800 倍液喷雾	≥14
		32.5% 苯甲·嘧菌酯悬浮剂 1 500 倍液喷雾	≥14
		80% 代森锰锌可湿性粉剂 600~800 倍液喷雾	≥7
		15% 苯甲·丙环唑油乳 1 000~2 000 倍液喷雾	≥10

病虫害名称	防治时期	推荐防治方法	安全间隔期 /d
蚜虫	3—8 月	10% 吡虫啉可湿性粉剂 1 500~2 000 倍液喷雾防治	≥14
		0.3% 印楝素乳油 1 000 倍液喷雾防治	≥14
		1.8% 阿维菌素乳油 2 000 倍液喷雾	≥14
小地老虎	3—5 月	5% 二嗪磷颗粒剂 2~3kg 每亩撒施	≥75
		5.7% 氟氯氰菊酯乳油 1 500~2 000 倍液喷雾或浇穴	≥28
		50% 辛硫磷乳油 1 200 倍液喷雾或浇穴	≥7
蛴螬	4—8 月	1.8% 阿维菌素乳油 2 000~5 000 倍液喷施	≥21
		20% 哒螨灵 2 500~3 000 倍液喷施	≥21
斜纹夜蛾	7—10 月	5% 氟虫脲乳油 2 000~2 500 倍液喷雾	≥30
		15% 氟啶脲乳油 2 000~2 500 倍液喷雾	≥14
		15% 茚虫威悬浮剂 3 500~4 000 倍液喷雾	≥14
		20% 氯虫苯甲酰胺 1 500~2 000 倍液喷雾	≥7

附 录 B

（规范性）

禁限用农药名单

B.1 禁止（停止）使用的农药（46种）

六六六、滴滴涕、毒杀芬、二溴氯丙烷、杀虫脒、二溴乙烷、除草醚、艾氏剂、狄氏剂、汞制剂、砷类、铅类、敌枯双、氟乙酰胺、甘氟、毒鼠强、氟乙酸钠、毒鼠硅、甲胺磷、对硫磷、甲基对硫磷、久效磷、磷胺、苯线磷、地虫硫磷、甲基硫环磷、磷化钙、磷化镁、磷化锌、硫线磷、蝇毒磷、治螟磷、特丁硫磷、氯磺隆、胺苯磺隆、甲磺隆、福美胂、福美甲胂、三氯杀螨醇、林丹、硫丹、溴甲烷、氟虫胺、杀扑磷、百草枯、2,4-滴丁酯。

注：氟虫胺自2020年1月1日起禁止使用。百草枯可溶胶剂自2020年9月26日起禁止使用。2,4-滴丁酯自2023年1月29日起禁止使用。溴甲烷可用于"检疫熏蒸处理"。杀扑磷已无制剂登记。

B.2 在部分范围禁止使用的农药（20种）

部分范围禁止使用的农药应注意药食同源中药材及来自其他作物的中药材。部分范围禁止使用的农药见表B.1。

表 B.1 部分范围禁止使用的农药

通用名	禁止使用范围
甲拌磷、甲基异柳磷、克百威、水胺硫磷、氧乐果、灭多威、涕灭威、灭线磷	禁止在蔬菜、瓜果、茶叶、菌类、中草药材上使用,禁止用于防治卫生害虫,禁止用于水生植物的病虫害防治
甲拌磷、甲基异柳磷、克百威	禁止在甘蔗作物上使用
内吸磷、硫环磷、氯唑磷	禁止在蔬菜、瓜果、茶叶、中草药材上使用
乙酰甲胺磷、丁硫克百威、乐果	禁止在蔬菜、瓜果、茶叶、菌类和中草药材上使用
毒死蜱、三唑磷	禁止在蔬菜上使用
丁酰肼（比久）	禁止在花生上使用
氰戊菊酯	禁止在茶叶上使用
氟虫腈	禁止在所有农作物上使用（玉米等部分旱田种子包衣除外）
氟苯虫酰胺	禁止在水稻上使用

B.3 说明

本附录的内容来自2019年中华人民共和国农业农村部发布的《禁限用农药名录》（http://www.zzys.moa.gov.cn/gzdt/201911/t20191129_6332604.htm）。

附 录 C

（资料性）

白术生产允许使用的化学农药的种类及其使用方法

登记药剂	防治对象	使用剂量／倍	施用方法	每季最多使用次数／次	安全间隔期／d
6% 井冈·嘧苷素水剂	白绢病	200~250	喷淋	3	≥7
20% 井冈霉素水溶粉剂	白绢病	300~400	喷淋	3	≥14
60% 井冈霉素可溶粉剂	立枯病	1 000~1 200	喷淋	3	≥14

参考文献

[1] 何伯伟,姚国富.白术标准化生产技术与加工应用[M].北京:中国农业科学技术出版社,2013.

[2] 潘秋祥.道地药材:新昌白术[M].北京:中国农业科学技术出版社,2015.

[3] 马全民,王志安.白术栽培技术问答[M].杭州:浙江科学技术出版社,1996.

[4] 许祥君,陈敏,宗露,等.不同品规白术中白术内酯Ⅰ、Ⅲ的含量测定[J].中国医院药学杂志,2011,31(17):1421-1424.

[5] 王运启.白术规范化种植技术[J].乡村科技,2018(17):95-96.

[6] 胡卫平.白术生长发育特性及规范化种植技术标准[J].现代农业科技,2016(9):99.

[7] 白岩.浙江白术生产现状和优化农艺措施研究[D].保定:河北农业大学,2010.

[8] 刘雪芬,刘小玲,陈琼,等.术栽种植密度对白术产量的影响[J].温州农业科技,2008(1):24.

[9] 练叶赟,马建平,张志荣.浙西南山区白术种植优势分析及规范栽培技术[J].现代农业科技,2018(23):100-101.

[10] 唐宁.白术规范化种植技术[J].农村新技术,2015(3):10-11.

[11] 史兴涛,丁汉东.白术常见病虫害及综合防治技术[J].湖北植保,2014(1):36-37.

[12] 陈汉卿.白术主要病虫害的发生与防治[J].安徽农学通报(下半月刊),2012,18(10):180-181.

[13] 安徽省质量技术监督局.白术栽培种植技术规程:DB 34/T 1477—2011[S/OL].[2023-11-20].https://std.samr.gov.cn/db/search/stdDBDetailed?id=91D99E4D65592E24E05397BE0A0A3A10.

[14] 安徽省质量技术监督局.白术采收与初加工技术规范:DB 34/T 1900—2013[S/OL].[2023-11-20].https://std.samr.gov.cn/db/search/stdDBDetailed?id=91D99E4D375B2E24E05397BE0A0A3A10.

[15] 安徽省市场监督管理局.中药材种子 白术:DB 34/T 555—2019[S/OL].[2023-11-20].https://std.samr.gov.cn/db/search/stdDBDetailed?id=95F010BBD09906BEE05397BE0A0AC681.

ICS 65.020.20
CCS C 05

团 体 标 准

T/CACM 1374.50—2021

白芍规范化生产技术规程

Code of practice for good agricultural practice of Paeoniae Radix Alba

2021-10-15 发布   2021-10-15 实施

中华中医药学会   发布

目　次

前　言

本文件按照 GB/T 1.1—2020《标准化工作导则　第 1 部分:标准化文件的结构和起草规则》的规定起草。

请注意本文件中的某些内容可能涉及专利。本文件的发布机构不承担识别专利的责任。

本文件由中国医学科学院药用植物研究所和安徽省农业科学院园艺研究所提出。

本文件由中华中医药学会归口。

本文件起草单位:安徽省农业科学院园艺研究所、安徽中医药大学、山东省农业科学院农产品研究所、磐安中药材研究所、安徽井泉中药股份有限公司、安徽普康中药资源有限公司、安徽协和成药业饮片有限公司、中国医学科学院药用植物研究所、重庆市药物种植研究所。

本文件主要起草人:董玲、李卫文、单成钢、金传山、宗侃侃、方成武、王志芬、韩金龙、彭星星、赵伟、李贝蓓、李素亮、储转南、王宪昌、汤博、马磊、魏建和、王文全、王秋玲、杨小玉、辛元尧、王苗苗。

白芍规范化生产技术规程

1 范围

本文件确立了白芍的规范化生产流程,规定了白芍生产基地选址、种质要求、种苗繁育、种植、采收、产地初加工、包装、放行、贮运等阶段的操作要求。

本文件适用于白芍的规范化生产。

2 规范性引用文件

下列文件对于本标准的应用是必不可少的。凡是注明日期的引用文件,仅所注明日期的版本适用于本标准。凡是不注明日期的引用文件,其最新版本(包括所有的修改版本)适用于本标准。

《中华人民共和国药典》

GB 3095 环境空气质量标准

GB/T 3543 农作物种子检验规程

GB 5084 农田灌溉水质标准

GB 5749 生活饮用水卫生标准

GB 15618 土壤环境质量 农用地土壤污染风险管控标准(试行)

DB 34/T 830—2008 白芍种子质量要求

T/CACM 1374.1—2021 中药材规范化生产技术规程通则 植物药材

3 术语和定义

T/CACM 1374.1—2021 界定的以及下列术语和定义适用于本文件。

3.1 规范化生产 good agricultural practice

按照《中药材生产质量管理规范》(简称中药材 GAP)的要求,实施药材生产,保证中药材优质安全的生产过程。

3.2 技术规程 code of practice

为实现中药材生产顺利、有序进行,保证中药材生产质量,对中药材生产的基地选址、种子种苗、种植或野生抚育、采收与产地初加工以及包装、放行与贮运等,所做的技术规定和要求,是实施中药材规范生产的核心技术要求和实施指南。

3.3 白芍 Paeoniae Radix Alba

为毛茛科植物芍药 *Paeonia lactiflora* Pall. 的干燥根。

3.4 芍芽 buds with Rhizoma of *Paeonia lactiflora*

白芍无性繁殖材料,带有根状茎的芽。

4 白芍规范化生产流程图

白芍规范化生产流程见图 1。

白芍规范化生产流程:　　　　　　　　　　　　　　　　　关键控制点及参数:

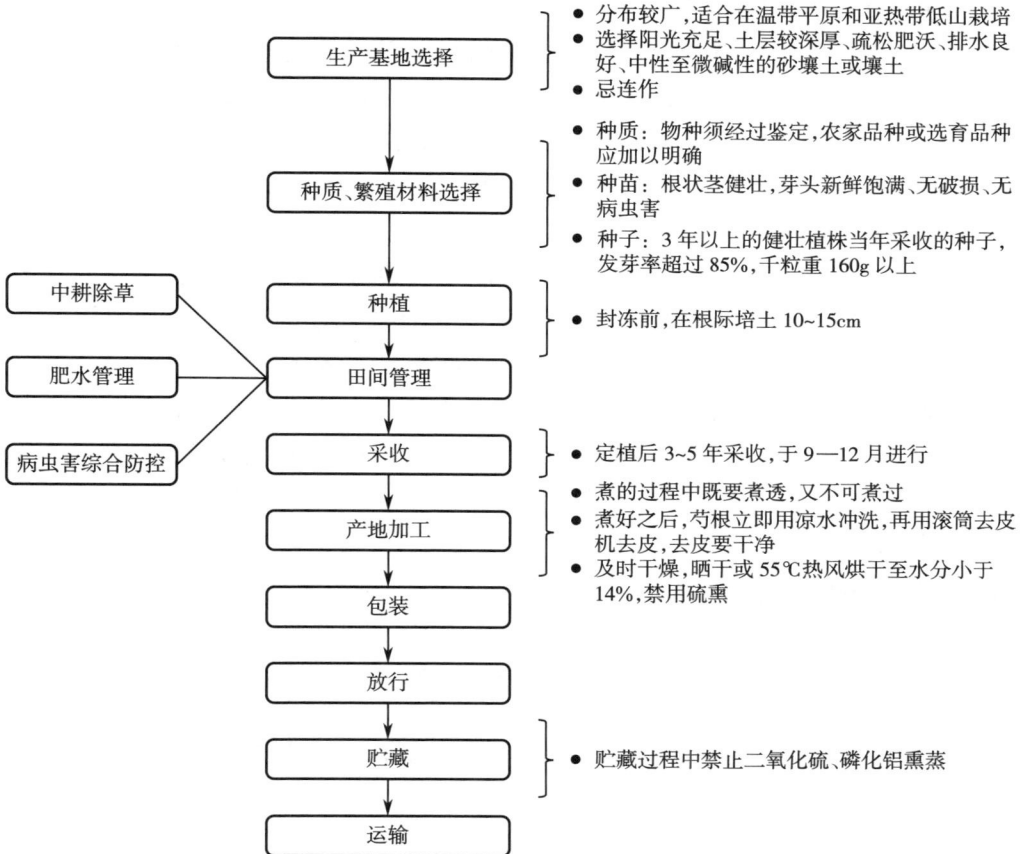

图 1　白芍规范化生产流程图

5 白芍规范化生产技术

5.1 生产基地选址

5.1.1 产地选择

白芍分布较广,生产基地选择范围较宽,在我国主要适合栽培在温带平原和亚热带低山,道地产区位于安徽亳州、山东菏泽、浙江磐安、四川中江等地。

5.1.2 地块选择

忌连作,轮作 3 年以上地块才能使用。

栽培基地宜选择光照充足、土层较深厚、疏松肥沃、排水良好、中性至微碱性的砂壤土或壤土。

5.1.3 环境监测

基地的大气、土壤和水样品的检测按照 GAP 要求,且环境空气质量应符合 GB 3095 的规定、土壤环境质量应符合 GB 15618 的规定,农田灌溉水质应符合 GB 5084 的规定,同时要保证生长期间持续符合相关规定。

5.2 种质与繁殖材料

5.2.1 种质选择

来源于毛茛科植物芍药 Paeonia lactiflora Pall.,物种须经过鉴定。如使用农家品种或选育品种应加以明确,如白芍的农家品种有亳白芍 P. lactiflora 'Bozhoushaoyao'、杭白芍 P. lactiflora 'Honghuahangshaoyao' 和 P. lactiflora 'Baihuahangshaoyao'、菏泽白芍 P. lactiflora 'Hezeshaoyao'、川白芍 P. lactiflora 'Baihuachuanshaoyao'。

5.2.2 繁殖材料质量

亳白芍、杭白芍、川白芍均为芍芽繁殖,菏泽白芍可用芍芽与种子繁殖。

芍芽质量:芽头饱满、粗壮、发育充实,断面白色、不空心、无病虫侵害、无机械损伤的芍芽,每块芍芽上留饱满完整的芽苞 2~3 个,芍芽下留根长 3~20cm 不等。

种子质量:应使用当年采收的种子,发芽率不低于 85%,千粒重 160g 以上,按照 GB/T 3543 规定的农作物种子检验规程的要求和 DB 34/T 830—2008 规定的白芍种子质量的要求。

5.2.3 良种繁育

5.2.3.1 芍芽良种繁育

白芍收获时,从根上切下作繁殖材料的芍芽,根据大小、自然生长状况,按照芍芽质量要求进行纵切,随挖随切随栽,如不能及时栽植,选阴凉处,短时沙藏保存,注意遮阴保湿。

5.2.3.2 种子良种繁育

选择株龄 3 年以上的健壮植株采种,于蓇葖果微裂时及时采摘,用湿沙混拌贮藏于阴凉处,避免暴露在强光下直晒。

白芍种子繁殖须育苗移栽。育苗时,深翻土地 30cm 以上,随整地施入基肥,耙细整平。根据地势作高畦,宽 150cm,高 20~25cm,畦间距 30cm。9 月中、下旬播种。在床面上按行距 20cm 开沟,沟深 5cm,播种量约 10kg/ 亩(1 亩 ≈ 666.7m²,下文同),播于沟内,覆土、压实。

翌年出苗后及时除草,雨季及时排除田间积水,冬季施肥,第 3 年 9 月中下旬至 12 月上旬起苗移栽,移栽时选粗壮、无病虫害的苗,并将分支较多的根修整。

5.3 种植

5.3.1 定植

定植时间:根据不同区域 9 月下旬至 12 月上旬均可。

种植方式:根据不同区域降水情况与地块土壤性质可分为平畦和高畦两种方式,降水量较多且排水不畅的地块以高畦栽培为宜。

平畦:土地深耕 30cm 以上,随整地施入基肥,以有机肥为主,化学肥料为辅,农家肥应充分腐熟,然后进行穴栽。行株距(50~60)cm×40cm,穴深视芍芽根长而定,穴深 5~20cm 不等,每穴放入 1 个芍芽或种苗,芽头朝上,栽后压实,培土成垄,垄高 10~15cm。其中,杭白芍栽种时,每穴 2 根,分叉斜种,根呈"八"字形,芽头靠紧朝上。

高畦:畦高 20~30cm,宽 100~120cm,沟宽 20~30cm,在垄上按行株距(35~40)cm×(33~37)cm,三行错窝栽植。

5.3.2 田间管理

种植后翌年出苗后及时中耕松土除草,以后每年中耕除草 2~3 次。封冻前,在离地面 3~5cm 处剪去白芍枯萎的地上部分,在根际培土 10~15cm,剪下的枝叶及时清理出田。每年春季现蕾时,选晴天露水干后及时摘除全部花蕾。从栽后第 3 年开始,在冬季植株枯萎后施肥,施肥种类以有机肥为主,有限度使用化学肥料,鼓励使用经国家批准的菌肥及中药材专用肥,施后覆土。

禁止使用壮根灵、膨大素等生长调节剂增大芍药根。

5.3.3 病虫草害等防治

白芍的常见病害有早疫病、灰霉病、锈病、白绢病、根腐病等。主要虫害有蛴螬、地老虎等。

应采用预防为主、综合防治的方法:选用健壮的芍芽,培育健壮植株;实行轮作换茬;加强肥水管理;保持田园清洁,及时清除前茬枝叶、杂草、病残体等。采用黑光灯诱杀金龟子,减少蛴螬为害;采用青草或桐树叶诱地老虎进行人工捕杀。保护和利用芍药田间天敌,如瓢虫、草蛉、蜘蛛、寄生蜂、步甲等。

采用化学防治时,应当符合国家有关规定;优先选用高效、低毒的生物农药;尽量避免使用除草剂、杀虫剂和杀菌剂等化学农药;不使用禁限用农药。禁止使用农药见表 A.1,白芍常见病虫害防治参考方法见表 B.1。

5.4 采挖

一般定植后 3~5 年收获,于 9—12 月选晴天进行。割去茎叶,采用专用收获机械或人工挖出芍根,去除根须及芽头。

5.5 产地初加工

白芍的产地初加工分为修剪、清洗、蒸煮、去皮、干燥五个环节。将粗根上的侧根剪去,按根条粗细大小整理、分类堆放。将根条用清水反复清洗至表面无泥沙,将洗净的根条按分类分别煮或者蒸,以蒸煮透为度。将蒸煮好的芍根取出用凉水冲洗,再置滚筒去皮机去皮。去皮后的芍根及时晒干或55℃热风烘干至水分小于14%。禁止使用二氧化硫熏蒸。加工过程中用水应符合 GB 5749 的规定。

加工干燥过程保证场地、工具洁净,不受雨淋等。

5.6 包装、放行、贮运

5.6.1 包装

包装前应对每批药材按照国家标准进行质量检验。符合国家标准的药材,采用药用低密度聚乙烯袋等材质的内包装,不影响质量的编织袋、纸箱等外包装,禁止采用包装过肥料、农药等的包装袋包装。包装外贴或挂标签、合格证,标识牌内容应有药材名、基源、产地、批号、规格、重量、采收日期、企业名称等,并有追溯码。

5.6.2 放行

应制定符合企业实际情况的放行制度,有审核批生产、检验等的相关记录。不合格药材有单独处理制度。

5.6.3 贮运

应贮存于阴凉干燥处,定期检查,防止虫蛀、霉变、腐烂等的发生。仓库控制温度在25℃以下、相对湿度70%以下;不同批次等级药材分区存放;建有定期检查制度。禁止使用磷化铝和二氧化硫熏蒸。

运输应防止发生混淆、污染、异物混入、包装破损、雨雪淋湿等。

附　录　A

（规范性）

禁限用农药名单

A.1　禁止（停止）使用的农药（46种）

六六六、滴滴涕、毒杀芬、二溴氯丙烷、杀虫脒、二溴乙烷、除草醚、艾氏剂、狄氏剂、汞制剂、砷类、铅类、敌枯双、氟乙酰胺、甘氟、毒鼠强、氟乙酸钠、毒鼠硅、甲胺磷、对硫磷、甲基对硫磷、久效磷、磷胺、苯线磷、地虫硫磷、甲基硫环磷、磷化钙、磷化镁、磷化锌、硫线磷、蝇毒磷、治螟磷、特丁硫磷、氯磺隆、胺苯磺隆、甲磺隆、福美胂、福美甲胂、三氯杀螨醇、林丹、硫丹、溴甲烷、氟虫胺、杀扑磷、百草枯、2,4-滴丁酯。

注：氟虫胺自2020年1月1日起禁止使用。百草枯可溶胶剂自2020年9月26日起禁止使用。2,4-滴丁酯自2023年1月29日起禁止使用。溴甲烷可用于"检疫熏蒸处理"。杀扑磷已无制剂登记。

A.2　在部分范围禁止使用的农药（20种）

部分范围禁止使用的农药应注意药食同源中药材及来自其他作物的中药材。部分范围禁止使用的农药见表A.1。

表 A.1　部分范围禁止使用的农药

通用名	禁止使用范围
甲拌磷、甲基异柳磷、克百威、水胺硫磷、氧乐果、灭多威、涕灭威、灭线磷	禁止在蔬菜、瓜果、茶叶、菌类、中草药材上使用,禁止用于防治卫生害虫,禁止用于水生植物的病虫害防治
甲拌磷、甲基异柳磷、克百威	禁止在甘蔗作物上使用
内吸磷、硫环磷、氯唑磷	禁止在蔬菜、瓜果、茶叶、中草药材上使用
乙酰甲胺磷、丁硫克百威、乐果	禁止在蔬菜、瓜果、茶叶、菌类和中草药材上使用
毒死蜱、三唑磷	禁止在蔬菜上使用
丁酰肼（比久）	禁止在花生上使用
氰戊菊酯	禁止在茶叶上使用
氟虫腈	禁止在所有农作物上使用（玉米等部分旱田种子包衣除外）
氟苯虫酰胺	禁止在水稻上使用

A.3　说明

本附录的内容来自2019年中华人民共和国农业农村部发布的《禁限用农药名录》（http://www.zzys.moa.gov.cn/gzdt/201911/t20191129_6332604.htm）。

附　录　B

（资料性）

白芍常见病虫害防治的参考方法

白芍常见病虫害防治的参考方法见表 B.1。

表 B.1　白芍常见病虫害防治的参考方法

防治对象	防治时期	化学防治方法
早疫病	4 月 底 至 5 月中上旬	（1）4 月底用百菌清＋苯醚甲环唑叶面喷施,按照农药标签使用。 （2）5 月中旬,使用苯甲·嘧菌酯＋美洲星叶面肥叶面喷施,按照农药标签使用
灰霉病	孕蕾前和始花期	（1）孕蕾前期选用百菌清＋苯醚甲环唑叶面喷施,按照农药标签使用。 （2）始花期用啶酰菌胺叶面喷施,7~10d 后用嘧菌环胺等叶面喷施进行第二次防控,按照农药标签使用
地下害虫,如金龟子幼虫、蛴螬、地老虎、蝼蛄等	4 月	辛硫磷灌根,按照农药标签使用

参考文献

［1］张丽萍，杨春清，赵永华，等.安徽白芍规范化种植加工技术研究及SOP的制定［J］.世界科学技术，2004（3）：63-72.

［2］查良平，杨俊，彭华胜，等.四大产地白芍的种质调查［J］.中药材，2011，34（7）：1037-1040.

［3］金传山，蔡一杰，吴德玲.不同采收期亳白芍中芍药苷与白芍总苷的含量变化［J］.中药材，2010，33（10）：1548-1550.

［4］胡敏伶，任江剑，王志安.采收期和加工方法对杭白芍中芍药苷含量的影响［J］.中国现代中药，2010，12（1）：27-29.

［5］胡雨.亳白芍商品规格调查分级及其质量评价研究［D］.合肥：安徽中医药大学，2017.

［6］彭良虎.古蔺县无公害川白芍高产栽培技术［J］.种子科技，2017，35（4）：89-90.

［7］金传山，蔡一杰，吴德玲.硫黄熏制对白芍中芍药苷含量的影响［J］.南京中医药大学学报，2011，27（2）：161-164.

［8］安徽省质量技术监督局.亳白芍栽培技术规程：DB 34/T 231—2014［S/OL］.［2023-11-20］.https：//std.samr.gov.cn/db/search/stdDBDetailed?id=91D99E4D3E9A2E24E05397BE0A0A3A10.

［9］四川省质量技术监督局.中药材白芍生产技术规程：DB 51/T 805—2008［S/OL］.［2023-11-20］.https：//std.samr.gov.cn/db/search/stdDBDetailed?id=91D99E4D5A9F2E24E05397BE0A0A3A10.

［10］浙江省质量技术监督局.无公害中药材　杭白芍　第2部分：种栽：DB 33/T 637.2—2007［S/OL］.［2023-11-20］.https：//std.samr.gov.cn/db/search/stdDBDetailed?id=91D99E4D78992E24E05397BE0A0A3A10.

［11］浙江省质量技术监督局.无公害中药材　杭白芍　第3部分：生产与加工技术：DB 33/T 637.3—2007［S/OL］.［2023-11-20］.https：//std.samr.gov.cn/db/search/stdDBDetailed?id=91D99E4D3FFF2E24E05397BE0A0A3A10.

［12］地理标志保护产品中江白芍种植技术规范：DB 510623/T 14—2014.

［13］安徽省市场监督管理局.中药材加工技术规程　亳白芍：DB 34/T 3029—2017［S/OL］.［2023-11-20］.https：//std.samr.gov.cn/db/search/stdDBDetailed?id=94EE4AE5FAC4BB0BE05397BE0A0A82BD.

————————————————

ICS 65.020.20
CCS C 05

团 体 标 准

T/CACM 1374.51—2021

白芷规范化生产技术规程

Code of practice for good agricultural practice of Angelicae Dahuricae Radix

2021-10-15 发布

2021-10-15 实施

中华中医药学会 发布

目　次

前　言

本文件按照 GB/T 1.1—2020《标准化工作导则　第 1 部分：标准化文件的结构和起草规则》的规定起草。

请注意本文件中的某些内容可能涉及专利。本文件的发布机构不承担识别专利的责任。

本文件由中国医学科学院药用植物研究所和四川省中医药科学院提出。

本文件由中华中医药学会归口。

本文件起草单位：四川省中医药科学院、中药材品质及创新中药研究四川省重点实验室、遂宁天地网川白芷产业有限公司、中国医学科学院药用植物研究所、遂宁市船山区农业农村局、浙江省中药研究所有限公司、重庆市药物种植研究所。

本文件主要起草人：吴萍、李青苗、魏建和、王文全、郭俊霞、王晓宇、张松林、郑全林、王志安、王秋玲、蒋胜军、沈宇峰、孙健、杨小玉、辛元尧、王苗苗。

白芷规范化生产技术规程

1 范围

本文件确立了白芷的规范化生产流程,规定了白芷生产基地选址、种质要求、良种繁育、种植、采收、产地初加工、包装、放行、贮运等阶段的操作要求。

本文件适用于白芷的规范化生产。

2 规范性引用文件

下列文件的内容通过文中的规范性引用而构成本文件必不可少的条款。其中,注明日期的引用文件,仅该日期对应的版本适用于本文件;不注明日期的引用文件,其最新版本(包括所有的修改单)适用于本文件。

GB 3095　环境空气质量标准

GB 5084　农田灌溉水质标准

GB 5749　生活饮用水卫生标准

GB 15618　土壤环境质量　农用地土壤污染风险管控标准(试行)

SB/T 11182—2017　中药材包装技术规范

T/CACM 1374.1—2021　中药材规范化生产技术规程通则　植物药材

3 术语和定义

T/CACM 1374.1—2021 界定的以及下列术语和定义适用于本文件。

3.1 规范化生产　good agricultural practice

按照《中药材生产质量管理规范》(简称中药材 GAP)的要求,实施药材生产,保证中药材优质安全的生产过程。

3.2 技术规程　code of practice

为实现中药材生产顺利、有序进行,保证中药材生产质量,对中药材生产的基地选址、种子种苗、种植或野生抚育、采收与产地初加工以及包装、放行与贮运等,所做的技术规定和要求,是实施中药材规范生产的核心技术要求和实施指南。

3.3 白芷　Angelicae dahuricae radix

伞形科植物白芷 *Angelica dahurica*(Fisch. ex Hoffm.)Benth. et Hook. f. 或杭白芷 *Angelica dahurica*(Fisch. ex Hoffm.)Benth. et Hook. f. var. *formosana*(Boiss.)Shan et Yuan 的干燥根。

4 白芷规范化生产流程图

白芷规范化生产流程见图1。

白芷规范化生产流程：

关键控制点及参数：

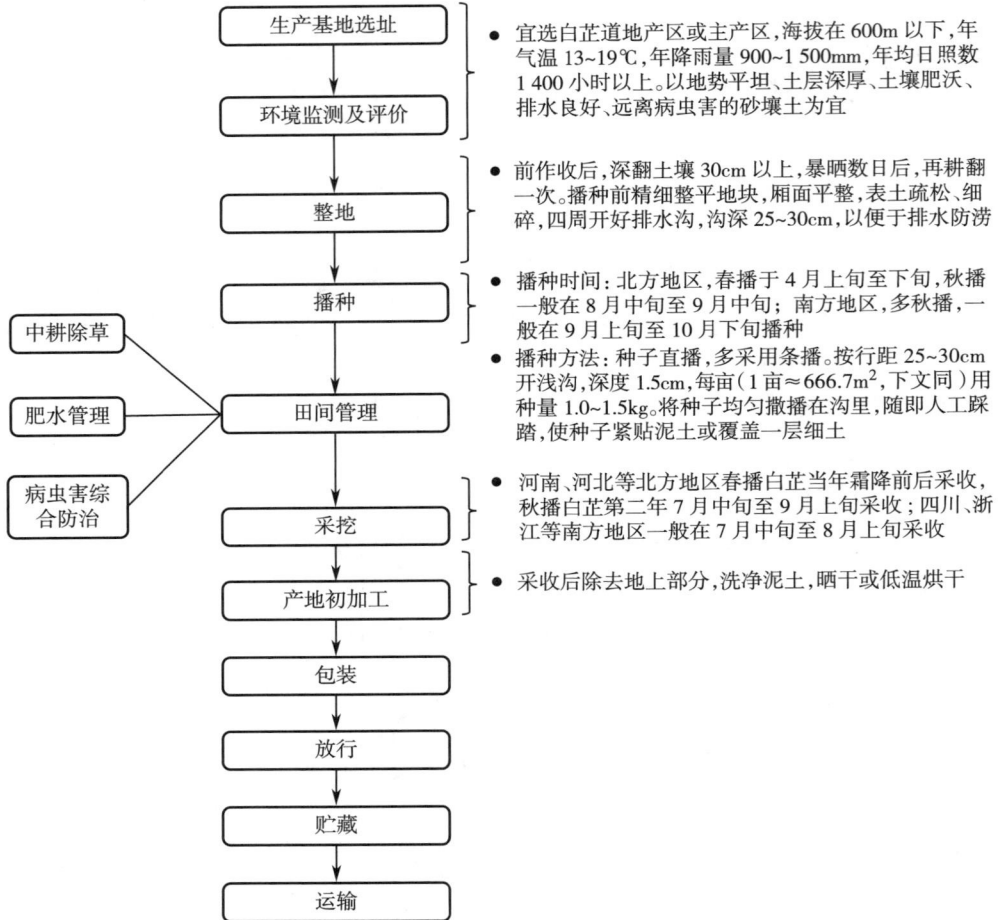

```
┌─────────────────┐
│  生产基地选址    │ ─┐
└─────────────────┘  │   ● 宜选白芷道地产区或主产区，海拔在600m以下，年
        ↓            │     气温13~19℃，年降雨量900~1 500mm，年均日照数
┌─────────────────┐  │     1 400小时以上。以地势平坦、土层深厚、土壤肥沃、
│  环境监测及评价  │ ─┘     排水良好、远离病虫害的砂壤土为宜
└─────────────────┘
        ↓
┌─────────────────┐  ┌─ ● 前作收后，深翻土壤30cm以上，暴晒数日后，再耕翻
│      整地       │ ─┤     一次。播种前精细整平地块，厢面平整，表土疏松、细
└─────────────────┘  └─   碎，四周开好排水沟，沟深25~30cm，以便于排水防涝
        ↓
┌─────────────────┐  ┌─ ● 播种时间：北方地区，春播于4月上旬至下旬，秋播
│      播种       │ ─┤     一般在8月中旬至9月中旬；南方地区，多秋播，一
└─────────────────┘  │     般在9月上旬至10月下旬播种
        ↓            └─ ● 播种方法：种子直播，多采用条播。按行距25~30cm
┌──────────┐              开浅沟，深度1.5cm，每亩（1亩≈666.7m²，下文同）用
│ 中耕除草 │─┐            种量1.0~1.5kg。将种子均匀撒播在沟里，随即人工踩
└──────────┘ │            踏，使种子紧贴泥土或覆盖一层细土
┌──────────┐ │  ┌─────────────────┐
│ 肥水管理 │─┼─→│   田间管理       │
└──────────┘ │  └─────────────────┘
┌──────────┐ │         ↓
│病虫害综合│─┘  ┌─────────────────┐  ┌─ ● 河南、河北等北方地区春播白芷当年霜降前后采收，
│ 防治     │    │      采挖       │ ─┤     秋播白芷第二年7月中旬至9月上旬采收；四川、浙
└──────────┘    └─────────────────┘  └─   江等南方地区一般在7月中旬至8月上旬采收
                       ↓
                ┌─────────────────┐  ┌─ ● 采收后除去地上部分，洗净泥土，晒干或低温烘干
                │   产地初加工     │ ─┘
                └─────────────────┘
                       ↓
                ┌─────────────────┐
                │      包装       │
                └─────────────────┘
                       ↓
                ┌─────────────────┐
                │      放行       │
                └─────────────────┘
                       ↓
                ┌─────────────────┐
                │      贮藏       │
                └─────────────────┘
                       ↓
                ┌─────────────────┐
                │      运输       │
                └─────────────────┘
```

图1 白芷的规范化生产流程图

5 白芷规范化生产技术

5.1 生产基地选址

5.1.1 产地选择

宜选四川遂宁、资阳、泸州、简阳、达州，重庆南川，河南禹州、长葛，河北安国，安徽亳州，浙江金华、宁波等地，海拔一般在600m以下，年气温13~19℃，年降雨量900~1 500mm，年日照数1 400小时以上。

5.1.2 地块选择

以远离污染源、地势平坦、土层深厚、土壤肥沃、排水良好的砂壤土为宜。

5.1.3 环境监测

生产基地的空气质量应符合 GB 3095 规定的环境空气质量标准,灌溉水质量应符合 GB 5084 规定的农田灌溉水质标准,土壤质量应符合 GB 15618 的规定。

5.2 种质与种子

5.2.1 种质选择

使用伞形科植物白芷 *Angelica dahurica* (Fisch. ex Hoffm.) Benth. et Hook. f. 或杭白芷 *Angelica dahurica* (Fisch. ex Hoffm.) Benth. et Hook. f. var. *formosana* (Boiss.) Shan et Yuan 为物种来源,其物种须经过鉴定。如使用农家品种或选育品种应加以明确。

5.2.2 种子质量

筛选籽粒饱满、表面黄绿色或淡黄色,有特异香气,无虫蛀、无霉变,常温贮藏不超过 1 年的白芷种子。经检验符合相应标准。

5.3 良种繁育

在采收白芷时,选根长圆形、粗大、健壮、无分枝、无病虫害的植株作种苗。选出的种苗应及时移栽,行距 100cm,株距 60cm。加强田间管理,除施油枯水和粪水外,应注意增施磷钾肥。抽薹长花蕾时,摘除顶生花序和细弱的侧生花序。果实陆续成熟,当果实表面呈浅绿色转浅黄色时及时采摘,晾干,除去杂质及干瘪、瘦小种子,备用。

5.4 种植

5.4.1 整地

前作收后,深翻土壤 30cm 以上,日晒数日后,再耕翻一次。播种前精细整平地块,根据土壤肥力而定,每亩一般施入油枯 15~25kg、复合肥(总养分≥45%, N∶P₂O₅∶K₂O=15∶15∶15)20~25kg、磷肥 30~40kg 作为基肥,然后翻耙整细,根据地块大小作畦(厢),畦(厢)面平整、表土疏松、细碎,四周开好排水沟,沟深 25~30cm,以便于排水防涝。

5.4.2 播种

5.4.2.1 播种时间

北方地区河南、河北等地分春播和秋播,以秋播为主,春播于 4 月上旬至下旬,秋播一般在 8 月中旬至 9 月中旬。南方地区多秋播,一般在 9 月上旬至 10 月下旬播种。

5.4.2.2 播种方法

种子直播,多采用条播。在整好的畦(厢)面上,按行距 25~30cm 开浅沟,深度 1.5cm,每亩用种量 1.0~1.5kg。将种子均匀撒播在沟里,随即人工踩踏,使种子紧贴泥土或覆盖一层细土。

5.4.3 田间管理

5.4.3.1 间苗和定苗

白芷出苗后到达苗高 5cm 左右时,开始进行间苗,按株距 7~10cm 间苗,除去过密弱苗;苗高 15cm 左右时,按株距 12~15cm 定苗,除去过大和弱小苗,留壮苗。

5.4.3.2 施肥

白芷生长过程中一般追肥 4 次,第 1、2 次结合间苗进行,每次每亩施入稀薄人畜粪水 1 500kg 加尿素 8~10kg,第 3 次于定苗后每亩施入人畜粪水 2 000kg 加过磷酸钙 25~30kg、尿素 8~10kg;第 4 次于清明前后 10 天,每亩施入人畜粪水 2 500kg 加过磷酸钙 35~40kg、尿素 15~20kg。施肥过程中,若人畜粪水不足,可用复合肥代替。

5.4.3.3 水分管理

生长季节视情况及时浇水。灌溉用水应符合 GB 5749 的规定。雨季应及时排水。

5.4.3.4 中耕除草

应在不同季节结合间苗和定苗同时进行。苗小时,一般用手扯草。土壤板结、杂草多,可用浅锄中耕一遍。定苗时,松土除草要彻底除尽杂草。及时拔除抽薹白芷。

5.4.4 病虫害防治

应贯彻"预防为主,综合防治"的植保方针。

白芷的病害主要有斑枯病、灰斑病、紫纹羽病、黑斑病、立枯病、根结线虫病等,常见虫害主要有大灰象甲、红蜘蛛、蚜虫、赤条蝽、金凤蝶等。主要病虫害防治参考方法见附录 B。禁限用农药名单应符合附录 A 的规定。

采用化学防治时,应当符合国家有关规定:优先选用高效低毒的生物农药;尽量避免使用除草剂、杀虫剂和杀菌剂等化学农药;不使用禁限用农药。

5.5 采收与产地初加工

5.5.1 采收

5.5.1.1 采收时间

河南、河北等北方地区春播白芷当年霜降前后采收,秋播白芷第二年 7 月中旬至 9 月上旬采收;四川、浙江等南方地区一般在 7 月中旬至 8 月上旬采收。

5.5.1.2 采收方式

当叶片橘黄时开始收获,选晴天,将白芷地上部分割去,依次将根挖起,抖去泥沙。对于平地大面积种植白芷,可采用根茎类药材挖掘机进行采收。

5.5.2 产地初加工

采收后,洗净泥土,按大、小分级,分别晒干或低温烘干。干燥过程中,确保场地、工具洁净,不受雨淋。用水应符合生活饮用水卫生标准 GB 5749 的要求。

5.6 包装、放行与贮运

5.6.1 包装

包装前应对每批药材按照国家标准进行质量检验。包装材料可参考 SB/T 11182—2017 的要求。包装外贴或挂标签、合格证,标识牌内容应有品种、基源、产地、批号、规格、重量、采收日期、企业名称等,并有追溯码。

5.6.2 放行

应制定符合企业实际情况的放行制度,有审核批生产、检验等的相关记录。不合格药材有单独处理制度。

5.6.3 贮运

白芷易生虫、泛油、发霉、变质等,适宜贮存温度应在 20℃以下,湿度低于 70%。存放在清洁、干燥、阴凉、通风、无异味的仓库中。建有定期检查制度,防止虫蛀、霉变、腐烂、泛油等的发生。不同批次等级的药材分区存放。

运输应防止发生混淆、污染、异物混入、包装破损、雨雪淋湿等。

附 录 A
（规范性）
禁限用农药名单

A.1 禁止（停止）使用的农药（46 种）

六六六、滴滴涕、毒杀芬、二溴氯丙烷、杀虫脒、二溴乙烷、除草醚、艾氏剂、狄氏剂、汞制剂、砷类、铅类、敌枯双、氟乙酰胺、甘氟、毒鼠强、氟乙酸钠、毒鼠硅、甲胺磷、对硫磷、甲基对硫磷、久效磷、磷胺、苯线磷、地虫硫磷、甲基硫环磷、磷化钙、磷化镁、磷化锌、硫线磷、蝇毒磷、治螟磷、特丁硫磷、氯磺隆、胺苯磺隆、甲磺隆、福美胂、福美甲胂、三氯杀螨醇、林丹、硫丹、溴甲烷、氟虫胺、杀扑磷、百草枯、2,4-滴丁酯。

注：氟虫胺自 2020 年 1 月 1 日起禁止使用。百草枯可溶胶剂自 2020 年 9 月 26 日起禁止使用。2,4-滴丁酯自 2023 年 1 月 29 日起禁止使用。溴甲烷可用于"检疫熏蒸处理"。杀扑磷已无制剂登记。

A.2 在部分范围禁止使用的农药（20 种）

部分范围禁止使用的农药应注意药食同源中药材及来自其他作物的中药材。部分范围禁止使用的农药见表 A.1。

表 A.1 部分范围禁止使用的农药

通用名	禁止使用范围
甲拌磷、甲基异柳磷、克百威、水胺硫磷、氧乐果、灭多威、涕灭威、灭线磷	禁止在蔬菜、瓜果、茶叶、菌类、中草药材上使用，禁止用于防治卫生害虫，禁止用于水生植物的病虫害防治
甲拌磷、甲基异柳磷、克百威	禁止在甘蔗作物上使用
内吸磷、硫环磷、氯唑磷	禁止在蔬菜、瓜果、茶叶、中草药材上使用
乙酰甲胺磷、丁硫克百威、乐果	禁止在蔬菜、瓜果、茶叶、菌类和中草药材上使用
毒死蜱、三唑磷	禁止在蔬菜上使用
丁酰肼（比久）	禁止在花生上使用
氰戊菊酯	禁止在茶叶上使用
氟虫腈	禁止在所有农作物上使用（玉米等部分旱田种子包衣除外）
氟苯虫酰胺	禁止在水稻上使用

A.3 说明

本附录的内容来自 2019 年中华人民共和国农业农村部发布的《禁限用农药名录》（http://www.zzys.moa.gov.cn/gzdt/201911/t20191129_6332604.htm）。

附 录 B
（资料性）
白芷常见病虫害药剂防治的参考方法

白芷常见病虫害药剂防治的参考方法参见表 B.1。

表 B.1　白芷常见病虫害药剂防治的参考方法

病虫害名称	防治时期	推荐防治方法	安全间隔期 /d
灰斑病、斑枯病、黑斑病	5—6 月	甲基硫菌灵灌根,按照农药标签使用	≥7
		波尔多液灌根,按照农药标签使用	≥7
根腐病	5—7 月	甲基硫菌灵灌根,按照农药标签使用	≥14
金凤蝶	5—7 月	短稳杆菌悬浮剂,按照农药标签使用	≥7
蚜虫、赤条蝽、象甲	2—7 月	苦参碱喷施,按照农药标签使用	≥10

参考文献

［1］万德光,彭成,赵军宁.四川道地中药材志［M］.成都:四川科学技术出版社,2005.

［2］俞冰,范慧艳.白芷生产加工适宜技术［M］.北京:中国医药科技出版社,2018.

［3］张兴国,程方叙,郭文杰,等.白芷优质高产栽培及病虫害防治技术［J］.特种经济动植物,2005,8（7）:26-27.

［4］马逾英,钟世红,贾敏如,等.川白芷与公白芷的形态组织学对比鉴定［J］.时珍国医国药,2005（9）:833-834.

［5］么历,程慧珍,杨智.中药材规范化种植（养殖）技术指南［M］.北京:中国农业出版社,2006.

［6］贾敏如.川芎、川白芷生产质量管理规范（GAP）的研究［M］.成都:四川科学技术出版社,2007.

［7］尹平孙,丁春桃.白芷规范化栽培［J］.特种经济动植物,2010,13（1）:37-38.

［8］黄娅,韩凤,韦中强,等.中药材白芷GAP种植技术［J］.亚太传统医药,2012,8（2）:11-13.

［9］孙凤建,陈绕生.白芷GAP生产技术［J］.上海农业科技,2012（5）:28-29.

［10］薛琴芬,张普,许家隆.白芷的栽培与病虫害防治［J］.特种经济动植物,2009,12（3）:37-38.

［11］易思荣,黄娅,韩凤,等.渝产川白芷规范化生产技术操作规程（SOP）［J］.现代中药研究与实践,2012,26（6）:6-10.

ICS 65.020.20
CCS C 05

团 体 标 准

T/CACM 1374.52—2021

瓜蒌规范化生产技术规程

Code of practice for good agricultural practice of Trichosanthis Fructus

2021-10-15 发布

2021-10-15 实施

中华中医药学会 发布

目 次

前　　言

本文件按照 GB/T 1.1—2020《标准化工作导则　第 1 部分：标准化文件的结构和起草规则》的规定起草。

请注意本文件中的某些内容可能涉及专利。本文件的发布机构不承担识别专利的责任。

本文件由中国医学科学院药用植物研究所和山东省农业科学院经济作物研究所提出。

本文件由中华中医药学会归口。

本文件起草单位：山东省农业科学院经济作物研究所、安徽省农业科学院园艺研究所、山东农业大学、山东中医药大学、河北农业大学、日照援康药业有限公司、安徽有余跨越瓜蒌食品开发有限公司、安阳天尊生物工程股份有限公司、高唐县万华中草药种植专业合作社、中国医学科学院药用植物研究所、重庆市药物种植研究所。

本文件主要起草人：单成钢、李卫文、王志芬、王建华、杨太新、郭庆梅、王宪昌、张教洪、王修奇、程有余、杨保成、李万华、魏建和、王文全、王秋玲、杨小玉、辛元尧、王苗苗。

瓜蒌规范化生产技术规程

1 范围

本文件确立了瓜蒌规范化生产流程,规定了瓜蒌生产基地选址、种质要求、种苗繁育、种植、采收、产地加工、包装、放行、贮运等阶段的操作要求。

本文件适用于瓜蒌的规范化生产。

2 规范性引用文件

下列文件的内容通过文中的规范性引用而构成本文件必不可少的条款。其中,注明日期的引用文件,仅该日期对应的版本适用于本文件;不注明日期的引用文件,其最新版本(包括所有的修改单)适用于本文件。

GB 3095 环境空气质量标准

GB 5084 农田灌溉水质标准

GB 5749 生活饮用水卫生标准

GB 15618 土壤环境质量 农用地土壤污染风险管控标准(试行)

T/CACM 1374.1—2021 中药材规范化生产技术规程通则 植物药材

3 术语和定义

T/CACM 1374.1—2021 界定的以及下列术语和定义适用于本文件。

3.1 规范化生产 good agricultural practice

按照《中药材生产质量管理规范》(简称中药材 GAP)的要求,实施药材生产,保证中药材优质安全的生产过程。

3.2 技术规程 code of practice

为实现中药材生产顺利、有序进行,保证中药材生产质量,对中药材生产的基地选址、种子种苗、种植或野生抚育、采收与产地初加工以及包装、放行与贮运等,所做的技术规定和要求,是实施中药材规范生产的核心技术要求和实施指南。

3.3 瓜蒌 Trichosanthis Fructus

葫芦科植物栝楼 *Trichosanthes kirilowii* Maxim. 或双边栝楼 *Trichosanthes rosthornii* Harms 的干燥成熟果实。

3.4 瓜蒌子 Trichosanthis Semen

指葫芦科植物栝楼 *Trichosanthes kirilowii* Maxim. 或双边栝楼 *Trichosanthes rosthornii* Harms 的干燥成熟种子。

3.5 瓜蒌皮 Trichosanthis Pericarpium

指葫芦科植物栝楼 *Trichosanthes kirilowii* Maxim. 或双边栝楼 *Trichosanthes rosthornii* Harms 的干燥成熟果皮。

4 瓜蒌规范化生产流程图

瓜蒌规范化生产流程见图 1。

瓜蒌规范化生产流程：

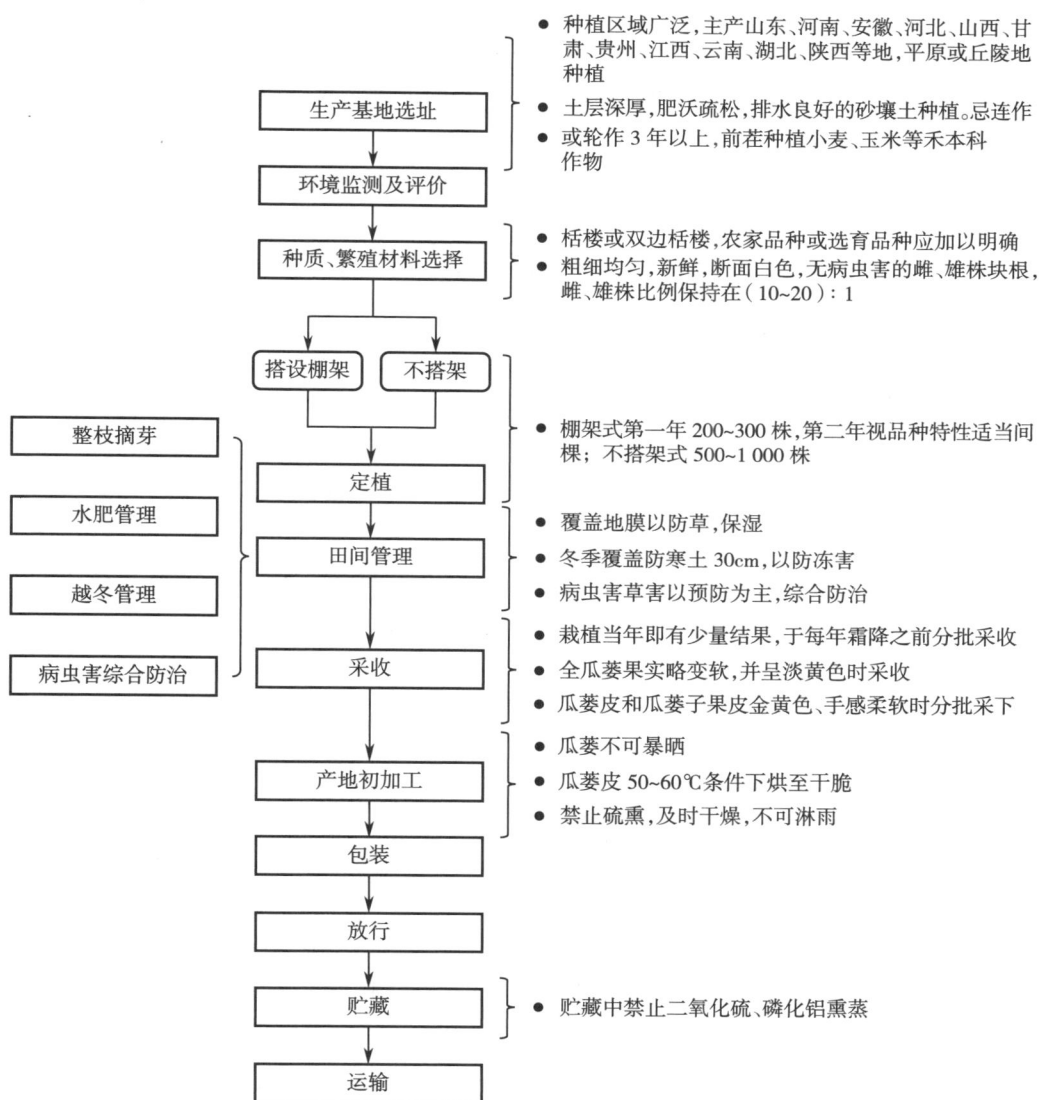

关键控制点及参数：

生产基地选址
- 种植区域广泛，主产山东、河南、安徽、河北、山西、甘肃、贵州、江西、云南、湖北、陕西等地，平原或丘陵地种植
- 土层深厚，肥沃疏松，排水良好的砂壤土种植。忌连作
- 或轮作 3 年以上，前茬种植小麦、玉米等禾本科作物

环境监测及评价

种质、繁殖材料选择
- 栝楼或双边栝楼，农家品种或选育品种应加以明确
- 粗细均匀，新鲜，断面白色，无病虫害的雌、雄株块根，雌、雄株比例保持在（10~20）：1

搭设棚架　不搭架

整枝摘芽

水肥管理

越冬管理

病虫害综合防治

定植
- 棚架式第一年 200~300 株，第二年视品种特性适当间棵；不搭架式 500~1 000 株

田间管理
- 覆盖地膜以防草，保湿
- 冬季覆盖防寒土 30cm，以防冻害
- 病虫害草害以预防为主，综合防治

采收
- 栽植当年即有少量结果，于每年霜降之前分批采收
- 全瓜蒌果实略变软，并呈淡黄色时采收
- 瓜蒌皮和瓜蒌子果皮金黄色、手感柔软时分批采下

产地初加工
- 瓜蒌不可暴晒
- 瓜蒌皮 50~60℃条件下烘至干脆
- 禁止硫熏，及时干燥，不可淋雨

包装

放行

贮藏
- 贮藏中禁止二氧化硫、磷化铝熏蒸

运输

图 1　瓜蒌规范化生产流程图

5 瓜蒌规范化生产技术

5.1 生产基地选址

5.1.1 产地选择

适宜种植在山东、河南、安徽、河北、山西、甘肃、贵州、江西、云南、湖北、陕西等地,可选择以上地区的平原或丘陵地种植。

5.1.2 地块选择

应选土层深厚、土壤疏松、肥力较好的砂壤土;要求排水良好,阳光充足,前茬作物以小麦、玉米等禾本科作物为好,忌连作。不宜在地下水位高、土壤湿度大、黏结、低洼易涝的黏土或土质瘠薄的砂砾土地上种植,较黏重的土壤入冬前深翻土地 40cm 以上。

5.1.3 环境监测

基地的大气、土壤和水样品的检测按照 GAP 要求,环境检测参照 GB 3095《环境空气质量标准》、GB 15618《土壤环境质量 农用地土壤污染风险管控标准(试行)》、GB 5084《农田灌溉水质标准》,产地初加工用水应符合 GB 5749《生活饮用水卫生标准》,且要保证生长期间持续符合标准。

5.2 种质与繁殖材料

5.2.1 种质选择

使用葫芦科植物栝楼 Trichosanthes kirilowii Maxim. 或双边栝楼 Trichosanthes rosthornii Harms,物种须经过鉴定。如使用农家品种或选育品种应加以明确。

5.2.2 种根

3—4 月中旬,选择粗细均匀,断面白色新鲜,无病虫害的雌、雄株块根,雌、雄株比例保持在(10~20):1。块根切成 6~8cm 小段,在切口上蘸取草木灰稍晾干后备用。

5.3 种植

以根段繁殖的棚架式种植模式为主,亦可采用无架式或立体种养模式进行。

5.3.1 定植

土地深耕 40cm 以上,随整地施入基肥,以有机肥为主,化学肥料为辅。农家肥应充分腐熟。春季尽早定植,第一年栽植密度因品种而异,棚架式种植模式,每亩(1 亩≈666.7m²,下文同)200~300 株,第二年视品种特性适当间棵。块根定植深 8~10cm,视墒情,浇水后覆土,覆地膜,也可先铺薄膜,打洞定植,减少破膜用工。无架式种植模式,应合理密植,每亩 500~1 000 株,其他同棚架式栽培模式。立体种养,视种养的作物或家禽生长习性,适度地降低定植密度,其他同棚架式栽培模式。

5.3.2 田间管理

搭设棚架,立柱可就地选材,采用木柱、毛竹或水泥杆等,原则是棚架牢固,搭架最好在定植前结束,避免出苗后搭架操作伤苗。出苗时及时破膜放苗,并用土压实放苗孔周边。蔓长 30cm 左右时,每株保留 1 条粗壮茎蔓,引蔓上架,去多余茎蔓和留蔓上侧芽(侧枝)。定植后及时除草、排灌,每年结合中耕除草追肥,注重基肥、提苗肥和花果肥,以有机肥为主,化学肥料有限度使用,鼓励使用经国家批准的菌肥及中药材专用肥。花期为了提高坐果率可以采取人工辅助授粉。寒冷地区,封冻前,每株保留 30cm 长的茎,盘起,覆土 30cm 高,以防治冻害,翌年春季扒开土。

5.3.3 病虫害草害防治

瓜蒌常见病害有炭疽病、流胶病、果斑病、根腐病、根结线虫病、病毒病等;虫害主要有蚜虫、蓟马、红蜘蛛、瓜绢螟、黄守瓜、黑守瓜、二十八星瓢虫、瓜实蝇、潜叶蝇、透翅蛾等。

应采用预防为主、综合防治的方法。轮作 3 年以上;有机肥必须充分腐熟;选用无病害感染、无机械损伤、表皮光滑的优质种根,禁用带病根;及时清沟排水;发现病株及时拔除,集中销毁,每穴撒入草木灰或生石灰,进行局部消毒;每年秋冬季及时清园。

采用化学防治时,应当符合国家有关规定;优先选用高效、低毒的生物农药;尽量避免使用除草剂、杀虫剂和杀菌剂等化学农药;不使用禁限用农药。主要病虫害防治的参考方法见附录 B。

5.4 采收

5.4.1 采收时间

瓜蒌栽植当年即有少量结果,一般于每年霜降之前分批采收。

5.4.2 采收方法

5.4.2.1 瓜蒌采收

果实成熟,略变软,呈淡黄色时,将果实带 10~20cm 左右的茎蔓割下。

5.4.2.2 瓜蒌子采收

果皮金黄色、手感柔软时分批采下,从果蒂部将果实对半剖开,取出种子,并用专用机器漂洗,去除瓜瓤、杂质和瘪粒。

5.4.2.3 瓜蒌皮采收

果皮金黄色、手感柔软时分批采下,从果蒂部将果实对半剖开,去除种子和瓜瓤。

5.5 产地初加工

5.5.1 初加工场所要求

加工干燥过程保证场地、工具洁净,不受雨淋等。

5.5.2 瓜蒌初加工

采下的瓜蒌编结成串,悬挂于通风处阴干。不可在烈日下暴晒,使其自然干燥或烘干。

5.5.3 瓜蒌子初加工

晒干或烘干至含水率 13% 以下。

5.5.4 瓜蒌皮初加工

阴干或在 50~60℃条件下烘干。至充分干燥、发脆,外皮呈黄褐色为止。

5.6 包装、放行、贮运

5.6.1 包装

包装前应对每批药材按照国家标准进行质量检验。符合国家标准的药材,采用不影响质量的编织袋等包装,禁止采用包装过肥料、农药等的包装袋包装。包装外贴或挂标签、合格证,标识牌内容应有药材名、基源、产地、批号、规格、重量、采收日期、企业名称等,并有追溯码。

5.6.2 放行

应制定符合企业实际情况的放行制度,有审核批生产、检验等的相关记录。不合格药材有单独处理制度。

5.6.3 贮运

应贮存于阴凉干燥处,定期检查,防止虫蛀、霉变、腐烂、泛油等的发生。仓库控制温度在 20℃以下、相对湿度 75% 以下;不同批次等级药材分区存放;建有定期检查制度。禁止磷化铝和二氧化硫熏蒸。也可采用现代气调贮藏方法,包装或库内充氮或二氧化碳。

运输应防止发生混淆、污染、异物混入、包装破损、雨雪淋湿等。

附 录 A
（规范性）
禁限用农药名单

A.1 禁止（停止）使用的农药（46种）

六六六、滴滴涕、毒杀芬、二溴氯丙烷、杀虫脒、二溴乙烷、除草醚、艾氏剂、狄氏剂、汞制剂、砷类、铅类、敌枯双、氟乙酰胺、甘氟、毒鼠强、氟乙酸钠、毒鼠硅、甲胺磷、对硫磷、甲基对硫磷、久效磷、磷胺、苯线磷、地虫硫磷、甲基硫环磷、磷化钙、磷化镁、磷化锌、硫线磷、蝇毒磷、治螟磷、特丁硫磷、氯磺隆、胺苯磺隆、甲磺隆、福美胂、福美甲胂、三氯杀螨醇、林丹、硫丹、溴甲烷、氟虫胺、杀扑磷、百草枯、2,4-滴丁酯。

注：氟虫胺自2020年1月1日起禁止使用。百草枯可溶胶剂自2020年9月26日起禁止使用。2,4-滴丁酯自2023年1月29日起禁止使用。溴甲烷可用于"检疫熏蒸处理"。杀扑磷已无制剂登记。

A.2 在部分范围禁止使用的农药（20种）

部分范围禁止使用的农药应注意药食同源中药材及来自其他作物的中药材。部分范围禁止使用的农药见表A.1。

表A.1 部分范围禁止使用的农药

通用名	禁止使用范围
甲拌磷、甲基异柳磷、克百威、水胺硫磷、氧乐果、灭多威、涕灭威、灭线磷	禁止在蔬菜、瓜果、茶叶、菌类、中草药材上使用,禁止用于防治卫生害虫,禁止用于水生植物的病虫害防治
甲拌磷、甲基异柳磷、克百威	禁止在甘蔗作物上使用
内吸磷、硫环磷、氯唑磷	禁止在蔬菜、瓜果、茶叶、中草药材上使用
乙酰甲胺磷、丁硫克百威、乐果	禁止在蔬菜、瓜果、茶叶、菌类和中草药材上使用
毒死蜱、三唑磷	禁止在蔬菜上使用
丁酰肼（比久）	禁止在花生上使用
氰戊菊酯	禁止在茶叶上使用
氟虫腈	禁止在所有农作物上使用（玉米等部分旱田种子包衣除外）
氟苯虫酰胺	禁止在水稻上使用

A.3 说明

本附录的内容来自2019年中华人民共和国农业农村部发布的《禁限用农药名录》（http://www.zzys.moa.gov.cn/gzdt/201911/t20191129_6332604.htm）。

附 录 B

（资料性）

瓜蒌常见病虫害防治的参考方法

瓜蒌常见病虫害防治的参考方法参见表 B.1。

表 B.1 瓜蒌常见病虫害防治参考方法

病虫害名称	防治时期	推荐防治方法	安全间隔期 /d
炭疽病	发病初期	甲基硫菌灵喷施,按照农药标签使用	≥7
		代森锰锌喷施,按照农药标签使用	≥15
		百菌清喷施,按照农药标签使用	≥7
根腐病	发病前或发病初期	多菌灵灌根,按照农药标签使用	≥20
		甲基硫菌灵灌根,按照农药标签使用	≥7
		噁霉灵 + 甲霜灵灌根,按照农药标签使用	≥7
流胶病	发病初期	噁霜·锰锌、福·福锌、多菌灵溶液在病斑上涂抹,再结合噁霜·锰锌、福·福锌、多菌灵溶液叶面喷雾,按照农药标签使用	≥7
果斑病	发病前或发病初期	甲霜铜、氢氧化铜、农用链霉素、青霉素钾盐等进行喷雾防治,按照农药标签使用	≥5
根结线虫病	移栽前移栽后	拌土沟施或环施阿维菌素,或噻唑膦,按照农药标签使用	≥5
		氟吡菌酰胺灌根,按照农药标签使用	≥7
病毒病	发病前	菇类蛋白多糖喷施,按照农药标签使用	≥10
		氨基寡糖素喷雾,按照农药标签使用	≥7
蚜虫	无翅蚜发生初期	苦参碱喷施,按照农药标签使用	≥7
		吡虫啉喷施,按照农药标签使用	≥20
蓟马	蛹期	丁硫克百威、啶虫脒或乙基多杀菌素喷施,按照农药标签使用	≥7
红蜘蛛	危害初期	石硫合剂喷施,按照农药标签使用	≥10
		三氯杀螨醇喷施,按照农药标签使用	≥7
瓜绢螟	幼虫期	氟虫腈或高效氯氟氰菊酯喷施,按照农药标签使用	≥7

续表

病虫害名称	防治时期	推荐防治方法	安全间隔期/d
黄守瓜、黑守瓜	幼虫期	高效氯氰菊酯喷施,按照农药标签使用	≥7
	成虫期	辛硫磷喷雾,按照农药标签使用	≥7
二十八星瓢虫	卵孵盛期	阿维菌素喷施,按照农药标签使用	≥7
	1~3龄期	氰戊菊酯、甲氰菊酯喷雾叶片背部,按照农药标签使用	≥7
	成虫盛发期	甲氰菊酯喷雾,按照农药标签使用	≥5
瓜实蝇	成虫期	阿维菌素喷施,连喷2~3次,按照农药标签使用	≥5
潜叶蝇	幼虫期	辛硫磷喷施,按照农药标签使用	≥7
		阿维菌素喷施,按照农药标签使用	≥7
	成虫期	糖醋液+少量辛硫磷诱杀,按照农药标签使用	≥5
透翅蛾	幼虫期	辛硫磷喷施,按照农药标签使用	≥7
	成虫期	乙酰甲胺磷或马拉硫磷喷施,按照农药标签使用	≥7

参考文献

［1］国家药典委员会.中华人民共和国药典:2020年版一部［M］.北京:中国医药科技出版社,2020.

［2］么历,程慧珍,杨智.中药材规范化种植(养殖)技术指南［M］.北京:中国农业出版社,2006.

［3］马满驰,石岩,单成钢,等.栝楼种植管理技术［J］.现代中药研究与实践,2015,29(4):1-3.

［4］赖茂祥,黄云峰,胡琦敏,等.栝楼规范化生产标准操作规程(SOP)(试行)［J］.现代中药研究与实践,2013,27(1):4-8.

［5］周凤琴,徐凌川,张永清,等.山东瓜蒌生产情况调查［J］.山东中医药大学学报,2002,26(5):379-381.

［6］河北省质量技术监督局.无公害栝楼田间生产技术规程:DB 13/T 1002—2008［S/OL］.［2023-11-21］. https://std.samr.gov.cn/db/search/stdDBDetailed?id=91D99E4D8B362E24E05397BE0A0A3A10.

［7］安徽省质量技术监督局.栝楼病虫害防治技术规范:DB 34/T 409—2004［S/OL］.［2023-11-21］.https:// std.samr.gov.cn/db/search/stdDBDetailed?id=91D99E4DA9082E24E05397BE0A0A3A10.

［8］浙江省质量技术监督局.食用栝楼籽生产技术规程:DB 33/T 590—2014［S/OL］.［2023-11-21］.https:// std.samr.gov.cn/db/search/stdDBDetailed?id=91D99E4D8E502E24E05397BE0A0A3A10.

［9］安徽省市场监督管理局.瓜蒌根结线虫病的病原检测和防治技术规程:DB 34/T 3127—2008［S/OL］. ［2023-11-21］.https://std.samr.gov.cn/db/search/stdDBDetailed?id=998CD9170CC57BDCE05397BE0A0A 3A74.

［10］张荣超,辛杰,郭庆梅."3414"肥效试验对瓜蒌产量的影响［J］.作物杂志,2016(4):150-155.

［11］汪霄,李卫文,董玲,等.不同肥料配比对栝楼产量的影响［J］.中药材,2019,42(10):2243-2246.

［12］马满驰,张教洪,单成钢,等.中药种苗质量标准研究进展［J］.山东农业科学,2015,47(4):139-142.

［13］马满驰.栝楼种根质量标准研究［D］.济南:山东中医药大学,2016.

［14］韩琳娜,郭庆梅,周凤琴.山东栽培栝楼种植密度的初步研究［J］.山东农业科学,2013,45(5):71-72.

［15］韩琳娜,郭庆梅,周凤琴.瓜蒌采收期的初步研究［J］.现代中药研究与实践,2012,26(5):9-11.

［16］郭庆梅,韩琳娜,周凤琴,等.商品药材全瓜蒌的包装与贮藏研究［C］//中国商品学会.第二届全国中药商品学术大会论文集.［出版者不详］,2010:8.

ICS 65.020.20
CCS C 05

团 体 标 准

T/CACM 1374.53—2021

天花粉规范化生产技术规程

Code of practice for good agricultural practice of Trichosanthis Radix

2021-10-15 发布　　　　　　　　　　　2021-10-15 实施

中华中医药学会　　发布

目　次

前　言

本文件按照 GB/T 1.1—2020《标准化工作导则　第 1 部分:标准化文件的结构和起草规则》的规定起草。

请注意本文件中的某些内容可能涉及专利。本文件的发布机构不承担识别专利的责任。

本文件由中国医学科学院药用植物研究所和安国现代中药农业园区提出。

本文件由中华中医药学会归口。

本文件起草单位:安国现代中药农业园区、河北省农林科学院经济作物研究所、安徽省农业科学院园艺研究所、河北省中医药科学院、河北中医药大学、安国圣山药业有限公司、安国市伊康药业有限公司、安国市农业农村局、中国医学科学院药用植物研究所、重庆市药物种植研究所。

本文件主要起草人:叩根来、谢晓亮、温春秀、董玲、李卫文、裴林、刘灵娣、叩钊、田伟、欧阳艳飞、郑玉光、郑开颜、李树强、葛淑俊、杨太新、马召、李敏、王坤、霍玉、刘建、魏建和、王文全、王秋玲、杨小玉、辛元尧、王苗苗。

天花粉规范化生产技术规程

1 范围

本文件确立了天花粉规范化生产流程,规定了天花粉的生产基地要求、栽培技术、病虫害防治、采收与产地初加工、品质要求、包装、放行和贮运等阶段的操作要求。

本文件适用于天花粉的规范化生产。

2 规范性引用文件

下列文件的内容通过文中的规范性引用而构成本文件必不可少的条款。其中,注明日期的引用文件,仅该日期对应的版本适用于本文件。不注明日期的引用文件,其最新版本(包括所有的修改单)适用于本文件。

《中华人民共和国药典》

GB 3095　环境空气质量标准

GB/T 3543　农作物种子检验规程

GB 5084　农田灌溉水质标准

GB 5749　生活饮用水卫生标准

GB 15618—2018　土壤环境质量　农用地土壤污染风险管控标准(试行)

DB 13/T 1002—2008　无公害栝楼田间生产技术规程

T/CACM 1374.1—2021　中药材规范化生产技术规程通则　植物药材

3 术语和定义

T/CACM 1374.1—2021界定的以及下列术语和定义适用于本文件。

3.1　规范化生产　good agricultural practice

按照《中药材生产质量管理规范》(简称中药材 GAP)的要求,实施药材生产,保证中药材优质安全的生产过程。

3.2　技术规程　code of practice

为实现中药材生产顺利、有序进行,保证中药材生产质量,对中药材生产的基地选址、种子种苗、种植或野生抚育、采收与产地初加工以及包装、放行与贮运等,所做的技术规定和要求,是实施中药材规范生产的核心技术要求和实施指南。

3.3　天花粉　Trichosanthis Radix

葫芦科植物栝楼 *Trichosanthes kirilowii* Maxim. 或双边栝楼 *Trichosanthes rosthornii* Harms 的干燥根。

4 天花粉规范化生产流程图

天花粉规范化生产流程见图 1。

天花粉规范化生产流程：

关键控制点及参数：

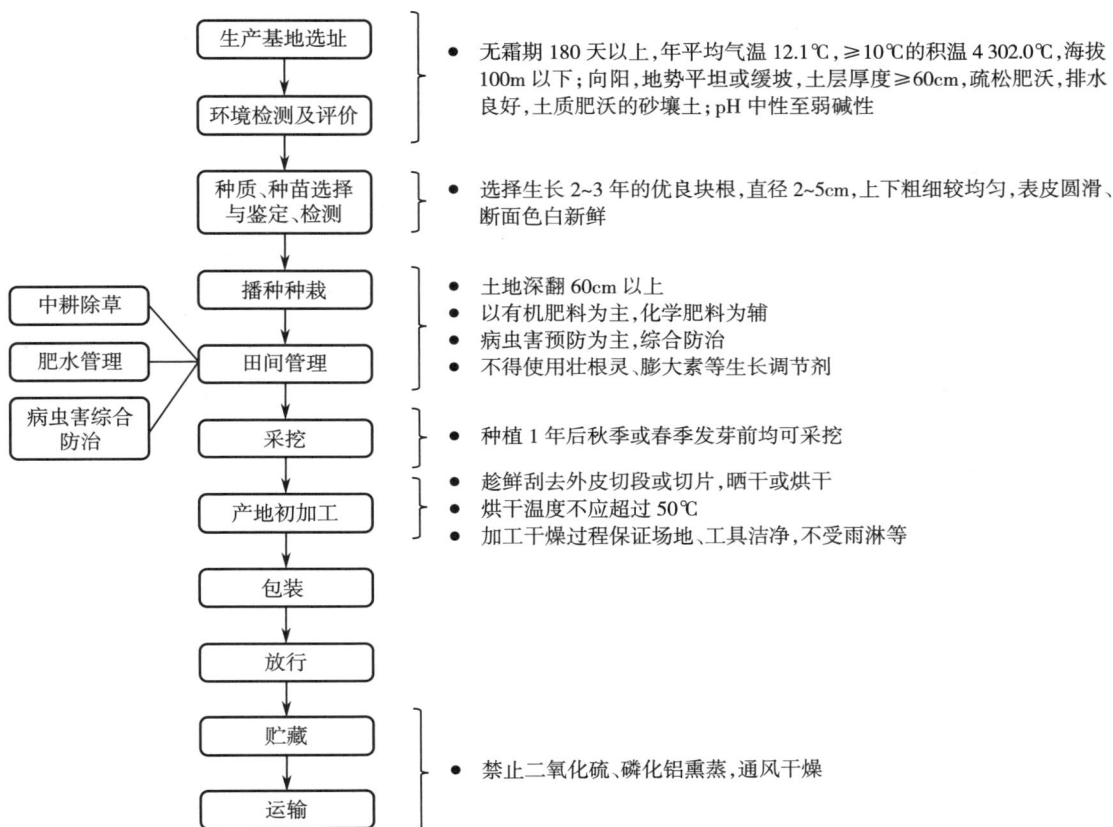

图 1 天花粉规范化生产流程图

5 天花粉规范化生产技术

5.1 生产基地选址
5.1.1 产地选择

适宜在河北省中南部平原地区,河南省大部,安徽省亳州市、安庆市、潜山市和岳西县附近大部,山东省,江苏省的射阳县及海安市,山西省的永济市等地种植。种植地选择在海拔 100m 以下的平原砂壤土或砂地上。天花粉繁育基地可选址于河北省、山东省等低海拔地区。天花粉本为多产区的品种,经多年发展,河南、江苏、山东、山西等老产区逐渐退出,仅剩下河北安国及周边县市,成为家种天花粉的主产区,以一地供应全国,且粉性足、含量高。

5.1.2 地块选择

药材生产地可以连作(线虫病严重地块除外)。

选择地势向阳的平原或坡面平缓的丘陵地，土层厚度≥60cm，土壤质地疏松，富含有机质、排水良好（雨季无积水）的砂壤土、壤土。pH中性至弱碱性。黏土、沼泽地、盐碱地均不宜种植。为防止病害，可与禾本科、豆科等作物轮作。

5.1.3 选地整地

生产基地的空气质量应符合GB 3095规定的环境空气质量标准，灌溉水质量应符合GB 5084规定的农田灌溉水质标准，土壤质量应符合GB 15618的规定。并保证生长期间持续符合标准。选择砂壤土，整平耙细，施入适量有机肥及化肥。

5.2 种质与种子

5.2.1 种质选择

本品为葫芦科植物栝楼 Trichosanthes kirilowii Maxim. 或双边栝楼 Trichosanthes rosthornii Harms 的干燥根，物种须经过鉴定。如使用农家品种或选育品种应加以明确。

5.2.2 种苗块根质量

应选用生长2~3年，直径2~5cm，上下粗细较均匀，表皮圆滑，断面色白，新鲜无病虫害的雄株（或雌株），经检验符合相应标准。可参考GB/T 3543规定的农作物种子检验规程的要求。

5.3 良种繁育

为保证天花粉种苗质量，选择优良的天花粉品种来建立良种繁育田，保证种子种苗质量与品质。

5.3.1 地块选择

良种繁育田要固定，并与生产田设隔离带。选择地力均匀、土层深厚、土壤有机质含量不低于1%、排灌方便的地块。

5.3.2 田间管理

适时播种，确保全苗，每亩（1亩≈666.7m²，下文同）留苗0.8万株左右，苗期、花果期、果实成熟期，分期将杂株和劣株全部拔除。及时进行除草、浇水施肥等田间管理。

5.3.3 采种与保存

育苗一年后早春发芽前进行收刨，选择表皮圆滑、生长健壮、断面色白、无病虫害、直径2~5cm的块根。刨出的鲜种根可放于背阴处盖湿土或湿沙土2~3cm保存备播。

5.4 种植

5.4.1 选地整地

选择水质、大气、土壤环境无污染的平原地域，田块集中成片，交通运输方便，远离城镇、医院、工矿企业、垃圾及废弃物堆积场等污染源。距离公路80m以外。前作为无公害栽培的禾本科田或豆科田。播种前精细整地，先进行深旋耕松土，深度大于60cm，使土壤细碎、松软。

5.4.2 施基肥

土壤踏实后，结合整地施肥，以有机肥为主，化学肥料为辅。秋季或早春结合深翻整地，亩施充分腐熟的农家肥3 000~5 000kg（无机肥料、有机肥料、生物肥料配合施用），使土肥充分混匀,然后整地做成 2~3m 宽平畦备播。

5.4.3　播种时间

当早春气温升到 10℃以上时,根部开始萌芽生长,当日平均气温稳定在 15℃以上时,即清明至谷雨为适宜播种期。

5.4.4　播种方式

分根繁殖:选取直径 2~5cm,断面白色、无病虫害的新鲜块根,切成长 5cm 左右的小段,或在切口上蘸草木灰(拌入 50% 的钙镁磷肥),稍晾干后栽种。按行株距 50cm×50cm 挖穴栽种(河北主产天花粉地区行株距按 35cm×20cm 种植)。穴深 10~12cm,每穴平放一段块根,覆土 3~5cm,压实搂平即可。

5.4.5　田间管理

播种后 25~30 天出苗,出苗前后进行中耕松土除草,保持土壤疏松,7 月以后,可减少中耕除草次数。

苗高 40cm 左右时进行第一次追肥,在苗期、茎叶生长盛期、根部迅速增重期追肥。以有机肥为主,化学肥料有限度使用。

搭设棚架,采用竹竿或丝网两种形式,架高 1.5~2m,将茎蔓牵引上架(也可不用搭架,任其自由串蔓)。在搭架引蔓的同时,去除多余茎蔓,每株最多留 2 个壮蔓。可参考 DB 13/T 1002—2008。

6—8 月可增施氮钾肥或三元素复合肥,鼓励使用经国家批准的菌肥及中药材专用肥;以后畦面应经常保持湿润,但不可大水漫灌,雨季应及时排涝,防止田间积水,后期保持土壤适当干旱,一般雨量即可满足植株对水分的需求,不太干旱无须浇水。可参考 DB 13/T 1002—2008。禁止使用壮根灵、膨大素等生长调节剂用于增大根。

5.4.6　病虫害防治

5.4.6.1　概述

认真贯彻"预防为主、综合防治"的植保方针,通过选用抗性品种、培育壮苗、加强栽培管理、科学施肥等栽培措施,综合采用农业防治、物理防治、生物防治,配合科学合理的化学防治,将有害生物危害控制在允许范围以内。使用化学农药应严格按照产品说明书,收获前 30 天停止使用。具体病虫害种类参见附录 B 表 B.1。

5.4.6.2　根腐病

与禾本科作物实行 3~5 年轮作;合理施肥,适量使用氮肥,增施磷钾肥,提高植株抗病力;选用无病种栽,及时拔除病株烧毁,用石灰穴位消毒;清洁田园,减少菌源。

5.4.6.3　根结线虫病

选择无病土壤进行种植或与禾本科作物合理轮作;选用无病种栽;加强田间管理,选用高效低毒低残留药剂进行防治。

5.4.6.4　蚜虫

蚜虫发生初期用黄色板诱杀,或用黄板涂上机油挂在行间或株间,每亩挂 30~40 块即可。蚜虫发生初期,用苦参碱或天然除虫菊素喷雾防治。

采用化学防治时,应当符合国家有关规定;优先选用高效、低毒的生物农药;尽量避免使用除草剂、杀虫剂和杀菌剂等化学农药;不使用禁限用农药。主要病虫害防治方法参考见附录 B。

5.5 采挖

生长 1 年后的天花粉于霜降后或春季发芽前将根部整体从土中挖出。洗去泥土刮去表皮,晒干即为中药材天花粉。

5.6 初加工

采挖去皮后根据需求切成段或切片,晒干。若遇阴雨天时用文火烘干,温度控制在 50℃以下,不宜用武火,加工场地和工具应符合卫生要求,晒场预先清除干净,远离公路,防止粉尘污染,同时要有防雨、防家禽设备。天花粉药材以干燥、色白、无虫蛀和霉变为合格。加工干燥过程保证场地、工具洁净,不受雨淋等。可参考 GB 5749、现行版《中华人民共和国药典》。

5.7 包装、放行、贮运

5.7.1 包装

包装前应对每批药材按照国家标准进行质量检验。符合国家标准的药材,采用不影响质量的编织袋等包装,禁止采用包装过肥料、农药等的包装袋包装。包装外贴或挂标签、合格证,标识牌内容应有药材名、基源、产地、批号、规格、重量、采收日期、企业名称等,并有追溯码。

5.7.2 放行

应制定符合企业实际情况的放行制度,有审核批生产、检验等的相关记录。不合格药材有单独处理制度。

5.7.3 贮运

应贮存于阴凉干燥处,定期检查,防止虫蛀、霉变、腐烂、泛油等的发生。仓库控制温度在 20℃以下、相对湿度 75% 以下;不同批次等级药材分区存放;建有定期检查制度。禁止磷化铝和二氧化硫熏蒸。也可采用现代气调贮藏方法,包装或库内充氮或二氧化碳。

运输应防止发生混淆、污染、异物混入、包装破损、雨雪淋湿等。

附　录　A
（规范性）
禁限用农药名单

A.1　禁止（停止）使用的农药（46种）

六六六、滴滴涕、毒杀芬、二溴氯丙烷、杀虫脒、二溴乙烷、除草醚、艾氏剂、狄氏剂、汞制剂、砷类、铅类、敌枯双、氟乙酰胺、甘氟、毒鼠强、氟乙酸钠、毒鼠硅、甲胺磷、对硫磷、甲基对硫磷、久效磷、磷胺、苯线磷、地虫硫磷、甲基硫环磷、磷化钙、磷化镁、磷化锌、硫线磷、蝇毒磷、治螟磷、特丁硫磷、氯磺隆、胺苯磺隆、甲磺隆、福美肿、福美甲肿、三氯杀螨醇、林丹、硫丹、溴甲烷、氟虫胺、杀扑磷、百草枯、2,4-滴丁酯。

注：氟虫胺自2020年1月1日起禁止使用。百草枯可溶胶剂自2020年9月26日起禁止使用。2,4-滴丁酯自2023年1月29日起禁止使用。溴甲烷可用于"检疫熏蒸处理"。杀扑磷已无制剂登记。

A.2　在部分范围禁止使用的农药（20种）

部分范围禁止使用的农药应注意药食同源中药材及来自其他作物的中药材。部分范围禁止使用的农药见表A.1。

表A.1　部分范围禁止使用的农药

通用名	禁止使用范围
甲拌磷、甲基异柳磷、克百威、水胺硫磷、氧乐果、灭多威、涕灭威、灭线磷	禁止在蔬菜、瓜果、茶叶、菌类、中草药材上使用,禁止用于防治卫生害虫,禁止用于水生植物的病虫害防治
甲拌磷、甲基异柳磷、克百威	禁止在甘蔗作物上使用
内吸磷、硫环磷、氯唑磷	禁止在蔬菜、瓜果、茶叶、中草药材上使用
乙酰甲胺磷、丁硫克百威、乐果	禁止在蔬菜、瓜果、茶叶、菌类和中草药材上使用
毒死蜱、三唑磷	禁止在蔬菜上使用
丁酰肼（比久）	禁止在花生上使用
氰戊菊酯	禁止在茶叶上使用
氟虫腈	禁止在所有农作物上使用（玉米等部分旱田种子包衣除外）
氟苯虫酰胺	禁止在水稻上使用

A.3　说明

本附录的内容来自2019年中华人民共和国农业农村部发布的《禁限用农药名录》（http://www.zzys.moa.gov.cn/gzdt/201911/t20191129_6332604.htm）。

附　录　B

（资料性）

天花粉常见病虫害防治的参考方法

天花粉常见病虫害药剂防治的参考方法参见表 B.1。

表 B.1　天花粉常见病虫害药剂防治的参考方法

病虫害名称	病原或害虫种类	发生条件与传播途径	防治方法
根腐病	真菌：菜豆壳球孢 *Macrophomina phaseolina*	带病土壤、种栽、机械损伤、伤口等造成病害传播；高温高湿有利于病害发生	（1）与禾本科作物进行轮作倒茬。 （2）栽种前用多菌灵浸种根，按照农药标签使用。 （3）多菌灵可湿性粉剂灌根，按照农药标签使用。 （4）甲基硫菌灵灌根，按照农药标签使用
根结虫病	线虫：北方根结线虫 *Meloidogyne hapla*	砂壤土发病较重，带病繁殖材料和带病土壤进行传播	（1）选择禾本科茬进行种植。 （2）合理轮作。 （3）选择高效低毒低残留药剂进行防治
蚜虫	同翅目，蚜科 Aphididae	成虫迁移扩散，干旱、高温下发生严重	（1）苦参碱水剂喷雾，按照农药标签使用。 （2）抗蚜威水分散粒剂喷雾，按照农药标签使用。 （3）吡虫啉可湿性粉剂喷雾，按照农药标签使用

参考文献

［1］么历,程慧珍,杨智.中药材规范化种植(养殖)技术指南［M］.北京:中国农业出版社,2006.

［2］谢晓亮,杨彦杰,杨太新.中药材无公害生产技术［M］.石家庄:河北科学技术出版社,2014.

［3］安庆昌.安国市中药材生产标准操作规程(SOP)［M］.石家庄:国际教科文出版社,2007.

［4］姚宗凡.常用中药种植技术［M］.北京:金盾出版社,1989.

［5］丁万隆.药用植物病虫害防治彩色图谱［M］.北京:中国农业出版社,2002.

［6］河北省保定地区革命委员会卫生局,河北省安国县药材种植试验场.农村科学实验丛书:北方中草药栽培［M］.石家庄:河北人民出版社,1978.

［7］何运转,谢晓亮,刘延辉,等.35种中草药主要病虫害原色图谱［M］.北京:中国医药科技出版社,2019.

［8］河北省质量技术监督局.无公害栝楼田间生产技术规程:DB 13/T 1002—2008［S/OL］.［2023-11-21］.https://std.samr.gov.cn/db/search/stdDBDetailed?id=91D99E4D8B362E24E05397BE0A0A3A10.

［9］马召,魏民,崔旭盛,等.栝楼生长发育中矿质元素动态分析［J］.光谱学与光谱分析,2013,33(3):804-807.

［10］安国市昌达中药材饮片有限公司.一种提高中药材天花粉产量的栽培方法:ZL201210136995.5［P/OL］.2012-08-29［2023-11-21］.https://pss-system.cponline.cnipa.gov.cn/documents/detail?prevPageTit=changgui.

［11］马召.栝楼产量和质量形成及调控研究［D］.北京:中国农业大学,2014.

ICS 65.020.20
CCS C 05

团 体 标 准

T/CACM 1374.54—2021

冬凌草规范化生产技术规程

Code of practice for good agricultural practice of
Rabdosiae Rubescentis Herba

2021-10-15 发布

2021-10-15 实施

中华中医药学会 发布

目　次

前　　言

本文件按照 GB/T 1.1—2020《标准化工作导则　第 1 部分：标准化文件的结构和起草规则》的规定起草。

请注意本文件中的某些内容可能涉及专利。本文件的发布机构不承担识别专利的责任。

本文件由河南中医药大学、中国医学科学院药用植物研究所提出。

本文件由中华中医药学会归口。

本文件起草单位：河南中医药大学、河南省农业科学院、中国医学科学院药用植物研究所、河南济世药业有限公司、重庆市药物种植研究所。

本文件主要起草人：董诚明、苏秀红、李汉伟、纪宝玉、黄敬旺、李先恩、郭涛、朱畇昊、杨铁钢、孙鹏、刘天亮、李曼、李询、邢冰、董瑞瑞、余孟娟、魏建和、王文全、王秋玲、杨小玉、辛元尧、王苗苗。

冬凌草规范化生产技术规程

1 范围

本文件确立了冬凌草的规范化生产流程,规定了冬凌草生产基地选址、种质要求、种苗繁育、种植、采收、产地初加工、包装、放行、贮运等阶段的操作要求。

本文件适用于冬凌草的规范化生产。

2 规范性引用文件

下列文件的内容通过文中的规范性引用而构成本文件必不可少的条款。其中,注明日期的引用文件,仅该日期对应的版本适用于本文件;不注明日期的引用文件,其最新版本(包括所有的修改单)适用于本文件。

GB 3095 环境空气质量标准

GB 5749 生活饮用水卫生标准

GB 5084 农田灌溉水质标准

GB 15618 土壤环境质量 农用地土壤污染风险管控标准(试行)

GB/T 2274—2008 地理标志产品 济源冬凌草

T/CACM 1374.1—2021 中药材规范化生产技术规程通则 植物药材

3 术语和定义

T/CACM 1374.1—2021 界定的以及下列术语和定义适用于本文件。

3.1 规范化生产 good agricultural practice

按照《中药材生产质量管理规范》(简称中药材 GAP)的要求,实施药材生产,保证中药材优质安全的生产过程。

3.2 技术规程 code of practice

为实现中药材生产顺利、有序进行,保证中药材生产质量,对中药材生产的基地选址、种子种苗、种植或野生抚育、采收与产地初加工以及包装、放行与贮运等,所做的技术规定和要求,是实施中药材规范生产的核心技术要求和实施指南。

3.3 冬凌草 Rabdosiae Rubescentis Herba

为唇形科植物碎米桠 *Rabdosia rubescens*(Hemsl.)Hara 的干燥地上部分。

4 冬凌草规范化生产流程图

冬凌草规范化生产流程见图 1。

冬凌草规范化生产流程：

关键控制点及参数：

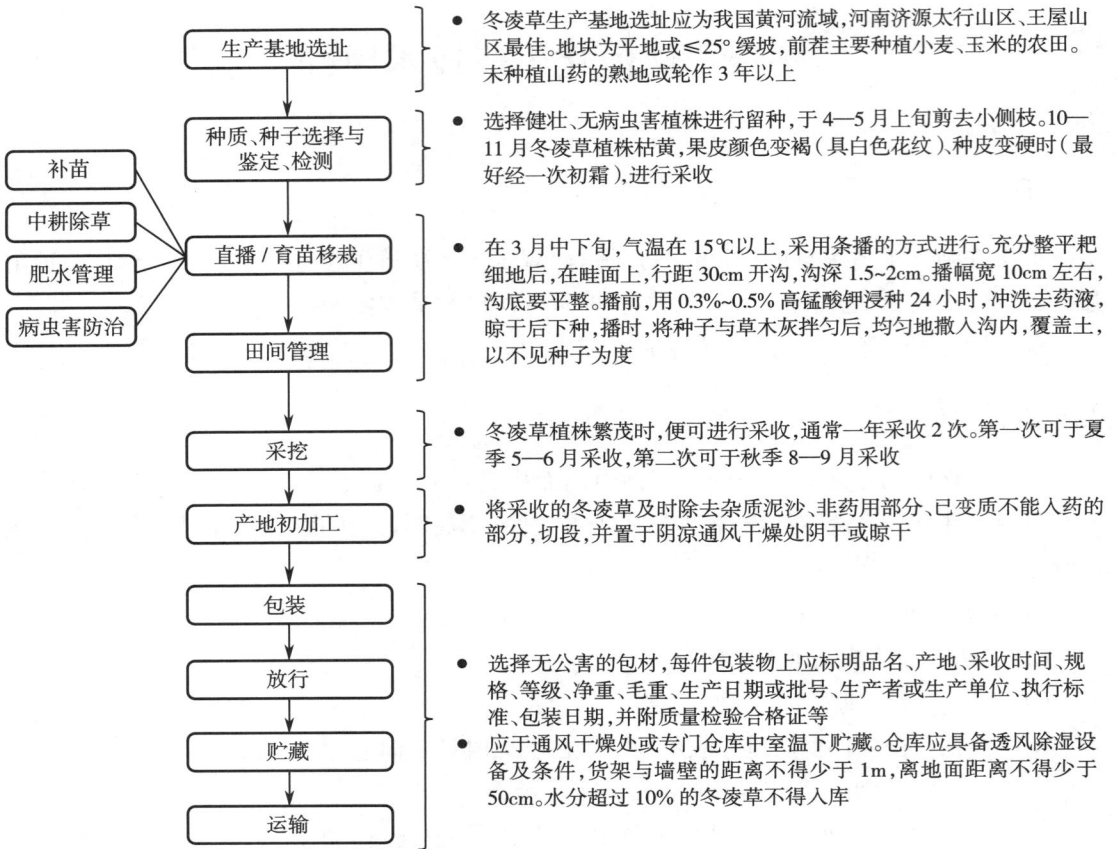

| 生产基地选址 | • 冬凌草生产基地选址应为我国黄河流域,河南济源太行山区、王屋山区最佳。地块为平地或≤25°缓坡,前茬主要种植小麦、玉米的农田。未种植山药的熟地或轮作3年以上 |

| 种质、种子选择与鉴定、检测 | • 选择健壮、无病虫害植株进行留种,于4—5月上旬剪去小侧枝。10—11月冬凌草植株枯黄,果皮颜色变褐(具白色花纹)、种皮变硬时(最好经一次初霜),进行采收 |

补苗

中耕除草

肥水管理

病虫害防治

| 直播/育苗移栽 | • 在3月中下旬,气温在15℃以上,采用条播的方式进行。充分整平耙细地后,在畦面上,行距30cm开沟,沟深1.5~2cm;播幅宽10cm左右,沟底要平整。播前,用0.3%~0.5%高锰酸钾浸种24小时,冲洗去药液,晾干后下种,播时,将种子与草木灰拌匀后,均匀地撒入沟内,覆盖土,以不见种子为度 |

田间管理

| 采挖 | • 冬凌草植株繁茂时,便可进行采收,通常一年采收2次。第一次可于夏季5—6月采收,第二次可于秋季8—9月采收 |

| 产地初加工 | • 将采收的冬凌草及时除去杂质泥沙、非药用部分、已变质不能入药的部分,切段,并置于阴凉通风干燥处阴干或晾干 |

包装

| 放行 | • 选择无公害的包材,每件包装物上应标明品名、产地、采收时间、规格、等级、净重、毛重、生产日期或批号、生产者或生产单位、执行标准、包装日期,并附质量检验合格证等 |

| 贮藏 | • 应于通风干燥处或专门仓库中室温下贮藏。仓库应具备透风除湿设备及条件,货架与墙壁的距离不得少于1m,离地面距离不得少于50cm。水分超过10%的冬凌草不得入库 |

运输

图1 冬凌草的规范化生产流程图

5 冬凌草规范化生产技术

5.1 生产基地选址

5.1.1 产地选择

多栽培于海拔200~800m地势平坦、灌溉方便、光照、排水良好的地带。年平均气温14.0~16.0℃,极端最高温为39℃,极端最低温为–10℃,全年有效积温为4 885.8℃,无霜期约为230天。全年日照时数为2 445.8小时,年日照率为56%。年降水量约为600mm。

5.1.2 地块选择

以中性或弱酸性、疏松、排水良好的砂壤土生长良好,保水保肥性能差、过黏、通透性能差的土壤不宜种植。应选择地势平坦、灌溉方便、光照、排水良好的平地或≤25°缓坡为宜。

5.1.3 环境监测

基地的大气、土壤和水样品的检测可参考GAP要求,应符合相应国家标准,并保证生长期间持续符合标准。环境监测可参考GB 3095,土壤环境质量应符合GB 15618,农田灌溉水质应符合GB 5084。

5.2 种质选择

使用唇形科植物碎米桠 *Rabdosia rubescens*（Hemsl.）Hara 的种子、根茎须经过鉴定。

5.3 育苗移栽

5.3.1 育苗

5.3.1.1 种子育苗

选择健壮、无病虫害植株进行留种,于 4—5 月上旬剪去小侧枝,剔除周围的弱小植株（株行距最好为 40cm×40cm）,以使养分集中于留种植株上。10—11 月冬凌草植株枯黄,果皮颜色变褐（具白色花纹）、种皮变硬时（最好经一次初霜）,应立即采收。采收时,将果序一起采割。采后置阴凉干燥处贮藏 1 周,用竹竿敲打果穗脱粒,脱粒后利用风选的方法除去瘪籽和枝叶等杂质,使褐色具白色花纹的超过 65%。风选后的种子置于阴凉干燥处保存。其间防虫、老鼠危害。

育苗时间在早春进行,苗床一般宽 1.2m,长度依地而定,平畦,搭 0.8~1m 高的小拱棚。采用撒播的方式,播种前净化的种子可采用 0.3%~0.5% 高锰酸钾浸种 24 小时。用耙子将畦面搂平,将种子与细河沙按 1:5 拌匀,均匀撒入田间,用石滚镇压即可。播后浇水,播后覆盖稻糠或腐殖质,保持土壤表层湿润,有利于出苗,按常规施肥。

5.3.1.2 根茎育苗

采用根茎繁殖时,将根茎分成 8~10cm 长的小段,每段根茎 3~4 个芽,可将其置于 50% 多菌灵可湿性粉剂 500 倍液中浸 10 分钟,捞出稍晾一会儿,以不滴水为度,待种。播后浇水,覆盖稻糠或腐殖质,保持土壤表层湿润,有利于出苗,按常规施肥。

5.3.2 移栽

株高 8~10cm,具 6~8 对真叶时,即可在整理好的土地上,按行株 35cm×35cm 进行移栽定植。

5.4 直播

5.4.1 种子繁殖

3 月中下旬,气温在 15℃ 以上,采用条播的方式进行。充分整平耙细地后,在畦面上,行距 30cm 开沟,沟深 1.5~2cm。播幅宽 10cm 左右,沟底要平整。播前,最好将种子用 0.3%~0.5% 高锰酸钾浸种 24 小时,冲洗去药液,晾干后下种,播时,将种子与草木灰拌匀后,均匀地撒入沟内,覆盖土,以不见种子为度。播后浇水覆盖稻糠或腐殖质,保温保湿。出苗后至苗高 10cm 左右时,按株行距 35cm×35cm 定苗,每亩（1 亩≈666.7m²,下文同）用种量 0.5kg 左右。

5.4.2 根茎繁殖

3 月初,气温回升在 10℃ 以上后进行。采用根茎繁殖时,将根茎分成 8~10cm 长的小段,每段根茎 3~4 个芽,可将其置于 50% 多菌灵可湿性粉剂 500 倍液中浸 10 分钟,捞出稍晾一会儿,以不滴水为度,待种。行距 35cm 开沟,沟深 5cm 左右,株距 35cm 种栽,覆土镇压,搂平畦面。浇定植水。

5.4.3 根分蘖繁殖

在 3—4 月,也可在 10—11 月,气温稳定在 10℃ 以上,选择无病虫害、健壮的冬凌草植株,整丛挖出,分根,每株带 2~3 个根芽作为分蘖繁殖的种苗。可将其置于 50% 多菌灵可湿性粉剂 500 倍液中浸 10 分钟,捞出稍晾一会儿,以不滴水为度,待种。行距 35cm 开沟,沟深 5cm 左右,株距 35cm 种栽,覆土镇压,搂平畦面。浇定植水。

5.5 田间管理

5.5.1 补苗

齐苗后,若发现死苗、断苗、弱苗、病苗应及时拔除,选阴天补苗,以保证基本苗数。

5.5.2 中耕除草

齐苗后进行第 1 次中耕除草,以后每隔半个月除草 1 次,保持田间无杂草。封行后可以停止。

5.5.3 灌溉排水

种植后遇旱应适时灌溉;6—8 月是冬凌草开花前生长最旺盛时期,也是冬凌草需水的关键时期,也应适当灌溉保证土壤湿度。雨后,如地面积水严重,应及时开沟防渍。

5.5.4 追肥

冬凌草在施足基肥后,后期生长过程中,对肥的需求并不很大,但是若基肥不足,在苗高 25cm 时,结合中耕除草,每亩可追施尿素 20~30kg 或复合肥 25~40kg。如以收种子为目的,在进入生殖初期,应根据生长发育状况适当施入氮、磷肥等。

5.5.5 植株更新

冬凌草生长到第 4 年时,由于根系密集,根部生长点开始衰退,且植株基部常常木化,从而影响来年的产量和质量。为此,连续采割 4 年后,应采用种子繁殖恢复种群活力,土地复耕或轮作,施有机肥底肥。

5.6 采收

5.6.1 采收期

冬凌草植株繁茂时,便可进行采收,通常一年采收 2 次。第一次可于夏季 5—6 月采收,第二次可于秋季 8—9 月采收。

5.6.2 采收方法

距地面 5~10cm,割取冬凌草植株的草质部分。

5.7 产地加工

将采收的冬凌草及时除去杂质泥沙、非药用部分、已变质不能入药的部分,切段,并置于阴凉通风干燥处阴干或晾干。加工过程中用水可参考 GB 5749。

5.8 包装、贮存及运输

5.8.1 包装

选择无公害的包材,每件包装物上应标明品名、产地、采收时间、规格、等级、净重、毛重、生产日期或批号、生产者或生产单位、执行标准、包装日期,并附质量检验合格证等。

5.8.2 贮存

应于通风干燥处或专门仓库室温下贮藏。仓库应具备通风除湿设备及条件,货架与墙壁的距离不得少于 1m,离地面距离不得少于 50cm。水分超过 10% 的冬凌草不得入库。库房应有专人管理,防潮,防止生虫、发霉。贮藏期应定期检查,消毒,保持环境卫生整洁,库存冬凌草商品应定期检查与翻晒。

5.8.3 运输

运输工具或容器应具有良好的通气性,以保持干燥,并应有防潮措施,尽可能地缩短运输时间,同时不应与其他有毒、有害及易串味的物质混装。

附　录　A

（规范性）

禁限用农药名单

A.1　禁止（停止）使用的农药（46 种）

六六六、滴滴涕、毒杀芬、二溴氯丙烷、杀虫脒、二溴乙烷、除草醚、艾氏剂、狄氏剂、汞制剂、砷类、铅类、敌枯双、氟乙酰胺、甘氟、毒鼠强、氟乙酸钠、毒鼠硅、甲胺磷、对硫磷、甲基对硫磷、久效磷、磷胺、苯线磷、地虫硫磷、甲基硫环磷、磷化钙、磷化镁、磷化锌、硫线磷、蝇毒磷、治螟磷、特丁硫磷、氯磺隆、胺苯磺隆、甲磺隆、福美胂、福美甲胂、三氯杀螨醇、林丹、硫丹、溴甲烷、氟虫胺、杀扑磷、百草枯、2,4- 滴丁酯。

注：氟虫胺自 2020 年 1 月 1 日起禁止使用。百草枯可溶胶剂自 2020 年 9 月 26 日起禁止使用。2,4- 滴丁酯自 2023 年 1 月 29 日起禁止使用。溴甲烷可用于"检疫熏蒸处理"。杀扑磷已无制剂登记。

A.2　在部分范围禁止使用的农药（20 种）

部分范围禁止使用的农药应注意药食同源中药材及来自其他作物的中药材。部分范围禁止使用的农药见表 A.1。

表 A.1　部分范围禁止使用的农药

通用名	禁止使用范围
甲拌磷、甲基异柳磷、克百威、水胺硫磷、氧乐果、灭多威、涕灭威、灭线磷	禁止在蔬菜、瓜果、茶叶、菌类、中草药材上使用，禁止用于防治卫生害虫，禁止用于水生植物的病虫害防治
甲拌磷、甲基异柳磷、克百威	禁止在甘蔗作物上使用
内吸磷、硫环磷、氯唑磷	禁止在蔬菜、瓜果、茶叶、中草药材上使用
乙酰甲胺磷、丁硫克百威、乐果	禁止在蔬菜、瓜果、茶叶、菌类和中草药材上使用
毒死蜱、三唑磷	禁止在蔬菜上使用
丁酰肼（比久）	禁止在花生上使用
氰戊菊酯	禁止在茶叶上使用
氟虫腈	禁止在所有农作物上使用（玉米等部分旱田种子包衣除外）
氟苯虫酰胺	禁止在水稻上使用

A.3　说明

本附录的内容来自 2019 年中华人民共和国农业农村部发布的《禁限用农药名录》（http://www.zzys.moa.gov.cn/gzdt/201911/t20191129_6332604.htm）。

附　录　B

（资料性）

冬凌草常见病虫害防治的参考方法

冬凌草常见病虫害防治的参考方法见表 B.1。

表 B.1　冬凌草常见病虫害防治的参考方法

病虫害名称	防治时期	推荐防治方法	安全间隔期 /d
叶斑病	6—7 月	发病初期,喷洒多菌灵可湿性粉剂、甲基硫菌灵可湿性粉剂。按照农药标签使用	≥20
甜菜夜蛾	6—9 月	在低龄幼虫发生期,用辛硫磷乳油毒杀幼虫。按照农药标签使用	≥7
蚜虫	8—9 月	发生初期喷施吡虫啉可湿性粉剂、啶虫脒可湿性粉剂。按照农药标签使用	≥7

附 录 C

（资料性）

冬凌草种子质量分级标准

冬凌草种子质量分级标准见表 C.1。

表 C.1 冬凌草种子质量分级标准

等级	叶片百分比 /%	杂质含量 /%
一级	100	0
二级	80~99	≤1.0
三级	60~79	≤5.0
四级	40~59	≤10.0

参考文献

［1］陈随清.冬凌草生产加工适宜技术［M］.北京:中国医药科技出版社,2018.

［2］董诚明,陈随清.冬凌草生产技术操作规程（SOP）初探［C］//中国药学会中药和天然药物专业委员会,中国植物学会药用植物和植物药专业委员会.第八届全国中药和天然药物学术研讨会与第五届全国药用植物和植物药学学术研讨会论文集.［出版者不详］,2005:5.

［3］王新民,李明,介晓磊,等.冬凌草 GAP 栽培技术标准操作规程［J］.安徽农学通报,2006（6）:142-144.

［4］国家知识产权局.地理标志产品　济源冬凌草:GB/T 22744—2008［S/OL］.［2023-11-21］.https://std.samr.gov.cn/gb/search/gbDetailed?id=71F772D82087D3A7E05397BE0A0AB82A.

ICS 65.020.20
CCS C 05

团 体 标 准

T/CACM 1374.55—2021

玄参规范化生产技术规程

Code of practice for good agricultural practice of
Scrophulariae Radix

2021-10-15 发布   2021-10-15 实施

中华中医药学会　发布

目　　次

前　言

本文件按照 GB/T 1.1—2020《标准化工作导则　第 1 部分：标准化文件的结构和起草规则》的规定起草。

请注意本文件中的某些内容可能涉及专利。本文件的发布机构不承担识别专利的责任。

本文件由中国医学科学院药用植物研究所和陕西师范大学提出。

本文件由中华中医药学会归口。

本文件起草单位：西北濒危药材资源开发国家工程实验室、重庆市中药研究院、中国医学科学院药用植物研究所重庆分所、中青（恩施）健康产业发展有限公司、湖北省农业科学院中药材研究所、磐安中药材研究所、重庆市药物种植研究。

本文件主要起草人：白成科、王喆之、薛颖、杨晶晶、李隆云、袁晓兵、韩凤、郭杰、胡开治、邹宗成、魏建和、王文全、王秋玲、杨小玉、辛元尧、王苗苗。

玄参规范化生产技术规程

1 范围

本文件确立了玄参的规范化生产流程,规定了玄参生产基地选址、种质要求、种苗繁育、种植、采收、产地初加工、包装、放行、贮运等阶段的操作要求。

本文件适用于玄参规范化生产。

2 规范性引用文件

下列文件的内容通过文中的规范性引用而构成本文件必不可少的条款。其中,注明日期的引用文件,仅该日期对应的版本适用于本文件;不注明日期的引用文件,其最新版本(包括所有的修改单)适用于本文件。

GB/T 191　包装储运图示标志

GB 3095　环境空气质量标准

GB 5749　生活饮用水卫生标准

GB/T 3543　农作物种子检验规程

GB 5084　农田灌溉水质标准

GB 7718—2011　食品安全国家标准　预包装食品标签通则

GB 15618—2018　土壤环境质量　农用地土壤污染风险管控标准(试行)

NY/T 496　肥料合理使用准则　通则

T/CACM 1374.1—2021　中药材规范化生产技术规程通则　植物药材

3 术语和定义

T/CACM 1374.1—2021 界定的以及下列术语和定义适用于本文件。

3.1 规范化生产　good agricultural practice

按照《中药材生产质量管理规范》(简称中药材 GAP)的要求,实施药材生产,保证中药材优质安全的生产过程。

3.2 技术规程　code of practice

为实现中药材生产顺利、有序进行,保证中药材生产质量,对中药材生产的基地选址、种子种苗、种植或野生抚育、采收与产地初加工以及包装、放行与贮运等,所做的技术规定和要求,是实施中药材规范生产的核心技术要求和实施指南。

3.3 玄参　Scrophulariae Radix

玄参科玄参属植物玄参 *Scrophularia ningpoensis* Hemsl. 的干燥根。

3.4 子芽 ziya

着生于茎基部,能萌发生长成为玄参植株的带芽的膨大变态茎。

3.5 种栽 zhongzai

用作繁殖的子芽。

3.6 发汗 fahan

玄参采后加工根茎内部水分外渗的过程。

3.7 芦头 lutou

玄参的茎基部。

3.8 支头 zhitou

每千克干燥玄参药材的支数。

3.9 空泡 kongpao

烘干加工不当造成玄参药材白心或空泡现象。

4 玄参规范化生产流程图

玄参规范化生产流程见图1。

玄参规范化生产流程: 关键控制点及参数:

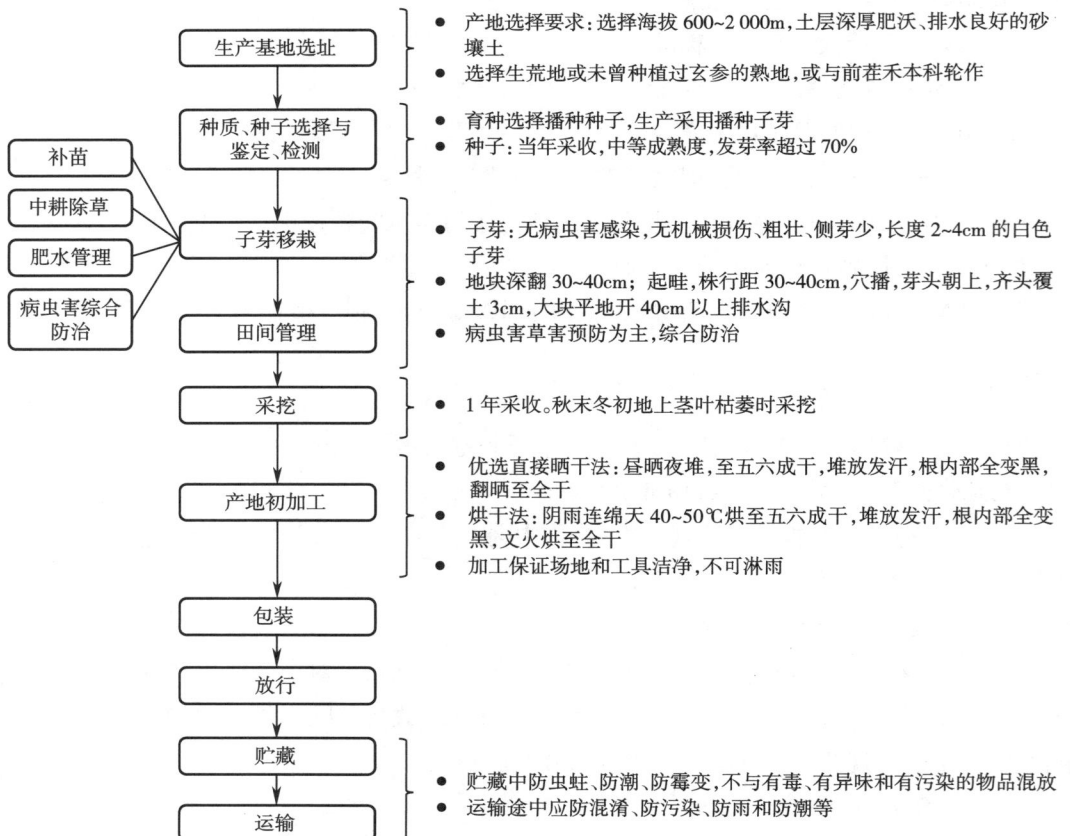

```
                    生产基地选址
```
- 产地选择要求:选择海拔 600~2 000m,土层深厚肥沃、排水良好的砂壤土
- 选择生荒地或未曾种植过玄参的熟地,或与前茬禾本科轮作

```
                种质、种子选择与
                  鉴定、检测
```
- 育种选择播种种子,生产采用播种子芽
- 种子:当年采收,中等成熟度,发芽率超过70%

```
    补苗
    中耕除草
    肥水管理         子芽移栽
    病虫害综合
      防治
```
- 子芽:无病虫害感染,无机械损伤、粗壮、侧芽少,长度 2~4cm 的白色子芽
- 地块深翻 30~40cm;起畦,株行距 30~40cm,穴播,芽头朝上,齐头覆土 3cm,大块平地开 40cm 以上排水沟

```
                    田间管理
```
- 病虫害草害预防为主,综合防治

```
                     采挖
```
- 1 年采收。秋末冬初地上茎叶枯萎时采挖

```
                  产地初加工
```
- 优选直接晒干法:昼晒夜堆,至五六成干,堆放发汗,根内部全变黑,翻晒至全干
- 烘干法:阴雨连绵天 40~50℃烘至五六成干,堆放发汗,根内部全变黑,文火烘至全干
- 加工保证场地和工具洁净,不可淋雨

```
                     包装
```

```
                     放行
```

```
                     贮藏
```

```
                     运输
```
- 贮藏中防虫蛀、防潮、防霉变,不与有毒、有异味和有污染的物品混放
- 运输途中应防混淆、防污染、防雨和防潮等

图 1 玄参规范化生产流程图

5 玄参规范化生产技术

5.1 生产基地选址

5.1.1 产地选择

选择生态条件好,无污染源或污染物含量在允许范围之内的农业生产区域,宜选择在海拔 600~2 000m 地区种植,主要产地在浙江磐安、重庆(南川、武隆、酉阳)、湖北恩施、陕西商洛、河南南阳等地及其周边地区。空气符合 GB 3095《环境空气质量标准》的二级标准,水质符合 GB 5084《农田灌溉水质标准》,土壤符合 GB 15618—2018《土壤环境质量 农用地土壤污染风险管控标准(试行)》的二级标准,产地初加工用水应符合 GB 5749《生活饮用水卫生标准》。

5.1.2 地块选择

不能连作,不宜与白术、豆科、茄科等易发白绢病的作物轮作,宜以禾本科为前茬作物轮作。选择疏松、土层深厚、排水良好的砂壤土,不宜选择黏土或保水保肥能力差的砂土。

5.1.3 环境监测

基地的大气、土壤和水样品的检测按照 GAP 要求,且应符合相应国家标准,保证生长期间持续符合标准。

5.2 种质与种苗

5.2.1 种质选择

使用玄参科玄参属植物玄参 *Scrophularia ningpoensis* Hemsl.,物种须经过鉴定。如使用农家品种或选育品种应加以明确。

5.2.2 种子和子芽质量

种子应符合 GB/T 3543《农作物种子检验规程》,培育子芽应使用当年采收、中等成熟以上的种子,发芽率超过 70%,千粒重 0.080~0.120g。经检验符合相应标准。

种栽应在秋末冬初玄参收获时,选择无病害、粗壮、侧芽少、长 3~6cm 的白色子芽,剔除芽头呈红紫色、青色的子芽及芽鳞开裂(开花芽)、细小和带病的子芽。

5.2.3 种栽贮存

选择室外土层深厚、地势高、排水通畅、避风向阳的坡地作为贮藏地点。在坡地的表土层开挖横坡度方向的沟渠状贮藏坑,深度为 10~20cm,宽度为 30~70cm,坑长宽深度依贮藏数量多少而定,处于土壤犁底层上的疏松层,且贮藏坑的底部距离土地板结层大于 3cm。将选好的子芽倒入坑内,堆放厚度为 7~13cm,堆砌的上表面呈龟背形。子芽上覆盖的保护土层厚度为 5~6cm。在保护土层上覆盖宽 80~90cm 的农用薄膜,四周用土压实。贮藏坑的四周挖好排水沟。子芽放入贮藏坑的初期,若未进入霜冻期,保护土层上的农用薄膜两端不能压实,应留一个通风透气口。进入霜冻期后,应将保护土层上的农用薄膜两端用土压实密封。次年春季土壤解冻后应当及时栽种,若延迟栽种,须揭开农用薄膜,保持通风透气。种栽贮藏期间 20 天左右检查一次,发现霉烂、发芽、发根的及时剔除,随天气变暖逐渐去掉薄膜或盖土。

5.3　种植

5.3.1　种栽

玄参种子繁殖当年产量低,种栽一般以秋末冬初采收时茎基部的子芽为主。玄参属深根植物,宜深翻耕土地,深度30~40cm,随整地施入基肥,以有机肥为主,化学肥料为辅。农家肥应充分腐熟。基肥施用腐熟农家肥1 500~2 000kg/亩(1亩≈666.7m²,下文同),结合整地施入土中。整平耙细后,顺坡向起厢,作龟背形畦,厢高15~20cm,厢宽60cm,厢沟距20~30cm,厢的带幅为80cm。坡地可随地势作横畦,防水土流失。根据种植地物候期,宜秋季霜降前或春季温度回升时播种子芽,种栽量为40~50kg/亩(净作子芽用量66.7~133.3kg/亩。)。在整好的厢上栽单行或双行,以行距25cm、株距30cm开穴,穴深8~10cm(6 000株/亩)。覆土时使种栽芽头向上,齐头不齐尾,土层高出芽头3cm为宜。种栽覆土后,施入钙镁磷肥50kg/亩,或复合肥20~30kg/亩。

5.3.2　田间管理

种栽后及时补苗、除草。平地或低洼地要及时排灌,四周开好排水沟,田块较大的平地应开腰沟,排水沟深度在40cm以上。根据药材的生长、土壤肥力等进行施肥,可考虑每年结合中耕除草施肥1~4次,在苗期、茎叶生长盛期、根部迅速增重期追肥。第一次追肥在齐苗后苗高5~10cm时,施尿素15~20kg/亩。第二次追肥在苗高30cm时,施尿素10~15kg/亩加钾肥10~15kg/亩。第三次追肥在现蕾初期,施尿素5~10kg/亩加钾肥20~25kg/亩,或有机肥1 000kg/亩加复合肥40kg/亩。在齐苗后及时浅耕除草,封行前再次中耕除草;封垄后,不再中耕除草。中耕除草以锄松表土不损伤玄参幼苗为度。现蕾初期,第三次追肥后适当浅培土3~5cm。追肥以有机肥为主,化学肥料有限度使用,鼓励使用经国家批准的菌肥及中药材专用肥。禁止使用壮根灵、膨大素等生长调节剂。

抽薹开花时,选晴天,及时将花薹剪除促根生长,并将剪下的花薹收集带出田块集中销毁。

5.3.3　病虫害草害防治

玄参病害主要有白绢病、叶枯病、根腐病和黑斑病等,虫害主要有黑点球象、白毛球象、红蜘蛛、金龟子、小地老虎等。

遵循"预防为主,综合防治"的方法:采取轮作措施,宜与禾本科等作物轮作2~3年,不能与白菜、白术、白芍等作物轮作;有机肥必须充分腐熟;选用无病害感染、无机械损伤、粗壮、侧芽少、长2~4cm的白色优质子芽,禁用带病苗;加强田间管理,合理施肥,清除田间杂草,在病害发生初期及时清除病株和病叶,并带出田外集中销毁;及时拔除病株,每穴撒入草木灰100g或生石灰200~300g,进行局部消毒;收获后清洁田园。使用频振式杀虫灯,每15亩使用1~2盏,诱杀金龟子成虫。整地时发现蛴螬,进行灭杀。

根据玄参病虫害发生特点,采用化学防治时,应当符合国家有关规定。用药防治严格执行中药材规范化生产可限制使用的化学农药种类规定,或选用经过农业技术部门试验后推荐的高效、低毒、低残留农药,控制农药安全间隔期、施药量和施药次数,注意不同作用机制的农药交替使用和合理混用,避免产生抗药性。不应使用除草剂及高毒、高残留等禁限用农药。

5.4　采挖

玄参一般1年采收。秋末冬初,当玄参地上茎叶枯萎时,割去地上部分茎秆,选晴天采挖。完整挖出根部,抖去泥土,切下块根,将块根运回室内加工。采挖过程中避免破伤外皮和断根,注意防止冻害。

5.5　产地初加工

玄参产地初加工方法包括自然干燥法和烘干法。

自然干燥法:先将块根白天摊晒4~5天,经常翻动,夜晚收拢堆积,用草盖好,使其"发汗",反复堆积摊晒至五六成干时,修剪芦头和须根,再集中堆积5~7天,等块根内部全部变黑,再进行白天翻晒夜晚堆积40~50天,直至全干。

烘干法:采收后遇阴雨天气,可用火烘干,温度保持在40~50℃,在烘烤时应适时翻动。烘至五六成干时,取出堆积"发汗"4~5天,上面用草盖严,至块根内部变黑后,再用文火烘至全干。

自然干燥和烘干加工过程中要保证场地、工具洁净,不受雨淋等。

5.6　包装、放行、贮运

5.6.1　包装

包装前应对每批药材按照国家标准进行质量检验,包装标识按GB/T 191《包装储运图示标志》规定执行。符合国家标准的药材,采用清洁、无毒、无异味、不影响质量的麻袋、编织袋等材料包装,禁止采用包装过肥料、农药等包装袋包装。产品包装外贴或挂标签应符合GB 7718—2011《食品安全国家标准　预包装食品标签通则》,标明产品名称、基源、产地、批号、产品等级、采收日期、保质期或保存期、净含量、企业单位名称、详细地址等内容,并有追溯码。

5.6.2　放行

应制定和严格执行符合企业实际情况的放行制度,有产品审核(批)、生产检验(测)等的相关记录及档案。不合格药材有单独处理制度。

5.6.3　贮运

产品应贮存在清洁无异味、通风、干燥、避光的场所,远离有毒、有异味、有污染的物品,并具有防鼠、虫、禽畜的措施。产品应存放在货架上,与墙壁保持足够的距离,防止虫蛀、霉变、腐烂等现象发生,并定期检查(测),发现变质,应及时剔除。不同批次、等级药材分区存放;建有定期检查制度。

贮运工具应清洁卫生、干燥、无异味,不与有毒、有异味、有污染的物品混装混运。运输途中应防混淆、防污染、防雨、防潮、防暴晒等。

附 录 A

（规范性）

禁限用农药名单

A.1 禁止（停止）使用的农药（46 种）

六六六、滴滴涕、毒杀芬、二溴氯丙烷、杀虫脒、二溴乙烷、除草醚、艾氏剂、狄氏剂、汞制剂、砷类、铅类、敌枯双、氟乙酰胺、甘氟、毒鼠强、氟乙酸钠、毒鼠硅、甲胺磷、对硫磷、甲基对硫磷、久效磷、磷胺、苯线磷、地虫硫磷、甲基硫环磷、磷化钙、磷化镁、磷化锌、硫线磷、蝇毒磷、治螟磷、特丁硫磷、氯磺隆、胺苯磺隆、甲磺隆、福美胂、福美甲胂、三氯杀螨醇、林丹、硫丹、溴甲烷、氟虫胺、杀扑磷、百草枯、2,4-滴丁酯。

注：氟虫胺自 2020 年 1 月 1 日起禁止使用。百草枯可溶胶剂自 2020 年 9 月 26 日起禁止使用。2,4-滴丁酯自 2023 年 1 月 29 日起禁止使用。溴甲烷可用于"检疫熏蒸处理"。杀扑磷已无制剂登记。

A.2 在部分范围禁止使用的农药（20 种）

部分范围禁止使用的农药应注意药食同源中药材及来自其他作物的中药材。部分范围禁止使用的农药见表 A.1。

表 A.1 部分范围禁止使用的农药

通用名	禁止使用范围
甲拌磷、甲基异柳磷、克百威、水胺硫磷、氧乐果、灭多威、涕灭威、灭线磷	禁止在蔬菜、瓜果、茶叶、菌类、中草药材上使用,禁止用于防治卫生害虫,禁止用于水生植物的病虫害防治
甲拌磷、甲基异柳磷、克百威	禁止在甘蔗作物上使用
内吸磷、硫环磷、氯唑磷	禁止在蔬菜、瓜果、茶叶、中草药材上使用
乙酰甲胺磷、丁硫克百威、乐果	禁止在蔬菜、瓜果、茶叶、菌类和中草药材上使用
毒死蜱、三唑磷	禁止在蔬菜上使用
丁酰肼（比久）	禁止在花生上使用
氰戊菊酯	禁止在茶叶上使用
氟虫腈	禁止在所有农作物上使用（玉米等部分旱田种子包衣除外）
氟苯虫酰胺	禁止在水稻上使用

A.3 说明

本附录的内容来自 2019 年中华人民共和国农业农村部发布的《禁限用农药名录》，（http：//www.zzys.moa.gov.cn/gzdt/201911/t20191129_6332604.htm）。

附　录　B

（资料性）

玄参常见病虫害防治的参考方法

玄参常见病虫害防治的参考方法见表 B.1。

表 B.1　玄参常见病虫害防治的参考方法

病虫害名称	防治时期	推荐防治方法	安全间隔期 /d
轮纹病	5 月中旬	波尔多液（硫酸铜 - 生石灰 - 水）喷施,按照农药标签使用	7~10
		代森锰锌液喷施,按照农药标签使用	10~15
		甲基硫菌灵液喷施,按照农药标签使用	10~15
		乙霉威液喷施,按照农药标签使用	10~15
叶枯病	4—10 月	波尔多液（硫酸铜 - 生石灰 - 水）喷施,按照农药标签使用	7~10
		代森锰锌液喷施,按照农药标签使用	10~15
		多菌灵液喷施,按照农药标签使用	15
		甲基硫菌灵液喷施,按照农药标签使用	10~15
白绢病	4—9 月	翻地时每亩施入 1.5kg 的 30% 菲醌,或 50kg 石灰	
		栽种前将芽头在福·福锌可湿性粉剂液中处理 5min,按照农药标签使用	
		福·福锌液加石灰和尿素淋灌植株,按照农药标签使用	7~10
		多菌灵液浇灌病株及周围植株,按照农药标签使用	15
短额负蝗	5—8 月	溴氰菊酯液喷施,按照农药标签使用	7~10
		三氟氯氰菊酯液喷施,按照农药标签使用	7~10
		敌百虫配麦麸制成毒饵,撒于田间,按照农药标签使用	7~10
大造桥虫	3—6 月	高效氰戊菊酯液喷施,按照农药标签使用	7~10
		溴氰菊酯液喷施,按照农药标签使用	7~10
棉红蜘蛛	6—8 月	波美度石硫合剂喷施,按照农药标签使用	10~15
		双甲脒液喷施,按照农药标签使用	10~15

参考文献

［1］陈大霞,张雪,李隆云.栽培措施对玄参子芽产量和等级的影响［J］.时珍国医国药,2018,29（9）:2254-2257.

［2］纪薇,梁宗锁,姜在民,等.玄参高产栽培优化配方施肥技术研究［J］.西北农林科技大学学报（自然科学版）,2008（2）:170-174.

［3］邹宗成,杨小舰,向开栋,等.打顶对玄参产量和质量的影响［J］.中国现代中药,2009,11（12）:14-15.

［4］吴云.玄参的主要病虫害及防治技术［J］.植物医生,2006（6）:30-32.

［5］刘承伟,毕志明,祝艳斐,等.玄参中4种主要活性成分的HPLC定量分析［J］.中国药学杂志,2007（21）:1614-1616.

［6］张雪,陈大霞,谭均,等.玄参子芽分级标准研究［J］.中国中药杂志,2015,40（6）:1079-1085.

［7］王胜男,刘训红.玄参药材的品质评价研究［D］.南京:南京中医药大学,2019.

［8］宋旭红,陈大霞,谭均,等.不同配方肥对玄参产量及品质的影响研究［J］.时珍国医国药,2017,28（7）:1754-1756.

［9］熊飞.秦巴山区玄参种植技术［J］.经济作物,2015（10）:20-21.

［10］毕胜,蒋勇,李桂兰,等.玄参的高产栽培技术［J］.药材栽培,2000（4）:43-44.

［11］薛琴芬,李红梅,许家隆,等.玄参栽培管理及病虫害防治［J］.特种经济动植物,2009,12（4）:37-38.

［12］肖风雷.玄参高产栽培技术及采收加工［J］.农业科技通讯,1997（10）:13.

［13］蒋允贤.玄参栽培管理技术［J］.中药通报,1988（5）:17-18.

［14］陈艳芳,赵敏.玄参主要病虫害的防治［J］.农技服务,2013,30（4）:346.

［15］胡凤莲.玄参的栽培与管理技术［J］.陕西农业科学,2009,55（4）:210-211.

［16］韩学俭.玄参病虫害及其防治［J］.科学种养,2017（1）:29.

————————————————

ICS 65.020.20
CCS C 05

团 体 标 准

T/CACM 1374.56—2021

半夏规范化生产技术规程

Code of practice for good agricultural practice of
Pinelliae Rhizoma

2021-10-15 发布　　　　　　　　　　　　　2021-10-15 实施

中华中医药学会　　发布

目　次

前　言

本文件按照 GB/T 1.1—2020《标准化工作导则　第 1 部分：标准化文件的结构和起草规则》的规定起草。

请注意本文件中的某些内容可能涉及专利。本文件的发布机构不承担识别专利的责任。

本文件由中国医学科学院药用植物研究所提出。

本文件由中华中医药学会归口。

本文件起草单位：中国医学科学院药用植物研究所、重庆太极实业（集团）股份有限公司、重庆太极中药材种植开发有限公司、重庆市药物种植研究所、山东省农业科学院药用植物研究中心、华中农业大学药用植物研究所、成都中医药大学、南京农业大学、中国中药有限公司、淮北师范大学、昌昊金煌（贵州）中药有限公司、四川智佳成生物科技有限公司。

本文件主要起草人：魏建和、卢进、王秋玲、付昌奎、纪宏亮、王志芬、王沫、李敏、薛建平、朱再标、王继永、邓乔华、孙燕玲、王文全、郭欣慰、韩金龙、王宪昌、江艳华、曾燕、李向东、敬勇、赖月月、刘佳灵、何刚、罗玉林、刘英、何山、胡晔、杨小玉、辛元尧、王苗苗。

半夏规范化生产技术规程

1 范围

本文件确立了半夏的规范化生产流程,规定了半夏的生产基地选址、种质与种球、种植、采挖、产地初加工、包装、放行和贮运等阶段的技术要求。

本文件适用于半夏的规范化生产。

2 规范性引用文件

下列文件中的内容通过文中的规范性引用而构成本文件必不可少的条款。其中,注明日期的引用文件,仅该日期对应的版本适用于本文件;不注明日期的引用文件,其最新版本(包括所有的修改单)适用于本文件。

GB 3095 环境空气质量标准

GB 5084 农田灌溉水质标准

GB 5749 生活饮用水卫生标准

GB 15618—2018 土壤环境质量 农用地土壤污染风险管控标准(试行)

T/CACM 1374.1—2021 中药材规范化生产技术规程通则 植物药材

3 术语和定义

T/CACM 1374.1—2021界定的以及下列术语和定义适用于本文件。

3.1 规范化生产 good agricultural practice

按照《中药材生产质量管理规范》(简称中药材 GAP)的要求,实施药材生产,保证中药材优质安全的生产过程。

3.2 技术规程 code of practice

为实现中药材生产顺利、有序进行,保证中药材生产质量,对中药材生产的基地选址、种子种苗、种植或野生抚育、采收与产地初加工以及包装、放行与贮运等,所做的技术规定和要求,是实施中药材规范生产的核心技术要求和实施指南。

3.3 半夏 Pinelliae Rhizoma

天南星科植物半夏 *Pinellia ternate*(Thunb.)Breit. 的干燥块茎。

3.4 半夏种球 planting balls of Pinelliae Rhizoma

用于无性繁育的半夏新鲜珠芽或块茎。

3.5 半夏珠芽 bulbil of Pinelliae Rhizoma

半夏叶柄基部鞘内、鞘部以上或叶片基部(叶柄顶头)着生的微小块茎。

3.6 僵子 jiangzi

半夏块茎在加工干燥过程中,因受热不均或温度骤升导致块茎表面的淀粉粒糊化,而使整粒块茎的外周特别坚硬,无粉性。

4 半夏规范化生产流程图

半夏的规范化生产流程见图1。

半夏规范化生产流程:

关键控制点及技术参数:

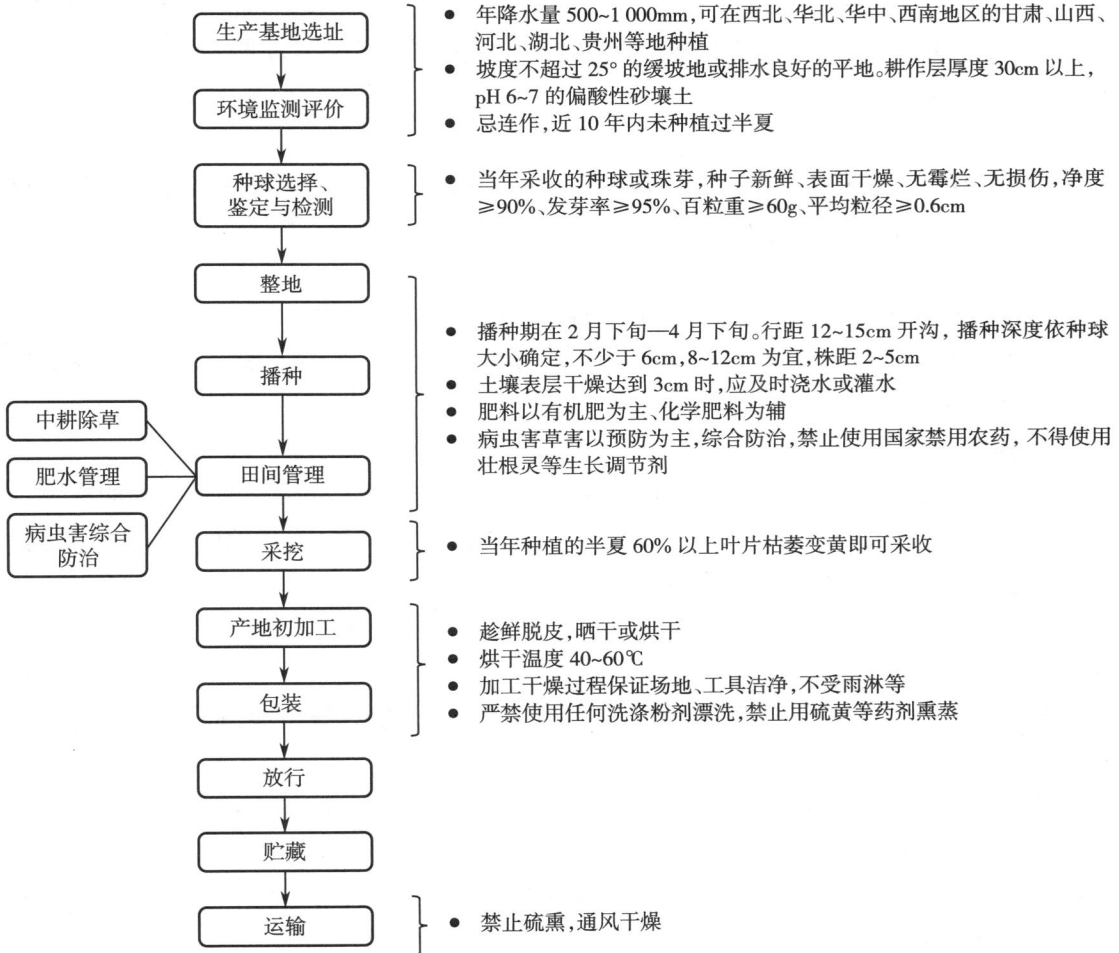

- 生产基地选址
- 环境监测评价
  - 年降水量 500~1 000mm,可在西北、华北、华中、西南地区的甘肃、山西、河北、湖北、贵州等地种植
  - 坡度不超过 25° 的缓坡地或排水良好的平地。耕作层厚度 30cm 以上,pH 6~7 的偏酸性砂壤土
  - 忌连作,近 10 年内未种植过半夏

- 种球选择、鉴定与检测
  - 当年采收的种球或珠芽,种子新鲜、表面干燥、无霉烂、无损伤,净度 ≥90%、发芽率≥95%、百粒重≥60g、平均粒径≥0.6cm

- 整地
- 播种
  - 播种期在 2 月下旬—4 月下旬。行距 12~15cm 开沟,播种深度依种球大小确定,不少于 6cm,8~12cm 为宜,株距 2~5cm
  - 土壤表层干燥达到 3cm 时,应及时浇水或灌水
  - 肥料以有机肥为主、化学肥料为辅
  - 病虫害草害以预防为主,综合防治,禁止使用国家禁用农药,不得使用壮根灵等生长调节剂

- 中耕除草
- 肥水管理
- 病虫害综合防治
- 田间管理

- 采挖
  - 当年种植的半夏 60% 以上叶片枯萎变黄即可采收

- 产地初加工
- 包装
  - 趁鲜脱皮,晒干或烘干
  - 烘干温度 40~60℃
  - 加工干燥过程保证场地、工具洁净,不受雨淋等
  - 严禁使用任何洗涤粉剂漂洗,禁止用硫黄等药剂熏蒸

- 放行
- 贮藏
- 运输
  - 禁止硫熏,通风干燥

图 1 半夏规范化生产流程图

5 半夏规范化生产技术

5.1 生产基地选址

5.1.1 产地选择

半夏具有广泛的分布与种植区域,可在西北、华北、华中、西南地区的甘肃、山西、河北、湖北、贵州等地种植。年降水量 500~1 000mm。

5.1.2 地块选择

宜选川地边缘的台地或者坡度不超过 25° 的缓坡地和湾地,或排水良好的平地,且近10 年内未种植过半夏。土壤湿润肥沃、保水保肥、质地疏松、排灌良好,耕作层 30cm 以上,pH 6.0~7.0 的偏酸性砂壤土,西北、华北地区种植应具备灌溉条件。黏重土、涝洼地不宜种植;前茬以玉米、豆科作物为宜,可与玉米、油菜、小麦、果木林套种,或露地种植。前茬不得施用甲磺隆、氯磺隆类除草剂。

5.1.3 环境监测

按照 GAP 要求,基地的大气质量应符合 GB 3095 的规定、土壤质量应符合 GB 15618—2018 的规定、灌溉水质应符合 GB 5084 的规定,并保证生长期间持续符合标准的要求。

5.2 种质与种球

5.2.1 种质选择

使用天南星科植物半夏 Pinellia ternata（Thunb.）Breit.。其物种须经过鉴定,如使用农家品种或其他选育品种应加以明确说明。

5.2.2 种球质量

应使用当年采收的半夏珠芽作繁殖用种。甘肃产区用异地种源,河北产区可用本地种源。要求种球新鲜、表面干燥、无霉烂、无损伤,净度≥90%、发芽率≥95%、百粒重≥60g、平均粒径≥0.6cm。

5.2.3 种球分级标准

种球分级前须进行晾晒,1kg 鲜种球晒至 700~750g 重即为合格。晒至标准的种球过1.5cm、1cm、0.5cm 孔径筛,分成直径 0.5~1cm、1~1.5cm、1.5~2.0cm 三个规格。分级时,去除霉烂、损失的种球及杂质,泥沙含量不超过 2%。

5.3 种植

5.3.1 整地

翻耕深度 20~25cm（不得翻耕出生土）,作 1.2~1.5m 宽的畦,旋细、耙平。土壤标准为手抓即散、无团粒。

结合整地施入基肥,以有机肥为主,化学肥料为辅。每亩（1 亩≈666.7m²,下文同）施腐熟的有机肥 2 000~4 000kg,配施过磷酸钙 50~100kg。禁止使用硝酸盐类无机肥料、未腐熟的有机肥、未获准登记的肥料产品;禁止使用未经无害化处理的城市生活垃圾堆肥;禁止使用含有重金属、橡胶和有害物质的垃圾堆肥。

5.3.2 播种

播种期在 2 月下旬至 4 月下旬,土地解冻后即可整地播种。早春播种,可覆拱棚提高地温。播种量根据种球大小一般每亩播种 80~350kg,大号种球用种量略大些。播种前再次人工去除霉变、受伤等不合格种球及杂质,按照多菌灵农药标签浓度浸种 15~20 分钟后,取出略晾干即可播种。

播种方式分条播和撒播,多采用条播。

条播:按行距 12~15cm 开沟,播种深度依种球大小确定,一般深度不少于 6cm,8~12cm

为宜,株距 2~5cm,再覆土整平。

撒播:株距 2~5cm,覆土厚度 6~12cm。

5.3.3 田间管理

5.3.3.1 肥水管理

分别在全苗后和珠芽形成时进行追肥,喷施叶面肥。收获前 30 天内不得追肥。不得使用激素类肥料。保持土壤湿润,土壤表层干燥达到 3cm 时,应及时浇水或灌水,喷灌或滴灌为佳。

5.3.3.2 除薹管理

及时摘除或剪除花茎。

5.3.3.3 中耕除草

整个生育期做到有草即除,主要在幼苗期未封行前,要求除早、除小、浅锄、不伤根,深度不超过 5cm,保持地里干净无杂草,严防草荒。

5.3.4 病虫害草害防治

半夏生长期间主要的病虫害有球茎腐烂病、病毒性缩叶病、猝倒病、叶斑灰霉病、地老虎、芋双线天蛾、红天蛾等。

预防为主,综合防治。通过应用优良种源、科学施肥、加强田间管理等措施,综合利用农业防治、物理防治、生物防治,配合科学合理的化学防治,将有害生物控制在允许范围内。

农业防治:选用无病虫害种球;播种前用草木灰溶液浸种 2 小时。倒茬轮作,忌连作,鼓励轮作期玉米间套种绿肥生态循环种植;清洁田园,及时清除病株及杂草集中处理;使用无害化有机肥和符合国家标准的复混肥,禁止使用含激素的叶面肥。

物理防治:在夏季利用气温高的特性,对休种土地进行地膜覆盖,通过提高地温的方法将土壤中的病源和虫源杀死。

化学防治:采用安全高效无污染的化学药剂对土壤进行熏蒸。推广使用高效、低毒、低残留农药。提倡科学、合理、安全用药;合理混用、轮换交替使用不同作用机制或具有负交互抗性的药剂,防止病虫害抗药性的产生;严格禁止使用国家规定的剧毒、高毒、高残留或者具有"三致"农药品种及其他高毒高残留农药以及砷、铅类农药。注意农药安全使用间隔期,没有标明农药安全间隔期的品种,收获前 30 天停止使用,执行其中残留量最大的有效成分的安全间隔区。禁限用农药名单应符合附录 A 的规定,常见病虫害防治的参考方法见附录 B。

5.4 采挖

当年采收,半夏 60% 以上叶片枯萎变黄即可采收。采收时宜选择晴天,土壤墒情适宜时进行,否则球茎和泥土粘结或板结不易分离。

采收方式有人工采收和机械采收。采收时去掉枯叶和泥土,根据大小进行分级(2.5cm以上、1.5~2.5cm、1.5cm 以下)收拣,就地晾晒,待块茎表面水汽干后,运回加工;忌长时间暴晒,否则不易去皮。发现有发霉或病虫害的块茎挑出来集中处理。

5.5 产地初加工

采收后及时进行人工脱皮或机械脱皮处理,冲洗干净,及时晾晒或烘干,不断翻动,防止出现僵子,直至全干,即成生半夏;将生半夏除去浮灰、霉点及杂质等,过筛分级。

加工晾晒场地干净清洁,清洗用水应符合 GB 5749 的规定;严禁使用任何洗涤粉剂漂洗,禁止使用硫黄、焦亚硫酸钠等药剂熏蒸。

加工质量标准:水分不得过 13.0%;异物、半夏特征不明显的碎瓣等不得过 1.0%;总灰分不得过 4.0%;变色不得过 0.5%;去皮率 95.0% 以上。

5.6 包装、放行和贮运

5.6.1 包装

包装前应对每批药材参照国家标准进行质量检验。符合国家标准的药材,采用不影响质量的编织袋等包装,禁止采用包装过肥料、农药等的包装袋包装。包装外贴或挂标签、合格证,标识牌内容应有药材名、基源、产地、批号、规格、重量、采收日期、企业名称等,并有追溯码。

5.6.2 放行

应制定符合企业实际情况的放行制度,有审核批生产、检验等的相关记录。不合格药材有单独处理制度。

5.6.3 贮运

5.6.3.1 种球贮藏

应存于阴凉湿润且有控温控湿设备的仓库,防止种球干燥,同时防霉烂,贮藏温度 0~5℃、相对湿度 45%~65%。种球装袋竖放,整齐码放,不能堆放,每排之间留有过道作为检查通道和进行通风。种子距离通风、控温设施的距离大于 50cm。定期检查,发现霉烂及时摊晒或倒袋。

5.6.3.2 成品半夏贮藏

应贮存于阴凉干燥处,定期检查,防止虫蛀、霉变、腐烂、泛油等的发生。仓库控制温度在 20℃ 以下、相对湿度 75% 以下;不同批次等级药材分区存放;建有定期检查制度。禁止磷化铝和二氧化硫熏蒸。也可采用现代气调贮藏方法,包装或库内充氮或二氧化碳。

5.6.3.3 运输

运输应防止发生混淆、污染、异物混入、包装破损、雨雪淋湿等。

附　录　A
（规范性）
禁限用农药名单

A.1　禁止（停止）使用的农药（46 种）

六六六、滴滴涕、毒杀芬、二溴氯丙烷、杀虫脒、二溴乙烷、除草醚、艾氏剂、狄氏剂、汞制剂、砷类、铅类、敌枯双、氟乙酰胺、甘氟、毒鼠强、氟乙酸钠、毒鼠硅、甲胺磷、对硫磷、甲基对硫磷、久效磷、磷胺、苯线磷、地虫硫磷、甲基硫环磷、磷化钙、磷化镁、磷化锌、硫线磷、蝇毒磷、治螟磷、特丁硫磷、氯磺隆、胺苯磺隆、甲磺隆、福美胂、福美甲胂、三氯杀螨醇、林丹、硫丹、溴甲烷、氟虫胺、杀扑磷、百草枯、2,4- 滴丁酯。

注：氟虫胺自 2020 年 1 月 1 日起禁止使用。百草枯可溶胶剂自 2020 年 9 月 26 日起禁止使用。2,4-滴丁酯自 2023 年 1 月 29 日起禁止使用。溴甲烷可用于"检疫熏蒸处理"。杀扑磷已无制剂登记。

A.2　部分范围禁止使用的农药（20 种）

部分范围禁止使用的农药应注意药食同源中药材及来自其他作物的中药材。部分范围禁止使用的农药见表 A.1。

表 A.1　部分范围禁止使用的农药（20 种）

通用名	禁止使用范围
甲拌磷、甲基异柳磷、克百威、水胺硫磷、氧乐果、灭多威、涕灭威、灭线磷	禁止在蔬菜、瓜果、茶叶、菌类、中草药材上使用，禁止用于防治卫生害虫，禁止用于水生植物的病虫害防治
甲拌磷、甲基异柳磷、克百威	禁止在甘蔗作物上使用
内吸磷、硫环磷、氯唑磷	禁止在蔬菜、瓜果、茶叶、中草药材上使用
乙酰甲胺磷、丁硫克百威、乐果	禁止在蔬菜、瓜果、茶叶、菌类和中草药材上使用
毒死蜱、三唑磷	禁止在蔬菜上使用
丁酰肼（比久）	禁止在花生上使用
氰戊菊酯	禁止在茶叶上使用
氟虫腈	禁止在所有农作物上使用（玉米等部分旱田种子包衣除外）
氟苯虫酰胺	禁止在水稻上使用

A.3　有关说明

本附录来自 2019 年中华人民共和国农业农村部官方发布的《禁限用农药名录》（http://www.zzys.moa.gov.cn/gzdt/201911/t20191129_6332604.htm）。

附 录 B

（资料性）

半夏常见病虫害防治的参考方法

半夏常见病虫害防治的参考方法见表 B.1。

表 B.1　半夏常见病虫害防治的参考方法

病虫害名称	危害部位	推荐防治方法	安全间隔期 /d
球茎腐烂病	球茎、珠芽	多菌灵浸种或灌根,按照农药标签使用	≥20
		甲基硫菌灵灌根,按照农药标签使用	≥30
		多·硫悬浮剂灌根,按照农药标签使用	≥20
		苦参碱灌根,按照农药标签使用	≥7
		拔除病株,病穴撒生石灰消毒	
叶斑灰霉病	叶片	波尔多液叶面喷施,按照农药标签使用	≥15
		农用硫酸链霉素叶面喷施,按照农药标签使用	≥10
		甲基硫菌灵叶面喷施,按照农药标签使用	≥30
		轮作、拔除病株、病穴消毒	
茎腐病	叶、根、茎	多菌灵叶面喷施,按照农药标签使用	≥10
		噁霉灵叶面喷施,按照农药标签使用	≥10
		及时排水、拔除病株、合理施肥	
病毒性缩叶病	叶片、球茎	宁南霉素水剂淋喷或灌根,按照农药标签使用	≥15
		轮作、施足底肥、合理浇水、及时排水	
地老虎	根部、幼茎	晶体敌百虫灌根,按照农药标签使用	≥7
		阿维菌素乳油灌根,按照农药标签使用	≥14
芋双线天蛾	叶片	阿维菌素乳油喷施,按照农药标签使用	≥21
		苦参碱水剂喷施,按照农药标签使用	≥7
红天蛾	叶片	阿维菌素乳油喷施,按照农药标签使用	≥21
		苦参碱水剂喷施,按照农药标签使用	≥7

参考文献

［1］国家药典委员会.中华人民共和国药典:2020年版一部［M］.北京:中国医药科技出版社,2020.

［2］吴明开,曾令祥,朱国胜,等.半夏规范化生产标准操作规程(SOP)［J］.现代中药研究与实践,2009,23(6):3-7.

［3］张晓伟,王小峰,张兴翠.半夏研究概况［J］.现代中药研究与实践,2006,20(6):57-61.

［4］王新胜,吴艳芳,马军营,等.半夏化学成分和药理作用研究［J］.齐鲁药事,2008,27(2):101-103.

［5］胡玉涛,王沫,肖平阔.半夏的生物学特性研究概况［J］.湖北林业科技,2006(6):38-41.

［6］张国泰,郭巧生,王康才.半夏生态研究［J］.中国中药杂志,1995(7):395-397.

［7］朱克贵.贵州省凤冈县半夏规范化种植操作规程(SOP)［J］.遵义科技,2004,32(4):12-15.

［8］刘跃辉,周哲健.人工栽培半夏的气候条件分析［J］.中国农业气象,2005(2):129-130.

［9］钱广涛,薛涛,张爱民,等.半夏无公害栽培技术体系探讨［J］.世界中医药,2018,13(12):2949-2955.

［10］王化东,吴发明.我国半夏资源调查研究［J］.安徽农业科学,2012,40(1):150-151.

ICS 65.020.20
CCS C 05

团 体 标 准

T/CACM 1374.57—2021

头花蓼规范化生产技术规程

Code of practice for good agricultural practice of
Polygoni Capitati Herba

2021-10-15 发布　　　　　　　　　　　　　　　　2021-10-15 实施

中华中医药学会　发布

目　　次

前　言

本文件按照 GB/T 1.1—2020《标准化工作导则　第 1 部分：标准化文件的结构和起草规则》的规定起草。

请注意本文件中的某些内容可能涉及专利。本文件的发布机构不承担识别专利的责任。

本文件由中国医学科学院药用植物研究所提出。

本文件由中华中医药学会归口。

本文件起草单位：贵州中医药大学、贵州威门药业股份有限公司、中国医学科学院药用植物研究所、贵州兴黔科技发展有限公司、贵州医科大学省部共建药用植物功效与利用国家重点实验室、贵阳药用植物园、重庆市药物种植研究所。

本文件主要起草人：魏升华、张丽艳、梁斌、唐靖雯、郁建新、杜富强、魏建和、王文全、王秋玲、王苗苗、严福林、杨胜福、杨小生、潘卫东、檀龙颜、任得强、张久磊、杨小玉、辛元尧、王苗苗。

头花蓼规范化生产技术规程

1 范围

本文件确立了头花蓼的规范化生产流程,规定了头花蓼的生产基地选址、种质与种子、种苗繁育、种植、采收、产地初加工、包装、放行和贮运等阶段的操作要求。

本文件适用于头花蓼的规范化生产。

2 规范性引用文件

下列文件中的内容通过文中的规范性引用而构成本文件必不可少的条款。其中,注明日期的引用文件,仅该日期对应的版本适用于本文件;不注明日期的引用文件,其最新版本(包括所有的修改单)适用于本文件。

GB 3095 环境空气质量标准

GB/T 3543 农作物种子检验规程

GB 5084 农田灌溉水质标准

GB 5749 生活饮用水卫生标准

GB 15618 土壤环境质量 农用地土壤污染风险管控标准(试行)

T/CACM 1374.1—2021 中药材规范化生产技术规程通则 植物药材

3 术语和定义

T/CACM 1374.1—2021 界定的以及下列术语和定义适用于本文件。

3.1 规范化生产 good agricultural practice

按照《中药材生产质量管理规范》(简称中药材 GAP)的要求,实施药材生产,保证中药材优质安全的生产过程。

3.2 技术规程 code of practice

为实现中药材生产顺利、有序进行,保证中药材生产质量,对中药材生产的基地选址、种子种苗、种植或野生抚育、采收与产地初加工以及包装、放行与贮运等,所做的技术规定和要求,是实施中药材规范生产的核心技术要求和实施指南。

3.3 头花蓼 Polygoni Capitati Herba

蓼科植物头花蓼 *Polygonum capitatum* Buch.-Ham. ex D. Don 的干燥全草。

3.4 头花蓼种子 seed of *Polygonum capitatum*

由合生心皮的复雌蕊发育成的带残存花被的果实(称瘦果),可直接用于播种育苗。

3.5 头花蓼移栽苗 transplanting seedling of *Polygonum capitatum*

用头花蓼种子在苗床上播种后培育的供大田栽种的植株。

4 头花蓼规范化生产流程图

头花蓼规范化生产流程见图1。

头花蓼规范化生产流程:　　　　　　　　　　关键控制点及参数:

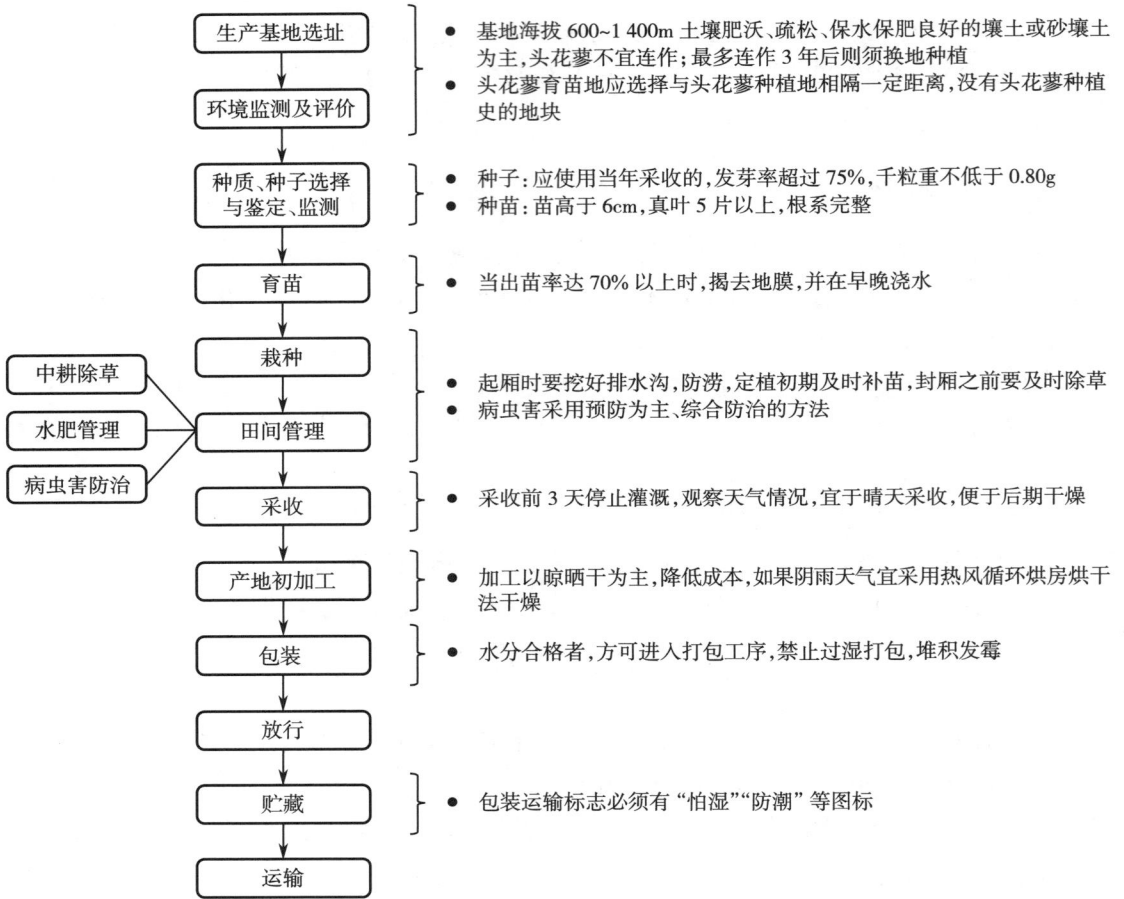

- 基地海拔 600~1 400m 土壤肥沃、疏松、保水保肥良好的壤土或砂壤土为主,头花蓼不宜连作;最多连作 3 年后则须换地种植
- 头花蓼育苗地应选择与头花蓼种植地相隔一定距离,没有头花蓼种植史的地块
- 种子:应使用当年采收的,发芽率超过 75%,千粒重不低于 0.80g
- 种苗:苗高于 6cm,真叶 5 片以上,根系完整
- 当出苗率达 70% 以上时,揭去地膜,并在早晚浇水
- 起厢时要挖好排水沟,防涝,定植初期及时补苗,封厢之前要及时除草
- 病虫害采用预防为主、综合防治的方法
- 采收前 3 天停止灌溉,观察天气情况,宜于晴天采收,便于后期干燥
- 加工以晾晒干为主,降低成本,如果阴雨天气宜采用热风循环烘房烘干法干燥
- 水分合格者,方可进入打包工序,禁止过湿打包,堆积发霉
- 包装运输标志必须有 "怕湿""防潮" 等图标

图 1　头花蓼规范化生产流程图

5 头花蓼规范化生产技术

5.1 生产基地选址

5.1.1 产地选择

最适宜在贵州西部、西南部和东部海拔 800~1 400m 的区域如盘县、水城、六枝、普安、晴隆、兴义、安顺、乌当等地及东南部海拔 600~1 000m 的区域如施秉、雷山、台江、剑河、黄平等地种植。

5.1.2　地块选择

头花蓼不宜连作;最多连作 3 年后则须换地种植。

头花蓼育苗地应选择与头花蓼种植地相隔一定距离,没有头花蓼种植史,具有灌溉排涝设施、病虫害综合防治设施、交通道路及农家肥无害化处理沤肥坑等设施的地块。

良种繁育田和定植地应选土质疏松、透水透气性能良好、保水保肥良好、土层厚度 30cm 以上的砂壤土。土壤以偏酸性(pH 5~7.5)为好。

5.1.3　环境监测

生产基地的空气质量应符合 GB 3095 规定的环境空气质量标准,灌溉水质量应符合 GB 5084 规定的农田灌溉水质标准,土壤质量应符合 GB 15618 的规定。

5.2　种质与种子

5.2.1　种质选择

使用蓼科植物头花蓼 *Polygonum capitatum* Buch.-Ham. ex D. Don. 为物种来源。其物种须经过鉴定,如使用农家品种或其他选育品种应加以明确说明。

5.2.2　种子质量

应使用当年采收的成熟种子,依据种子发芽率、净度、千粒重、含水量等指标进行分级,按照 GB/T 3543 规定的农作物种子检验规程的要求,种子质量等级符合附录 B 表 B.1 的规定。

5.3　良种繁育

5.3.1　选种及种子培育

选择通过种源筛选的优良株系进行采种,并建立良种繁育圃,须采集种子的种株为保证种子的原有性状,避免混杂和串粉,应在植株开花前将种质资源保存圃内小区与其他小区充分隔离开(采种量少时可采用套袋),也可把小区内的植株部分移出另植于较远的隔离区(采种田或良种繁育圃)培植种子。应于 4—5 月移栽,可整株带土移植、分株或扦插。成活后及时除草施肥。

5.3.2　采种及贮藏

8—11 月,待整个果序为白色时开始分批采集种子。将整个果序采摘运回,放通风干燥处晾干,脱离,除去果序梗等杂质后装入透气良好的布袋。贮藏于通风干燥的种子阴凉库中。

5.4　种植

5.4.1　播种时间

于春季 2 月中旬或 3 月初开始育苗,4 月下旬或 5 月中旬开始移栽种植。

5.4.2　播种方法

头花蓼育苗移栽种植一般采用大棚育苗或田间拱棚育苗。①大棚育苗:在塑料大棚内用砖砌成宽 1m、高 20cm、长随棚的育苗床。苗床内应填 15cm 厚细熟土(过 8 目筛),然后每亩(1 亩 ≈ 666.7m², 下文同)均匀撒 2 000kg 腐熟农家肥和 45% 硫酸钾型复合肥 20kg 作底肥,与床土拌匀后,用刮板刮平床面。育苗时,先将苗床喷透水,按 2g/m² 称量种子,与

200~300倍的细土（过8目筛）混合均匀后，撒播在苗床上，撒完后盖一层地膜。②田间拱棚育苗：在选好地块内，深翻土壤25cm，清除杂草、石块等杂物，打碎土块后，用锄头捞成宽1m、高10cm的苗床，施底肥及育苗方法同上，撒完种子后盖一层地膜。最后用竹片做骨架起拱棚。

5.4.3 苗床管理

当出苗率达70%以上时，揭去地膜。揭膜后根据苗床湿度情况，注意浇水保湿。出齐苗后，及时除草，间苗按密度2cm×2cm，用手拔除弱苗，保留500~600株/m²。当棚内温度达到30℃时，大棚育苗法则需要打开大门及通风帘或揭棚，大田育苗法则需要揭开棚的两端，加强棚内通风。

5.4.4 起苗移栽

4月底—5月中旬移栽，移栽前1周，揭棚或打开大棚的通风帘，增加光照，减少浇水。移栽前一天将苗床喷透水，第二天拔取较大的健壮苗，用经水泡过的稻草捆成小把，一般每把100株左右，然后放在盛器里，最好盖上湿布，随起随栽。注意不要一次性起苗太多，当天起的苗，当天必须栽完，不能放置过夜。

5.4.5 整地定植

移栽前3~4天，选有太阳的天气整地。先锄去已翻耕过的地中杂草，就地晒3~4天，晒死杂草。移栽前每亩均匀撒2 000kg腐熟的农家肥、20kg复合肥，随后翻入土中，然后根据地形做成宽1m、高10cm的畦，畦间距30~40cm，结合掏沟耙平畦面，同时拣去畦面上各种宿根、杂草及石砾等杂物。选用外观整齐、均匀，根系完整，无萎蔫现象，苗高6~12cm，真叶数5~11片的优质种苗，于4月下旬—5月上旬移栽，选阴天移栽。密度（20~25）cm×（20~25）cm。将苗放入穴内用手压紧，每穴1苗。定植当天浇透定根水。

5.4.6 田间管理

5.4.6.1 中耕除草

移栽后1周内，及时补齐缺苗。每隔15天锄草1次，直至封行。封行后到采收前，每1个月拔除杂草1次。所有杂草要集中堆放于农家肥腐熟坑内，让其发酵腐熟成肥料供用。

5.4.6.2 灌水排水

头花蓼怕涝，在移栽前的整地起厢时，顺地势挖好排水沟，保证雨季雨水通畅排出。在整个生长期内，雨季每天要查看田间排水情况，发现积水的地块，应及时疏通，避免积水造成头花蓼烂根。

5.4.6.3 追肥

头花蓼的施肥以基肥为主。对头花蓼进行追肥宜在封行前，使用45%硫酸钾型复合肥追肥一次即可。

5.4.7 病虫害防治

5.4.7.1 概述

贯彻"预防为主、综合防治"的植保方针：认真选地、实行轮作、选用和培育健壮无病的种子种苗，禁用带病苗；及时清除田间杂草与病残植株，有机肥必须充分腐熟，合理施肥；注意做好挖沟防涝。综合采用农业防治、物理防治、生物防治,科学合理地配合使用化学防治。采用化学防治时,应当符合国家有关规定;优先选用高效、低毒的生物农药;尽量避免使用除草剂、杀虫剂和杀菌剂等化学农药;不使用禁限用农药。头花蓼常见病害有立枯病、叶斑病、细菌性茎腐病;主要虫害有地老虎、双斑莹叶甲、黄曲条跳甲、斜纹夜蛾等。具体病虫害种类参见附录 B 表 B.2。

5.4.7.2 立枯病

苗床要增加通气性、肥力并及时排水,大田种植要选择肥力高、土壤透气好及排水良好的地块。切忌重茬种植。一般有伤口的植株生长细弱时病菌容易侵入。化学防治:用 36% 甲基硫菌灵悬浮剂 500 倍液进行防治。

5.4.7.3 叶斑病

种植后及时清除田间病残体,远离种植地集中烧毁,适时放风降湿,增施有机肥和磷钾肥,增强植株抗性。化学防治:可以选用 10% 苯醚甲环唑水分散粒剂 1 500 倍液进行防治。

5.4.7.4 细菌性茎腐病

施足腐熟农家肥和磷钾肥;改良土壤,可调节土壤 pH,抑制细菌繁殖;防止田间积水,雨后做好排涝准备,预防细菌性茎腐病的发生。化学防治:可选用 50% 琥胶肥酸铜可湿性粉剂 500 倍液进行防治。

5.4.7.5 地老虎

在移栽前要及时铲除、拣尽田间杂草,减少幼虫食料,消灭部分幼虫和卵。收获后,及时铲尽田间杂草,运出田间,集中堆沤,可消灭大量卵和幼虫,也可减少越冬幼虫和蛹的数量。在幼虫期及成虫期也可进行诱捕。

5.4.7.6 双斑莹叶甲

移栽前与秋冬收获后铲除并拣尽田间及周围杂草。5—8 月,田间挂频振式杀虫灯或安置全自动智能型太阳能灭虫灯诱杀成虫。

5.4.7.7 黄曲条跳甲

不宜选择种过十字花科植物的田地,特别是上茬种过青菜类植物的田地;移栽前与秋冬收获后,铲除并拣尽田间及周围杂草;移栽前深耕晒土,形成不利于幼虫生活的环境并消灭部分蛹。成虫为害期可使用灭虫灯诱杀。

5.4.7.8 斜纹夜蛾

移栽前与秋冬收获后,铲除并拣尽田间及周围杂草。为害期间可在田间诱杀成虫。

5.5 采收与初加工

5.5.1 采收

一次性采收,于生长期达到 120 天后进行采收,此时植株已进入盛花期。采收前 20 天,对头花蓼种植地停止使用任何农药;采收前 3 天停止灌溉,以利采收与初加工干燥;采收前 1 天应清除头花蓼种植地的杂草异物。宜于晴天采收,顺畦面割取地上部分,采割工具为常用农具如镰刀等;采收后应及时转运,并应及时初加工处理。

5.5.2 初加工

头花蓼初加工干燥方法为传统的阴干法（也可在塑料大棚内阴干及短期堆放）或晒干法。当采收季节遇上连绵阴雨时，才宜采用热风循环烘房烘干法干燥。

5.6 包装、贮藏、运输

5.6.1 包装

包装前，应按照中药材取样法取样并依法检测，检测结果符合相应标准要求后进行打包，包装前，还应将头花蓼药材集中堆放于干净、阴凉、无污染的室内回润（回润时间视情况而定，一般以 24 小时为宜），以利打包。以中药材压缩机压缩打包，打包件规格：90cm（长）×60cm（宽）×40cm（高）。包装材料为透气的塑料编织布；捆扎材料使用铁元丝。包装材料应清洁、干燥、无污染、无破损，并符合药材质量要求。打包件重量40kg。药材密度（190±19）kg/m³。包装时必须严格按标准操作规程操作，应做好包装记录，其内容主要包括药材名称、规格、重量（毛重、净重）、产地、批号、包装工号、包装日期、生产单位、追溯码等，并应有产品合格证及质量合格等标志。

5.6.2 贮藏

头花蓼药材应在避光、通风、常温（25℃以下）、干燥（相对湿度 60% 以下）条件下贮藏。应在地面铺垫有高 15cm 左右木架的通风、干燥，并具备温湿度计、防火防盗及防鼠、虫、禽畜为害等设施的库房中贮藏。要求合理堆放，堆垛高度适中（一般不超 5 层），距离墙壁不小于30cm；要求整个库房整洁卫生、无缝隙、易清洁。并随时做好台账、记录及定期、不定期检查等仓储养护管理工作。

5.6.3 运输

头花蓼药材批量运输时，可用装载和运输中药材的集装箱、车厢等运载容器和车辆等工具运输。要求其运载车辆及运载容器应清洁无污染、通气性好、干燥防潮，并应不与其他有毒、有害、易串味的物质混装混运。其运输货签必须有运输号码、品名、发货件数、到达站、收货单位、发货单位、始发站等，要采用印刷书写并拴在打包件两端。包装运输标志必须有"怕湿""防潮"等图标。

附 录 A

（规范性）

禁限用农药名单

A.1 禁止（停止）使用的农药（46 种）

六六六、滴滴涕、毒杀芬、二溴氯丙烷、杀虫脒、二溴乙烷、除草醚、艾氏剂、狄氏剂、汞制剂、砷类、铅类、敌枯双、氟乙酰胺、甘氟、毒鼠强、氟乙酸钠、毒鼠硅、甲胺磷、对硫磷、甲基对硫磷、久效磷、磷胺、苯线磷、地虫硫磷、甲基硫环磷、磷化钙、磷化镁、磷化锌、硫线磷、蝇毒磷、治螟磷、特丁硫磷、氯磺隆、胺苯磺隆、甲磺隆、福美胂、福美甲胂、三氯杀螨醇、林丹、硫丹、溴甲烷、氟虫胺、杀扑磷、百草枯、2,4- 滴丁酯。

注：氟虫胺自 2020 年 1 月 1 日起禁止使用。百草枯可溶胶剂自 2020 年 9 月 26 日起禁止使用。2,4-滴丁酯自 2023 年 1 月 29 日起禁止使用。溴甲烷可用于"检疫熏蒸处理"。杀扑磷已无制剂登记。

A.2 在部分范围禁止使用的农药（20 种）

部分范围禁止使用的农药应注意药食同源中药材及来自其他作物的中药材。部分范围禁止使用的农药见表 A.1。

表 A.1 部分范围禁止使用的农药

通用名	禁止使用范围
甲拌磷、甲基异柳磷、克百威、水胺硫磷、氧乐果、灭多威、涕灭威、灭线磷	禁止在蔬菜、瓜果、茶叶、菌类、中草药材上使用,禁止用于防治卫生害虫,禁止用于水生植物的病虫害防治
甲拌磷、甲基异柳磷、克百威	禁止在甘蔗作物上使用
内吸磷、硫环磷、氯唑磷	禁止在蔬菜、瓜果、茶叶、中草药材上使用
乙酰甲胺磷、丁硫克百威、乐果	禁止在蔬菜、瓜果、茶叶、菌类和中草药材上使用
毒死蜱、三唑磷	禁止在蔬菜上使用
丁酰肼（比久）	禁止在花生上使用
氰戊菊酯	禁止在茶叶上使用
氟虫腈	禁止在所有农作物上使用（玉米等部分旱田种子包衣除外）
氟苯虫酰胺	禁止在水稻上使用

A.3 说明

本附录的内容来自 2019 年中华人民共和国农业农村部发布的《禁限用农药名录》（http://www.zzys.moa.gov.cn/gzdt/201911/t20191129_6332604.htm）。

附　录　B

（资料性）

头花蓼种子质量分级标准及病虫害防治的参考方法

头花蓼种子质量分级标准见表 B.1。

表 B.1　头花蓼种子质量分级标准

分级	发芽率 /%	净度 /%	千粒重 /g	含水量 /%	纯度 /%
一级	≥90	≥95	≥0.90	≤12	≥99
二级	≥85~89	≥90~94	≥0.83~0.89	≤12	≥99
三级	≥75~84	≥85~89	≥0.78~0.82	≤12	≥99

头花蓼常见病虫害防治的参考方法参见表 B.2。

表 B.2　头花蓼常见病虫害防治的参考方法

名称	危害症状	防治方法
立枯病	为害刚出土的头花蓼植株幼苗,也可为害成株叶片。植株一般在出土前就可以受害,造成烂种、烂芽。出土后在茎基部近土面处出现淡黄色或黄褐色病斑,后迅速扩展围绕幼茎,并变黑褐色,病部逐渐扩大,凹陷,腐烂,使幼苗萎蔫倒伏	苗床要增加通气性、肥力并及时排水,大田种植要选择肥力高、土壤透气好及排水良好的地块。切忌重茬种植。一般有伤口的植株生长细弱时病菌容易侵入。化学防治:用 36% 甲基硫菌灵悬浮剂 500 倍液进行防治
叶斑病	植株下部的叶片先发病。病斑初时较小,以后逐渐扩大。病斑呈圆形、椭圆形,从中心向外扩大,边缘呈褐色,略隆起;发病严重时病斑可互相连接,形成不规则的大斑。后期在病斑上散生稀疏略显同心轮纹的黑色小点	及时清除田间病残体,远离种植地集中烧毁,适时放风降湿,增施有机肥和磷钾肥,增强植株抗性。化学防治:可以选用 10% 苯醚甲环唑水分散粒剂 1 500 倍液进行防治
细菌性茎腐病	发病初期,头花蓼病株茎基部变黑褐色,并从下部逐渐向上蔓延,上部叶片变色萎蔫。严重时,整株茎秆变黑变细,叶片枯死,最后整株全部死亡	施足腐熟农家肥和磷钾肥;改良土壤,可调节土壤 pH,抑制细菌繁殖;防止田间积水,雨后做好排涝准备,预防细菌性茎腐病的发生。化学防治:可选用 50% 琥胶肥酸铜可湿性粉剂 500 倍液进行防治

名称	危害症状	防治方法
地老虎	4—5月移栽季节在近地面咬断头花蓼幼苗,造成缺苗,影响产量	在移栽前要及时铲除、拣尽田间杂草,减少幼虫食料,消灭部分幼虫和卵。收获后,及时铲尽田间杂草,运出田间,集中堆沤,可消灭大量卵和幼虫,也可减少越冬幼虫和蛹的数量。在幼虫期及成虫期也可进行诱捕
双斑莹叶甲	5—8月为害头花蓼叶片,常把叶片吃成椭圆形小孔洞,影响头花蓼的生长及药材质量	移栽前与秋冬收获后铲除并拣尽田间及周围杂草。5—8月,田间挂频振式杀虫灯或安置全自动智能型太阳能灭虫灯诱杀成虫
黄曲条跳甲	4—7月为害头花蓼叶片,常把叶片吃成椭圆形小孔洞,影响头花蓼的生长及药材质量	不宜选择种过十字花科植物的田地,特别是上茬种过青菜类植物的田地;移栽前与秋冬收获后,铲除并拣尽田间及周围杂草;移栽前深耕晒土,形成不利于幼虫生活的环境并消灭部分蛹。成虫为害期可使用灭虫灯诱杀
斜纹夜蛾	6—9月为害头花蓼叶片,常把叶片吃成缺刻状,严重时,吃光所有叶片,只剩茎,严重影响头花蓼的生长及药材质量	移栽前与秋冬收获后,铲除并拣尽田间及周围杂草。危害期间可在田间诱杀成虫

参考文献

[1] 梁斌,张丽艳,冉懋雄.中国苗药头花蓼[M].北京:中国中医药出版社,2014.

[2] 周涛,金艳蕾,江维克,等.不同地理来源头花蓼的遗传多样性与没食子酸含量相关性分析[J].植物遗传资源学报,2010,11(6):721-728.

[3] 魏升华,张丽丽,徐亮,等.苗药头花蓼种质资源收集保存与优良种源筛选研究[J].微量元素与健康研究,2015,32(1):1-3.

[4] 孙长生,韩见宇,魏升华,等.不同肥料及施用量对头花蓼产量的影响[J].现代中药研究与实践,2005(5):20-22.

[5] 孙长生,韩见宇,杨锦纲,等.头花蓼GAP种植基地的环境质量评价[J].中药研究与信息,2005(2):27-28.

[6] 孙长生,韩见宇,魏升华,等.头花蓼规范化种植密度研究[J].中药研究与信息,2005(6):35-36.

[7] 孙长生,韩见宇,杨锦纲,等.头花蓼种子发芽生物学特性研究[J].现代中药研究与实践,2005(2):19-22.

[8] 潘雯婷,张丽艳,谢宇,等.主成分及聚类分析法对不同产地头花蓼的综合质量评价[J].中国实验方剂学杂志,2012,18(10):153-157.

[9] 余欣洋,张丽艳,谢宇,等.主成分分析确定头花蓼最佳采收时间及初加工方法[J].中国实验方剂学杂志,2013,19(21):90-92.

[10] 王新村,魏升华,孙长生,等.头花蓼开花结果与授粉特性观察研究[J].现代中药研究与实践,2006(4):12-15.

[11] 王新村,魏升华,韩见宇,等.头花蓼营养生长特性观察研究[J].中国现代中药,2006(3):32-34.

ICS 65.020.20
CCS C 05

团 体 标 准

T/CACM 1374.58—2021

吉祥草规范化生产技术规程

Code of practice for good agricultural practice of
Reineckiae Carneae Herba

2021-10-15 发布

2021-10-15 实施

中华中医药学会　发布

目　　次

前　　言

本文件按照 GB/T 1.1—2020《标准化工作导则　第 1 部分：标准化文件的结构和起草规则》的规定起草。

请注意本文件中的某些内容可能涉及专利。本文件的发布机构不承担识别专利的责任。

本文件由中国医学科学院药用植物研究所提出。

本文件由中华中医药学会归口。

本文件起草单位：贵州中医药大学、贵州百灵企业集团制药股份有限公司、贵州大学、中国医学科学院药用植物研究所、贵州宜博经贸有限责任公司、安顺市宝林中药饮片科技有限公司、贵州医科大学省部共建药用植物功效与利用国家重点实验室、贵阳药用植物园、重庆市药物种植研究所。

本文件主要起草人：魏升华、袁双、陈道军、魏建和、王文全、王秋玲、严福林、李灿、于以祥、杨小生、张久磊、张云、程均军、罗青、任得强、杨小玉、辛元尧、王苗苗。

吉祥草规范化生产技术规程

1 范围

本文件确立了吉祥草的规范化生产流程,规定了吉祥草的生产基地选址、种质、种苗繁育、种植、采收、产地初加工、包装、放行和贮运等阶段的操作要求。

本文件适用于吉祥草的规范化生产。

2 规范性引用文件

下列文件中的内容通过文中的规范性引用而构成本文件必不可少的条款。其中,注明日期的引用文件,仅该日期对应的版本适用于本文件;不注明日期的引用文件,其最新版本(包括所有的修改单)适用于本文件。

《中药材生产质量管理规范》

GB 3905　环境空气质量标准

GB 5084　农田灌溉水质标准

GB 15168　土壤环境质量　农用地土壤污染风险管控标准(试行)

GB 5749　生活饮用水卫生标准

GB/T 8321　农药合理使用准则

NY/T 1276　农药安全使用规范　总则

GB/T 191　包装储运图示标志

T/CACM 1374.1—2021　中药材规范化生产技术规程通则　植物药材

3 术语和定义

T/CACM 1374.1—2021 界定的以及下列术语和定义适用于本文件。

3.1 规范化生产　good agricultural practice

按照《中药材生产质量管理规范》(简称中药材 GAP)的要求,实施药材生产,保证中药材优质安全的生产过程。

3.2 技术规程　code of practice

为实现中药材生产顺利、有序进行,保证中药材生产质量,对中药材生产的基地选址、种子种苗、种植或野生抚育、采收与产地初加工以及包装、放行与贮运等,所做的技术规定和要求,是实施中药材规范生产的核心技术要求和实施指南。

3.3 吉祥草　Reineckiae Carneae Herba

百合科植物吉祥草 *Reineckia carnea* (Andr.) Kunth 的干燥全草。

4 吉祥草规范化生产流程图

吉祥草规范化生产流程见图 1。

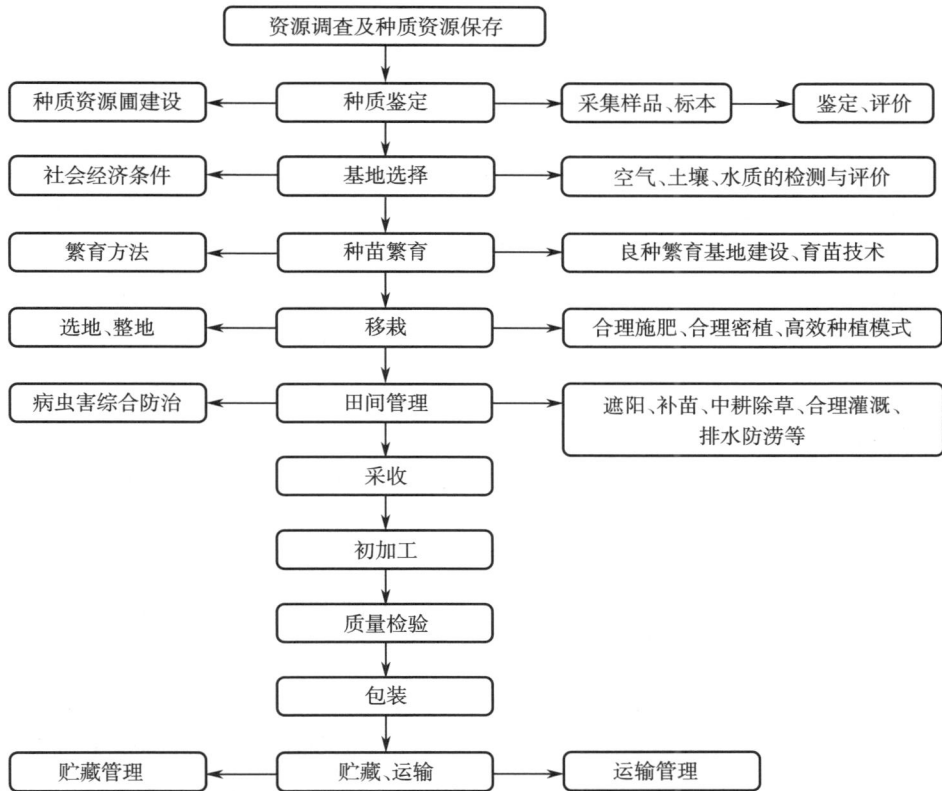

图 1 吉祥草的规范化生产流程图

5 吉祥草规范化生产技术

5.1 生产基地选址

5.1.1 产地选择

海拔高度 800~2 000m,年平均气温 10~18℃,1 月平均温度在 3℃以上,无霜期在 260 天以上,年平均日照 1 100~1 500 小时,年平均降水量 900mm 以上,生长期相对湿度在 60%~85% 之间。

5.1.2 地块选择

土壤肥沃疏松、排水良好、有机质含量大于 1.5%、中性偏酸性(pH 在 5.5~7.0)的黄壤土、黄棕壤土、石灰土、黄色石灰土、夹砂土等。

土壤有机质大于 1.5%、pH 为 5.5~7.0。林地种植模式下郁闭度为 40%~80%。

5.1.3 环境监测

基地的大气、土壤和水样品的检测按照 GAP 要求,应符合 GB 3905《环境空气质量标准》、灌溉水质应符合 GB 5084 规定的农田灌溉水质标准、土壤质量应符合 GB 15168 的规定,且要保证生长期间持续符合标准。

5.2 种苗繁育

5.2.1 种质选择

使用百合科植物吉祥草 *Reineckia carnea*（Andr.）Kunth 为原植物,物种须经过专业机构专业技术人员鉴定。

5.2.2 苗圃选地与整地

按照 5.1.1 要求选择苗圃地。

人工翻耕深 25~30cm,整细耙平。苗床宽 100~120cm,高 10~15cm,厢沟 30~40cm。100~130kg/ 亩（1 亩≈666.7m^2,下文同）生物有机肥作底肥。

5.2.3 母株

18 个月以上的吉祥草药田作采种圃,选符合吉祥草种苗质量标准要求的植株作为母株。

5.2.4 定植

2—4 月或 9—11 月沟栽定植,沟深 5~8cm,按株行距 15cm×20cm 放入吉祥草分株苗,根系放直,朝向一致,覆土压实,浇定根水。

5.2.5 苗圃管理

栽种后随时人工拔除杂草;定植成活后,观察缺株断垄情况,并进行补苗。保持土壤含水量为 12.0%~18.5%,过多则清杂排水。在苗期、茎叶生长盛期及时追肥,尿素追肥,前三次为根际追肥,最后一次为根外追肥。分别为:定植成活后按 10kg/ 亩追肥一次;3 月上旬按 10kg/ 亩追肥;7 月中旬按 10kg/ 亩追肥;根际追肥方法:在厢面距植株约 8cm 处放置肥料,培土覆盖肥料。根外施肥法:吉祥草封行前后,按 1kg/ 亩清水稀释为 2% 溶液均匀喷施叶面。病虫害防治见 5.3.7。

5.2.6 起苗

移苗前将苗床浇透水,挖掘吉祥草全株,取符合吉祥草种苗质量标准要求的植株作种苗。种苗质量标准参照附录 B。

5.3 种植

5.3.1 整地

深翻土地达 30cm 以上。按宽 100~120cm、高 10~15cm 开厢,厢间距 30~40cm。移栽前撒施生物有机肥 100~130kg/ 亩作底肥。

5.3.2 时间

春季 2—4 月或秋季 9—11 月。

5.3.3 种植方法

沟栽,沟深 8~10cm,种苗根系摆直,朝向一致,回土约 8cm 覆盖,浇透定根水。

5.3.4 种植密度

株行距 15cm×20cm。15 000 株 / 亩。

5.3.5 田间管理

定植后约 20 天,补齐缺苗。中耕除草与追肥结合进行,每年人工除杂除草 4~6 次。土壤含水量为 12.0%~18.5%,过多则清杂排水。尿素追肥,前三次为根际追肥,最后一次为根外追肥。分别为:定植成活后按 10kg/ 亩追肥;7 月中旬按 10kg/ 亩追肥;3 月上旬按 10kg/ 亩追肥;吉祥草封行前后,按 1kg/ 亩清水稀释为 2% 溶液均匀喷施叶面。根际追肥方法:在厢面距植株约 8cm 处放置肥料,回土覆盖肥料。

5.3.6 病虫害防控

遵循"预防为主,综合防治"的植保方针,通过加强栽培管理、科学施肥等栽培措施,采用农业防治、物理防治、生物防治、化学防治,将病虫害控制在允许范围内。严格执行 NY/T 1276 的规定。

吉祥草常见病虫害及推荐防控方法见附录 B,禁止使用国家规定的剧毒、高毒、高残留或者具有"三致"(致癌、致畸、致突变)的农药品种,见附录 A。

5.4 采收与初加工

5.4.1 采收时间

春栽为栽种后生长期满 18 个月以上,即第二年秋季;秋栽为生长期满 18 个月,即第三年春末。

5.4.2 采收方法

人工挖掘全株。

5.4.3 清洗

先用清水冲洗吉祥草根部泥土,再置池子浸泡 60 分钟后冲洗干净。清洗和浸泡用水应符合 GB 5749 的规定。

5.4.4 干燥

晒干法:将洗净的吉祥草撒于晒坝或晒席上,厚 15cm 左右。每天翻动 3~4 次,晒至含水量在 10%~12%。

烘干法:全智能烘烤设备房。烘烤前,把烘箱内不锈钢湿泡盒里的水加满。把洗净的药材装入网筛,层层铺放平整,厚度不超过 10cm,放满后关好烘房门。按附录 C 设置温湿度参数。再次检查设备,开始生火,生火成功后,鼓风机在设置的温湿度内自动打开,持续吹风加大火力直至达到设置的温湿度值。在自动控温湿度条件下,烘烤 18 小时后,打开烘房门,检查烘干程度及药材外观是否正常,烘烤至根用手捏能脆断。关掉设备,熄火,降温,回润。吉祥草烘干参数设置见附录 C。

加工干燥过程保证场地、工具洁净,不受雨淋等。

5.5 包装、放行、贮运

5.5.1 包装技术规程

用立式小型液压打包机。称取已回润的吉祥草药材 40kg,升起丝杆,将称好的吉祥草药材装入箱内至满。旋转丝杆,使压盖下降,将药材压实,照此重复 2~4 次,至药材全部装入打包箱压实。升起丝杆,打开前后箱板,从箱内取出已压缩好的吉祥草药材装入包装编织袋中,用麻线缝合。将裹包的药材用 3 根铁元丝捆紧,随后把突出的铁元丝扣用铗钳打入药材里,订上药材包装标识及质量合格证。做好批包装记录,其内容主要包括药材名称、规格、重量(毛重、净重)、产地、批号、包装工号、包装日期、生产单位等。将吉祥草药材包装好后,按批号分别码垛堆放于打包间的临时堆放处,待入库。包装应符合 GB/T 191 的相关规定,须有"怕湿""防潮"等图标。

5.5.2 放行

应制定符合企业实际情况的放行制度,有审核批生产、检验等的相关记录。不合格药材有单独处理制度。

5.5.3 贮运

吉祥草药材应在室内、通风、常温(0~30℃)、干燥(相对湿度 45%~75%)条件下贮藏,定期检查,防止虫蛀、霉变、腐烂、泛油等的发生;不同批次、不同等级药材分区存放;建有定期检查制度。运输应防止发生混淆、污染、异物混入、包装破损、雨雪淋湿等。

附 录 A

（规范性）

禁限用农药名单

A.1 禁止（停止）使用的农药（46 种）

六六六、滴滴涕、毒杀芬、二溴氯丙烷、杀虫脒、二溴乙烷、除草醚、艾氏剂、狄氏剂、汞制剂、砷类、铅类、敌枯双、氟乙酰胺、甘氟、毒鼠强、氟乙酸钠、毒鼠硅、甲胺磷、对硫磷、甲基对硫磷、久效磷、磷胺、苯线磷、地虫硫磷、甲基硫环磷、磷化钙、磷化镁、磷化锌、硫线磷、蝇毒磷、治螟磷、特丁硫磷、氯磺隆、胺苯磺隆、甲磺隆、福美胂、福美甲胂、三氯杀螨醇、林丹、硫丹、溴甲烷、氟虫胺、杀扑磷、百草枯、2,4- 滴丁酯。

注：氟虫胺自 2020 年 1 月 1 日起禁止使用。百草枯可溶胶剂自 2020 年 9 月 26 日起禁止使用。2,4-滴丁酯自 2023 年 1 月 29 日起禁止使用。溴甲烷可用于"检疫熏蒸处理"。杀扑磷已无制剂登记。

A.2 在部分范围禁止使用的农药（20 种）

部分范围禁止使用的农药应注意药食同源中药材及来自其他作物的中药材。部分范围禁止使用的农药见表 A.1。

表 A.1　部分范围禁止使用的农药

通用名	禁止使用范围
甲拌磷、甲基异柳磷、克百威、水胺硫磷、氧乐果、灭多威、涕灭威、灭线磷	禁止在蔬菜、瓜果、茶叶、菌类、中草药材上使用,禁止用于防治卫生害虫,禁止用于水生植物的病虫害防治
甲拌磷、甲基异柳磷、克百威	禁止在甘蔗作物上使用
内吸磷、硫环磷、氯唑磷	禁止在蔬菜、瓜果、茶叶、中草药材上使用
乙酰甲胺磷、丁硫克百威、乐果	禁止在蔬菜、瓜果、茶叶、菌类和中草药材上使用
毒死蜱、三唑磷	禁止在蔬菜上使用
丁酰肼（比久）	禁止在花生上使用
氰戊菊酯	禁止在茶叶上使用
氟虫腈	禁止在所有农作物上使用（玉米等部分旱田种子包衣除外）
氟苯虫酰胺	禁止在水稻上使用

A.3 说明

本附录的内容来自 2019 年中华人民共和国农业农村部发布的《禁限用农药名录》（http://www.zzys.moa.gov.cn/gzdt/201911/t20191129_6332604.htm）。

附 录 B

（资料性）

吉祥草种苗质量标准及病虫害的防治方法

吉祥草种苗质量标准见表 B.1，吉祥草常见病虫害推荐的化学防治方法参见表 B.2，吉祥草常见虫害推荐的物理防治方法参见表 B.3。

表 B.1 吉祥草种苗质量标准

项目	一级	二级	三级	外观性状
单株重量 /g	≥14.00	9.10~14.00	4.00~9.00	叶翠绿,根茎色白或绿,粗壮无病斑及破裂伤口,去根的断面正常,鳞片红色或白色
芽数 / 个	≥2	1	1	
芽长 /cm	≥6.0	5.1~6.0	3.5~5.0	
芽直径 /mm	≥6.00	5.10~6.00	3.50~5.00	

注：本表中的单株重量、芽数、芽长、芽直径指标，一级指标中一项或以上达不到，降为下一等级，依次类推。生产上严禁使用三级以下的种苗。

表 B.2 吉祥草常见病虫害推荐的化学防治方法

农药名称	剂型	防治对象	常用药量	施药方法
多菌灵	50% 粉剂	吉祥草叶斑病	按照农药标签使用	喷雾
百菌清	75% 粉剂	吉祥草叶斑病	按照农药标签使用	喷雾
甲氰菊酯	20% 乳油	小地老虎	按照农药标签使用	喷雾
敌百虫	90% 晶体	小地老虎	按照农药标签使用	毒饵诱杀

表 B.3 吉祥草常见虫害推荐的物理防治方法

虫害种类	化学试剂诱杀	物理诱杀	人工捕杀
小地老虎	糖醋挂排诱杀	频振式杀虫灯	定植后每天早上扒开萎蔫幼苗处表土捕杀

<h1 style="text-align:center">附　录　C</h1>
（资料性）
吉祥草烘干参数设置

吉祥草烘干参数设置参见表 C.1。

表 C.1　吉祥草烘干参数设置

阶段	温度 /℃	相对湿度 /%	烘烤时间 /h	备注
第一段	70	100	10	不含 30min 升温时间
第二段	60	80	2	
第三段	70	100	4	
第四段	50	40	2	

参考文献

［1］贵州省药品监督管理局.贵州省中药材、民族药材质量标准（2019年版）［S/OL］.https：//yjj.guizhou.gov.cn/gsgg/ypzctg/202311/t20231106_83039067.html.

［2］董谨双,罗正潘,王时岳,等.观音草栽培技术要点［J］.温州农业科技,2002（1）：35-36.

［3］巫小宏,陈道军,宁培洋,等.吉祥草病虫害及防治技术［J］.中国现代药物应用,2009,3（17）：203-204.

［4］陈道军,袁双,成龙,等.底肥用量、密度、栽期对吉祥草产量性状的影响研究［J］.中华中医药学刊,2014,32（1）：43-46.

［5］周嫦媛,陈华国,周欣,等.HPLC-ELSD测定不同产地吉祥草中凯提皂苷元的含量［J］.中国药学杂志,2010,45（13）：1029-1031.

［6］安斯杨,袁双,宁培洋,等.吉祥草药材质量标准研究［J］.海峡药学,2015,27（2）：56-59.

［7］贵州百灵企业集团制药股份有限公司.吉祥草的人工种植方法：ZL200810306717.3［P/OL］.2009-07-08［2023-11-23］.https：//pss-system.cponline.cnipa.gov.cn/documents/detail?prevPageTit=changgui.

［8］贵州百灵企业集团制药股份有限公司.吉祥草与农作物套种的规范化种植方法：ZL201010512956.1［P/OL］.2011-04-13［2023-11-23］.https：//pss-system.cponline.cnipa.gov.cn/documents/detail?prevPageTit=changgui.

ICS 65.020.20
CCS C 05

团 体 标 准

T/CACM 1374.59—2021

地黄规范化生产技术规程

Code of practice for good agricultural practice of
Rehmanniae Radix

2021-10-15 发布

2021-10-15 实施

中华中医药学会 发布

目　次

前　　言

本文件按照 GB/T 1.1—2020《标准化工作导则　第 1 部分：标准化文件的结构和起草规则》的规定起草。

请注意本文件中的某些内容可能涉及专利。本文件的发布机构不承担识别专利的责任。

本文件由河南中医药大学、中国医学科学院药用植物研究所提出。

本文件由中华中医药学会归口。

本文件起草单位：河南中医药大学、中国医学科学院药用植物研究所、河南师范大学、仲景宛西制药股份有限公司、重庆市药物种植研究所。

本文件主要起草人：董诚明、苏秀红、李先恩、李汉伟、纪宝玉、高松、郭涛、朱昀昊、李建军、孙鹏、刘天亮、李曼、李询、邢冰、董瑞瑞、余孟娟、魏建和、王文全、王秋玲、杨小玉、辛元尧、王苗苗。

地黄规范化生产技术规程

1 范围

本文件确立了地黄的规范化生产流程,规定了地黄的生产基地选址、种质要求、种苗繁育、种植、采收、产地初加工、包装、放行和贮运等阶段的操作要求。

本文件适用于地黄的规范化生产。

2 规范性引用文件

下列文件中的内容通过文中的规范性引用而构成本文件必不可少的条款。其中,注明日期的引用文件,仅该日期对应的版本适用于本文件;不注明日期的引用文件,其最新版本(包括所有的修改单)适用于本文件。

GB 3095 环境空气质量标准

GB 5749 生活饮用水卫生标准

GB 5084 农田灌溉水质标准

GB 15618 土壤环境质量 农用地土壤污染风险管控标准(试行)

GB/T 20350—2006 地理标志产品 怀地黄

T/CACM 1374.1—2021 中药材规范化生产技术规程通则 植物药材

3 术语和定义

T/CACM 1374.1—2021界定的以及下列术语和定义适用于本文件。

3.1 规范化生产 good agricultural practice

按照《中药材生产质量管理规范》(简称中药材GAP)的要求,实施药材生产,保证中药材优质安全的生产过程。

3.2 技术规程 code of practice

为实现中药材生产顺利、有序进行,保证中药材生产质量,对中药材生产的基地选址、种子种苗、种植或野生抚育、采收与产地初加工以及包装、放行与贮运等,所做的技术规定和要求,是实施中药材规范生产的核心技术要求和实施指南。

3.3 地黄 Rehmanniae Radix

地黄为玄参科植物地黄 *Rehmannia glutinosa* Libosch. 的新鲜或干燥块根,可参考 GB/T 20350—2006。

3.4 鲜地黄 xiandihuang

呈纺锤形或条状,长8~24cm,直径2~9cm。外皮薄,表面浅红黄色,具弯曲的纵皱纹、芽痕、横长皮孔样突起及不规则瘢痕。肉质,易断,断面皮部淡黄白色,可见橘红色油点,木部黄白色,导管呈放射状排列。气微,味微甜、微苦。

3.5 生地黄 shengdihuang

多呈不规则的团块状或长圆形,中间膨大,两端稍细,有的细小,长条状,稍扁而扭曲,长 6~12cm,直径 2~6cm。表面棕黑色或棕灰色,极皱缩,具不规则的横曲纹。体重,质较软而韧,不易折断,断面棕黑色或乌黑色,有光泽,具黏性。气微,味微甜。

3.6 熟地黄 shudihuang

本品为生地黄的炮制加工品。①取生地黄,酒炖法炖至酒吸尽,取出,晾晒至外皮黏液稍干时,切厚片或块,干燥,即得。每 100kg 生地黄,用黄酒 30~50kg。②取生地黄,蒸至黑润,取出,晒至约八成干时,切厚片或块,干燥,即得。

3.7 种栽 zhongzai

指用作繁殖材料的怀地黄块根段。

3.8 地黄焙 dihuangbei

"地黄焙"由"炕体"和"炕火"组成,"炕体"分两层,中下部由一层高粱秆隔离,上部放地黄,下部进热源。传统的"炕火"在"炕体"的外面。现代的"炕火"往往在"炕体"的下部。

4 地黄规范化生产流程图

地黄规范化生产流程见图 1。

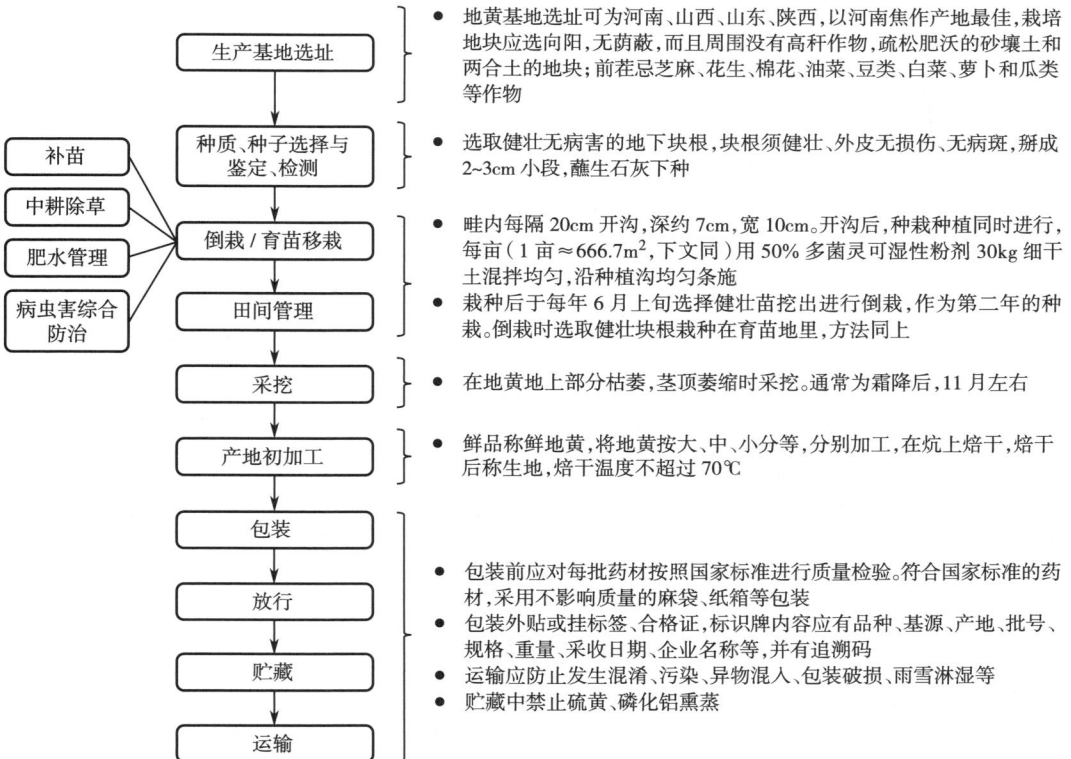

图 1 地黄的规范化生产流程图

5 地黄规范化生产技术

5.1 生产基地选址

5.1.1 产地选择

适宜基地位于河南省的西北部,该地区光照条件好,年平均日照天数为 100 天,年平均日照 55%,年光照时间充足,为地黄的生长提供了良好的环境条件。全区年平均气温为 14.40℃,年活动积温在 4 500~4 900℃,无霜期平均 223 天,年平均降水量为 620mm,可以充分满足地黄的生长发育要求。

5.1.2 地块选择

地黄适宜种植在疏松肥沃的砂壤土和两合土中,地黄的生长对土壤的要求比较高,黏性大的黄壤土、红壤土等不适合种植地黄。其土壤养分含量为有机质 1.5%~3.5%、全氮 0.08%~0.10%、速效氮 60~80ppm、速效磷 20~30ppm、速效钾 150~200ppm。

5.1.3 环境监测

基地的大气、土壤和水样品的检测可参考 GAP 要求,应符合相应国家标准,并保证生长期间持续符合标准。环境检测可参考 GB 3095、土壤环境质量应符合 GB 15618、农田灌溉水质应符合 GB 5084。

5.2 种质与种栽

5.2.1 种质选择

使用玄参科植物地黄 *Rehmannia glutinosa* Libosch. 的新鲜种栽或经鉴定的地黄 *Rehmannia glutinosa* Libosch. 农家品种或选育品种。

5.2.2 种栽质量要求

植株生长正常,选择长势良好、无病虫害的植株作为采种植株,采集其块根。选用怀地黄种栽的种根具有正常种栽的色泽、无病斑,不变软。

5.3 种栽繁育

5.3.1 怀地黄种栽获得

在植株生长正常时期,选择长势良好、无病虫害的植株作为采种植株,采集其块根。

5.3.2 怀地黄种栽质量的外观要求

怀地黄种栽的种根应具有正常种栽的色泽、无病斑,不变软。

5.3.3 怀地黄种栽质量检测方法

5.3.3.1 抽样

可参考 GB/T 9847 中 6.2 的规定执行,采用随机抽样法。

5.3.3.2 种栽直径

用游标卡尺测量种栽中间部位的直径,单位为厘米(cm),保留一位小数。

5.3.3.3 种栽长度

用直尺测量种栽两段间的长度,单位为厘米(cm),保留一位小数。

5.3.3.4　种栽重量

用电子天平称量种栽的重量,单位为克(g),保留一位小数。

5.3.3.5　芽眼数

用目测法观测,记录芽的数量。

5.3.3.6　纯度检验

可参考 GB/T 354 中 3.5 规定执行,采用田间小区的植株鉴定法,将样品逐株检验,根据其品种的主要特征,记录品种的植株数、其他品种或变异植株的数量,并计算百分率。

5.3.3.7　健康度检查

病虫害检疫参考 GB 15569 规定进行。

5.3.4　包装、贮存与运输

5.3.4.1　包装

用篓筐等通风透气性好的包装材料进行地黄种栽包装,每个包装箱外贴标签,图示标志可参考 GB 191 中关于包装贮运图示标志的规定,注明产地、级别、数量、出圃日期、销售单位合格证号等。

5.3.4.2　运输

种苗长途运输时,注意通风透气,严防日晒和雨淋,运达目的地后及时种植或贮存在阴凉潮湿处。

跨境调运时,在运输前应经过检疫并附植物检疫证书。

5.3.4.3　贮存

种苗收后须及时下种,如要出售或预计存放时间在 10 天以上,将种苗用大塑料袋装好,放在阴凉、干燥、通风、泥土地面的室内贮藏,定时翻动,防止腐烂。

5.4　种植

5.4.1　选地整地

地黄良种繁育种和栽培地应选向阳,无荫蔽,而且周围没有高秆作物的地块;前茬忌芝麻、花生、棉花、油菜、豆类、白菜、萝卜和瓜类等作物,疏松肥沃的砂壤土和两合土地块。

地块选好后,于前茬作物收获后,进行耕翻,耕翻前施入农家肥 1 500~2 000kg,深度要达到 40cm,深耕细耙之后,按南北起畦,畦面宽 2m,长度视地块而定。

5.4.2　良种繁育种栽的选取

七月中上旬,在地黄种植地选取苗健壮无病害的植株,挖去地下块根,选外皮无损伤、无病斑的健壮块根,按照种栽标准掰成 2~3cm 的小段,蘸生石灰后下种。

5.4.3　开种植沟

在畦内每隔 20cm 开沟,开深约 7cm、宽 10cm 的种植沟。

5.4.4　土壤处理

栽种开沟后,结合播种时进行。每亩可采用 3% 辛硫磷颗粒剂 1.5~2kg 和 50% 多菌灵可湿性粉剂 1~1.5kg 与 30kg 细干土混拌均匀,沿播种沟均匀条施。

5.4.5 栽种密度及用种量

按照行距 20cm,株距 8cm 进行摆种;每亩地用种量约 100kg。

5.4.6 摆种方式

在种植沟内将相邻两行种栽错开摆放成三角形。

5.4.7 覆土

用十字耙将开沟时开出的土覆在摆好种栽的种植沟内,覆土厚度约 3cm,用脚轻踩压实,整平畦面。

5.4.8 中耕除草

视情况及时进行中耕除草,保证田间无杂草。

5.4.9 灌溉

视旱情及时浇水。

5.4.10 采收

5.4.10.1 采收时间

在地黄地上部分枯萎,茎顶萎缩时采挖。通常为霜降后,11 月左右。

5.4.10.2 采挖方法

用锄头顺栽培行开沟进行采挖或用四齿钢叉沿栽培行深翻,深度以将块根完全翻出为宜,不能损伤块根,一般为 35~40cm;将翻出的植株和块根拣出集中堆放。

5.4.10.3 装袋

将去净的种栽用手装入洁净的编织袋中。装袋时应轻拿轻放,严禁碰伤外皮。

5.4.10.4 采挖量

采挖数量根据栽植面积和进度而定,栽多少采挖多少,不宜存放过多或过久。

5.5 产地初加工

地黄产地初加工可采用焙干法。加工过程中用水可参考 GB 5749。

焙干法:就是用土灶烘干。地黄上灶之前,要用手将地黄上的泥土去掉,但一般不用水洗。为了便于控制加工时间,将地黄按大、中、小分等,分别加工,每平方米灶面可放鲜地黄 100kg 左右。小的地黄可放厚度 28~33cm,中等的厚度为 33~36cm,大的厚度为 36~40cm。第一灶因都是鲜货,要烘 30 小时左右才开始翻动。翻动要有次序,先把上层的拿下放在一旁,再把中层的拿下放到另一旁。见底层的根茎中间已没有硬心,质地柔软,外表干燥,表皮灰白色或灰褐色,断面呈灰褐色或灰白色时,即可取下,放在屋内墙角处堆闷 7~15 天,每隔数天要翻 1 次。堆闷的作用是使地黄周身回软,内部水分扩散到外表,这样断面色泽好、皮色好油性大、质量高,同时也可节约燃料。第二灶开始烘时,将第一灶烘过取下的中层放到底层,把上层放到中层,再按大小分别在上层加入新鲜地黄。第二灶烘的时间可比第一灶缩短些,一般小的地黄烘 15~20 小时、中等的烘 20~22 小时、大的烘 22~24 小时。烘后再按第一灶那样翻动,并取下层符合标准的进行堆闷。

烘干加工时温度是关键,温度应从低到高分阶段进行。一般先在 50℃左右烘 3~5 小时,再在 60℃左右烘 3~5 小时,以后保持在 70℃左右,不要再提高。到翻动出货前 2~3 小时,停止加火,使温度降下来,然后翻动或下货。为了保证质量,经过堆闷的地黄要在烘灶上再回烘 1 次,回烘时厚度可加厚到 33cm,温度以 40~50℃为宜,烘 3~5 小时,烘到手捏外表面发硬为止。回烘时上面可盖麻袋之类的东西,但烘鲜货时不能加盖任何东西,因为水汽太大,排不出会影响产品质量。

加工干燥过程保证场地、工具洁净,不受雨淋等。

5.6　包装、放行、贮运

5.6.1　包装

包装前应对每批药材按照相应标准进行质量检验。符合国家标准的药材,采用不影响质量的麻袋、纸箱等包装,禁止采用包装过肥料、农药等的包装袋包装。包装外贴或挂标签、合格证,标识牌内容应有品种、基源、产地、批号、规格、重量、采收日期、企业名称等,并有追溯码。

5.6.2　放行

应制定符合企业实际情况的放行制度,有审核、批准、生产、检验等的相关记录。不合格药材有单独处理制度。

5.6.3　贮运

应贮存于阴凉干燥处,定期检查,防止虫蛀、霉变、腐烂、泛油等的发生。仓库控制温度在 20℃以下、相对湿度 75% 以下;不同批次等级药材分区存放;建有定期检查制度。禁用磷化铝等熏蒸。也可采用现代气调贮藏方法,包装或库内充氮或二氧化碳。但应注意地黄不宜久贮。

运输应防止发生混淆、污染、异物混入、包装破损、雨雪淋湿等。

附 录 A

（规范性）

禁限用农药名单

A.1 禁止（停止）使用的农药（46 种）

六六六、滴滴涕、毒杀芬、二溴氯丙烷、杀虫脒、二溴乙烷、除草醚、艾氏剂、狄氏剂、汞制剂、砷类、铅类、敌枯双、氟乙酰胺、甘氟、毒鼠强、氟乙酸钠、毒鼠硅、甲胺磷、对硫磷、甲基对硫磷、久效磷、磷胺、苯线磷、地虫硫磷、甲基硫环磷、磷化钙、磷化镁、磷化锌、硫线磷、蝇毒磷、治螟磷、特丁硫磷、氯磺隆、胺苯磺隆、甲磺隆、福美胂、福美甲胂、三氯杀螨醇、林丹、硫丹、溴甲烷、氟虫胺、杀扑磷、百草枯、2,4-滴丁酯。

注：氟虫胺自 2020 年 1 月 1 日起禁止使用。百草枯可溶胶剂自 2020 年 9 月 26 日起禁止使用。2,4-滴丁酯自 2023 年 1 月 29 日起禁止使用。溴甲烷可用于"检疫熏蒸处理"。杀扑磷已无制剂登记。

A.2 在部分范围禁止使用的农药（20 种）

部分范围禁止使用的农药应注意药食同源中药材及来自其他作物的中药材。部分范围禁止使用的农药见表 A.1。

表 A.1 部分范围禁止使用的农药

通用名	禁止使用范围
甲拌磷、甲基异柳磷、克百威、水胺硫磷、氧乐果、灭多威、涕灭威、灭线磷	禁止在蔬菜、瓜果、茶叶、菌类、中草药材上使用，禁止用于防治卫生害虫，禁止用于水生植物的病虫害防治
甲拌磷、甲基异柳磷、克百威	禁止在甘蔗作物上使用
内吸磷、硫环磷、氯唑磷	禁止在蔬菜、瓜果、茶叶、中草药材上使用
乙酰甲胺磷、丁硫克百威、乐果	禁止在蔬菜、瓜果、茶叶、菌类和中草药材上使用
毒死蜱、三唑磷	禁止在蔬菜上使用
丁酰肼（比久）	禁止在花生上使用
氰戊菊酯	禁止在茶叶上使用
氟虫腈	禁止在所有农作物上使用（玉米等部分旱田种子包衣除外）
氟苯虫酰胺	禁止在水稻上使用

A.3 说明

本附录的内容来自 2019 年中华人民共和国农业农村部发布的《禁限用农药名录》（http://www.zzys.moa.gov.cn/gzdt/201911/t20191129_6332604.htm）。

附　录　B

（资料性）

地黄常见病虫害防治的参考方法

地黄常见病虫害防治的参考方法见表 B.1。

表 B.1　地黄常见病虫害防治的参考方法

病虫害名称	防治时期	推荐防治方法	安全间隔期 /d
根腐病	8—10 月	栽种前使用多菌灵浸种 20min，按照农药标签使用	≥20
		多菌灵可湿性粉剂灌根，按照农药标签使用	≥20
		甲基硫菌灵灌根，按照农药标签使用	≥30
		多·硫悬浮剂灌根，按照农药标签使用	≥20
		苦参碱灌根，按照农药标签使用	≥7
白粉病	5—8 月	农抗 120 水剂喷施，按照农药标签使用	≥7
		多氧霉素可湿性粉剂喷施，按照农药标签使用	≥15
		百菌清可湿性粉剂喷施，按照农药标签使用	≥14
蛴螬	8—10 月	嘧啶核苷类抗菌素水剂喷施，按照农药标签使用	≥7
		晶体敌百虫液，按照农药标签使用	≥7
		阿维菌素乳油，按照农药标签使用	≥14
茎节蛾	5—8 月	1 600IU/mg 苏云金杆菌（BT8010 悬乳剂）喷施，按照农药标签使用	≥7
		阿维菌素乳油喷施，按照农药标签使用	≥21
		苦参碱水剂喷施，按照农药标签使用	≥7
红蜘蛛	6—10 月	阿维菌素乳油喷施，按照农药标签使用	≥21
		哒螨灵喷施，按照农药标签使用	≥21

附 录 C

（资料性）

地黄国家允许使用化学农药的参考使用方法

地黄国家允许使用化学农药的参考使用方法见表 C.1。

表 C.1　地黄国家允许使用化学农药的参考使用方法

类别	通用名	作用对象	使用方法（生长季）	使用量（浓度）	安全隔离期 /d
杀菌剂	枯草芽孢杆菌	枯萎病	喷雾	按说明书推荐用量	—
杀虫剂	甜菜夜蛾核型多角体病毒	甜菜夜蛾	喷雾	按说明书推荐用量	—
注：以上是国家目前允许使用的农药品种，新农药必须经有关技术部门试验并经过农业农村部批准在地黄药材上登记后才能使用					

附　录　D
（资料性）
地黄种栽质量分级标准

地黄种栽质量分级标准见表 D.1。

表 D.1　地黄种栽质量分级标准

指标	一级种栽	二级种栽	三级种栽
长度 /cm	≥2.0，≤3.0	>3.0，<4.5	≥4.5
重量 /g	≥2.5	>0.8，<2.5	≤0.8
断面直径 /cm	≥1.0	>0.5，<1.0	≤0.5
芽眼数 / 个	≥3，≤9	>9，<16	≤16
每亩种栽 /kg	≥41.7	>13.3，<41.7	≤13.3

附　录　E

（资料性）

怀地黄种苗质量判定规则

E.1　一级苗评判

同一批检验种苗中，允许有5%的种苗低于一级苗标准，但应达到二级苗标准，超过此范围，为二级苗。

E.2　二级苗评判

同一批检验种苗中，允许有5%的种苗低于二级苗标准，但应达到三级苗标准，超过此范围，为三级苗。

E.3　三级苗评判

同一批检验种苗中，允许有5%的种苗低于三级苗标准，超过此范围，该批种苗为不合格种苗。

E.4　复检规则

如果对检验结果产生异议，允许采用备用样品（如条件允许，可再抽一次样）复检一次，复检结果为最终结果。

参考文献

［1］刘长河,张留记,李更生,等.不同产地的地黄中梓醇含量比较［J］.中国医院药学杂志,2002（5）: 3-4.

［2］边宝林,王宏洁,沈欣,等.鲜地黄及不同干燥条件下的生地黄中麦角甾甙的含量测定［J］.中成药, 1997（8）: 20-21.

［3］李红霞,许闵,孟江,等.怀地黄多糖的含量测定［J］.河南科学,2002（2）: 144-146.

［4］邱建国,张汝学,贾正平,等.HPLC 测定不同产地生地黄中地黄寡糖和梓醇的含量［J］.中国实验方剂学杂志,2010,16（17）: 110-113.

［5］邱建国,张汝学,贾正平,等.地黄中寡糖含量的 HPLC 法测定［J］.中国实验方剂学杂志,2009,15（8）: 8-9.

ICS 65.020.20

CCS C 05

团 体 标 准

T/CACM 1374.60—2021

西洋参规范化生产技术规程

Code of practice for good agricultural practice of
Panacis Quinquefolii Radix

2021-10-15 发布

2021-10-15 实施

中华中医药学会   发布

目　　次

前　言

本文件按照 GB/T 1.1—2020《标准化工作导则　第 1 部分：标准化文件的结构和起草规则》的规定起草。

请注意本文件中的某些内容可能涉及专利。本文件的发布机构不承担识别专利的责任。

本文件由中国医学科学院药用植物研究所提出。

本文件由中华中医药学会归口。

本文件起草单位：中国医学科学院药用植物研究所、吉林省园艺特产管理站、山东省农业科学院农产品研究所、吉林农业大学、中国农业科学院特产研究所、威海市文登区农业农村局、山东农业大学、威海市文登区道地西洋参研究院、抚松县参王植保有限责任公司、威海市文登区道地参业发展有限公司、威海市文登传福参业有限公司。

本文件主要起草人：高微微、冯家、王志芬、高洁、逄世峰、鞠在华、李黎明、毕艳孟、单成钢、王宪昌、王建华、宋政建、徐浩、徐怀友、李传福、李俊飞、邵慧慧、焦晓林、张西梅、魏建和、王文全、王秋玲、杨小玉、辛元尧、王苗苗。

西洋参规范化生产技术规程

1 范围

本文件确立了西洋参的规范化生产流程,规定了西洋参的生产基地、种质与种子、种子采收及处理、种植、采挖、产地加工、包装、放行和贮运等阶段的技术要求。

本文件适用于西洋参的规范化生产。

2 规范性引用文件

下列文件中的内容通过文中的规范性引用而构成本文件必不可少的条款。其中,注明日期的引用文件,仅该日期对应的版本适用于本文件;不注明日期的引用文件,其最新版本(包括所有的修改单)适用于本文件。

GB 3095　环境空气质量标准

GB 5084　农田灌溉水质标准

GB 5749　生活饮用水卫生标准

GB 15618　土壤环境质量　农用地土壤污染风险管控标准(试行)

DB 22/T 1066　绿色食品　西洋参生产技术规程

DB 37/T 2913.1　西洋参生产技术规程　第 1 部分:种子处理

T/CACM 1374.1—2021　中药材规范化生产技术规程通则　植物药材

3 术语和定义

T/CACM 1374.1—2021 界定的以及下列术语和定义适用于本文件。

3.1　规范化生产　good agricultural practice

按照《中药材生产质量管理规范》(简称中药材 GAP)的要求,实施药材生产,保证中药材优质安全的生产过程。

3.2　技术规程　code of practice

为实现中药材生产顺利、有序进行,保证中药材生产质量,对中药材生产的基地选址、种子种苗、种植或野生抚育、采收与产地初加工以及包装、放行与贮运等,所做的技术规定和要求,是实施中药材规范生产的核心技术要求和实施指南。

3.3　西洋参　Panacis Quinquefolii Radix

五加科人参属多年生植物西洋参 *Panax quinquefolium* L. 的根和根茎。

3.4　裂口种子　seed with cleft endocarp

在适宜的条件下胚原基生长到一定大小,种皮从腹缝线处裂开,完成形态后熟的种子。

3.5 催芽 accelerating germination of seeds

通过人为满足种子生长发育条件,使其完成胚的形态后熟和生理后熟的过程。

3.6 形态后熟 morphology after-ripening

新采收种子的胚未完全分化,需要在适宜的温度和湿度条件下经过一定时间,达到胚发育完全的过程。

3.7 生理后熟 embrio physiological after-ripening

胚已发育完全的种子需要一定低温期诱导月,胚内部完成一系列生理生化变化,从而具备萌发能力的过程。

3.8 双透棚 shed permits penetration of both rain and sunlight

既透光又透雨的遮阳棚。

3.9 单透棚 shed permits penetration of sunlight

只透光不透雨的遮阳棚。

3.10 直播 direct sowing

播种后生长至收获的种植方式。

3.11 移栽 transplating

将培育好的种苗起出,转移到新的地块栽植至收获的种植方式。

3.12 二倒二式生产 transplanting of 2-year seeding

育苗二年移栽,再生长二年收获。

3.13 一倒三式生产 transplanting of 1-year seeding

育苗一年移栽,再生长三年收获。

3.14 斜栽 bias planting

在参床上开 5~10cm 深的条沟,使苗根纵轴与床面倾斜呈 35°~45° 角栽植,覆土 2~3cm 的移栽方法。

4 西洋参规范化生产流程图

西洋参的规范化生产流程见图 1。

5 西洋参规范化生产技术

5.1 生产基地

5.1.1 产区

我国适宜种植地区在北纬 35°~43° 的温带湿润和半湿润型气候地区,在我国有东北地区、华北地区和山东三个主产区。

5.1.2 地块

以砂壤土为宜,土壤容重宜在 0.6~0.8g/cm³ 之间,忌涝洼、黏重、排水不良的地块;有机质含量要求在 2% 以上,土壤肥沃,土层深厚,pH 在 5.5~6.5 之间。不宜连作,前茬作物宜选用禾本科及豆科作物,如小麦、玉米、高粱、大豆等,不宜选马铃薯、甘薯、花生等前茬作物的地块。

西洋参规范化生产流程：

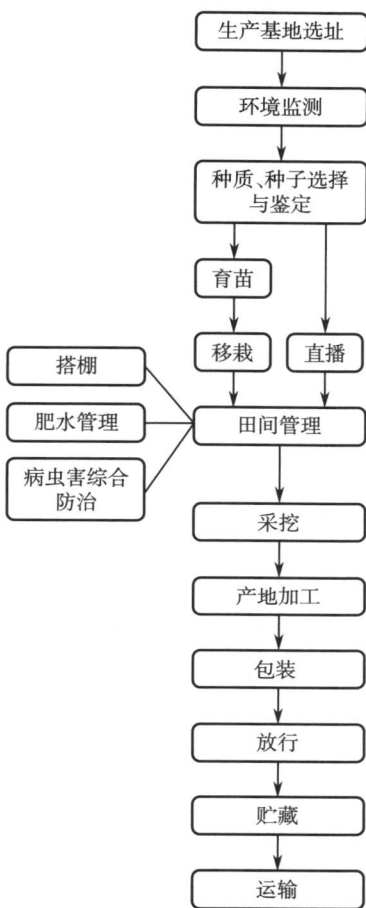

```
┌──────────────┐
│  生产基地选址  │
└──────┬───────┘
       ↓
┌──────────────┐
│   环境监测    │
└──────┬───────┘
       ↓
┌──────────────┐
│ 种质、种子选择 │
│    与鉴定     │
└──────┬───────┘
       ↓
┌──────┐
│ 育苗  │
└──┬───┘
   ↓
┌──────┐  ┌──────┐
│ 移栽 │  │ 直播 │
└──┬───┘  └──┬───┘
┌────────┐
│  搭棚   │
├────────┤    ↓
│ 肥水管理 │ ┌──────────────┐
├────────┤ │   田间管理    │
│病虫害综合│ └──────┬───────┘
│  防治   │
└────────┘    ↓
┌──────────────┐
│    采挖      │
└──────┬───────┘
       ↓
┌──────────────┐
│   产地加工    │
└──────┬───────┘
       ↓
┌──────────────┐
│    包装      │
└──────┬───────┘
       ↓
┌──────────────┐
│    放行      │
└──────┬───────┘
       ↓
┌──────────────┐
│    贮藏      │
└──────┬───────┘
       ↓
┌──────────────┐
│    运输      │
└──────────────┘
```

关键控制点及技术参数：

- 西洋参种植（育苗）应在北纬 35°~43° 的地区，土壤以弱酸性有机质丰富的砂壤土为宜，不积水，无连作

- 种子、种苗无病害感染、无机械损伤

- 华北地区和山东 3 月上中旬、东北地区 4 月中下旬—5 月上旬宜春播；山东地区 11 月中旬—11 月下旬、华北地区 10 月下旬—11 月上旬、东北地区 10 月上旬—10 月下旬宜秋播
- 播种株行距为 8cm×8cm 或 10cm×10cm，二倒二移栽密度为 27 000~40 500 株/亩（1 亩≈666.7m^2，下文同），一倒三移栽密度为 36 000~54 000 株/亩
- 华北地区和山东搭建双透棚，东北地区搭建单透棚；注意防旱、防涝、防寒；做好病、虫、草害的防治；不应使用壮根灵等生长调节剂，不应使用禁限用农药

- 西洋参生长 4 年后采挖，东北地区在 8 月下旬—9 月中下旬采挖，华北和山东产区在 10 月下旬采挖，避免伤根

- 采用烘干的方式进行加工，烘干过程控制温度不高于 40℃

- 包装材料采用不影响质量的编织袋等

- 贮藏于阴凉、干燥处；不宜久贮

图 1 西洋参规范化生产流程图

5.1.3 环境监测

空气应符合 GB 3095 的规定，土壤应符合 GB 15618 的规定，灌溉水应符合 GB 5084 的规定，产地加工用水应符合 GB 5749 的规定。

5.2 种质与种子

5.2.1 种质

五加科植物西洋参 *Panax quinquefolium* L.，应经过鉴定。

5.2.2 种子质量

选择籽粒饱满的种子。

5.3 种子采收及处理

5.3.1 留种

选择 3~4 年生健壮植株留种。

5.3.2 采收

华北和山东产区于 8 月下旬、东北地区于 9 月上中旬果实变红时采收，采下参果，及时洗搓,除去果肉,漂去病籽、烂籽,洗净的种子置于阴凉通风处晾干。

5.3.3 贮藏

鲜种子拌入其体积 3~5 倍、含水量 10% 左右的洁净细沙,置于 0~5℃低温贮藏。干种子置阴凉、干燥的仓库贮藏。贮藏期间,防止霉烂、鼠害。

5.3.4 运输

跨省及远距离调运的鲜种子和完成生理后熟的种子采用密闭、冷藏的条件运输。

5.3.5 处理

晾干的种子宜干藏 8 个月后,再沙藏。沙藏前需要用 50% 多菌灵 500 倍液或 65% 代森锰锌 600 倍液浸种消毒 10 分钟,捞出后晾至表面无水,再按 1:3 与细沙混匀,放入木箱,埋至地下 30~40cm,沙藏处理的时间不宜超过半年。

5.3.6 催芽

应符合 DB 37/T 2913.1 的规定。

5.4 种植

5.4.1 整地

选好的地块休闲 1 年,翌年 5 月开始结合施用有机肥翻耕、旋耕,耕作深度以 20~30cm 为宜。播种前翻耕 3~5 为宜。经过充分翻耕、晾晒、休闲的地块,在种植前一个月用多菌灵、福美双等农药进行土壤消毒。偏酸性土壤宜用生石灰等调节 pH 至 5.5~6.5。种植前须作床,华北和山东地区作中间高 35cm,两边 25~30cm 的拱形参床;东北地区作高 30~35cm 的平床,走向以南北向为宜,床面宽 150~180cm,作业道宽 30~40cm。

5.4.2 直播

5.4.2.1 播种时期

春播在土壤解冻后,华北和山东地区宜在 3 月上中旬,东北地区 4 月中下旬—5 月上旬。若采用秋播则需要在土壤封冻之前进行,在山东地区播种时间为 11 月中旬—11 月下旬,华北地区为 10 月下旬—11 月上旬,东北地区为 10 月上旬—10 月下旬。

5.4.2.2 播种方法

点播、条播或撒播。播种的行株距为 8cm×8cm 或 10cm×10cm,播种深度为 2.5cm。播后覆盖稻草或者麦秸,厚度约为 2cm。

5.4.3 育苗移栽

5.4.3.1 育苗时期和方法

与 5.4.2 相同,播种密度大于直播,行、株距为 5cm×5cm 或 5cm×4cm。

5.4.3.2 移栽时期

春栽在土壤解冻后;秋栽在土壤封冻前一个月。

5.4.3.3 起苗与选苗

从参床一端顺垄刨开床土,采挖参根,注意防止损伤芽苞。为提高参苗质量,起苗后根据苗的大小分级,种苗分级应符合 DB 22/T 1066 的规定。淘汰病苗、伤苗。种苗用 50% 多菌灵 500 倍液或 65% 代森锰锌 600 倍液浸泡 20~30 分钟,沥干待栽。不宜在烈日下进行。

5.4.3.4 移栽方法

二倒二式移栽密度为每亩 27 000~40 500 株；一倒三移栽密度为每亩 36 000~54 000 株。参苗与地面成 45° 斜栽，深度在床面下 5~6cm 之间，覆土 2~3cm，覆草厚度约 2cm。

5.4.4 搭棚

在东北地区多采用单透独体弓形棚，以蓝色透明塑料膜作棚面，透光率不应高于 30%，弓形棚前后立柱均为 70~80cm，弓顶距床面高 125~150cm，横梁宽 120~160cm；也可在单透棚上增加一层遮阳网构成复式棚，承载遮阳网的立柱高 180cm，横梁宽 120~160cm。在华北及山东产区，搭棚材料宜选用黑色、蓝色双透遮阳网，对于一、二年生参苗，参棚的透光率为 15% 左右，三、四年生为 20% 左右，搭棚所用的立柱可以选用木材、竹竿或钢管，棚的高度应在 1.8~2.2m 之间。

5.4.5 施肥

结合作床或移栽时，可基施充分腐熟的农家肥 10~20kg/m²、绿肥 15~20kg/m²、饼肥 0.1~0.15kg/m²。生长到第三、四年的西洋参，春季出苗前开沟追肥，深度以不伤根为宜，追施有机肥或菌肥，可拌施过磷酸钙 0.05kg/m² 及其他微量元素，或者将有机肥于冬季下雪前撒施于床面，夏季生长旺盛期（7—9 月）可叶面喷施 0.1% 的磷酸二氢钾。

5.4.6 灌溉与排水

喷灌或滴灌，灌溉后以土层 10cm 处无干土为宜。参地外围应挖宽 50cm，深 40cm 的排水沟，严防外围的雪水、污水进入参地。

5.4.7 防寒

东北地区土壤封冻前，在迎风面、床头设置风障，用草或落叶覆盖 5~10cm，用塑料膜盖住草或落叶，膜两侧边缘用土封严，中间用少量土压实。华北地区及山东产区的初春出苗期，在参棚西边及北边增加一层网，以防幼苗冻伤。

5.4.8 病虫草害等防治

病害主要有灰霉病、叶斑病、菌核病、锈腐病和根腐病等，虫害主要有金针虫、地老虎、斜纹夜蛾、蛴螬等。应采用预防为主、综合防治的方法。雨季及时清沟排水；每年秋冬季及时清园。

除草宜采用人工拔除的方式。减少使用杀虫剂和杀菌剂等化学农药。不使用禁限用农药（禁限用农药名单见附录 A）及五氯硝基苯。关于防治西洋参病虫害的药剂及使用方法见附录 B。

5.5 采挖

西洋参生长 4 年后采挖，东北地区采挖时间在 8 月下旬—9 月中下旬；山东产区采挖时间在 10 月中下旬。挖出完整根部，抖去泥土，去除残茎，剔除病根。避免破伤外皮和断根。

5.6 产地加工

收获的西洋参根洗净后进行烘干。烘干可以采用恒温干燥和变温干燥两种方式。

恒温干燥：烘干温度不高于 40℃，烘干时间为 4~7 天，干品为硬枝西洋参。

变温干燥：前期低温干燥温度为 23~25℃，时间为 2~3 天；中期高温干燥，温度为 30~32℃，时间为 4~5 天,当参体主根外层变硬,侧根坚硬时,温度降至 25~30℃,继续烘干 7~9 天。干品为软枝西洋参。

5.7 包装、放行和贮运

5.7.1 包装

包装前应对每批药材按照国家标准进行质量检验。符合国家标准的药材,采用不影响质量的编织袋等包装,不应采用包装过肥料、农药等的包装袋包装。包装外贴或挂标签、合格证,标识牌内容应有药材名、基源、产地、批号、规格、重量、采收日期、企业名称等,并有追溯码。

5.7.2 放行

应制定符合企业实际情况的放行制度,有审核、批准、生产、检验等的相关记录。不合格药材应制定单独处理制度。

5.7.3 贮运

应贮存于阴凉干燥处,定期检查,防止虫蛀、霉变、腐烂等的发生。仓库控制温度在 20℃以下、相对湿度 75% 以下;不同批次等级药材分区存放;建有定期检查制度,也可采用现代气调贮藏方法。

运输应防止发生混淆、污染、异物混入、包装破损、雨雪淋湿。

附 录 A
（规范性）
禁限用农药名单

A.1 禁止（停止）使用的农药（46 种）

六六六、滴滴涕、毒杀芬、二溴氯丙烷、杀虫脒、二溴乙烷、除草醚、艾氏剂、狄氏剂、汞制剂、砷类、铅类、敌枯双、氟乙酰胺、甘氟、毒鼠强、氟乙酸钠、毒鼠硅、甲胺磷、对硫磷、甲基对硫磷、久效磷、磷胺、苯线磷、地虫硫磷、甲基硫环磷、磷化钙、磷化镁、磷化锌、硫线磷、蝇毒磷、治螟磷、特丁硫磷、氯磺隆、胺苯磺隆、甲磺隆、福美胂、福美甲胂、三氯杀螨醇、林丹、硫丹、溴甲烷、氟虫胺、杀扑磷、百草枯、2,4-滴丁酯。

注：氟虫胺自 2020 年 1 月 1 日起禁止使用。百草枯可溶胶剂自 2020 年 9 月 26 日起禁止使用。2,4-滴丁酯自 2023 年 1 月 29 日起禁止使用。溴甲烷可用于"检疫熏蒸处理"。杀扑磷已无制剂登记。

A.2 部分范围禁止使用的农药（20 种）

部分范围禁止使用的农药应注意药食同源中药材及来自其他作物的中药材。部分范围禁止使用的农药见表 A.1。

表 A.1 部分范围禁止使用的农药

通用名	禁止使用范围
甲拌磷、甲基异柳磷、克百威、水胺硫磷、氧乐果、灭多威、涕灭威、灭线磷	禁止在蔬菜、瓜果、茶叶、菌类、中草药材上使用，禁止用于防治卫生害虫，禁止用于水生植物的病虫害防治
甲拌磷、甲基异柳磷、克百威	禁止在甘蔗作物上使用
内吸磷、硫环磷、氯唑磷	禁止在蔬菜、瓜果、茶叶、中草药材上使用
乙酰甲胺磷、丁硫克百威、乐果	禁止在蔬菜、瓜果、茶叶、菌类和中草药材上使用
毒死蜱、三唑磷	禁止在蔬菜上使用
丁酰肼（比久）	禁止在花生上使用
氰戊菊酯	禁止在茶叶上使用
氟虫腈	禁止在所有农作物上使用（玉米等部分旱田种子包衣除外）
氟苯虫酰胺	禁止在水稻上使用

A.3 有关说明

本附录的内容来自 2019 年中华人民共和国农业农村部发布的《禁限用农药名录》（http://www.zzys.moa.gov.cn/gzdt/201911/t20191129_6332604.htm）。

附 录 B

（资料性）

防治西洋参病害的药剂及使用方法

防治西洋参病害的药剂及使用方法见表 B.1。

表 B.1 防治西洋参病害的药剂及使用方法

防治时期	病害名称	推荐防治方法
播种前、移栽前及每年早春参苗出土前	根腐病	多菌灵拌土或喷洒畦面,按照农药标签使用噁霉灵拌土或喷洒畦面,按照农药标签使用
		福美双拌土或喷洒畦面,按照农药标签使用
		精甲霜灵拌土或喷洒畦面,按照农药标签使用
	锈腐病	多菌灵拌土或喷洒畦面,按农药标签使用
	菌核病	菌核净拌土或喷洒畦面,按照农药标签使用
		多菌灵拌土或喷洒畦面,按照农药标签使用
播种移栽时种子种苗消毒	锈腐病和根腐病	咯菌腈拌种或浸蘸,按照农药标签使用
发病后防治	锈腐病、根腐病和菌核病	生石灰或多菌灵对病穴灌注
	叶斑病	丙环唑喷洒,按照农药标签使用
	灰霉病	苯醚甲环唑喷洒,按照农药标签使用

参考文献

［1］么历,程慧珍,杨智.中药材规范化种植(养殖)技术指南［M］.北京:中国农业出版社,2006.

［2］刘铁城.中国西洋参［M］.北京:人民卫生出版社,1995.

［3］王育民,殷秀岩,于鹏,等.西洋参生产技术标准操作规程(SOP)［J］.现代中药研究与实践,2004(2):8-15.

［4］刘铁城.药用植物引种驯化研究:纪念刘铁城教授从事科研工作50周年［M］.北京:中国科学技术出版社,2000.

ICS 65.020.20
CCS C 05

团 体 标 准

T/CACM 1374.61—2021

百合规范化生产技术规程

Code of practice for good agricultural practice of Lilii Bulbus

2021–10–15 发布   2021–10–15 实施

中华中医药学会　　发布

目　次

前　　言

为了规范百合的生产过程,促进百合生产实现种植技术规范化,特制定本文件。主要从百合的生产环境,栽培技术,包括选地、选种、育苗、田间管理、病虫害及其防治、采收贮藏等方面进行阐述。

《百合规范化生产技术规程》(以下简称"本文件")按照 GB/T 1.1—2020《标准化工作导则　第 1 部分:标准化文件的结构和起草规则》给出的规则起草。

请注意本文件的某些内容可能涉及专利。本文件的发布机构不承担识别这些专利的责任。

本文件由中国医学科学院药用植物研究所提出。

本文件由中华中医药学会归口。

本文件起草单位:湖南省农业科学院、南京农业大学、上海市药材有限公司、龙山县农业农村局、中国医学科学院药用植物研究所、重庆市药物种植研究所。

本文件主要起草人:周佳民、朱再标、朱光明、张天术、朱校奇、宋荣、李琦、曹亮、谢进、戴艳娇、王小娥、魏建和、王文全、王秋玲、张朋、杨小玉、辛元尧、王苗苗。

百合规范化生产技术规程

1 范围

本文件确立了百合的规范化生产流程,包括百合的立地条件、整地、育苗、大田生产、田间管理、病虫害防治、采收留种、干燥和贮藏等阶段的操作要求。

本文件适用于百合的规范化生产。

2 规范性引用文件

下列文件中的内容通过文中的规范性引用而构成本文件必不可少的条款。其中,注明日期的引用文件,仅该日期对应的版本适用于本文件;不注明日期的引用文件,其最新版本(包括所有的修改单)适用于本文件。

GB 3095　环境空气质量标准

GB 5084　农田灌溉水质标准

GB 5749　生活饮用水卫生标准

GB 15618　土壤环境质量　农用地土壤污染风险管控标准(试行)

T/CACM 1374.1—2021　中药材规范化生产技术规程通则　植物药材

《中华人民共和国药典》

3 术语和定义

T/CACM 1374.1—2021 界定的以及下列术语和定义适用于本文件。

3.1　百合　Lilii Bulbus

百合是百合科百合属植物卷丹 *Lilium lancifolium* Thunb.,其别名有蒜脑薯、摩罗、山丹、夜合、强瞿等。

3.2　规范化生产　good agricultural practice

按照《中药材生产质量管理规范》(简称中药材 GAP)的要求,实施药材生产,保证中药材优质安全的生产过程。

3.3　技术规程　code of practice

为实现中药材生产顺利、有序进行,保证中药材生产质量,对中药材生产的基地选址、种子种苗、种植或野生抚育、采收与产地初加工以及包装、放行与贮运等,所做的技术规定和要求,是实施中药材规范生产的核心技术要求和实施指南。

3.4　规范化生产流程　standardized production process

指中药材生产的主要过程,一般包括生产基地选址,种质、种子选择与鉴定,育苗(如果需要),直播或定植,田间管理,采收,产地初加工,包装,放行,贮藏,运输。其中田间管理包括中耕除草、肥水管理、病虫害综合防治等。

4 百合规范化生产流程图

百合规范化生产流程见图 1。

百合规范化生产流程: 　　　　　　　　　　　关键控制点及参数:

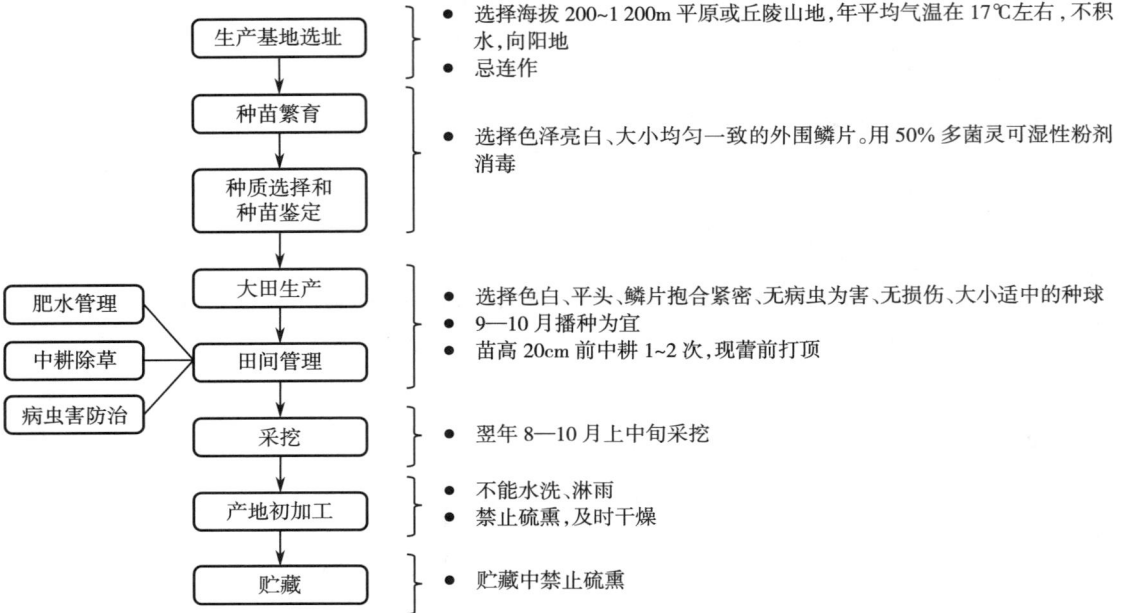

图 1　百合规范化生产流程图

5 百合规范化生产技术

5.1 生产基地选址

5.1.1 土壤

土壤疏松肥沃,土层深厚,pH 5.0~8.0,符合 GB 15618 规定的二级标准的要求。黏重土、盐碱地及低洼积水地不宜栽种。

5.1.2 温度

药用百合喜温暖潮湿气候,其主产区年平均气温在 17℃左右,一般生长温度 5~30℃,最适生长温度 15~25℃,以昼温 21~23℃、夜温 15~17℃最为理想。

5.1.3 日照

选择向阳地。

5.1.4 灌溉条件

水源充足,排灌方便,水质符合 GB 5084 的规定。

5.1.5 海拔高度

宜选择海拔高度为 200~1 200m 的山地。大气质量符合 GB 3095 的规定。

5.2 育苗

5.2.1 苗床整理

在选好的苗床地上先撒施腐熟有机肥 1 500~2 500kg/ 亩（1 亩 ≈ 666.7m²，下文同）、过磷酸钙 25~35kg/ 亩，然后耕翻 25~30cm，耕细整平。作畦高 20~30cm，宽 120~130cm 的苗床。

5.2.2 鳞片选种

选择色泽亮白、大小均匀一致的外围鳞片。

5.2.3 鳞片消毒

用 50% 多菌灵可湿性粉剂 500 倍液浸泡 30 分钟，捞出鳞片晾干，即可播种。

5.2.4 播种

9 月中旬至 10 月上旬播种。一般采用条播。在整好的畦面上开横沟，行距 15~25cm，沟深 5~10cm。沟底要平，将鳞片基部向下插入沟内，覆土盖平，盖草保湿。

5.2.5 苗期管理

一般进行 2 年，每年追肥 2 次。第一次追肥在出苗 10 天，结合中耕除草进行，施用充分腐熟的牛粪、羊粪、土杂肥、饼肥等 1 500kg/ 亩或尿素 5kg/ 亩，兑水浇施。第二次在 6 月中下旬进行，结合中耕除草，追施尿素 7~9kg/ 亩。

保持土壤湿润，沟不积水，遇天气干旱应及时浇水，禁漫灌；雨季及时疏沟排水，以防烂根。

5.2.6 起苗

8 月下旬至 10 月上旬，选择晴天采挖。

5.2.7 种质与种子

选择生长健壮、色白、平头、鳞片抱合紧密、无病虫为害、无损伤、大小均匀一致、单头重 30~50g 的种球为宜。用种量为 250~300kg/ 亩。

5.3 种植

5.3.1 选地

忌连作，宜选择前茬未种过百合、白术、烟草、马铃薯、辣椒、茄子等作物的田土。

5.3.2 翻耕施肥

先撒施腐熟有机肥 1 500~2 500kg/ 亩、复合肥（15∶15∶15）50kg/ 亩。然后耕翻 25~30cm，耕细整平。

5.3.3 作畦

宜采用高畦，坡地可采用平畦，畦面宽 100~120cm。平地四周应开深 40~60cm 的排水沟。

5.3.4 土壤消毒处理

种植前要对土壤消毒。常用方法有化学消毒和石灰消毒。

化学消毒：常用化学药剂有噁霉灵、多菌灵、甲基硫菌灵等杀菌剂，500~1 000 倍液，喷雾。

　　石灰消毒：40~50kg/亩，撒施。

5.3.5　种球消毒

　　种球在播种前，须用消毒剂进行消毒，阴干待种。消毒方法：多菌灵可湿性粉剂、农用链霉素、甲基硫菌灵等杀菌剂800~1 200倍液浸种15~30分钟。

5.3.6　播种时期

　　9—10月为宜。

5.3.7　播种密度

　　行距30~35cm，株距15~20cm为宜。

5.3.8　播种深度

　　10~15cm为宜。

5.3.9　栽种方法

　　按行距开沟，按株距摆放鳞茎，鳞茎顶朝上，盖土约5cm。

5.4　田间管理

5.4.1　中耕除草

　　苗高20cm前中耕1~2次，结合中耕进行培土，及时清除杂草。

5.4.2　肥水管理

　　出苗前，保持土壤湿润，确保出苗。出苗后，应及时清沟沥水。

　　结合松土除草及时补肥，出齐苗后，追施壮苗肥，每亩施三元复合肥（≥45%）25~30kg，或腐熟的家禽畜粪便1 000kg，或沼液1 000kg（不包括人粪尿），分别在苗期、旺长期或现蕾期分2~3次施用。

5.4.3　打顶摘蕾

　　现蕾前，选晴天露水干后视长势及时打顶摘蕾，长势旺的重打，长势差的迟打，并只摘除花蕾。

5.5　病虫害草害等防治

5.5.1　主要病虫害

　　百合主要的病害有疫病、枯萎病、灰霉病、立枯病、病毒病等，主要虫害有蛴螬、蚜虫、地老虎、螨类等。

5.5.2　防治措施

　　农业防治：百合病害以预防为主，观察大田生长情况，及时准确进行预测预报；实行严格轮作制度，避免连作，推广水旱轮作。

　　化学防治：百合病害防治以高效低毒无残留的生物农药为主。所禁限用药剂见附录A。百合害虫防治主要以化学防治为主，所用药剂见附录B。已批准使用农药见附录C。

5.6　采挖

5.6.1　采收

　　采收时期以翌年8—10月上中旬为宜，当植株地上部枯萎，鳞茎已充分成熟时选晴天分批采收,分级保管。

5.6.2 留种

选用无病地区和无病地块的百合留种;选择生长旺盛、茎秆粗壮、高度整齐且无病虫害的植株留种。百合留种材料有鳞茎、鳞片、珠芽。宜采用鳞茎作种球。

5.7 产地初加工

5.7.1 干燥

集中机械烘烤,禁止熏硫。

5.7.2 贮藏

宜用细沙层积法和百合干贮藏法。

细沙层积法:贮藏之前先用多菌灵可湿性粉剂、农用链霉素、甲基硫菌灵等杀菌剂800~1 200倍液浸种消毒,晾干,每20cm厚盖一层细沙,细沙的相对湿度保持在65%左右。贮藏期间,应定期检查,消毒,保持环境卫生整洁,注意防潮,防霉变、虫蛀,若发现轻度霉变或虫蛀,应及时清除处理。一般供保存鲜鳞茎。

百合干贮藏法:去掉茎秆挖出鳞茎,洗净,剥下鳞片,放入沸水中烫4~6分钟,然后捞出放到清水中,洗去黏液,立即晒干或烘干,禁止硫熏。一般供百合深度加工。

附 录 A

（规范性）

禁限用农药名单

A.1 禁止（停止）使用的农药（46 种）

六六六、滴滴涕、毒杀芬、二溴氯丙烷、杀虫脒、二溴乙烷、除草醚、艾氏剂、狄氏剂、汞制剂、砷类、铅类、敌枯双、氟乙酰胺、甘氟、毒鼠强、氟乙酸钠、毒鼠硅、甲胺磷、对硫磷、甲基对硫磷、久效磷、磷胺、苯线磷、地虫硫磷、甲基硫环磷、磷化钙、磷化镁、磷化锌、硫线磷、蝇毒磷、治螟磷、特丁硫磷、氯磺隆、胺苯磺隆、甲磺隆、福美胂、福美甲胂、三氯杀螨醇、林丹、硫丹、溴甲烷、氟虫胺、杀扑磷、百草枯、2,4-滴丁酯。

注：氟虫胺自 2020 年 1 月 1 日起禁止使用。百草枯可溶胶剂自 2020 年 9 月 26 日起禁止使用。2,4-滴丁酯自 2023 年 1 月 29 日起禁止使用。溴甲烷可用于"检疫熏蒸处理"。杀扑磷已无制剂登记。

A.2 在部分范围禁止使用的农药（20 种）

部分范围禁止使用的农药应注意药食同源中药材及来自其他作物的中药材。部分范围禁止使用的农药见表 A.1。

表 A.1 部分范围禁止使用的农药

通用名	禁止使用范围
甲拌磷、甲基异柳磷、克百威、水胺硫磷、氧乐果、灭多威、涕灭威、灭线磷	禁止在蔬菜、瓜果、茶叶、菌类、中草药材上使用,禁止用于防治卫生害虫,禁止用于水生植物的病虫害防治
甲拌磷、甲基异柳磷、克百威	禁止在甘蔗作物上使用
内吸磷、硫环磷、氯唑磷	禁止在蔬菜、瓜果、茶叶、中草药材上使用
乙酰甲胺磷、丁硫克百威、乐果	禁止在蔬菜、瓜果、茶叶、菌类和中草药材上使用
毒死蜱、三唑磷	禁止在蔬菜上使用
丁酰肼（比久）	禁止在花生上使用
氰戊菊酯	禁止在茶叶上使用
氟虫腈	禁止在所有农作物上使用（玉米等部分旱田种子包衣除外）
氟苯虫酰胺	禁止在水稻上使用

A.3 说明

本附录的内容来自 2019 年中华人民共和国农业农村部发布的《禁限用农药名录》（http://www.zzys.moa.gov.cn/gzdt/201911/t20191129_6332604.htm）。

附 录 B

（资料性）

药用百合主要虫害防控药剂名录

药用百合主要虫害防控药剂名录见表 B.1。

表 B.1 药用百合主要虫害防控药剂名录

防治对象	推荐药剂	施用方法
地老虎	90% 晶体敌百虫拌炒过的麦麸或豆饼制成毒饵诱杀；0.3% 苦参碱水剂、0.4% 蛇床子素乳油、1.8% 阿维菌素乳油、2.5% 溴氰菊酯可湿性粉剂	撒施、灌根
蚜虫	0.5% 印楝素乳油、25% 鱼藤酮乳油、4.5% 高效氯氰菊酯乳油、1.8% 阿维菌素乳油、10% 吡虫啉乳油、50% 抗蚜威可湿性粉剂、50% 灭蚜净乳油、20% 辛氯乳油	喷雾
蛴螬	茶枯、90% 敌百虫晶体或48% 毒死蜱、5% 氯虫苯甲酰胺悬浮剂、50% 辛硫磷乳油	撒施、喷雾
螨类	氯唑磷、40% 辛硫磷、10% 虫螨腈悬浮剂、3% 氟菊酯颗粒剂	撒施、灌根
红蜘蛛	5% 阿维菌素乳油、73% 炔螨特乳油、20% 哒嗪硫磷乳油、20% 哒螨灵可湿性粉剂、11% 乙螨唑悬浮剂、20% 甲氰菊酯乳油	喷雾

附 录 C

（规范性）

百合国家允许使用化学农药的参考使用方法

百合国家允许使用化学农药的参考使用方法见表 C.1。

表 C.1　百合国家允许使用化学农药的参考使用方法

类别	通用名	作用对象	使用方法 （生长季）	使用量 （浓度）	安全隔离期 /d
除草剂	草甘膦异丙胺盐	杂草	定向茎叶喷雾	按说明书推荐用量	—
除草剂	草甘膦铵盐	杂草	定向茎叶喷雾	按说明书推荐用量	—
除草剂	草甘膦钾盐	杂草	定向茎叶喷雾	按说明书推荐用量	
除草剂	草甘膦	杂草	定向茎叶喷雾	按说明书推荐用量	
注：以上是国家目前允许使用的农药品种，新农药必须经有关技术部门试验并经过农业农村部批准在百合药材上登记后才能使用					

参考文献

［1］湖南省质量技术监督局.药用百合卷丹栽培技术规程: DB 43/T 982—2015［S/OL］.［2023-11-23］. https://std.samr.gov.cn/db/search/stdDBDetailed?id=91D99E4D6CA12E24E05397BE0A0A3A10.

［2］湖南省质量技术监督局.药用百合卷丹种苗繁育技术规程: DB 43/T 1270—2017［S］.

［3］李瑞琦,徐靓,吴翠,等.百合采收、加工、分级、包装与贮藏标准操作规程优化研究［J］.中国种业, 2019, 28 (14): 1-3.

［4］张天术,彭英刚,田虹,等.绿色食品卷丹百合栽培与加工技术规程［J］.现代农业科技, 2014 (13): 105.

［5］张鳃,张军,杜伟,等.药食两用百合无公害生产技术规程［J］.湖北中医杂志, 2009, 31 (12): 75-77.

ICS 65.020.20
CCS C 05

团 体 标 准

T/CACM 1374.62—2021

百部（对叶百部）规范化生产技术规程

Code of practice for good agricultural practice of
Stemonae Radix（*Stemona tuberosa*）

2021-10-15 发布

2021-10-15 实施

中华中医药学会　发布

目　次

前　言

本文件按照 GB/T 1.1—2020《标准化工作导则　第 1 部分：标准化文件的结构和起草规则》的规定起草。

请注意本文件中的某些内容可能涉及专利。本文件的发布机构不承担识别专利的责任。

本文件由中国医学科学院药用植物研究所和广西壮族自治区药用植物园提出。

本文件由中华中医药学会归口。

本文件起草单位：广西壮族自治区药用植物园、广西中医药大学、华润三九（黄石）药业有限公司、广西仕嵊林业科技有限公司、桂林亦元生现代生物技术有限公司、中国医学科学院药用植物研究所、重庆市药物种植研究所。

本文件主要起草人：胡东南、王孝勋、蒋向军、刘三波、余丽莹、黄雪彦、蓝祖载、陈玉菡、缪剑华、张占江、韦莹、施力军、柯芳、谢月英、彭玉德、农东新、黄家友、龚达林、魏建和、王文全、王秋玲、杨小玉、辛元尧、王苗苗。

百部(对叶百部)规范化生产技术规程

1 范围

本文件确立了百部(对叶百部)规范化生产流程、关键控制点及技术参数、规范化生产各环节的技术规程。

本文件适用于百部(对叶百部)的规范化生产。

2 规范性引用文件

下列文件中的内容通过文中的规范性引用而构成本文件必不可少的条款。其中,注明日期的引用文件,仅该日期对应的版本适用于本文件;不注明日期的引用文件,其最新版本(包括所有的修改单)适用于本文件。

GB 3095 环境空气质量标准

GB 5084 农田灌溉水质标准

GB 5749 生活饮用水卫生标准

GB/T 8321 农药合理使用准则

GB 15618—2018 土壤环境质量 农用地土壤污染风险管控标准(试行)

T/CACM 1374.1—2021 中药材规范化生产技术规程通则 植物药材

《中华人民共和国药典》2020年版

《中药材生产质量管理规范(试行)》

3 术语和定义

T/CACM 1374.1—2021界定的以及下列术语和定义适用于本文件。

3.1 规范化生产 good agricultural practice

按照《中药材生产质量管理规范》(简称中药材GAP)的要求,实施药材生产,保证中药材优质安全的生产过程。

3.2 技术规程 code of practice

为实现中药材生产顺利、有序进行,保证中药材生产质量,对中药材生产的基地选址、种子种苗、种植或野生抚育、采收与产地初加工以及包装、放行与贮运等,所做的技术规定和要求,是实施中药材规范生产的核心技术要求和实施指南。

3.3 对叶百部 Stemona tuberosa

百部科植物对叶百部 *Stemona tuberosa* Lour. 的干燥块根。

4 百部（对叶百部）规范化生产流程图

百部（对叶百部）规范化生产流程见图1。

百部（对叶百部）规范化生产流程：　　　　　　　关键控制点及参数：

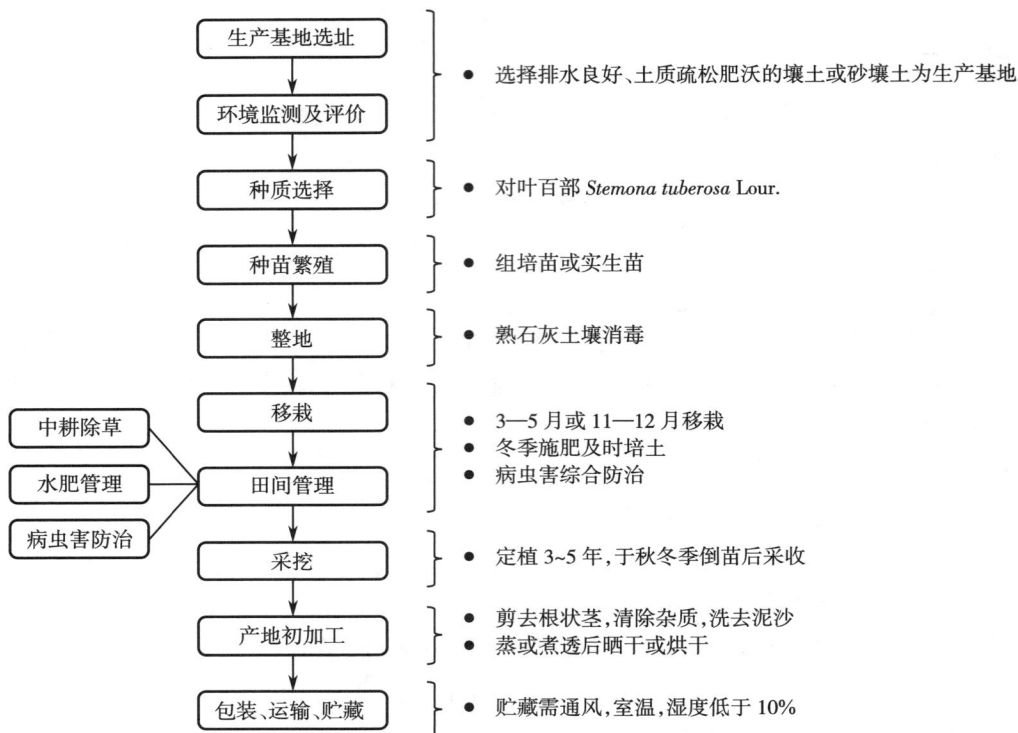

图 1　百部（对叶百部）规范化生产流程图

5 百部（对叶百部）规范化生产技术

5.1 生产基地选址

5.1.1 产地选择

百部分布于秦岭以南各地,对叶百部分布区域较直立百部偏南。我国广西及其周边省份,以及越南均为对叶百部药材主产区。

根据对叶百部品种生长习性及其种植要求,适宜在中国广西、广东、湖南、湖北、江西、云南、贵州、四川等地种植。

种植地选择在海拔100~800m的地区及年平均温度16℃以上、年降雨量1 000mm以上适宜区域。

5.1.2 地块选择

育苗地应选坡度小于15°的熟地,土壤以壤土、砂壤土为宜,土层疏松肥沃,无积水。

定植地选择向阳、日照充分或仅少量遮阴、土层深厚、疏松肥沃、有机质丰富、排水良好的平地或缓坡地块,土壤为无污染源的红壤、赤红壤、砖红壤、黄壤的壤土或砂壤土,pH 微酸性至中性。

5.1.3 环境监测

生产基地的空气质量应符合 GB 3095 规定的环境空气质量标准,灌溉水质量应符合 GB 5084 规定的农田灌溉水质标准,土壤质量应符合 GB 15618 的规定。

5.2 种质与种子

5.2.1 种质选择

使用百部科植物对叶百部 *Stemona tuberosa* Lour. 为物种来源,其物种须经过鉴定。如使用农家品种或选育品种应加以明确。

5.2.2 种子种苗质量要求

种子育苗质量要求:应使用当年采收,成熟的种子,发芽率超过 90%,千粒重 40.1~85g,苗经检验符合相应标准。

组织培养外植体质量要求:应当选用地上生长旺盛,根部产薯量高的植株作为外植体母体,苗经检验符合相应标准。

种苗质量要求:必须长势旺盛,茎秆粗壮,有 3 片以上功能叶,叶片肥厚,叶色浓绿,有多条侧根已长至营养杯边缘,无病虫危害。

5.3 种植

5.3.1 育苗技术

5.3.1.1 种子育苗

选择健壮、生长旺盛、芦头大、薯粗、无病虫害的植株用于繁种,一般种植第二年植株就开花结果,田间管理同药材生产。

对叶百部从 3 月开始现花蕾,开花坐果。当 8—9 月,蒴果由绿色变为黄褐色、种子近暗紫色时,即可采集。采后置于通风干燥处晾干数日,待果壳开裂后种子自行脱出,然后收集种子,阴干贮藏备用。

播种育苗。南方宜秋播,北方宜春播。春播,于 3 月上旬至 4 月初进行。在整好的苗床畦面上,按行距 25cm 开横沟条播,沟深 7~9cm,然后按每沟播种,均匀地将种子撒入沟内。播后覆盖细土,厚约 1cm,上盖草保温保湿,至 4 月中、下旬即可出苗。齐苗后,揭去盖草,及时除草。6 月进行第一次松土、间苗,每隔 2cm 左右留壮苗 1 株,并结合追肥 1 次,每亩(1 亩 ≈ 666.7m²,下文同)施用有机肥 1 500kg。8 月进行第二次松土除草,结合每亩追施有机肥 1 000kg。于当年秋冬季即可移栽。秋播于 9—10 月进行,方法同春播。第二年春季出苗,当年秋后移栽。

5.3.1.2 组织培养育苗

选择健壮、生长旺、芦头大、薯粗壮、无病虫害的植株,以带侧芽茎段为外植体,采用 MS 为基本培养基,附加不同植物生产调节剂进行培育。

采用改良 MS+6-苄氨基嘌呤(6-benzylaminopurine,6-BA)1.0mg/L+NAA 0.5mg/L 的培养基进行初代培养。

采用改良 MS+6-BA 1.5mg/L+NAA 0.2mg/L+KT 1.0mg/L 的培养基进行增殖。

采用改良 MS+NAA 2.0mg/L+IBA 1.0mg/L+AgNO$_3$ 0.5mg/L 的培养基诱导生根。

采用珍珠岩、细沙或其混合物作基质,驯化生根的组培苗。

5.3.2 移栽定植

选土层深厚、疏松肥沃的砂壤土。深翻土壤 50cm 以上,整细耙平。每亩施入堆肥或有机肥 1 500kg、硫酸钾 25kg、过磷酸钙 20kg 作基肥。作 1.5m 宽、30cm 高的畦,畦沟宽 40cm,开 40cm 宽排水沟。

3 月上旬至 5 月下旬,按行距 60cm,株距 50~70cm 进行移栽。土质肥沃者宜稀植,反之宜密植。

5.3.3 田间管理

5.3.3.1 施肥

以有机肥为主,化学肥料有限度使用。鼓励使用经国家批准的中药材专用肥。种植期内每年需要追肥 3 次。第一次追肥为促苗肥,即出苗整齐后植株开始快速生长时进行,可结合第一次中耕除草,施用有机肥 15 000~22 500kg/hm^2、复合肥 225~300kg/hm^2。第二次追肥为壮根肥,即块根快速生长膨大期进行,施用有机肥或农家肥 15 000~22 500kg/hm^2,并按 225~300kg/hm^2 拌入硫酸钾、过磷酸钙基肥,撒于畦面后进行培土。第三次追肥,施用有机肥或农家肥 15 000~22 500kg/hm^2,按 225~300kg/hm^2 拌入硫酸钾、过磷酸钙基肥,撒于畦面后进行培土。

5.3.3.2 整枝、立杆、控藤

种苗长至 30cm 高度时进行整枝,只保留 3~5 个健壮主茎,其余侧茎全部剪除,待苗长至 60cm 左右时搭架,一般用人字形支架,主架高 2.5m 左右为宜,将主茎牵引、绑扎到立杆上,以增强叶片的光合作用和通风,增加受光面积,茎基部侧枝应及时摘除,长到 1.5m 以上时,将 1m 以下侧芽全部抹除,长至 2m 高时全部打顶,抑制顶端优势,侧芽长至 35cm 时打顶控藤,以后每隔 30 天左右整株抹芽、整枝 1 次,以促进苗旺盛的营养生长。

5.3.3.3 中耕除草

移栽后及时补苗、中耕除草,应结合追肥、封土和浇水进行,中耕要浅,近植株的草要用手或铲子除净,以免伤根。第一次于 4 月齐苗后全面浅松土、中耕除草,每亩施有机肥与复合肥,培土厚度约 10cm;第二次于 7—8 月只中耕除草,不追肥;第三次于 10—11 月中耕除草,每亩施有机肥和钾、磷、钙肥,培土厚度约 10cm;第四次于 1—2 月冬季倒苗后,每亩施有机肥与过磷酸钙,中耕除草后培土厚度 10cm,同时清理和疏通排水沟,防止积水烂薯。

禁止使用壮根灵、膨大素等生长调节剂。

5.3.3.4 病虫害草害等防治

病害主要有炭疽病、根腐病、枯萎病、叶斑病等,可以采用农业防治和化学药剂防治两种方式。农业防治就是利用育种、栽培、耕作等技术,达到避免、减轻和消灭病害的方法,主要包括轮作、深耕、清洁田园、配方施肥、合理灌溉和选用抗病品种等。化学防治又分化学保护和化学治疗。化学保护就是在未发病前喷施杀菌剂,以防病原菌的侵入,使植株得到保护。化学治疗就是在感病后喷施药剂,恢复植株健康或阻止病害继续发展,化学防治主要有种苗

处理、土壤消毒和植株喷药。针对炭疽病、叶斑病、茎腐病等,可于发病初期喷代森锰锌、百菌清等,按照农药标签使用。

虫害主要有蝼蛄、蛴螬、小地老虎、红蜘蛛、斜纹夜蛾、根结线虫等。对根结线虫病,一般种前用克线磷颗粒剂。虫害防治方法:一方面,可以使用人工捕捉或者田间物理诱杀等方式进行害虫捕杀,比如黑光灯、频振式虫情灯诱杀;另一方面,根据当地实际害虫发生情况针对性地选择害虫防治药剂,比如用阿维菌素乳油喷洒在叶面来防治斜纹夜蛾。

草害管理:在种植中应该做好除草工作,可在垄面铺上稻草、麦秆、控草膜等,可以有效防止杂草生长,并能保持土壤温度。

采用化学防治时,应当符合国家有关规定;优先选用高效、低毒的生物农药;尽量避免使用除草剂、杀虫剂和杀菌剂等化学农药;不使用禁限用农药。农药使用符合 GB/T 8321《农药合理使用准则》的规定。

5.4 采挖

一般定植 3~5 年即可采收。每年于秋冬季倒苗后进行挖取。

完整挖出根部,抖去泥土,去除残茎,挑除病薯。采挖过程避免破伤外皮和断根。

5.5 产地初加工

挖取块薯后,洗净,然后投入沸水中烫至无白心时,立即捞出,或用蒸汽蒸至无白心,晒干或烘干即成商品。

产地初加工方法包括直接晒干法及烘干法。禁止硫熏。

直接晒干法:块薯烫熟或蒸熟后,直接晾晒干燥。

烘干法:块薯烫熟或蒸熟后,采用烘干设施干燥,温度不应超过 80℃。

加工干燥过程保证场地、工具洁净,不受雨淋等。

加工用水应符合 GB 5749 的规定。

5.6 包装、放行、贮运

5.6.1 包装

包装前应对每批药材按照《中华人民共和国药典》一部(2020 年版)中百部规定的方法进行质量检验。符合国家标准的药材,采用不影响质量的编织袋等包装,禁止采用包装过肥料、农药等的包装袋包装。包装外贴或挂标签、合格证,标识牌内容应有药材名、基源、产地、批号、规格、重量、采收日期、企业名称等,并有追溯码。

5.6.2 放行

应制定符合企业实际情况的放行制度,有审核批生产、检验等的相关记录。不合格药材有单独处理制度。

5.6.3 贮运

应贮存于阴凉干燥处,定期检查,防止虫蛀、霉变、腐烂、泛油等的发生。仓库控制温度在 20℃ 以下、相对湿度 75% 以下;不同批次等级药材分区存放;建有定期检查制度。禁止磷化铝和二氧化硫熏蒸。也可采用现代气调贮藏方法,包装或库内充氮或二氧化碳。

运输应防止发生混淆、污染、异物混入、包装破损、雨雪淋湿等。

附　录　B
（资料性）
竹节参常见病虫害的药剂防治参考方法

竹节参常见病虫害的药剂防治参考方法见表 B.1。

表 B.1　竹节参常见病虫害的药剂防治参考方法

病虫害名称	防治时期	推荐防治方法	安全间隔期 /d
根腐病	3—4 月	氟啶胺喷施，按照农药标签使用	≥10
		异菌脲喷施，按照农药标签使用	≥20
疫病	6—8 月	氰霜唑喷雾，按照农药标签使用	≥7
		霜尿氰喷雾，按照农药标签使用	≥7
立枯病	5—8 月	噁霜嘧铜菌酯喷雾，按照农药标签使用	≥10
		聚砹·嘧霉胺喷雾，按照农药标签使用	≥10
		甲基立枯磷乳油喷雾，按照农药标签使用	≥7
		霜霉威盐酸盐水剂喷雾，按照农药标签使用	≥10
蛴螬	3—6 月	高效氯氰菊酯喷淋，按照农药标签使用	≥10
		噻虫胺喷淋，按照农药标签使用	≥15
地老虎	4—6 月	高效氯氰菊酯喷淋，按照农药标签使用	≥10
		噻虫胺喷淋，按照农药标签使用	≥15

参考文献

［1］蔡银燕,王维.药用植物延胡索的药理、栽培、炮制研究概述[J].海峡药学,2007(3):65-67.

［2］杜伟锋,罗云云,石森林,等.延胡索产地鲜切加工工艺响应面优化研究[J].中草药,2019,50(5):1111-1116.

［3］高普珠.影响延胡索产量质量关键技术研究[D].兰州:甘肃农业大学,2018.

［4］国家药典委员会.中华人民共和国药典:2020年版一部[M].北京:中国医药科技出版社,2020.

［5］胡珂,李广来,李娟,等.贮藏条件对延胡索种子发育的影响[J].中药材,2012,35(7):1022-1025.

［6］黄璐琦,王永炎.中药材质量标准研究[M].北京:人民卫生出版社,2006:187-209.

［7］吕秋菊,秦海燕,宋捷民,等.延胡索药材商品规格等级划分的合理性研究[J].甘肃中医药大学学报,2017,34(2):70-76.

［8］麻显清,叶理勋,卢立兴,等.延胡索肥料效应分析和最佳施肥方案[J].中药材,1991(5):3-5.

［9］任江剑,徐建中,俞旭平.不同采收期和不同加工方法对延胡索药材的影响[J].中药材,2009,32(7):1026-1028.

［10］王红,田明,王淼,等.延胡索现代药理及临床研究进展[J].中医药学报,2010,38(6):108-111.

［11］奚镜清,金联城,沂纳新,等.中药材延胡索的品种整理及文献考证[J].现代应用药学,1995(4):12-15.

［12］徐春梅.延胡索优质高产栽培技术体系的研究[D].杭州:浙江大学,2005.

［13］徐雪琴,龙全江.不同产地延胡索采收加工技术调查与分析[J].现代中药研究与实践,2015(6):7-9.

［14］许翔鸿,余国奠,王峥涛.野生延胡索种质资源现状及其质量评价[J].中国中药杂志,2004(5):19-21.

［15］张智强.延胡索遗传多样性研究[D].汉中:陕西理工学院,2016.

ICS 65.020.20
CCS C 05

团 体 标 准

T/CACM 1374.66—2021

决明子规范化生产技术规程

Code of practice for good agricultural practice of Cassiae Semen

2021-10-15 发布
2021-10-15 实施

中华中医药学会　发布

附　录　A

（规范性）

禁限用农药名单

A.1　禁止（停止）使用的农药（46 种）

六六六、滴滴涕、毒杀芬、二溴氯丙烷、杀虫脒、二溴乙烷、除草醚、艾氏剂、狄氏剂、汞制剂、砷类、铅类、敌枯双、氟乙酰胺、甘氟、毒鼠强、氟乙酸钠、毒鼠硅、甲胺磷、对硫磷、甲基对硫磷、久效磷、磷胺、苯线磷、地虫硫磷、甲基硫环磷、磷化钙、磷化镁、磷化锌、硫线磷、蝇毒磷、治螟磷、特丁硫磷、氯磺隆、胺苯磺隆、甲磺隆、福美胂、福美甲胂、三氯杀螨醇、林丹、硫丹、溴甲烷、氟虫胺、杀扑磷、百草枯、2, 4- 滴丁酯。

注：氟虫胺自 2020 年 1 月 1 日起禁止使用。百草枯可溶胶剂自 2020 年 9 月 26 日起禁止使用。2,4-滴丁酯自 2023 年 1 月 29 日起禁止使用。溴甲烷可用于"检疫熏蒸处理"。杀扑磷已无制剂登记。

A.2　在部分范围禁止使用的农药（20 种）

部分范围禁止使用的农药应注意药食同源中药材及来自其他作物的中药材。部分范围禁止使用的农药见表 A.1。

表 A.1　部分范围禁止使用的农药

通用名	禁止使用范围
甲拌磷、甲基异柳磷、克百威、水胺硫磷、氧乐果、灭多威、涕灭威、灭线磷	禁止在蔬菜、瓜果、茶叶、菌类、中草药材上使用,禁止用于防治卫生害虫,禁止用于水生植物的病虫害防治
甲拌磷、甲基异柳磷、克百威	禁止在甘蔗作物上使用
内吸磷、硫环磷、氯唑磷	禁止在蔬菜、瓜果、茶叶、中草药材上使用
乙酰甲胺磷、丁硫克百威、乐果	禁止在蔬菜、瓜果、茶叶、菌类和中草药材上使用
毒死蜱、三唑磷	禁止在蔬菜上使用
丁酰肼（比久）	禁止在花生上使用
氰戊菊酯	禁止在茶叶上使用
氟虫腈	禁止在所有农作物上使用（玉米等部分旱田种子包衣除外）
氟苯虫酰胺	禁止在水稻上使用

A.3　说明

本附录的内容来自 2019 年中华人民共和国农业农村部发布的《禁限用农药名录》（http://www.zzys.moa.gov.cn/gzdt/201911/t20191129_6332604.htm）。

参考文献

［1］么历,程慧珍,杨智.中药材规范化种植(养殖)技术指南［M］.北京:中国农业出版社,2006.

［2］王孝勋,朱华,蔡毅,等.手持式 GPS 在对叶百部资源调查中的应用［J］.安徽农业科学,2010,38（14）:7690-7691.

［3］王孝勋,朱华,赵旭,等.对叶百部茎叶化学成分预实验［J］.中国民族民间医药,2010,19（24）:45-46.

［4］朱华,王孝勋,赵旭,等.对叶百部茎叶的生药鉴定［J］.时珍国医国药,2011,22（7）:1694-1695.

［5］王孝勋.对叶百部的质量评价研究［D］.成都:成都中医药大学,2011.

［6］朱华,郭晓恒,王孝勋,等.广西产百部的资源与生境调查［J］.安徽农业科学,2012,40（5）:2638-2639.

［7］ZHU H, GUO X, WANG X, et al. Resource and habitat investigation of RADIX STEMONAE in Guangxi Zhuang Autonomous Region of China［J］. Medicinal Plant, 2012, 3（4）: 20-22.

［8］李耀华,陈广钜,王孝勋,等.广西不同产地对叶百部总生物碱的含量测定［J］.广西中医药,2013,36（4）:78-80.

［9］朱华,周雨晴,杜沛霖,等.对叶百部基因组 DNA 提取及 ISSR-PCR 体系优化［J］.时珍国医国药,2015,26（1）:209-211.

［10］白燕远,笪舫芳,甘静玉,等.广西不同产地对叶百部的水溶性浸出物、水分及灰分测定［J］.广西中医药大学学报,2012,15（3）:41-43.

［11］王晓彤,罗点,王孝勋.中国百部属药用植物研究进展［J］.亚太传统医药,2016,12（17）:31-33.

［12］罗点,王晓彤,吴思宇,等.全国不同产地对叶百部 HPLC 指纹图谱研究［J］.广西中医药,2017,40（4）:72-77.

［13］王晓彤,罗点,陈高,等.对叶百部遗传多样性的 ISSR 分析［J］.中草药,2017,48（19）:4051-4056.

ICS 65.020.20
CCS C 05

团 体 标 准

T/CACM 1374.63—2021

竹节参规范化生产技术规程

Code of practice for good agricultural practice of
Panacis Japonici Rhizoma

2021-10-15 发布　　　　　　　　　　　　　　　2021-10-15 实施

中华中医药学会　发布

目　次

前　　言

《竹节参规范化生产技术规程》（以下简称"本文件"）按照 GB/T 1.1—2020《标准化工作导则　第 1 部分：标准化文件的结构和起草规则》给出的规则起草。

本文件由中国医学科学院药用植物研究所和湖北省农业科学院中药材研究所提出。

本文件由中华中医药学会归口。

本文件起草单位：湖北省农业科学院中药材研究所、恩施土家族苗族自治州农业科学院药物园艺研究所、宣恩县恒瑞药业有限公司、中国医学科学院药用植物研究所、重庆市药物种植研究所。

本文件主要起草人：刘海华、林先明、杨永康、张美德、何银生、周武先、郭坤元、王华、蒋小刚、黄喆、魏建和、王文全、王秋玲、杨小玉、辛元尧、王苗苗。

竹节参规范化生产技术规程

1 范围

本文件规定了竹节参规范化生产流程、关键控制点及技术参数、竹节参规范化生产各环节的技术规程。

本文件适用于按照《中药材生产质量管理规范》实施规范化生产竹节参。

2 规范性引用文件

下列文件对于本文件的应用是必不可少的。凡是注明日期的引用文件,仅所注明日期的版本适用于本文件。凡是不注明日期的引用文件,其最新版本(包括所有的修改单)适用于本文件。

GB 3095　环境空气质量标准

GB 5084　农田灌溉水质标准

GB 5749　生活饮用水卫生标准

GB 15618　土壤环境质量　农用地土壤污染风险管控标准(试行)

T/CACM 1374.1—2021　中药材规范化生产技术规程通则　植物药材

3 术语和定义

T/CACM 1374.1—2021 界定的以及下列术语和定义适用于本文件。

3.1 规范化生产　good agricultural practice

按照《中药材生产质量管理规范》(简称中药材 GAP)的要求,实施药材生产,保证中药材优质安全的生产过程。

3.2 技术规程　code of practice

为实现中药材生产顺利、有序进行,保证中药材生产质量,对中药材生产的基地选址、种子种苗、种植或野生抚育、采收与产地初加工以及包装、放行与贮运等,所做的技术规定和要求,是实施中药材规范生产的核心技术要求和实施指南。

3.3 竹节参　Panacis japonici rhizoma

为五加科植物竹节参 *Panax japonicus* C. A. Mey. 的干燥根茎。

4 竹节参规范化生产流程图

竹节参规范化生产流程见图1。

竹节参规范化生产流程：　　　　　　　　　　关键控制点及参数：

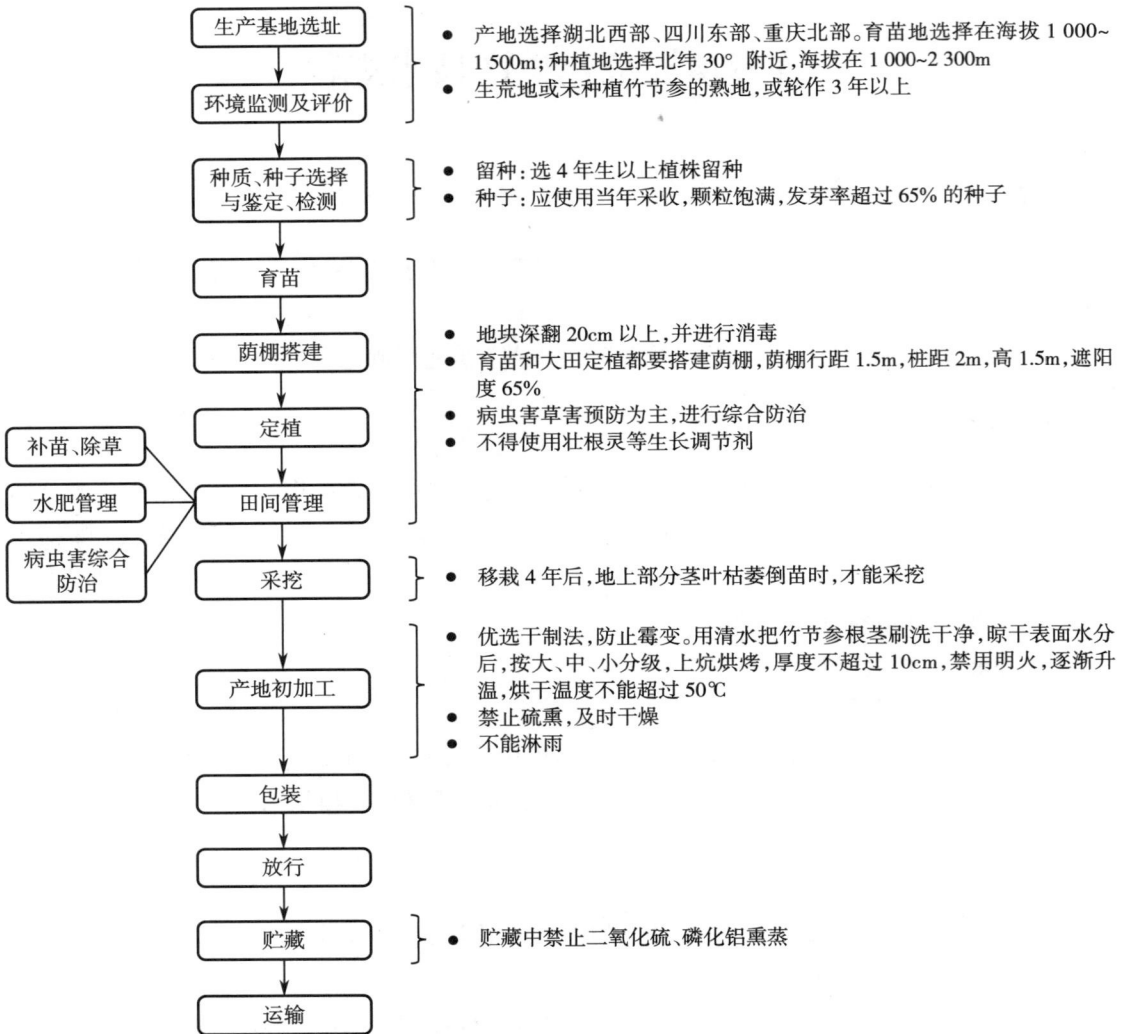

图 1　竹节参规范化生产流程图

5　竹节参规范化生产技术

5.1　生产基地选址

5.1.1　产地选择

主产区在湖北西部、四川东部、重庆北部，道地产区在恩施土家族苗族自治州，宜昌市长阳土家族自治县，十堰市的竹溪县、房县及其周边地区。种植地选择北纬 30° 附近，海拔在 1 000~2 300m，育苗地选择在海拔 1 000~1 500m。

5.1.2　地块选择

育苗地应选择坡度小于 20°，腐殖质含量高、土层深厚、疏松、排水良好的土壤。

良种繁育田和定植地应选择排水良好，坡度 5°~20°，地势背风向阳，土壤、水质无污染的砂壤土、腐殖质土,pH 5.5~7.0。前茬以玉米、花生、黄豆等为佳,忌连作。

5.1.3 环境监测

基地的大气、土壤和水样品的检测按照 GAP 要求,应符合相应国家标准,并保证生长期间持续符合标准。空气质量应符合 GB 3095 规定的环境空气质量标准、土壤质量应符合 GB 15618 的规定、灌溉水质量应符合 GB 5084 规定的农田灌溉水质标准。

5.2 种质与种子

5.2.1 种质选择

使用五加科植物竹节参 *Panax japonicus* C. A. Mey.,物种须经过鉴定。如使用农家品种或选育品种应加以明确。

5.2.2 种子质量

颗粒饱满,千粒重≥29g,发芽率≥65%,净度≥95%,纯度≥95%,含水量≥45%。

5.2.3 良种生产

竹节参 3 年生植株开始结果,但不能完全成熟,须选 4 年生以上的健壮、无病虫害的植株用于留种。留种植株应在 6—7 月间结合中耕除草,摘除侧花序,保留主花序。

8 月下旬—9 月上旬,果实变为上黑下红时采收,随熟随采。将采摘的果实及时水洗,搓去果肉,并以湿润河沙(种子:河沙 =1:4)贮藏待播。

5.3 种植

5.3.1 育苗

育苗时,深翻土地 25cm 以上,用 70% 代森锰锌粉剂 500g/ 亩(1 亩 ≈ 666.7m^2,下文同)进行土壤消毒,随整地施入基肥,整细耙平,起垄作厢,厢宽 1.3m,厢高 20cm,沟宽 20cm。按行距 1.5m,桩距 2m,在厢间栽桩搭棚,棚架内空高 1.5m,顶部用铁丝按 "#" 字形固定,上面盖透明塑料薄膜,搭建单透棚。3 月初,贮藏种子破壳后,用清水漂去干瘪种子后,再进行撒播,盖 3cm 腐殖土。每亩用种 12~15kg。

幼苗出土后及时除草间苗。苗高 3~5cm 时,按株距 6cm 定苗。6 月上旬和 7 月下旬分别在厢面上撒施三元复合肥 50kg/ 亩。育苗第二年 9 月中旬—10 月上旬,起挖根茎,除去茎叶,勿伤须根、越冬芽和根茎表皮,摊开置于室内,贮藏时间不超过 7 天。

5.3.2 定植

竹节参为喜阴植物,必须搭建荫棚。

秋季定植前,深翻土地 25cm 以上,随整地施入基肥,整细耙平,起垄作厢,厢宽 1.3m,厢高 20cm,沟宽 20cm。按行距 1.5m,桩距 2m,在厢间栽桩搭棚,棚架内空高 1.5m,顶部用铁丝按 "#" 字形固定,上盖遮阳度为 65% 的遮阳网或树枝,并用扎丝固定。

定植前竹节参种苗用甲基托布津浸泡 1 小时后捞起沥干,晾干表面水分后,按行株距 25cm×25cm 规格开穴种植,穴深 4~6cm,每穴 1 株。

5.3.3 补苗

5 月中、下旬出苗后发现缺苗现象时,应及早进行补苗。在阴天或傍晚时,选择健壮的同龄竹节参进行带土移栽,栽后浇定根水并加强管理。

5.3.4 中耕除草

齐苗后,应勤除杂草。除草时如发现裸露于土面的芽苞或根茎,应及时培细土。

5.3.5 追肥

6月上中旬结合松土进行,每亩施用人畜粪水2 000~3 000kg或三元复合肥20kg。禁止使用壮根灵、膨大素等生长调节剂。

5.3.6 摘蕾

三年生及不留种的田块,当花序柄长2cm左右时,将整个花序摘除。

5.3.7 病虫害草害等防治

竹节参主要病害有疫病、立枯病、根腐病等。虫害主要有蛴螬、地老虎、蝼蛄等。

应采用预防为主、综合防治的方法:多雨季节注意及时清沟排涝,松土施肥,在雨天或露水未干时,不能开展田间作业,发现病株应及时清除,每穴撒200~300g生石灰进行病穴消毒控制传染。

采用化学防治时,应当符合国家有关规定;优先选用高效、低毒的生物农药;尽量避免使用除草剂、杀虫剂和杀菌剂等化学农药;不能使用禁用农药。

主要病虫害防治参考方法见附录B。

5.4 采挖

移栽4年后,9月下旬—10月上旬,竹节参地上部分茎叶枯萎倒苗时,割除地上部分,选晴天采挖,完整挖出根部,抖去泥土,去除残茎。

5.5 产地初加工

先用清水把竹节参根茎刷洗干净,再去除须根和芽苞,晾干表面水分后,按大、中、小分级,上炕烘烤,厚度不超过10cm,禁用明火,逐渐升温,最高温度控制在50℃以内,定期停火回潮,上下翻动,使干燥均匀,烘至全干,以手折断时清脆有声、表面黄白色、断面白色无空壳为好。初加工用水应符合GB 5749规定的生活饮用水卫生标准。

5.6 包装、放行、贮运

5.6.1 包装

包装前应对每批药材按照国家标准进行质量检验。符合国家标准的药材,采用防水纸箱,每箱25kg,误差控制在每箱1kg内,装箱封口。包装外贴或挂标签、合格证,标识牌内容应有药材名、基源、产地、批号、规格、重量、采收日期、企业名称等,并有追溯码。

5.6.2 放行

应制定符合企业实际情况的放行制度,有审核批生产、检验等的相关记录。不合格药材有单独处理制度。

5.6.3 贮运

应贮存于通风、干燥、清洁、无异味专用仓库的货架上,货架与墙壁、地面保持50cm的距离,定期检查,防止虫蛀、霉变等的发生。仓库控制温度在20℃以下、相对湿度75%以下;不同批次等级药材分区存放;建有定期检查制度。禁止磷化铝和二氧化硫熏蒸。也可采用现代气调贮藏方法,包装或库内充氮或二氧化碳。

附 录 A

（规范性）

禁限用农药名单

A.1 禁止（停止）使用的农药（46 种）

六六六、滴滴涕、毒杀芬、二溴氯丙烷、杀虫脒、二溴乙烷、除草醚、艾氏剂、狄氏剂、汞制剂、砷类、铅类、敌枯双、氟乙酰胺、甘氟、毒鼠强、氟乙酸钠、毒鼠硅、甲胺磷、对硫磷、甲基对硫磷、久效磷、磷胺、苯线磷、地虫硫磷、甲基硫环磷、磷化钙、磷化镁、磷化锌、硫线磷、蝇毒磷、治螟磷、特丁硫磷、氯磺隆、胺苯磺隆、甲磺隆、福美胂、福美甲胂、三氯杀螨醇、林丹、硫丹、溴甲烷、氟虫胺、杀扑磷、百草枯、2,4-滴丁酯。

注：氟虫胺自 2020 年 1 月 1 日起禁止使用。百草枯可溶胶剂自 2020 年 9 月 26 日起禁止使用。2,4-滴丁酯自 2023 年 1 月 29 日起禁止使用。溴甲烷可用于"检疫熏蒸处理"。杀扑磷已无制剂登记。

A.2 在部分范围禁止使用的农药（20 种）

部分范围禁止使用的农药应注意药食同源中药材及来自其他作物的中药材。部分范围禁止使用的农药见表 A.1。

表 A.1 部分范围禁止使用的农药

通用名	禁止使用范围
甲拌磷、甲基异柳磷、克百威、水胺硫磷、氧乐果、灭多威、涕灭威、灭线磷	禁止在蔬菜、瓜果、茶叶、菌类、中草药材上使用,禁止用于防治卫生害虫,禁止用于水生植物的病虫害防治
甲拌磷、甲基异柳磷、克百威	禁止在甘蔗作物上使用
内吸磷、硫环磷、氯唑磷	禁止在蔬菜、瓜果、茶叶、中草药材上使用
乙酰甲胺磷、丁硫克百威、乐果	禁止在蔬菜、瓜果、茶叶、菌类和中草药材上使用
毒死蜱、三唑磷	禁止在蔬菜上使用
丁酰肼（比久）	禁止在花生上使用
氰戊菊酯	禁止在茶叶上使用
氟虫腈	禁止在所有农作物上使用（玉米等部分旱田种子包衣除外）
氟苯虫酰胺	禁止在水稻上使用

A.3 说明

本附录的内容来自 2019 年中华人民共和国农业农村部发布的《禁限用农药名录》（http://www.zzys.moa.gov.cn/gzdt/201911/t20191129_6332604.htm）。

参考文献

［1］国家药典委员会.中华人民共和国药典：2020年版一部［M］.北京：中国医药科技出版社，2020.

［2］么历，程慧珍，杨智.中药材规范化种植（养殖）技术指南［M］.北京：中国农业出版社，2006.

［3］杨永康，甘国菊.竹节参规范化生产标准操作规程（SOP）［J］.中药研究与信息，2004（5）：25-28.

［4］廖朝林，由金文.湖北恩施药用植物栽培技术［M］.武汉：湖北科学技术出版社，2006.

［5］向极钎，杨永康，覃大吉，等.竹节参人工栽培技术研究［J］.中药研究与信息，2005（5）：26-28.

［6］唐春梓，林先明，由金文，廖朝林，刘海华.竹节参种苗移栽密度研究［J］.安徽农业科学，2007，35（18）：5417.

［7］林先明，刘海华，郭杰，等.竹节参生物学特性研究［J］.中国野生植物资源，2007（1）：5-7.

［8］林先明，由金文，郭杰，等.不同施肥措施对竹节参根茎产量的影响［J］.现代中药研究与实践，2006（1）：17-18.

［9］湖北省质量技术监督局.竹节参种子生产技术规程：DB 42/T 329—2005［S/OL］.［2023-11-24］.https：//std.samr.gov.cn/db/search/stdDBDetailed?id=91D99E4D106B2E24E05397BE0A0A3A10.

［10］湖北省质量技术监督局.竹节参种苗生产技术规程：DB 42/T 330—2005［S/OL］.［2023-11-24］.https：//std.samr.gov.cn/db/search/stdDBDetailed?id=91D99E4DE2E32E24E05397BE0A0A3A10.

［11］湖北省质量技术监督局.椿木营竹节参：DB 42/T 338—2005［S/OL］.［2023-11-24］.https：//std.samr.gov.cn/db/search/stdDBDetailed?id=91D99E4D0F3C2E24E05397BE0A0A3A10.

ICS 65.020.20
CCS C 05

团 体 标 准

TCACM 1374.64—2021

延胡索规范化生产技术规程

Code of practice for good agricultural practice of Corydalis Rhizoma

2021-10-15 发布

2021-10-15 实施

中华中医药学会　发布

目　　次

前　言

本文件按照 GB/T 1.1—2020《标准化工作导则　第 1 部分：标准化文件的结构和起草规则》的规定起草。

请注意本文件中的某些内容可能涉及专利。本文件的发布机构不承担识别专利的责任。

本文件由中国医学科学院药用植物研究所和磐安中药材研究所提出。

本文件由中华中医药学会归口。

本文件起草单位：中国医学科学院药用植物研究所、磐安中药材研究所、福建省农业科学院农业生物资源研究所、福建承天农林科技发展有限公司、磐安县中药材产业协会、浙江卿枫峡中药材有限公司、重庆市药物种植研究所。

本文件主要起草人：李艾莲、乔旭、郭欣慰、宗侃侃、苏海兰、毕艳孟、高扬前、陈淑淑、霍亚珍、魏建和、王文全、王秋玲、杨小玉、辛元尧、王苗苗。

延胡索规范化生产技术规程

1 范围

本文件确立了延胡索规范化生产流程,规定了延胡索的生产基地选址、种质与种子、良种繁育、种植、采挖、产地初加工、包装、放行和贮运等阶段的技术要求。

本文件适用于延胡索规范化生产。

2 规范性引用文件

下列文件中的内容通过文中的规范性引用而构成本文件必不可少的条款。其中,注明日期的引用文件,仅该日期对应的版本适用于本文件;不注明日期的引用文件,其最新版本(包括所有的修改单)适用于本文件。

GB 3095 环境空气质量标准

GB 5084 农田灌溉水质标准

GB 5749 生活饮用水卫生标准

GB 15618—2018 土壤环境质量 农用地土壤污染风险管控标准(试行)

T/CACM 1374.1—2021 中药材规范化生产技术规程通则 植物药材

3 术语和定义

T/CACM 1374.1—2021 界定的以及下列术语和定义适用于本文件。

3.1 规范化生产 good agricultural practice

按照《中药材生产质量管理规范》(简称中药材 GAP)的要求,实施药材生产,保证中药材优质安全的生产过程。

3.2 技术规程 code of practice

为实现中药材生产顺利、有序进行,保证中药材生产质量,对中药材生产的基地选址、种子种苗、种植或野生抚育、采收与产地初加工以及包装、放行与贮运等,所做的技术规定和要求,是实施中药材规范生产的核心技术要求和实施指南。

4 延胡索规范化生产流程图

延胡索的规范化生产流程见图 1。

延胡索规范化生产流程：　　　　　　　　关键控制点及技术参数：

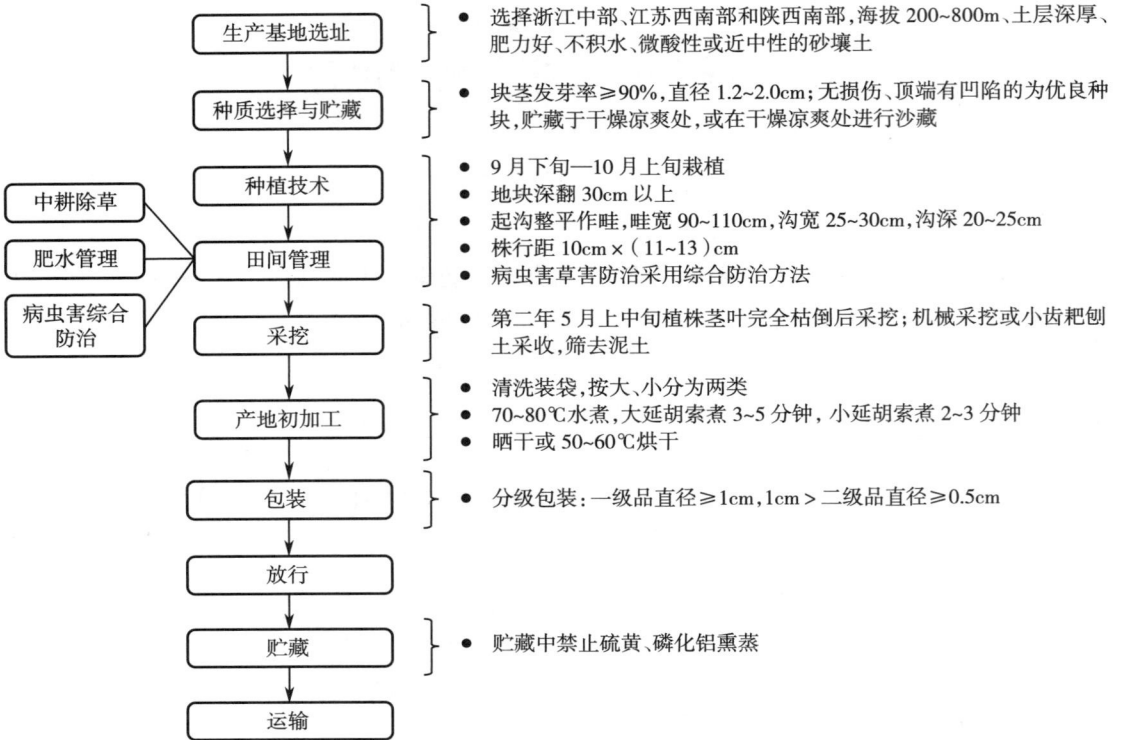

图1　延胡索规范化生产流程图

5　延胡索规范化生产技术

5.1　生产基地选址

5.1.1　产地选择

适宜在浙江中部的金衢盆地、丘陵地区，福建省闽北地区，江苏西南部镇江市周边地区和陕西南部汉中平原种植，主要在浙江省东阳市、磐安县及其周边地区，江苏省镇江市周边地区和陕西省汉中市。种植地选择在海拔 200~800m、气候温和、雨量充沛、空气湿润、四季分明、光照充足的适宜地区。

5.1.2　地块选择

应选择土层较深、富含腐殖质、排水良好、疏松肥沃的砂壤土，在 pH 为微酸性或近中性的土壤中生长良好。忌连作，以水旱轮作为宜，前作以禾本科和豆科作物为佳。

5.1.3　环境监测

按照 GAP 要求，基地的大气质量应符合 GB 3095 的规定、土壤质量应符合 GB 15618—2018 的规定、水质应符合 GB 5084 的规定，并保证生长期间持续符合标准的要求。

5.2　种质与种子

5.2.1　种质选择

使用罂粟科紫堇属植物延胡索 Corydalis yanhusuo W. T. Wang，物种须经过鉴定。如使用农家品种或选育品种,应加以明确。

5.2.2 种块茎质量

应使用当年采收,无损伤、无病虫害中等大小的子延胡索块茎,发芽率超过90%,直径1.2~2.0cm。

5.2.3 良种贮藏

选择长势良好、健壮、开花少、无病株的延胡索地块作留种地。采挖后,用筛子进行子延胡索块茎分级,直径1.2~2.0cm、饱满、无病虫斑点、无损伤、顶端有凹陷的为优良种块。将留种块茎摊开阴凉3~5天,表层土自然脱落时,装入编织袋,贮藏于干燥凉爽处,或在干燥凉爽处进行沙藏。

5.3 良种繁育

5.3.1 整地

在选好的繁育地上,浅挖松土,深度20~25cm,除去地上杂草和大石块,耙细整平表土,依地势和排水条件开厢,厢宽120cm。厢间开沟,沟深20~25cm,沟宽25~30cm,土地四周挖好排水沟。

5.3.2 选种与拌种

选择饱满、圆形或扁球形、芽部健壮、茎芽头多、无伤痕、无病虫害、中等大小、当年贮藏的新生种茎,用农药浸种或进行种子包衣,按照农药标签使用,以减少病害的发生,沥干水后再播种。

5.3.3 栽种

9月下旬—10月上旬栽植为佳,栽植时期视各地的气候条件和前茬作物收获状况而定。土地深耕30cm以上,随整地施入基肥,以有机肥为主,化学肥料为辅。农家肥应充分腐熟。种植密度以株行距10cm×(11~13)cm,开沟深度以5cm为宜,将种茎摆放于沟内,芽头向上,边种边覆土。

5.3.4 田间管理

根据延胡索的生长、土壤肥力等进行平衡施肥。施肥原则是重施基肥,巧施冬肥,少施苗肥,磷钾肥配合施用。除草一般在2—4月中旬进行,采用人工拔除的方式,尽量避免伤及延胡索根部。遵循"预防为主、综合防治"的植保方针。优先选用高效、低毒的生物农药;不应使用除草剂、杀虫剂和杀菌剂等化学农药;不使用禁限用农药,禁限用农药名单见附录A。

5.4 种植

5.4.1 播种

栽植时期视各地的气候条件和前茬作物收获状况,早栽植先发根后发芽,有利植物生长发育。一般以9月下旬—10月上旬栽植为佳。土地深耕30cm以上,随整地施入基肥,以有机肥为主,化学肥料为辅。农家肥应充分腐熟。选择饱满、圆形或扁球形、芽部健壮、茎芽头多、无伤痕、无病虫害、中等大小、直径1.2~2.0cm的当年新生种茎。可用农药浸种或进行种子包衣,按照农药标签使用,以减少病害的发生。播种前起沟整平作畦,畦宽90~110cm,沟宽25~30cm,沟深20~25cm为宜。播种时采用条播,开深度5~6cm的沟,在畦上按株行距10cm×(11~

13)cm 的密度排放种块茎,芽眼朝上,边种边覆土。播种量为 40~50kg/亩(1 亩 ≈ 666.7m²,下文同)。

5.4.2 田间管理

延胡索根系浅,地下块茎沿表层生长,不宜中耕、深松。如遇干旱少雨,及时灌水。每次灌水宜漫灌急退,不要淹没垄面,以湿润畦面为度,不能使灌水在田间内停留时间过长。降雨多时,要加强排水,保持土壤湿润而不积水,经常保持排水沟畅通。及时除草。根据延胡索的生长、土壤肥力等进行平衡施肥。施肥原则是重施基肥,巧施冬肥,少施苗肥,磷钾肥配合施用。宜使用充分腐熟的农家有机肥或商品有机肥,限量使用化肥,氮磷钾及微量元素肥料合理搭配,鼓励使用经国家批准的菌肥及中药材专用肥。

5.4.3 病虫害草害等防治

延胡索常见病虫害有霜霉病、菌核病、锈病和元胡龟象等。遵循“预防为主、综合防治”的植保方针,从整个生态系统出发,综合运用各种防治措施,创造不利于病虫生存和有利于各类天敌繁衍的环境条件,保持生态系统的平衡和生物的多样性,将各类病虫害控制在经济阈值以下。采用化学防治时,应符合国家有关规定;优先选用高效、低毒的生物农药;不应使用除草剂、杀虫剂和杀菌剂等化学农药;不使用禁限用农药。

选用无病害感染、无机械损伤、表皮光滑的优质种,不应使用带病种;及时清沟排水。忌连作,轮作 3~4 年以上再进行种植。除草一般在 2—4 月中旬进行,采用人工拔除的方式,尽量避免伤及延胡索根部。

5.5 采挖

5.5.1 采挖时间

采收年限为 1 年生延胡索。第二年 5 月上中旬植株茎叶完全枯倒后采挖。采挖应选晴天或阴天土壤半干状态时进行。

5.5.2 采挖方法

采挖时先清除畦面上的枯叶、杂草和其他杂物再开始采挖。采挖时用机械采挖或小齿耙等工具刨土采收,收净延胡索。在田间筛去泥土、细沙,拣除杂质。

5.6 产地初加工

5.6.1 清洗装袋

选好留种的延胡索,其余的延胡索按大、小分为两类,分别放入清洗机或水池中清洗干净,漂去老皮、杂草,然后装入尼龙网袋,沥干表面水分。

5.6.2 浸烫

将沥干表面水分的延胡索按大、小两类分别放入浸烫锅中浸煮,温度控制在 70~80℃,上下翻动,大延胡索煮 3~5 分钟,小延胡索煮 2~3 分钟,以切开时断面无白心呈黄色时捞出。用水参照 GB 5749 的规定。

5.6.3 干燥

将浸煮好的延胡索,从尼龙网袋中倒入烘干筛盘上,铺开摊晾(厚度以延胡索不重叠为宜),沥干表面水分,直接晒干。或者放入干燥箱中,50~60℃烘干。

加工干燥过程保证场地、工具洁净,不受雨淋等。

5.7 包装、放行和贮运

5.7.1 包装

按规格分级包装,延胡索一般分为两级:一级品直径≥1cm;二级品直径为 0.5cm~1cm。包装前应对每批药材按照相关标准进行质量检验。符合相关标准的药材,采用不影响质量的编织袋等包装,不应采用包装过肥料、农药等的包装袋包装。包装外贴或挂标签、合格证,标识牌内容应有药材名、基源、产地、批号、规格、重量、采收日期、企业名称等,并有追溯码。

5.7.2 放行

制定符合企业实际情况的放行制度,有审核、批准、生产、检验等的相关记录。不合格药材应制定单独处理制度。

5.7.3 贮运

应贮存于阴凉干燥处,定期检查,防止虫蛀、霉变、腐烂、泛油等的发生。仓库控制温度在10~15℃、相对湿度 75% 以下;不同批次等级药材分区存放;建有定期检查制度。不应使用磷化铝和硫黄熏蒸。可采用现代气调贮藏方法,包装或库内充氮或二氧化碳。

运输应防止发生混淆、污染、异物混入、包装破损、雨雪淋湿等。

附 录 A

（规范性）

禁限用农药名单

A.1 禁止（停止）使用的农药（46种）

六六六、滴滴涕、毒杀芬、二溴氯丙烷、杀虫脒、二溴乙烷、除草醚、艾氏剂、狄氏剂、汞制剂、砷类、铅类、敌枯双、氟乙酰胺、甘氟、毒鼠强、氟乙酸钠、毒鼠硅、甲胺磷、对硫磷、甲基对硫磷、久效磷、磷胺、苯线磷、地虫硫磷、甲基硫环磷、磷化钙、磷化镁、磷化锌、硫线磷、蝇毒磷、治螟磷、特丁硫磷、氯磺隆、胺苯磺隆、甲磺隆、福美胂、福美甲胂、三氯杀螨醇、林丹、硫丹、溴甲烷、氟虫胺、杀扑磷、百草枯、2,4-滴丁酯。

注：氟虫胺自2020年1月1日起禁止使用。百草枯可溶胶剂自2020年9月26日起禁止使用。2,4-滴丁酯自2023年1月29日起禁止使用。溴甲烷可用于"检疫熏蒸处理"。杀扑磷已无制剂登记。

A.2 部分范围禁止使用的农药（20种）

部分范围禁止使用的农药应注意药食同源中药材及来自其他作物的中药材。部分范围禁止使用的农药见表A.1。

表 A.1 部分范围禁止使用的农药

通用名	禁止使用范围
甲拌磷、甲基异柳磷、克百威、水胺硫磷、氧乐果、灭多威、涕灭威、灭线磷	禁止在蔬菜、瓜果、茶叶、菌类、中草药材上使用,禁止用于防治卫生害虫,禁止用于水生植物的病虫害防治
甲拌磷、甲基异柳磷、克百威	禁止在甘蔗作物上使用
内吸磷、硫环磷、氯唑磷	禁止在蔬菜、瓜果、茶叶、中草药材上使用
乙酰甲胺磷、丁硫克百威、乐果	禁止在蔬菜、瓜果、茶叶、菌类和中草药材上使用
毒死蜱、三唑磷	禁止在蔬菜上使用
丁酰肼（比久）	禁止在花生上使用
氰戊菊酯	禁止在茶叶上使用
氟虫腈	禁止在所有农作物上使用（玉米等部分旱田种子包衣除外）
氟苯虫酰胺	禁止在水稻上使用

A.3 有关说明

本附录的内容来自2019年中华人民共和国农业农村部发布的《禁限用农药名录》（http://www.zzys.moa.gov.cn/gzdt/201911/t20191129_6332604.htm）。

ICS 65.020.20
CCS C 05

团 体 标 准

T/CACM 1374.65—2021

伊贝母规范化生产技术规程

Code of practice for good agricultural practice of
Fritillariae Pallidiflorae Bulbus

2021-10-15 发布
2021-10-15 实施

中华中医药学会　发布

目　次

前　言

本文件按照 GB/T 1.1—2020《标准化工作导则　第 1 部分：标准化文件的结构和起草规则》的规定起草。

请注意本文件中的某些内容可能涉及专利。本文件的发布机构不承担识别专利的责任。

本文件由中国医学科学院药用植物研究所和新疆维吾尔自治区中药民族药研究所提出。

本文件由中华中医药学会归口。

本文件起草单位：新疆维吾尔自治区中药民族药研究所、昌吉职业技术学院、昭苏自治区农业科技园区、伊犁同德药业有限公司、中国医学科学院药用植物研究所、重庆市药物种植研究所。

本文件主要起草人：李晓瑾、张际昭、樊丛照、邱远金、赵亚琴、朱国强、伊永进、陈向南、王晓柱、刘秋琼、徐芳、魏建和、王文全、王秋玲、杨小玉、辛元尧、王苗苗。

伊贝母规范化生产技术规程

1 范围

本文件规定了伊贝母规范化生产流程,规定了伊贝母的生产基地选址、种质及种子选择、种植、采收、产地初加工、包装、放行、贮运等阶段的操作要求。

本文件适用于伊贝母的规范化生产。

2 规范性引用文件

下列文件中的内容通过文中的规范性引用而构成本文件必不可少的条款。其中,注明日期的引用文件,仅该日期的版本适用于本文件;不注日期的引用文件,其最新版本(包括所有的修改单)适用于本文件。

GB 3095　环境空气质量标准

GB/T 3543　农作物种子检验规程

GB 5084　农田灌溉水质标准

GB 5749　生活饮用水卫生标准

GB 15618　土壤环境质量　农用地土壤污染风险管控标准(试行)

T/CACM 1374.1—2021　中药材规范化生产技术规程通则　植物药材

3 术语和定义

T/CACM 1374.1—2021 界定的以及下列术语和定义适用于本文件。

3.1 规范化生产　good agricultural practice

按照《中药材生产质量管理规范》(简称中药材 GAP)的要求,实施药材生产,保证中药材优质安全的生产过程。

3.2 技术规程　code of practice

为实现中药材生产顺利、有序进行,保证中药材生产质量,对中药材生产的基地选址、种子种苗、种植或野生抚育、采收与产地初加工以及包装、放行与贮运等,所做的技术规定和要求,是实施中药材规范生产的核心技术要求和实施指南。

3.3 伊贝母　Fritillariae Pallidiflorae Bulbus

百合科植物新疆贝母 *Fritillaria walujewii* Regel 或伊犁贝母 *Fritillaria pallidiflora* Schrenk 的干燥鳞茎。

4 伊贝母规范化生产流程图

伊贝母规范化生产流程见图1。

伊贝母规范化生产流程：

关键控制点及参数：

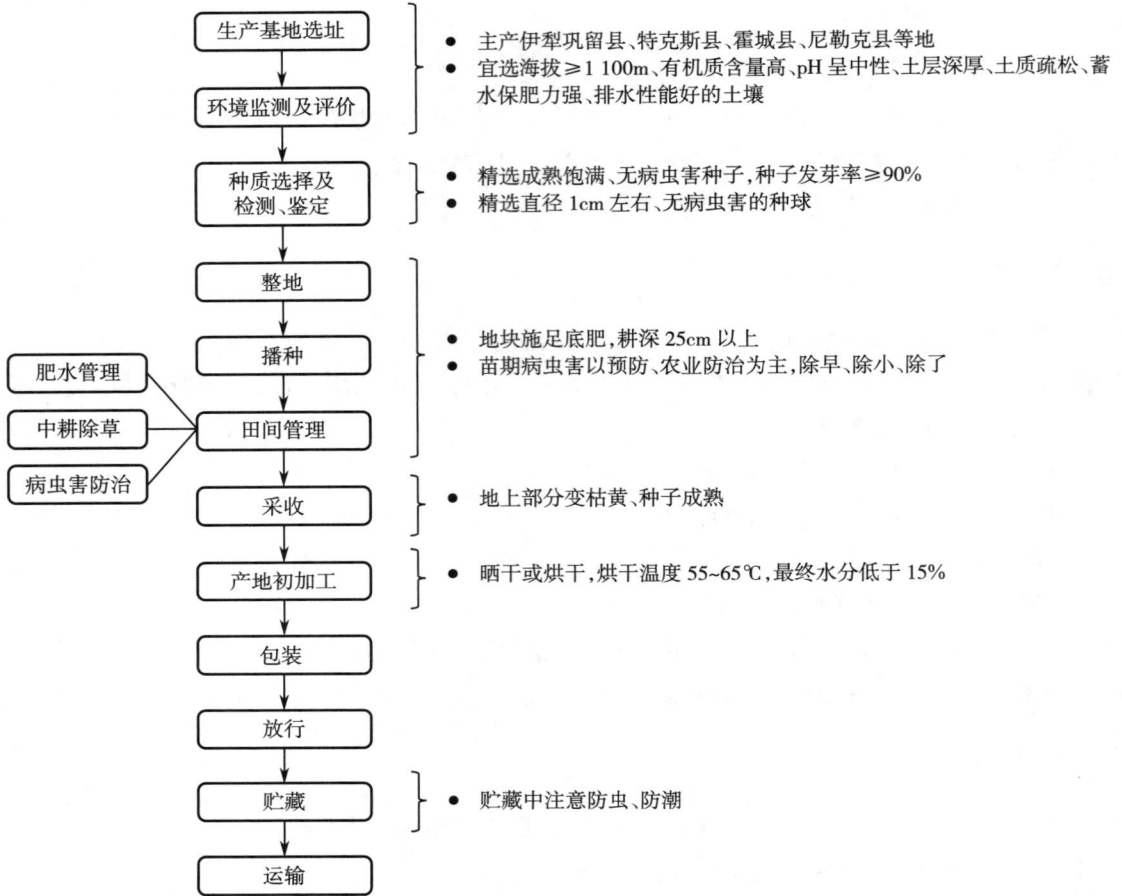

- 主产伊犁巩留县、特克斯县、霍城县、尼勒克县等地
- 宜选海拔≥1 100m、有机质含量高、pH呈中性、土层深厚、土质疏松、蓄水保肥力强、排水性能好的土壤

- 精选成熟饱满、无病虫害种子,种子发芽率≥90%
- 精选直径1cm左右、无病虫害的种球

- 地块施足底肥,耕深25cm以上
- 苗期病虫害以预防、农业防治为主,除早、除小、除了

- 地上部分变枯黄、种子成熟

- 晒干或烘干,烘干温度55~65℃,最终水分低于15%

- 贮藏中注意防虫、防潮

图1 伊贝母规范化生产流程图

5 伊贝母规范化生产技术

5.1 生产基地选址

5.1.1 产地选择

适宜选择天山北坡海拔≥1 100m的山区或平原区土壤肥沃的耕地,以伊犁巩留县、特克斯县、霍城县、尼勒克县等地为主要优选区域,次选天山北坡的山区、塔城裕民县山区。

5.1.2 环境条件

伊贝母生产基地应选择大气、水质、土壤无污染的地区,基地应远离交通干道,周围2km内不得有"三废"及厂矿、垃圾场等污染源。空气质量应符合GB 3095规定的二级标准,农田灌溉水质应符合GB 5084规定的标准;土壤环境质量应符合GB 15618规定的二级标准。

基地的大气、土壤和水样品的检测按照中药材 GAP 要求,且应符合相应国家标准,且要保证生长期间持续符合标准。

5.1.3 土壤条件

宜选择接近野生伊贝母生长发育的环境,土壤有机质含量高、pH 呈中性,土层深厚,土质疏松,透气性好,蓄水保肥力强,排水性能良好。前茬以春小麦、玉米等禾本科作物为宜,忌重茬连作。土壤农药残留量"六六六"<0.05mg/kg、"滴滴涕"<0.05mg/kg。重金属含量应符合 GB 15618 的要求。

5.1.4 光照、温度

伊贝母有较强抗寒性,可在 −30℃越冬,早春化冻出土后地温 2~4℃时抽茎,即使在春季遇霜或下雪天气,仍可正常生长。伊贝母具有夏季休眠的特性,喜湿润耐寒冷,怕高温酷暑。

5.2 种质及种子

5.2.1 种质选择

品种来源为百合科植物新疆贝母 *Fritillaria walujewii* Regel 或伊犁贝母 *Fritillaria pallidiflora* Schrenk。

5.2.2 种质质量

种子:应选用采至无病虫害产区,精选当年采收的成熟饱满、无病虫害的种子。种子发芽率≥90%,经按 GB/T 3543 检验符合相应标准。

种球:选择用种子繁育 3 年,且鳞茎直径在 1cm 左右、无病虫害和腐烂的鳞茎作为种球。

5.3 种植

5.3.1 整地

整前准备:整地前,施足基肥,以腐熟农家肥为主,施 3 000~4 000kg/ 亩(1 亩 ≈ 666.7m^2,下文同),撒匀;同时施用 25% 的多菌灵 5kg/ 亩。随后翻地、整地。

整地:耕深达 25cm 以上,将基肥翻入土中,然后反复整细耙平,务使土块细碎,土面平整。播种前用钉齿耙或圆盘耙整地,深度 6~8cm,地一定要整平,上虚下实。要求达到"齐、平、松、碎、墒、净"的整地标准。

作畦:综合灌溉设计能力和土地坡度的走向等地形因素划分地块,形成条田,可不作畦,渠灌地必须依据地势与地块大小打埂分畦,生产地≤1.5 亩 / 畦为宜,以利土地整平、灌溉等操作。

5.3.2 播种

种子繁殖:应选择秋播,时间为夏末秋初,采用人工撒播。播种前先将第一畦表土均匀地刮去 1~1.5cm,置于一旁备用,将种子拌草木灰或细土均匀地撒入畦面上,然后用备用表土覆盖,覆土厚度 1~1.5cm,人工镇压后用麦草覆盖并洒水保湿。用种量为 6~7kg/ 亩。

种球繁殖:初夏采收期,在整好的畦内开行距为 10cm、深 5cm 的沟,将准备好的种球撒入沟内,株距 2~3cm,覆土镇压整平即可。

5.3.3 田间管理

种子繁殖:播种后 3 天内可用乙草胺 100~120g 兑水 15kg 进行地面喷雾。翌年 3 月下旬至 4 月上旬,幼苗出土达 70% 时,及时揭去覆盖物。正常年份全年浇水 3~4 次,视土壤墒情浇水。禁止大水漫灌。及时进行人工除草,早除草。

种球繁殖:移栽后第一年的田间管理主要是人工除草。贝母整个生长期可视墒情适度灌水,冬前视墒情灌冬水。次年春季田间管理仍以人工除草为主,标准是"除早、除小、除了"。非留种田长出的花薹应及时摘除,以提高产量。

5.3.4 病虫害防控

伊贝母的病害主要有锈病、根腐病、菌核病等,虫害以地下害虫为主,主要有蛴螬、蝼蛄、金针虫等,其防治方法是以农业防治为主,物理防治、药剂防治为辅的综合防治措施。

病害防治:清除田间病残体,消灭越冬菌源,当贝母收获后及时清除病残体,在处理病残体时,将之带出田外进行烧毁。不论是哪一种病害,在田间早期发现病株,要及时摘除病叶、病花,防止交叉感染。必要时选用多菌灵等化学药剂进行防治。

虫害防治:彻底清除田间与田边的杂草、枯枝、落叶、残株,并采用杀虫灯进行诱杀。必要时选用化学药剂进行防治。

5.4 采收

采收时间:通常在初夏,地上茎叶变黄枯萎时采收。

采收年限:种子直播种植 4 年后即可采收、种球移栽种植 3 年后即可采收。

采收方法:可用人工采挖或机械收获,犁挖后,将枯茎摘除、抖净泥土,装袋置于通风阴凉处,待处理。

5.5 产地初加工

加工场所符合 GAP 规定的卫生要求,场地、工具干净整洁,远离交通干道和污染源。要与生活区严格分开,防止生活污染。药材清洗用水水质必须符合 GB 5749 的规定。

将采收的伊贝母洗净泥土,置于通风处晾晒,并按大小分开,清除茎叶等杂质,晾干后去除须根和外皮,入库待检验后包装。或快速洗净泥土,集中置于通风处沥干,并按大小分开,清除茎叶等杂质,摊薄平铺干燥(温度控制在 55~65℃),烘干(含水量≤15%)后去除须根和外皮,入库待检验后包装。

5.6 包装、放行、贮运

5.6.1 包装

包装前应对每批药材按照国家标准进行质量检验。符合国家标准的药材,采用不影响质量的编织袋包装。包装袋上外贴或挂标签、合格证,标签内容应有药材名、基源、产地、批号、规格、重量、采收日期、企业名称等,并有追溯码。

5.6.2 放行

应制定符合企业实际情况的放行制度,有审核批生产、检验等的相关记录。不合格药材有单独处理制度。

5.6.3 贮运

伊贝母应贮存于阴凉干燥通风的常温库中,定期检查,长期贮存尤其注意防虫、防霉。

运输应防止发生混淆、污染、异物混入、包装破损、雨雪淋湿等。

<h1 style="text-align:center">附　录　A</h1>

（规范性）

禁限用农药名单

A.1 禁止（停止）使用的农药（46 种）

六六六、滴滴涕、毒杀芬、二溴氯丙烷、杀虫脒、二溴乙烷、除草醚、艾氏剂、狄氏剂、汞制剂、砷类、铅类、敌枯双、氟乙酰胺、甘氟、毒鼠强、氟乙酸钠、毒鼠硅、甲胺磷、对硫磷、甲基对硫磷、久效磷、磷胺、苯线磷、地虫硫磷、甲基硫环磷、磷化钙、磷化镁、磷化锌、硫线磷、蝇毒磷、治螟磷、特丁硫磷、氯磺隆、胺苯磺隆、甲磺隆、福美胂、福美甲胂、三氯杀螨醇、林丹、硫丹、溴甲烷、氟虫胺、杀扑磷、百草枯、2,4-滴丁酯。

注：氟虫胺自 2020 年 1 月 1 日起禁止使用。百草枯可溶胶剂自 2020 年 9 月 26 日起禁止使用。2,4-滴丁酯自 2023 年 1 月 29 日起禁止使用。溴甲烷可用于"检疫熏蒸处理"。杀扑磷已无制剂登记。

A.2 在部分范围禁止使用的农药（20 种）

部分范围禁止使用的农药应注意药食同源中药材及来自其他作物的中药材。部分范围禁止使用的农药见表 A.1。

表 A.1　部分范围禁止使用的农药

通用名	禁止使用范围
甲拌磷、甲基异柳磷、克百威、水胺硫磷、氧乐果、灭多威、涕灭威、灭线磷	禁止在蔬菜、瓜果、茶叶、菌类、中草药材上使用,禁止用于防治卫生害虫,禁止用于水生植物的病虫害防治
甲拌磷、甲基异柳磷、克百威	禁止在甘蔗作物上使用
内吸磷、硫环磷、氯唑磷	禁止在蔬菜、瓜果、茶叶、中草药材上使用
乙酰甲胺磷、丁硫克百威、乐果	禁止在蔬菜、瓜果、茶叶、菌类和中草药材上使用
毒死蜱、三唑磷	禁止在蔬菜上使用
丁酰肼（比久）	禁止在花生上使用
氰戊菊酯	禁止在茶叶上使用
氟虫腈	禁止在所有农作物上使用（玉米等部分旱田种子包衣除外）
氟苯虫酰胺	禁止在水稻上使用

A.3 说明

本附录的内容来自 2019 年中华人民共和国农业农村部发布的《禁限用农药名录》（http://www.zzys.moa.gov.cn/gzdt/201911/t20191129_6332604.htm）。

附　录　B

（资料性）

伊贝母常见病虫草害防治的参考方法

伊贝母常见病虫草害的防治参考方法参见表 B.1。

表 B.1　伊贝母常见病虫草害的防治参考方法

防治对象	防治时期	化学防治方法	农业防治或物理防治方法
锈病、根腐病、菌核病	5—6月	栽种前使用多菌灵浸种或后期灌根,按农药标签使用	清除田间病残体,消灭越冬菌源,当贝母收获后及时清除病残体,在处理病残体时,将之带出田外进行烧毁。不论是哪一种病害,在田间早期发现病株,要及时摘除病叶、病花,防止交叉感染
蛴螬、蝼蛄、金针虫	4—6月	发生虫害时可使用辛硫磷、敌百虫可湿性粉剂,按农药标签使用	彻底清除田间与田边的杂草、枯枝、落叶、残株,并采用杀虫灯进行诱杀
草害	全年	无	人工除草

参考文献

［1］新疆维吾尔自治区质量技术监督局．伊贝母生产技术规程：DB 65/T 3213—2011［S/OL］．［2023-11-24］．
    https://std.samr.gov.cn/db/search/stdDBDetailed?id=91D99E4D30812E24E05397BE0A0A3A10.
［2］国家药典委员会．中华人民共和国药典：2020 年版一部［M］．北京：中国医药科技出版社，2020：148.

目　次

前　　言

本文件按照 GB/T 1.1—2020《标准化工作导则　第 1 部分：标准化文件的结构和起草规则》的规定起草。

请注意本文件中的某些内容可能涉及专利。本文件的发布机构不承担识别专利的责任。

本文件由中国医学科学院药用植物研究所和山东省农业科学院经济作物研究所提出。

本文件由中华中医药学会归口。

本文件起草单位：山东省农业科学院经济作物研究所、重庆市农业科学院、西南林业大学林学院、重庆市石柱土家族自治县武陵山研究院、泰安力乐生物科技有限公司、重庆和本农业有限公司、中国医学科学院药用植物研究所、重庆市药物种植研究所。

本文件主要起草人：单成钢、柯剑鸿、倪大鹏、胡勇、朱彦威、王长生、刘书合、张锋、陈强、魏建和、王文全、王秋玲、杨小玉、辛元尧、王苗苗。

决明子规范化生产技术规程

1 范围

本文件确立了决明子的规范化生产流程,规定了决明子生产基地选址、种质、繁育、种植、采收、产地初加工、包装、放行和贮运等阶段的操作要求。

本文件适用于决明子规范化生产。

2 规范性引用文件

下列文件中的内容通过文中的规范性引用而构成本文件必不可少的条款。其中注明日期的引用文件,仅该日期的版本适用于本文件。不注明日期的引用文件,其最新版本(包括所有的修改单)适用于本文件。

GB 3095 环境空气质量标准

GB 5084 农田灌溉水质标准

GB 5749 生活饮用水卫生标准

GB 15618 土壤环境质量 农用地土壤污染风险管控标准(试行)

T/CACM 1374.1—2021 中药材规范化生产技术规程通则 植物药材

3 术语和定义

T/CACM 1374.1—2021 界定的以及下列术语和定义适用于本文件。

3.1 规范化生产 good agricultural practice

按照《中药材生产质量管理规范》(简称中药材 GAP)的要求,实施药材生产,保证中药材优质安全的生产过程。

3.2 技术规程 code of practice

为实现中药材生产顺利、有序进行,保证中药材生产质量,对中药材生产的基地选址、种子种苗、种植或野生抚育、采收与产地初加工以及包装、放行与贮运等,所做的技术规定和要求,是实施中药材规范生产的核心技术要求和实施指南。

3.3 决明子 Cassiae Semen

豆科植物钝叶决明 *Cassia obtusifolia* L. 或小决明 *Cassia tora* L. 的干燥成熟种子。

4 决明子规范化生产流程图

决明子规范化生产流程见图 1。

决明子规范化生产流程：

关键控制点及参数：

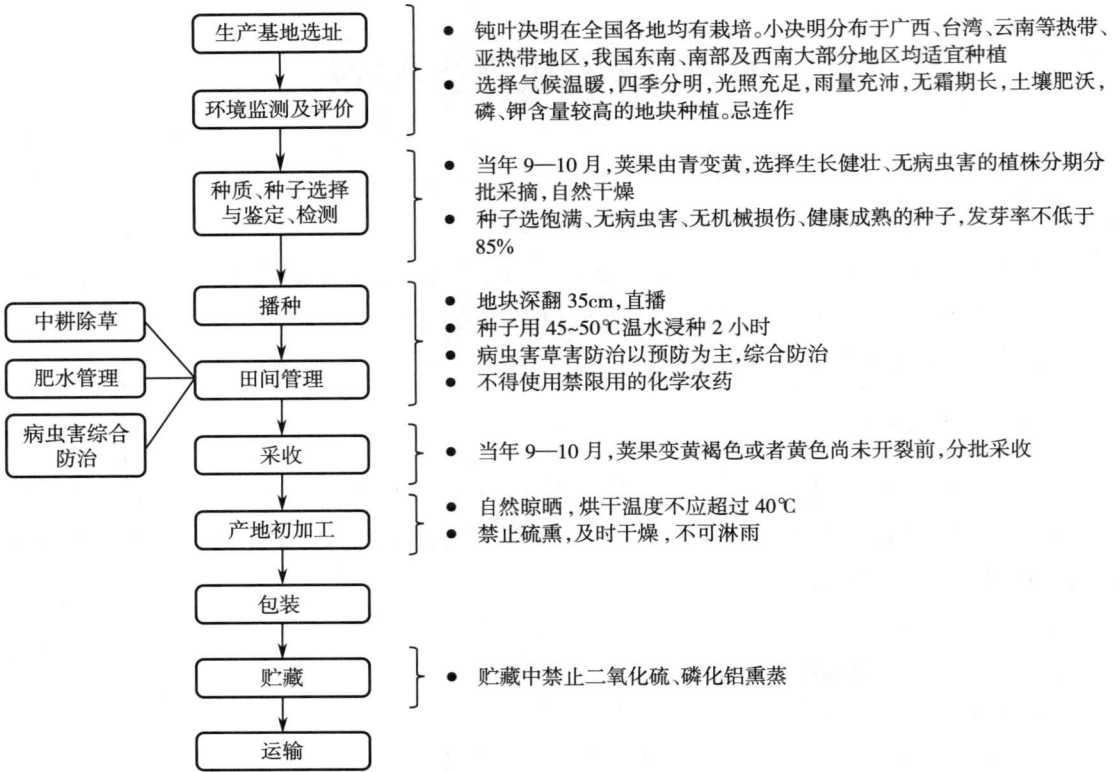

图1 决明子规范化生产流程图

5 决明子规范化生产技术

5.1 生产基地选址

5.1.1 产地选择

钝叶决明分布范围广,全国各地均有栽培。小决明分布于广西、台湾、云南等热带、亚热带地区,我国东南、南部及西南大部分地区均适宜种植。

5.1.2 选地整地

选择气候温暖,四季分明,光照充足,雨量充沛,无霜期长,土壤肥沃,磷、钾含量较高的地块种植。忌连作。结合整地每亩(1亩 ≈ 666.7m²,下文同)基施有机肥1 000kg、硫基复合肥50kg(有机肥为主,化学肥料有限使用,鼓励使用经国家批准的菌肥及中药材专用肥),深耕30cm以上,耙细,作成1.5~2m宽的平畦或高畦。

5.1.3 环境监测

基地的大气、土壤和水样品的检测按照GAP要求,环境监测参照GB 3095《环境空气质量标准》、GB 15618《土壤环境质量 农用地土壤污染风险管控标准(试行)》、GB 5084《农田灌溉水质标准》,产地初加工用水应符合GB 5749《生活饮用水卫生标准》,且要保证生长期间持续符合标准。

5.2 种质与种子

5.2.1 种质选择

使用豆科植物钝叶决明 *Cassia obtusifolia* L. 或小决明 *Cassia tora* L.，物种须经过鉴定。如使用农家品种或选育品种应加以明确。

5.2.2 种子质量

应使用饱满、无病虫害、无机械损伤、健康成熟的种子，发芽率不低于85%。经检验符合相应标准。

5.2.3 良种繁育

于当年9—10月荚果由青变黄，选择生长健壮、无病虫害的植株分期分批采摘，自然干燥后挂藏，或脱粒，装入纸袋或布袋内，贮藏于干燥凉爽处，作为种用。

5.3 种植

5.3.1 播种

决明子采用种子直播。春播于清明前后，夏播于夏至之前。播种前，用45~50℃温水浸种2小时进行催芽处理；条播，在畦面上按行距20~35cm沟播，覆土约3cm，保持播种沟湿润。播种量约每亩2kg。

5.3.2 田间管理

间苗、定苗。当苗高5cm时，按株距20cm间苗，苗高10~15cm时，按株距30~50cm定苗，缺苗及时补苗。

中耕除草。出苗1周后进行1次中耕除草，并将所除杂草及时清理干净；封垄前，进行1次中耕，并培土，防止倒伏。

水肥管理。封垄前，叶面喷施0.2%磷酸二氢钾＋尿素溶液1次。生长季节如遇干旱，应及时于早晨或傍晚浇水；追肥后和采收前适量浇水；雨季要及时排水。

5.3.3 病虫害草害的防治

决明子常见病虫害有轮纹病、灰斑病、蚜虫等。

病虫害应采用预防为主、综合防治的方法。

采用化学防治时，应当符合国家有关规定；优先选用高效、低毒的生物农药；尽量避免使用除草剂、杀虫剂和杀菌剂等化学农药；不使用禁限用农药。主要病虫害防治参考方法见附录B。

5.4 采收

于当年9—10月，荚果由绿变黄褐色或者黄色尚未开裂前，分批采摘，最后把全株割下。

5.5 产地初加工

决明子产地初加工包括干燥、脱粒、去杂。经晾晒或烘干（烘干温度不宜超过40℃，水分不得过12.0%）的荚果，进行脱粒，筛选，清除粗渣、荚壳和杂质。

加工干燥过程保证场地、工具洁净，不受雨淋等。

5.6 包装、放行、贮运

5.6.1 包装

包装前应对每批药材按照国家标准进行质量检验。符合国家标准的药材,采用不影响质量的编织袋等包装,禁止采用包装过肥料、农药等的包装袋包装。包装外贴或挂标签、合格证,标识牌内容应有药材名、基源、产地、批号、规格、重量、采收日期、企业名称等,并有追溯码。

5.6.2 放行

应制定符合企业实际情况的放行制度,有审核批生产、检验等的相关记录。不合格药材有单独处理制度。

5.6.3 贮运

应贮存于阴凉干燥处,定期检查,防止虫蛀、霉变、腐烂、泛油等的发生。仓库控制温度在 20℃以下、相对湿度 70% 以下;不同批次等级药材分区存放;建有定期检查制度。可采用现代气调贮藏方法,包装或库内充氮或二氧化碳,禁止磷化铝和二氧化硫熏蒸。

运输应防止发生混淆、污染、异物混入、包装破损、雨雪淋湿等。

附 录 A

（规范性）

禁限用农药名单

A.1 禁止（停止）使用的农药（46 种）

六六六、滴滴涕、毒杀芬、二溴氯丙烷、杀虫脒、二溴乙烷、除草醚、艾氏剂、狄氏剂、汞制剂、砷类、铅类、敌枯双、氟乙酰胺、甘氟、毒鼠强、氟乙酸钠、毒鼠硅、甲胺磷、对硫磷、甲基对硫磷、久效磷、磷胺、苯线磷、地虫硫磷、甲基硫环磷、磷化钙、磷化镁、磷化锌、硫线磷、蝇毒磷、治螟磷、特丁硫磷、氯磺隆、胺苯磺隆、甲磺隆、福美胂、福美甲胂、三氯杀螨醇、林丹、硫丹、溴甲烷、氟虫胺、杀扑磷、百草枯、2,4-滴丁酯。

注：氟虫胺自 2020 年 1 月 1 日起禁止使用。百草枯可溶胶剂自 2020 年 9 月 26 日起禁止使用。2,4-滴丁酯自 2023 年 1 月 29 日起禁止使用。溴甲烷可用于"检疫熏蒸处理"。杀扑磷已无制剂登记。

A.2 在部分范围禁止使用的农药（20 种）

部分范围禁止使用的农药应注意药食同源中药材及来自其他作物的中药材。部分范围禁止使用的农药见表 A.1。

表 A.1 部分范围禁止使用的农药

通用名	禁止使用范围
甲拌磷、甲基异柳磷、克百威、水胺硫磷、氧乐果、灭多威、涕灭威、灭线磷	禁止在蔬菜、瓜果、茶叶、菌类、中草药材上使用,禁止用于防治卫生害虫,禁止用于水生植物的病虫害防治
甲拌磷、甲基异柳磷、克百威	禁止在甘蔗作物上使用
内吸磷、硫环磷、氯唑磷	禁止在蔬菜、瓜果、茶叶、中草药材上使用
乙酰甲胺磷、丁硫克百威、乐果	禁止在蔬菜、瓜果、茶叶、菌类和中草药材上使用
毒死蜱、三唑磷	禁止在蔬菜上使用
丁酰肼（比久）	禁止在花生上使用
氰戊菊酯	禁止在茶叶上使用
氟虫腈	禁止在所有农作物上使用（玉米等部分旱田种子包衣除外）
氟苯虫酰胺	禁止在水稻上使用

A.3 说明

本附录的内容来自 2019 年中华人民共和国农业农村部发布的《禁限用农药名录》（http://www.zzys.moa.gov.cn/gzdt/201911/t20191129_6332604.htm）。

附　录　B
（资料性）
决明子常见病虫害防治的参考方法

决明子常见病虫害防治的参考方法见表 B.1。

表 B.1　决明子常见病虫害的防治参考方法

病虫害名称	防治时期	推荐防治方法	安全间隔天数 /d
轮纹病	发病初期	灭菌丹喷施,按照农药标签使用	≥10
		石硫合剂喷施,按照农药标签使用	≥7
灰斑病	发病前或发病初期	代森锌喷施,按照农药标签使用	≥20
		多菌灵喷施,按照农药标签使用	≥30
蚜虫	无翅蚜发生初期	黄板诱杀	
		苦参碱喷施,按照农药标签使用	≥7
		吡虫啉喷施,按照农药标签使用	≥20
		高效氯氰菊酯喷施,按照农药标签使用	≥15

参考文献

［1］国家药典委员会.中华人民共和国药典：2020年版一部［M］.北京：中国医药科技出版社，2020：145-146.

［2］么历，程慧珍，杨智.中药材规范化种植（养殖）技术指南［M］.北京：中国农业出版社，2006.

［3］山东省质量技术监督局.决明子无公害生产技术规程：DB 37/T 2258—2012［S/OL］.［2023-11-24］.https：//std.samr.gov.cn/db/search/stdDBDetailed?id=91D99E4D55912E24E05397BE0A0A3A10.

［4］黄桂如，黄进，罗芬.决明子规范化种植技术研究［J］.亚太传统医药，2012，8（8）：46-47.

［5］冯文莉，蔡晓虹，马瑜.不同浸种处理对决明子发芽率的影响［J］.中药与临床，2012，3（2）：10-11.

［6］谢达温，卫莹芳，龙飞，等.决明子种子质量检测分析［J］.世界科学技术（中医药现代化），2009，11（5）：723-727.

［7］尚文燕，许智行，金哲石，等.决明子种植密度研究［J］.北方园艺，2013（22）：167-169.

［8］张成，李勇军，李永，等.决明子规范化种植标准操作规程（SOP）［J］.现代中药研究与实践，2015，29（2）：5-7.

［9］谢达温.决明子品质评价、种子检验规程及质量标准研究［D］.成都：成都中医药大学，2011.

［10］张春平，何平，杜丹丹，等.决明种子硬实及萌发特性研究［J］.中草药，2010，41（10）：1700-1704.

［11］朱霞，胡勇，王晓丽，等.多效唑浸种对决明子种子幼苗生长的影响［J］.种子，2010，29（3）：98-100.

［12］李昌爱，裴妙容，王世民，等.地膜覆盖对决明子产量和质量的影响［J］.中国中药杂志，1993（9）：527-529.

ICS 65.020.20
CCS C 05

团 体 标 准

T/CACM 1374.67—2021

灯盏细辛（灯盏花）规范化生产技术规程

Code of practice for good agricultural practice of Erigerontis Herba

2021-10-15 发布

2021-10-15 实施

中华中医药学会　发布

前　言

本文件按照 GB/T 1.1—2020《标准化工作导则　第 1 部分：标准化文件的结构和起草规则》的规定起草。

请注意本文件中的某些内容可能涉及专利。本文件的发布机构不承担识别专利的责任。

本文件由中国医学科学院药用植物研究所和云南农业大学提出。

本文件由中华中医药学会归口。

本文件起草单位：云南农业大学、云南省农业科学院药用植物研究所、云南红灵生物科技有限公司、宣威市龙津生物科技有限责任公司、红河学院、中国医学科学院药用植物研究所、重庆市药物种植研究所。

本文件主要起草人：杨生超、龙光强、张广辉、王馨、杨建文、王美玲、岳艳玲、范伟、关德军、赵艳、卢迎春、张薇、梁艳丽、魏建和、王文全、王秋玲、杨小玉、辛元尧、王苗苗。

灯盏细辛(灯盏花)规范化生产技术规程

1 范围

本文件确立了灯盏花的规范化生产流程,规定了灯盏花生产基地选址、种质与种子、种植管理、采收、产地初加工、包装、放行、贮运等阶段的操作要求。

本文件适用于灯盏花的规范化生产。

2 规范性引用文件

下列文件中的内容通过文中的规范性引用而构成本文件必不可少的条款。其中,注明日期的引用文件,仅该日期对应的版本适用于本文件;不注明日期的引用文件,其最新版本(包括所有的修改单)适用于本文件。

GB 3095　环境空气质量标准

GB 5084　农田灌溉水质标准

GB 15618—2018　土壤环境质量　农用地土壤污染风险管控标准(试行)

T/CACM 1374.1—2021　中药材规范化生产技术规程通则　植物药材

3 术语和定义

T/CACM 1374.1—2021 界定的以及下列术语和定义适用于本文件。

3.1 规范化生产　good agricultural practice

按照《中药材生产质量管理规范》(简称中药材 GAP)的要求,实施药材生产,保证中药材优质安全的生产过程。

3.2 技术规程　code of practice

为实现中药材生产顺利、有序进行,保证中药材生产质量,对中药材生产的基地选址、种子种苗、种植或野生抚育、采收与产地初加工以及包装、放行与贮运等,所做的技术规定和要求,是实施中药材规范生产的核心技术要求和实施指南。

3.3 灯盏花　Erigerontis Herba

菊科飞蓬属植物短葶飞蓬 *Erigeron breviscapus*(Vant.)Hand.-Mazz. 的干燥全草或地上部分。

3.4 带毛种子　seed with pappus

指采收后未脱除冠毛,仍带有冠毛的灯盏花种子。

3.5 去毛种子　seed without pappus

指采收后经脱冠毛处理,去除冠毛的灯盏花种子。

3.6 始花期 beginning of florescence

指全田有 10%~20% 的植株开花。

3.7 初花期 initial florescence

指全田有 20%~30% 的植株开花。

4 灯盏细辛（灯盏花）规范化生产流程图

灯盏细辛（灯盏花）规范化生产流程见图 1。

灯盏细辛（灯盏花）规范化生产流程：   关键控制点及参数：

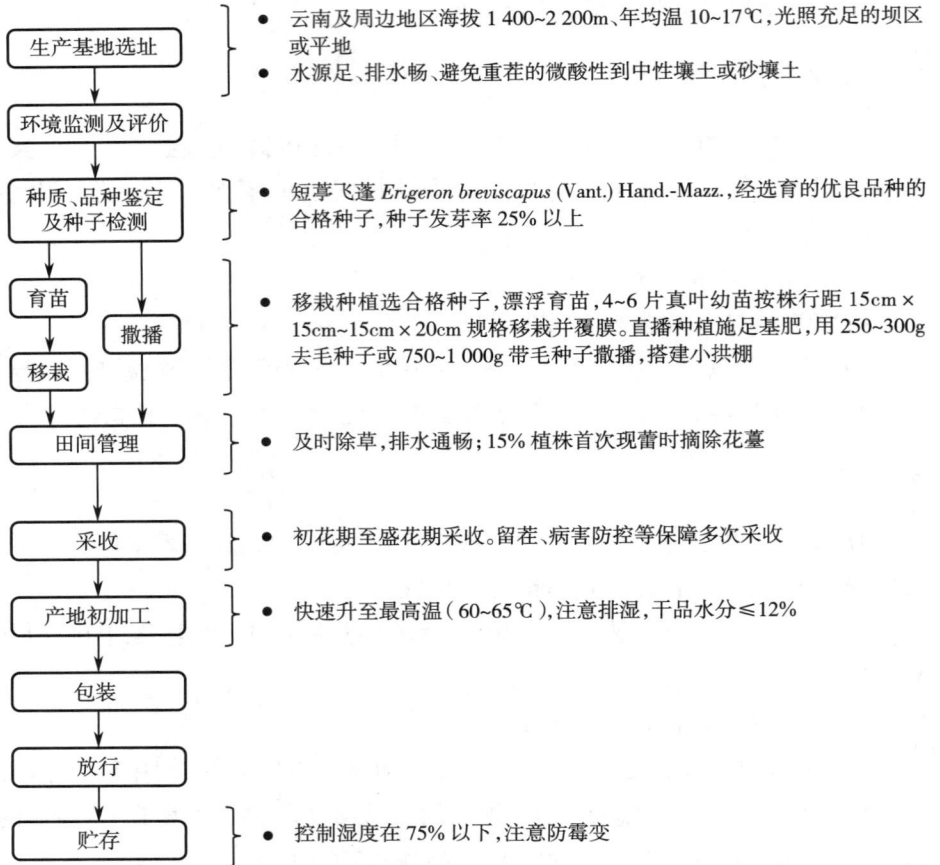

```
┌─────────────┐
│  生产基地选址 │ ─── ● 云南及周边地区海拔 1 400~2 200m、年均温 10~17℃，光照充足的坝区
└──────┬──────┘            或平地
       ↓              ● 水源足、排水畅、避免重茬的微酸性到中性壤土或砂壤土
┌─────────────┐
│  环境监测及评价 │
└──────┬──────┘
       ↓
┌─────────────┐
│ 种质、品种鉴定 │ ─── ● 短葶飞蓬 Erigeron breviscapus (Vant.) Hand.-Mazz.，经选育的优良品种的
│  及种子检测   │            合格种子，种子发芽率 25% 以上
└──────┬──────┘
   ┌───┴───┐
   ↓       ↓
┌──────┐  ┌──────┐  ● 移栽种植选合格种子，漂浮育苗，4~6 片真叶幼苗按株行距 15cm ×
│ 育苗 │  │ 撒播 │       15cm~15cm × 20cm 规格移栽并覆膜。直播种植施足基肥，用 250~300g
└───┬──┘  └──────┘       去毛种子或 750~1 000g 带毛种子撒播，搭建小拱棚
    ↓
┌──────┐
│ 移栽 │
└───┬──┘
    ↓
┌─────────────┐
│  田间管理     │ ─── ● 及时除草，排水通畅；15% 植株首次现蕾时摘除花薹
└──────┬──────┘
       ↓
┌─────────────┐
│  采收        │ ─── ● 初花期至盛花期采收。留茬、病害防控等保障多次采收
└──────┬──────┘
       ↓
┌─────────────┐
│  产地初加工   │ ─── ● 快速升至最高温（60~65℃），注意排湿，干品水分≤12%
└──────┬──────┘
       ↓
┌─────────────┐
│  包装        │
└──────┬──────┘
       ↓
┌─────────────┐
│  放行        │
└──────┬──────┘
       ↓
┌─────────────┐
│  贮存        │ ─── ● 控制湿度在 75% 以下，注意防霉变
└─────────────┘
```

图 1 灯盏细辛（灯盏花）规范化生产流程图

5 灯盏细辛（灯盏花）规范化生产技术

5.1 生产基地选址

5.1.1 产区选择

适宜在云南、贵州、四川种植，云南为主产区。宜在海拔 1 400~2 200m、年平均气温 13~17℃、年平均降雨量 800~1 400mm、无霜期较短、光照充足的坝区、缓坡地或山涧间盆地种植。

5.1.2 选地

选择向阳、排灌良好、交通便利的地块。土壤类型为红壤、赤红壤等,质地疏松、有机质含量≥2%、pH 5.5~7.5 且无灯盏花种植历史的砂壤土或壤土,忌黏土和排水不畅的土壤。

5.1.3 环境监测

生产基地的空气质量应符合 GB 3095 规定的环境空气质量标准,灌溉水质量应符合 GB 5084 规定的农田灌溉水质标准,土壤质量应符合 GB 15618 的规定。

5.2 种质与种子

5.2.1 种质选择

使用菊科植物短葶飞蓬 *Erigeron breviscapus*（Vant.）Hand.-Mazz.,物种须经过鉴定,并明确选育品种。

5.2.2 种子质量

选择发芽率≥80%、净度≥90%、含水量≤13%、千粒重≥170g 的去毛种子;或发芽率≥20%、净度≥90%、含水量≤13%、千粒重≥150g 的带毛种子。

5.2.3 良种繁育

5.2.3.1 制种田

制种田远离灯盏花生产大田 5~8km。

5.2.3.2 繁育管理

对生育期不整齐的种源,及时拔除始花期之前开花的植株;用纯净赤霉素和乙醇按 1∶5 混合溶解,加入清水配制成 10~20mg/L 的赤霉素水溶液于始花期喷施;初花期喷施 1 200~1 500 倍液的水溶性硼肥,并视土壤肥力情况,酌情补追复合肥、磷酸二氢钾。其他措施按 5.3.4 的要求执行。

5.2.3.3 采种与净制

在 3—5 月,根据种子成熟度,分批采收种子。采收后的种子及时干燥,忌暴晒。每次将 2~3kg 带毛种子于编织袋内搓揉约 30 分钟至冠毛与种子分离,风选除杂过筛后获得去毛种子。

5.2.3.4 种子包装与贮存

质量检测合格的种子装入布袋,贴上标签置于 4℃保存,保存期不超过两年。

5.3 种植管理

可直播或移栽。直播:每年 3—4 月或 10—11 月大田直接播种;移栽:每年 2—3 月或 7—8 月播种育苗,5—6 月或 10—11 月进行移栽。

5.3.1 整地理墒

5.3.1.1 整地

在播种或移栽前 1 个月进行深耕,宜早不宜迟,翻耕均匀一致,翻犁深度 30cm 以上;对深耕晒垡的土地进行精细整地,将较大的土垡敲打碾碎,直至土垡直径≤3cm,耙平地面,除去农作物残秆、石块等杂物。

5.3.1.2 理墒

在播种前 1~2 天内,按墒宽 120cm、墒高≥25cm 进行理墒,墒沟宽 30cm,保持墒面平整;

地势低、排水较差的地块增加墒高和沟深。

5.3.1.3 土壤消毒

选择多菌灵、百菌清、甲霜·噁霉灵、钾霜·锰锌等进行土壤消毒；撒施由线虫必克、阿维菌素、毒死蜱、溴氰菊酯按使用说明配成的混合物,地块较潮湿时加入腐霉利防治地下害虫。

5.3.2 直播

5.3.2.1 撒播

按每亩（1亩≈666.7m²,下文同）腐熟农家肥2 000kg配复合肥（15-10-15）10~15kg或过磷酸钙6.4kg+硫酸钾6kg,将肥料混合,均匀撒施于墒面作基肥；选择无风的早晨,每亩用250~300g去毛种子或750~1 000g带毛种子与30~50倍体积的细土充分混合,均匀撒播于墒面。播种后,每亩以500~600kg细粪土均匀撒于墒面,覆盖种子,后用松毛或遮阳网覆盖。

5.3.2.2 覆膜搭棚

播种后,选用长2m的竹片,在墒面上每间隔0.8m的距离将两端插入墒面边缘,盖上宽2m的薄膜,薄膜一侧用土全部压实,另一侧用土块压紧,搭建小拱棚。

5.3.3 育苗移栽

5.3.3.1 育苗

选择通风向阳环境搭建小拱棚或大棚,覆盖透光率75%~85%的遮阳网。棚内建长方形的育苗池,池底铺两层厚度≥0.01mm的黑色塑料薄膜防渗漏,注水深10~15cm。选择发芽率≥80%的去毛种子或发芽率≥20%的带毛种子,在由腐殖土、蛭石、珍珠岩按体积比8：2：1混合配制的基质上进行漂浮育苗。或不使用漂池,将392孔育苗盘置于架上,定期浇水保持苗盘湿润。待幼苗具4~5片真叶时,打开棚两侧塑料膜,去除遮阳网,进行炼苗。

5.3.3.2 移栽

在整地结束后的一周内,铺设地膜,选择晴天早晚或无雨阴天移栽。按株行距15cm×15cm或15cm×20cm的规格破膜挖深度为10cm的种植穴,选取株高≥6cm、叶4~6片、根≥6条的健壮种苗,于每个种植穴分别放入2~3株种苗定植。栽后浇足定根水,之后每2~3天浇水一次,保持土壤相对含水量65%~80%。同一地块应在2~3天内移栽结束,保证整齐一致,移栽成活率≥90%。

5.3.4 田间管理

5.3.4.1 除草护墒

及时拔除墒面和沟里的杂草并集中处理,禁止使用除草剂。整个灯盏花生长期间应不定期护墒,盖住受损薄膜,及时清除墒沟杂草和淤积泥土,确保墒沟排水通畅。

5.3.4.2 摘除早蕾

当15%植株出现花蕾时,选择晴天早上进行花薹摘除。

5.3.4.3 肥力管理

施肥时基肥以磷肥为主,追肥增施氮肥,适施磷钾肥。第一次采割若所施基肥充足可不追肥；第二、三次采割时,分别在收割后第10~15天和第20~25天追肥2次,若有缺肥现象可在收割前 2 周内补施一次;每次每亩追肥用总养分 45% 左右的平衡型复合肥 8~10kg 撒施或浇施于行间。

5.3.4.4 水分管理

土壤含水量低于 60% 时浇水,用量以地膜下 20cm 土壤有明显湿润感为宜,避免田间积水,注意排涝。

5.3.4.5 直播揭膜

直播种植灯盏花在采割前 20~30 天揭开薄膜。

5.3.5 病虫害防治

5.3.5.1 病虫害种类

灯盏花种植常见病害有根腐病、茎基腐病、线虫病、白粉病、锈病、白绢病等,虫害主要有甜菜夜蛾、蛴螬、根蚜等。

5.3.5.2 综合防控

应采用预防为主、综合防治的方法:选择轮作 2 年以上、前茬作物病虫害少的地块;播种前进行土壤消毒;使用充分腐熟的有机肥;选用无病害田块采收的种子;选用无病害、无损伤的优质种苗;及时清理杂草,注意排水;发现病株及时拔除,集中销毁,用草木灰或生石灰进行局部消毒。

采用化学防治时,优先选用高效、低毒的生物农药;不使用禁限用农药。

5.4 采收

5.4.1 采收时期及方法

移栽后当年采收。田间植株进入初花期时,进行灯盏花鲜草收割。在晴天露水干后,用锋利的具细齿镰刀或剪草机,距地面 2~3cm 平整采割地上部茎叶。拣除杂草、石块、泥土等杂物和枯黄叶片及根系,将鲜草及时装袋。

5.4.2 采后管护

每次采割留存基部 2~3 片绿叶,并注意避免过度踩踏墒面残茬,及时在墒面残茬上喷施甲霜·锰锌。正常管理下,每次移栽可采割 2~3 次。

5.5 产地初加工

5.5.1 烘烤干燥

应用烘烤设备,将灯盏花鲜草按厚度不超过 10cm 均匀铺撒于烤盘,把烤盘分层固定在烤架车上,置入烤房进行加热烘烤。烘烤中初期快速升温,最高温不超过 65℃,同时注意排湿。

5.5.2 晾晒干燥

选择清洁场地,将鲜草平摊晾晒,厚度≤6cm,夜间翻堆。注意防潮,忌暴晒、堆捂。

5.5.3 干燥标准

待灯盏花干品水分≤12%,颜色呈绿色、叶片手捏即碎、枝干手捏即断时,即可停止干燥,待包装。

5.6 包装、放行、贮运

5.6.1 包装

按每袋 11kg±0.5kg 规格进行包装封口。包装外贴或挂标签、合格证,标识牌内容应有药材名、基源、产地、批号、规格、重量、采收日期、企业名称等,并有追溯码。

5.6.2 放行

应制定符合企业实际情况的放行制度,有审核批生产、检验等的相关记录。不合格药材有单独处理制度。

5.6.3 贮藏

应贮存于清洁、阴凉、干燥处,定期检查,防止虫蛀、霉变、腐烂等的发生。仓库周围无污染且控制温度在 20℃以下、相对湿度 75% 以下;不同批次等级药材分区存放;建有定期检查制度。

5.6.4 运输

运输工具应清洁、干燥、无异味、无污染;运输时应防潮,防雨雪,防暴晒,防止发生混淆、污染、异物混入、包装破损等。

附 录 A
（规范性）
禁限用农药名单

A.1 禁止（停止）使用的农药（46 种）

六六六、滴滴涕、毒杀芬、二溴氯丙烷、杀虫脒、二溴乙烷、除草醚、艾氏剂、狄氏剂、汞制剂、砷类、铅类、敌枯双、氟乙酰胺、甘氟、毒鼠强、氟乙酸钠、毒鼠硅、甲胺磷、对硫磷、甲基对硫磷、久效磷、磷胺、苯线磷、地虫硫磷、甲基硫环磷、磷化钙、磷化镁、磷化锌、硫线磷、蝇毒磷、治螟磷、特丁硫磷、氯磺隆、胺苯磺隆、甲磺隆、福美胂、福美甲胂、三氯杀螨醇、林丹、硫丹、溴甲烷、氟虫胺、杀扑磷、百草枯、2,4- 滴丁酯。

注：氟虫胺自 2020 年 1 月 1 日起禁止使用。百草枯可溶胶剂自 2020 年 9 月 26 日起禁止使用。2,4-滴丁酯自 2023 年 1 月 29 日起禁止使用。溴甲烷可用于"检疫熏蒸处理"。杀扑磷已无制剂登记。

A.2 在部分范围禁止使用的农药（20 种）

部分范围禁止使用的农药应注意药食同源中药材及来自其他作物的中药材。部分范围禁止使用的农药见表 A.1。

表 A.1 部分范围禁止使用的农药

通用名	禁止使用范围
甲拌磷、甲基异柳磷、克百威、水胺硫磷、氧乐果、灭多威、涕灭威、灭线磷	禁止在蔬菜、瓜果、茶叶、菌类、中草药材上使用,禁止用于防治卫生害虫,禁止用于水生植物的病虫害防治
甲拌磷、甲基异柳磷、克百威	禁止在甘蔗作物上使用
内吸磷、硫环磷、氯唑磷	禁止在蔬菜、瓜果、茶叶、中草药材上使用
乙酰甲胺磷、丁硫克百威、乐果	禁止在蔬菜、瓜果、茶叶、菌类和中草药材上使用
毒死蜱、三唑磷	禁止在蔬菜上使用
丁酰肼（比久）	禁止在花生上使用
氰戊菊酯	禁止在茶叶上使用
氟虫腈	禁止在所有农作物上使用（玉米等部分旱田种子包衣除外）
氟苯虫酰胺	禁止在水稻上使用

A.3 说明

本附录的内容来自 2019 年中华人民共和国农业农村部发布的《禁限用农药名录》（http://www.zzys.moa.gov.cn/gzdt/201911/t20191129_6332604.htm）。

附　录　B

（资料性）

灯盏细辛（灯盏花）常见病虫害药剂防治的参考方法

B.1　茎腐病

防治措施　①合理选地：选择避风向阳的田块作苗床或移栽地。②科学管理：合理控制苗床的湿度，及时拔除病苗、死苗，减少传染源。③化学防治：苗期发病前或发病初期，多菌灵或百菌清喷淋根部。大田移栽后选用多菌灵、百菌清等药剂轮换喷淋根部。

B.2　霜霉病

防治措施　①加强管理：加强田间管理，增强植株抗病性。②减少初侵染源：及时清除病残体、老叶，集中深埋或烧毁，减少病源。③化学防治：在发病前或零星植株发病时，及时选用代森锰锌或霜霉威盐酸盐等药剂，进行喷雾防治。

B.3　褐斑病

防治措施　①减少传染源：及时清除老叶、病叶，集中深埋或烧毁，减少传染源。②科学管理：加强田间肥水管理，使植株生长健壮，增强抗病性。③化学防治：发病前或发病初期选用多菌灵、福·福锌等药剂轮换喷雾防治。

B.4　虫害防治

灯盏花大田期主要害虫是蜗牛、蚜虫、菜青虫、地老虎。可采取绿色防控技术（杀虫灯、黄蓝板）。

参考文献

［1］杨生超,杨忠孝,张乔芹,等.灯盏花种植技术初探［J］.中药材,2004（3）：84-87.

［2］杨生超,萧凤回,文国松,等.灯盏花主要数量性状的相关与通径分析［J］.西部林业科学,2009,38（1）：109-111.

［3］王平理,杨生超,杨建文,等.云南灯盏花种质资源的考察与采集［J］.现代中药研究与实践,2007（2）：25-28.

［4］杨生超,杨建文,潘应花,等.灯盏花新品系选育及农艺与品质性状比较［J］.中国中药杂志,2010,35（5）：554-557.

［5］苏文华,张光飞,王泽明,等.氮、磷和钾肥对灯盏花生长和有效成分积累的影响［J］.中草药,2009,40（12）：1963-1966.

［6］苏文华,张光飞,郭晓荣,等.钾素对药用植物短葶飞蓬生长和有效成分积累的影响［J］.植物分类与资源学报,2011,33（4）：396-402.

［7］王初华,赵会芬,杨生超.不同施肥配比对灯盏花产量和灯盏乙素含量的影响［J］.云南农业大学学报,2005（6）：134-136.

［8］鲁泽刚,卢迎春,张广辉,等.氮磷钾配施对灯盏花产量和品质的影响及肥料效应［J］.核农学报,2019,33（3）：616-622.

［9］鲁泽刚,朱永全,卢迎春,等.氮、磷、钾施用对灯盏花产量和主要提取物收获量的影响［J］.植物科学学报,2019,37（1）：55-62.

［10］宋婉玲,卢迎春,刘松卫,等.灯盏花农艺性状与经济性状相关性分析［J］.分子植物育种,2018,16（21）：7148-7158.

［11］陶理昌,吕天平.宣威市热水镇灯盏花无公害高产栽培技术［J］.现代农业科技,2018（8）：101.

［12］杨冠美,车寿林.灯盏花漂浮育苗中常见问题及解决办法［J］.农业科技通讯,2016（10）：237-238.

［13］LIU X, CHENG J, ZHANG G, et al. Engineering yeast for the production of breviscapine by genomic analysis and synthetic biology approaches［J］. Nat Commun, 2018（9）：448.

［14］ZHANG W, WEI X, MENG H L, et al. Transcriptomic comparison of the self-pollinated and cross-pollinated flowers of Erigeron breviscapus to analyze candidate self-incompatibility-associated genes［J］. BMC Plant Biol, 2015（15）：248.

［15］YANG J, ZHANG G H, ZHANG J, et al. Hybrid de novo genome assembly of the Chinese herbal fleabane Erigeron breviscapus［J］. GigaScience, 2017, 6（6）：1-7.

目　次

ICS 65.020.20
CCS C 05

团 体 标 准

T/CACM 1374.68—2021

防风规范化生产技术规程

Code of practice for good agricultural
practice of Saposhnikoviae Radix

2021-10-15 发布

2021-10-15 实施

中华中医药学会　发布

目　次

前　言

本文件按照 GB/T 1.1—2020《标准化工作导则　第 1 部分：标准化文件的结构和起草规则》给出的规则起草。

请注意本文件中的某些内容可能涉及专利。本文件的发布机构不承担识别专利的责任。

本文件由中国医学科学院药用植物研究所和内蒙古农业大学提出。

本文件由中华中医药学会归口。

本文件起草单位：内蒙古农业大学、珍仁堂（北京）中药科技有限公司、河北省农林科学院、长春中医药大学、内蒙古鑫奇农业科技发展有限公司、吉林农业大学、中国中药有限公司、中国医学科学院药用植物研究所、重庆市药物种植研究所。

本文件主要起草人：王俊杰、李文艳、谢小亮、于澎、王飞、张晓明、花梅、王丹、刘双利、王浩、刘福青、魏建和、王文全、王秋玲、杨小玉、辛元尧、王苗苗。

防风规范化生产技术规程

1 范围

本文件确立了防风的规范化生产流程,规定了防风生产基地选址、种质、种苗繁育、种植、采收、产地初加工、包装、放行和贮运等阶段的操作要求。

本文件适用于防风的规范化生产。

2 规范性引用文件

下列文件中的内容通过文中的规范性引用而构成本文件必不可少的条款。其中,注明日期的引用文件,仅该日期对应的版本适用于本文件;不注明日期的引用文件,其最新版本(包括所有的修改单)适用于本文件。

GB 3095　环境空气质量标准

GB/T 3543　农作物种子检验规程

GB 5084　农田灌溉水质标准

GB 5749　生活饮用水卫生标准

GB 15618　土壤环境质量　农用地土壤污染风险管控标准(试行)

T/CACM 1374.1—2021　中药材规范化生产技术规程通则　植物药材

3 术语和定义

T/CACM 1374.1—2021 界定的以及下列术语和定义适用于本文件。

3.1 规范化生产　good agricultural practice

按照《中药材生产质量管理规范》(简称中药材 GAP)的要求,实施药材生产,保证中药材优质安全的生产过程。

3.2 技术规程　code of practice

为实现中药材生产顺利、有序进行,保证中药材生产质量,对中药材生产的基地选址、种子种苗、种植或野生抚育、采收与产地初加工以及包装、放行与贮运等,所做的技术规定和要求,是实施中药材规范生产的核心技术要求和实施指南。

3.3 防风　Saposhnikoviae Radix

伞形科植物防风 *Saposhnikovia divaricata* (Turcz.) Schischk. 的干燥根。

4 防风规范化生产流程图

防风规范化生产流程见图 1。

防风规范化生产流程：

关键控制点及参数：

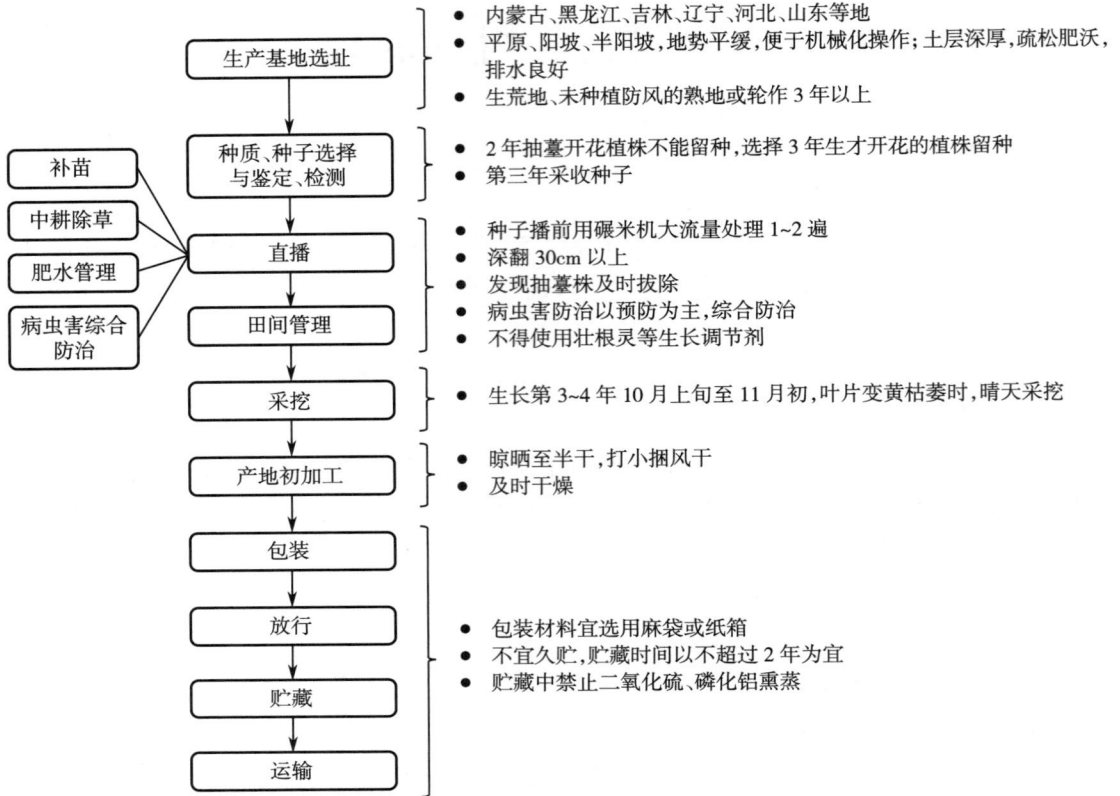

图1 防风规范化生产流程图

（流程图左侧自上而下：生产基地选址 → 种质、种子选择与鉴定、检测 → 直播 → 田间管理 → 采挖 → 产地初加工 → 包装 → 放行 → 贮藏 → 运输；左侧旁注框：补苗、中耕除草、肥水管理、病虫害综合防治）

关键控制点及参数：

- 内蒙古、黑龙江、吉林、辽宁、河北、山东等地
- 平原、阳坡、半阳坡，地势平缓，便于机械化操作；土层深厚，疏松肥沃，排水良好
- 生荒地、未种植防风的熟地或轮作3年以上

- 2年抽薹开花植株不能留种，选择3年生才开花的植株留种
- 第三年采收种子

- 种子播前用碾米机大流量处理1~2遍
- 深翻30cm以上
- 发现抽薹株及时拔除
- 病虫害防治以预防为主，综合防治
- 不得使用壮根灵等生长调节剂

- 生长第3~4年10月上旬至11月初，叶片变黄枯萎时，晴天采挖

- 晾晒至半干，打小捆风干
- 及时干燥

- 包装材料宜选用麻袋或纸箱
- 不宜久贮，贮藏时间以不超过2年为宜
- 贮藏中禁止二氧化硫、磷化铝熏蒸

5 防风规范化生产技术

5.1 生产基地选址

5.1.1 产地选择

适宜在我国东北和华北地区种植，主要在内蒙古、黑龙江、吉林、辽宁、河北、山东等地种植。种植区域的年降水量为300~500mm。

5.1.2 地块选择

防风种植地块应远离工矿厂区、城镇生活区，周围500m内无企事业单位和居民区，3~5km内无污染源。种植地应选择阳坡或半阳坡，坡度不超过30°，土壤以黑钙土、栗钙土、草甸土为宜，土层疏松肥沃，无积水，pH为6.5~8.5。黏土、涝洼、酸性大或重盐碱地不宜种植防风。种植地块平整，单块面积相对较大，便于机械作业。忌连作，前作以种植禾谷类作物、豆类、油菜或禾本科牧草的地块为宜。种植过防风的地块，须轮作3年以上才能再次种植。

良种繁育田应选土层深厚、地势平缓、排水良好、土壤疏松、腐殖质含量高的阳坡或平原地块，选择土壤、水质无污染的黑钙土、栗钙土或草甸土地块，土壤质地要求壤土或砂壤土，pH中性至弱碱性。

5.1.3 环境监测

基地的大气、土壤和水样品的检测按照 GAP 要求,检测结果应符合 GB 3095、GB 15618、GB 5084 相应标准的要求,并且要保证生长期间持续符合标准。

药材产地初加工用水的质量必须符合 GB 5749 的要求。

5.2 种质与种子

5.2.1 种质选择

使用伞形科植物防风 *Saposhnikovia divaricata* (Turcz.) Schischk. 的种子。物种须经过鉴定,如使用农家品种或选育品种应加以明确。

5.2.2 种子质量

应使用上年新采收的成熟种子,发芽率超过 70%。经检验符合相应标准。

5.2.3 播前种子处理

春季选在背风向阳处或室内,夏季可选择通风阴凉不易积水处。将精选好的种子用 2 倍量以上的温水浸泡 24 小时,浸泡时做到边搅拌,边撒种子,捞出浮于水上的瘪籽和杂质,将沉底的饱满种子泡好后取出与 2 倍量的潮湿细沙混匀,湿度保持 10% 左右,每天翻倒 2 次。在 20℃的人工气候箱内,保持一定的湿度,上面用湿布盖好,进行催芽。在适宜催芽温度 20~25℃条件下,一般为 7~15 天种子萌发时即可播种,不要等发芽后再播种,否则将影响播种质量,降低出苗率。

5.2.4 种子繁育

分根移栽繁种:春季土壤解冻后至 5 月上旬,或秋季上冻前移栽。选择两年生的根条直径 1.0cm 以上、长 25cm 以上的健康无病害植株的根,去芦头将根部切成 3~5cm 的小段作为种栽。机械起垄,垄宽 65cm,垄上开沟深 5cm 进行斜栽。最好选择阴天或雨前移栽。分根移栽防风当年不抽薹开花,隔年开花结实。

种子田繁种:直播的防风,选择生长健壮,无杂株的田块留作种子田,直播生长 3 年的防风可采种。种子田管理同药材生产田。

9 月中下旬种子进入成熟期,地上部分干枯、叶子脱落以后采用打草机进行刈割、采收。

刈割后运至晾晒场干燥。晾晒前对晾晒场进行彻底打扫,清除杂质和其他植物种子。晾干后用脱粒机和清选机进行脱粒和清选,要求清选后种子净度不低于 90%,然后将种子置于晾晒场继续晾晒至含水量低于 11% 后装袋入库。

5.3 种植

5.3.1 整地

在春季进行深耕,耕深 40cm。每亩(1 亩 ≈ 666.7m²,下文同)土地施入 2 000~3 000kg 农家肥或有机肥,配施 20~30kg 过磷酸钙作为基肥。播种前进行整平细耙,清除田间杂物。

5.3.2 播种

一般 4—5 月播种,春季风沙大、土壤干旱、昼夜温差较大的地区,适宜播种期为 5 月下旬至 7 月中旬。

5.3.2.1 平作

行距30cm,人工开沟撒种或机械播种,播种深度1.0~1.5cm,播种量每亩1.5~2.0kg。

5.3.2.2 垄播

在适宜垄作的种植区域,机械起垄,垄宽65cm,垄高30cm。按照行距30cm人工开沟撒种或机械播种,播种深度1.0~1.5cm,播后及时镇压,播种量每亩1.5~2.0kg。

5.3.3 田间管理

5.3.3.1 中耕除草

防风幼苗刚出土时,须及时中耕除草,松土保墒,避免板结。防风播种前进行机械深翻,可以将杂草连根翻除,有利于播前杂草的控制。播种后随时进行人工除草,做到除早、除小,以免影响防风小苗的正常生长。苗高10cm以上和进入快速生长期,垄间利用机械进行中耕除草4~6次,垄内大草采用人工拔除。此外,利用防风抽薹前打顶处理,亦可去除杂草的地上部分,可以有效防止杂草种子成熟落粒。

5.3.3.2 疏苗、定苗

出苗后15~20天,苗高达5~10cm时,若小苗过度拥挤可适当进行疏苗和定苗,苗距8~10cm。

5.3.3.3 灌溉与排水

防风种子萌发需要充足的土壤水分,播种后若土壤墒情不好或久旱无雨,采用喷灌方式及时进行浇水,保持土壤湿润。出苗后应视土壤墒情,在幼苗期(苗高5~10cm)、生长期、生长旺盛期及时浇水。

进入6—8月,雨季要注意田间排水,挖排水沟排水(在整地播种时应根据地势高低间隔一定间距预留出排水通道),做到田间无积水,防止水泡烂根。

10月下旬,在土壤封冻前及时浇灌防冻水。

5.3.3.4 追肥

结合灌水和中耕,可进行追肥,以水溶肥为宜,在旺盛生长期或割薹后进行,每亩使用量20~30kg。大田生产时,应尽量施农家有机肥,少施化学肥料,增强土壤的通透性。

禁止使用壮根灵、膨大素等生长调节剂用于增大防风根。

5.3.3.5 割薹

防风打顶过早基部会不断产生分枝消耗养分,打顶过晚将抑制根部物质积累。在7月下旬防风进入开花初期后,利用机械进行打顶处理,留茬高度8cm左右。也可在第二年早春萌芽前,采用机械铲刀贴地面以下1~2cm割掉防风芦头,萌发出的新芽不再开花。

5.3.4 病虫害防治

防风常见病害有防风白粉病、叶枯病等,虫害主要有黄凤蝶、黄翅茴香螟等。

应采用预防为主、综合防治的方法:轮作3年以上;有机肥必须充分腐熟;发现病株及时拔除,集中销毁。发病初期及时进行局部消毒;每年秋冬季及时清园。

采用化学防治时,应当符合国家有关规定;优先选用高效、低毒的生物农药;尽量避免使用除草剂、杀虫剂和杀菌剂等化学农药;不使用禁限用农药。

5.4 采收

直播防风一般生长 3~4 年采收,于 10 月上旬至 11 月上旬,叶片变黄枯萎时,割除地上部分,晴天采挖。采用根茎类药材收获机进行挖采,挖采深度 40cm 以上,防风根嫩脆易断,挖采时尽量避免根部损伤,抖去泥土,去除残茎,挑除病根,转运至加工场地。

5.5 初加工

鲜防风应存放在清洁、平整、无污染的地方晾晒,注意通风,堆放厚度 5cm 左右,晾晒过程注意勤翻动,避免堆放过厚发热褐变,注意防雨防雪;除统货外,防风需要分等级,在晒至半干时去掉须毛,并按照不同径级分类捋顺,捆成 1kg 左右的小捆,将小捆按等级码成大垛,底部垫上垫板,上盖席子或在通风棚中进行自然风干。也可机械烘干,温度 45~60℃,烘干至含水量 10% 左右,即可入库贮存。

加工干燥过程保证场地、工具洁净,不受雨淋等。

5.6 包装、放行、贮运

5.6.1 包装

干燥后的防风要及时包装。包装前应对每批药材参照国家标准进行质量检验,检查、清除杂质。符合国家标准的药材,采用不影响质量的编织袋或纸箱等包装,禁止采用包装过肥料、农药等的包装材料包装防风药材。

将干燥好的药材整齐码入适当大小纸箱中,其余的侧根、须根、根茎、芦头等统一用液压打包机压缩打成方包,装入纸箱中,包装每件重 20~25kg。包装外贴或挂标签、合格证,标识牌内容应有药材名称、基源、产地、批号、规格、重量、采收日期、企业名称等,并有追溯码。

5.6.2 放行

应制定符合企业实际情况的放行制度,有审核每批药材生产、检验等相关记录。不合格药材有单独处理制度。

5.6.3 贮运

应贮存于阴凉干燥处,定期检查,防止虫蛀、霉变、腐烂、泛油等发生。仓库控制温度在 20℃ 以下、相对湿度 65% 以下;不同批次等级药材分区存放;建有定期检查制度。禁止磷化铝和二氧化硫熏蒸。也可采用现代气调贮藏方法,包装或库内充氮或二氧化碳。

药材外包装的标志朝外,便于检查,防止混乱。

不合格产品应单独存放并有明显标志。

运输工具应洁净、干燥、无异味、无污染。还应具有防雨水、防污染、防泄漏等措施,严禁与其他货物混合运输。

附 录 A

（规范性）

禁限用农药名单

A.1 禁止（停止）使用的农药（46 种）

六六六、滴滴涕、毒杀芬、二溴氯丙烷、杀虫脒、二溴乙烷、除草醚、艾氏剂、狄氏剂、汞制剂、砷类、铅类、敌枯双、氟乙酰胺、甘氟、毒鼠强、氟乙酸钠、毒鼠硅、甲胺磷、对硫磷、甲基对硫磷、久效磷、磷胺、苯线磷、地虫硫磷、甲基硫环磷、磷化钙、磷化镁、磷化锌、硫线磷、蝇毒磷、治螟磷、特丁硫磷、氯磺隆、胺苯磺隆、甲磺隆、福美胂、福美甲胂、三氯杀螨醇、林丹、硫丹、溴甲烷、氟虫胺、杀扑磷、百草枯、2, 4- 滴丁酯。

注：氟虫胺自 2020 年 1 月 1 日起禁止使用。百草枯可溶胶剂自 2020 年 9 月 26 日起禁止使用。2, 4- 滴丁酯自 2023 年 1 月 29 日起禁止使用。溴甲烷可用于"检疫熏蒸处理"。杀扑磷已无制剂登记。

A.2 在部分范围禁止使用的农药（20 种）

部分范围禁止使用的农药应注意药食同源中药材及来自其他作物的中药材。部分范围禁止使用的农药见表 A.1。

表 A.1 部分范围禁止使用的农药

通用名	禁止使用范围
甲拌磷、甲基异柳磷、克百威、水胺硫磷、氧乐果、灭多威、涕灭威、灭线磷	禁止在蔬菜、瓜果、茶叶、菌类、中草药材上使用，禁止用于防治卫生害虫，禁止用于水生植物的病虫害防治
甲拌磷、甲基异柳磷、克百威	禁止在甘蔗作物上使用
内吸磷、硫环磷、氯唑磷	禁止在蔬菜、瓜果、茶叶、中草药材上使用
乙酰甲胺磷、丁硫克百威、乐果	禁止在蔬菜、瓜果、茶叶、菌类和中草药材上使用
毒死蜱、三唑磷	禁止在蔬菜上使用
丁酰肼（比久）	禁止在花生上使用
氰戊菊酯	禁止在茶叶上使用
氟虫腈	禁止在所有农作物上使用（玉米等部分旱田种子包衣除外）
氟苯虫酰胺	禁止在水稻上使用

A.3 说明

本附录的内容来自 2019 年中华人民共和国农业农村部发布的《禁限用农药名录》（http://www.zzys.moa.gov.cn/gzdt/201911/t20191129_6332604.htm）。

参考文献

［1］么历,程慧珍,杨智.中药材规范化种植(养殖)技术指南[M].北京:中国农业出版社,2006.

［2］李文艳,任广喜,王文全,等.防风不同播种量与移栽密度的研究[J].中国现代中药,2017,19(2):243-245.

［3］杨利民.吉林省中药材规范化种植与养殖关键技术研究[M].长春:吉林科学技术出版社,2016.

［4］马卉,贡济宇.防风的栽培技术[J].世界最新医学信息文摘,2016,16(23):166-167.

［5］冉懋雄,周厚琼.现代中药栽培养殖与加工手册[M].北京:中国中医药出版社,1999:407-410.

［6］杨贵凤,孙冲,杨淑芬.北药防风人工栽培技术[J].中国林副特产,2013(2):55-56.

［7］姬丽君.不同生长年限防风生长发育动态及采收期研究[D].兰州:甘肃农业大学,2015.

［8］赵帅,赵喜进.大宗中药材防风市场前景分析及规模化高产种植技术[J].特种经济动植物,2017,20(6):27-30.

［9］孟祥才,孙晖,王喜军.防风药材规范化生产技术标准操作规程(SOP)[J].现代中药研究与实践,2009,23(1):3-6.

［10］张双定.中药材防风种子繁育技术规程[J].甘肃农业科技,2017(4):75-77.

［11］周希利,冯琦,金虎.东北寒冷地区关防风栽培管理[J].特种经济动植物,2012,15(9):33-34.

［12］杨宝成.防风栽培技术[J].特种经济动植物,2014,17(3):44-45.

［13］鞠文焕.寒地防风大垄密植高产高效栽培技术[J].中国农村小康科技,2010(3):53-54.

［14］李伟,台莲梅.寒地防风栽培技术[J].现代化农业,2017(1):38-39.

［15］李云峰,孙丽华,张振海.寒地中草药防风栽培管理技术[J].中国园艺文摘,2011,27(6):174-175.

［16］崔振刚.中药材防风的用途和其栽培种植技术的应用[J].黑龙江医药,2014,27(4):817-821.

［17］刘双利,许永华,王晓慧,等.防风抽薹开花的研究进展[J].人参研究,2016,28(6):52-56.

［18］张囡囡.提高防风质量和产量的栽培方法[J].牡丹江师范学院学报(自然科学版),2008(3):10-12.

ICS 65.020.20
CCS C 05

团 体 标 准

T/CACM 1374.69—2021

麦冬（川麦冬）规范化生产技术规程

Code of practice for good agricultural practice of Ophiopogonis Radix

2021-10-15 发布

2021-10-15 实施

中华中医药学会　发布

目　次

前　　言

本文件按照 GB/T 1.1—2020《标准化工作导则　第 1 部分：标准化文件的结构和起草规则》的规定起草。

请注意本文件中的某些内容可能涉及专利。本文件的发布机构不承担识别专利的责任。

本文件由中国医学科学院药用植物研究所和成都中医药大学提出。

本文件由中华中医药学会归口。

本文件起草单位：成都中医药大学、道地药材产业技术创新中心、四川代代为本农业科技有限公司、四川新荷花中药饮片股份有限公司、四川嘉道博文生态科技有限公司、上海市药材有限公司、中国医学科学院药用植物研究所、重庆市药物种植研究所。

本文件主要起草人：李敏、胡尚钦、陈杰、陈岗福、张大永、张雪、敬勇、陶玲、杨瑞山、吴发明、李红彦、蔡晓洋、康晋梅、沈传坤、刘震东、兰泽伦、宋媛媛、朱光明、李琦、魏建和、王文全、王秋玲、杨小玉、辛元尧、王苗苗。

引　言

　　麦冬规范化生产指按照《中药材生产质量管理规范》(简称中药材 GAP)的要求,实施麦冬药材生产,保证生产麦冬药材优质安全的过程。麦冬规范化生产技术规程是实施麦冬规范生产的核心技术要求和行动指南,旨为实现麦冬药材生产顺利、有序开展,保障麦冬药材质量,对药材种植的基地选址,种苗,种植技术,采收与产地初加工,包装、放行与贮运等进行规定和要求。麦冬为百合科沿阶草属植物麦冬 *Ophiopogon japonicus*(L. f.)Ker-Gawl. 的干燥块根,按道地产区的不同划分为川麦冬和浙麦冬,基源相同,栽培技术差异大,因而分开撰写。

麦冬(川麦冬)规范化生产技术规程

1 范围

本文件规定了麦冬规范化生产流程、关键控制点及技术参数、麦冬规范化生产各环节的技术规程。

本文件适用于按照《中药材生产质量管理规范》实施规范化生产麦冬(川麦冬)。

2 规范性引用文件

下列文件的内容通过文中的规范性引用而构成本文件必不可少的条款。其中,注明日期的引用文件,仅该日期对应的版本适用于本文件;不注明日期的引用文件,其最新版本(包括所有的修改单)适用于本文件。

GB 3095 环境空气质量标准

GB 5084 农田灌溉水质标准

GB 5749 生活饮用水卫生标准

GB 15618 土壤环境质量 农用地土壤污染风险管控标准(试行)

GB/T 23400—2009 地理标志产品 涪城麦冬

T/CACM 1374.1—2021 中药材规范化生产技术规程通则 植物药材

3 术语和定义

T/CACM 1374.1—2021 界定的以及下列术语和定义适用于本文件。

3.1 规范化生产 good agricultural practice

按照《中药材生产质量管理规范》(简称中药材 GAP)的要求,实施药材生产,保证中药材优质安全的生产过程。

3.2 技术规程 code of practice

为实现中药材生产顺利、有序进行,保证中药材生产质量,对中药材生产的基地选址、种子种苗、种植或野生抚育、采收与产地初加工以及包装、放行与贮运等,所做的技术规定和要求,是实施中药材规范生产的核心技术要求和实施指南。

3.3 麦冬 Ophiopogonis Radix

百合科植物麦冬 *Ophiopogon japonicus* (L. f.) Ker-Gawl. 的干燥块根。产自四川省适宜生态区的道地药材为川麦冬。

3.4 麦冬种苗 seeding of *Ophiopogon japonicus*

百合科植物麦冬的分蘖作种植植株。

4 麦冬(川麦冬)规范化生产流程图

麦冬(川麦冬)规范化生产流程见图1。

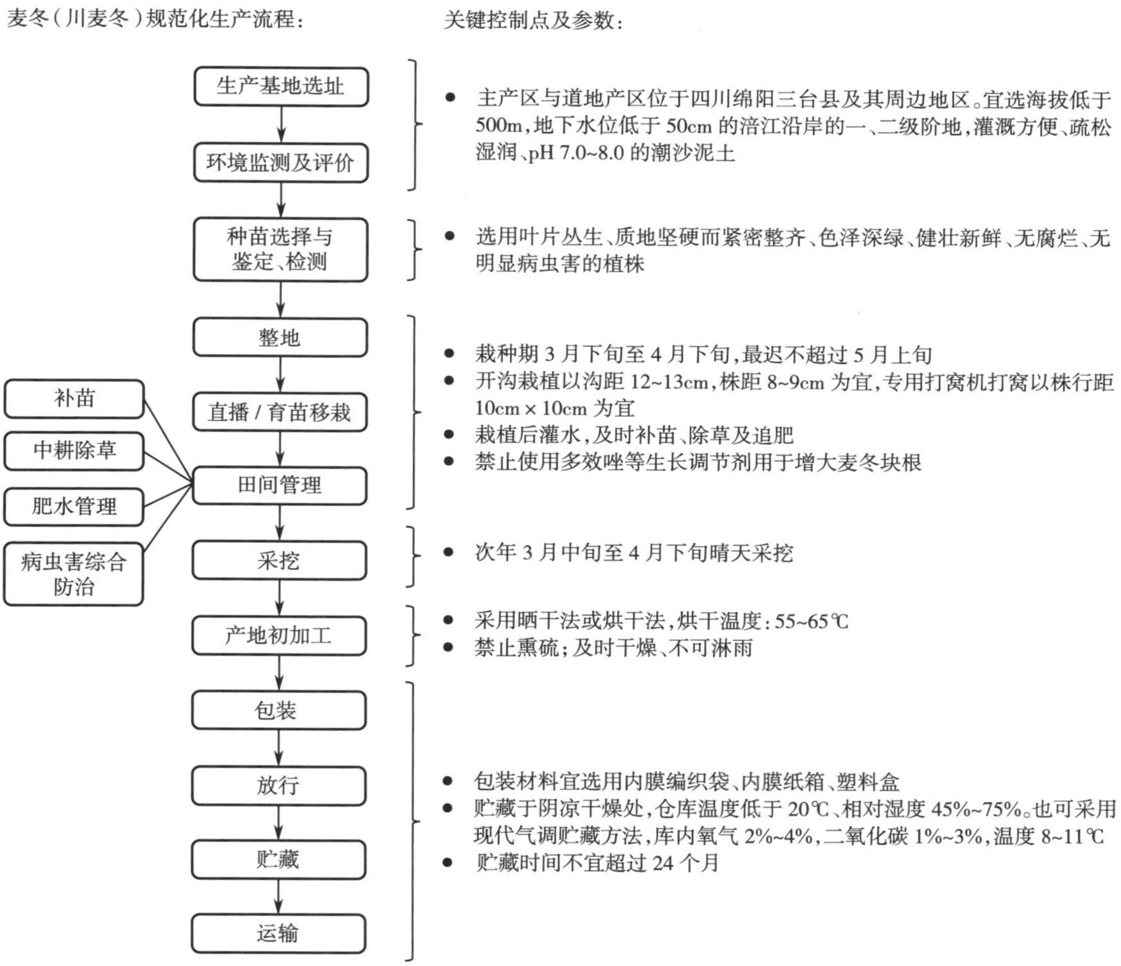

麦冬(川麦冬)规范化生产流程:　　　　　关键控制点及参数:

```
  ┌─────────────┐
  │  生产基地选址  │
  └─────────────┘          •  主产区与道地产区位于四川绵阳三台县及其周边地区。宜选海拔低于
        ↓                     500m,地下水位低于50cm的涪江沿岸的一、二级阶地,灌溉方便、疏松
  ┌─────────────┐             湿润、pH 7.0~8.0的潮沙泥土
  │  环境监测及评价 │
  └─────────────┘
        ↓
  ┌─────────────┐
  │  种苗选择与   │          •  选用叶片丛生、质地坚硬而紧密整齐、色泽深绿、健壮新鲜、无腐烂、无
  │  鉴定、检测   │             明显病虫害的植株
  └─────────────┘
        ↓
  ┌─────────────┐
  │    整地      │          •  栽种期3月下旬至4月下旬,最迟不超过5月上旬
  └─────────────┘          •  开沟栽植以沟距12~13cm,株距8~9cm为宜,专用打窝机打窝以株行距
        ↓                     10cm×10cm为宜
  ┌─────────────┐          •  栽植后灌水,及时补苗、除草及追肥
  │ 直播/育苗移栽 │          •  禁止使用多效唑等生长调节剂用于增大麦冬块根
  └─────────────┘
        ↓
  ┌─────────────┐
  │   田间管理    │
  └─────────────┘
        ↓
  ┌─────────────┐
  │    采挖      │          •  次年3月中旬至4月下旬晴天采挖
  └─────────────┘
        ↓
  ┌─────────────┐
  │  产地初加工   │          •  采用晒干法或烘干法,烘干温度:55~65℃
  └─────────────┘          •  禁止熏硫;及时干燥,不可淋雨
        ↓
  ┌─────────────┐
  │    包装      │
  └─────────────┘
        ↓
  ┌─────────────┐
  │    放行      │          •  包装材料宜选用内膜编织袋、内膜纸箱、塑料盒
  └─────────────┘          •  贮藏于阴凉干燥处,仓库温度低于20℃,相对湿度45%~75%。也可采用
        ↓                     现代气调贮藏方法,库内氧气2%~4%,二氧化碳1%~3%,温度8~11℃
  ┌─────────────┐          •  贮藏时间不宜超过24个月
  │    贮藏      │
  └─────────────┘
        ↓
  ┌─────────────┐
  │    运输      │
  └─────────────┘
```

左侧分支框:
补苗
中耕除草
肥水管理
病虫害综合防治

图1　麦冬(川麦冬)规范化生产流程图

5 麦冬(川麦冬)规范化生产技术

5.1 生产基地选址

5.1.1 产地选择

适宜在海拔低于500m、地下水位低于50cm的涪江沿岸一、二级阶地种植,主产区及道地产区位于四川绵阳三台县及其周边地区,为亚热带湿润季风型气候,年平均气温16~17℃,年平均日照时数≥1 260小时,年平均降水量850~900mm,年平均无霜期大于275天。

5.1.2 地块选择

忌酸性、连作土壤栽培。

应选灌排方便、疏松湿润、土质肥沃、土层深厚、pH 7.0~8.0 的中性或微碱性的潮沙泥土。前茬宜禾本科作物,以水稻最佳,忌烟草、紫云英、豆角、瓜类、白术、丹参等作物。

5.1.3 环境监测

基地的大气、土壤和水样品的检测按照 GAP 要求,应符合相应国家标准,并保证生长期间持续符合标准。气候条件可参考 GB/T 23400—2009 的规定,环境监测大气应符合 GB 3095 的要求,土壤应符合 GB 15168 的要求,灌溉水质应符合 GB 5084 的要求。

5.2 种质与种苗

5.2.1 种质选择

使用百合科植物麦冬 *Ophiopogon japonicus*(L. f.)Ker-Gawl.,物种须经过鉴定。如使用农家品种或选育品种应明确。

5.2.2 种苗质量

种苗应为叶片丛生,质地坚硬而紧密整齐,色泽深绿,健壮新鲜,无腐烂,无明显病虫害的植株。

5.2.3 种苗繁育

采用分株繁殖法。

选取叶片丛生,质地坚硬而紧密整齐,色泽深绿,健壮新鲜,无腐烂,无明显病虫害,且叶片数≥15 片,株高≥120mm 的种苗进行繁育。田间管理同药材生产。生长过程中,去除混杂、变异、生长不良及遭受病虫害植株。于翌年 3 月中旬至 4 月下旬采收。

5.2.4 切苗与贮运

麦冬植株剪去块根,切去下部根状茎和须根,保留 1cm 以下的茎节,切好的合格种苗清理整齐,用稻草扎成直径 50cm 的捆子,并及时栽种。如不能及时栽种,可将种苗存放在阴湿处的疏松土壤上,种苗茎基部周围用细土护苗,种苗根部保持湿润,养苗时间不应超过7 天。

运输工具应干燥、无污染,不应与可能造成污染的货物混装。

5.3 种植

5.3.1 选地整地

土壤耕翻 20~30cm,锄净田间杂草、石块和前作根茎,耙细整平。

5.3.2 栽种时间

于 3 月下旬至 4 月下旬,最迟不超过 5 月上旬,选择阴天栽种。

5.3.3 栽种密度

开沟栽植以沟距 12~13cm,株距 8~9cm 为宜,专用打窝机打窝以株行距 10cm×10cm 为宜。

5.3.4 栽种方法

采用单蘖平地栽植的方法。栽植深度 3~4cm,苗应垂直紧靠窝壁或沟壁,窝栽或排栽于沟内,覆盖细土,用脚夹紧种苗,依次踩实,使苗直立稳固,做到地平苗正。栽植后应立即灌水,以水淹种苗高度 5cm 左右为宜。

5.3.5 补苗

麦冬灌水后至种苗返青期间,检查有无缺窝和枯死种苗,选择阴天及时补植,确保全苗。

5.3.6 中耕除草

结合施肥、松土进行除草,松土深度 <3cm 为宜。

5.3.7 施肥

根据土壤肥力和植株长势进行施肥,可考虑每亩（1 亩 ≈ 666.7m² ,下文同）使用优质腐熟有机肥（人畜粪水）3 000~5 000kg 或有机肥 500~1 000kg、腐熟饼肥 50~100kg、麦冬优化配方肥（底肥型）70kg,随整地施入。追肥分四次施用,第一次追肥为提苗生根肥（6 月中旬）,每亩施稀人畜粪水 3 000~5 000kg 或有机肥 100~200kg、尿素 10kg;第二次追肥为分蘖肥（7 月下旬至 8 月上旬）,每亩施稀人畜粪水 2 000~2 500kg 或有机肥 100~200kg、麦冬优化配方肥（追肥型）35kg,淹水均匀施用;第三次追肥为块根膨大肥（9 月中下旬至 10 月上旬）,每亩施无机复（混）合肥（$N : P_2O_5 : K_2O = 1 : 1 : 2$）70kg 左右,淹水均匀施用;第四次追肥为块根二次膨大肥（翌年 2 月中下旬）,每亩施稀人畜粪水 3 000~4 000kg 或有机肥 100~200kg,间隔 10 天后每亩用磷酸二氢钾 2.5kg,兑水 50 倍叶面喷施。

禁止使用多效唑等生长调节剂用于增大麦冬块根。

5.3.8 病虫害防治

麦冬常见病害主要为黑斑病、炭疽病、根结线虫病、根腐病等,虫害主要为蛴螬、蝼蛄。

应采用预防为主、综合防治的方法:合理间作和轮作;有机肥必须充分腐熟;选用无病虫害的健壮种苗;选择无病虫害、排灌方便、土壤肥沃疏松的地块种植;加强水肥管理,及时排出田间积水;蛴螬 6—8 月盛发期分别连续三次淹水;收获后及时清除田间病叶残株;麦冬地周围不栽种麻柳树、核桃树等。

采用化学防治时,应当符合国家有关规定;优先选用高效、低毒的生物农药;尽量避免使用除草剂、杀虫剂和杀菌剂等化学农药;不使用禁限用农药,主要病虫害防治的参考方法见附录 A。

5.4 采挖

次年 3 月中旬至 4 月下旬晴天采收。可选用锄、锹或机械沿麦冬行间翻松土壤,深度 25~28cm,使麦冬全根露出土面,抖去根部泥土,用剪刀或特制工具,在距块根至少 1cm 处剪下块根。

5.5 产地初加工

产地初加工可采用晒干法或烘干法。

晒干法:可将冲洗干净的麦冬块根摊放在竹席上暴晒,厚度以 3~5cm 为宜,也可以搭建简易日光大棚,晒干过程中每天翻晒 3~4 次,使水分快速散失。晒至七成干时,可用机械或手工搓揉去除须根,再进行晾晒。

烘干法:烘干温度为 55~65 ℃ ,烘至六七成干时去除须根,之后继续烘烤。干燥至水分≤18.0%,干燥结束后去除须根、米粒小冬、霉变麦冬及杂质等。

产地加工用水应符合 GB 5749。加工过程保证场地、工具洁净,不受雨淋等。

5.6 包装、放行、贮运

5.6.1 包装

包装前应对每批药材按照相应标准进行质量检验。符合国家标准的药材,采用不影响质量的内膜编织袋、内膜纸箱、塑料盒等包装,禁止采用包装过肥料、农药等的包装袋包装。包装外贴或挂标签、合格证,标识牌内容应有品种、基源、产地、批号、规格、重量、采收日期、企业名称等,并有追溯码。

5.6.2 放行

应制定符合企业实际情况的放行制度,有审核、批准、生产、检验等的相关记录。不合格药材有单独处理制度。

5.6.3 贮运

应贮藏于阴凉干燥处,仓库控制温度在 20℃以下、相对湿度 45%~75%。也可采用现代气调贮藏方法,库内氧气 2%~4%,二氧化碳 1%~3%,温度 8~11℃。贮存时间不宜超过 24 个月。

定期检查,防止虫蛀、霉变、腐烂、泛油等发生;不同批次等级药材分区存放;建有定期检查制度。

运输应防止发生混淆、污染、异物混入、包装破损、雨雪淋湿等。

附　录　A

（资料性）

麦冬药材病虫害防治的参考方法

麦冬药材常见病虫害药剂防治的参考方法参见表 A.1。

表 A.1　麦冬常见病虫害药剂防治的参考方法

病虫害名称	防治时期	推荐防治方法	安全间隔期 /d
黑斑病	4 月	多菌灵喷施,按照农药标签使用	≥20
		代森锰锌喷施,按照农药标签使用	≥10
		甲基硫菌灵喷施,按照农药标签使用	≥30
根结线虫病	7 月	辛硫磷灌根,按照农药标签使用	≥10
根腐病	移栽前	哈茨木霉菌拌土,按照农药标签使用	—
	9 月	枯草芽孢杆菌灌根,按照农药标签使用	—
炭疽病	5—8 月	吡唑醚菌酯喷施,按照农药标签使用	≥10
蛴螬	6—8 月	辛硫磷灌根,按照农药标签使用	≥10
		敌百虫灌根,按照农药标签使用	≥7
蝼蛄	6—8 月	辛硫磷灌根,按照农药标签使用	≥10
		敌百虫灌根,按照农药标签使用	≥7

附 录 B

（规范性）

禁限用农药名单

B.1 禁止（停止）使用的农药（46 种）

六六六、滴滴涕、毒杀芬、二溴氯丙烷、杀虫脒、二溴乙烷、除草醚、艾氏剂、狄氏剂、汞制剂、砷类、铅类、敌枯双、氟乙酰胺、甘氟、毒鼠强、氟乙酸钠、毒鼠硅、甲胺磷、对硫磷、甲基对硫磷、久效磷、磷胺、苯线磷、地虫硫磷、甲基硫环磷、磷化钙、磷化镁、磷化锌、硫线磷、蝇毒磷、治螟磷、特丁硫磷、氯磺隆、胺苯磺隆、甲磺隆、福美肿、福美甲肿、三氯杀螨醇、林丹、硫丹、溴甲烷、氟虫胺、杀扑磷、百草枯、2,4- 滴丁酯。

注：氟虫胺自 2020 年 1 月 1 日起禁止使用。百草枯可溶胶剂自 2020 年 9 月 26 日起禁止使用。2,4-滴丁酯自 2023 年 1 月 29 日起禁止使用。溴甲烷可用于"检疫熏蒸处理"。杀扑磷已无制剂登记。

B.2 在部分范围禁止使用的农药（20 种）

部分范围禁止使用的农药应注意药食同源中药材及来自其他作物的中药材。部分范围禁止使用的农药见表 B.1。

表 B.1 部分范围禁止使用的农药

通用名	禁止使用范围
甲拌磷、甲基异柳磷、克百威、水胺硫磷、氧乐果、灭多威、涕灭威、灭线磷	禁止在蔬菜、瓜果、茶叶、菌类、中草药材上使用,禁止用于防治卫生害虫,禁止用于水生植物的病虫害防治
甲拌磷、甲基异柳磷、克百威	禁止在甘蔗作物上使用
内吸磷、硫环磷、氯唑磷	禁止在蔬菜、瓜果、茶叶、中草药材上使用
乙酰甲胺磷、丁硫克百威、乐果	禁止在蔬菜、瓜果、茶叶、菌类和中草药材上使用
毒死蜱、三唑磷	禁止在蔬菜上使用
丁酰肼（比久）	禁止在花生上使用
氰戊菊酯	禁止在茶叶上使用
氟虫腈	禁止在所有农作物上使用（玉米等部分旱田种子包衣除外）
氟苯虫酰胺	禁止在水稻上使用

B.3 说明

本附录的内容来自 2019 年中华人民共和国农业农村部发布的《禁限用农药名录》（ http://www.zzys.moa.gov.cn/gzdt/201911/t20191129_6332604.htm ）。

参考文献

［1］国家药典委员会.中华人民共和国药典：2020年版一部［M］.北京：中国医药科技出版社，2020.

［2］四川省市场监督管理局.川产道地药材种苗分级　麦冬：DB 51/T 2557—2018［S/OL］.［2023-11-27］. https：//std.samr.gov.cn/db/search/stdDBDetailed?id=998CD9170D067BDCE05397BE0A0A3A74.

［3］浙江省质量技术监督局.浙麦冬生产技术规程：DB 33/T 950—2014［S/OL］.［2023-11-27］.https：//std. samr.gov.cn/db/search/stdDBDetailed?id=91D99E4DDF5F2E24E05397BE0A0A3A10.

［4］袁影，孙付春，杨涛.麦冬干燥工艺及设备的研究［J］.农产品加工，2018（18）：69-72.

［5］吴发明，赵春艳，杨瑞山，等.麦冬块根发育及其形态变化规律研究［J］.中草药，2018，49（8）：1907-1913.

［6］赵丹，戴维，罗德木，等.麦冬—玉米—豇豆高效立体套作栽培技术［J］.现代农业科技，2017（24）：80-81.

［7］吴发明，张芳芳，李敏，等.川麦冬产地干燥方法综合评价研究［J］.中药材，2015，38（7）：1400-1402.

［8］吴发明，杨瑞山，陶玲，等.基于药材安全性和有效性的综合评价探讨多效唑在麦冬中的应用［J］.中国药学杂志，2017，52（1）：20-24.

［9］吴发明，张德林，陈辉，等.川麦冬药材中二氧化硫来源及残留积累动态分析［J］.中国实验方剂学杂志，2016，22（9）：12-15.

———————————

ICS 65.020.20
CCS C 05

团 体 标 准

T/CACM 1374.70—2021

远志规范化生产技术规程

Code of practice for good agricultural practice of Polygalae Radix

2021-10-15 发布

2021-10-15 实施

中华中医药学会　发布

目　次

前　言

本文件按照 GB/T 1.1—2020《标准化工作导则　第 1 部分：标准化文件的结构和起草规则》的规定起草。

请注意本文件中的某些内容可能涉及专利。本文件的发布机构不承担识别专利的责任。

本文件由中国医学科学院药用植物研究所提出。

本文件由中华中医药学会归口。

本文件起草单位：山西大学、中国医学科学院药用植物研究所、山西省农业科学院经济作物研究所、重庆市药物种植研究所。

本文件主要起草人：张福生、张璇、张振琳、孙鹏、田洪岭、郭淑红、秦雪梅、魏建和、王文全、王秋玲、杨小玉、辛元尧、王苗苗。

远志规范化生产技术规程

1 范围

本文件确立了远志的规范化生产流程,规定了远志生产基地选址、种质、种苗繁育、种植、采收、产地初加工、包装、放行和贮运等阶段的操作要求。

2 规范性引用文件

下列文件中的内容通过文中的规范性引用而构成本文件必不可少的条款。其中,注明日期的引用文件,仅该日期对应的版本适用于本文件;不注明日期的引用文件,其最新版本(包括所有的修改单)适用于本文件。

GB 3905 环境空气质量标准

GB/T 3543 农作物种子检验规程

GB 5084 农田灌溉水质标准

GB 15168 土壤环境质量 农用地土壤污染风险管控标准(试行)

SB/T 11182—2017 中药材包装技术规范

GB/T 14257—2009 商品条码 条码符号放置指南

NY/T 1276—2007 农药安全使用规范 总则

T/CACM 1374.1—2021 中药材规范化生产技术规程通则 植物药材

3 术语和定义

T/CACM 1374.1—2021 界定的以及下列术语和定义适用于本文件。

3.1 规范化生产 good agricultural practice

按照《中药材生产质量管理规范》(简称中药材 GAP)的要求,实施药材生产,保证中药材优质安全的生产过程。

3.2 技术规程 code of practice

为实现中药材生产顺利、有序进行,保证中药材生产质量,对中药材生产的基地选址、种子种苗、种植或野生抚育、采收与产地初加工以及包装、放行与贮运等,所做的技术规定和要求,是实施中药材规范生产的核心技术要求和实施指南。

3.3 远志 Polygalae Radix

本品为远志科植物远志 *Polygala tenuifolia* Willd. 的干燥根,春、秋二季采挖,除去须根、泥沙,晒干。

3.4 远志肉 yuanzhirou

来源为远志科植物远志 *Polygala tenuifolia* Willd. 的干燥根。将不能抽去木心的远志药材的皮部破开,去除木心,得到破裂、断碎的肉质根皮,称为"远志肉"。

3.5 全远志 quanyuanzhi

未抽取木心的远志药材,称为"全远志"(又称"远志根""远志棍""远志条")。

3.6 远志筒 yuanzhitong

春季返青或秋季茎、叶枯萎时,采挖远志根部,除去泥沙,干燥至皮部稍皱,除去木心(依据传统方法和产地初加工实际情况,建议以手揉搓后抽心),呈中空筒状,称为"远志筒"。

4 远志规范化生产流程图

远志规范化生产流程见图 1。

远志规范化流程:　　　　　　　　　关键控制点及参数:

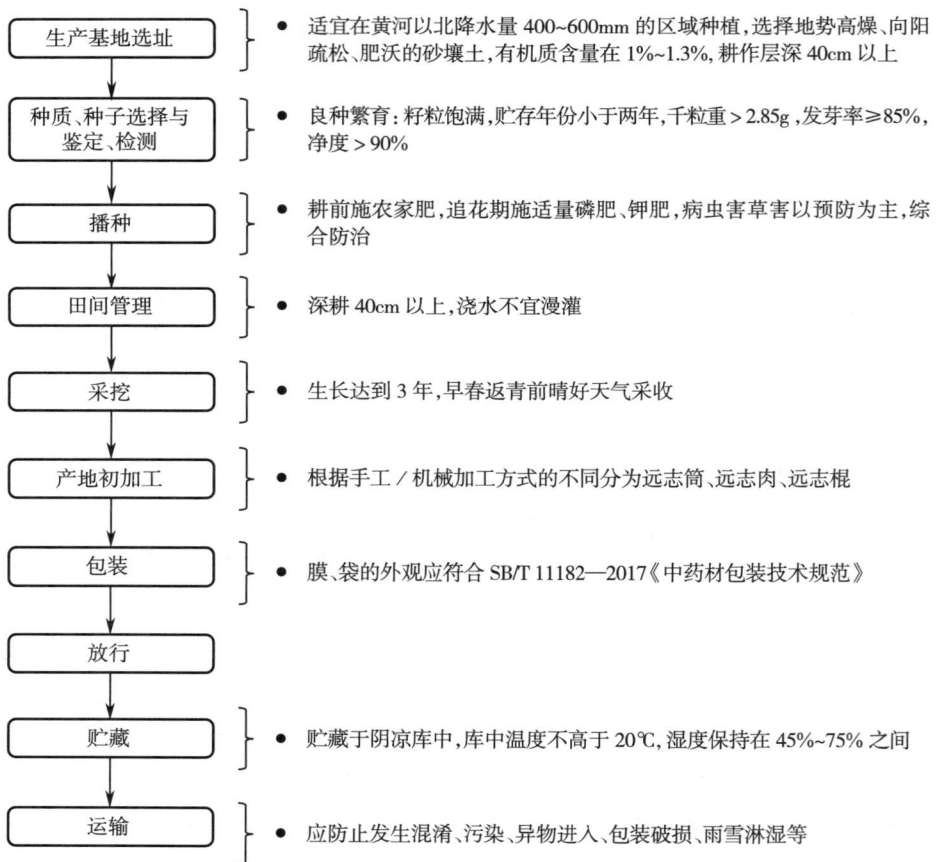

- 生产基地选址 — 适宜在黄河以北降水量 400~600mm 的区域种植,选择地势高燥、向阳疏松、肥沃的砂壤土,有机质含量在 1%~1.3%,耕作层深 40cm 以上
- 种质、种子选择与鉴定、检测 — 良种繁育:籽粒饱满,贮存年份小于两年,千粒重 > 2.85g,发芽率 ≥ 85%,净度 > 90%
- 播种 — 耕前施农家肥,追花期施适量磷肥、钾肥,病虫害草害以预防为主,综合防治
- 田间管理 — 深耕 40cm 以上,浇水不宜漫灌
- 采挖 — 生长达到 3 年,早春返青前晴好天气采收
- 产地初加工 — 根据手工 / 机械加工方式的不同分为远志筒、远志肉、远志棍
- 包装 — 膜、袋的外观应符合 SB/T 11182—2017《中药材包装技术规范》
- 放行
- 贮藏 — 贮藏于阴凉库中,库中温度不高于 20℃,湿度保持在 45%~75% 之间
- 运输 — 应防止发生混淆、污染、异物进入、包装破损、雨雪淋湿等

图 1 远志规范化生产流程图

5 远志规范化生产技术

5.1 生产基地选址

5.1.1 产地选择

远志的道地产区为黄河中游流域（以山西的吕梁山脉、中条山脉及周边地区为主）的核心地域。总体来说，远志对生长环境的要求并不严格，适宜种植在黄河以北降水量为400~600mm 的区域。

5.1.2 地块选择

应选择地势高燥、向阳疏松、肥沃的砂壤土，地块应杂草少，病、虫、鼠害轻。忌选择远志连作田。土壤酸碱度呈中性或微偏酸，忌碱性。土壤团粒结构适中，有机质含量在1%~1.3%，耕作层深 40cm 以上。

5.1.3 环境监测

生产区域环境空气应符合 GB 3095 规定的二级标准，农田灌溉水质应符合 GB 5084 规定的旱作农田灌溉水质量标准。要求远离禽畜场、垃圾场等污染源。同时土壤重金属含量和农药残留量应符合 GB 15618 的要求。

5.2 种质与种子

5.2.1 种质选择

使用远志科植物远志 *Polygala tenuifolia* Willd.，物种须经过鉴定。如使用农家品种或选育品种应加以明确。

5.2.2 种子质量

远志种子呈倒卵形，一头钝圆一头稍尖，长为 2.90~3.00mm，宽为 1.85~1.95mm。种皮黑灰色，表面密被灰白色柔绢毛，先端有黄白色种阜。

进行良种繁育的种子应选择籽粒饱满，贮存年份小于两年，千粒重≥2.85g，发芽率≥85%，净度≥90% 的优良种子。

5.3 种子繁育

5.3.1 选种

两年生远志开始开花结籽，5—6 月进入盛花期，并于 6 月中旬陆续成熟。

5.3.2 种子采收与处理

5.3.2.1 种子采收

在种子成熟前，选择生长良好无病虫害的 2~3 年生远志田，对行间进行清理，可趁雨后地表土尚未完全干时踩平地面以利于远志种子采收。6 月中旬至 7 月初大部分远志种子籽粒饱满，成熟脱落，此时为远志种子最佳采收期。选择干燥无雨天气，用吸尘器改装的种子收集器将散落在行间的远志种子收集起来。

5.3.2.2 种子处理

远志种子应贮藏在阴凉、干燥、避光的条件下，如须长期贮藏应在 −20℃ 或者更低的温度下保存。

5.4 种植

5.4.1 播种过程及方法

耕前每亩（1亩 ≈ 666.7m², 下文同）施 2 000kg 有机肥作基肥。深耕 40cm 以上，耕平耙细，造好底墒。在已作好畦面上按 20~25cm 行距横向开沟，深 1~2cm 左右，用装 4~5kg 沙子的布袋压实抹平沟底或者用脚踩平沟底，然后用播幅宽 5cm 的滚筒播种器顺行滚种，将种子均匀播种于沟内，每亩播种量 2.5~3.0kg；播后再用脚顺沟轻踩一遍，稍加镇压后覆盖 0.1~0.5cm 的浅土，然后再盖一层麦糠或者碎麦秸防晒保湿。出苗期间应喷水保湿，忌漫灌。

5.4.2 田间管理

5.4.2.1 灌水排水

远志出苗 15 天内土壤应保湿，待植株 5cm，根系入土较深，耐旱力增强后可减少浇水。

远志较耐旱，因此在种子萌发期、出苗期和幼苗期不宜浇水，播种后可喷灌浇水一次，湿度以 10cm 左右处的土壤手握成团，松开即散为标准。在 5—6 月花期如遇干旱天气适量浇水，保持土壤稍润即可。灌溉用水应符合 GB 5749 的规定。

5.4.2.2 中耕除草

出苗后，苗高 2~3cm 时，应间苗除去病株、弱株，并进行第一次除草，以后每 7 天除草一次，保持田间无杂草。

5.4.2.3 追肥

花期追肥以叶面肥、钾肥和磷肥为主，每亩喷施 1~1.3kg 800 倍水稀释的磷酸二氢钾，10~15 天喷施一次，2~3 次为宜。4 月底—5 月上旬，每亩喷施 6.7ml 2 000 倍稀释的 0.01% 的芸苔素内酯 1~2 次，间隔 10 天以上。

远志种植后第 1~2 年，因苗较矮，易被杂草欺苗，影响幼苗生长，春夏应每月除草 2~3 次。3 年以上远志只须去掉大草即可。

增施无公害、无污染的有机肥及生物肥，既可以疏松熟化土壤又可以显著促进植株生长发育，从而提高种子的产量和质量。2~3 年待采籽远志于每年 3 月返青前施一次厩肥，每亩施腐熟厩肥 1 000kg，开沟施肥即可。

5.4.3 病虫害草害防治

远志常见病害有锈病、根腐病等，虫害主要有红蜘蛛、蛴螬、蚜虫等。

应采用预防为主、综合防治的方法：选用籽粒饱满的优质远志种子进行培育、加强栽培管理、科学施肥；发现病株及时拔除，集中销毁，每穴用 10% 石灰水进行局部消毒。

采用化学防治时，应当符合国家有关规定；优先选用高效、低毒的生物农药；尽量避免使用除草剂、杀虫剂和杀菌剂等化学农药；不使用禁限用农药，农药使用参照 NY/T 1276—2007 的相关规定。具体防治方案参见附录C。

5.5 采收

5.5.1 采收时间

远志生长年限达到 3 年，在秋季远志地上部分枯萎或早春返青前，选择晴好天气采收。

5.5.2 采收方式

大面积平地用根茎类药材采挖机进行收获,宽度 1.8m,作业速率为 1~1.5h/ 亩的专业收获机,采挖深度为 30~40cm;在面积较小的土地、山地及坡地等采挖机无法到达的地块,先通过人工用齿耙顺垄采挖,避免断根;不适宜机械操作的小型地块,也可进行人工收获。

5.6 产地初加工

5.6.1 加工环境及人员

加工应有适宜的场地和车间,加工场地应整洁、宽敞、通风良好,具有遮阳,防雨,防鼠、虫和畜禽的设施。进行加工的工作人员应身体健康,无传染病和外伤疾病,保持环境和个人卫生。生产前及加工结束后应清洁加工场所。此外,加工人员应接受岗前培训,掌握基本操作技术,具备独立操作能力,按规定操作。

5.6.2 加工机械和器具

加工器具、辅助器械不得污染和影响药材质量,加工机械和器具应有明显的使用标识。

5.6.3 加工方式

5.6.3.1 远志筒

手工加工方式:选择晴天,以直径 0.3mm 为界,将是否适宜抽筒的远志条进行分档。将分档后的远志条置于洁净的地面或台面上进行晾晒,摊晒厚度≤5mm。晾晒至表面微皱、在手指上缠绕不断(含水量为 55% 左右),晾晒过程中每天翻动 3~4 次,确保远志条晾晒均匀;防止雨淋、雨水浸泡;及时剔除破损、腐烂变质的远志条。将晾晒好的远志条堆拢或装袋(袋以装 5kg 为宜,不宜太大),用塑料布蒙盖上,堆捂 1~2 天(10~25℃),使远志条内外湿度一致(此过程要特别注意一点,就是须经常翻看远志条,防止捂汗过度,进而引起药材霉变或腐烂),质地以柔韧在手指上缠绕时表皮无裂隙、根皮与木心易剥离为宜。

选择完好无腐烂的远志条,双手反向旋转,使远志芦头下部的远志条皮部环裂。将远志条缠绕于手指,从顶端向下逐步抽离远志木心。抽离过程中如遇断裂,则从断裂处重新抽离,直至将根皮与木心彻底分离。分离后将木心与根皮分别放置于洁净的容器中。

机械加工方式:选取形状均一,表面不带有黄、黑色斑点的远志药材,将选好的远志药材送入高压水雾清洗装置(视清洗机器的规格不同,参数不同),进行高压水雾清洗,除去药材表面泥沙等杂质;清洗后的远志药材放入烘干箱(鼓风干燥方式)中进行烘干(首次烘干),温度控制在 40~50℃之间,待药材可在手指上缠绕不断时取出。

上述烘干后的远志药材,采用远志药材专用抽心设备抽心(具体操作视所用抽心设备的原理不同而有所不同);抽心后的远志筒在烘干箱(鼓风干燥方式)内进行二次烘干,温度控制在 50~55℃之间,待药材以手轻微用力即可掰断或压碎时取出。

5.6.3.2 远志肉

将直径≤2mm 的远志须根,通过压、捶、滚等方式,使远志条破碎,分离木心与根皮。

5.6.3.3 远志棍

最细小的根无法去除木心,去除残茎、土屑,为远志棍。置于洁净的容器中。

5.7 包装、贮藏、运输

5.7.1 包装

5.7.1.1 包装材料

包装材料应无毒无害、安全,符合远志药材品质要求。包装材料详见附录 B。

5.7.1.2 内包装以及包装袋外观

远志筒、远志肉、远志棍包装时,须进行内包装处理。内包装宜选用厚度为 0.06~0.08mm 的高压低密度聚乙烯塑料袋。膜、袋的外观应符合 SB/T 11182—2017 的规定。

5.7.1.3 印刷以及尺寸偏差

印刷应符合 GB/T 14257—2009,同时尺寸偏差应符合 SB/T 11182—2017 的规定。

5.7.2 贮藏

药材应贮存于阴凉库中,库中温度不高于 20℃,湿度应保持在 45%~75% 之间。按期组织在库物品盘点,内容包括实际贮存的产地、品种、规格、货位、批号、数量、保质期等,并核对与货垛卡、仓库保管账记载内容是否一致,写出书面盘点报告并附盘点表。发现问题应查明原因,及时与有关方面沟通;定期对异味、虫情、霉变进行检查;采用仪器检验方法按时定期对在库远志进行质量检测。在潮湿天气或异常天气检查频次应增加;按时定期清扫库房,保持库内地面、门窗、玻璃、墙面、货架和货柜整洁;应建立人员出入库管理制度,做好人员出入库记录,未经允许不得进入仓库;远志在库检测、检查记录应归档保存,根据检测、检查结果和库内温湿度的变化,采取相应的措施改进仓库温度环境,并对在库药材进行养护。

5.7.3 运输

运输应防止发生混淆、污染、异物混入、包装破损、雨雪淋湿等。

附 录 A

（规范性）

禁限用农药名单

A.1 禁止（停止）使用的农药（46 种）

六六六、滴滴涕、毒杀芬、二溴氯丙烷、杀虫脒、二溴乙烷、除草醚、艾氏剂、狄氏剂、汞制剂、砷类、铅类、敌枯双、氟乙酰胺、甘氟、毒鼠强、氟乙酸钠、毒鼠硅、甲胺磷、对硫磷、甲基对硫磷、久效磷、磷胺、苯线磷、地虫硫磷、甲基硫环磷、磷化钙、磷化镁、磷化锌、硫线磷、蝇毒磷、治螟磷、特丁硫磷、氯磺隆、胺苯磺隆、甲磺隆、福美胂、福美甲胂、三氯杀螨醇、林丹、硫丹、溴甲烷、氟虫胺、杀扑磷、百草枯、2,4-滴丁酯。

注：氟虫胺自 2020 年 1 月 1 日起禁止使用。百草枯可溶胶剂自 2020 年 9 月 26 日起禁止使用。2,4-滴丁酯自 2023 年 1 月 29 日起禁止使用。溴甲烷可用于"检疫熏蒸处理"。杀扑磷已无制剂登记。

A.2 在部分范围禁止使用的农药（20 种）

部分范围禁止使用的农药应注意药食同源中药材及来自其他作物的中药材。部分范围禁止使用的农药见表 A.1。

表 A.1 部分范围禁止使用的农药

通用名	禁止使用范围
甲拌磷、甲基异柳磷、克百威、水胺硫磷、氧乐果、灭多威、涕灭威、灭线磷	禁止在蔬菜、瓜果、茶叶、菌类、中草药材上使用，禁止用于防治卫生害虫，禁止用于水生植物的病虫害防治
甲拌磷、甲基异柳磷、克百威	禁止在甘蔗作物上使用
内吸磷、硫环磷、氯唑磷	禁止在蔬菜、瓜果、茶叶、中草药材上使用
乙酰甲胺磷、丁硫克百威、乐果	禁止在蔬菜、瓜果、茶叶、菌类和中草药材上使用
毒死蜱、三唑磷	禁止在蔬菜上使用
丁酰肼（比久）	禁止在花生上使用
氰戊菊酯	禁止在茶叶上使用
氟虫腈	禁止在所有农作物上使用（玉米等部分旱田种子包衣除外）
氟苯虫酰胺	禁止在水稻上使用

A.3 说明

本附录的内容来自 2019 年中华人民共和国农业农村部发布的《禁限用农药名录》（http://www.zzys.moa.gov.cn/gzdt/201911/t20191129_6332604.htm）。

附 录 B

（资料性）

远志的包装材料

远志的包装材料见表 B.1。

表 B.1 包装材料

包装材料	技术要求	标准内容	适用性
塑料编织袋	GB/T 8946	塑料编织袋通用技术要求	适用于远志棍、远志肉、远志节等的包装
麻袋	GB/T 731	黄麻布和麻袋	主要用于远志棍、远志节等的短期运输包装
瓦楞纸箱	GB/T 6543	运输包装用单瓦楞纸箱和双瓦楞纸箱	主要用于远志筒包装
气调专用袋	SB/T 11150	中药材气调养护技术规范	适用于远志筒等的包装

附 录 C

（资料性）

远志常见病虫害防治的参考方法

远志常见病虫害药剂的防治参考方法参见表 C.1。

表 C.1　远志常见病虫害的防治参考方法

病虫害名称	防治时期	推荐防治方法	安全间隔期 /d
根腐病	8—10 月	（1）雨后用甲霜·噁霉灵或者福·福锌、敌克松喷施，均按农药标签使用。 （2）同时用木霉菌粉与细土混匀后撒施于远志根际，可兼治锈病等其他真菌性疾病	7~10
锈病	5—7 月	（1）发病前喷波尔多液，按农药标签使用。 （2）发病后用粉锈宁可湿性粉剂喷雾防治，按农药标签使用	≥7
蚜虫	5—8 月	发生期喷吡虫啉可湿性粉剂、阿维菌素乳油防治，均按农药标签使用	7~10
红蜘蛛	6—8 月	阿维·哒螨灵，按农药标签使用，进行全田喷雾	
地老虎、蛴螬、金针虫等地下害虫		（1）依据农药标签每亩用辛硫磷颗粒剂，结合整地均匀施入土壤。 （2）危害期按农药标签将毒死蜱乳油喷施在麦麸、油饼上，施入土壤	

参考文献

[1] 杨春莲,付保来,武会来.远志规范化栽培技术[J].河北农业,2009(7):6-7.

[2] 王建才.吕梁市道地中药材远志栽培技术[J].中国农技推广,2018,34(10):58-59.

[3] 庞冰,郝建平,董永军,等.山西野生远志资源及其生长环境研究[J].山西农业科学,2018,46(10):1695-1698.

[4] 田洪岭,牛变花,王耀琴,等.远志栽培现状及推广前景分析[J].安徽农业科学,2016,44(15):112-113.

[5] 张洪梅.药用植物远志特性及高产栽培[J].现代农业,2009(9):10.

[6] 冯亦平,郭吉刚,王玉庆.远志保护地栽培技术研究[J].山西农业大学学报(自然科学版),2007(2):168-170.

[7] 张福生,陈彤垚,王丹丹,等.远志药材商品规格等级与品质的关联性研究进展[J].中草药,2017,48(12):2538-2547.

[8] 薛辉.远志种子繁殖实验观察[J].中国中药杂志,1989(8):15-16.

[9] 宋长水,赵云生.远志种子采集时间与方法研究[J].中国农村小康科技,2007(10):53-54.

[10] 赵云生,李占林,毛福英,等.远志种子贮存特性研究[J].中医药学刊,2006(8):1485-1486.

[11] 潘安中.不同年份的四种药用植物种子生活力的研究[D].太原:山西大学,2009.

[12] 山西大学.远志药材的抽心设备及在初加工中防控黄曲霉污染的方法:202010346273.7[P/OL].2020-07-14[2023-11-27].https://pss-system.cponline.cnipa.gov.cn/documents/detail?prevPageTit=changgui.

ICS 65.020.20
CCS C 05

团 体 标 准

T/CACM 1374.71—2021

花椒规范化生产技术规程

Code of practice for good agricultural practice of
Zanthoxyli Pericarpium

2021-10-15 发布
2021-10-15 实施

中华中医药学会　发布

目　次

前　言

本文件按照 GB/T 1.1—2020《标准化工作导则　第 1 部分:标准化文件的结构和起草规则》的规定起草。

请注意本文件中的某些内容可能涉及专利。本文件的发布机构不承担识别专利的责任。

本文件由中国医学科学院药用植物研究所和山西农业大学提出。

本文件由中华中医药学会归口。

本文件起草单位:山西农业大学、平定县生产力促进中心、山西三和农产品开发有限公司、山西省农业科学院果树研究所、山西省农业科学院园艺研究所、乡宁县林业局、乡宁县生产力促进中心、阳泉市林业科学研究所、中国医学科学院药用植物研究所、重庆市药物种植研究所。

本文件主要起草人:刘亚令、高新明、赵彦华、冯斌、张鹏飞、杨凯、续海红、杨俊强、温鹏飞、牛铁泉、梁长梅、刘圆、李朝、赵秀萍、荆明明、张海军、魏建和、王文全、王秋玲、杨小玉、辛元尧、王苗苗。

花椒规范化生产技术规程

1 范围

本文件确立了花椒的规范化生产流程,规定了花椒生产基地选址、种质、苗木繁育、种植、采收与产地初加工、包装、放行与贮运等阶段的操作要求。

本文件适用于花椒的规范化生产。

2 规范性引用文件

下列文件中的内容通过文中的规范性引用而构成本文件必不可少的条款。其中,注明日期的引用文件,仅该日期对应的版本适用于本文件。不注明日期的引用文件,其最新版本(包括所有的修改单)适用于本文件。

GB 3095 环境空气质量标准

GB 5084 农田灌溉水质标准

GB 7718 食品安全国家标准 预包装食品标签通则

GB 15618 土壤环境质量 农用地土壤污染风险管控标准(试行)

GB/T 30391 花椒

NY/T 393 绿色食品 农药使用准则

NY/T 394 绿色食品 肥料使用准则

NY/T 1276 农药安全使用规范 总则

T/CACM 1374.1—2021 中药材规范化生产技术规程通则 植物药材

3 术语和定义

T/CACM 1374.1—2021 界定的以及下列术语和定义适用于本文件。

3.1 规范化生产 good agricultural practice

按照《中药材生产质量管理规范》(简称中药材 GAP)的要求,实施药材生产,保证中药材优质安全的生产过程。

3.2 技术规程 code of practice

为实现中药材生产顺利、有序进行,保证中药材生产质量,对中药材生产的基地选址、种子种苗、种植或野生抚育、采收与产地初加工以及包装、放行与贮运等,所做的技术规定和要求,是实施中药材规范生产的核心技术要求和实施指南。

3.3 花椒 Zanthoxyli Pericarpium

芸香科植物花椒 *Zanthoxylum bungeanum* Maxim. 或青椒 *Zanthoxylum schinifolium* Sieb. et

Zucc. 的干燥成熟果皮。

4 花椒规范化生产流程图

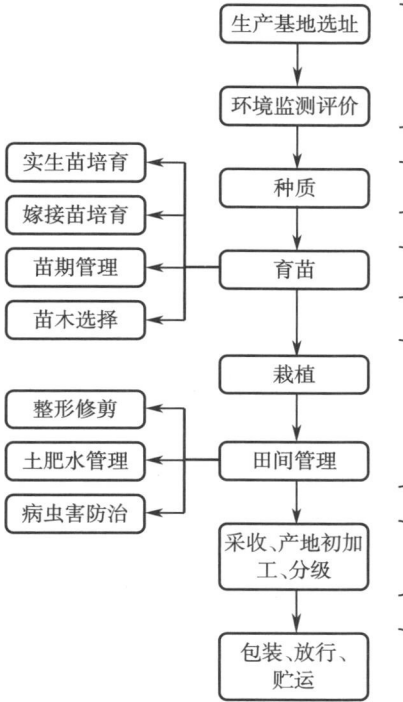

花椒规范化生产流程见图 1。

花椒规范化生产流程：

关键控制点及参数：

```
生产基地选址
    ↓
环境监测评价
    ↓
   种质
    ↓
   育苗
    ↓
   栽植
    ↓
  田间管理
    ↓
采收、产地初加
工、分级
    ↓
包装、放行、
   贮运
```

实生苗培育
嫁接苗培育
苗期管理
苗木选择 → 育苗

整形修剪
土肥水管理
病虫害防治 → 田间管理

- 主要产区包括山西、河北、陕西、山东、甘肃、四川、河南、云南、重庆等地。海拔高度 380~2 200m，年平均气温 8~16℃，降水量 500mm 左右，无霜期 180~200 天
- 选择深厚肥沃的砂壤土，土壤 pH 要求在 6.5~8.0 之间
- 适合在阳坡和半阳坡地块上生长

- 种子要采自生长健壮、无病虫害、品质优良的成年母树。要求籽粒饱满、干净、无杂质。物种须经过鉴定

- 春播的种子须进行层积处理，秋播的种子先做脱脂处理后播种育苗

- 栽植密度：1.5m×4m、2m×3m 或 2m×4m
- 整形修剪时期：一般为秋季落叶后至春季萌芽前进行
- 基肥应在秋季施入，结合土壤深翻进行
- 有条件的在萌芽前、开花后、新梢旺盛生长期、果实发育期、土壤封冻前进行灌溉
- 预防病虫害，不得使用国家禁用农药

- 果实显示其品种固有色泽时采收。花椒果实全部变红，种子完全变黑；青椒表皮呈深绿色，具有浓郁的麻香味时进行
- 晾晒或 50~60℃ 烘干

- 包装：内包装应用聚乙烯薄膜袋（厚度≥0.18mm）密封包装，外包装可用编织袋、麻袋、纸箱（盒）等
- 贮存库房要专库专用，运输过程中严禁与有毒物品混装

图 1 花椒规范化生产流程图

5 花椒规范化生产技术

5.1 生产基地选址

5.1.1 产地选择

适宜种植环境条件海拔高度 380~2 200m，年平均气温 8~16℃，降水量 500mm 左右，无霜期 180~200 天。主要适宜种植区有山西、河北、陕西、山东、甘肃、四川、河南、云南、重庆等地。

5.1.2 地块选择

选择深厚肥沃的砂壤土，土壤 pH 在 6.5~8.0 之间。山区在阳坡和半阳坡地块种植，当坡度大于 5° 时，须做好梯田等水土保持工程。

5.1.3 环境监测

基地的大气、土壤和水样品的检测应符合《中药材生产质量管理规范要求》的要求，并保证生长期间持续符合标准。空气质量应符合 GB 3095 规定的环境空气质量标准，土壤质量应符合 GB 15618 的规定,灌溉水质量应符合 GB 5084 规定的农田灌溉水质标准。

5.2 种质

5.2.1 种质选择

使用芸香科植物花椒 *Zanthoxylum bungeanum* Maxim. 或青椒 *Zanthoxylum schinifolium* Sieb. et Zucc.。只能使用其中的一种,物种须经过鉴定,一个地块只能使用一个物种,不能混种,常见品种可参考附录 A 选用。

5.2.2 种子质量

种子要采自生长健壮、无病虫害、品质优良的成年母树。必须是当年新采(秋播)或上年采收(春播)的种子,要求籽粒充分成熟,且饱满、整齐、干净、无杂质。

5.3 苗木繁育

5.3.1 实生苗培育

5.3.1.1 秋播育苗

秋播育苗适宜于冬季温暖的地区,在 10 月下旬至 11 月下旬进行。播种前浇足底水。用 2%~2.5% 的碱水对种子进行反复搓洗,直至其脱去蜡壳,失去原有光泽。采用条播播种,沟深 3~5cm,行距 20cm 左右。将种子均匀撒入沟内,上覆 2~3cm 厚的细土,轻轻镇压。在较干旱的地区,覆土后可用地膜、麦秸、杂草等覆盖。

5.3.1.2 春播育苗

春播适宜于冬季严寒或春季降雨较多、土壤湿润的地方。播种前种子须做层积处理,即在土壤封冻前将种子与相对含水量为 50% 的河沙(用量为种子的 3~5 倍)混合均匀后,置于 2~7℃ 环境中,次年土壤解冻后取出播种。播种方法同 5.3.1.1。层积期间注意定期翻动检查,控制温度,调节湿度,以防霉烂、过干或发芽。

5.3.2 嫁接苗培育

5.3.2.1 砧木选择

选择生长健壮、无病害、基径在 0.6cm 以上的实生苗作为砧木。嫁接前要抹除砧木近地面 10cm 以下的皮刺。

5.3.2.2 接穗采集

从品种纯正、生长健壮、优质丰产、无病虫害的植株上采集接穗。用作接穗的枝条应是组织充实、芽体饱满的营养枝。

5.3.2.3 芽接

选用当年生枝条,在 8 月上旬至 9 月上旬,采用"T"字形芽接、嵌芽接等方法进行。

5.3.2.4 枝接

选用一年生枝,在砧木萌芽前后,采用劈接、切接或腹接等方法进行。

5.3.3 苗期管理

5.3.3.1 实生苗管理

当幼苗长出 2~3 片真叶时及时间苗,苗高 10~12cm 时定苗,苗距保持 10cm 左右;及时灌溉、松土、除草。进入旺盛生长期时追施一次速效氮肥或复合肥,注意防治病虫害。

5.3.3.2 嫁接苗管理

嫁接成活后及时剪砧、去除绑缚、抹芽除萌。其他管理参考 5.3.3.1 进行。

5.3.4 苗木选择

要求茎干直立、粗壮,根颈粗 0.5cm 以上,苗高 80cm 以上,高矮均匀,枝梢充分木质化,根系发达,主根短而粗,侧根和须根多,顶芽饱满,无病虫害及机械损伤。

5.4 种植

5.4.1 整地

定植前对园地深翻,平整。

5.4.2 栽植

秋栽在土壤封冻前,春栽在土壤解冻后进行。株行距可选择 1.5m×4m、2m×3m 或 2m×4m。栽植沟(坑)深、宽 0.8~1.0m,将有机肥混合填入沟底,距地面 20cm 左右,放入苗木,使根颈高于地面 5cm 左右。栽后浇足定根水,并覆膜保墒。冬季严寒、早春多风地区,秋栽后必须埋土防寒。

5.4.3 整形修剪

5.4.3.1 树形

生产中常用的树形有四主枝开心形、三主枝开心形等。四主枝开心形干高 20~40cm,树高 1.5~1.8m,无中心干;主枝 4 个,开张角度 60°~70°,水平夹角 90°,与行向的夹角 45°;主枝上培养大、中、小型结果枝组。三主枝开心形干高 30~40cm,无中心干;主枝 3 个,水平夹角 120°,开张角度 45°~50°,每个主枝 2~3 个侧枝,主、侧枝上培养结果枝和结果枝组。

5.4.3.2 修剪时期

一般于秋季落叶后至春季萌芽前进行。

5.4.3.3 修剪方法

采用短剪、疏剪、回缩、拉枝等方法培养树形、更新结果枝组。幼树定植后,定干高度为 45cm 左右,剪口下预留 6~9 个饱满芽,并按树形要求进行培养,促进树冠迅速扩大,培养好树体骨架,促其早结果、早丰产。结果树以疏为主,除去病虫枝、重叠枝、旁生枝、徒长枝,使冠内通风透光。老树以更新为主,疏、截、缩、放相结合,逐年去除老枝,恢复树势。

5.4.4 土肥水管理

5.4.4.1 土壤管理

秋季采收后进行土壤深翻,深度 30~40cm。深翻时避免伤害粗度在 1cm 以上的根系。生长季要及时中耕松土、除草,深度 5~10cm。

5.4.4.2 施肥

肥料选择可参考 NY/T 394 执行。基肥以腐熟有机肥为主,在秋季施入,结合土壤深翻进行。追肥分别在萌芽前、开花后、新梢生长期、果实发育期进行。施肥量:3 年生树株施厩肥 10~20kg、硫酸铵 0.2~0.3kg、过磷酸钙 0.3~0.5kg、草木灰 1~2kg;成年大树施厩肥 20~50kg、硫酸铵 0.5~1.5kg、过磷酸钙 0.5~2kg、草木灰 3~5kg。

5.4.4.3 灌溉

分别在萌芽前、开花后、新梢旺盛生长期、果实发育期、土壤封冻前进行灌溉,使花椒根系集中分布层内的土壤湿度达到田间最大持水量的 60%~80%。

5.4.5 病虫害防治

坚持"防重于治,预防为主,综合防治,优先使用生物农药"的原则,严格检疫外购苗木。病虫害防治以物理及生物防治为基础,采用化学防治的药剂时可参考 NY/T 1276 和 NY/T 393 的规定,不使用禁限用农药(参见附录 B)。病虫害防治方法参照附录 C 进行。

5.5 采收与产地初加工

5.5.1 采收

果实显示其品种固有色泽时采收。花椒果实全部变红,果皮上的油腺凸起呈半透明状态,种子完全变黑时采收;青椒表皮呈深绿色,油胞明显突起,有浓郁的麻香味时采收。采收年限为一年一采。采收可参考 GB/T 30391 执行。

5.5.2 产地初加工

采收后,立即摊铺到清洁的场地,及时翻动至裂口、壳籽分离,再用筛子将壳籽分开,在阴凉通风处使其充分干燥后,包装贮藏。若遇阴天或晾晒场地不足时,可进行烘干,烘干温度控制在 50~60℃,到花椒含水量 11% 以下即可。在加工干燥过程中须保证场地、工具洁净,不受雨淋等。

5.5.3 分级

花椒果实分级按照附录 D 进行。

5.6 包装、放行与贮运

5.6.1 包装

包装材料应符合食品卫生要求。内包装应用聚乙烯薄膜袋(厚度≥0.18mm)密封包装,外包装可用编织袋、麻袋、纸箱(盒)等,所有包装应封口严实、牢固、完好、洁净,可参考 GB 7718 规定执行。

5.6.2 放行

应制定符合企业实际情况的放行制度,有审核、批准、生产、检验等的相关记录。不合格药材有单独处理制度。

5.6.3 贮运

贮存库房要专库专用、通风防潮,避免阳光直射,严禁与有毒、有异味的物品混贮,注意防鼠害。运输过程中注意防止暴晒、雨淋、潮湿等不良状况的发生,严禁与有毒物品混装。

附　录　A

（资料性）

常见花椒品种

A.1　大红袍

大红袍也叫狮子头、大红椒、疙瘩椒、秦椒、凤椒等。灌木或小乔木,分枝角度小,树姿半开张。果梗较小,果穗紧密,粒大而均匀,椒皮浓红色,品质上中。8月下旬至9月上旬成熟,采收期较长,属晚熟品种,丰产、稳产。该品种喜肥抗旱,但不耐水湿不耐寒,适于较温暖的气候和肥沃的土壤,是太行山区主栽品种之一。

A.2　大花椒

大红椒又称油椒、豆椒、二红袍、二性子等。大红椒树势健壮,分枝角度较大,树姿较开张。果梗较长,果穗松散,果粒较大,成熟的果实鲜红色,椒皮酱红色。8月中下旬成熟,属中熟品种,丰产性强,抗逆性较强,房前屋后地埂路旁栽植,是太行山区主栽品种之一。

A.3　小红椒

小红椒又称小红袍、米椒、小椒子、黄金椒、马尾椒等。小红椒树体较矮小,分枝角度大,树姿开张,树冠扁圆形。果梗较长,果穗较松散,果粒小,果实鲜红色,品质上乘。8月上中旬成熟,采收期短,属早熟品种,抗逆性强。现华北地区各省(区、市)都有栽培,其中以山西的晋东南地区和河北的太行山区栽培集中。

A.4　白沙椒

白沙椒又称白里椒、白沙旦。白沙椒树势健壮,分枝角度大,树姿开张。果梗较长,果穗蓬松,果实颗粒大小中等,成熟时果实淡红色,晒干后干椒皮呈褐红色,风味中上。8月中下旬成熟,属中熟品种,丰产性强,抗逆性强。

A.5　豆椒

豆椒又称白椒。豆椒树势较强,树势健壮,分枝角度大,树姿开张。果梗粗长,果穗松散,果粒较大,果实成熟时淡红色,晒干后呈暗红色,椒皮品质中等。果实9月下旬至10月中旬成熟,抗性强,产量高,在黄河流域的甘肃、山西、陕西等省均有栽培。

A.6　青花椒

茎枝有短刺,嫩枝暗紫红色,小叶纸质,对生,花序顶生,花瓣淡黄白色。分果瓣红褐色,干后变暗苍绿或褐黑色。果实9—12月成熟。在五岭以北、辽宁以南大多数省(区、市)栽培。

附　录　B

（规范性）

禁限用农药名单

B.1　禁止（停止）使用的农药（46 种）

六六六、滴滴涕、毒杀芬、二溴氯丙烷、杀虫脒、二溴乙烷、除草醚、艾氏剂、狄氏剂、汞制剂、砷类、铅类、敌枯双、氟乙酰胺、甘氟、毒鼠强、氟乙酸钠、毒鼠硅、甲胺磷、对硫磷、甲基对硫磷、久效磷、磷胺、苯线磷、地虫硫磷、甲基硫环磷、磷化钙、磷化镁、磷化锌、硫线磷、蝇毒磷、治螟磷、特丁硫磷、氯磺隆、胺苯磺隆、甲磺隆、福美胂、福美甲胂、三氯杀螨醇、林丹、硫丹、溴甲烷、氟虫胺、杀扑磷、百草枯、2,4-滴丁酯。

注：氟虫胺自 2020 年 1 月 1 日起禁止使用。百草枯可溶胶剂自 2020 年 9 月 26 日起禁止使用。2,4-滴丁酯自 2023 年 1 月 29 日起禁止使用。溴甲烷可用于"检疫熏蒸处理"。杀扑磷已无制剂登记。

B.2　部分范围禁止使用的农药（20 种）

部分范围禁止使用的农药应注意药食同源中药材及来自其他作物的中药材。部分范围禁止使用的农药见表 B.1。

表 B.1　部分范围禁止使用的农药

通用名	禁止使用范围
甲拌磷、甲基异柳磷、克百威、水胺硫磷、氧乐果、灭多威、涕灭威、灭线磷	禁止在蔬菜、瓜果、茶叶、菌类、中草药材上使用，禁止用于防治卫生害虫，禁止用于水生植物的病虫害防治
甲拌磷、甲基异柳磷、克百威	禁止在甘蔗作物上使用
内吸磷、硫环磷、氯唑磷	禁止在蔬菜、瓜果、茶叶、中草药材上使用
乙酰甲胺磷、丁硫克百威、乐果	禁止在蔬菜、瓜果、茶叶、菌类和中草药材上使用
毒死蜱、三唑磷	禁止在蔬菜上使用
丁酰肼（比久）	禁止在花生上使用
氰戊菊酯	禁止在茶叶上使用
氟虫腈	禁止在所有农作物上使用（玉米等部分旱田种子包衣除外）
氟苯虫酰胺	禁止在水稻上使用

B.3　说明

本附录的内容来自 2019 年中华人民共和国农业农村部发布的《禁限用农药名录》（http://www.zzys.moa.gov.cn/gzdt/201911/t20191129_6332604.htm）。

附　录　C
（资料性）
花椒常见病虫害防治的参考方法

C.1　干腐病

发生规律：病菌以菌丝体及繁殖体在病变组织内越冬。5月初分生孢子借雨水传播,从树木的伤口入侵。

防治方法：清除病斑,重病园可用甲基硫菌灵液喷雾,按照农药标签使用。

C.2　日灼病

发生规律：烈日高温暴晒引起的生理病害,特别是气候干旱,土壤缺水时,树体组织器官受到强光直射,使得表皮温度升高,蒸发消耗水分过多,根系无法及时补充消耗的水分,最后细胞因缺水而受到伤害死亡。

防治方法：在高温出现前喷施石灰乳液,或喷洒磷酸二氢钾溶液,浓度按照农药标签使用,可起到预防作用,减轻受害。

C.3　溃疡病

发生规律：病菌以菌丝体和分生孢子座在病斑上越冬。每年3月当气温逐渐回升转暖时开始发病,4—5月为病害发生盛期。4月上旬至5月上旬,在大型病斑中部逐渐产生分生孢子座及分生孢子,偶有枯死枝条出现。至6月树皮伤口愈合作用加强,病斑即停止扩展与蔓延。

防治方法：清除病残体,及时锯掉已枯死的病枝,将其集中焚毁。于早春或秋末对病部用多硫化钡原液喷雾,然后再用稀泥敷盖,以减少侵染源。还可用高效涂白保护剂对健康树进行涂干,以保护树体。

C.4　叶锈病

发生规律：夏孢子借风力传播,降雨天数多时,危害很容易发生,反之则轻。发病初期先从树冠下部叶片感染,以后逐渐向树冠上部扩散。

防治方法：发病初期可喷施石灰过量式波尔多液、代森锰锌液,按照农药标签使用。

C.5　花椒蚜虫

生活习性：以卵在花芽体或树皮裂缝中越冬,3月下旬至4月上旬,生出无翅胎生雌蚜,10—11月产生有性蚜虫,产卵越冬。

防治方法：在虫害高发期,可用吡虫啉溶液喷洒植株,每10天喷洒1次,连续喷洒3次,防治效果良好。药剂使用按照农药标签进行。

C.6 尺蠖

生活习性：1年1代，以蛹在土中越冬，越冬蛹羽化盛期在7月中下旬；7月下旬至8月上旬为孵化盛期，9月为化蛹盛期。

防治方法：晚秋和早春，人工刨蛹。成虫羽化盛期，设黑光灯诱杀。

附　录　D

（资料性）

花椒果实分级标准

花椒果实分级标准见表 D.1。

表 D.1　花椒果实分级标准

项目	分级			
	特级花椒	一级花椒	二级花椒	三级花椒
色泽	大红 或 鲜红、均匀、有光泽	深红或枣红、均匀、有光泽	暗红或浅红、较均匀	褐红、较均匀
滋味	麻味浓烈、持久、纯正		麻味较浓、持久、无异味	麻味尚浓、无异味
气味	香气浓郁、持久		香气较浓、纯正	具香气、尚纯正
果形特征	睁眼、粒大、均匀、油腺密而突出	睁眼、粒较大、均匀、油腺突出	绝大部分睁眼、果粒较大、油腺较突出	大部分睁眼、果粒较完整、油腺较稀而不突出
霉粒	无			
闭眼和椒籽 /%	≤3	≤5	≤9	≤15
果穗梗 /%	≤1.5	≤2	≤3	≤3
干湿度	干			
含水量 /%	≤11			
挥发油含量 /%	≥2.5			

参考文献

［1］国家药典委员会.中华人民共和国药典：2020年版一部［M］.北京：中国医药科技出版社，2020.

［2］王毅琴.坡地花椒栽培技术［J］.山西林业，2010（4）：22-23.

［3］李爱云.花椒栽植管理技术探讨［J］.农业与技术，2018，38（15）：91-92.

［4］史军.花椒栽植管理技术［J］.花卉，2017（22）：229.

［5］许庆.大力加强栽培管理 促进花椒稳产高产［J］.农业技术与装备，2012（9）：28-29.

［6］王全生.旱地花椒栽培技术［J］.农业科技与信息，2017（22）：92-93.

［7］郭洪碧.山区花椒早产丰产技术［J］.四川农业科技，2012（11）：26-27.

［8］贾广成.花椒高产栽培技术［J］.农业科技与信息，2017（22）：81-82.

［9］郝朝晖.长治市干石山区花椒园优质丰产技术［J］.中国园艺文摘，2013，29（4）：142-143.

［10］原双进，鲜宏利，郭少峰，等.陕西渭北花椒育苗关键技术研究［J］.陕西林业科技，2010（3）：19-21.

［11］杨彬，郑全会，郑云.定植密度对九叶青花椒生长和产量的影响［J］.南方农业，2016，10（1）：13-14.

［12］姜成英，李虎城，李睿.几种药剂防治花椒蚜虫药效试验［J］.甘肃林业科技，2006（2）：66-67.

［13］常国晋.花椒高产栽培及病虫害防治技术分析［J］.农业技术与装备，2015（9）：72-73.

ICS 65.020.20
CCS C 05

团 体 标 准

T/CACM 1374.72—2021

苍术规范化生产技术规程

Code of practice for good agricultural practice of Atractylodis Rhizoma

2021-10-15 发布

2021-10-15 实施

中华中医药学会   发布

目　　次

前　言

本文件按照 GB/T 1.1—2020《标准化工作导则　第 1 部分：标准化文件的结构和起草规则》的规定起草。

请注意本文件中的某些内容可能涉及专利。本文件的发布机构不承担识别专利的责任。

本文件由中国医学科学院药用植物研究所提出。

本文件由中华中医药学会归口。

本文件起草单位：中国医学科学院药用植物研究所、太极集团有限公司、中国中医科学院中药资源中心、河北省农林科学院药用植物研究中心、北京华宏康中药材种植有限公司、河北中医药大学、承德恒德本草农业科技有限公司、河北旅游职业学院、陕西师范大学、南京农业大学、内蒙古天奇药业集团有限公司、内蒙古鑫奇农业科技发展有限公司、重庆市药物种植研究所。

本文件主要起草人：魏建和、卢进、王秋玲、付昌奎、王文全、孙燕玲、胡晔、张燕、谢晓亮、叩根来、王文杰、郭欣慰、苏建、李世、王世强、朱再标、韩风雨、刘福青、杨小玉、辛元尧、王苗苗。

引　言

　　菊科苍术属植物茅苍术 *Atractylodes lancea*（Thunb.）DC. 和北苍术 *Atractylodes chinensis*（DC.）Koidz. 的干燥根茎,被历版《中华人民共和国药典》规定为药材苍术的来源。20 世纪70~80 年代由于连年超采,茅苍术野生资源已近枯竭。20 世纪 80~90 年代资源开发转移到东北地区的北苍术,经过 20 余年的开发利用,该地区野生资源也严重下降。自 2010 年起,河北、内蒙古、辽宁、吉林、山西等地的北苍术人工栽培快速发展。茅苍术历来被认为是道地药材,栽培生产自 20 世纪 90 年代就已开始,主产于湖北省,近年逐渐扩大到陕西、安徽、重庆等地。至今,两种苍术的人工生产技术趋于成熟。本标准适用于苍术按照《中药材生产质量管理规范》实施规范化生产。

苍术规范化生产技术规程

1 范围

本文件确立了苍术的规范化生产流程,规定了苍术的生产基地选址、种质与种子、种植、采收、产地初加工、包装、放行和贮运等阶段的技术要求。

本文件适用于苍术的规范化生产。

2 规范性引用文件

下列文件中的内容通过文中的规范性引用而构成本文件必不可少的条款。其中,注明日期的引用文件,仅该日期对应的版本适用于本文件;不注明日期的引用文件,其最新版本(包括所有的修改单)适用于本文件。

GB 3095　环境空气质量标准

GB 5084　农田灌溉水质标准

GB 5749　生活饮用水卫生标准

GB 15618—2018　土壤环境质量　农用地土壤污染风险管控标准(试行)

T/CACM 1374.1—2021　中药材规范化生产技术规程通则　植物药材

3 术语和定义

T/CACM 1374.1—2021 界定的以及下列术语和定义适用于本文件。

3.1 规范化生产 good agricultural practice

按照《中药材生产质量管理规范》(简称中药材 GAP)的要求,实施药材生产,保证中药材优质安全的生产过程。

3.2 技术规程 code of practice

为实现中药材生产顺利、有序进行,保证中药材生产质量,对中药材生产的基地选址、种子种苗、种植或野生抚育、采收与产地初加工,以及包装、放行与贮运等,所做的技术规定和要求,是实施中药材规范生产的核心技术要求和实施指南。

3.3 苍术 Atractylodis Rhizoma

为药材名,来源于菊科苍术属植物茅苍术 *Atractylodes lancea* (Thunb.) DC. 或北苍术 *Atractylodes chinensis* (DC.) Koidz. 的干燥根茎。

3.4 种茎 seed-stem

茅苍术或北苍术用于繁殖的多年生根状茎。

3.5 种子苗 seed seedling

茅苍术或北苍术的实生苗,是由种子经过栽种后长成的植物幼苗。

3.6 收浆 juice coagulation

对茅苍术或北苍术种茎进行切制后,断面流出汁液逐渐凝固的过程。

4 苍术规范化生产流程图

苍术的规范化生产流程见图 1。

苍术规范化生产流程:　　　　　　　　　　　关键控制点及技术参数:

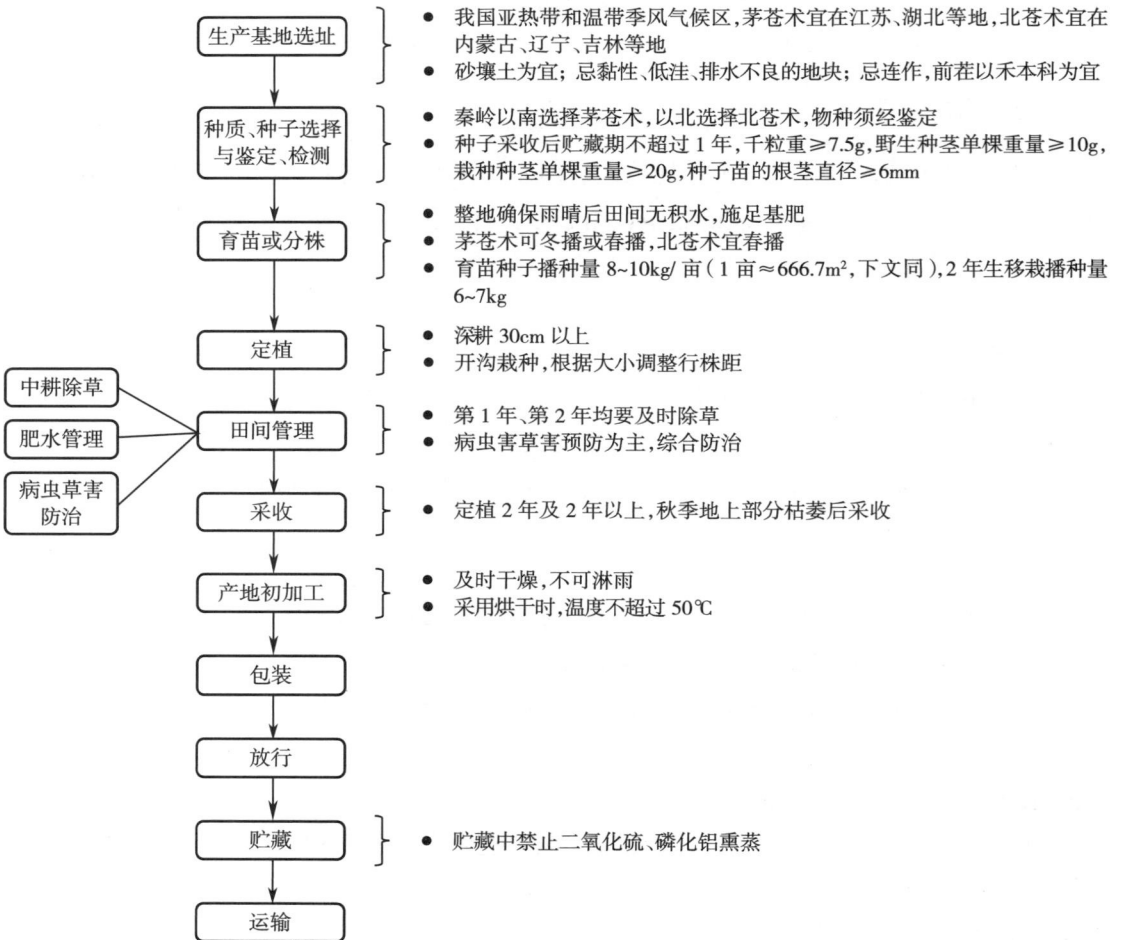

图 1　苍术规范化生产流程图

5 苍术规范化生产技术

5.1 生产基地选址

5.1.1 产地选择

茅苍术和北苍术适宜生长在亚热带和温带季风气候区,年平均降水量 200~1 400mm,最适生长温度为 15~22℃,喜光照充足、温暖、通风、凉爽、较干燥的气候,耐寒,怕高温高湿。茅苍术可种植于湖北、江苏、安徽、河南、陕西、湖南、四川等地,北苍术可种植于河北、内蒙古、辽宁、吉林、黑龙江、山东、陕西、山西、甘肃等地。

5.1.2　地块选择

茅苍术与北苍术的适应性都较强,对土壤要求不严,荒山、坡地、瘠薄土壤均可生长,但以排水良好、地下水位低、结构疏松、富含腐殖质的砂壤土较好,忌黏性、低洼、排水不良的地块;忌连作,前茬以禾本科作物为好。

5.1.3　环境评估

按照 GAP 要求,基地的大气质量应符合 GB 3095 的规定、土壤质量应符合 GB 15618—2018 的规定、水质应符合 GB 5084 的规定,并保证生长期间持续符合标准的要求。

5.2　种质与种子

5.2.1　种质选择

秦岭以南,长江流域地区使用菊科植物茅苍术 *Atractylodes lancea*(Thunb.)DC.,秦岭以北使用北苍术 *Atractylodes chinensis*(DC.)Koidz.,物种须经过鉴定。如使用农家品种或选育品种应加以明确说明。

5.2.2　种子种苗质量

茅苍术和北苍术种子均应采收后贮藏期不超过 1 年,大小均匀,饱满、干燥,无杂质,纯度≥98%,净度≥90%,千粒重≥7.5g,发芽率≥80%,含水量≤10%。两种苍术的种茎和种子苗均应健壮、无病虫害、无霉变、野生种茎单棵重量≥10g、栽种种茎单棵重量≥20g、种子苗的根茎直径≥6mm。

5.2.3　良种繁育

选择植株生长健壮、无病虫害的田块或植株采种,采收时间为每年 10—11 月,地上部分显黄,种子未散发前,将地上部分收割晾晒,至种子充分成熟后进行脱粒。脱粒后的种子应充分干燥,经风选达合格质量后放置阴凉通风处存放。

种茎来源于栽种或野生植株,应于药材采收后选用健壮、无病虫害的种茎剪或切去须根,按自然节分成小块。对分好的种茎应进行消毒处理,晾晒至断面收浆愈合,不能久晒。不能立即栽种的种茎应进行保鲜贮藏,可在阴凉处沙藏。

5.3　种植

5.3.1　育苗

茅苍术适宜 2 月下旬至 3 月春播。播种前施足基肥再整地,栽植地应根据地形作成小高垄,垄宽 60~80cm,垄高 20~25cm,沟宽 20~25cm。每亩播种量 8~10kg,2 年生移栽每亩播种量适当降低 2~3kg,可条播或撒播,条播行距 8~10cm。播后覆土,以刚好覆没种子为宜,略镇压。播种后注意保持畦面潮湿,及时除草。生长 1~2 年后秋季地上部分枯萎或春季 3 月起苗移栽,随起随栽。

北苍术育苗播种时间可根据产地气候适当调整,一般在 4—5 月之间完成。作高 15~25cm,宽 1~1.4m 的畦,排水良好的坡地可不作畦,以雨晴后田间无积水为度。播种与田间管理方法同茅苍术。起苗可在生长 1~2 年秋季地上部分枯萎后,或春季土壤解冻后,随起随栽。

5.3.2 定植

茅苍术和北苍术均可秋季或春季定植,定植前均应进行土地深耕 30cm 以上,随整地施入基肥,以有机肥为主,化学肥料为辅。农家肥应充分腐熟。整地方式同 5.3.1 育苗。两种苍术均可开行沟栽种,株距 10~20cm,行距 25~40cm,应根据种子苗或种茎的大小而定。栽种时芽头朝上,种子苗覆土 1~2cm,种茎覆土 2~3cm;无浇水地覆土可加厚 1cm。

5.3.3 田间管理

茅苍术和北苍术定植后第 1 年、第 2 年均要及时除草,如遇天气干旱,要适时灌水,雨后积水应及时排水。定植当年可在 6—7 月少量追肥 1 次,第 2 年以后,视苗情和土壤肥力追施,春季施有机肥,7—8 月施复合肥。每年秋季地上部分干枯后,应及时割除,并清除干净地上的枯枝落叶。

禁止使用壮根灵、膨大素等生长调节剂用于增大苍术根茎。

5.3.4 病虫害草害等防治

常见病害有根腐病、白绢病、黑斑病、立枯病等,虫害主要为蚜虫和蛴螬。

应采用预防为主、综合防治的方法:轮作 3 年以上土地才能再种植;有机肥必须充分腐熟;选用无病害感染的优质种子苗或种茎,禁用带病苗;及时清沟排水;发现病株及时拔除,集中销毁,可用石灰等进行局部消毒;每年秋冬季及时清园。

采用化学防治时,应当符合国家有关规定;优先选用高效、低毒的农药;尽量避免使用除草剂、杀虫剂和杀菌剂等化学农药;不使用国家禁限用农药,禁限用农药名单应符合附录 A 的规定。

如必须使用化学农药时,在符合国家相关规定的前提下。具体防治参考方法见附录 B。

5.4 采收

定植后生长 2 年及 2 年以上才能采收,秋季地上部分枯萎后才能采挖。完整挖出根部,抖去泥土,去除残茎,挑除病根。

5.5 产地初加工

采收后应立即晒干或烘干。如采用烘干,温度不应超过 50℃。干燥过程中分多次撞去须根和泥沙,至表皮呈黄褐色,含水量 <13%。

加工干燥过程保证场地、工具洁净,不受雨淋等。加工水应符合 GB 5749 的规定。

5.6 包装、放行和贮运

5.6.1 包装

包装前应对每批药材按照相应标准进行质量检验。符合标准的药材,采用不影响质量的编织袋、麻袋等包装,禁止采用包装过肥料、农药等的包装袋包装。包装外贴或挂标签、合格证,标识牌内容应有药材名、基源、产地、批号、规格、重量、采收日期、企业名称等,并有追溯码。

5.6.2 放行

应制定符合企业实际情况的放行制度,有审核批生产、检验等的相关记录。不合格药材有单独处理制度。

5.6.3　贮运

应贮存于阴凉干燥处,定期检查,防止虫蛀、霉变、腐烂、泛油等的发生。仓库控制温度在 20℃ 以下、相对湿度 65% 以下;不同批次等级药材分区存放;建有定期检查制度。禁止磷化铝和二氧化硫熏蒸。也可采用现代气调贮藏方法,包装或库内充氮或二氧化碳。

运输应防止发生混淆、污染、异物混入、包装破损、雨雪淋湿等。

附　录　A

（规范性）

禁限用农药名单

A.1　禁止（停止）使用的农药（46种）

六六六、滴滴涕、毒杀芬、二溴氯丙烷、杀虫脒、二溴乙烷、除草醚、艾氏剂、狄氏剂、汞制剂、砷类、铅类、敌枯双、氟乙酰胺、甘氟、毒鼠强、氟乙酸钠、毒鼠硅、甲胺磷、对硫磷、甲基对硫磷、久效磷、磷胺、苯线磷、地虫硫磷、甲基硫环磷、磷化钙、磷化镁、磷化锌、硫线磷、蝇毒磷、治螟磷、特丁硫磷、氯磺隆、胺苯磺隆、甲磺隆、福美胂、福美甲胂、三氯杀螨醇、林丹、硫丹、溴甲烷、氟虫胺、杀扑磷、百草枯、2,4-滴丁酯。

注：氟虫胺自2020年1月1日起禁止使用。百草枯可溶胶剂自2020年9月26日起禁止使用。2,4-滴丁酯自2023年1月29日起禁止使用。溴甲烷可用于"检疫熏蒸处理"。杀扑磷已无制剂登记。

A.2　部分范围禁止使用的农药（20种）

部分范围禁止使用的农药应注意药食同源中药材及来自其他作物的中药材。部分范围禁止使用的农药见表A.1。

表A.1　部分范围禁止使用的农药

通用名	禁止使用范围
甲拌磷、甲基异柳磷、克百威、水胺硫磷、氧乐果、灭多威、涕灭威、灭线磷	禁止在蔬菜、瓜果、茶叶、菌类、中草药材上使用，禁止用于防治卫生害虫，禁止用于水生植物的病虫害防治
甲拌磷、甲基异柳磷、克百威	禁止在甘蔗作物上使用
内吸磷、硫环磷、氯唑磷	禁止在蔬菜、瓜果、茶叶、中草药材上使用
乙酰甲胺磷、丁硫克百威、乐果	禁止在蔬菜、瓜果、茶叶、菌类和中草药材上使用
毒死蜱、三唑磷	禁止在蔬菜上使用
丁酰肼（比久）	禁止在花生上使用
氰戊菊酯	禁止在茶叶上使用
氟虫腈	禁止在所有农作物上使用（玉米等部分旱田种子包衣除外）
氟苯虫酰胺	禁止在水稻上使用

A.3　有关说明

本附录来自2019年中华人民共和国农业农村部官方发布的《禁限用农药名录》（http://www.zzys.moa.gov.cn/gzdt/201911/t20191129_6332604.htm）。

附 录 B

（资料性）

苍术常见病虫害药剂防治的参考方法

苍术常见病虫害药剂防治的参考方法见表 B.1。

表 B.1　苍术常见病虫害药剂防治的参考方法

病虫害名称	防治时期	推荐防治方法	安全间隔期 /d
根腐病	发病初期	多菌灵可湿性粉剂灌根	≥10
		甲基硫菌灵灌根	≥10
		苯醚甲环唑水分散粒剂喷施	≥10
白绢病	发病初期	代森锰锌可湿性粉剂喷施	≥15
		粉锈宁可湿性粉剂灌根	≥20
立枯病	发病初期	10 亿芽孢 /g 枯草芽孢杆菌可湿性粉剂喷施	≥10
		甲霜·噁霉灵水剂灌根	≥15
		异菌脲可湿性粉剂喷雾	≥15
黑斑病	发病初期	代森锰锌可湿性粉剂喷施	≥15
		多菌灵可湿性粉剂喷施	≥10
蚜虫	开始发生时	吡虫啉可湿性粉剂喷施	≥20
		啶虫脒可湿性粉剂喷雾	≥20

参考文献

[1] 中药材种子种苗质量标准 北苍术：DB 13/T 2692—2018［S/OL］.［2023-11-29］. https：//std.samr.gov.cn/db/search/stdDBDetailed?id=91D99E4D86AD2E24E05397BE0A0A3A10.

[2] 中药材 茅苍术种子种苗质量检验规程：DB 42/T 1077—2015［S/OL］.［2023-11-29］. https：//std.samr.gov.cn/db/search/stdDBDetailed?id=91D99E4D375C2E24E05397BE0A0A3A10.

[3] 王铁霖，郭兰萍，张燕，等. 苍术常见病害的病原、发病规律及综合防治［J］. 中国中药杂志，2016，41（13）：2411-2415.

[4] 么历，程慧珍，杨智. 中药材规范化种植（养殖）技术指南［M］. 北京：中国农业出版社，2006：563-571.

ICS 65.020.20
CCS C 05

团 体 标 准

T/CACM 1374.73—2021

杜仲规范化生产技术规程

Code of practice for good agricultural practice of Eucommiae Cortex

2021-10-15 发布 2021-10-15 实施

中华中医药学会 发布

目　次

前　言

本文件按照 GB/T 1.1—2020《标准化工作导则　第 1 部分：标准化文件的结构和起草规则》的规定起草。

请注意本文件中的某些内容可能涉及专利。本文件的发布机构不承担识别专利的责任。

本文件由中国医学科学院药用植物研究所提出。

本文件由中华中医药学会归口。

本文件起草单位：湖北省农业科学院中药材研究所、中国医学科学院药用植物研究所、湖南省农业环境生态研究所、恩施冬升植物开发有限责任公司、重庆市药物种植研究所。

本文件主要起草人：张美德、林先明、魏建和、朱校奇、游景茂、黄升、王文全、王秋玲、杨小玉、辛元尧、王苗苗。

杜仲规范化生产技术规程

1 范围

本文件确立了杜仲的规范化生产流程,规定了杜仲生产基地选址、种质、种苗繁育、种植、采收、产地初加工、包装、放行和贮运等阶段的操作要求。

本文件适用于杜仲的规范化生产。

2 规范性引用文件

下列文件的内容通过文中的规范性引用而构成本文件必不可少的条款。其中,注明日期的引用文件,仅该日期对应的版本适用于本文件;不注明日期的引用文件,其最新版本(包括所有的修改单)适用于本文件。

GB 3095　环境空气质量标准

GB/T 3543　农作物种子检验规程

GB 5084　农田灌溉水质标准

GB 15618　土壤环境质量　农用地土壤污染风险管控标准(试行)

GB/T 24305　杜仲产品质量等级

T/CACM 1374.1—2021　中药材规范化生产技术规程通则　植物药材

3 术语和定义

T/CACM 1374.1—2021 界定的以及下列术语和定义适用于本文件。

3.1　规范化生产　good agricultural practice

按照《中药材生产质量管理规范》(简称中药材 GAP)的要求,实施药材生产,保证中药材优质安全的生产过程。

3.2　技术规程　code of practice

为实现中药材生产顺利、有序进行,保证中药材生产质量,对中药材生产的基地选址、种子种苗、种植或野生抚育、采收与产地初加工以及包装、放行与贮运等,所做的技术规定和要求,是实施中药材规范生产的核心技术要求和实施指南。

3.3　杜仲　Eucommiae Cortex

杜仲科植物杜仲 *Eucommia ulmoides* Oliv. 的干燥树皮。

3.4　发汗　sweat

在加工过程中堆置"发汗",至杜仲内皮呈紫褐色。

4 杜仲规范化生产流程图

杜仲规范化生产流程见图1。

杜仲规范化生产流程:　　　　　　　　关键控制点及参数:

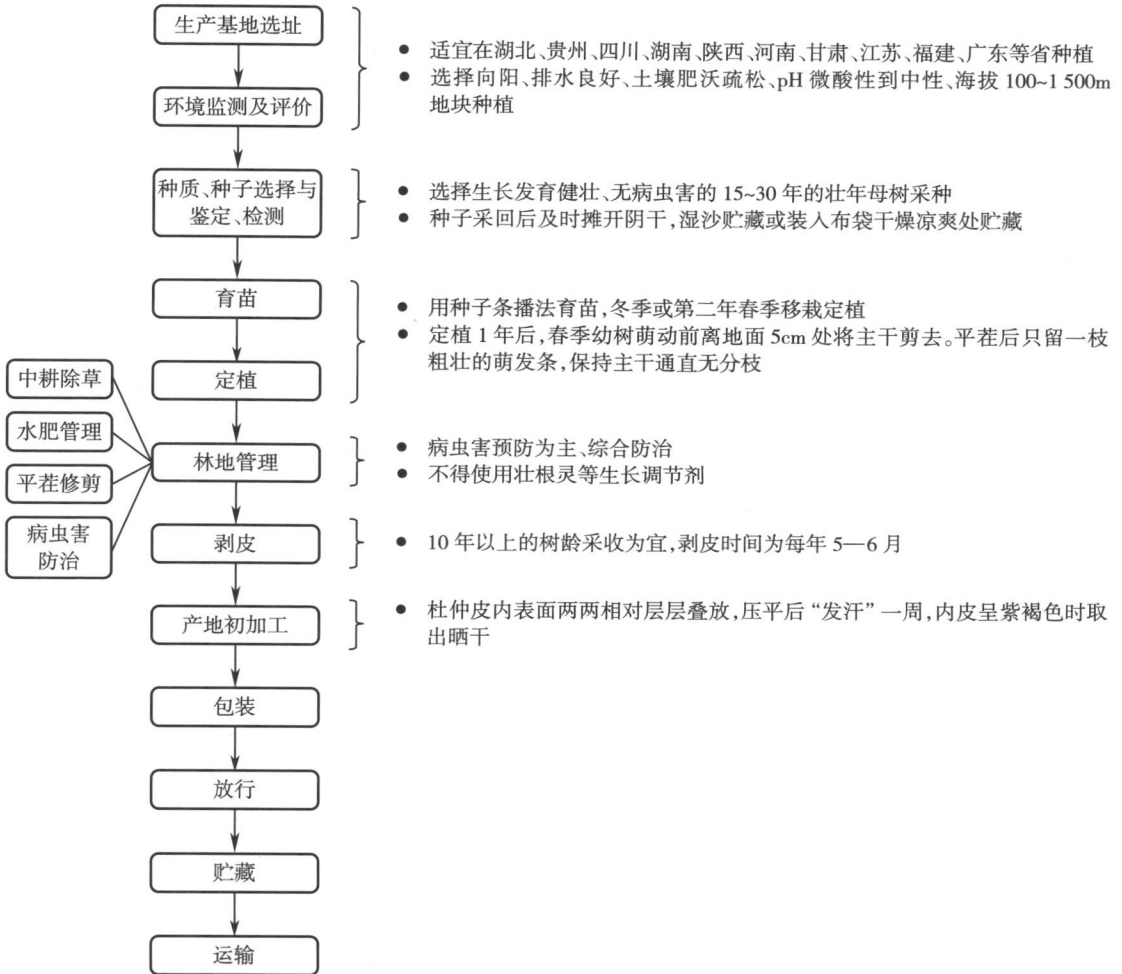

```
        ┌─────────────┐
        │  生产基地选址  │──┐
        └─────────────┘  │  ● 适宜在湖北、贵州、四川、湖南、陕西、河南、甘肃、江苏、福建、广东等省种植
              ↓          ├  ● 选择向阳、排水良好、土壤肥沃疏松、pH微酸性到中性、海拔100~1 500m
        ┌─────────────┐  │     地块种植
        │  环境监测及评价 │──┘
        └─────────────┘
              ↓
        ┌─────────────┐
        │ 种质、种子选择与 │──┐  ● 选择生长发育健壮、无病虫害的15~30年的壮年母树采种
        │   鉴定、检测   │  ├  ● 种子采回后及时摊开阴干,湿沙贮藏或装入布袋干燥凉爽处贮藏
        └─────────────┘──┘
              ↓
        ┌─────────────┐
        │    育苗     │──┐  ● 用种子条播法育苗,冬季或第二年春季移栽定植
        └─────────────┘  ├  ● 定植1年后,春季幼树萌动前离地面5cm处将主干剪去。平茬后只留一枝
              ↓          │     粗壮的萌发条,保持主干通直无分枝
        ┌─────────────┐  │
        │    定植     │──┘
        └─────────────┘
```

┌──────────┐
│ 中耕除草 │
└──────────┘
┌──────────┐
│ 水肥管理 │
└──────────┘   ┌─────────────┐
┌──────────┐ →→→   │   林地管理   │──┐ ● 病虫害预防为主、综合防治
│ 平茬修剪 │   └─────────────┘ ├ ● 不得使用壮根灵等生长调节剂
└──────────┘   ↓   ─┘
┌──────────┐   ┌─────────────┐
│ 病虫害   │   │   剥皮   │──┐ ● 10年以上的树龄采收为宜,剥皮时间为每年5—6月
│   防治   │   └─────────────┘ ─┘
└──────────┘   ↓
                    ┌─────────────┐
                    │ 产地初加工   │──┐ ● 杜仲皮内表面两两相对层层叠放,压平后"发汗"一周,内皮呈紫褐色时取
                    └─────────────┘ ─┘   出晒干
                         ↓
                    ┌─────────────┐
                    │   包装   │
                    └─────────────┘
                         ↓
                    ┌─────────────┐
                    │   放行   │
                    └─────────────┘
                         ↓
                    ┌─────────────┐
                    │   贮藏   │
                    └─────────────┘
                         ↓
                    ┌─────────────┐
                    │   运输   │
                    └─────────────┘

图1　杜仲规范化生产流程图

5 杜仲规范化生产技术

5.1 生产基地选址

5.1.1 产地选择

适宜种植在北纬25°~35°,东经104°~119°的区域,即湖北、贵州、四川、湖南、陕西、河南、甘肃、江苏、福建、广东等地,尤以贵州遵义、正安、湄潭、息烽、安顺、惠水、习水、仁怀,四川广元、青川、平武、旺苍、通江、万源,重庆巫溪,湖北兴山、鹤峰、郧西、荆门、来凤、恩施,陕西略阳、宁强、镇坪,湖南慈利、桑植等地最为适宜。

5.1.2 地块选择

种植地宜选择向阳、排水良好、土壤肥沃疏松、pH 微酸性到中性、海拔 800~1 200m 地块。育苗地应选地势平坦、光照充足、排水及灌溉方便地块,富含有机质的壤土或砂壤土。

5.1.3 环境条件

生产基地的空气质量应符合 GB 3095 规定的环境空气质量标准,灌溉水质量应符合 GB 5084 规定的农田灌溉水质标准,土壤质量应符合 GB 15618 的规定。

5.2 种质与种子

5.2.1 种质选择

使用杜仲科植物杜仲 *Eucommia ulmoides* Oliv. 为物种来源,其物种须经过鉴定。如使用农家品种或选育品种应加以明确。

5.2.2 种子质量

应使用当年采收成熟种子,千粒重大于 41.6g,按照 GB/T 3543 规定进行种子检验。

5.2.3 种子生产

选择生长发育健壮、无病虫害、15~30 年、未剥过皮的雌株留种。当果皮呈淡褐色时采集种子,薄摊于阴凉通风处晾干后贮藏。

5.3 种子繁育

5.3.1 整地

除去地上杂草和石块,耙细整平表土,依地势和排水条件开厢,厢宽 1.2~1.5m。厢间开沟,沟深 15~20cm,沟宽 20~25cm,土地四周挖排水沟,沟深 20~25cm。

5.3.2 育苗

杜仲以种子育苗为主。采用条播法春播或秋冬播种,行距 20~30cm,沟深 2~3cm(长江以南)或 3~5cm(长江以北),覆细土 1~2cm。每亩(1 亩 ≈ 666.7m^2,下文同)播种量 6~8kg。当苗长出 3~5 片真叶时间苗,留强去弱。

5.4 种植

5.4.1 定植

在当年冬季或翌年春季萌芽前移栽定植。按行株距 200cm×300cm 挖穴,穴规格 60cm×60cm×50cm,穴中施农家肥或三元复合肥,定植树苗保持根须舒展,覆土后浇足定根水。

5.4.2 林地管理

(1)中耕除草:每年春夏季杂草生长期,中耕松土除草各一次。

(2)肥水管理:幼林期每年春夏季中耕除草后,根据当地土质肥力情况,酌情追施农家肥或三元复合肥(约 100g 每株)。多雨天气清沟排水,干旱天气及时浇水。

(3)平茬修剪:定植 1 年后,春季幼树萌动前将主干剪去,平茬部位离地面 5cm。平茬后只留一枝粗壮的萌发条,保持主干通直无分枝。幼树未能及时抹芽而长成过多、过低侧枝时,主干 2m 以下的小侧枝须从基部剪除。

5.4.3 病虫害草害防治

杜仲常见病虫害有叶枯病、角斑病、根腐病、小地老虎等。

应采用预防为主、综合防治的方法：有机肥必须充分腐熟；选用无病害感染、无机械损伤的优质种苗，禁用带病苗；及时清沟排水；发现病株及时拔除，集中销毁，每穴撒入生石灰200~300g，进行局部消毒；每年秋冬季及时清园。

采用化学防治时，应当符合国家有关规定；优先选用高效、低毒的生物农药；尽量避免使用除草剂、杀虫剂和杀菌剂等化学农药；不使用禁限用农药。

5.5 采收与初加工

5.5.1 采收

选择 10 年以上的树龄采收为宜，剥皮时间为 5—6 月，树皮应按规格分段、分类，可参照GB/T 24305 规定执行。

5.5.2 初加工

新采下的杜仲皮用开水烫后，将树皮内表面两两相对、层层叠放，盖上稻草或薄膜，用木板压平，经 6~7 天"发汗"后，内表面紫褐色时取出晒干，再剥除粗糙的外表皮，即成商品。

5.6 包装、放行、贮运

5.6.1 包装

包装前应对每批药材按照国家标准进行质量检验。符合国家标准的药材，按不同等级分类打捆成件，用不影响质量的编织袋等包装，禁止采用包装过肥料、农药等的包装袋包装。包装外贴或挂标签、合格证，标识牌内容应有药材名、基源、产地、批号、规格、重量、采收日期、企业名称等，并有追溯码。

5.6.2 放行

应制定符合企业实际情况的放行制度，有审核批生产、检验等的相关记录。不合格药材有单独处理制度。

5.6.3 贮运

应贮存于阴凉干燥处，定期检查，防止虫蛀、霉变、腐烂、泛油等的发生。仓库控制温度在 20℃以下、相对湿度 75% 以下；不同批次等级药材分区存放；建有定期检查制度。禁止磷化铝和二氧化硫熏蒸。也可采用现代气调贮藏方法，包装或库内充氮或二氧化碳。

运输应防止发生混淆、污染、异物混入、包装破损、雨雪淋湿等。

附　录　A

（资料性）

杜仲常见病虫害药剂防治的参考方法

杜仲常见病虫害药剂防治的参考方法见表 A.1。

表 A.1　杜仲常见病虫害药剂防治的参考方法

病虫害名称	病虫害种类	发生条件与传播途径	推荐防治方法
叶枯病	壳针孢属 *Septoria* sp.	以菌丝体和分生孢子器在病残体上越冬。栽培管理粗放、通风透光条件差、树势生长衰弱时易发生	苯醚甲环唑喷施,按照农药标签使用;咪鲜胺喷施,按照农药标签使用
角斑病	尾孢属 *Cercospora* sp.	子囊孢子越冬,为翌年的初次侵染源。每年 7—8 月发病较重	喷施波尔多液,按照农药标签使用
根腐病	主要为镰刀菌 *Fusarium* sp.	低温多湿、高温干燥、土壤黏重等条件易发生	氟啶胺喷施,按照农药标签使用;异菌脲喷施,按照农药标签使用
小地老虎	*Agrotis ypsilon* Rottemberg	危害幼苗的根或茎	高效氯氰菊酯喷淋,按照农药标签使用;噻虫胺喷淋,按照农药标签使用

附 录 B

（规范性）

禁限用农药名单

B.1 禁止（停止）使用的农药（46种）

六六六、滴滴涕、毒杀芬、二溴氯丙烷、杀虫脒、二溴乙烷、除草醚、艾氏剂、狄氏剂、汞制剂、砷类、铅类、敌枯双、氟乙酰胺、甘氟、毒鼠强、氟乙酸钠、毒鼠硅、甲胺磷、对硫磷、甲基对硫磷、久效磷、磷胺、苯线磷、地虫硫磷、甲基硫环磷、磷化钙、磷化镁、磷化锌、硫线磷、蝇毒磷、治螟磷、特丁硫磷、氯磺隆、胺苯磺隆、甲磺隆、福美胂、福美甲胂、三氯杀螨醇、林丹、硫丹、溴甲烷、氟虫胺、杀扑磷、百草枯、2,4-滴丁酯。

注：氟虫胺自2020年1月1日起禁止使用。百草枯可溶胶剂自2020年9月26日起禁止使用。2,4-滴丁酯自2023年1月29日起禁止使用。溴甲烷可用于"检疫熏蒸处理"。杀扑磷已无制剂登记。

B.2 部分范围禁止使用的农药（20种）

部分范围禁止使用的农药应注意药食同源中药材及来自其他作物的中药材。部分范围禁止使用的农药见表B.1。

表 B.1 部分范围禁止使用的农药

通用名	禁止使用范围
甲拌磷、甲基异柳磷、克百威、水胺硫磷、氧乐果、灭多威、涕灭威、灭线磷	禁止在蔬菜、瓜果、茶叶、菌类、中草药材上使用,禁止用于防治卫生害虫,禁止用于水生植物的病虫害防治
甲拌磷、甲基异柳磷、克百威	禁止在甘蔗作物上使用
内吸磷、硫环磷、氯唑磷	禁止在蔬菜、瓜果、茶叶、中草药材上使用
乙酰甲胺磷、丁硫克百威、乐果	禁止在蔬菜、瓜果、茶叶、菌类和中草药材上使用
毒死蜱、三唑磷	禁止在蔬菜上使用
丁酰肼（比久）	禁止在花生上使用
氰戊菊酯	禁止在茶叶上使用
氟虫腈	禁止在所有农作物上使用（玉米等部分旱田种子包衣除外）
氟苯虫酰胺	禁止在水稻上使用

B.3 说明

本附录的内容来自2019年中华人民共和国农业农村部发布的《禁限用农药名录》（http://www.zzys.moa.gov.cn/gzdt/201911/t20191129_6332604.htm）。

参考文献

[1] 国家药典委员会.中华人民共和国药典:2020年版一部[M].北京:中国医药科技出版社,2020.

[2] 何方,张康健,王承南,等.杜仲产区的划分[J].经济林研究,2010,28(2):86-87.

[3] 彭秀梅,田启建,李于飞.杜仲的生物特性、经济价值及其栽培管理技术[J].吉首大学学报(社会科学版),2015,36(S2):130-131.

[4] 于靖.杜仲种质资源及其果实质量评价[D].咸阳:西北农林科技大学,2016.

[5] 孙志强,杜红岩,李芳东.杜仲集约化栽培潜在的病虫灾害及其应对策略[J].经济林研究,2011,29(4):70-76.

[6] 杜红岩,张昭,杜兰英,等.杜仲皮内杜仲胶形成积累的规律[J].中南林学院学报,2004(4):11-16.

[7] 杜红岩,杜兰英,谢碧霞,等.杜仲叶内杜仲胶的形成积累规律[J].中南林学院学报,2006(2):1-6.

[8] 曾令祥.杜仲主要病虫害及防治技术[J].贵州农业科学,2004(3):75-77.

[9] 贾玉珍,陈林武,杨远亮,等.四川省杜仲有害生物调查及主要种类危害特点[J].四川林业科技,2018,39(5):93-95.

[10] 林坚,郑光华,张庆昌.杜仲种子贮藏方法和活力监测的研究[J].种子,1990(1):9-11.

[11] 林坚,郑光华,张庆昌.杜仲种子休眠原因及发芽特性的研究[J].种子,1989(2):8-10.

[12] 宁华,漆阳阳.杜仲种子生命力与萌发率的快速测定[J].湖北第二师范学院学报,2009,26(8):44-46.

[13] 程娜,王鸿,彭少兵,等.剥皮处理对杜仲树干生长及叶片内3种保护酶活性的影响[J].植物资源与环境学报,2009,18(1):61-66.

[14] 王丽楠,李伟,覃洁萍,等.不同采收期杜仲不同部位主要有效成分的动态研究[J].中国药业,2009,18(18):29-31.

[15] 杜红岩,杜兰英,李福海,等.不同产地杜仲树皮含胶特性的变异规律[J].林业科学,2004(5):186-190.

[16] 陈竹君,何景峰,唐德瑞,等.杜仲树体矿质元素分布特点与需肥规律[J].西北林学院学报,2004(3):15-17.

[17] 杨全,孟平,李俊清,等.土壤水分胁迫对杜仲叶片光合及水分利用特征的影响[J].中国农业气象,2010,31(1):48-52.

[18] 王丽楠,杨美华.中药杜仲的研究进展[J].天然产物研究与开发,2008,20(B05):146-155.

[19] 林坚,郑光华,程红焱.超干贮藏杜仲种子的研究[J].植物学通报,1996(S1):60-64.

[20] 刘圣金,吴德康,狄留庆,等.杜仲不同加工方法对其质量的影响[J].中国中医药信息杂志,2007(12):39-40.

ICS 65.020.20
CCS C 05

团 体 标 准

T/CACM 1374.74—2021

两面针规范化生产技术规程

Code of practice for good agricultural practice of Zanthoxyli Radix

2021-10-15 发布

2021-10-15 实施

中华中医药学会 发布

目　次

前　言

本文件按照 GB/T 1.1—2020《标准化工作导则　第 1 部分：标准化文件的结构和起草规则》的规定起草。

请注意本文件中的某些内容可能涉及专利。本文件的发布机构不承担识别专利的责任。

本文件由中国医学科学院药用植物研究所和华润三九医药股份有限公司提出。

本文件由中华中医药学会归口。

本文件起草单位：华润三九医药股份有限公司、广西壮族自治区药用植物园、广东银田农业科技有限公司、云浮市南领药业有限公司、中国医学科学院药用植物研究所、重庆市药物种植研究所。

本文件主要起草人：刘晖晖、韩正洲、张洪胜、马庆、曾烨、魏伟锋、王信宏、李明辉、黄煜权、谢文波、张赟、许雷、魏民、李建领、池莲锋、黄宝优、余丽莹、张占江、黄雪彦、谢灿基、李龙明、郑立权、魏建和、王文全、王秋玲、杨小玉、辛元尧、王苗苗。

两面针规范化生产技术规程

1 范围

本文件确立了两面针的规范化生产流程,规定了两面针生产基地选址、种质与种子、种苗繁育、种植、采收与初加工、包装、放行、贮藏和运输等阶段的技术要求。

本文件适用于两面针的规范化生产。

2 规范性引用文件

下列文件的内容通过文中的规范性引用而构成本文件必不可少的条款。其中,注明日期的引用文件,仅该日期对应的版本适用于本文件;不注明日期的引用文件,其最新版本(包括所有的修改单)适用于本文件。

GB 3095 环境空气质量标准

GB 5084 农田灌溉水质标准

GB 5749 生活饮用水卫生标准

GB 15618 土壤环境质量 农用地土壤污染风险管控标准(试行)

NY/T 496—2010 肥料合理使用准则 通则

NY/T 1276—2007 农药安全使用规范 总则

T/CACM 1374.1—2021 中药材规范化生产技术规程通则 植物药材

《中华人民共和国药典》

3 术语和定义

T/CACM 1374.1—2021 界定的以及下列术语和定义适用于本文件。

3.1 规范化生产 good agricultural practice

按照《中药材生产质量管理规范》(简称中药材 GAP)的要求,实施药材生产,保证中药材优质安全的生产过程。

3.2 技术规程 code of practice

为实现中药材生产顺利、有序进行,保证中药材生产质量,对中药材生产的基地选址、种子种苗、种植或野生抚育、采收与产地初加工以及包装、放行与贮运等,所做的技术规定和要求,是实施中药材规范生产的核心技术要求和实施指南。

3.3 两面针 Zanthoxyli Radix

芸香科植物两面针 *Zanthoxylum nitidum*(Roxb.)DC. 的干燥根。

4 两面针规范化生产流程图

两面针规范化生产流程见图 1。

两面针规范化生产流程:

关键控制点及参数:

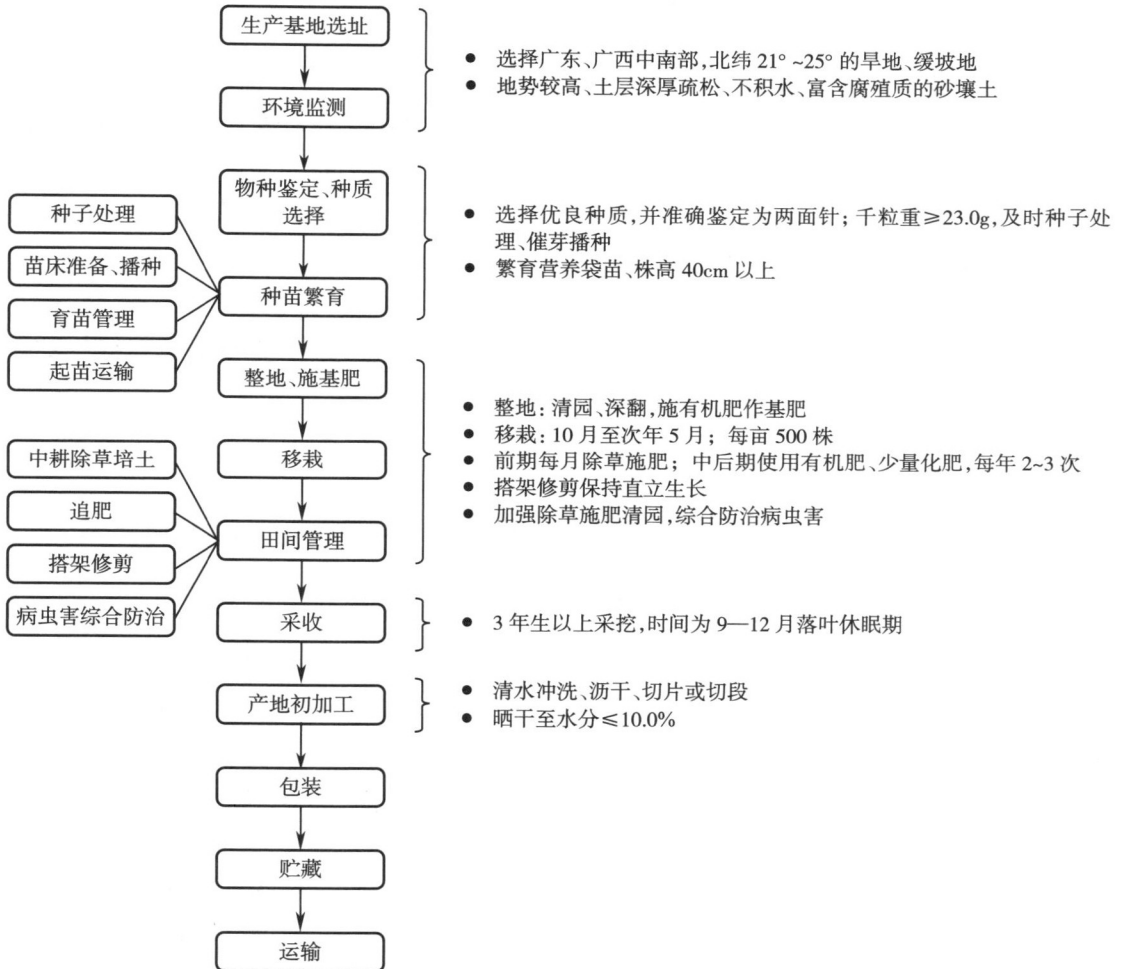

```
┌─────────────┐
│  生产基地选址  │──┐
└─────────────┘  │
      ↓          ├─  • 选择广东、广西中南部,北纬 21°~25° 的旱地、缓坡地
┌─────────────┐  │   • 地势较高、土层深厚疏松、不积水、富含腐殖质的砂壤土
│   环境监测    │──┘
└─────────────┘
      ↓
┌─────────────┐
│ 物种鉴定、种质 │──┐
│     选择     │  │
└─────────────┘  ├─  • 选择优良种质,并准确鉴定为两面针;千粒重≥23.0g,及时种子处
      ↓          │     理、催芽播种
┌─────────────┐  │   • 繁育营养袋苗,株高 40cm 以上
│   种苗繁育    │──┘
└─────────────┘
      ↓
┌─────────────┐
│  整地、施基肥  │──┐
└─────────────┘  │
      ↓          │   • 整地:清园、深翻,施有机肥作基肥
┌─────────────┐  │   • 移栽:10 月至次年 5 月;每亩 500 株
│    移栽      │──┤   • 前期每月除草施肥;中后期使用有机肥、少量化肥,每年 2~3 次
└─────────────┘  │   • 搭架修剪保持直立生长
      ↓          │   • 加强除草施肥清园,综合防治病虫害
┌─────────────┐  │
│   田间管理    │──┘
└─────────────┘
      ↓
┌─────────────┐
│    采收      │──── • 3 年生以上采挖,时间为 9—12 月落叶休眠期
└─────────────┘
      ↓
┌─────────────┐
│  产地初加工   │──┐  • 清水冲洗、沥干、切片或切段
└─────────────┘  └─  • 晒干至水分≤10.0%
      ↓
┌─────────────┐
│    包装      │
└─────────────┘
      ↓
┌─────────────┐
│    贮藏      │
└─────────────┘
      ↓
┌─────────────┐
│    运输      │
└─────────────┘
```

左侧分支:
- 种子处理
- 苗床准备、播种
- 育苗管理
- 起苗运输
（连接至 种苗繁育）

- 中耕除草培土
- 追肥
- 搭架修剪
- 病虫害综合防治
（连接至 田间管理）

图 1 两面针规范化生产流程图

5 两面针规范化生产技术

5.1 生产基地选址

5.1.1 产地选择

适宜选址于广东、广西的中南部,位于北纬 21°~25°,东经 106°~112°,海拔 50~400m,以及周边与广东、广西接壤的地区。

5.1.2 地块选择

种植地要求光照充足、温度较高,无连续 0℃以下低温天气,无霜冻或轻霜。宜选地势较高的旱地、坡地;土层疏松深厚,不积水,排水和透气性能良好,pH 5.5~7.0,富含腐殖质的壤土为宜。

5.1.3 环境条件

生产基地的空气质量应符合 GB 3095 规定的环境空气质量标准,灌溉水质量应符合 GB 5084 规定的农田灌溉水质标准,土壤质量应符合 GB 15618 的规定。

5.2 种质与种子

5.2.1 种质选择

使用芸香科花椒属植物两面针 *Zanthoxylum nitidum*(Roxb.)DC.,物种应经过鉴定,并且明确种质来源。

5.2.2 种子质量

采自优良母株,当年采摘,完全成熟,千粒重≥23g。

5.2.3 良种繁育

可建立良种繁育基地,繁育种子用于生产基地建设。于 9—10 月果实转变为红色完全成熟时采收,果实自然阴干,脱壳、净选,置于室内或冷库暂存。

5.3 种苗繁育

5.3.1 种子处理

种子可采后直播,亦可沙藏催芽后播种。沙藏时按照种子与河沙 1∶3 的比例充分混合,置室内阴凉处,待部分种子萌发后即可播种。

5.3.2 苗床准备、播种

播种时间为 9 月至次年 2 月,可选择在温室大棚内,用泥炭土等育苗基质制作苗床。播种量为纯种子每平方米 100~200g,保温保湿。

5.3.3 育苗管理

出苗后适当降低苗床水分,保持温度 20~30℃,根据幼苗长势适当追施肥料。待苗高 10cm 时,可将小苗移栽至营养杯,培育容器苗。

苗期施肥须采取勤施薄施的原则,可每月淋施液体肥 2~3 次,以大量元素水溶肥为主,适当添加生物菌肥、微量元素等,浓度 0.1%~0.3%。

种苗生长至株高 40cm、直径 0.3cm 即达到合格标准,适合移栽大田。

5.3.4 起苗运输

可采用塑料筐或包装袋装载种苗,防止泥土松散,小心装卸。车辆应有遮阳、通风,长途运输时应选择低温天气或夜间行车。

5.4 种植

5.4.1 选地整地

选背风向阳、地势平坦、水源充足、排水良好、土层深厚、疏松肥沃的土地作种植基地。于秋冬季深翻土地,以改善土壤的理化性质,除去杂草树叶,消除越冬虫卵和病菌。新开垦地块多次翻耕、晾晒,施足基肥,以有机肥为主,复合肥为辅。每亩(1 亩 ≈ 666.7m², 下文同)施腐熟有机肥 1 000kg,与复合肥 30kg 混合,均匀撒施,旋耕起垄,起高 20cm、宽 120~150cm

的畦。整个地块应做好排水沟,防止连续阴雨天气积水引发病害。

5.4.2 移栽

时间宜选于 10 月至次年 5 月进行,选择阴、雨天气移栽定植。定植时可按株距 90cm,行距 150cm 开穴,每亩密度以 500 株为宜,亦可根据实际情况调整株行距。定植深度以覆盖全部根团泥土为宜,不能露根也不能定植过深,定植后淋透定根水。

5.4.3 中耕除草培土

种植前期需要进行中耕松土促进根系生长,除草、追肥、培土同时进行。前期除草采用人工铲除的方式,后期可用割草机等机械方式。

5.4.4 追肥

施肥可参考国家有关法规进行,应当符合 NY/T 496—2010 的规定,具体根据药材的生长、土壤肥力等进行施肥。如植株较小时应当少量多次地追施速效化学肥料,结合中耕除草,可淋施、撒施、穴施,每次每株用量 5~15g;成年植株每年穴施追肥 2~3 次,每次使用有机肥 1.0kg、复合肥 100g,在生长高峰期施入。

禁用未腐熟的有机肥、不明厂家的化肥以及其他不合格的肥料,禁用壮根灵等任何提高根系产量的生长调节剂。

5.4.5 搭架修剪

定植第 1 年,两面针主茎高度超过 2.5m 时,打顶至 2.5m,并搭建支架用于支撑植株,保持直立向上。

定植第 1、2 年,两面针茎基部分枝较多,开展相应修剪,修剪应在冬季休眠期进行,将老枝、弱枝、病虫枝和枯枝剪除,保留 1~2 个主茎,并视具体情况剪除主茎近地面 50cm 以上的侧枝,促其生发新枝,修剪时应尽可能保持有效叶片,促进主茎生长增粗。第 3 年及以后,此时主茎明显,及时剪除主茎上萌发出来的侧枝。

5.4.6 病虫害防治

应采用"预防为主、综合防治"的方法,优先采用农业防治、物理防治和生物防治措施,进行适量化学防治。主要包括:除草清园、保持田间整洁干净;增施腐熟有机肥、保持植株健壮生长;雨季排水、旱季灌水;整枝修剪,剪除枯枝、低矮侧枝、纤细枝等;选用无病虫害种苗;及时拔除根腐病植株、集中销毁,并进行消毒。

采用化学防治时,应当符合 NY/T 1276—2007 的规定。优先选用高效、低毒的生物农药;尽量避免使用除草剂、杀虫剂和杀菌剂等化学农药;不使用禁限用农药,具体禁限用农药名单参见附录 B。

两面针常见病害有炭疽病、锈病、根腐病等,虫害有凤蝶、天牛、蚜虫等,常见病虫害防治的参考方法参见附录 A。

5.5 采收

移栽 3 年以上即可采收,建议 9—12 月落叶休眠期进行。

采收方法:人工结合机械进行,砍伐枝叶、主茎,清理完毕,人工采挖或使用挖掘机采挖根部。将全部根系挖出,抖去泥土,及时运输至初加工场地。

5.6 产地初加工

5.6.1 清洗拣选

可用清水冲洗干净根部泥土,去除干枯、病虫害部位及其他杂质,沥干。清洗用水应符合 GB 5749 的规定。

5.6.2 切片、晒干

主根切片,侧根、须根切段。切片厚度为 0.2~1.2cm,切段长度为 2~20cm。晒干至含水量≤10.0%。加工干燥过程保证场地、工具洁净,不受雨淋等。

5.7 包装、放行、贮运

5.7.1 包装

包装前应对每批药材按照相关标准进行质量检验。符合相关标准的药材,采用符合质量要求的包装袋进行包装,规格可为每袋净重 30kg,立即封口,贴上中药材标签,标签应注明品名、规格、产地、批号、包装日期、生产单位,鼓励赋追溯码。

5.7.2 放行

应制定符合企业实际情况的放行制度,有审核、批准、生产、检验等的相关记录。不合格药材有单独处理制度。

5.7.3 贮藏

贮藏期间保持库内干燥、阴凉、通风。定期检查,有无虫丝、蛀粉,若发现有虫丝、蛀粉、霉变等现象,应立即采取搬垛、通风或晾晒等措施进行灭虫防霉,并进行取样检验。禁止使用磷化铝、二氧化硫进行熏蒸。

5.7.4 运输

两面针药材运输时,按"先进先出、先产先出、易变先出、近期先出、按批号发货"的原则进行发货。检查核对品名、批号、规格、生产单位、数量、包装等,并与运输员确定运输记录。运输车必须清洁无污染,应堆码整齐、捆扎牢固,防止倾倒,不得同时装卸对两面针药材有损害的物品,注意防雨,禁止敞棚运输。

附 录 A

（资料性）

两面针常见病虫害防治的参考方法

两面针常见病虫害药剂防治的参考方法见表 A.1。

表 A.1 两面针常见病虫害药剂防治的参考方法

病虫害名称	防治时期	推荐防治方法	安全间隔期 /d
根腐病	6—9 月	种苗移栽前用多菌灵浸泡根部，按照农药标签使用	≥20
		多菌灵灌根，按照农药标签使用	≥20
		甲基硫菌灵灌根，按照农药标签使用	≥30
		多·硫悬浮剂灌根，按照农药标签使用	≥20
		苦参碱灌根，按照农药标签使用	≥7
炭疽病	5—9 月	苯甲·嘧菌酯叶片喷雾，按照农药标签使用	≥14
		咪鲜胺叶片喷雾，按照农药标签使用	≥28
锈病	4—9 月	三唑酮叶片喷雾，按照农药标签使用	≥7
		苯甲·嘧菌酯叶片喷雾，按照农药标签使用	≥14
		咪鲜胺叶片喷雾，按照农药标签使用	≥28
蚜虫	3—5 月	吡虫啉喷雾，按照农药标签使用	≥15
		抗蚜威喷雾，按照农药标签使用	≥15
天牛	5—9 月	阿维菌素注射虫道，按照农药标签使用	≥42
		苦参碱注射虫道，按照农药标签使用	≥14
凤蝶幼虫	3—10 月	苏云金杆菌喷雾，按照农药标签使用	≥7
		阿维菌素喷雾，按照农药标签使用	≥15
		苦参碱倍液喷雾，按照农药标签使用	≥14
注：每种化学农药在每年度最多使用 2 次			

附　录　B
（规范性）
禁限用农药名单

B.1　禁止（停止）使用的农药（46 种）

六六六、滴滴涕、毒杀芬、二溴氯丙烷、杀虫脒、二溴乙烷、除草醚、艾氏剂、狄氏剂、汞制剂、砷类、铅类、敌枯双、氟乙酰胺、甘氟、毒鼠强、氟乙酸钠、毒鼠硅、甲胺磷、对硫磷、甲基对硫磷、久效磷、磷胺、苯线磷、地虫硫磷、甲基硫环磷、磷化钙、磷化镁、磷化锌、硫线磷、蝇毒磷、治螟磷、特丁硫磷、氯磺隆、胺苯磺隆、甲磺隆、福美胂、福美甲胂、三氯杀螨醇、林丹、硫丹、溴甲烷、氟虫胺、杀扑磷、百草枯、2,4-滴丁酯。

注：氟虫胺自 2020 年 1 月 1 日起禁止使用。百草枯可溶胶剂自 2020 年 9 月 26 日起禁止使用。2,4-滴丁酯自 2023 年 1 月 29 日起禁止使用。溴甲烷可用于"检疫熏蒸处理"。杀扑磷已无制剂登记。

B.2　在部分范围禁止使用的农药（20 种）

部分范围禁止使用的农药应注意药食同源中药材及来自其他作物的中药材。部分范围禁止使用的农药见表 B.1。

表 B.1　部分范围禁止使用的农药

通用名	禁止使用范围
甲拌磷、甲基异柳磷、克百威、水胺硫磷、氧乐果、灭多威、涕灭威、灭线磷	禁止在蔬菜、瓜果、茶叶、菌类、中草药材上使用，禁止用于防治卫生害虫，禁止用于水生植物的病虫害防治
甲拌磷、甲基异柳磷、克百威	禁止在甘蔗作物上使用
内吸磷、硫环磷、氯唑磷	禁止在蔬菜、瓜果、茶叶、中草药材上使用
乙酰甲胺磷、丁硫克百威、乐果	禁止在蔬菜、瓜果、茶叶、菌类和中草药材上使用
毒死蜱、三唑磷	禁止在蔬菜上使用
丁酰肼（比久）	禁止在花生上使用
氰戊菊酯	禁止在茶叶上使用
氟虫腈	禁止在所有农作物上使用（玉米等部分旱田种子包衣除外）
氟苯虫酰胺	禁止在水稻上使用

B.3　说明

本附录的内容来自 2019 年中华人民共和国农业农村部发布的《禁限用农药名录》（http://www.zzys.moa.gov.cn/gzdt/201911/t20191129_6332604.htm）。

参考文献

[1] 么历,程慧珍,杨智.中药材规范化种植(养殖)技术指南[M].北京:中国农业出版社,2006.

[2] 国家药典委员会.中华人民共和国药典:2020年版一部[M].北京:中国医药科技出版社,2020.

[3] 中国科学院中国植物志编辑委员会.中国植物志:第四十三卷第二分册[M].北京:科学出版社,1997.

[4] 刘华钢,黄秋洁,赖茂祥.中药两面针的研究概况[J].时珍国医国药,2007(1):222-223.

[5] 秦云蕊,蒋珍藕,赖茂祥,等.两面针基原植物考证及其活性成分含量分析[J].广西植物2019,39(4):531-539.

[6] 余丽莹,黄宝优,谭小明,等.广西两面针野生种质资源调查研究[J].广西植物,2009,29(2):231-235.

[7] 李虹,黄夕洋,向巧彦,等.两面针生物学特性及生长发育规律[J].江苏农业科学,2015,43(4):250-252.

[8] 韩正洲,谈英,覃兰芳,等.两面针野生品与栽培品质量比较研究[J].现代中药研究与实践,2013,27(2):65-66.

[9] 谈英.三九胃泰主要原料"两面针"资源的科学合理开发利用研究[D].广州:广州中医药大学,2015.

[10] 时群,梁刚,蔡林,等.两面针容器育苗技术[J].林业实用技术,2012(5):32-33.

ICS 65.020.20
CCS C 05

团 体 标 准

T/CACM 1374.75—2021

吴茱萸规范化生产技术规程

Code of practice for good agricultural practice of Evodia Fructus

2021-10-15 发布　　　　　　　　　　　　　　　　2021-10-15 实施

中华中医药学会　发布

目　次

前　言

本文件按照 GB/T 1.1—2020《标准化工作导则　第 1 部分：标准化文件的结构和起草规则》的规定起草。

请注意本文件中的某些内容可能涉及专利。本文件的发布机构不承担识别专利的责任。

本文件由广州白云山中一药业有限公司和中国医学科学院药用植物研究所提出。

本文件由中华中医药学会归口。

本文件起草单位：广州白云山中一药业有限公司、广州白云山奇星药业有限公司、中国科学院华南植物所、江西鑫康健生态农业开发有限公司、广东省乐昌市运龙农业基地、中国医学科学院药用植物研究所、重庆市药物种植研究所。

本文件主要起草人：伍秀珠、苏碧茹、伏宝香、陈国华、林敏生、陈火林、陈斌、郑燕平、魏建和、王文全、王秋玲、杨小玉、辛元尧、王苗苗。

吴茱萸规范化生产技术规程

1 范围

本文件确立了吴茱萸的规范化生产流程,规定了吴茱萸生产基地选址、种质、种苗繁育、种植、采收、产地初加工、包装、放行和贮运等阶段的操作要求。

本文件适用于吴茱萸的规范化生产。

2 规范性引用文件

下列文件的内容通过文中的规范性引用而构成本文件必不可少的条款。其中,注明日期的引用文件,仅该日期对应的版本适用于本文件;不注明日期的引用文件,其最新版本(包括所有的修改单)适用于本文件。

2020 年版《中华人民共和国药典》

GB 3095　环境空气质量标准

GB/T 3543　农作物种子检验规程

GB 5084　农田灌溉水质标准

GB 15618　土壤环境质量　农用地土壤污染风险管控标准(试行)

GB 5749　生活饮用水卫生标准

T/CACM 1374.1—2021　中药材规范化生产技术规程通则　植物药材

3 术语和定义

T/CACM 1374.1—2021 界定的以及下列术语和定义适用于本文件。

3.1　规范化生产　good agricultural practice

按照《中药材生产质量管理规范》(简称中药材 GAP)的要求,实施药材生产,保证中药材优质安全的生产过程。

3.2　技术规程　code of practice

为实现中药材生产顺利、有序进行,保证中药材生产质量,对中药材生产的基地选址、种子种苗、种植或野生抚育、采收与产地初加工以及包装、放行与贮运等,所做的技术规定和要求,是实施中药材规范生产的核心技术要求和实施指南。

3.3　吴茱萸　Euodiae Fructus

芸香科植物吴茱萸 *Euodia rutaecarpa*(Juss.)Benth.、石虎 *Euodia rutaecarpa*(Juss.)Benth. var. *officinalis*(Dode)Huang 或疏毛吴茱萸 *Euodia rutaecarpa*(Juss.)Benth. var. *bodinieri*(Dode)Huang 的干燥近成熟果实。

4 吴茱萸规范化生产流程图

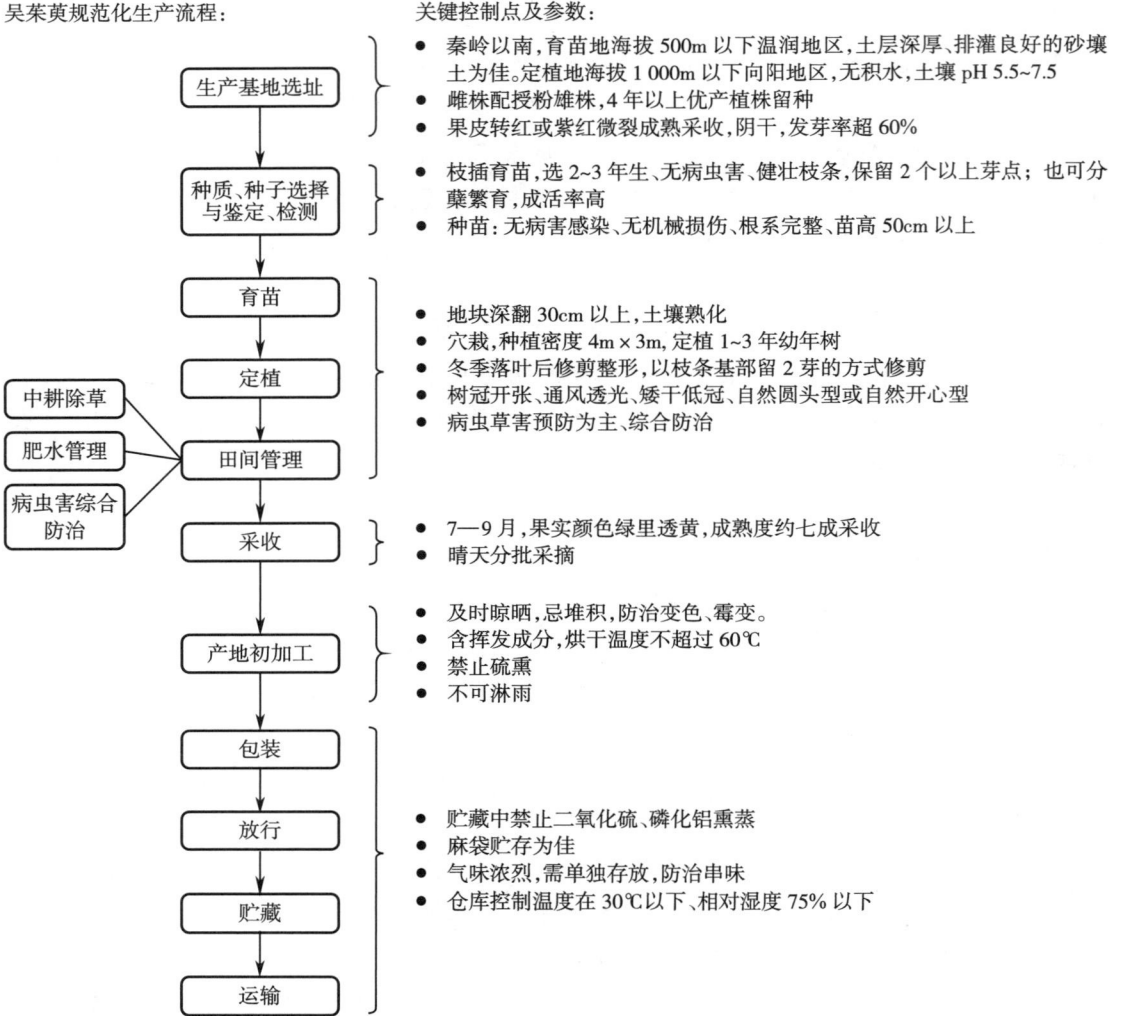

吴茱萸规范化生产流程见图1。

吴茱萸规范化生产流程：

```
┌─────────────┐
│ 生产基地选址 │ ┐
└─────────────┘ │
      ↓
┌─────────────┐
│ 种质、种子选择 │ ┐
│ 与鉴定、检测 │ │
└─────────────┘
      ↓
┌─────────────┐
│    育苗     │
└─────────────┘ ┐
      ↓
┌─────────────┐
│    定植     │ │
└─────────────┘
      ↓
┌─────────┐  ┌─────────────┐
│ 中耕除草 │→ │             │
└─────────┘  │             │
┌─────────┐  │  田间管理   │
│ 肥水管理 │→ │             │
└─────────┘  │             │
┌─────────┐  │             │
│ 病虫草害综合│→│             │
│   防治   │  └─────────────┘
└─────────┘
      ↓
┌─────────────┐
│    采收     │ ┐
└─────────────┘
      ↓
┌─────────────┐
│  产地初加工  │ ┐
└─────────────┘
      ↓
┌─────────────┐
│    包装     │ ┐
└─────────────┘
      ↓
┌─────────────┐
│    放行     │
└─────────────┘
      ↓
┌─────────────┐
│    贮藏     │
└─────────────┘
      ↓
┌─────────────┐
│    运输     │ ┘
└─────────────┘
```

关键控制点及参数：

- 秦岭以南，育苗地海拔500m以下温润地区，土层深厚、排灌良好的砂壤土为佳。定植地海拔1 000m以下向阳地区，无积水，土壤pH 5.5~7.5
- 雌株配授粉雄株，4年以上优产植株留种
- 果皮转红或紫红微裂成熟采收，阴干，发芽率超60%

- 枝插育苗，选2~3生、无病虫害、健壮枝条，保留2个以上芽点；也可分蘖繁育，成活率高
- 种苗：无病害感染、无机械损伤、根系完整、苗高50cm以上

- 地块深翻30cm以上，土壤熟化
- 穴栽，种植密度4m×3m，定植1~3年幼年树
- 冬季落叶后修剪整形，以枝条基部留2芽的方式修剪
- 树冠开张、通风透光、矮干低冠、自然圆头型或自然开心型
- 病虫草害预防为主、综合防治

- 7—9月，果实颜色绿里透黄，成熟度约七成采收
- 晴天分批采摘

- 及时晾晒，忌堆积，防治变色、霉变。
- 含挥发成分，烘干温度不超过60℃
- 禁止硫熏
- 不可淋雨

- 贮藏中禁止二氧化硫、磷化铝熏蒸
- 麻袋贮存为佳
- 气味浓烈，需单独存放，防治串味
- 仓库控制温度在30℃以下、相对湿度75%以下

图1 吴茱萸规范化生产流程图

5 吴茱萸规范化生产技术

5.1 生产基地选址

5.1.1 产地选择

适宜种植在秦岭以南低海拔、温暖地带的山坡、丘陵、平原，主要在江西、浙江、贵州、重庆、四川、湖南、湖北、广西、广东等地区。

种植地宜选择生态环境良好，远离污染源，并具有可持续生产能力的生产区域，海拔1 000m以下气候暖润、光照充足、雨量充沛的适宜地。育苗地选择在同样地区，但海拔在

500m 以下冬季较温暖的地区。

5.1.2 环境监测

基地的大气、土壤和水样品的检测按照 GAP 要求,应符合相应国家标准,并保证生长期间持续符合标准。环境监测参照 GB 3095《环境空气质量标准》、GB 15618《土壤环境质量农用地土壤污染风险管控标准(试行)》、GB 5084《农田灌溉水质标准》,产地初加工用水应符合 GB 5749《生活饮用水卫生标准》。

5.1.3 选地整地

育苗地应选择阳光充足,土层深厚的缓坡或平地,土壤疏松肥沃、排水良好、有灌溉条件的砂壤土为宜。

定植地应选向阳坡地块为宜,低洼积水地不宜种植。整平耙细,施入适量有机肥及化肥。

5.2 种质与种子

5.2.1 种质选择

使用芸香科植物吴茱萸 *Euodia rutaecarpa*(Juss.)Benth.、石虎 *Euodia rutaecarpa*(Juss.)Benth. var. *officinalis*(Dode)Huang 或疏毛吴茱萸 *Euodia rutaecarpa*(Juss.)Benth. var. *bodinieri*(Dode)Huang,须经过鉴定。中药材规范化基地建设只能使用其中的一种,一个地块只能使用一个物种,不能混种。如使用农家品种或选育品种应加以明确。

5.2.2 种子质量

应使用当年采收,完全成熟的种子,发芽率超过 60%,千粒重 5.34~45.62g。

5.2.3 良种繁育

吴茱萸属雄雌异株植物,留选优树采穗时注意雌株须配置合适的授粉树,没有雌雄株配置授粉种子不发芽。

定植 2~3 年生开花植株不事留种,须选择健壮、无病虫害的 4 年生以上的优产植株用于繁种。田间管理同药材生产。将中央株上抽出的主枝及时修剪,促进侧枝发育,增加种子产量。

在果皮完全变为红色或紫红色,轻微开裂时采收种子为佳,宜分期分批进行。果实成熟时裂成 5 个果瓣,每果瓣含成熟种子 1 粒,种子呈黑色有光泽。室内将果实阴干后脱粒,忌晒干或烘干,装入纸袋或布袋内,贮藏于干燥凉爽处。

5.3 种植

5.3.1 育苗

吴茱萸以育苗移栽种植为宜,育苗时间 1 年左右。吴茱萸繁殖方式主要分为种子繁殖、枝插繁殖、根插繁殖、分蘖繁殖。

5.3.1.1 种子育苗

吴茱萸种子一般出苗率约 60%。

播种:2—3 月将育苗地深翻 30cm 以上,除去石块杂草,随整地施入农家肥每亩(1 亩 ≈ 666.7m², 下文同)3 000~4 000kg 作基肥,暴晒几天后碎土耙平;开沟作高畦,畦宽 1~1.3m，畦高 15~25cm；畦上开浅沟，沟宽 8~10cm，沟深 3~5cm，播种于沟内，覆细土 0.3~0.4cm，覆盖稻草秸秆，浇透水以保持土壤润湿，利于种子萌发。播种量每亩 10~15kg。播种前可采用每千克种子加入多菌灵方式进行消毒处理，防止种子入土后霉变。出苗后根据土壤湿度和出苗情况，及时浇灌保湿。苗高 5~10cm 时去弱留强苗，进入苗期管理。

苗期管理：根据土地情况安排中耕除草，每年 2~3 次，锄草浅锄为好，防止伤苗根部；南方雨水过多须及时排水畅通，干旱时须浇灌保持土壤湿度至 50%~60%。根据苗情在 7 月、11 月各施复合肥一次，按氮、磷、钾各占 33% 的比例每亩施肥 15~20kg。待苗高 50cm 以上可移栽定植。

5.3.1.2　枝插育苗

吴茱萸枝插成活率较低，一般 30% 左右，各环节技术要点均须仔细操作。

穗条采集：于植株落叶后，选择约 2 年生、健壮、无病虫害、木质化程度高且具有饱满侧芽的枝条，直径粗度为 1~1.5cm 的树枝作为插穗枝条。

插穗处理：取中段，剪成 12~15cm 长的插穗，每段须至少有 2 个芽，修剪去叶片，只剩枝干。然后将上端截平，下端近节处削成马蹄形斜面。为统一育苗管理，将穗条按细、中、粗分级，每 50 根扎成一捆，用生根粉浸泡切口下 5cm 处，取出稍晾后扦插，分别扦插到不同的苗床上。

扦插：先用细孔喷水壶润水洒扦插床。扦插时在苗床上按株行距 10cm×20cm 用细木棒与苗床呈 60°角斜插打孔，再轻轻地将插穗插入孔内，避免碰伤皮层。插穗入土深度为穗长的 1/3~1/2，禁倒插。插后随即按实压紧，浇一次透水，并加盖小拱棚增温保湿。穗条生根前，须注意防止水分过多导致穗条扦插端腐烂；随着侧芽萌动，每隔 10 天喷一次 800ppm 的有机水溶肥料叶面肥；50~60 天后长出根系。长出根系后，可淋 0.2% 复合肥水溶液，随着苗木的生长，施肥量可逐渐增加。

苗期管理：生根发芽后拆除小拱棚，加强苗床管理，结合实际情况除草追肥。培育一年后，当苗高 50cm 以上时出圃定植。

5.3.1.3　根插育苗

吴茱萸根插繁殖成活率约 60%。

分根处理：选择 4~6 年生、生长旺盛、根系发达、无病虫害且粗壮优良的单株作母株，每株母株采根不能超过一半，分散采挖，且只能采挖一年修整一年，避免母株衰退。挖根后对母株进行追肥、浇水、培土，使其恢复树势。于植株落叶后到萌芽前，早春二月上旬，挖出母株根际周围泥土，截取筷子粗的侧根，剪成 10~15cm 长的小段，在苗床上按照行距 15cm，株距 10cm 斜插入土，上端稍露出，覆土压实，浇水后盖草或搭棚遮阴保湿。1~2 个月后长出新芽，再施复合肥一次，注意防止烧根。

苗期管理：生根发芽后拆除小拱棚，加强苗床管理，视苗情进行追肥除草，待春苗高 50cm 以上时可出圃定植。

5.3.1.4　分蘖育苗

吴茱萸分蘖能力很强，通常一株母树可获得 30~50 株根蘖苗，且移栽后成活率高，为主要育苗方式。

分蘖处理：选择 3~6 年生、生长旺盛、根系发达、无病虫害且粗壮、产量优良的单株作母株。于植株落叶后到萌芽前，早春二月上旬，距离母株 40~100cm 处，刨出侧根，选 3cm 粗的侧根每隔 10~15cm 割伤皮层，盖土，施清淡复合肥一次，覆草浇水。1~2 个月后伤根处萌发很多幼苗。

苗期管理：及时去除密、弱苗，施复合肥一次，待春苗高 50cm 左右可断根移栽。

5.3.2　定植

种植密度：地形平缓的按株行距 4m×3m 开沟或直接挖穴状整地栽植，坡地沿等高线整地挖穴栽植。穴栽以宽 60~80cm，深 50~80cm 为宜。

整地：为了使土壤充分熟化，把底土和表土分开堆放，最好提前在秋季挖好，以延长底土的熟化时间。待底土充分熟化后即可回填土，先填表土，后填底土。回填土结合施基肥同时进行。每穴要求定植基肥（一般是腐熟堆肥或厩肥）5~10kg，并与碎土拌匀，填一层土放一层肥，一次性施入。

定植：选用无病害感染、根系完整、无机械损伤、苗高 50cm 左右的优质种苗春栽或秋栽。在吴茱萸落叶至春季萌发前的时间内均可移栽定植，应选阴、雨天或晴天下午进行，以早春 1—3 月上旬为最适宜，成活率高。每穴栽一株，扶正苗木放入穴内，填土一半至根部时，把苗木向上轻提使根系伸展，继续覆土压实。为防止坑土下沉，坑面须比地面略高些。填完土后在周围培土做成树盘，灌足定根水，再覆盖一层碎土，最后在树盘面铺上稻草或杂草类的覆盖物，以利保墒。定植后保持土壤湿润，成活后要注意松土除草，平时如遇天旱、地干要及时浇水。在定植后前 3 年，吴茱萸植株小，株间隙大，可套种矮秆蔬菜、豆类。

5.3.3　田间管理

5.3.3.1　修剪整形

冬季落叶后进行修剪最为适宜。以枝条基部留 2 芽的修剪方式提高产量效果最好。

幼年树修剪：主要培养良好树形。第一年定主干高度，一般是 50~80cm，剪除主干顶稍促其发枝，选留 3~4 个健壮侧枝，每个侧枝留长 30~40cm，培育为主枝。第二年每个主枝留 3~4 个副主枝，长度 30~50cm，培育为副主枝，以后继续长出侧枝，修剪留长度为 20~40cm。连续 3 年整形修剪后，可构成 3~4 条主枝、分枝级数 3~5 级、树冠开张、通风透光、矮干低冠、自然圆头型或自然开心型的丰产树状。

成年树修剪：主要维护内疏外密均衡美观的树形。修剪过密枝条，剪除病虫枝、徒长枝、下垂枝，保留枝条稍肥壮、芽苞椭圆枝条，从而提高下一年结果率。

老树更新：主要砍掉退化的主干，对根部新生幼苗修剪管理取代老树。

5.3.3.2　施肥、除草和灌溉

移栽后及时补苗，及时排灌，灌溉用水应符合 GB 5749 的规定。

春、夏、秋季浅锄草并加深活土层。每年结合中耕除草 3 次施根肥 3 次，第一次在早春萌芽前；第二次在开花结果前；第三次在果实采收后，落叶入冬深耕清园后施冬肥。肥料以有机肥为主，化学肥有限度使用，鼓励使用国家批准的菌肥以及中药材专用肥。施肥方法：

成年树在树冠边缘下开环形沟施入,根据药材的生长、土壤肥力等进行施肥,可考虑参考每株施肥量 25kg 左右;幼年树在离根颈 40cm 处开环形沟施入,根据药材的生长、土壤肥力等进行施肥,可考虑参考定植 1~2 年的每株施肥 5kg 左右,定植 3 年的每株施肥 20kg 左右;生长期还可以进行叶面追肥,与各次施根肥交错进行,以尿素、磷酸二氢钾、氯化钾、有机水溶肥料为主,浓度 0.1%~0.3% 为宜,喷至叶面湿透为止。

5.3.4 病虫害草害等防治

采用预防为主、综合防治的方法。有机肥必须充分腐熟;选用无病虫感染、无机械损伤的优质种苗,禁用带病苗;发现病株及时拔除,集中销毁,每穴撒入草木灰 100g 或生石灰 200~300g,进行局部消毒;保持苗田、种植地清洁,及时清沟排水,及时在杂草出苗时、杂草种子未成熟前中耕除草;结合春秋修剪,剪除病虫枝、徒长枝,集中烧毁深埋病残枯枝落叶,每年秋冬季及时清园,犁翻土地以杀死越冬虫源。

采用化学防治时,应当符合国家有关规定,应严格按照产品说明书;优先选用高效、低毒的生物农药;尽量避免使用除草剂、杀虫剂和杀菌剂等化学农药;不使用禁限用农药。具体病虫害草害种类参见附录 B 表 B.1。

5.4 采收

定植后 2~3 年开花结果,第 4 年进入盛果期,每亩可收鲜果 100~500kg(按品种、植株密度确定),植株寿命 10~20 年。

采收期与品种、种植区域有关,一般为 7—9 月,宜根据成熟程度分批采摘。当果实成熟度达到七成、未开裂,外观为绿中透黄采收最佳。采收方法:应选晴天,早上为宜,将果穗成串人工摘下或剪下,轻采轻放至箩筐或纤维编织袋中运回晒场,以减少果实脱落。采摘时注意不要折断果枝,以免影响下年结果率。

5.5 产地初加工

吴茱萸产地初加工方法包括直接晒干法、烘干法。禁止硫熏。

吴茱萸属于含挥发油类药材,加工技术必须严格控制干燥温度,避免挥发油损失严重而气味变淡、果实外观变色。

直接晒干法:鲜果采摘后及时摊开,晴天平铺于帆布或竹席上,晚上须收回室内,室内应保持通风干燥,薄摊。阴雨天则平铺于室内通风干燥处。晾晒过程中注意及时翻动,避免使用铁器翻动破损果皮,忌堆放发酵导致变质、果实变色、发黑等。晴天连续晾晒 3~8 天即可全干,阴雨天视实际情况而定。

烘干法:可采用各种设施,烘干温度不应超过 60℃,干燥过程须及时翻动,保持干度一致,避免果实部分发黑。

果实全干后,直接用手或木棒等揉搓敲打下干果,再经筛、吹除去果柄和杂质。

商品质量标准:果实五角状扁球形、籽粒饱满、干燥未开裂、气香浓烈、味辛辣而苦、黄绿色无变黑为优。水分不超过 10%。

加工干燥过程保证场地、工具洁净,不受雨淋等。

5.6 包装、放行、贮运

5.6.1 包装

包装前应对每批药材按照相应标准进行质量检验。符合国家标准的药材,采用不影响质量的洁净编织袋、麻袋等包装,禁止采用包装过肥料、农药等的包装袋包装。包装外贴或挂标签、合格证,标识牌内容应有药材名、基源、产地、批号、规格、重量、采收日期、企业名称等,并有追溯码。

5.6.2 放行

应制定符合企业实际情况的放行制度,有审核、批准、生产、检验等的相关记录。不合格药材有单独处理制度。

5.6.3 贮运

吴茱萸为中药"六陈之一",新鲜吴茱萸气味重,刺激性强,通过陈放可使药性缓和,故使用透气洁净编织袋、麻袋为佳。贮存条件注意单独存放,避免与其他药材串味;应贮存于阴凉干燥处,定期检查,离墙离地存放,防止变色、霉变、虫咬等发生。

仓库控制温度在30℃以下、相对湿度75%以下;不同批次等级药材分区存放;建有定期检查制度并记录。禁止磷化铝和二氧化硫熏蒸。也可采用现代气调贮藏方法,包装或库内充氮或二氧化碳。

运输应选择洁净运输工具、车辆,运输应防止发生混淆、污染、异物混入、包装破损、雨雪淋湿等。

附 录 A

（规范性）

禁限用农药名单

A.1 禁止（停止）使用的农药（46 种）

六六六、滴滴涕、毒杀芬、二溴氯丙烷、杀虫脒、二溴乙烷、除草醚、艾氏剂、狄氏剂、汞制剂、砷类、铅类、敌枯双、氟乙酰胺、甘氟、毒鼠强、氟乙酸钠、毒鼠硅、甲胺磷、对硫磷、甲基对硫磷、久效磷、磷胺、苯线磷、地虫硫磷、甲基硫环磷、磷化钙、磷化镁、磷化锌、硫线磷、蝇毒磷、治螟磷、特丁硫磷、氯磺隆、胺苯磺隆、甲磺隆、福美胂、福美甲胂、三氯杀螨醇、林丹、硫丹、溴甲烷、氟虫胺、杀扑磷、百草枯、2,4-滴丁酯。

注：氟虫胺自 2020 年 1 月 1 日起禁止使用。百草枯可溶胶剂自 2020 年 9 月 26 日起禁止使用。2,4-滴丁酯自 2023 年 1 月 29 日起禁止使用。溴甲烷可用于"检疫熏蒸处理"。杀扑磷已无制剂登记。

A.2 在部分范围禁止使用的农药（20 种）

部分范围禁止使用的农药应注意药食同源中药材及来自其他作物的中药材。部分范围禁止使用的农药见表 A.1。

表 A.1 部分范围禁止使用的农药

通用名	禁止使用范围
甲拌磷、甲基异柳磷、克百威、水胺硫磷、氧乐果、灭多威、涕灭威、灭线磷	禁止在蔬菜、瓜果、茶叶、菌类、中草药材上使用,禁止用于防治卫生害虫,禁止用于水生植物的病虫害防治
甲拌磷、甲基异柳磷、克百威	禁止在甘蔗作物上使用
内吸磷、硫环磷、氯唑磷	禁止在蔬菜、瓜果、茶叶、中草药材上使用
乙酰甲胺磷、丁硫克百威、乐果	禁止在蔬菜、瓜果、茶叶、菌类和中草药材上使用
毒死蜱、三唑磷	禁止在蔬菜上使用
丁酰肼（比久）	禁止在花生上使用
氰戊菊酯	禁止在茶叶上使用
氟虫腈	禁止在所有农作物上使用（玉米等部分旱田种子包衣除外）
氟苯虫酰胺	禁止在水稻上使用

A.3 说明

本附录的内容来自 2019 年中华人民共和国农业农村部发布的《禁限用农药名录》（http://www.zzys.moa.gov.cn/gzdt/201911/t20191129_6332604.htm）。

附 录 B

（资料性）

吴茱萸常见病虫害防治的参考方法

吴茱萸常见病虫害药剂防治的参考方法参见表 B.1。

表 B.1 吴茱萸常见病虫害药剂防治的参考方法

防治项目	防治时期	化学防治方法	农业防治或物理防治方法
种子消毒	播种前	多菌灵,按照农药标签使用	—
天牛防治	5—7 月	直接捕捉	结合春秋修剪,剪除病虫枝、徒长枝,集中烧毁深埋病残枯枝落叶,每年秋冬季及时清园,犁翻土地以杀死越冬虫源
	6—7 月	氟虫腈喷施,按照农药标签使用	
烟煤病防治	4—6 月	吡虫啉喷施,按照农药标签使用	有机肥必须充分腐熟;选用无病虫感染、无机械损伤的优质种苗,禁用带病苗;发现病株及时拔除,集中销毁,每穴撒入草木灰 100g 或生石灰 200~300g,进行局部消毒;保持苗田、种植地清洁,及时清沟排水,及时在杂草出苗 2~3 叶时、杂草种子未成熟前中耕锄草
锈病防治	5—7 月	苯甲·丙环唑乳油喷施,按照农药标签使用	
注: 如有新的适合无公害吴茱萸生产的高效、低毒、低残留生物农药应优先选用			

参考文献

［1］国家药典委员会.中华人民共和国药典:2020年版一部［M］.北京:中国医药科技出版社,2020.

［2］徐菲,成雨竹,曹亮,等.吴茱萸药材石虎变种不同产地含量分析及适宜产区规划［J］.亚太传统医药,2017,13（5）:21-24.

［3］刘珊珊,尹元元,闫利华,等.吴茱萸药用植物资源调查［J］.中国中医药信息杂志,2016,23（9）:5-9.

［4］明廷柏,李爱华,邢宏喜,等.名贵中药材吴茱萸新品种选育研究初报［J］.湖北林业科技,2018,47（1）:25-28.

［5］李军.吴茱萸的高产栽培技术［J］.中国农业信息,2007（1）:29.

［6］徐云龙,尹娟.吴茱萸GAP丰产栽培技术研究［J］.江西农业学报,2013,25（7）:30-33.

［7］吴玉华.吴茱萸扦插育苗技术［J］.低碳世界,2019,9（2）:323-324.

［8］龚福保,梁小敏.药用植物吴茱萸生物学特性及栽培技术［J］.南方农业,2008（3）:30-32.

［9］邹蓉,蒋运生,韦霄,等.吴茱萸低产原因及高产栽培技术措施［J］.湖北农业科学,2011,50（6）:1205-1207.

［10］曹小飞,郭颖,冉懋雄,等.药用植物吴茱萸无公害栽培技术初探［J］.内蒙古林业调查设计,2011,34（2）:16-17.

［11］刘宇军,徐兴发,董超华.吴茱萸嫩扦插技术研究［J］.华南农学报,2014,19（1）:56-59.

［12］农训学.吴茱萸病虫害防治技术［J］.农药市场信息,2017（9）:60.

［13］王迪轩.吴茱萸注意早防白蜡蚧［J］.农药市场信息,2018（26）:56.

［14］张崇佩,张依欣,李潮,等.不同年份吴茱萸UPLC指纹图谱及多成分化学模式识别研究［J］.中草药,2019,50（11）:2700-2707.

［15］李懿恒,黄佳楠,刘潇,等.吴茱萸和臭辣吴萸果实化学成分及不同采收时间主要成分含量的变化［J］.植物资源与环境学报,2018,27（1）:112-114.

［16］陈向阳,甘我挺,郭宝林,等.栀子 吴茱萸等7种果实种子类药材商品电子交易规格等级标准［J］.中国现代中药,2016,18（11）:1416-1421.

［17］江西省质量技术监督局.地理标志产品 樟树吴茱萸:DB 36/T 1038—2018［S/OL］.［2023-11-29］.https://std.samr.gov.cn/db/search/stdDBDetailed?id=91D99E4DE3FD2E24E05397BE0A0A3A10.

ICS 65.020.20
CCS C 05

团 体 标 准

T/CACM 1374.76—2021

岗梅规范化生产技术规程

Code of practice for good agricultural practice
of Radix Et Caulis Ilicis Asprellae

2021-10-15 发布　　　　　　　　　　　　　　2021-10-15 实施

中华中医药学会　发布

目　次

前　　言

本文件按照 GB/T 1.1—2020《标准化工作导则　第 1 部分：标准化文件的结构和起草规则》的规定起草。

请注意本文件中的某些内容可能涉及专利。本文件的发布机构不承担识别专利的责任。

本文件由中国医学科学院药用植物研究所、华润三九医药股份有限公司提出。

本文件由中华中医药学会归口。

本文件起草单位：华润三九医药股份有限公司、广州中医药大学、广东南领药业有限公司、广东银田农业科技有限公司、云浮市南领药业有限公司、中国医学科学院药用植物研究所、重庆市药物种植研究所。

本文件主要起草人：刘晖晖、韩正洲、黄煜权、张赟、马庆、曾烨、张洪胜、魏伟锋、王信宏、李明辉、谢文波、许雷、魏民、李建领、池莲锋、詹若挺、赖志明、谢灿基、李龙明、郑立权、魏建和、王文全、王秋玲、杨小玉、辛元尧、王苗苗。

岗梅规范化生产技术规程

1 范围

本文件确立了岗梅的规范化生产流程,规定了岗梅生产基地选址、种质、种苗繁育、种植、采收与初加工、包装、放行和贮运等阶段的技术要求。

本文件适用于岗梅的规范化生产。

2 规范性引用文件

下列文件的内容通过文中的规范性引用而构成本文件必不可少的条款。其中,注明日期的引用文件,仅该日期对应的版本适用于本文件;不注明日期的引用文件,其最新版本(包括所有的修改单)适用于本文件。

GB 3095 环境空气质量标准

GB 5084 农田灌溉水质标准

GB 5749 生活饮用水卫生标准

GB 15618 土壤环境质量 农用地土壤污染风险管控标准(试行)

T/CACM 1374.1—2021 中药材规范化生产技术规程通则 植物药材

3 术语和定义

T/CACM 1374.1—2021 界定的以及下列术语和定义适用于本文件。

3.1 规范化生产 good agricultural practice

按照《中药材生产质量管理规范》(简称中药材 GAP)的要求,实施药材生产,保证中药材优质安全的生产过程。

3.2 技术规程 code of practice

为实现中药材生产顺利、有序进行,保证中药材生产质量,对中药材生产的基地选址、种子种苗、种植或野生抚育、采收与产地初加工以及包装、放行与贮运等,所做的技术规定和要求,是实施中药材规范生产的核心技术要求和实施指南。

3.3 岗梅 Radix Et Caulis Ilicis Asprellae

冬青科植物梅叶冬青 *Ilex asprella* (Hook. et Arn.) Champ. ex Benth. 的干燥根及茎。

4 岗梅规范化生产流程图

岗梅规范化生产流程见图 1。

岗梅规范化生产流程：

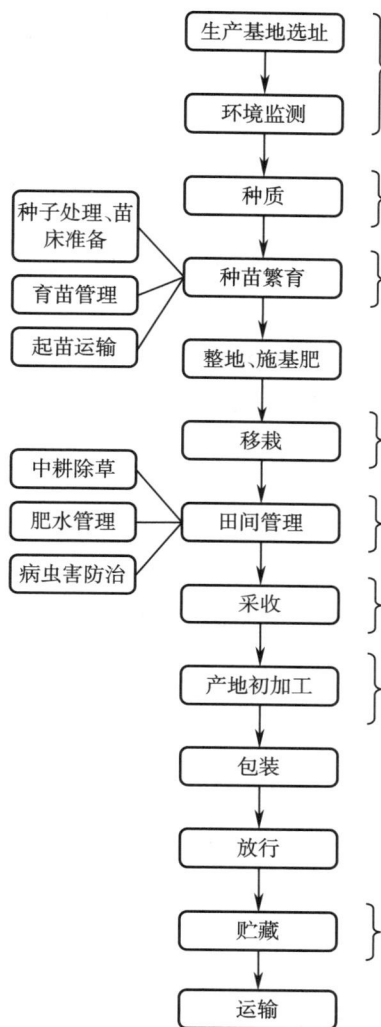

关键控制点及参数：

```
┌──────────────┐
│  生产基地选址  │
└──────────────┘
       ↓
┌──────────────┐
│   环境监测    │
└──────────────┘
       ↓
┌──────────────┐
│    种质      │
└──────────────┘
       ↓
┌──────────────┐        ┌──────────────┐
│种子处理、苗   │───────→│   种苗繁育    │
│床准备        │        └──────────────┘
└──────────────┘              ↑
┌──────────────┐              │
│   育苗管理    │──────────────┤
└──────────────┘              │
┌──────────────┐              │
│   起苗运输    │──────────────┘
└──────────────┘
                       ┌──────────────┐
                       │  整地、施基肥  │
                       └──────────────┘
                              ↓
┌──────────────┐        ┌──────────────┐
│   中耕除草    │───────→│    移栽      │
└──────────────┘        └──────────────┘
┌──────────────┐              ↓
│   肥水管理    │        ┌──────────────┐
└──────────────┘───────→│   田间管理    │
┌──────────────┐        └──────────────┘
│  病虫害防治   │──────────────┘
└──────────────┘              ↓
                       ┌──────────────┐
                       │    采收      │
                       └──────────────┘
                              ↓
                       ┌──────────────┐
                       │  产地初加工   │
                       └──────────────┘
                              ↓
                       ┌──────────────┐
                       │    包装      │
                       └──────────────┘
                              ↓
                       ┌──────────────┐
                       │    放行      │
                       └──────────────┘
                              ↓
                       ┌──────────────┐
                       │    贮藏      │
                       └──────────────┘
                              ↓
                       ┌──────────────┐
                       │    运输      │
                       └──────────────┘
```

- 广东、广西、湖南、江西等地
- 育苗地选择海拔低于 400m, 土层深厚肥沃, 地势平坦, 无积水的农田、旱地
- 种植地选择海拔低于 1 000m, 土层深厚、地势平缓、排水良好、土壤疏松、腐殖质含量高、具有一定遮阴条件的低矮山地、丘陵

- 选择经准确鉴定为岗梅的 3 年生以上的健壮母株, 千粒重 ≥5.0g

- 11 月下旬至次年 1 月进行播种, 播种后注意保温、保湿
- 裸根苗合格标准: 株高 ≥60cm, 茎粗 ≥0.5cm

- 移栽时间: 11 月至次年 4 月上旬
- 移栽密度: 450~600 株 / 亩 (1 亩 ≈666.7m², 下文同)

- 前期每月除草施肥; 中后期使用有机肥、少量化肥, 每年 2~3 次
- 加强除草施肥清园, 综合防治病虫害

- 移栽种植 4~6 年后, 达到药材质量标准
- 全年均可采收, 以 9—12 月为佳

- 趁鲜切片
- 干燥至水分 ≤13.0%
- 及时干燥, 不可淋雨

- 禁止使用磷化铝、二氧化硫进行熏蒸

图 1　岗梅规范化生产流程图

5　岗梅规范化生产技术

5.1　生产基地选址

5.1.1　产地选择

　　适宜在亚热带气候区的丘陵、低山区疏林下种植, 主要在广东、广西、湖南、江西等地。种植地选择在海拔低于 1 000m 的低矮丘陵地区及其他具有相应条件的适宜地区; 育苗地选择在海拔低于 400m 的地区。

5.1.2　地块选择

　　种苗繁育地块应选择水田或旱地, 背风向阳, 土层疏松肥沃, 排水良好。前茬以水稻为佳。定植地应选择土层深厚、地势平缓、排水良好、土壤疏松、腐殖质含量高、具有一定遮阴条件的低矮山地、丘陵。

5.1.3 环境监测

生产基地的大气、土壤和水按照 GAP 要求开展环境监测,空气环境质量应符合 GB 3095 中二级以上标准;灌溉水质量应符合 GB 5084 中二级以上标准;土壤应符合 GB 15618 的规定。

5.2 种质与种子

5.2.1 种质选择

使用冬青科植物梅叶冬青 *Ilex asprella*（Hook. et Arn.）Champ. ex Benth.,物种须经过鉴定。如使用农家品种或选育品种应加以明确。

5.2.2 种子质量

应使用当年采收,成熟的种子,发芽率 7% 以上,千粒重 5.0g 以上。经检验符合相应标准。

5.2.3 良种繁育

一般选择移栽种植 3 年生以上,生长旺盛、树冠浓密、果大饱满、无病虫害的健壮植株为采种母树,于 6—7 月果实成熟颜色变深黑色时开始分批采收。新鲜成熟果实须多次淘洗,去除果肉、果皮得到纯净种子,并用水选法去除漂浮在水面的干瘪种子,晾干,贮藏于干燥凉爽处。

5.3 种苗繁育

5.3.1 种子处理

7 月下旬至 8 月上旬,开始催芽处理。用高锰酸钾溶液浸泡 10~20 分钟,倒去药液,用清水冲洗干净,晾干,用干净细湿河沙贮藏。细湿河沙含水量为 25%~30%,细湿河沙、种子（2:1）混合,置通风干净处贮藏 3 个月以备播种,其间注意淋水、翻动,保持湿沙湿度状态为"握之成团、触之即散"即可。

5.3.2 苗床准备、播种

选择大气、水质、土壤无污染,背风向阳,土层疏松肥沃,排水良好的地块作苗圃。于秋冬季深翻土地,除净草根杂物。播种前起垄作床,床宽 100cm,高 20cm,床面平整细耙,压实。

11 月下旬至次年 1 月上旬,进行播种。

5.3.3 育苗管理

出苗后注意保温保湿,保持温度 20~30℃,根据幼苗长势适当追施肥料。待苗高 5~10cm 时,可调整密度,以每亩 20 000~30 000 株为宜。

苗期施肥须采取勤施薄施的原则,可采用水溶肥或复合肥,适当添加生物菌肥、微量元素等,浓度 0.1%~0.3%。

种苗生长至株高 60cm、直径 0.5cm 即可达到合格标准,适合移栽大田。

5.4 种植

5.4.1 选地整地

在区域产地环境适宜前提下,优选靠近水源、有土壤肥力基础和一定遮阴条件的平缓土山种植。视山地植被情况决定是否进行清场,灌木与杂草过多应除草疏林。根据地形进行挖穴,穴距 0.85~1.10m,可适量调整,穴深度 30~40cm,宽度 30cm×40cm 以上。挖后于坑中放入 0.5~1kg 农家肥或有机肥打底作基肥,施肥量视土壤肥力而定,随后盖上 5~10cm 细土,备用。

5.4.2 种植时间

11 月至次年 4 月上旬移栽是最适宜的时间,可选择此时间段内的阴雨天开展种植。

5.4.3 种植方法

将裸根苗小心挖出,避免伤根,向上摆放于坑中,充分展开根须,盖土踩实,浇上定根水。种后加强管理,如遇天气干旱应及时浇水,直到成活并长出嫩枝。

5.4.4 种植密度

每亩密度为 450~600 株,株行距为(0.85~1.10)m×(0.85~1.10)m,视开垦基地带面宽度合理调整种植密度。

5.4.5 补苗

11 月至次年 4 月补种。种植方法参考 5.4.3 项。

5.4.6 除草、浇水

夏季杂草生长旺盛,种苗定植后未封行前应及时除草。栽培前 2 年生长缓慢,根系扎土不深,遇天旱时应适时浇水。

5.4.7 施肥

岗梅的追肥管理一般采用土壤追肥,根据岗梅不同生长物候期的需肥特点及时补充肥料,多用有机肥与复合肥(15∶15∶15)。施肥方法多采用沟施、穴施或撒施。追肥的时期和次数根据岗梅的生长情况掌握,在生产中岗梅的追肥可结合中耕除草后一起进行,岗梅属多年生植物,每年追肥 2~3 次,第一次宜在 5—6 月,第二次在 11 月至次年 1 月进行(视生长情况可在 8—9 月增加一次追肥),每株施有机肥 150~200g 或复合肥 30~50g,视植株大小而定。

5.4.8 植株修整

当枝条密集丛生时,应在冬季休眠期将老枝、弱枝、病枝和枯枝剪掉,促其生发新枝,修剪时应尽可能保持有效叶片。

5.4.9 病虫害防治

贯彻"预防为主,综合防治"的植保方针,通过加强栽培管理、科学施肥等栽培措施,综合采用农业防治、物理防治、生物防治,配合科学合理地使用化学防治。

采用化学农药防治时,应严格按照产品说明书,收获前 30 天停止使用。优先选用高效、低毒的生物农药;尽量避免使用除草剂、杀虫剂和杀菌剂等化学农药;不使用禁限用农药,具体禁限用农药名单参见附录 B。

岗梅常见病害有枯枝病、茎基腐病等,虫害有尺蠖、六星黑点蠹蛾、卷叶蛾等,常见病虫害防治的参考方法参见附录 A。

5.5 采收

岗梅种植 4~6 年即可采收,全年均可采挖。人工清除直径小于 1cm 的细小枝条,将根部挖出,去除泥土,保留根茎。

5.6 产地初加工

岗梅产地初加工方法包括切制、干燥。

岗梅应趁鲜及时切制,拣出非药用部位、杂质,清洗侧根泥沙等,切片或段,厚 0.5~1.2cm。切制的岗梅片或段须立刻干燥,干燥方法为直接晒干法与烘干法。

直接晒干法:将切制后的岗梅均匀摊放在晾晒场地,厚度 3~10cm,晒干过程中间隔 4~6 小时翻动一次,便于干燥。

烘干法:可采用烘干设施,烘干温度一般为 60℃。

加工干燥过程保证场地、工具洁净,不受雨淋等。

5.7 包装、放行、贮运

5.7.1 包装

包装前应对每批药材按照国家标准进行质量检验。符合国家标准的药材,采用不影响质量的编织袋等包装,禁止采用包装过肥料、农药等的包装袋包装。包装外贴或挂标签、合格证,标识牌内容应有药材名、基源、产地、批号、规格、重量、采收日期、企业名称等。

5.7.2 放行

应制定符合企业实际情况的放行制度,有审核批生产、检验等的相关记录。不合格药材有单独处理制度。

5.7.3 贮运

应贮存于阴凉干燥处,定期检查,防止虫蛀、霉变、腐烂、泛油等的发生。仓库控制温度在 30℃ 以下、相对湿度 75% 以下;不同批次等级药材分区存放;建有定期检查制度。禁止磷化铝和二氧化硫熏蒸。也可采用现代气调贮藏方法,包装或库内充氮或二氧化碳。

运输应防止发生混淆、污染、异物混入、包装破损、雨雪淋湿等。

附　录　A

（资料性）

岗梅常见病虫害防治的参考方法

岗梅常见病虫害防治的参考方法参见表 A.1。

表 A.1　岗梅常见病虫害防治的参考方法

病虫害名称	防治时期	推荐防治方法
枝枯病	3—8 月	喷施甲基苯并咪唑氨基甲酸酯类杀真菌剂（如苯菌灵、噻苯咪唑等）对枝枯病的发生具有一定的控制效果。如发生病害田间施用多菌灵、甲基硫菌灵等药剂刮破病斑后涂药,按照农药标签使用
地衣病	3—5 月	严重时可以用石灰乳液涂抹整个树干,或用波尔多液或氧氯化铜喷有地衣寄生的树干和枝条,按照农药标签使用
茎基腐病	5—8 月	采用多菌灵,或甲基硫菌灵,或代森锰锌等药剂灌根防治,按照农药标签使用
尺蠖	12 月至次年 5 月	1、2 龄幼虫期的尺蠖可喷施核型多角形病毒、杀螟杆菌、多角体病毒制剂或苏云金杆菌制剂等进行生物防治。3 龄幼虫喷施灭幼脲、辛硫磷、氟啶脲、苦参碱、印楝素等进行喷雾防治,按照农药标签使用。或采用频振式杀虫灯进行诱杀
卷蛾	3—5 月	对于幼虫可以选用 Bt 生物制剂喷施,在新梢期可选用甲维盐、氯虫苯甲酰胺、氯氰菊酯或其他菊酯类杀虫剂混配生物杀虫剂,按照农药标签使用
蚜虫	4—5 月	可采用吡虫啉、啶虫脒、苦参碱、抗蚜威、鱼藤酮等进行喷雾防治,按照农药标签使用
六星黑点蠹蛾	4—5 月	防治时用丙溴·辛硫磷、氰戊菊酯、甲维盐、啶虫脒,按照农药标签使用

附　录　B

（规范性）

禁限用农药名单

B.1　禁止（停止）使用的农药（46种）

六六六、滴滴涕、毒杀芬、二溴氯丙烷、杀虫脒、二溴乙烷、除草醚、艾氏剂、狄氏剂、汞制剂、砷类、铅类、敌枯双、氟乙酰胺、甘氟、毒鼠强、氟乙酸钠、毒鼠硅、甲胺磷、对硫磷、甲基对硫磷、久效磷、磷胺、苯线磷、地虫硫磷、甲基硫环磷、磷化钙、磷化镁、磷化锌、硫线磷、蝇毒磷、治螟磷、特丁硫磷、氯磺隆、胺苯磺隆、甲磺隆、福美胂、福美甲胂、三氯杀螨醇、林丹、硫丹、溴甲烷、氟虫胺、杀扑磷、百草枯、2,4-滴丁酯。

注：氟虫胺自2020年1月1日起禁止使用。百草枯可溶胶剂自2020年9月26日起禁止使用。2,4-滴丁酯自2023年1月29日起禁止使用。溴甲烷可用于"检疫熏蒸处理"。杀扑磷已无制剂登记。

B.2　在部分范围禁止使用的农药（20种）

部分范围禁止使用的农药应注意药食同源中药材及来自其他作物的中药材。部分范围禁止使用的农药见表B.1。

表B.1　部分范围禁止使用的农药

通用名	禁止使用范围
甲拌磷、甲基异柳磷、克百威、水胺硫磷、氧乐果、灭多威、涕灭威、灭线磷	禁止在蔬菜、瓜果、茶叶、菌类、中草药材上使用,禁止用于防治卫生害虫,禁止用于水生植物的病虫害防治
甲拌磷、甲基异柳磷、克百威	禁止在甘蔗作物上使用
内吸磷、硫环磷、氯唑磷	禁止在蔬菜、瓜果、茶叶、中草药材上使用
乙酰甲胺磷、丁硫克百威、乐果	禁止在蔬菜、瓜果、茶叶、菌类和中草药材上使用
毒死蜱、三唑磷	禁止在蔬菜上使用
丁酰肼（比久）	禁止在花生上使用
氰戊菊酯	禁止在茶叶上使用
氟虫腈	禁止在所有农作物上使用（玉米等部分旱田种子包衣除外）
氟苯虫酰胺	禁止在水稻上使用

B.3　说明

本附录的内容来自2019年中华人民共和国农业农村部发布的《禁限用农药名录》（http://www.zzys.moa.gov.cn/gzdt/201911/t20191129_6332604.htm）。

参考文献

［1］么历,程慧珍,杨智.中药材规范化种植（养殖）技术指南［M］.北京:中国农业出版社,2006.

［2］广东省食品药品监督管理局.广东省中药材标准:第1册［M］.广州:广东科技出版社,2004:111.

［3］李俊仁、陈秀珍、张振山,等.岗梅种子检验规程研究［J］.中药新药与临床药理,2016,27（3）:428-433.

［4］李俊仁、陈秀珍、梁凌玲,等.岗梅种苗质量分级标准研究［J］.种子,2016,35（3）:115-118.

［5］兰金旭,韩正洲,刘晖晖,等.岗梅主要病虫害的发生与防治［J］.中药材,2017,40（4）:782-785.

ICS 65.020.20
CCS C 05

团 体 标 准

T/CACM 1374.77—2021

牡丹皮规范化生产技术规程

Code of practice for good agricultural practice of Moutan Cortex

2021-10-15 发布　　　　　　　　　2021-10-15 实施

中华中医药学会　　发布

目　　次

前　　言

本文件按照 GB/T 1.1—2020《标准化工作导则　第 1 部分：标准化文件的结构和起草规则》的规定起草。

请注意本文件中的某些内容可能涉及专利。本文件的发布机构不承担识别专利的责任。

本文件由中国医学科学院药用植物研究所提出。

本文件由中华中医药学会归口。

本文件起草单位：安徽中医药大学、铜陵禾田中药饮片股份有限公司、北京同仁堂安徽中药材有限公司、中国中医科学院中药资源中心、山东农业大学、淮北师范大学、重庆市药物种植研究所、中国医学科学院药用植物研究所重庆分所、山东省农业科学院、亳州职业技术学院、亳州市永刚饮片厂有限公司、安徽济人药业股份有限公司、亳州市沪谯药业有限公司、安徽省农业科学院园艺研究所、亳州市皖北药业有限责任公司、安徽义门堂农业科技有限公司、中国医学科学院药用植物研究所。

本文件主要起草人：方成武、谢冬梅、何生、吴计划、詹志来、王建华、薛建平、邓才富、王志芬、陈娜、马凯、朱月健、马磊、俞年军、金传山、吴德玲、周慧银、胡开治、王其丰、李卫文、张雨雷、孙新永、魏建和、王文全、王秋玲、杨小玉、辛元尧、王苗苗。

牡丹皮规范化生产技术规程

1 范围

本文件确立了牡丹皮的规范化生产流程,规定了牡丹皮生产基地选址、种质、种苗繁育、种植、采收、产地初加工、包装、放行和贮运等阶段的操作要求。

本文件适用于牡丹皮的规范化生产。

2 规范性引用文件

下列文件的内容通过文中的规范性引用而构成本文件必不可少的条款。其中,注明日期的引用文件,仅该日期对应的版本适用于本文件;不注明日期的引用文件,其最新版本(包括所有的修改单)适用于本文件。

GB 3095—2012 环境空气质量标准

GB/T 3543 农作物种子检验规程

GB 5084 农田灌溉水质标准

GB 5749 生活饮用水卫生标准

GB 15618 土壤环境质量 农用地土壤污染风险管控标准(试行)

T/CACM 1374.1—2021 中药材规范化生产技术规程通则 植物药材

《中华人民共和国药典》

3 术语和定义

T/CACM 1374.1—2021 界定的以及下列术语和定义适用于本文件。

3.1 规范化生产 good agricultural practice

按照《中药材生产质量管理规范》(简称中药材 GAP)的要求,实施药材生产,保证中药材优质安全的生产过程。

3.2 技术规程 code of practice

为实现中药材生产顺利、有序进行,保证中药材生产质量,对中药材生产的基地选址、种子种苗、种植或野生抚育、采收与产地初加工以及包装、放行与贮运等,所做的技术规定和要求,是实施中药材规范生产的核心技术要求和实施指南。

3.3 牡丹皮 Moutan Cortex

毛茛科植物牡丹 *Paeonia suffruticosa* Andr. 的干燥根皮。

4 牡丹皮规范化生产流程图

牡丹皮规范化生产流程见图 1。

牡丹皮规范化生产流程：

关键控制点及参数：

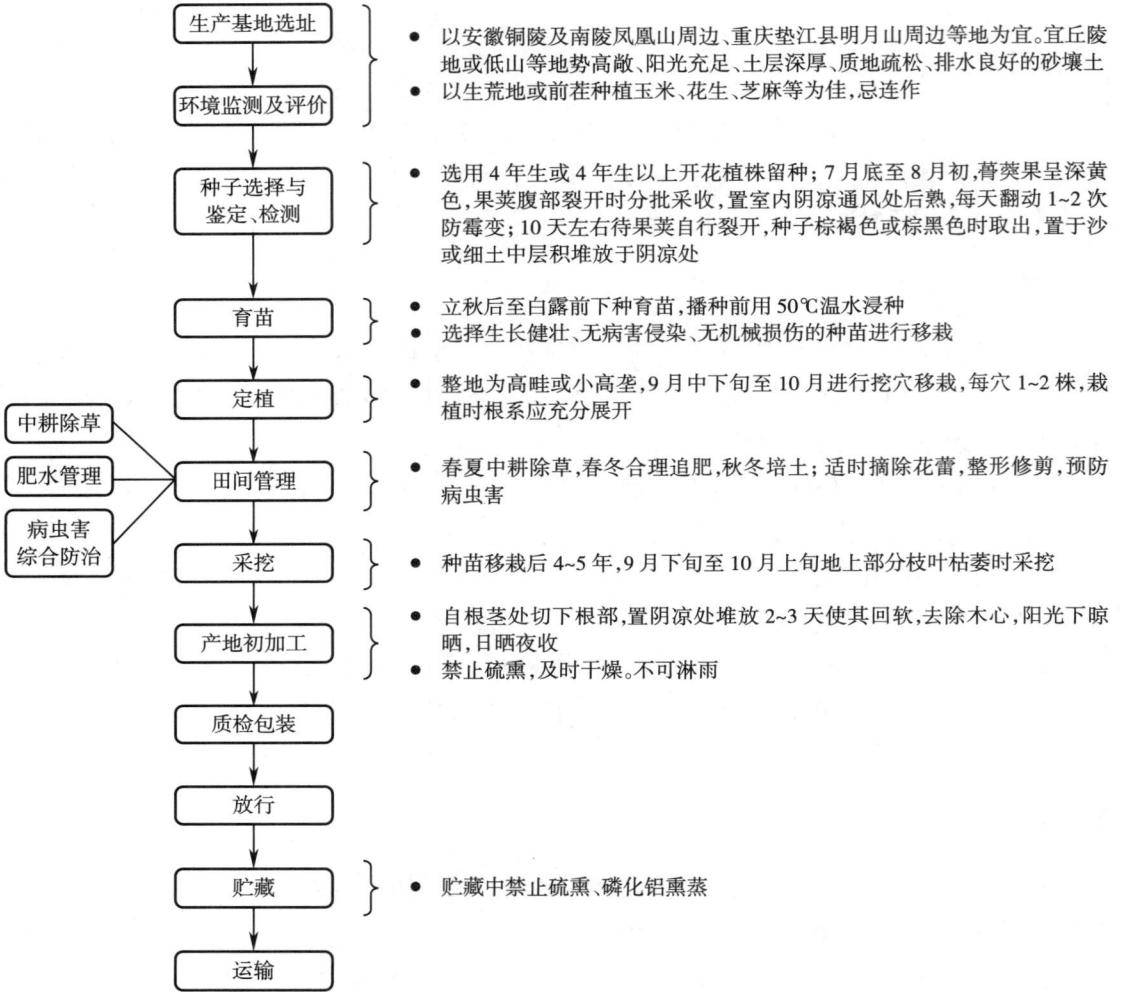

```
┌─────────────┐
│  生产基地选址  │
└─────────────┘
       ↓
┌─────────────┐
│  环境监测及评价 │
└─────────────┘
```
- 以安徽铜陵及南陵凤凰山周边、重庆垫江县明月山周边等地为宜。宜丘陵地或低山等地势高敞、阳光充足、土层深厚、质地疏松、排水良好的砂壤土
- 以生荒地或前茬种植玉米、花生、芝麻等为佳,忌连作

```
┌──────────────┐
│ 种子选择与      │
│ 鉴定、检测       │
└──────────────┘
```
- 选用 4 年生或 4 年生以上开花植株留种;7 月底至 8 月初,蓇葖果呈深黄色,果荚腹部裂开时分批采收,置室内阴凉通风处后熟,每天翻动 1~2 次防霉变;10 天左右待果荚自行裂开,种子棕褐色或棕黑色时取出,置于沙或细土中层积堆放于阴凉处

```
┌─────────────┐
│     育苗      │
└─────────────┘
```
- 立秋后至白露前下种育苗,播种前用 50℃温水浸种
- 选择生长健壮、无病害侵染、无机械损伤的种苗进行移栽

```
┌─────────────┐
│     定植      │
└─────────────┘
```
- 整地为高畦或小高垄,9 月中下旬至 10 月进行挖穴移栽,每穴 1~2 株,栽植时根系应充分展开

```
┌──────────┐       ┌─────────────┐
│ 中耕除草   │──┐    │    田间管理    │
└──────────┘  │    └─────────────┘
┌──────────┐  │
│ 肥水管理   │──┤
└──────────┘  │
┌──────────┐  │
│ 病虫害     │  │
│ 综合防治   │──┘
└──────────┘
```
- 春夏中耕除草,春冬合理追肥,秋冬培土;适时摘除花蕾,整形修剪,预防病虫害

```
┌─────────────┐
│     采挖      │
└─────────────┘
```
- 种苗移栽后 4~5 年,9 月下旬至 10 月上旬地上部分枝叶枯萎时采挖

```
┌─────────────┐
│   产地初加工   │
└─────────────┘
```
- 自根茎处切下根部,置阴凉处堆放 2~3 天使其回软,去除木心,阳光下晾晒,日晒夜收
- 禁止硫熏,及时干燥。不可淋雨

```
┌─────────────┐
│   质检包装    │
└─────────────┘
       ↓
┌─────────────┐
│     放行      │
└─────────────┘
       ↓
┌─────────────┐
│     贮藏      │
└─────────────┘
```
- 贮藏中禁止硫熏、磷化铝熏蒸

```
┌─────────────┐
│     运输      │
└─────────────┘
```

图 1　牡丹皮规范化生产流程图

5 牡丹皮规范化生产技术

5.1 生产基地选址

5.1.1 产地选择

牡丹皮传统道地产区为安徽铜陵及南陵凤凰山周边、重庆垫江县明月山周边等地,主产于安徽亳州、重庆垫江、山东菏泽、河南洛阳、湖南岳阳等地。

5.1.2 地块选择

牡丹生产基地要求大气、水质和土壤无污染,宜丘陵、低山或平原等地势稍高、阳光充足、土层深厚、质地疏松、排水良好的砂壤土。

牡丹怕涝、忌连作,一般须轮作5年以上土地才能使用,前茬以种植芝麻、花生、玉米为佳。育苗地以新开荒地为佳。

5.1.3 环境监测

基地的大气应符合GB 3095—2012《环境空气质量标准》的要求,水质应符合GB 5084《农田灌溉水质标准》的要求,土壤应符合GB 15618《土壤环境质量 农用地土壤污染风险管控标准(试行)》的要求,且要保证生长期间持续符合标准。

5.2 种质与种子

5.2.1 种质选择

选择毛茛科植物牡丹 Paeonia suffruticosa Andr. 的单瓣型,品种有凤丹(白花)或垫江牡丹(红花)等,种质须经过鉴定。

5.2.2 种子质量

选用当年采收的成熟种子,发芽率不低于80%,千粒重在200g以上。经检验符合相应标准。

5.2.3 良种繁育

选择移栽4年以上生长旺盛、发育健壮、无病虫害的优良单株为牡丹的制种母株,原则上每个枝条保留1~2朵花为宜,及时摘除枝条上过多或瘦弱的花蕾。当蓇葖果呈深黄色时采摘,置室内通风阴凉处,使种子在果荚内后熟,每天翻动1~2次,以避免堆积发热;待大部分果荚自行裂开,种子棕褐色或棕黑色时,剥下种子,置湿沙或细土,层积堆放于阴凉处,层积厚度不超过10cm。种子成熟后至播种前不可暴晒,否则会影响发芽率。

5.3 种植

5.3.1 育苗

5.3.1.1 种子育苗

立秋后至白露前下种育苗。每亩(1亩 ≈ 666.7m^2,下文同)地用种量30~35kg;播种前用50℃温水浸种24~30小时。按行距15~20cm开浅沟,沟深5~8cm;先在沟内施入适量有机肥,然后均匀播入种子。覆土与畦面平,淋水,再铺盖一层地膜。第二年开春解冻后,揭去地膜。幼苗生长期要经常拔草,松土保墒,于3—5月施腐熟的饼肥2~3次,并做好雨季排水和旱季灌溉工作。2~3年生苗可以移栽定植。

5.3.1.2 分株繁殖

重庆垫江地区一般立秋后采收牡丹皮的同时开展分株繁殖牡丹苗。选择生长5年以上、健壮、无病虫害的作为母株。将整株挖出后阴凉处放置2~3天,从根系纹理交接处分开,一般每3~4枝具有完整的根系和根茎交接处的萌蘖芽为1小株,用硫黄粉加少许泥土涂抹根切除处的伤口,然后及时定植。

5.3.2 定植

一般于处暑至霜降前进行,但以寒露前后为好,各地有异。栽前,将大小苗分开,分别移栽。栽植方法有两种:一种是"对花栽",即行间植株并排对齐移栽,适用于栽小苗;一种是

"破花栽",即行间植株交错移栽,适用于栽根较长的大苗和老苗。按行株距 50cm×40cm 挖穴,穴底打成斜坡。一般穴深 10cm 左右,长 20~25cm,每穴 2 株苗。下苗时根朝下,顶芽朝上,根在土中不卷曲。栽后覆土盖作物秸秆或草苫。每亩可栽 3250 穴左右。

5.3.3 田间管理

5.3.3.1 中耕除草

春夏两季,雨后应及时锄草松土。靠近根部的要小心浅锄,避免伤根,株丛中的草要用手拔去,距离牡丹根稍远的地方要深锄。锄草松土后要保持地表平整,尤其是要防止夏季高温后下暴雨,因地面凹凸不平而形成积水,造成烂根。

5.3.3.2 施肥追肥

开花时常可将花蕾剔除,春冬施肥 2 次,追肥以有机肥为主,化学肥料限量使用,鼓励使用经国家批准的菌肥及中药材专用肥。禁止使用壮根灵、膨大素等生长调节剂。

5.3.3.3 培土

每年秋冬季给根茎基部培土高 5cm 左右。培土与冬季追肥结合进行,所培新土以未种过牡丹并富含腐殖质的砂壤土为好。

5.3.3.4 水分管理

保持排水通畅,雨后及时排水,切忌雨后积水。持续高温干旱天气,应及时浇水灌溉,宜在早晚进行。

5.3.3.5 摘除花蕾

除留种田外,可将花蕾及时摘除。

5.3.3.6 田间套种

定植后的第 1~2 年可与芝麻、花生、豆类、玉米等套种,套种作物密度不宜过大。

5.3.3.7 整形修剪

定植 3 年以上的牡丹,进行整形修剪。根据定植密度和植株生长状况,在春季抹芽和秋季去除枯枝落叶同时进行整形修剪,方法有疏枝、抹芽和截枝 3 种方式。修剪后的植株应当枝条分布均匀,通风透光良好,每个枝条保留 1~2 个芽。

5.3.4 病虫害草害等防治

牡丹常见病害有叶斑病(红斑病 *Cladosporium paeoniae* Pass.)、白绢病[*Corticium rolfsii* (Sacc.) Curzi.]、根腐病(*Fusanium* sp.)、牡丹紫纹羽病(*Heliobasidium mampa* Tanaka.)、灰霉病(*Botryti spaeonia* Qudem.)、根结线虫病等,虫害主要有蛴螬、地蚕(小地老虎)等。

采用预防为主、综合防治的方法:轮作 5 年以上;有机肥必须充分腐熟;选用无病害感染、无机械损伤、表皮光滑的优质种苗,禁用带病种苗;及时清沟排水;发现病株及时拔除,集中销毁,每穴撒入草木灰 100g 或生石灰 200~300g,进行局部消毒;每年秋冬季及时清园。

采用化学防治时,应当符合国家有关规定。优先选用高效、低毒的生物农药;尽量避免使用除草剂、杀虫剂和杀菌剂等化学农药;不使用禁限用农药。

5.4 采挖

9 月下旬至 10 月上旬选择晴天采挖栽植 4~5 年的牡丹,先将植株四周的泥土刨开,后将根全部挖起,谨防伤根,抖去泥土,分大、小株进行加工。

5.5 产地初加工

将采挖的牡丹根堆放 2~3 天,待失水稍变软后,去掉须根,然后抽去中间木心,晒干,称为"连丹皮"(或"原丹皮")。

趁鲜用竹刀或碗片刮去外表栓皮,抽去木心,晒干,为"刮丹皮"。

根条较小,不易刮皮和抽心,可直接晒干,为"丹皮须"。

晾晒过程中须日晒夜收,避免淋雨、接触水分。

5.6 包装、放行、贮运

5.6.1 包装

按照国家标准对药材进行质量检验,合格者使用透气性良好的编织袋、麻袋等包装,或使用垫有防潮纸的木箱或纸箱进行包装。禁止采用包装过肥料、农药等包装材料的包装。一般每 50kg 为一个包装,密封,置阴凉干燥处。包装外贴或挂标签、合格证,标识牌内容应有药材名、基源、产地、批号、规格、重量、采收日期、企业名称等,并有追溯码。

5.6.2 放行

应制定符合企业实际情况的放行制度,有审核批生产、检验等的相关记录。不合格药材应单独处理,不予放行。

5.6.3 贮运

应贮存于阴凉干燥处,仓库控制温度在 20℃以下、相对湿度 75% 以下,定期检查,防止虫蛀、霉变、腐烂等。不同批次等级药材分区存放,定期检查。禁止使用磷化铝和硫黄熏蒸。

运输应防止发生混淆、污染、异物混入、包装破损、雨雪淋湿等。

附　录　A

（规范性）

禁限用农药名单

A.1　禁止（停止）使用的农药（46 种）

六六六、滴滴涕、毒杀芬、二溴氯丙烷、杀虫脒、二溴乙烷、除草醚、艾氏剂、狄氏剂、汞制剂、砷类、铅类、敌枯双、氟乙酰胺、甘氟、毒鼠强、氟乙酸钠、毒鼠硅、甲胺磷、对硫磷、甲基对硫磷、久效磷、磷胺、苯线磷、地虫硫磷、甲基硫环磷、磷化钙、磷化镁、磷化锌、硫线磷、蝇毒磷、治螟磷、特丁硫磷、氯磺隆、胺苯磺隆、甲磺隆、福美胂、福美甲胂、三氯杀螨醇、林丹、硫丹、溴甲烷、氟虫胺、杀扑磷、百草枯、2,4- 滴丁酯。

注：氟虫胺自 2020 年 1 月 1 日起禁止使用。百草枯可溶胶剂自 2020 年 9 月 26 日起禁止使用。2,4-滴丁酯自 2023 年 1 月 29 日起禁止使用。溴甲烷可用于"检疫熏蒸处理"。杀扑磷已无制剂登记。

A.2　在部分范围禁止使用的农药（20 种）

部分范围禁止使用的农药应注意药食同源中药材及来自其他作物的中药材。部分范围禁止使用的农药见表 A.1。

表 A.1　部分范围禁止使用的农药

通用名	禁止使用范围
甲拌磷、甲基异柳磷、克百威、水胺硫磷、氧乐果、灭多威、涕灭威、灭线磷	禁止在蔬菜、瓜果、茶叶、菌类、中草药材上使用,禁止用于防治卫生害虫,禁止用于水生植物的病虫害防治
甲拌磷、甲基异柳磷、克百威	禁止在甘蔗作物上使用
内吸磷、硫环磷、氯唑磷	禁止在蔬菜、瓜果、茶叶、中草药材上使用
乙酰甲胺磷、丁硫克百威、乐果	禁止在蔬菜、瓜果、茶叶、菌类和中草药材上使用
毒死蜱、三唑磷	禁止在蔬菜上使用
丁酰肼（比久）	禁止在花生上使用
氰戊菊酯	禁止在茶叶上使用
氟虫腈	禁止在所有农作物上使用（玉米等部分旱田种子包衣除外）
氟苯虫酰胺	禁止在水稻上使用

A.3　说明

本附录的内容来自 2019 年中华人民共和国农业农村部发布的《禁限用农药名录》（http://www.zzys.moa.gov.cn/gzdt/201911/t20191129_6332604.htm）。

附　录　B

（资料性）

药用牡丹常见病虫害防治的参考方法

表 B.1　药用牡丹常见病虫害防治的参考方法

病虫害名称	防治时期	推荐防治方法	安全间隔期/d
叶斑病	3—6 月	甲基硫菌灵灌根,按照农药标签使用	≥20
		代森铵灌根,按照农药标签使用	≥20
白绢病	4—6 月	前茬避免红薯、大豆	
		种苗栽种前使用福·福锌浸种芽 20min,按照农药标签使用	≥20
根腐病	8—10 月	多菌灵可湿性粉剂灌根,按照农药标签使用	≥20
		甲基硫菌灵灌根,按照农药标签使用	≥30
		多·硫悬浮剂灌根,按照农药标签使用	≥20
牡丹紫纹羽病	3—6 月	甲基硫菌灵灌根,按照农药标签使用	≥20
		代森铵灌根,按照农药标签使用	≥20
灰霉病	3—6 月	甲基硫菌灵灌根,按照农药标签使用	≥14
		代森铵灌根,按照农药标签使用	≥14
蛴螬	8—10 月	晶体敌百虫灌根,按照农药标签使用	≥7
		阿维菌素乳油灌根,按照农药标签使用	≥14
小地老虎	8—10 月	晶体敌百虫灌根,按照农药标签使用	≥7
		阿维菌素乳油灌根,按照农药标签使用	≥14

参考文献

[1] 彭华胜,王德群,彭代银,等.药用牡丹基原的考证和调查[J].中国中药杂志,2017,42(9):1632-1636.

[2] 范俊安,张艳,夏永鹏,等.重庆垫江牡丹皮生产历史与生产现状分析[J].中药材,2006(4):401-403.

[3] 邓爱萍,方文韬,谢冬梅,等.牡丹皮历代产地变迁及品质评价[J].中国现代中药,2017,19(6):880-885.

[4] 刘信秋,方成武,张伟,等.亳州谯城区栽培牡丹现状调查[J].现代中药研究与实践,2013,27(6):19-21.

[5] 方成武.安徽道地药材牡丹皮的采收及产地加工方法考察[J].中药材,2000,23(2):82-83.

[6] 方成武,刘晓龙,周安,等.安徽南陵凤丹皮最佳采收期的考察[J].现代中药研究与实践,2006(5):21-24.

[7] 苏勇,孟祥霄,钱广涛,等.药用牡丹和芍药无公害种植技术体系研究[J].世界科学技术-中医药现代化,2018,20(11):2088-2094.

[8] 陈士林,董林林,李西文,等.中药材无公害栽培生产技术规范[M].北京:中国医药科技出版社,2018.

[9] 王振学,孟庆峰,高秋美,等.牡丹皮无公害高产栽培技术[J].中国农技推广,2019,35(6):45-46.

ICS 65.020.20
CCS C 05

团 体 标 准

T/CACM 1374.78—2021

何首乌规范化生产技术规程

Code of practice for good agricultural practice of
Polygoni Multiflori Radix

2021-10-15 发布

2021-10-15 实施

中华中医药学会　发布

目　　次

前　　言

本文件按照 GB/T 1.1—2020《标准化工作导则　第 1 部分：标准化文件的结构和起草规则》的规定起草。

请注意本文件中的某些内容可能涉及专利。本文件的发布机构不承担识别专利的责任。

本文件由中国医学科学院药用植物研究所和昌昊金煌（贵州）中药有限公司提出。

本文件由中华中医药学会归口。

本文件起草单位：昌昊金煌（贵州）中药有限公司、贵州大学、重庆市中药研究院、黔草堂金煌（贵州）中药材种植有限公司、杭州华东医药集团贵州中药发展有限公司、施秉县清华中药材农民专业合作社、北京康仁堂药业有限公司、北京中医药大学、首都医科大学、上海上药华宇药业有限公司、清华德人西安幸福制药有限公司、中国医学科学院药用植物研究所、重庆市药物种植研究所。

本文件主要起草人：兰才武、李金玲、贺定翔、焦洪海、杨光明、李隆云、王华磊、刘红昌、江艳华、吴东、杨彦章、王钰、屠伦建、王清华、邓乔华、魏胜利、刘长利、张志强、宋嬿、刘红娜、魏建和、王文全、王秋玲、杨小玉、辛元尧、王苗苗。

何首乌规范化生产技术规程

1 范围

本文件确立了何首乌的规范化生产流程,规定了何首乌生产基地选址、种质、种苗繁育、种植、采收、产地初加工、包装、放行和贮运等阶段的操作要求。

本文件适用于何首乌的规范化生产。

2 规范性引用文件

下列文件的内容通过文中的规范性引用而构成本文件必不可少的条款。其中,注明日期的引用文件,仅该日期对应的版本适用于本文件;不注明日期的引用文件,其最新版本(包括所有的修改单)适用于本文件。

GB 3095　环境空气质量标准

GB 5084　农田灌溉水质标准

GB 5749　生活饮用水卫生标准

GB 15618　土壤环境质量　农用地土壤污染风险管控标准(试行)

T/CACM 1374.78—2021　中药材规范化生产技术规程通则　植物药材

3 术语和定义

T/CACM 1374.1—2021 界定的以及下列术语和定义适用于本文件。

3.1 规范化生产　good agricultural practice

按照《中药材生产质量管理规范》(简称中药材 GAP)的要求,实施药材生产,保证中药材优质安全的生产过程。

3.2 技术规程　code of practice

为实现中药材生产顺利、有序进行,保证中药材生产质量,对中药材生产的基地选址、种子种苗、种植或野生抚育、采收与产地初加工以及包装、放行与贮运等,所做的技术规定和要求,是实施中药材规范生产的核心技术要求和实施指南。

3.3 何首乌　Polygoni Multiflori Radix

本品为蓼科植物何首乌 *Polygonum multiflorum* Thunb. 的干燥块根。

3.4 首乌藤　Polygoni Multiflori Caulis

本品为蓼科植物何首乌 *Polygonum multiflorum* Thunb. 的干燥茎藤。

4 何首乌规范化生产流程图

何首乌规范化生产流程见图1。

何首乌规范化生产流程：

关键控制点及参数：

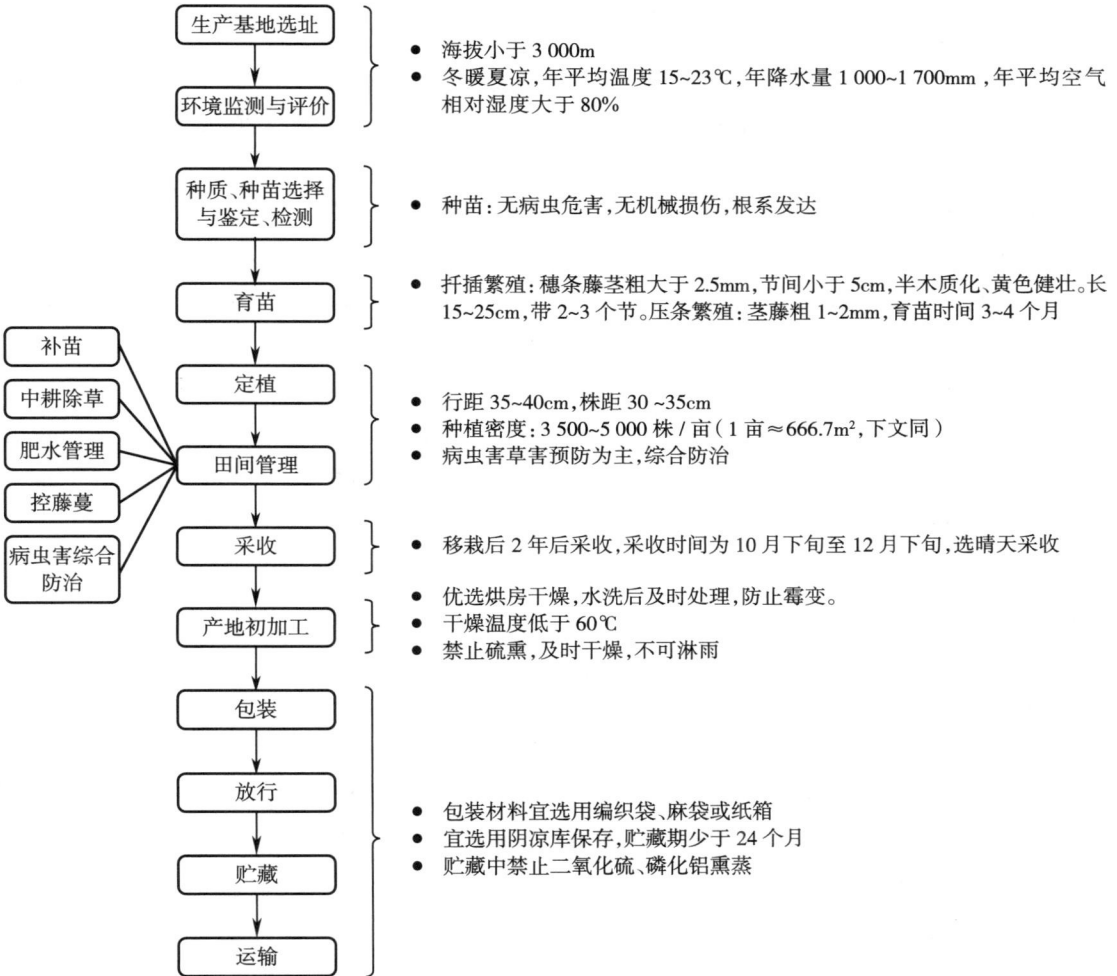

- 海拔小于3 000m
- 冬暖夏凉，年平均温度15~23℃，年降水量1 000~1 700mm，年平均空气相对湿度大于80%

- 种苗：无病虫危害，无机械损伤，根系发达

- 扦插繁殖：穗条藤茎粗大于2.5mm，节间小于5cm，半木质化、黄色健壮。长15~25cm，带2~3个节。压条繁殖：茎藤粗1~2mm，育苗时间3~4个月

- 行距35~40cm，株距30 ~35cm
- 种植密度：3 500~5 000株/亩（1亩≈666.7m²，下文同）
- 病虫害草害预防为主，综合防治

- 移栽后2年后采收，采收时间为10月下旬至12月下旬，选晴天采收

- 优选烘房干燥，水洗后及时处理，防止霉变。
- 干燥温度低于60℃
- 禁止硫熏，及时干燥，不可淋雨

- 包装材料宜选用编织袋、麻袋或纸箱
- 宜选用阴凉库保存，贮藏期少于24个月
- 贮藏中禁止二氧化硫、磷化铝熏蒸

图1　何首乌规范化生产流程图

5 何首乌规范化生产技术

5.1 生产基地选址

5.1.1 产地选择

适宜在贵州、广东、广西、重庆、四川、云南、福建、湖南、湖北、江西、安徽等地种植，种植基地宜选冬暖夏凉，年降水量1 000~1 700mm，年平均空气相对湿度大于80%，年均温度在15~23℃的地区。

5.1.2 地块选择

育苗地选择：温度条件好、偏酸性或微酸性壤土进行育苗，阴凉湿润、腐殖质含量较高的地方，必须有天然或人工设置的遮阴条件。

良种繁育田和定植地：选择土层深厚、排水良好、土壤疏松、肥沃、腐殖质含量高、阴凉潮湿的偏酸性或微酸性的壤土进行种植。土壤、水质应无污染。

5.1.3 环境监测

基地的大气、土壤和水样品的检测按照 GAP 要求，应符合相应国家标准，并保证生长期间持续符合标准。生产基地的空气检测参照 GB 3095、土壤检测参照 GB 15618、灌溉水检测参照 GB 5084。

5.2 种质与种子

5.2.1 种质选择

使用蓼科植物何首乌 *Polygonum multiflorum* Thunb.，物种须经过鉴定。如使用农家品种或选育品种应加以明确。

5.2.2 繁殖材料质量要求

扦插繁殖应选择当年生腋芽饱满、茎粗大于 2.5mm、节间小于 5cm 的半木质化黄色健壮藤茎；压条繁殖选择茎粗 1~2mm 健壮的藤条；繁殖材料均须无病虫危害，无病原菌孢子和虫卵。

5.3 种苗繁育

建立何首乌采穗圃，选育（培育）出抗性强、适应性广、质量优、产量稳的何首乌植株作采穗株，培育优良种苗。

5.3.1 扦插繁殖种苗

5.3.1.1 选地整地

选择地势平坦，土壤肥沃疏松透气，具有防涝、浇灌条件的地块作为育苗地，育苗前深翻土地 30cm 以上，在翻地时施入基肥，整细耙平，顺地势由高到低开厢，厢宽 1.2~1.5m。厢间开沟，沟深 20~25cm，沟宽 30~40cm，土地四周挖好排水沟，沟深 20~25cm。

5.3.1.2 扦插时间

扦插一般在秋末或春初进行，也可在夏季进行。

5.3.1.3 穗条的剪取和处理

选择的藤茎用剪刀按 15~25cm 长度剪成扦插条，每根保留 3~5 个节，上端剪成平口，下端剪斜口，上下端排放整齐，每 100 根扎成 1 把，扦插前可使用生长调节剂处理穗条。

5.3.1.4 扦插方法

按株距 3~5cm，行距 10~15cm 的密度进行扦插，扦插时在厢面上挖深 10~15cm 的沟，把穗条稍微倾斜排放在沟内，覆土压紧，确保形态学上端部分朝上。

5.3.1.5 苗圃排灌

扦插后适量浇水，使土壤湿润。雨季要注意防涝排水，避免田间积水。

5.3.1.6 苗圃遮阴

若天气干旱，须搭遮阳网遮阴，越冬期间若有凝冻须搭设塑料拱棚。

5.3.1.7 苗圃除草

双子叶杂草人工去除,单子叶杂草可用专杀单子叶杂草的除草剂去除。除草剂的使用应符合 GB 4285 的规定。

5.3.1.8 苗期打顶

苗期人工控制种苗高度小于 30cm。

5.3.1.9 苗期病虫害防治

何首乌苗期主要的病害有褐斑病、锈病等,主要的虫害有蚜虫、叶甲等。

应采用预防为主、综合防治的方法,何首乌主要病虫害种类及防控措施可参照附录 B 表B.1 执行。

采用化学防治时,应当符合国家有关规定;优先选用高效、低毒的生物农药;尽量避免使用除草剂、杀虫剂和杀菌剂等化学农药;不使用禁限用农药,农药使用参照 GB 4285。

5.3.1.10 起苗与贮运

在育苗当年秋季或次年春季的阴天进行,起苗时从厢面一端开始,用三齿锄挖起,抖净泥土,选择没有损伤、无病虫害的种苗。

取苗后,将种苗按 50~100 株打成捆,放入干净透气的容器中装好,放进低温、阴凉库暂存,暂存时间若超过 3 日需要进行假植。

运输工具应干燥、无污染,不与可能造成污染的货物混装。

5.3.2 压条繁殖

育苗时间为 3—4 月,把育苗地耙细整平后,选择健壮的茎粗 1~2mm 的藤茎,摘去多余的叶片,把藤茎横放于整平的地上,每隔 15~20cm 为一间隔段波状压条,在埋有藤茎的地块两旁挖深 20cm 的沟。压条后浇透水,待藤茎发芽与生根后,可参照扦插育苗开展除草、追肥、培土等田间管理。育苗至 7 月,种苗达到相应标准后即可起苗移栽。

5.4 种植

5.4.1 选地整地

应选择水质、大气、土壤环境无污染的平坝地域,田块集中成片,交通运输方便,远离城镇、医院、工矿企业、垃圾及废弃物堆积场等污染源。距离公路 80m 以外。

宜选前作无公害栽培田或旱地,深翻土地 30cm 以上,整细整平后,开厢理沟,厢宽70~120cm,沟宽 25~30cm,沟深 20~25cm,将厢面整成瓦背形。

5.4.2 种苗选择

选用无病害感染、机械损伤、根系发达,地径大于 2.5mm、株高 15~30cm、新生茎节数大于2 个的扦插种苗。亦可选择通过压条繁殖的种苗。

5.4.3 移栽时间

春季移栽在 3—4 月,夏季移栽在 7—8 月,秋季移栽在 10—11 月,选择阴天适时进行移栽。

5.4.4 移栽方法及密度

选择阴天,在整好的厢面上,按行距 35~40cm,株距 30~35cm 进行移栽。移栽时,用锄头挖穴后将苗斜着放入穴中,盖土压实,保持厢面平整,浇清水定根。种植密度为每亩 3 500~5 000 株。

为有效抑制移栽当年田间杂草,可在厢面铺防草膜或防草布后再打孔移栽。

5.4.5 补苗

移栽 15 日后进行田间观察,用同龄种苗进行补苗,补苗后及时浇水定根。

5.4.6 搭架控蔓

若需要采收首乌藤,须在移栽后搭设攀缘支架,生长期间应控制藤茎数量和长度。若不采收首乌藤,可不搭攀缘支架,让其匍匐生长,生长期亦须控制藤茎数量和长度,并适时翻转藤蔓,避免节上产生不定根。

高产栽培以搭架为宜。

5.4.7 除草

根据杂草发生情况,结合控蔓翻藤进行人工除草。

5.4.8 施肥

基肥和追肥均以有机肥或农家肥为主、化学肥料为辅。每年结合除草追肥 1~2 次,鼓励使用经国家批准的菌肥及中药材专用肥。追肥后须视厢面情况进行培土作业,培土厚度为 8~10cm。

禁止使用壮根灵、膨大素等生长调节剂用于增大何首乌块根。

5.4.9 除花蕾

在何首乌现蕾期,除去花蕾。

5.4.10 病虫害草害等防治

何首乌生长期间主要的病害有褐斑病、根腐病、锈病等;主要的虫害有蚜虫、叶甲、红脊长蝽等。

应采用预防为主、综合防治的方法,何首乌主要病虫害种类及防控措施可参照附录 B 表 B.1 执行。

采用化学防治时,应当符合国家有关规定;优先选用高效、低毒的生物农药;尽量避免使用除草剂、杀虫剂和杀菌剂等化学农药;不使用禁限用农药,禁止使用壮根灵、膨大素等生长调节剂用于增大何首乌块根。

5.5 采收

定植 2 年后可采收,采收期为 10 月下旬至 12 月下旬。采挖前,剪取粗度大于 0.5cm 的藤茎作首乌藤用。然后人工或机械挖出根部,抖去泥土,去除芦头、须根和病根后运回加工。

5.6 产地初加工

何首乌及首乌藤的产地初加工方法包括直接晒干法、烘干法。

直接晒干法:将何首乌块根分级、清洗后切块,将鲜茎藤切段后在日光下晒干。

烘干法:将何首乌块根分级、清洗后切块,将鲜茎藤切段后在 50~60℃条件下烘干。

清洗用水参照 GB 5749。

加工干燥过程保证场地、工具洁净,不受雨淋等。

5.7 包装、放行、贮运

5.7.1 包装

包装前应对每批药材按照国家标准进行质量检验。符合国家标准的药材,采用不影响质量的编织袋等包装,禁止采用包装过肥料、农药等的包装袋包装。包装外贴或挂标签、合格证,标识牌内容应有药材名、基源、产地、批号、规格、重量、采收日期、企业名称等,并有追溯码。

5.7.2 放行

应制定符合企业实际情况的放行制度,有审核批生产、检验等的相关记录。不合格药材不可放行,并有单独处理制度。

5.7.3 贮运

应贮存于阴凉干燥处,定期检查,防止虫蛀、霉变、腐烂、泛油等的发生。仓库控制温度在 20℃以下、相对湿度 75% 以下;不同批次等级药材分区存放;建有定期检查制度。禁止磷化铝和二氧化硫熏蒸。也可采用现代气调贮藏方法,包装或库内充氮或二氧化碳。

运输应防止发生混淆、污染、异物混入、包装破损、雨雪淋湿等。

附　录　A

（规范性）

禁限用农药名单

A.1　禁止（停止）使用的农药（46 种）

六六六、滴滴涕、毒杀芬、二溴氯丙烷、杀虫脒、二溴乙烷、除草醚、艾氏剂、狄氏剂、汞制剂、砷类、铅类、敌枯双、氟乙酰胺、甘氟、毒鼠强、氟乙酸钠、毒鼠硅、甲胺磷、对硫磷、甲基对硫磷、久效磷、磷胺、苯线磷、地虫硫磷、甲基硫环磷、磷化钙、磷化镁、磷化锌、硫线磷、蝇毒磷、治螟磷、特丁硫磷、氯磺隆、胺苯磺隆、甲磺隆、福美胂、福美甲胂、三氯杀螨醇、林丹、硫丹、溴甲烷、氟虫胺、杀扑磷、百草枯、2,4-滴丁酯。

注：氟虫胺自 2020 年 1 月 1 日起禁止使用。百草枯可溶胶剂自 2020 年 9 月 26 日起禁止使用。2,4-滴丁酯自 2023 年 1 月 29 日起禁止使用。溴甲烷可用于"检疫熏蒸处理"。杀扑磷已无制剂登记。

A.2　在部分范围禁止使用的农药（20 种）

部分范围禁止使用的农药应注意药食同源中药材及来自其他作物的中药材。部分范围禁止使用的农药见表 A.1。

表 A.1　部分范围禁止使用的农药

通用名	禁止使用范围
甲拌磷、甲基异柳磷、克百威、水胺硫磷、氧乐果、灭多威、涕灭威、灭线磷	禁止在蔬菜、瓜果、茶叶、菌类、中草药材上使用,禁止用于防治卫生害虫,禁止用于水生植物的病虫害防治
甲拌磷、甲基异柳磷、克百威	禁止在甘蔗作物上使用
内吸磷、硫环磷、氯唑磷	禁止在蔬菜、瓜果、茶叶、中草药材上使用
乙酰甲胺磷、丁硫克百威、乐果	禁止在蔬菜、瓜果、茶叶、菌类和中草药材上使用
毒死蜱、三唑磷	禁止在蔬菜上使用
丁酰肼（比久）	禁止在花生上使用
氰戊菊酯	禁止在茶叶上使用
氟虫腈	禁止在所有农作物上使用（玉米等部分旱田种子包衣除外）
氟苯虫酰胺	禁止在水稻上使用

A.3　说明

本附录的内容来自 2019 年中华人民共和国农业农村部发布的《禁限用农药名录》（http://www.zzys.moa.gov.cn/gzdt/201911/t20191129_6332604.htm）。

附　录　B

（资料性）

何首乌常见病虫害防治的参考方法

何首乌常见病虫害的防治方法见表 B.1。

表 B.1　何首乌常见病虫害的防治方法

病虫害名称	病原	防控措施	推荐药剂	施药方法
褐斑病	*Pestalotiopsis* sp.	（1）科学施肥：施足腐熟农家肥,增施磷、钾肥,适当补施微肥,少施或不施氮素化肥。 （2）改善田间管理：适当疏除过密藤蔓,改善通风透光条件,雨后及时清沟沥水。 （3）适期施药,合理选择药剂	氟硅唑,代森锰锌	喷雾,按照农药标签使用
根腐病	*Fusarium oxysporum*	（1）科学选地：选择排水良好,透水性好的土壤。 （2）采用抗病品种、轮作措施。 （3）加强田间管理：适当增施磷、钾肥,及时除草。 （4）适期施药,合理选择药剂	多菌灵·福美双,噁霜·锰锌,甲霜·噁霉灵	喷雾、灌根、种苗处理,按照农药标签使用
锈病	*Puccinia* sp.	（1）选用抗病品种。 （2）实行轮作。 （3）改善田间管理,及时清除植株病残及杂草,并及时处理。 （4）适期施药,合理选择药剂	吡唑醚菌酯,氟环唑,敌锈钠,粉锈灵	喷雾,按照农药标签使用
蚜虫	*Aphis nerii Boyerde* Fonscolombe	（1）田间挂黄板诱杀。 （2）释放蚜茧蜂。 （3）适期施药,合理选择药剂	阿维菌素,乙基多杀菌素,吡虫啉,吡蚜酮	喷雾,按照农药标签使用
叶甲	*Gallerucida ornatipennis* Duvivier	（1）改善田间管理,及时清除植株病残及杂草,并及时处理。 （2）适期施药,合理选择药剂	溴氰菊酯,辛硫磷,高效氟氯氰菊酯	喷雾,按照农药标签使用
红脊长蝽	*Tropidothorax elegans* Distant	（1）选用抗病品种。 （2）实行轮作。 （3）改善田间管理,及时清除植株病残及杂草,并及时处理。 （4）适期施药,合理选择药剂	阿维菌素,敌百虫,啶虫脒	喷雾,按照农药标签使用

参考文献

[1] 国家药典委员会.中华人民共和国药典:2020年版一部[M].北京:中国医药科技出版社,2020:232-233.

[2] 么历,程慧珍,杨智.中药材规范化种植(养殖)技术指南[M].北京:中国农业出版社,2006.

[3] 中国科学院中国植物志编辑委员会.中国植物志第二十五卷第一分册[M].北京:科学出版社,1998.

[4] 周荣汉.中药资源学[M].北京:中国医药科技出版社,1993.

[5] 赵致.何首乌研究[M].北京:科学出版社,2013.

[6] 陈建军,李金玲,赵致,等.钙镁元素缺乏对一年生何首乌块根矿质元素含量的影响[J].贵州农业科学,2014,42(1):33-35.

[7] 刘威,赵致,王华磊,等.不同肥水搭配对一年生何首乌品质的影响[J].广东农业科学,2013,40(18):46-48.

[8] 王华磊,赵致,李金玲,等.何首乌扦插育苗技术的正交试验研究[J].中华中医药杂志,2013,28(8):2440-2443.

[9] 李金玲,赵致,王华磊,等.氮素营养失调对一年生何首乌生物量的影响[J].中国现代中药,2013,15(3):203-206.

[10] 王华磊,李宗豫,赵致,等.不同栽培密度对何首乌块根及其品质的影响[J].贵州农业科学,2012,40(12):52-54.

[11] 胡继田,赵致,王华磊,等.不同水肥处理对何首乌几个栽培生理指标的影响研究[J].时珍国医国药,2012,23(11):2863-2866.

[12] 李金玲,熊寅森,赵致,等.钙镁元素缺乏对何首乌生长发育的影响[J].贵州农业科学,2012,40(11):68-70.

[13] 李宗豫,赵致,王华磊,等.覆盖物与萘乙酸对何首乌扦插苗移栽成活率及生长的影响[J].贵州农业科学,2012,40(3):32-34.

[14] 陈刚,赵致,王华磊,等.地膜覆盖对何首乌生长及其田间杂草防控效果的影响[J].山地农业生物学报,2013,32(1):92-94.

ICS 65.020.20
CCS C 05

团 体 标 准

T/CACM 1374.79—2021

皂角刺规范化生产技术规程

Code of practice for good agricultural practice of Gleditsiae Spina

2021-10-15 发布

2021-10-15 实施

中华中医药学会　发布

目　次

前　言

本文件按照 GB/T 1.1—2020《标准化工作导则　第 1 部分:标准化文件的结构和起草规则》的规定起草。

请注意本文件中的某些内容可能涉及专利。本文件的发布机构不承担识别专利的责任。

本文件由中国医学科学院药用植物研究所提出。

本文件由中华中医药学会归口。

本文件起草单位:贵州大学、贵州省现代中药材研究所、河南师范大学、织金县果蔬协会、织金县猫场镇黔织明光皂角米加工基地、中国医学科学院药用植物研究所、重庆市药物种植研究所。

本文件主要起草人:王华磊、张金霞、李建军、刘红昌、罗春丽、李金玲、罗夫来、黄明进、陈松树、李龙进、李丹丹、李启华、谢伟、汪佳维、杨玉婷、龙建吕、林洁、田亚、魏建和、王文全、王秋玲、杨小玉、辛元尧、王苗苗。

皂荚刺规范化生产技术规程

1 范围

本文件确立了皂角刺及大皂角、猪牙皂的规范化生产流程,规定了皂角刺及大皂角、猪牙皂生产基地选址、种质、种苗繁育、种植、采收、产地初加工、包装、放行和贮运等阶段的操作要求。

本文件适用于皂角刺及大皂角、猪牙皂的规范化生产。

2 规范性引用文件

下列文件的内容通过文中的规范性引用而构成本文件必不可少的条款。其中,注明日期的引用文件,仅该日期对应的版本适用于本文件;不注明日期的引用文件,其最新版本(包括所有的修改单)适用于本文件。

GB 3095 环境空气质量标准

GB/T 3543 农作物种子检验规程

GB 5084 农田灌溉水质标准

GB 5749 生活饮用水卫生标准

GB15618 土壤环境质量 农用地土壤污染风险管控标准(试行)

T/CACM 1374.1—2021 中药材规范化生产技术规程通则 植物药材

2020 年版《中华人民共和国药典》

3 术语和定义

T/CACM 1374.1—2021 界定的以及下列术语和定义适用于本文件。

3.1 规范化生产 good agricultural practice

按照《中药材生产质量管理规范》(简称中药材 GAP)的要求,实施药材生产,保证中药材优质安全的生产过程。

3.2 技术规程 code of practice

为实现中药材生产顺利、有序进行,保证中药材生产质量,对中药材生产的基地选址、种子种苗、种植或野生抚育、采收与产地初加工以及包装、放行与贮运等,所做的技术规定和要求,是实施中药材规范生产的核心技术要求和实施指南。

3.3 皂角刺 Gleditsiae Spina

豆科植物皂荚 *Gleditsia sinensis* Lam. 的干燥棘刺。

3.4　猪牙皂　Gleditsiae Fructus abnormalis

豆科植物皂荚 *Gleditsia sinensis* Lam. 的干燥不育果实。

3.5　大皂角　Gleditsiae Sinensis Fructus

豆科植物皂荚 *Gleditsia sinensis* Lam. 的干燥成熟果实。

4　皂荚刺规范化生产流程图

皂荚刺规范化生产流程见图 1。

皂荚刺规范化生产流程：　　　　　　　　　关键控制点及参数：

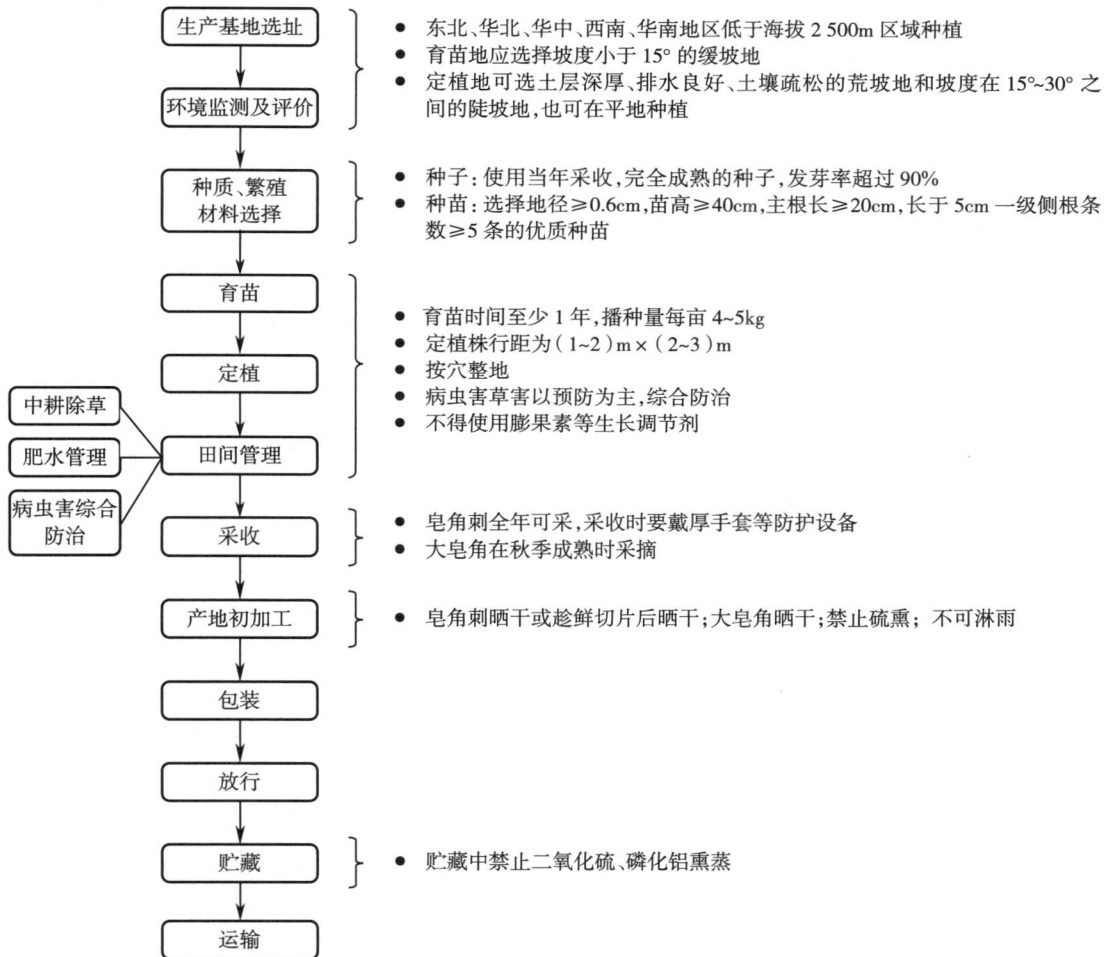

图 1　皂角刺的规范化生产流程图

5　皂荚刺规范化生产技术

5.1　生产基地选址

5.1.1　产地选择

适宜在东北、华北、华中、西南、华南地区低于海拔 2 500m 的区域种植,主要种植区在河南、贵州、山东、山西。育苗地选择在同样地区。

5.1.2 地块选择

育苗地应选择坡度小于 20° 的缓坡地、荒地或熟地,土壤以黄壤、黄棕壤、红壤、石灰土、褐土、娄土、潮土、砂姜黑土为宜,土层疏松肥沃,无积水。

良种繁育田和定植地可选土层深厚、排水良好、土壤疏松的荒坡地和坡度在 15°~30° 之间的陡坡地,也可在平地种植,土壤、水质无污染,pH 中性至弱碱性或弱酸性均可种植。

5.1.3 环境检测

基地的大气、土壤和水样品的检测按照 GAP 要求,且生产基地的空气质量应符合 GB 3095 规定的环境空气质量标准,灌溉水质量应符合 GB 5084 规定的农田灌溉水质标准,土壤质量应符合 GB 15618 的规定。

5.2 种质与种子

5.2.1 种质选择

使用豆科植物皂荚 *Gleditsia sinensis* Lam.,物种须经过鉴定。如使用农家品种或选育品种应加以明确。

5.2.2 种子质量

应使用当年采收,完全成熟的种子,发芽率超过 90%,千粒重 340~470g。按照 GB/T 3543 要求进行检验。

5.2.3 良种繁育

选择树龄 20 年以上、生长健壮、棘刺多、无明显的病虫危害症状的优良植株为采种母株。田间管理同药材生产。

在 10 月上旬—11 月下旬种子变为红褐色,成熟时采种。采种后要摊开曝晒,晒干后将荚果碾(砸)碎,去果皮,风选净种。种子阴干后装袋干藏。

5.3 种植

5.3.1 育苗

皂荚须育苗移栽种植,不可直播。育苗时,深翻土地 30cm 以上,随整地施入基肥,北方开沟作平畦,畦宽 1~1.2m,畦埂 15~25cm;南方开厢,厢面宽 1~1.2m,厢面高 15~25cm,厢沟宽 30cm。根据当地气候,一般 3 月上中旬—4 月下旬播种。育苗时间至少 1 年。播种量每亩(1 亩 ≈ 666.7m², 下文同)4~5kg。播种前须用浓硫酸腐蚀种皮,再用赤霉素浸种促进萌发,处理好的种子按行距 30cm,株距 8~10cm,沟深 7cm(子叶留于土中),播于厢面上,盖土 5cm。均匀覆盖秸秆等。

出苗后根据土壤保湿和出苗情况逐渐去除覆盖物,及时除草。去弱留强苗,株距以不小于 15cm 为宜。一般在定植前起苗,随起随栽,可在地上部落叶后或次年春季起苗,起苗时沿厢面一端起挖,注意不要损伤主根,根系须带一定量的土。

5.3.2 定植

栽种前按穴整地,株行距一般为(1~2)m×(2~3)m,穴规格 40cm×40cm×40cm,栽植穴内均匀施饼肥 50g,再用腐殖土填好。选择地径≥0.6cm,苗高≥40cm,主根长≥20cm,大于

5cm一级侧根条数≥5条的优质种苗在每年10—11月下旬（落叶后）至翌年3月发芽前定植,宜选阴天种植,但应避开严冬栽植。种植前,适当修剪苗木根。将苗木根放入生根粉水中浸泡12小时以上,促使苗木充分吸水。种植时扶正苗木,埋土至根际处,用手轻提苗木,使根系舒展,然后尽量踏实。种植后浇透定根水,上盖松土,最后用地膜覆盖。

5.3.3 田间管理

幼林抚育以除草、培土为主,每年生长季节进行除草2~3次,10月进行抚垦,抚垦不宜深挖,以免伤及幼树根系。造林后3年内的幼林留1m^2的树盘。

一年追肥2次,第一次在3月中旬,第二次在6月上中旬,以施有机肥为主,可兼施氮磷钾复合肥,年施肥量折合复合肥0.25~0.50kg/株。造林后1~3年的幼树,离幼树30.0cm处沟施;3年后,沿树冠投影线沟施。并根据土壤含水量情况及时浇水,雨季注意排水,避免积水。

第1~3年生长季节不做修剪,任其随意生长。当主干达到计划保留的干高时,冬季修剪时落头处理,以后每年对一年生枝条全部疏除,不再使主干延长。

不得使用膨果素等植物生长调节剂来增加果实重量。

5.3.4 病虫草害防治

皂荚常见病害有叶斑病、白粉病、立枯病、炭疽病、煤污病等,虫害主要有地老虎、皂荚食心虫、皂荚豆象、蚜虫、天牛、蚧虫等。防治方法见附录B。

应采用预防为主、综合防治的方法:①有机肥必须充分腐熟;②选用无病害感染、无机械损伤、侧根少、表皮光滑的优质种苗,禁用带病苗;③及时清沟排水;④发现病株及时拔除,集中销毁,每穴撒入草木灰100g或生石灰200~300g,进行局部消毒;⑤每年秋冬季及时清园。

采用化学防治时,应当符合国家有关规定;优先选用高效、低毒的生物农药;尽量避免使用除草剂、杀虫剂和杀菌剂等化学农药;不使用禁限用农药（附录A）。

5.4 采收

皂角刺:定植后第二年就可采收,以后每年均可采收。全年可采,9月为最佳采收期。在采收时,要戴厚手套等防护设备,用剪刀逐刺剪下,或者购置全机械化皂角刺采摘机采集,采收后要注意清理田间遗漏的枝刺,避免扎伤。

大皂角:定植8~10年后开始采果,在秋季成熟时采摘,9—10月为最佳采收期。采摘时带上防护,用高枝剪将果实剪下。

猪牙皂:定植8~10年后开始采果,在秋季成熟时采摘,9—10月为最佳采收期。采摘时带上防护,用高枝剪将果实剪下。

5.5 产地初加工

皂角刺:剪下后可直接阴干,或趁鲜切片后阴干。

大皂角:剪下后直接阴干。

猪牙皂:剪下后直接阴干。

禁止硫熏。加工干燥过程保证场地、工具洁净,不受雨淋等。

5.6 包装、放行、贮运

5.6.1 包装

包装前应对每批药材按照《中华人民共和国药典》标准进行质量检验。符合国家标准的药材,采用编织袋、麻袋等包装,禁止采用包装过肥料、农药等的包装袋包装。包装外贴或挂标识牌、合格证,标识牌内容应有药材名、基源、产地、批号、规格、重量、采收日期、生产企业名称等,并有追溯码。

5.6.2 放行

应制定符合企业实际情况的放行制度,有审核批生产、检验等的相关记录。不合格药材有单独处理制度。

5.6.3 贮运

应贮存于阴凉干燥处,也可采用现代气调贮藏方法,包装或库内充氮或二氧化碳,仓库控制温度在 20℃以下、相对湿度 75% 以下。不同批次等级药材分区存放。在库应定期检查,防止虫蛀、霉变、泛油等的发生。禁止磷化铝和二氧化硫熏蒸。

运输应防止发生混淆、污染、异物混入、包装破损、雨雪淋湿等。

附　录　A

（规范性）

禁限用农药名单

A.1　禁止（停止）使用的农药（46 种）

六六六、滴滴涕、毒杀芬、二溴氯丙烷、杀虫脒、二溴乙烷、除草醚、艾氏剂、狄氏剂、汞制剂、砷类、铅类、敌枯双、氟乙酰胺、甘氟、毒鼠强、氟乙酸钠、毒鼠硅、甲胺磷、对硫磷、甲基对硫磷、久效磷、磷胺、苯线磷、地虫硫磷、甲基硫环磷、磷化钙、磷化镁、磷化锌、硫线磷、蝇毒磷、治螟磷、特丁硫磷、氯磺隆、胺苯磺隆、甲磺隆、福美胂、福美甲胂、三氯杀螨醇、林丹、硫丹、溴甲烷、氟虫胺、杀扑磷、百草枯、2,4-滴丁酯。

注：氟虫胺自 2020 年 1 月 1 日起禁止使用。百草枯可溶胶剂自 2020 年 9 月 26 日起禁止使用。2,4-滴丁酯自 2023 年 1 月 29 日起禁止使用。溴甲烷可用于"检疫熏蒸处理"。杀扑磷已无制剂登记。

A.2　在部分范围禁止使用的农药（20 种）

部分范围禁止使用的农药应注意药食同源中药材及来自其他作物的中药材。部分范围禁止使用的农药见表 A.1。

表 A.1　部分范围禁止使用的农药

通用名	禁止使用范围
甲拌磷、甲基异柳磷、克百威、水胺硫磷、氧乐果、灭多威、涕灭威、灭线磷	禁止在蔬菜、瓜果、茶叶、菌类、中草药材上使用，禁止用于防治卫生害虫，禁止用于水生植物的病虫害防治
甲拌磷、甲基异柳磷、克百威	禁止在甘蔗作物上使用
内吸磷、硫环磷、氯唑磷	禁止在蔬菜、瓜果、茶叶、中草药材上使用
乙酰甲胺磷、丁硫克百威、乐果	禁止在蔬菜、瓜果、茶叶、菌类和中草药材上使用
毒死蜱、三唑磷	禁止在蔬菜上使用
丁酰肼（比久）	禁止在花生上使用
氰戊菊酯	禁止在茶叶上使用
氟虫腈	禁止在所有农作物上使用（玉米等部分旱田种子包衣除外）
氟苯虫酰胺	禁止在水稻上使用

A.3　说明

本附录的内容来自 2019 年中华人民共和国农业农村部发布的《禁限用农药名录》（http://www.zzys.moa.gov.cn/gzdt/201911/t20191129_6332604.htm）。

附 录 B
（资料性）
皂角刺常见病虫害防治的参考方法

皂角刺常见病虫害药剂防治的参考方法参见表 B.1。

表 B.1 皂角刺常见病虫害药剂防治的参考方法

病虫害名称	防治时期	推荐防治方法	安全间隔期 /d
叶斑病	7—9 月	波尔多液喷施,按照农药标签使用	≥7
白粉病	5—8 月	嘧啶核苷类抗菌素喷施,按照农药标签使用	≥7
		多抗霉素喷施,按照农药标签使用	≥15
		百菌清喷施,按照农药标签使用	≥14
立枯病	4—10 月	木霉菌喷施,按照农药标签使用	≥7
		小檗碱喷施,按照农药标签使用	≥7
		嘧菌酯喷施,按照农药标签使用	≥14
		氰霜唑喷施,按照农药标签使用	≥14
地老虎	8—10 月	敌百虫毒饵诱杀,按照农药标签使用	≥7
蚜虫	4—6 月	苦参碱喷施,按照农药标签使用	≥7
		除虫菊素喷施,按照农药标签使用	≥3
		吡虫啉喷施,按照农药标签使用	≥7
		噻虫嗪喷施,按照农药标签使用	≥7
蛴螬	8—10 月	敌百虫灌根,按照农药标签使用	≥7
		阿维菌素灌根,按照农药标签使用	≥14

参考文献

［1］范定臣.中原地区皂荚栽培技术［M］.郑州:黄河水利出版社,2015.

［2］魏蓉.皂荚虫害防治技术［J］.现代农业研究,2019(9):83-84.

［3］曹修翠,李跃.皂荚树育苗及栽植技术［J］.西北园艺(综合),2019(2):32-33.

［4］皂荚良种选育及野皂荚低效林改造技术研究［J］.山西林业科技,2018,47(1):2.

［5］郭绍波,张铭望,史亚芳.皂荚采刺林栽培技术［J］.乡村科技,2018(6):92-93.

［6］骆玉平,刘淑玲,底明晓,等.皂荚种子催芽技术试验研究［J］.河南林业科技,2014,34(3):19-21.

［7］兰彦平,顾万春.北方地区皂荚种子及荚果形态特征的地理变异［J］.林业科学,2006(7):47-51.

［8］张风娟,徐兴友,孟宪东,等.皂荚种子休眠解除及促进萌发［J］.福建林学院学报,2004(2):175-178.

［9］李建军,尚星晨,马静潇,等.大皂角发育过程形态特征变化规律与总皂苷、刺囊酸积累动态研究［J］.中药材,2018,41(6):1323-1327.

［10］李建军,尚星晨,马静潇,等.皂角刺发育过程形态特征变化规律与槲皮素、总多酚积累动态研究［J］.中国中药杂志,2018,43(16):3249-3254.

［11］李伟,林富荣,郑勇奇,等.皂荚天然群体间种实表型特性及种子萌发的差异分析［J］.植物资源与环境学报,2013,22(4):70-75.

［12］胡国珠,武来成,谢双喜,等.不同岩性土壤对皂荚幼树生长及生物量的影响［J］.南京林业大学学报(自然科学版),2008(3):35-38.

ICS 65.020.20
CCS C 05

团 体 标 准

T/CACM 1374.80—2021

佛手规范化生产技术规程

Code of practice for good agricultural practice of
Citri Sarcodactylis Fructus

2021-10-15 发布 2021-10-15 实施

中华中医药学会 发布

目　次

前　言

本文件按照 GB/T 1.1—2020《标准化工作导则　第 1 部分：标准化文件的结构和起草规则》的规定起草。

请注意本文件中的某些内容可能涉及专利。本文件的发布机构不承担识别专利的责任。

本文件由中国医学科学院药用植物研究所、重庆市中药研究院、四川省中医药科学院和广州白云山中一药业有限公司提出。

本文件由中华中医药学会归口。

本文件起草单位：重庆市中药研究院、四川省中医药科学院、广州白云山中一药业有限公司、中国医学科学院药用植物研究所、重庆市药物种植研究所。

本文件主要起草人：李隆云、崔广林、宋旭红、梅鹏颖、谭均、李青苗、王晓宇、伍秀珠、魏建和、王文全、王秋玲、杨小玉、辛元尧、王苗苗。

佛手规范化生产技术规程

1 范围

本文件确立了佛手的规范化生产流程,规定了佛手生产基地选址、种质、种苗繁育、种植、采收、产地初加工、包装、放行和贮运等阶段的操作要求。

本文件适用于佛手的规范化生产。

2 规范性引用文件

下列文件的内容通过文中的规范性引用而构成本文件必不可少的条款。其中,注明日期的引用文件,仅该日期对应的版本适用于本文件;不注明日期的引用文件,其最新版本(包括所有的修改单)适用于本文件。

GB 3095 环境空气质量标准

GB 5084 农田灌溉水质标准

GB 15618 土壤环境质量 农用地土壤污染风险管控标准(试行)

T/CACM 1374.1—2021 中药材规范化生产技术规程通则 植物药材

3 术语和定义

T/CACM 1374.1—2021 界定的以及下列术语和定义适用于本文件。

3.1 修剪 pruning

剪除植株营养器官的一部分,以调整树冠结构和更新枝类组成的技术措施。

3.2 规范化生产 good agricultural practice

按照《中药材生产质量管理规范》(简称中药材 GAP)的要求,实施药材生产,保证中药材优质安全的生产过程。

3.3 技术规程 code of practice

为实现中药材生产顺利、有序进行,保证中药材生产质量,对中药材生产的基地选址、种子种苗、种植或野生抚育、采收与产地初加工以及包装、放行与贮运等,所做的技术规定和要求,是实施中药材规范生产的核心技术要求和实施指南。

4 佛手规范化生产流程图

佛手规范化生产流程见图 1。

佛手规范化生产流程：

关键控制点及参数：

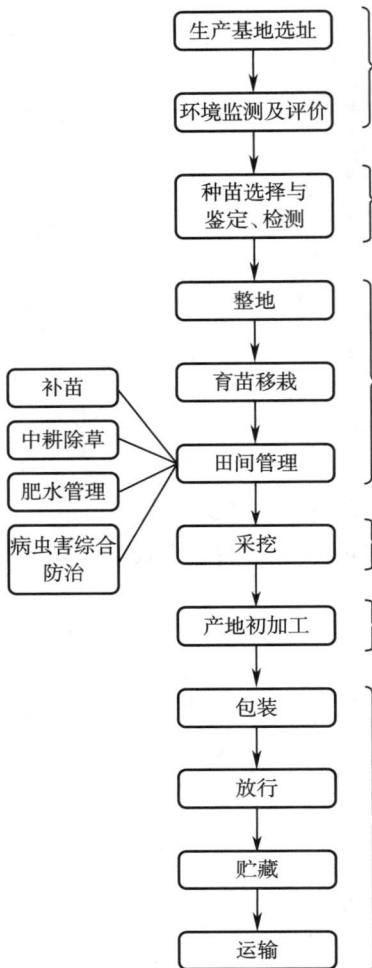

图1 佛手的规范化生产流程图

5 佛手规范化生产技术

5.1 生产基地选址

5.1.1 产地选择

适宜在长江以南重庆、四川、广东、广西等地种植。广佛手主产于广东肇庆地区，包括高要、德庆等地，多种植在海拔300~500m的丘陵地带。川佛手主要分布在四川盆地边缘地区，主产于四川泸州、内江、合江、宜宾、沐川、犍为、乐山及重庆江津、云阳、石柱等地，适宜生长于海拔800m以下的平原、谷地和丘陵地带。

5.1.2 地块选择

喜温暖湿润气候，土质疏松、排水良好、富含腐殖质的壤土或砂壤土，忌积水。育苗地应选择避风向阳、土层深厚（30cm以上）、土壤肥沃、土质疏松、能排能灌、较平整的缓坡砂壤土。

定植地应选阳光充足、地势较平缓、排水良好、土层深厚、土壤疏松、腐殖质含量高的壤土或砂壤土,周围无污染源的地方作种植地。

5.1.3 环境监测

生产基地的空气质量应符合 GB 3095 规定的环境空气质量标准,灌溉水质量应符合 GB 5084 规定的农田灌溉水质标准,土壤质量应符合 GB 15618 的规定。

5.2 种质与种子

5.2.1 种质选择

使用芸香科植物佛手 *Citrus medica* L. var. *sarcodactylis* Swingle,物种须经过鉴定。如使用农家品种或选育品种应加以明确。

5.2.2 种苗质量

以 1 年生种苗为主,选用株高 60cm 以上、地径 1.0cm 以上,叶片数大于 25 片、根系发达和完整的种苗。经检验符合相应标准。

5.3 种植

5.3.1 育苗

除净土中的杂草和草根,顺雨水走向的坡向作厢,厢宽 1.3m,沟深 20cm,沟宽 20~30cm。根据地形开横沟,开厢后将厢内的土壤整细,厢面整平。育苗地四周挖 20~30cm 深的沟排水。以春梢萌发前(3月上旬)扦插为好,也可在 9—10 月间进行。以采用 7 年生左右、生长旺盛、无病虫害的健壮母树枝条扦插为宜。将母树枝条剪取约 15cm 长,具有 3~5 个芽眼,除去枝上的刺,上端剪平,下端削成呈 45° 的斜面。扦插株行距为 10cm×25cm,插条入土约 2/3,插后覆土压紧,土干者要淋水。扦插枝条生根长出新叶后,苗期亩(1亩 ≈ 666.7m², 下文同)施用尿素 10~15kg、复合肥 15~25kg。育苗期间,出现烈日或温度过高,应及时搭设遮阳网。冬季遇低温天气要搭棚越冬,防止霜冻。佛手苗在新梢 20cm 时,抹去弱梢,仅留一壮梢作为主干,并炼苗。

5.3.2 定植

定植前,按行株距挖坑,窝径 0.5~0.8m,深 0.5~0.8m。先填熟土一半,然后每穴施腐熟的厩肥、堆肥等土杂肥 10~15kg 或每穴施腐熟的鸡、牛粪 10~25kg,过磷酸钙 1kg,与细土拌匀,和原土拌匀后回填;酸性土壤可将生石灰 1kg 与基肥拌匀;或坑内埋 2kg 干杂草,少量磷肥,粪水淋透,盖土腐熟。农家肥应充分腐熟栽植。栽时避免肥料与根直接接触。秋季栽植一般在 9—10 月,春植在 2—3 月,以秋植效果较好。秋季栽植注意保暖,栽完后用杂草或杂草覆盖在穴两边。每穴种植 1 株,使须根向四周扩展,最后覆土稍高于地面。定植株行距(1.5~2.5)m×(2.5~3)m,亩植 110~170 株,以 150 株左右为宜,原则上肥地稀植、瘦地密植。栽后要淋透定根水。

5.3.3 田间管理

头三年植株矮小间距大,为减少杂草丛生可合理立体种植农作物或 1~3 年矮秆药材。盛果期以钾、磷肥为主;钾、氮、磷的比例为 5:3:1。应以农家肥为主,化肥为辅。鼓励使用经国家批准的菌肥及佛手专用肥。一年中基肥占全年施肥量的 50%,春肥占 20%、夏肥占

30%。偏碱性土壤上注意对铁肥的补充。

第一年施化肥,分别在春、夏、秋抽梢前每株施用氮肥含量高的复合肥100~150g,一般每隔3个月施1次。第二年施钾磷含量高的复合肥3次,即在花前(3—4月)施1次,施肥量为每株200~250g,第二、三次分别在6—7月和11月各施1次,施肥量和肥料种类同第1次。第三年施肥次数、肥种、施肥期同第二年,施肥量每株每次300g左右。

盛果期一般每年施4~5次。2月底或3月上旬萌芽前施肥一次,以腐熟猪粪水及速效化肥(尿素或复合肥)为主,每株施腐熟人畜粪水5~8kg;4月盛花期每株施腐熟鸡、牛粪5kg,尿素0.3~0.5kg,0.5kg过磷酸钙混合加水100倍;7月中下旬稳果施肥一次,以复合肥为主,每株施有机复合肥1~2kg;9—10月采果后,每株用腐熟鸡、牛粪10kg,复合肥1kg。越冬前清理园地后,宜施一次厩肥,有保温作用,也为来年萌发提供养料。

整形:吊枝时期为8月下旬—9月上旬,使着生的第1~2个侧枝角度加大到60°~80°,第3~4个侧枝角度加大到50°~60°,拉枝、吊枝的持续时间一般为30~40天,到期即可放枝。整枝:定植当年,留一个主干,主干上留3~5个壮芽,顶端部分剪去,使将来形成3~5个基本分枝。即当幼树主干高40~60cm时进行摘心或剪顶,剪口芽以下15~20cm为整形带,整形带以下即为主干,以后主干上萌发的枝、芽及时抹除,有花蕾要全部摘除,以促发分枝,当分枝长20~30cm时,选留方位恰当、分布均匀、长势健壮的4~5个分枝作主枝,其余抹除,在透光好的情况下,尽量保留枝叶扩大树冠,5—6月在分枝长20~30cm时,进行第二次剪顶,使每条主枝能抽发3~4个分枝作一级侧枝,7月下旬—8月上旬第二次分枝长20~30cm时,进行第三次剪顶促发秋梢,气温低的地区10月以后长出的晚秋梢一律剪除。结果树在11—12月修剪1次,次年4—5月再修剪1次。修剪中将过密细弱枝、少叶丛生枝、交叉枝、徒长枝、伤残枝、下垂枝、病虫枝剪除。树冠高度控制在1.5~2m。定植前2年在4—5月产生早花应全部抹去。4—6月下旬前后开的花,每一短枝上留1~2朵,每花序只保留2~4个发育良好的完全花,其余的疏除。4—6月下旬前后开的花,每一短枝上留1~2朵,每花序只保留2~4个发育良好的完全花,其余的疏除。

禁止使用壮果灵、膨大素等生长调节剂用于增大佛手果实。

5.3.4 病虫害防治

佛手的主要病害有炭疽病等,虫害有潜叶蛾、红蜘蛛、介壳虫等。

应采用预防为主、综合防治的方法:有机肥必须充分腐熟;选用无病害感染、无机械损伤的优质种苗,禁用带病苗;及时清沟排水;发现病株及时拔除,集中销毁,每穴撒入草木灰10g或生石灰200~300g,进行局部消毒;每年秋冬季及时清园。

采用化学防治时,应当符合国家有关规定;优先选用高效、低毒的生物农药;尽量避免使用除草剂、杀虫剂和杀菌剂等化学农药;不使用禁限用农药(附录A)。病虫害防治药剂可参照附录B。

5.4 采收

在植株结果年限内均可采收。在8月底—10月陆续成熟。果实从8月起陆续成熟,当果皮由绿开始变浅黄绿色、黄白或金黄色,表皮细孔消失,皮色嫩薄呈现光亮,并有特殊芳香气时,选晴天用剪刀从果柄处剪下,到冬季采收完为止。雨天、阴天和早晨露水未干时不能采收。

5.5 产地初加工

产地初加工方法包括直接晒干法、烘干法。

直接晒干法:纵切,切制厚度为6mm左右,切面朝上,日晒夜露,直至全干。

烘干法:可采用各种设施,烘干温度不应超过60℃。在烘干过程中,降温翻动4次,直至足干,一般2天即可烘干。鲜品未能及时干燥须放置阴凉库存放。

严禁烟熏、硫熏、高温烘烤,以免降低品质和药效。

5.6 包装、放行、贮运

5.6.1 包装

包装前应对每批药材按照国家标准进行质量检验。符合国家标准的药材,采用不影响质量的编织袋等包装,禁止采用包装过肥料、农药等的包装袋包装。包装外贴或挂标签、合格证,标识牌内容应有药材名、基源、产地、批号、规格、重量、采收日期、企业名称等,并有追溯码。

5.6.2 放行

应制定符合企业实际情况的放行制度,有审核批生产、检验等的相关记录。不合格药材有单独处理制度。

5.6.3 贮运

应贮存于阴凉干燥处,定期检查,防止虫蛀、霉变、腐烂等的发生。挥发油包装和仓储需采取防串味措施。仓库控制温度在20℃以下、相对湿度75%以下;不同批次等级药材分区存放;建有定期检查制度。禁止磷化铝和二氧化硫熏蒸。也可采用现代气调贮藏方法,包装或库内充氮或二氧化碳。

运输应防止发生混淆、污染、异物混入、包装破损、雨雪淋湿等。

附 录 A

（规范性）

禁限用农药名单

A.1 禁止（停止）使用的农药（46种）

六六六、滴滴涕、毒杀芬、二溴氯丙烷、杀虫脒、二溴乙烷、除草醚、艾氏剂、狄氏剂、汞制剂、砷类、铅类、敌枯双、氟乙酰胺、甘氟、毒鼠强、氟乙酸钠、毒鼠硅、甲胺磷、对硫磷、甲基对硫磷、久效磷、磷胺、苯线磷、地虫硫磷、甲基硫环磷、磷化钙、磷化镁、磷化锌、硫线磷、蝇毒磷、治螟磷、特丁硫磷、氯磺隆、胺苯磺隆、甲磺隆、福美胂、福美甲胂、三氯杀螨醇、林丹、硫丹、溴甲烷、氟虫胺、杀扑磷、百草枯、2,4-滴丁酯。

注：氟虫胺自2020年1月1日起禁止使用。百草枯可溶胶剂自2020年9月26日起禁止使用。2,4-滴丁酯自2023年1月29日起禁止使用。溴甲烷可用于"检疫熏蒸处理"。杀扑磷已无制剂登记。

A.2 在部分范围禁止使用的农药（20种）

部分范围禁止使用的农药应注意药食同源中药材及来自其他作物的中药材。部分范围禁止使用的农药见表A.1。

表A.1 部分范围禁止使用的农药

通用名	禁止使用范围
甲拌磷、甲基异柳磷、克百威、水胺硫磷、氧乐果、灭多威、涕灭威、灭线磷	禁止在蔬菜、瓜果、茶叶、菌类、中草药材上使用,禁止用于防治卫生害虫,禁止用于水生植物的病虫害防治
甲拌磷、甲基异柳磷、克百威	禁止在甘蔗作物上使用
内吸磷、硫环磷、氯唑磷	禁止在蔬菜、瓜果、茶叶、中草药材上使用
乙酰甲胺磷、丁硫克百威、乐果	禁止在蔬菜、瓜果、茶叶、菌类和中草药材上使用
毒死蜱、三唑磷	禁止在蔬菜上使用
丁酰肼（比久）	禁止在花生上使用
氰戊菊酯	禁止在茶叶上使用
氟虫腈	禁止在所有农作物上使用（玉米等部分旱田种子包衣除外）
氟苯虫酰胺	禁止在水稻上使用

A.3 说明

本附录的内容来自2019年中华人民共和国农业农村部发布的《禁限用农药名录》（http://www.zzys.moa.gov.cn/gzdt/201911/t20191129_6332604.htm）。

附 录 B

（资料性）

佛手主要病虫害防治的参考方法

佛手主要病虫害防治的参考方法参见表 B.1。

表 B.1 佛手主要病虫害防治的参考方法

序号	防治对象	推荐药剂及使用时期、方法	其他防治方法
1	炭疽病	发病前喷 1∶1∶150 波尔多液，保护新梢生长；发病时喷代森锰锌液等防治。施用按照农药标签使用	4 月始发，6—8 月盛发，10 月后停止发展。主要为害叶，也可侵染枝和果。结合冬季整枝，清除枯枝落叶，集中烧毁或沤肥
2	介壳虫	5% 枝条或叶片发现有若虫时进行防治。以冬治为主，其次抓住 5 月上、中旬幼蚧未固定时（爬虫期），有针对性地均匀喷药杀灭。喷洒松脂合剂灭杀（可兼治梨圆蚧和黄糠片蚧）。施用按照农药标签使用	若虫和雌虫危害枝叶。被害处形成黄斑，并引起佛手煤污病。保护天敌瓢虫。在 2—3 月虫卵孵化前剪除虫枝烧毁，成虫出现后，人工捕杀雌成虫。冬季剪除虫害枯枝，并喷药防治，使虫口基数降低
3	红蜘蛛	春、秋季喷杀红蜘蛛时，坚持达到一定虫口密度时才喷药（对佛手，平均每片叶有 5 只虫以上时才喷），或进行挑治（危害达到指标的植株才喷，未达到不喷），喷时力求细致，喷湿喷透，并交替使用不同药剂。可选药剂：石硫合剂（春、秋季用 0.3~0.5 波美度，冬季用 1~2 波美度）、胶体硫、阿维菌素乳油。施用按照农药标签使用	生物防治与化学防治结合，在冬季清园喷较高浓度的石硫合剂防病治虫基础上，注意利用捕食螨控制红蜘蛛。在越冬卵孵化前刮树皮并集中烧毁，刮皮后在树干涂白（石灰水）杀死大部分越冬卵。清除地面杂草。用无毒不干粘虫胶在树干中涂一个闭合粘胶环阻止红蜘蛛向树上转移
4	线虫	在成虫高峰期喷药并应在傍晚进行。但对已潜入嫩叶的低龄幼虫则一般中午药效较高。在放梢期隔 3~5 天喷药一次，连续 5~6 次，直到新梢老熟。每次抽新梢时、发病期喷晶体敌百虫、溴氰菊酯、阿维菌素等防治。施用按照农药标签使用	控梢和统一放梢

ICS 65.020.20
CCS C 05

团 体 标 准

T/CACM 1374.81—2021

余甘子规范化生产技术规程

Code of practice for good agricultural practice of Phyllanthi Fructus

2021-10-15 发布

2021-10-15 实施

中华中医药学会　发布

目　次

前　　言

本文件按照 GB/T 1.1—2020《标准化工作导则　第 1 部分：标准化文件的结构和起草规则》的规定起草。

请注意本文件中的某些内容可能涉及专利。本文件的发布机构不承担识别专利的责任。

本文件由中国医学科学院药用植物研究所提出。

本文件由中华中医药学会归口。

本文件起草单位：贵州大学中药材研究所、贵州科学院山地资源研究所、贵州省农业展览馆、中国医学科学院药用植物研究所、贵州中医药大学、贵州省药用植物繁育与种植重点实验室、重庆市药物种植研究所。

本文件主要起草人：罗春丽、唐金刚、李苇洁、唐成林、刘明、周涛、黄明进、任燕、李金玲、刘红昌、罗夫来、陈松树、李龙进、许桂玲、李丹丹、贾真真、王加国、吴迪、代丽华、魏建和、王文全、王秋玲、杨小玉、辛元尧、王苗苗。

余甘子规范化生产技术规程

1　范围

本文件确立了余甘子的规范化生产流程,规定了余甘子生产基地选址、种质、种苗繁育、种植、采收、产地初加工、包装、放行和贮运等阶段的操作要求。

本文件适用于余甘子的规范化生产。

2　规范性引用文件

下列文件的内容通过文中的规范性引用而构成本文件必不可少的条款。其中,注明日期的引用文件,仅该日期对应的版本适用于本文件;不注明日期的引用文件,其最新版本(包括所有的修改单)适用于本文件。

GB 3095　环境空气质量标准

GB/T 3543　农作物种子检验规程

GB 5084　农田灌溉水质标准

GB 5749　生活饮用水卫生标准

GB 15618　土壤环境质量　农用地土壤污染风险管控标准(试行)

NY/T 1276　农药安全使用规范　总则

T/CACM 1374.1—2021　中药材规范化生产技术规程通则　植物药材

2020年版《中华人民共和国药典》

3　术语和定义

T/CACM 1374.1—2021界定的以及下列术语和定义适用于本文件。

3.1　规范化生产　good agricultural practice

按照《中药材生产质量管理规范》(简称中药材GAP)的要求,实施药材生产,保证中药材优质安全的生产过程。

3.2　技术规程　code of practice

为实现中药材生产顺利、有序进行,保证中药材生产质量,对中药材生产的基地选址、种子种苗、种植或野生抚育、采收与产地初加工以及包装、放行与贮运等,所做的技术规定和要求,是实施中药材规范生产的核心技术要求和实施指南。

3.3　余甘子　Phyllanthi Fructus

大戟科植物余甘子 *Phyllanthus emblica* L. 的干燥成熟果实。

3.4 六月白 liu yue bai

果实扁圆形,果皮光滑,果皮浅黄绿色,无锈斑,棱纹明显,果顶略尖;果肉脆、果核大、纤维多、品质中等,鲜食酸涩略苦,属早熟品种。春季开花一次,果实7月成熟。

3.5 粉甘 fen gan

果实扁圆形,果顶略有凹陷,果皮浅黄绿色,平均单果重7.2g。其特点是果大、多汁、纤维少、品质优、产量高。四季开花,春果10月成熟,冬果翌年2月上旬成熟。

4 余甘子规范化生产流程图

余甘子的规范化生产流程见图1。

余甘子规范化生产流程：　　　　　　　　　关键控制点及参数：

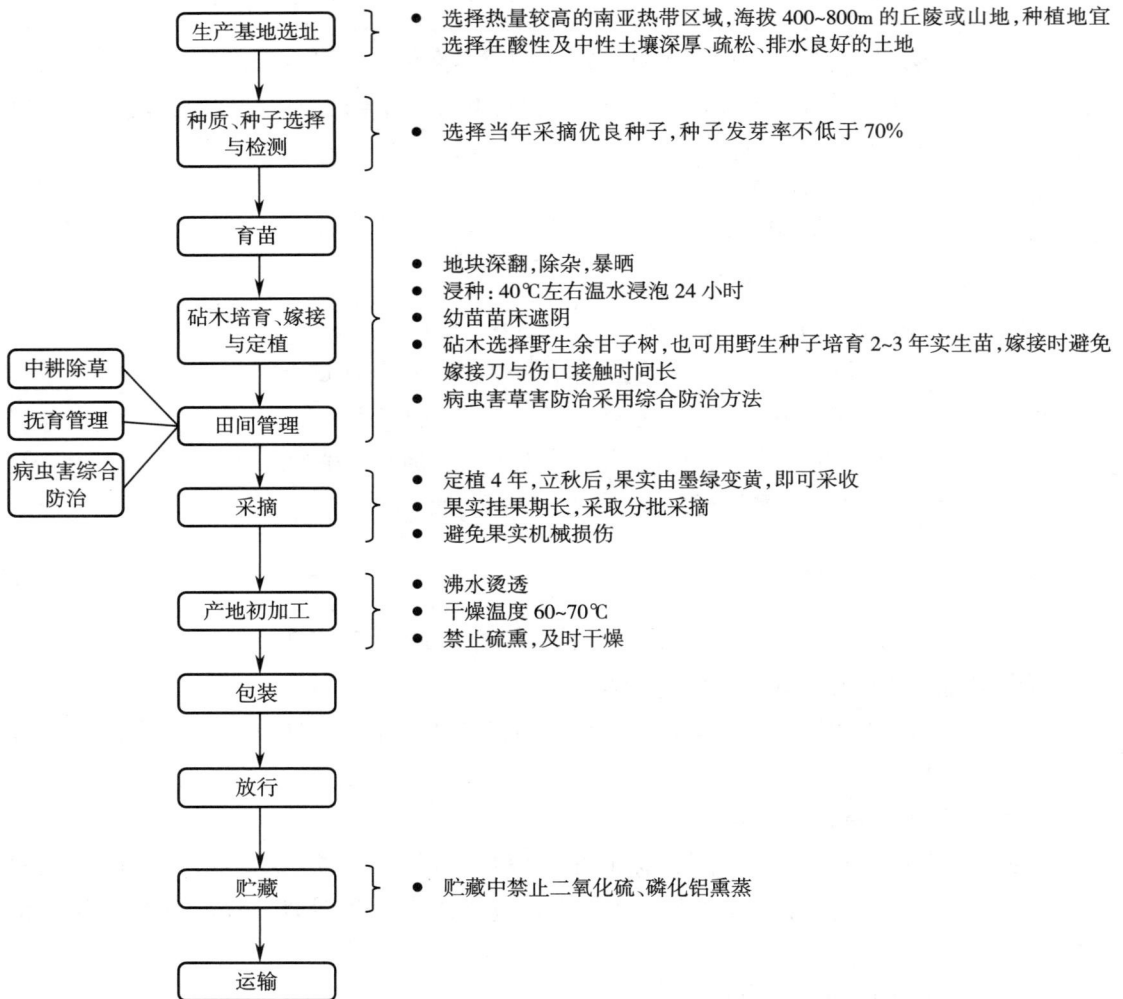

图 1 余甘子规范化生产流程图

5 余甘子规范化生产技术

5.1 生产基地选址

5.1.1 苗圃地选择

苗圃地宜选择远离主干公路及污染源,交通方便,坡度低于 30° 的半阳坡,荒地或熟地,土壤以黑壤土、红壤土为宜。良种繁育田选择光照及水源充足,海拔高度 400~800m,南坡或东南坡(平原忌低洼地),土层厚度在 50cm 以上,以土质疏松肥沃、pH 6~7 为宜,圃地做好排水。

5.1.2 生产地选择

种植地宜在海拔 400~800m 的地区,年均温度 19℃ 以上,积温 6 800℃,最冷月均温 10℃ 以上,无霜期 365 天;极端低温不低于 –1℃,冬季无严重霜冻,年降雨量 600mm 以上的阳坡地、半阳坡地;高产种植地宜选择酸性及中性,pH 6~7,有机质含量不低于 3%,土层厚度 80cm 以上、排水良好的壤土及其他具有相应条件的区域。余甘子适宜产区为我国南部的福建、广东、广西、海南及台湾;西南部的贵州、云南、四川等地。

5.1.3 环境要求

生产基地的空气质量应符合 GB 3095 规定的环境空气质量标准,灌溉水质量应符合 GB 5084 规定的农田灌溉水质标准,土壤质量应符合 GB 15618 的规定。

5.2 良种选择与种子采收贮藏

5.2.1 种质选择

使用大戟科植物余甘子 *Phyllanthus emblica* L.,物种须经过鉴定。如使用农家品种或选育品种应加以明确。

5.2.2 良种选择

选择树形好、无病虫害、果实大、连续 2~3 年开花结果的优良余甘子植物单株为亲本母树。其果实成熟时果皮透明、椭圆形、纵横径约 2~3cm、单果重 8~10g、有 6 条腹缝线、易离核、口感好,以成熟果实留种。

5.2.3 种子采收、加工与贮藏

9—11 月,待果实呈黄绿色、充分成熟时,分批采收。将成熟鲜果采摘后,运回加工场地,浸入水中或堆积腐烂,除去果肉,取出果核洗净,自然晾干,避免暴晒,贮藏于干燥阴凉处备用。除去杂质、晾干、开裂、过筛,放室内阴凉干燥处保存。依据种子发芽率、净度、千粒重、含水量等指标进行分级,按照 GB/T 3543 规定的农作物种子检验规程的要求。

5.3 苗木培育

5.3.1 苗床准备

选择靠近种植区、静风、土壤疏松、肥沃的环境作苗床。苗床和苗圃避风向阳,排灌方便。土壤疏松肥沃、通透性良好、呈微酸至中性。苗床深翻 20~25cm,每亩(1 亩 ≈ 666.7m²,下文同)施 2 000kg 充分腐熟的农家肥、20kg 磷肥作为底肥。充分整细土壤,除尽杂草、石块等杂物。畦面平整。畦宽以 80~100cm 为宜,畦长因地制宜。

5.3.2　播种

于 2 月下旬至 3 月上旬播种。播种前先破开种壳,取出种子放入 40℃ 温水中浸泡 24 小时。撒播,每亩用种 2~3kg。前一天浇水湿润苗床,用细沙和种子按照 10∶1 混匀后均匀撒播于苗床,覆土 1~1.5cm,用竹条做塑料小拱棚保温保湿。

5.3.3　苗期管理

出苗后,及时除去杂草,保持圃地清洁和圃地土壤湿润,苗床保持温度 18~22℃ 为宜。移栽前,揭棚炼苗 1 周。3 月上旬至 4 月上旬出圃,出圃前两天苗床浇透水。

5.3.4　嫁接繁殖

待苗木生长到 70~100cm,基径 1cm 以上时进行嫁接。采用切接法,于 2—6 月嫁接。选取 2~4 年野生余甘子种子培育的实生苗为砧木,选用丰产稳产的壮年树冠上中部 1~2 年生的枝条作接穗,随采随接;嫁接时动作要快,嫁接后,用薄膜包扎砧穗伤面;当接穗萌芽长17~20cm,枝条半木质化时,解除薄膜,及时抹去砧木萌芽条。

5.3.5　分株繁殖

于春季萌芽前,将多年生健壮植株从根蘖基部连根一起切断,与母株分离,即得新的植株。

5.3.6　根插繁殖

春季萌芽前,挖直径为 1~1.5cm 粗的根系,切成 17~20cm 长段,移入苗床根插,萌芽生根后,即成新植株。

5.4　移栽及管理

5.4.1　移栽时间

3 月中旬至 4 月上旬阴天或小雨天进行。

5.4.2　密度

株行距 3m×3m,或 4m×3m;种植密度为 900~1 500 株 /hm^2。

5.4.3　栽种方法

在整好的地上开 50~60cm 深的穴,每穴施入有机肥 10~15kg、磷肥 0.5kg,与土拌匀。每穴定植 1 株健壮植株,覆土,提苗,压实,浇定根水。

5.4.4　中耕除草

中耕除草在 4 月、8 月、11 月各进行 1 次,冬季落叶后结合清园培土进行。

5.4.5　施肥

根据药材的生长、土壤肥力等进行施肥,可考虑结合中耕除草进行追肥,适当增施磷、钾肥。5 月底至 6 月初,开始追肥,速生期前施 2~3 次氮肥,每月追施 1 次,每次施用尿素 175~225kg/hm^2。苗木硬化期 9 月施 1 次磷、钾肥,施用磷酸二氢钾 100~200kg/hm^2。

5.4.6　水分管理

保持地块四周排水良好,遇干旱天气及时浇水。地面积水,应及时开沟排水,以防地面积水引起根系腐烂或病虫害发生。

5.4.7 抚育管理

当主枝或副主枝生长量逐渐减少时,进行修剪,除剪掉病虫枝、枯枝、纤细枝之外,对结果母枝粗度 0.4cm 以上的枝条进行短截,留桩 30~40cm。每年采果后,每株施用 10~15kg 土杂肥、0.5~1kg 磷肥。

5.4.8 病虫害防治

余甘子生长过程病害较少,偶发根腐病、白粉病;主要受蚜虫、蛴螬、介壳虫、木蠹蛾、卷叶蛾的危害。病虫害防治应贯彻"预防为主,综合防治"的方针。做好病虫害的检疫,防止外来病虫蔓延扩散,保护和利用天敌。尽量避免使用除草剂、杀虫剂和杀菌剂等化学农药;不使用禁限用农药(见附录 A)。防治方法参见附录 B。农药使用参照 NY/T 1276 规定。

5.5 果实采收

5.5.1 采收时期

余甘子定植 4 年后进入盛果期,根据不同品种适时采收;早熟品种(如六月白)于 8 月中下旬采收,粉甘在 10 月中旬采收,用于加工蜜饯和保鲜的,则采收期适当延后。

5.5.2 采收方法

依据品种特性采取分批、分期人工逐个采摘。选择在晴天采果,由树冠外围向内,从上而下,或从下而上,用手逐个采摘,轻采轻放于筐内,避免机械损伤。

5.6 产地初加工

5.6.1 清洗

在水中洗净表面及其他杂物,摊开晾干表面水分。用水参照 GB 5749 规定的标准。

5.6.2 干燥

余甘子干燥采用传统直接晒干或烘干。

直接晒干法:用沸水烫透用盐水浸泡后晒干。

烘干法:用沸水烫透,采用烘房或热风循环烘干机等设备,烘干温度控制在 60~70℃。

加工干燥过程保证场地、工具洁净,不受雨淋等。

5.7 包装、放行、贮运

5.7.1 包装

包装前应对每批药材按照国家标准进行质量检验。符合国家标准的药材,采用不影响质量的编织袋等包装,禁止采用包装过肥料、农药等的包装袋包装。包装外贴或挂标签、合格证,标识牌内容应有药材名、基源、产地、批号、规格、重量、采收日期、企业名称等,并有追溯码。

5.7.2 放行

应制定符合企业实际情况的放行制度,有审核批生产、检验等的相关记录。不合格药材有单独处理制度。

5.7.3 贮运

贮存于阴凉干燥处,定期检查,防止虫蛀、霉变、变味等的发生。仓储控制温度 20℃以下、相对湿度 70% 以下；货架与墙壁的距离在 1m 以上，离地面距离 50cm 以上。水分含量高于 10% 的余甘子不得入库。不同批次等级药材分区存放；建立定期检查制度。禁止磷化铝和二氧化硫熏蒸。采用现代气调贮藏方法，包装或库内充氮或二氧化碳。

运输时，防止发生混淆、污染、异物混入、包装破损；不得与农药、化肥等其他有毒有害的物质或易串味的物质混装。运载容器具有较好的通气性，遇阴雨天气应注意防雨防潮。

附　录　A

（规范性）

禁限用农药名单

A.1　禁止（停止）使用的农药（46 种）

六六六、滴滴涕、毒杀芬、二溴氯丙烷、杀虫脒、二溴乙烷、除草醚、艾氏剂、狄氏剂、汞制剂、砷类、铅类、敌枯双、氟乙酰胺、甘氟、毒鼠强、氟乙酸钠、毒鼠硅、甲胺磷、对硫磷、甲基对硫磷、久效磷、磷胺、苯线磷、地虫硫磷、甲基硫环磷、磷化钙、磷化镁、磷化锌、硫线磷、蝇毒磷、治螟磷、特丁硫磷、氯磺隆、胺苯磺隆、甲磺隆、福美胂、福美甲胂、三氯杀螨醇、林丹、硫丹、溴甲烷、氟虫胺、杀扑磷、百草枯、2,4- 滴丁酯。

注：氟虫胺自 2020 年 1 月 1 日起禁止使用。百草枯可溶胶剂自 2020 年 9 月 26 日起禁止使用。2,4-滴丁酯自 2023 年 1 月 29 日起禁止使用。溴甲烷可用于"检疫熏蒸处理"。杀扑磷已无制剂登记。

A.2　在部分范围禁止使用的农药（20 种）

部分范围禁止使用的农药应注意药食同源中药材及来自其他作物的中药材。部分范围禁止使用的农药见表 A.1。

表 A.1　部分范围禁止使用的农药

通用名	禁止使用范围
甲拌磷、甲基异柳磷、克百威、水胺硫磷、氧乐果、灭多威、涕灭威、灭线磷	禁止在蔬菜、瓜果、茶叶、菌类、中草药材上使用,禁止用于防治卫生害虫,禁止用于水生植物的病虫害防治
甲拌磷、甲基异柳磷、克百威	禁止在甘蔗作物上使用
内吸磷、硫环磷、氯唑磷	禁止在蔬菜、瓜果、茶叶、中草药材上使用
乙酰甲胺磷、丁硫克百威、乐果	禁止在蔬菜、瓜果、茶叶、菌类和中草药材上使用
毒死蜱、三唑磷	禁止在蔬菜上使用
丁酰肼（比久）	禁止在花生上使用
氰戊菊酯	禁止在茶叶上使用
氟虫腈	禁止在所有农作物上使用（玉米等部分旱田种子包衣除外）
氟苯虫酰胺	禁止在水稻上使用

A.3　说明

本附录的内容来自 2019 年中华人民共和国农业农村部发布的《禁限用农药名录》（http://www.zzys.moa.gov.cn/gzdt/201911/t20191129_6332604.htm）。

附　录　B

（资料性）

余甘子常见病虫害防治的参考方法

余甘子常见病虫害药剂防治的参考方法参见表 B.1。

表 B.1　余甘子常见病虫害药剂防治的参考方法

病虫害名称	主要症状	防治方法
根腐病	属真菌病害,发生在根部,病株叶片变黄,凋萎的叶片附在树上很长时间不脱落,发病时间为4—5月	（1）选择排水良好的地块育苗;播种前用粉锈宁进行土壤消毒,按照农药标签使用。 （2）发病及时拔出病苗,并用三唑酮、丙环唑喷雾 1~2 次,按照农药标签使用。 （3）壮苗移栽,每年结合松土除草,并用四霉素或枯草芽孢杆菌喷雾 1~2 次,按照农药标签使用;施肥及管理应避免伤根。冬季及时挖出病根、死根并及时烧毁
白粉病	苗期发生,在叶片上首先出现黄色小点,而后发展为圆形或椭圆形病斑,表面为白色粉状霉层	用三唑酮或甲基硫菌灵溶液,按照农药标签使用,每星期喷洒 1 次,连续喷洒 2~3 次
蚜虫	以幼林发生较多,以若虫和成虫刺吸新梢汁液为害,致使嫩芽生长受阻,甚至芽梢枯死,其排泄物还能诱致煤病,导致开花减少	（1）植物防治。橘皮、辣椒:干橘皮 1kg 与干辣椒 0.5kg,混合后捣碎,用 10kg 清水煮沸,浸泡 24h,过滤后的浸出液喷施。 （2）及时清园,修除病、残枝,并带出园外集中烧毁。 （3）花期及果实生长期用吡虫啉或噻虫嗪喷施 1 次。 （4）休眠期（发芽前）喷施波美度 5 度的石硫合剂。 （5）生物防治,用瓢虫防治
蛴螬	啃食萌发的种子、咬断幼苗根茎,致使全株死亡,严重时造成缺苗断垄	（1）合理施肥,施用充分腐熟的农家肥。 （2）施用碳酸氢铵、腐殖酸铵、氨水、氨化磷酸钙等化肥。 （3）播种前用辛硫磷、水、种子（1:50:600）拌种,拌后闷种 3~4h,其间翻动 1~2 次,种子干后即可播种。幼苗期用吡虫啉灌根,按照农药标签使用

病虫害名称	主要症状	防治方法
介壳虫	吸取植物汁液为生,严重时会造成枝条凋萎或全株死亡。此外,介壳虫的分泌物可诱发煤污病,危害极大	(1) 冬季清园。刷净树干,剪除虫枝、枯枝及清除园内和附近的杂草并集中烧毁。 (2) 药剂使用在介壳虫的初龄若虫扩散爬动期
木蠹蛾	为害余甘子主干或根部	(1) 利用成虫的趋光性,以黑光灯诱杀成虫。 (2) 经常检查树体,及时剪掉虫枝,杀死幼虫。在6月上中旬幼虫孵化期,喷施杀螟松,按照农药标签使用,隔7d喷1次。连喷2~3次

参考文献

［1］杨顺楷，杨亚力，杨维力．余甘子资源植物的研究与开发进展［J］．应用与环境生物学报，2008，14（6）：846-54.

［2］罗春丽，邱德文，张永萍．苗药余甘子的研究现状及其发展前景展望［J］．贵阳中医学院学报，2002，24（2）：89-91.

［3］唐金刚，周传艳，易武英，等．贵州省余甘子适宜的干热河谷探讨［J］．贵州科学．2015，33（4）：50-55.

［4］陈玉德，李昆，杨成源，等．余甘子在云南的自然分布及野生类型［J］．云南林业科技，1990（4）：42-48.

［5］李志南，朱继信．贵州省余甘子生态环境初步评价［J］．贵州农业科学，1996（2）：40-43.

［6］高兆蔚．闽南余甘子资源及其开发利用意见［J］．福建林业科技，1987（2）：59-62.

［7］熊仪俊，姚小华，王开良，等．我国余甘子地理气候分类及其特征分析［J］．江西农业大学学报，2003（2）：215-221.

［8］王开良，姚小华，熊仪俊，等．余甘子培育与利用现状分析及发展前景［J］．江西农业大学学报，2003（3）：397-401.

［9］龙会英．余甘子育苗技术［J］．云南热作科技，1999（3）：32.

［10］袁卫贤，熊志凡．余甘子栽培技术［J］．农村实用技术，2003（5）：22-23.

［11］李昆，陈玉德，谷勇，等．云南野生余甘子果实类群及其分布特点研究［J］．林业科学研究，1994（6）：606-611.

［12］王开良，姚小华，任华东，等．余甘子育种资源分类与评价［J］．经济林研究，2003（4）：70-73.

［13］赵琼玲，李丽，沙毓沧，等．云南不同种源余甘子植物形态变异研究［J］．热带作物学报，2012，33（1）：178-181.

［14］郭林榕，陈文光，陈秀萍等．福建野生余甘子种质资源利用现状［C］//中国园艺学会．全国首届野生果树资源与开发利用学术研讨会论文汇编．［出版者不详］，2004：4.

［15］龚发萍，杨升，蒋华，等．滇橄榄新品种高黎贡山糯橄榄的选育［J］．中国果树，2014（3）：14-16.

附录

一、《中药材生产质量管理规范》
（国家药品监督管理局　2022 年第 22 号）

国家药品监督管理局
National Medical Products Administration

无障碍 关怀版 中

请输入关键字

索引号	FGWJ-2022-191	主题分类	法规文件 / 规范性文件
标题	国家药监局 农业农村部 国家林草局 国家中医药局关于发布《中药材生产质量管理规范》的公告（2022年第22号）		
发布日期	2022-03-17		

请参见国家药品监督管理局官方网站发布的信息。

二、《中药材 GAP 实施技术指导原则》 和《中药材 GAP 检查指南》

请参见国家药品监督管理局食品药品审核查验中心 / 国家疫苗检查中心官方网站发布的信息。

附件：

ICS 13.040.20

Z 50

中华人民共和国国家标准

GB 3095—2012

代替 GB 3095—1996 GB 9137—88

环境空气质量标准

Ambient air quality standards

2012-02-29 发布

2016-01-01 实施

环 境 保 护 部
国家质量监督检验检疫总局 发布

目　次

前　言

为贯彻《中华人民共和国环境保护法》和《中华人民共和国大气污染防治法》,保护和改善生活环境、生态环境,保障人体健康,制定本标准。

本标准规定了环境空气功能区分类、标准分级、污染物项目、平均时间及浓度限值、监测方法、数据统计的有效性规定及实施与监督等内容。各省、自治区、直辖市人民政府对本标准中未作规定的污染物项目,可以制定地方环境空气质量标准。

本标准中的污染物浓度均为质量浓度。

本标准首次发布于1982年。1996年第一次修订,2000年第二次修订,本次为第三次修订。本标准将根据国家经济社会发展状况和环境保护要求适时修订。

本次修订的主要内容:

——调整了环境空气功能区分类,将三类区并入二类区。

——增设了颗粒物(粒径小于等于2.5μm)浓度限值和臭氧8小时平均浓度限值。

——调整了颗粒物(粒径小于等于10μm)、二氧化氮、铅和苯并[a]芘等的浓度限值。

——调整了数据统计的有效性规定。

自本标准实施之日起,《环境空气质量标准》(GB 3095—1996)、《〈环境空气质量标准〉(GB 3095—1996)修改单》(环发〔2000〕1号)和《保护农作物的大气污染物最高允许浓度》(GB 9137—88)废止。

本标准附录A为资料性附录,为各省级人民政府制定地方环境空气质量标准提供参考。

本标准由环境保护部科技标准司组织制订。

本标准主要起草单位:中国环境科学研究院、中国环境监测总站。

本标准环境保护部2012年2月29日批准。

本标准由环境保护部解释。

环境空气质量标准

1 适用范围

本标准规定了环境空气功能区分类、标准分级、污染物项目、平均时间及浓度限值、监测方法、数据统计的有效性规定及实施与监督等内容。

本标准适用于环境空气质量评价与管理。

2 规范性引用文件

本标准引用下列文件或其中的条款。凡是不注明日期的引用文件,其最新版本适用于本标准。

GB 8971 空气质量 飘尘中苯并[a]芘的测定 乙酰化滤纸层析荧光分光光度法

GB 9801 空气质量 一氧化碳的测定 非分散红外法

GB/T 15264 环境空气 铅的测定 火焰原子吸收分光光度法

GB/T 15432 环境空气 总悬浮颗粒物的测定 重量法

GB/T 15439 环境空气 苯并[a]芘的测定 高效液相色谱法

HJ 479 环境空气 氮氧化物(一氧化氮和二氧化氮)的测定 盐酸萘乙二胺分光光度法

HJ 482 环境空气 二氧化硫的测定 甲醛吸收 - 副玫瑰苯胺分光光度法

HJ 483 环境空气 二氧化硫的测定 四氯汞盐吸收 - 副玫瑰苯胺分光光度法

HJ 504 环境空气 臭氧的测定 靛蓝二磺酸钠分光光度法

HJ 539 环境空气 铅的测定 石墨炉原子吸收分光光度法(暂行)

HJ 590 环境空气 臭氧的测定 紫外光度法

HJ 618 环境空气 PM_{10} 和 $PM_{2.5}$ 的测定 重量法

HJ 630 环境监测质量管理技术导则

HJ/T 193 环境空气质量自动监测技术规范

HJ/T 194 环境空气质量手工监测技术规范

《环境空气质量监测规范(试行)》(国家环境保护总局公告 2007 年第 4 号)

《关于推进大气污染联防联控工作改善区域空气质量的指导意见》(国办发〔2010〕33 号)

3 术语和定义

下列术语和定义适用于本标准。

3.1 环境空气 ambient air

指人群、植物、动物和建筑物所暴露的室外空气。

3.2 总悬浮颗粒物 total suspended particle（TSP）

指环境空气中空气动力学当量直径小于等于 $100\mu m$ 的颗粒物。

3.3 颗粒物（粒径小于等于 10μm） particulate matter（PM_{10}）

指环境空气中空气动力学当量直径小于等于 $10\mu m$ 的颗粒物，也称可吸入颗粒物。

3.4 颗粒物（粒径小于等于 2.5μm） particulate matter（$PM_{2.5}$）

指环境空气中空气动力学当量直径小于等于 $2.5\mu m$ 的颗粒物，也称细颗粒物。

3.5 铅 lead

指存在于总悬浮颗粒物中的铅及其化合物。

3.6 苯并[a]芘 benzo[a]pyrene（BaP）

指存在于颗粒物（粒径小于等于 $10\mu m$）中的苯并[a]芘。

3.7 氟化物 fluoride

指以气态和颗粒态形式存在的无机氟化物。

3.8 1 小时平均 1-hour average

指任何 1 小时污染物浓度的算术平均值。

3.9 8 小时平均 8-hour average

指连续 8 小时平均浓度的算术平均值，也称 8 小时滑动平均。

3.10 24 小时平均 24-hour average

指一个自然日 24 小时平均浓度的算术平均值，也称为日平均。

3.11 月平均 monthly average

指一个日历月内各日平均浓度的算术平均值。

3.12 季平均 quarterly average

指一个日历季内各日平均浓度的算术平均值。

3.13 年平均 annual mean

指一个日历年内各日平均浓度的算术平均值。

3.14 标准状态 standard state

指温度为 273K，压力为 101.325kPa 时的状态。本标准中的污染物浓度均为标准状态下的浓度。

4 环境空气功能区分类和质量要求

4.1 环境空气功能区分类

环境空气功能区分为二类：一类区为自然保护区、风景名胜区和其他需要特殊保护的区域；二类区为居住区、商业交通居民混合区、文化区、工业区和农村地区。

4.2 环境空气功能区质量要求

一类区适用一级浓度限值,二类区适用二级浓度限值。一、二类环境空气功能区质量要求见表1和表2。

表 1　环境空气污染物基本项目浓度限值

序号	污染物项目	平均时间	浓度限值		单位
			一级	二级	
1	二氧化硫（SO_2）	年平均	20	60	$\mu g/m^3$
		24 小时平均	50	150	
		1 小时平均	150	500	
2	二氧化氮（NO_2）	年平均	40	40	
		24 小时平均	80	80	
		1 小时平均	200	200	
3	一氧化碳（CO）	24 小时平均	4	4	mg/m^3
		1 小时平均	10	10	
4	臭氧（O_3）	日最大 8 小时平均	100	160	$\mu g/m^3$
		1 小时平均	160	200	
5	颗粒物（粒径小于等于 10μm）	年平均	40	70	
		24 小时平均	50	150	
6	颗粒物（粒径小于等于 2.5μm）	年平均	15	35	
		24 小时平均	35	75	

表 2　环境空气污染物其他项目浓度限值

序号	污染物项目	平均时间	浓度限值		单位
			一级	二级	
1	总悬浮颗粒物（TSP）	年平均	80	200	$\mu g/m^3$
		24 小时平均	120	300	
2	氮氧化物（NO_x）	年平均	50	50	
		24 小时平均	100	100	
		1 小时平均	250	250	

续表

序号	污染物项目	平均时间	浓度限值		单位
			一级	二级	
3	铅（Pb）	年平均	0.5	0.5	μg/m³
		季平均	1	1	
4	苯并[a]芘（BaP）	年平均	0.001	0.001	
		24 小时平均	0.002 5	0.002 5	

4.3　本标准自 2016 年 1 月 1 日起在全国实施。基本项目（表 1）在全国范围内实施；其他项目（表 2）由国务院环境保护行政主管部门或者省级人民政府根据实际情况,确定具体实施方式。

4.4　在全国实施本标准之前,国务院环境保护行政主管部门可根据《关于推进大气污染联防联控工作改善区域空气质量的指导意见》等文件要求指定部分地区提前实施本标准,具体实施方案（包括地域范围、时间等）另行公告:各省级人民政府也可根据实际情况和当地环境保护的需要提前实施本标准。

5　监测

环境空气质量监测工作应按照《环境空气质量监测规范（试行）》等规范性文件的要求进行。

5.1　监测点位布设

表 1 和表 2 中环境空气污染物监测点位的设置,应按照《环境空气质量监测规范（试行）》中的要求执行。

5.2　样品采集

环境空气质量监测中的采样环境、采样高度及采样频率等要求,按 HJ/T 193 或 HJ/T 194 的要求执行。

5.3　分析方法

应按表 3 的要求,采用相应的方法分析各项污染物的浓度。

表 3　各项污染物分析方法

序号	污染物项目	手工分析方法		自动分析方法
		分析方法	标准编号	
1	二氧化硫（SO₂）	环境空气　二氧化硫的测定　甲醛吸收 - 副玫瑰苯胺分光光度法	HJ 482	紫外荧光法、差分吸收光谱分析法
		环境空气　二氧化硫的测定　四氯汞盐吸收 - 副玫瑰苯胺分光光度法	HJ 483	

GB 3095—2012

续表

序号	污染物项目	手工分析方法		自动分析方法
		分析方法	标准编号	
2	二氧化氮（NO₂）	环境空气 氮氧化物（一氧化氮和二氧化氮）的测定 盐酸萘乙二胺分光光度法	HJ 479	化学发光法、差分吸收光谱分析法
3	一氧化碳（CO）	空气质量 一氧化碳的测定 非分散红外法	GB 9801	气体滤波相关红外吸收法、非分散红外吸收法
4	臭氧（O₃）	环境空气 臭氧的测定 靛蓝二磺酸钠分光光度法	HJ 504	紫外荧光法、差分吸收光谱分析法
		环境空气 臭氧的测定 紫外光度法	HJ 590	
5	颗粒物（粒径小于等于10μm）	环境空气 PM₁₀和PM₂.₅的测定 重量法	HJ 618	微量振荡天平法、β射线法
6	颗粒物（粒径小于等于2.5μm）	环境空气 PM₁₀和PM₂.₅的测定 重量法	HJ 618	微量振荡天平法、β射线法
7	总悬浮颗粒物（TSP）	环境空气 总悬浮颗粒物的测定 重量法	GB/T 15432	—
8	氮氧化物（NOₓ）	环境空气 氮氧化物（一氧化氮和二氧化氮）的测定 盐酸萘乙二胺分光光度法	HJ 479	化学发光法、差分吸收光谱分析法
9	铅（Pb）	环境空气 铅的测定 石墨炉原子吸收分光光度法（暂行）	HJ 539	—
		环境空气 铅的测定 火焰原子吸收分光光度法	GB/T 15264	—
10	苯并[a]芘（BaP）	空气质量 飘尘中苯并[a]芘的测定 乙酰化滤纸层析荧光分光光度法	GB 8971	—
		环境空气 苯并[a]芘的测定 高效液相色谱法	GB/T 15439	—

6 数据统计的有效性规定

6.1 应采取措施保证监测数据的准确性、连续性和完整性，确保全面、客观地反映监测结果。

962

所有有效数据均应参加统计和评价,不得选择性地舍弃不利数据以及人为干预监测和评价结果。

6.2 采用自动监测设备监测时,监测仪器应全年 365 天(闰年 366 天)连续运行。在监测仪器校准、停电和设备故障,以及其他不可抗拒的因素导致不能获得连续监测数据时,应采取有效措施及时恢复。

6.3 异常值的判断和处理应符合 HJ 630 的规定。对于监测过程中缺失和删除的数据均应说明原因,并保留详细的原始数据记录,以备数据审核。

6.4 任何情况下,有效的污染物浓度数据均应符合表 4 中的最低要求,否则应视为无效数据。

表 4 污染物浓度数据有效性的最低要求

污染物项目	平均时间	数据有效性规定
二氧化硫(SO₂)、二氧化氮(NO₂)、颗粒物(粒径小于等于 10μm)、颗粒物(粒径小于等于 2.5μm)、氮氧化物(NOₓ)	年平均	每年至少有 324 个日平均浓度值 每月至少有 27 个日平均浓度值(二月至少有 25 个日平均浓度值)
二氧化硫(SO₂)、二氧化氮(NO₂)、一氧化碳(CO)、颗粒物(粒径小于等于 10μm)、颗粒物(粒径小于等于 2.5μm)、氮氧化物(NOₓ)	24 小时平均	每日至少有 20 个小时平均浓度值或采样时间
臭氧(O₃)	8 小时平均	每 8 小时至少有 6 小时平均浓度值
二氧化硫(SO₂)、二氧化氮(NO₂)、一氧化碳(CO)、臭氧(O₃)、氮氧化物(NOₓ)	1 小时平均	每小时至少有 45 分钟的采样时间
总悬浮颗粒物(TSP)、苯并[a]芘(BaP)、铅(Pb)	年平均	每年至少有分布均匀的 60 个日平均浓度值 每月至少有分布均匀的 5 个日平均浓度值
铅(Pb)	季平均	每季至少有分布均匀的 15 个日平均浓度值 每月至少有分布均匀的 5 个日平均浓度值
总悬浮颗粒物(TSP)、苯并[a]芘(BaP)、铅(Pb)	24 小时平均	每日应有 24 小时的采样时间

7 实施与监督

7.1 本标准由各级环境保护行政主管部门负责监督实施。

7.2 各类环境空气功能区的范围由县级以上(含县级)人民政府环境保护行政主管部门划

分,报本级人民政府批准实施。

7.3 按照《中华人民共和国大气污染防治法》的规定,未达到本标准的大气污染防治重点城市,应当按照国务院或者国务院环境保护行政主管部门规定的期限,达到本标准。该城市人民政府应当制定限期达标规划,并可以根据国务院的授权或者规定,采取更严格的措施,按期实现达标规划。

附 录 A

（资料性附录）
环境空气中镉、汞、砷、六价铬和氟化物参考浓度限值

污染物限值

各省级人民政府可根据当地环境保护的需要,针对环境污染的特点,对本标准中未规定的污染物项目制定并实施地方环境空气质量标准。以下为环境空气中部分污染物参考浓度限值。

表 A.1 环境空气中镉、汞、砷、六价铬和氟化物参考浓度限值

序号	污染物项目	平均时间	浓度（通量）限值		单位
			一级	二级	
1	镉（Cd）	年平均	0.005	0.005	$\mu g/m^3$
2	汞（Hg）	年平均	0.05	0.05	
3	砷（As）	年平均	0.006	0.006	
4	六价铬 [Cr（Ⅵ）]	年平均	0.000 025	0.000 025	
5	氟化物（F）	1 小时平均	20[①]	20[①]	
		24 小时平均	7[①]	7[①]	
		月平均	1.8[②]	3.0[③]	$\mu g/(dm^2 \cdot d)$
		植物生长季平均	1.2[②]	2.0[①]	

注:①适用于城市地区;②适用于牧业区和以牧业为主的半农半牧区,蚕桑区;③适用于农业和林业区

ICS
Z

中华人民共和国国家标准

GB 15618—2018
代替 GB 15618—1995

土壤环境质量
农用地土壤污染风险管控标准
（试行）

Soil environmental quality
—Risk control standard for soil contamination of agricultural land
（发布稿）

2018-06-22 发布

2018-08-01 实施

生 态 环 境 部
国家市场监督管理总局 发布

目　次

前　言

为贯彻落实《中华人民共和国环境保护法》，保护农用地土壤环境，管控农用地土壤污染风险，保障农产品质量安全、农作物正常生长和土壤生态环境，制定本标准。

本标准规定了农用地土壤污染风险筛选值和管制值，以及监测、实施与监督要求。

本标准于 1995 年首次发布，本次为第一次修订。

本次修订的主要内容：

——标准名称由《土壤环境质量标准》调整为《土壤环境质量　农用地土壤污染风险管控标准（试行）》。

——更新了规范性引用文件，增加了标准的术语和定义。

——规定了农用地土壤中镉、汞、砷、铅、铬、铜、镍、锌等基本项目，以及六六六、滴滴涕、苯并[a]芘等其他项目的风险筛选值。

——规定了农用地土壤中镉、汞、砷、铅、铬的风险管制值。

——更新了监测、实施与监督要求。

自本标准实施之日起，《土壤环境质量标准》（GB 15618—1995）废止。

本标准由生态环境部土壤环境管理司、科技标准司组织制订。

本标准主要起草单位：生态环境部南京环境科学研究所、中国科学院南京土壤研究所、中国农业科学院农业资源与农业区划研究所、中国环境科学研究院。

本标准生态环境部 2018 年 5 月 17 日批准。

本标准自 2018 年 8 月 1 日起实施。

本标准由生态环境部解释。

土壤环境质量
农用地土壤污染风险管控标准(试行)

1　适用范围

本标准规定了农用地土壤污染风险筛选值和管制值,以及监测、实施和监督要求。

本标准适用于耕地土壤污染风险筛查和分类。园地和牧草地可参照执行。

2　规范性引用文件

本标准内容引用了下列文件或其中的条款。凡是不注明日期的引用文件,其最新版本适用于本标准。

GB/T 14550　土壤质量　六六六和滴滴涕的测定　气相色谱法

GB/T 17136　土壤质量　总汞的测定　冷原子吸收分光光度法

GB/T 17138　土壤质量　铜、锌的测定　火焰原子吸收分光光度法

GB/T 17139　土壤质量　镍的测定　火焰原子吸收分光光度法

GB/T 17141　土壤质量　铅、镉的测定　石墨炉原子吸收分光光度法

GB/T 21010　土地利用现状分类

GB/T 22105　土壤质量　总汞、总砷、总铅的测定　原子荧光法

HJ/T 166　土壤环境监测技术规范

HJ 491　土壤　总铬的测定　火焰原子吸收分光光度法

HJ 680　土壤和沉积物　汞、砷、硒、铋、锑的测定　微波消解 / 原子荧光法

HJ 780　土壤和沉积物　无机元素的测定　波长色散 X 射线荧光光谱法

HJ 784　土壤和沉积物　多环芳烃的测定　高效液相色谱法

HJ 803　土壤和沉积物　12 种金属元素的测定　王水提取 - 电感耦合等离子体质谱法

HJ 805　土壤和沉积物　多环芳烃的测定　气相色谱 - 质谱法

HJ 834　土壤和沉积物　半挥发性有机物的测定　气相色谱 - 质谱法

HJ 835　土壤和沉积物　有机氯农药的测定　气相色谱 - 质谱法

HJ 921　土壤和沉积物　有机氯农药的测定　气相色谱法

HJ 923　土壤和沉积物　总汞的测定　催化热解 - 冷原子吸收分光光度法

3　术语和定义

下列术语和定义适用于本标准。

3.1 土壤 soil

指位于陆地表层能够生长植物的疏松多孔物质层及其相关自然地理要素的综合体。

3.2 农用地 agricultural land

指 GB/T 21010 中的 01 耕地（0101 水田、0102 水浇地、0103 旱地）、02 园地（0201 果园、0202 茶园）和 04 草地（0401 天然牧草地、0403 人工牧草地）。

3.3 农用地土壤污染风险 soil contamination risk of agricultural land

指因土壤污染导致食用农产品质量安全、农作物生长或土壤生态环境受到不利影响。

3.4 农用地土壤污染风险筛选值 risk screening values for soil contamination of agricultural land

指农用地土壤中污染物含量等于或者低于该值的,对农产品质量安全、农作物生长或土壤生态环境的风险低,一般情况下可以忽略;超过该值的,对农产品质量安全、农作物生长或土壤生态环境可能存在风险,应当加强土壤环境监测和农产品协同监测,原则上应当采取安全利用措施。

3.5 农用地土壤污染风险管制值 risk intervention values for soil contamination of agricultural land

指农用地土壤中污染物含量超过该值的,食用农产品不符合质量安全标准等农用地土壤污染风险高,原则上应当采取严格管控措施。

4 农用地土壤污染风险筛选值

4.1 基本项目

农用地土壤污染风险筛选值的基本项目为必测项目,包括镉、汞、砷、铅、铬、铜、镍、锌,风险筛选值见表1。

表 1 农用地土壤污染风险筛选值（基本项目）

单位: mg/kg

序号	污染物项目[①][②]		风险筛选值			
			pH≤5.5	5.5<pH≤6.5	6.5<pH≤7.5	pH>7.5
1	镉	水田	0.3	0.4	0.6	0.8
		其他	0.3	0.3	0.3	0.6
2	汞	水田	0.5	0.5	0.6	1.0
		其他	1.3	1.8	2.4	3.4
3	砷	水田	30	30	25	20
		其他	40	40	30	25

续表

序号	污染物项目[①②]		风险筛选值			
			pH≤5.5	5.5<pH≤6.5	6.5<pH≤7.5	pH>7.5
4	铅	水田	80	100	l40	240
		其他	70	90	120	170
5	铬	水田	250	250	300	350
		其他	150	150	200	250
6	铜	果园	150	150	200	200
		其他	50	50	100	100
7	镍		60	70	100	190
8	锌		200	200	250	300

注:①重金属和类金属砷均按元素总量计。
　　②对于水旱轮作地,采用其中较严格的风险筛选值。

4.2　其他项目

4.2.1　农用地土壤污染风险筛选值的其他项目为选测项目,包括六六六、滴滴涕和苯并[a]芘,风险筛选值见表2。

4.2.2　其他项目由地方环境保护主管部门根据本地区土壤污染特点和环境管理需求进行选择。

表2　农用地土壤污染风险筛选值(其他项目)

单位:mg/kg

序号	污染物项目	风险筛选值
1	六六六总量[①]	0.10
2	滴滴涕总量[②]	0.10
3	苯并[a]芘	0.55

注:①六六六总量为 α-六六六、β-六六六、γ-六六六、δ-六六六四种异构体的含量总和。
　　②滴滴涕总量为 p,p'-滴滴伊、p,p'-滴滴滴、o,p'-滴滴涕、p,p'-滴滴涕四种衍生物的含量总和。

5 农用地土壤污染风险管制值

农用地土壤污染风险管制值项目包括镉、汞、砷、铅、铬,风险管制值见表3。

表 3 农用地土壤污染风险管制值

单位:mg/kg

序号	污染物项目	风险管制值			
		pH≤5.5	5.5<pH≤6.5	6.5<pH≤7.5	pH>7.5
1	镉	1.5	2.0	3.0	4.0
2	汞	2.0	2.5	4.0	6.0
3	砷	200	150	120	100
4	铅	400	500	700	1 000
5	铬	800	850	1 000	1 300

6 农用地土壤污染风险筛选值和管制值的使用

6.1 当土壤中污染物含量等于或者低于表1和表2规定的风险筛选值时,农用地土壤污染风险低,一般情况下可以忽略;高于表1和表2规定的风险筛选值时,可能存在农用地土壤污染风险,应加强土壤环境监测和农产品协同监测。

6.2 当土壤中镉、汞、砷、铅、铬的含量高于表1规定的风险筛选值、等于或者低于表3规定的风险管制值时,可能存在食用农产品不符合质量安全标准等土壤污染风险,原则上应当采取农艺调控、替代种植等安全利用措施。

6.3 当土壤中镉、汞、砷、铅、铬的含量高于表3规定的风险管制值时,食用农产品不符合质量安全标准等农用地土壤污染风险高,且难以通过安全利用措施降低食用农产品不符合质量安全标准等农用地土壤污染风险,原则上应当采取禁止种植食用农产品、退耕还林等严格管控措施。

6.4 土壤环境质量类别划分应以本标准为基础,结合食用农产品协同监测结果,依据相关技术规定进行划定。

7 监测要求

7.1 监测点位和样品采集

农用地土壤污染调查监测点位布设和样品采集执行 HJ/T 166 等相关技术规定要求。

7.2 土壤污染物分析

土壤污染物分析方法按表4执行。

表 4 土壤污染物分析方法

序号	污染物项目	分析方法	标准编号
1	镉	土壤质量 铅、镉的测定 石墨炉原子吸收分光光度法	GB/T 17141
2	汞	土壤和沉积物 汞、砷、硒、铋、锑的测定 微波消解 / 原子荧光法	HJ 680
		土壤质量 总汞、总砷、总铅的测定 原子荧光法第 1 部分：土壤中总汞的测定	GB/T 22105.1
		土壤质量 总汞的测定 冷原子吸收分光光度法	GB/T 17136
		土壤和沉积物 总汞的测定 催化热解 - 冷原子吸收分光光度法	HJ 923
3	砷	土壤和沉积物 12 种金属元素的测定 王水提取 - 电感耦合等离子体质谱法	HJ 803
		土壤和沉积物 汞、砷、硒、铋、锑的测定 微波消解 / 原子荧光法	HJ 680
		土壤质量 总汞、总砷、总铅的测定 原子荧光法第 2 部分：土壤中总砷的测定	GB/T 22105.2
4	铅	土壤质量 铅、镉的测定 石墨炉原子吸收分光光度法	GB/T 17141
		土壤和沉积物 无机元素的测定 波长色散 X 射线荧光光谱法	HJ 780
5	铬	土壤 总铬的测定 火焰原子吸收分光光度法	HJ 491
		土壤和沉积物 无机元素的测定 波长色散 X 射线荧光光谱法	HJ 780
6	铜	土壤质量 铜、锌的测定 火焰原子吸收分光光度法	GB/T 17138
		土壤和沉积物 无机元素的测定 波长色散 X 射线荧光光谱法	HJ 780
7	镍	土壤质量 镍的测定 火焰原子吸收分光光度法	GB/T 17139
		土壤和沉积物 无机元素的测定 波长色散 X 射线荧光光谱法	HJ 780
8	锌	土壤质量 铜、锌的测定 火焰原子吸收分光光度法	GB/T 17138
		土壤和沉积物 无机元素的测定 波长色散 X 射线荧光光谱法	HJ 780
9	六六六总量	土壤和沉积物 有机氯农药的测定 气相色谱 - 质谱法	HJ 835
		土壤和沉积物 有机氯农药的测定 气相色谱法	HJ 921
		土壤质量 六六六和滴滴涕的测定 气相色谱法	GB/T 14550
10	滴滴涕总量	土壤和沉积物 有机氯农药的测定 气相色谱 - 质谱法	HJ 835
		土壤和沉积物 有机氯农药的测定 气相色谱法	HJ 921
		土壤质量 六六六和滴滴涕的测定 气相色谱法	GB/T 14550

序号	污染物项目	分析方法	标准编号
11	苯并[a]芘	土壤和沉积物　多环芳烃的测定　气相色谱 - 质谱法	HJ 805
		土壤和沉积物　多环芳烃的测定　高效液相色谱法	HJ 784
		土壤和沉积物　半挥发性有机物的测定　气相色谱 - 质谱法	HJ 834
12	pH	土壤 pH 值的测定　电位法	

8　实施与监督

本标准由各级生态环境主管部门会同农业农村等相关主管部门监督实施。

———————————

ISC 13.060.01
Z 51

中华人民共和国国家标准

GB 5084—2021
代替 GB 5084—2005、GB 22573—2008、GB 22574—2008

农田灌溉水质标准

Standard for irrigation water quality

2021-01-20 发布　　　　　　　　　　　　2021-07-01 实施

生　态　环　境　部
国家市场监督管理总局　发布

目　次

前　言

为贯彻《中华人民共和国环境保护法》《中华人民共和国土壤污染防治法》《中华人民共和国水污染防治法》,加强农田灌溉水质监管,保障耕地、地下水和农产品安全,制定本标准。

本标准规定了农田灌溉水质要求、监测和监督管理要求。

本标准于1985年首次发布,1992年和2005年分别进行了2次修订,本次为第3次修订。本次修订的主要内容:

1. 修改了标准适用范围。

2. 更新了规范性引用文件。

3. 增加了农田灌溉用水、水田作物和旱地作物等术语与定义。

4. 增加了总镍、氯苯、1,2-二氯苯、1,4-二氯苯、硝基苯、甲苯、二甲苯、异丙苯、苯胺等9项农田灌溉水质选择控制项目限值。

5. 修改了对农田灌溉水质的监测要求。

6. 增加了标准的实施与监督规定。

自本标准实施之日起,《农田灌溉水质标准》(GB 5084—2005)、《灌溉水中氯苯、1,2-二氯苯、1,4-二氯苯、硝基苯限量》(GB 22573—2008)、《灌溉水中甲苯、二甲苯、异丙苯、苯酚和苯胺限量》(GB 22574—2008)废止。

本标准是农田灌溉水质的基本要求。省级人民政府对本标准未作规定的项目,可以制定地方农田灌溉水质标准;对本标准已作规定的项目,可以制定严于本标准的地方农田灌溉水质标准。地方农田灌溉水质标准应报国务院生态环境主管部门备案。

本标准由生态环境部土壤生态环境司、法规与标准司组织制订。

本标准主要起草单位:中国环境科学研究院、生态环境部南京环境科学研究所、生态环境部土壤与农业农村生态环境监管技术中心、农业农村部环境保护科研监测所。

本标准生态环境部2021年1月9日批准。

本标准自2021年7月1日起实施。

本标准由生态环境部解释。

农田灌溉水质标准

1 适用范围

本标准规定了农田灌溉水质要求、监测与分析方法和监督管理要求。

本标准适用于以地表水、地下水作为农田灌溉水源的水质监督管理。城镇污水(工业废水和医疗污水除外)以及未综合利用的畜禽养殖废水、农产品加工废水和农村生活污水进入农田灌溉渠道,其下游最近的灌溉取水点的水质按本标准进行监督管理。

2 规范性引用文件

本标准引用了下列文件或其中的条款。凡是注明日期的引用文件,仅注日期的版本适用于本标准。凡是未注日期的引用文件,其最新版本(包括所有的修改单)适用于本标准。

GB 7467　水质　六价铬的测定　二苯碳酰二肼分光光度法

GB 7475　水质　铜、锌、铅、镉的测定　原子吸收分光光度法

GB 7484　水质　氟化物的测定　离子选择电极法

GB 7494　水质　阴离子表面活性剂的测定　亚甲蓝分光光度法

GB 11889　水质　苯胺类化合物的测定 N-(1-萘基)　乙二胺偶氮分光光度法

GB 11896　水质　氯化物的测定　硝酸银滴定法

GB 11901　水质　悬浮物的测定　重量法

GB 11912　水质　镍的测定　火焰原子吸收分光光度法

GB 13195　水质　水温的测定　温度计或颠倒温度计测定法

GB 20922　城市污水再生利用　农田灌溉用水水质

GB/T 15505　水质　硒的测定　石墨炉原子吸收分光光度法

GB/T 16489　水质　硫化物的测定　亚甲基蓝分光光度法

HJ/T 49　水质　硼的测定　姜黄素分光光度法

HJ/T 50　水质　三氯乙醛的测定　吡唑啉酮分光光度法

HJ/T 51　水质　全盐量的测定　重量法

HJ/T 74　水质　氯苯的测定　气相色谱法

HJ 84　水质　无机阴离子(F^-、Cl^-、NO_2^-、Br^-、NO_3^-、PO_4^{3-}、SO_3^{2-}、SO_4^{2-})的测定　离子色谱法

HJ/T 200　水质　硫化物的测定　气相分子吸收光谱法

HJ/T 343　水质　氯化物的测定　硝酸汞滴定法（试行）

HJ 347.2　水质　粪大肠菌群的测定　多管发酵法

HJ/T 399　水质　化学需氧量的测定　快速消解分光光度法

HJ 484　水质　氰化物的测定　容量法和分光光度法

HJ 485　水质　铜的测定　二乙基二硫代氨基甲酸钠分光光度法

HJ 486　水质　铜的测定　2,9-二甲基–1,10 菲啰啉分光光度法

HJ 487　水质　氟化物的测定　茜素磺酸锆目视比色法

HJ 488　水质　氟化物的测定　氟试剂分光光度法

HJ 503　水质　挥发酚的测定　4-氨基安替比林分光光度法

HJ 505　水质　五日生化需氧量（BOD$_5$）的测定　稀释与接种法

HJ 592　水质　硝基苯类化合物的测定　气相色谱法

HJ 597　水质　总汞的测定　冷原子吸收分光光度法

HJ 621　水质　氯苯类化合物的测定　气相色谱法

HJ 637　水质　石油类和动植物油类的测定　红外分光光度法

HJ 639　水质　挥发性有机物的测定　吹扫捕集/气相色谱-质谱法

HJ 648　水质　硝基苯类化合物的测定　液液萃取/固相萃取-气相色谱法

HJ 686　水质　挥发性有机物的测定　吹扫捕集/气相色谱法

HJ 694　水质　汞、砷、硒、铋和锑的测定　原子荧光法

HJ 700　水质　65 种元素的测定　电感耦合等离子体质谱法

HJ 716　水质　硝基苯类化合物的测定　气相色谱-质谱法

HJ 775　水质　蛔虫卵的测定　沉淀集卵法

HJ 776　水质　32 种元素的测定　电感耦合等离子体发射光谱法

HJ 806　水质　丙烯腈和丙烯醛的测定　吹扫捕集/气相色谱法

HJ 810　水质　挥发性有机物的测定　顶空/气相色谱-质谱法

HJ 811　水质　总硒的测定　3,3′-二氨基联苯胺分光光度法

HJ 822　水质　苯胺类化合物的测定　气相色谱-质谱法

HJ 823　水质　氰化物的测定　流动注射-分光光度法

HJ 824　水质　硫化物的测定　流动注射-亚甲基蓝分光光度法

HJ 825　水质　挥发酚的测定　流动注射-4-氨基安替比林分光光度法

HJ 826　水质　阴离子表面活性剂的测定　流动注射-亚甲基蓝分光光度法

HJ 828　水质　化学需氧量的测定　重铬酸盐法

HJ 908　水质　六价铬的测定　流动注射-二苯碳酰二肼光度法

HJ 970　水质　石油类的测定　紫外分光光度法（试行）

HJ 1048　水质　17 种苯胺类化合物的测定　液相色谱-三重四极杆质谱法

HJ 1067　水质　苯系物的测定　顶空/气相色谱法

HJ 1147　水质　pH 值的测定　电极法

NY/T 396　农用水源环境质量监测技术规范

3　术语和定义

下列术语和定义适用于本标准。

3.1　农田灌溉用水　farmland irrigation water

为满足农作物生长需要,经人为输送,直接或通过渠道、管道供给农田的水。

3.2　水田作物　paddy field crops

适于水田淹水环境生长的农作物,如水稻等。

3.3　旱地作物　dry land crops

适于旱地、水浇地等非淹水环境生长的农作物,如小麦、玉米、棉花等。

4　农田灌溉水质要求

4.1　农田灌溉水质控制项目分为基本控制项目和选择控制项目。

4.1.1　基本控制项目为必测项目,应符合表 1 的规定。

4.1.2　选择控制项目由地方生态环境主管部门会同农业农村、水利等主管部门根据农田灌溉用水类型和作物种类要求选择执行,应符合表 2 的规定。

表 1　农田灌溉水质基本控制项目限值

序号	项目类别		作物种类		
			水田作物	旱地作物	蔬菜
1	pH 值		5.5~8.5		
2	水温 /℃	≤	35		
3	悬浮物 /（mg/L）	≤	80	100	60[a], 15[b]
4	五日生化需氧量（BOD₅）/（mg/L）	≤	60	100	40[a], 15[b]
5	化学需氧量（CODcr）/（mg/L）	≤	150	200	100[a], 60[b]
6	阴离子表面活性剂 /（mg/L）	≤	5	8	5
7	氯化物（以 Cl⁻ 计）/（mg/L）	≤	350		
8	硫化物（以 S²⁻ 计）/（mg/L）	≤	1		
9	全盐量 /（mg/L）	≤	1 000（非盐碱土地区）, 2 000（盐碱土地区）		
10	总铅 /（mg/L）	≤	0.2		
11	总镉 /（mg/L）	≤	0.01		

序号	项目类别		作物种类		
			水田作物	旱地作物	蔬菜
12	铬（六价）/（mg/L）	≤	0.1		
13	总汞 /（mg/L）	≤	0.001		
14	总砷 /（mg/L）	≤	0.05	0.1	0.05
15	粪大肠菌群数 /（MPN/L）	≤	40 000	40 000	20 000[a], 10 000[b]
16	蛔虫卵数 /（个 /10L）	≤	20		20[a], 10[b]

a 加工、烹调及去皮蔬菜。
b 生食类蔬菜、瓜类和草本水果。

表 2 农田灌溉水质选择控制项目限值

序号	项目类别		作物种类		
			水田作物	旱地作物	蔬菜
1	氰化物（以 CN⁻ 计）/（mg/L）	≤	0.5		
2	氟化物（以 F⁻ 计）/（mg/L）	≤	2（一般地区），3（高氟区）		
3	石油类 /（mg/L）	≤	5	10	1
4	挥发酚 /（mg/L）	≤	1		
5	总铜 /（mg/L）	≤	0.5	1	
6	总锌 /（mg/L）	≤	2		
7	总镍 /（mg/L）	≤	0.2		
8	硒 /（mg/L）	≤	0.02		
9	硼 /（mg/L）	≤	1[a], 2[b], 3[c]		
10	苯 /（mg/L）	≤	2.5		
11	甲苯 /（mg/L）	≤	0.7		
12	二甲苯 /（mg/L）	≤	0.5		
13	异丙苯 /（mg/L）	≤	0.25		
14	苯胺 /（mg/L）	≤	0.5		
15	三氯乙醛 /（mg/L）	≤	1	0.5	
16	丙烯醛 /（mg/L）	≤	0.5		

序号	项目类别		作物种类		
			水田作物	旱地作物	蔬菜
17	氯苯/（mg/L）	≤	0.3		
18	1,2-二氯苯/（mg/L）	≤	1.0		
19	1,4-二氯苯/（mg/L）	≤	0.4		
20	硝基苯/（mg/L）	≤	2.0		
a 对硼敏感作物，如黄瓜、豆类、马铃薯、笋瓜、韭菜、洋葱、柑橘等。 b 对硼耐受性较强的作物，如小麦、玉米、青椒、小白菜、葱等。 c 对硼耐受性强的作物，如水稻、萝卜、油菜、甘蓝等。					

4.2 城镇污水处理厂再生水进行农田灌溉，同时应执行 GB 20922 的规定。

4.3 向农田灌溉渠道排放城镇污水以及未综合利用的畜禽养殖废水、农产品加工废水、农村生活污水，应保证其下游最近的灌溉取水点的水质符合本标准的要求。

5 监测与分析方法

5.1 监测

农田灌溉水质基本控制项目和选择控制项目的监测布点和采样方法应符合 NY/T 396 的要求，待农田灌溉水质监测技术规范发布实施后从其规定。

5.2 分析方法

本标准控制项目分析方法按表 3 执行。本标准发布实施后国家发布的监测标准，如适用性满足要求，同样适用于本标准相应控制项目的测定。

表 3 农田灌溉水质控制项目分析方法

序号	分析项目	标准名称	标准编号
1	pH 值	水质 pH 值的测定 电极法	HJ 1147
2	水温	水质 水温的测定 温度计或颠倒温度计测定法	GB 13195
3	悬浮物	水质 悬浮物的测定 重量法	GB 11901
4	五日生化需氧量（BOD$_5$）	水质 五日生化需氧量（BOD$_5$）的测定 稀释与接种法	HJ 505
5	化学需氧量（COD$_{Cr}$）	水质 化学需氧量的测定 快速消解分光光度法	HJ/T 399
		水质 化学需氧量的测定 重铬酸盐法	HJ 828
6	阴离子表面活性剂	水质 阴离子表面活性剂的测定 亚甲蓝分光光度法	GB 7494
		水质 阴离子表面活性剂的测定 流动注射-亚甲基蓝分光光度法	HJ 826

序号	分析项目	标准名称		标准编号
7	氯化物	水质　氯化物的测定　硝酸银滴定法		GB 11896
		水质　无机阴离子（F⁻、Cl⁻、NO₂⁻、Br⁻、NO₃⁻、PO₄³⁻、SO₃²⁻、SO₄²⁻）的测定　离子色谱法		HJ 84
		水质　氯化物的测定　硝酸汞滴定法（试行）		HJ/T 343
8	硫化物	水质　硫化物的测定　亚甲基蓝分光光度法		GB/T 16489
		水质　硫化物的测定　气相分子吸收光谱法		HJ/T 200
		水质　硫化物的测定　流动注射 - 亚甲基蓝分光光度法		HJ 824
9	全盐量	水质　全盐量的测定　重量法		HJ/T 51
10	总铅	水质　铜、锌、铅、镉的测定　原子吸收分光光度法		GB 7475
		水质　65 种元素的测定　电感耦合等离子体质谱法		HJ 700
		水质　32 种元素的测定　电感耦合等离子体发射光谱法		HJ 776
11	总镉	水质　65 种元素的测定　电感耦合等离子体质谱法		HJ 700
		水质　32 种元素的测定　电感耦合等离子体发射光谱法		HJ 776
12	铬（六价）	水质　六价铬的测定　二苯碳酰二肼分光光度法		GB 7467
		水质　六价铬的测定　流动注射 - 二苯碳酰二肼光度法		HJ 908
13	总汞	水质　总汞的测定　冷原子吸收分光光度法		HJ 597
		水质　汞、砷、硒、铋和锑的测定　原子荧光法		HJ 694
14	总砷	水质　汞、砷、硒、铋和锑的测定　原子荧光法		HJ 694
		水质　65 种元素的测定　电感耦合等离子体质谱法		HJ 700
15	总镍	水质　镍的测定　火焰原子吸收分光光度法		GB 11912
		水质　65 种元素的测定　电感耦合等离子体质谱法		HJ 700
		水质　32 种元素的测定　电感耦合等离子体发射光谱法		HJ 776
16	粪大肠菌群数	水质　粪大肠菌群的测定　多管发酵法		HJ 347.2
17	蛔虫卵数	水质　蛔虫卵的测定　沉淀集卵法		HJ 775
18	氰化物	水质　氰化物的测定　容量法和分光光度法		HJ 484
		水质　氰化物的测定　流动注射 - 分光光度法		HJ 823

续表

序号	分析项目	标准名称	标准编号
19	氟化物	水质 氟化物的测定 离子选择电极法	GB 7484
		水质 无机阴离子（F^-、Cl^-、NO_2^-、Br^-、NO_3^-、PO_4^{3-}、SO_3^{2-}、SO_4^{2-}）的测定 离子色谱法	HJ 84
		水质 氟化物的测定 茜素磺酸锆目视比色法	HJ 487
		水质 氟化物的测定 氟试剂分光光度法	HJ 488
20	石油类	水质 石油类和动植物油类的测定 红外分光光度法	HJ 637
		水质 石油类的测定 紫外分光光度法（试行）	HJ 970
21	挥发酚	水质 挥发酚的测定 4-氨基安替比林分光光度法	HJ 503
		水质 挥发酚的测定 流动注射-4-氨基安替比林分光光度法	HJ 825
22	硼	水质 硼的测定 姜黄素分光光度法	HJ/T 49
		水质 65种元素的测定 电感耦合等离子体质谱法	HJ 700
23	总铜	水质 铜、锌、铅、镉的测定 原子吸收分光光度法	GB 7475
		水质 铜的测定 二乙基二硫代氨基甲酸钠分光光度法	HJ 485
		水质 铜的测定 2,9-二甲基-1,10菲啰啉分光光度法	HJ 486
		水质 65种元素的测定 电感耦合等离子体质谱法	HJ 700
		水质 32种元素的测定 电感耦合等离子体发射光谱法	HJ 776
24	总锌	水质 铜、锌、铅、镉的测定 原子吸收分光光度法	GB 7475
		水质 65种元素的测定 电感耦合等离子体质谱法	HJ 700
		水质 32种元素的测定 电感耦合等离子体发射光谱法	HJ 776
25	硒	水质 硒的测定 石墨炉原子吸收分光光度法	GB/T 15505
		水质 汞、砷、硒、铋和锑的测定 原子荧光法	HJ 694
		水质 65种元素的测定 电感耦合等离子体质谱法	HJ 700
		水质 总硒的测定 3,3′-二氨基联苯胺分光光度法	HJ 811
26	苯	水质 挥发性有机物的测定 吹扫捕集/气相色谱-质谱法	HJ 639
		水质 挥发性有机物的测定 吹扫捕集/气相色谱法	HJ 686
		水质 挥发性有机物的测定 顶空/气相色谱-质谱法	HJ 810
		水质 苯系物的测定 顶空/气相色谱法	HJ 1067

序号	分析项目	标准名称	标准编号
27	甲苯	水质　挥发性有机物的测定　吹扫捕集 / 气相色谱 - 质谱法	HJ 639
		水质　挥发性有机物的测定　吹扫捕集 / 气相色谱法	HJ 686
		水质　挥发性有机物的测定　顶空 / 气相色谱 - 质谱法	HJ 810
		水质　苯系物的测定　顶空 / 气相色谱法	HJ 1067
28	二甲苯	水质　挥发性有机物的测定　吹扫捕集 / 气相色谱 - 质谱法	HJ 639
		水质　挥发性有机物的测定　吹扫捕集 / 气相色谱法	HJ 686
		水质　挥发性有机物的测定　顶空 / 气相色谱 - 质谱法	HJ 810
		水质　苯系物的测定　顶空 / 气相色谱法	HJ 1067
29	异丙苯	水质　挥发性有机物的测定　吹扫捕集 / 气相色谱 - 质谱法	HJ 639
		水质　挥发性有机物的测定　吹扫捕集 / 气相色谱法	HJ 686
		水质　挥发性有机物的测定　顶空 / 气相色谱 - 质谱法	HJ 810
		水质　苯系物的测定　顶空 / 气相色谱法	HJ 1067
30	苯胺	水质　苯胺类化合物的测定　N-（1- 萘基）乙二胺偶氮分光光度法	GB 11889
		水质　苯胺类化合物的测定　气相色谱 - 质谱法	HJ 822
		水质　17 种苯胺类化合物的测定　液相色谱 - 三重四极杆质谱法	HJ 1048
31	三氯乙醛	水质　三氯乙醛的测定　吡唑啉酮分光光度法	HJ/T 50
32	丙烯醛	水质　丙烯腈和丙烯醛的测定　吹扫捕集 / 气相色谱法	HJ 806
33	氯苯	水质　氯苯的测定　气相色谱法	HJ/T 74
		水质　氯苯类化合物的测定　气相色谱法	HJ 621
		水质　挥发性有机物的测定　吹扫捕集 / 气相色谱 - 质谱法	HJ 639
		水质　挥发性有机物的测定　顶空 / 气相色谱 - 质谱法	HJ 810
34	1，2- 二氯苯	水质　氯苯类化合物的测定　气相色谱法	HJ 621
		水质　挥发性有机物的测定　吹扫捕集 / 气相色谱 - 质谱法	HJ 639
		水质　挥发性有机物的测定　顶空 / 气相色谱 - 质谱法	HJ 810

序号	分析项目	标准名称	标准编号
35	1,4–二氯苯	水质　氯苯类化合物的测定　气相色谱法	HJ 621
		水质　挥发性有机物的测定　气相色谱－质谱法	HJ 639
		水质　挥发性有机物的测定　顶空／气相色谱－质谱法	HJ 810
36	硝基苯	水质　硝基苯类化合物的测定　气相色谱法	HJ 592
		水质　硝基苯类化合物的测定　液液萃取／固相萃取－气相色谱法	HJ 648
		水质　硝基苯类化合物的测定　气相色谱－质谱法	HJ 716

6　实施与监督

　　本标准由各级人民政府生态环境主管部门会同农业农村、水利等相关主管部门监督与实施。

六、标准起草单位
（以单位首字笔画为序）

九州通集团九信（武汉）中药研究院有限公司
大同丽珠芪源药材有限公司
大兴安岭林格贝寒带生物科技有限公司
大理市林韵生物科技开发有限责任公司
万宁科健南药科技发展有限公司
万恒中药材种植有限公司
上药（宁夏）中药资源有限公司
上药（辽宁）中药资源有限公司
上海上药华宇药业有限公司
上海市药材有限公司
山东中平药业有限公司
山东中医药大学
山东农业大学
山东明源本草生物科技有限公司
山东省中医药研究院
山东省农业科学院
山东省农业科学院农产品研究所
山东省农业科学院经济作物研究所
山东省农业科学院药用植物研究中心
山西三和农产品开发有限公司
山西大学
山西大学中医药现代研究中心
山西大学分子科学研究所
山西北岳神耆生物科技有限公司
山西农业大学
山西农业大学（山西省农业科学院）经济作物研究所
山西医科大学药学院
山西国新晋药集团道地药材经营有限公司
山西药科职业学院
山西省农业科学院
山西省农业科学院园艺研究所
山西省农业科学院果树研究所

山西省农业科学院经济作物研究所
山西省阳泉市林业科学研究所
山西省医药与生命科学研究院
山西恒广北芪生物科技股份有限公司
山西振东道地药材开发有限公司
广东大合生物科技有限公司
广东丰硒良姜有限公司
广东中医药大学
广东至纯南药科技有限公司
广东南领药业有限公司
广东药科大学
广东省中药材种植行业协会
广东省中药研究所
广东省乐昌市运龙农业基地
广东省农业科学院作物研究所
广东省农业科学院植物保护研究所
广东省翁源恒之源农林科技有限公司
广东银田农业科技有限公司
广东粤森生态农业科技有限公司
广西大学
广西广泽健康产业股份有限公司
广西中医药大学
广西中医药研究院
广西玉林市宏禾原生中草药有限公司
广西玉林市樟木镇中药材协会
广西玉林制药集团有限责任公司
广西东胜农牧科技有限公司
广西仕嵘林业科技有限公司
广西壮族自治区中医药研究院
广西壮族自治区中国科学院广西植物研究所
广西壮族自治区农业科学院经济作物研究所
广西壮族自治区花红药业股份有限公司

广西壮族自治区国有高峰林场　　　　　五峰天翊中药材专业合作社

广西农业科学院植物保护研究所　　　　五寨县道地中药材农民专业合作社

广西作物遗传改良生物技术重点开放实验室　太极集团有限公司

广西南药园投资有限责任公司　　　　　太极集团海南南药种植有限公司

广西药用植物园　　　　　　　　　　　日照援康药业有限公司

广西贵港市华宇葛业有限公司　　　　　中山大学

广西葛洪堂药业有限公司　　　　　　　中青（恩施）健康产业发展有限公司

广西藤县联友粉葛种植专业合作社　　　中国中医科学院中药研究所

广州中医药大学　　　　　　　　　　　中国中医科学院中药资源中心

广州白云山中一药业有限公司　　　　　中国中药有限公司

广州白云山奇星药业有限公司　　　　　中国中药霍山石斛科技有限公司

广州白云山和记黄埔中药有限公司　　　中国农业科学院特产研究所

广州市香雪制药股份有限公司　　　　　中国医学科学院药用植物研究所

广州敬修堂（药业）股份有限公司　　　中国医学科学院药用植物研究所云南分所

马关县草果研究所　　　　　　　　　　中国医学科学院药用植物研究所海南分所

乡宁县生产力促进中心　　　　　　　　中国医药健康产业股份有限公司

乡宁县林业局　　　　　　　　　　　　中国科学院华南植物园

天台县农业技术推广总站　　　　　　　中国科学院微生物研究所

天津天士力现代中药资源有限公司　　　中国食品药品检定研究院

云南七丹药业股份有限公司　　　　　　中国热带农业科学院品种资源研究所

云南中医药大学　　　　　　　　　　　中国热带作物学会南药专业委员会

云南龙陵县石斛研究所　　　　　　　　中药材品质及创新中药研究四川省重点实验室

云南白药集团股份有限公司　　　　　　内丘县路申王不留行合作社

云南圣火三七药业有限公司　　　　　　内蒙古大学

云南曲焕章生物科技有限公司　　　　　内蒙古王爷地苁蓉生物有限公司

云南农业大学　　　　　　　　　　　　内蒙古天创药业科技股份有限公司

云南农业科学院药用植物研究所　　　　内蒙古天际绿洲特色生物资源研发中心

云南红灵生物科技有限公司　　　　　　内蒙古天奇药业有限公司

云南省三七研究院　　　　　　　　　　内蒙古本土香农产品供应链管理有限公司

云南省农业科学院药用植物研究所　　　内蒙古农业大学

云南省药物研究所　　　　　　　　　　内蒙古医科大学

云南省德宏热带农业科学研究所　　　　内蒙古恒光大药业股份有限公司

云南省彝良县天麻产业开发中心　　　　内蒙古鑫奇农业科技发展有限公司

云南恩润生物科技发展有限公司　　　　长春中医药大学

云南崔三七药业股份有限公司　　　　　文山三七农业种植专业合作社联合社

云南煜欣农林生物科技有限公司　　　　巴东县今大药业有限公司

云浮市南领药业有限公司　　　　　　　正大青春宝药业有限公司

五峰土家自治县中药材发展中心　　　　甘肃中天药业有限责任公司

甘肃农业大学

甘肃金佑康药业科技有限公司

甘肃省农业工程技术研究院

甘肃省农业科学院

甘肃省农垦永昌农场有限公司

甘肃省国营八一农场

甘肃省啤酒大麦原种场

甘肃省榆中县农业农村局

甘肃菁茂生态农业科技股份有限公司

龙山县众泰中药材开发有限公司

平邑县源通中药材科技开发有限公司

平利县神草园茶业有限公司

平武县涪江源中药材科技开发有限公司

平定县生产力促进中心

北京中医药大学

北京同仁堂天然药物（唐山）有限公司

北京同仁堂安徽中药材有限公司

北京同仁堂河北中药材科技开发有限公司

北京同仁堂科技发展股份有限公司

北京华宏康中药材种植有限公司

北京振东光明药物研究院有限公司

北京康仁堂药业有限公司

四川上药申都中药有限公司

四川代代为本农业科技有限公司

四川江油中坝附子科技发展有限公司

四川农业大学

四川国药药材有限公司

四川省中医药科学院

四川省中药材有限责任公司

四川省内江市农业科学院

四川省甘孜州德荣县臧巴拉农资有限公司

四川省医药保化品质量管理协会

四川省食品药品学校

四川智佳成生物科技有限公司

四川新荷花中药饮片股份有限公司

四川嘉道博文生态科技有限公司

仙芝科技（福建）股份有限公司

白山林村中药开发有限公司

兰州大学

宁波市海曙富农浙贝母专业合作社

宁波金瑞农业发展有限公司

宁夏大学

宁夏大学农业学院

宁夏大学农学院

宁夏西北药材科技有限公司

宁夏农林科学院

宁强县科技局

辽宁中医药大学

辽宁光太药业股份有限公司

辽宁省经济作物研究所

邢台市中药材综合试验站

吉林华润和善堂人参有限公司

吉林农业大学

吉林省园艺特产管理站

扬子江药业集团有限公司

扬子江药业集团江苏龙凤堂中药有限公司

西双版纳仁林生物科技有限公司

西双版纳医药有限责任公司

西双版纳版纳药业有限责任公司

西双版纳金棕生物科技有限公司

西双版纳神农生物科技有限公司

西南大学农学与生物科技学院

西南民族大学

西南林业大学林学院

西南科技大学

成都大学

成都中医药大学

毕节市农业科学研究所

仲景宛西制药股份有限公司

任丘市农业农村局

华中农业大学

华中农业大学药用植物研究所

华润三九（黄石）药业有限公司

华润三九医药股份有限公司

伊犁同德药业有限公司

江中制药厂

江西中医药大学

江西汇仁制药有限公司

江西阳明山天然植物制品有限公司

江西青春康源中药饮片有限公司

江西林业科学院

江西珍草苑农业开发有限公司

江西省林业科学院

江西省林科院森林药材与食品研究所

江西顺昌中药材有限公司

江西普正制药股份有限公司

江西普正药业有限公司

江西樟树天齐堂中药饮片有限公司

江西鑫康健生态农业开发有限公司

江苏龙凤阁道地药材有限公司

江苏安惠生物科技有限公司

江苏苏中药业集团股份有限公司

江苏省中西医结合研究院

江苏省中国科学院植物研究所

安阳天尊生物工程股份有限公司

安国工业和信息化局

安国市伊康药业有限公司

安国市众瑞白芷农民专业合作社

安国市农业农村局

安国市农业技术推广中心

安国市亨杨种植发展公司

安国市鸿闻射干农民专业合作社

安国圣山药业有限公司

安顺宝林中药饮片科技有限公司

安康北医大制药股份有限公司

安徽井泉中药股份有限公司

安徽天赋生物科技有限公司

安徽中医药大学

安徽协和成药业饮片有限公司

安徽有余跨越瓜蒌食品开发有限公司

安徽牧龙山生态旅游开发股份有限公司

安徽省农业科学研究院园艺研究所

安徽省农业科学院

安徽济人药业有限公司

安徽涡阳义门堂农业发展有限公司

安徽普康中药资源有限公司

好医生药业集团有限公司

红河学院

抚松县参王植保有限责任公司

赤水市信天中药产业开发有限公司

赤峰荣兴堂药业有限责任公司

丽江天露生物科技开发有限公司

丽江可宝生物科技有限公司

时珍堂巴东药业有限公司

利川市勤隆中药材专业合作社

利川市福祥种植专业合作社

应县乾宝黄芪种植专业合作社

沐川县富民农产品投资有限责任公司

张家口崇礼区扶农农业开发有限公司

张家口摩天岭农业开发有限公司

陈杏圃中药材种植有限公司

奉节县金云中药材种植专业合作社

武汉林保莱生物科技有限公司

青海绿康生物开发有限公司

英德祥扬农业有限公司

杭州千岛湖鹤岭家庭农场有限公司

杭州市农业科学院

杭州市林业科学研究院（杭州市林业科技推广总站）

杭州华东医药集团贵州中药发展有限公司

杭州震亨生物科技有限公司

昆明理工大学

国药种业有限公司

国药集团同济堂（贵州）制药有限公司

国药集团承德药材有限公司

昌吉职业技术学院

昌昊金煌（贵州）中药有限公司

固阳县正北芪协会

岭南中药资源教育部重点实验室

京都念慈菴总厂有限公司

河北大学

河北中医学院

河北北方学院

河北农业大学

河北金路农业科技有限公司

河北省中医药科学院

河北省安国市现代中药农业园区

河北省农业广播电视学校承德县分校

河北省农林科学院

河北省农林科学院经济作物研究所

河北省农林科学院药用植物研究中心

河北省农林科学院棉花研究所

河北省邯郸市涉县农业局

河北省宽城满族自治县农业农村局

河北省宽城满族自治县供销合作社

河北旅游职业学院

河南中医药大学

河南师范大学

河南农业大学

河南省中药材生产技术推广中心

河南省农业科学院

河南省济源市济世药业有限公司

宜昌神草生态科技有限公司

建始县药山坡药材种植专业合作社

承德市老科学技术工作者协会

承德沃润农业开发有限公司

承德恒德本草农业科技有限公司

陕西久泰农旅文化发展公司

陕西云岭生态科技有限公司

陕西中医药大学

陕西汉王略阳中药科技有限公司

陕西汉医圣草堂药业有限公司

陕西师范大学

陕西医药控股集团佛坪派昂中药科技有限公司

陕西步长制药有限公司

陕西国际商贸学院

陕西国际商贸学院医药学院

陕西盘龙药业集团股份有限公司

织金县果蔬协会

织金县猫场镇黔织明光皂角米加工基地

珍仁堂（北京）中药科技有限公司

城固县汉江元胡中药材种植专业合作社

城固县兴源中药材种植专业合作社

城固县群利中药材专业合作社

荣兴堂药业

荥经县民康中药材专业合作社

南京中医药大学

南京中医药大学江苏省中药资源产业化过程
　协同创新中心

南京农业大学

柳州两面针股份有限公司

威宁天露生物科技开发有限公司

威海市文登区农业农村局

威海市文登区道地西洋参研究院

威海市文登区道地参业发展有限公司

威海市文登传福参业有限公司

临沧耀阳生物医药科技有限公司

贵州大学

贵州大学中药材研究所

贵州大学石斛研究院

贵州中医药大学

贵州百灵企业集团制药股份有限公司

贵州同济堂中药材种植有限公司

贵州兴黔科技发展有限公司

贵州医科大学省部共建药用植物功效与利用国家重
　点实验室

贵州宜博经贸有限责任公司

贵州威门药业股份有限公司

贵州省台江县伟胜中药材发展有限责任公司

贵州省农业展览馆

贵州省现代中药材研究所

贵州省林业科学研究院

贵州省药用植物繁育与种植重点实验室

贵州省核桃研究所

贵州省植物保护研究所

贵州贵枫堂农业开发有限公司

贵州科学院贵州省山地资源研究所

贵阳药用植物园

贵阳道生健康产业有限公司

重庆三峡医药高等专科学校　　　　　　　　高唐县万华中草药种植专业合作社

重庆大湖农林有限公司　　　　　　　　　　亳州市沪谯药业有限公司

重庆太极中药材种植开发有限公司　　　　　亳州市皖北药业有限责任公司

重庆太极实业（集团）股份有限公司　　　　亳州永刚饮片厂有限公司

重庆市中药研究院　　　　　　　　　　　　亳州职业技术学院

重庆市石柱土家族自治县武陵山研究院　　　浙江大学宁波科创中心

重庆市华阳自然资源有限责任公司　　　　　浙江万里学院

重庆市农业科学院　　　　　　　　　　　　浙江中医药大学

重庆市药物种植研究所　　　　　　　　　　浙江农林大学

重庆市康泽科技开发有限责任公司　　　　　浙江红石梁集团天台山乌药有限公司

重庆医科大学　　　　　　　　　　　　　　浙江寿仙谷植物药研究院有限公司

重庆和本农业有限公司　　　　　　　　　　浙江省中医药研究院

重庆科瑞东和制药有限责任公司　　　　　　浙江省中药材产业协会

重庆恒林农业开发有限公司　　　　　　　　浙江省中药研究所有限公司

重庆鼎立元药业有限公司　　　　　　　　　浙江省亚热带作物研究所

保和堂（焦作）制药有限公司　　　　　　　浙江省农业技术推广中心

保定药材综合试验推广站　　　　　　　　　浙江省农业科学院

信阳农林学院　　　　　　　　　　　　　　浙江省淳安县林业局

泉州东南中药材种植有限公司　　　　　　　浙江省淳安县临岐镇农业公共服务中心

施秉县清华中药材农民专业合作社　　　　　浙江省磐安县中药材研究所

首都医科大学　　　　　　　　　　　　　　浙江铁枫堂生物科技股份有限公司

浑源县中药材产业中心　　　　　　　　　　浙江卿枫峡中药材有限公司

宣威市龙津生物科技责任有限公司　　　　　浙江理工大学

宣恩县恒瑞药业有限公司　　　　　　　　　浙江森宇有限公司

宣恩县龚家坡中药材种植专业合作社　　　　浙江聚优品生物科技股份有限公司

泰安力乐生物科技有限公司　　　　　　　　海南海药本草生物科技有限公司

莆田天霖中药材种植有限公司　　　　　　　海南碧凯药业有限公司

莆田市城厢区农业农村局　　　　　　　　　通化长白山药谷集团股份有限公司

桂林吉福思罗汉果有限公司　　　　　　　　通化市园艺研究所

桂林亦元生现代生物技术有限公司　　　　　通化市特产技术推广站

桐乡市农业技术推广服务中心　　　　　　　通化师范学院

恩施九州通中药发展有限公司　　　　　　　通辽市泰瑞药材种植有限公司

恩施九信中药有限公司　　　　　　　　　　乾宁道地药材（化州）有限公司

恩施土家族苗族自治州农业科学院药物园艺研究所　　盛实百草药业有限公司

恩施冬升植物开发有限责任公司　　　　　　铜陵禾田中药饮片股份有限公司

恩施济源药业科技开发有限公司　　　　　　康美药业股份有限公司

恩施程丰农业综合开发有限公司　　　　　　清华德人西安幸福制药有限公司

恩施福硒康农业科技有限公司　　　　　　　清原满族自治县龙盛中药材种植专业合作社

淮北师范大学　　　　　　　　　　　　　新疆维吾尔医学专科学校
淳安县临岐中药材产业协会　　　　　　　福建天人药业股份有限公司
深圳市中药制造业创新中心有限公司　　　福建中医药大学
深圳津村药业有限公司　　　　　　　　　福建仙芝楼生物科技有限公司
绵阳市农业科学研究院　　　　　　　　　福建老源兴医药科技有限公司
黑龙江中医药大学　　　　　　　　　　　福建西岸生物科技有限公司
黑龙江葵花药材基地有限公司　　　　　　福建农林大学
黑龙江鼎恒升药业有限公司　　　　　　　福建承天农林科技发展有限公司
鲁东大学　　　　　　　　　　　　　　　福建承天药业有限公司
道地药材产业技术创新中心　　　　　　　福建省农业科学院农业生态研究所
遂宁天地网川白芷产业有限公司　　　　　福建省农业科学院农业生物资源研究所
遂宁市船山区农业农村局　　　　　　　　福建省农业科学院植物保护研究所
湖北辰美中药有限公司　　　　　　　　　福建省农科院药用植物研究中心
湖北金鹰农业发展有限公司　　　　　　　福建省建瓯市吉阳镇农业技术推广站
湖北省中医药研究院　　　　　　　　　　福建省柘荣县农业农村局
湖北省农业科学院中药材研究所　　　　　福建省柘荣县药业发展局
湖南省龙山县中药材产业办　　　　　　　福建省福鼎市农业农村局
湖南省龙山县农业农村局　　　　　　　　福建省福鼎市栀子产业领导小组
湖南省农业环境生态研究所　　　　　　　福建省漳州市农业科学研究所
湖南省农业科学院　　　　　　　　　　　福建润身药业有限公司
湖南省靖州苗族侗族自治县茯苓专业协会　蔚县农业农村局
温县农业科学研究所　　　　　　　　　　德庆县德鑫农业发展有限公司
瑞安市通明温郁金专业合作社　　　　　　磐安县中药产业发展促进中心
靖江市华丰中药材种植专业合作社　　　　磐安县中药材产业协会
靖江市林业科技推广中心　　　　　　　　磐安县中药材研究所
新昌县种植业技术推广中心　　　　　　　融安顺为农业科技有限公司
新泰市太平山果树种植专业合作社　　　　霍山县天下泽雨生物科技发展有限公司
新疆农业大学　　　　　　　　　　　　　霍山县鸿雁石斛科技有限公司
新疆阜康市农业技术推广站　　　　　　　黔东南州茶叶与中药材技术服务站
新疆昭苏农业科技园区　　　　　　　　　黔草堂金煌（贵州）中药材种植有限公司
新疆维吾尔自治区中药民族药研究所　　　襄阳职业技术学院

药材名称笔画索引